Kitāb Futūḥ al-buldān by al-Balādhūrī

Kitāb Futūḥ al-buldān
by al-Balādhūrī

Liber expugnationis regionum auctore Imámo Ahmed ibn Jahja ibn Djábir al-Beládsorí

M.J. de Goeje's Classic Edition (1866)

by

Aḥmad b. Yaḥyā al-Balādhurī

edited by

M.J. de Goeje

TUTA SUB AEGIDE PALLAS · 1683 ·

BRILL

LEIDEN · BOSTON
2014

Cover illustration: 'Siège de la forteresse d'Al-Muqanna (783)', Manuscrits orientaux, Arabe 1489, Bibliothèque nationale de France

Library of Congress Control Number: 2013952090

ISBN 978-90-04-25878-5 (paperback)

This work is published by Koninklijke Brill NV. Koninklijke Brill NV incorporates the imprints Brill, Brill Nijhoff, Global Oriental, Hotei Publishing and IDC Publishers.

This book is printed on acid-free paper.

LIBER
EXPUGNATIONIS REGIONUM,

AUCTORE

Imámo Ahmed ibn Jahja ibn Djábir
al-Beládsorí,

QUEM

E CODICE LEIDENSI ET CODICE MUSEI BRITTANNICI

EDIDIT

M. J. DE GOEJE.

Nous ne connaissons pas un meilleur travail sur l'histoire de la conquête musulmane.
MAÇOUDI, *Les prairies d'or*, Tom. I, p. 14.

LUGDUNI BATAVORUM,
E. J. BRILL.

1866.

VIRO CLARISSIMO

R. P. A. DOZY,

PRAECEPTORI OPTIMO, AMICO EGREGIO,

HUNC LIBRUM DEDICAT

EDITOR.

ADDENDA ET CORRIGENDA.

Titulus in B. hic est: كتاب فتوح البلدان تصنيف الحافظ النسابة احمد بن يحيى ابن جابر البلاذرى صاحب التصانيف المفيدة الشهيرة رحمه الله واجلّ عليه رضوانه ✿

Eodem volumine antea continebatur liber Ibn Hobaischi.

Pag. ۴, vers. 4: B. فقالوا يرسول.

» — » 10: l. أختلف et dele ann. *c*.

» ٥, » 7: ante حدثنا, B. add. قال.

» — » 6 a f.: B. تبرّكت به.

» ٦, » 6 et ann. *b*: B. عائذ.

» — » 4 a f.: B. مروان بن ابى العاصى.

» — » ult. post عبد العزيز, B. add. بن مروان.

» ٧, » 2: B. om. عليه.

» — » 12: B. add. رحمه post المهدى.

» — » 3 a. f.: B. الايلى.

» ٨, » 1 ann. *a*: B. = A.

» — » 4 a f.: B. وغَربه.

» — » ult. Nomen hujus viri erat هنيّ, ut video ex Mohibbo'ddín at-Tabarí Cod. 358 *b*, f. 43 v., ubi haec cadem traditio exstat paucis aliis verbis (خرّجه البخارى عن اسلم).

Pag. ٩, vers. 4: B. فالكلأ.

» — » 9: B. حمى.

» — » 15: post وقال B. add. والله.

—

Pag. ٩, vers. 5 a f.: B. = A.

» ١٠, » 7 et ann. *b*: B. = A.

» — » 10 et ann. *d*: B. بمذينب.

» ١١, » 9: B. فغاص الى.

» — » 10: l. cum Codd. تَصُبُّ فيه et dele ann. *a*.

» — » 12: B. الحسين.

» — » 3 a f.: B. وحليل

» — » 2 a f.: B. يبدون.

» ١٢, » 11: pro ثمّا B. l. عن.

» — » 6 et ann. *a*: B. = A.

» ١٣, » 8: B. القَدُم.

» — » 13: B. بِلَلِ.

» ١٤, » 1: B. om. احد من.

» — » 3: ante قال, B. add. انه.

» ١٥, » 4: B. من حرة (?) الاوس.

» — » 5: B. ينسب.

» — » 6: B. الحرب.

» — » 7: B. النَّضِير.

» — » 8 et ann. *a*: B. = A.

» ١٦, » 4: B. الغوث.

» — » 6: B. فساروا معه حتى صاروا الى بلاد.

» — » 11: pro غَسَّانَ l. غَسَّانٍ.

» ١٩: In Diváno Hassán ibn Thábit (Cod. Berol. Spreng. 1121) non exstat versus: ادام الله الخ, sed carmen sex versuum, quod incipit versu هم اوتوا الخ et desinit versu لهان على الخ (Cod. Berol. تهان). Pag. ١٢٢ ann. *c* dixi me haec debere Cl° Dieterici.

Pag. ٣٣, vers. 6: l. كَثِير.

» ٤١, » 4: ضبابة in Hamása al-Bohtorii.

» ٤٧, » 11: l. والمعافر.

» ٤٨, » 1: Codd. وارزها, quae lectio fortasse retinenda est, cf. p. 274.

—

Pag. ٩٧, vers. 14: pro حطّهم l. حطّ عنهم, cf. p. ١٥٤, vs. ult.

» ٧١, » 8 et ann. *c*: Qazwíní, II, p. ٣٣ لِيَشْرُخَ.

» ٨٣, ann. *c*: pro لفّها Ibno 's-Sikkít (Codd. 597, p. 480 ubi hi versus cum commentario exstant) habet حشّها.

Pag. ٨٥, ann. *b*: haec conjectura falsa est; cf. Ibn Hadjar, p. 533 coll. 977 et 981.

» ٩٤, vers. 2: Quoque صُعْفُوق pronuntiant (al-Djawálíkí, Cod. 124).

» ٩٩, » 10: l. حِقْبَة.

» ١٠٩, » 6: Ibn Hadjar, p. 345 praescribit باب بن ذى الجِرّة.

» ١٣٢, » 3: al-Djawálíkí (voc. بريص) مِنْ وَرَدَ et explic. السلسل per انصافى.

» ١٣٤, » 2 et ann. *a*. Recte opinatus sum quaedam h.l. deësse: in Codd. 776, f. 22 v. haec legimus: ويقال انّ مدينة دمشق دخلها يزيد بن ابى سفيان من الباب الصغير عنوة ودخلها خالد بن الوليد من الباب الشرقى صلحًا فالتقى المسلمون بالمقسلاط وامضوها صلحًا ✿

Pag. ١٤١, vers. 4 et 5 et ann. *a*: Zamakhscharí in *Asáso'l-balágha* (voc. رحم) وَصَلَتْ بك رَحِمٌ.

» ١٤٢, » 9: pro جُشْم l. حِشْم; cf. Wüstenfeld 5, 15.

Rogo benevolum lectorem, si in hac parte operis legenda errores animadvertet, in quos quin interdum lapsus sim dubitare non audeo, ut mecum suas emendationes communicet, quas grato cum animo publici juris faciam, simulac alteram partem edidero.

PRAEFATIO.

Paucissima de auctore „libri expugnationum", fere nihil de familia et origine nobis innotuit. Non defuere qui vitam ejus conscripserunt, sed opera eorum interierunt, saltem ad nos non pervenerunt [1]). Avus ejus, Djábir ibn Dáwud, scriba fuerat al-Khacíbi, quum hic tempore Hárun ar-Raschídi vectigalium in Aegypto praefectus erat. Patris nomen tantum memoratur. Ipse autem Ahmed, cui alii aliud cognomen tribuunt [2]), in fine saeculi secundi natus, Bagdade educatus est ibique plurimorum virorum doctorum lectionibus interfuit. Quando munus scribae publicae ei delatum sit, non liquet. Jam pridem autem duplum sibi proposuisse videtur: conscribere opus majus de historia regni Islamitici, et otium huic consilio exsequendo nancisci favore principum. In qua re mirifico successu usus est. Quomodo al-Mámun exceperit carmina, quae in honorem ejus panxit, non traditur; sed a khalifa al-Motawakkil (232—247) in intimum sodalitium admittebatur, ejusque compotoribus annumeratur. In libro de expugnatione regionum, p. ۱۴۹, historiolam memorat, quam ipse ex ore hujus principis audiverat. Plurimum autem omnium debuit debilissimo khalifae al-Mosta'ín. Abu Alí at-Tanukhí hoc tradit: Beládsorí semper pecuniam erogabat, nec unquam ab ullo dona petebat, neque artem vitae sustinendae causa exercebat. Miratus quis explicationem hujus rei singularis ab eo petiit. Beládsori haec respondit: „Quodam die una cum poëtis visendi causa adii al-Mosta'ínum, qui nobis dixit: „Quis vestrum in meum honorem versum cecinit, qui cum hoc al-Bohtoríi in patruum meum al-Motawakkil comparari queat?

> Quodsi desiderio flagrans facere posset id quod vires ejus excedit, certe suggestus ad te gradum corriperet [3]).

---

[1]) Vitam ejus conscripserunt, teste biographa anonymo, Jaqut in lexico biographico virorum doctorum, Ibn Asákir in historia Damasci, Dsahabí in opere *al-Maidan* et Halebensis Ibno'l-Adím.

[2]) In titulo codicis Leidensis et apud Hádjí-Khalífa, I, p. 274, Abu 'l-Abbás appellatur. Secundum al-Fihristi auctorem et biographam anonymum konja Abu Bekr frequentissime omnium occurrit (sic e. g. semper in libro *Oyuno 'l-Athar*), sed quoque Abu Dja'far (Ibn Khallicán) vel Abu 'l-Hasan (Hádjí-Khalífa) vocatur.

[3]) Secutus sum lectionem Ibn Khallicáni, sine dubio lectioni biographae anonymi praeferendam.

Sin minus, nemo mihi recitet carmen." Respondimus neminem nostrum simile quid unquam in eum cecinisse, et discessimus. Quum aliquot dies praeteriissent, ad eum redii et locutus sum: „O imperator fidelium, jam in laudem tuam panxi versiculos, Bohtorianis illis, quibus patruum tuum celebravit, meliores." — „Age, recita, inquit ille; si tales eos invenero, regaliter te remunerabor" — Tum recitavi:

> Quodsi pallium prophetae, ubi illud induis, opinari posset, putaret te dominum suum esse,
> Et diceret, dum tibi offertur eoque vestiris: Profecto, haec sunt ipsius (prophetae) latera atque humeri.

„Optime," exclamavit princeps et jussit domum discedere suumque nuntium praestolari. Quod quum fecissem, mox nuntius mihi tradidit epistolam, quam princeps ipse sua manu scripserat, hujus argumenti: „Septem millia denariorum hic tibi mitto. Scio enim te post meum interitum injuria affectum et neglectum iri, et ubi dona petiturus es, neminem te donaturum esse. Ergo hosce denarios studiose serva. Quodsi eo, quod metuo, calamitatis deveneris, ex illis tibi eroges, nec cuiquam fias obnoxius, at nitorem faciei tuae conservabis. Optime de me meritus es, mihique incumbit, ut, quamdiu vivas, nulla unquam re, sive magna, sive parva ex rebus mundanis indigeas, quam quidem appetendam esse judicaveris." Deinde, sic pergit Beládsorí, stipendiis me donisque egregiis ornavit, continenterque suis beneficiis cumulavit. Quae, simul cum summa illa septies mille denariorum, ad hunc usque diem sufficiunt omnibus comparandis quae ad laute vivendum necessaria sunt; nec opus habeo animum terere mendicando. Precor ut Deus erga principem sit propitius."

Anno 252 al-Mosta'ín khalifatu abdicare coactus est, non tamen id, quod Beládsorío metuerat, accidit. Imo successoris quoque ejus, al-Mo'tazz, gratiam conciliasse videtur; educationem nempe hic ei commisit filii quinquennis, ingenui et infelicis Abdollae. Anno 255, quum al-Mo'tazz periit, Abdollah octo annos natus erat; utrum Beládsorí institutionem pueri continuaverit deinde, necne, haud liquet, prius verisimile est. Paullo post hunc eventum edidisse videtur librum suum de expugnatione regionum. Nam ultimus khalifarum, quorum nomina in eo occurrunt, est al-Mo'tazz, et khalifatum hujus jam praeteriisse, quum libri pars posterior conscriberetur, probabile videtur (v. p. ٣١٤, ٣٢٤). Fortasse autem jam regnante al-Mostaín editionem operis parare incepit (cf. p. ٢٣٥, ١٣٤). Non vero hic solus liber est, cui conscribendo otium consecravit Beládsorí. Praeter versiones Arabicas operum Persicorum, inter quae imprimis appellatur عهد اردشير „foedus Ardeschíri," quod metrice reddidit [1]), composuit librum argumenti genealogici, ad antiquam historiam cognoscendam utilissimam, cui titulum dedit انساب الاشراف. Hic liber, qui memoratur ab Hádjí-Khalífa, I, p. 455, ad nos pervenit. Cl. Sprenger eo inter fontes usus est in libro „Das Leben und die Lehre des Mohammad." Breviter de eo loquitur in tomo tertio, p. LXXVI. Secundum auctorem al-Fihristi [2]) composuit duos libros „regionum," magnum et parvum. Nostrum esse parvum, hinc apparet, quod de opere majori dicit eum absolutum non fuisse. Tandem materiem congessit operi componendo historico magni ambitus, qui in Fihristo vocatur كتاب الاخبار والانساب, ab as-Sakháwío in opere bibliographico, MS. 677 (Dozy, *Catalogus*, II, p. 142), f. 99 v. التاريخ, ab Hádjí-Khalífa denique, I, p. 274, استقصاء فى الانساب والاخبار. Dicit hic adversaria hujus libri (quem igitur ipse non redegit; utrum alius fecerit, non liquet) jam constitisse quadraginta tomis (fasciculis) quum mortuus est auctor. Praeter hisce studiis poësi quoque navavit operam. Poëmata satirica reliquit multa, quorum tamen paucissimi tantum versiculi supersunt. Carmina serii argumenti fere nulla composuisse videtur. Nam unum quod in biographiâ anonymi superest, panxisse fertur monitu amici, Mahmud al-Warráq, qui eum exhortatus est, ut (quum scilicet carminibus quae soleret componere gloriam nullam ipsi parasset in posterum) unum saltem caneret, quo nomen ejus tamquam poëtae tueretur, et culpa, quam carminibus levioribus faciundis contraxisset, amoveretur. De metrica versione libri Persici supra sermo fuit. Discipulos habuit plurimos, inter quos auctorem Fihristi et Dja'far ibn Qodáma, auctorem libri de *al-Kharádj*, nominasse sufficit.

Finis vitae laete et laboriose peractae tristissimus fuit. Imprudens venenum hausit, quod mentem senis turbavit, eoque insaniae devenit ut in nosocomio vinculis ligari deberet. Mortuus est ibi anno 279, eodem anno quo al-Mo'tadhed patri in khalifatu successit. Triste fatum viri illustris animos multorum commovit, ut apparet cognomine quo posteris inclaruit. Venenum illud erat potio ex anacardio, Arabice *beládsor* dicto, parata; hinc formatum nomen relativum *al-Beládsorí* nomini auctoris nostri additum est cum eoque conjunctum mansit, quasi diceres „Ahmed, victima anacardii [3])".

---

1) Versio prosaïca hujus libri laudatur ab al-Mobarrad, *Kámil* ed. Wright, p. ١٥٢, vs. 5; cf. p. ٣٩, vs. 7.

2) Excerptum ex hoc libro benevole mecum communicavit Cl. Flügel.

3) Idem cognomen habebat vir doctus anno 339 mortuus, quem البلاذرى الصغير appellant, ut distinguatur a nostro البلاذرى الكبير vocato. Vid. Dsahabí, *Tabaqát*, 12, 12 (Part. II, p. 99, ed. Wüstenfeld) et gloss. ad Hádjí-Khalífam, VII, p. 622.

Quae praecedunt maximam partem desumta sunt e vita quam in primo folio codicis Leidensis scripsit auctor anonymus, cujus vero manus singularem similitudinem habet cum manu Maqrízíi, qualis ex autographis hujus quae possidet bibliotheca nostra cognoscitur. Edita est haec ab Hamakero in *Specim. Catalog.*; sed, uti comparatione instituta apparebit, adeo festinanter et negligenter, ut eam hic denuo dare superfluum a nemine perhibeatur.

الحمد لله مصنف هذا الكتاب هو ابو بكر على المشهور وقيل ابو جعفر وقيل ابو الحسن احمد بن يحيى بن جابر بن داود البغدادى الكاتب ويعرف بالبلاذرى بذال معجمة مضمومة نسبة للحبّ الشهير سمع عبد الله بن صٰلح العجلى وعفان وهَوذة وابا الحسن المدائنى وهشام بن عمار ومحمد بن مصفى وخلف بن هشام وشيبان بن فرّوخ وابا عبيدة وعلى بن المدينى واحمد بن ابرهيم الدّورقى ومحمد بن الصباح الدولابى ومحمد بن سعد كاتب الواقدى وعبد الاعلى بن حماد ومحمد بن حاتم السمين وعباس بن الوليد النرسى وعبد الواحد بن غياث وعثمٰن بن ابى شيبة وابا عبيد القٰسم بن سَلّام وابا الربيع الزهرانى وخلقًا منهم احمد بن الوليد بن بُرد الانطاكى ومحمد بن عبد الرحمٰن الانطاكى وجالس المتوكل باخرة ونادمه وكان يُعلم عبد الله ابن المعتز وله فى المامون مدائح قال عبيد الله بن احمد بن ابى طاهر كاتب شاعر راوية احد البلغاء وكان جدّه يكتب للخصيب امير مصر بها [1] وله كتب جياد وهو صاحب كتاب البلدان يعنى هذا صنفه واحسن تصنيفه وحكى المرزبانى انه وسوس فى آخر عمره لانه شرب البلاذر فافسد عقله وكذا قال محمد بن اسحٰق النديم انه شرب البلاذر على غير معرفة فلحقه ما لحقه وشُدّ فى البيمارستان حتى مات ولهذا قيل له البلاذرى وكان شاعرًا وله اهاج كثيرة وكان ينقل من الفارسى الى العربى زاد غيره وانه توفى فى خلافة المعتمد وفيه نظر فقد قال ابن عساكر ان ابا احمد بن عدىّ ممّن روى عنه ولذا قال بعضهم ولا ابعد ان يكون عاش الى اول ايام المعتضد وقال ابن العديم فى تاريخ حلب كاتب اديب شاعر مجيد راوية الاخبار والآداب مصنّف له كتب حسنة منها انساب الاشراف وهو ممتع كبير الفائدة ودخل حلب ومنبج وانطاكية

---

[1]) Indistincta haec sunt, nam primum scripsit للخصيب بمصر, deinde expungens ب superscripsit امير et بها. Khacíbum proprie non Emirum dicendum fuisse, quippe tantum aerarii publici praefectum, jam monuerunt Nob. de Slane et Cl. Weil.

والثغور واسند من طريق ابى على التنوخى يسنده الى من لم يسمّه ان البلاذرى كان ينفق دابًا ولا يجتدى ولا يحترف فقيل له فى ذلك فقال دخلت مع الشعرآء يومًا الى المستعين فقال لنا من كان قد قال فىّ مثل قول البُحْتُرِق فى عمّى المتوكّل

وَلَو انّ مُشْتَاقًا تَكَلَّفَ فَوْقَ[1] مَا   فى وُسْعِهِ تَمْشَى اليك المَسِير

والّا فلا ينشدنى شيئًا قال فقلنا ما فينا مَنْ قال فيك مثلَ هذا وانصرفنا فلمّا كان بعد ايّام عدتُ اليه فقلت يا امير المؤمنين قد قلتُ فيك احسنَ ممّا قال البحترىّ فى عمّك فقال ان كان كذلك اسنيتُ جائزتك فهات فقلت

وَلَو انّ بُرْدَ المُصْطَفى اذْ حَوَيْتَهُ[2]   يَظُنّ لَظَنّ البُرْدُ انّك صاحبُهْ
وقالَ وقد أُعْطِيتَهُ فلَبِسْتَهُ[3]   نَعَمْ هٰذه أعْطافه ومَناكِبُهْ

فقال احسنتَ انصرفْ الى منزلك وانتظِرْ رسولى ففعلتُ فجآءنى رسوله برقعة بخطّه فيها قد انفذتُ اليك سبعة آلاف دينار وانّما اعلمُ انّك تستُجفَى بعدى وتُطرح وتجتدى فلا يُجْدَى عليك فاحفظ هذه الدنانير عندك فاذا بلغَتْ بك الحال الى هذا فانفقْ منها ولا تتعرّض لاحد ليبقى بهآء وجهك عليك ولك علىّ ان لا تحتاج ما عشتَ الى شىء من امر دنياك كبير ولا صغير على حسب حكمك وشهوتك قال ثم اجرى لى الجرايات والارزاق السنيّة وتابع جوائزه فما احتجت منذ ذلك والى الآن الى غير جوائزه والسبعة آلاف فانا انفق من جميع ذلك ولا اخلق نفسى بالتعرّض والترحّم عليه[4] واسند الى ابى احمد بن عدىّ ثما محمّد بن خَلَف قال قال لى البلاذرىّ قال لى محمود الورّاق قل من الشعر ما يُبْقِى لك ذكرَه ويزول عنك اثمه فقلت

استعدّى يا نفسُ للموت واسْعَى   لنجاة فالحازمُ المُسْتَعِدّ
قَدْ تَبَيَّنْتِ انّه ليس للحَيِّ خُلُودٌ   ولا من الموت بُدّ
انّما انتِ مُسْتَعِيرَةُ[4] مَا سَوْ   فَ تردّين والعوارى تُرَدّ
انتِ ساهِيَةٌ[5] والحوادثُ لا تَسْهو   وتَلْهِين والمنايا تَجِدّ[6]

---

[1] Ibn Khallicán, N. 793, p. ١٤٣, ed. Wüstenfeld: غير, et in altero hemistichio: لمشى اليك المنبر; vid. quoque Abu'l-Mahásin, II, p. ١٠٥.

[2] Ibn Khallic. l.l. لبسته.

[3] Idem ولبسته. Pro واعطيته Abu'l-Mahásin واعطفته.

[4] Cod. . . . . . مس

[5] Cod. . . . . . سا.

[6] Sequitur unus versus qui omnino legi nequit.

لا تُرَجِّى البقآء فى معدن المو تِ ودار . . . .
كيف . . . . لذاذه أيّا م عليه الانفاس فيها تعدّ

ومن شعره فى الهجو

مَنْ رَآهُ فَقَدْ رَأَى عَرَبِيًّا مُدَلَّسَا
لَيْسَ يَدْرِى جَلِيسُهُ أَفَسَا أَمْ تَنَفَّسَا

وقد روى عنه محمد بن النديم واحمد بن عمار وجعفر بن قدامة ويعقوب بن نعيم وقد قارءه وعبد الله بن ابى سعد الورّاق ومحمد بن خلف وَكيع القاضى وممّن ترجمه ياقوت فى معجم الادباء وابن عساكر فى تاريخ دمشق والذهبى فى الميدان وغيره ۞

Bona existimatione, qua Beládsorí apud coëtaneos et populares suos usus est, nostro quoque judicio dignus est. Singulae paginae libri probant eum operae nullae pepercisse in colligendis traditionibus fide dignis. Non contentus iis quas Bagdade ex ore virorum doctissimorum acceperat, itinera suscepit quo melius verum indagaret. Secundum Ibno 'l-'Adím urbes Syriae septentrionalis et Mesopotamiae visitavit, ipse dicit (p. ١۴٩, vs. 5) se Tekríti fuisse, et de historia fere cujusvis regionis traditionibus scholarum Bagdadensium apponere potis erat traditiones ex ore indigenarum illius regionis collectas. Ut Cl. Mohl recte observavit [1]: ars horum historicorum constat in delectu quem faciunt e materie compilata. Nec ullus negabit, Beládsoríum hac in re magnam laudem mereri. Revera exstant in ejus opere quibus nos facile carere possemus, e. g. accuratissima descriptione metropolium Iraqensium, quarum nunc aut nihil aut umbra tantum pristini splendoris superest. Sed coaevis, urbibus illis florentibus, longe aliter visum fuisse certissimum est. Et tamen multa etiam nunc memorabilia in illis capitibus dispersa inveniuntur. Historiam singularum regionum uberius tractatam mallemus, sed caveamus ut auctori brevitatem vitio vertamus. Liber enim nunc editus tantum compendium est. Opus majus, quod non absolvit et quod ad nos non pervenit, sine dubio prolixius egit de iisdem quae in hoc libro passim tanguntur.

Est aliud quod in Beládsorío honoramus. Educatus est in umbra solii khalifarum dynastiae Abbasidae; familiaris fuit al-Motawakkili et al-Mostaí'ni; versabatur semper in foco, ut ita dicam, adulationis; fortunam denique

---

[1]) *Journ. Asiatique*, 1865, II. p. 38.

et locum debebat principibus regnantibus. Sed nusquam mihi apparuit eum a veritate deflexisse ut hanc dynastiam celebraret vel detraheret a meritis ejus adversariorum, nec libro prologum praemisit, quo eam verbis magnificis extolleret. Unicum quo se hujus domus amantissimum ostendit, est hoc quod titulus „khalifa," quem, Omaro II° uno loco (p. ١٢٥) excepto, principibus Omayadis nunquam tribuit, nomen principum Abbasidarum semper comitatur. Si quis partium studii eum accusare velit, argumenta huic petenda erunt non ex iis quae in hoc opere dixerit, sed ex iis quae reticuerit.

Conspectum operis jam saepius datum [1]) non repetam. Luberet componere imaginem animo auctoris obversantem aetatis heroïcae Islamismi; imprimis khalifae summi Omar, creatoris imperii, exempli virtutis Moslimicae, qui clemens erat erga victos, severus contra adversarios religionis; qui, ipse stricte probus, modestus, parcus, detestabat aviditatem, intemperantiam, luxuriam; qui strenuus erat defensor auctoritatis oppidanorum contra insolentiam tribuum nomadicarum, praestantiae comitum prophetae contra aristocratiam Meccanam. Vel delineare agmina illa heroüm, quae Persis et Romanis imperium eripuerunt; homines squalida facie, ignaros omnium artium humaniorum et cultus, qui nec legere nec scribere poterant, quibus decem millia numerus erat omnium maximus, qui camphoram pro sale habebant; qui, quum audivissent panem album homines pingues reddere, postquam eum nacti comederant, bracchia inspexerunt, visum utrum ita res sese haberet; sed fortes, invictos, nullis difficultatibus deterritos a scopo, qui erat gloria Islamismi et gentis Arabicae.

At haec tractentur potius alibi. Opportunior esset in praefatione hujus libri dissertatio de fontibus quibus Beládsorí usus est. Equidem vehementer doleo quod hanc lectori offerre nequeam. Si enim historiographiam ab eo inde tempore, quo primus liber historicus in civitate Moslimica editus fuit, tractare sufficeret, hoc, licet imperfecte, tot libris deperditis aut nondum editis, sed tamen facere quodammodo liceret. Hoc vero tantum compilatorum esset conspectus, et ne hic quidem accuratus, nam quamdiu neque Moslimorum judicium de singulis traditionariis novimus, neque ipsi judicium de iis formare potuimus, dijudicare nequimus utrum compilator in seligendis traditionibus conjungendisve laudem aut vituperationem meruerit,

---

[1]) Vid. Hamaker in *Spec. Catalogi*, l.l., Reinaud in introductione ad geographiam Abulfedae, I, p. LVI, *Mémoire sur l'Inde*, p. 17, Nöldeke in »Göttinger gel. Anz." 1863, p. 1341—1347. Partes libri expugnationis regionum editae sunt a viro clarissimo Reinaud in opere *Fragments arabes et persans* cet., p. 161—181, et a viro amplissimo Amari in *Bibliotheca arabico-sicula*, p. ١٩١. Cl. Reinaud mihi misit emendationes in caput a se editum, quarum pleraeque lectione codicum confirmantur.

utrum critice egerit, saltem secundum principia Moslimorum, necne. Sed, compilatores non sunt historici; hoc nomine digniores sunt illi viri, qui in fine singularum catenarum traditionariorum appellantur, qui historiam rerum gestarum, quibus aut ipsi interfuerant, aut de quibus a viris fide dignis edocti fuerant, suis verbis narraverunt et posteritati tradiderunt. Hos excipiunt traditionarii qui a praeceptoribus accepta memoriae aut chartae mandaverunt, interdum aliunde auditis auxerunt et correxerunt. Tertio loco veniunt compilatores qui traditiones de eadem re undique congestas composuerunt et simul eas quae in summa rei consentiebant commiscuerunt, qua re viam munierunt historiographiae harmonisticae posterioris temporis. Harum trium classium historiam conscribere, nondum tempus est. Major pars adminiculorum jacet adhuc inexplorata in bibliothecis. Operis utilissimi Ibn Hadjari quinta tantum pars prodiit. Ibn Sa'di *Tabaqát* editorem exspectare continuant. Et sic de compluribus aliis libris. Sunt bibliothecae ditissimae in Europa, in quibus etiam nunc saeculorum superiorum valet mos barbarus, ut potius libri manuscripti tineis et blatteis asylum offerentes, pulvere tecti, in scriniis asserventur, nemini utiles, quam ut periculis imaginariis expositi viris hisce studiis incumbentibus committantur, qui tamquam adminiculis iis utantur, aut eos edant. Sed jam satis. Ut saltem aliquid conferrem ad rem promovendam, nomina omnia quae in catenis exstant, in indicem collegi, singulis, ubi opus visum est et subsidia quae praesto erant copiam fecerunt, addens quo nomen facilius ab aliis dignosci posset. In eumdem indicem retuli nomina jurisconsultorum.

De mea editione et de codicibus quibus usus sum pauca monenda sunt. Hamakerus versionem operis hujusce inchoaverat, quae vero nullius mihi auxilii fuit. Non enim verbatim, sed compendii instar facta est. Et vir clarissimus et optime de litteris Arabicis meritus non callebat legere manuscripta, nomina igitur propria in versione ejus saepius corrupta sunt. Neque meretur codex Leidensis judicium quod de eo tulit: „perquam ineleganter scriptus est;" nam licet codex currente calamo exaratus ideoque primo obtutu lectu difficillimus est, tamen manus ubivis sibi constat et revera potius pulchra quam inelegans vocanda est. Verum autem est, quod addit V. Cl.: „millenis in locis caret punctis diacriticis." Idem, magno editoris incommodo, valet de altero codice, quem B. appellavi. Hic, litteris minusculis scriptus, Leidensi est recentior, sed, teste subscriptione, ex antiquissimo codice et quidem accuratissime est descriptus. Neuter codex longe ab archetypo distat et plerumque inter utrumque quoque in vitiis magnus est consensus. Subscriptio codicis Leidensis (430 Warn.) est: فرغ من كتابته

العبد الفقير الى رحمة الله القدير احمد بن نعمة المقدسى سامحه الله وتجاوز عن سيآته فى العشر الاوسط من شهر المحرم سنة ٩٢٣ حامدًا مصليًا وحمى الله ونعم الوكيل.
Codex Musei Brittannici (23, 264 Taylor) fert duplicem subscriptionem. Ab una parte: هذا تمام كتاب الفتوح للبلاذرى فرغ ناسخه من نسخه له فى اخر سنة ٨٥١ وهو الشيخ الفاضل علاء الدين القدسى الشافعى جبره الله وانا بالغين; ab altera parte: بلغ مقابله من اوله الى اخره على اصله المنقول منه وهو اصل قديم جدا فى مجالس اخرها يوم الثلثاء رابع عشر جمادى الاخرة سنة ٨٥٢ قال ذلك ابرهيم ابن عمر البقاعى صاحبه.

Qui ipsi editionem susceperint operis historici hujus naturae, nominum propriorum plenissimi, brevitate plerumque et concinnitate conspicui, et quidem e codicibus optimis, sed tamen mendis non vacuis, punctis diacriticis et vocalibus fere semper carentibus, is profecto editori lapsus et errores multos condonabit. Minus excusabit peccatorum quae contra grammatices leges commisit; nam — verum fateri non pudet — non quemadmodum amicissimus censor, D^mus^ Nöldeke, in opere periodico *Göttinger gel. Anzeige*, 1863, p. 1347, posuit, servili obsequio codicum, sed ignorantiae vel negligentiae saepe sunt attribuenda. Nonnulla tamen, e. g. quod tam saepe ة pro ه male scriptum offenditur, obstinentiae typothetae debentur. Vitia hujus naturae in *Add. et Emend.* asterisco notavi. In fine indicis addendorum et corrigendorum ad priorem partem libri rogaveram viros doctos, ut, si quos in opere legendo errores animadverterent, mecum suas emendationes communicarent. Quod fecit, praeter quem appellavi virum amicissimum, vir summae doctrinae et humanitatis, carissimus Fleischer. Ab hisce viris acceptis mea addidi; notam nominis correctionibus plerisque et emendationibus gravioris momenti omnibus adscripsi. Viris amicissimis denique Wright et Wüstenfeld debeo collationes ex Codice Musei Brittanici et ex opere Jaquti.

Verba quae minus recte aut perspicue in lexico Freytagii explicantur, aut ibi desiderantur, morem excellentissimum Dozyi mei secutus, in Glossario interpretari conatus sum. Mendas hic quasdam ex eo sustulit idque additamentis nonnullis locupletavit, quae signo nominis notavi.

GLOSSARIUM.

اتى (I). اتى على اكثرهم, *exstirpavit*, p. ١٠٣; Dozy, Glossarium ad Ibn Badrun; Lane, p. 16 (col. 1).

اجم (X), verb. denom., *evasit* أَجَمَة, *arundinetum*, p. ٢٩٣.

اخذ (I), c. acc. p. et ب r., *alicui aliquid imposuit peragendum*, p. ٤٧ (ubi corrigendum واخذوهم بتجويد الحلل), p. ٢٨٩ (بحفر خندقها); *solvendum*, p. ٩٧ (بحلل وشى), p. ١٥٩ (بجزية), p. ٢٣١, ٢٣٧ (بمال); *secum ducendum*, p. ٣١٨ (بترس الخ); Mawerdí, p. ١٤٠, ١٧٤, ١٨١, ٢٥١ (v. Gloss. Engeri). Cl°. Fleischer debeo haec exempla: Zamakhscharí, *Kasschaf* ad Qor. 3, vs. 100: يُنْهَى الصبيانُ عن المحرّمات حتّى لا يتعودّوها كما يُؤْخَذُون بالصلاة ليمرنوا عليها; Abu 'l-Mahásin, I, p. ٢٥٨, vs. 13 (بالسجود); *Bibl. Arab. Sic.*, p. ٤٤١, vs. 10; Maqqarí, I, p. ١٧٤, vs. 18, p. ٢١٣, vs. paen., II, p. ٢٢٩, vs. 8, p. ٤٩٨, vs. 4 a f. —, c. على p. et acc. r. (ان), *praescripsit*, p. ١٥٩ (ان لا ياكلوا الربا).

اخر. مُسْتَأْخَر, *locus recedendi*, p. ٣١٧ (v. *Add. et Emend.*).

ادا. مُؤَدًّى, *locus tributum solvendi*, p. ٩٨.

اذن (I). فاذنوا بحرب من الله ورسوله, p. ٢٠١; Qor. 2, vs. 279. Vid. Lane, p. 42 (col. 1). — (II), *arcuit*, *repulsit*, فلانًا عن شىء, p. ١٩٢. — (IV), *bellum indixit*, آذنوا بالمحاربة, p. ١٨, آذنوا عمرًا بالحرب, p. ٢١٥; Ibno 'l-Athír, I, p. ١٩٢. — اذن. Phrasis Qoranica (18, vs. 10) اللهم اضرب على آذانهم, p. ٣٧. Ibn Hischám habet, p. ٨٠٨: خذ العيون والاخبار عنهم et p. ٨١٠: عميت الاخبار عنهم.

ازر (II), verb. denom. ab إِزَار, *antepagmentum parietum*, p. ٤٨; Wright, Glossarium ad Ibn-Djobair; Azraqí, p. ١۴٧, ٢٠٧, cet.; Qazwini, II, p. ١٧٨; Maqrízí, II, p. ١٩٧. Lane dedit locos Motarrizii et *Asási.*

اصل. زيادة عشرة دنانير لكل رجل فى اصل عطآئه, »supra stipendium ordinarium," p. ١٩٩, vs. ult.

الا. اِلَّا أَنْ = لٰكِن, p. ۴٢, vs. 4 a f., p. ٨٧, vs. 3, p. ٩٥, vs. 3 a f., p. ٢١٥, vs. 7, p. ٣٢٩, vs. 7; vid. Glossar. ad Edrísí.

الى. Dicitur p. ١٣٢, vs. 4 كانت الى قنسرين, scilicet مضمومة (cf. vs. 6).

امر (X), *consultavit aliquem de aliqua re, rogavit eum permissionem alicujus rei, rogavit ut juberet aliquid,* c. acc. p. et فى r., p. ٥٨, ١۴۴, vs. 3 (cf. p. ١۴٣, vs. ult.), p. ١٥٣, ٢٢٠; Lane sub امر (III), p. 96 (col. 1).

امن (I). لست بآمن ان s. لا آمن ان, *non certus sum quod non,* (Lane, p. 100 (col. 1): »I am not sure but"), fere synonym. verbi *opinor, persuasum mihi est,* p. ١٩٩, ٣٠٠, ٣٣٧, ٣۴٨ (in loco parall., p. ٢٧٧, (ما اخوفنى ان), p. ۴٢٥ (فلا نامنه ان يعزلك). — لا آمن يهودًا على كتابى, p. ۴٧۴; Lane (col. 2). — امانة. المجانس بالامانة, p. ٢١٩, vs. 3 a f.; Ibn Badrun, p. ٢٧۴, ٢٧٩ (بالامانات).

اين. الآنَ. هذا الآن يزعم, p. ٧٢, vs. 6 a f., ironice »atque hic homo autumat."

بت. فى بَتّ, *seorsim,* p. ٣٥٩, vs. 8 (= Hebr. לְבַד).

بد. بُدّ explicatur p. ۴٣٧, ۴٣٩; v. Reinaud, *Fragments,* p. 193; Dimaschqí, ed. Mehren, *Index;* Lane p. 161 (col. 3). Amicissimus Kern, V. Cl., mihi roganti dixit, se opinari vocabulum nihil aliud esse quam *Buddha,* cujus nempe cultus in Indiâ septentrionali florebat, cujusque imagines in omnibus urbibus ab Arabibus conspici poterant. Significatio *templi* igitur a sensu *imaginis* est derivata.

بدا (I). بدا لهم الانتقال sine فى, p. ١٩, vs. 7 a f. [Eodem modo in loco Ibno 'l-Khatíbi edito in Introd. ad *al-Bayán,* p. 104, vs. 16. D.]

بذل (I), *obtulit* (لهما مالا عظيما على ان يعطوه), p. ١٢٥, ١٣٩, ١٧۴, ٣٠١, ۴۴٥; Dozy, *Loci de Abbad.,* II, p. 174 sq.; *Chron. Mekk.,* ed. Wüstenfeld, III, p. ١٩٩; Nowairí, *Encyclopaedia,* MS. 2 *h,* p. 352: وكان باجكم قد بذل لهم فى رده خمسين الف دينار; Ibno 'l-Athír, X, p. ۴٣٩: بذل لهم بذولا كثيرة.

برأ (V). تَبَرَّأَ من الخلافة, *abdicavit*, p. ٢٢٩, vs. 3.

برج. بارجة, pl. بوارج, *cymba Indica*, vox peregr., vid. Bíruni *apud* Reinaud *Fragments*, p. 91, vs. 13: البوارج لصوص — وسمّوا بهذا لانهم يتلصّصون فى الزواريق واسمها بيرة; cf. p. 120, ann. 1: »ce mot (*beyrah*) est encore employé avec cette signification, en hindostani, sous la forme بيڑا." Beládsorí, p. ٤٣٥, ٤٤٥, ٤٤٦. *Qámus* habet: البارجة سفينة كبيرة للقتال.

برز (IV). مطابخَه, *aditum patefecit cuilibet ad culinas suas*, p. ١٨٧; cf. Glossar. ad Edrísí.

بزل. بازل, vid. sub بطن.

بسط (VII). انبسط اليه, p. ٤٢٥; Lane p. 204 (col. 1): »*he was open*, or *unreserved towards him*."

بشر. بَشَرَة, pl. ابشار. ضرب الابشار, *flagris caedit*, p. ٤٩٩; *Historia Khalifatus Omari II[i] cet.*, p. ٩٤; cf. Beládsorí, p. ٤٦٣: عقوبته فى بشره; Freytag, *Proverb.*, I, p. 104 ad n. 309: العقوبة فى الابشار.

بصر. بصيرة explicatur p. ٨٤.

بطن (X). استَبْطَنْتم بأَشْهَبَ بازل, p. ٣٨; Lane sub بازل: بُلِىَ باشهب بازل: »*he was afflicted with a difficult and distressing thing* or *event*;" cf. infra sub شهب.

بعد (VI). تباعد ما بينهما وبين اهلهما »inimici facti sunt illi et familiae illorum," p. ٣٥٧; i. q. تباعدوا, *Asás* apud Lane, p. 225 (col. 1). — بَعْدُ, *etiam*, p. ٢٣١: يدعوهم بعدُ الى ذلك; Maqqari, II, p. ١١٦, ١١٧, ١١٨, ١١٩: هو الآن بعد فى الحياة. Cum negatione *nondum*, p. ٤٢٤: لم يان ذلك بعد; Ibn Batuta, II, p. 291, III, p. 173, 390, 429. Vid. Lane, p. 225 (col. 2).

بعل. بَعْلٌ. ما سَقَى البَعْلُ, p. ٧٠, pro quo p. ٧١: ما سَقَتِ العَيْنُ, ut quoque apud Ibn Hischám, p. ٩٥٦, et ما سُقِىَ غَيْلًا. Deinde tum البَعْلُ tum الغَيْلُ explicantur voce السَّيْح, qua significatur *aqua fluens* (السَّيْحُ الماءُ الجارى يعنى به ماء الانهار والاودية, Gloss. ad *Hidáya* et Motarrizí). Tractatus prophetae cum incolis Dumato 'l-Djandali duae sunt redactiones, quarum altera (Abu Obaid, f. 114 v., Zamakhscharí, *Fäik*, II, p. 53) data esse fertur Háritsae ibn Qatan, altera (Abu

Obaid, f. 193 v., Zamakhschari, II, p. 533, Beládsori, p. ٩١) Okaidiro. In illâ legitur ان لنا الضاحية من البعل ولكم الضامنة من النخل (cf. Sprenger in *Zeitschrift d. d. m. G.*, XVIII, p. 301). Voc. بعل ibi ab Abu Obaid et Zamakhschari explicatur per الذى شرب (الشارب) بعروقه من غير سقى, sed in altera redactione pro البعل exstat الضَّحْل, quod reddunt per المآء القليل. Motarrizi vocem non explicat. Habet tantum sub بعل: الحديث ما سقى بعلًا ويروى شَرِب وانتصابه على الحال, et sub غيل: الغيل ايضا المآء يجرى على وجه الارض ومنه وما سقى بالغَيْلِ او غيلًا ففيه العشر. Secundum Lane (*Lexicon*, p. 228) voce بَعْل designatur 1° terra elatior, quae neque arte nec natura irrigatur, nisi forte interdum pluvia (in hoc casu synonymum est voc. عِذْى), 2° palmae quae in tali terra crescunt, radicibus aquam e solo bibentes. Addenda est significatio tertia, nempe *interna terrae humiditas, aqua subterranea.* Mawerdi, p. ٢٥٨, dicit: ما سقته الارض بنداوتها وما استكنّ من المآء فى قرارها فشرب زرعها وشجرها بعروقها ويسمى البعل »quod terra suâ humiditate irrigat et aqua quae latet in profundo ejus, quam seges et arbores radicibus bibunt, vocatur *ba'l.*" Addo locum memorabilem ex opere Qodámae ibn Djafar, c. t. كتاب الخراج وصناعة الكتابة, in Manz. VII, Cap. 7 (فى المقاسمة والوضائع): اما ارض العشر فقد قدّمنا اقسامها وفيها العشر دون ما سواها والسنّة ان العشر انما يجب من جميع اقسام الارضين التى عددناها فيما لم يتكلّف فى سقيه كلفة ونصف العشر فيما يحتاج الى الكُلَف ولِمَا لم يتكلّف فى سقيه كلفة اسمآء يحتاج الى ذكرها فى هذا الموضع وهو السيح والفتح والغيل والكظائم وهى نحو القنى ويقال بلغة اهل الاهواز وما يعرفونه هناك الفارياب، وما كان سقيه من السمآء فهو العذى وتقول العرب فى ذلك العَثَّرِىّ بفتح العين والثآء وتشديد الثآء وقوم يجعلون البعل ما يسقيه السمآء، وقال ابو عبيد القاسم بن سلّام البعل ما كان من نخل او ما اشبهه يشرب بعروقه من غير سقى ويعرف اهل الاهواز العذى بالبخس (Cod. Schefer بالنحس) ومما يزدرع عليه الغلّات الكبوس والصليقات وهى الارضون التى تمخّر المياه فيها فيرطبها (Cod. فيرطها) ويثبت النقن عليها ثم تبذر البذور ولا تسقى الارض وما اخلق هذا بان يكون فى جملة ما يسمّى البعل. Vocabula فتح, سيح et غيل fere synonyma sunt. فَتْح Djauhario est substantivum: المآء يجرى من عين

ما سُقى فتحًا نصب على المصدر اى ما فتح اليه او غيرها, Motarrizio est infinitivus: ماء الانهار فتحًا من الزروع (والبآء تصحيف). Locum Motarrizii de الغيل supra dedi. Djauharí explicat per الماء الذى يجرى على وجه الارض. Secundum Mawerdí autem (p. ٢٥٨) hoc vocabulo designantur terrae quae canalibus (بالقناء) irrigantur, sive aqua sponte sua e fonte per eas fluat, sive ope machinae. — Vocab. كَظَائِمُ, a sing. كظامة s. كَظِيمَة, a Djauhario explicatur per بئر الى جنبها بئر وبينهما مجرى باطن الوادى. Zamakhschari, *Asás*: وحَفَرُوا كظامة وكَظِيمَة وكَظائم وفى الحديث أَتَى كظامة قَوْمٍ فَتَوَضَّأَ وهى الفَقِيرُ يُحْفَرُ مِنْ بِئْرٍ الى بِئْرٍ (Cod. Oxon. et Lugd. كظامة) والسِّقَايَةُ والحَوْضُ قال طرفة

يَشْرَبْنَ من فَضْلَةِ العُقَارِ كَمَا استَوْجَرَ مَآءَ الكَظِيمَةِ الشُّرُبُ

جمع شروب ويقال لانهار الكَرْمِ الكظائمُ. In opere *al-Fäïk* eamdem traditionem memorat (II, p. 398), addens: الكظامةُ واحدةُ الكظائم وهى آبارٌ تُحْفَرُ فى بَطْنِ وادٍ مُتباعدةً ويُخْرَقُ ما بَيْنَ بئرَيْنِ بقناة يُجْرى فيها الماءَ من بئرٍ الى بئرٍ ومنه حديث ابن عمر اذا رأيتَ مكّة قد بُعِجَتْ كظائمَ الخ (اى شُقّقت كظائمَ نصب على التمييز كقوله Gloss. تعالى وفجّرنا الارض عيونًا). Significat igitur, uti recte habet Qodáma, et in parte Mawerdí, *canales ad irrigandum* et, ut videtur, terras earum ope irrigatas, nam, addit, incolae al-Ahwázi (Khuzistán) loco ejus utuntur voce فارياب »arvum ope aquae fluvii vel fossae, simil., consitum" (Vullers, II, p. 631).

Sequuntur illae terrae quae عِذْى vocantur, quae nempe sola aqua pluviali irrigantur. Eaedem ab incolis al-Ahwázi, ut ait Qodáma, appellantur بَخْس, pl. بُخُوس (v. Lane, p. 159). Apud Istakhrí et Ibn Haucal saepissime مباخس dicuntur. Ab Arabibus autem campestribus, auctore Qodáma, eaedem nomine عَثَرِىّ designantur. Djauharí ultimum vocabulum (بالتحريك) explicat per: العِذْى وهو الزرعُ الذى لا يَسْقيه الّا مآءُ المَطَرِ. *Qámusi* auctor, praescribens تخفيف الثآء, habet ما سَقَتْهُ السمآءُ. E loco autem Bokhárii (I, p. ٣٧٧): فيما سَقَتِ السمآءُ والعُيُونُ او كان عَثَرِيًّا العُشْرُ وما سُقِىَ بالنَّضْحِ نصفُ العُشْرِ, efficeres hoc vocabulo potius significari terras بعل vocatas. Quod confirmatur comparatione loci Abu Isháq as-

Schirázii (Cod. 907, باب زكوة النبات): وما سُقِىَ بِغَيْرِ مُؤْنَةٍ كماءِ السَّمَآء والسَّيْحِ وَمَا يَشْرَب بالعُرُوقِ يَجِبُ فيه العُشْر. Et reverâ de propria significatione hujus vocabuli inter viros doctos non constat Zamakhschari, *Fäik:* وهو من قولهم للعذى من النخل او لِمَا يُسْقَى سَيْحًا على خلافٍ بين اهل اللغة العَثَرِىّ لانه لا يحتاجُ فى سَقْيِه الى عَمَلٍ بِغَرْبٍ او دالِيَة, et Nawawi in *Tahdsibo 'l-asmâ* (Cod. 357, p. 391): العثرى بعين مهملة ثم ثآء مثلثة مفتوحتين ثم رآء مهملة مكسورة ثم يآء مشددة قال صاحب المطالع وحكى ابن المرابط عثريا بسكون الثآء قال والاول اعرف قال الشيخ تقى الدين ابن الصلاح رحمه هو عند بعض اهل اللغة العثرى (l. العذى) قال والاصح ما ذهب اليه الازهرى وغيره من اهل اللغة انه مخصوص بما يسقى من مآء السيل فيجعل عاثور هو شبه ساقية تحفر له يجرى فيها المآء الى اصوله وسمى ذلك عاثورًا لانه يتعثّر بها المارّ الذى لا يشعر بها وهذا هو الذى فسره الشيخ ابو اسحٰق رحمه فى مهذبه لكنه لم يقيده بمآء السيل والمطر فليتكل على القلعى اليمنى شارح الفاظه فقال فى معرض الادكار (sic) العثرى هو ما سقت السمآء لا اختلاف فيه بين اهل اللغة فوقع ولم يسلم ايضا من حيث انه اطلق ايضا ولم يقيّده والله اعلم هذا كلام الشيخ تقى الدين وروينا فى سنن ابن ماجة عن يحيى بن ادم انه قال البعل والعثرى ما يزرع بالسحاب والمطر خاصّة ليس يُصيبُه الا مآء المطر والبعل ما كان من الكروم قد ذهب عروقه فى الارض الى المآء فلا يحتاج الى السقى الخمس سنين والست وقد ذكر الجوهرى فى صحاحه وغيره ان العثرى الزرع الذى لا يسقيه الا مآء المطر وذكر ابن فارس فى المجمل قولين احدهما هذا والثانى واشار الى ترجيحه انه ما سقى من النخل سيحًا والسيح المآء الجارى. Glossator ad *Maçábih as-Sonna* ad h. l. vocabulum عَثَرِى sic explicat: ما يسقى بالمطر ولكن قالوا المراد منه هاهنا ما يشرب بالعروق يعنى ما يزرع فى ارض تكون ابدًا رطبة لقربها من الماء فلا تحتاج الى سقى. — Tandem enumerantur a Qodáma terrae كبوس et صليقات dictae, nempe illae quae subinde inundantur (torrente?), nulla arte adhibita, et luto obteguntur quo solum fit ferax. Ab auctore annumerantur terris quae بعل appellantur. Neutrum vocabulum aliunde mihi innotuit, nec sufficit explicatio Qodámae ad probe distinguendum hasce ab aliis terris.

Revertamus ad voc. البعل. Jam Qodámae tempore et prius, teste Jahjá ibn

Adam, interdum adhibebatur sensu voc. عذى, i. e. terrae sola aqua pluviali rigatae. Postea etiam latiorem sensum obtinuit, nempe designare coepit omnes terras natura irrigatas, oppositum voc. سقى. Hanc significationem habet non tantum in loco lexicographi laudati a de Sacy, *Chrestomathie arabe*, I, p. 225, sed etiam in libro de agricultura, cujus auctor est Ibno 'l-Auwám, Hispanus. Locum ex introductione hujus operis cum codice Parisiensi collatum dedit de Sacy l.l. cum versione, in qua pauca corrigenda sunt, quoniam vir illustris duo vocabula minus intellexerit, السواقى et الخطارة. Vertas in hunc modum: »Cultura terrae generaliter operarum victum quaerendi causa omnium quaestuosissima est. Dividitur bipartito: cultura agrorum natura rigatorum (بعل) et cultura agrorum qui irrigatione artificiali indigent (سقى). Illa, nempe in qua agri ope canalium (سواقى), fontibus aut flumine irrigantur (cf. Mawerdí, p. ٢٥٨, vs. 6—9), minus periculum habet et meliorem proventum dat. Haec vero molesta et difficilis est. Irrigatio nempe fit ope machinarum hydraulicarum, ut *nawâ'ir*, *sawâkî*, *dilâ* (de his cf. infra in v. غرب), quae moventur camelis, asinis et mulis, et quarum omnium commodissima (cogitatione suppl. اقلها مشقة وتعبا) est machina quam appellant *khattára*." — Hanc autem significationem vocab. البعل servavit ad nostrum usque tempus in Aegypto et Syria (v. de Sacy l.l. p. 226 sq.), et تين بعل s. تين بعلى, apud Meier in *Zeitschr. d. d. m. G.*, XVII, p. 607, sunt fici quos terra natura rigata tulit, et qui meliores habentur quam تين مسقاوى.

بغل. بَغْلِى. دراهم بغليّة, *drachmae Persicae*, appellatae quoque وافية, *integri*, p. ٣٣٥, ٤٦٦, ٤٩٨. V. de Sacy, *Traité des monnaies*, p. 6, 8; *Chrestom. ar.*, II, p. ١١٠, vs. 5. Tempore Ibn Batutae in Syria septentrionali etiam in usu erant (*Voyages*, I, p. 163).

بقّ. مَبَاقّ, plur. voc. مَبَقَّة, ***terra abundans culicibus, palus***, p. ٢٧٩; Lane: أَرْضٌ مَبَقَّةٌ, *bug*.

بقط. بَقْط, ***tributum constans mancipiis quotannis, aut tertio quoque anno, solvendum a Nubiis***, p. ٢٣٨, ٢٣٩; Quatremère, ***Mémoires géographiques et historiques***, II, p. 42, 53, ubi loci Maqrízii et Mas'udii traduntur.

بقع. ابقع. بُقْعُ الكلاب »canes nigro alboque colore variegati," p. ٢٩١; v. Lane, p. 235 (col. 3); Freytag, *Proverbia*, II, p. 142.

بلط (V), *aufugit*, p. ٣٩٠; denomin. a بُلُط (الفارّون من العسكر *Qamus*).

بلى. بال, *vetustus* de arbore, p. ۴٥ (قد يَبِسَ وتكسَّر); Lane, p. 255 (col. 2): »also said of a plant, as meaning *it became old and withered.*"

بهل (III). المباهلة, *judicium divinum exsecratione mutua imprecatum*, p. ٩۴; vid. Lane, p. 267 (col. 2). Addi potest, praeter locos Bokhárii et Ibn Hischámi (p. ۴١٠; forma 8va *ibid.*, p. ۴٠٩), dictum Ibn Abbási: من شاء باهَلْتُهُ أَنَّ الله لم يذكر فى كتابه جَدًّا وانّما هو أَبٌ, in Zamakhscharii *al-Fáik*, I, p. 116, cui subjungitur haec explicatio: المباهلة مفاعلة من البَهْلة وهى اللَّعْنة وماخذها من الابْهال وهو الاهْمالُ والتَخْلية لان اللَّعْنَ الطَّرْدُ والطَّرْدُ والاهْمالُ من وادٍ واحد.

بوب (II). بابٌ مُبَوَّبٌ من خشب, »janua bene fabricata ligno," p. ٢٧٨; Azraqi, p. ٣١٥ *bis*, ٣٩١. تَبْوِيبُ الدّار, *janua munire domum*, Azraqi, p. ٣٩٠, vs. ult., et p. ٣٩٢, pro quo apud Beládsori, p. ۴۴, اتّخاذ الباب للدار. Lane et Freytag habent ابوابٌ مُبَوَّبَةٌ metaphorice de capitibus libri.

بور. البَوْر explicatur, p. ٩١, per الارض التى لم تستخرج ولم تعتمل, i. e. *terra prorsus inculta*. Secundum nonnullos in hac traditione non بَوْر sed بُور exstat. Hoc est plur. vocis بَوَارٌ i. e. خَرابٌ, secundum analogiam plur. عُون a sing. عَوَان. Sic docet al-Açmai (apud Zamakhschari, *Fáik*, II, p. 533), addens hunc non valde perspicuum locum: قال عدىّ بن زيدٍ لم يَبْقَ منها الّا مَراوِحُ طايات وبُورٌ تَضَعْو (sic) تَعالبيها. »Attamen, ait Zamakhschari, بُورٌ hic quoque infinitivus esse potest, nam dicunt شيءٌ بائرٌ وبارٌ وبُورٌ وبُورٌ et رَجُلٌ بُورٌ et قَوْمٌ بُورٌ. Usus autem infinitivi tamquam epitheton satis frequens est (والوصف بالمصدر غيرُ عزيز)." Voc. بارٌ apud Lane desideratur. Etiamnunc in Syria terram sterilem appellant ارض بور, vid. Berggren, *Guide français-arabe vulgaire* sub *terre*. [Alcala: بُور, pl. أَوْبار, *erial tierra non labrada* et تَبَوَّر, *esterile hazerse*. D.]

بيع. بَيْعٌ in verbis prophetae (p. ۴٣, vs. 6) لا يحلّ بيعُ رباعها ولا اجور بيوتها et (p. ۴۴, vs. 12) لا بأس باكل كرآء بيوت مكة وبيع رباعها significare videtur *pre-*

tium conductionis (the hire Lane). — مَبَاع, *locus ubi venalis est res*, p. ٢٨٨.

بين. بَيَان, *declaratio scripta, documentum*, p. ٧٠; Lane: » *a verbal indication or evidence, either spoken or written.*"

تبع (III) الغارات, *consequenter et successive fecit*, p. ٢٥٤ (ubi l. ويتابعونها). Freytag hanc significationem male formae 6tae tribuit. V. Lane. — تَابَعَ فلانًا, *sequi ducem*, p. ٣٩٠; Bokhárí, I, p. ٢٣٥ تابعه يونس, cet. — تَابِع, *famulus*, p. ١٥٩; تَبَع, pl. اتباع, *idem*, p. ٣٩, ٢٠٥ (= من تبعكم, p. ١٧٤); Lane ex TA.

ترب. تُرْبَة, *humus, solum*; notandum dictum الارض بتربتها, p. ٣٩, vs. 6 (nisi ibi sit corrigendum بثمرتها, coll. vs. 14 et 17 ونخلهم et p. ٣٢, vs. 3 et 4 الثمرة), pro quo vs. 11 tantum التربة legitur.

تُكُّرِى, pl. تَكَاكِرَة, voc. Sanskr. *thakkura* (dominus), p. ٤٣٨.

تَلِّيسَة. Notandum est hoc vocabulum, quod tamquam novum vocabulum a Lane omittitur, jam usitatum fuisse tempore khalifae al-Mançur, cujus Ibn Aijásch erat coaetaneus, v. p. ٣١٨. Secundum auctorem *Qamusi* significat *saccum* s. *crumenam*. Idem significatur nostro tempore voc. تليس in Egypto, v. Dozy, *Vêtements arabes*, p. 370 ann. et Bocthor sub *sac*. In Hispaniâ vero, ut exemplis docuit Dozy l.l., تليس designat *tapetum crassius variegatum coloribus*. Quomodo autem duae hae notiones cohaereant, explicavit Cherbonneau in *Journ. asiatique*, 1849, I, p. 65; vid. quoque Vullers in Lexico Persico-Latino. Cl. Dozy, l.l., vocabulum تليس derivavit ab Hispano *terliz*. Dicendum fuerat, ut nunc mecum opinatur, ex eodem fonte utramque formam fluxisse, nempe e Latino *trilicium* (deriv. a *trilix*), unde Gallicum *treillis* (antiq. *treslis, trelice, treileis*), Italicum *traliccio*.

تم (VI). تَتَامَّ جمعُهم اربعةً وعشرين الفًا, p. ١٠٨; Lane ex TA. — تتامّ اصحاب موسى اليه, p. ٤١٨; حتى يتتامّ اليه اصحابه, p. ٤٣٩; Lane ex eodem.

ثبت. ثَبَت, *documentum, testimonium scriptum* (= حُجَّة), p. ٢٣٨; Lane: *a voucher*. — ثَابِت. سهمُهُ ثابتٌ فى السواد, p. ٣٩٧, = واجب; Lane, p. 328 (col. 3).

ثلج. ثَلَج, *id quod certum est* = ثَبَت, p. ٢٨ (ubi Ibn Hischám, p. ٧٧٩ habet التثبت), p. ٢١٤; cf. Lane, p. 349 (col. 3) ex TA. Locus ex *Içláho 'l-mantiq*, auctore Ibno's-Sikkít, ibi laudatus, in nostro codice, MS. 446, sic audit: والثَّلَج

مصدر تَلَجْتُ بِمَا خُبِّرْتُ اذا اشْتَفَيْتَ منه وسَكَنَتْ نفسُك اليه.

ثمر. ثَمْرَةٌ, *reditus*, *proventus terrae*, p. ٢٧ (*c*), ٢٨ (اخذت الثمرة شآءت ايْتُكَنَّ) وايْتُكُنَّ شآءت اخذت الضيعة), p. ٣٢, ٦٥ cet.

ثمن (IV). ليثمن بها, »ut magnum pretium ex iis (margaritis) conficeret," p. ٣٣٥, vs. ult.

ثور (X), *effodit* rem absconditam, p. ٢٧; Lane laudat locum *Qámusi* in v. سوع; tertium exemplum v. in Glossar. ad Ibn Badrun.

ثوى. مَثْوًى et مَثْوَاةٌ, hoc apud Beládsorí, p. ٦٥, illud apud Zamakhscharí, *Fäïk*, I, p. 149, in redactione alia ejusdem tractatus, infinitivi sunt. Zam. haec habet: مَثوى رُسْلى اى ثَوآؤهم ضُيُوفًا لهم والثَوِىُّ الضيفُ قال أَوْسٌ

لَعمرِكَ ما مَلَّتْ ثواءَ ثَوِيِّها حَلِيمَةُ اذْ أَلْقَى مَرَاسِىَ مُقْعَدِ.

Ex marg.: (Gloss. يريد نفسَه اى اوسٌ) [وذلك ان اوس بن حجر خرج الى امر من الامور فوقصت (Cod. فوقصت) به ناقته فانكسرت فخذه فصار مقعدًا فراى يومًا صبايا باجبى (sic) فدعا واحدة منهن فسالها فقال مَنْ ابوك قالت فضالة وكان سيّد قومه فوضع فى كفّها حجرًا وقال لها قولى لابيك ابن هذا يقرأ عليك السلام ففعلت ذلك وقصّتْ عليه القصّة فامرَ قومه بالاحسان الى اوس فخدمته (sic) حتى وبين عليه قمه (sic) واخدَمَهُ ابنته حليمة برًّا وكان بعد ذلك لا يمدح الا فضالة وهذا مدح لابنته حليمة] ويقال تثوّيتُ فلانًا اذا تَضَيَّفتَهُ ومنه حديث ابى هريرة انه قال شيخٌ من طُفَاوَةَ (Gloss. قبيلة) تَثَوَّيْتُه فلم أَرَ رَجُلًا أَشدَّ تشميرًا ولا أَقْوَمَ على ضَيْفٍ منه. — ثاوٍ, *mortuus*, p. ٩٩; Dozy, *Loci de Abbadidis*, III, p. 141 sq.; Lane: ثوى, *he was slain*, *he died.*

جبر. جُوبُرَةٌ, nomen piscis, p. ٣٦٣.

جذا (I) explicatur p. ٣٨٥, *f.* Lane (p. 398) hunc versum laudat, cum var. l. حَرْفٍ pro كُلّ.

جرّ (I). جَرَّ رِجْلَهُ, *abiit.* امر بجرّ رجله — فمضى, p. ٣١٥. -- (IV). اجرّ الرواحلَ لئلّا تجترّ, p. ١١٠; videtur h. l. significare idem quod كعم, quod Tabarí habet, nempe *vinculo in ore constrinxit*, ne edere posset, camelum. In hoc casu est denom. a جَرِيرٌ (funis maxillam cameli cingens). — جَرَّارٌ. شهر جَرَّارٌ, *mensis protractus*, *paullo plus quam mensis*, p. ٣٩٠; cf. Lane: جَرَّتِ الليلة, *was*, or *became long; longus* de flumine, passim apud Dimaschqí e. g. (ed. Mehren) p. ٨٨, ٩٩, ١٠١, ١٠٢, ١٠٦.

جرى (I). من جرت عليه الموسى, »quem attigit novacula" i. e. *qui ad pubertatem devenit*, p. ٢١, ١٢٥, ١٥٢; Maqrízí, I, p. ٧٩, ٧٧. Cf. Hebr. מוֹרָה עָלָה עַל רֹאשׁוֹ (*Judic.*, XIII, vs. 5; XVI, vs. 17; 1 Sam. I, vs. 11). Eodem modo adhibetur verbum جرى in phrasi ما جرى عليه الكيل, p. ٥٩, vs. 1. — جارٍ. النفقة صارت جارية, p. ١٤٤, vs. 3 »pecunia eroganda constituta est certa summa quotannis solvenda;" cf. Lane: صدقة جارية et أُجْرَى (Beláds., p. ٤٥٢, vs. 2, p. ٤٩١, vs. 1). Hinc جارٍ obtinuit significationem *stipendii fixi* (appointements, salaire), Maqqarí, I, p. ١٣٩; Qodáma ibn Dja'far, *Kitábo 'l-Kharádj*, Manz. VII, introd.: ومن احكام ما يكون كتابيًّا خالصًا لا اتّصال بينه وبين اصول الفقه — ان يحكم الكاتب — وفى ارزاق الامناء على حفظ الغلة انها من جارى العامل او خارجة عنه; Fleischer, *Gloss. Habicht.*

جسر. جَسَّارٌ, *operarius aggeribus faciendis*, p. ٢٩٢. (Vocabulum جِسْرٌ non tantum *pontem*, sed quoque *agger* significat; Nowairí, *Hist. Aeg.*, MS. 19 *b*, f. 33 v.: الجسور التى تحبس المياه تقطعت; Lane: *a dyke*. In opere *Description de l'Égypte*, XI, p. 81, 186, 499, جسور سلطانية vertitur recte per »digues du Sultan"). Mawerdí, p. ٣١٢, habet syn. سَكّارٌ, quod quoque in Lexico desideratur.

جعل (VI). الجُعْل الذى يَتَجَاعَلُهُ القبائلُ بينها, p. ١٨٨. Recte explicat Lane ex TA.: »*The people stipulated among themselves to give wages*, or *pay*, *to such of them as should serve as substitutes, on the occasion of being ordered forth to war.*" Appellatur illa pecunia جُعْل (cf. p. ٢٦٨), جُعَالَة et جَعِيلَة, pl. جَعَائِل; vid. Lane. Zamakhscharí, *Fáïk*, I, p. 181: يدفعه المَضْروبُ عليه البَعْثُ الى مَن يَغْزو عنه.

[Alcala: جُعْل, *don que se promete en la guerra.* D.]

جفا. جافٍ, *rudis, incultus*, p. ٤١٩, ٤٢٣. — جَفَاءة, *rusticitas*, p. ٤٢٥. Vid. Glossar. ad Edrísí.

جلب (IV). اجلبوا على المسلمين بجموع عظيمة, p. ١٩٨, ut in Qor. 17, vs. 66, de quo loco vid. Lane, p. 439 (col. 2). — *Potiri* aliquâ re, sq. على: ما اجلب عليه اهل العسكر — من مال او ركاع, p. ٢٦٦.

جلس. جَلَسَ اليه, *assedit ei*, p. ٨; Ibn Badrun, p. ٩٤, vs. ult. Vid. Lane. — مَجْلِس occurrit apud Beládsorí cum fere omnibus significationibus, quas habet Lane: *sedes*, p. ٤٩٣; *conclave*, p. ٣٧٠; *senatus*, p. ٣٩٧; *colloquium*, p. ٣١٩.

جلا (I). Ubique significat *exulavit*, nisi p. ١٣٩, vs. paen. et p. ٣١١, vs. 8, ubi sensum habet *expellendi*. Rursus 4ta forma, cujus significatio propria est *expellere*, quoque intransitive adhibetur; Nawawí: يقال جلا القومُ واجلوا عن ديارهم اذا رحلوا عنها; Motarrizí: الجَلآء — الخروج عن الوطن او الاخراج يقال جَلَا السُّلطان القومَ عن اوطانهم واجلاهم فجلوا واجلوا. — مُجْلٍ. الحَرْبُ (الخُطَّةُ) المُجْلِيَةُ والسِّلْمُ المُخْزِيَةُ, p. ٩٤, ٩٥; Lane ex TA. Zam. *Fáïk*, I, p. 187: اخذ أَسْعَدُ بن زُرارةَ بيده وقال يايّها الناس اتَدْرُونَ على ما ذا تُبايعون محمّدًا انكم تُبايعُونَه على ان تُحارِبُوا العَرَبَ والعجمَ والجِنَّ والانسَ مُجْلِيةً قالوا نحن حَرْبٌ لمن حاربَ سِلْمٌ لمن سالم اى حَرْبًا مُجْلِيَةً عن الأوْطانِ تقول العربُ اختاروا فاما سِلْمٌ مُخْزِيَةٌ واما حَرْبٌ مُجْلِيَةٌ وقيل ان رويت مُجْلِبةٌ فهى من أَجْلَبَ القومُ وأَحْلَبُوا اذا اجتمعوا.

جمد. جَامِدٌ, pl. جوامد, *siccus* de terra, p. ٢٩٣; Qodáma, Manz. VI, Cap. 6; Mawerdí, p. ٣١٢; cf. Lane: جَمَدَ, *became dry, dried*. — جَمَّادٌ, idem quod جَمَاد, de puteo *cujus aqua pauca est et lente fluit*, p. ٤٩; cf. Lane: جَمَادٌ »*having no or little milk, slow*, syn. بَطِيئَة.”

جمع (I), *collegit exercitum contra* aliquem, sq. ل p., p. ١٠١, ١٧٤, ١٩٧, ٢٣٣, ٢٤١, ٢٤٨, ٣١٧, ٣٩٧, ٤٠٩; Gloss. ad Ibn Badrun. Subinde additur الجموع, e. g. p. ١٣٧. — (X), *collegit id quod divisum fuerat*, c. acc. r., p. ٣٢; *absolvit, ad finem perduxit* فتحَ مصرَ, p. ٢١٧. — جَامِعٌ. فنادى الصلاةَ جَامِعَةً, p. ٢٢٩. Nawawí, *Tahdsíb*, MS. 387, p. 325: وقولهم فى العيد والكسوف ينادى لها الصلاة جامعة هو بنصب الصلاة وجامعة على الحال ونصب جامعة الصلاة على الاعراء (= معرًّى). Vid. Bokhárí, I, p. ٢٦٦, ٢٦٨ et cf. p. ٢٥١. — جماعة, *concordia, pax* (opp. فتنة, *bellum intestinum*), p. ٤١٣, ٤٢٥; Freytag, *Proverbia*, I, p. 283, n. 16: جَمَاعَةٌ عَلَى أَقْذَآءٍ, non »congregatio,” sed »pax, induciae” ut هدنة in commentario addito. Zamakhscharí, *Fáïk*, II, p. 642 (= Abu Obaid, f. 7 r.): ذكر الفِتَنَ فقال حُذَيفَةُ بن اليمانِ أَبَعْدَ هذا الشرِّ خَيْرٌ فقال هُدْنَةٌ على دَخَنٍ وجَمَاعَةٌ على أَقْذآءٍ — ومنه قيل لسكون ما بين

المتعادييْن بالصُّلح والمُوادَعَة هُدْنَةٌ الدَّخَنُ مصدر دَخَنَت النارُ اذا أُلْقِيَ عليها حَطَبٌ رَطْبٌ فكَثُرَ دُخَانُها وفَسَدَتْ ضَرَبَهُ مثلا لما بينهم من الفساد الباطن تَحْتَ الصَّلاح الظاهر وكذلك الأَقْذَآء مثل لكُدُورَة نيّاتهم وفَقْد تَصافيهم. Abu Obaid explicat جماعة per اجتماعهم على فساد. Dicitur quoque, si recte memini, عَامُ الجَمَاعَة »annus pacis, bello civili finito." — مُجْتَمَعٌ, *locus ubi confluit aqua*, مجتمع الانهار, p. ٢٤٢, vs. ult.

جنح (I), *in terram delata fuit* navis, p. ٤٤٢; Lane ex L. Eodem sensu dicitur أُجْنِحَتْ السفينةُ, Zamakhschari, *Fäik*, II, p. 385: وكَبَتْنا السفينةَ اذا أُجْنِحَتْ الى الارض فحَوَّلْنا ما فيها الى الأُخْرَى.

جند (II). جَنَّدَ ارضا, *constituit terram provinciam* (جند) *separatam* (افردها), p. ١٣٢. Phrasis جَنَّدَ جُنْدًا, p. ٤٤٩; Sarakhsí, Commentarius ad opus as-Schaibánii c. t. السير الكبير, MS. 373, I, f. 6 r.: فى الجنود المجنَّدة.

جهد (I), *exhausit*, جَهَدَهُمْ الحصارُ, p. ١٠٣, جَهَدَهُمْ البَلآء. p. ١٨٦; جُهِدَ, *exhaustus fuit*, جُهِدُوا, p. ١٠١, ان نُغْلَب ونُجْهَد, p. ١٣٧; Mobarrad, ed. Wright, p. ١٣٢, vs. 6. Part. مجهود, pl. مَجْهُودون, p. ٣٩٩, مجاهيد, p. ٢١٧, *exhaustus*; v. Lane. — جَهَدَ حَقَّهُ فى شىء, *ursit jus suum in re*, p. ٨٠. — (IV). أَجْهَدَ نفسَهُ, *omnes vires intendit*, p. ١٤٢. جِهَادٌ, ut vid. pro جَهْدٌ s. جُهْدٌ, p. ٢١٣: ان وجدتُه فى جهاد كنتُ معه, »si inveniam eum laborantem, auxilio egentem, ei succurram." Fortasse tamen vertendum est »si inveniam eum adhuc belligerantem, urbe nondum capta."

جوز (I), *valuit*, *ratus fuit*, جاز صلحُه, p. ١٢٢. — (IV), *confirmavit*, *fecit ut ratus esset* contractus صلحه, p. ١٢٢, ١٢٦, ١٣٩, ٢١٣, ٢١٥. ٢٤٨. يجيز على المسلمين ادناهم, »pactum quod infimus Moslimorum pepigerit, omnibus ratum erit," p. ١٢٢. Cf. p. ٣٩٠ et ٣٩١ ubi idem de servo Moslimo dicitur. Sarakhsí, MS., I, f. 114 v. laudat effatum prophetae: ويسعى بذمتهم ادناهم. Addit tractatum, qui dum urbs obsidetur a Moslimo sine permissione ducis factus est cum hoste, nihilominus ratum esse, sed duci licere Moslimum illum punire ob arrogantiam et disobedientiam (فالافتيات عليه فى ذلك يرجع الى الاستخفاف بالامام). — اجاز على جريح,

pro اجهز, p. ۴۰, ۱۰۹. Condemnatur usus verbi in hac significatione a multis lexicographis; v. Lane in v. جـهـز. — جائزة, *donum*, *praemium*. Origo usus hujus voc. explicatur p. ۳۹۲. Lane, p. 485 (col. 1), idem dedit ex Djauharí, ubi dux perperam vocatur Catan *ibn Abd Auf* (Lane om. *Abd*).

جَوْسَق, p. ۴۱۸: جعل مـن رءوس من قاتله جوسقين عظيمين; Lane »*belvedere;*" cf. ad-Dimaschkí, ed. Mehren, p. ۱۹۳, vs. 7 a f.

جول. مَجَال, sensu infin. formae 1ae, p. ۹۹, vs. 5; v. Glossar. ad Edrísí.

حج. حَجِيج. انا حجيجُهُ, p. ۱۶۲; vid. Lane in v.

حجر. حَاجِر (p. ۳۴۷) videtur significare *tramitem lapidibus stratum* a porta templi ad suggestum ducentem, atque templum in duas partes dividentem.

حدّ. حَدّ. ليخرج من حدّ المتغلبين, p. ۲۳۵. Lane: *rank, condition;* syn. مرتبة. — حَدِيد, *forma* ad nummos cudendos, p. ۴۹۹; Mawerdí, p. ۲۷۰, حديدة.

حدث. حَدَث, pl. أَحْدَاث, *res novae, rebellio, tumultus*. Dicitur حَدَثَ حَدَث (p. ۱۲۸) et حَدَثَ حَدَثًا أَحْدَثَ (p. ۱۵۴, ۱۵۵, ۱۹۹), ut quoque أَحْدَثَ مغيلةً (p. ۱۷۳). وَلَّاهُ ٱلْأَحْدَاث, *contulit in eum auctoritatem militarem ut tumultus et rebelliones reprimeret*, p. ۸۲ (*ter*), كان على احداث البصرة, p. ۳۹۴; Mawerdí, p. ۳۷۹: ولاة الاحداث والمعاون (*huissiers et inspecteurs de police*); Ibno 'l-Athír, VII, p. ۵۳: وهو والى الطريق واحداث الموسم, p. ۵۴ *idem;* Ibn Khaldun, MS. III, f. ۲۰ v.: وعزل سعيد بن علج عن احداث البصرة وعبيد الله بن الحسن عن الصلاة وولى مكانهما عبد الملك بن ايوب بن ضبيان النميرى ثم جعل الاحداث الى عمارة بن حمزة. Designat hic ubique والى الاحداث idem quod والى المظالم apud Mawerdí, p. ۴۰۷ sq.; et haec est significatio voc. احداث in titulo capitis decimi e Manz. V libri Qodámae jam saepius laudati: كتابة الشرطة والاحداث. Continet enim hoc caput codicem poenalem Moslimorum. Superiori etiam saeculo in urbe Ispahán exstitit officialis صاحب الاحداث appellatus, *excubitorum et custodiae magister, qui cum apparitoribus suis nocturno tempore per plateas discurrit, ut grassatores furesque irretiat, et in custodiam abducat*, Kaempfer, *Amoenitates exoticae*, Fasc. I, p. 85, 141 (scribit أَحْدَاث, *Achdaas*). Neutra igitur significationum, quas exemplis illustravit Nob. de Slane in *Journ. asiat.*, 1862, II, p. 160 sq., ann. (cf. ad vers. Ibn Khallicán, I, p. 539) in loco Qodámae convenit. Sensum *militum novorum* (*les recrues*) habere posset apud Beládsorí, p. ٣٦٤ (كان على احداث البصرة), coll. p. ٣٦٩: كان على جيوش اهل الكوفة, sed secundum meam opinionem non habet. Ex hac vero significatione derivanda videtur illa quae posteriori tempore habebat vocabulum, ubi cum contemptu adhibebatur de hominibus infimae plebis: الاحداث والسفل, Nowairí, *Encyclopaedia*, MS. 2 *l*, f. 10 r., 40 r.; Ibno 'l-Athír, X, p. ٣٢٠. — Apud Ibno 'l-Athír, I, p. ١٤٩ in verbis عظمت فيهم الاحداث significat *peccatum*, *rebellionem contra Deum*; *ibid.* I, p. ١٧٨ فكثر الاحداث والذنوب; Azraqí, p. ٣٩٢; et sic مُحْدِثٌ apud Beládsorí, p. ٨, vs. 2, Bokhárí, I, p. ٤٩٧, Zamakhscharí, *Fáik*, II, p. 20, designat *transgressorem* (الجانى). Lane: *a criminal*, or *an offender*. — *Calamitas*, p. ١٩٠; vid. Lane.

حذر. حُذُرَّةٌ, uti recte restituere jubet Cl. Fleischer, p. ٢٥٠, vs. 6, est forma intensiva voc. حَذِر. *Qámus* in v. عرق: واما عُرَقَةٌ كَهُمَزَةٍ بِنَآءٌ مُطَّرِدٌ فِى كُلِّ فِعْلٍ ثُلاثِيٍّ كَضُحَكَةٍ. Aliud exemplum est قُبَضَةٌ, v. Freytag, *Proverbia*, I, p. 121, n. 368.

حذف (I) الخَيْلَ, *caudas equorum decurtavit*, p. ٤٣٢; خَيْلٌ مَحْذُوفَةٌ, *ibid.* pro محذوفة الذَّنَب; Ibno 'l-Athír, I, p. ١٩٧. Primus Arabum qui hoc fecit est al-Mohallab. — حَذَفَ فى الصَّلَاةِ, *festinavit*, p. ٢٧٨; Bokhárí, I, p. ١٩٦, ١٩٧, ١٩٨. Syn. أَخَفَّ, Bokhárí, I, p. ١٩٥, et قَصَّرَ, *ibid.*, p. ١٩٦; opp. ركد, q. v.; Motarrizí: ويجعل عبارة عن ترك التطويل والتمطيط فى الاذان والقرآءة.

حرّ. حَرَّةٌ, pl. حِرَارٌ, explicatur p. ١٢ (ارض مفروشة بصخر).

حرث. مِحْرَاثٌ, pl. مَحَارِثُ, videtur significare *aratrum*, p. ٨ in verbis: واذن لصاحب الناضح فى الغضا وما يصلح به محارثه وغربه (وعربه). Significationem eam habebat in Hispania (vid. Dozy, *Loci de Abbad.*, II, p. 151) et etiamnunc habet in Marocco (Höst, *Nachrichten*, p. 129 مُحَارِث, Gråberg di Hemzö, *Specchio*, p. 101, *mohharats*). In Algeria nostro tempore permissione speciali ligna ad aratra conficienda indigenis caedenda conceduntur; *Lettre sur la politique de la France en Algérie adressée par l'empereur au maréchal de Mac Mahon*, p. 17 sq.: »à une certaine époque (à Mascara, 1857) des permissions spéciales étaient exigées pour laisser les tribus couper le bois nécessaire à la fabrication de leurs charrues."

حرز (II), *munivit* urbem, p. ١٣٣. — (IV), *occupavit* terram, *potitus est* terra, p. ١٧٣; Lane: syn. حَازَ. Obiter moneo verba *Qâmusi* حَرْزٌ كُلّ ما أُحْرِزَ male a Freytagio reddita esse per »omne id quod cavetur." Significat حَرْزٌ, *res, qua potitur quis, quaelibet* et sic explicatur واحْرَزَا in proverbio واحْرَزَا وابتغى النوافلا. Lane hoc proverbium laudat, sed cum varia lectione احرزتُ نهبى, quae illius tantummodo explicatio esse videtur. Ceterum non est dictum Abu Bekri quod in proverbium abiit, ut habet Lane, sed khalifa hoc proverbium ad suum casum adhibuit (تمثّل به). In commentario ad *Proverbia Maidânii*, ed. Freytag, II, p. 919 (n. 52), laudatur Abu Obaid, in cujus libro *Gharibo 'l-Hadîth* locus non exstat. Zamakhscharí, *Fâïk*, I, p. 227, hanc dat explicationem: وهذا مَثَلٌ يَضْرِبُهُ الطالبُ للزيادة على شىء بعد ظَفَرِهِ به.

حرق (II), *incendium excitavit*, فى العسكر, p. ١٩٥, vs. 3 a f. P. ٣٤٩, vs. 7 (وحرقوا فى نواحيها), subintelligi potest الضياع.

حزم (II) = I et IV, ابلٌ مُحَزَّمَةٌ, p. ٣٣٨, cf. ann. *c*. — حُزْمَةٌ: pluralis حُزَم p. ٤٠١, vs. ult.; vid. Lane.

حسب (VIII), *exspectavit remunerationem divinam;* مُحْتَسِبٌ, opp. طَامِعٌ (*qui nil desiderat nisi bona hujus mundi*), p. ١٠٧, ١٠٨. Subintelligitur أَجْرًا aut talequid; p. ٣٦٨: احتسب ما عند الله (syn. رغب ما عند الله, Ibno 'l-Athír, I, p. ١٤٠). — احتسب فلانًا او شيئًا عند الله, *exspectavit remunerationem ejus in vita altera*, p. ٨٥, ٣٠٩. Satis superque Quatremère hunc usum verbi احتسب exemplis probavit in *Journ. Asiat.*, 1836, II, p. 137—141. Addam tantum locum Zamakhscharii, *Fâïk*, I, p. 234: يا ايُّها النَّاسُ احتَسِبُوا اعمالَكم فان مَن احتَسَبَ عملَهُ كُتِبَ له اجرُ عمله واجْرُ حِسْبَتِهِ، الاحتساب من الحَسْبِ كالاعتداد من العَدّ وانّما قيل احتَسَبَ العمَلَ لمَن يَنوِى به وجهَ الله لان له حينئذ أن يَعتَدّ عملَهُ فيُجعَل فى حال مُبَاشَرَةِ الفعل كانّه مُعْتَدٌّ والحِسْبَةُ اسمٌ من الاحتساب كالعِدَّة من الاعتداد وقولهم ماتت والدَتى فاحتَسَبْتُها معناه اعتَدَدْتُ مُصيبَتَها فى جملة بلايا الله التى أُثابُ على التَّصبُّرِ عليها. Ceterum vid. Lane. — احتسب بالشىء, *in computum retulit*, p. ١٤٤, vid. Lane. —

حِسْبَةٌ = احتساب. اهل نيات وحسبة, p. ١٤٧; vide Lane, Quatremère et locum Zamakhscharii supra datum.

حسر (I). حَاسِرٌ, *expeditus*, *nudus* (v. Freytag et Lane), pl. حُسَّرٌ, p. ٣٩. In opere *Oyuno 'l-Athar*, f. 143 r., legitur فى صحيح مسلم ان ابا عبيدة كان على البيادقة يعنى الرجالة, et f. 143 v. iidem milites appellantur الحُسَّر. Zamakhschari, *Fäïk*, I, p. 196: وبعث ابا عبيدة على الحُبُس او الحُسَّر — الحُبُس الرَّجَّالةُ سُمُّوا بذلك لتَحْبيسهم الخَيَّالَةَ ببطء مَسيرهم كانّه جمعُ حَبُوسٍ او لانّهم يتخلّفون عنهم وتحبيسُهم الرُّجْلَةُ (Gl. الرجالة) عن بلوغهم كانّه جمع حَبِيسٍ والحُسَّرُ جمع حاسرٍ وهو الذى لا جُنَّةَ له. Pag. 185 حاسر explicatur per هو الذى لا بيضة عليه, in commentario ad traditionem: عازب سُئل عن يوم حُنَين فقال انطلق جُفَآءٌ من الناس وحُسَّرٌ الى هذا الحىّ من هوازن الخ. — (VII). انحسر الشتآء, *abiit*, *transiit* hiems, p. ١٥٣. Dissentiunt utrum pure Arabicum sit dicere انحسر المآء (vid. Lane). Nawawi, *Tahdsib*, p. 329: قال الشافعى رضه فى كتاب المزارعة وان تكاراها والمآء قائم عليها وقد ينحسر يعنى المآء قال البيهقى فى كتابه ردّ الانتقاد على الفاظ الشافعى رضه قال المعترضون لا تقول العرب انحسر الماء عن الشىء وانما يقال حسر المآء عن كذا قاله الخليل فى كتاب العين قال وجوابه ان ابا العبّاس كوشاذ الاديب قال يقال حسر المآء وانحسر لُغتان. Exemplum hujus usus verbi انحسر est ad-Dimaschqí, ed. Mehren, p. ١٤٢, vs. ult.

حسن (II), *approbavit*, حسّنوا ذلك من فعله, p. ٤٧٠; vid. Lane sub استحسن.

حش. حُشَاشَةٌ. Notanda phrasis افلت بحشاشة نفسه, p. ٣١١; افلت بحشاشته, *Mémoire sur les Carmathes*, App. p. vi.

حشر (I), *convocavit* ad bellum, لا يُحْشَروا ولا يُعْشَروا, p. ٩٤ et ٩٥; Zamakhschari, *Fäïk*, I, p. 149: لا يُكَلَّفوا الخروجَ فى البُعُوث ولا يوخَذُ عُشر اموالهم. Aliter idem verbum explicatur ab eodem in hac traditione: قال فى حجّة الوداع النسآء لا يُعْشَرْنَ ولا يُحْشَرْنَ اى لا يُوخَذُ عُشرُ اموالهنّ ولا يُحْشَرْنَ الى المُصَدِّق ولكن تُوخَذُ منهن الصدقة بمواضعهنّ ومنه قوله صدقاتُ المسلمين عند بيوتهم وأَفْنِيَتهم وعلى مياههم وقيل لا يُحْشَرْنَ الى المغازى وعنه انّ وَفْدَ ثقيف اشترطوا عليه أَنْ لا يُعْشَروا ولا يُحْشَرُوا ولا تُجَبُّوا فقال لا خيرَ فى دينٍ لا ركوع فيه والتَّجْبية الركوع (II, p. 147).

Prior explicatio in hisce verbis data mihi falsa videtur, non enim homines sed pecora congregantur ad collectorem decimarum, cf. Beládsorí, p. ٩٢, vs. 2; *Fäïk*, II, p. 7: لا يُحْبَس دَرُّكم اى لا تُحْشَرُ ذوات اَلْبانكم الى المُصَدِّق. — *In exsilium egit*, expl. p. ٢. (الحَشْرُ الجلاء).

حشى. حاشية, *territorium adjacens urbi*, نجران وحاشيتها, p. ٩٥ et Zamakhscharí, *Fäïk*, I, p. 149 in eodem tractatu, sine explicatione. Sed I, p. 238 legitur حاشية المكان اى جانبه. Nawawí, *Tahdsib*, p. 330: قال الازهرى — الحاشية الناحية. *Asás:* فانتهى الى ارض قد سبعت حاشيتها.

حصر (I), *obsidione cinxit* (i. q. III, vid. Lane), p. ٢٥, ٣٩, ٨٣, ٨٤ cet.; Bokhárí, III, p. ١١٩; Ibno 'l-Athír, I, p. ١٤٣.

حصن (II). Non tantum dicitur حصّن المكان, ut habet Lane, sed quoque حصّن الناسَ فى المكان, p. ١٢٧; Motarrizí: وحصّنه صاحبه واحصنه ومنه ليحصنكم من باسكم اى ليمنعكم ويحرزكم; *Asás:* حصّن نفسَهُ ومالَهُ. — حِصْن, *murus, qui circumdat locum*, p. ١٣٩, vs. 8; vid. Glossar. ad Edrísí, p. 286 et 388.

حضر. حَاضِرُ المَدِينَة, i. q. بادية المدينة, p. ١٤٤, ١٤٥; cf. p. ١٧٣: حاضر كان حول المدينة.

حصن (I), *in tutelam recepit* aliquem, c. acc., p. ٣٣٩.

حط (I). حَطّ عنه الشيء, *sustulit ab eo onus impositum, absolvit eum a tributo imposito solvendo*, p. ٩٧ (ubi male cum Codd. حطهم), p. ١٥٤; syn. وضعه عنه, p. ٢١٩; quoque sine objecto حطّ عنهم »tributum solvendum diminuit;" Ibn Schádsán, *Adabo 'l-Wozarái*, MS. 776, f. 23 r.: ثم زاد عليهم معوية ثم حَطّ عنهم عمر بن عبد العزيز; — حَطّ أُعْطِيَاتِهم, »diminuit stipendium eorum, p. ٣٧٤. — In historia prophetae memoratur servum ejus nomine Mid'am in expeditione contra Taimá et Wádi 'l-Qorá sagitta percussum fuisse et occubuisse, dum حَطّ رَحْلَ النبىّ, vel وضع رحل النبى. Quae verba ambigua sunt. Lane habet: حَطّ رَحْلَهُ lit. *he put down his camel's saddle;* meaning *he stayed*, or *abode*, et eodem modo حطّ in hac traditione explicatur a Glossatore ad opus *Maçábiho 's-Sonna*, in capite قسمة الغنائم: يحط اى ياخذ الرَّحْل عن ظهر المركوب ويضعه على الارض.

Alii vero vocabulum illud aliter intelligunt. Motarrizi sub رحل hoc habet: ورَحَلَ البعيرَ شدّ عليه الرَّحْلَ — ومنه حديث الاسود مولى رسول الله صلّعم انه اصابه سَهْمٌ وكان يرحّل له. Eadem traditio spectatur, itaque حط الرحل s. وضع الرحل significat idem quod رَحَلَ, nempe: *sella instruxit camelum.* Paullo infra idem dicit: فرس ارحل ابيض الظهر لانه موضع الرحل. Pendet autem explicatio hinc, utrum suppleatur عن الظهر, an على الظهر. (In *Qámuso* ارتحله redditur per حطّ عليه الرحل; vid. quoque Burckhardt, *Notes on the Bedouins and Wahábys*, I, p. 84 sq.). Nostro loco, qui legitur apud Beládsori, p. ٣٤, Bokhárí, III, p. ١٣٩, Ibn Hischám, p. ٧٩٥, explicatio posterior valere videtur.

حطب. حَطَّابٌ, *lignator*, i. q. حَاطِبٌ, p. ٣٩٨; Bokhárí, I, p. ٤٩٢; vid. Lane. [Apud Alonso del Castillo (in *Memorial historico español*, III, p. 47) occurrit »la plaça que dizen del Hatabin." Editor sensum bene reddidit, sed male scripsit سوق الحاطبين; legatur سوق الحطّابين. D.]. — مُحْتَطَبٌ, *locus lignandi*, p. ٣٤٩.

حظر (I). لا يُحْظَرُ عليكم النَّبَاتُ (p. ٩١) explicatur ab Abu Obaid et Zamakhschari: لا تُمْنَعُونَ من الزِّرَاعَةِ حَيْثُ شِئْتُمْ (vid. p. ٩٢ ann.).

حفر (VIII). اِحْتَفَرَ عَلَى آمْرَأَةٍ, *inivit feminam*, p. ٣٤٥. — حُفَيْرَةٌ, *cuniculus*, *fossa*, pl. حَفَائِرُ, p. ١٣٢; Mawerdí, p. ٢٩٧. — حَفَّارٌ, *fossor*, p. ٢٧٤; Freytag et Lane habent tantum sensum specialem »vespillo." — حَافِرٌ, nomen collectivum, quod comprehendit *equos*, *jumenta*, *mulos et asinos*, p. ٩١; significat autem potissimum *equos*, vid. Lane.

حفل (VIII). اِحْتَفَلَ لاغْزَائه, *se praeparavit sedulo ad expeditionem contra eum*, p. ١٨٩. Lane habet tantum sensum specialem »*he adorned himself.*"

حق (II). حَقَّقَ الحَمْلَةَ s. القتالَ, *pugnavit fortiter*, p. ٢٥٤; syn. صَدَقَ القتالَ, i. e. secundum Zamakhschari, *Fäik*, II, p. 391: بذل فيه الجدّ وابلى. Cf. apud Lane رَمَى فَأَحَقَّ الرَّمِيَّةَ.

حل (I) وِتْرَهُ, *vindictae cupidini satisfecit*, p. ٤١. — (Q. I) حَلْحَلَ, *concussit*, *damno affecit*, (proprie *loco dimovit*), كدنت الحجارة حلحلت الكعبة, p. ٤٧٠.

حلق. الحَلْقَةُ, explicatur recte per الدروع (*loricae*) p. ١٨, ٢٣, ٦٠, ٦١; Burckhardt, *Notes on the Bedouins and Wahábys*, II, p. 177.

حم. حَـمَ لَا يُنْصَرُونَ (nam sic legendum p. ٤١٤, vs. 5 a f. pro حمر, ut recte proposuit Cl. Fleischer); vid. quae de hac tessera militari docuit Lane. Addam locum Zamakhscharii (*Fäik*, I, p. 262): لـقـى العَدُوَّ فى بعض مغازيه فقال حَمَ لا يُنْصَرُونَ وفـى حـديـث آخَرَ اِنْ بُيِّتُّم الليلةَ فقُولُوا حَمَ لا يُنْصَرُون قيلَ انَّ حَمَ من اسمآء الله عز وجـلّ وانّ الـمـعـنـى الـلـهـمّ لا يُنصَرون وفى هذا نَظَرٌ لان حم ليس بمذكور فـى اسمآء الله المعدودة ولان اسمآءهُ تقدّسَتْ ما منها الّا وهو صفةٌ مُفْصِحَةٌ عن ثنآء وتمجيدٍ وحَمَ ليس الّا اسمَى حرفين من حروف المُعجَم فلا معنى تحتَهُ يَصْلحُ لأنْ تـكـونَ به بتلك المثابةِ ولانه لو كان اسمًا كسائرِ الاسمآء لوجب أنْ يكون فى آخره اِعْرَابٌ لانه عارٍ من (عن خ) عِلَلِ البنآء اَلَا تَرَى انّ قاتل محمد بن طلحة بن عبيد الله [القاتل هو شريح بن اوفى العنسى] لمّا جعَله اسمًا للسورَةِ كيف أعْرَبَهُ فقال يُذَكِّرُنى حَاميمَ والرُمحُ شاجرٌ فهلا تلا حاميمَ قبلَ التقدُّمِ ومَنَعَهُ الصَّرفَ لانه عَلَمٌ ومؤنّثٌ الذى يُودّى اليه النظر انّ السُّوَرَ السَبْعَ التى فى اوائلها حَمْ سُوَرٌ لها شانٌ ومنه حديث ابن مسعود اذا وقعتُ فى آل حم فكانّى وقعتُ فى رَوْضـات دَمِـثَات فنبّه صلّعم على ان ذِكرَها لشَرَفِ منزلتها وفخامة شانها عند الله عزّ وجلّ ممّا يُستَظْهَرُ به على استنزالِ رحمة الله فى نُصْرَةِ المسلمين وفلّ شوكة الكفّار وقصّ خَدَمَتِهم وقوله لا يُنْصَرُون كلامٌ مستانفٌ كانّه حين قـال قُولُوا حَمَ قال له قائلٌ ما ذا يكون اذا قيلت هذه الكلمةُ فقال لا يُنْصَرُون ووجهٌ آخرُ وهو ان يكون المعنى ومُنْزِلِ حَمَ وربِّ حَمَ لا يُنْصَرُون. Sarakhsi, MS. 373, I, f. 19 v.: وقال لهم رسول الله صلّعم ليلة فى حرب الاحزاب ان بيّتم الليلةَ فشعاركم حم لا ينصرون وهـو قسم التاكيد ان الاعداء لا ينصرون (اى والله لا ينصرون. Marg. وفى رواية كان شعارهم يومئذ (يوم حنين) :.F. 20 r. .(وقيل والقران لا ينصرون والاول اصح حم لا ينصرون فلما تاب المسلمون اى رجعوا الى رسول الله عم تولى المشركون فقال عم انهزموا وياسين وهذا قـسـم اكد به رسول الله عم خبره. Motarrizi non tantum in voce حم sed etiam sub شعار de hac tessera loquitur.

حمل (I). كان بنآؤها بلبِنٍ حُمِلَ بَعْضُهُ عَلَى بَعْضٍ, »lateres superponebantur alter alteri sine mortario," p. ١٩١. — حَمَّلَهُ = حَمَلَ عَلَيْهِ (Lane): قد حُمِلَ عليهم فوق طاقتهم, »tributum ab iis exigebatur supra vires eorum," p. ٢١٧, vs. ult. Observandus est usus verbi in phrasi: فامر ان يحملوا فى ذلك على ان يوخذ منهم الخ (p. ٢٣٨) »jussit concedere iis ut tertio quoque anno tantum tributum iis solvendum esset." — حَمَلَ عَلَى شَىْءٍ, *nisus est aliqua re, fructum inde percepit*, النَّعَمُ التى يُحْمَلُ عليها فى سبيل الله, p. ٩, vel sec. Bokhárí, II, p. ٣٦٣, المالُ الذى أُحْمِلَ عليه فى سبيل الله. — مَحْمَلٌ tamquam infinitivus p. ٣٤٩: ما خَفَّ مَحْمَلُهُ; Mobarrad, p. ١٤٥, vs. 9; Lane et Glossar. ad Edrísí. — (V), *sponte suscepit faciendum* aut *solvendum*, p. ٤٧: وددتُ انى كنت حمّلْتُ ابنَ الزبير من امر الكعبة وبنائها ما تَحَمَّلَ (cf. Azraqí, p. ١١٥, ١٤٦, ١٤٩, ١٥٤), p. ٣٣٧: فقال حيّان انا اتحمّل فضلَ ما بين الوزنين فتحمّله; Mobarrad, p. ٨١, vs. 9. — (VIII). عمالته على احتمال الارض من الخراج, »quantum ferre poterat," p. ٤٠٤.

حمى (I). حَمَى المكانَ عن (على) (et) الناس, p. ٩, Bokhárí, II, p. ٣٦٣; Lane: حَمَى المكانَ من الناس. — حَمَى المكانَ لخيل المسلمين, p. ٩, Motarrizí: لا حمى الا لله ورسوله اى الّا ما يحمى لخيل الجهاد ونَعَم الصدقة. — حِمًى pro كَلَأٌ حِمًى dicitur قَطَعَ الحِمَى, p. ٩. — حَمِيَّةٌ. قاتل حَمِيَّةً للمسلمين (p. ٢٥٢), syn. voc. غيرة (vid. Lane); Motarrizí: الحَمِيَّة الانفة لانها سببُ الحماية; Dozy, *Loci de Abbad.*, I, p. 332, ann. 45 et Gloss. ad Ibn Badrun. — حَامِيَةٌ. بعضهم على بعض حامية (p. ٢٥٢); Freytag et Lane: هو على حامية القوم.

حوز. حَوْزٌ. Lane: »*a place of which a man takes possession, and around which a dam* (مُسَنَّاة) *is made;* hoc sensu occurrit p. ٣٦٨: اعتمل الارضين فصارت حَوْزًا. Hinc *locus refugii* جعلوا هذه الناحية ملجأً لهم وحوزًا, p. ٣١٠. — حَوْزَةٌ. امتنعت حَوْزَتُهُمْ, p. ١٧; vid. Lane: فلان مانعٌ حَوْزَتَهُ.

حوض. حَوْضٌ. Basrae piscinae aqua implebantur ope rotarum hydraulicarum; vid. p. ٣٧٠, vs. 4 et 5 a f.

حول (I). Verba وكانت عَجُوزًا قَدْ حَالَتْ عَنْ عَهْدِهِ, p. ٢٤٤, coll. Tabarí, II, p. 44, videntur significare: »erat vetula, provectior aetate quam ut eam uxorem duceret." Lane ex Djauhario dat حال عن العهد i. q. انقلب, quod explicat: »*he withdrew from the covenant;*" hoc autem in locum Beládsorii minime quadrat. — حالوا بينهم وبين قلعتهم, *prohibuerunt eos aditum ad castellum eorum*, p. ٣٣٣, ٣٦٤, ٤١٩; Bokhárí, I, p. ٢١٦: وانّ السُّيولَ تحول بينى وبين مَسْجِدِ قومى; Qodáma, Manz. VII, Cap. 6: وكذلك

الارض التى يركبها المآء[1] ويقيم فيها حتى يحول بين الناس وبين ازدراعهم; Bokhárí, III, p. ١١٧: حيل بينى وبين البيت (opp. خُلِّى بينى وبينه); Zamakhschari, *Fäik*, I, p. 204, vs. 2 a f.: نقال محمد حيلَ بينى وبين غريمى; Ibn Batuta, I, p. 98 (حيل بينه وبين دخول منزله), II, p. 177, 200, IV, p. 179; Ibno 'l-Athír, I, p. ٤١, ٥٥ cet. — حال الظلام بينهم (cf. Freytag, I, 6), *separaverunt eos tenebrae*, p. ٣٦٤; Ibno 'l-Athír, VII, p. ١١٥: فحالت النار بين الفريقين. Nawawí, *Tahdsib*, MS. p. 335: وكلما حاجز بين شيئين فقد حال بينهما حولًا. Sequente دون: الّا انْ يُحَالَ دونهم, p. ٢٠٢, Diwán Hodsail., p. ٧٣: حالَ دُونَكَ; vid. Lane. — (II) حَوَّلَ, *vertit* ex una lingua in alteram, p. ٣٠٠ (syn. نقل, p. ١٩٣); Dozy, Glossar. ad Ibn Badrun. — (VIII), *excogitavit* حيلةً, *technam*, p. ٢٠٢; *nisus est ut technis et astutia quid assequeretur*, sq. ل: احتال لعبور النهر, p. ٤٣٨ (syn. تمحّل, p. ٤٩٣), p. ٤٠١: لسيوفهم, »ut gladios absconderent," p. ٤١٣: لشريكه, »ut socium defraudaret."

حوى (VIII), c. acc. r., *occupavit*, p. ٢٧٥; vid. Lane.

حير. حَيْرٌ, pl. حِيَارٌ, in nomine proprio حيار بنى القعقاع, »sepimenta Bani Qa'qa'," p. ١٤٩, vid. ann. c. — حائر, *murus, sepimentum*, p. ٢٩٨; Jaqubí, p. ٣٣: حائر الحَيْرِ, »murus (حائط) horti stabuli;" *locus sepimento cinctus, hortus, pagus*, p. ٣٢٨ (ubi eo explicatur vox peregr. حان).

حيف (V), *diminuit*, p. ١٧١ (proprie ut habet Lane: *he took by little and little from its sides*). Synon. est تَطَرَّفَ (*Asás*).

حان vocabulum e lingua incolarum Adserbaidjani, quod explicatur per حائر, »locus sepimento cinctus" i. e. *pagus, hortus*, p. ٣٢٨. Fortasse comparandum est vocabulum دخان, quod apud Ibn Haucal in descriptione Asiae minoris plus semel occurrit et vertitur per البيت الذى يسكنه رئيس منهم يملك خدمًا وغنمًا وبقرًا وجنانًا ومزدرعًا.

---

1) De phrasi ركب المآء الارضَ vid. Glossar. ad Edrísí. Alia exempla habentur apud ad-Dimaschqí, ed. Mehren, p. ٩٠, vs. 11, p. ١٠٩, vs. 12.

خبأ. مَخَابِئُ, pl. voc. مَخْبَأ, *locus ubi res quaelibet, spec. thesaurus absconditur*, p. ١٨٩, vs. 2 a f.; vid. Lane et Zamakhschari, *Asás:* لعلان مَخَابِئُ ومَخَازِن. [Alcala: *escondedijo de onbres* (= غار) et *de fieras.* D.].

خبز. خُبَيْز, dimin. voc. خُبْز, p. ٣٤٢ (vocales in Cod.): خُبَيْز الحُوَّارَى, *panis optima et albissima farina coctus;* vid. Lane in v. حوارى. Qodáma dicit (MS. Schefer, f. 8 v.) rationem militis hujus panis et ejus speciei quae vocatur خُشْكَار (Zamakhschari, *Fáïk*, I, p. 303: السمرآ الخُشْكارُ لسُمْرته كما قيل للُّباب الحُوَّارَى لبياضه; Ibn Batuta, III, p. 382) esse tres librae pondo (بالرطل البغدادى), sed panis qui سميد appellatur et qui pejoris qualitatis est, quatuor.

خبص. أَخْبِصَة, plur. voc. خبيص (de qua vid. Lane), p. ٣٢٧.

ختم. Primis Islamismi saeculis tributariis (اهل الذمة) collum vinculo circumdabatur, cujus nodus sigillo plumbeo aut aeneo munitus erat, sive manui eorum sigillo ferreo inurebatur signum. (Cf. Lane, *Modern Egyptians*, in Cap. de Coptis). Dicebatur de praefecto ختم فى رقاب الذمة, p. ٢٧١, vel ختم اعناقَ الذمة, p. ٢٧٢; فختم ايدى النبط واخذ الجزية منهم, p. ٤٤٥. Vid. locum Motarrizii apud Lane. Sarakhsi, MS. 373, I, f. 31 v.: وان عمر بن الخطاب رضه صالحهم على ان يشدّوا على اوساطهم الزنانير وكتب الى عماله مروا اهل الذمة بان دحمو (l. يختموا) رقابهم بالرصاص وان دمطعوا (l. يتمنطقوا); Abu Isháq as-Schirázi, MS. p. 427: ويَشُدّون الزُّنَانِيرَ عَلَى أَوْسَاطِهِمْ وَيَكُونَ فِي رِقَابِهِمْ خَاتَمٌ مِنْ رَصَاصٍ او نُحَاسٍ او جَرَسٍ يَدْخُلُ معهم الحَمَّامَ. Maqrízi, I, p. ٧٩, vs. 5 a f.: ثم كتب اليه عمر بن الخطاب ان تختم فى رقاب اهل الذمة بالرصاص وكان يختم فى اعناق رجال; p. ٧٧, vs. 4: اهل الجزية. Appellatur illud vinculum غِيَار; quo tamen vocabulo quoque designatur cingulus qui vocatur كُسْتِيج, quem loco illius vinculi praescribit Abu Hanífa; *Hidaya* (باب الجزية): ويؤخذ اهل الذمة باظهار الكُستيجات, i. e. cogatur tributarius portare funem lana confectum digiti crassitudinem habentem, praeter *zonnárum* sericum quo se ornare solet. Signum igitur distinguens tributarium non omnibus idem est. Ceterum illa obsignatio manuum quoque aliis opportunitatibus adhibebatur, e. g. p. ٤٦٩: ختم ايدى الطباعين, »monetae opificibus manus obsignabatur." Cf. cum his p. ٢٣١, ubi narratur de Jazíd ibn abi Moslim eum manibus satellitum inscripsisse حَرَسِى. P. ١٢٥ narratur manibus Moslimorum novorum e ditione Kinnesrini viridi colore inscriptum fuisse قِنَّسْرِين. Ibn Batuta (I, p. 60) narrat sua aetate in urbe Damiata legem fuisse ut nullus ex urbe egredi posset, nisi sigillo praefecti munitus, quod homines auctoritate quadam fruentes in charta, plebeji in brachio impressum ostenderent (يُطْبَعُ على ذراعه). — المختوم الحجاجى, mensura ab Iraqensibus appellata شابرقان, eademque quae in dimensione Iráqi et taxatione tributi ejus ab Otsmán ibn Honaif vocabatur قـفـيـز, p. ٢٦٩; Mawerdí, p. ٢٧٣ et ٣٠٤.

خدّ (I). Lane: »*he made a furrow, or trench, in the ground;*" خَدَّ القومُ لرايتهم, *fossulam in terra fecerunt collocando vexillo suo*, p. ٢٥٩; Mobarrad, p. ١١٩.

خُذَيْنَةٌ, vox peregr. in lingua Transoxaniae (Samarcand) significans *dominam* (دهقانة), p. ٤٢٧. Cognominabatur ita Saïd ibn Abdo 'l-Azíz, quia vestem croce tinctam et comam muliebri modo ornatam haberet. Codd. Beládsorii habent حديده et edidi خُذَيْفَة, quia verbo خَذَّفَ ille modus comam ornandi designatur (vid. Lane in Lexico) et verbum رجّل, quod hic adhibetur, fere idem significat (Zamakhscharí, *Fáïk*, I, p. 632: هو مُرَجَّلٌ دَهِينٌ in traditione, cum comm. رُجِّلَ نهى عن التَرجُّل الّا غبًّا ترجّل الرجل ; et p. 421: شعرُه اى سُرِّحَ دَهِينٌ اى دُهِنَ رأسُه اذا رجّل شعرَه — وترجيله تَسْرِيحُه وتَغْذِيَتُه بالأدهان وتقويتُه. Gloss. ad *al-Maçábih*, كتاب اللباس: الترجيل تسريح الشعر وتنظيفه وتحسينه); sed scribendum esse خُذَيْنَة luculenter apparet e loco Tsaálibii in opusculo *Latáïf al-Ma'árif*, Cap. 3, quem debeo D^mo de Jong, qui hujus editionem parat: خُذَيْنَة هو سعيد بن عبد العزيز بن الحارث بن الحكم بن ابى العاصى بن أُميّة ولّاه مسلمة بن عبد الملك خراسان فعبر النهر وكان فيه تخنيث وتأنيث وتنعّم شديد فلقّبه اهل سمرقند خُذَيْنَة وخُذين عندهم الحُرّة الجليلة كخاتون عند الترك فالحقوا بخُذين هاء التأنيث او هاء المبالغة فقالوا خذينة.

خرب. خَرِيبٌ (= خَرِبٌ, *incultus*), varia lectio in epistola Omari ad Syriae et Iráqi incolas de Nadjránensibus, p. ٦٦ (puncta et vocales in Codd. adduntur. Cl. Fleischer proponit legere جريب)

خرج. خَرَاجِىٌّ, opp. عُشْرِىٌّ, *passim* e. g. p. ١٨۴, ٣٦٧, ٣٦٨. — مَخْرَجٌ. Freytag vertit: *latrina*, Lane: *a privy*; minus recte si de antiquo tempore sermo est; significat enim *locum sub divo ubi alvus deponitur* (p. ٩ et in alia traditione apud Zamakhschari, *Fáïk*, II, p. 535), ut quoque متبرّز. Latrinae enim demum ultimo tempore prophetae apud domos constructae sunt; vid. Bokhârí, III, p. ١٠٥: خرجتُ حين نقهتُ فخرجتْ معى أُمّ مِسْطَحٍ قِبَلَ المَنَاصِعِ وكان متبرّزنا وكنّا لا نَخرج الّا ليلا الى ليل وذلك قبل أن نتّخذ الكُنُفَ [1] قريبا من بيوتنا قالت (عائشة) وأَمْرُنا أَمْرُ العرب الأُوَلِ (l. cum MS. Leid. الأَوّل) فى البرّيّة قِبَلَ الغائط وكُنّا نتأذّى بالكُنُف ان نتّخذها عند بيوتنا (fere idem *Fáïk*, II, p. 555). Cf. *Qámus* in v. حش: والحُشّ المَخْرَجُ لأَنّهمْ كانوا يَقْضُونَ حَوائِجَهُمْ فى البَساتِينِ. Memorabilis est locus Zamakhscharii, *Fáïk*, I, p. 448, de vocabulis quibus *latrina* significatur: نهانا رسول الله عمّ عن أَنْ نستقبل القبلةَ ببول او غائط فلما قَدِمْنَا الشام وجَدْنا مَرافقَنا قد استُقبِلَ بها القبلةُ فكنا نتحرّف ونستغفرُ الله ويُروَى مَراحيضَهُمْ ، المَرْفِقُ ما يُرْتَفَقُ به والمِرْحَاضُ موضعُ الرَّحْضِ كُنِىَ بهما عن مَطرَحِ العَذِرَةِ وجميعُ اسمآئه كذلك نحوُ الغائط والبَراز والكنيف والحُشّ والخلآء والمَخْرَج والمُسْتَراح والمتوضّأ كلّما شاعَ استعمالُ واحدٍ وشُهِرَ انتقل الى آخَرَ.

خرص. خُرْصَةٌ in verbis ليست لامير المومنين بارض العرب خرصة (p. ٣٦٦) idem significat quod خُرْصٌ in verbis Zamakhscharii laudatis a Lane: مَا تَمْلِكُ فُلَانَةٌ خُرْصًا, »*such a woman has not in her possession anything.*”

خزى. السُّلَّمُ المُخْزِيَةُ, vid. sub جلا.

خس (II), *vilem*, *ignobilem* (خسيس) *appellavit* aliquem, p. ٨٩.

خص (I). خَصَّ على قَصْرِهِ خُصًّا من قَصَبٍ, *circumdedit domum suam saepe facta arundinibus*, p. ٢٧٨. — خَاصَّةٌ, *additamentum personale ad stipendium*, وفرض — للخمس مائة مقاتل على خاصّة عشر دنانير عشر دنانير, p. ١٦٦; syn. على زيادة, p. ١٦٩, vs. ult., p. ١٨٧, vs. ult.

خصب. أَخْصَبُ, *ditissimus*, *laetissima conditione fruens*, p. ٢٢۴: فكانوا اخصب

---

[1]) Hic pluralis apud Freytag desideratur.

قوم بالمغرب; Lane: »رجل خصيب, *a man abounding with good*, or *with good things*."

خصم (III) et (VI). Freytag non notavit hoc verbum construi cum الى judicis apud quem lis agitur; Lane de 6ta et 8va forma exempla dedit. Vid. p. ۴۴ et ۱۲۴.

خضر. خُضْرَةٌ, *livor;* بـعـيـن فلانة خُضْرَةٌ, p. ۲۴; cf. Zamakhschari, *Fáïk*, II, p. 144: وأَرْتها خُضْرَةَ جِلْدها. — خَضْرَآء قُرَيْش, p. ۳۹; vid. ann. *l*.

خطر. خَـطَـرٌ, *valor magnus*, لا خَطَرَ له, *parvi valoris est*, p. ۳٥; v. Glossar. ad Edrísí.

خطل. خَطِلٌ. Lane: »*long and quivering;* applied to a spear," p. ۹۹.

خطم (I), *in rostro* (خرطوم) *percussit* elephantem, p. ۲٥۸ (ubi bis male حطم).

خطى (V), *praeterivit*, *ivit per medios homines*, c. acc. p. et cum الى personae aut rei quo tendis, تتخطّاهم الى القبلة, p. ۳۴۷; Bokhárí, I, p. ۲۱۸: فتخطّى (النبى) رِقابَ الناس الى بعض حُجَرِ نسائه; Freytag, *Proverbia*, I, p. 245 (n. 108), 249 (n. 124). Proverbium تتخطّى النارَ فدخل اللهبُ فى أستهِ (p. ۳٦٥) apud illum non invenio. Vid. porro Lane.

خفّ (I), sq. عـلـى p., *gratus et acceptus fuit alicui*, خَفَّ على قَلْبِه, p. ۳۰۰; Lane ex TA.; Dozy, Glossar. ad *al-Bayán*. — (II), *leviorem reddidit rem pec. tributum* الجزية, p. ۲۰۱, ما يلزمهم من عشر غلاتهم, p. ۳۲۳, مقاسمتهم, p. ۳۷۱; Zamakhschari, *Fáïk*, II, p. 127: كان يامُرُ الخُرّاصَ ان يخفّفوا فى الخَرْص; Ibno 'l-Athír, I, p. ۱۹۹ sq.: وخففت عن رعيّتها الخراج. خَفَّفَ عنهم, *tributum solvendum diminuit*, p. ۱۲۹, ۱۴۴, ۱۷۸. Qui tali privilegio fruuntur appellantur اصحاب التخافيف, p. ۱۴۴. — (X), *aliquem gratum acceptumque habuit*, c. acc., p. ۳۰۰. Dubium esse nequit hanc tantum significationem eo loco convenire, si comparamus textum ejusdem historiolae apud Mawerdí, p. ۳٥۰, ubi legitur قد قرّبنى, et imprimis apud Ibn Schádzán, MS. 776, f. 16 r., cujus textum totum hic dabo: وانّ اوّل مَن حوّل ديوانَ العراقِ الى الـعـربـيّـة ابو الوليد صالح بن عبد الرّحمن مَولَى بنى مُرّة بن عبيد وكان من سبى سجستانَ — فلم يزل الديوانُ بالفارسيّة الى زمنِ الحجّاج والكاتب فيه زادانفرّوخ وانقطع اليه صالح بن عبد الرحمن فخفّ صالحٌ عليه وكان سببُهُ الى الحجاج حَتّى خافَ ان يُقَدِّمهُ على زادانفرّوخ فتقدّم من ذلك صالح وقال لزادانفرّوخ انّى قد

خَفِفْتُ عليه ولستُ آمنُ أنْ أزيلك عن مَوضعك لتقديمه ايّاىَ وخفّتنى عليه وانت سببى فقال لا تَخَفْ ذاك هو احوج الىّ منّى اليه فقال وكيف ذاك فقال لا يَجِدُ من يكفيه حسابَهُ فقال لَو شئتَ لحوّلتَ الحسابَ الى العربيّة قال فحَوِّلْ منه سَطرًا قال فحوّل منه اسطرًا فقال له زادانفرّوخ تمارض ففعل فلمّا فقده الحجّاج سال عنه فقيل مريضٌ فارسل طبيبه ليُعالجه فلم يرِ به علّةً فقال له اظهروا به وقال لاصحابه التمسوا مسكنًا غير هذا واجّل الحجّاج صالحًا شهرًا فقلب الديوانَ الى العربيّة. Çálih igitur animadvertit se apud Emirum in gratia esse, sed nolens causam fieri infortunii benefactoris sui, aperte huic dixit se timere ne Emirus eum destitueret, ipso substituto. Zadánifarruch confidenter negavit Emirum se posse carere, simul dubitans ea quae Çálih de favore Emiri diceret, recte sese habere. Quum vero non tantum ei pateret Çálihum operi navando perquam idoneum esse, quin ipsi antecellere, sed quoque videret eum jure locutum esse de favore Emiri, familiaribus suis dixit »domum aliam quaerite" i. e. fere idem quod Serdjun exclamavit, quum diwanus Syriacus Arabice verteretur: اطلبوا المعيشة من غير هذه الصناعة فقد قطعها الله عنكم (p. ١٩٣). Ex Beládsorío autem comperimus Cálihum demum post mortem benefactoris sui Emiro versionem diwani proposuisse. In textu Beládsorii restituendum est vs. 8 a f.: سَبَبِى pro شُبْهِىْ. Djauhari وانْسَبَبُ كُلُّ شَىْءٍ يُتَوَصَّلُ به الى غيره et idem de personis adhibetur. Vs. 7 a f. lectionem Codicis B. منى اليه confirmatur a Mawerdío et Ibn Schádsáu. In A. prima manus منه اليه. Sed tamen منه اليك mihi magis placet. Vs. 5 a f. legendum سطرا (Codd. puncta non habent).

خفض (VII), *depressa fuit* terra, الارضون المنخفضة, p. ٢٩٤; Mobarrad, p. ٨٩, ١١٥, ١٤٥; Mawerdí, p. ٣٠٩ (opp. المستعلى); *Qámus* in v. خور; Edrísí in introductione (Cod. Paris. A, f. 3 v.) cet.; Dozy, Gloss. ad Ibn Badrun; Lane: »of very frequent occurrence." — خَفَضٌ, pl. voc. خَفْضٌ, Lane: »*low*, or *depressed land*," p. ٣١٠.

خل. خَلَلٌ. Observa phrasin رايتُهُ من خَلَلِ الباب, »per hiatum portae," p. ٢٣; Mobarrad, p. ٢٩, vs. 10. Dicitur eodem sensu من صائر الباب et من شقّ الباب, Bokhárí, III, p. ١٣٦. — خُلَّةٌ, *amicus*, habet plur. خِلَالٌ, p. ١١٩, ut docet Lane, p. 781 (col. 1).

خلد (II). خاتم التخليد, annulus signatorius quo obsignabantur a rege Persico diplomata quibus terra in foedum concedebatur, p. ۴۹۴.

خلص (II et IV) de metallis, p. ۴۹۹, ۴۷۰. — (V). Neque Freytag, neque Lane memorant hanc formam quoque habere significationem transitivam *liberavit* aliquem e carcere, quae quater apud Beládsorí occurrit: p. ۱۸۵ وتخلّص ابنهُ, p. ۳۰۸ فتخلّصه, p. ۴۰۱ ويتخلّص السبى والاسرى من يده, et p. ۴۴۴, ubi significat *recuperavit;* (significatio intransitiva p. ۲۵۸, ۴۳۹). — (VI). Lane: »*they regarded one another*, or *acted reciprocally, with sincerity, of love* or *affection*, p. ۱۹۹ (syn. تصافى).

خلط (I). Observa phrasin خَلَطَهُمْ بِنَفْسِهِ, p. ۲۱۱, idem quod خَلَطَهُمْ, خَالَطَهم et اختلط بهم, *familiariter iis usus est, eos in familiaritatem admisit* (vid. Lane, p. 788 (col. 1); Dozy, *Loci de Abbad.*, II, p. 67; Bekrí, ed. de Slane, p. ۱۸۷, vs. 4 a f.).

خلع. خَالِعٌ, i. q. خَلِيعٌ, *flagitiosus, lascivus*, p. ۴۵.

خلف (X). Male Freytag activo اسْتَخْلَفَ significationem adscripsit *successit*, quae tantum passivo اسْتُخْلِفَ propria est. Omisit porro hujus passivi notissimam significationem *khalifa factus est.* Vocales in Codd. adduntur, p. ۹, ۳۹, ۹۹, ۱۲۵, ۱۴۳, ۱۹۱ cet.; Bokhárí, III, p. ۱۵۷, ۱۹۱ cet.

خلى (II). Lane: خَلَّى بَيْنَهُمَا: *he left them two free, each to do to the other as he pleased*, p. ۱۷۴, ۳۸۱; خَلَّى بَيْنَهُ وَبَيْنَ الشَّىْء, *alicui aliquid dedit, concessit, permisit*, بين الحميرى, p. ۱۰۹; بينه وبين دخول صنعاء, p. ۲۳, بين المسلمين وبين الارض وبين المرغاب, p. ۳۹۴ (ubi oppon. حال بينهما, q. v.); Bokhárí, III, p. ۱۱۹, ۱۹۷. — خَلَايَا (a sing. خَلِيَّةٌ s. خَلِىٌّ) explicatur p. ۵۷ per كوائر (a sing. كوارة). Vid Lane. Zamakhscharí, *Fáïk*, I, p. 329 haec habet: انّ عاملاً له (لعمر) على الطائف كتب اليه انّ رجالًا من فَهْمٍ كلّمونى فى خلَايَا لهم اسلموا عليها وسالونى ان أَحْمِيَها فكتب اليه عمر انّما هو ذُبَابُ غَيْثٍ فان أَدَّوْا زكوته فاحمه عليهم، الخلايا عَسَّالاتُ النَّحْلِ وهى اشباه الرَّواقيد [marg. جمع راقود] الواحدةُ خَلِيَّةٌ كانّها المواضع التى تُخْلى فيها أَجْوَافُها ومنه الحديث فى خلايا النَّحل انّ فيها العُشْرَ هَو ضمير النَّحل يعنى انّه يعيش بالغَيْثِ ويَرْعَى ما يُنْبِتُهُ فشبّهه بالنَّعَم السائم الذى فيه الزكوة.

خنق. مَخْنَق s. مُخَنَّق, in phrasi أُخِذ منه بالمخنق (p. ٨٩) de moribundo. Lane: أخذ بمخنّقه, »it throttled him, or choked him."

خور. خَوْرٌ explicatur p. ٣٥٩ per طريق للماء لم يحفره احد, i. e. *sinus fluvii aut maris (une crique)*, et additur de خَوْر الأُبُلَّة aquam pluviam eo deferri ad Tigridem, et aquam hujus sinus subjectum esse aestuum accessui et recessui. P. ٣٦٣, خَوْر من أَخْوَار دجلة, p. ٣٦٩, كان خورًا من نهر البصرة; Istakhrí (Caput de Iráq): وعلى ركن الابلّة فى نهر الابلّة خور عظيم الخطر وربّما سلمت السفن من سائر الاماكن فى البحر وغرقت فى هذا الخور وهو يعرف بخور الابلّة. Codex Gothanus, cujus facsimile dedit Mœller, h.l. pro خور habet هور, quae est lectio omnium Codicum in loco e capite de mari Persico: وفى هذا البحر هوارات كثيرة ومعاطف صعبة ومن اشدّها ما بين جنّابة والبصرة فانه مكان يسمى هور جنابة وهو مكان مخوف لا تكاد تسلم منه سفينة عند هيجان البحر. Et auctor *Merácidi* revera dicit (I, p. ٣٧٢) خَوْر esse formam quam accepit vox peregr. هُور quum Arabica civitate donaretur. Editor in *Addendis*, V, p. 375 dicit, ut quoque Freytag, hanc vocem esse Persicam; sed secundum Lexicon Persicum هُور talem significationem non habet. Contra Lane vocem خَوْر hoc sensu tamquam pure Arabicam dat. Exemplis laudatis ab editore *Merácidi* adjungi possunt ex Ibn Batuta, II, p. 160, 244, IV, p. 53, 57, 58, 65 cet.; ex Dimaschqí, ed. Mehren, p. ١٠١, ١١٤, ١٣٠, ١٤٥, ١٧٠ cet.; Catalog. Codd. L. B., IV, p. 94; cf. Palgrave, *Central and Eastern Arabia*, II, p. 301, 308, 310, 337.

خوص. Incertum est utrum in verbis p. ٣٦٣: ثم عبر المسلمون خَوْضًا, supplendum sit النهرَ, ita ut خَوْض sit infinitivus, an خَوْض tamquam substantivum sit explicandum *vadum* (= مخاضة). In lingua Arabica hodierna خَوْض hoc sensu adhiberi solet; v. Bocthor et Berggren sub *gué*.

خيل (V), c. الى pers., p. ١٠٤; Ibno 'l-Djauzí, *Kitábo 'l-Qoççáç*, MS. 998, p. 35: اخشى عليك ان — تقصّ فترتفع حتى تخيّل اليك انك فوقهم بمنزلة الثريا; Lane خُيِّلَ اليه.

در (IV), *copiosum reddidit*, أَدَرَّ عليهم الارزاق, p. ٢٢٣; Zamakhschari, *Asás*: ادرّ الله له اخلاف الرزق; Ibn Nobáta, MS. 817, p. 22: الملك ادرّ الفضل.

درهم (I). دراهم مدرهمة, *nummi cusi*, p. ٤٠٠.

دس (I). Si quis nummos improbos probis, merces viliores melioribus miscet, homines fallendi causa, dicitur دسّها فيها; p. ٤٧٠: دسّ فيها المفرّغة والزيوف; Mawerdi, p. ٢٧١; Motarrizi: يدسّه البائع فيه. — (VII), *abscondidit se*, p. ٣٠١.

دعس (I), *pulsavit ungula terram* equus, p. ٣٦٠, vs. 10 (ubi l. تَدْعَسَ); *Qâmus:* شدّة الوطء; cf. دَعَصَ et usum verbi ندس apud Zamakhschari, *Fâïk*, II, p. 535: ابو هريرة دخل المسجدَ وهو يَنْدُسُ الارضَ برجله اى يَضْرِبُ قال الاصمعى ندسته بحجرٍ ضربته وندسته وردسته طعنته وقال الكُمَيْتُ

ونحن صبحنا آلَ نجرانَ غارةً   تميمَ بن مُرٍّ والرماحَ النوادسا

Alii legunt بالقنا pro بالغنا, ut oriatur sensus: »jam satis tristitiae est, quod equites conserant manus (hasta percutiant)," sed haec lectio mihi, et mecum Cl° Fleischero, omnino rejicienda videtur.

دفع (I), *effusus est*, يدفع (النهر) فى الفرات, p. ١٨٧. — (III), c. ب, *extraxit rem in longum*, p. ٣٥٧; cf. Zamakhschari, *Fâïk*, I, p. 360: خالدٌ لمّا اَخَذَ الرايةَ يومَ مُوتَةَ دافع بالناس وخَاشَى بهم وروى رافع، دافع من الدَّفع بمعنى التَّنْحِيَة ورافع من قولهم رفع الشىء اذا اخذه واَحْرَزَهُ وخَاشَى من الخَشْيَة والمعنى انّه نَحّى المسلمين عن القتال وصَدَّهم عنه وحاذَرَ عليهم منه وكان مَجِىءُ هذه الافعال على فاعَلَ فائدته انه ظاهَرَ غيرَهُ على ذلك مُبَالغةً فى الابقاءِ عليهم.

دقّ (X), *angusta fuit* via, p. ١٦٧; *facilis portatu fuit* res, p. ١٨٩.

دقل. دَقَلٌ, *malus* sive potius *palus excelsus*, p. ٤٣٧; Wright, Gloss. ad Ibn Djobair; Motarrizi: دقل السفينة خشبتها الطويلة التى تعلق بها الشراع (cf. infra sub ردى). Djauhari et *Qâmus* proprie hanc habent significationem, nempe والدَّقَلُ سَهْمُ السَّفينة, quod Freytag vertit per »trabs transversaria navis." Male, ut apparet e proverbio a Zamakhschario in *Asâs* laudato cum explicatione زورقٌ بلا دَقَل وهو سَهْمُ السفينة, »navis malo destituta." Vid. porro Reinaud, *Fragments*, p. 193.

دك. دَكّةٌ. P. ٣٢١: »opplevit puteos eosque tegit pellibus bovinis et ovillis, posuit supra eas دَكَّةً, et huic superstruxit castellum." [Significatur hoc vocabulo *coaxatio* (plancher). Idem restituendum est e MS. Gayangos in ed. Ibn Batutae,

I, p. 60, vs. 1 pro درکات (l. دكّات). Sermo ibi est de coaxationibus aquae impendentibus in usum lotorum, fullonum simil. D.].

دل (X), c. ب et على, *nisus est auctoritate traditionis in doctrina aliqua*, p. ٣٤ ann.; Dozy, Gloss. ad *al-Bayán*, et *Vêtements arabes*, p. 174; Zamakhschari, *Asás*. — دَالَّةٌ, *protervitas* (sq. على p.), p. ٤١٨; Zamakhschari, *Asás*: لفلان علىّ دَلَالَةٌ واناَ احتمل دَلَالٌ ودالّةٌ; Motarrizi: التدلّل تفعّل من الدلال والدالّة وهما الجرأة; de Sacy, *Chrestomathie arabe*, I, p. ١٢٢, ١٢٣ (trad. p. 374 sq. *orgueil*, *impertinence*).

دلى. دالية. Vid. sub غرب.

دهيك. Monuit me Cl. Defrémery restituendum esse p. ١٨٣, vs. 10: الّا دهيك الذهب, collata lectione Cod. A. Est nempe vox Persica ده يك, »e decem partibus una" et adhibetur eodem sensu quo Arabicum عُشْر. Cf. quae annotavit V. Cl. ad Ibn Batuta, III, p. 112 (p. 459), quibus addere jubet Sadí, *Bostán*, I, vs. 274 (p. 27 in edit. 1828).

دور. ديارات, p. ٣٣١, videtur esse pl. plur. vocis دير »*monasterium*." Plur. ديار in lingua Arabica vulgari in usu est, v. Berggren sub *cloître*. Nawawí, *Tahdsib*, MS. p. 349, haec habet: فصل دير قول الشافعى رضه فى الجزية واصحاب الديارات قد انكره جماعة وقالوا ان اراد جمع دير قصوا به ديور كعين وعيون قال البيهقى قال ابو منصور الحسادنى (sic) هى لغة صحيحة تستعمل فى نواحى بلاد الشام وبلاد الروم وهى جمع الجمع يقال دار وديار وديارات كجمال وجمالات وروى البيهقى باسناده ان رسول الله صلعم قال انما هلك من كان قبلكم بتشديدهم على انفسهم وستجدون بقاياهم فى الصوامع والديارات.

دون. ديوانٌ. اهل الديوان s. اهل العطآء sunt milites quorum nomina in albo notata sunt et qui fixa stipendia accipiunt, p. ١٥٣, ١٧٨, ٢١٠, ٣٢٨, ٣٢٩; cf. p. ٤٣١ et caput ذكر العطآء, p. ٤٤٨ sqq.; Motarrizi: دوّن الدواوين اى رتب الجرائد للولاة والقضاة ويقال فلانٌ من اهل الديوان اى ممن اثبت اسمُه فى الجريدة.

ذُرَق explicatur p. ٩ per حندقوق.

ذكر (VI), c. acc., *egerunt de* aliqua re, de duobus: تذاكرا الصلح, p. ٢٤٣.

ذل (IV), *submisit*, c. ل p., p. ٢٤٢.

رآزة, *salmo*, p. ٣٤١; vid. Glossar. ad Edrísi.

رأس. رأس, *mancipium*, p. ٢٠٨, ٢٣٧, ٢٣٨, ٣٩٤, ٤٢٨, ٤٣٢, ٤٥٢; Ibn Khordádbeh, ed. Barbier de Meynard, p. 39. — *Extremitas*, *finis*, p. ٤٣٩: وهى على راس فرسخين من المنصورة; *Fáïk*, II, p. 182: تُوُفِّىَ — على راس اميال من مكة; Bokhárí, III, p. ١٣٨: على راس ثمان سنين ونصف من مقدمه المدينة; vid. Glossar. ad Edrísi.

ربث (II) = (I), *retinuit*, p. ٣٥٧ (vocales in B.); Zamakhscharí, *Asás:* رَبَّثَهُ ورَبَّثَهُ عن كذا ثَبَّطَهُ.

ربط (III), c. acc. loci, p. ١٤٥; Comment. ad *Qaçidam* Khalaf ibn Hayán, MS. 287, Lib. 13, N. 3. — رَوَابِطُ, pl. voc. رابطة (*turma equitum*, p. ١٨٥, ٢١٠ cet.), p. ١٤٢, ١٧٣, ٢٢١.

رتب (II), *collocavit* fabros in (فى) locis maritimis, p. ١١٧, naves in (ب) portu, p. ١١٨, milites in insidiis, p. ١٩٠, tribum in terra, p. ١٧٨; sed imprimis adhibetur de militibus qui praesidii causa in loco confinii aut urbe munita collocantur, p. ١٢٨, ١٤٧, ١٥٠, ١٩٣, ١٩٧, ١٩٩, ١٨٥, ٢١٠, ٢٧٤, ٣٠١, ٣١٠, ٣٢٢, ٣٧٥; Ibn Batuta, III, p. 50; Zamakhscharí, *Asás:* ورَتَّبَ الطَّلَائِعَ فى المَرَاتِبِ والمَرَاقِبِ مواضع الرُّقَبَاءِ فى الجبال. — Hinc المرتب, p. ١٢٨, significat idem quod الحفظة (p. ١٣٤, ١٤٣, ١٩٣) nempe *milites praesidii.* Pronuntiandum videtur الرُّتَّب, pl. v. راتب, dicitur enim رَتَبَ الرَّجُلُ, teste Zamakhscharí, *Fáïk*, I, p. 412: اذا انتصب قائمًا أرادَ الغَزْوَ والحجّ وغيرَهما من العِبَادَاتِ الشاقّة, et primis temporibus milites praesidiorum magnam partem erant, ut p. ١٤٧ appellantur, اهل نيات وحسبة, »homines pii exspectantes remunerationem divinam in altera vita."

رجع (III), inf. مراجعة, c. acc., *rediit ad* الاسلام, p. ٧٧, الطاعة, p. ٤٠٩; Bokhárí, III, p. ١٣٢: راجَعَ الامْرَ المعروف; Zamakhscharí, *Fáïk*, II, p. 218: لَعَلَّهُ يَتُوبُ او يُرَاجِعُ; Ibno 'l-Athír, I, p. ١٤٨ et ١٤٩: ولم يراجعا الحقّ, p. ١٥٠: راجعوا التوبة; p. ١٨٤. Inde مُرَاجَعَة, *reditus ad concordiam*, p. ٤٢٧, يدعوهم الى الفيئة والمراجعة. — (VI), *recedit*, ماؤها, p. ٣٥٩; Zamakhscharí, *Asás*, tropice تراجعت احوال فلان. Dozy, *Loci de Abbadidis*, I, p. 326.

رجف (IV). Lexico addendum est hoc verbum sensu *tumultum concitandi* construi cum ب p., p. ٢٨٩.

رجم (II), *conjecturam fecit*, يُرَجِّمُ دُونَهُ الخَبَرَ, p. ۴۳۴; ذلك ظَنٌّ وتَرْجِيمٌ, p. ٥١; Zamakhschari, *Asás:* رَجَّمَ بالظَنّ ورجّم به رمى به ثم كَثُرَ حَتّى وَضَعُوا الرَّجمَ والتَّرجيمَ موضعَ الظَنّ فقالوا قال ذلك رَجْمًا اى ظَنًّا وحديثٌ مُرَجَّمٌ مظنون. Haec forma secunda praeterea aliam significationem habet, Lexico addendam, nempe *cippo instruxit sepulcrum* (= I, 6), *Asás:* رَجَمُوا القَبْرَ رَجْمًا ورَجَّمُوهُ ترجيمًا جمعوا عليه الرِّجَامَ; *Fäïk*, I, p. 425: ابنُ مُغَفَّلٍ قال فى وصيّته لا تُرَجِّمُوا قَبْرِى اى لا تَجْعَلُوا عليه الرِّجَامَ وهى حجارةٌ ضِخَامٌ الواحدةُ رُجْمَةٌ والمعنى النهى عن التَّسْنيم والرَّفْعِ. Alii in hac traditione vocabulum explicant لا تنوِّخوا عند قبرى ولا تقولوا عنده كلامًا قبيحًا, igitur = I, 3 (nota marginal. in Cod. Leyd.).

رخم. رُخَامَةٌ (nom. unit. voc. رخام), *lapis marmoreus*, p. ۱۳۹; Motarrizí: الرخام هى الحجارة البيض الرخوة الواحدة رخامة; Kosegarten, Glossar. ad *Chrest.* Eodem sensu adhibetur مرمرة, e. g. Bokhári, III, p. ۱۷۳.

رَدَّ (I). Observa phrasin رَدَّ مِنْ بَعْضِ الحَديثِ عَلَى بَعْضٍ, *miscuit traditiones, complevit unam ex altera*, p. ۲, ۱۹۳. — (VI) تَرادّا, *invicem reddiderunt* obsides, p. ۴۴۲. — تَرَادَّ السَّيْلُ, *torrens, interposito obstaculo, a cursu deflexit, neque attigit locum*, c. عن l., p. ٥٣; Zamakhschari, *Asás:* تَرَادَّ المَاءُ ارْتَدَّ عن مَجْرَاه لحاجزٍ. — رَدٌّ, pl. رُدُودٌ, *restitutio.* اصحاب الردود vocantur in Palaestina illi quorum majores ad terras propter metum Moslimorum derelictas redierunt ea conditione ut tributum solverent idem quod antea Byzantinis, p. ۱۴۴.

ردف. رَوَادِيفُ. Tractatus cum incolis al-Djordjumae in Libanone monte stipulavit eos immunes fore censu capitis (جزية), sed exploratorum vicem gessuros et praesidia (مسالح) collocaturos ad viam tutandam. Idem concessum est asseclis eorum et servis, atque hi روادیف appellabantur, sive quod cum dominis eodem tractatu conjungerentur, sive quod, quum hi ad castra Moslimorum accederent, eos post tergum equo insidentes haberent; p. ۱٥۹. Alio modo explicatur nomen p. ۱۶۲, nempe روادیف appellatos fuisse milites ex tributariis, quibus mandatum erat tergum exercitus protegere; sed haec explicatio a Belâdsorio rejicitur.

ردم. رَدَمَ رَدْمًا, p. ٥۴, eodem sensu quo p. ٥٣: عمل ردمًا et p. ٥۴: اتّخذ ردمًا,

ردى (I), *conculcavit*, c. ب p., p. ٢٤٩ (ubi corr. تَرْدِى), p. ٣٩١, ٤٤. . — مُرْدِىّ, pl. مَرَادِى, *lignus quo impellitur navis* (*longue perche*, *aviron*), ut ex *Qámuso* bis dedit Freytag (sub ردى et مرد), p. ٤٢٣. Unus Djauharí hoc vocabulum scribit مِرْدًى, pl. مَرَادِى. Motarrizí sub قلع habet hunc locum memorabilem: ومنه قوله فى شرى السفينة بجميع الواحها وكذا وقلوعها وقلوسها وصواريها هى جمع الصارى وهو المَلاح [1] والدقلُ ايضا لغة اهل الشام عن الغورى الا ان شرى الملاحين غير معتاد وتفسيره بالدقل وان كان صحيحًا الا ان لفظ الجمع لا يساعدُ عليه مع انه صرح بذكره بعد فقال وسكانها ودقلها ولا آمنُ ان يكون توهمًا او تحريفا لمراديها جمع مُرْدِىّ بضمّ الميم وتشديد الياء وهو عود من اعواد السفينة التى تحرك بها وهو الصواب. Eodem modo scribitur in Codice Leidensi operis *al-Fäïk*, I, p. 306, ubi laudatur explicatio quam al-Mobarrad dedit vocis الخَيْزُرَان in traditione انّ الشيطان لمّا دخَل سفينةَ نوحٍ قل له نوح اخْرُجْ يا عدوّ الله من جَوْفِها فصَعِدَ على خَيْزُرَانِ السفينة, vult inquit المُرْدِىّ. Quae explicatio si vera est (potius vero *malus* designatur), intelligenda est trabs transversaria navis (*boute-hors*), cujus ope tenditur velum. Observandum est jam tempore Ibn Haucalis huic nomini conti substitutum fuisse illud quod etiam hodie in usu est, nempe مِدْرًى, pl. مدارى. Vid. Humbert, *Guide de la conversation*, p. 128; Bocthor sub *aviron*. Nam duobus locis, ubi in Codice Gothano Istakhrii (facs. Mœller, p. 28 et 46) et inde in Abulfeda, p. ٣٩ et ٢٩٩, scribitur المرادى, Codd. Bonon. et Berol. et Codd. Ibn Haucalis habent المدارى. Hoc nimirum vocabulum significat *instrumentum bifurcum* (horca de dos gajos, horca para rebolber las miesses, pala de grandes dientes, Alcala) et hinc in re nautica videtur designare illud instrumentum quod Gallice dicitur *croc* (un croc emmanché à une longue gaule). مُرْدِىّ autem significat, ut vidimus, *contum* (longue perche ferrée), nec mirum unum vocabulum pro altero esse sumtum. Fieri tamen potest illud per metathesin litterarum ortum fuisse e forma مِرْدًى. (In loco de lacu Tanitico rursus hoc vocabulo substitutum est المعادى (*les bacs*) ab Edrísio, p. ١٥٧, et a Maqrízio, I, p. ١٨١, vs. 12 a f.; navigia enim hujus speciei

[1]) مَلَاح, *malus*, Lexico addendum est.

ope conti, non velis moventur). Vocabulum مـدْرِى adhibetur quoque eo sensu, quem habet مُرْدِىّ in explicatione traditionis supra laudatae (*boute-hors*), e. g. *Alif Laila*, ed. Macnaghten, II, p. ١١٩, vs. 2 a f.: فرفعوا الكراسى وحطّوا المدارى وحلّوا القلوع الخ; paullo aliter explicat Lane, vertens (*Thousand and one Night*, II, p. 272): »And they took away the chairs, and put by the poles, and loosed the sails" cet., et annotans (p. 293, ann. 98): »The poles here mentioned are those which are used in shoving off a small vessel from the shore, or from a bank on which it has run, in propelling it in a calm in shallow water, and also in sounding."

رزق (VIII). الْمُرْتَزِقَة, *milites qui fixum stipendium accipiunt*, p. ١٤١; Motarrizí: الرزق ما يخرج للجندى عند راس كلّ شهر وقيل يومًا بيوم والمرتزقة الذين ياخذون الرزق وان لم يثبّتوا فى الديوان. Addit al-Karchíum in *Moktaçar* docere voce عطآء significari *stipendium militare*, voce رزق vero *largitionem pauperum;* sed sub عطا docet illud semel vel bis quotannis dari, رزق vero singulis mensibus vel secundum Holwání singulis diebus.

رسل (IV), *libere dimisit* aquam, opp. حبس, p. ١٣ et apud jurisconsultos in capite فى الشرب.

رشح (II) نَفْسَهُ لشَىْءٍ, *assuefecit se rei*, p. ١٥١.

رفأ (IV) v. sub رقى.

رفع (I). رُفِعَت لهم مدينة, p. ٩٣ (= *Moschtarik*, p. ١٨٩, ann. c), *urbs oculis eorum sese obtulit;* Zamakhscharí, *Asás:* وفى الحديث رفع لـه عَلَم فشمّر اليه; *Hamása*, p. ١١٨: رفعت له نار; Bokhárí, III, p. ١٩١: حتى اذا كُنّا فى بعض الطريق رُفع لنا قال انى أَضْلَلْتُ ناقتَيْن عُشراوين فخَرَجْتُ رَكْبٌ من قبل المدينة; *Fäik*, II, p. 587: فـأبغيهما فـرفـعَ لى بيتان فى فَضَآءٍ (Cod. قضَاءٍ) من الارض; Mobarrad, p. ٧٥, vs. 10, p. ١٣٣, vs. 6. Eodem sensu adhibetur ارتـفـع e. g. Ibno 'l-Athír, I, p. ٢٧٩: ارتفعت له الاخبية. — رفع الى السلطان الامرَ s. فى الامر, *libellum principi obtulit* de re qualibet, rogandi aut supplicandi causa, p. ٩٨, ١٥٨, ١٩١, ١٩٩, ٢٠٩, ٢٣٨, ٣٩٧, ٣٨٩, ٤٢٣, aut simpliciter informandi causa, p. ٣٠٤; (cf. Dozy, Glossar. ad Ibn Badrun,

p. 91; *Loci de Abbadidis*, II, p. 228). — رفع على فلان, *accusavit eum*, p. ٣٥٢, ٣٨٤; Dozy, Glossar. ad *al-Bayán*, p. 19; Zamakhschari, *Asás* et *Fäïk* (I, p. 448): رفع فلانٌ على العامل اذا اذاعَ خَبَرَه. — رفع الزكاة الى الوالى, *tributum zekka dedit, solvit praefecto*, p. ٥٧ (perspicue in utroque Codice), eodem sensu quo solet adhiberi دفع, Mawerdí, p. ١٩٥, ٢٠٨, ٢٠٩, ٢١٠, cet.

رقب. رَقَبَةُ الأَرْضِ, *dominium soli*, cui opponitur *ususfructus*, p. ٣٩: فقسم رقبة الارض بينهم على سهامهم, p. ٣١١: ان يعطوه رقبتها ويكونوا مزارعين له فيها; Qodáma, *Kitábo 'l-Kharádj*, Manz. VII, Cap. 5: فاما ما هى الارض التى اذا استحياها احد ملك رقبتها فهى ما لم يكن فيه ملك ولا حق لمسلم ولا معاهدهم وقال رسول الله صلّعم عادى الارض لله ولرسوله ثم لكم من بعد فمن احيا شيئا من موتان الارض فله رقبته; Cap. 6: فالاقطاع هو ان يدفع الائمّة الى من يرون ان يدفعوا اليه شيئا ممّا ذكرناه فيملك ذلك المدفوع اليه رقبته بحق الاقطاع ويجب عليه فيه العشر; Mawerdí, p. ٢٥٥ (cf. *Mémoire sur la conquête de la Syrie*, p. 113), ٣٣٥, ٣٣٦, ٣٣٧.

رقى (IV), *appulit*, de navi et de navigantibus, p. ١٥٣, vs. 7. Diu dubitavi utrum lectionem Codicum rejicerem et legerem, uti etiamnunc jubet Cl. Fleischer, فأَرْفَأُوا. Nam Lexica hac significatione tantum hoc verbum memorant: Djauhari: أَرْفَأْتُ السَّفِينَةَ قَرَّبْتُها مِنَ الشَّطِّ وذَلِكَ المَوْضِعُ مَرْفَأٌ; *Qámus*: رَفَأَ السَّفِينَةَ أَدْنَاهَا مِنَ الشَّطِّ والمَوْضِعُ مَرْفَأٌ ويُضَمّ; Zamakhschari, *Asás*: هو مَرْفَأُ السُّفُنِ وقد أَرْفَأُوها رفأ السفينة الى الشط (cf. *Fäïk*, II, p. 631); Motarrizi: ارفأها قرّبها من الشط وسكنها وهو مَرْفَأُ السفن للفرضة ومنه لا يترك ان يرفئ الى شيء من فرض المسلمين وقوله فى كراء السفينة ويرقى اذا رقى الناس ويسير اذا ساروا والصواب يُرفئ او يرفأ بالفاء والهمزة والقاف تصحيف. Vides Motarrizio quoque verbum ارقى hoc sensu occurrisse, sed tamquam scriptoribus classicis non usitatum damnavit. Nos idem facere vetamur, nam 1° مَرْقًا significare *portum* certissimum est; vid. Glossarium ad Edrisí sub اسقالة et adde locis laudatis: Castelli, Lexicon Syr., ed. Michaëlis, I, p. 237 et Ibn Schádsán, *Adabo 'l-Wozarái*, MS. 776, f. 24 v.: ففتح الابلّة عتبة بن غزوان عنوة وكانت مرقا السفن من البحر. Haud scio an apud Ibn Khordádbeh, ed. Barbier de Meynard, p. 66 et alibi legendum sit مرقى et مراقى, quod suadere videtur forma singularis المرقى, l.l., vs. 2 a f.; 2° dum jam hinc sequitur significationem *appellendi* a radice رقى minime alienam esse, exempla non desunt usus verbi ارقى hoc sensu. Praeter locos Beládsorii et Motarrizii, occurrit apud Jaqubí, p. ٨, vs. 13, coll. ann. *a*, et apud Bekrí, ed. de Slane, p. ١١١, vs. 6 a f.: السفن المرقاة بها. Plura fortasse dari possent, nisi editores, quibus, ut VV. DD. qui Jaqubí et Ibn Khordádbeh ediderunt, neque ارقى neque مرقى (مرقا) hoc sensu innotuit, lectioni Codicum substituissent ارفأ et مرفأ. — Ceterum apud Freytag ارفأ quoque hac significatione desideratur, licet jam Schultens ad Golium suum adnotavit: *admovit* navem *litori* Alfergani 77. Locis lexicographorum supra datis, addi potest أَرْفَأَتِ ٱلْجَفْنَةُ, quod occurrit in traditione Ibn Síríni apud Abu Obaid, *Gharíbo 'l-Hadíth*, MS., f. 62 v., ubi vero adnotat commentator: وأَعْرابُها عندنا أَرْفَتْ يقال أَرْفَأَتْ السفينةُ أَرْفَتُها أَرْفَأَةً (cf. Mobarrad, p. ٩٤, vs. 10). — رقيبة. De رقيبة النملة, v. infra sub نمل.

ركب (I), *ingressus fuit*, المفازة, p. ١١٠. Metaphorice *Hamása*, p. ٣٢٧: ركب الموتَ, »immisit se in mortem." — ركب اكتافهم, *persecutus est eos*, p. ٣٩٤.

ركد (I). ركد فى الصلاة, *lente pronuntiavit preces*, p. ٢٧٨; Bokhárí, I, p. ١٩٥; syn. طوّل et مدّ, *ibid.*, p. ١٩٦, ١٩٧, ١٩٨; Zamakhscharí, *Fáïk*, I, p. 212, habet انّى لَأُطيلُ بهم فى الأُولَيَيْنِ وأَحْذِفُ فى الأُخرَيَيْنِ; cf. حذف.

رمل. رَمْلَةٌ, *planities arenosa*, p. ١٤٣; vid. Glossar. ad Edrísí; Mobarrad, p. ٥٦, vs. 13, 14; Cod. 1151 (Catal. I, p. 80 sqq.) (باب فى الرمال); وَٱلْعَوْكَلَةُ ٱلرَّمْلَةُ ٱلْعَظِيمَةُ.

رهق. رَهَقٌ a Djauharío explicatur per الظُّلْم, auctor *Qámusi* idem habet et insuper اسمٌ من الأَرْهَاق, i. e. *homini imponere id cui ferendo impar est;* aliis verbis رَهَقٌ significat id quod Gallice appellatur *une servitude* et أَرْهَقَهُ, *imposer une servitude* (Djauh. حمّله et كلّفه). Occurrit substantivum hoc sensu p. ٦٥: وليس عليهم رَهَقٌ ولا دَمٌ جاهليّةٌ.

روج (V), *nummis in commercio uti tamquam probis* (راتج), p. ٤٦٨; idem quod تجوّز, quod a Lane explicatur: *he accepted the dirhems as current; did not reject them.* Eodem sensu dicitur رَوَّجَ الدَّرَاهِمَ (Motarrizí in v. جوز). Djauharí hoc commemorat, sed, ut videtur, eadem significatione quae in *Qámuso* ei tribuitur, nempe *fecit ut probus esset* nummus (نقّد), quamque Motarrizí adscribit verbo جوّز; nempe تجويز الصرّاب الدراهم ان يجعلها رائجة جائزة.

رود (IV). اراد فلانًا على الشىء, *invitavit aliquem ad rem*, p. ٥, ١١٧, ١٨٢; Djauhari: رَاوَدْتُهُ عَلَى كَذَا مُرَاوَدَةً ورِوَادًا اى أَرَدْتُهُ; Motarrizí (et partim *Asás*): اراده على الامر حمله عليه ومنه اراد الملك الامير على ان يكتب, in quibus jam notio *jubendi* cum illa *rogandi* et *invitandi* conjuncta est, dum a Djauhario simpliciter synonymum verbi راود appellatur. Optime discrimen inter راود et اراد illustratur loco Ibn Batutae, I, p. 269: فراودهما على البيع فأبيا ثم ارادهما فباعاه.

روى (II), *satiavit potu:* رَوَيْتُ رُمْحِى (بالدم), p. ٩٨; *Asás:* اروى ابلَهُ وروّاها; cf. apud Freytag: *imbuit* jure cet. cibum.

ريث (I). Lexico addendum est hoc verbum quoque construi cum عن p., p. ٣٠٥.

زرع (VIII). مُزْدَرَعٌ sensu infinitivi: ارض مزدرع ومتجر, p. ٣١٩.

زعر. زَعِرٌ de camelo *pravae indolis*, p. ٢٣٩ in loco Maqrízíi (et ex eodem fonte apud Ibno 'l-Athír, VII, p. ٥١). Verti posset *meticulosus*, quoniam additur تنفر عن كل شىء, collato Freytagii »زَعِرَةٌ avis quaedam, quae nonnisi *perterrita* conspicitur," sed vereor an recte hic reddiderit مَزْعُورًا (non مذعورا) per *perterrita*. Potius vertendum est »raro," nam زَعِرٌ explicatur per قلّ وتفرّق (الشَّعَرُ).

زم. زِمَامٌ, *tabulae accepti et expensi*, p. ٤٩٤; cf. Dozy, *Loci de Abbad.*, I, p. 75 sq., 427; Glossar. ad *al-Bayán* et ad Ibn-Djobair.

زود (II), cum dupl. accus., p. ٣٤٠; *Hamása*, p. 393; *Asás:* زوّدتُهُ كتابًا الى فلان. — (X), *commeatum sibi comparavit*, p. ١٧٩. — مَزَادَةٌ, *uter aquarius magnus*, p. ٩٩; »grande outre plate et carrée connue en Egypte sous le nom de *ray*" Mohammed al-Tounsy, *Voyage au Ouadây*, trad. par Perron, p. 332. Debeo hunc locum Cl[e] Dozy.

زوى (V), *angulatum fuit* aedificium, denom. a زاوية, p. ٣٤٨.

زيد (I), *amplificavit*, c. فى r.: زاد فى المسجد, p. ٥, ٦, ٧, ٣٤٧ cet.; زاد فى = تزيّد, p. ٣٠; زاد الدارَ فى المسجد = الحديث, *templum amplificavit dum domum in id intrare fecit*, p. ٦, ٤٦, ١٢٥, ٣٤٩, ٣٦٣.

زين (II). زَيَّن له الشرّ, *incitavit eum ad malum* (propr. *fucavit ei malum*), p. ۴۲۹; cf. usum verbi in verbis زَيَّن سِلْعَةً بالباطل, *praedicavit de mercibus falsa*, Zamakhschari, *Fâïk*, II, p. 19; eodem modo reflexivum تَزَيَّن adhibetur; v. locum Djauharii infra sub شبع.

سبب. سَبَبٌ. Observa usum hujus vocab. in verbis انت سببى اليه, »tu me ad eum introduxisti," p. ۳.. (ubi sic corrigendum) et in loco Ibn Schádsáni, q. v. sub خف.

سبح (II), *fecit ut nataret* (= IV), p. ۲۹۳.

سبق. سَابِقَةٌ, *id quod antea fecit quis, res gesta*, اهل السوابق والمشاهد, »qui rebus gestis et proeliis se distinguerunt," p. ۴٥.; cf. phrasis a Freytagio laudata له فى هذا الامر سابقة (pro quo quoque سبقة dicitur, *Asás*); [Abdo 'l-Wáhid, p. ۸۹, Ibno 'l-Khatíb, MS. Gayangos, fol. 21 v.: «لهم سابقات ومفاخر، واوائل واواخر». Alibi significat *majores*, v. *Loci de Abbad.*, I, p. 223, l. 11, p. 323, l. 3, *Catalogus*, I, p. 227, l. 7 a f., Abdo 'l-Wáhid, p. ۱۷۷, l. 4. Difficilius explicatu sunt verba *Loci de Abbad.*, I, p. 221 et Ibn Hayán apud Ibn Bassám, Ms. Goth. f. 66 v.: سمّاه بالموتمن ذا (l. ذى) السابقتين. D.].

سحل. سَاحِلٌ, pl. سَوَاحِلُ, saepius designat *locum in littore maris situm, portum*, p. ۱۲۹, ۱۲۷, ۱۲۸, ۱۳۳, ۱۳۴, ۱۹۲, ۲۳۸; cf. Bekrí, ed. de Slane, p. ۹۹, ساحل تاهرت, quod explicat editor in *Journal Asiatique*, 1859, I, p. 113 ann. per »un entrepôt de commerce qui a des communications avec la mer;" p. ۸۲, ۸۹, ۸۷, ۸۸, ۱٥۳; Dimaschqí, ed. Mehren, p. ۹۴, ۲۱٥, ۲۳٥; [Alcala: *envernadero*. D.].

سخر. سُخْرَةٌ, *opus ad quod cogitur quis sine mercede* (Gall. *corvée*), p. ۹.; vid. Dozy, Glossar. ad *al-Bayán*; Motarrizí: السخرة ما يتسخر اى يستعمل بغير اجر; eodem sensu videtur intelligi a Zamakhschario in verbis (*Fâïk*, I, p. 518): السُّبْحَةُ من التسبيح كالعُرْضَة من التَّعْرِيض والمُتْعَة من التمتيع والسُّخْرَة من التسخير.

سد (I), inf. مَسَدٌّ: verba قومٌ يسُدُّون عن الاسلام مَسَدًّا (p. ۱٥۲) significant *viri qui Islamismum strenue defendunt*. Praepositio عن dependet a notione defendendi quae verbo inest, cf. *Hamása*, p. ۲.٥. — سُدٌّ, *agger, obex aquae* explicatur per

عَرِمٌ, p. ١٥; vid. Glossar. ad Edrisi. — سَدِيدًا, eodem sensu quo سَدَادًا et سَدَدًا (*Asás*) i. e. صَوَابًا, *recte dicis*, *certe*, p. ٢٣.

سرب (VII). مُنْسَرَبٌ, i. q. مَسْرَبٌ, *exitus aquae*, p. ١١.

سرح (II), *misit*, p. ٢٩٤; Dozy, Glossar. ad Ibn Badrun; *Asás:* سَرَّحَ اليه رسولًا.

سرع (IV) فى ماله, *brevi tempore erogavit pecuniam*, p. ٤٤٣; Dozy, Gloss. ad *al-Bayán*. — Observa phrasin p. ٤٥٠: مَنْ قصر به عملُهُ لم يُسْرِع به نَسَبُهُ, »cujus opera non sufficiunt (ut ad gaudia coelestia admittatur), eum cognatio illustris (cum propheta) non perducet." Cf. infra sub قصر.

سعد (I). Nescio unde Freytag petiverit discrimen quoddam exstare inter سَعِدَ et سُعِدَ, nam a Lexicographis dantur tamquam prorsus synonyma: Djauharí: والسَّعَادَةُ خِلَافُ الشَّقَاوَةِ تَقُولُ مِنْهُ سَعِدَ مثل سَلِمَ فهو سَلِيمٌ وسُعِدَ فَهُوَ مَسْعُودٌ وقرأ الكِسَائِىُّ وَأَمَّا ٱلَّذِينَ سُعِدُوا, nempe in loco Qoráni 11, vs. 110 ubi lectio recepta est سَعِدُوا. Zamakhscharí, *Asás:* سَعِدْتُ به وسُعِدْتُ وَهُوَ سَعِيدٌ ومَسْعُودٌ. *Qámus:* وقد سَعِدَ (وسُعِدَ) كَعَلِمَ وعُنِىَ فهو سَعِيدٌ ومَسْعُودٌ. Ergo non mutanda est lectio Codicum Beládsorii, p. ٩٩, vs. 2 a f. (سُعِدَ), ubi Fl. mavult سَعِدَ, »entsprechend der Form des entgegengesetzten شَقِىَ." — (IV), *in lacrymando adjuvit*, p. ٩٩; Zamakhscharí, *Asás:* وأَسْعَدَتْ النَّائِحَةُ الثَكلَى أَعَانَتْهَا عَلَى البُكَاءِ والنَّوْحِ; *Fáik*, I, p. 547: النبى صلّعم لا اسْعَادَ ولا عَقْرَ فى الاسلام، هو اسْعَادُ النساء فى المَنَاحَات تَقُومُ المرأةُ فتَقُومُ معها اخرى من جاراتها فتُسَاعِدُها على النِّيَاحَةِ، وعنه أَنَّ امرأةً أَتَتْهُ فقالت يا رسول اللّه ان فلانة اَسْعَدَتْنى افَاُسْعِدُها فقال لا ونَهى عن النياحة.

سقط (IV), *exauctoravit*, p. ٣٠٠, pro quo Ibn Schádsán ازال (v. supra sub خف); *Asás:* سَقَطَ من مَنْزِلَتِه وأَسْقَطَهُ السُّلْطَانُ; Dozy, *Loci de Abbad.*, I, p. 228. — سَوَاقِط (a sing. ساقطة), idem quod apud Freytag سُقَاطَةٌ (*Abfall*), p. ٣٩٩. Motarrizí hujus vocabuli memorat significationem itidem Lexico addendam, nempe *fructus* (dactyli) *decidentes antequam ad maturitatem pervenerint*.

سقى (I). Cl. Fleischer corrigens p. ١٢٠: يَسْقِيَهُ pro يُسْقِنَهُ addit: »Die Bedeutung von سَقَى, *eine Klinge wässern*, d. h. ihr den wässerigen, schillernden Glanz geben, welchen man das Wasser, ماء, der Klinge nennt, fehlt in unsern Wörterbüchern; s. Kaswînî, ed. Wüstenf., I, S. ٢١٢, Z. 19, II, S. ٤١٨, Z. 13, wo nach den Hdschr. der hiesigen Refaïa zu lesen ist: بل نَصْقُلُ كما يَخْرُجُ من النار ويُسْقَى; ferner Mutanabbi, ed. Dieterici, S. ٥٠٥, vorl. u. l. Z. أَسْقَى hingegen ist nach dem Kâmûs nicht transitiv, sondern bedeutet schon an und für sich und absolut تَسْقِيمُ جلاءة سيفه." Procul dubio emendatio V[i] Cl[i] recipienda est (puncta diacritica more solito in Codd. desunt), sed vereor ut explicatio quam dat hujus verbi sit prorsus vera. In libro enim de re militari, cujus descriptio vid. in *Catal. Codd. Orr. Bibl. Acad. L. B.*, III, p. 288—292, Ms. 92, f. 133 v. legimus: باب سقى السلاح اذا اردتَّ ان تَسْقِى شيئاً من هذه السّلاح التى وصفنا لك فلا تَسْقِيَنَّ من هذا الماء شيئاً من et f. 137 r.: فاعْمَلْهُ واسْقِهِ ماءَ ورقِ الدِّفْلَى الخ حديد غير الهندوانى النقىّ فانّه يكسره ويفتّته ويهلكه; quod ipsum accidit gladio celebri Ma'di Karibi. Significat igitur سَقَى gladium *immersit in compositionem, quo fiat melior et pulchrior*, quo modo tantum ferrum optimae notae tractari debet. — سِقَايَةٌ infinitivus, in nota formula سِدَانَةُ البيت وسِقَايَةُ الحاجّ, p. ٤٢; Qoran. 9, vs. 19. — *Domus ubi conveniunt homines ad potandum*, p. ٤٨, ٥٩. Potus, qui ibi praesto erat, vocatur نَبِيذٌ. Apud Azraqi saepius explicatur سقاية per بيت الشراب (p. ٢٩٩, ٣١٣, ٣٢٣, ٣٣٥, ٣٣٩). Descriptio domus Mekkanae, quae dicitur سقاية العباس apud eumdem p. ٣٣٧ sqq. legitur. Quod in Freytagii Lexico haec significatio non invenitur, inde venit quod locos Djauharii et *Qámusi* minus intellexerit. Ille habet: والسِّقَايَةُ الماءُ مَعْرُوفَةٌ; in *Qámuso* legitur: والسِّقَايَةُ بالكَسْر والضّمّ موضعه كالمَسْقَاة بالفَتْح والكَسْر, dum مَسْقَاة a Djauhario explicatur per موضع الشرب (*locus, ubi bibitur* Freytag). Praeter hanc significationem vocis سقاية tantum unam aliam memorant, nempe quam habet in loco Qoran. 12, vs. 70, *poculum*. Motarrizí tres quas enumeravi significationes habet: السقاية ما يبنى للماء وفى قوله تعالى اجعلتم سقاية الحاجّ مصدر وفى قوله تعالى جعل السقاية فى رحل اخيه مشربة الملك. Zamakhschari in *Asás* tantum habet tertiam وله سقاية ومسقاة يشرب بها وهى المشربة, sed addit quartam: *canalis, aquaeductus* لـه سقى من النهر من السِّقَايَة; et hoc sensu adhibetur ab Azraqio, p. ٣٣٠ et ٣٣٩ sq.; cf. Tornberg, ann. ad *Kartás*, II, p. 369, ubi tamen minus recte laudatur Hisp. *azequia*, quod est transscriptio voc.

ساقية (v. Gloss. ad Edrisí). Donec igitur aliunde confirmetur, delenda est explicatio, quam Freytag habet sub سقاية et مَسْقَاة, »locus quo aqua continetur, ex. gr. *fons*, *cisterna*, *aquarium*."

سك. سِكَّة, pl. سِكَك, *clavus* (i. q. سَكّ), p. ٥٥ (سكك الحديد المحمّاة); Ibn Hischám, p. ٨٧٣ in eadem traditione. — سِكَّة البَرِيد s. السِّكّة, *statio tabellariorum*, p. ٢٨٩, ٤٢٥; Motarrizí: والسكة ايضا دار البريد واصحاب السكك فى كتاب عمر بن عبد العزيز هم البُرُدُ المرتبون بها; Zamakhscharí, *Fáïk*, I, p. 76: والسِّكّة الموضعُ الذى كان يَسْكنه الفُيُوجُ المُرَتَّبُون من رباط او قُبَّة او بَيْت او نحو ذلك وبُعْدُ ما بين السكّتين فرسخان وكان يُرَتَّبُ فى كلّ سكّة بغال. Glossator autem adnotat ad فرسخان: الصواب اربعة فراسخ واما الفرسخان فاصطلاح صاحب المسالك. Appellatur haec distantia بَرِيد. Vide porro Sprenger, *die Post- und Reiserouten des Orients*, p. 2 sqq.

سكن (III), *habitavit in eodem loco cum aliquo*, c. acc. p., p. ٣٥٢; Zamakhscharí, *Asás*: سَاكَنَهُ فى دار واحدة وتساكنوا فيها. Haec forma 6ta quoque apud Freytag desideratur.

سل (IV). الأَسْلَال, p. ٣٦ explicatur in ann. *c*.

سلب. سَلِيبٌ, *nudatum armis et vestibus* cadaver, p. ٤١٣; Zamakhscharí, *Asás*: سَلَبَهُ ثَوْبَهُ وهو سَلِيبٌ. Est ut dicit Djauharí فعيل بمعنى مفعول; Ibn Batuta, III, p. 248: سليب من ماله.

سلح. مَسْلَحَة, pl. مَسَالِح, omnino respondet Latino *praesidium*. Quod Freytag habet *confinium*, id nusquam significat; est prava versio vocis ثَغْر, qua a Djauharío et auctore *Qámusi* h. l. designatur *castellum in confinio*: Habet ille: المَسْلَحَةُ كالثَّغْرِ والمَرْقَب وفى الحديث كان ادنى مَسالح فارِس الى العَرَب العُذَيْب قال بِشْر

بكُلّ قِيادِ مُسْنِفَةٍ عَنُودٍ أَضَرَّ بِهَا المَسَالِحُ والغِوَارُ

Occurrit hoc sensu Beláds., p. ١٤٩, ١٦١, ١٦٣, ١٧٨, ١٨٧, ١٩٥, ٢٤٢, ٢٤٤, ٣٩٨, ٣٤٠, ٣٤١; Jaqubí, p. ١١٨; *Vita al-Motacem*, ed. Matthiessen, p. 22; *Merácid*, II, p. ٢٠٣; Bekrí, ed. de Slane, p. ١١٩ (*postes militaires*); *Relation des voyages*, ed. Reinaud,

p. ١٩, ٢١ (vers. p. 15, cum ann. 33, p. 19); et ad hos locos Quatremère in *Journal des savants*, 1846, p. 521. Interdum incertum est utrum de loco an de hominibus (ut p. ١٥٩, ١٩٢, ٢٤٩) adhibeatur e. g. p. ١٢١, ١٩٧; Motarrizi: وحديث النخعى انه كان فى مسلحة فضربَ عليهم البعث يحتمل الامرين.

سلسل (I) et سلسل (II), *catena ligavit* aliquem, p. ٢٩٠, ٣٠٣, ٤٠٠. — (II), *se invicem concatenaverunt*, p. ١٣٥.

سلم. سِلْمٌ adhibetur eodem modo quo حَرْبٌ (*hostis*, de quo vid. Lane), cujus oppositum est, nempe tamquam epitheton ejusdem formae pro masculino genere et feminino, pro singulari numero et plurali. Sic in initio epistolarum Mohammedis, p. ٦٠, ٧٩, ٨٠: انتم سِلْم et انت سِلْمٌ; p. ٢٢٤, ٢٤٣: اسلْمٌ انت ام حرب قال بل سلم (alia exempla usus hujus voc. حَرْبٌ, p. ٣٣٥ et supra sub جلا). — سَلَمٌ, *captivus*, eodem modo pro utroque genere et numero adhibetur: اخذه سَلَمًا, p. ١٢٨, ٣٤٠; Zamakhschari, *Fäik*, I, p. 542: لآتينّك برجل سَلَم, cum commentario p. 543: رجلٌ سَلَمٌ اى أسيرٌ قال الفرزدق

وقوفًا بها صَحْبِى علىّ كانّنى بها سَلَمٌ فى كفّ صاحبه ثَأْرُ

وكذلك قومٌ سَلَمٌ قال فاتّقِينْ مَرْوانُ فى القَوْمِ السَلَمِ (اى اتّقين الله يا مروان (marg. p. 561: اخذ ثمانينَ رَجُلًا من اَهْلِ مكةَ سَلَمًا اى مُسْتَسْلِمين مُعْطِينَ بايْديهم يقال رَجُلٌ سَلَمٌ ورجلانِ سَلَمٌ وقومٌ سَلَمٌ قال فاتّقِينْ الخ. — المُسَالَمَةُ, *summa pecuniae qua pax emta est* (= الصُّلْح q. v.), p. ٤٢٩.

سمر. سُمَيْرِيَّةٌ appellabantur drachmae jussu Abdo'l-Meliki cusae a Judaeo Taima oriundo, nomine Somair, p. ٤٦٨; de Sacy, *Traité des monnaies*, p. 20.

سمن. سمنى, p. ٤٣٧, ٤٣٨, pronuntiatur a Djauhario سُمَنِّى et السُّمَنِيَّةُ explicatur ab eodem per فِرْقَةٌ مِنْ عَبَدَةِ الاَصْنَامِ تَقُولُ بِالتَّنَاسُخِ. Vera pronuntiatio est, ut me docuit Cl. Kern, سَمَنى, est enim vox Prâkrit. Samaṇa, respondens formae Sanskr. Çramaṇa, et significat *monachum Buddhistam*.

سنّ (I). Verba سُنُّوا بهم سُنَّةَ اهل الكتاب (p. ٢٦٧) explicantur a Motarrizio: اى اسلكوا بهم طريقتهم يعنى عاملوهم معاملة هؤلآء فى اعطآء الامان باخذ الجزية منهم. — (VIII), *observavit* legem s. regulam, استنّ سُنَّتَه, p. ٣٢; c. ب p. *exemplum ali-*

cujus secutus est, p. ۴۵۸, vs. ult.; Azraqí, p. ۳۵۴, vs. paen.; Zamakhscharí, *Asás*: سَنَّ سُنَّةً حَسَنَةً طَرَّقَ طَرِيقَةً حَسَنَةً واسْتَنَّ بِسُنَّتِهِ. Illud سَنَّ سُنَّةً occurrit p. ۲۱۰ et ۳۹۷.

سنى. سَانِيَةٌ, pl. سَوَانِي, *rota hydraulica*, p. ۷۱, ۴۱۲; vid. Glossar. ad Edrísí. — مُسْنَاةٌ. Nescio unde Freytag petiverit pluralem hujus vocabuli esse مُسْنَوَاتٌ, nam neque Djauharí, neque auctor *Qámusi* pluralem memorant. Zamakhscharí autem in *Asás* tantum dat pluralem مُسَنَّيَاتٌ, quae forma occurrit apud nostrum, p. ۲۹۰, ۲۹۲, ۲۹۳, ۳۷۱; Mawerdí, p. ۳۱۱.

سهم (IV). Dicitur اسهم لنزار واهل اليمن بسهمين, p. ۲۷۹, eodem sensu quo Djauharii: اسهم بينهم, *sortem jecit inter eos*.

سود (VI), تَسَيَّدُوا, denom. a سَيِّدٌ, *alternis diebus alternos duces habuerunt*, p. ۹۷, ۲۵۴; forma sexta adhibetur de ducibus alternis diebus imperantibus, e. g. Ibno 'l-Athír, I, p. ۲۷۵. — السَّوْدَآءُ, *utensilia domus*, p. ۹۵ (syn. البِزَّةُ, الحلقة, المتاع et, p. ۳۲, الاقتاب) eodem modo quo بيضاء *argentum*, صفراء *aurum* significat (p. ۲۳, ۹۰, ۲۴۹, ۳۰۷; Zamakhscharí, *Fáïk*, II, p. 28 sq.). Notandum est dici quoque الاصفر والابيض eodem sensu, *Fáïk*, I, p. 264.

سوق (I), *duxit* canalem, aquam, خليجًا, p. ۱۴; Qodáma, Manz. VII, Cap. 5: او سيق المآء بوجه من وجوه السياقة; Mawerdí, p. ۳۰۹, cet.; Dimaschqí, ed. Mehren, p. ۲۲۲; — الحديث, *retulit*, *narravit*, p. ۲, ۱۹۳; *Asás* (et partim Motarrizí): هو يَسُوقُ الحديثَ احسنَ سِيَاقٍ واليك يُساقُ الحديثُ وهذا الحديثُ مُسَاقُهُ الى كذا; Bokhárí, II, p. ۹۴; Freytag, *Proverbia*, I, p. 71 (n. 185); Ibno 'l-Athír, I, p. ۱۴۲; Dozy, Glossar. ad Ibn Badrun. — سُوَيْقَةٌ dimin. a سَاقٌ, *crus*, p. ۳۱۸; ذو السُّوَيْقَتَيْنِ cognomen viri apud Zamakhscharí, *Fáïk*, II, p. 36.

سير (II), *libere dimisit* aliquem, p. ۲۵, ۲۹, ۲۱۵; Ibn Hischám, p. ۷۹۴; cf. *Asás*: سَيَّرَهُ من البَلَدِ اشخصه وغرّبه, i. e. Freytagii *ablegavit*, *relegavit*.

شابُرْقان, nomen mensurae Iraqensis, p. ۲۹۹; Mawerdí, p. ۲۷۲, ۳۰۴. Enger relegat ad Richardson, *Lexic. Pers.*

شاهيّة, *dominium*, *imperium*, a Pers. شاه, p. ۱۹۹.

شبع (V). Habet hoc verbum tres significationes, non quatuor ut apud Freytag, qui in interpretando Djauhario et *Qámuso* duos errores commisit. Significat 1° *edit supra satietatem*, *Qám.*: الاكْل اثْرَ الاكْل; Zamakhschari, *Fáïk*, I, p. 582: الْمُتَشَبِّعُ الْمُتَكَلِّف اسْرافًا فى الاكل وزيادةً على الشِبَع حتى يمْتَلِىَ ويَتَضَلَّع; *Asás*: تَزَوَّدوا وتَشَبَّعوا; occurrit apud Beládsori hoc sensu p. ٢٥٧ (ubi A. habet تَتَسعون, v. infra sub وسع); 2° *prae se tulit satietatem*, *quum satur non esset* ut recte vertit Freytag verba *Qámusi*; Zamakhschari, *Fáïk*, I, p. 583: الْمُتَشَبِّعُ الْمُتَشَبِّهُ بالشَبْعان وليس به; et hinc metaphorice 3° *ostentavit* aliquid, *se ornavit plumis alienis*, c. ب r., Djauhari: والْمُتَشَبِّعُ الْمُتَزَيِّنُ بأكْثَرَ مِمّا عِنْدَهُ يَتَكَثَّرُ بذلك ويَتَزَيَّنُ بالبَاطِل ومنه الحَدِيثُ الْمُتَشَبِّعُ بِمَا لَا يَمْلِكُ كَلَابِس ثَوْبَىْ زُورٍ; Zamakhschari, *Fáïk* l.l.: وبهذا المعنى الثانى استُعِيرَ لِلْمُتَحَلِّى بِفَضِيلَةٍ لم يُرْزَقْ وليس من اهلها; Motarrizi: الْمُتَشَبِّعُ الكاذِبُ المتصلف بما ليس عنده; *Qámus*: التكثُّر (de significatione verbi تكثَّر vid. infra in v.)

شبه. شُبْهَةٌ, *conjectura*, p. ٣٧٩; cf. Bekri, ed. de Slane, p. ١٨٤ (ubi vertit editor: *le semblant d'une preuve*).

شتا. شَتْوَةٌ, *hiems*, p. ٣٣٩; pessime Freytag dicit شَتْوَةٌ esse pluralem voc. شِتَآءٌ. Scribere debuisset secundum Djauhari et *Qámus*: شَتْوَةٌ, pl. شِتَآءٌ, et شِتَآءٌ, pl. أَشْتِيَةٌ et شُتِىٌّ, *hiems*.

شحن (I). Lexico addendum est, infinitivos esse شحنة et شحن, p. ١٢٨, ١٣٣, ١٣٤, ١٦٣, ١٦٥, ١٦٨. — شِحْنَةٌ, *armatus urbis*, p. ١٨٨: شحنتها من السلاح.

شخص (IV), misit aliquem, p. ١٩٧, ٢٥٩, ٣٤٥; Mobarrad, p. ١٥٨, vs 17; Ibno 'l-Athir, I, p. ١٨٠; Djauhari: وشَخَصَ من بَلَد الى بَلَد شُخُوصًا اى ذَهَبَ وأَشْخَصَهُ غَيْرُهُ; *Qámus*: أَزْعَجَهُ (Freytag male *terruit*, nam ازعجه significat قَلَعَهُ من مكانه, *Asás*: خلاف اقرّه); *Asás*: شخص من مكانه واشخصته; Commentar. ad Homiliam 37^am^ Ibn Nobátae (MS. 503): وأَشْخَصوا نُقِلَتْ أَشْخَاصُهم يُقَالُ أَشْخَصْتُ ٱلرَّجُلَ عَنْ بَلَدِهِ اذا أَرْحَلْتَهُ عَنْهُ; Dozy, Glossar. ad Ibn Badrun. — *Ivit*, p. ٣٩٤, ٤٠٢; cf. Djauhari: وقولهم نَحْنُ عَلَى سَفَرٍ قَدْ أَشْخَصْنَا اى حَانَ شُخُوصُنَا; *Qámus*: حانَ سَيْرُهُ وذَهَابُهُ.

شدّ (II), *severus*, *acerbus fuit* in re, c. فى, p. ٤٤; Azraqi, p. ٣٤٩; Maqrizi, I, p. ٨٢; cf. Zamakhschari, *Asás*: هو شَدِيدٌ عَلَى قَوْمِهِ وقد شَدَّدَ عليهم ومن شَدَّدَ

شَدَّدَ الله عليه; Ibno 'l-Djauzí, *Kitábo 'l-Qoççáç*, MS. 998(2), p. 112: اخبرنا الخ — قال سمعتُ محمّد بن كثير الصنعانى يقول الجلوس الى القصّاص فيه ثلاث خصال الرضاء واستخفاف بالعقل وذهاب المروة فقلتُ له قد شدّدتَ فقال والله لو انى ملكتُ شيئا من امور المسلمين لنكلتُ بهم قلتُ باىّ حجة الخ. — شِدَّةٌ, *severitas*, p. ٢٤, ٤٦٩.

شذّ (I) sensu solito p. ١٤٥: من شذّ عن جماعتهم, i. e. انفرد عنهم; p. ٢٧١: نخل شاذّ عن القرى, *palmae remotae a pagis.* Sed praeterea occurrit significatione *aufugiendi*, quae in lexicis non memoratur, p. ٣٩٠, ٣٧٩ (ubi sic corrigatur pro يَشِدْ); [*Catalogus*, I, p. 229, vs. 7: وتواليف غير ذلك تشذّ عن الاحصاء; sic enim ibi legendum est, ut monebitur in *Addendis;* Edrísí, Clim. II, Sect. 5: وجميع ما يقع الى بحر القلزم من العنبر فهو ممّا شذّ اليهم من بحر الهند; Ibno 'l-Khatíb apud Müller, *Beiträge zur Geschichte der westlichen Araber*, p. 11: الى غيرها ممّا يشذّ عن الحصر. D.]; eamdem habere videtur in traditione sequenti: قتادةُ ذكر مدائنَ قوم لوط فقال ذُكِرَ لنا انّ جَبْرِيل اخذ بعُرْوَتها الوُسْطَى ثم اَلْوَى بها فى جَوِّ السماء حتّى سمعت الملائكة ضَواغِىَ كلابها ثم جرجَم بَعْضَها على بعض ثم اَتْبع شَذّانَ القَوْمِ صَخْرًا مَنْضُودًا. Ultima verba mihi vertenda videntur »deinde eos qui effugerant persecutus est angore continuo." Zamakhscharí autem (*Fáïk*, II, p. 461) aliter explicat, nempe: مَنْ شَذَّ منهم وخَرَجَ من جَمَاعَتِهم وهذا كما رُوِى انّها لمّا قُلِبَتْ عليهم رُمِىَ بَقَايَاهُم بكُلِّ مكانٍ.

شرب (XI) proprio sensu p. ٤٩٣; metaphorice *rebellavit*, p. ٩٥; Abu Obaid, *Gharibo 'l-Hadith*, MS. f. 94: يعنى ارتفع وعلا وكُلّ رافع راسَهُ مُشْرَئِبٌّ ومنه الحديثُ المَرفوعُ اذا دَخل اهلُ الجَنّةِ الجَنةَ واهلُ النارِ النارَ أُتِى بالمَوت فى صُورَةِ كبش أَمْلَحَ ثم نُودِى ياهلَ الجَنّة وياهلَ النار فيَشرَئبّون لصوته ثم يُذْبَح على الصراط فيُقالُ خُلُود لا مَوْتَ وقال ذو الرُمّة يَذْكُرُ امراةً شَبَّهها بظَبية

ذَكَرْتُكِ أَن مَرّتْ بنا أُمُّ شادنٍ أَمامَ المطَايا تَشْرَئِبُّ وتَسْنَحُ

Vid. porro Abdo 'l-Wáhid, ed. Dozy, Preface, p. xv, ann. et cf. *Asás* sub عرف: واعْرَوْرَفَ فلانٌ للشرّ اشْرَأَبَّ له.

شَرَجٌ, شرج, habet quoque pluralem اشْرَاجٌ, p. ١٢, ubi explicatur vocabulum per

مسيل من الحرار الى السهولة. Quoque in usu est plural. شُرج, Zamakhschari, *Fâik*, I, p. 598: قال صلعم بينا رجلٌ بفلاةٍ من الارض سمع صوتًا فى سحابة اَسْقى حديقة فلان فتنحّى ذلك السحابُ فافرغ ماءه (الى) شَرْجَةٍ فاذا شَرْجَةٌ من تلك الشِراج قد استوعبتْ ذلك الماء ، الشَرْجَةُ اخصّ من الشرج وهو مَجْرَى الماء من الحَرَّة الى السَّهْل والجمع شِرَاجٌ والشَرْجُ يُجْمَع على شُرُجٍ كرَهْنٍ ورُهُن ويحكى انه اقتتل اهل المدينة ومَوالى معاوية فى شَرجٍ من شُرُجِ الحَرَّة. Traditio Beládsorii sic datur ab eodem, p. 602: الزبيرُ خاصمَ رجلًا من الانصار فى سيول شِراجِ الحَرَّة الى النبىّ صلعم فقال يا زبيرُ احْبِس الماءَ حتى يَبلُغَ الجَدْرَ ثم اَرْسله اليه ، هى جمع شَرْجَةٍ او شَرْج وهو المَسيل. Pluralis أَشْرُج, quem habet Freytag, neque a Djauhario, neque in *Qámuso* memoratur.

شرع (I), c. على viae, fluvii, *sita fuit* domus *ad*, p. ٥٤; Azraqi, p. ٣٢٧; c. فى *ibid.*, p. ٣٢٨.

شرف (III), c. acc., *appropinquavit*, *prope fuit*, p. ٨٨; Zamakhschari, *Asâs*: او ما يُشْتَرى ممّا : ساروا اليهم حتّى اذا شارفوهم; *Qámus* in explicatione voc. شُرَافِىٌّ: شارَفَ أَرْضَ العَجَمِ من ارض العَرَب. — الشَرَف pro شَرَف العطاء (p. ٣٧٣, ٤٥٦), *stipendium majus quam dari solet militibus, honoris causa assignatum*, p. ٢٠٥; *Asás* in v. فرض: أَبْلَى اِياسُ بن حُصَين فى قتال الخَوارِج فقال الحَجّاج أَفْرِضوا له فى ثلاث مائة فقال اِياسُ ما فى ثَلاثٍ ما يُجَهِّز غازيًا وما فى ثلاثٍ مُتْعَةٌ لفقيرٍ فقال أَفْرِضوا له فى الشرف ففرضوا له فى القَيْن. Synon. est الزيادة s. زيادة فى العطاء.

شرى (I) نَفْسَه, *devovit se*, p. ٣٧٧; Djauharí: والشُراة الخَوارِجُ الواحدُ شارٍ سُمّوا بذلك لقولهم اِنّا شَرَيْنا اَنْفُسَنا فى طاعة الله اى بِعْناها بالجَنّة حين فارَقْنا الائمّة الجائرة, quae derivatio ab auctore *Qámusi* tamquam error condemnatur. Motarrizí nomen explicat كانهم باعوا انفسهم لاجل ما اعتقدوه وقيل لانهم يقولون ان الله تعالى اشترى انفسنا واموالنا. Ceterum conferatur ex *Qámuso*: شَرَى بنفسه عن القومِ تَقَدَّمَ بين أَيْدِيهم فقاتَلَ عنهم. — شرىً, pl. أَشْرِيَة, *contractus scriptus*, p. ٣٢٣. Freytag *Qámusi* auctoritate habet *res emta*, sed in meo exemplari (edit. Bulak) ne memoratur quidem vocabulum. Djauharí habet: شَرَيْتُ الشَىءَ اَشْرِيه شِرًى, et paullo post: ويُجْمَعُ الشِرَى على اَشْرِيَة وهو شاذّ لانّ فِعْلًا لا يُجْمَع على اَفْعِلَة.

شعب (V), *derivatus fuit* canalis a flumine, p. ٢٩٢ (ubi l. فى انهار متشعبة من عمود مجراها); vid. Glossar. ad Edrisí; addi potest hic locus Zamakhscharii, *Fäik*, I, p. 615: الشُّعْبَةُ من الشيء ما تَشَعَّبَ منه اى تفرَّعَ كغُصْنِ الشجرةِ وشُعَبُ الجَبَلِ ما تفرَّق من رُؤوسها.

شعث (II), *devastavit*, *diruit* urbem, p. ١٤٣, ١٩٤, ١٨٥, ١٨٧, ١٩١, ١٩٢, ٣١٠. — (V), *devastata*, *diruta* fuit urbs, p. ١٩٩, ١٩١, ٢٠٥, ٣٣١; Ibno 'l-Athír, X, p. ٣٤٤, ٤١٩.

شعر. شَعِيرَةٌ, litt. *granum hordei unum*, ponderum Qoraischitarum minimum, sexagesima pars drachmae, p. ٤٩٧. Idem in tractatu Maqrízii (de Sacy, *Traité des monnaies*, p. 8 sqq.) vocatur حَبَّةٌ, sed huic drachma habet 72 *habba*. Cf. mea observatio p. ٤٩٥, ann. *d*.

شغل (IV), *molesta fuit* res alicui (ل), p. ٢٧٩. — شُغْلٌ, pl. اشغال, *res quae occupatum tenet aliquem ut alterius rationem habere non possit* sq. عن, p. ١٢١: وانّهم فى شغل sc. عن حفظ المدينة; p. ١٥٩, ٢٠٢, ٤٤١: لِدَاتُهُ عن ذاك فى اشغال, »coëtanei ejus prorsus aliis rebus occupati erant, nondum de militando cogitabant;" Mobarrad, p. ١٣٩, vs. 4. Apud Beládsorí, p. ١٦٠ est infinitivus.

شفه (III), *colloquium habuit* cum aliquo, c. acc. p., p. ٣٣٩; Djauharí: المُخَاطَبَةُ من فيك الى فى المُخَاطَبِ. Hinc مُشَافَهَةً, *voce*, *coram*, وَلَّاه مُشَافَهَةً (opp. *scripto*, *mandato*), p. ١٠٨, ٣٠٣. Significat quoque *aliquid cum aliquo colloquio communicavit* (Freytag *dixit*), c. acc. p. et ب r., *Asás*: شافَهْتُهُ بِحَدِيثى; Motarrizí: وصاحبُ المشافهات على بن اسحاق الحنظلى لانه زعم ان ما ذكر من التفسير كله مسند الى رسول الله صلّعم فكانه شافهه به; Zamakhscharí, *Fäik*, II, p. 421: ابن عباس جاءَتْهُ امرأةٌ وهو فى مَجْلِسه فقال ما شانك قالت فى نفسى مَسْأَلةٌ وأنَا اكتَهِيكَ أَنْ أُشافِهَكَ بها قال فاكتُبيها فى بطاقة; Nowairí, *Histor. Aegypti*, MS. 19 *b*, f. 95 v.: هذا ما اورده المولى تاج الدين فى تاريخه وبعضه شافهنى به; f. 121 r.: وشافهه بالولاية. In scientia traditionaria significat السماع من لفظ الشيخ وهى ارفع من القرآءة عليه; sic explicat Schihábo'ddín Ahmed ibn Faradj al-Ischbílí in commentario ad versum sui ipsius carminis:

ولا حَسَنٌ الا سماعُ حديثكم مشافهةً يُملى علىَّ فانقلُ

(v. *Catalogum Codd. Orr. Acad. L. B.*, IV, p. 87).

شـفـا (I), *satisfecit* alicui rei, c. acc., p. ۴۱, ۲۹۰, ۴۲۷, ۴۴۰; Ibn Hischám, p. ٥٨١; vid. Glossar. ad Edrísí.

شمل (VIII) c. على. Djauharí et Zamakhscharí (*Asás*) habent *texit rem veste.* Usus metaphoricus illustratur in *Qámuso* verbis اشتَمَلَ الأمْرُ عليه احاط به et in *Asás:* هو مشتملٌ على داهية وعاجبتُ من حاله واشتماله على اخلاق جَميلَة وسيرة مرضيّة واشتمل عَلَيْهِ وقاه بنفسه قال عبيد الله بن زياد للمُنْذِر بن الزُبَيْر ان شئتَ اشتملتُ عَلَيْكَ ثم كانت نفسى دون نفسك. Apud Beládsorí, p. ۲۳۳, vs. ult., occurrit لا اشتمل على معصية, »consilium rebellandi nullum foveo."

شهب. اشهب in verbis استَبْطَنْتم باشهَبَ بازل (p. ۳۸); Zamakhscharí, *Fáïk*, I, p. 632 sq.: اى بامرٍ صَعْبٍ شديد والاصلُ فيه العامُ الاشهَبُ لان الارضَ تَشْهَابُّ من وقُوع الصَّقيع وتَذْهَبُ خُضْرَةُ النبات وكَثُرَ ذلك حتى قالوا اشهَبَتهم السَنَةُ وهى شهُوبُ واصابتهم شَهَبَةٌ من قُرٍّ ومن سنَة وجعلَهُ بازلًا استعارةً من البَعير البازل لان البُزول نهايتُهُ فى القُوّة.

شهد. شاهِدٌ, pl. شُهُودٌ, *dux*, *princeps*, شاهد العشيرة, p. ۳۷, eodem sensu quo p. ۳٥۹: شيخ العشيرة وسيّدها; شهود العسكر, p. ۴۳۱.

شهر (I), inf. شُهْرَةٌ, *per urbem duci jussit* sontem in exemplum, p. ۴۷۰; vid. de hac significatione verbi شَهَرَ, شَهَّرَ et أَشْهَرَ, Dozy in Glossar. ad *al-Bayán.* — (II), *publice dedecore affecit* aliquem, نفسَهُ, p. ۳۴۹. Cf. Dozy, *Loci de Abbad.*, III, p. 118.

شَيْطَن pro شيطان, p. ۱۹۹.

صبر. صبرٌ videtur significare *calamitatem* (ut ام صبّار et ام صبّور) in verbis, p. ۴۲۸, وأَنْزِلْ عليهم الصبرَ. Samarqandi incolae ludunt Hasanum propterea et respondent لا بَلْ أَنْزَلَ اللهُ علينا الصَّبرَ وزَلْزَلَ أَقْدَامَهم, quae verto »imo Deus in nostrum commodum mittat *glaciem* et pedes hostium in ea lapsare faciat." Si recte intellexi locum, Lexico addendum est verbum زَلْزَلَ significare idem quod أَزَلَّ, nempe *lapsare fecit in loco lubrico.*

صدر (IV), *satiavit* aliquem, p. ۴٩٠; *Asás:* أَكَلُوا حَتَّى صَدَرُوا وَأَطْعَمَهُمْ حَتَّى أَصْدَرَهُمْ اى أَشْبَعَهُمْ.

صدع (II), *fidit*, تَصْدِيعٌ *fissura*, p. ٣۴٧. — (V), *se separaverunt unus ab altero*, p. ٩٩; Djauharí: تَصَدَّعَ القَوْمُ تَفَرَّقُوا; ceteri idem.

صرف (V), *versatus est* in loco, cum ب, p. ١٣٩; vid. Glossar. ad Edrísí. — صَرْفٌ in verbis notissimis, p. ٨, لا يُقْبَلُ منه صَرْفٌ ولا عَدْلٌ, a Zamakhschario, *Fáïk*, II, p. 20, explicatur sic: الصَّرْفُ التَّوْبَةُ لانه صَرْفٌ للنفس الى البِرِّ عن الفُجُورِ والعَدْلُ الفِدْيَةُ من المُعادلة; — مُنْصَرَفٌ, *discessus* (opp. مَقْدَم *adventus*), p. ٣٩, ٣٣, ١٩٣, ٢۴٥, ٣٣٠, ٣٣٠.

صرم. صُرَيْمَةٌ, dimin. a صِرْمَةٌ, *agmen parvum camelorum*, p. ٩ et in loco parall. Bokhárii, II, p. ٣٩٣.

صف. صُفَّةٌ templi explicatur per مَوْضِعٌ مُظَلَّلٌ من المَسْجِد in *Qámuso;* ab Haririo, quem quoque laudat Freytag, p. ٣٧٩ sq. (2dae ed.): وكانت الصُّفَّةُ فى المسجد مسقّفة بجريد النخل; a Nawawio, *Tahdsib*, MS. p. 381: هو مكان مقتطع من المسجد مظلّل عليه يبيتون فيه ويأوون اليه قاله ابرهيم الحرمى والقاضى عياض واصله من صفّة البيت وهو شىء كالظلّة قدامه. Valet haec explicatio imprimis de xysto (ظُلَّة) templi Mekkani, ubi pauperes et peregrini, quibus non erat protector (عريف) noctem peragebant, sed quoque de aliis templis, e. g. de Basrensi, p. ٣۴٨.

صفق (II), eadem significatione qua صَفَقَ, adhibetur de vento qui *agitat*, *collidit* arbores. Djauharí: يقال صَفَّقَتْهُ الرِّيحُ وصَفَقَتْهُ; *Asás:* الثَّوْبُ المُعَلَّقُ واللِّوَآءُ تُصَفِّقُهُ الرِّيَاحُ وتصفّقه كلّ مُصَفَّق. De vento nives agitante et huc illuc avehente, p. ۴١٢. Dicitur quoque de ave quae alas percutit (*Qámus*). De re quae vento agitatur, quassatur, dicitur non solum اصطفق, sed quoque تصفّق (*Asás*).

صفى (IV) et (VIII) habent duas significationes Lexico addendas: 1° *sumsit sibi dux partem praedae* أَصْفَى الصَّفِىَّ او الصَّفِيَّةَ او الصفايا واصطفاها (VIII, Djauharí, Zamakhscharí, *Asás;* IV, Belads., p. ٢٧٢, ٢٧٣; Qodáma, Manz. VII, Cap. 1 et 6); 2° *confiscavit*, p. ٢٨٢: ان بنى اميّة اصْطَفَوْا فَدَكَ, p. ٣٠: ثم أُصْفِيَتْ (زرارة) بَعْدُ, p. ٢٧٣: وكُلُّ صافِيَةٍ اصْطَفاها كِسْرَى; Djauharí: أَصْفَى الأَمِيرُ دارَ فلانٍ واسْتَصْفَى مالَهُ

اذا أَخَذَهُ أَجْمَع; *Asás* idem cum additione exempli ويقال ما أَصْفَيْتُ لك انآء; Mawerdí, p. ١٣٩. *Res confiscata* appellatur صَافِيَةٌ, pl. صَوَافِى, p. ١٧٩, ١٨١, vs. ult., p. ٢٧٣; Mawerdí, p. ١٣٩, ubi memoratur دفتر الصوافى, *liber confiscationum; Asás:* وهذه صَوَافِى الامامِ وهى ما يَستَصْفيه من قُرَى من استعصى عليه.

صلب. صَلِيبٌ, *filius*, p. ٣٢٤; cf. Motarrizí: الصليب الخالص النسب يقال عربى صليب اى خالص لم يلتبس به غير عربى وصليبة الرجل من كان من صلب ابيه ومنه قيل آل النبى الذين تحرم عليهم الصدقة صليبة بنى هاشم وبنى عبد المطلب يعنى الذين من صلبهم; Zamakhscharí, *Asás :* وعربىّ صَلِيبٌ خالِصُ النسب قال اميّة الخ وامرأة صَلِيبَةٌ كريمة المَنْصب عَرِيقَةٌ قال الشماخ الخ.

صلح (III) sine objecto, p. ١٤٥, ١٧٥; sq. من p., p. ١٥٧. — (IV) spec. de terra curanda adhibetur p. ٢٤, ٥٩, et hoc sensu مُصَالَحَةٌ tamquam infinitivus habetur p. ٣٣, ٣١١ (عمارتها ومصلحتها). — (VIII), *inter se convenerunt de creando praefecto*, c. على p., p. ٥٣. — صُلْح, pl. صُلْحَاتٌ, *tractatus pacis*, p. ٤٠٢; *summa pecunia secundum tractatum quotannis solvenda*, p. ١٧٠, ٢٢٥, ٢٤٥, ٤١١.

صنع (I) *apparavit* cibum, ut apud Zamakhscharí, *Fáïk*, II, p. 36, فَأَمَرَتْ بخَزِيرَةٍ فصُنِعَتْ; Dozy, Glossar. ad Ibn Badrun et ad *al-Bayán*; inde *coenam*, *convivium instruxit*, p. ٣٩; de Sacy, *Chrest. arabe*, I, p. ١١١; Dozy l.l.; — لا يصنع الله بذلك شيئا, *Deus hoc nihil curat*, *nihili habet*, p. ٩٧. — (II) الجارية, *educavit*, p. ٢٦٤: *Asás :* وصَنَّعَ الجارِيَةَ تَصْنيعًا; *Qámus :* أَصْنع الفَرَس بالتخفيف وصَنَّع الجارِيَةَ بالتشديد اى أَحْسَنَ اليها وسَمَّنَها لانّ تَصْنيعَ الجارِيَة لا يَكُونُ الّا بأشياء كثيرة وعلاج. — صِنَاعَةٌ, *navale*, p. ١١٧, ١١٨, ١٦٣. — صَنَائِعُ النُّعْمَان, p. ٢٤٦.

صوغ. صَاغَةٌ, pluralis a صائغ, p. ٤٢; cf. apud Freytag ملح الصاغة; *Asás:* هو من صاغة الكَلَام; Mawerdí, p. ٤٢٧.

ضجّ (I) construitur cum ب et الى p., p. ٤٦, ١٩٩, ٣٤٨, c. من r., p. ١٩٥, ٣٦٦.

ضحل. الضَّحْل explicatur p. ٩١ per الماء القليل. Eodem modo explicant Abu Obaid loco in ann. laudato et Zamakhscharí, *Fáïk*, II, p. 533.

ضحى. الضَّاحِيَة explicatur *ibid.* Zamakhschari l.l.: الخارِجَة من العمارة et II, p. 53: التى فى البرّ; opp. الضامنة.

ضرع (I) construitur ut تضرّع cum الى p., p. ٣٧٨; *Asás:* ضرع له واليه ضرعًا اذا استكان وخشع وهو يَضرَعُ الىّ ويتضرّع ولم يزل ضارعًا الىّ حتى فعلتُ كذا. In *Fáik*, II, p. 56, additur infinitivus ضَراعة.

ضَغْبُوسٌ, pl. ضَغَابِيسُ, (p. ٤٥, Azraqí, p. ٣٧٣ sq.). Zamakhschari de hac planta habet (*Fáik*, II, p. 61): هى صغار القثآء وقال الاصمعى هو نبتٌ ينبتُ فى اصول الثُمام يُشبهُ الهِلْيَوْنَ يُسْلَقُ بالخَلّ والزَيْتِ ويُوكَلُ ويقال لاغصان الثُمامِ والشوك التى تؤكلُ ضَغَابِيس.

ضفر (VI). تصافروا على الشىء s. تضافرا, *conspiraverunt ad rem*, p. ٢٣١, ٣١٩; Schol. ad Diw. Hodsail., p. ٨١ (vs. ١٠) explicat تضافروا per اجتمعوا. — ضَفِيرَةٌ, *agger* (= مسنّاة) a Freytagio ex Djauharío notatum est, (p. ٥٤, Azraqí, p. ٢١٢). Addendum est ضَفِيرٌ idem significare (Motarrizí) et dici ضَفَرَ ضَفِيرَةً, *construxit aggerem*, propr. plexuit, quia agger cratibus plexis constabat plerumque (Zamakhschari, *Fáik*, II, p. 65, coll. I, p. 500).

ضمّ (I). Observa phrasin ضَمَّ جناحه عن الشىء, *manum cohibuit a re* (= قبض يَدَهُ عنه), p. ٩ et in loco parall. Bokhárii, II, p. ٢٩٣.

ضمر. Equus, qui subiit tractationem qualis in Lexico describitur sub ضَمَّرَ et أَضْمَرَ, appellatur ضُمْرٌ, ضَامِرٌ, مُضَمَّرٌ, مُضْطَمِرٌ (*Asás*) et مُضْمَرٌ (p. ٢٥. et ٣٧٥, ubi tamen quoque مُضَمَّرَةٌ pronuntiari potest). مِضْمَارٌ, pl. مضامير (pro خَيْلُ المِضْمَارِ, *Historia Khalifatus Omari II*ⁱ *cet.*, p. ٤٧) eodem sensu adhibetur a Zamakhschario, *Fáik*, II, p. 67: رَكَضَ المَضَامِيرَ الجياد من الخيل.

ضمن (I). Partcp. ضامن, pl. ضَامِنُونَ et ضُمَّنٌ, cum ل r. eodem modo ut كفل construitur, p. ٩٤, ٩٥; Sarakhsi, MS. 373, II, f. 9 r. et v.: لو اودع الامير شيئًا من الغنائم فى دار الحرب مسلمًا فاستهلكه لم يكن ضامنًا له لان الخ — ولو كان قال له ان استهلكته فانت ضامن له كان هذا الشرط باطلًا. — (II), *peragendum mandavit* aliquid alicui, c. dupl. acc., p. ٢٤. — الضَّامِنَةُ explicatur p. ٩١ sq. Zamakhschari, *Fáik*, II, p. 53 التى فى القرى; opp. الضَّاحِيَةُ.

ضيع. ضَيْعَةٌ, pl. ضياع. ضِيَاعُ الخِلَافَةِ sive الضِيَاعُ, *praedia principis* (*domaine*);

passim e. g. p. ١٥٨, ٢٩٤, ٣١١, ٣٢٣; Istakhrí et Ibn Haucal in capite de Perside: فان الضياع السلطانيّة خارجة عن المساحة وانما يؤخذ الخ.

ضيق. ضِيْقٌ, oppositum vocis سَعَة, significat *penuriam* rei, p. ٤٣٩. — ضَيِّق, *deficiens*, *rarus*, *ibid.* (opp. واسِع).

الطاطرى s. الدرهم الطاطرى, moneta argentea Indica, cujus valor erat drachma argenti puri et dimidium (والطاطرى درهم ونصف فضة خالص, MS. 324, Cap. 31, vid. *Catal. Codd. Orr. Bibl. L. B.*, IV, p. 148 sqq.), p. ٤٤٣. Cl. Reinaud, *Relations des Voyages*, p. ٢٧, cum ann. 53, conjectavit hoc vocabulum esse ortum e Graeco στατηρ, quod Quatremère impugnans (*Journ. des savants*, 1846, p. 522), ipse opinionem dedit illud e lingua quadam Indica petitum fuisse. Neutra opinio rejicienda videtur. Nam ab una parte verisimillimum est vocabulum Graecum illud Indis innotuisse simul cum vocc. δραχμη et *denarius*. Ab altera vero parte necesse est illud in linguam Sanskr. receptum fuisse tamquam vocem indigenam, *stâtiri*, ut explicari possit origo formae Prâkr. *thâtiri*. Littera enim Prâkr. *th*, ut me docuit Cl. Kern, respondet Sanskritico tantummodo *st*. Male in editione Mas'udii, I, p. 382, vs. ult., طاهرية scriptum est; lege cum Cod. Leid. طاطرية; cf. Reinaud, *Mémoire sur l'Inde*, p. 235; Gildemeister, *de rebus Indicis*, p. 28; Ibn Khordâdbeh, ed. Barbier de Meynard, p. 39: طاطرهية, quod tamen editori (p. 147) mutandum videtur; p. 65: الدراهم الطاطريّة.

طبع. طَبَّاع, *monetae opifex*, p. ٤٦٨, ٤٦٩.

طبق (IV). Observa phrasin وان يُطْبِق عليكم الدفتر, p. ٤٥٠, quae explicatur per ان تكتبوا اخر الناس; cf. Dozy, Glossar. ad Ibn Badrun; passive ما أُطْبِقَتْ عليه الجفون i. e. gladii, p. ١٢٠.

طرف (I et V). Freytag habet ex Djauharí et *Qámus* de camela seorsim extremas pascuorum partes depascente; Zamakhscharí, *Asás*, habet تَطَرُّفَة نحو تَحَيُّفَة اذا اخذ من اطرافه; apud Beládsorí, p. ٤٢٨, utraque forma adhibetur sensu *invadendi extremas partes castrorum vel regionis*. Eodem modo *Loci de Abbad.*, II, p. 188, vs. 12 (sq. ل).

طعم (IV), c. acc. p. aut cum dupl. acc., *dedit alicui id quod appellatur* طُعْمَة,

p. ٢٨, ٣١; qui id accipit vocatur مُطْعَمٌ, p. ٢٨ (Djauhari مرزوق); cf. infra. — أَطْعَمَهُمْ أَرْضَهُمْ, p. ١٥٨, significat *concedit iis terram colendam, dum nullum censum soli iis solvendum imponeret.* — طُعْمَةٌ, pl. طُعَمٌ, *annua, id quod in vitam alicui assignatur*, p. ٢٨. Idem significat طُعْمٌ, pl. طعام; Ibn Hischám, p. ٧٧٣; Zamakhschari, *Fáïk*, II, p. 81: وكانّ الطُعَمَ والطُعمةَ بمعنى الّا انّ الطُعمةَ اخصُّ منه ; Motarrizi: وفى السير اطعمَهم رسول الله طعمة وفى موضع طُعَمًا على الجمع وفى اخر طعمًا وطعامًا وهما بمعنى — وعن معوية انه اطعم عمرًا خراج مصر اى اعطاه طعمة. Specialiter adhibetur de terra, cujus ususfructus alicui in vitam conceditur (*apanage*), p. ٣١; *Fáïk* l.l.: sic ex marg. (خ;) ابو بكر انّ اللّهَ اذا أَطْعَمَ نبيًّا طُعْمَةً ثم قَبَضَهُ جعلَهَا للذى يَقُومُ بَعدَهُ الطُعْمَةُ الرزقُ والأُكُلُ يقال جعلتُ هذه الضَيْعَةَ (text. قبضها) طُعمةً لفلان, (Nawawi, *Tahdsib*, MS. p. 385 idem exemplum laudans, addit: (والطُعمة بضم الطآء المأكلة); Motarrizi: وعن ابى حنيفة رحمه ان الاطعام مختص باعارة الارض للزراعة والطعمة بالضم الرزق يقال جُعل السلطان, et paullo ante exemplum dat: ناحية كذا طعمة لفلان; Qodáma, *Kitábo 'l-Kharádj*, Manz. VII, Cap. 6 (MS. Schefer): والطعمة هى ان يدفع الى الرجل الضيعة يستغلّها مدّة حياته حتى اذا مات ارتجعت بعده والفرق بين الطعمة والاقطاع ان الاقطاع يكون لعقبه من بعده والطعمة ترتجع منهم; vid. porro Dozy, Glossar. ad *al-Bayán*. Significatio altera quoque Lexico addenda est *reditus, tributum*, ut jam in his verbis al-Hasani: كان قتَالٌ على عَهْدِ رسول الله صلّعم ثم قتالٌ على هذه الطُعْمَةِ ثم ما بعدهما بدعةٌ وضَلَالَةٌ, ad quem locum Zamakhschari (*Fáïk*, II, p. 82) adnotat: اراد الخَرَاجَ والجزية — وفلانٌ تُجْبَى له الطُّعْمَةُ والطُّعَمُ وهى الخَرَاجُ: *Asás* والزكوات لانها رزق الله للمسلمين; — طَعَامٌ, *cocna, convivium*, p. ٣٩; Ibno 'l-Athír, I, p. ٢٥٣; Dozy, Glossar. ad Ibn Badrun et *al-Bayan*. طُعْمَةٌ idem significat (Zamakhschari, *Fáïk*, II, p. 81: المأدبة).

طفا (I), sq. على, *inundavit*, p. ٢٩٢; Dimaschqi, ed. Mehren, p. ٣٨, vs. 6 a f.; vid. Glossar. ad Edrisi. Eodem modo Syri adhibent verbum ܛܦ, vid. Bernstein, *Lexicon Syr. Chrest. Kirsch.*, p. 195.

طلب (I), inf. طَلَبٌ, *persecutus est* hostem fugatum, p. ١٠٩, ٣٨٣, ٣٩١, ٤٢٧, ٤٩٣;

Sarakhsí, MS. I, f. 21 r.: ولا تمعنوا فى الطلب اى لا تبعدوا فى الذهاب; Ibno 'l-Athír, VII, p. ۱۳۱; inde خَيْلُ الطَّلَبِ, *equitum turma, cui persecutio hostis fugati mandata est*, p. ۱۳۹, ۲۵۹. Eodem sensu طَلَبٌ tamquam substantivum occurrit apud Bokhárí, III, p. ۱۱۹: بعث الطَّلَبَ فى آثارهم; *Hamása*, p. ۹۵; Ibno 'l-Athír, I, p. ۱۷۹; Zamakhschari, *Asás:* وهؤلاء طُلبُ أَعْدَآئِهِمْ وأَطْلَابُهُمْ للجَيْشِ الذين يطلبونهم جَمْعُ طَالِبٍ غير تَكْسِيرٍ. — طَلَبَ التحديث, *studiosus fuit in re traditionaria*, p. ۴۱۰; cf. طَالِبٌ in Lexicis.

طلع. طَالِعَةٌ, pl. طَوَالِعُ, *agmen militum, interdum a 1500 ad 2000 homines continens, quod praesidii instar quotannis veris tempore in castello confinii collocatur, autumno redit*, p. ۱۴۹, ۱۹۵, ۱۹۹, ۱۸۵.

طلق. طَلْقٌ. Dicitur حِلٌّ طَلْقٌ, p. ۴۴, ۱۵۱, ut حَلَالٌ طِلْقٌ et حَلَالٌ مُطْلَقٌ, opp. حَرَامٌ غِلْقٌ (*Asás*) et حِلٌّ بِلٌّ (Lane sub حل).

طوع (X). Observa phrasin مَنِ ٱسْتَطَاعَ إِلَيْهِ سَبِيلًا »qui hoc facere potis est," p. ۷۲; Qor. 3, vs. 91; 17, vs. 51; 25, vs. 10.

طوف (V), c. acc., p. ۳۰۵. Construitur quoque cum على, Ibn Batuta, II, p. 447, III, p. 197.

طول (III), c. acc., significat 1° *certavit cum aliquo tum de* طُول, *tum de* طَوْل (Djauharí, *Asás*, *Qámus*); 2° *superare aliquem studuit*, Zamakhschari, *Fáïk*, II, p. 88: النبى صلعم فى دعآئه اللّهمّ بك أُحَاوِلُ وبك أُصَاوِلُ وبك أُطَاوِلُ ' مُفاعلةٌ من الطَّوْل وهو الفضلُ والعُلُوّ على الأعدآء; Commentar. ad Homiliam 37[am] Ibn Nobátae (MS. 503): وتطاوِل تُنَالُ ومنه قول الفرزدق

إِنَّ الفرزدقَ صَخْرَةٌ مَلْمُومَةٌ طالَتْ فَلَيْسَ تَنَالُهَا الأَوْعَالَا

اى طَالَتِ ٱلأَوْعَالَ اى ارتفعت عليها (cf. Ibno 'l-Kaisarání, ed. de Jong, p. ۹۸); *Loci de Abbad.*, I, p. 55, vs. ult., p. 128, ann. 331, ubi ita verbum esse vertendum nunc opinatur Cl. Dozy, quod ut hic memorarem, a me petiit; 3° *moratus est aliquem*, syn. مَاكَثَ et مَاطَلَ, p. ۲۳; Djauharí: طَاوَلْتُهُ فى الأَمْرِ اى مَاطَلْتُهُ; Zamakhschari, *Asás:* وطاوَلَهُ فى الدَّيْنِ وفى العِدَةِ اذا ماطَلَهُ; idem sub مدّ: وفلان يُمادُّ فلانًا يُطاوِلُهُ ويُماطِلُهُ.

طوى (VII), c. على r., significat proprie *comprehendit*, *continuit*, Ibn Batuta, I, p. 309: الحائط الذى ينطوى عليه; inde *celavit*, Maqqarí, II, p. ٨٤; metaphorice de odio, superbia, perfido consilio, quae aliquis in intimo pectore fovet, de malefactis quae aliquis meditatur quibusque studet; *Asás:* انطوى قَلْبُهُ عَلَى حِقْدٍ; Ibno 'l-Athír, I, p. ١٩ et ٢٠: انطوى ابليس على الكبر; Dozy, *Loci de Abbad.*, I, p. 254: ما ينطوون عليه من الاسوآء; Beládsorí, p. ٣٦٣: ولا ينطووا لهم على غشّ. — انطووا على فلان, *circumiverunt eum*, *circumcluserunt eum*, p. ٣٤٠, ٤١٩.

ظلّ (II), *in domum, locum obumbratum recepit aliquem protegendi causa*, p. ٣٧.

ظلم. Notanda est in phrasi notissima رُدّ المظالم »redde inique erepta" barbarica pronuntiatio المدالم a Nabathaeo, p. ٢٤٨. Ut hic د pro ظ, sic ا pro ع, ه pro ح, ط pro ت efferebant, vid. *Historia Khalifatus Omari II[i] cet.*, p. ٣٢.

ظهر (I). ظَاهِرٌ de loco significat idem quod مُشْرِفٌ; *Asás:* نَزَلُوا فى ظَهْرٍ من الأَرْض وظاهِرَةٍ وهى المُشْرِفَة, i. e. *in alto situs, terris circumjacentibus imminens.* Eodem sensu p. ١٢٨: مدينة ظاهرة de urbe in mediis terris sita, unde regio circumjacens facile dominari potest.

عبث (V), c. ب, *noxa affecit*, p. ٢٣.

عبر. مَعْبَرٌ, *ponto, quo trajicitur flumen*, habet plur. مَعَابِرُ, p. ٢٦٣. Idem pluralis est voc. مَعْبَرٌ, *locus ubi trajicitur flumen*, (Motarrizi).

عجب (IV), c. acc., *placuit*, p. ١٣٩, ٣٦١; Azraqí, p. ١٢٢; Bokhárí, III, p. ١٩٨: وكان يُعْجِبُهُ أن تَكُونَ قِبْلَتُهُ قِبَلَ البَيْت; Sarakhsi, MS., I, f. 5 r.: عن مكحول ان رجلا اتى الى رسول الله صلّعم فقال انى وجدت غارا فى جبل فاعجبنى ان اتعبد فيه; f. 40 v.: قال لا يعجبنا ان تقاتل النسآء مع الرجال فى الحرب; Ibn Batuta, II, p. 285, 304, 309, 430, III, p. 128, 131, 399 cet.

عجز (IV), c. acc., *currendo vicit*, *effugit*, p. ٩٥; Diwán Hodsail., p. ٥٥, ٨٦ (= فات); Djauharí: أَعْجَزَهُ الشَّىْءُ اى فاتَهُ; Zamakhscharí, *Asás:* فأَعْجَزَ وعاجَزَ اذا سَبَقَ فلَمْ يُدْرَكْ; *Fäik*, I, p. 615: ومن يَنْوِى الدنيا تُعْجِزُهُ; Ibno 'l-Athír, I, p. ١٤٢; Ibn Batuta, I, p. 168.

عدّ. عِدٌّ adjective: مآءٌ عِدٌّ (plur. مياهٌ أَعْدَادٌ *Asás*), *aqua perennis*, p. ٧٣

(Djauharí, Zamakhscharí, Qodáma). Causa cur retractaret propheta promissum (رَجَعَهُ) erat quod aqua et pabulum camelorum omnibus communia sunt (*Fäïk*, II, p. 116).

عدل (I). Verba لا تُعْدَلُ سارِحَتُكُمْ, p. ٩١, explicantur p. ٩٢, cf. ann. *b*. Est idem fere quod لا جَلَبَ, de quo v. Lane in v. جلب. — عَدْلٌ. Corrigatur p. ٧١ عَدْلَ pro عِدْلَ in verbis او عِدْلَ ذلك من المَعَافِرِ, nam, dicit Zamakhscharí, *Fäïk*, II, p. 115: عن الفرّاء انّ عِدْلَ الشيء ما كان من جِنْسه وعَدْلَه ما ليس من جنسه تقول عندى عِدْلُ غُلامِكَ اى غلامٌ مثلهُ وعَدْلُهُ اى قيمَتُه من الدّراهم والدّنانير; Motarrizi: عِدْل الشيء بالكسر مثله من جنسه — وعدله بالفتح مثله من خلاف جنسه ومنه قوله او عَدْله معافر اى مثله.

عذر (IV) significat proprie (ut quoque 1ª forma) *fecit id quo excusatione dignus fieret* ipse aut alius, e. g. in verbis prophetae (Zamakhscharí, *Fäïk*, II, p. 117) لا يَهلِكُ الناسُ حتى يُعْذِرُوا من انفسهم, quae significant »ne occidantur homines nisi fecerint quo punitor (مُحِلُّ العقوبة بهم) excusetur." Dicitur أَعْذَرَ مَنْ أَنْذَرَ, »qui praemonuit omnino excusatione dignus factus est" (Motarrizí, *Asás*). Hinc ipsum hoc verbum significare coepit *praemonuit*, ut p. ١٥٩; Motarrizí: كان ابو يوسف رحه يعمل بالاعذار وذلك اذا كان قِبَلَ السلطان حق لانسان وهو لا يجيبه الى القاضى كان يَبْعث اليه من قبله رسولاً ينادى على بابه ان القاضىَ يقول اجب ينادى بذلك اياماً فان اجاب والّا جَعَلَ لذلك السلطان وكيلاً فيخاصمه هذا المدعى. Hoc sensu construitur cum الى p., vid. Dozy, Glossar. ad *al-Bayán*.

عذى. عِذْىٌ habet pluralem اعذآء, p. ١٥١; alia exempla dare opus non duco. — عَذاة. تُرْبَةٌ ذاتُ عَذاةٍ, p. ٤٩.

عرب. عُرُبٌ, pl. ab عَرَبَةٌ, *currus*, p. ٨, secundum A., dum B. habet غُرُبٌ. Lectio A. se eo tantum commendat quod pluralis محارثه praecedit.

عرج. عَرْجَةٌ et عُرْجَةٌ vid. sub نهى.

عرزم. لَبِنٌ عَرْزَمِىٌّ, *later ex fabrica viri nomine 'Arzam, malae notae*, p. ٢٨٣; Zamakhscharí, *Fäïk*, II, p. 137, verba an-Nakha'ii laudat, sed hanc explicationem addit: عَرْزَمُ جَبَّانَةٌ نُسِبَ اللَّبِنُ اليها وانما كرهَهُ لان فى هذه الجبّانة اجْداثَ الناس فاللبِنُ المضْروبُ فيها مُسْتَقْذَرٌ.

عرس. العَرُوسُ, nomen machinae generis ballistae, p. ۴۳۷.

عرض (VIII), *sine discrimine omnes adortus est*, p. ۹۸; Motarrizí: استعرض الناس الخوارجَ واعترضوهم اذا خرجوا لا يبالون من قتلوا ومنه قول محمد رحه اذا دخل المسلمون مدينة من مدائن المشركين فلا باس بان يعترضوا من لقوا فيقتلوا اى ياخذوا من وجدوا فيها من غير ان يميزوا من هو ومن اين هو. Zamakhscharí, *Asás*, habet tantum استعرض hoc sensu, ut Tabarí, I, p. 120. Djauharí utitur اعترض in explicandis verbis خَرَجُوا يَضْرِبُونَ الناس عن عُرْضٍ. — المُعْتَرِضَاتُ, p. ۳۶۴, *canales transversi* videntur intelligi ii, qui jungunt canales e flumine derivatos (السواقى).

عرف (II) idem quod انشد nempe *indixit omnibus locis publicis rem quamdam esse repertam*, ut is qui eam amiserit recuperare possit, p. ۴۲; Bokhárí, I, p. ۴۵۹, ۴۹۰, II, p. ۹۳ sqq.; Mobarrad, p. ۰۹۳, vs. paen. et ult.; Abu Isháq as-Schirází, MS. 907, p. 224 sqq. et apud alios jurisconsultos in باب اللقطة; Zamakhscharí, *Fäïk*, I, p. 327: المُنْشِدُ المُعَرِّفُ (Azraqí, p. ۳۰۰, ۳۰۹, ۳۵۲, ۳۵۹, ۳۸۰ semper انشد habet). Verba in loco Beládsorii او يُعْرَف tamquam variam lectionem uncis inclusi, sed hos delendos nunc opinor, quoniam usus verbi عَرَفَ (aut أَعْرَفَ) pro عَرَّفَ nullo testimonio confirmatur. Verto »aut ab eo qui rem invenit, tamquam possessio hominis ei noti cognoscitur.” Duplex igitur ponitur casus. Rem amissam tollat is qui invenit, sive, si dominum ejus novit, ut rem ei reddat, sive eo consilio ut publice eam indicat. Addendum est porro Lexico verba عَرَفَ et تَعَرَّفَ significare *examinavit* rem repertam, quod fit ante التعريف, ut dijudicari possit utrum revera rem amiserit, qui id perhibet (تامّل ونظر الى ظرف ما وجدت من اللقطة والى جميع صفاتها وقدرها وجنسها حتى لو جآء احد ويصفها ويطلبها منه يعرف انه صادق فى وصفها او كاذب, Gloss. ad *al-Maçábih*); deinde عَرَفَ et اعْتَرَفَ significare *tamquam suam recognovit* rem ab alio repertam. Bokhárí, II, p. ۹۳: ان لم تعترف (اللقطة) استنفق بها صاحبُها et *ibid:* فعرّفتُها فلم أجد مَن يَعرفُها; Motarrizí: عرف الشىء واعترفه بمعنى ومنه حديث عمر رضه فما اعترفه المسلمون وكذا قول محمد رحه فى اللقطة فان اكلها او تصدق بها ثم جآء صاحبها فاعترفها اى عرف

تصدّق بها انه اكلها او انها هى التى. Exemplum significationis dictae verbi تعرّف est Abu Isháq, MS. p. 225: ثم يتعرّف وعآءها وعفاصها الخ. In verbis Zamakhscharii, *Fâïk*, II, p. 165: اراد ان يكون ذلك علامةً للُّقطة فمن جآء يتعرّفها بتلك الصفة دُفعت اليه, adhibetur de domino rei amissae, qui eam *describit* ei qui invenit. — عِرافة proprie designat *dignitatem 'arifi*, Motarrizí: والعرافة بالكسر الرياسة ونحوها; Djauharí sub قبل: والعريف السيد لانه عارف باحوال من يسودهم ويسوسهم; Sarakhsí, MS. 373, I, f. 32 v.: فى قبالته اى فى عرافته فبعثنى ابى الى رسول الله عم لاخبره بذلك واسال له العرافة فاتيت رسول الله فقلت — وامرنى ان اسالك له العرافة وقال ان شآء ولكن العرفآء فى النار اى لا يمنعه ما سال ولكن اخبره انه لا خير له فيما سال والعرافة هى الرياسة والعريف هو الوازع. (Zamakhscharí عريف habet tamquam فعيل pro مفعول: هو القيّم بامرهم الذى عُرِف بذلك وشُهِرَ). Ut عَرِيف postea designavit *centurionem*, Abdo'l-Wáhid, p. ٨٥, et عَرَّفَ *centurionem creavit*, Mawerdí, p. ٥٩, sic عِرافة significavit *centuriatum*, et hinc ipsam *centuriam* aut partem ejus sextam, ut p. ١٨٧, eodem modo quo قيادة, quod *dignitatem kâïdi* designat, quoque *centuriam* significat e. g. apud Motarrizí sub v. قاد: ومنها قول الكرخى فى الديات وان كانت دَوَاوِينُهم على غير القبائل فعلى القيادات والرّايات اى على اصحابها ويروى القادات على جمع القادة والمعنى ان الدية على الذين يجمعهم راية واحدة وقائد واحد او علامة واحدة لانهم يتناصرون بها.

خَشَبٌ) عُرُوكٌ ,عَرَكٌ ,عرك, pl. عُرُوك, *instrumentum piscatoris*, uti explicatur p. ٩. (يُصْطادُ عليه). Zamakhscharí, *Fâïk*, II, p. 128, traditionem sic refert: فى كتابه لقوم من يهود انّ عليكم رُبْعَ ما اَخرجتْ نَخْلُكم ورُبْعَ ما صادَ عُرُوكُكم ورُبْعَ المِغْزَلِ, et explicat عُرُوك tamquam pluralem vocis عَرَكٌ significans *piscatores*, addito versu Omaijae ibn abi Aïds (عائذ) Hodsailitae (Diwán, p. ٢٠١, vs. ٣٨, ed. Kosegarten):

وفى غمرة الآلِ خِلْتُ الصُوَى عُرُوكًا على راتُس يَقْسِمُونا

Djauharí haec habet: قال ابو عَمْرو والعَرَكُ الذين يَصيدُونَ السَمَكَ واحدُهم عَرَكِىٌّ مثل عَرَبٍ وعَرَبِيٍّ وانما قيل للمَلّاحِينَ عَرَكٌ لانهم يَصيدُونَ السَمكَ قال ولبس العَرَكُ اسم المَلّاحِينَ قال زُهَيرٌ

تَغْشَى الحُداةُ بِهِمْ حُرَّ الكثيبِ كما يُغْشِى السَفائِنَ مَوْجُ اللُجَّةِ العَرِكُ

رَوَاهُ ابو عُبَيْدَةَ

يَغْشَى السَفَائِنَ مَوْجُ اللُجَّةِ العَرِكُ

مَوْجٌ بالرَفْعِ وجَعَلَ العَرِكَ نَعْتًا للمَوْجِ يعنى المُتَلاطِمَ. *Qámus* habet عَرَكِيٌّ, pl. عَرَكٌ et عُرُوكٌ, *piscator*, et hinc *nautae* appellantur عَرَكٌ.

عزّ (I, V et VIII), c. ب p., *protectione alicujus fortis et honoratus factus est*, p. ٢٨٠, ٣١١ (I); p. ٢٩٤, ٣٢٣, ٣٣٠, Qodáma, Manz. VII, Cap. 6 (V); p. ٤٢٧ (VIII). Cf. p. ٣٣٩ للخفارة. P. ٤٢٧ والمعتزّين به significat *clientes ejus. Asás:* وأنَا مُعْتَزٌّ ببَنِي فُلَانٍ ومُسْتَعِزٌّ بهم; Nawawi, *Tahdsib*, MS. p. 398: واعتزّ به وتعزز اى تشرف.

عزل. أَعْزَلُ, *secretior*, ما اعلم منزلًا اسلمَ ولا اعزلَ منها, p. ٢٢٤.

عسف (I), *oppressit*, p. ٣٣٣. Legitur ibi فعسّفها, sed licet non certus sum, signum litterae mediae superscriptum potius signum distinctivum litterae س (ne ش legatur) esse videtur, quam teschdíd. Formam autem secundam in nullo lexico invenio, nisi in *Qámuso*, ubi redditur per اتعب; عَسَّفَ vero idem significat quod تعسّف nempe ظَلَمَ, عَسْفٌ idem quo ظُلْمٌ, عَسُوفٌ et عَسَّافٌ idem quod ظَلُومٌ et ظَلَّامٌ. Lexico addendum est عَسَفَ فُلَانَةً significare *violavit feminam* (*Asás*) et عَسَفَهُ على العمل, *coegit eum ad opus* (*Fáïk*, II, p. 144).

عشر. عُشْرٌ, pl. أَعْشَارٌ, tributum notum, *passim* e. g. p. ١٦٨, ١٧١, ١٨٠. — عُشْرِيٌّ, opp. خَرَاجِيٌّ, *passim* e. g. p. ١٥٢, ١٨٤, ٢٦٨, ٣٢٢.

عصب. تَعَصُّبٌ, p. ١٠٨, et عصبيّة, p. ٦٨, ٤٣٦, *studium partium;* عصبيّة, p. ٣٦٨, ٤٣٦, *simultas, aemulatio.*

عصفر. مُعَصْفَرٌ, *vestis flavo colore*, p. ٤٢٧; Zamakhschari, *Fáïk*, I, p. 195: يشرَبُون النبيذَ ويلبَسُون المُعَصْفَرَ, II, p. 248; Sarakhsi, MS. I, f. 6 v.: يحكى عن الشعبى انه كان يلبس المعصفر فانما يفعل ذلك فرارًا من القضآء لانهم ارادوه على القضآء مرارًا فجعل يلبس المعصفر ويلعب بالشطرنج ويخرج مع الصبيان لنظر الفيل حتى يتركوه; cet.; Ibn Badrun, p. ١٩٩, vs. 3. Plene ردآء معصفر, *Kitábo 'l-Oyun*, MS. f. 214 r.

عصا (II) بالسيف, eodem sensu quo I et VIII, p. ١٢٠.

عضد (II), *percussit aliquem sub brachio*, p. ١٣٥.

عطب. عُطْب, *gossipium*, explicatur p. ٧٤. Effatum Táusi apud Zamakhschari, *Fāïk*, II, p. 160.

عطف. عَطْفٌ, *sinus*, *flexura* fluvii, p. ٣٥٨; vid. Glossar. ad Edrisi.

عطل (II), *neglexit* puteum, p. ٤٨; *Asás:* تَعْطِيلُ البئرِ ان لا تُورَدَ; Djauharí: بِئْرٌ مُعَطَّلَةٌ لِبُيُودِ اهلها; *incultam reliquit* terram, p. ٤٤٧; Djauharí: المُعَطَّلُ المَوَاتُ من الارض; *Asás:* كُلُّ ما تُرِكَ ضَائِعًا فَقَدْ عُطِّلَ كتعطيلِ الحُدُودِ والثُغُورِ; Qodáma, Manz. VII, Cap. 2 et Cap. 6: راى ان عمارة ذلك اردّ (Cod. رد) على المسلمين من تعطيله; *otiosum*, *munere vacantem reliquit* virum, p. ٣٠٨; عُطِّلَ الرجلُ significat idem quod تَعَطَّلَ الرجلُ nempe, ut ait Djauharí, اذا بَقِىَ لا عَمَلَ له. — (V), *inculta jacuit* terra, p. ١٥٨.

عطا (IV). De اعطى بيده v. sub يد. — المُعْطُونَ sunt *praepositi stipendiis distribuendis*, p. ٢٣٤.

عظم (IV), p. ٢١١, ٣٨٩, et (X), p. ١٥٦, *reprobavit*, *aegre tulit;* Motarrizi: اعظمه واستعظمه رآه عظيما ومثله اكبره واستكبره; Zamakhscharí, *Asás:* وسَمِعْتُ خَبَرًا فَأَعْظَمْتُهُ واستَعْظَمْتُهُ; Ibno 'l-Athír, I, p. ١٣١, ١٤٨: غضب من ذلك واستعظمتُ الأَمْرَ انكرتُهُ واستعظمه وانكره. — عَظِيمٌ, pl. عُظَمَآء, *princeps*, *dux*, *passim* e. g. p. ١٠٩, ١٩٨, ٢٠٨, ٢٢٧, ٢٤٢, ٢٥٧, ٤٢٧. — مُعْظَمُ الجَيْشِ, p. ١٤٧, ut عَظْمُ الجَيْشِ, p. ٤٢٧ (ubi sic restituendum cum B.), *major pars exercitus*.

عفر (II) proprie *pulvere perfudit* vultum, ut significaret tristitiam, poenitentiam, humilitatem cet. e. g. in hoc loco Ibno 'l-Khatíbi, quem debeo Cl°. Dozy, MS. Gayangos, f. 21 v.: حدّثنى بعضُ اشياخى عَمَّنْ كان يباشر حالَ السلطان يومئذ قال وَجَّهَ ابنُ مسعدة ابنَه من مالقة بكتاب فى بعض الاغراض الضروريّة ثمّ رغب فيه ان ينعم على ولده بالمشابهة لالقآء امر ينوب عنه فيه فلمّا حضر تناول رِجْلَ السلطان فقبّلها وقال امرنى ابى ان انوب فى تعفير الوجه فى هذا (l. هذه) الرِجْلِ الكريمة الجهاديّة عنه الخ. Hinc metaphorice *tristem*, *austeram faciem monstravit*, p. ٩٧; *Alif Laila*, ed. Macnaghten, II, p. 294 (معفّر الوجه); et *faciem alicujus tristem effecit* Deus, in formula عفّر اللهُ خدّه, Mobarrad, p. ٧٨, vs. 7, 8. Cf. اسوداد الوجوه in Qoráno, e. g. 3, vs. 102; 16, vs. 60 (عبارة عن الحزن او الكراهة, Motarrizí); Ibno 'l-Djauzí, *Kitábo 'l-Qoççâç*, MS. 998(2), p. 117: قال (موسى لله) هذا شانك تصطفى ادم ثم تسود وجهه وتخرجه من الجنة.

عفا (I), *crevit numero et potentia*, p. ١٧; Qoran. 7, vs. 93. Dicitur proprie de pilis camelinis et de coma (Zamakhscharí, *Fáïk*, I, p. 632, II, p. 170); — sq. على, *texit* locum pulvis eoque vestigia ejus delevit, p. ٢٥٤; hinc fortasse formula exsecrandi عَلَيْهِ العَفَآءُ i. e. *pereat* (Djauharí), nam عَفَآءٌ significat *pulverem;* alii (Abu Obaid, Zamakhscharí) in ea explicant عفآءٌ tamquam infinitivum verbi عفا, *periit.* — عَفْوٌ, *id, quo facile carere possunt, quod redundat*, p. ٢١١: كانوا يقبلون من اهلها العَفْوَ ويرضون من خراجها بالميسور; Zamakhscharí, *Fáïk*, II, p. 169: ابن عباس سُئل ما فى اَمْوال اَهْل الذِمّة فقال العَفْوُ اى عُفِىَ لهم عن الخراج والعُشْر; Motarrizí: اذا لمّا ضُرِبَ عليهم من الجزية وقولهم العفو الفضل صحيح لان الشىء اذا ترك فضل وزاد ومنه حديث علىّ رضّه امرنا ان لا ناخذ منهم الا العفوَ وخذ ما صفا وعَفا اى فضل وتسهّل ومنه قول عمر بن عبد العزيز

ولعمرى ما البَرَاذين باعفى من الفرس فيما كان من مؤنه وجرس

وجدنا مكانًا عَفْوًا اى سَهْلًا; يعنى ليس هذا باسهل مونة من ذاك cf. *Fáïk*, II, p. 513: ويسئلونك ما ذا يُنْفقون قُلْ العَفْوَ اى فَضْلَ المال ما; *Asás:* العَفْوة سُهُولة العيش et فضل من قُوتك وقُوت عيالك. Hinc nota formula اعطيته عَفْوًا (p. ٣٣٥), et اعطيته عَفْوَ المال (Djauharí). Observandum illud عَفْوًا, *sponte*, quoque dici de rebus inanimatis, e. g. de manna Israëlitarum apud Zamakhscharí, *Fáïk*, II, p. 510, legitur يأتيهم عَفْوًا من غير تعب.

عقب (I) لفلان من شىء, *successit alicui in possessione rei*, p. ٦٦. — (III et IV), بين الناس, *alternatim certum tempus in medio hominum degit*, p. ٣٣٣, ٣٣٦; cf. Djauharí: والعَرَبُ تُعْقِبُ بَيْنَ الفآء والثآء وتُعَاقِبُ. Formae IV alia etiam significatio est, Lexico addenda, nempe quam habet in hoc loco Zamakhscharii, *Fáïk*, II, p. 175: كان يُعْقِبُ الجُيُوش فى كلّ عامٍ اى يَرُدُّ قومًا ويَبْعَثُ آخَرِينَ يُعَاقِبُونَهم يقال عُقِبَ الغازِيَةَ واُعْقِبُوا اذا وُجّه مكانهم غيرهم. — عاقِبٌ. Incolae Christiani urbis Nadjráni tres habebant principes, civilem qui appellabatur العاقب, militarem qui vocabatur السيد et ecclesiasticum cujus titulus erat الاسقف; vid. p. ٦٤, ٦٦ et imprimis Ibn Hischám, p. ۴۰۱ sqq. Nomen العاقب hoc sensu Arabicum non est, sive potius in Arabia septentrionali non usitatum; quaeratur in Lexico Aethiopico (Dillmann, p. 979). — عُقَابٌ explicatur per راية, p. ۱۱۲.

عقد (I), c. ل p., *foedus pepigit cum aliquo*, p. ۱۳۹ (subintell. عقدًا ut p. ۱۴۹). — عَقْد, foedus minoris ponderis quam عهد, p. ۳۹۴. Saepius dicitur بغير عهد ولا عقد, p. ۲۱۹, ۲۱۷, ۲۴۹.

عقر. عَقَارَاتٌ, pl. ab عَقَارٌ, p. ۹۹, vs. ult.

عقل. عِقَالٌ redditur p. ۹۴ per صدقة السنة et sic vocabulum in hac traditione explicat Abu Obaid, MS. f. 90 v. exemplis sententiam corroborans. Wáqidí (ut quoque Málik et Ibn abí Dsíb) vocabulo tribuit significationem tritam *vinculum cameli*, quae explicatio quoque testimoniis non caret, sed, ait Abu Obaid, الشواهدُ فى كَلَامِ العَرَبِ على القَوْلِ الاول أَكْثَرُ وهو اشبَهُ عندى بالمَعْنَى. Altera lectio est عَنَاقٌ, Bokhárí, I, p. ۳۵۴, ۳۹۹; Zamakhschari, *Fáik*, II, p. 173 sq., tertiam dat, nempe جَدْيًا أَذْوَطَ. Vult autem Abu Bekr, ut recte interpretatur Motarrizi *rem minimi valoris* (الشيء الحقير). Capelli enim et haedi non in tributo accipiuntur. Cf. Dozy, *Loci de Abbad.*, II, p. 69, vs. 9 et p. 116, vs. 8 (coll. p. 263).

عكر (I), c. على p., *se convertit in* aliquem hostili animo, p. ۴۳۹; Djauharí عَطَفَ; synon. est رجع على فلان. In pugna idem significat quod كَرَّ et eodem modo cum على construitur; in verbis a Freytagio laudatis, quae autem non in *Qámuso* meo (Bulaq.), sed in *Asáso 'l-Balágha* leguntur, inserendum est عَلَيْه post عكر. Verba *Qámusi* عكر على الشيء significant *convertit se ad rem*, vid. e. g. *Fáïk*, II, p. 639 (cf. Mobarrad, p. ۹۳, vs. 7 sqq.): ورُوِىَ أَنَّ زَرَدَتَيْنِ من زَرَدِ التَّسْبِغَةِ قد نَشِبَتَا فى خَدِّه (خدّ رسول الله) فعَكَرَ ابو عُبَيْدَةَ على احديهما فنزعها فسَقَطَتْ ثَنِيَّتُهُ ثم عَكَرَ على الاخرى فنزعها فسَقَطَتْ ثَنِيَّتُه الاخرى — عَكَرَ عَطَفَ.

علّ (II), *occupavit aliquem aliqua re*, c. ب r., quoque de rebus seriis: بالحديث, p. ۳۹; Nawawí, *Tahdsib*, MS., p. 409: وقال صاحب المحكم تعلل بالامر واعتلّ به تشاغل وعلله بطعام وحديث وغيرهما شغله. — (VIII), *dilapsus est*, جسر معتلّ, *pons ruinosus*, p. ٢٥١. — لَعَلَّ. لا يدرى لعل significat *nesciebat utrum non*, p. ١٥٧; Bokhârí, III, p. ١٣٨; Zamakhschari, *Fâïk*, II, p. 457: ابن مسعود راى رجُلًا شاخصًا بصَرُهُ الى السمآء فى الصلوة فقال ما يُدْرِى هذا لعَلَّ بصَرَهُ سَيُلْتَمَعُ قَبْلَ أَنْ يَرْجِعَ اليه; Wright, *Grammar of the Arabic language*, II, p. 61, Rem. *d*; Kosegarten, *Chrest.*, Gloss., p. 445. De hac particula pluribus disserit Nawawi, *Tahdsib*, MS. p. 407 sq.

علم (II), *condocefecit*, حمارٌ معلَّمٌ, p. ١٠٥; Ibn Batuta, III, p. 330; ad-Dimaschqi, ed. Mehren, p. ٢١٠.

عمد. عِمَادٌ. ذليل العِمَاد, *ignobilis*, p. ٢٤١, opp. رَفِيعُ العِمَاد, Abu Obaid in *Zeitschr. d. d. m. G.*, XVIII, p. 796; cf. Munzinger, *Ostafrikanische Studien*, p. 328: »je vornehmer jemand ist, um so grösser und höher ist sein Haus." — عَمُودٌ. أَهْلُ عَمُودٍ appellantur *qui tentoria habitant*, p. ٢٢٥; *Asás:* ويقال لاصحاب الاخْبِيَة هم اهلُ عَمُودٍ واهلُ عِمَادٍ واهلُ عَمَدٍ ويقال لكلّ اهل عَمُودٍ نَوًى اى كُلُّ انسانٍ يَنْطَلِقُ على وَجْهِهِ; — عَمُودُ النَّهْرِ, p. ٢٩٢; vid. Glossar. ad Edrisi.

عمر (I), infin. عُمْرانٌ p. ١٦٦. — عِمَارَةٌ, *terra culta*, p. ١٥, ١٦٣, ٢٩٢, ٣٥٧, ٤٢٨.

عمل (I) specialiter adhibetur de opera manuali e. g. عَمَلَ الحديد, p. ٢٨٤, praesertim de opera quae fit in agro, p. ٩, ٢٥; de cultura plantarum, p. ٤٥, ٢٧٠; hinc عُمَّالٌ, pl. ab عاملٌ, *agricolae*, p. ٢٥, ٣٦٦. — (III), inf. معاملة, *egit cum aliquo*, c. acc., p. ٩٨, ٤٠٢; *tractavit* aliquem, p. ٣٣ (c. ب r.), ١٤٤; *tractatum fecit cum* aliquo, p. ٣١٣; hinc مُعَامَلَةٌ *tractatus, pactum*, p. ١٥١, Dozy, Gloss. ad *al-Bayân*, Mawerdi, p. ٤٢٣, cet.; — *terrae colendae mercede conduxit* aliquem, c. acc. p. et على pretii, p. ٢٣, ٣٤; Ibn Hischâm, p. ٧٦٤, ٧٧٩, ٧٨٠; hinc p. ٢١٩ عامَلَنَا — هذه المُعَامَلَة fortasse explicandum »mandavit nobis hoc ministerium;" verti tamen quoque potest »tractavit nos in hunc modum." — (VI), *adhibuerunt in commercio* rem, e. g. mensuram, monetam, rem fabricatam, c. ب, p. ٢٠٦; Dimaschqi, ed. Mehren, p. ١٩٧; Glossar. ad Edrisi. — (VIII), *coluit* terram, p. ١٤, ٩١, ٩٩, ١٧٧, ١٧٨, ٢٩٨, ٢٩٩, ٣٦٩. — عَمَلٌ, *agricultura*, p. ٤١٢; pl. أَعْمَالٌ, *opera manualis quaelibet*, p. ١٤٢; *Qâmus:* المِهْنَة; Abu Isháq as-Schirâzi, MS. p. 207 sq. عقد الاجارة على عَمَلٍ مُعَيَّنٍ. — عمالة, *munus tributa exigendi*, p. ٢٩٩; Mawerdi, p. ٣٠٧, ٣٦٥.

Apud Maqrizi, I, p. ١٠٤, significat *summam pecuniae, quae redit ex tributo.* — مَعْمُولٌ, idem quod مَصْنُوعٌ, *falsus* de moneta, p. ٤٩٨.

عمى. المَعَامِى, *terrae neglectae*, p. ٩١. Teste Zamakhschari, *Fäik*, II, p. 533, est a singulari مَعْمًى, ut synon. مَجَاهِل a sing. مَجْهَلٌ.

عنت (V), *molestavit*, *oppressit* aliquem, p. ٩٨ (ubi Qodáma اعنت), p. ٢٧٧, ٣٤٨; Djauharí et *Qámus* habent partc. متعنّت (vid. Freytag); *Asás:* تَعَنَّتَنِى سألنى عن شىء اراد به اللَّبْسَ عَلَىَّ والمَشَقَّةَ; Motarrizí: ومنه تعنته فى السؤال اذا سأله على جهة التلبيس عليه وتعنت الشاهد ان تَقول له اين كان هذا ومتى كان واى ثوب كان عليه حين تحملت وحقيقته طلب العنت له ومنه لا ينبغى للقاضى ان يتعنت الشهود هذا لفظ الرواية وأما ما فى شرح القاضى الصدر تعنّت الشهود وتتعنت على الشهود ففيه نظر; *Fäik*, II, p. 372: خاصمَ اليه (عمر) الاشعثُ اَهْلَ نجرانَ فى رِقابهم فقالوا يا اميرَ المُؤمنين انما كنّا عبيدَ مَمْلكةٍ ولم نكن عبيدَ قِنٍّ فيغْتَيّظ (sic) عليه عمرُ وقال أَرَدْتَ ان تَغْفَلَنِى ورُوى ان تَعَنَّتَنِى — التَعَنُّتُ تَطَلُّبُ عَنَتِه اى زَلّته كالتَسَقُّط; p. 231: تَغَلَّتُّه طَلَبْتُ غَلَتَهُ نحو تَعَنَّتُّه.

عند. عِنْدَ. كانت عِنْدَهُ (idem quod كانت تحته), *uxor ejus fuit*, p. ١٤٩, ٢٨٥, ٢٩٩, ٣٧٢, ٤١٠.

عنا. عَنْوَةٌ. أَهْلُ العَنْوَةِ, p. ٤٤٧; أَرْضُ العَنْوَةِ, p. ٤٤٨.

عنى (I) عُنِىَ بشىء, *operam impendit rei, curavit rem*, p. ٢٩٣; عُنِىَ بفلانٍ, *curam habuit alicujus*, p. ٣٦٤; ليس لك به عِنَايَةٌ, p. ٣٥. Djauharí: عُنِيتُ بحاجتك أُعْنَى بها عِنَايَةً فانا بها مَعْنِىٌّ على مَفْعُولٍ واذا امَرْتَ منه قُلْتَ لتُعْنَ بحاجتى; *Asás:* عُنِىَ بكذا واعْتَنَى به وهو مَعْنِىٌّ به ومنه قولُ سيبويه وهم ببيانه أَعْنَى. Male Freytag dicit usum verbi عَنِىَ esse rariorem, in *Qámuso* hoc tantum de عَنِىَ legitur: واعْتَنَى به اهْتَمَّ وعُنِىَ بالضمّ عنايةً وكرَضِىَ قليلٌ; cf. Harírí, p. ١٧١ (2ª ed.). — (III). Dicitur عانى فتحَ المدينة, *omnes vires impendit ut urbem caperet*, p. ١٢١, ١٧٧, et hinc simpl. عانى المدينةَ significat *urbem oppugnavit*, p. ٢٠٣, ٣١٥, ٣٨٩.

عهد. مُعَاهِدٌ, opp. مُسْلِمٌ, p. ٧٤, ٣٢٤.

عود (I), c. على p., *se convertit ad*, p. ٢٣٨ (syn. رجع على). — (III), *iterum fecit*, p. ١٩٥.

عور (VI). تَعَاوَرُوهُ, *alternatim quid fecerunt*, p. ٣٤٧. Lexica recte تَـدَاوَلُـوهُ, quod Freytag male vertit *mutuati sunt rem*. — عـارِيَّةٌ, p. ٦٤ et ٦٥, de *subsidio*, quod incolae Nadjráni ferre tractatu cogebantur.

عـول. عِيَالٌ (proprie pluralis ab عَيِّلٌ pro عَيْوِلٌ) in verbis مـا مـن مُقْعَدٍ آلَّا وهو عيَالٌ على اهله (male عيّالٌ) عيَالٌ (p. ٣١٨) significat *oneri est*. Zamakhschari, *Fäik*, II, p. 199, dicit: والاشـتـقـاق (فى عَـيِّـلٍ وعيَالٍ) من عـالَهُ الاَمْرُ عَوْلًا اذا غَلَبَهُ وأَثْقَلَهُ لان العيالَ ثِقْلٌ فادحٌ أَلَا ترى الى تَسْمِيَتِهم كَلًّا والكَلُّ الثِقْلُ الخ. Et dicitur revera hoc sensu هو كَلٌّ عليه (*Asás*); Qoran. 16, vs. 78 وَهُوَ كَلٌّ عَلَى مَوْلَاهُ (Flügel in *Concord.* neglexit كَلّ et hunc locum sub كُلّ laudat). Locutio synonyma est هو بَعْلٌ على اهله (Lane sub بعل). In proverbio هُؤُلَآءِ عِيَالُ آبْنِ حَوْبٍ (Freytag, II, p. 852, n. 24) fortasse lusus est duarum significationum vocis عيال. — Voce عَيِّلٌ, opp. مـقـاتـل (p. ٣٥٠), specialiter *uxor* designatur p. ٤٥٨ (لـعـيـال المقاتلة وذريتهم); in traditione apud Zamakhscharí, *Fäik*, II, p. 195: قال حنظلةُ كاتبُه كنا عند رسُولِ اللّه صلعم فـوعـظـنـا فـرقّـتْ قُلوبُنَا ودَمَعتْ أعْيُنُنَا فَرجَعْتُ الى أهْلى فَدَنَتْ منّى المراةُ وعَيِّلٌ او عَـيِّـلانِ فـاخـذْنـا فى الدنيا ونَسِيتُ ما كان عند رسول الله صلعم, *unum liberorum* significat. Pluralis عِيَالٌ, *familia*, pluralem habet عِيَالَات, p. ١٩١, ١٨٩, ٤١٠.

عون. مَعُونَةٌ, *subsidium pecuniarium*, p. ١٨٧, ١٩٣; *Historia Khalifatus Omari II*[i] *cet.*, p. ١٠; Mobarrad, p. ٧٩, vs. ult. In loco Maqrízii laudato in ed. Beláds., p. ٢٣٩, ann., vs. 1, significat *tributum*. Vid. Glossar. ad Edrísí.

عير. العِيَارُ, p. ٤٩٩ (nam sic legendum pro الغيار), a Motarrizío explicatur his verbis: وعيارُ الدراهم والدنانير ما جعل فيها من الفضة الخالصة او الذهب الخالص ومنه يقدّرُ امرَ العيار الذى وقع الاتفاق عليه. Lexico porro addendum عِـيَـارٌ significare idem quod مِعْيَارٌ (الذى يقـاس به غيره ويسوّى). Huc pertinet *Loci de Abbad.*, II, p. 174, vs. 11, cum annot. Cl[i]. Dozy, III, p. 225, qui haec ei addenda habet: »Eodem sensu occurrit apud Amari, *I diplomi arabi del R. archivio fiorentino*, p. 208, vs. 5; *al-Bayán*, II, p. 211, vs. 4 a f. Bocthor, *Dict. franç.-ar.*, habet: *aloi*, titre des métaux: عيار المعادن, et *titre*, degré de finesse d'un métal, عيار. Stickel in *Zeitschr. d. d. m. Ges.*, IX, p. 613: »Bei der Münze, عيار das Korn, وزن das Schrot.""

عين. مَعِينٌ explicatur p. ٦٢. — ذو العُوَيْنَتَيْنِ, *explorator*, p. ٣٠٤ et ann. *f*.

غدر (I) saepe absolute *rebellavit*, e. g. p. ٣٩٠, ٣٩٧. — مغدرة, *rebellio*, *perfidia*, p. ٩٥: ذو مغدرة كَيْدٌ, quod explicatur per كيد بغدر منهم.

غرّ (II), c. ب p., *periculo exitioque exposuit*, p. ٢٣١; Freytag غرّر بنفسه.

غرب. غَرْبٌ (proprie significat *situlam magnam* (الدَّلْو العظيمة) *e corio bovino factam et qua ope bovis utuntur* (Gloss. ad *Hidáya*); *Fäïk*, II, p. 218: أُرِيتُ فى النوم انى أَنْزِعُ على قَلِيبٍ بِدَلْوٍ فجآء أَبُو بكر فنزع ذنوبًا او ذُنُوبَيْنِ فنزع نَزْعًا ضَعِيفًا وِاللهُ يَغفِر له ثُمّ جآء عُمر فاستقى فاستحالتْ غَرْبًا فلم أَر عَبْقَرِيًّا يَفْرِى فَرِيَّهُ حتى روى الناسُ وضَرَبُوا بعَطَنٍ، اى انقلبتْ دَلْوًا عظيمةً وهى التى تُتَّخَذُ من مَسْكِ ثَوْرٍ يَسْنُو بها البَعِيرُ وقد وَصَفَها مَن قال

شَلَّتْ يَدَا فارِيَةٍ فَرَتْها مَسْكَ شَبُوبٍ ثم وَفَّرَتْها

سُمِّيت بذلك لانّها النهايةُ فى الدلآء من غَرْبِ الشىء وهو حَدّه. Sed in verbis ما سَقَى بالغَرْب s. سَقَى الغَرْبُ, p. ٧٠, ٧١, significat universe *machinam hydraulicam quamlibet*, nempe السوانى والدوالى والدواليب والغرافات. Addit Qodáma: والنواعير (Cod. والمنجنونات) والمنجنونات. Eodem sensu dicitur ما سُقِى بالدلو او بالدالية et ما سُقِى بالرشآء (*Fäïk*, II, p. 104), fune appellato pro machina, quae ope ejus movetur, ut solent in omnibus quae ad irrigationem agrorum pertinent partem pro toto nuncupare; vid. Glossar. ad Edrísí sub سانية. Quae machina vocabulo غرافة intelligatur, efficere nequeo, verisimile autem est ejusdem naturae cujus دالية, quae a Glossatore ad *Hidáyam* ex *Kifáya* sic describitur: الدالية جذع طويل يركّب تركيب مداقّ الارزّ وفى راسه مغرفة كبيرة يستقى بها.

غرف. غرافة. Vid. statim praecedens.

غزل. غَزْلٌ, pl. غُزُولٌ, videtur significare p. ٩. *fusum*, nam collocatum est juxta عروك (q. v.) et apud Zamakhscharí, *Fäïk*, II, p. 128, legitur ربع المِغْزَل (اى ربع ما غزلْته نسآؤكم).

غزا (X), *invasit*, p. ١٧٩. — Lexico addatur *expeditionem bellicam* saepissime significari voce غزوة (p. ١٥٣, ١٥٤, ١٩٤, ٤٢٥, Bokhárí, III, p. ١١. cet.) et singularem vocis مَغَازِى esse مغزاة (Motarrizí). — غَزّآءٌ, *expeditionum militarium amantissimus*,

p. ١٩٨, ٣٩٩; *Historia Khalifatus Omari II[i] cet.*, p. ٥٢; Mobarrad, p. ٨٧, vs. 13.

غسل. مُغْتَسَل, simpliciter *locus lavandi*, p. ٢٢. Motarrizi: موضع الاغتسال; *Asás:* وخَرَجَ النسآء الى مغاسلهنّ حَيْثُ يَغْسِلْنَ الثِّيَاب.

غشّ (X), *decepit*, p. ٢١٥, ٣٣٨.

غفل (I). غَفْلَةٌ tamquam infinitivus, p. ١٢٢. — غُفْل, pl. أَغْفَال, explicatur p. ٩١.

غلّ (IV) in formula لا اغْلَالَ ولا اسْلَالَ explicatur p. ٣٦, ann. *c.* — (VIII). اغتلّ من شىء, *quaestum fecit aliqua ex re*, c. acc. quaestus, p. ٣٥٣. Quoque dicitur اغتلّ ارضَهُ (*Asás*). — (X) *lucrum fecit ex aliqua re*, c. acc., استغلّ بُحَيرةَ الطرّيخ, p. ٢٠٠, دارَ الضَّرْب, p. ٤٩٨; *Asás:* له أَرِيضَةٌ يَسْتَغِلُّها ويَغْتَلُّها; Ibn Batuta, III, p. 116. — غَلَّة, *locarium*, tributum quod aerario solvendum est de domibus et tabernis in solo publico aedificatis, p. ١٩٩, ٢٩٥; in loco Maqrizii, laudato p. ٢٣٩, ann. vs. 2, significat *redemptionem vectigalium* (male in ed. Ibno 'l-Athíri, VII, p. ٥١, علته). — مُسْتَغَلّ, pl. مُسْتَغَلَّات, *taberna*, *horreum*, p. ١١٧, ١١٨; Jaqubí, p. ٢٥; *fundus* in quo construitur aedes, taberna cet., p. ١٨١; Istakhrí in capite de Perside: واما المستغلات فان تربة اسواق بشيراز وغير شيراز ابنيتها للناس ويؤدّون اجرة الارض والطواحين للسلطان واجرة الدور التى يعمل فيها ماء الورد; et Ibn Haucal paullo aliis verbis ut solet: واما المستغلات فان تربتها للسلطان وقد ابتنى فيها التجار الاسواق وغيرها والبنآء لهم ويؤدّون اجرة الارض والطواحين للسلطان واجرة الدور التى يعمل فيها الماورد; *Qámus:* اسْتَغَلَّ المُسْتَغَلَّات أَخَذَ غَلَّتَهَا, ubi Djauharí المُغَلَّات i. e. الضِيَاعِ المُغَلَّات; cf. Glossar. ad Edrísí; designat quoque *proventum*, *reditum*, ut apud Ibn Batuta, I, p, 201, III, p. 296; Ibn Haucal (caput de Arabia): واما الحسنى صاحب صعدة فله جباية كثيرة ومستغلّات من المدايع.

غلب (III), c. acc. p. et على r., *eripuit alicui aliquid*, p. ٣١١.

غلط (VI). Dicitur غالطنى فلان, scilic. فى القول (*Asás*) eodem sensu quo اغلط له القَوْلَ s. فى القَوْلِ s. اغلط له (Dozy, *Loci de Abbad.*, II, p. 37) s. اغلط عليه (Motarrizi) et غَلَّظَ عليه القولَ (Ibn Batuta, III, p. 38). Hinc تغالَظَا فى القول, *se invicem objurgaverunt*, p. ١٩٨. — غَلِيظ. غليظ الزرع, *dense consitus*, opp.

رقيق الزرع, p. ٢٧١; كتاب غايظ, *epistola plena objurgationis*, p. ٢٣٠; Ibno 'l-Athir, I, p. ١٩٢.

غلف. أَغْلَفُ. Lexico addatur pluralis غُلْفَانٌ, p. ١٣٥.

غلق (IV). De urbe rebelli aut de urbe ab hoste capta dicitur *passim* اغلقها العدوّ aut أُغْلِقَتْ, e. g. p. ١٨٥. — (VII) الْبَحْرُ *innavigabile fuit mare* tempore hiemis, p. ١٢٧, ١٣٤. — (X) eodem sensu quo IV: ففتح ما اسْتَغْلَقَ, p. ٤٤٥.

غمز (VIII), c. فى p., idem quod IV, nempe وَجَدَ فيه ما يُسْتَضْعَفُ لأَجْلِهِ (*Asás*), p. ٣١١.

غنم (II). Dicitur غَنِمَ المسلمون غُنْمًا حَسَنًا, p. ١٠٩ (ubi male exemplum Freytagii secutus edidi غُنُمًا, quae forma in Lexicis non memoratur), et hinc causative غَنَّمَ اللهُ المسلمين غنمًا حسنًا. p. ١٥٤, *praedam pulchram Moslimis dedit Deus*; p. ٩, ٣٤, *tamquam praedam dedit aliquid.* — (VIII) الفُرْصَةَ, p. ٩٧; cf. Zamakhschari, *Asás:* واغتنم السلامة وتَغَنَّمَها.

غنى (II). غَنَّى عنه eodem sensu quo غَنِىَ عنه, p. ٣٣٩, vs. 4 (ubi l. غُنِّيتُ). — غَنَآءٌ tamquam infinitivus 4^tae^ formae adhibetur p. ١٩٩, ٣٠٢ (غنآءٌ عظيم عن الاسلام); *Asás:* أَغْنَى فلانٌ فى الحَرْبِ غَنَآءً حَسَنًا.

غور (IV), c. على, *invasit*, p. ٤١٤; Motarrizi: ولو اغار انسان من اهل المقاصير على مقصورة وفى رواية محمد وان أَغار انسان من اهل المقاصير على متاع من يسكن مقصورة اخرى وكأنّه اصحّ وان كان الاول اكثر وفى مختصر الكرخى وكذلك ان اغار بعض اهل تلك المقاصير على مقصورة فسرق منها وخرج به منها الى صحن الدار قطع والمقصورة حجرة من حجر دار واسعة محصنة بالحيطان; sq. فى, *Hamása*, p. ١٠٣.

غول (I). غالُوا فى المُسْلِمِينَ, p. ٢٥, vs. 3 (ubi sic corrigendum pro اعاثوا). p. ١٩٢, vs. 2 (suppl. غَوْلًا s. غائلَةً), *damnum intulerunt Moslimis.* Zamakhschari. *Fäik*, I, p. 291: الغائلةُ الخَصْلَةُ التى تَغُولُ المالَ اى تُهْلِكُهُ من اباقٍ وغيره; Motarrizi sub عدا: الغائلة الاباق والفجور; *Fäik*, II, p. 236 et Motarrizi in v.: infin. غَوْلٌ. — (VIII), *ex insidiis interfecit aliquem*, syn. قَتَلَهُ غيلَةً, p. ١٠٩; Ibn Batuta, I, p. 285; Ibno 'l-Athir, VII, p. ٧٩; Zamakhschari, *Fäik*, II, p. 236: غيلَةً فِعْلَةٌ

فلانٌ يغتالُ مَنْ يَمُرُّ به *Asás*: (بنهان كُشتن ; (Gloss. من الاغتيال et sic in aliis Lexicis exempla dantur. — غَائِلَةٌ, *damnum quod alicui infertur*, p. ٢٤٣ et vid. supra; pl. غَوَائِلُ, *odium clandestinum*, p. ٤٢٥. — مَغِيلَةٌ, idem quod غائلة, *noxa*, p. ١٧٣.

غيب (V), *abiit, discessit ab aliquo*, c. عن, p. ٣١٩.

غيض (I) et مَغِيضٌ, pl. مَغَايِضُ, vid. Glossar. ad Edrisí, ubi loci Beládsorii laudati sunt. Legitur revera p. ١١, ٢٧٢, ٢٩٠ et ٣٧٢ in Codice A. et, ni fallor, p. ٢٧٢ et ٣٧٢ quoque in B. cum ص, sed in Codd. tantopere punctis diacriticis destitutis hinc nihil inferre licet, contra loci illi ubi distincte ض legitur, suadent ubique punctum addere, uti feci in editione, excepta p. ٢٩٠, ubi igitur restituatur ومغايض. Exemplis laudatis addi potest غوض apud Dimaschqí, ed. Mehren, p. ٨٩, vs. 12, غيض *ibid.*, p. ٩٨, vs. 1 et 10; مغيض apud eumdem p. ١٠٨, vs. 7, p. ١٣٩, vs. 6.

غيل. غَيْلٌ, p. ٧١; vid. supra sub بَعْلٌ. — غائلة et مغيلة v. sub غول.

فتق (I) نهرًا, *aperuit canalem*, p. ٣٦٤, ٣٦٦.

فجر (II), *appellavit aliquem impium* (فاجر), p. ٢٧٩; Zamakhscharí, *Fáïk*, II, p. 159: عمر رضه أَعْضَلَ بى أَهْلُ الكُوفَةِ ما يَرْضَوْنَ بامير ولا يَرْضَى بهم أَمِيرٌ وروى غَلَبَنى أَهْلُ الكُوفَةِ أَسْتَعْمِلُ عليهم المُؤمِنَ فَيُضَعَّفُ وَأَسْتَعْمِلُ عليهم الفاجرَ فيُفَجِّرُ اى ضاقَتْ علىَّ الحِيَلُ فى أَمْرِهم من الدآء العُضَال.

فدغ (I), *luxavit*, p. ٢٥, ubi tamen fortasse legendum وفَدَّغوا. Nam فدغ proprie significat *fregit*, Djauharí: فَدَغْتُ رَأْسَهُ أَفْدَغُهُ فَدْغًا; Zamakhscharí, *Fáïk*, II, p. 249: ابن سيرين سُئِلَ عن الذبيحة بالعُود فقال كُلْ ما لم يُفْدَغْ ، الفَدْغُ والفَلْغُ والثَدْغُ والثَلْغُ الشَدْخُ ومنه الحديث فى الذبح بالحجر ان لم يَفْدَغْ الحُلْقُومَ فكُلْ وفى بعض الحديث اذَنْ تَفْدَغَ قُرَيشُ الرأسَ وانما نُهِىَ عن المَشْدُوخِ لانه كالمَوْقُوذ, et p. 62: دعا على عُتَيْبَةَ بن عبد العُزَّى فقال اللهم سلِّط عليه كلبًا من كلابك فخرج عُتَيْبَةُ فى تَجْرٍ من قُرَيش حتى نزلوا بمكان من الشام يقال له الزَّرْقَآء ليلًا فعدا عليه الاسدُ من بين القوم فاخذ براسه فضغمه ضَغْمَةً فدَغَهُ ، الضَغْمُ العَضُّ بشدّة ومنه الضَيْغَمُ الفَدْغُ الشَدْخُ. Contra فَدِعَ significat *distortus fuit* manu vel pede et فَدَّعَ *talem effecit*. Haec docet auctor *Qámusi* exemplum addens: ومنه حَدِيثُ ابنِ عُمَرَ انَّ

قدمُهُ فَفَدَعَتْ من بَيْتِ دَفَعُوهُ خَيْبَرَ يَهُودَ. Porro apud Zamakhschari, *Fâïk*, II, p. 419, legimus: ابن عمر بعث بـه ابوه الـى خَيْبَرَ فقاسمَهم الثمرَةَ فسَحَرُوهُ فتكَوَّعَتْ اصابعُهُ فغَضِبَ عُمَرُ فنزَعَها منهم وروى دَفعُوهُ من فَوْقِ بَيْتٍ فَفَدَعَتْ قَدَمُهُ، عن الأَصْمعى كَوَعَهُ وكَنَّعَهُ بمعنًى واحدٍ وهو شِبْهُ الاشلالِ فى الرِجْلِ واليَدِ وقال يعقوب ضربَهُ فكوَّعَهُ اى صَيَّرَ اكواعَهُ مُعْوَجَّةً الفَـدَعُ زَيْغٌ بيْنَ القَدَم وعَظم الساقِ الضميرُ فى فنزَعَها لِخَيْبَرَ; et apud Ibn Hischám, p. ٧٨٠, vs. 1 legitur in eadem historia فَفُدِعَتْ يَدَاىَ et vs. 5 فَفَدَعُوا يَدَيْهِ (lege فَفَدَعَتْ s. فَفُدِّعَتْ et فَفَدَّعُوا).

فدا (III). Proprie dicitur فَادَا فلانًا بغيرِهِ, ut apud Sarakhsi, MS. II, f. 82 r.: قال لا بأسَ ان يفادى اسرآء المسلمين باسرآء المشركين; hinc de captivo, qui hosti redditur tamquam lutrum Moslimi dicitur فودِىَ به scil. غيرُهُ, ut apud Sarakhsi, f. 82 v., روى انه اسر فى عهده (ابى بكر) اسير من الروم فطلبوا المفاداة به i. e. ut loco ejus captivum Moslimum redderent. Deinde dicebatur فدى باسير العدوّ على مالٍ او اسير مسلم, ut apud Mawerdi, p. ٨٢ et ٢٣٢; et tandem de omnibus captivis redemtis dicebatur فـودى به, ut p. ١٩٩ مَـنْ فَـادَى بـهـم; Ibn Haucal (caput de بحر الروم): مَنْ أُسِرَ غير دفعة ببلد الروم — وفودى به. Eodem modo 8va quoque forma c. ب construitur, *Qámus:* افْتَدَى بهِ.

فرج. فُرَّجٌ in cognomine urbis Moltán, فَرْجُ بَيْتِ الذَّهَبِ, explicatur p. ۴۴. per ثـغـر (*confinium, locus in finibus situs*). Freytag habet *confinia hostium*, sed hoc sensu adhibetur plur. فُرُوجٌ e. g. apud Zamakhschari, *Fâïk*, II, p. 260: قدمَ رَجُلٌ من بَعْضِ الفُرُوجِ; in commentario ad quem locum dicitur: ويقولون ان الفَرْجَيْنِ الَّذَيْنِ يُخَافُ على الاسْلام منهما التُّرْكُ والسُّودَانُ; vid. porro Quatremère in *Journ. des Savants*, 1846, p. 681. Ad-Dimaschqi vocabulum non amplius intelligebat, explicat enim (ed. Mehren, p. ١٧٥, vs. 1) per النقر (*fissura*), alludens quippe ad fabulam quam narravit p. ۴٥.

فِرْسِكٌ explicatur p. ٥٨ per خوخ. Cf. Botta, *Relation d'un voyage dans l'Yémen*, p. 96.

فرش. فُرْشٌ proprie significat *camelos, oves, boves parvos, non nisi ad mactationem aptos*, ut in loco Qoran. 6, vs. 143. Hinc de arboribus pumilis adhibetur, قَرْشٌ من الشَّجَرِ (*Asás*) et metaphorice de hominibus, p. ۲۱٥: لأَنَّنَا قَرْشٌ لنا مَنْعَةٌ, sensu *debiles*.

فرض (I) لهم, *conscripsit* legionem, p. ۱۹۲, ۴۲۹; *Historia Khalifatus Omari II[i] cet.*, p. ۲۹; فرض لهم بالمدينة, *eos tamquam praesidium in urbe collocavit*, p. ۱٦٥, ۱٦٦; فرض للمدينة فرضًا, *collocavit in urbe praesidium*, p. ۱۹۰. — فَرْضٌ (pl. فُرُوضٌ *Asás*), *praesidium*, proprie milites qui stipendium accipiunt, الجُنْد المفروض لهم (*Asás*), p. ۱٦٦, ۱۹۰. — فَرِيضَةٌ, pl. فَرَائِضُ, *stipendium* (= عطآء), p. ۳۷۹, ۴۲۹, ۴۳۱, ۴٥۰, ۴٥۸.

فرط (IV). مُفْرِطٌ, *quod modum excedit*, ساق مُفْرِطُ الطول, p. ۱٦٦; Nowairi, *Hist. Aegypti*, MS. 19 *b*, f. 103 v.: حَرٌّ شديد مفرط; [Kosegarten, *Chrest.*, p. 92, vs. 3: كانت مُفْرِطَةً فى الحسن; Alcala: *estremado por singular* مُفْرِط. D.].

فرغ (II et IV), *fudit* de metallis, opp. *cudit* (Azraqí, p. ۲۴۹; cf. Glossar. ad Edrísí); hinc درهم مُفْرَغٌ s. مُفَرَّغٌ, درهم, *drachma fusa*, غير مَضْرُوبٍ فى القالب مَصْبُوبٌ (*Asás*) et simpl. مفرغ, p. ۴۷۰; Mawerdí, p. ۲۷۱ (*numi cavi* i. e. *non solidi* Enger). Idem adhibetur de vase et de annulo. Nempe حلقة مفرغة est ille annulus, qui formae infusus est, ita ut nusquam compaginis locus appareat, uti in annulo cuso; Djauharí: مُصْمَتَةُ الجَوَانِب; *Asás*: لا يُدْرَى أَيْنَ طرفاها.

فرق (III) eodem sensu quo صالَحَ et هادَنَ, p. ۴۰۰; Ibno 'l-Athír, VII, p. ۱۱۳. Plane analogus est usus verbi تارَكَ hac significatione apud Motarrizí (vid. Lane in v.) et verbi وادَعَ. — (V), *discessit*, c. عن l., p. ۱۹۱. — فارقين, *fossa*, *quae cingit murum urbis*, p. ۲۰٥, ۳۱۹, ۴۲۱. Est forma Arabica vocabuli Persici بارْكِين s. پاركين, *receptaculum aquarum* (حوض) *in media urbe vel in pago* (Vullers); Motarrizí: وفارقين هو تعريب باركين وهو شىء يضرب الى السعة كالحوض الواسع الكبير يجمع فيه المآء للشتآء واكثر ما يكون هذا بما وراء النهر, et sic explicatur in loco operis *al-Fatáwi as-Súfija*, MS. 462, Cap. I, Sect. 5: ومنها ما ذكر فى تاريخ السلمى فى باب العين ان الشيخ ابا عمران الصوفى رضه كان قاعدًا مع رجل يكلمه على راس الفارقين فيه مآء فلما قام الرجل قلتُ لابى عمران من كان الرجل الذى يكلمك قال الخضر عم وكان (ابو) عمران من قدمآء المشايخ ظهر له آيات. Perspicuum non est utra significatio vocis valeat in loco Istakhrii et Ibn Haucalis in capite de Transoxania, de urbe Bokhárá: ونهر ياخذ من النهر فى المدينة بقرب قنطرة حمدونة تحت الارض الى حياض بباب بنى اسد وتقع فضلته فى فارقين القهندز.

فشا (I). فشت فيهم الجراح, p. ۴۱۱; vid. Glossar. ad Edrísí.

فضخ (I), *fregit caput* alicujus, c. acc. p., p. ۳۳۵; *Asás:* صَكَّ راسَهُ ففضَخَهُ.

فظع (X), rem *turpem judicavit*, p. ۱۵۹ (ubi sic corrigendum pro فاستقطع); *Asás:* سَمِعْتُ بذلك فافظعته واسْتَفْظَعْتُهُ وتَفَظَّعْتُهُ وفَظِعْتُ به; Djauharí: وجدتُهُ فظيعًا, quod Freytag minus recte vertit per »comperit rem esse turpem.”

فعل (I). ما فَعَلَ *ubi est? quomodo sese habet?*, p. ۲۴, ۴۰۰; Motarrizí sub عمر: وبه كنى ابو عمير اخو انس لأمه وهو الذى قال فيه صلعم يابا عمير ما فعل النُّغَيْر يروى انه كان يمازحه بهذا وذلك انه رآه يوما حزينا فقال ما له فقيل مات نُغَيْره; Mobarrad, p. ۸۳, vs. 2. Observandus est idiotismus p. ۲۴, vs. ult.: وفعل وفعل حتى ذهب ذلك من نفسى; Ibno ’l-Djauzí, *Kitábo ’l-Qoççáç*, MS. 998(2), p. 151: ومن القصّاص من يذكر فى مجلسه ذم الدنيا ويقول فعلت وفعلت ويبالغ فى ذم الدهر وما يفعل باهله كانه ما سمع ان رسول الله قال لا تسبّوا الدهر فان الله هو الدهر.

فلّح vocabulum Syriacum (ܦܠܚܘܬܐ, *ager cultus,* Castelli), p. ۱۴۸ cum explicatione جريب.

فلو. فُلُوّ habet quoque pluralem فلاء, p. ۳۵۰, vs. ult. افتلا الفلاء, ubi Gloss. in B. اى استنتج الخيل, et pro quo p. ۳۵۱ افتلى اولادَ الخيل.

فوز (II) non tantum significat *desertum intravit* uti apud Freytag, *Proverbia*, II, p. 697, n. 362, sed *desertum peragravit*, p. ۱۱۱, et locis ibi in annot. laudatis. *Asás:* فَوَّزَ المَفَازَةَ رَكِبَ المَفَازَةَ ومضى فيها.

فوه. فُوهة, pl. أَفْوَاه, *caput* rei; افواه السكك, p. ۵۴, ut افواه الطرق apud Ibno ’l-Athír, I, p. ۱۳۳, et فُوهَةُ الزُّقاق apud Zamakhscharí, *Asás.*

فيأ. فَيْئَة, *reditus ad obedientiam, resipiscentia*, p. ۴۲۷.

فيظ (I). Dicitur quoque فاظت نفسُه, p. ۳۸۷, Mobarrad, p. ۱۵۱, vs. ult. et in versu apud Djauharí:

اجتمع الناسُ وقالوا عُرْسْ ففُقِئَتْ عَيْنٌ وفاظَتْ نَفْسْ

Grammaticorum sententiae de hac phrasi et de فاظ نفسُه ab eodem recensentur.

قبض (I), *confiscavit*, قُبِضَت الضَّيْعَةُ, p. ۱۲۹, ۱۴۳, ۱۴۸, ۱۵۱, ۱۶۸, ۱۸۰, ۲۰۰, ۲۹۴,

٣٢٩ , ٣٥١ , ٣٩٥ ; Ibn Haucal in capite de Perside: قرى قبضت وصارت لبيت المال ; accepit, p. ١٣٢ , ٢١٩ , ٢٣٠ , ٢٤٥ , ٢٧٣ , ٤٠٢; Asás: قَبَضَ المَتَاعَ وأَقْبَضْتُهُ أيّاه.

قبل (IV) بوجهه, convertit se ad cum الى, p. ٢٢٠. — (V). Motarrizí: ومن تقبل بشىء وكتب بذلك كتابًا فاسمُ ذلك الكتاب المكتوب عليه القبالة وقبالة الارض ان يتقبلها انسانٌ فيقبلها الامام اى يعطيها ايّاه مزارعة او مساقاة وذلك فى الارض الموات او ارض الصُّلح كما كان رسول الله صلّعم يقبل خيبر من اهلها كذا ذكر فى الرسالة اليوسفية وسميت شركة التقبل من تقبل العمل; Zamakhschari, Asás: وكُلُّ مَنْ تَقَبَّلَ بشىء مُقاطعةً وكُتِبَ عليه بذلك الكتابُ فعمَلُهُ القَبَالَةُ والكتاب المكتوب عليه هو القَبَالَة; Qámus: وقَبَلْتُ العامِلَ العَمَلَ تَقَبُّلًا نادرٌ والاسم القَبالةُ وتَقَبَّلَ العامِلُ تَقْبِيلًا نادرٌ أيضًا.

Significationem verbi تقبّل c. acc. r. *conduxit* (*prendre à ferme, à bail, une terre ou tout autre objet*) exemplis illustraverunt Quatremère in *Journal des Savants*, Janv. 1848, p. 49 et Dozy in Glossar. ad *al-Bayán*. Locus Maqrízii ab illo laudatus, est in ed. Bulaq., I, p. ٨١ sqq. Addendum est تقبّل بشىء *conduxit, redemit* e. g. بحفر النهر, p. ٢٧٥; *vectigalia conduxit*, c. ب loci, تَقَبَّلَ منه ابنُ المُقَفَّع بكُوَر دجْلَة. — (X), *incepit* rem, p. ٢٣٤; Zamakhschari (*Asás*) et Motarrizí: استقبل الشىءَ استانفه وابتداه. — قَبَلٌ et قِبَلٌ in phrasi مِنْ ذى قَبَلٍ. Djauharí et Motarrizí tantum habent قَبَلٍ (بفتحتين), sed Zamakhschari (*Asás*) et ex eo auctor *Qámusi* utramque formam memorant. Edidi p. ٩٥ قِبَلٍ, uti perspicue in A. Significat *in posterum, deinde*. — قَبَالَةٌ. Quatremère dicit l.l. : »le mot *Kabalah* désigne, 1° l'adjudication d'une terre, ou de tout autre objet, moyennant une taxe, une redevance, que l'on s'engageait à payer au fix; 2° la taxe, l'impôt, que l'on payait, en vertu de l'engagement contracté avec le trésor public." Ex locis Motarrizíi et Zamakhscharíi supra laudatis, apparet priorem significationem paullulum aliter esse enuntiandam, nempe est »contractus scriptus quo terra alicui conceditur colenda, pro certa summa pecuniae aut certa parte messis quotannis solvenda;" dum ipse actus locandi et conducendi appellatur قَبالَة. Teste Maqrízio l.l., in Aegypto terrae in tempus triginta annorum locabantur, auctione constituta. Sed quoque, ut docet Motarrizí, appellatur قَبَالَةٌ, si princeps universam terram vi captam incolis colendam concedit pro certa parte messis aut pro certa summa pecuniae, ut e. g. propheta fecit cum incolis Khaibari. Hinc قَبَالَةٌ fere synonymum factum est vocc. عهد et صلح, et dicitur اهْل القَبَالَة sensu اهل الذمة, p. ۴۲۹, vs. ult. Cl. Fleischer ibi vult legere القِبْلَة, sed hanc lectionem ideo rejeci, quod mea sententia h. l. de Moslimis sermo esse nequit.

قتل. قَتَّال, *letifer, veneno necans*, p. ۲۲۸; Ibn Khordádbeh, ed. Barbier de Meynard, p. 123; ad-Dimaschqi, ed. Mehren, p. ۱۰۲, vs. 10, p. ۱۹۳, vs. 8, p. ۱۷۹. vs. 7 a f.

قحم (V), *praeceps irruit in* rem, c. acc., p. ۸۹. Quinta forma et octava sine discrimine adhibentur, vid. Motarrizi et Zamakhschari (*Asás* et *Fáik*, II, p. 311).

قدم. قِدْمٌ. موضع قِدْمٍ, *locus antiquus*, p. ۱۷۵.

قرّ (IV), *intrans. submisit se rei, contentus fuit re* victus, c. ب r., p. ۴۹, ۱۰۳, ۲۰۱, ۲۰۲, ۲۰۳, ۲۲۴, ۳۰۷; *trans.* اقرّ الارض فى ايدى اهلها, *terram in possessione incolarum reliquit, passim* e. g. p. ۳۱۴, ۳۱۵, ۳۶۹, ۳۵۳.

قرأ (IV), *docuit* aliquem aliquam rem (legere Qoránum), p. ۲۳۹; Dozy, *Loci de Abbad.*, I, p. 6, ann. 17; Ibno 'l-Djauzí, *Kitábo 'l-Qoççáç*, MS. 998(2), p. 22: وكان يقصد المواضع التى ليس فيها احد يقرئ الناس فيقرئهم حتى اذا حفظوا انتقل الى اخرين.

قرب. قَرِيبٌ, *brevis* de tempore, قَرِيبُ العَهْدِ, p. ۲۴; قَرِيبًا, *nuper*, p. ۳۲۹ (quod habet Freytag); Ibno 'l-Djauzí, *Kitábo 'l-Qoççáç*, MS. 998(2), p. 20: ونظر (على) ايها القاصّ تقصّ et p. 21: الى رجل يقصّ فقال له اتقصّ ونحن قريب عهد برسول الله ونحن قريبو العهد. Sensu contrario adhibetur بَعِيدٌ, e. g. Diw. Hudsail., p. ۴۹: فمَكَثْنا غيرَ بعيد. Observa usum vocis قريب p. ۱۴۷: وهى على قريب فرسخين من مدينة انطاكية.

قرد. قَرِدٌ, *liberalis* in dialecto Kinditarum, p. ۱۰۱; cf. Wüstenfeld, *Register*, p. 234.

قرن. قَرْنٌ, pl. قُرُونٌ. Verba Abu Sofjáni (p. ۳۸) الروم ذات القرون a plurimis interpretibus vertuntur *Romani promissa caesarie* (اصحاب الجُمَم الطويلة *Fáik*; Burton, *Pilgrimage*, II, p. 81 explicat قرون per *ragged elf-locks*); *Asás:* ولها قُرُونٌ

طِوَالٌ ذَوَائِبُ ومنه قولك خَرَجَ الى بِلادِ ذاتِ القُرُونِ وهُمْ الرُّومُ لطولِ ذَوَائِبِهِمْ قال المُرَقِّش

لَاتَ هَنَّا ولَيْتَنِى طَرَفَ الزُ جّ واهْلِى بالشامِ ذاتِ القُرُونِ

لِأَنَّ الرومَ كانوا ينزلونَ الشامَ. Duae aliae explicationes exponuntur in *al-Fäïk*, sed argumenta quae afferuntur, admodum debilia sunt. Una earum datur a Qazwínio, II, p. ٣٥٩. Ceterum recte observat Zamakhschari, *Fäïk*, II, p. 321, supplendum esse طاعَةَ (كاليومِ اى كطاعة اليوم ولا فارِسَ اى ولا طاعَةَ فارِسَ فحذفَ المُضَافَ واقامَ المُضافَ اليه مقامه). — قَرْنُ الصَّرَاة, *cornu fluminis Çarát*, p. ٢٤٩.

قرى. قُرَيَّة, dimin. a قَرْيَة, p. ١٧٥.

قسم (III), inf. مُقَاسَمَة. Census soli (خَرَاجٌ) tribus potissimum modis exigitur, quos enumerant et explicant Istakhri et Ibn Haucal in fine capitis de Perside: 1° على المُقاطَعَة s. مُقاطَعَة. Quotannis solvenda est incolis certa pecuniae summa (قانون , اتاوة), tractatu stipulata, sive terrae colantur, sive neglectae jaceant, sive augeatur populatio, sive diminuat (Beláds., p. ١٣٣). Ad hanc classem pertinebant major pars provinciarum (رَمّ, pl. رموم) Kurdorum in Perside, et secundum Beládsorí urbs Laodicea (p. ١٣٣), Emesa (Himç, p. ١٣٤), patriciatus Khiláth (p. ١٩٩ et ٢..), Sísar (p. ٣١١), Qazwín (p. ٣٢٣), Tokháristán (p. ٤٢٩); cf. ann. Engeri ad Mawerdí, p. 33 sqq. 2° على المَسَاحَة. Duplex est. Sive de singulis fundis, culturae idoneis, solvendum est tributum annuum (Mawerdí, p. ٢٩.), sed hoc rarius obtinet; sive tantum de singulis fundis cultis. Quantum tributi debeatur, pendet a natura soli, a modo irrigandi, a fructibus quibus ferendis aptum est, a vicinitate portuum et nundinarum. Hic modus census soli exigendi ab Omare in Iráqo constitutus est, vid. p. ٢٦٩ sqq., et ad normam ejus alibi, e. g. in majore parte Persidis, in Dabíl et aliis locis Armeniae (Beláds., p. ٢١.). Nomen hinc duxit quod princeps terram emetiri coactus est. 3° على المقاسَمَة s. مقاسَمَة. Non de solo, sed de fructibus solvitur tributum, tractatu stipulatum, sive decuma pars, sive tertia, sive quarta, cet. Motarrizí: وخراج المقاسمة ان يوظف من الخراج فى (فى الخراج من Cod.) الارض شيئًا مقدرا عشرا او ثلثا او ربعا. Tempore al-Mahdii hic modus tributum solvendi in Iráqo substitutus est alteri quem Omar instituit, vid. Beláds., p. ٢٧٢; Qodáma, Manz.

VII, Cap. 7 post descriptionem instituti Omaris, addit: ثم تغيّر ذلك اجمع بما رآته الائمة مستانفا فى توفير الوضائع والطسوق بحسب خروج الغلات والثمار ونفاقها بقربها من الاسواق والعمارات وتخسيسها اذا خالف امرها ذلك. Porro quoque appellatur مقاسمة, si terra confiscatur (قبضت وصارت لبيت المال), ut incolae fiant conductores, pro rata mercede terram colentes (مزارعون), vid. p. ٢٧, ٧٨, ٣٧١.

قصّ (I), inf. قصاص, *in computum retulit rem substituens alteri*, c. acc. et من, p. ٦۴, ٦٥ (Zamakhschari, *Fâïk*, I, p. 148 habet ما قصّوا من ركاب الحج). Lexica tantum habent hinc derivatam formam tertiam. De alia significatione vid. sub قصى. — (III), *in computum retulit alteri rem*, c. acc. p. et ب r., p. ١٣: قاصّهم بالنفقة i. e. *retinuit quantum erogaverat;* Motarrizí: ومنه تقاصّوا اذا قاصّ كل منهم صاحبه فى الحساب فحبس عنه مثل ما كان له عليه; Zamakhscharí, *Asás*: وقاصصته بما كان لى قبله اى حبست عنه مثل ذلك.

قصد (I) construitur cum الى, p. ٢١٣, ٢۴٣, ٣٣۴; vid. Glossar. ad Edrísi.

قصر (II). من قصّر به عمله, *cujus bona opera non sufficiunt* (ut ad gaudia coelestia admittatur), p. ۴٥٠; Zamakhscharí, *Asás*: قصّر به عمله قال عنترة

أمّلت خيرك هل تاتى مواعده فاليوم قصّر عن تلقائك الأمل

وقصّرت بك نفسك اذا طلبت القليل والحظّ الخسيس. Praescribitur igitur in hac phrasi forma secunda; prima vero eodem fere sensu adhibetur; Zamakhscharí, *Fâïk*, I, p. 28: واذا هم ركب قد قصر بهم الليل والبرد والجوع, cum explicatione القصور العجز ومنه حديث عائشة رضّها فى :Motarrizí ;قصر بهم حبسهم عن السير حاجّ الكعبة قصرت بهم النفقة ويشهد لهذا لفظ متفق الجوزقى عجزت بهم النفقة والباء فيهما للتعدية والمعنى عجزوا عن النفقة كما فى الرواية الاخرى. — قصير, *avarus*, p. ٢٩٢; *Asás*: هو قصير اليد.

قضى (I). Ad locum p. ٣۴٩, vs. 2 a f.: اوّل من قضى فيه, Cl. Fleischer mihi scripsit: » قضى bedeutet absolut gesetzt: eine nicht zur rechten Zeit verrichtete oder versäumte Religionsplicht nachträglich verrichten, besonders: das versäumte kanonische Gebet nachholen; s. Beidâwî, I, ١٠٢, 9, ١٠٥, 6; daher auch عمرة القضاء, ebendas. ١٠٥, 25, Nawawî ed. Wüstenf. (Tahdîb al-asmâ) ٣٩, l. Z. und

۲۷, Z. 1, Abulf. Ann. Musl. I, 140, ٥. Da nun Náfi' (vult al-Aswad) der erste war, welcher in der von ihm selbst erbauten Moschee das Gebet nachverrichten musste, so sagten die beiden Genannten zu ihm: »du hast dich selbst öffentlich beschimpft." Et hujus quidem significationis verbi قَضَى exempla sexcenta ex operibus jurisconsultorum addi possunt, e. g. Abu Isḥák as-Schirází, in capite de jejunio, p. 95: وَمَنْ مَرِضَ وخافَ الضررَ جاز له أن يُفْطِرَ وعليه القَضَآء, p. 96: وان جُنَّ بَطَل صومُه ولا قَضَآء عليه, cet.; in capite de peregrinatione sacra, p. 110: وان جامَعَ — فَسَدَ نُسُكُهُ وعَلَيْهِ أَنْ يَمْضِىَ فى فاسِدِهِ ويَجِبُ عَلَيْهِ القَضَآءُ مِنْ حَيْثُ أَحْرَمَ ويَكُونُ القَضَآءُ عَلَى الفَوْرِ وقيلَ لا يَجِبُ على الفَوْرِ ويَجِبُ عَلَيْهِ نَفَقَةُ المَرْأَةِ فى القَضَآء; p. 124: وَمَنْ تحلَّلَ بالاِحْصَارِ لَمْ يَلْزَمْهُ القَضَآء وفيه قول اخر انه يجب القَضَآء اذا لم يكن الحصر عامًّا; *Hidáya* (باب النوافل): ومن تبرع فى نافلة ثم افسدها قضاها وقال الشافعى لا قضآء عليه لانه متبرّع فيه; idem (باب ما يوجب القضآء والكفارة فى الصوم): فان المريض اذا صلّى قاعدا لا يجب عليه القضآء, cet. Minus recte autem V. Cl. censuit hinc derivandum esse nomen عمرة القضاء. Nawawi, *Tahdsib*, MS., p. 435 haec dicit: واما عمرة النبى صلّعم القضاء وعمرة القضية فكانت فى ذى القعدة سنة سبع من الهجرة وكان النبى صلّعم احرم بالعمرة من ذى القعدة سنة ست فصدّه المشركون ثم صالحهم وقاضى سهيل بن عمرو على الهدنة ثم اعتمر فى السنة السابعة وقيل لها عمرة القضاء والقضية فلمقضاه سهيل بن عمرو لا لانها قضاء عمرة سنة ست بل لما ذكرناه. Cf. Bokhárí, I, p. ۴٥۳, vs. 8 sqq.: ولا قضآء عليه لان النبى صلّعم واصحابَه بالحديبية نحروا وحلقوا وحلّوا من كُلّ شىء قبل الطواف — والحديبيةُ خارجٌ من الحرم. Quod vero attinet locum Beládsorii, explicatio V[i] Cl[i] mihi non placet. Quid enim vituperatione dignum est in reconcinnando errore? Sed vereor ut illud قصى vera sit lectio. Nempe, praeter locos quos in ann. *d* laudavi, haec legimus apud Zamakhschari, *Fáïk*, II, p. 336: مُجَالِدٌ نظرَ الى الأَسْوَدِ بن سَرِيعٍ (Gloss. سريعٌ من الصحابة وهو اوّلُ من قصَّ فى جامع البصرة) وكان يَقُصُّ فى ناحية المَسْجِد فرفع النّاسُ أَيْدِيَهُم فاتاهم مُجالد وكان فيه قَزَلٌ فاوسَعُوا له فقال انّى والله ما جئتُ لأجالسكم وان كُنتم جُلَساءَ صدْقٍ ولكنّى رايتكم صَنَعْتُم شيئًا فشَفَقَ الناس اليكم فايّاكم وما انكرَ المسلمون، القَزَلُ أَسْوَءُ العَرَجِ وقد قَزِلَ واما قَزَلَ بالفتح فنحو عَرَج

اذا مَشى مَشيَّةَ القُزْلِ شَـفَنَ وشَنَفَ اذا ادامَ النظرَ مُتَعَجِّبًا او مُنْكِرًا. Quae traditio postulare videtur ut in loco Beládsorii legamus قـصّ; praesertim quum haec ex eodem fonte fluat, unde traditio al-Aswadum fuisse primum concionatorem (v. locos Ibno 'l-Djauzíi et Sojutíi mox laudandos), nempe عن الحسن البصرى, quemadmodum docet Abu Obaid, *Gharibo 'l-Hadíth*, MS., f. 43 v. Modjálid orationem homileticam tamquam rem novam damnavit et al-Aswado dixit »dedecore affecisti temet ipsum.” Respondit »alteram vicem non faciam.” Nec rursus fecisse videtur, ideoque vix locum inter concionatores (قُصّاص) obtinuit. Adde porro locum Ibno 'l-Djauzíi, *Kitábo 'l-Qoççáç*, MS. 998, p. 51: ومنهم (من سادات القصّاص والمذكّرين) الاسود بن سريع اخبرنا ابن الحصين قال اخبرنا ابن الذهب قال اخبرنا احمد ابن جعفر قال حدّثنا عبد الله بن احمد قال حدّثنى ابى قال حدّثنا محمّد بن جعفر قال حدثنا السرى بن يحيى قال حدثنا الحسن قال حدّثنا اسود بن سريع وكان اوّل من قصّ فى هذا المسجد يعنى مسجد الجامع قال غزوت مع رسول الله اربع غزوات, et locum Sojutíi in *al-Awáïl*, MS. 840, f. 82 r.: واخرج ابن سعد والبغوى فى معجمه عن الحسن البصرى ان الاسود بن سريع اول من قصّ بمسجد البصرة. Restat ut locos afferam quibus significatio *praedicandi* verbi قصّ, in Lexico non memorata, probetur. Unus liber Ibno 'l-Djauzíi كتاب القُصّاص والمذكّرين sat superque hos suppeditabit. In introductione haec tradit: فاقول وبالله التوفيق ان لهذا الفن ثلثة اسماء قصص وتذكير ووعظ فيقال قاصّ ومذكّر وواعظ فالقاصّ هو الذى يتبع القصّة الماضية بالحكاية عنها والشرح لها وذلك القَصَص وهذا فى الغالب عبارة عن من يروى اخبار الماضين وهذا لا يذمّ لنفسه لان فى ايراد اخبار السالفين عبرة لمعتبر وعظة لمزدجر واقتداء بصواب لمتبع — وانما كره بعض السلف القصص لاحد ستة اشياء. Sex ille causis enumeratis, sic pergit: فصل واما التذكير فهو تعريف الخلق نعم الله عزّ وجلّ عليهم وحثّهم على شكره وتحذيرهم من مخالفته واما الوعظ فهو تخويف يرق له القلب وهاذان محمودان وقد صار كثير من الناس يطلقون على الواعظ اسم القاصّ وعلى القاصّ اسم المذكّر والتحقيق ما ذكرنا فصل واذا قد صار اسم القاصّ عامًّا للاحوال الثلثة فلنذكر ما قيل فى ذلك من مدح وذم الخ, et sic deinde in libro semper adhibetur verbum قصّ, inf. قَصَص, sensu *praedicandi*,

قاصّ, pl. قُصّاص, sensu *concionatoris*. Non autem deërant, qui hanc rem tamquam innovationem (بدعة) perniciosam damnabant, vid. e. g. p. 11: قال حدّثنا حبيب بن ابى حبيب عن زياد النميرى انه اتى انس بن ملك فقال لى قصّ فقلت كيف والناس يزعمون انه بدعة فقال لو كان بدعة ما امرناك به فقصصت وهو يؤمّن; — p. 13: قال اخبرنى عبد الله بن حنبل قال حدثنى ابى حنبل بن اسحق قال قلت لعمى فى القصّاص فقال القصّاص الذين يذكرون الجنّة والنار والتخويف ولهم نية وصدق الحديث فامّا هاولآء الذين احدثوا وضع الاخبار والاحاديث الموضوعة فلا اراه; p. 106: وقد روى حمزة عن ابن شوذب عن ابن التيّاح قال قلت للحسن امامنا يقصّ فيجتمع الرجال والنسآء فيرفعون اصواتهم بالدعآء فقال الحسن ان رفع الاصوات بالدعآء لبدعة وان مدّ الايدى بالدعآء لبدعة وان اجتماع الرجال والنسآء لبدعة. — (III), *pactum induciarum fecit cum aliquo*, c. acc. p., p. ٣٥, ٦٣ (فقاضاه على الجزية); Motarrizi: وفى حديث الحديبية وقاضاهم على ان يعودَ اى صالحهم; Bokhárí, III, p. ١١٦: لمّا كاتب رسولُ الله صلّعم سُهَيْلَ بن عمرو يومَ الحُدَيْبية على قَضيّة المُدّة وكان فيما اشترط سُهيل بن عمرو انّه لا يَأتيك منّا احدٌ — وأَبَى سُهَيْلٌ ان يُقاضِىَ رسولَ الله صلّعم الا على ذلك, et alibi. Forma sexta *pactum fecerunt inter se*, Wáqidí, *Magházi*, p. ٣٨٧, vs. 6 a f. — قَضِيّة, *pactum*, p. ٣٥, ٣٦; Ibn Hischám, p. ٧٤٨; Wáqidí, *Magházi*, p. ٣٨٧, ٤٠٠; Bokhárí et Nawawí l.l.

قطع (I), *assignavit* alicui aliquid, c. acc. r. et ل p., p. ١٢٤, vs. 11 (= اقطعة ايّاها vs. 8); cf. locum Nawawii mox laudandum; c. dupl. acc., p. ١٩٣: وضيعة الاردنّ التى قُطِعَها مَعُونَة; — البَعْث, idem quod فرض, *conscripsit*, p. ١٩١; قَطَعَ عليهم بَعْثًا, *legionem conscribendam iis imposuit*, p. ١٨٧, ١٨٩; — simpl. قطع *latrocinium fecit*, p. ٣١٠; vid. Gloss. ad Edrisi. — (III) قاطَعَهُ على مال, *pacem fecit cum eo pro certa summa pecuniae*; vid. exempla sub قاسم; Nawawi, *Tahdsib*, MS., p. 435: وقال الليث يقال قاطعت فلانا على كذا وكذا من الاجر والعمل مقاطعة; cf. Dozy, Glossar. ad *al-Bayán*; *Loci de Abbad.*, II, p. 18; قاطَعَهُ على بلاده, p. ١٩٩, i. q. صالحه. Fortasse pro على legendum est عن, ut saepius in Codd. v. *Add. et Em.* ad p. ١٤٧, vs. 6. — (IV) *misit* جيشًا الى تانه, p. ٤٣٣; *Akhbár Madjmu'a*, MS., f. 83 r.: وبلغهم خبر الاموال المخلّفة بأرْش فاقطعوا اليها خيلًا ثلثين فارسًا. Debeo hunc locum Cl° Dozy. — (VII), *deliquium animi passus est*, p. ٩٩; proprio sensu Zamakhschari, *Fâïk*, II, p. 354: الْقُطْعُ انقِطَاعُ النَّفْسِ; انقطع السبيلُ, *via infesta est*, p. ٧٧. — (VIII), *diripuit, invasit*, p. ١٣۴; *Asás*: اِقْتَطَعَ طائفةً منه (من المال) أَخَذَهُ. — (X), *petiit ab aliquo ut sibi aliquid in feudum assignaret*, c. dupl. acc., p. ١٢, ٧٣, ٢٨١, ٢٩٩; Azraqí, p. ٣١٣, ٣١٩; Mawerdí, p. ٢٩٩, ٣١٣, ٣١٩, ٣٣٢, ٣٣۴; Nawawí l.l.: قال الازهرى فى تهذيبه يقال استقطع فلان الامام قطيعةً فاقطعه اياها اذا ساله ان يقطعها له اى يثبتها له ملكا فاعطاه اياه; *Asás* fere idem. — قُطْعَةٌ, eodem sensu quo قَطِيعَةٌ, *fundus in foedum assignatus*, p. ١٢٩.

قطف. قَطِيفَةٌ, *stragula jumenti*, p. ٢٩٧.

قفل (IV), *redire jussit*, p. ١٥٣, ١٥۴; *dimisit*, p. ۴۴٣.

قوت (V), c. acc., *aluit se re*, p. ٢٣٨.

قود (I), *duxit* murum, canalem, p. ١٩٩, ٣٥٧. — (II), *praefectum* (قائد) *constituit aliquem*, c. acc., p. ١٦١, ٣٣٩, ۴٠١; *al-Bayán*, I, p. ٢١٩, II, p. ١٠, ١٣.

قول (I) باحدى يديه على الاخرى, *complosit manus*, p. ٣٩. Loco Tibrízii a Freytagio laudato, addatur: Zamakhschari, *Asás*: قَالَ بِيَدِهِ أَهْوَى بها وقَالَ بِرَاسِهِ أَشَارَ وقال الحائط فسقط ماك; *Fâïk*, II, p. 518: وذلك أَنْ يأخُذَ رَجُلٌ حَجَرًا فى يدهِ قال بيديه على الحائط اى ضرب بهما ومنه الحديث ويقُولَ به نحوَ الأرْضِ; Motarrizí: ابن الانبارى قالَ يَجِيءُ; *Qámus*: انه صلّعم قال بيده فى مقدم الحف الى الساق بمَعْنى تَكَلَّمَ وضَرَبَ الخ; Bokhárí, II, p. ٣۴٣, ٣۴٥; Ibn Khordádbeh, ed. Barbier de Meynard, p. 94.

قوم (I), على النخل, على الارض, *curavit palmas, terram* agricola, p. ٢٣, ٢۴, ۴٥; بالارض, *idem*, p. ٢۴; *administravit terram*, p. ٣٣; *vindicavit provinciam*, p. ٣١١; قام بامر البلد, *imperium regionis suscepit*, p. ۴٠٢; بامرِ فلانٍ, *curam ejus habuit*, p. ٢٣٦; قامت الارض بارزاق الجُنْد, *proventus terrae suffecit victui legionis*, p. ٢٩٧. — (IV). اقام سعدًا فى مساجد الكوفة, *proposuit Sa'dum* (reum) *in templis Kufae* (ipsum, an nomen incertum est), ut unusquisque occasionem haberet accusationem proferendi, p. ٢٧٨; — أَقَامَ, ut قَوَّمَ (et استقامَ incolis Mekkae), significat *aestimavit* mercem, p. ٢٩, ٣٢; Bokhárí, III, p. ٥٧, vs. 2 a f.: قال هشام

فَأَقَمْناه (سيفَ الزُّبَير) بيننا ثلثة آلاف وأخذه بعضنا ولَوددتُّ أنّى كنتُ اخذتُه; Edrisi, p. ٥٠, vs. ١٨; — اقاموا للمسلمين سوقًا, *mercatum habuerunt in commodum Moslimorum*, p. ١٧٣; ad-Dimaschqi, ed. Mehren, p. ٢١٣; — ut قام على الشىء significat *scivit rem* (= وقف على الشىء), sic اقام فلانًا على الشىء significat *docuit aliquem aliquid* (= اوقفه على الشىء), p. ٥٥ (ubi leg. فـاقامهم عليه). — (X), *salva fide fuit et mansit erga dominum*, c. ل p., p. ١٥٥, ١٥٩ (opp. عاج), ٢٢٩, ٢٣٣, ٣١٩, ٤٠٢; استقام لـه الامـر, *bono statu fuit res*, p. ٢١٠, ٤٤٥; Zamakhschari, *Fáïk*, II, p. 376: استقيمـوا لقُرَيش مـا استقامُوا لكم فان لم يفعَلُوا فضَعُوا سيوفكم على عَوَاتقكم فابيدُوا خَضْرآءهم اى اطيعوهم ما داموا مستقيمينَ على الدين وثبتوا على الاسلام. — قَيِّم, *praefectus thesauri*, p. ١٣; القَيِّمُ على خَـيْلـه, *praefectus stabuli ejus*, p. ٣٥٥; القَيِّمُ على العَمَل, *exactor operis*, p. ٣٦٦; Zamakhschari, *Fáïk*, I, p. 533: الواهِـف هـو قَيِّمُ البِيعَة; cf. Dozy in Glossar. ad Ibn Badrun; Ibn Batuta, I, p. 118, III, p. 206. — قيمَة, *multa* (proprie restitutio pretii rei), p. ٤٥. — قائمة, metaph. *pes* machinae bellicae, p. ٤٣٧; lecti, mensae et simil., *Asás*: وهذه قائمَةُ الخِوانِ والسَّرِير; Ibn Batuta, III, p. 228, 233; *Alif Laila*, ed. Macnaghten, II, p. 190, III, p. 92.

قُومس, *comes*, p. ١٧٠ (Freytag قومص).

قوى (II), *armis instruxit militem*, c. acc., ut حَمَّلَهُ significat *dedit ei equum*, p. ٩٨; (fortasse conferendum est تَقَوّى apud Sarakhsi, MS., I, f. 31 v.: اعطاه المال ليتقوى به على الجهاد); *armis et commeatu instruxit* incolas urbis, p. ١٦٨, ١٨٩, ٣١١; Quatremère, *Sultans Mamlouks*, I, 1, p. 141 sq. (ann. 14): امـر بـان يؤخذ غلال التجار ويقوى بها البلاد. Hinc تقوية, pl. تقاوى significat *commeatum*, e. g. l.l. كانت التقاوى قد نفدت لاجل حاجة الناس وخوفهم. — أَقْوَى (compar. a قَوِىّ), sq. على r., *magis idoneus rei*, p. ٤٥٣.

قَيْرَوَان proprie significat مُعْظَم القافلة او العَسْكر (Zamakhschari, *Asás* et *Fáïk*, II, p. 321; Ibn Doraid, *Djamhara*, MS. 321, III, f. ٢٨٨ v.: الجَماعَةُ وهو بالفارسيّة كـارْوَان, addens versum Amru'l-Qaisi, quoque a Zamakhschario laudatum); hinc *castra*, (aut *tentorium principis*), p. ٣٥٠, et uti فُسْطَاطٌ, *locus ubi confluunt homines regionis* (مُجْتَمَعُ أَهْلِ الكُورَةِ, *Qámus* sub فسط), p. ٢٢٧, ٢٧٥.

قيل (IV), *condonavit alicui peccatum*, c. dupl. acc., هفوتَهُ, p. ٣٣٤; *Asás:* واقَلْتُهُ العَثْرَةَ واستقالَنيها وقال الشمّاخ

ومَرْقَبَة لا يُستقالُ بها الرَّدى   تلافى بها حِلْمى على الجَهْلِ حاجِزُ

اى لا يُرْجَى فيها اقالةُ الرَّدَى لانّـه لا بُدَّ مِنَ الهَلَاكِ، ولو فَعلتها مـا استقلتها ابدًا; *rescidit* aliquid, p. ٩٧; Khazradjí, Historia al-Jamani, MS., p. 6: فاستقال النبى صلّعم من الابيض بن حمّال (cf. Beládsorí, p. ٧٣) فقال قد اقلتك يا رسول الله على ان. Dicitur quoque اقاله الله من فلان, *liberavit eum Deus ab eo*, MS. 495 (Dozy, *Catal.*, I, p. 282 sqq.), f. 25 v.: ويسألون اللهَ الاقالة منه i. e. من زياد بن ابيه.

كبر (II), *amplificavit* domum (= وسّع), p. ١٢٨, ٢٠٥, ٣١٤, ٣٣١. — (IV), *reprobavit*, *aegre tulit* (= اعظم), p. ٢١١; *Historia Khalifatus Omari II*[i], p. ٧٢ (ubi leg. تكبروا pro تكثروا); Motarrizí sub عظم; *Asás:* اعظمتُهُ وأكبرتُهُ. — كِبَرٌ, *grandaevitas*, p. ٢٥١, ubi pro يعضب restituendum est يعصب. Conferatur locus Ibno 'l-Athiri, p. ٣٣٩: ثم كان وهرز كلّ بصره فقال اروني عظيمهم فقالوا هذا صاحب الفيل ثم ركب فرسًا فقالوا ركب فرسًا ثم انتقل الى بغلة فقالوا ركب بغلة فقال وهرز ذلّ وذلّ ملكه وقال وهرز ارفعوا لى حاجبىّ وكانا قد سقطا على عينَيْه من الكبر فرفعوهما له بعصابة.

كَبْشٌ, pl. كِبَاشٌ, *aries* (machina bellica), p. ٤٤٢. Alio sensu apud Zamakhschari, *Asás:* وبنى سُورًا حَصِينًا وَوَثّقَهُ بالكُبُوش.

كبا. كابى الزِّناد, metaph. *vir non officiosus*, opp. وارى الزِّناد, p. ٢٦٢; *Asás:* ورَجُلٌ كابٍ يُنْدَبُ للخَيْرِ فلا يَنْتَدِبُ له وزَنْدٌ كابٍ لا يَرِى وكبا زَنْدُهُ وفلانٌ كابى الزِّناد نَقيضُ وارى الزِّناد; Mobarrad, p. ١٢١, vs. 9—16.

كتب. كِتَابٌ (= كِتَابَةٌ), *inscriptio*, p. ١٣٩, ٢٤٠; vid. Glossar. ad Edrisí. — كُتَّابٌ, *schola*, p. ١٤٢. Auctor *Qámusi* perhibet a Djauhario false vocabulo hanc significationem attribui, et ipse explicat per الكاتبون; sed, ut recte observat glossator ad edit. Bulaq., ipse sibi contradicit addendo pluralem esse كَتَاتِيبُ. Motarrizi: واما المكتبُ والكُتّاب فمكان التعليم وقيل الكتاب الصبيان; *Asás:* وسَلَّمَ وَلَدَهُ

فى المَكْتَبِ والكُتَّابِ وذَهَبَ الصِّبْيَانُ الى المَكَاتِبِ والكتاتيبِ وقيل الكُتَّابُ الصِّبْيَانُ لا المكانُ. Plur. كتاتيب occurrit apud Ibn Khordádbeh, ed. Barbier de Meynard, p. 100: لهم كتاتيب ومساجد.

كتن. الكَتَّانِيَّاتُ, *panni lintei*, p. ٤٢٥.

كثر (I), *increvit*, uti قلّ significat *diminuit*, p. ١٥, ١٧, ٦٩. — (III), *superavit multitudine* aliquem, c. acc., *Hamása*, p. ٩٧.; Nawawi, *Tahdsib*, MS., p. 443: وكاثروهم وكثروهم كانوا اكثر منهم; *Asás:* وكاثرته وكثرته اى ردت عليه فى الكثرة. Hinc *proelio superavit aliquem*, p. ٣٢.; Djauhari: كاثرناهم — غلبناهم بالكثرة; significat quoque *superare studuit*, v. Dozy, Gloss. ad Ibn Badrun. — (V). Freytag *ditatus fuit* minus recte; Djauhari et Nawawi habent فلان يتكثّر بمال غيره, Zamakhschari, *Asás:* وتكثّر بشىء غيره sine explicatione, sed collato loco Djauharii, quem laudavi sub شبع, apparet veram significationem esse *plus ostentavit quam habuit, se ornavit plumis alienis*, ut Gallice dicitur *briller aux dépens d'autrui* (Belgice *mooi weer spelen van andermans goed*), p. ١٥٥, vs. 2. — (X), من الشىء, *magnam copiam alicujus rei sibi comparavit*, p. ١١.; Djauhari et Nawawi: واستكثرت من الشىء اى اكثرت منه (أَكْثَرَ autem significat *dives fuit* (كَثُرَ مالُه), non *ditavit*, ut Freytag ex Golio dedit. Ipse recte مُكْثِرٌ reddidit per *locuples*); *Asás:* واستكثر من المال; — *plus expetivit rei*, من الجزية, p. ٢٠١. Sensu *multum esse censuit* occurrit verbum p. ٢٩٤, ٣٥٢; *Asás:* وهو يستكثر القليل.

كره. مَكْرُوهٌ, *molestia*, *malum*, p. ٣٣٣: دفع مكروه الصعاليق عنهم.

كسر (I), *fregit animum alicujus*, c. acc., p. ٣١٧ (cf. apud Freytag مكسور); Zamakhschari, *Fáïk*, II, p. 122: أَعْذِبُوا عن النساء اى امتنعوا من ذكرهن فانّه يكسركم عن الغزو ويثبّطكم; *fregit auctoritatem alicujus*, c. acc., p. ١١٥; *Mémoire sur le Fotouho's-Scham cet.*, p. 37 ann.; — كَسَرَ الشىء على فلان, *retinuit injuste rem alienam, eripuit eam*, p. ٤١٣; simpl. كَسَرَ الخَرَاجَ, *retinuit tributum*, p. ٣١٩; Abu 'l-Mahásin, I, p. ٤٧٨; cf. Dozy, Glossar. ad *al-Bayán;* Quatremère, *Sultans Maml.*, II, 2, p. 51 sq. — (VII), *fractus animo fuit*, p. ٢٤٢; *diminutus fuit* الخَرَاجُ, p. ٤٢٩; Ibn Khordádbeh, ed. Barbier de Meynard, p. 37; etiam de aliis rebus: انكسر

وَقَحِ الشمس, Zamakhschari, *Fáik*, I, p. 75. — مُكْسُورٌ de canali, *abruptus*, *non junctus cum alio canali aut fluvio*, p. ٣٦٤. — كَسْرٌ, *numerus fractus* (*fraction*), p. ٣١٤, ٤٦٩; vid. Glossar. ad Edrísí.

كفأ (VI), *fugit*, ut in loco *Hamásae* a Freytagio laudato, p. ٣١٩. — (VII), proprie *se vertit*, p. ٢٤٢: انكفأ راجعًا; hinc *regressus est*, ut habet Freytag, sensu *redeundi*, p. ١٦٠: انكفأ عليه بقوم من موالى عبد الملك.

كفر (II) de salutatione servili, recte a Freytagio explicatur. Quod autem eamdem significationem primae formae tribuit, nititur tantum auctoritate *Qámusi*: الكَفْرُ تَعْظِيمُ الفارسيّ مَلِكَهُ; Djauharí, Zamakhschari et Motarrizí hoc sensu tantummodo كَفَّرَ habent. Describam hic locum ex *al-Fáïk*, ubi derivatio vocabuli proponitur: الخُدْرِىُّ اذا أَصبَحَ ابنُ آدمَ فانّ الاعضاءَ كلّها تُكَفِّرُ للسانِ تقول نَشَدْتُكَ (نشدتك خ) الله فينا فانك ان استَقَمْتَ استَقَمْنا وان اعوجَجْتَ اعوجَجْنا اى تتواضَعُ وتَخْضَعُ من تكفيرِ الذّمّى وهو ان يُطَأْطِئَ راسَهُ ويَنْحَنِى عند تَعْظِيمِ صاحبه قال عمرو ابن كُلْثُوم

تُكَفِّرُ باليدَيْنِ اذا التَقَيْنا وتُلْقِى من مَخافتِنا عصاكا

وكانه من الكافِرَتَيْنِ وهما الكاذتانِ (الكاذة ما نتا من اللحم فى اعالى الفخذ (Gloss. لانه يَضَعُ يدَيْهِ عليهما او يَنْثَنِى (يَنثَنى .Cod) او يَنْحَنِى فى ذلك هيئةَ من يُكَفِّرُ شيئًا اى يُغَطِّيه. Cf. quoque *Kasschâf*, I, p. ٢٢, ed. Lees.

كفى. كِفَايَةٌ. Observa phrasin وقتل الفَعَلَةَ بالكِفَايَةِ, p. ٢٩٢.

كمل. كَامِلٌ, pl. كَمَلَةٌ, explicatur p. ٤٧٤.

كور (II), denom. a كورة *provincia*, *in unam provinciam conjunxit*, p. ٣٢٣.

كوف (V) explicatur p. ٢٧٥ per اجتمع. — كوفة et كوفانى (كوفان?) *ibid.* explicantur.

كون (I). Dicitur ما كان لك ان, *non decet tibi*, p. ٣٢; كان على ان, *in eo fuit ut*, p. ٣٧٣; cf. p. ١٠٧, vs. 6, ubi كان omissum est.

كيد. كَيْدٌ, *bellum, pugna*, p. ٩٤, ٦٥, ١٤٢; لم يلق كيدًا, p. ٥٩, ٩٣, ٢٤٥—٢٤٩, pro quo p. ١٠٠ لم يلق حربًا, et p. ١٧٩ ولم يلق — كثير قتال. Zamakhschari, *Asás*: رَأَيْتُهُ يَكِيدُ بنَفْسِهِ يقاسى المشقّة فى سِبَاقه وغَزَا فلم يَلْقَ كَيْدًا اى لم يُقاتِلْ; *Fáik*,

II, p. 423: وَكُلّ شيء تُعالجُهُ بِاجْهد فانتَ تَكيدُه ومنه كَيْدُ العدوّ والمُحْتَضِرُ يَكيدُ بنفسه; I, p. 587: يقال جادَ بنفسه وكادَ بنفسه اذا ساقَ سِيَاقَ الموت. Exempla usus voc. كَيْدٌ sunt Ibn Hischám, p. ٦٦٨, ٩٩٨; Wáqidí, *Magházi*, p. ٢; Azraqi, p. ٩٨; Ibno 'l-Athír, I, p. ٢٠٣. Verbum كايد, *pugnavit cum aliquo*, *Fotuho's-Schám*, ed. Lees, p. ٢٣; et كاد c. acc., *petiit aliquem*, Diw. Hodsail., p. ٧١ (Schol. اراده). — مَكيدَة s. كَيْد قوّة, *valor*, *virtus*, p. ١٠٩ (secundum B.; A. habet tantum كيد), p. ١٣٠.

لبد (I). P. ٤٤٩, vs. 7 et 6 a f. legitur: وكان اهل ذلك البلد يعبدون صنمًا قد بنى عليه بيت وابّدوه. Ultimum vocabulum in A. scribitur ولدوه, in B. ولبدوه, nec ab hac lectione degredi debuissem, licet haereo quomodo verbum explicandum sit. Propono لَبَدُوه, *congregati fuerunt in eo*, coll. loco *Asási*: وكانوا عليه لُبْدَةً ولِبَدًا اذا ازْدَحَموا عليه. Nullo exemplo probare possum constructionem hujus verbi cum accusativo, sed لزم, quod fere idem significat, non tantum cum ب, sed quoque cum accusativo loci construitur. Sensus igitur foret »congregati fuerunt quodam die in templo illo, quum aegrotaret filius regis." — لَبِيدٌ explicatur p. ٩١ per جُوَالِقٌ.

لجأ (IV). أَلْجَأُوا ضِيَاعَهُمْ الى فلان, *dominium terrae suae cederunt alicui, ut fierent conductores* (مزارعون), *eo consilio ut protectione ejus fruerentur*, p. ٢٩٤, ٣١١, ٣٢٣, ٣٣٠.

لحق. اللّاحق, *qui postvenit* (*traîneur*), p. ١٦٢. — لَحُوقٌ, *gracilis* de equo (= لاحقٌ), p. ٢٥٠.

لحم (X), *in angustiam redegit*, *ab omnibus partibus circumdans*, p. ٩٩; Djauhari: اسْتُلْحِمَ مجهولًا رُوهِقَ فى القتال; *Qámus*: واسْتَلْحَمَ الرَّجُلَ اذا احْتَوَشَهُ العَدُوُّ فى القتال (رهق, III, *in angustiam redegit*, Lexico addendum); cf. Zamakhschari, *Asás*: واستَلْحَمَهُ الخَطْبُ نَشِبَ فيه. Freytag passivum pro activo habuit.

لحى (III), *contumelia affecit* aliquem, c. acc., p. ١٣٩; Diw. Hodsail., p. ١٣٢, vs. ٥; Mobarrad, p. ٧٤, vs. 1, 3.

لصق (IV) السورَ بالارض, *solo aequavit murum*, p. ٣١٤; Zamakhschari, *Fáik*,

I, p. 364: دَكَكْتُ الشىءَ اذا أَلْصَقْتَهُ بالارض; — بالمدينة, *obsedit*, *obsidione cinxit*, p. ۱۱۳, ۳۴۹.

لطف (I) للامر et فى الامر, *dolo*, *adulatione*, cet. *rem perficere studuit*, p. ۱۸۵, ۳۲۱. — (V), *idem*, sq. حتى, p. ۱۹۰; Bokhárí, III, p. ۷۷: قال فتلطّفتُ أن أدْخُل الحِصْنَ; Nowairí, *Hist. Aegypti*, MS. 19 *b*, f. 22 r.: ولم يزل يتلطّف الى ان رسم السلطان بالافراج عنه; *ibid.* v.: فتلطّف الى ان كان من عزل الصاحب امين الدين ما ذكرناه; cf. *Asás:* تلَطَّفْتُ بفلانٍ احتَلْتُ لَهُ حتّى اطَّلَعْتُ على أَسْرَارِه, et locum ex Kosegarten, Gloss. ad *Chrest.*, laudatum a Freytagio. — لَطَفٌ, *donum*, p. ۳۲۷; Nowairí l.l.: فكان يحمل اليه الالطاف والتحف, et deinde ويتقرّب اليهم بالهدايا والالطاف: Kosegarten l.l. *munusculum*; *Asás:* وأَهْدَى اليه لَطَفًا وأَلْطافًا وما اكْثَرَ تُحَفَهُ والطافَهُ.

لغا (IV), *excepit*, *exclusit*, p. ۲۷۰, ۲۷۱; *abrogavit*, p. ۷۳. Djauharí utramque significationem habet: وأَلْغَيْتُ الشىءَ ابطَلْتُهُ وكان ابنُ عبّاسٍ يُلْغِي طَلَاقَ المُكْرَهِ والغاه من العَدَد اى أَلْقاه منه واسْقَطَهُ; Zamakhschari, *Fäik*, II, p. 448 eamdem traditionem memorans addit: اى أَبْطَلَهُ وجَعَلَه لَغْوًا.

لقا. لَقَآءٌ, *conflictio*, *certamen*, p. ۱۷; Kosegarten, Gloss. ad *Chrest.*, p. 446; *Asás:* وتقول لقآءٌ فلانٍ لَقَآءٌ اى حَرْبٌ (sic cum fatha in Cod. Oxon., Cod. Leid. vocalem non habet. In *Qámuso* datur infin. لَقَآءٌ, quem Freytag non memorat).

لها. لَهْوَةٌ. Observa usum hujus vocis in verbis p. ۳۰۵: فكان ذلك اوّل لَهْوَةِ مالٍ اتّخذه »fuit illa summa pecuniae nucleus divitiarum magnarum, quas Amr ibn Horaits postea acquisivit;" cf. Wüstenfeld, *Register*, p. 75.

لوب. لَابَةٌ idem significat quod حَرَّةٌ. ما بين لابتَيْهَا proprie dicitur de Medina, p. ۸, nam jacet inter duas Harra (حرّتان تكتنفانها *Qámus*). Hinc autem etiam de aliis urbibus usurpatur, testibus Motarrizio et Zamakhschario (ثم جَرَى على أَفْواهِ الناسِ فى كُلِّ بَلْدَةٍ فيقولون ما بين لابَتَيْها مثل فلان من غير اظهار صاحب الضمير). Metaphorice adhibetur ad magnam vim addendam superlativo e. g. Dsahabí, *Tabaqát*, ed. Wüstenfeld, 4, 6 (Part. I, p. 19).

لوث (VIII), *tumultum*, *seditionem fecit* contra aliquem, c. على, p. ۳۱۳, ۴۱۳; ملتاثٌ, *inquieta*, *rebellatrix* urbs, regio, p. ۳۱۹, ۴۰۹, ۴۲۹.

لوى (VIII), *detrectavit imperium alicujus, contumax fuit*, c. على p., p. ٣٣٥, ٤٤٥.

لين et لون. لِينَةٌ, *palma* i. q. لَوْنَةٌ, ut recte explicatur p. ١٩. Lexico addendum est a Medinensibus omnes palmas, exceptis speciebus البَرْنى et العَجْوَة, appellari لَوْن, pl. أَلْوَان; vid. Zamakhschari, *Fâïk*, II, p. 460, *Asâs* et Motarrizi in v.

ما *aliquid*, p. ٦٤, vs. 9: وان ما هلك من تلك الخ; شىء ما, *res quaevis*, p. ٢٤; redundat p. ١٨٢ in verbis وقبلهم ما اراد.

مأن. مُؤْنَةٌ. كفاكم الله مؤنة عدوّكم, p. ٨٨, pro quo Tabari, I, p. 162 امر عدوّكم; phrasis saepissime occurrens. Plur. مُؤَن, *sumptus*, in verbis, p. ٣٧٥, vs. ult.: فسكر عنهم المآء بالمؤن العظام; [de Sacy, *Chrest. ar.*, I, p. ١٤٩, vs. 4 a f. et 226, vs. 4: قلّة الثمن والمؤنة (*dépense*). Hinc *stipendium* (pecunia quam respublica ministris suis remunerandis solvere debet), *Qartás*, p. 280, vs. 6 a f.: واجرى عليهم المرتبات والمؤن فى كل شهر; apud Müller, *Beiträge zur Geschichte der westlichen Araber* significat idem quod ضريبة. D.]. Cf. Fleischer, *Gloss. Habicht.*, I, p. 48; Ibno 'l-Athír, I, p. ٢٩٣: لا خراج عليهم ولا جزية ولا مؤونة.

مثل. مِثَال, pl. أَمْثِلَة, bis occurrit p. ٩٥. Vs. 12 explicatur a glossatore ad A. per الصُّلْبان والصُوَر, sed vs. 13 videtur significare *praecepta religiosa* [1], nisi potius ejiciendum sit vocabulum. In redactione hujus tractatus apud Zamakhschari, *Fâïk*, I, p. 149, neutrum occurrit. Partem posteriorem hic describam, quoniam plura in ea observatu digna sunt: ولِنَجْران وحاشيَتِها ذِمّةُ الله وذِمّةُ رسُولِه على ديارِهم

---

[1]) Posteriori tempore مِثَال, pl. أمثلة, significat *edictum*, v. e. g. Nowairí, *Hist. Aegypti*, MS. 19 *b*, f. 9 r.: وبرزت الامثلة الشريفة السلطانية به وقرئت على المنابر بالمدينتين ونُفِذت الى العمليين وتضمن المثال المجهز منها الى الوجه القبلى الذى قُرِئَ على منابر المدن ما مثاله بعد البسملة, sequitur ipsius edicti argumentum. Deinde sic procedit (f. 10 v.): ولما . فوصل المثال السلطانى الى دمشق بعزله :. F. 36 r.: برز هذا المثال وغيره من الامثلة الخ v. fere idem; f. 98 v.: وقرِئَ عليه المثال السلطانى فى المجلس العامّ; f. 111 r. fere idem.

وَٱمْوالهم وثَلّتهم ومِلّتهم وبِيَعهم ورَهَابِنَتهم وأَساقفتهم وشاهدهم وغائبهم وعلى أَنْ لا يُغَيَّرُوا أُسْقُفًا من سِقّيفَاهُ ولا واقفًا (sic hic et in comm. cum ح et صح; textus bis يغزوا) من وقّيفاهُ ولا راهبًا من رَهْبَانيّته وعلى أَنْ لا يُحْشَرُوا ولا يُعْشَرُوا. Optime h. l. convenit ثَلَّة, quod significat sive *agmen ovium*, sive *agmen ovium et caprarum mixtum* (*agmen caprarum* vocatur حَيْلَة). Pronuntiatur quoque ثَلْة et ثُلَّة, pl. ثُلَل et ثِلَل, Diw. Hods., p. ٩٨. Et incolae Nadjráni magna agmina horum pecorum alebant, quorum lanam opus habebant palliis texendis. Illud على in verbis وعلى ان لا يغيروا pendet a صالحهم, quod subintelligitur. Ad vocem ورهابنتهم observatur in margine رَهْبَانٌ esse formam intensivam (المبالغة) vocis راهب, cujus pluralis est رُهْبانٌ. In *Qámuso* utraque forma *dhammam* habet, ut in comm. ad Amru 'l-Qaisi *Moallakam*. De واقف et وقيفى vid. infra sub وقه.

مدّ. مُدَّة, *induciae*, عهد قريش ومدّتها, p. ٣٥; Ibn Hischám, p. ٨٠٦: لِيَشُدَّ العَقْدَ ويزيدَ فى المدّة; Bokhári, III, p. ١٢٦: كاتب رسولُ الله صلّعم سُهَيْلَ بن عمرو يومَ الحُدَيْبية على قَضِيَّة المُدّة, et deinde: ولم يَأْتِ رسولَ الله صلّعم احدٌ من الرجال الّا رَدّه فى تلك المدّة.

مرأ. مَرِىء explicatur a Freytag per *oesophagus*, est nempe *gula*, canalis qui conjungit fauces (حلقوم) cum stomacho. Hinc وميرتنا (ياتينا) فى مثل مَرِىء النّعامة, p. ٣٥٦, sive secundum Abu Obaid, *Gharibo 'l-Hadith*, f. 62 v. et Zamakhschari, *Fáik*, I, p. 221, ياتينا ما ياتينا الخ. Canalis hic autem apud struthiocamelum angustissimus est et parum cibi simul descendere patitur. Significant igitur verba al-Ahnafi: »commeatus noster rarus et paucus est" (ليس ياتينا شىء الّا ضَيِّقًا نَزْرًا Abu Obaid; يعنى نَزارة قُوتهم Zamakhschari).

مزق (II). Phrasis Qoranica (34, vs. 18) مَزَّقْنَاهُمْ كُلَّ مُمَزَّقٍ, p. ١١٣. — (V), *dispersus fuit*, p. ٢٢٧ (فتمزّقوا); Zamakhschari, *Asás*: وتَمَزَّقَ جَمْعُهم.

مسّ (I). Dicitur مسّه بعذاب (= عذّبه), p. ٣٤; *Asás*: مَسَّهُ العَذَابُ ومَسَّهُ بالسَّوْطِ.

مسح. مَمْسُوحٌ, *glaber*, *laevis* de drachma, p. ٤٦٧, eodem sensu quo adhibetur مَسِيحٌ. Eodem modo utraque forma utuntur de facie hominis; Zamakhschari,

رَجُلٌ مَمْسُوحُ الوَجْهِ ومَسِيحٌ وذلك ان لا يَبْقى على احد شقّى *Faïk*, II, p. 437: وجهه عَيْنٌ ولا حاجبٌ الا استوى; *Asás* fere idem.

مسك. مَسْكٌ, *saccus corio factus*, p. ٢٣, ٢٤ (cf. p. ٢٧ آنية); Zamakhscharí, *Faïk*, II, p. 29: المَسْكُ الجِلْدُ وكان من مال ابى الحُقَيْق كنز يُسمّى مَسْكَ الجَمَل وهو حُلِىٌّ كان فى مَسْكٍ حَمَلٍ ثم فى مَسْكِ ثَوْرٍ ثم فى مسك جَمَلٍ يَليه الاكبرُ فالاكبرُ منهم واذا كانت بمكة عُرسٌ اُسْتُعيرَ منهم وقد قُوِّمَ عشرةَ آلاف دينارٍ; cf. Nawawí, *Tahdsib*, MS., p. 456: القنطار مثل مسك ثور ذهبًا.

مشى (I) بين الفريقَيْن, *intercessoris*, *legati partes egit inter*, p. ٣٠; Ibn Hischám, p. ٧٦٤, ٧٧٣ (بالصُّلْح); Mobarrad, p. ٨١, vs. 1. Alio sensu *Asás*: هو يَمْشى بينهم بالنَّمائم مَشْيًا, de calumniatore.

مع adhibetur de re quae contingit aliam: الحصن الذى مع الكواكب, p. ١٧٠; طرف سيف كل واحد منهم مع طرف سيف الذى يقابله, p. ١٨٧. De tempore pro عند; adde loco, quem e Diw. Hodsail dedit Freytag, p. ١٩٠: وتوفى المهدى مع فراغهم من بنائها.

مكث (III), c. acc. p., *moratus est aliquem*, p. ٢٣.

منّ (I), sq. على p., *pepercit alicui*, *vitam ei condonavit*, p. ١٠١, ١٠٤, ١١٩, ١٥٦, ٣٠٦; Zamakhscharí, *Faïk*, II, p. 443: أُسِرَ ابو عَزّة الجُمَحِىّ يوم بَدْر فسال النبىّ صلعم أنْ يمنّ عليه وذكر فَقرًا وعيالًا فمنّ عليه واخذ عليه عَهْدًا أنْ لا يُحَضِّض عليه ولا يَهْجُوه ففعل ثم رجع الى مكّة فاستهْواه صَفْوانُ بن أُميّة وضمن له القيام بعياله فخرج مع قُرَيش وحَضَّض على رسول الله فأُسِرَ فسأل أنْ يمنّ عليه فقال عمّ لا يُلْسَع المؤمن من جُحْرٍ مرّتين لا تمسح عارضَيْك وتقول سَخِرْتُ من محمد مرّتين ثم امر بقتله; *ibid.* p. 606: استشار ابا بَكْرٍ وعُمَرَ فى أُسارى بَدْرٍ فاشار عليه ابو بكر بالمَنّ عليهم واشار عليه عُمَرُ بقتلهم; *Hamása*, p. ٣٤; Bokhárí, III, p. ٧٢; Sarakhsí (Commentar. ad السير الكبير) habet caput باب قتل الاسارى والمن عليهم; Mawerdí, p. ٢٣٦; Ibn Batuta, III, p. 67, 316 (p. 51 eodem sensu منّ عليه البقاء).

مَنْجَنيق. In Cod. A. bis occurrit plur. مَنَاجَنيق, p. ١٨٤, ٣٨٩, ubi B. habet مجانيق.

ناوك. القوس الناوكيّة, p. ٣٦٠, cf. ann. *b*.

نبت (IV), *plantavit*, انبت النّاسُ, p. ٤٥ bis; Qor. 27, vs. 61.

نبذ (I). Dicitur plene نَبَذَ العَهْدَ الى العَدُوِّ, *projecit hosti foederis libellum i. e. solvit pactum:* Abu Isháq as-Schirází, MS. 907, p. 430: وانْ خِيفَ مِنْهُمْ (من اهل الحَرْبِ) نَقْضُ العَهْدِ جَازَ اَنْ يَنْبِذَ اِلَيْهِمْ عَهْدَهُمْ. Omisso العهدَ, dicitur eodem sensu نبذ الى العَدُوِّ, p. ١٥٥ (Qor. 8, vs. 60), ١٥٩, ١٥٧; Sarakhsí, MS., I, f. 64 r.: ولو كانوا مستامنين كان للمسلمين ان ينبذوا اليهم اذا كانوا فى منعتهم; f. 65 r.: فيجب الوفاء به والتحرز عن العذر الى ان ينبذوا اليهم; f. 114 v.: وعلى الامام ان يكف عن قتالهم حتى ينبذ اليهم; cet.; Zamakhschari, *Asás:* نَبَذَ الى العَدُوِّ رَمَى اليه بالعَهْدِ ونَقَضه ونابَذَه مُنَابَذَةً وتَنَابَذُوا. Et omisso الى العدو dicitur نَبَذَ العَهْدَ eodem sensu, p. ١٥٧; Motarrizí: ونبذ العهد نقضه وهو من ذلك لانه طرح له; Sarakhsí, f. 59 v.: النبذ لذلك الامان. — (III), c. acc. p., *solvit pactum cum aliquo*, p. ١٥٥, ٤٢٢; *Asás* l.l.

نبر. مِنْبَرٌ *templum minus*, p. ٣٣١; vid. Glossar. ad Edrísí.

نبه (VIII), c. ل, *animum advertit ad*, p. ١٥٩, ٤٦٣; Ibno 'l-Djauzí, *Kitábo 'l-Qoççâç*, MS. 998(2), p. 121 sq.: بعد ذكر فيه ان الحسن والحسين دخلا على عمر ابن الخطاب وهو مشغول ثم انتبه لهما فقام فقبلهما; Djauharí: وعو الامرُ تَنَسَّاهُ ثم وأَضَلُّوهُ نَبْهًا (sic) لا يَدْرُونَ مَتَى ضَلَّ حَتَّى انتبَهوا لَهُ; *Asás:* تَنَبَّهُ له.

نتج (VI) p. ٨٢ eodem sensu quo p. ٨٣ تناسلت; Zamakhschari, *Fáïk*, I, p. 85 in eadem traditione: ولكنّها سهامٌ اجتَمَعَتْ وتَنَاتَجُ خَيْلٍ; *Asás:* وتَنَاتَجَتِ الابلُ تَوَالَدَتْ; cf. porro Glossar. ad Edrísí et ibid. p. 389.

نجز (III), *manum conseruit cum* aliquo, c. acc. p., p. ٤٥٧; Djauharí: المُنَاجَزَةُ فى الحرب المبارَزةُ والمقاتَلَةُ; Zamakhschari, *Asás:* وناجَزَهُ القِتَالَ; *Qámus:* المُنَاجَزَةُ المُقَاتَلَةُ كالتَّنَاجُزِ; Dozy, Glossar. ad Ibn Badrun.

نحر (V), eodem fere sensu quo نَحَرَ, *optime scivit* rem, c. acc., p. ٤٣٢.

نحى (VIII), c. الى loc., (= قصد) *ivit*, *tendit versus*, p. ١٥٥.

ندب (I), proprie *appellavit, invitavit* homines ad rem, spec. *ad militandum in regione*, c. الى, p. ٢٥٣; نَدَبَ جُنْدًا الى الحصن, *tamquam praesidium milites ad castellum misit*, c. الى l., p. ١٦٨, ١٧١ (bis), ١٨٦, ١٨٩, ١٩٩. Posteriore tempore notio invitandi et appellandi prorsus evanuit, et dicebatur ندب فى الحصن جيشًا, *collocavit praesidium in castello*, vid. exempla in Glossar. ad *al-Bayán*, quin dicebatur نَدَبَ حصنًا, Ibn Djobair, p. ٧٠ (حصن مندوب). ندب معه رجالًا, *milites sub imperio alicujus collocavit tamquam adjutores, praesidium*, p. ٣٨٠; *al-Bayán*, II, p. ٢١٤, ٢١٥. — (VIII), *imperio s. invitationi principis parens ad rem paratus fuit*, لغزو الروم, p. ١٠٧; انتدب معه, *se sub imperio alicujus collocavit miles*, p. ٢٥٩, simpl. انتدب, eodem sensu quo أَنْدَبَ نفسَهُ i. e. اخطرها, *commisit se periculo*, p. ٣٩٣. — نُدْبَةٌ, *agmen militum praesidio destinatum*, p. ١٦٩, ١٧٠, ١٧١; *al-Bayán*, II, p. ١٤٩, vs. ٥, ubi sic pro ندبة legendum. Cl. Dozy mihi dixit se jam diu locum in suo exemplari emendasse.

ندم (VI), *compotores, sodales fuerunt* de duobus aut pluribus, p. ١٩٥, ٣٢٥; Zamakhscharí, *Asás*: تَنَادَمُوا على الشراب.

ندا (I), c. على mercis, *sub hasta vendidit*, (= على شيء s. نادى بشيء et ناداه [1]), p. ١٧١.

نزع (I), *profectus est, migravit* ad locum, c. الى, p. ١٥٠, ٣٠٨, ٣٢٩, et sic videtur legendum p. ١٧١, vs. 6, ubi sec. Codd. edidi نزح; — *derivatus est* canalis a fluvio, p. ٣٩٣ (ubi male edidi (يترع); Qodáma, *Kitábo 'l-Kharádj*, MS. Schefer, Manz. VII, Cap. 16: الناس شركآء فى الانهار العظام كدجلة والفرات وما اشبههما ومن حفر نهرًا ينزع من احدهما فى ارضه فذاك جائز له; *Merácid al-Ittilá'*, I, p. ١٠٠, III, p. ٢٤٤.

نزل (I), *se dedidit* praesidium victori, c. الى p. et على condit., *passim* e. g. p. ١٨, ٢١, ٢٢, ٢٣, ٢٩, ٥٥, ٥٩, ١٠١, ١٠٣, ١٧٠, ٢٦٩; Mobarrad, p. ٨٢, vs. 3 et 7. — (X), استنزله من حصنه, *coegit eum castellum reddere, id relinquere*, p. ٢١٢ (cf. p. ٢٠٩,

---

[1]) Freytag habet tantum نادى بشيء. Exemplum constructionis cum acc. est Ibno 'l-Athír, I, p. ٦٨, cum على Nowairí, *Hist. Aegypti*, MS. 19 *b*. f. 24 r.: فلما كثرت الشناعة فى ذلك صار يجتمع الناس ويخرج اليهم من القماش الكمخا والصوف والتصافى وغير ذلك فينادى منه على خمسة قطع او عشرة من اجوده.

vs. 6: (وانعن بالطاعة والانحدار الى السهل), pass. اسْتُنْزِلَ, p. ٢٠٩, vs. 2 a f.; Zamakhschari, *Asás:* واستنزلوهم من صَيَاصِيهم. Hinc *in obsequium reduxit*, Dozy, *Loci de Abbad.*, I, p. 173 (cf. p. 184, ann. 52); *Asás:* اسْتَنْزَلَهُ عن رايه; Mobarrad, p. ۴٩, vs. 2 et 4.

نشب (I) in verbis نشبت الحَرْبُ بينهم, quae e Djauhario dedit Freytag, idem fere significat quod وقع (cf. Zamakhschari, *Fäik*, I, p. 40: قد نَشِبُوا فى قتل عثمان — اى وَقَعُوا فيه وقوعًا لا مَنْزَع لهم عنه), sed cum notione tenacitatis et fervoris, igitur *exstitit* bellum inter eos *et fervebat*, p. ١٩; Zamakhschari, *Asás:* نَشِبَ الشَّرُّ والحَرْبُ بَيْنَهُمْ نُشُوبًا وناشَبَ عَدُوَّهُ مُنَاشَبَةً. Hinc أَنْشَبُوا القتالَ, *proelium commiserunt*, Fleischer, *Beiträge zur arabischen Sprachkunde* (Berichte der K. Sächs. Ges. der Wissenschaften, 1863), p. 172, coll. Dozy, *Loci de Abbad.*, III, p. 92 (ann. 82). لم ينشب ان فعل idem quod لم يلبث ان فعل, *mox fecit*, p. ١٧۴; Bokhárí, II, p. ٢٨٩: لم انشب ان نظرت, III, p. ١١٥: ما نشبت ان سمعت; Motarrizi: قولهم ما نشب ان فعل كذا ولم ينشب ان قال ذاك اى لم يلبث واصله من نشب العظم فى الحلق والصيد فى الحبالة اذا علق. Sensu *desiit*, quem habet Freytag, construitur cum imperfecto, Zamakhschari, *Asás:* وما نَشِبْتُ اقول ذلك نَحْوَ ما عَلِقْتُ بِمَعْنَى ما زِلْتُ; *Qámus:* وما نَشِبْتُ أَفْعَلُ كذا ما زِلْتُ.

نصح (VI), *monuit aliquem de re*, p. ٢٩٩.

نصح. نَضُوحٌ comm. de utro aquario magno (مزادة, q. v.), quod transmittit humorem, unde humor exsudat (*poreux*), p. ٩٩ (cf. apud Freytag نضح I, 6).

نظر (IV), *moram concessit alicui*, c. acc. p., p. ١٥٥, ١٥٧; Djauhari et *Qámus:* أَخَّرَ; *Asás:* أنسا. — (V) s. (VIII), *cunctatus est*, p. ٣٦٣ (ubi Codd. ىىمطرون, l. تَنَنَظَّرُونَ s. تَنْتَظِرُونَ). — (VI), de pluribus, *deliberarunt inter se*, p. ۴١٥; Zamakhschari, *Asás*, sic explicat ناظَرَ: ناظَرْتُهُ فى أَمْرِ كَذَا اذا نَظَرَ ونظرتَ كَيْفَ تاتيانه.

نغل (IV), *ad rebellionem impulit contra* aliquem, c. على, (syn. افسد), p. ٣٢٨.

نفذ (II), *executus est rem*, c. acc., p. ٣٢, ٣٣, ۴٩٢; vid. Glossar. ad *al-Bayán*. — (IV), *misit* aliquem, c. acc., p. ٢٩٥, ٣٢٥, ٣۴١; *Asás:* ونَفَذَ الكتابُ والرَّسُولُ وانفذتُهُ; vid. porro Glossar. ad Edrisi.

نفر (I), *excurrit* in hostem, c. الى, p. ١٧١, ٤٢٨; vid. locum Hamakeri a Freytagio laudatum et Dozy in Gloss. ad *al-Bayán*. Adde Zamakhschari, *Fáïk*, II, p. 572: بعث عاصم بن ابى الأقلح وخبيب بن عدى فى اصحاب لهما الى اهل مكة فنفرت اليهم هذيل فلما احس بهم عاصم لجأوا الى قردد وروى فلما آنسهم عاصم لجأوا الى فدفد اى خرجوا لقتالهم يقال نفروا نفيرا وهولآء نفر قومك ونفير قومك وهم الذين اذا حزبهم امر اجتمعوا ونفروا الى عدوهم فحاربوا, et p. 576: يقال لصحابة الرجل وقرابته نفره ونفرته ونافرته ونفره ونفورته ونفر القوم: الذين ينفرون معه اذا حزبه امر; *Asás:* نفرته ونفرته ونافرته ونفره ونفورته الى الثغر نفيرا وجآء نفير بنى فلان ونفرهم ونفرتهم وهى الجماعة الذين ينفرون الى العدو وجآء القوم أنفرة نفيرا نفيرا واستنفر الامام الرعية كلفهم أن ينفروا خفافا وثقالا وهم نافرة بنى فلان وزافرته للذين يغضبون لغضبه وينفرون معه وينصرونه قال — وهذا ايام النفر والنفور والنفر والتنفير; vid. quoque Motarrizí; apud Bokhárí, III, p. ١٦٠ in una redactione traditionis est نفر, in altera انطلق. — (III). منافر, *transfuga*, p. ٣٩٠. — (X), *ad bellum appellavit* aliquem, p. ١٠٧, ١١٥; Azraqí, p. ٣٩٣; Sarakhsí, MS. I, f. 7 r.: خطبة الاستنفار; *Fotuho's-Schám*, ed. Lees, p. ٤, ٥; *Asás* l.l.; Motarrizí: واستنفر الامام الناس لجهاد العدو اذا حثهم على النفير ودعاهم اليه واما ما روى ان رجلا وجد لقطة حين انفر على رقة الناس الى صفين فالصواب استنفر لان الانفار نحو التنفير ولم يسمع بهذا المعنى; vid. porro Dozy l.l.

نفط. نقاطة, p. ٢١٠. Forma نقاط neque in *Qámusi* edit. Bulaq., neque a Zamakhschario et Motarrizio memoratur.

نقش (I et VIII) على نقش فلان, *effinxit alicujus sigillum*, p. ٤٦٢; Qodáma, MS. Schefer, f. 21 r.

نقض (I), saepe absolute ut نكث (p. ٣٧٩), *defecit*, *rebellavit*, p. ١٥٩, ٢٢١, ٢٣٤; c. acc. p., *foedus cum aliquo solvit*, p. ١٥٦, vs. 9, c. ب p., p. ٢١٥, vs. 3 a f. — (VIII), *rebellavit contra* aliquem, c. على, p. ١٠٠, ٢٠٥, ٢١٠, ٢٢٣, ٢٢٩, ٢٣٣, ٢٣٤, cet.; Zamakhschari, *Asás:* وانتقض عليه الثغر; *Fáïk*, II, p. 664: قال الكسائى وقرات فى بعض كتب عبد الحميد الى جند أرمينيّة (sic cum Teschdíd) وقد انتقضوا على واليهم وافسدوا فقد بلغ امير المومنين الخ; *rursus aperuit se vulnus*, p. ٢٤٤, ٢٤٨; *Asás:* وانتقضت القرحة نكست; Nawawí, *Tahdsib*, MS., p. 472: ويقال انتقض

الجُرح بعد البُرء (ab al-Azharí). — نَقْض, pl. نُقُوضٌ. نُقُوض مِيَاه, p. ٣٩٠, quid sint ignoro. Videtur legendum نُقُوع (Cod. A. بقُوص, B. وبقوص). — نَقَّاضٌ, *operarius destruendis aedificiis*, p. ١٣٥.

نكر (V), *velavit, cucullo texit caput*, p. ٤١; *Hamása*, p. ١٠٣, vs. 8 a f.; Zamakhschari, *Fáïk*, II, p. 673: وقد غَطَّى بعَمَامَتِهِ اكثرَ وَجْهِهِ كالمُتَنَكِّرِ; alia exempla dedit Dozy in Glossar. ad Ibn-Badrun.

نمل. النملة. رُقْيَةُ النَّمْلَة, incantamentum quo medeatur morbo cutis, qui نَمْل et نَمْلَةٌ appellatur, p. ٤٧٢; Zamakhschari, *Fáïk*, II, p. 584: قال النبى صلعم للشفاء عَلِّمِى حَفْصَةَ رُقْيَةَ النَّمْلَة وزَقُبَتُها العَرُوسُ (? ورقيتُها العروسَ ان .l) تَحْتَفِلُ وتَقْتَالُ وتَكْتَحِلُ وكلَّ شىء تَفْتَعِلُ غَيْرَ أَنْ لا تُعاصِىَ الرجُلَ ، النملة بالفَتْحِ قُرُوحٌ تَخْرُجُ فى الجَنْبِ وبالضمّ النَميمةُ والافْسَادُ بين الناسِ وبالكَسْرِ مِشْيَةٌ مُقارِبَةٌ وكأنّها سُمِّيَتْ نملةً لتَفَشّيها وانتشارِها شبه ذلك بالنملة ودَبِيبها ، وفى حديث ابن سيرين انه نهَى عن الرُّقَى الّا فى ثلاث رُقْيَة النملة والحُمَة والنَّفْس ، الحُمَةُ السمُّ يريد لَدْغَ العَقْرَب وأَشْبَاهِهَا والنَّمْلُ والنَّفْسُ العَيْنُ. Vocatur incantatio illa quoque الخَطّ على النملة; Djauharí: والنَّمْلُ بُثُورٌ صِغارٌ مَعَ وَرَمٍ يَسِيرٍ تَخْرُجُ مِنَ الجَنْبِ ثم تَتَقَرَّحُ وتَتَّسِعُ وتُسَمِّيها الاطبّآء الذُبَابَ تَقُولُ المَجُوسُ إنَّ وَلَدَ الرَّجُلِ اذا كَانَ من أُخْتِهِ ثم خَطَّ على النَّمْلَةِ شُفِىَ صاحِبُها قال الشاعر

وَلَا عَيْبَ فِينَا غَيْرَ عِرْقٍ لِمَعْشَرٍ كِرَامٍ وانّا لا نَخُطُّ عَلَى النَّمْلِ
يقول لَسْنَا بِمَجُوسٍ نَنْكِحُ الاخوات ✿

نهض (IV), *misit* aliquem ad alium, c. acc. et الى, (causativum verbi نهض الى, *tendit*, *ivit ad*, p. ٤١٨, vs. 4 a f.), p. ٤١٨; *mandavit* alicui aliquid, c. acc. r. et ل p., p. ٢٠٤.

نهى. نَاهِيَةٌ, *impedimentum*: ما تَنْهَاهُ عنّا ناهِيَةٌ اى ما تكُفُّهُ كافّةٌ (*Asás*); فلانٌ ما لَهُ ناهِيَةٌ اى نَهْىٌ (Djauharí); لم يكن للعدوّ ناهية دون انطاكية, p. ١٦٥; فلم يكن لهم ناهية ولا عرجة دون الاسكندرية, p. ٢٢١, i. e. »nunquam constiterunt et nusquam deverterunt, sed uno tenore ad Alexandriam fugerunt." Vocabulum عرجة a Freytagio minus recte explicatur; Djauharí habet: تقول ما لى عليه عُرْجَةٌ

تَعَرُّج ولا تَعْرِيج ولا عَرْجَة ولا; Zamakhschari, *Asás:* وما لى عليه عَرْجَة, sensu *non deverti apud eum* (لا حبست مَطِيَّتى عليه).

نوب. نَائِبَة, pl. نَوَائِب, proprie *id quod alicui supervenit*, hinc *munus*, *officium*, *quod alicui necopinanti praestandum incumbet*, *et sumptus*, *qui alicui faciendi erunt* (ما ينوبه من الحقوق, p. ٣٩). Nempe viro principi excipiendi erunt legati et hospites, munera donanda erunt; subditis incumbent opera qualia sunt: reparare pontes, restituere aggeres ruptos (*angaria*). Vid. Belàdsori, p. ٢٠, ٢٥, ٣٠; Bokhári, II, p. ٢٧٣; Sarakhsi, MS. I, f. 121: والمراد بنوائبه حوادر والنائبة النازلة ونوائب المسلمين (l. جوائز) الرسل والوفد الذين كانوا ياتونه; Motarrizi: ما ينوبهم من الحوائج كاصلاح القناطر وسدّ البثوق ونحو ذلك وقوله كانت بنو النضير حبسًا لنَوَائبه اى لمن ينتابه من الرسل والوفود والضيوف. Zamakhschari, *Fäik*, I, p. 247: معوية بلغه أنّ عبدَ الله بنَ جَعْفَرٍ حَقَّفَ وجُهِدَ مِن بَذْلِه واعْطَائه فكتب اليه يامُرُه بالقَصْد ويَنْهَاهُ عن السَّرَف وكتبَ اليه ببَيْتَيْن من شِعْرٍ (للشَّمَّاخ)

لَمالُ المَرْءِ يُصْلِحُهُ فيُغْنِى مَفاقِرَهُ أَعَفُّ مِن القُنُوعِ
يَسُدُّ به نوائبَ تَعْتَرِيه من الايّام كالنَّهَلِ الشُّرُوعِ

id., II, p. 587: احْتَاطُوا لاَهْلِ الاَمْوالِ فى النائبة والوَاطِئَة وما يَجِبُ فى الثمرِ من حَقّ، هم الضُّيُوف الذين يَنُوبُونَهم ويَنْزِلُونَ بهم والسابلة الذين يَطَأُونَهم. [A significatione *angaria* (*corvée*), quam quoque videtur habere in hoc loco al-Maqqarii (MS. f. 30 r.): وينفقون فى امورهم ونوائبهم ومؤن اهليها مائة الف دينار, derivata est ea quam dat Alcala: *despensa para el camino*, *niébe* (i. e. sine dubio نائبة). Nostro tempore appellatur ita in Marokko census, quem solvere debent Arabes campestres, Höst, *Nachrichten von Marokos*, p. 130: »Die Schatzungen, die die Araber bezahlen müssen, sind *Néiba* نعيبة (l. نائبة) oder eine Art von Vermögensteuer, die der König für jede Provinz zu etwas gewisses ansetzet," *idem*, p. 183; Gråberg di Hemsö, *Specchio di Marocco*, p. 218: »Un altra imposizione sulle proprietà mobili ed immobili si chiama *nàiba*, civè contingente, o contribuzione diretta, e si leva, per assegno del sultano, sopra gli arabi, ed i beduini stanziati" etc. D.].

نول (I). Pass. نِيلَ = أُصِيبَ, *periit*, p. ٢٥٢ (cf. p. ٣٢٤, vs. 10, ٣٩٩, vs. 3 a f.).

هدم (X). مُسْتَهْدَمٌ, *destructus*, p. ٢٠٥.

هم (I) به, *occidere eum voluit.* Exemplo a Freytagio laudato, adde p. ١٩٨, vs. 3 a f.

هون (II), *tamquam facilem alicui rem proposuit, depinxit*, c. acc. r. et على p., p. ١٥٣, ٤٣٠.

هيج (I), *tumultum concitavit*, p. ٤١٥. — هَيْجٌ, *bellum, tumultus* (i. q. فتنة), p. ١٨٥; Motarrizí: والهَيْجُ اسم للحرب تسمية بالمصدر وقيل هو اختلاط الاصوات فى حرب وغيرها; Zamakhschari, *Asás:* وشَهِدْتُ الهَيْجَ والهَيْجَاءَ والهِيَاجَ. Idem significat هَيْجَة, vid. Glossar. ad *al-Bayán.*

هيض (I), *confregit*, p. ٩٥; Abu Obaid, *Gharibo 'l-Hadith*, MS. f. 94 v.: الهَيْضُ الكَسْرُ بَعْدَ جُبُورِ العَظْمِ وهُوَ أَشَدُّ ما يَكونُ من الكَسْرِ, addens versum Dsu-r-Rommae et al-Qotámíi; Mobarrad, p. ٧, vs. 11 sqq.

وثق (V), sq. من p., significat idem quod استوثق من فلان, p. ٩٠.

وجد (I). Dicitur كيف تَجِدُكَ »quomodo vales?”, p. ٣٦٥; Mobarrad, p. ١٥١, vs. 11.

وجه. وَجْهٌ. مَضَى لِوَجْهِهِ, *celeriter aufugit*, p. ١١١; vid. Dozy in Glossar. ad Ibn Badrun. على وجه الدهر, *olim*, p. ١٧١.

ودع (III), *tractatum cum aliquo pepigit*, c. acc., p. ١٧, ١٩٥, ٢٠٨, ٢٢٠, ٢٣٧; Ibn Hischám, p. ٩٥٠, ٩٥٢ (= عقد جوارًا); Zamakhschari, *Fäïk*, II, p. 604: وكان كعب مُوَادِعًا لرسول الله, cum explicatione: اى المُوادَعَةُ المصالحة وحَقِيقَتُها المتارَكَةُ ان يَدَعَ كلٌّ واحد من المتعادِيَيْنِ ما هو فيه; *Asás* et Motarrizí fere idem. Neque apud Djauharí et in *Qámuso* desideratur, uti ex Freytagio concluderes.

ورث (I). Non patet e Freytagio hoc verbum saepissime construi c. dupl. acc. (Zamakhschari, *Asás:* وَرِثْتُهُ المالَ ووَرِثْتُهُ منهُ وعنهُ; Motarrizí: ورث اباه مالًا), p. ٣١.

ورى (III) فى لحده, *sepelivit*, p. ٢٣٩; فى التراب, *Alif Laila*, ed. Macnaghten, II, p. 94, 95, 110. Absol. p. ٤٠٤ (فلم يواره اخوه); Mobarrad, p. ٩٧, vs. 12, p. ٩٨, vs. 1; Ibno 'l-Athír, I, p. ٣٠٨.

وسع (II), *ample dedit* alicui aliquid, c. acc. p. et من r., p. ٦٦, c. ل p. et فى

r., p. ۴۰۵ (v. quoque Mobarrad, p. ۳۹, vs. 17), c. على p. et فى r., p. ۴۵۲. — (VIII), *abunde habuit loci*, p. ۲۹۸, *victûs*, p. ۲۳۹, ann., vs. 19, p. ۲۵۷, vs. 2, secundum A.

وصل (I) فلانًا بغيره, *introduxit*, p. ۳۰۰; dicitur وصلَتْكَ رَحِمٌ, p. ۱۴۱, ۴۵۷; Zamakhscharí, *Asás*, in v. رحم; et contra وَصَلَ رَحِمَهُ, opp. قطع. Unum locum laudasse sufficit: *Fáik*, I, p. 216: اذا كان يومُ القيامة جآءت الرَّحِمُ فتكلَّمَتْ بلسانٍ ذُلَقٍ طُلَقٍ تقول اللهمّ صِلْ من وَصَلَنى واقطَعْ مَن قَطَعَنى. — صِلَةٌ, pl. صِلَاتٌ, *donatio*, p. ۲۹۱, ۴۳۱; *Asás:* وهذه صِلَةٌ للامير وصِلَاتُهُ; Nowairí, *Hist. Aegypti*, MS. 19 *b*, f. 25 v.: وكانت رواتبه وافرة لم يكن لنائب سلطنٍ نظيرها وعطاياه وصلاته وانعامه وتشاريفه متواصلة.

وضع (I), *erogavit* pecuniam, c. فى, p. ۳۲, ۷۸. — وضائعُ كِسْرَى (vid. Freytag), p. ۸۱.

وطئ (I), *subjugavit* aliquem, c. acc., p. ۲۳۰, ۲۳۶ et fortasse p. ۱۹۴ (ubi quoque intelligi potest بخيله); *calamitate afflixit aliquem*, c. ب r. et acc. p., p. ۳۴; hinc phrasis اشتدت عليهم وطأته s. ثقلت, p. ۱۹۰, ۳۲۴, ۳۳۸, ۴۰۲; Motarrizí: وقولهم وَطِئَهم العَدُوُّ وَطْأَةً مُنْكَرَةً عبارة عن الاهلاك واصله فى البعير المقيد ومنه اللهمّ اشْدُدْ وَطْأَتَكَ على مُضَر واجعلها سنين كسنى يوسف يعنى خذهم اخذًا شديدًا; Zamakhscharí in *Asás* fere idem.

وظف (II), *imposuit alicui aliquid afferendum*, c. على p. et acc. r., de tributo et aliis rebus, p. ۱۷۳, ۱۷۸, ۲۰۸, ۲۰۹, ۲۷۷, ۴۳۸; Motarrizi sub قسط: وقسّط الخراج تقسيطًا وظفه عليهم بالقسط والسوية; Dozy in Glossario ad *al-Bayán*. — وظيفة, *tributum*, p. ۷۳, ۱۹۳, ۳۲۰, ۴۰۴, ۴۲۹; Dozy l.l.

وغر (IV), *praedium dedit* alicui *fiduciarium* rex *ea conditione ut quaestores id non intrarent, sed tributum solveret in metropoli* (aut secundum nonnullos lexicographos *ut nullum tributum solveret*), p. ۱۴۹; Qodáma, *Kitábo 'l-Kharádj*, Manz. VII, Cap. 6 et fere idem *Merácid*, I, p. ۱۰۷. Tale praedium appellabatur ايغار, pl. ايغارات, p. ۱۷۱; Merácid l.l.; Qodáma, Manz. VI, Cap. 6: وسبب ايغار يقطين ولم يكن له ذكر فى ايام الفرس ولا فيما سميناه من ارض السواد على عهدهم ان

يقطين صاحب الدعوت (sic) اوغرت له ضياع من عدّة طساسيج ثم صار ذلك الى السلطان فنسب الى ايغار يقطين.

وفق (III), *simul accidit*, c. acc., p. ١٦٠.

وقد. مَوَاقِيدُ (pl. a موقود), *lucernae in pharis*, p. ١٢٨.

وقع (I), *fuit*, *exstitit*, *factum est*, وقع الصلحُ على شىء, p. ١٥٨; الشرطُ والكتابُ, p. ٢١٥; الفتنةُ, p. ٣١١; *devenit in* locum, c. ب, p. ٢١٥, vs. ult.

وقف. مَوْقِفٌ, *pugna*, p. ١٦١; vid. Dozy in Glossar. ad *al-Bayán*.

وقه. Nomen ministri cujusdam in ecclesia Christiana Arabica et nomen muneris ejus quatuor modis diversis redditur ab auctoribus Arabicis. Beládsori eum appellat, p. ٦٥, واقه et munus ejus وقاهية secundum A., وقهانية secundum B.; *Qámus* juxta واقه habet وُقَاه cum explicatione قيِّم البيعَة et munus vocat وقاهِيَة; Zamakhschari, *Fáïk*, II, p. 633: لا يُغَيَّرُ واهِفٌ عن وُهْفِيَّته وبروى وقاهَته ولا قسّيسٌ عن قسيسيَّته وروى وافِهٌ عن وُفْهِيَّته الواهِفُ والوافِهُ القيِّمُ على بَيْتِ النصارى الذى فيه الوافِهُ قَيِّمُ البيعَة ووَظيفتُه الوفاهَةُ بالكسر; *Qámus*: صَلِيبِهم وعن قُطْرُبٍ الوافِهُ الحكمُ; واهِفٌ a Djauharío explicatur per سادِنُ البيعَة et in *Qámuso* legitur: الواهِفُ سادِنُ الكَنِيسَة وقيِّمها وعَمَلُه الوَهافَةُ بالكسر وبالفتح والوُفْهِيَّةُ — والهِفِيَّةُ وقد وَهَفَ الامامَةَ القيامُ بها من الواهِف وهو; *Fáïk*, I, p. 533: وَهَفَ يَهِفُ وَهْفًا ووهافَةً قَيِّمُ البيعَة وَهَفَ يَهِفُ وهفًا وحقيقةُ معناه الدنوُّ; (vocabulum وهف, pl. وهوف, *templum* significare videtur in loco al-Kiftii laudato a D^mo^ de Jong in *Catal. Codd. Orr. Bibl. Acad. reg. scient.*, p. 74, ann. 2); tandem appellatur واقِف et munus وِقّيفَى, vid. locum Zamakhscharii supra sub مثل; *Qámus*: وقف النصرانىُّ وِقّيفَى خَدَمَ البيعَةَ. Sine dubio vocabulum peregrinum est, diversis modis corruptum.

وكل (II), *collocavit in excubiis* aliquem, c. ب l., p. ٢٤٩, ٣٧٦, et absolute وكّل بابوابها, p. ٢٠٥ (scil. حفظةً, p. ١٣٤, ١٤٣); Ibno 'l-Athír, I, p. ١٩١.

ولى (III), *confinis fuit* terra alteri, c. acc., p. ٢٧٤, ٣١٠.

وهن (II), *debile quid appellavit*, c. acc., p. ١٦٠ (cf. هوّن).

يدى. يدٌ. Dicitur وضع يدَه فى يده, *dedidit se illi*, p. ٤٤٢; Mobarrad, p. ٧, vs. 14, 15; اخذه باليد, *sine ulla opera et molestia eo potitus est* (proprie de avi fatigata), p. ٢٣٩, ann., vs. 8, 9; لم يخرج يدًا من طاعة, *rebellis non exstitit*, p. ٢٣٣; Zamakhschari, *Fâïk*, II, p. 669: النبى صلعم قال فى مُنَاجَاته رَبَّهُ وهذه يَدِى لك يَقولون هذه يَدِى لك اى انْقَدتُّ لك فاحتَكِمْ علىَّ بما شئتَ يقال فى خلافه خرجَ فلان نَازِعَ يَدٍ اى عَصَى ونزَعَ يدَهُ من الطاعة; *Asás* idem; اعطوا بايديهم, *submiserunt se*, p. ١٣٠, ٤٣٩; *Asás* sub عطا et Motarrizí sub يد: أَعْطَى بِيَدِهِ اذا انقاد; Dozy in Glossar. ad Ibn Badrun sub عطا; لم يكن لنا بكم يدانِ, *nihil contra vos valemus*, p. ٣٨١; Zamakhschari, *Fâïk*, II, p. 669: على مَرَّ قومٌ من الشراة بقومٍ من أَصْحابه وهم يَدْعُونَ عليهم فقالوا بكم اليَدَانِ — أَوْ هو من قولهم لا يكُنْ بك اليدانِ اى لا تكن بك طاقة لِرَيْبِ الزمان فيُوَتِّرَ فيك بآفاته وبلاياه من قولهم لا يَدِى لى به وليس لى به يدانِ اى طاقة كانّه قيل كانت بكم طاقةُ الزمان فهلكْتُم وغُلِبْتُم; *Asás* partim idem; كُنتُ يدًا معك, *auxilio tibi ero*, p. ٣٣٨; Mobarrad, p. ٣٩, vs. 5, p. ٨٢, vs. 1; *Asás*: وهم يَدُهُ وعَضُدُهُ أَنْصَارُهُ; *Fâïk*, II, p. 399 ad verba traditionis يد الله مع الجماعة: اى حفظه; Motarrizí: وهم يَدٌّ على من سواهم: اى يتَنَاصَرُون وهو مثل; على ايادى الدهر, *olim*, p. ٢٢٥.

يمن يُمْنٌ, *mors* (= تَيَمُّنٌ *Asás*, *Qâmus*), p. ١٤٩ (الى اليمن).

ADDENDA ET EMENDANDA.

Titulus in B. hic est: كتاب فتوح البلدان تصنيف الحافظ النسابة احمد بن يحيى بن جابر البلاذرى صاحب التصنيفات المفيدة المشهورة رحمه الله واجلّ عليه رضوانه. Eodem volumine antea continebatur liber Ibn Hobaischi (Dozy, *Catalogus*, II, p. 158).

P. ۴, vs. 4: B. فقالوا يرسول.

» — » 10: l. اختلف et dele ann. *a*.

» — » 14: l. عثمان. *

» ٥, » 7: ante حدثنا, B. add. قال.

» — » 6 a f.: B. بَرَكت به.

» ٦, » 6 et ann. *b*: B. عائذ.

» — » 7: l. فعرّض (»Freytag unrichtig" F.).

» — » 4 et 3 a f.: B. مرون بن ابى مروان بن الحكم .l ;العاصى بن ابى العاصى.

» — » ult.: post عبد العزيز, B. add. بن مرون.

» ٧, » 2: B. om. عليه.

P. ٧, vs. 12: B. add. رحمه post المهدى.

» — » 3 a f.: B. male الايلى.

» ٨, » 1: l. cum Codd. يُخْتَلَى (F. N). Cf. ad hunc locum Bokhárí, I, p. ۴٠.

» — » 4: l. عَوانة.

» — » 11: l. الخطّاب. *

» — » 4 a f.: B. وغربه, i. e. وغَرْبَه; cf. Glossarium sub غرب.

» — » ult. Nomen hujus viri erat هُنَيّ; vid. Bokhárí, II, p. ٢٦٣, ubi, paucis aliis verbis, eadem haec traditio exstat.

» ٩, » 4: l. cum B. فالكلأ.

» — » 7: l. يحمل (F.).

» — » 9: B. حمى.

» — » 15: post وقال, B. add. والله.

» — » 5 a f.: l. cum Codd. قال et dele ann. *b*.

» ١٠, » 7 et ann. *b*: B = A.

P. ١٠, vs. 10 et ann. *d*: B. مذينب.
» ١١, » 9: l. مُنْسَرِبًا et cum B. نغاص.
» — » 10: l. cum Codd. تصبّ فيه et dele ann. *a*.
» — » 12: B. الحسين. Pro طيبة l. طَيْبة.
» — » 3 a f.: B. وحليل.
» — » 2 a f.: B. يبدون. Pro شامة, Zamakhscharí, *Fáïk*, II, p. 10 habet شَابَّة.
» ١٢, » 2: l. كالثَّوْرِ. *
» — » 11: pro دمآ, B. l. عن.
» ١٣, » 6 et ann. *a*: B. = A.
» — » 8: l. مَعُونة. Deinde B. القَدُم.
» — » 11: vocantur illae fodinae معادنُ القَبَلِيَّة, vid. Motarrizí, *al-Moghrib*, sub قبل.
» — » 13: B. بِلَل.
» ١۴, » 1: B. om. احد من.
» — » 3: l. cum B. ايضًا انّه قال.
» ١٥, » 4: B. من حرة (?) الاوس.
» — » 5: B. ينسب.
» — » 6: B. الحرب.
» — » 7: النَّضير.
» — » 8 et ann. *a*: B. = A.
» ١٦, » 2: N. in *Gött. gel. Anz.*, 1863, p. 1348 servare malit قليل, coll. Qoran. 34, vs. 15. Male, nam in loco Qoranico قليل pertinet ad وشىء non ad سدرٍ.
P. ١٦, vs. 4: B. الغوث.
» — » 6: B. recte فساروا معه حتى صاروا الى.
» — » 7: l. عَكّ. *
» — » 11: Pro غَسّانَ, l. غَسّانٍ.
» — » 18: l. قومًا (F.).
» — » 21: استوبـُوا.
» ١٩, » 5, 9 et 11: l. جُرَيْج.
» — » 8 et 14: l. سَرَاة (F.).
» — » 12: l. ابو عمرٍو الشيبانى.
» — » 5 a f.: In Diwano Hassáni ibn Thábit (Cod. Berol. Sprenger 1121) non exstat versus ادام الله الخ, sed carmen sex versuum, quod incipit versu هم اوتوا الخ et desinit versu لهان على الخ (Cod. Berol. تهان). Pag. ١٢٢, ann. *c*, dixi me haec debere Cl° Dieterici.
» ٢٢, » 6: l. كَثِير.
» ٢٣, » 7: F. proponit التمر, coll. p. ٧٧, vers. 19 et 20, p. ٧٨, vers. 2, p. ٨٠, vers. 7. Sed A. habet perspicue الثمر et in opere *Maçábiho's-Sonna* (باب اخراج اليهود من جزيرة العرب) legi-

tur واعطاهم قيمة ما كان لهم من الثمر مالا وابلا وعروضا من اقتاب وحبال, ad quod in margine adnotatur الثمر. Plus بالثاء المنقوطة بالثلث. Plus semel quoque in Codice as-Sarakhsii (شرح السير الكبير, Cod. 373) perspicue in eadem re legitur الثمر.

P. ٢٣, vs. 13 : l. فخمّسها.

» — » 14 : l. ونزل من نزل (F. N.).

» ٢٤, » 11 : dele (?) (F).

» — » 13 : restitue lectionem Codd. اتّطعمونی, coll. Qor. 5, vs. 46, 67, 68 (F. N.).

» ٢٥, » 3 : l. غالوا cum B. (A. عالوا, sed litterae ل tria puncta imposita sunt). Pro وغدغوا, videtur legendum وغدّعوا; vid. Gloss. in v.

» — » 13 : restitue عليها (F.).

» — » 5 a f.: l. وَقف (F.).

» ٢٧, » 1 : l. جُرَيْج.

» — » ult.: l. فخمّسها.

» ٢٨, » 2 et 4 : l. يجتمعْ (F.).

» ٣٠, » 8 : l. حدّثنا. *

» — » 12 : Bokhárí, III, p. ١٣١ : تورّث — صدقة.

P. ٣٠, vs. 15 : ابرٰهيم بن محمد عن, pro بن l. عن; cf. p. ٤٥٩, ann. *e*.

» ٣١, » 5 : l. رَبَاح.

» — » 16 : l. يَهَبَها.

» ٣٢, » 13 : l. احبُّ. *

» ٣٣, » 1 : l. يزل يدّعى, nempe آل الرسول, et restitue هى. Sic jubet F. vertens: »und von ihm (dem آل رسول الله) hörten nicht auf zu beanspruchen was ihr (der Fatima) gebührte die welchen Pfründen verliehen wurden, d. h. und die Geslechtsverwandten des Propheten, welche von der Regierung Pfründen zu erhalten hatten, reclamirten unaufhörlich das der Fatima rechtlich zustehende Fadak.” Addit: »Das من in منه ist partitiv zu fassen. Das هى bezieht sich auf Fatima; man sagt هو وهى اولى بالشىء. Die Worte من صُدّق عليه sind das Subject von لم يزل يدّعى.”

» — » 6 : l. عدّة (F.). Cf. Bokhárí, II, p. ٢٨٥, III, p. ١٦٨.

P. ٣٣, vs. 15 : l. قَبْلَكَ.

» ٣٤, » 2 : l. فتخَمَّس.

» ٣٧, » 8 : l. عليّ. *

» — » 7 a f.: والطائف, servari potest (N.).

» ٣٨, » 7 : l. تَسْلَمُوا (F. N.).

» ٣٩, » 5 : l. رَبّاح.

» — » 8 : l. أُعَلِّلكم. *

» — » 9 : l. المُجَتَنَبَتَين.

» ٤٠, » 3 : l. يخَف (F. N.).

» — » 12 : l. هُشَيم عن حُصَين et dele ann. *c*. Est حصين بن عبد الرحمان, vid. p. ٢٦٣, ann. *b*.

» — ann. *d*.: l. تجهزن. *

» ٤١, vs. 4 : صَبابة in *Hamâsa* al-Bohtorii, p. 102.

» — » 11 : l. سَرَاة.

» ٤٢, » 4 : l. صدَق — ونَصر (F.).

» — » 5 a f. et ult.: l. يختلى.

» — » 4 a f.: l. او يُعَرِّف uncinis deletis; cf. Glossar. sub عرف.

» ٤٣, » 10 : l. جُرَيج.

» — » 4 a f. et p. ٤٤, vers. 6 et 8 servetur والباد (F.).

» — ann. *b*: l. الحسن.

» ٤٤, vs. 8 : l. خَلْقُ الله فيه سواءٌ (F.).

» ٤٥, » 6 et 12 : l. شىء.

» — » 15 : l. cum Codd. نبت (F.).

P. ٤٧, vs. 9 et 10: l. من امر الكعبة وبنائها (F.).

» — » 11 : l. والمعفر et انبيمانيَة. *

» — » 14 : l. واخذوهم بتجويدها (F.).

» ٤٨, » 13 : l. فعُطِّلت. *

» — ann. *d*: l. بشبع (F.). *

» ٤٩, vs. 5 a f.: l. بطَرْق. *

» — » paen.: l. التجمّاد (F. N.).

» ٥٠, » 1 : l. ومُدْبِرٌ (F. N.).

» — » 2 : l. وأُمُّ أَحْرَادٍ شَرٌّ (F.).

» — » 4 : l. سَحَاب.

» — » 6 : l. أَيَّمَا. *

» — » 6 a f.: l. البَخْتَرى.

» ٥١, » 14 : l. cum B. عبيد الله.

» ٥٢, » 1 : l. ليَكْفِيَكَ (F.).

» — » 2 : l. وتَنْزِل — وتَأْمَنَ (F.).

» ٥٣, » 4 : l. قُعَيْقِعان.

» — » 5 : l. مسوَّمة (F.).

» ٥٤, » 4 : l. ٱلاثْنَيْن (F. N.).

» — » 13 : l. وأُفيض. *

» ٥٥, » 2 : restitue فاقامهم عليها (F.).

» — » 9 : l. الصمّة (N.).

» — » ult.: l. ابو بكرة.

» ٥٧, » 6 a f. et paen.: l. شىء.

» ٥٨, » 12 : l. اشياء.

» — » 3 a f. et p. ٥٩, vers. 2: l. شىء.

» ٥٩, ann. *b*: l. التَجْرِبَى (F.).

» ٦٠, vs. 12 : l. برئتم بعد ذٰلكم.

P. ٦٠, vs. 13: l. ويَعْفُو.

» — ann. *d*, vers. ult.: l. اختلاط (F.).

» ٦١, vs. 1 cet.: »Melius دُومَة" (F.). Sed Codd. habent دَوْمَة et sic auctor scripsisse videtur, nam dicit Motarrizi: ودُومة الجندل بالضم والمحدثون على الفتح وهو خطأ عن ابن دريد; et Nawawi, *Tahdsib*, MS., p. 349: قال الجوهرى فى صحاحه اصحاب اللغة يقولونه بضم الدال واهل الحديث بفتحها وقال ابن دريد الصواب الضم قال واخطأ المحدثون فى الفتح.

» — » 4 sq. Secundum alios hunc tractatum accepit Háritsa ibn Qatan, quum legatus a tribu Kalb ad prophetam venerat; vid. Abu Obaid, f. 114 v., Zamakhschari, *Fäik*, II, p. 53 (*ibid.*, p. 533 Okaidiro tribuitur) et Wüstenfeld, *Register*, ex Ibn Sa'd. Quod false dictum videtur, nam alius tractatus cum Háritsa exstat apud Zamakhschari, *Fäik*, II, p. 185.

» ٦٢, » 10: l. أَكْدَرًا (F.).

P. ٦٢, vs. 12: l. عَوَانة.

» ٦٣, » 11: l. متهدّمة. *

» — » 12: l. ويسمّوها. *

» ٦٤, » 14: l. فعرَض.

» ٦٥, » 6: pro قُصّوا, Zamakhschari, *Fäik*, I, p. 148, habet قَصَوْا.

» — » 13: fortasse vocab. وامثلتهم h. l. delendum est; cf. Glossar. sub مثل.

» — » 14: *Qámus:* وقاهِيَة. Leg. وعلى, conj. cum ودمة محمد (vs. 11) (F.).

» ٦٦, » 12: l. وسَرَاة.

» — » 18: F. proponit جريب; cf. Glossar. sub خرب.

» ٦٧, » 8: l. الّا (F.).

» — » 14: l. حطّ عنهم.

» — » 5 a f.: l. والْحاجّ. *

» — » ult.: hic et deinde scribendum fuisset الف (pro آلاف).

» ٦٨, » 2 a f.: l. اَلْيَمَنِ. *

» ٧٠, » 10: l. مَوْهَب.

» ٧١, » 12: l. عَذْق, vid. Glossar. in v.; et l. وإنْ لا. *

» — ann. *c*: cf. *Z. d. d. m. G.*, XX, p. 237 ann.

» ٧٢, vs. 7: l. أمّا (F.).

» — » 11: l. فتَرِدُ. *

» ٧٣, » 3 a f.: l. لَأَنْ (F. N.).

P. ٧٣, ann. *b*: verba *quam lectionem* cet. deleantur. Cf. Zamakhschari, *Fâïk*, II, p. 627, ubi quoque لم exstat.

» ٧۴, vs. 7 : l. شىء.

» ٧٥, » 5 : l. cum B. عبد الله النخعى.

» — » paen. et ult.: l. لمّا (F. N.).

» ٧٧, » 4 : l. وادّوا, et vs. 11 : l. وولّوا.

» ٧٨, » 13 et ann. *dd*: Ibn Hadjar, I, p. ٢١٣ (اسيخب) اسيخت.

» ٧٩, » 8 : l. يَصْرُكُمْ. *

» — » 13 : l. بعثنى. *

» ٨٠, » 3 : l. بما pro ما (N.).

» ٨١, » 6 a f.: l. فتى العلاء. *

» ٨٢, » 6 a f.: l. اثنى. *

» ٨٣, » 1 : pro حلم, Zamakhschari, *Fâïk*, I, p. 85 habet حُكْم.

» — » 5 : l. اجتمعت (F. N.).

» — » 11 : l. قَدْ. *

» — ann. *c*: pro لقّها, Ibno 's-Sikkît (Cod. 597, p. 480, ubi hi versus cum comm. exstant) habet حشّها; cf. *Fâïk*, II, p. 672.

» ٨۴, vs. 4 : l. وهم?

» — » 8 : l. كَحَاشِيَة. *

» ٨٥, » 6 : l. يبدأ (F.).

» — » 10 : l. فَيْرُوز.

» — » 13 : Jaqut legit السابور.

P. ٨٥, ann. *b*. Haec conjectura falsa est; cf. Ibn Hadjar, I, p. 533, coll. p. 977 et 981.

» ٨٦, vs. 11 : l. فخمّسها.

» ٨٩, » 11 : l. هشام بن عروة.

» ٩٠, » 16 : l. رَبَاح.

» ٩٣, » 1 : l. المبايعتين.

» ٩۴, » 2 : Quoque صُعْفُوق pronuntiant; vid. al-Djawâlîkî, Cod. 124.

» — » 9 : l. عَوَانة.

» — » 12 : l. أَجْون.

» — » 2 a f.: restitue بن pro عن.

» ٩٥, » 4 : l. المُصّل.

» ٩٦, » 5 a f.: l. بعمرة. *

» — » 2 a f.: F. mavult سَعد; vid. Glossar. sub سعد.

» ٩٨, » 14 : Ibn Khallicân (nº 792, p. ١۴٠) praescribit متمّم (N.).

» ٩٩, » 10 : l. حقْبَة.

» — » 3 a f.: l. السَّحَاب.

» ١٠٠, » 5 : l. التَجْنَبة, vid. *al-Moschtabih* sub حبتة (de Jong).

» ١٠١, » 2 : l. تَبْغ (F.).

» — » 4 a f.: Motarrizi dicit عو لقب معدان بن النعمان الكندى.

» ١٠٢, » 2 : l. كسف (F.).

» ١٠۴, » 3 a f.: l. الّا يَوْمْ (F.).

» ١٠٦, » 4 et deinde: l. فَيْرُوز.

P. ١٠٦, vs. 6 : Ibn Hadjar (I, p. 345) praescribit باب بن ذى الجرّة.

» ١٠٩, » 7 et ann. *b*: l. potius cum B. وقوة مكيدته (كيده); cf. p. ١٣٠, vs. ult.

» — » 5 a f.: l. غنْمًا; vid. Glossar. in v.

» ١١٠, » 4 : l. ستّمائة. *

» ١١١, » 2 : l. أنس; cf. *Mémoire sur la conquête de la Syrie*, p. 31.

» — » 5 : legitur hic versus quoque apud Zamakhschari, *Fâïk*, II, p. 527 sqq. cum var. l. آلا فاسْقِيانى. Vas illud (الجفنة) ibi appellatur ناجُود.

» ١١٣, » 8 : l. تسمّى. *

» ١١٥, » 1, 2 et 2 a f.: l. الأُرْدُنّ.

» — » 4 : l. وامْرةِ الأُمَرآء; cf. *Mém. sur la conq. de la Syrie*, p. 106.

» ١١٦, » 6 : l. للاردنّ, et vs. 14 : وخلّوه.

» — » 4 a f.: l. وجَرَش.

» ١١٨, » 13 : l. لَرَدْعَ. *

» — » 3 a f. et ult.: l. عَميرة.

» ١١٩, » 2 : l. الصَّمْصَامَة.

» — » 4 : l. فعرّض, et vs. 6 : l. أُهْبة.

» ١٢٠, » 6 et 8 : l. الصَّمْصَامَة.

» — » 9 : l. خَبيرٌ. *

» — » 14 : l. يَسْقيَة (F.); cf. Glossar. in v.

P. ١٢١, vs. 2 a f.: l. ولّوا.

» ١٢٢, » 3 : l. يصفّق (N.). Idem corrigendum apud Ibn Doraid, p. ٢٨١, vs. 18; cf. Zamakhschari, *Goldene Halsbänder*, n. 99 in f.: لم تَرْضَ لشرابك الّا أنْ يروّق، وأنْ يصفّى «ويصفّق» (F.).

» — ann. *b*: l. بزاد.* Al-Djawâlîki (in v. بريص) habet مِنْ وَرْدَ (sic) et explicat السلسل per الصافى. Wa'la commemoratur quoque in *Raihâno'l-albâb*, MS., f. 186 r.

» ١٢٤, vs. 2 et ann. *a*: Recte opinatus sum quaedam h. l. deësse. In opere Ibn Schâdsâni, MS. 776 (*Catalog.*, IV, p. 198 sq.), f. 22 v. haec legimus: ويقال انّ مدينة دمشق دخلها يزيد بن ابى سفيان من الباب الصغير عنوة ودخلها خالد بن الوليد من الباب الشرقى صلحًا فالتقى المسلمون بالمقسلاط وامضوها صلحًا.

» — » 4 : l. المهلّب.

» ١٢٥, » 3 a f.: l. ويُرَدّ (F.).

» ١٢٧, » 5 a f.: excidit ر, l. واسر.

» ١٢٩, » 4 : l. لَقيتُكَ (F. N.).

P. ١٢٩, vs. 12: Vid. *Itháfo 'l-akhiççá*, Cod. 1032, f. 210 v., ubi ipsum diploma prophetae laudatur. Pro حبرى ibi est حبرون et additur والمرطوم. Cf. Bekrí in v. حبرى (I, p. 242).

» ١٣١, » 3, 8 et 10: l. السّمْط.

» — » 5 a f.: l. شَيْزَر.

» — » 2 a f.: N. in *Gött. gel. Anz.*, 1863, p. 1348 vult ينفرون; male, cf. Glossar. in v. كفر.

» ١٣٢, » 12: Jaqut فبنى — واسكنها.

» ١٣٣, » 4 a f.: l. يتعبّدون. *

» ١٣٤, » 2: l. يوكّل. *

» — » 5 et 9: l. سَلَمْيَة ut vs. 7 (F.). Cf. autem Ibno 'l-Kaisarání, p. ٧٩.

» — » 14: vulgo مازيار, e. g. Jaqubí, p. ٥٣, Ibno 'l-Athír, VII, p. ٨٨, Jaqut apud Barbier de Meynard, p. 550 (in v. شروين).

» ١٣٥, » 6: l. فزحفوا اليهم.

» ١٣٧, » 3 a f.: l. وادّوا.

» ١٣٩, » 2 et ann. *a*: Jaqut عليهم (Wüstenfeld).

» — » 14: l. تَلَقّى. *

» — » 2 a f.: l. الاردنّ.

P. ١٤٠, vs. 14: dele الذى; cf. Bokhárí, I, p. ١٣٩ (F.)

» ١٤١, » 8: l. الاردنّ.

» — » ult.: versus quoque legitur in *al-Kámil*, ed. Wright, p. ١٤٨.

» ١٤٢, » 9: pro جُشَم, l. جِشْم; cf. Wüstenfeld, *Tab.*, 5, 15.

» ١٤٤, » 3: l. فتنحّسب. *

» ١٤٥, » 1: secundum Jaqut post واقام haec inserenda sunt: بعضهم على النصرانية فصالحهم على الجزية وكان اكثر من اقام.

» — » 6 a f.: l. يدعى. *

» ١٤٦, » 8: l. عَمُّورِيَة, coll. *Moschtarik*, p. ٣١٧ (F.).

» — » 2 a f.: l. secundum Jaqut يقال له (Wüstenf.).

» ١٤٧, » 6: Jaqut male على pro عن. Post verbum صالح saepius male على pro عن legitur quoque in Codd. Beládsorii, vid. p. ٢٠٢, vs. 8, p. ٢٤٩, vs. 14, p. ٣٨٨, vs. 15; cf. p. ١٩٩, vs. ult.

» ١٤٨, » 12 et 13: l. سَلُوقِيّة. Idem corrigatur in *Merácid*, II, p. ٤٧, vs. 6 et 7; cf. سَلُوق et *De glossis Habichtianis*, p. 21-23 (F.).

P. ١٤٨, vs. 13: melius فعمّروها (F.).
» — » 4 a f.: l. دواد et corr. in Indice.
» ١٥٠, » 14: l. او انجلاء (Wüstenf. ex Jaqut).
» — » 5 a f.: Jaqut male للطوائف.
» ١٥١, » 3: l. بُوَيْلِس Balis parva (Wüstenf. ex Jaqut).
» ١٥٢, » 8: l. عبيد الله.
» ١٥٣, » 7: F. vult فأرفئوها; vid. Glossar. sub رقى.
» — » 8: l. تكون. *
» ١٥٤, » 5: l. يدعى. *
» ١٥٦, » 4: l. نصّروا (F.).
» — » 3 a f.: l. فاستفظع (F.).
» ١٥٧, » 11: l. أدّوا.
» — » 13: l. مضطرّبين (N.).
» — » 15: l. عرض.
» ١٥٨, » 5 et 8: l. بالاردنّ, vs. 7: الاردنّ.
» — » 5 a f.: melius عمّرها.
» — ann. *b*, vs. 3: l. البلخوع (F.).
» ١٥٩, vs. 3: l. وخلّوا.
» — » 6 et deinde: l. التّجْرَاجمة (F. N.).
» ١٦٠, » 6 a f.: l. انكفأ; cf. p. ٢٤٢, vs. 1, p. ٣١٦, vs. 4.
» ١٦٢, » 7: l. السيابجة, ut infra (p. ٣٧٣ sqq.) Codd. habent. Cf. Mobarrad, p. ٤١, vs. 3, p. ٨٢, vs. 17.

P. ١٦٣, vs. 4: melius فعمّرها.
» — » 5 a f. et deinde: scribas ضَوْسُوس (F.).
» ١٦٤, » 6 a f.: l. عموريّة.
» ١٦٥, » 10: l. فتّم. *
» — » 15: deleatur illud من post بها (F.).
» ١٦٦, » ult.: l. ماهَوَيْه (F.).
» ١٦٨, » 5: l. واحتازوه.
» ١٦٩, » 6: l. سمّوه.
» — ann. *f*: l. Abu Solaim.
» ١٧٠, vs. 8 et 9: probabiliter legendum est سيسيّة (F.).
» — » paen.: l. ببغداذ et فسمّوا.
» ١٧١, » 2: l. حَبَشيّ (F.).
» — » 6: videtur legendum نزع pro نزح; cf. Glossar. sub نزع.
» ١٧٢, » 7 et ann. *b*: Jaqut quoque بعده.
» — » 2 a f.: lege cum Jaqut: وقيل كان خالد — ميسرته والصحيح ان البخ.
» — ann. *d* deleatur.
» ١٧٣, vs. 12 et 13: l. ما لم يُرِدْه (يَرِدْه) اهل الذمة ورفضوه.
» ١٧٤, » 5: l. وخلّوا et vs. 5 a f.: أدّوا.
» ١٧٥, » 5 a f.: F. jubet legere اهل سميساط, cf. tamen p. ٢١٥,

vers. paen. et ult., Ibn Batuta, IV, p. 126.

P. ١٧٦, vs. 9: l. وصُلح (F.).

» ١٧٨, » 5: l. واثنى. *

» ١٧٩, » 14: melius وعمَر.

» — » 6 a f.: l. ببغداذ et sic p. ١٨٠, vers. antepaen.

» ١٨٠, » 3: l. لامّ. *

» — » 10: fortasse legendum والبَديّة, v. *Merâcid* in v. et Bekrí in annot.

» — » 11: melius عمَرته.

» — » 2 a f.: l. براسْكيفا sine *hamza* (F.).

» ١٨١, » 9: l. القَطامى, et vs. 12: عَوانة.

» — » 6 a f.: l. فانطلقوا. *

» — » 4 a f.: l. يادفون et deinde تُعن عدوّك (F.).

» ١٨٢, » 2: l. عَوانة.

» — » 8: l. فقبلوا (N.).

» ١٨٣, » 7: l. اعشر sine *teschdid*.

» — » 10: l. الّا دهيك الذهب, vid. Glossar. in v. دهيك.

» — » 13: l. الصبىّ. *

» ١٨٤, » 6 et deinde: F. jubet legere مَلَطْيَة, sed A. saepius addit *teschdid*, secundum pronuntiationem vulgarem (v. *Merâcid*).

P. ١٨٤, vs. 14: l. ببغداذ.

» ١٨٩, » 5 et ann. *b*: lectio Codd. servari potest (F.).

» ١٩٢, » 7 et 4 a f.: l. فظهر (F. N.).

» ١٩٣, » 7: l. فعرَض.

» — » 13: l. ارمينيَة (F.).

» ١٩٤, » 7: l. الخَزر. *

» — » 8: l. فيْروز.

» — » 5 a f.: l. ثمّ انّه.

» ١٩٥, » 4: l. فيْروزقُبَاذ.

» ١٩٦, » 4: servari potest بشىء (F.).

» — » 13: l. وبتغريقها (F.).

» ١٩٧, » 5: l. تشتّتت (A. دستتبّ).

» ١٩٨, » 4: l. غزّاة. *

» — » 12: l. نَرْحَلْ s. نَرْحَلِ (F.).

» ١٩٩, » 6 a f.: melius حَصُنَت (F.).

» ٢٠١, » 5: l. فكشفهم (F.).

» ٢٠٢, » 1: pro انبتم, N. vult آتيتم الزكاة, sed A. انبتم, B. انبتْم perspicue.

» — » 8: l. عن ارضين.

» — » 5 a f.: l. وامرت الّا يُزاد; cf. p. ٢١٧, vs. 4 a f.

» — » 3 a f. et ann. *h*: Jaqut كشتاسفى.

» ٢٠٤, » 1 et ann. *a*: in edit. Mas'udii Paris., II, p. 39, 40 جيدان; Barbier de Meynard, p. 350 جيزان.

P. ٢٠٤, vs. 8 : l. بالصّبين.
» ٢٠٥, » 7 a f.: pro يعرض, l. يغرض.
» ٢٠٦, » 3 : l. مَدْحِج (N.).
» — » 8 et ann. *c*: Mas'udí, II, p. 40 غميق.
» — » 13 : l. الجُرَشى.
» — » 15 : l. ربيعة بن عامر.
» ٢٠٧, » 3 et 5 a f.: l. الجُرَشى.
» — » 2 a f.: l. وادخلها.
» ٢٠٨, » 3 : l. من عدتهم (F.).
» — » 5 : l. يعرضه sine *teschdid.*
» ٢١٠, » 1 et ult.: l. ادّوا.
» ٢١١, » 15 : pro على بعض, l. بعضًا (F.).
» ٢١٢, » 5 : l. ومَنْ بالسيسجان (?).
» — » 12 : l. افتتياته, cf. *Historia Khalifatus Omari II[i] cet.*, p. ١٠.
» ٢١٤, » 4 a f.: l. خراجها. *
» — » 2 a f.: l. نفرًا (F.).
» ٢١٥, » 5 : l. يُسْبوا (F.).
» ٢١٦, » 8 a f.: l. او قبيلها (F.).
» ٢١٧, » 2 : Bekrí (I, p. 166) البَشْرُود.
» — » 12 : l. ربَاح.
» ٢١٩, » 13 : l. بَرِح (F.). Est proverbium, vid. Freytag, *Prov.*, I, p. 160 (n. 35).
» ٢٢١, » 7 a f.: l. ولّوا.
» — » 5 a f.: l. فأَخْرِبَ جُذُرَها (F.).
» ٢٢٢, » 12 : corrige تتعاورونها.

P. ٢٢٤, vs. 3 a f.: l. حَسُنَت. *
» ٢٢٦, » 7 : l. افريقيّة (Motarrizí in v. غرق praescribit بتخفيف الياء).
» ٢٢٩, » 3 : l. الصلاةَ جامعةً, vid. Glossar. sub جمع.
» ٢٣٠, » 1 : l. المنابر.
» — » 5 : l. طَنْجَة.
» — » 11 : l. وادّوا.
» ٢٣١, » 1 : l. وافتتياته.
» ٢٣٤, » 1 : الاحراج praeferendum (F.).
» ٢٣٦, » 1 : Motarrizí praescribit جُنَادة (بالضم والتخفيف).
» — » 13 : l. اغلقت.
» ٢٣٧, » 5 : l. لكنْ على هديّة.
» ٢٣٨, » 3 : l. البختَرى.
» — » 4 : l. يُخْرِجُونها وياخذون.
» ٢٣٩, ann. vs. 2 : l. يحتاج. *
» — » » 16 : l. ثُوَّة. *
» — » » 17 : pro وتعغى, Ibno 'l-Athír, VII, p. ٥١ habet وتغنى.
» ٢٤٠, » 13 : l. عَوَانَة.
» ٢٤٢, » 3 : l. رأَوا.
» ٢٤٣, » 8 : l. القَطامى.
» ٢٤٤, » 6 a f.: l. فَرْخُبْنْداذ (N.).
» ٢٤٥, » 3 a f.: l. bis ببانقيا (N.) et l. يَأْرَق et يَلْق (F.).
» ٢٤٦, » 11 : l. الانبار. *

P. ٣٤٦, vs. 14 : l. عن طَسّوجهم.
» ٣٤٧, » ult.: l. يحفر. *
» ٣٤٨, » 11 : F. proponit هم pro هو.
» ٣٤٩, » 8 : l. ماهبُنْداذ (N.).
» — » 8 : l. موكّلًا sine *hamza*. *
» — » 5 a f.: l. وانِ *
» — » 3 a f.: l. تَرْدِى (A. تُرْدِى).
» ٣٥٠, » 4 : l. فاقْتَنِفُوا — تقْتَنِفُ (F.).
» — » 6 : l. cum A. الْحُذَرَه (F.); cf. Glossar. in v.
» ٣٥١, » 10 : l. يعصب; cf. Gloss. sub كبر.
» ٣٥٢, » 12 : l. تَسَرَّتْ (F.).
» ٣٥٣, » 4 a f.: l. مهربُنْداذ (N.).
» ٣٥٤, » 5 a f.: l. ويَتّابعونها (F.).
» ٣٥٧, » 3 : l. واتّباعه (F.).
» — » 5 : l. فنحْرِ. *
» ٣٥٨, » 3 et 13 : l. خطم et وخطم (A. حطم).
» — » 4 a f.: Zamakhschari, *Fâïk*, II, p. 51 habet فلا أشْرَبُها = B.
» ٣٥٩, » 12 : l. ببَلَنْجَرِ; vid. p. ٢٠٤.
» ٣٦٠, » 4 : l. والجوشن. *
» — » 10 : l. تَدْعَس. Leguntur hi versus quoque in *Kitâbo 'l-aghâni* et apud Ibn Badrun, p. ١٤٥, ubi quoque تردى الخيل بالقنا. Cf. Glossar. sub دعس.

P. ٣٦٠, vs. 14 : l. وشَفَيْتُ (F.).
» ٣٦١, » 8 : l. لَمَوْقف. *
» — » 11 : N. vult الْمُقْشَعِرّ. Vocales quas in textu dedi sunt ex B.
» — » 12 : l. شهدتنى (F. N.).
» — » 13 : l. أقلّه. *
» — » 13 : melius وأُقَدِّمُ (N.).
» — » 5 a f.: videtur legendum, ut N. suadet, سُلام, forma enim سُلَامَة mihi nondum occurrit. Necesse non est ut moneam eamdem personam in primo versu appellari سُلَيْمَى, in hoc سُلام.
» — » ult.: l. أُولَى.
» ٣٦٢, » 5 : l. تَذَكَّرْ هَدَاكَ (N. F.).
» — » 6 : l. جَنَاحَىْ et فيَطِيرُ *
» ٣٦٣, » 7 : l. تَنْتَظِرُونَ s. تَنْتَظُرُونَ (F.) et potius cum B. تَخُوضُوا.
» — » 14 : l. تُقَاتِلُون *
» ٣٦٤, » 4 : l. جِىءَ.
» — » 6 a f.: l. خُرَّزاد; vocales in B.
» ٣٦٧, » 5 a f.: l. أُسَلِّمَ. *
» ٣٧١, » ult.: l. من الاسواق وانفرض.
» ٣٧٥, » 1 : l. بحفره.
» ٣٧٦, » 6 sqq.: l. الغالى et غلا, فغلا (F.).
» ٣٧٧, » 4 a f.: l. ينزلها. *
» ٣٧٨, » 6 : l. خبيرٌ.

P. ٢٧٨, vs. 11 : l. الأُولَيَيْنِ — الأُخْرَيَيْنِ ; cf. Bokhárí, I, p. ١٩٥ sqq., Zamakhschari, *Fäïk*, I, p. 212.

» — » 13 : Bokhárí l.l. ويثنون عليه pro وانبوا.

» — » 16 : idem بالفتى

» — » paen.: F. proponit شَرَّفَ pro شرف.

» ٢٨٢, » 3 a f.: l. البكائىّ. *

» ٢٨٣, » 6 : l. دوّاد. *

» — » 8 : l. وَيْلُ آمِّ دَارِ (F. N.).

» ٢٨٦, » 3 : l. تَعْرِفُ et يَعْرِفُ (F. N.).

» ٢٨٧, » 1 : l. جسرٌ.

» ٢٨٨, » 12 : l. يخطّ *

» ٢٩٠, » 4 : l. بناها. *

» — » 6 a f.: l. ونقوع et مغايض.

» ٢٩١, » 1 : l. غُمُورَةُ بُقْعٍ (F. N.); v. Glossar. sub بقع.

» — » 3 : l. (sc. اللهُ) أَعْطَى خَلِيفَتَهُ (F. N.).

» — » 3 a f.: l. غَلَّتَهُ. *

» — ann.*a*: dele verba: »Deinde — الكُلَّاب.”

» ٢٩٢, vs. 7 : l. وطوفانًا (F.).

» — » 8 : l. متشعبة من.

» — » ult.: شُغلت. Vocales in A. (F. mavult شَغَلت).

» ٢٩٣, » 11 : الاجم الكبير = אגמא רבתי (N.). Recte, nam Qodáma dicit: وسمى الشق الاخر بالنبطية اعمرات (sic) وتفسيره بالعربية الاجام الكبرى.

P. ٢٩٤, vs. 15. Videtur legendum, ut F. proponit, اليه pro اليها. Cf. tamen p. ٣٥, vs. 8, p. ٦٩, vs. 15, p. ١٠٣, vs. 4 a f, p. ١٣٢, vs. 4.

» ٢٩٥, » 5 : l. ميمون بن, cf. p. ٤٩.

» ٢٩٦, » 3 : l. مبارك, coll. Jaqubí, p. ٣٦ et *Merácid* in v. المباركية (Juynboll); cf. quoque p. ٣٢٣, vs. 5.

» — » 5 : l. شَرَوَىّ, coll. Emend. ad Jaqubí, p. ١٥ (p, ١٥٢).

» — » 11 : l. ميمونًا (F.).

» — » 12 : l. القَسّ. *

» — » ult.: l. ريسانة, coll. *Merácid*, II, p. ٤٣٣ et ann. 7 (Juynb.); cf. quoque *Moschtarik*, p. ٣٥٤, cum ann. p. 39.

» ٢٩٩, » 8 : l. يَجُولُ (F. proponit يَحُولُ).

» ٣٠٠, » 14 : l. انك سَبَبِى (F.); vid. Glossar. sub خف.

» — » 15 : de lectione منى اليه (B.) vid. Glossar. ibid.

» — » 6 a f.: F. mavult شَتُّ; cf. ibid.

» — » 5 a f.: l. سطرًا.

» ٣٠٥, » 6 a f.: الرفاعى obiit anno 248;

vid. Abu'l-Mahásin, I, p. ٣٩٧.

P. ٣٠٩, vs. 3 a f.: N. proponit باليمانِ s. اليمانىّ.

» ٣١١, » 2 a f.: l. الأُخَيْلِيَّة (N.).

» ٣١٤, » 6: F. vult وَيَجْلِبُ الغَنَمَ.

» ٣١٥, » 11: l. بيمَنْد (N.).

» ٣١٩, » 12: l. ونَذر. *

» — ann. a: l. فتكافى.

» ٣١٧, vs. 13: l. قَبْلَها et وأَكْلُم * (Codd. ادَمّى واكلم; F. et N. praeferunt أُدَمّى وأُكْلُم).

» — » 14: l. يَنْصَرِف. *

» — » 15: l. انّى مُحَافَظَةً et أَجِدْ مُسْتَاخَرًا أَتَقَدَّمُ (F. N.).

» ٣١٨, » 1: l. تسمّيه. *

» — » 14: l. عيال sine *teschdid;* vid. Glossar.

» ٣٢٢, » 4: l. عَلِمَ. *

» ٣٢٥, » 7: l. هرِقاها. *

» — » 12: l. يُجيبَ (F. N.). Versus leguntur quoque in *Kitábo'l-aghání* et in *Hamása*, p. ٣٩٨ sqq.

» ٣٢٩, » 4: l. وغُنّيتُ. *

» ٣٣٠, » 5 a f.: l. قصرًا, coll. 3 a f. (F.). Fortasse explicari potest lectio Codd., coll. p. ٢٢٩, vs. 10: وهى قصور يضمها قصر; v. Glossar. ad Edrísí.

P. ٣٣٠, vs. ult.: l. العَتَبيُّون (F.). Vocales quas edidi in B. leguntur.

» ٣٣١, » 5: الهمدانيين servari potest (F.).

» — » 12: l. يتولّونه. *

» — » ult.: l. والحَنّانة (Defrémery).

» ٣٣٣, » 4: l. للنصارى (F.).

» — » 7: videtur legendum فعسفها; vid. Glossar in v.

» ٣٣٥, » 1: l. وافية (F. N.).

» ٣٣٨, » 5: l. وجام. *

» ٣٤٤, » paen.: l. متبطّنها.

» — » ult. l. رأوا. *

» ٣٤٥, » 7: l. أمّا (F. N.).

» — » 5 a f.: l. يانف.

» ٣٤٩, » 10: l. القَضْبَة (F).

» — » 11: F. proponit legere البزّ, collato *Merácid*, I, p. ١٥١, vs. 1 et 2, ut quoque corrigendum est ibi II, p. ١٩٣, vs. 3 a f. et p. ٣٣٩, vs. ult. Sed mihi secus videtur. Zamakhscharí, *Fáïk*, I, p. 399 habet: المزالف القُرى بين البَرّ وبلاد الرِّيف الواحدة مَزلَفة, et II, p. 242: والمَذارعُ البلادُ التى بين الرِّيف (ارض فيها زرع ونخل .Gloss) والبَرّ لانها اطراف ونواحٍ من مَذارع الدابّة.

Talia loca sunt secundum Djauharí al-Anbár et al-Qadisíja, idemque valet de al-Baçra (cf. p. ٣٥٩, vs. 12). Neque apud nostrum p. ٢٥٩, vs. 2, neque in *Merácid*, I, p. ٢۴٩, vs. 3 et p. ٣٩٣, vs. 2 mihi legendum videtur بز.

P. ٣۴٩, ann. *d*: cf. Glossar. sub قضى.

» — » *e* deleatur (F.).

» ٣۴٧, vs. ult. l. تَعَاوُرَ, تَرْفَعُهَا et مِنَ (F. N.).

» ٣۴٨, » 1: F. proponit لِطُقُّتِهِ.

» — » 2: l. سوار (F.).

» ٣٥٠, » 14: بالأمرة aeque bonum est.

» — » ult.: l. الفلاة (F.); v. Glossar. in v.

» ٣٥١, » 5: B. يُجبرا; l. يُجْرِى.

» ٣٥۴, » 8: F. praescribit الدُّثَلِى, coll. Flügel, *die grammatischen Schule der Araber*, p. 19, 20.

» — » 13: l. الطَّلَحات (N.).

» — » ult.: l. بَعْدَ العشآء (F.).

» ٣٥٥, » 6: l. خَبِرَانِى, coll. Qazwíní, II, p. ١١۴ (F.).

» ٣٥٩, » 11: l. نَشَاشَة et vs. 12: l. الأُجَاج.* Redactio paullo diversa hujus orationis legitur apud Abu Obaid, f. 62 v. et Zamakhscharí, *Fáïk*, I, p. 221.

P. ٣٥٩, vs. 7 a f.: l. تخاف et تَرفَعْ (F.).

» — » paen.: l. غور وسَعَة.

» — » ult.: l. يسمَّى (B. تسمى).

» ٣٥٩, » 3: l. سمَّى. *

» ٣٩٥, » 12: F. proponit بَرْذَعَة.

» — » 3 a f.: l. الرَّبَاحى et رَبَاح.

» ٣٩٩, » 13: l. آبَآءَ et نُورُتُهَا. *

» — » 4 a f.: l. الجُوْبُز.

» — ann. *f*: F. delere jubet. »Ich muss es dahin gestellt lassen," ait »ob das gewöhnliche persische ماسور, eine Spule (franz. époulin) metaphorisch von einem πολύτροπος, versutus, gebraucht werden kann, wobei der Vergleichungsgrund in der raschen Beweglichkeit liegen würde."

» ٣٧٣, vs. 6: l. وأَعْنَتْمونا (F. N.).

» ٣٧٥, » paen.: l. تاتيه. *

» ٣٧٩, » 1: l. يَشُذّ (F. N.); vid. Glossar.

» ٣٧٧, » 3 a f.: l. باجْمَالِ (N.).

» ٣٧٩, » 4: l. أُعْطِك (F. N.).

» — » 5 a f.: l. وَلِيتَ (F. N.).

» — » 4 a f.: l. تَهْوَى (F.).

P. ٣٨٠, vs. 1 : l. جَزَآئِه. *
» ٣٨١, » 6 a f.: l. أَعْطَآءَكَ (F.).
» ٣٨٣, » 5 a f.: l. فَعْيْقعان.
» — » paen.: melius تَرْجِعَنِّى (F.).
» — » paen.: l. وقَعْقَعَانَ. *
» — » ult.: l. البَعُوض et غَيْرَ بِلَسْبِ. *
» ٣٨٤, » 11 : l. يَسْلَمْ (F.).
» — » 14 : l. تَنْسَيِنَّ (F.).
» — » 15 : l. بصفر.
» — » 16 : l. وصَهُر et خِبْر. *
» — » 4 a f.: l. انَّهم سَيَرْضَوْنَ (F.N.).
» — » 3 a f.: l. للشَّهَادَة (N.).
» ٣٨٥, » 5 a f.: l. أَمِيرَ. *
» ٣٨٦, » 13 : l. بَهَآءَ (F. N.).
» ٣٨٧, » 15 : l. اخْبَارَ (F.).
» ٣٨٨, » 2 : l. خُرَّه.
» — » 9 : pronunt. وتَرك (F. vult وتَرَكَا).
» — 6 a f.: l. صالح عنها.
» — ult.: F. vult يكون.
» — ann. *a*: Codd. Ibn Hauc. جره.
» — » *e* deleatur.
» ٣٨٩, vs. 3 : l. خُرَّه.
» — » 5 : l. عَقَبَة. *
» ٣٩١, » 4 : l. منهم ذمّته (F.).
» — » 12 et 13 : l. بيمنْد.
» ٣٩٢, » 10 : l. رماحهُمْ (F.).
» — » 13 : l. قَبْلَه. *
» ٣٩٣, » 10 l. ينزع (F.); cf. Glossar. in v.

P. ٣٩٣, ann. *b*: restitue in textu هيدمند (N.).
» ٣٩٥, vs. 3 : l. ويَشْكُرُ (N.).
» — » 13 : l. يكونون. *
» ٣٩٧, » 4 : l. تسئل. *
» — » 6 : l. فَأْتِ (F.).
» ٣٩٨, » 4 a f.: l. ناشِرَة. *
» — » 2 a f. l. وتُنْكِرُ (F. N.).
» ٤٠٤, » 12 : l. عن جميع.
» ٤٠٦, » 6 a f.: l. ينبغى (N.).
» — » paen.: فصالحه, sc. المرزبانَ (F. vult فصالحهم).
» ٤٠٧, » 6 a f.: l. يَسْلَمْ (F.). Paullo aliter haec verba leguntur apud Zamakhschari, *Fâïk*, I, p. 536.
» — » 2 a f.: l. أَفَادَهُمْ (F. N.).
» ٤٠٩, » 13 : post الكشل aliquid desideratur (F.). In B. superscribitur كذا, in A. in fine versus spatium vacuum unius vocabuli est.
» ٤١٢, » 5 : l. آلدَّفْء (F.).
» ٤١٣, » 1 : l. إِنَّ (F. N.).
» — » 14 : l. تُهْزَمْ. *
» ٤١٤, » 5 a f.: Pro حمر, F. proponit حَمّ. Optime, vid. Glossar. sub حم.
» ٤١٥, » 7 : l. فتناظروا (F.).

P. ۴۱۷, vs. 7 : l. ۷۹ سنة (Defrémery).

» ۴۱۸, » 8 : l. ثابت. *

» — ann. *b*: ثابت بن قطنة quoque appellatur in comm. ad *Hamásam*, p. ۳۳۹, vs. 5 a f.

» ۴۲۰, vs. 4 : B. دسعاجر.

» ۴۲۲, » ult.: l. من بنى s. بنو ذميم (F.) et مسيلمة (N.) (Codd. perspicue مسلمة).

» — ann. *c*: cf. Ibno 'l-Kaisaráni, p. ۱۰۴.

» ۴۲۴, vs. 6 : l. يَبْرَزُ (F.).

» ۴۲۶, » 8 : وتفقّدوه. *

» — » 13 : l. قَبْلَكَ. *

» ۴۲۷, » 7 et 9: l. خُكَيْنة, vid. Glossar.

» — » 3 a f.: l. cum B. عَظْمهم (A. عظمهم).

» ۴۲۹, » ult.: F. vult القَبْلَة, sed vid. Glossar. sub قبل.

» ۴۳۰, » 11: l. يُقَرِّضُ cum A. aut يُقَرِّظُ cum B. (D.).

» — » ult.: l. الدَّهْم.

» ۴۳۲, » 12 : l. طالب. *

» ۴۳۳, » 6 : videtur legendum, ut F. proponit, علّاته; cf. p. ۳۹۲, vs. 8.

» — » 6 : l. الشَّغْبُ (F. N.).

» — » 12 : l. طَلَاقِ et تَسُوقُ (F.).

» — » paen.: l. مُكْرَان (N.).

P. ۴۳۳, vs. ult.: l. من حاجَتِى مُكْرَان (N.).

» ۴۳۴, » 1 : l. أُوجَرُ (F.).

» — » 8 : l. سَرَابيل (F. N.) et dele ann. *f*.

» — » 4 a f.: l. يَقْفُلْ مَعَ ٱلْقَافِلِينْ (F. N.).

» — » 3 a f. : l. وَدِينْ.

» ۴۳۶, » 9 : l. أُعِدّ (F.).

» ۴۳۷, » 10 : l. طِيَرة.

» ۴۳۸, » 7 a f.: l. تَشْهَدُ (F. N.).

» — » 6 a f.: l. غَيْرَ. *

» ۴۳۹, » ult.: l. فعوّره (F.).

» ۴۴۱, » 1 : l. تَوَيْتُ (F. N.).

» — » 10 : l. سُودَدًا (N.).

» — » 10 et 12 : l. حاجّة (N.).

» — » 12 : l. أَشْغَال (F. N.).

» ۴۴۲, » 4 : l. وزيادًا (F.).

» — » 11 : تَحَنّى (F.).

» ۴۴۳, » 2 : l. صَحْبِهُ et ٱلْوَجْهِ. *

» — » 5 : l. يَنْزِعِ (N.).

» — » 8 : l. ذُبَاب. *

» — » 5 a f.: l. شَرَابُهَا. *

» — » 3 a f.: l. تُكْثِرِ et بَطِئّ. *

» ۴۴۴, » 13 : N. vult التى قد.

» ۴۴۵, » 3 : l. قشمير (N.).

» ۴۴۶, » 6 a f.: l. ولبدوه; vid. Glossar.

» ۴۴۸, » 7 et ann. *a*: Qodáma habet quoque وما.

» — » 16 : l. جائرة (F.).

P. ۴۴۹, vs. 16: restitue ملوكه (F.); cf. p. ۱۰۸, vs. 4, p. ۱۹۰, vs. 7, cet.

» ۴۵۰, » 15: F. proponit بسعد.

» ۴۵۱, » 10: l. أُغْثُهُ (F.).

» — » 7 a f.: l. وعشرين. *

» ۴۵۲, ann. *a*: A. عبد. *b*: A. ذكر.

» ۴۵۳, vs. 11: l. فَتَمْ (F.).

» — » 13: l. فقال. *

» ۴۵۵, » 2 a f.: l. الأُوَل. *

» ۴۵۷, » 10: l. الغبين. *

» ۴۵۸, » 7 a f.: l. كَلَّا (F.); cf. Motarrizí in v. et Zamakhscharí, *Fâïk*, II, p. 71.

» ۴۵۹, » 4 a f.: l. خَثْعَم. *

» ۴۶۰, » 9: l. ثُرِد.

» ۴۶۱, » 2: F. jubet legere انتقصهما, quod mihi necesse non videtur, nam نقص et انتقص cum duplici accusativo construuntur; Zamakhscharí, *Asás:* نقصه حقّه نقصًا وانتقصه, *Fâïk*, II, p. 598: وانتقصه شَطْرَ أَجْلِه.

» ۴۶۳, » 9: F. jubet scribere آئت s. ايت. Fortasse legendum est ايه; cf. Zamakhscharí, *Fâïk*, II, p. 561: كقوله ايهَ حَسْبُكَ يا رَجُلُ ويقال ايهِ وايهًا بالتنوين للتنكير.

P. ۴۶۳, vs. 13: l. ساكت. *

» ۴۶۴, » 4 et 3 a f.: l. مصفّرة (F.).

» ۴۶۵, » 5: l. تصفّر.

» — » 11: F. proponit احتيج.

» ۴۶۷, » 4: l. تزن — وتزن. *

» ۴۶۹, » 3 et 6: l. العيار.

» — » 14: l. نُقَايَة.

» — » 15: l. يُذيبها (F.).

» ۴۷۰, » 8: l. يقطع. *

» — » 11: l. ضربه (F.).

» — » 6 a f.: l. الفَسَاد (F.).

» — » ult.: بَعْيَر. *

» ۴۷۱, » 6 a f.: F. proponit الوادىُ يَثْرِبَ, quam conjecturam, ingeniosam licet, recipere nequeo. Fortasse non superfluum est monere nomen urbis وادى القرى esse fem. gen.; vid. p. ۳۳, ۳۴ cet.

» ۴۷۲, » 9: l. تعلّمين حفصة رقية. Vid. Glossar. sub نمل.

» ۴۷۳, » 8: l. أَظْلَم.

» — » 8 a f.: F. N. proponunt واسلم s. وكتب.

» — » 7 a f.: l. اشبع.

فهرست الابواب

www.ingramcontent.com/pod-product-compliance
Lightning Source LLC
LaVergne TN
LVHW080111011026
849160LV00013B/1068
* 9 7 8 9 0 0 4 2 5 8 7 8 5 *

كتاب

فتوح البلدان

تاليف

الامام ابى العباس احمد بن يحيى بن جابر

البلاذري

رحمة الله عليه

بسم الله الرحمن الرحيم

وبه استعين

2 قال احمد بن يحيى بن جابر اخبرنى جماعة من اهل العلم
بالحديث والسيرة وفتوح البلدان سقتُ حديثهم واختصرته ورددتُ
من بعضه على بعض ان رسول الله صلعم لمّا هاجر الى المدينة من
مكّة نزل على كلثوم بن الهِدم بن امرئ القيس بن الحٰرث بن زيد
ابن عبيد بن اميّة بن زيد بن مٰلك بن عوف بن عمرو بن عوف بن
مٰلك بن الاوس بقُباء وكان يتحدّث عند سعد بن خَيْثَمَة بن الحٰرث
ابن مٰلك احد بنى السٰلِم بن امرئ القيس بن مٰلك بن الاوس حتّى
ظنّ قوم انّه نزل عنده ، وكان المتقدّمون فى الهجرة من اصحاب
رسول الله صلعم ومن نزلوا عليه من الانصار بنوا بقُباء مسجدًا يصلّون
فيه والصلوة يومئذ الى بيت المقدس فلمّا ورد رسول الله صلعم قُباء
صلّى بهم فيه فاهل قُباء يقولون انّه[a] المسجد الّذى يقول الله
تعالى فيه[b] لَمَسْجِدٌ أُسِّسَ عَلَى ٱلتَّقْوَى مِنْ أَوَّلِ يَوْمٍ أَحَقُّ أَنْ
تَقُومَ فِيهِ وروى ان المسجد الّذى أُسّس على التّقوى مسجد
رسول الله صلعم ، حدّثنا عفّان بن مسلم الصّفّار قال حدّثنا حمّاد
ابن سلمة قال اخبرنا هشام بن عروة عن عروة انّه قال فى هذه الآية[c]

---

a) انه ex conj. addidi. b) Qor. 9 vs. 109. c) Ibid. vs. 108.

وَٱلَّذِينَ ٱتَّخَذُوا مَسْجِدًا ضِرَارًا وَكُفْرًا وَتَفْرِيقًا بَيْنَ ٱلْمُؤْمِنِينَ وَإِرْصَادًا
3 لِمَنْ حَارَبَ ٱللَّهَ وَرَسُولَهُ مِنْ قَبْلُ قال كان سعد بن خَيْثَمَة بنى
مسجدَ قُبَآء وكان موضعه لِلَبَّة[a] تربط فيه حمارها فقال اهل الشقاق
انحن نسجد فى موضع كان يُرْبَط فيه حمار لَبَّة لا ولكنّا نتّخذ
مسجدًا نصلّى فيه حتّى يجئنا ابو عامر[b] فيصلّى بنا فيه وكان ابو
عامر قد فرّ من الله ورسوله الى اهل مكّة ثمّ لحق بالشام فتنصّر
فانزل الله تعالى وَٱلَّذِينَ ٱتَّخَذُوا مَسْجِدًا ضِرَارًا وَكُفْرًا وَتَفْرِيقًا بَيْنَ
ٱلْمُؤْمِنِينَ وَإِرْصَادًا لِمَنْ حَارَبَ ٱللَّهَ وَرَسُولَهُ مِنْ قَبْلُ يعنى ابا عامر"
وحدّثنا رَوح بن عبد المومن المقرى قال حدّثنا بَهْز بن اسد قال
حدّثنا حمّاد بن زيد قال اخبرنا ايّوب عن سعيد بن جُبَير ان بنى
عمرو بن عوف ابتنوا مسجدًا فصلّى بهم رسول الله صلعم فيه
فحسدهم اخوتهم بنو غنم بن عوف فقالوا لو بنينا ايضا مسجدًا
وبعثنا الى رسول الله صلعم يصلّى فيه كما صلّى فى مسجد اصحابنا
ولعلّ ابا عامر ان يمرّ بنا اذا اتى من الشام فيصلّى بنا فيه فبنوا
مسجدًا وبعثوا الى رسول الله صلعم يسألونه ان ياتيه فيصلّى فيه فلمّا
قام رسول الله صلعم لينطلق اليهم اتاه الوحى فنزل عليه فيهم وَٱلَّذِينَ
ٱتَّخَذُوا مَسْجِدًا ضِرَارًا وَكُفْرًا وَتَفْرِيقًا بَيْنَ ٱلْمُؤْمِنِينَ وَإِرْصَادًا لِمَنْ حَارَبَ
ٱللَّهَ وَرَسُولَهُ قال هو ابو عامر لَا تَقُمْ فِيهِ أَبَدًا لَمَسْجِدٌ أُسِّسَ عَلَى
4 ٱلتَّقْوَى مِنْ أَوَّلِ يَوْمٍ أَحَقُّ ان تَقُومَ فِيهِ فيه رِجَالٌ يُحِبُّونَ أَنْ
يَتَطَهَّرُوا وَٱللَّهُ يُحِبُّ ٱلْمُطَّهِّرِينَ أَفَمَنْ أَسَّسَ بُنْيَانَهُ عَلَى تَقْوَى مِنَ ٱللَّهِ

a) In Cod. puncta et vocales adduntur. Wüstenfeld, *Geschichte der Stadt Medina*, p. 131 pronunciat Lajja.

b) Ibn Isháq dicit eum appellatum fuisse ابو عامر الراهب ante Islámum, deinde ابو عامر الفاسق jussu Mohammedis; v. Ibn Hischám p. ٥٦١, Wüstenfeld l.l. p. 53.

وَرِضْوَانٍ قال هذا مسجد قُبآء ». وحدّثنا محمّد بن حاتم بن مَيْمون[a] قال حدّثنا يزيد بن هٰرون عن هشام عن الحسن قال لمّا نزلت هذه الاية فِيهِ رِجَالٌ يُحِبُّونَ أَنْ يَتَطَهَّرُوا ارسل رسول الله صلّعم الى اهل مسجد قُبآء فقال ما هذا الطهور ٱلّذى ذكرتم به قالوا يرسول الله انّا نغسل اثر الغائط والبول ». وحدّثنا محمّد بن حاتم قال حدّثنا وكيع عن ابن ابى ليلى عن عامر قال كان ناس من اهل قُبآء يستنجون بالماء فنزلت فيهم فِيهِ رِجَالٌ يُحِبُّونَ أَنْ يَتَطَهَّرُوا الاية ». حدّثنى عمرو[b] ابن محمّد الناقد واحمد بن هشام بن بهرام قالا حدّثنا وكيع بن الجرّاح قال اخبرنا ربيعة بن عثمان عن عِمْران بن ابى انس عن سهل ابن سعد قال اختلفا[c] رجلان على عهد رسول الله صلّعم فى المسجد ٱلّذى أُسِّسَ عَلَى ٱلتَّقْوَى فقال احدهما هو مسجد الرّسول وقال الاخر هو مسجد قُبآء فاتيا النبى صلّعم فسألاه فقال هو مسجدى هذا ». حدّثنا عمرو بن محمّد ومحمّد بن حاتم بن ميمون قالا حدّثنا وكيع عن ربيعة بن عثمان ٱلتَّيْمى عن عثمان بن عبيد الله بن ابى رافع عن ابن عمر قال المسجد ٱلّذى أُسِّسَ عَلَى ٱلتَّقْوَى مسجد الرّسول

5 صلّعم ». حدّثنا محمّد بن حاتم قال حدّثنا ابو نُعَيم الفضل بن دُكَيْن قال حدّثنا عبد الله بن عامر الاسلمى عن عمران بن ابى انس عن سهل بن سعد عن أُبَىّ بن كعب قال سُئل النّبى صلّعم عن المسجد ٱلّذى أُسِّسَ عَلَى ٱلتَّقْوَى فقال هو مسجدى هذا ». حدّثنى هُدْبَة بن خُلد قال حدّثنا ابو هلال الراسبى قال اخبرنا قَتَادَة عن سعيد ابن المسيّب فى قوله لَمَسْجِدٌ أُسِّسَ عَلَى ٱلتَّقْوَى قال هو مسجد

---

a) Cod. سمون. b) Cod. عمر. c) Cod. احتلف.

النّبى صلّعم الاعظم ،، حدّثنا على بن عبد الله المدينى قال حدّثنا
سفين بن عُيَيْنة عن ابى الزّناد عن خارجة بن زيد بن ثابت قال
المسجد الّذى أُسِّسَ عَلَى ٱلتَّقْوَى مسجد الرّسول عم ،، حدّثنا عفّان
قال حدّثنا وُهَيْب قال حدّثنا داود بن ابى هند عن سعيد بن
المسيّب قال المسجد الّذى أُسِّسَ عَلَى ٱلتَّقْوَى مسجد المدينة
الاعظم ،، حدّثنا محمّد بن حاتم بن ميمون السمين قال حدّثنا وكيع
حدّثنا أُسامة بن زيد عن عبد الرحمٰن بن ابى سعيد الخُدْرى عن
ابيه قال هو مسجد الرّسول صلّعم يعنى الّذى أُسِّسَ عَلَى ٱلتَّقْوَى ،،
قالوا وقد وُسّع مسجد قُبَآء بعدُ وزِيدَ فيه وكان عبد الله بن عمر اذا
دخله صلّى الى الاصطوانة المُخَلَّقة [a] وكان ذلك مصلّى رسول الله
صلّعم ،، قالوا واقام رسول الله صلّعم بقُبآء يوم الاثنين والثلثاء والاربعاء 6
والخميس وركب منها يوم الجمعة يريد المدينة فجمّع فى مسجد
كان بنو سالم بن عوف بن عمرو بن عوف بن الخزرج بنوه وكانت
تلك اوّل جمعة جمّع فيها ثم مرّ رسول الله صلّعم بمنازل الانصار منزلًا
منزلًا وكلّهم يسأله النزول عليه حتّى اذا انتهى الى موضع مسجده
بالمدينة بركت ناقته فنزل عنها وجاء ابو ايّوب خُلد بن زيد بن
كُلَيْب بن ثعلبة بن عبد بن عوف بن غنم بن مٰلك بن النّجّار بن ثعلبة بن
عمرو بن الخزرج فاخذ رحله فنزل صلّعم عند ابى ايّوب واراده قوم من
الخزرج على النّزول عندهم فقال المرء مع رحله فكان مقامه فى منزل
ابى ايّوب سبعة اشهر ونزل عليه تمام الصلوة بعد مقدمه بشهر ،، ووهبت
الانصار لرسول الله صلّعم كلّ فضل كان فى خِطَطها وقالوا يا نبىّ الله

---

a) Cf. Wüstenfeld l.l. p. 65. Fortasse deinde ex templo Qobâi in templum Medinense translata est. .

ان شئتَ فتخذ منازلنا فقال لهم خيرًا ، قالوا[a] وكان ابو امامة أَسْعَدُ ابن زُرارة بن عُدَس بن عبيد بن ثعلبة بن غنم بن مٰلك بن النَّجّار نقيب النُقباء يُجَمِّع بمن يليه من المسلمين فى مسجد له فكان رسول الله صلّعم يصلّى فيه ثم انّه سأل اسعد ان يبيعه ارضًا متّصلة بذلك المسجد كانت فى يده ليتيمين فى حَجْرِه يقال لهما سَهل وسُهَيل ابنا رافع بن ابى عمرو بن عَابِد[b] بن ثعلبة بن غنم فعرّض عليه ان ياخذها ويغرم[c] عنه لليتيمين ثمنها فابى رسول الله
7 صلّعم ذلك وابتاعها منه بعشرة دنانير ادّاها من مال ابى بكر الصِّدّيق رضّه ، ثمّ انّ رسول الله صلّعم امر باتّخاذ اللِبن فاتُّخِذ وبنى به المسجد ورُفِع اساسُهُ بالحجارة وسُقِّف بالجريد وجُعِلت عمده جذوعًا فلمّا استُخلِف ابو بكر رضّه لم يحدث فيه شيًا واستخلف عمر رضّه فوسّعه وكلّم العبّاس بن عبد المطّلب رضّه فى بيع داره ليزيدها فيه فوهبها العبّاس لله والمسلمين[d] فزادها عمر رضّه فى المسجد ، ثم ان عثمان بن عفّان رضّه بناه فى خلافته بالحجارة والقَصّة وجعل عمدَهُ حجارةً وسقّفه بالساج وزاد فيه ونقل اليه الحصبآء من العَقِيق وكان اوّل من اتّخذ فيه المقصورة مرٰون بن[e] الحكم بن العاصى بن اميّة بناها بحجارة منقوشة ثم لم يُحدَث فيه شىء الى ان ولى الوليد بن عبد الملك بن مرٰون بعد ابيه فكتب الى عمر ابن عبد العزيز وهو عامله على المدينة يامره بهدم المسجد وبنائه

---

a) Ad seqq. cf. Wüstenfeld l. l. p. 60.

b) Cod. sine punctis, cf. Ibn Hisch. ٥٠٣. Scripsi عابد, quoniam sic perspicue legitur in libro عيون الاثر (Cod. Lugd. 340) f. 61 v. ubi hic locus exstat inde a verbis (p. 6) فنزل رسول الله صلعم عند ابى ايوب usque ad verba مع المساجد (p. 8).

c) Scilic. اسعد. *d*) *Oj. al-Athar.* وللمسلمين. *e*) Cod. بن ابى.

وبعث اليه بمال وفسيفساء ورخام وثمانين صانعًا من الروم والقبط من
اهل الشام ومصر فبناه وزاد فيه وولّى القيام بامره والنفقة عليه صالح
ابن كَيْسان مولى سُعْدَى مولاة آل مُعَيْقيب بن ابى فاطمة الدّوسى
وذلك فى سنة ٨٧ ويقال فى سنة ٨٨[a] ثمّ لم يحدث فيه احد من
الخلفاء شيـًٔا حتى استخلف المهدى امير المومنين صلوات الله عليه ،،
قال الواقدى بعث المهدى عبد الملك بن شبيب الغسّانى ورجلًا[b] 8
من ولد عمر بن عبد العزيز الى المدينة لبناء مسجدها والزيادة فيه
وعليها يومئذ جعفر بن سليمٰن بن على فمكثا فى عمله سنةً وزادا
فى مؤخره مائة ذراع فصار طوله ثلثمائة ذراع وعرضه مائتى ذراع ،،
وقال على بن محمّد المدائنى ولّى المهدى امير المومنين جعفر بن
سليمٰن مكّة والمدينة واليمامة فزاد فى مسجد مكّة ومسجد المدينة
فتمّ بناء مسجد المدينة فى سنة ١٦٢ وكان المهدى اتى المدينة
فى سنة ٦٠ قبل الحجّ فامر بقلع[c] المقصورة وتسويتها مع المسجد ،،
ولمّا كانت سنة ٢٤٦ امر امير المومنين جعفر المتوكّل على الله رحمه
بمرمّة مسجد المدينة فحُمِل اليه فُسَيفِسَاء كثير وفُرِغ منه فى
سنة ٢٤٧ ،، حدّثنى عمرو بن حمّاد بن ابى حنيفة قال حدّثنا مٰلك
ابن انس قال حدّثنا هشام بن عروة عن ابيه عن عائشة قالت قال
رسول الله صلّعم ما يفتح من مصر او مدينة عنوة فان المدينة
فُتِحت بالقرآن ،، حدّثنا شَيْبان بن ابى شيبة الأُبُلّى قال حدّثنا
ابو الاشهب قال اخبرنا الحسن ان رسول الله صلّعم قال ان لكلّ
نبىّ حرمًا وانّى حرّمت المدينة كما حرّم ابرٰهيم عم مكّة ما بين

---

a) Wüstenfeld l. l. p. 73 seq. annis 91—93. *b*) Nempe عبد الله بن عاصم, nepos Omari II[i]. *c*) *Oj. al-Ath.* بقطع.

حرّتيها لا يُخْتَلَ[a] خلاها ولا يعضد شجرها ولا يحمل فيها السلاح لقتال
فمن احدث حدثًا او اوى محدثًا فعليه لعنة الله والملائكة والناس
اجمعين لا يقبل[b] منه صَرف ولا عدل ״ وحدّثنى رَوْح بن عبد المومن 9
البصرى المقرى قال حدّثنا ابو عُوانة عن عمر بن ابى سلمة بن عبد
الرحمٰن عن ابيه عن ابى هريرة قال قال رسول الله صلعم اللهمّ انّ
ابرٰهيم عبدك ورسولك وانا عبدك ورسولك وانّى قد حرّمت ما بين
لابـتَيْها كما حرّم ابرٰهيم مكّة فكان ابو هريرة يقول والّذى نفسى بيده
لو أَجِدُ الظباء ببطحان ما عانيتُها ״ وحدّثنا شيبان بن ابى شيبة
قال حدّثنا القُسم بن الفضل الحدّانى عن محمّد بن زياد عن جدّه
وكان مولى عثمان بن مظعون وكانت فى يده ارض لآل مظعون بالحَرّة
قال كان عمر بن الخطّاب ربّما اتانى نصف النهار واضعًا ثوبه على راسه
فيجلس الىّ ويتحدّث عندى فأُجِيئه من القثاء والبقل فقال لى يومًا
لا تبرح فقد استعملتُك على ما هاهنا ولا تَدَعن احدًا يخبط شجرةً
ولا يعضدها يعنى من شجر المدينة فان وجدت احدًا يفعل ذلك
فخذ حبله وفأسه قال قلتُ آخذُ ثوبَه قال لا ״ وحدّثنى ابو مسعود
ابن القَتّات قال حدّثنا ابن ابى يحيى المدنى عن جعفر بن محمّد
عن ابيه ان رسول الله صلعم حرّم من الشجر ما بين أُحُدٍ الى عَيْرٍ
واذن لصاحب الناضح فى الغضا وما يصلح به محارثه وغربه ״
وحدّثنى بكر بن الهيثم قال حدّثنا عبد الله بن صالح عن اللّيث بن
سَعْدٍ عن هشام بن سَعد عن زيد بن اسلم عن ابيه قال سمعتُ عمر
ابن الخطّاب رضّه يقول لرجل استعمله على حمى الرَّبَذة نَسِى بكر اسمَهُ 10

a) Cod. يُخْتلى et sic Zamakscharí in libro الفائق, Cod. 307a.p. 327, cf. p. 52 (recte Qodáma). b) Qodáma b. Djafar Manz. VII. Cap. 19 addit الله.

اضمم جناحك عن كلّ مُسْلم واتّق دعوة المظلوم فانّها مُجَابة وادخل ربّ الصُرَيمة والغُنَيمة ودعنى من نعم ابن عفّان وابن عوف فانّهما ان تهلك ماشيتهما يرجعا الى زرع وانّ هذا البائس ان تهلك ماشيته يجئُ فيصرخ يامير المومنين يامير المومنين فالكلاء اهون على المسلمين من غرم المال ذهبة وورقة والله انّها لارضهم قاتلوا عليها فى الجاهليّة واسلموا عليها فى الاسلام وانّهم ليرون انّى اظلمهم ولولا النعم الّتى تُحْمَل عليها فى سبيل الله ما حميتُ عن الناس من بلادهم شيـًٔا ابدًا ، حدّثنا القسم بن سلّام ابو عُبَيد قال حدّثنا ابن ابى مريم عن العُمَرى عن نافع عن ابن عُمر قال حما رسول الله صلّعم النَّقيع لخيل المسلمين قال لى ابو عبيد بالنون[a] وقال النَقيع فيه قاع ذُرَق وهو الحندقوق ، وحدّثنى مُصْعَب بن عبد الله الزُبَيرى عن ابيه عن ابن الدَّرَاوَرْدى عن محمّد بن ابرٰهيم التَّيمى عن ابيه عن سعد بن ابى وَقّاص انّه وجد غلامًا يقطع الحمى فضربه وسلبه فأسه فدخلت مولاته او امراة من اهله على عمر رضّه فشكت اليه سعدًا فقال عمر رُدّ الفاس والثياب ابا اسحٰق رحمك فأبّى وقال لا اعطى غنيمة غنّمنيها رسول الله صلّعم سمعتُه يقول من وجدتموه يقطع الحمى فاضربوه واسلبوه فاتّخذ من الفاس مسحاةً فلم يزل يعمل بها فى ارضه حتّى توفّى ، وحدّثنا ابو 11

الحسن المدائنى عن ابن جُعْدُبَة وابى مَعْشر قالا[b] لمّا كان النبىُّ صلّعم بِظُرَيب التاويل مقدمَهُ من غزوة ذى قَرْد قالت له بنو حارثة من الانصار يرسول الله هاهنا مسارح ابلنا ومرعى غنمنا ومخرج نسائنا يعنون موضع الغَابَة فقال رسول الله صلّعم من قطع شجرة فليغرِس مكانها ودِيّةً فغرِسَت الغابة ، وحدّثنى عبد الاعلى بن حمّاد النَّرْسى

a) Cf. Wüstenfeld l.l. p. 155. b) Cod. قال.

قال حدّثنا حمّاد بن سلمة قال اخبرنا محمّد بن اسحٰق عن ابى مٰلك
ابن ثعلبة عن ابيه انّ رسول الله صلّعم قضى فى وادى مَهْزُور ان يُحْبَس
الماء فى الارض الى الكَعْبَيْن فاذا بلغ الكعبين ارسل الى الاخرى لا
يمنع الاعلى الاسفل[a] ‹، وحدّثنا اسحٰق بن ابى اسرائيل قال حدّثنا عبد
الرحمٰن بن ابى الزِّناد عن عبد الرحمٰن بن الحٰرث انّ رسول الله صلّعم
قضى فى سيل مَهْزُور ان الاعلى يمسك على من اسفل منه حتّى يبلغ
الكعبين ثمّ يرسله على من اسفل منه ‹، وحدّثنى عمرو[b] بن حمّاد بن
ابى حنيفة قال حدّثنا مٰلك بن انس عن[c] عبد الله بن ابى بكر بن
محمّد بن عمرو بن حزم الانصارى عن ابيه قال قضى رسول الله صلّعم
فى سيل مَهْزُور ومُذَيْنِيب[d] ان يحبس الماء حتّى يبلغ الكعبين ثمّ
يرسل الاعلى على الاسفل قال مٰلك وقضى رسول الله صلّعم فى سيل
12 بَطِحان بمثل ذلك ‹، وحدّثنى الحسين بن الاسود العِجْلى قال حدّثنا
يحيى بن ادم قال حدّثنا يزيد بن عبد العزيز عن محمّد بن اسحٰق
قال حدّثنا ابو مٰلك بن ثعلبة بن ابى مٰلك عن ابيه قال اختُصم الى
رسول الله صلّعم فى مَهْزُور وادى بنى قُرَيْظَة فقضى انّ الماء الى
الكعبين لا يحبسه الاعلى على الاسفل[e] ‹، وحدّثنى الحسين قال
حدّثنا يحيى بن ادم قال حدّثنا حفص بن غِيَاث عن جعفر بن محمّد
عن ابيه قال قضى رسول الله صلّعم فى سيل مَهْزُور انّ لاهل النخل
الى العَقِبَيْن ولاهل الزرع الى الشِراكين ثمّ يرسلون الماء الى من هو
اسفل منهم ‹، وحدّثنى حفص بن عمر الدُّورى قال حدّثنا عبّاد بن عبّاد

---

a) Deëst haec traditio in Ibn Hischám. De Abu Málik ibn Tha'laba cf. ibi p. ١٧٠.
b) Cod. عمر. *c*) Cod. بن cf. Ibn Hischám p. LXI. *d*) Vulgo مذينب.
e) Deëst iterum in Ibn Hischám.

قال حدّثنا هشام بن عروة عن عروة قال قال رسول الله صلّعم بَطِحان على تُرعَةٍ من ترع الجنّة ⁂ وحدّثنى على بن محمّد المدائنى ابو الحسن عن ابن جُعْدُبَة وغيره قالوا اشرفت المدينة على الغرق فى خلافة عثمان من سيل مَهْزُور حتّى اتّخذ له عثمان ردمًا قال ابو الحسن وجاء ايضًا بماءٍ مَخُوف عظيم فى سنة ١٥٦ فبعث اليه عبد الصّمد بن على بن عبد الله بن العبّاس وهو الامير يومئذ عبيدَ الله بن ابى سلمة العُمرى فخرج وخرج الناس بعد صلاة العصر وقد ملأ السيل صدقات رسول الله صلّعم فدلّتهم عجوز من اهل العالية على موضع كانت تسمع الناس يذكرونه فحفروه فوجد الماءُ مُنْسَرِبًا فغاص منه الى

وادى بَطِحان قال ومن مَهْزُور الى مُذَيْنِيب شُعبَة يَصُبّ فيها[a] ⁂ حدّثنى 13

محمّد بن أَبان الواسطى قال حدّثنا ابو هلال الراسبى قال حدّثنا الحسن قال دعا رسول الله صلّعم للمدينة واهلها وسمّاها طَيّبة ⁂ وحدّثنى ابو عمر حفص بن عمر الدُّورى قال حدّثنا عبّاد بن عبّاد عن هشام بن عروة عن ابيه عن عائشة امّ المومنين قالت لمّا هاجر رسول الله صلّعم الى المدينة مرض المسلمون بها فكان ممّن اشتدّ به مرضه ابو بكر وبلال وعامر بن فُهَيرة فكان ابو بكر رضّه يقول فى مرضه[b]

كُلُّ آمْرِئٍ مُصَبَّحٌ فِي أَهْلِهِ ... وَٱلْمَوْتُ أَدْنَى مِنْ شِرَاكِ نَعْلِهِ[c]

وكان بلال رضّه يقول

أَلَا لَيْتَ شِعْرِي هَلْ أَبِيتَنَّ لَيْلَةً ... بِفَخٍّ[d] وَحَوْلِي إِذْخِرٌ وَجَلِيلُ
وَهَلْ أَرِدَنْ يَوْمًا مِيَاهَ مَجَنَّةٍ ... وَهَلْ تَبْدُوَا[e] لِي شَامَةٌ وَطَفِيلُ

وكان عامر بن فُهَيرة يقول

---

a) Cod. فيه. b) Ibn Hischám p. ٤١٤, Azraqí ٣٨٣, ٣٨٥, Bokhárí et Bekrí in v. الجحفة. c) Cf. Freytag *Prov.* I, 492 (nº. 63). d) Bokhárí et Bekrí بواد. e) Ibn Hischám, Bekrí et Bokhárí يَبْدُوَنْ; cf. Zauzani ad Mo'allaqam Amro'l-Kaisi vs. 1.

لَقَدْ وَجَدْتُ ٱلْمَوْتَ قَبْلَ ذَوْقِهِ   إِنَّ ٱلْجَبَانَ حَتْفُهُ مِن فَوْقِهِ[a]
[كُلُّ ٱمْرِئٍ مُجَاهِدٌ بِطَوْقِهِ][b]   كَٱلثَّوْرِ يَحْمِي جِلْدَهُ بِرَوْقِهِ

قال فأُخبر النبىّ صلّعم بذلك فقال اللهمّ طيّب لنا المدينة كما
طيّبتَ[c] لنا مكّة وبارك لنا فى مُدّها وصاعها ،، حدّثنا الوليد بن صالح 14
قال حدّثنا الواقدى عن محمّد بن عبد الله عن الزُّهرى عن عروة انّ رجلا
من الانصار خاصم الزبير بن العوّام فى اشراج الحرّة فقال رسول الله صلّعم
اسقِ يا زبير ثمّ ارسل الى جارك ،، واخبرنى على الأثْرَم عن ابى عبيدة
قال الاشراج مسايل الماء فى الحرار والحرّة ارض مفروشة بصخر قال وقال
الأَصْمَعى مسايل من الحرار الى السهولة ،، حدّثنى الحسين بن على
ابن الاسود العِجْلى قال حدّثنا يحيى بن ادم قال حدّثنا يزيد بن
عبد العزيز ثنا هشام بن عروة عن ابيه قال اقطع عمر رضه العَقيق حتّى
انتهى الى ارض فقال ما اقطعتُ مثلها قال خَوّات بن جُبَير اقطعنيها فاقطعه
ايّاها ،، وحدّثنى الحسين قال حدّثنا يحيى بن ادم عن يزيد بن عبد
العزيز عن هشام بن عروة عن ابيه قال اقطع عمر العَقيق ما بين اعلاه
الى اسفله ،، وحدّثنى الحسين قال حدّثنا حفص بن غِيَاث عن هشام
ابن عروة قال خرج عمر يُقطِع الناس وخرج معه الزبير فجعل عمر يقطع
حتّى مرّ بالعَقيق فقال اين المستقطعون منذ اليوم ما مررتُ بقطعة اجود
منها فقال الزبير اقطعنيها فاقطعه ايّاها ،، وحدّثنى الحسين قال حدّثنى
يحيى بن ادم قال حدّثنا ابو معٰوية الضّرير عن هشام بن عروة عن ابيه
قال اقطع عمر العَقيق كلّه حتّى انتهى الى قطيعة خوّات بن جُبير الانصارى
فقال اين المستقطعون ما اقطعتُ اليوم اجود من هذه ،، وحدّثنا خلف 15

---

a) Freytag *Proverbia* I, p. 7 (n⁰ 10).   b) x Ibn H. In Cod. deëst hoc hemist.
c) Ibn H. حبّبت — حبّب cf. Wáqidí *Magází* p. ١٤, Azraqí ٣٨٢ et Bokhárí.

ابن هشام البَزّار قال حدّثنا ابو بكر بن عَيّاش قال حدّثنا هشام بن عروة عن ابيه قال اقطع عمر بن الخطّاب خَوّات بن جُبير الانصارى ارضًا مواتًا فاشتريناها منه ،، حدّثنى الحسين بن الاسود قال حدّثنا يحيى بن ادم عن ابى بكر بن عَيّاش عن هشام عن ابيه بمثله ،، وحدّثنى الحسين قال حدّثنى يحيى بن ادم حدّثنا ابو معٰوية عن هشام بن عروة عن عروة قال اقطع ابو بكر الزبير ما بين الجُرْف الى قَنَاة ،، واخبرنى ابو الحسن[a] المدائنى قال قَنَاة وادٍ ياتى من الطائف ويصبّ الى الأَرْحَضيّة وقَرْقَرة الكُدْر ثمّ ياتى سدّ معٰوية ثمّ يمُرّ على طرف القَدُوم ويصُبّ فى اصل قبور الشهدآء بأُحُد ،، وحدّثنا ابو عبيد القٰسم بن سَلّام قال حدّثنا اسحٰق بن عيسى عن مٰلك بن انس عن ربيعة عن قوم من علمائهم ان رسول الله صلّعم اقطع بلال بن الحٰرث المُزَنى معادن بناحية الفُرْع[b] ،، وحدّثنى عمرو الناقد وابن سهم الانطاكى قالا حدّثنا الهَيْثَم بن جميل الانطاكى قال حدّثنا حمّاد بن سلمة عن ابى مَكين عن ابى عِكْرِمة مولى بلال بن الحٰرث المُزَنى قال اقطع رسول الله صلّعم بلالًا ارضًا فيها جبل ومعدن فباع بنو بلال عمر بن عبد العزيز ارضًا منها فظهر فيها معدن او قال معدنان فقالوا انّما بعناك ارض حرث ولم نبعك المعادن وجاءوا بكتاب النبىّ صلّعم لهم فى جريدة فقبّلها عمر ومسح بها عينه وقال لقيّمه انظر ما خرج منها 16
وما انفقت وقاصّهم بالنفقة ورُدّ عليهم الفضل ،، وحدّثنا ابو عبيد قال حدّثنا نُعَيم بن حمّاد عن عبد العزيز بن محمّد عن ربيعة بن ابى عبد الرحمٰن عن الحٰرث بن بلال بن الحٰرث المُزَنى عن ابيه بلال بن الحٰرث انّ النبىّ صلّعم اقطعه العَقيق اجمع ،، وحدّثنى مُصْعَب الزبيرى قال قال مٰلك بن انس اقطع رسول الله صلّعم بلال بن الحٰرث معادن بناحية

a) Cod. الحسين. b) Cod. h. l. القُرُع.

الفُرع لا اختلاف فى ذلك بين علمائنا ولا اعلم بين احد من اصحابنا خلافًا انّ فى المعدن الزكاة ربع العشر قال مُصْعَب وروى عن الزهرى انّه كان يقول فى المعادن الزكاة وروى عنه ايضًا قال فيها الخُمس مثل قول اهل العراق وهم ياخذون اليوم من معادن الفُرع ونجران وذى المروة ووادى القرى وغيرها الخُمس على قول سفين الثَّوْرى وابى حنيفة وابى يوسف واهل العراق ، وحدّثنى الحسين بن الاسود قال حدّثنا وكيع بن الجَرّاح قال حدّثنا الحسن بن صالح بن حىّ عن جعفر بن محمّد انّ رسول الله صلّعم اقطع عليًّا رضّه اربع ارضين الفُقَيرين وبئر قيس والشَّجَرة ، وحدّثنى الحسين عن يحيى بن ادم عن الحسن بن صالح عن جعفر ابن محمّد مثله ، وحدّثنى عمرو[a] بن محمّد الناقد قال حدّثنا حفص ابن غِيَاث عن جعفر بن محمّد عن ابيه انّه قال اقطع عمر بن الخطّاب عليًّا رضّهما يَنْبُع فاضاف اليها غيرها ، وحدّثنى الحسين عن يحيى بن
17 ادم عن حفص بن غياث عن جعفر بن محمّد عن ابيه بمثله ، وحدّثنى من أَثِقُ به عن مصعب بن عبد الله الزبيرى انّه قال نُسِبت بئر عروة ابن الزبير الى عروة بن الزبير ' ونُسِب حوض عمرو الى عمرو بن الزبير ' ونُسِب خليج بنات نائلة الى ولد نائلة بنت الفَرَافِصَة الكلبيّة امراة عثمان بن عفّان وكان عثمان بن عفّان رضّه اتّخذ هذا الخليج وساقه الى ارض استخرجها واعتملها بالعَرْصَة[b] ' وارض ابى هريرة نُسِبت الى ابى هريرة الدَّوْسى والصَّهْوَة صدقة عبد الله بن عبّاس رضّهما فى جبل جُهينة ' وقصر نَفيس يُنسَب فيما يُقَال الى نفيس التاجر بن محمّد بن زيد بن عُبَيد بن المُعَلّى بن لَوْذان بن حارثة بن زيد من الخزرج وهم حلفاء بنى زُرَيق بن عبد حارثة من الخزرج وهذا القصر بحَرّة واقِم بالمدينة

---

a) Cod. عمر. b) V. *Moschtarik* in v. خليج.

واستشهد عُبَيد بن المعلّى يوم أُحُد قال ويقال انّه نفيس بن محمّد بن زيد بن عبيد بن مُرّة مولى المُعَلّى فانّ عُبَيدًا هذا واباه من سبى عين التمر ومات عبيد بن مرّة ايّام الحرّة وكان يكنّى ابا عبد الله ٬ قال وبئر عائشة نُسبت الى عائشة بن نُمَير بن واقف وعائشة رجل وهو من الاوس ٬ وبئر المطّلب على طريق العراق نسبت الى المطّلب بن عبد الله بن حَنْطَب بن الحرث بن عُبَيد بن عمر بن مخزوم ٬ وبئر ابن المُرْتَفِع نُسبت الى محمّد بن المُرْتَفِع بن النُّضَير العَبدرى ٬٬ حدّثنى محمّد بن
سعد عن الواقدى عن عبد الله بن جعفر عن شَريك بن عبد الله عن[a] 18
ابى نَمِر الليثى عن عطاء بن يَسار مولى ميمونة بنت الحرث بن حَزْن ابن بُجَير الهلالية قال لمّا اراد رسول الله صلعم ان يتّخذ السوق بالمدينة قال هذا سوقكم لا خراج عليكم فيه ٬٬ وحدّثنى العبّاس بن هشام الكلبى عن ابيه عن جدّه محمّد بن السائب وشَرْقِى بن القُطامى الكلبى قالا لمّا هدم بُخْتَنَصّر بيت المقدس واجلى من اجلى وسبى من سبى من بنى اسرائيل لحق قوم منهم بناحية الحجاز فنزلوا وادى القرى وتيماء ويثرب وكان بيثرب قوم من جُرْهُم وبقيّة من العماليق قد اتّخذوا النخل والزرع فاقاموا معهم وخالطوهم فلم يزالوا يكثرون وتقلّ جُرْهُم والعماليق حتّى نفوهم عن يثرب واستولوا عليها وصارت عمارتها ومراعيها لهم فمكثوا على ذلك ما شاء الله ثمّ انّ من كان باليمن من ولد سبا ابن يَشْجُب بن يَعْرُب بن قَحْطان بغوا وطغوا وكفروا نعمة ربّهم فيما اتاهم من الخصب ورفاغة العيش فخلق الله جرذانًا جعلت تنقب سُدًّا كان لهم بين جبلين فيه انابيب يفتحونها اذا شاؤوا فياتيهم الماء منها على قدر حاجتهم وارادتهم والسُدُّ العَرِم فلم تزل تلك الجرذان تعمل

a) Cod. بن.

في ذلك العَرِم حتّى خرقته فاغرق الله تعالى جنانهم وذهب باشجارهم
وابدلهم خمطًا واثلًا وشيـًا من سدرٍ قليلًا[a] فلمّا راى ذلك مُزَيقيّا وهو
عمرو بن عامر بن حارثة بن ثعلبة بن امرئ القيس بن مازن بن الازد
19 ابن غوث بن نَبْت بن[b] مٰلك بن زيد بن كهلان بن سبا بن يشجب
ابن يعرب بن قحطان باع كلّ شئ له من عقار وماشية وغير ذلك ودعا
الازد حتّى صاروا معه الى بلاد عَكّ فاقاموا بها وقال عمرو الانتجاع قبل
العلم عجز[c] فلمّا رأت عكّ غلبة الازد على اجود مواضعهم غمّها ذلك
فقالت للازد انتقلوا عنّا فقام رجل من الازد اعور اصمّ يقال له جِذْع
فوثب بطائفة منهم فقتلهم ونشبت الحرب بين الازد وعكّ فانهزمت الازد
ثم كَرّت فقال جِذْع في ذلك

نَحْنُ بَنُو مَازِنَ غَيْرَ شَكّْ   غَسَّانُ غَسَّانَ وَعَكٌّ عَكّْ
سَيَعْلَمُونَ أَيُّنَا أَرَكّْ[d]

وكانت الازد نزلت بماء يقال له غَسّانُ فسُمّوا بذلك ثمّ انّ الازد سارت
حتّى انتهت الى بلاد حَكم بن سَعد العشيرة بن مٰلك بن أُدَد بن زيد
ابن يشجب بن عَريب بن زيد بن كهلان بن سبا بن يشجب بن
يعرب بن قحطان فقاتلوهم فظهرت الازد على حكم ثمّ انّه بدا لهم الانتقال
عن بلادهم فانتقلوا وبقيت طائفة منهم معهم ثمّ اتوا نجران فحاربهم
اهلها فنُصِروا عليهم فاقاموا بنجران ثمّ رحلوا عنها الّا قوم منهم تخلّفوا
20 بها لاسباب دعتهم الى ذلك فاتوا مكّة واهلها جُرْهُم فنزلوا بطن مَرّ وسأل ثعلبة
ابن عمرو مُزَيقيا جرهم ان يعطوهم سهل مكّة فأبوا فقاتلهم حتّى غلب
على السهل ثمّ انّه والازد استوبأوا مكانهم ورأوا شدّة العيش به فتفرّقوا
فاتت طائفة منهم عُمان وطائفة السَراة وطائفة الانبار والحيرة وطائفة

---

a) Cod. وقليل. *b*) Cod. من. *c*) Proverbium? Non exstat apud Freytag.

d) اقْواء ut interdum apud antiquos poetas; cf. Freytag *Verskunst* p. 328.

الشام واقامت طائفة منهم بمكّة فقال جِذْع اكلّما صرتم يا معاشر الازد الى ناحية انخزعت منكم جماعة يوشك ان تكونوا اذنابًا فى العرب فسُمّى من اقام بمكّة خزاعة ، واتى ثعلبة بن عمرو مُزَيْقيا وولده ومن تبعه يثرب وسكّانها اليهود فاقاموا بها خارج المدينة ثمّ انّهم عفوا وكثروا وعزّوا حتّى اخرجوا اليهود منها ودخلوها فنزلت اليهود خارجها ، فالأَوْس والخَزْرَج ابنا حارثة بن ثعلبة بن عمرو[a] مُزَيْقيا بن عامر وامّهما قَيْلة بنت الارقم بن عمرو ويقال انّها غسّانية من الازد ويقال انّها عُذْرِيّة[b] ، وكانت للاوس والخزرج قبل الاسلام وقائع وايّام تدرّبوا فيها بالحروب[c] واعتادوا اللقاء حتّى شَهُر باسهم وعُرفت نجدتهم وذكرت شجاعتهم وجلّ فى قلوب العرب امرهم وهابوا حدّهم فامتنعت حوزتهم وعزّجارهم وذلك لما اراد الله من اعزاز نبيّه صلعم واكرامهم بنصرته ، قالوا ولمّا قدم رسول
21 الله صلعم المدينة كتب بينه وبين يهود يثرب كتابًا وعاهدهم عهدًا
وكان اوّل من نقض ونكث منهم يهود بنى قَيْنُقاع فاجلاهم رسول الله صلعم عن المدينة وكان اوّل ارض افتتحها رسول الله صلعم ارض بنى النَّضِير ،

أَمْوَالُ بَنِي ٱلنَّضِير

قال اتى رسول الله صلعم بنى النّضير من يهود ومعه ابو بكر وعمر وأُسَيْد ابن حُضَيْر فاستعانهم فى دِيَة رجلَيْن من بنى كلاب بن ربيعة[d] موادعَيْن له كان عمرو بن اميّة الضّمرى قتلهما فهمّوا بان يُلْقوا عليه رَحًا فانصرف

a) Quae praecedunt 16 paginae jam typis exaratae erant, quum comperi alterum nostri operis Codicem exstare in Museo Brittanico. Inveni eum bonae notae, Leidensi recentiorem, sed ex antiquo exemplari descriptum, et magna cum cura deinde collatum. In sequentibus lectiones hujus Codicis littera B, Leidensis littera A notabo. A. add. بن. *b*) Hoc dicit Ibn Isháq ١٤٠. Wüstenfeld l.l. p. 56 annot. *c*) A. للحروب. *d*) Cf. Ibn Hisch. p. ٦٥ .

عنهم وبعث اليهم يامرهم بالجلاء عن بلده اذ كان منهم ما كان من الغدر والنكث فأبوا ذلك وآذنوا بالمحاربة فزحف اليهم رسول الله صلعم فحاصرهم خمس عشرة ليلة ثمّ صالحوه على ان يخرجوا من بلده ولهم ما حملت الابل الّا الحلقة والآلة ولرسول الله صلعم ارضهم ونخلهم والحلقة وسائر السلاح (والحلقة الدروع) فكانت اموال بنى النّضير خالصة لرسول الله صلعم وكان يزرع تحت النخل فى ارضهم فيدخل من ذلك قوت اهله وازواجه سنة وما فضل جعله فى الكُرَاع والسلاح واقطع رسول الله صلعم من ارض بنى النّضير ابا بكر وعبد الرحمٰن بن عوف وابا دُجَانة سِمَاك
ابن خَرَشَة السّاعِدِىّ وغيرهم وكان امر بنى النّضير فى سنة ٤ من الهجرة ،، 22
قال الواقدى وكان مُخَيْرِيق احد بنى النّضير حبرًا عالمًا فآمن برسول الله صلعم وجعل ماله له وهو سبعة حوائط فجعلها رسول الله صلعم صدقةً وهى المِيثَب وَالصَّافِيَة وَالدَّلَال وحُسْنَى[a] وبَرْقَة والأَعْوَاف وَمَشْرَبَة أُمّ ابرٰهيم ابن رسول الله صلعم وهى مارية القبطية ،، حدّثنا القٰسم بن سلّام قال حدّثنا عبد الله بن صالح قال اخبرنا اللَّيْث بن سعد عن عُقَيْل عن الزُّهرى انّ وقيعة بنى النّضير من يهود كانت على ستّة اشهر من يوم أُحُد فحاصرهم رسول الله صلعم حتّى نزلوا على الجلاء وعلى انّ لهم ما اقلّت الابل من الامتعة الّا الحلقة فانزل الله فيهم[b] سَبَّحَ لِلَّهِ مَا فِى ٱلسَّمٰوَاتِ وَمَا فِى ٱلْأَرْضِ وَهُوَ ٱلْعَزِيزُ ٱلْحَكِيمُ هُوَ ٱلَّذِى أَخْرَجَ ٱلَّذِينَ كَفَرُوا مِنْ أَهْلِ ٱلْكِتَابِ الى قوله وَلِيُخْزِىَ ٱلْفَاسِقِينَ ،، وحدّثنا الحسين بن الاسود قال حدّثنا يحيى بن ادم عن ابن ابى زائدة عن محمّد بن اسحٰق[c] فى قوله مَا أَفَآءَ ٱللَّهُ عَلَىٰ رَسُولِهِ مِنْهُمْ قال من بنى النّضير فما أَوْجَفْتُمْ عَلَيْهِ مِنْ خَيْلٍ وَلَا رِكَابٍ وَلٰكِنَّ ٱللَّهَ يُسَلِّطُ رُسُلَهُ عَلَىٰ مَنْ يَشَآءُ قال اعلمهم انّها

a) Wüstenf. l.l. p. 150 الحسناء. b) Qor. 95 vs. 1 seqq. c) Ibn Hischám p. ٦٥٤ et ٦٥٥.

لرسول الله صلّعم خالصة دون الناس فقسمها رسول الله صلّعم فى المهاجرين
الّا انّ سَهْل بن حُنَيْف وابا دُجانة ذكرا فقرًا فاعطاهما قال وامّا قوله مَا 23
أَفَآءَ ٱللّٰهُ عَلَى رَسُولِهِ مِنْ أَهْلِ ٱلْقُرَى فَلِلّٰهِ وَلِلرَّسُولِ الى اخر الاية قال هذا
قسم اخر بين المسلمين على ما وصفه[a] الله ‹‹ وحدّثنى محمّد بن حاتم
السمين قال حدّثنا الحجّاج بن محمّد عن ابن جُرَيْج عن موسى بن عُقْبة
عن نافع عن ابن عمر قال احرق رسول الله صلّعم نخل بنى النّضير
وقطع[b] وفى ذلك يقول حسّان بن ثابت[c]

لَهَانَ عَلَى سَرَاةِ بَنِى لُؤَىٍّ   حَرِيقٌ بِٱلْبُوَيْرَةِ مُسْتَطِيرُ

قال ابن جُرَيْج وفى ذلك نزلت مَا قَطَعْتُمْ مِنْ لِينَةٍ أَوْ تَرَكْتُمُوهَا قَائِمَةً
عَلَى أُصُولِهَا فَبِإِذْنِ ٱللّٰهِ وَلِيُخْزِىَ ٱلْفَاسِقِينَ (اللينة النخلة) ‹‹ وحدّثنا ابو
عبيد قال حدّثنا حجّاج عن ابن جُرَيْج عن موسى عن نافع عن ابن عمر
بمثله وقال ابو عمر الشيبانى الراوية وغيره من الرُّواة انّ هذا الشعر لابى
سفين بن الحرث بن عبد المطّلب وانّما هو[d]

لَعَزَّ عَلَى سَرَاةِ بَنِى لُؤَىٍّ   حَرِيقٌ بِٱلْبُوَيْرَةِ مُسْتَطِيرُ

ويُرْوَى بالبُوَيْلة فاجابه حسّان بن ثابت فقال

أَدَامَ ٱللّٰهُ ذٰلِكُمْ حَرِيقًا   وَضَرَّمَ فِى طَوَائِفِهَا ٱلسَّعِيرُ
هُمُ أُوتُوا ٱلْكِتَابَ فَضَيَّعُوهُ   فَهُمْ عُمْىٌ عَنِ ٱلتَّوْرَاةِ بُورُ

وحدّثنى عمرو[e] بن محمّد الناقد قال نا سفين بن عُيَيْنة عن مَعْمَر عن
الزُّهرى عن مٰلك بن اوس بن الحَدَثان قال قال عمر بن الخطّاب كانت
اموال بنى النّضير ممّا افاء الله على رسوله ولم يوجف المسلمون عليه 24

a) Ibn Hisch. وضعه. b) Bekrí in v. البويرة addit: زهو البويرة. c) A. om. حسان; ad ea quae sequuntur cf. Ibn Hischám, p. ٧١٣ seq. et Bokhárí caput حديث بنى النضير. d) In *Ojun al-Athar* utraque traditio exstat. Huic vero addit هذه اشبه بالصواب من الرواية الاولى. Idem locum Ibn Sa'di describit, ubi alterum exemplum lectionis البويلة. e) Codd. عمر.

بخيل ولا ركاب فكانت له خالصة فكان ينفق منها على اهله نفقة سنة وما بقى جعله فى الكراع والسلاح عدّةً فى سبيل الله ». حدّثنا هشام ابن عمّار الدمشقى قال حدّثنا حاتم بن اسمٰعيل قال حدّثنا أُسامة بن زيد عن ابن شهاب عن ملٰك بن اوس بن الحَدَثان انّه اخبره انّ عمر بن الخطّاب قال كانت لرسول الله صلّعم ثلٰث صفايا مال بنى النّضير وخَيْبَر وفَدَك فامّا اموال بنى النّضير فكانت حُبْسًا لنوائبه وامّا فَدَك فكانت لابناء السبيل وامّا خَيْبَر فجزّاها ثلثة اجزاء فقسم جُزْءَيْن منها بين المسلمين وحبس جزءًا لنفسه ونفقة اهله فما فضل من نفقتهم ردّه الى فقراء المهاجرين ». وحدّثنا الحسين بن الاسود قال حدّثنا يحيى بن ادم قال حدّثنا سفيٰن عن الزّهرى قال كانت اموال بنى النّضير ممّا افاء الله على رسوله ولم يوجف المسلمون عليه بخيل ولا ركاب فكانت لرسول الله صلّعم خالصة فقسمها بين المهاجرين ولم يُعْطِ احدًا من الانصار منها شيًا الّا رجلَيْن كانا فقيرين سِمَاك بن خَرَشَة ابا دُجانة وسهل بن حُنَيْف ». وحدّثنا الحسين قال حدّثنا يحيى بن ادم قال حدّثنا ابو بكر بن عَيَّاش عن الكلبى قال لمّا ظهر رسول الله صلّعم على اموال بنى النّضير وكانوا اوّل من اجلى قال الله تبارك وتعالى هُوَ ٱلَّذِى أَخْرَجَ ٱلَّذِينَ كَفَرُوا مِنْ أَهْلِ ٱلْكِتَابِ مِنْ دِيَارِهِمْ لِأَوَّلِ ٱلْحَشْرِ (والحشر الجلاء) فكانت ممّا لم يوجف المسلمون عليه بخيل ولا ركاب فقال رسول الله صلّعم للانصار ليست لاخوانكم من المهاجرين اموال فان شئتم قسمتُ هذه واموالكم بينكم وبينهم جميعًا وان شئتم امسكتم اموالكم وقسمتُ هذه فيهم خاصّة فقالوا بل اقسم هذه فيهم واقسم لهم من اموالنا ما شئتَ فنزلت وَيُؤْثِرُونَ عَلَى أَنْفُسِهِمْ وَلَوْ كَانَ بِهِمْ خَصَاصَةٌ فقال ابو بكر جزاكم الله يا معشر الانصار خيرًا فوالله ما مثلنا ومثلكم الّا كما قال الغَنَوىّ

جَزَى ٱللّٰهُ عَنَّا جَعْفَرًا حِينَ أُزْلِقَتْ   بِنَا نَعْلُنَا فِى ٱلْوَطْئَتَيْنِ [a] فَزَلَّتِ
أَبَوْا أَنْ يَمَلُّونَا وَلَوْ أَنَّ أُمَّنَا   تُلَاقِى ٱلَّذِى يَلْقَوْنَ مِنَّا لَمَلَّتِ
فَذُو ٱلْمَالِ مَوْفُورٌ وَكُلُّ مُعَصَّبٍ   إِلَى حُجُرَاتٍ أَدْفَأَتْ وَأَظَلَّتِ

وحدّثنا الحسين قال حدّثنا يحيى بن ادم قال اخبرنا قيس بن الربيع عن هشام بن عروة عن ابيه قال اقطع رسول الله صلّعم الزُّبير بن العَوَّام ارضًا من ارض بنى النَّضير ذات نخل ، وحدّثنا الحسين قال حدّثنا يحيى قال حدّثنا يزيد بن عبد العزيز عن هشام بن عروة عن ابيه قال اقطع رسول الله صلّعم من اموال بنى النَّضير واقطع الزبير ، وحدّثنى محمّد بن سعد كاتب الواقدى قال حدّثنا انس بن عِيَاض وعبد الله
26 ابن نُمَير قالا نبا هشام بن عروة عن ابيه انّ النبى صلّعم اقطع الزبير ارضًا من اموال بنى النَّضير فيها نخل وانّ ابا بكر اقطع الزبير الجُرْف قال انس فى حديثه ارضًا مواتًا وقال عبد الله بن نُمَير فى حديثه وانّ عمر اقطع الزبير العَقِيق اجمع ،

اموال بنى قُرَيْظة

قالوا حاصر رسول الله صلّعم بنى قُرَيْظة لليالٍ من ذى القعدة ولليالٍ من ذى الحجّة سنة ه فكان حصارهم خمس عشرة ليلة وكانوا ممّن اعان على رسول الله صلّعم فى غزوة الخندق وهى غزوة الاحزاب ثمّ انّهم نزلوا على حُكْمه فحكّم فيهم سَعد بن معاذ الاوسى فحكم بقتل من جرت عليه المَوَاسِى [b] وبسبى النساء والذُّرّيّة وان يُقْسَم مالهم بين المسلمين فاجاز رسول الله صلّعم ذلك وقال لقد حكمت بحكم الله ورسوله ، حدّثنى عبد الواحد بن

a) *Oj. al-Athar*, p. 107 v., ubi haec Beládsoríi verba leguntur, الواطيين. b) Qodáma الموسى et sic infra p. 146, 177.

غِيَاث قال حدّثنا حمّاد بن سلمة عن هشام بن عروة عن ابيه عن عائشة انّ رسول الله صلّعم لمّا فرغ من الاحزاب دخل مُغْتَسَلًا ليغتسل فجاءه جبريل فقال يا محمّد قد وضعتم اسلحتكم وما وضعنا اسلحتنا بعدُ انهد الى بنى قُرَيْظة فقالت عائشة يرسول الله لقد رايتُهُ من خَلَلِ الباب وقد عصب التراب راسَه ،، وحدّثنى عبد الواحد بن غِيَاث قال حدّثنا حمّاد ابن سلمة عن ابى جعفر الخَطْمى عن عَمّارة بن خُزَيْمة عن كُثَيّر بن السائب انّ بنى قريظة عُرِضوا على النبى صلّعم فمن كان منهم محتلمًا او قد نبتت عانته قُتِل ومن لم يكن احتلم ولا نبتت عانته تُرِك ،،

27 وحدّثنى وهب بن بَقِيّة قال حدّثنا يزيد بن هٰرون عن هشام عن الحسن قال عَاهَدَ حُيَىّ بن اخطب رسول الله صلّعم على ان لا يظاهر عليه احدًا وجعل اللهَ عليه كفيلًا فلمّا أُتِىَ به رسول الله صلّعم يوم قُرَيْظة وبابنه قال رسول الله صلّعم لقد أَوفى الكفيل ثمّ امر به فضُربت عنقه وعنق ابنه ،، حدّثنى بكر بن الهيثم قال حدّثنا عبد الرزّاق عن مَعْمَر قال سالت [a] الزُّهرى هل كانت لبنى قريظة ارض فقال سديدًا [b] قسمها رسول الله صلّعم بين المسلمين على السهام ،، وحدّثنى الحسين بن الاسود قال حدّثنا يحيى بن ادم عن ابى بكر بن عَيّاش عن [c] الكلبى عن ابى صالح عن ابن عبّاس قال قسم رسول الله صلّعم اموال بنى قُرَيْظة وخَيْبَر بين المسلمين ،، حدّثنا ابو عبيد القٰسم بن سلّام قال حدّثنا عبد الله ابن صالح كاتب الليث عن الليث بن سَعد عن عُقَيل عن الزُّهرى انّ رسول الله صلّعم حاصر بنى قريظة حتّى نزلوا على حكم سعد بن معاذ فقضى بان تُقْتَل رجالهم وتُسْبَى ذراريهم وتُقْسَم اموالهم فقُتِل منهم يومئذ كذا وكذا [d] رجلًا ،،

---

a) A. سمعت. b) B. شديدا. c) عن in A desideratur. d) A. كذى وكذى.

خَيْبَر

قالوا غزا رسول الله صلّعم خيبر فى سنة ٧ فطاوله اهلها وماكثوه وقاتلوا
المسلمين فحاصرهم رسول الله صلّعم قريبًا من شهر ثمّ انّه صالحوه على 28
حقن دمائهم وترك الذُرّيّة على ان يجلوا ويُخَلّوا بين المسلمين وبين
الارض والصفراء والبيضاء والبِزّة الّا ما كان منها على الاجساد وان لا
يكتموه شيـًا ثمّ قالوا لرسول الله صلّعم انّ لنا بالعمارة والقيام على النخل
علمًا فأَقِرّنا فاقرّهم رسول الله صلّعم وعاملهم على الشطر من الثمر والحبّ وقال
أُقِرّكم ما اقرّكم الله فلمّا كانت خلافة عمر بن الخطّاب رضّه ظهر فيهم الوباء
وتعبّثوا بالمسلمين فاجلاهم عمر وقسم خيبر بين من كان له فيها سهم من
المسلمين ٭ حدّثنى الحسين بن الاسود قال حدّثنا يحيى بن ادم قال
حدّثنا زياد بن عبد الله بن طُفَيل عن محمّد بن اسحٰق[a] قال سألْتُ
ابن شهاب عن خَيْبَر فاخبرنى انّه بلغه انّ رسول الله صلّعم افتتحها عنوة
بعد القتال وكانت ممّا افاء الله على رسوله صلّعم فخمّسها رسول الله صلّعم
وقسمها بين المسلمين ونزل من ترك[b] من اهلها على الجلاء فدعاهم رسول
الله صلّعم الى المعاملة ففعلوا ٭ وحدّثنى عبد الاعلى بن حمّاد النَرْسى
قال حدّثنا حمّاد بن سلمة عن عبيد الله بن عمر عن نافع عن ابن عمر
قال انّ رسول الله صلّعم اهل خيبر فقاتلهم حتّى الجأهم الى قصرهم وغلبهم
على الارض والنخل وصالحهم على ان يحقن دماءهم ويجلوا ولهم ما
حملت ركابهم ولرسول الله صلّعم الصفراء والبيضاء والحلقة واشترط عليهم 29
ان لا يكتموا ولا يغيّبوا شيـًا فان فعلوا فلا ذمّة لهم ولا عهد فغيّبوا
مَسْكًا فيه مال وحلى لحُيَىّ بن أَخْطَب وكان احتمله معه الى خَيْبَر حين

---

a) Ibn Hisch. p. ٧٧٩. b) Ibn Hisch. ونزل من نزل; A. ونترك من ترك; B. وبزل من برل.

أُجْليت بنو النَّضير فقال رسول الله صلعم لسَعْيَة بن عمرو ما فعل مَسْكُ حُيَىّ الَّذى جاء به من قِبَل بنى النَّضير قال اذهَبَتْه الحروب والنفقات قال العهد قريب والمال كثير وقد كان حُيَىّ قُتِل قبل ذلك فدفع رسول الله صلعم سعية الى الزبير فمسّه بعذاب[a] فقال رايتُ حُيَيًّا يطوف فى خَرْبَة هاهنا فذهبوا الى الخَرْبَة ففتشوها فوجدوا المَسْك فقتل رسول الله صلعم ابنى ابى الحُقَيْق واَحَدُهما زوج صَفيَّة بنت حُيَىّ بن أَخْطَب وسبى نساءهم وذراريهم وقسم اموالهم للنكث الَّذى نكثوا فاراد ان يجليهم عنها فقالوا دَعْنا نكن فى هذه الارض نُصلحها ونقوم عليها ولم يكن لرسول الله صلعم واصحابه غلمان يقومون بها وكانوا لا يفرغون للقيام عليها بانفسهم فاعطاهم رسول الله صلعم خيبر على انّ لهم الشطر من كلّ زرع ونخل وشىء (?) ما بدا لرسول الله صلعم فكان عبد الله بن رَوَاحة ياتيهم فى كلّ عام فيخرصها عليهم ثمّ يُضَمِّنهم الشطر فشكوا الى رسول الله صلعم شدّة خرصه وارادوا ان يرشوه فقال يا اعداء الله اتطعموننى[b] السُّحت والله لقد جئتُكم من عند احبّ الناس الىّ وانّكم لَأَبغض الىّ من عِدّتكم من القرود والخنازير ولن يحملنى بغضى لكم وحُبّى اَيّاه على ان لا أَعْدِلَ عليكم فقالوا بهذا قامت السموات والارض ° قال ورأى رسول الله صلعم بعين صَفيَّة بنت حُيَىّ خُضْرَة فقال يا صَفيَّة ما هذه الخضرة فقالت كان رأسى فى حجر ابن ابى الحُقَيْق وانا نائمة فرأيت كأنّ قمرًا وقع فى حجرى فاخبرتُه بذلك فلطمنى وقال أَتَمَنّين ملك يثرب قالت وكان رسول الله صلعم ابغض الناس الىّ قتل زوجى وابى واخى فما زال يعتذر ويقول انّ اباك أَلَّبَ علىّ العرب وفعل وفعل حتّى ذهب ذلك من نفسى ° قال وكان

---

a) Annotatio lectoris in marg. A. استدلّ بهذا على التعذيب ليقرّ وهو مذهب مالك.
b) Codd. اتطعمونى.

رسول الله صلّعم يعطى كلّ امرأة من نسائه ثمانين وسقًا من تمر كلّ عام وعشرين وسقًا من شعير من خيبر، قال نافع فلمّا كان عمر بن الخطّاب عانوا [a] فى المسلمين وغشّوهم والقوا ابن عمر من فوق بيت ففدعوا يديه فقسمها عمر رضه بين المسلمين ممّن كان شهد خَيْبَر من اهل الحُدَيْبِيَة ،، وحدّثنا الحسين بن الاسود حدّثنا يحيى بن ادم عن زياد البَكّائى عن محمّد بن اسحٰق [b] عن عبد الله بن ابى بكر بن محمّد بن عمرو بن حزم قال حصر [c] رسول الله صلّعم اهل خيبر فى حصنيهم [d] الوَطِيح وسُلالِم فلمّا ايقنوا بالهلكة سألوه ان يُسَيِّرَهم ويحقن دماءهم ففعل وكان رسول الله صلّعم قد حاز الاموال كُلّها الشِقّ والنَّطَاة والكَتِيبَة وجميعَ حصونهم

31 الّا ما كان فى هٰذين الحصنين ،، حدّثنا الحسين بن الاسود قال [e] حدّثنا يحيى ابن ادم قال [e] حدّثنا عبد السلم بن حرب عن شُعْبَة عن الحكم عن عبد الرحمٰن بن ابى ليلى فى قوله تعالى [f] وَأَثَابَهُمْ فَتْحًا قَرِيبًا قال خيبر واخرى لم يقدروا عليهما [g] فارس والروم ،، حدّثنا عمرو الناقد حدّثنا يزيد بن هٰرون اخبرنا يحيى بن سعيد عن بُشَيْر بن يَسَار [h] انّ النبى صلّعم قسم خيبر على ستّة وثلثين سهمًا وجعل كلّ سهم مائة سهم فعزل نصفها لنوائبه وما ينزل به وقسم النصف الباقى بين المسلمين فكان سهم رسول الله صلّعم فيما قسم الشِقّ والنَّطَاة وما حيز معهما وكان فيما وُقف الكَتِيبَة وسُلالِم فلمّا صارت الاموال فى يدى رسول الله صلّعم لم [i] يكن له من العُمّال من [k] يكفيه عمل الارض فدفعها الى اليهود يعملونها على نصف ما خرج منها فلم يزل على ذلك حياة [l] رسول الله صلّعم وابى بكر فلمّا كان عمر وكثر المالُ فى ايدى المسلمين وقووا على عمارة الارض اجلى اليهود

a) B. غالوا. *b*) Ibn Hisch. p. ٧٦٤. *c*) Ibn Hisch. حاصر. *d*) Codd. حصنهم. *e*) A. om. *f*) Qor. 48 vs. 18. *g*) Codd. عليها. *h*) A. hic et deinde بشار. *i*) A. فلم. *k*) A. ما. *l*) B. ذلك على حياة A. حيوة.

الى الشام وقسم الاموال بين المسلمين ، حدّثنى بكر بن الهَيْثَم قال حدّثنا عبد الرزّاق عن مَعْمَر عن الزُّهرى انّ رسول الله صلّعم لمّا فتح خيبر كان سهم الخمس منها الكَتِيبَة وكان الشِقّ والنَّطاة وسُلَالِم والوَطِيح [a] للمسلمين فاقرّها فى يد يهود على الشطر فكان ما اخرج الله منها للمسلمين يُقْسَم بينهم حتّى كان عمر فقسم رقبة [b] الارض بينهم على سهامهم ،

32 وحدّثنا ابو عبيد قال حدّثنا على بن مَعْبَد عن ابى المَلِيح عن مَيْمُون ابن مِهْران قال حصر رسول الله صلّعم اهل خيبر ما بين عشرين ليلة الى ثلثين ليلة ، حدّثنا الحسين بن الاسود قال حدّثنا يحيى بن ادم قال اخبرنا حمّاد بن سَلَمَة عن يحيى بن سعيد عن بُشَير بن يَسَار انّ رسول الله صلّعم قسم خيبر على ستّة وثلثين سهمًا لرسول الله صلّعم ثمانية عشر سهمًا لما ينوبه من الحقوق وامر الناس والوفود وقسم ثمانية عشر سهمًا كلّ سهم لمائة رجل ، وحدّثنا الحسين قال حدّثنا يحيى بن ادم عن عبد السلم بن حرب عن يحيى بن سعيد قال سمعت بُشَير بن يَسَار [c] يقول قسمت سُهمان خيبر على ستّة وثلثين سهمًا جمع كلّ سهم [d] مائة سهم فكان من ذلك للمسلمين ثمانية عشر سهمًا اقتسموها بينهم ولرسول الله صلّعم مثل سهم احدهم وثمانية عشر سهمًا لمن نزل برسول الله صلّعم من الناس والوفود وما نابه ، حدّثنا عمرو الناقد والحسين بن الاسود قالا ثنا وَكيع بن الجرّاح قال حدّثنى العُمَرى عن نافع عن ابن عمر انّ رسول الله صلّعم بعث ابن رَوَاحَة الى خيبر فخرص عليهم النخل ثمّ خيّرهم ان ياخذوا او يردّوا فقالوا هذا الحقّ وبه قامت السموات والارض ، وحدّثنا اسحٰق بن ابى اسرائيل قال حدّثنا الحجّاج بن محمّد

---

a) A. والوطيحة. *b*) Eodem sensu recurrit infra p. 359. *c*) Eadem traditio varie exstat in *Oj. al-Athar*, f. 133 v. *d*) A. add. من.

عن ابن جُرَيْج عن رجل من اهل المدينة انّ النبى صلّعم صالح بنى ابى 33
الحُقَيْق على[a] ان لا يكتموا كنزًا فكتموه فاستحلّ دماءهم، حدّثنا ابو عبيد
قال[b] ثنا على بن مَعْبَد عن ابى المَليح عن ميمون بن مهران انّ اهل خيبر
اخذوا الامان على انفسهم وذراريهم على انّ لرسول الله صلّعم كلّ شىء فى
الحصن قال وكان فى الحصن اهل بيت فيهم شدّة على رسول الله صلّعم فقال
لهم قد عرفتُ عداوتكم لله ولرسوله ولن يمنعنى ذلك من ان اعطيكم
ما اعطيت اصحابكم وقد اعطيتمونى انّكم ان كتمتم شيئًا حلّت لى
دماؤكم ما فعلَتْ آنيتكم قالوا استهلكناها فى حربنا قال فامر اصحابه فاتوا
المكان الّذى هى فيه فاستثاروها ثمّ ضرب اعناقهم، حدّثنا عمرو الناقد
ومحمّد بن الصبّاح قالا ثنا هُشَيْم قال اخبرنا ابن ابى ليلى عن الحكم بن
عُتَيْبَة عن مِقْسَم عن ابن عبّاس قال دفع رسول الله صلّعم خيبر بارضها
ونخلها الى اهلها مقاسمة على النصف، حدّثنا محمّد بن الصبّاح قال
حدّثنا هُشَيْم بن بَشِير قال اخبرنا داود بن ابى هند عن الشَّعْبى قال
دفع رسول الله صلّعم خيبر الى اهلها بالنصف وبعث عبد الله بن رَوَاحَة
لخرص التمر[c] او قال النخل فخرص عليهم وجعل ذلك نصفين فخيّرهم ان
ياخذوا ايّهما شاءوا فقالوا بهذا قامت السموات والارض، وحدّثنا بعض
اصحاب ابى يوسف قال حدّثنا ابو يوسف عن مسلم الاعور عن انس انّ
عبد الله بن رَوَاحَة قال لاهل خيبر ان شئتم خرصتُ وخيّرتُكم وان 34
شئتم خرصتم وخيّرتمونى فقالوا بهذا قامت السموات والارض، وحدّثنا
القسم بن سلّام قال حدّثنا عبد الله بن صالح المصرى عن ليث بن
سَعد عن يونس بن يزيد عن الزُّهرى انّ النبى صلّعم فتح خيبر عنوة
بعد قتال فخمّسها وقسم اربعة اخماسها بين المسلمين، وحدّثنا عبد

---

a) In Codd. deëst. b) A. om. c) B. الثمرة.

الاعلى بن حمّاد النَّرْسى قال قرأت على مٰلك بن انس عن ابن شهاب قال قال رسول الله صلّعم لا يجتمعَ دينان فى جزيرة العرب ففحص عمر بن الخطّاب رضّه عن ذلك حتّى اتاه الثَلَجُ واليقين انّ رسول الله صلّعم قال لا يجتمعَ دينان فى جزيرة العرب فاجلى يهود خيبر ،، حدّثنى الوليد بن صالح عن الواقدى عن اشياخه انّ رسول الله صلّعم اطعم من سهمه بخيبر طُعَمًا فجعل لكلّ امرأةٍ من نسائه ثمانين وسقًا من تمر وعشرين وسقًا من شعير واطعم[a] عمّه العبّاس بن عبد المطّلب رضّه مائتى وسق واطعم ابا بكر وعمر والحسن والحسين وغيرهم واطعم بنى المطّلب بن عبد مَناف اوساقًا معلومة وكتب لهم بذلك كتابًا ثابتًا[b] ،، وحدّثنى الوليد عن الواقدى عن أَفْلَح بن حُمَيْد عن ابيه قال ولّانى عمر بن عبد العزيز الكَتِيبَة فكنّا نُعطى ورثة المُطْعَمين وكانوا مُحْصَين عندنا ،، وحدّثنا محمّد بن حاتم السمين قال حدّثنا جرير بن عبد الحميد عن ليث عن نافع قال اعطى رسول الله صلّعم خيبر اهلَها بالشطر فكانت فى ايديهم حياة رسول الله صلّعم وابى بكر وصدرًا من خلافة عمر ثمّ انّ عبد الله بن عمر اتاهم فى حاجة فبيّتوه فاخرجهم منها وقسمها بين من حضرها من المسلمين وجعل لازواج النبى صلّعم فيها نصيبًا وقال ايّتُكنّ شاءت اخذت الثمرة وايّتُكنّ شاءت اخذت الضيعة فكانت لها ولورثتها ،، وحدّثنى الحسين بن الاسود قال حدّثنا ابو بكر بن عَيّاش عن الكلبى عن ابى صالح عن ابن عبّاس قال قُسمت خيبر على الف وخمس مائة سهم وثمانين سهمًا وكانوا الفًا وخمس مائة وثمانين رجلًا الّذين شهدوا الحُدَيْبِيَة منهم الف وخمس مائة واربعون والّذين كانوا مع جعفر بن ابى طالب بارض الحبشة اربعون رجلًا ،، حدّثنا الحسين ابن الاسود قال حدّثنى يحيى بن ادم قال حدّثنا ابو معٰوية عن هشام

a) B. فاطعم. b) B. ثانيا.

ابن عروة عن ابيه قال اقطع رسول الله صلعم الزبير ارضًا بخيبر فيها نخل
وشجر ،،

فَدَك

قالوا بعث رسول الله صلعم الى اهل فَدَك منصرفَهُ من خَيْبَر مُحَيِّصَة
ابن مسعود الانصارى يدعوهم الى الاسلام ورئيسهم رجل منهم يقال له يُوشَع
ابن نُون اليهودى فصالحوا رسول الله صلعم على نصف الارض بتُربتها
فقبل ذلك منهم فكان نصف فَدَك خالصًا لرسول الله صلعم لانّه لم 36
يوجف المسلمون عليه بخيل ولا ركاب وكان يصرف ما ياتيه منها الى ابناء
السبيل ولم يزل اهلها بها الى ان استخلف عمر بن الخطّاب رضه واجلى
يهود الحجاز فوجّه ابا الهَيْثَم مٰلك بن التَّيِّهان (ويقال النَّيهان[a]) وسَهْل بن ابى
حَثْمَة وزيد بن ثابت الانصاريين فقوّموا نصف تربتها بقيمة عدلٍ فدفعها
الى يهود واجلاهم الى الشام ،، حدّثنا سعيد بن سليمٰن عن الليث بن
سعد عن يحيى بن سعيد انّ اهل فَدَك صالحوا رسول الله صلعم على
نصف ارضهم ونخلهم فلمّا اجلاهم عمر بعث من اقام لهم حظّهم من النخل
والارض فادّاه اليهم ،، حدّثنى بكر بن الهَيْثَم قال حدّثنا عبد الرزّاق عن
مَعْمَر عن الزُّهرى انّ عمر بن الخطّاب اعطى اهل فدك قيمة نصف
ارضهم ونخلهم ،، حدّثنا الحسين بن الاسود قال حدّثنا يحيى بن ادم
قال حدّثنا ابن ابى زائدة عن محمّد بن اسحٰق[b] عن الزهرى وعبد الله
ابن ابى بكر وبعض ولد محمّد بن مَسْلَمَة قالوا بقيت بقيّة من اهل
خيبر تحصّنوا وسألوا رسول الله صلعم ان يحقن دماءهم ويُسَيِّرَهم فسمع
بذلك اهل فَدَك فنزلوا على مثل ذلك وكانت فَدَك لرسول الله صلعم

a) In A. desunt. b) Cf. Ibn Hisch. p. ٧٦٤ (et supra p. 30).

خاصّة لانّه لم يوجف المسلمون عليها بخيل ولا ركاب ، وحدّثنا الحسين
عن يحيى بن ادم عن زياد البَكّائى عن محمّد بن اسحٰق عن عبد
الله بن ابى بكر بنحوه وزاد فيه وكان فيمن مشى بينهم مُحَيِّصَة بن
مسعود ، حدّثنا الحسين قال حدّثنا يحيى بن ادم قال حدّثنى ابرٰهيم
37 ابن حُمَيْد عن أُسامة بن زيد عن ابن شهاب عن مٰلك بن اوس بن
الحَدَثان عن عمر[a] رضه قال كانت لرسول الله صلعم ثلث صفايا فكانت
ارض بنى النّضير حُبسًا وكانت لنوائبه وجَزّأ خيبر على ثلثة اجزاء وكانت
فدك لابناء السبيل ، حدثنّا عبد الله بن صالح العِجْلى قال[b] حدّثنا صَفْوان
ابن عيسى عن أُسامة بن زيد عن ابن شهاب عن عروة بن الزبير انّ ازواج
النبى صلّعم ارسلن عثمان بن عفّان الى ابى بكر يسألنه مواريثهنّ من
سهم رسول الله صلّعم بخيبر وفدك فقالت لهنّ عائشة اما تتّقين الله اما
سمعتنّ رسول الله صلّعم يقول لا نُورِث ما تركنا صدقة انّما هذا المال لآل
محمّد لنائبتهم وضيفهم فاذا متّ فهو الى والى الامر بعدى قال فامسكن ،
حدّثنا احمد بن ابرٰهيم الدَّوْرَقى ثنا صَفْوان بن عيسى الزّهرى عن
أُسامة عن ابن شهاب عن عروة بمثله ، حدّثنى ابرٰهيم بن محمّد عن
عَرْعَرَة عن[c] عبد الرزّاق عن مَعْمَر عن الكلبى ان بنى اميّة اصطفوا فَدَك
وغيّروا سُنّة رسول الله صلّعم فيها فلمّا ولى عمر بن عبد العزيز رضه ردّها
الى ما كانت عليه ، وحدّثنا عبد الله بن مَيْمُون المُكَتّب قال اخبرنا
الفُضَيْل[d] بن عِيَاض عن مٰلك بن جَعْوَنَة عن ابيه قال قالت فاطمة لابى
بكر انّ رسول الله صلّعم جعل لى فَدَك فاعطنى ايّاها وشهد لها على بن
38 ابى طالب فسألها شاهدًا اخر فشهدت لها امّ أَيْمَن فقال قد علمتَ يا

a) Paullo pluribus verbis haec traditio laudatur in *Oj. al-Athar*, f. 133 v. *b*) A. om. *c*) B. عن cum notâ كذا. *d*) B. الفضل.

بنت رسول الله انّه لا تجوز الّا شهادة رجلَيْن او رجل وامرأَتَيْن فانصرفت ‹‹ وحدّثنى رَوْح الكَرَابيسى قال حدّثنا زيد بن الحُبَاب قال اخبرنا خٰلد بن طَهْمَان عن رجل حَسِبه رَوْح جعفَر بن محمّد انّ فاطمة رضّها قالت لابى بكر الصّدّيق رضّه اعطنى فدك فقد جعلها رسول الله صلّعم لى فسألها البيّنة فجاءت بامّ أَيْمَن ورَبَاح مولى النبى صلّعم فشهدا لها بذلك فقال انّ هذا الامر لا تجوز فيه الّا شهادة رجل وامرأَتَيْن ‹‹ حدّثنا ابن عائشة التَّيْمى قال حدّثنا حمّاد بن سَلَمَة عن محمّد بن السائب الكلبى عن ابى صالح بَاذَام عن امّ هانى انّ فاطمة بنت رسول الله صلّعم اتت ابا بكر الصّدّيق رضّه فقالت له من يَرِثُكَ اذا متّ قال ولدى واهلى قالت فما بالك ورثتَ رسولَ الله صلّعم دوننا فقال يابنة[a] رسول الله والله[b] ما ورثتُ اباك ذهبًا ولا فضّة ولا كذا ولا كذا[c] فقالت سهمَنا بخَيْبَر وصدقتَنا بفَدَك فقال يا بنت رسول الله سمعتُ رسول الله صلّعم يقول انّما هى طُعْمَة أَطْعَمَنيها الله حياتى فاذا متّ فهى بين المسلمين ‹‹ حدّثنا عثمان بن ابى شَيْبَة قال ثنا جرير بن عبد الحميد عن مغيرة انّ عمر بن عبد العزيز جمع بنى اميّة فقال انّ فَدَك كانت للنبىّ صلّعم فكان ينفق منها وياكل ويعود على فقراء بنى هاشم ويزوّج ايمهم وانّ فاطمة سألته ان يَهَبَها لها 39
فابى فلمّا قُبض عمل ابو بكر فيها كعمل رسول الله صلّعم ثمّ ولى عمر فعمل فيها بمثل ذلك وانّى أُشْهِدكم انّى قد رددتُها الى ما كانت عليه ‹‹ حدّثنا سُرَيْج بن يونس قال اخبرنا اسمٰعيل بن ابرٰهيم عن ايّوب عن الزُّهرى فى قول الله تعالى[d] فَمَا أَوْجَفْتُمْ عَلَيْهِ مِنْ خَيْلٍ وَلَا رِكَابٍ قال هذه[e] قُرًى عَرَبِيّة لرسول الله صلّعم فَدَك وكذا وكذا[f] ‹‹ حدّثنا ابو عبيد قال

a) B. .يا بنت b) A. om. c) A. .كذى d) Qor. 59 vs. 6. e) A. هذى, v. Bekrí in v. .قرى عربية Cf. Wáqedí *Magází*, p. ٣٧۴ et infra p. 112. f) A. .وكذى وكذى

حدّثنا سعيد بن عُفَيْر عن مٰلك بن انس قال ابو عبيد لا ادرى ذَكَرَه عن الزُّهرى ام لا قال اجلى عمر يهود خَيْبَر فخرجوا منها فامّا يهود فَدَك فكان لهم نصف الثمرة ونصف الارض لانّ رسول الله صلّعم صالحهم على ذلك فاقام لهم عمر نصف الثمرة ونصف الارض من ذهب وورق واقتاب ثمّ اجلاهم ٭ وحدّثنى عمرو الناقد قال حدّثنى الحجّاج بن ابى[a] مَنيع الرُّصَافى عن ابيه عن ابى بُرْقان انّ عمر بن عبد العزيز لمّا ولى الخلافة خطب فقال انّ فَدَك كانت ممّا افاء الله على رسوله ولم يوجف المسلمون عليه بخيل ولا ركاب فسألته ايّاها فاطمة رحمها فقال ما كان لك ان تسألينى وما كان لى ان اعطيك فكان يضع ما ياتيه منها فى ابناء السبيل ثمّ ولى ابو بكر وعمر وعثمان وعلىّ رضهم فوضعوا ذلك بحيث وضعه رسول الله صلّعم ثمّ ولى معٰوية فاقطعها مروٰن بن الحكم فوهبها مروان لابى ولعبد الملك فصارت لى وللوليد وسليمٰن فلمّا ولى الوليد سألتُه حصّته منها فوهبها لى وسألتُ سليمٰن حصّته منها فوهبها لى فاستجمعتُها وما كان لى من[b] مال احبّ الىّ منها فاشهدوا انّى قد رددتُها الى ما كانت عليه ٭ ولمّا كانت سنة ٢١٠ امر امير المومنين المامون عبد الله بن هٰرون الرشيد بدفعها[c] الى ولد فاطمة وكتب بذلك الى قُثَم بن جعفر عامله على المدينة امّا بعد فانّ امير المومنين بمكانه من دين الله وخلافة رسوله[d] صلّعم والقرابة به اولى من استنّ سُنّتَه ونفّذ امره وسلّم لمن مَنَحَهُ مِنْحَةً وتصدّق عليه بصدقة منحتَهُ[e] وصدقتَهُ وبالله توفيق امير المومنين وعصمته واليه فى العمل بما يقرّبه اليه رغبتُهُ وقد كان رسول الله صلّعم اعطى فاطمة بنت رسول الله صلّعم فَدَك وتصدّق بها عليها وكان ذلك امرًا ظاهرًا معروفًا لا

a) ابى in Codd. deëst. b) A. om. c) Codd. بدفعه, recte legit Qodáma. d) B. ورسول الله. e) A. منحته.

اختلاف فيه بين آل رسول الله صلعم ولم تزل تدّعى منه ما هو[a] اولى به من صُدِق عليه فرأى امير المومنين ان يردّها الى ورثتها ويسلّمها اليهم تقرّبًا الى الله تعالى باقامة حقّه وعدله والى رسول الله صلعم بتنفيذ امره وصدقته فامر باثبات ذلك فى دواوينه والكتاب به الى عُمّاله فلئن كان
يُنادَى فى كلّ موسم بعد ان قبض الله نبيّه صلعم ان يذكر كلّ من كانت 41
له صدقة او هِبَة او عِدَةٌ ذلك فيُقْبَل قوله ويُنْفَذ عِدَتُه انّ فاطمة رضها لَأَولى بان يصدَّق قولها فيما جعل رسول الله صلعم لها ، وقد كتب امير المومنين الى المُبارِك الطَّبَرىّ مولى امير المومنين يامره بردّ فَدَك على ورثة فاطمة بنت رسول الله صلعم بحدودها وجميع حقوقها المنسوبة اليها وما فيها من الرقيق والغلّات وغير ذلك وتسليمها الى محمّد بن يحيى بن الحسين بن زيد بن علىّ بن الحسين بن علىّ بن ابى طالب ومحمّد بن عبد الله بن الحسن[b] بن علىّ بن الحسين بن علىّ بن ابى طالب لتولية امير المومنين ايّاهما القيام بها لاهلها ،، فاعلم ذلك من رأى امير المومنين وما الهمه الله من طاعته ووفّقه له من التقرّب اليه والى رسوله صلعم وأَعْلِمْهُ مَنْ قِبَلَك وعامِل محمّد بن يحيى ومحمّد بن عبد الله بما كنت تعامل به المُبارِك الطَّبَرى وأَعِنْهما على ما فيه عمارتها ومصلحتها ووفور غلّاتها ان شاء الله والسلام ،، وكتب يوم الاربعاء لليلتين خلتا من ذى القعدة سنة ٢١٠ ،، فلمّا استخلف المتوكّل على الله رحه امر بردّها الى ما كانت عليه قبل المامون رحه ،،

أَمْرُ وَادِى ٱلْقُرَى وَتَيْمَاءَ

قالوا اتى رسول الله صلعم منصرفَهُ من خَيْبَر وادى القرى فدعا اهلها 42

a) Codd. هو. b) Qodáma الحسين.

الى الاسلام فامتنعوا من ذلك وقاتلوا ففتحها رسول الله صلّعم عنوة وغنّمه الله اموال اهلها واصاب المسلمون منهم اثاثًا ومتاعًا فخمّس رسول الله صلّعم ذلك وترك النخل والارض فى ايدى يهود وعاملهم على نحو ما عامل عليه اهل خيبر فقيل انّ عمر اجلى يهودها وقسمها بين من قاتل عليها وقيل انّه لم يُجْلهم لانّها خارجة من الحجاز وهى اليوم مضافة الى عمل المدينة واعراضها ،، واخبرنى عدّة من اهل العلم[a] انّ رِفَاعة بن زيد الجُذَامى كان اهدى لرسول الله صلّعم غلامًا يقال له مِدْعَم فلمّا كانت غزاة وادى القرى اصابه سهمُ غَربٍ[b] وهو يَحُطّ رحل رسول الله صلّعم فقيل يرسول الله هنيـًٔا لغلامك اصابه سهم فاستُشهد فقال كلّا انّ الشملة الّتى اخذها من المغانم يوم خيبر لتشتعلُ عليه نارًا ،، حدّثنا شَيْبان بن فَرُّوخ قال حدّثنا ابو الاشهب عن الحسن انّه قيل لرسول الله صلّعم استُشهد فتاك فلان فقال انّه يُجَرّ الى النار فى عَباءة غلّها ،، وحدّثنى عبد الواحد بن غيَاث قال حدّثنا حمّاد بن سَلَمة عن الجُرَيْرى عن عبد الله بن سفين قال وحدّثنا حَبيب بن الشّهيد عن الحسن انّه قيل لرسول الله صلّعم هنيـًٔا لك استشهد فتاك فلان فقال بَلْ هو يُجَرّ الى النار فى عباءة غلّها ،،

قالوا ولمّا بلغ اهل تيماء ما وَطِئَ به رسول الله صلّعم اهلَ وادى القرى 43
صالحوه على الجزية فاقاموا ببلادهم وارضوهم[c] فى ايديهم وولّى رسول الله صلّعم عمرو بن سعيد بن العاصى[d] بن اميّة وادى القرى وولّى يزيد بن ابى سفين بعد الفتح وكان اسلامه يوم فتح تيماء ،، وحدّثنى عبد الاعلى بن حمّاد النَرْسىّ قال حدّثنا حمّاد بن سَلَمة عن يحيى بن سعيد عن اسمعيل بن حَكِيم[e] عن عمر بن عبد العزيز انّ عمر بن الخطّاب

a) Cf. Ibn Hisch. p. ٧٦٥. b) Alia versio hujus traditionis (*Oj. al-Athar*, f. 134 v.) synon. عائر. c) *Oj. al-Athar*, f. 135 r. وارضهم. d) Codd. h.l. et interdum العاص. Saepissime autem scribitur العاصى, quod ubique recepi. e) B. حكم.

اجلى اهل فَدَك وتَيْمَاء وخَيْبَر قال وكان قتال رسول الله صلّعم اهل وادى القرى فى جمٰدى الآخرة سنة ٧ ، حدّثنى العبّاس بن هشام الكلبى عن ابيه عن جدّه قال اقطع رسول الله صلّعم حمزة بن النعمان بن هَوْذة العُذْرى رمية سَوطِهِ من وادى القرى وكان سيّد بنى عُذْرَة وهو اوّل اهل الحجاز قدم على النبى صلّعم بصدقة بنى عذرة ، وحدّثنى علىّ بن محمّد بن عبد الله مولى قُرَيْش عن العبّاس بن عامر عن عمّه قال اتى عبد الملك بن مروٰن يزيدَ بن معٰوية فقال يامير المومنين انّ امير المومنين معٰوية كان ابتاع من بعض اليهود ارضًا بوادى القرى وأَحْيا اليها ارضًا وليست لك بذلك المال عِناية فقد ضاع وقلّت غلّته فأَقطعنيه فانّه لا خطر له فقال يزيد انّا لا نبخل بكبير[a] ولا نُخدَع عن صغير فقال يامير
المومنين غلّته كذا[b] قال هو لك فلمّا ولّى قال يزيد هذا الّذى يقال انّه 44
يلى بعدنا فان يكن ذلك حقًّا فقد صانعناه وان يكن باطلًا فقد وصلناه ،

مَكَّة

قالوا لمّا قاضى رسول الله صلّعم قُرَيْشًا عام الحُدَيْبِيَة وكتب القضيّة[c] على الهُدنة[d] وانّه من احبّ ان يدخل فى عهد محمّد صلّعم دخل ومن احبّ ان يدخل فى عهد قريش دخل وانّه من اتى قريشًا من اصحاب رسول الله صلّعم لم يردّوه ومن اتاه منهم ومن حلفائهم ردّه قام من كان من كنانة فقالوا ندخل فى عهد قريش ومدّتها وقامت خزاعة فقالت ندخل فى عهد محمّد وعقده وقد كان بين عبد المطّلب وخُزاعة حلف قديم فلذلك قال عمرو بن سالم بن حَصِيرَة الخُزاعى[e]

a) B. بكثير. *b*) A. كذى. *c*) B. القصه. *d*) Ibn Hisch., p. ٧٤٧, ٨٠٣; cf. Wáqedí *Magází*, p. ٣٨٧. *e*) *Chron. Mekk.*, II, p. ٤٩ et Ibn Hisch., p. ٨٠٦ pro لاهم legitur يا رب. Hinc corrigatur Wáqedí *Magází*, p. ٤٠٢ l. 4 a f.

لَاهُمَّ اِنِّي نَاشِدٌ مُحَمَّدَا   حِلْفَ[a] أَبِينَا وَأَبِيهِ ٱلْأَتْلَدَا

ثمّ انّ رجلًا من خزاعة سمع رجلًا من كنانة ينشدُ هجاءً فى رسول الله صلّعم فوثب عليه فشجّه فهاج ذلك بينهم الشرّ والقتال واعانت[b] قريش بنى كنانة وخرج منهم رجال معهم فبيّتوا خزاعة فكان ذلك ممّا نقضوا به العهد والقضيّة وقدم على رسول الله صلّعم عمرو بن سالم بن حَصِيرَة الخزاعى يستنصر رسول الله صلّعم فدعاه ذلك الى غزو مكّة ٭ وحدّثنا ابو عبيد القٰسم بن سلّام قال حدّثنا عثمان بن صالح عن ابن لُهَيْعة عن ابى الاسود عن عروة فى حديث طويل قال فهادنت قريش رسولَ الله صلّعم على ان يامن بعضهم بعضًا على الاغلال[c] والاسلال (او قال ارسال) فمن قدم مكّة حاجًّا او معتمرًا او مجتازًا الى اليمن والطائف فهو آمِن ومن قدم المدينة من المشركين عامدًا الى الشام والمشرق فهو آمِن قال فادخل رسول الله صلّعم فى عهده بنى كعب وادخلت قريش فى عهدها حلفاءها من بنى كنانة ٭ وحدّثنا عبد الواحد بن غِيَاث قال حدّثنا حمّاد بن سَلَمة قال اخبرنا ايُّوب عن عِكْرِمَة انّ بنى بكر من كنانة كانوا فى صلح قريش وكانت خزاعة فى صلح رسول الله صلّعم فاقتتلت بنو بكر وخزاعة بعَرَفَة[d]

---

a) A. حِلفُ. *b*) Codd. واعانت, ita ut quoque واغاثت esse possit. *c*) Male Ibn Hischám, p. ٧۴٧ l. 2 a f. افلال pro اغلال. Lectio ارسال omnino rejicienda est. In *Oj. al-Athar* f. 130 r. والاغلال الخيانة والاسلال السرقة. Zamakhscharí in opere الفائق Cod. 307 *b*, p. 227 haec: وكتب بينه وبينهم كتابًا فكتب فيه أَنْ لا اِغْلَالَ ولا اِسْلَالَ وان بينهم عَيْبَةً مَكْفُوفَةً يقال غلّ فلانٌ كذا اذا اقتطعه ودسّه فى متاعه من غلّ الشىء فى الشىء اذا ادخله فيه فانغلّ وسلّ البَعيرَ وغيرَه فى جوف الليل اذا انتزعه من بين الابل وهى السَّلّة واغلّ واسلّ صار ذا غُلُولٍ وسلّة ويكون ايضا ان يُعِينَ غيره عليهما وقيل الاغلال لُبْس الدروع والاسلال سلّ السيوف ــ والغِلّ الحِقْد الكامن فى الصدر والاغلال الخيانة (العَيْبَة وعاء الثياب).

d) Scilicet ad aquam الوتير, Ibn Hischám, p. ٨٠٣; cf. Fákihí in *Chron. Mekk.*, II, p. ۴٩ et Fásí ibid., II, p. ١۴۴ seq.

فامدّت قريش بنى بكر بالسلاح وسقوهم الماء وظلّلوهم فقال بعضهم لبعض نكثتم العهد فقالوا ما نكثنا والله ما قاتلنا انّما مددناهم وسقيناهم وظلّلناهم فقالوا لابى سفين بن حرب انطلق فأَجِدّ الحلف وأَصْلِح بين الناس فقدم ابو سفين المدينة فلقى ابا بكر فقال له يابا بكر أَجِدّ الحلف واصلح بين الناس فقال ابو بكر الق عمر فلقى عمر فقال له أَجِدّ الحلف واصلح بين الناس فقال عمر قطع الله منه ما كان متّصلًا وابلى ما كان جديدًا فقال ابو سفين تالله ما رايتُ شاهِدَ عشيرةٍ شرًّا منك فانطلق الى فاطمة فقالت الق عليًّا فلقيه فذكر له مثل ذلك فقال علىٌّ انت شيخ قريش وسيّدها فأَجِدّ الحلف واصلح بين الناس فضرب ابو سفين يمينه على شماله وقال 46
قد جدّدتُ الحلف واصلحتُ بين الناس ثمّ انطلق حتّى اتى مكّة وقد كان رسول الله صلّعم قال انّ ابا سفين قد اقبل وسيرجع راضيًا بغير قضاء حاجةٍ فلمّا رجع الى اهل مكّة اخبرهم الخبر فقالوا تالله ما رأَينا احمق منك ما جئتَنا بحرب فنحذر ولا بسلمٍ فنامن وجاءت خزاعة الى رسول الله صلّعم فشكوا ما اصابهم فقال رسول الله صلّعم انّى قد أُمِرتُ باحدى القريتين مكّة او الطائف[a] وامر رسول الله صلّعم بالمسير فخرج فى اصحابه وقال اللهمّ اضرب على اذانهم فلا يسمعوا حتّى نبغتهم بغتةً واغذّ المسير حتّى نزل مَرّ الظّهْران وقد كانت قريش قالت لابى سفين ارجع فلمّا بلغ مرّ الظّهْران ورأَى النيران والاخبية قال ما شان الناس كانّهم اهل عشيّة عَرَفة وغَشِيَتْه خيول رسول الله صلّعم فاخذوه اسيرًا فأُتى به النبى صلّعم وجاء عمر فاراد قتله فمنعه العبّاس واسلم فدخل على رسول الله صلّعم فلمّا كان عند صلاة[b] الصبح تحشحش الناس وضوًّا[c] للصلاة فقال ابو سفين

a) Sic Qodáma. Codd. والطائف. b) A. صلوة, et saepius sic, uti etiam حيوة et زكوة. Secutus sum B. qui semper صلاة, حياة et زكاة scribit. c) In medium textum h. l. ex marg. irrepsit in utroque Codice وضوًّا كذا فى الاصل.

للعبّاس بن عبد المطّلب ما شانهم يريدون قتلى قال لا ولكنّهم قاموا الى الصلاة فلمّا دخلوا فى صلاتهم رآهم اذا ركع رسول الله صلّعم ركعوا واذا
47 سجد سجدوا فقال تالله ما رايتُ كاليوم طواعيةَ قومٍ جاءوا من هاهنا وهاهنا ولا فارس الكرام ولا الروم ذات القرون[a] « فقال العبّاس يرسول الله ابعثنى الى اهل مكّة أَدْعهم الى الاسلام فلمّا بعثه ارسل فى اثره وقال ردّوا علىّ عمّى لا يقتله المشركون فابى ان يرجع حتّى اتى مكّة فقال اى قوم اسلموا تسلّموا أُتيتُم أُتيتُم واستبطنتم باشهب بازل هذا خٰلد باسفل مكّة وهذا الزبير باعلى مكّة وهذا رسول الله صلّعم فى المهاجرين والانصار وخزاعة فقالت قريش[b] وما خزاعة المجدّعة الانوف[c] « وحدّثنا عبد الواحد بن غِيَاث قال حدّثنا حمّاد بن سَلَمَة عن محمّد بن عمرو عن ابى سلمة بن عبد الرحمٰن عن ابى هُرَيْرة انّ قائل خزاعة قال للنبى صلّعم

لَاهُمَّ انّى نَاشِدٌ[d] مُحَمَّدَا حلْفَ أَبِينَا وَأَبِيهِ ٱلْأَتْلَدَا

فَٱنْصُرْ هَدَاكَ ٱللّٰهُ نَصْرًا أَيّدَا[e] وَٱدْعُ عِبَادَ ٱللّٰهِ يَاتُوا مَدَدَا

قال حمّاد فحدّثنى على بن زيد عن عِكْرِمَة انّ خزاعة نادوا النبى صلّعم وهو يغتسل فقال لبّيكم « وقال الواقدى وغيره تسلّح قوم من قريش يوم الفتح وقالوا لا يدخلها محمّد الّا[f] عنوةً فقاتلهم خٰلد بن الوليد وكان اوّل من امره رسول الله صلّعم بالدخول فقتل اربعة وعشرين رجلًا من قريش واربعة نفر من هُذَيل ويقال قُتل يومئذٍ ثلٰثة وعشرون رجلًا من قريش

---

a) v. Zamakhscharí الفائق Cod. 307 *b*, p. 321, ubi الاكارِمَ, Wáqedí *Magází*, p ٤٠٥; cf. *Chron. Mekk.*, II, p. ١٥٥; Qodáma ذوات pro ذات. *b*) Verba فقالت قريش addidi ex Qodáma. *c*) Fásí in *Chron. Mekk.*, II, p. ١٥٠, المخزعة الافوق. *d*) Codd. ناشدًا. *e*) Ibn Hisch., p. ٨٠٩ اعتدا, sed hanc lectionem memorat; cf. *Chron. Mekk.*, II, p. ٤٩. Codd. h. l. ابدا; Bekrí in v. الوتير et Qodáma ايدا. *f*) الا in Codd. om.; cf. de his *Chron. Mekk.*, II, p. ١٥٣. seq.

48 وانهزم الباقون فاعتصموا[a] برؤوس الجبال وتوقّلوا فيها واستشهد من اصحاب
رسول الله[b] صلعم يومئذ كُرْز بن جابر الفِهْرِىّ وخلد الأَشْعَر الكعبى وقال
هشام بن الكلبى هو حُبَيش[c] الأَشْعَر بن خلد الكعبى[d] من خزاعة ،،
وحدّثنا شَيْبان بن ابى شَيْبة الأُبُلّى حدّثنا سليمن بن المغيرة قال حدّثنا
ثابت البُنانى عن عبد الله بن رَبَاح قال وفدت وفود الى معوية[e] وذلك فى
شهر رمضان وكان بعضنا يصنع لبعض الطعام وكان ابو هريرة ممّا يُكثر ان
يدعونا الى رحله قال فصنعتُ لهم طعامًا ودعوتُهم فقال ابو هريرة الا
أُعَلِّمكم بحديث من حديثكم معشر الانصار ثمّ ذكر فتح مكّة فقال اقبل
رسول الله صلعم حتّى قدم مكّة فبعث الزبير على احدى المجنّبتين
وبعث خلد بن الوليد على الاخرى وبعث ابا عبيدة ابن الجرّاح على
الحُسَّر فاخذوا بطن الوادى ورسول الله صلعم فى كتيبته فرآنى فقال يابا
هريرة قلتُ لبّيك يرسول الله قال نادِ[f] الانصار فلا يات الّا انصارى قال
فناديتُهم[g] فاطافوا به وجمعت[h] قريش اوباشها واتباعها وقالوا نقدّم هاولاء
فان اصابوا ظفرًا كنّا معهم وان أُصيبوا اعطينا الّذى يُسْـَٔل فقال رسول الله
صلعم اترون اوباش قريش قالوا نعم فقال باحدى يديه على الاخرى
يُشير ان اقتلوهم ثمّ قال وافونى[i] بالصَّفا قال فانطلقنا فما يشاء احد ان
49 يقتل احدًا الّا قتله فجاء ابو سفين فقال يرسول الله أُبِيدت[k] خضراء قريش
لا قريش بعد اليوم[l] فقال رسول الله صلعم من دخل دار ابى سفين فهو

---

a) B. واعتصموا. *b*) B. النبى. *c*) A. male addit بن. *d*) Ibn Hisch., p. ٨١٧ خُنَيس ابن خالد, in notis vero p. 189 حبيش tanquam vera lectio vindicatur. *e*) Sequitur in *Oj. al-Athar*, f. 143 v., ubi haec traditio exstat: انا فيهم وابو هريرة فذكر حديثا وفيه قال فقال ابو هريرة الا اعلمكم بحديث الخ. *f*) *Oj. al-Athar*, اهتف لى بالانصار et deinde فهتفت بهم. *g*) B. فناديت فيهم. *h*) *Oj. al-Athar* وقد وبشت. *i*) *Oj. al-Athar* ثمّ قال بيديه احداهما على الاخرى احصدوهم حصدًا حتى توافونى. *k*) *Oj. al-Athar* et Zamakhscharí ابيحت. *l*) *Chron. Mekk.*, II, p. ١٠٤ et de خضراء cf. Freytag,

آمن ومن اغلق بابه فهو آمن ومن القى[a] السلاح فهو آمن فقال بعض الانصار لبعض امّا الرجل فادركَتْه رغبة فى قرابته ورأفة بعشيرته وجاء رسول الله صلّعم الوحى وكان اذا جاءه لم يخفَ علينا فقال يا معشر الانصار قلتم كذا وكذا قالوا قد كان ذلك يرسول الله قال كلّا انّى عبد الله ورسوله هاجرتُ الى الله واليكم فالمحيا محياكم والممات مماتكم فجعلوا يبكون ويقولون والله ما قلنا الّذى قلنا الّا للضنّ برسول الله صلّعم قال واقبل الناس الى دار ابى سفيٰن واغلقوا ابوابها ووضعوا سلاحهم واقبل رسول الله صلّعم الى الحجر فاستلمه ثمّ طاف بالبيت واتى على صنم كان الى جنب الكعبة وفى يده قوس قد اخذ بسِيَتها فجعل يطعن فى عين الصنم ويقول جاء الحقّ وزهق الباطل انّ الباطل كان زهوقًا قال فلمّا فرغ من طوافه اتى الصَّفَا فعلاه حتّى نظر الى البيت ثمّ رفع يده[b] يحمد الله ويدعو،، حدّثنا محمّد بن الصَّبّاح قال اخبرنا هُشَيْم عن ابى[c] حَصِين عن عبيد الله بن عبد الله بن عُتْبَة قال قال رسول الله صلّعم يوم فتح مكّة لا تُجبزنّ[d] على جريح ولا يُتْبَعنّ مُدْبر ولا يُقْتَلنّ اسير ومن اغلق بابه فهو آمن ،، قال الواقدى كانت غزوة الفتح فى شهر رمضان سنة ٨ فاقام رسول الله صلّعم بمكّة الى الفطر ثمّ توجّه لغزوة حُنَيْن وولّى مكّة عَتّاب بن أَسِيد ابن ابى العِيص بن اميّة وامر رسول الله صلّعم بهدم الاصنام ومحو الصُّوَر الّتى كانت فى الكعبة وقال اقتلوا ابن خَطَل ولو كان متعلّقًا باستار الكعبة

Prov., I, p. 175 (n⁰. 83) et Zamakhscharí الفائق Cod. 307 *a*, p. 315 جماعتهم وكثرتهم فى سميت بذلك من الخضرة التى بمعنى السواد كما قيل لها سواد ودهماء الخ.

a) B. وضع. *b*) Qodáma et *Oj. al-Athar* بيديه. *c*) Addidi ابى ex conjectura. Scilicet intelligi opinor Abu Hacín Othmán ibn Acim (+ 127), qui etiam infra p. 54 laudatur. (Raptim observo in edit. Abu'l-Mahásini I, ٣٤٢ l. ult. lectionem Codicis B. reponendam esse). *d*) Qodáma synon. تُجْهِزن.

فقتله ابو بَرْزَة الأَسْلَمى[a] قال ابو اليَقْظان واسم ابن خَطَل قيس وقتله ابو
شرياب[b] الانصارى وكانت لابن خَطَل قينتان تغنّيان بهجاء رسول الله صلّعم
فقُتلت احداهما وبقيت الاخرى حتّى كُسرت لها ضِلَع ايّام عثمان فماتت،
وقتل نُمَيلة بن عبد الله الكنانى مِقْيَس بن صُبَابة الكنانى وكان رسول الله
صلّعم قد امر من وجده ان يقتله وذلك لانّ اخاه هاشم[c] بن صُبَابة بن
حَزْن اسلم وشَهِد غزوة المُرَيْسيع مع رسول الله صلّعم فقتله رجل من الانصار
خطأً وهو يظنّه مُشركًا فقدم مِقْيَس على رسول الله صلّعم فقضى له بالدية
على عاقلة القاتل فاخذها واسلم ثمّ عدا على قاتل اخيه فقتله وهرب
مرتدًّا وقال

شَفَى ٱلنَّفْسَ أَنْ قَدْ بَاتَ[d] بِٱلْقَاعِ مُسْنَدًا   يُضَرِّجُ ثَوْبَيْهِ دِمَآءُ ٱلْأَخَادِعِ
ثَأَرْتُ بِهِ فِهْرًا وَحَمَّلْتُ عَقْلَهُ   سَرَاةَ بَنِى ٱلنَّجَّارِ أَرْبَابَ فَارِعِ
حَلَلْتُ بِهِ وِتْرِى وَأَدْرَكْتُ ثُؤْرَتِى   وَكُنْتُ عَنِ ٱلْإِسْلَامِ[e] أَوَّلَ رَاجِعِ

51 وقتل علىّ بن ابى طالب رضّه الحُوَيْرِث بن نُقَيذ بن بُجَير[f] بن عبد بن
قُصَىّ وكان النبى صلّعم امر ان يقتله من وجده، وحدّثنى بكر بن الهَيْثم
عن عبد الرزّاق عن مَعْمَر عن الكلبى قال جاءت قينة لهِلال بن عبد الله
وهو ابن خَطَل الأَدْرَمى من بنى تَيْم الى النبى صلّعم متنكّرة فاسلمت
وبايعت وهو لا يعرفها فلم يعرض لها وقُتلت قينة له اخرى وكانتا تُغَنّيان
بهجاء رسول الله صلّعم، قال واسلم ابن الزِبَعْرَى السَّهْمى قبل ان يُقدَر

---

a) Cf. Wáqedí *Magází*, p. ٤١٤, ubi perperam بردة. Ibn Khatal vocatur Abdollah ab Ibn Isháq, Hilál ibn Abdollah infra et ab Ibn Doreid *Kit. al-Ischtiqáq*, p. ٩٩, Abdo'l Ozza in traditione Ibn Hanbalis in *Oj. al-Athar*, f. 144 r., ubi deinde haec legimus: ابن خطل اسمه عبد الله وقيل بل هلال اخوه وكان يقال لهما الخطلان; cf. porro Nawáwí, p. ٧٨٨. *b*) A. سرباب; apud Ibn Hischám, p. ٨١٩ et Nawáwí l.l. memoratur سعيد بن حريث المخزومى tanquam interfector Ibn Khatali. *c*) Ibn Hisch., p. ٧٢٨ هشام. *d*) Ibn H. مات et تضرّج — دماء. *d*) Ibn H. الى الاوثان. *f*) Ibn H., p. ٨١٩ et *Oj. al-Athar* l.l. وهب.

عليه ومدح رسول الله صلعم وكان قد اباح دمه يوم الفتح ولم يعرض له ،
حدّثنا محمّد بن الصّبّاح البزّار قال[a] حدّثنا هُشَيْم قال اخبرنا خلد الحذّاء
عن القسم بن ربيعة انّ رسول الله صلعم خطب يوم مكّة فقال الحمد
لله الّذى صدّق وعده ونصر جُنده[b] وهزم الاحزاب وحده أَلَا انّ كلّ مأثرة
كانت فى الجاهليّة وكلّ دم ودعوى موضوعة تحت قدمى الّا سدانة
البيت وسقاية الحاجّ ، وحدّثنا خَلَف البزّار حدّثنا اسمٰعيل بن عَيّاش عن
عبد الله بن عبد الرحمٰن عن اشياخه قالوا لمّا كان يوم فتح مكّة قال
النبى صلعم لقريش ما تظنّون قالوا نظنّ خيرًا ونقول خيرًا اخ كريم وابن
اخ كريم وقد قدرت قال فانّى اقول كما قال اخى يوسف عم[c] لَا تَثْرِيبَ
عَلَيْكُمُ ٱلْيَوْمَ يَغْفِرُ ٱللّٰهُ لَكُمْ وَهُوَ أَرْحَمُ ٱلرَّاحِمِينَ أَلَا كلّ دَينٍ ومالٍ ومأثرةٍ
52 كانت فى الجاهليّة فهى تحت قدمى الّا سدانة البيت وسقاية الحاجّ ،
حدّثنا شَيْبان قال حدّثنا جرير بن حازم قال[d] ثنا عبد الله بن عُبَيْد
ابن عُمَير قال قال رسول الله صلعم فى خطبته أَلَا انّ مكّة حرام ما بين
أَخْشَبَيْها لم يحلّ لاحد قبلى ولا يحلّ لاحد بعدى ولم يحلّ لى الّا
ساعة من نهار لا يُخْتَلَ خَلَاها[e] ولا تُعضد عِضاهُها ولا يُنفر صيدُها ولا
يلتقط لُقَطتها[f] الّا أَنْ يُعَرَّفَ (او يُعْرَفَ) فقال العبّاس رحه الّا الاذْخِر فانّه
لصاغتنا وقيوننا وطُهور بيوتنا فقال صلعم الّا الاذخر ، حدّثنا يوسف بن موسى
القطّان قال[d] ثنا جرير بن عبد الحميد عن منصور عن مجاهد عن ابن
عبّاس انّ النبى صلعم قال لا يختل[g] خَلى مكّة ولا يعضد شجرها فقال

a) A. om. b) Ibn Hisch., p. ٨٢١ عبده. c) Qor. 12 vs. 92. d) A. om. e) Cf. p. 8. f) Sic praescribit Zamakhscharí الفائق Cod. 307 *a*, p. 327: بفتح القاف والعامة تُسْكِنها. Locus apud illum sic audit: ولا تَحِلّ لُقَطتُها الا لمُنْشِدٍ (اى لمُعْرِفٍ).
g) Codd. يختلى.

العبّاس الّا الاذخر فانّه للقيون[a] وطهور البيوت فرخص فى ذلك ، حدّثنا
شَيْبان قال ثنا ابو هِلال الراسبى عن الحسن[b] قال اراد عمر ان ياخذ كنز
الكعبة فينفقه فى سبيل الله فقال له أُبَىّ بن كعب الانصارى ياميرَ المومنين
قد سبقك صاحباك ولو كان هذا فضلًا لفعلاه ، وحدّثنا عمرو الناقد
قال ثنا ابو معٰوية عن الأَعْمَش عن مجاهد قال قال رسول الله صلعم
مكّة حرام لا يحلّ بيعُ رِباعها ولا اجور بيوتها ، حدّثنا محمّد بن حاتم
المروزى قال ثنا عبد الرحمٰن بن مهدى عن اسرائيل عن ابرٰهيم بن
مهاجر عن يوسف بن مَاهَك عن ابيه عن عائشة قالت قلت يرسول
الله أَبْنِ[c] لك بناءً يظلّك من الشمس بمكّة فقال[d] انّما هى مناخ من
سبق ، حدّثنا خَلَف بن هشام البَزّار ثنا اسمٰعيل عن[e] ابن جُرَيج 53
قال قرأتُ كتاب عمر بن عبد العزيز ينهى عن كراء بيوت مكّة ، حدّثنا
ابو عبيد ثنا اسمٰعيل بن جعفر عن اسرائيل[f] عن ثُوَيْر[g] عن مجاهد عن
ابن عمر قال الحرم كلّه مسجد ، حدّثنا عمرو الناقد قال[h] ثنا اسحٰق
الازرق عن عبد الملك بن ابى سليمٰن قال كتب عمر بن عبد العزيز الى
امير مكّة ان لا تدع اهل مكّة ياخذون على بيوت مكّة اجرًا فانّه لا
يحلّ لهم ، حدّثنا عثمان بن ابى شيبة قال ثنا جرير عن يزيد بن
ابى زياد عن عبد الرحمٰن بن سَابِط فى قوله[i] سَوَآءً ٱلْعَاكِفُ فِيهِ وَٱلْبَادِى[k]
قال البادى من يخرج من الحُجّاج والمعتمرين هم سوآء فى المنازل ينزلون
حيث شاؤوا غير ان لا يخرج احد من بيته ، حدّثنا عثمان قال[h] ثنا
جرير عن منصور عن مجاهد فى هذه الاية قال اهل مكّة وغيرهم فى المنازل

a) Qodáma للقبور et sic apud Azraqí, p. ٣٨٥. b) B. لحسن. c) A. ابنى. d) Qodáma add. لا. e) A. om. عن. f) A. اسمعىل. g) Qamus: ثُوَيْر بن ابى فاختة سعيد بن علاقة تابعى. h) A. om. i) Qor. 22 vs. 25. k) Codd. والباد.

سوآء »، وحدّثنا عثمان وعمرو قالا ننا وكيع عن سفين عن منصور عن مجاهد انّ عمر بن الخطّاب قال لاهل مكّة لا تتّخذوا لدوركم ابوابًا لينزل البادى حيث شاء »، وحدّثنا عثمان بن ابى شيبة وبكر بن الهَيْثم قالا حدّثنا يحيى بن ضَرِيس الرازى عن سفين عن ابى حَصِين قال قلت لسعيد بن جُبَير وهو بمكّة انى اريد ان اعتكف فقال انت عاكف ثمّ قرا سَوَآءً ٱلْعَاكِفُ فِيهِ وَٱلْبَادِى[a]، حدّثنا عثمان قال حدّثنا حفص بن غِيَاث عن عبد الله بن مسلم عن سعيد بن جُبَير فى قوله سَوَآءً ٱلْعَاكِفُ
54 فِيهِ وَٱلْبَادِى[a] قال خلق الله فيه سواء اهل مكّة وغيرها »، وحدّثنى محمّد ابن سعد عن الواقدى قال كان يُتخاصم الى ابى بكر بن محمّد بن عمرو ابن حزم فى اجور الدور بمكّة فيقضى بها على من اكتراها وهو قول ملك وابن ابى ذئب قال وقال ربيعة وابو الزِّناد لا باس باكل كراء ببيوت مكّة وبيع رباعها، وقال الواقدى رايتُ ابن ابى ذئب ياتيه كراء داره بمكّة بين الصَّفا والمَرْوَة، وقال الليث بن سعد ما كان من دار فأَجْرها طيّب لصاحبها فامّا القاعات والسكك والافنية والخرابات فمن سبق نزل ذلك بغير كراء واخبرنى ابو عبد الرحمن الأَوْدى عن الشافعى بمثل ذلك، وقال سفين ابن سعيد الثورى كراء ببيوت مكّة حرام وكان يشدّد فى ذلك وقال الأَوْزاعى وابن ابى ليلى وابو حنيفة ان كراها فى ليالى الحجّ فالكراء باطل وان كان فى غير ليالى الحجّ وكان المكترى مجاورًا او غير ذلك فلا باس وقال بعض اصحاب ابى يوسف كراؤُها[b] حِلٌّ طلق وانّما يستوى العاكف والبادى فى الطّواف بالبيت »، حدّثنا الحسين بن على بن الاسود قال حدّثنا عبيد الله بن موسى عن الحسن بن صالح عن العلاء بن المُسَيّب عن عبد الرحمن بن الاسود انّه كان لا يرى ببقل مكّة ولا بالزرع الّذى يزرع

a) Codd. والباد. b) A. كراها.

فيها ولا بشيء ممّا انبته الناس بها من شجر او نخل باسًا ان تقطعه
55 وتاكله وتصنع فيه ما شئتَ قال وانّما كره ما انبتت الارض بمكّة من
شجر وغيره ممّا لم يعمله الناس الّا الاذخر، قال الحسن بن صالح وقد
رخص فى الشجر البالى الّذى قد يَبِسَ وتكسّر»، وقال محمّد بن عمر
الواقدى قال مالك وابن ابى ذئب فى مُحْرِمٍ او حَلَال قطع شجرة من الحرم
انّه قد أَساءَ فان كان جاهلًا عُلِّم ولا شىءَ عليه وان كان عالمًا خالعًا
عوقب ولا قيمة عليه ومن قطع من ذلك شيئًا فلا باس ان ينتفع به،
قال وقال سفيٰن الثّوْرى وابو يوسف عليه فى الشجرة لقطعها قيمة ولا
ينتفع بذلك وهو قول ابى حنيفة وقال مٰلك بن انس وابن ابى ذئب لا
باس بالضغابيس واطراف السّنا توخذ من الحرم للدواء والسواك، وقال
سفيٰن بن سعيد وابو حنيفة وابو يوسف كلّ شىء أَنْبته الناسُ فى الحرم او
كان ممّا ينبتون فلا شىءَ على قاطعه وكلّ شىء ممّا لا ينبته الناس فعلى
قاطعه قيمة، وقال الواقدى سألتُ الثّوْرى وابا يوسف عن رجل انبت
فى الحرم ما لا ينبته الناس فقام عليه حتّى نبت له[a] أَلَهُ ان يقطعه قالا
نعم قلتُ فان نبتت[b] فى بستانه شجرة ممّا لا ينبت الناس من غير ان
يكون انبتها قالا[c] يصنع بها ما شاءَ، وحدّثنى محمّد بن سعد عن
الواقدى قال رُوى لنا انّ ابن عمر كان ياكل بمكّة بقلًا زرع فى الحرم،
وحدّثنى محمّد بن سعد قال حدّثنى الواقدى عن معاذ بن محمّد قال
56 رايتُ على مائدة الزّهرى بقلًا من الحرم، قال ابو حنيفة لا يُرْعِى الرجل
المُحْرِم بعيرَه فى الحرم ولا يحتشّ له وهو قول زُفَر وقال مٰلك وابن ابى
ذئب وسفيان وابو يوسف وابن ابى سبرة لا باس بالرعى ولا يحتشّ وقال
ابن ابى ليلى لا باس بان يحتشّ، وحدّثنى عفّان والعبّاس بن الوليد

---

a) A. om. *b*) Codd. ىىىٮ. *c*) Codd. قال.

النَّرْسى قالا حدّثنا عبد الواحد بن زياد قال حدّثنا ليث قال كان عطاء
لا يرى باسًا ببقل الحرم وما زرع فيه وبالقضيب والسِواك قال وكان مُجاهِد
يكرهه ". قال[a] ولم يكن للمسجد الحرام على عهد رسول الله صلعم وابى
بكر جدار يحيط به فلمّا استخلف عمر بن الخطّاب وكثر الناس وسّع
المسجد واشترى دُورًا فهدمها وزادها فيه وهدم على قوم من جيران المسجد
أَبوا ان يبيعوا ووضع لهم الاثمان حتّى اخذوها بعدُ واتّخذ للمسجد
جدارًا قصيرًا دون القامة فكانت المصابيح توضع عليه فلمّا استخلف
عثمان بن عفّان ابتاع منازل وسّع المسجد بها واخذ منازل اقوام ووضع
لهم الاثمان فضجّوا به عند البيت فقال انّما جرّأكم علىّ حلمى عنكم
وليِنى لكم لقد فعل بكم عمر مثل[b] هذا فاقررتم ورضيتم ثمّ امر بهم الى
الحبس حتّى كلّمه فيهم عبد الله بن خُلد بن أَسِيد بن ابى العِيص
فخلّى سبيلهم، ويقال انّ عثمان اوّل من اتّخذ للمسجد الاروقة واتّخذها
حين وسّعه قالوا وكان باب الكعبة على عهد ابرٰهيم عمّ وجُرْهُم والعَمالِيق
بالارض حتّى بنته قريش فقال ابو حُذَيْفة بن المغيرة يا قوم ارفعوا باب
57 الكعبة حتّى لا يُدْخَلَ الّا بسُلّم فانّه لا يدخلها حينئذ الّا من اردتم فان
جاء احد ممّن تكرهون رميتم به فسقط فكان نكالًا لمن وراءه فعملت
قريش بذلك، قال ولمّا تحصّن عبد الله بن الزبير بن العوّام فى المسجد
الحرام واستعاذ به والحُصَيْن بن نُمَيْر السَّكُونى اذذاك يقاتله فى اهل الشام
اخذ ذات يوم رجل من اصحابه نارًا على ليفة فى راس رُمح وكانت الريح
عاصفًا فطارت شررة فتعلّقت باستار الكعبة فاحرقتها فتصدّعت حيطانها
واسودّت وذلك فى سنة ٦٤ حتّى اذا مات يزيد بن معٰوية وانصرف
الحُصَين بن نُمَير الى الشام امر ابن الزبير بما فى المسجد من الحجارة التى

a) Cf. Azraqí, p. ٣٠٦ seqq. b) A. om.

رُمى بها فأُخرج ثمّ هدم الكعبة وبناها على اساسها وادخل الحجر فيها
وجعل لها بابين موضوعين بالارض شرقيًّا وغربيًّا يدخل من واحد ويخرج
من الاخر وكان قد وجد اساس الكعبة متّصلًا بالحجر وانّما التمس اعادتها
الى بناء ابرٰهيم عم على ما كانت عائشة امّ المومنين اخبرته عن النبى
صلعم وجعل على بابها صفائح الذهب وجعل مفاتيحها من ذهب فلمّا
حاربه الحجّاج بن يوسف من قبل عبد الملك بن مرون وقتله كتب اليه
عبد الملك يامره ببناء الكعبة والمسجد الحرام وقد كانت الحجارة حلحلت
الكعبة فهدمها الحجّاج وبناها فردّها الى بناء قريش واخرج الحجر فكان عبد
الملك يقول بعد ذلك[a] وَدِدتُ انّى كنتُ حَمّلتُ ابنَ الزبير امر الكعبة
58 وبناءَها[b] ما تحمّل ، قالوا[c] وكانت كسوة الكعبة فى الجاهليّة
الانطاع والمغافر فكساها رسول الله صلعم الثياب اليمانيّة ثمّ كساها عمر
وعثمان رضهما القباطى ثمّ كساها يزيد بن معٰوية الديباج الخُسْرُوانى
وكساها ابن الزبير والحجّاج بعده الديباج وكساها بنو اميّة فى بعض ايّامهم
الحلل الّتى كان اهل نجران يؤدّونها واخذوا هم بتجريدها[d] وفوقها
الديباج ثمّ انّ الوليد بن عبد الملك وسّع المسجد الحرام وحمل اليه
عمد الحجارة والرخام والفُسَيفِساء ، قال الواقدى فلمّا كانت خلافة امير
المومنين المنصور رحه زاد فى المسجد وبناه وذلك فى سنة ١٣٩ ، وقال علىّ
ابن محمّد بن عبد الله المدائنى ولّى المهدى جعفرَ بن سليمٰن بن علىّ
ابن عبد الله بن العبّاس مكّة والمدينة واليمامة فوسّع مسجِدَىْ مكّة
والمدينة وبناهما ، وقد جدّد امير المومنين المتوكّل على الله جعفر بن ابى
اسحٰق المعتصم بالله بن الرشيد هٰرون بن المهدى رضوان الله عليهم

---

a) Cf. Azraqí, p. ١٤٩. b) Codd. وبنايها. c) Azraqí, p. ١٧٦ seq. d) Codd. واحدوهم بىحودها ; cf. Azraqí, p. ١٨٠.

رخام الكعبة وازّرها بفضّة والبس سائر حيطانها وسقفها الذهب ولم يفعل ذلك احد قبله وكسا اساطينها الديباج "

ذكر حفائر مكّة

قالوا كانت قريش قبل جمع قُصَىّ ايّاها وقبل دخولها مكّة تشرب من
59 حياض ومصانع على رؤوس الجبال ومن بئر حفرها لُوَىّ بن غالب خارج
الحرم تدعى اليُسَيْرَة ومن بئر حفرها مُرّة بن كعب تدعى الرَوَا وهى ممّا
يلى عَرَفة ثمّ حفر كِلَاب بن مُرّة خُمّ ورُمّ[a] والجَفْر[b] بظاهر مكّة ثمّ انّ قُصَىّ
ابن كِلَاب حفر بئرًا سمّاها العَجُول واتّخذ سقاية وفيها يقول بعض رُجّاز
الحاجّ[c]

نَرْوَى عَلَى ٱلْعَجُولِ ثُمَّ نَنْطَلِقْ   قَبْلَ صُدُورِ ٱلْحَاجِّ مِنْ كُلِّ أُفُقْ
إِنَّ قُصَيًّا قَدْ وَفَى وَقَدْ صَدَقْ   بِٱلشِّبْعِ لِلنَّاسِ[d] وَرِيٍّ مُغْتَبَقْ

ثمّ انّه سقط فى العَجُول بعد ممات قُصَىّ رجل من بنى نصر بن معوية فعُطِلت وحفر هاشم بن عبد مَناف بَذّر[e] وهى عند الخَنْدَمة على فم شِعْب ابى طالب وحفر هاشم ايضًا سَجْلَة فوهبها أَسد بن هاشم لعدىّ بن نوفل بن عبد مَناف ابى المُطْعِم ويقال بل ابتاعها منه ويقال انّ عبد المطّلب وهبها له حين حفر زَمْزَم وكَثُر الماءُ بمكّة فقالت خالدة بنت هاشم

---

a) Codd. ودُم, v. infra, Azraqí, p. ٤٣٦, ٤٣٩, Ibn Hischám, p. ٩٥ et *L. G.* in v.; Bekrí in v. زم dicit scribi رُمّ et زُمّ, hanc autem lectionem esse praeferendam. b) Hinc corrigas Ibn Hischám l.l. et Azraqí, p. ٤٩٩ l. 2 ubi الحفر, cf. p. ٤٣٩. c) Alia hujus carminis redactio apud Azraqí, p. ٦٩ et ٤٣٧. d) Bekrí in v. العجول habet يشبع للحج. e) A. بذّر, cf. infra et Zamakhscharí, p. ١٤٣.

نَحْنُ وَهَبْنَا لِعَدِىٍّ سَجْلَهْ   فى تُرْبَةٍ ذَاتِ عَذَاةٍ سَهْلَهْ
تَرْوِى ٱلْحَجِيجَ زَغْلَةً فَزَغْلَهْ[a]

وقد دخلت سَجْلَة فى المسجد، وحفر عبد شمس بن عبد مَنَاف الطَّوِىَّ وهى باعلى مكّة وحفر ايضًا لنفسه الجَفْر وحفر مَيْمُون بن الحضرمى حليف بنى عبد شمس بن عبد مَنَاف بئره وهى اخر بئر حُفِرت فى الجاهليّة بمكّة
60 وعندها قبر امير المومنين المنصور رحمه واسم الحضرمى عبد الله بن عِمَاد،[b] واحتفر عبد شمس ايضًا بئرين وسمّاهما خُمّ ورُمّ على ما سمّى كِلَاب بن مُرّة بئريه فامّا خُمّ فهى عند الردم وامّا رُمّ فعند دار خَدِيجة بنت خُوَيْلِد وقال عبد شمس

حَفَرْتُ خُمًّا وَحَفَرْتُ رُمًّا   حَتّى أَرَى ٱلْمَجْدَ لَنَا قَدْ تَمَّا[c]

وقالت سُبَيعة بنت عبد شمس فى الطَّوِىّ

إِنَّ الطَّوِىَّ إِذَا شَرِبْتُمْ مَاءَهَا   صَوْبُ الغَمَامِ عَذُوبَةً وَصَفَاءَ

وحفرت بنو أَسَد بن عبد العُزّى بن قُصَىّ شُفَيَّة بئر بنى أَسَد وقال الحُوَيْرِث بن اسد

ماءُ شُفَيَّةٍ كَمَاءِ[d] ٱلْمُزْنِ   وَلَيْسَ مَاؤُهَا[e] بِطَرْقٍ أَجْنِ

وحفر بنو عبد الدار بن قُصَىّ أُمّ أَحْرَادٍ فقالت أُمَيمة بنت عُمَيلة بن السَّبّاق بن عبد الدار[f]

نَحْنُ حَفَرْنَا ٱلْبَحْرَ أُمَّ أَحْرَاد   لَيْسَتْ كَبَذْرِ ٱلنَّزُورِ ٱلْجَمَاد

فاجابتها صَفِيّة بنت عبد المُطّلب[g]

---

a) A. adscripto signo ع habet زَغْلة فَزَغْلة „agmina post agmina", B. sine punctis. Correxi ex Bekrí in v. سَجْلة, ubi additur explicatio اى جرعة فجرعة. b) Alii hunc عباد vocant; v. Nawáwí, p. ٤٣٣ (Maimun et al-Alá erant fratres). c) Bekrí in v. خم habet تـرى — زمّا. d) Bekrí in v. سجلة habet كصوب. e) A. ماءها. f) Bekrí l.l. addit امراة العوام بن خويلد. g) Cf. Azraqí, p. ٤٣٧, ٤٧٩, Bekrí l.l. فاجابتها ضرتها صفية — ام الزبير بن العوام.

نَحْنُ حَفَرْنَا بَذَّرْ   تَرْوِى[a] ٱلْحَجِيجَ ٱلْأَكْبَرْ   مِنْ مُقْبِلٍ وَمُدْبِرْ
61 وَأُمُّ أَحْرَادٍ بَشَرْ   فِيهَا ٱلْجَرَادُ وَٱلذَّرْ   وَقَذَرٌ لَا يُذْكَرْ

وحفر بنو جُمَحٍ السُّنْبُلَةَ وهى بئر خَلَف بن وهب الجمحى فقال قائلهم

نَحْنُ حَفَرْنَا لِلْحَجِيجِ سُنْبُلَهْ   صَوْبَ سَحَابٍ ذُو ٱلْجَلَالِ أَنْزَلَهْ[b]

وحفر بنو سهم الغَمْرَ وهى بئر العاصى بن وائل فقال بعضهم

نَحْنُ حَفَرْنَا ٱلْغَمْرَ لِلْحَجِيجِ   تَثُجُّ مَاءً أَيَّمَا ثَجِيجِ

قال ابن الكلبى قالها ابن الزِّبَعْرَى[c]، وحفرت بنو عَدِىّ[d] الحَفِير فقال شاعرهم

نَحْنُ حَفَرْنَا بِئْرَنَا[e] ٱلْحَفِيرَا   بَحْرًا يَجِيشُ مَاؤُهُ غَزِيرَا

وحفرت بنو مخزوم السُّقْيَا بئر[f] هشام بن المغيرة بن عبد الله بن عمر ابن مخزوم، وحفرت بنو تَيْم الثُّرَيَّا وهى بئر عبد الله بن جُدْعان بن عمرو ابن كعب بن سعد بن تَيْم، وحفرت بنو عامر بن لُؤَىّ النَّقْع، قالوا وكانت لجُبَيْر بن مُطْعِم بئر وهى بئر بنى نَوْفَل فأُدخلت حديثًا[g] فى دار القَوارير التى بناها حمّاد البربرى فى خلافة[h] امير المومنين هٰرون الرشيد، وكان عَقِيل بن ابى طالب حفر فى الجاهليّة بئرًا وهى فى دار ابن يوسف[i]، فكانت للاسود بن ابى البَخْتَرى بن هاشم بن الحٰرث بن أَسَد بن عبد العُزَّى بئر على باب الاسود عند الحَنّاطين فدخلت فى المسجد، بئر عِكْرِمَة نُسبت الى عكرمة بن خٰلد بن العاصى[k] بن هاشم بن المغيرة، بئر عمرو نُسبت الى عمرو بن عبد الله بن صَفْوان بن اميّة بن خَلَف الجُمَحى
62 وكذلك شِعْب عمرو، الطَّلُوب اسفل مكّة كانت لعبد الله بن صَفْوان، بئر حُوَيْطِب نُسبت الى حُوَيْطِب بن عبد العُزَّى بن ابى قيس من

a) Bekrí نسقى. b) Bekrí l.l. (in Codice autem Leidensi lacuna) et in v. سنبلة addit: تصبّ ماء مثل ماء اليَعْمَله. c) Nescio quis hic est. Fortasse legendum الزبعرى. d) Bekrí l.l. تيم. e) Bekrí l.l. اللهم قد سنى لنا. f) A. دمن. g) Azraqí, p. ۴۳۷. h) A. حلامه. i) Azraqí, p. ۴۴۱. k) Codd. العاص.

بنى عامر بن لُؤَىّ وهى بفناء داره ببطن الوادى، بئرابى موسى كانت لابى موسى الأَشْعَرى بالمَعْلاة، بئر شَوْذَب نسبت الى شَوْذَب مولى معوية وقد دخلت فى المسجد ويقال انّ شَوْذَبًا كان مولى طارق بن عَلْقَمة بن عُرَيْج ابن جَذيمة الكنانى ويقال كان مولى لنافع بن عَلْقَمة بن صَفْوان بن اميّة ابن مُحَرِّث بن خُمْل بن شِقّ الكنانى خال مرون بن الحكم بن ابى العاصى[a] ابن اميّة، وبئر بَكّار نسبت الى رجل سكن مكّة من اهل العراق وهى بذى طُوًى، وبئر وَرْدان نُسبت الى وَرْدان مولى السائب[b] بن ابى وَداعة ابن ضُبَيْرة[c] السَّهْمى، وسقاية سِرَاج بفخّ كانت لسِرَاج مولى بنى هاشم، وبئر الاسود نسبت الى الاسود بن سفين بن عبد الاسد بن هلال بن عبد الله بن عمر بن مخزوم وهى بقرب بئر خالصة مولاة امير المومنين المهدى، والبَرُود بفخّ لمُخْتَرِش[d] الكعبى من خُزاعة، وقال ابن الكلبى صاحب دار ابن عَلْقَمة بمكّة طارق بن عَلْقَمة بن عُرَيْج بن جَذيمة الكنانى، وقال ابو عُبَيْدة مَعْمَر بن المُثَنّى وعبد الملك بن قُرَيْب الأَصْمَعى وغيرهما بستان ابن عامر لعمر بن عبد[e] الله بن مَعْمَر بن عثمان بن عمرو بن كعب بن سعد بن تَيْم بن مُرّة بن كعب بن لُؤَىّ ولكنّ الناس غَلِطوا فيها[f] فقالوا بستان ابن عامر وبستان بنى عامر وانّما هو بستان ابن مَعْمَر وقوم

63 يقولون نُسب الى ابن عامر الحضرمى واخرون يقولون نسب[g] الى ابن عامر بن كُرَيْز وذلك ظنّ وترجيم»، حدّثنى مُصْعَب بن عبد الله الزُّبَيرى قال كانت فى الجاهليّة مكّة تدعى صَلاحِ قال ابو سفين بن حرب الحضرمى[h]

---

a) A. العاص. b) Azraqí المطلب; cf. Ibn Hisch., p. ٤٩٢. c) A. وضُنَبره pro بن ضُبَيرة. d) Azraqí, p. ٤٤٣ خِرَاش. e) B. عبيد. f) B. om. g) A. دسست: h) Bekrí in v. melius: وقال حرب بن اميّة لابى مَطَر الحضرمى يدعوه الى حلفه ونزول مكّة بكة.

أَبَا مَطَرٍ هَلُمَّ اِلَى صَلَاحٍ   لِيَكْفِيكَ[a] ٱلنَّدَامَى مِنْ قُرَيْشِ
وَتَنْزِلُ بَلْدَةً عَزَّتْ قَدِيمًا   وَتَأْمَنُ أَنْ يَنَالَكَ[b] رَبُّ جَيْشِ

وحدّثنى العبّاس بن هشام الكلبى قال كتب بعض الكنديّين الى ابى
يسأله عن سجن ابن سِبَاع بالمدينة الى من نُسب وعن قصّة دار النَّدْوَة
ودار العَجَلَة ودار القَوَارِير بمكّة فكتب اليه امّا سجن ابن سِبَاع فانّه
كان دارًا لعبد الله بن سِبَاع بن عبد العُزّى بن نَضْلة بن عمرو[c] بن
غُبْشان الخُزاعى وكان سِبَاع يكنّى ابا نِيَار وكانت امّه قابلة بمكّة فبارزه
حَمْزَة بن عبد المطّلب يوم أُحُد فقال له هلمّ الىّ يابن مقطّعة البظور ثمّ
قتله واكبّ عليه لياخذ درعه فزرقه وَحْشِىٌّ وامّ طُرَيح بن اسمعيل
الثقفى الشاعر[d] بنت عبد الله بن سِبَاع وهو حليف بنى زُهْرة، وامّا
دار النَّدْوَة فبناها قُصَىّ بن كِلَاب فكانوا يجتمعون اليه فتقضى فيها
الامور ثمّ كانت قريش بعده تجتمع فيها فتتشاور فى حروبها وامورها
وتعقد الالوية وتزوّج من اراد التزويج وكانت اوّل دار بنيت بمكّة من دور
قريش، ثمّ دار العَجَلَة وهى دار سعيد بن سعد بن سهم وبنو سهم
يدّعون انّها بُنيت قبل دار النَّدْوَة وذلك باطل فلم تزل دار النَّدْوَة لبنى 64
عبد الدار بن قُصَىّ حتّى باعها عِكْرِمَة بن عامر بن هاشم بن عبد مَنَاف
ابن عبد الدار بن قُصَىّ من معوية بن ابى سفين فجعلها دارًا للامارة،
وامّا دار القَوَارِير فكانت لعُتْبَة بن ربيعة بن عبد شمس بن عبد مَنَاف
ثمّ صارت للعبّاس بن عُتْبَة بن ابى لَهَب بن عبد المطّلب وقد صارت
بعدُ لامّ جعفر زُبَيْدة بنت ابى الفضل[e] بن المنصور امير المومنين واستُعمل
فى بعض فرشها وحيطانها شىء من قوارير فقيل دار القَوَارِير وكان حمّاد

a) Bekrí فيكفيك. *b*) Bekrí يزورك. *c*) Ibn Isháq om. بن عمرو et dicit (Ibn Hischám, p. ٩١١) Abdo'l Ozzae nomen fuisse Amr. *d*) *Hamása*, p. ٧٧٢. *e*) ابو الفضل est Dja'far.

البربرى بناها فى خلافة الرشيد امير المومنين رحمه ،، وقال هشام بن محمّد الكلبى كان عمرو بن مُضاض[a] الجُرْهُمى حارب رجلًا من جرهم يقال له السُّمَيْدَع فخرج عمرو فى السلاح يتقعقع فسمّى الموضع الّذى خرج منه قُعَيْقِعان وخرج السُّمَيْدَع مقلّدًا خيله الاجراس فى اجيادها فسمّى الموضع الّذى خرج منه أَجْيَاد، وقال ابن الكلبى ويقال انّه خرج بالجياد المسوّمة[b] فسمّى الموضع أَجْيَاد وعامّة اهل مكّة يقولون جِيَاد الصغير وجِيَاد الكبير، حدّثنا الوليد بن صالح عن محمّد بن عمر الأَسْلَمى عن كَثِير بن عبد الله عن ابيه عن جدّه قال قدمنا مع عمر بن الخطّاب فى عمرته سنه ١٧[c] فكلّمه اهل المياه فى الطريق ان يبتنوا منازل فيما بين مكّة والمدينة ولم تكن قبل ذلك فاذن لهم واشترط عليهم انّ ابن السبيل احقّ بالماء والظلّ ،،

أَمْرُ ٱلسُّيُولِ بِمَكَّةَ

65 حدّثنا العبّاس بن هشام عن ابيه هشام بن محمّد عن ابن خَرَّبُوذ المكّى وغيره قالوا كانت السيول بمكّة اربعة منها سيل امّ نَهْشَل وكان فى زمن عمر بن الخطّاب اقبل السيل حتّى دخل المسجد من اعلى مكّة فعمل عمر الردمين جميعًا الاعلى بين دار بَبَّة (وهو عبد الله بن الحرث بن نوفل ابن الحرث بن عبد المطّلب بن عبد مناف الّذى ولى البصرة فى فتنة ابن الزبير اصطلح اهلها عليه) ودار أَبان بن عثمان بن عفّان والاسفل[d] عند الحمّارين وهو الّذى يعرف بردم آل أَسِيد فترادّ السيل عن المسجد الحرام قال وامّ نَهْشَل بنت عبيدة[e] بن سعيد بن العاصى بن اميّة ذهب

a) Vulgo مضاض بن عمرو. *b*) Codd. مسومه. *c*) In utroque Codice incertum est, quod librarius Codicis B. certe de consilio fecit, utrum سبع an تسع sit legendum. *d*) B. هو الاسفل. *e*) Azraqí, p. ٣٩٥ عبيد.

بها السيل من اعلى مكّة فنُسب اليها، ومنها سيل الجُحاف والجُراف فى سنة ٨٠ فى زمن عبد الملك بن مرون صبح الحاجّ يوم اثنين فذهب بهم وبامتعتهم واحاط بالكعبة فقال الشاعر[a]

لَمْ تَرَ غَسَّانُ كَيَوْمِ ٱلْاثْنَيْنِ   أَكْثَرَ مَحْزُونًا وَأَبْكَى لِلْعَيْنْ[b]

إِذْ ذَهَبَ ٱلسَّيْلُ بِأَهْلِ ٱلْمِصْرَيْنْ   وَخَرَجَ ٱلْمُخَبَّآتُ يَسْعَيْنْ

شَوَارِدًا فِى ٱلْجَبَلَيْنِ يَرْقَيْنْ

فكتب عبد الملك الى عبد الله بن سفين المخزومى عامله على مكّة ويقال بل كان عامله يومئذ الحرث بن خُلد المخزومى الشاعر يامره بعمل ضفائر الدور الشارعة على الوادى وضفائر المسجد وعمل الردم على افواه السكك

66 لتحصن دور[c] الناس وبعث لعمل ذلك رجلًا نصرانيًّا فاتّخذ الضفائر وردم الردم الّذى يعرف بردم بنى قُراد وهو يعرف ببنى جُمَح، واتُّخِذت ردوم باسفل مكّة قال الشاعر

سَأَمْلِكُ عَبْرَةً وَأَفِيضُ أُخْرَى   اذَا جَاوَزْتُ رَدْمَ بَنِى قُرَادِ

ومنها السيل الّذى يدعى المُخَبِّل[d] اصاب الناس فى ايّامه مرض فى اجسادهم وخَبَل فى السنتهم فسمّى المُخَبِّل، ومنها سيل اتى بعد ذلك فى خلافة هشام بن عبد الملك فى سنة ١٢٠ يعرف بسيل ابى شَاكِر وهو مَسْلَمَة بن هشام وكان على الموسم ذلك العام فنُسبَ اليه، قال وسيل وادى مكّة ياتى من موضع يعرف بسِدْرَة عَتَّاب بن أَسِيد بن ابى العِيص، قال عبّاس بن هشام وقد كان فى خلافة المامون عبد الله بن الرشيد رحمه سيل عظيم بلغ ماؤُه قريبًا من الحجر، فحدّثنى العبّاس قال حدّثنى ابى عن ابيه محمّد بن السائب الكلبى عن ابى صالح عن عِكْرِمَة قال درس شىء من معالم الحرم على عهد معوية بن ابى سفين فكتب الى مرون

a) Aliter eos tradit Azraqí, p. ٣٩٩.   b) A. العين.   c) B. دون.   d) B. المخبّل.

ابن الحكم وهو عامله على المدينة يامره ان كان كُرْز بن عَلْقَمَة الخُزاعى حيًّا ان يكلّفه اقامة معالم الحرم لمعرفته بها وكان مُعَمَّرًا فاقامها عليه[a] فهى مواضع الانصاب اليوم، قال الكلبى هذا كُرْز بن عَلْقَمَة بن هِلَال بن جُرَيْبَة[b]
67 ابن عبد نُهْم[c] بن حُلَيْل بن حُبْشِيّة الخُزاعى وهو الّذى قفا اثر النبى صلّعم حين انتهى الى الغار الّذى استخفى فيه وابو بكر الصّدّيق معه حين اراد الهجرة الى المدينة فرأى عليه نسج العنكبوت ورأى دونه قدم رسول الله صلّعم فعرفها فقال[d] هذه قدم محمّد (صلّعم) وهاهنا انقطع الاثر"

الطَّائِف

قال لمّا هُزِمت هَوَازِن يوم حُنَيْن وقُتِل دُرَيْد بن الصِّمّة انى فَلُّهم أَوْطَاس فبعث اليهم رسول الله صلّعم ابا عامر الأَشْعَرِى فقُتِل فقام بامر الناس ابو موسى عبد الله بن قيس الاشعرى واقبل المسلمون الى أَوْطَاس فلمّا راى ذلك مالك بن عوف بن سعد احد بنى دُهْمان بن نصر بن معٰوية بن بكر بن هوازن وكان رئيس هوازن يومئذ هرب الى الطائف فوجد اهلها مستعدّين للحصار قد رمّوا حصنهم وجمعوا فيه الميرة فاقام بها وسار رسول الله صلّعم بالمسلمين حتّى نزل الطائف فرمتهم ثَقِيف بالحجارة والنبل ونصب رسول الله صلّعم منجنيقًا على حصنهم وكانت مع المسلمين دبّابة من جلود البقر فالقت عليها ثقيف سكك الحديد المحماة فاحرقتها فأُصِيب مَنْ تحتها من المسلمين وكان حصار رسول الله صلّعم الطائف خمس عشرة ليلة وكان غزوه ايّاها فى شوّال سنة ٨، قالوا ونزل الى رسول الله صلّعم رقيق
68 من رقيق اهل الطائف منهم ابو بكر بن مسروح مولى رسول الله صلّعم

---

a) Codd. فاقامهم عليها. *b*) A. حوبه. B. حويبه; v. Wüstenfeld, *Tab.* 11, 26. *c*) A. رُهم; v. Wüstenfeld, ibid. 25 et *Register* in v. Abd Nohm. *d*) B. وقال.

واسمه نُفَيْع ومنهم الازرق الّذى نُسِبَتِ الازارقة اليه كان عبدًا روميًّا
حَدّادًا وهو ابو نافع بن الازرق الخارجى فاعتقوا بنزولهم ويقال انّ نافع
ابن الازرق الخارجى[a] من بنى حنيفة وانّ الازرق الّذى نزل من الطائف
غيره، ثمّ انّ رسول الله صلّعم انصرف الى الجِعْرَانَة ليقسم سبى اهل
حُنَين وغنائمهم فخافت ثَقِيف ان يعود اليهم فبعثوا اليه وفدهم فصالحهم
على ان يُسلِموا ويقرّهم على ما فى ايديهم من اموالهم وركازهم واشترط
عليهم ان لا يربوا ولا يشربوا الخمر وكانوا اصحاب ربا وكتب لهم كتابًا،
قال وكانت الطائف تسمّى وَجّ فلمّا حُصّنت وبُنى سورها سمّيت الطائف ،،
حدّثنى المدائنى عن ابى اسمٰعيل الطائفى عن ابيه عن اشياخ من اهل
الطائف قال كان بمخلاف الطائف قوم من اليهود طُرِدوا من اليمن ويثرب
فاقاموا بها للتجارة فوُضعت عليهم الجزية ومن بعضهم ابتاع معاوية امواله
بالطائف ،، قالوا وكانت للعبّاس بن عبد المطّلب رحه ارض بالطائف
وكان الزبيب يحمل منها فينبذ فى السقاية للحاجّ وكانت لعامّة قريش
اموال بالطائف ياتونها من مكّة فيصلحونها فلمّا فتحت مكّة واسلم اهلها
طمعت ثَقيف فيها حتّى اذا فُتحت الطائف اقرّت فى ايدى المكّيّين
وصارت ارض الطائف مخلافًا من مخاليف مكّة، قالوا وفى يوم الطائف
اصيبت عين ابى سفين بن حرب ،، حدّثنا الوليد بن صالح قال ثنا 69
الواقدى عن محمّد بن عبد الله عن الزُّهرى عن ابن المُسَيّب عن
عَتّاب بن أَسِيد انّ رسول الله صلّعم امر ان تخرص اعناب ثقيف كخرص
النخل ثمّ ياخذ زكاتهم زبيبًا كما تودّى زكاة النخل قال الواقدى قال
ابو حنيفة لا يُخرص ولكنّه اذا وضع بالارض اخذت الصدقة من قليله

[a] In A. haec desunt inde a فاعتقوا; Qodáma habet فعتق من نزل بنزولهم; cf. Ibn Hischám, p. ٨٧۴ l. 6 a f.

وكثيره وقال يعقوب اذا وضع بالارض فبلغت مكيلته خمسة اوسق ففيه الزكاة العُشر او نصف العشر وهو قول سفين بن سعيد الثّورى والوسق ستّون صاعًا وقال ملك بن انس وابن ابى ذئب السُنّة ان توخذ منه الزكاة على الخرص كما يوخذ التمر من النخل ،، حدّثنا شيبان بن ابى شَيْبة قال[a] ىنا حمّاد بن سَلَمة قال[a] حدّثنا يحيى بن سعيد عن عمرو ابن شُعَيْب انّ عاملًا لعمر بن الخطّاب على الطائف كتب اليه انّ اصحاب العسل لا يرفعون الينا ما كانوا يرفعون الى رسول الله صلّعم وهو من كلّ عشرة زقاق زقّ فكتب اليه عمر ان فعلوا فاَحْمُو لهم اوديتهم والّا فلا تحموها ،، حدّثنا عمرو بن محمّد الناقد قال حدّثنا اسمعيل بن ابرهيم عن عبد الرحمن بن اسحق عن ابيه عن جدّه عن عمر انّه جعل فى العسل العُشر ،، حدّثنا داود بن عبد الحميد قاضى الرقّة عن مروان بن شُجاع عن خَصِيف عن عمر بن عبد العزيز انّه كتب الى عمّاله على مكّة والطائف انّ فى الخلايا صدقة فخذوها منها قال والخلايا الكوائر وقال

70 الواقدى ورُوى عن ابن عمر انّه قال ليس فى الخلايا صدقة وقال ملك والثّورى لا زكاة فى العسل وان كثر وهو قول الشافعى وقال ابو حنيفة فى قليل العسل وكثيره اذا كان فى ارض العشر العشر واذا كان فى ارض الخراج فلا شىء عليه لانّه لا يجتمع الزكاة والخراج على رجل ،، وقال الواقدى اخبرنى القسم بن مَعْن[b] ويعقوب عن ابى حنيفة انّه قال فى العسل يكون فى ارض ذمّى وهى من ارض العشر انّه لا عشر عليه فيه وعلى ارضه الخراج واذا كان فى ارض تَغْلِبىّ أُخذ منه الخمس وقول زُفَر مثل قول ابى حنيفة وقال ابو يوسف اذا كان العسل فى ارض الخراج فلا شىء فيه واذا كان فى ارض العشر ففى كلّ عشرة ارطال رطل وقال محمّد بن الحسن ليس فيما

a) A. om. b) B. معروف.

دون خمسة افراق صدقة وهو قول ابن ابى ذئب وروى خٰلد بن عبد
الله الطّحّان عن ابن[a] ابى ليلى انّه قال اذا كان فى ارض الخراج او العشر
ففى كلّ عشرة ارطال رطل وهو قول الحسن[b] بن صالح بن حىّ وحدّثنى
ابو عبيد قال حدّثنا محمّد بن كَثير عن الأَوزاعى عن الزُّهرى قال فى كلّ
عشرة زقاق زقّ، وحدّثنا الحسين بن على بن الاسود قال حدّثنا يحيى
ابن ادم قال حدّثنا عبد الرحمٰن بن حميد الرّقَاشى عن جعفر بن
نَجِيح المدينى عن بِشْر بن عاصم وعثمان بن عبد الله بن أَوْس انّ
سفيٰن بن عبد الله الثقفى كتب الى عمر بن الخطّاب وكان عاملًا له على
الطائف يذكر انّ قبله حيطانًا فيها[c] كروم وفيها من الفرسك والرّمّان وما
هو اكثر غلّة من الكروم اضعافًا واستامره فى العشر قال[d] فكتب اليه عمر
71 ليس عليها عشر، قال يحيى بن ادم وهو قول سفيٰن بن سعيد سمعتُه
يقول ليس فيما اخرجت الارض صدقة الّا اربعة اشياء الحنطة والشعير
والتمر والزبيب اذا بلغ كلّ واحد من ذلك خمسة اوسق قال وقال ابو
حنيفة فيما اخرجت ارض العشر العشر ولو دستجة بقل وهو قول زُفَر
وقال مٰلك وابن ابى ذئب ويعقوب ليس فى البقول وما اشبهها صدقة
وقالوا ليس فيما دون خمسة اوسق من الحنطة والشعير والذُّرَة والسُّلْت
والزَّوَان والتمر والزبيب والأُرزّ والسمسم والجُلُبّان وانواع الحبوب الّتى
تكال وتذخر مع العَدَس واللُّوبِيَا والحِمَّص والمَاش والدُخْن صدقة فاذا
بلغت خمسة اوسق ففيها صدقة قال الواقدى وهذا قول ربيعة بن ابى
عبد الرحمن وقال الزُّهرى التَّوَابِل والقَطَانِى كلّها تُزكى وقال مٰلك لا شىء
فى الكمثرى والفرسك (وهو الخوخ) ولا فى الرمّان وسائر اصناف الفواكه الرطبة
من صدقة وهو قول ابن ابى ليلى قال ابو يوسف ليس الصدقة الّا فيما

a) B. om. ابن. b) B. الحسين. c) A. فيه. d) B. فقال.

وقع عليه القفيز وجرى عليه الكيل وقال ابو الزِّناد وابن ابى ذئب وابن ابى سَبْرَة لا شىء فى الخُضَر والفواكه من صدقة ولكنّ الصدقة فى اثمانها ساعة تُباع ،، وحدّثنى عبّاس بن هشام عن ابيه عن جدّه انّ رسول الله صلّعم استعمل عثمان بن ابى العاصى[a] الثقفى على الطائف ،،

تَبَالَة وجُرَش

72 حدّثنى بكر بن الهَيْثم عن عبد الرزّاق عن مَعْمَر عن الزُّهرى قال اسلم اهل تَبَالَة وجُرَش عن غير قتال فاقرّهم رسول الله صلّعم على ما اسلموا عليه وجعل على كلّ حالم ممّن بهما من اهل الكتاب دينارًا واشترط عليهم ضيافة المسلمين وولّى ابا سفين بن حرب جُرَش ،،

تَبُوك وَأَيْلَة وَأَذْرُح وَمَقْنَا والجَرْبَاء[b]

قالوا لمّا توجّه رسول الله صلّعم الى تَبُوك من ارض الشام لغزو مَن انتهى اليه انّه قد تجمّع له من الروم وعامِلَة ولخم وجُذام وغيرهم وذلك فى سنة ٩ من الهجرة لم يلق كيدًا فاقام بتَبُوك ايّامًا فصالحه اهلها على الجزية واتاه وهو بها يُحَنّه بن رُؤْبَة صاحب أَيْلَة فصالحه على ان جعل له على كلّ حالم بارضه فى السنة دينارًا فبلغ ذلك ثلثمائة دينار واشترط عليهم قِرَى من مرّ بهم من المسلمين وكتب لهم كتابًا بان يُحْفَظوا ويُمْنَعوا ،، فحدّثنى محمّد بن سعد قال حدّثنا الواقدى عن خُلد بن ربيعة عن طلحة الأَيْلى انّ عمر بن عبد العزيز كان لا يزداد من اهل أَيْلَة على ثلثمائة دينار شيئًا ،، وصالح رسول الله صلّعم اهل أَذْرُح على مائة دينار فى كلّ رَجَب، وصالح اهل الجَرْبَاء على الجزية وكتب لهم كتابًا، وصالح

a) Codd. العاص. b) Quoque الجَرْبَى scribitur (تانيث اجرب او جمع Jacut).

73 اهل مَقْنَا على رُبع عَرُوكهم وغُزولهم (والعروك خشب يُصْطَادُ عليه) وربع
كراعهم وحلقتهم وعلى ربع ثمارهم وكانوا يهود[c] واخبرنى بعض اهل مصر
انّه رأى كتابهم بعينه فى جلد احمر دارس الخطّ فنسخه واملّ علىّ نُسختَهُ

بسم الله الرحمٰن الرحيم   من محمّد رسول الله الى بنى حبيبة واهل
مَقْنَا سِلْم انتم فانّه أُنزل علىّ انّكم راجعون الى قريتكم فاذا جاءكم كتابى
هذا فانّكم آمنون ولكم ذمّة الله وذمّة رسوله[a] وانّ رسول الله قد غفر
لكم ذنوبكم وكلّ دم أُتبعتُم به لا شريك لكم فى قريتكم الّا رسول الله او
رسول رسول الله[b] وانّه لا ظلم عليكم ولا عدوان وانّ رسول الله صلّعم
يُجيركم ممّا يجير منه نفسَهُ فانّ لرسول الله بِزّتكم ورقيقكم والكراع والحلقة
الّا ما عفا عنه رسول الله او رسول رسول الله وانّ عليكم بعد ذلك رُبْع
ما اخرجت نخيلكم وربع ما صادت عُرُكُكم وربع ما اغتزلت نساؤكم وانّكم
قد ثريتم[c] بعد ذلكم ورفعكم رسول الله صلّعم عن كلّ جزية وسُخرة فان
سمعتم واطعتم فعلى رسول الله ان يكرّم كريمكم ويعفوا عن مُسيئكم ومن
ائتمر فى بنى حبيبة واهل مَقْنَا من المسلمين خيرًا فهو خير له ومن اطلعهم
بشَرٍّ فهو شرّ له وليس عليكم امير الّا من انفسكم او من اهل بيت رسول
الله وكتب عَلىُّ بْنُ أَبُو[d] طالبٍ فى سنة ٩ »

---

a) B. ورسوله. *b*) B. om. haec inde ab او. *c*) Codd. ثريتم. *d*) In margine A. alia manus: يقول الراجى رحمة ربّه محمّد بن احمد بن عَساكر انّه كذا فى الاصل مُضبوط ما صورته فى اخر الكتاب وكتب عَلىٌّ بْنُ أَبُو طالبٍ فى سنة تسعٍ وكذا الحكاية عن جملة الكتب الّتى بيد يهود منسوبة الى خطّ علىّ كرّم الله وجهه وفى هذا نظرٌ لذى فهم يتامّله يُبين له انّ هذا الكتاب مفتعل والدليل عليه من وجهَيْن احدهما انّ عليًّا كرّم الله وجهه هو الّذى اخترع الكلام فى علم النحو خشية من اخلاط كلام العرب بكلام النبيط فما كان عليه السلم ليخشى من شىء

دَوْمَة الجَنْدَل

74 قال بعث رسول الله صلعم خٰلد بن الوليد بن المغيرة المخزومى الى أُكَيْدِر بن عبد الملك الكندى ثمّ السَّكُونى بدَوْمَة الجَنْدَل فاخذه اسيرًا وقتل اخاه وسلبه قباءَ ديباج منسوجًا بالذهب وقدم بأُكَيْدِر على النبى صلعم فاسلم وكتب له ولاهل دَوْمَة كتابًا نسخته هذا كتاب من محمّد رسول الله لأُكَيْدِر حين اجاب الى الاسلام وخلع الانداد والاصنام ولاهل دَوْمَة[a] انّ لنا الضاحِيَةَ من الضَحْل والبُوْرَ والمَعامِىَ وأَغْفَالَ الارض والحَلْقَةَ والسِلاحَ والحافرَ والحصنَ ولكم الضامِنَةَ من النخل والمَعِين من المعمور[b] لا تُعْدَلُ سارِحَتُكم ولا تُعَدُّ فارِدَتكم ولا يُحْظَرُ عليكم النبات[c] تقيمون الصلاة لوقتها وتؤتون الزكاة بحقّها عليكم بذلك عهدُ الله والميثاق ولكم به الصدق والوفاءُ شهد الله ومن حضر من المسلمين ،، (الضاحى البارز[d] والضَحْل الماءُ القليل والبَوْر الارض الّتى لم تستخرج ولم تُعتَمل والمَعامى الارض المجهولة والاغفال الّتى لا اثار فيها[e] والحلقة الدروع[f] والحافر الخيل والبراذين والبغال والحمير والحصن حصنهم والضامنة النخل

ويعتمد ما يؤدّى الى الالتباس والثانى انّ صلح رسول الله صلعم لاهل مقنا انّما كان فى غزوة تبوك على ما هو مذكور فى هذا الكتاب ولا خلاف فى انّ عليًّا لم يكن مع النبى عم فى غزوة تبوك فكيف ينسب هذا الكتاب اليه وفى هذا كفاية ،،

a) Abu Obaid in libro *Gharîbo'l-Hadîth*, Cod. 298, f. 193 v. post والاصنام habet مع خٰلد بعد الخُمس. b) Abu Obaid addit: ابن الوليد سيف الله فى دومة الجندل واكنافها. c) Zamakhscharî in libro الفائق Cod. 307 *b*, p. 53 addit: ولا يوخذ منكم عُشر البنات i. e. المتاع. d) Abu Obaid فالضاحية ما ظهر وبَرَز وكان خارجًا من العمارة. e) Abu Obaid والاغفال نحوها واحدتها غُفْل. f) Abu Obaid السلاح والدروع.

الّذى معهم فى الحصن[a] والمَعين الماء الظاهر الدائم وقوله[b] لا تُعدَل ماشيتكم اى لا نُصَدِّقها الّا فى مراعيها ومواضعها لا نحشرها وقوله لا تُعَدّ فاردتكم[c]
75 يقول لا تُضَمّ الفاردة الى غيرها ثمّ يُصدّق الجميع فيجمع بين مُتّفرّق)»،
وحدّثنى العبّاس بن هشام الكلبى عن ابيه عن جدّه قال وجّه رسول الله صلّعم خٰلد بن الوليد الى أُكَيْدِر فقدم به عليه فاسلم فكتب له كتابًا فلمّا قُبض النبى صلّعم منع الصدقة ونقض العهد وخرج من دَوْمَة الجَنْدَل فلحق بالحيرة وابتنى بها بناءً سمّاه دَوْمَة بدومة الجندل واسلم حُرَيْث بن عبد الملك اخوه على ما فى يده فسُلّم ذلك له فقال سُوَيد ابن شَبيب الكلبى

لَا يَامَنَنْ قَوْمٌ عِثَارَ جُدُودِهِمْ كَمَا زَالَ مِنْ خَبْتٍ ظَعَائِنُ أُكَيْدِرَا

قال وتزوّج يزيد بن معٰوية ابنة حُرَيث اخى أُكَيْدِر»، قال العبّاس واخبرنى ابى عن عَوانة بن الحَكَم انّ ابا بكر كتب الى خٰلد بن الوليد وهو بعَيْن التَّمْر يامره ان يسير الى أُكَيْدِر فسار اليه فقتله وفتح دَوْمَة وكان قد خرج منها بعد وفاة رسول الله صلّعم ثمّ عاد اليها فلمّا قتله خٰلد مضى الى الشام»، وقال الواقدى لمّا شخص خٰلد من العراق يريد الشام مرّ بدَوْمَة الجَنْدَل ففتحها واصاب سبايا فكان فيمن سبا منها ليلى بنت الجُودى الغسّانى ويقال انّها اصيبت فى حاضر من غسّان

---

a) Abu Obaid: فانّ الضامنة ما كان داخلًا فى العمارة. b) Deinde haec Abu Obaid: لا تُعْدَل سارحتكم السارحة الماشية الّتى تَسْرَحُ وتَرْعَى وهو من قوله حين تُرِيحُون وحين تسرحون، وقوله لا تُعْدَل يقول لا تُصْرَفُ عن مرعى تريده، وقوله لا تعدّ فاردتكم يعنى الزائدة على ما تجب فيه الزكوة يقول ولا تعدّ عليكم تلك فى الزكوة حتى تنتهِىَ الى الفريضة الاخرى، وقوله لا يحظر عليكم النبات يقول لا تُمْنَعون من الزراعة حيث شئتم». c) A. تعد فاردكم B. يُعَدُّ فاردكم.

اصابتها خيل له وابنة الجُودى[a] هى الّتى كان عبد الرحمٰن بن ابى بكر الصّدّيق هَوِيَها وقال فيها

تَذَكَّرْتُ لَيْلَى وَٱلسَّمَاوَةُ بَيْنَنَا ‌ ‌ وَمَا لِٱبْنَةِ ٱلْجُودِيِّ لَيْلَى وَمَا لِيَا

فصارت له فتزوّجها وغلبت عليه حتّى اعرض عن من سواها من نسائه 76
ثمّ انّها اشتكت شكوى شديدة فتغيّرت فقلاها فقيل له متّعها وردّها الى اهلها ففعل ،، وقال الواقدى كان النبى صلّعم غزا دَوْمَة الجَنْدَل فى سنة ٥ فلم يلق كيدًا ووجّه خٰلد بن الوليد الى أُكَيْدِر فى شوّال سنة ٩ بعد اسلام خٰلد بن الوليد بعشرين شهرًا ،، وسمعتُ بعض اهل الحيرة يذكر انّ أُكَيْدِرَ واخوته[b] كانوا ينزلون دَوْمَة الحيرة وكانوا يزورون اخوالهم من كلب فيتغرّبون عندهم فانّهم لَمَعَهُمْ وقد خرجوا للصيد اذ رفعت لهم مدينة مُتَهدّمة لم يبق الّا بعض حيطانها وكانت مبنية بالجندل فاعادوا بناءها وغرسوا فيها الزيتون وغيره وسمّوها دومة الجَنْدَل تَفْرِقَةً بينها وبين دومة الحيرة ،، وحدّثنى عمرو بن محمّد الناقد عن عبد الله ابن وهب المصرى عن يونس الأَيْلى عن الزُّهرى قال بعث رسول الله صلّعم خٰلد بن الوليد بن المغيرة الى اهل دومة الجندل وكانوا من عباد الكوفة[c] فاسر أُكَيْدِر راسهم فقاضاه على الجزية ،،

صُلْحُ نَجْرَانَ

حدّثنى بكر بن الهَيْثم قال حدّثنا عبد الله بن صالح عن اللَّيْث بن

a) Codd. وابنت الجودى هند ultimum autem vocab. in A. signo delendi notatum est; cf. Tabarí II, p. 66. b) B. واخويه. Locum descripsit Jacut in *Moschtarik*, p. ١٨٦. c) Legendum opinor الحيرة. De origine nominis variae sententiae feruntur, v. Bekrí in praefatione (Cod. Leid. I, p. 12 seqq.). Pertinebant hi 'Ibádo'l-Híra magnam partem ad tribum Tanukh.

سعد عن يونس بن يزيد الأَيْلى عن الزُّهرى قال اتى رسولَ الله صلّعم
77 السيّد والعاقب وافدَا اهل نجران اليمن فسألاه الصلح فصالحهما عن
اهل نَجْران على الفى حُلّة الف حُلّة فى صفر والف حُلّة فى رجب ثمن
كلّ حُلّة اوقية والاوقية وزن اربعين درهمًا فان ادّوا حُلّة بما فوق الاوقية
حُسب لهم فضل ذلك وان ادّوها بما دون الاوقية اخذ منهم النقصان
وعلى ان يوخذ منهم ما اعطوا[a] من سلاح او خيل او ركاب او عرض من
العروض بقيمته قصاصًا من الحُلَل وعلى ان يضيفوا رُسُل رسول الله صلّعم
شهرًا فما دونه ولا يحبسوهم فوق شهر وعلى انّ عليهم عاريّة ثلثين درعًا
وثلثين فرسًا وثلثين بعيرًا ان كان باليمن كَيْدٌ وان ما هلك من تلك
العاريّة فالرسل ضامنون له حتّى يردّوه[b] وجعل لهم ذمّة الله وعهده وان
لا يفتنوا عن دينهم ومراتبهم فيه ولا يُحْشروا ولا يُعْشَروا واشترط عليهم
ان لا ياكلوا الربا ولا يتعاملوا به ،، حدّثنى الحسين بن الاسود ثنا وَكيع قال
حدّثنا مُبارِك[c] بن فُضَالة عن الحسن قال جاء راهبَا نجران الى النبى
صلّعم فعرّض عليهما الاسلام فقالا انّا قد اسلمنا قبلك فقال كذبتما يمنعكما
من الاسلام ثلث اكلكما الخنزير وعبادتكما الصليب وقولكما لله ولد قالا
فمن ابو عيسى قال الحسن وكان صلّعم لا يعجل حتّى يامره ربّه فانزل الله
78 تعالى[d] ذٰلِكَ نَتْلُوهُ عَلَيْكَ مِنَ ٱلْآيَاتِ وَٱلذِّكْرِ ٱلْحَكِيمِ إِنَّ مَثَلَ عِيسَى عِنْدَ
ٱللّٰهِ كَمَثَلِ آدَمَ خَلَقَهُ مِنْ تُرَابٍ ثُمَّ قَالَ لَهُ كُنْ فَيَكُونُ الى قوله ٱلْكَاذِبِينَ
فقراها رسول الله صلّعم عليهما ثمّ دعاهما الى المباهلة واخذ بيد فاطمة
والحسن والحسين فقال احدهما لصاحبه اصعد الجبل ولا تباهله فانّك ان
باهلتَهُ بُؤْت باللعنة قال فما ترى قال ارى ان نعطيه الخراج ولا نُباهله ،،
حدّثنى الحسين قال حدّثنى يحيى بن ادم قال اخذتُ نسخة كتاب

a) Qodáma يقبل منهم ما اعطوه. b) Qodáma يودوه; cf. infra. c) A. مبارك. d) Qor. 3 vs. 51.

رسول الله صلعم لاهل نَجْران من كتاب رجل عن الحسن[a] بن صالح رحمه
وهى   باسم الله الرحمٰن الرحيم هذا ما كتب النبى رسول الله محمّد
لنَجْران اذ كان له عليهم حكمة فى كلّ ثمرة وصفراء وبيضاء وسوداء
ورقيق فافضل عليهم وترك ذلك الفى حُلّة حُلَل الاواقى فى كلّ رجب الف
حُلّة وفى كلّ صفر الف حُلّة كلُّ حلّة اوقية وما زادت حلل الخراج او نقصت
عن الاواقى فبالحساب وما قضّوا من درع او خيل او ركاب او عَرَض أُخذ
منهم بالحساب وعلى نَجْران مثواة رسلى شهرًا[b] فدونه ولا يُحبَس رُسلى
فوق شهر وعليهم عاريّة ثلثين درعًا وثلثين فرسًا وثلثين بعيرًا اذا كان كيد
باليمن ذو مغدرة (اى اذا كان كيد بغدر منهم) وما هلك ممّا اعاروا
رُسُلى من خيل او ركاب فهم ضُمّن[c] حتّى يردّوه[d] اليهم ولنَجْران وحاشيتها
جوار الله وذمّة محمّد النبى رسول الله على انفسهم ومِلّتهم وارضهم واموالهم 79
وغائبهم وشاهدهم وعِيرهم وبعثهم وامثلتهم[e] لا يُغَيَّر ما كانوا عليه ولا يغيَّر
حقّ من حقوقهم وامثلتهم لا يُفْتَن اسقف من اسقفيّته ولا راهب من
رهبانيّته ولا واقه من وقاهيّته على[f] ما تحت ايديهم من قليل او كثير
وليس عليهم رَهَق ولا دم جاهليّة ولا يُحشرون ولا يُعشرون ولا يطأُ
ارضهم جيش من سأل منهم حقًّا فبينهم النَّصَف غير ظالمين ولا مظلومين
بنَجْران ومن اكل منهم رِبًا من ذى قِبَلٍ فذمّتى منه بريّة ولا يؤخذ منهم
رجل بظلم اخر ولهم على ما فى هذه الصحيفة جوار الله وذمّة محمّد
النبى ابدًا حتّى ياتى امر[g] الله ما نصحوا واصلحوا فيما عليهم غير مكلّفين
شيئًا بظلم ،، شهد ابو سفين بن حرب وغيلان بن عَمْرو وملك بن

---

a) B. الحسين. *b*) Codd. فوق شهر, cf. supra. *c*) Codd. فهو ضمن, cf. supra.
d) Codd. يودوه, cf. supra. *e*) In marg. A. cum ح legitur امثلتهم الصُلبان والصور. *f*) B. وقهانيته وعلى. *g*) B. حتى يامر.

عوف من بنى نصر والأَقْرَع بن حَابِس الحنظلى والمغيرة وكتب ،، وقال
يحيى بن ادم وقد رأَيت كتاباً فى ايدى النجرانيّين كانت نسخته
شبيهة بهذه النسخة وفى اسفله وكتب على بن ابو[a] طالب ولا ادرى
ما اقول فيه ،، قالوا ولمّا استخلف ابو بكر الصّدّيق رضّه حملهم على
ذلك فكتب لهم كتاباً على نحو كتاب رسول الله صلّعم فلمّا استخلف
عمر بن الخطّاب رضّه اصابوا الربا وكثروا فخافهم على الاسلام فاجلاهم وكتب
لهم   امّا بعد فمن وقعوا به من اهل الشام والعراق فليوسّعهم من
حرث الارض وما اعتملوا من شىء فهو لهم مكان ارضهم باليمن، فتفرّقوا 80
فنزل بعضهم الشام ونزل بعضهم النَجْرَانِيَّة بناحية الكوفة وبهم سُمّيت
ودخل يهود نَجْران مع النصارى فى الصلح وكانوا كالاتباع لهم فلمّا استخلف
عثمان بن عفّان كتب الى الوليد بن عُقْبَة بن ابى مُعَيْط وهو عامله على
الكوفة   امّا بعد فانّ العاقب والاسقف وسُراة نَجْران اتونى بكتاب رسول
الله صلّعم وارونى شرط عُمر وقد سأَلتُ عثمان بن حُنَيْف عن ذلك
فانبانى انّه كان بحث عن امرهم فوجده ضارًّا للدهاقين لردعهم عن ارضهم
وانّى قد وضعتُ عنهم من جزيتهم مائتى حلّة لوجه الله وعقبى لهم من
ارضهم وانّى اوصيك بهم فانّهم قوم لهم ذمّة، وسمعت بعض العلماء يذكر
انّ عمر كتب لهم   امّا بعد فمن وقعوا به من اهل الشام والعراق
فليوسّعهم من حرث الارض وسمعت بعضهم يقول من خَرِيب الارض ،،
وحدّثنى عبد الاعلى بن حمّاد النَّرْسى قال حدّثنا حمّاد بن سَلَمَة عن
يحيى بن سعيد عن اسمعيل بن حَكِيم عن عمر بن عبد العزيز انّ
رسول الله صلّعم قال فى مرضه لا يبقينّ دينان فى ارض العرب فلمّا استخلف
عمر بن الخطّاب رضّه اجلى اهل نجران الى النجرانيّة واشترى عقاراتهم

a) A. ابى, sed B. addit صح; cf. supra p. ٦٩. *d.*

واموالهم ، وحدّثنى العبّاس بن هشام الكلبى عن ابيه عن جدّه قال
سمّيت نجران اليمن بنجران بن زيد[a] بن سبا بن يَشْجُب بن يَعْرُب
ابن قَحْطان ، وحدّثنى الحسين بن الاسود قال حدّثنا وَكيع بن الجَرّاح
81 قال حدّثنا الأَعْمَش عن سالم بن ابى الجَعْد قال كان اهل نجران قد
بلغوا اربعين الفًا فتحاسدوا بينهم فاتوا عمر بن الخطّاب رضه فقالوا أَجْلِنا
وكان عمر قد خافهم على المسلمين فاغتنمها فأَجلاهم فندموا بعد ذلك
واتوه فقالوا أَقِلنا فأَبى ذلك فلمّا قام علىّ بن ابى طالب رضه اتوه فقالوا
ننشدك خطّك بيمينك[b] وشفاعتَك لنا عند نبيّك أَلّا أَقَلْتَنا فقال انّ عمر
كان رشيد الامر وانا اكرهُ خِلافَه ، وحدّثنى ابو مسعود الكوفى قال حدّثنى
محمّد بن مروٰن والهَيْثَم بن عدىّ عن الكلبى انّ صاحب النجرانيّة
بالكوفة كان يبعث رسله الى جميع من بالشام والنواحى من اهل نجران
فيَجْبونهم مالًا يقسمه عليهم لاقامة الحُلَل فلمّا ولى معٰوية او يزيد بن
معٰوية شكوا اليه تفرُّقهم وموت من مات واسلام من اسلم منهم واحضروه
كتاب عثمان بن عفّان بما حطّهم من الحلل وقالوا انّما ازددنا نقصانًا
وضعفًا فوضع عنهم مائتى حلّة يتمّه[c] اربعمائة حلّة فلمّا ولى الحجّاج بن
يوسف العراق وخرج ابن الاشعث عليه اتّهم الدهاقين بموالاته واتّهمهم
معهم فردّهم الى الف وثمانى مائة حلّة واخذهم بحُلَل وَشْيٍ فلمّا ولى عمر بن
عبد العزيز شكوا اليه فناءهم ونقصانهم وإلحاحَ الاعراب بالغارة عليهم وتحميلهم
ايّاهم المُؤَن المجحفة بهم وظلم الحجّاج ايّاهم فامر فأُحْصُوا فوُجدوا على العُشر
من عدّتهم الاولى فقال ارى هذا الصلح جزيةً على رؤوسهم وليس هو
82 بصلح عن ارضيهم وجزية الميّت والمسلم ساقطة فأَلزمهم مائتى حلّة قيمتها
ثمانية الف درهم فلمّا ولى يوسف بن عمر العراق فى ايّام الوليد بن يزيد

a) B. زيدان. b) B. خطّ يمينك. c) A. ىمه. B. تتمه.

ردّهم الى امرهم الاوّل عصبيّةً للحجّاج فلمّا استخلف امير المومنين ابو العبّاس رحمه عمدوا الى طريقه يومَ ظهر بالكوفة فالقوا فيه الريحان ونثروا عليه وهو منصرف الى منزله من المسجد فاعجبه ذلك من فعلهم ثمّ انّهم رفعوا اليه فى امرهم واعلموه قلّتهم وما كان من عمر بن عبد العزيز ويوسف ابن عمر وقالوا انّ لنا نسبًا فى اخوالك بنى الحٰرث بن كعب وتكلّم فيهم عبد الله بن الرّبيع الحارثى وصدّقهم الحجّاج بن أَرْطاة فيما ٱدّعوا فردّهم ابو العبّاس صلوات الله عليه[a] الى مائتى حلّة قيمتها ثمانية الف درهم ،، قال ابو مسعود فلمّا استخلف الرّشيد هٰرون امير المومنين وشخص الى الكوفة يريد الحجّ رفعوا اليه فى امرهم وشكوا تَعنُّتَ[b] العُمّالِ ايّاهم فامر فكُتِب لهم كتاب بالمائتى حُلّة قد رايتُه وامر ان يعفوا من معاملة العمّال وان يكون مُؤدّاهم ببيت المال بالحضرة ،، حدّثنا عمرو الناقد قال اخبرنا عبد الله ابن وهب المصرى عن يونس بن يزيد عن ابن شهاب الزّهرى قال انزلت فى كفّار قريش والعرب[c] وَقَاتِلُوهُمْ حَتَّى لَا تَكُونَ فِتْنَةٌ وَيَكُونَ ٱلدِّينُ لِلّٰهِ وانزلت فى اهل الكتاب[d] قَاتِلُوا ٱلَّذِينَ لَا يُؤْمِنُونَ بِٱللّٰهِ وَلَا بِٱلْيَوْمِ ٱلْآخِرِ وَلَا يُحَرِّمُونَ مَا حَرَّمَ ٱللّٰهُ وَرَسُولُهُ وَلَا يَدِينُونَ دِينَ ٱلْحَقِّ الى قوله صَاغِرُونَ فكان اوّل من اعطى الجزية من اهل الكتاب اهلُ نجران فيما علمنا وكانوا نصارى ثمّ اعطى[e] اهل أَيْلَة وأَذْرُح واهل أَذْرِعات الجزية فى غزوة تَبُوك ،،

ٱلْيَمَن

83 قالوا لمّا بلغ اهلَ اليمن ظهورُ رسول الله صلّعم وعلوُّ حقّه اتته وفودهم

a) Verba صلوات الله عليه in A. desunt. b) Vocales in Codd. adduntur, Qodáma اعنات. c) Qor. 2 vs. 189. d) Qor. 9 vs. 29. e) Codd. اعطاه.

فكتب لهم كتاباً باقرارهم على ما اسلموا عليه من اموالهم وارضيهم وركازهم فاسلموا ووجّه اليهم رُسُلَه وعُمّاله لتعريفهم شرائع الاسلام وسُنَنه وقبض صدقاتهم وجِزَى رؤوس من اقام على النصرانيّة واليهوديّة والمجوسيّة منهم ٭ حدّثنا الحسين بن الاسود قال حدّثنا وَكيع بن الجَرّاح قال حدّثنا يزيد ابن ابرٰهيم التُّسْتَرى عن الحسن قال كتب رسول الله صلّعم الى اهل اليمن من صلّى صلاتنا واستقبل قبلتنا واكل ذبيحتنا فذلكم المسلم له ذمّة الله وذمّة رسوله (صلّعم) ومن أَبَى فعليه الجزية ٭ وحدّثنى هُدْبَة قال حدّثنا يزيد بن ابرٰهيم عن الحسن بمثله ٭ قال الواقدى وجّه رسول الله صلّعم خٰلد بن سعيد بن العاصى[a] اميرًا الى صنعاء وارضها قال وقال بعضهم ولّى رسول الله صلّعم المُهَاجر بن ابى اميّة بن المغيرة المخزومى صنعاء فقُبض وهو عليها قال وقال اخرون انّما ولّى المهاجرَ صنعاء ابو بكر الصّدّيق رضه وولّى خٰلدَ بن سعيد مَخاليفَ اعلى اليمن ٭ وقال هشام بن الكلبى والهَيْثَم بن عدىّ ولّى رسول الله صلّعم المهاجر كِنْدَة والصَّدِف فلمّا قُبض رسول الله صلّعم كتب ابو بكر الى زياد بن لَبِيد البَيَاضى من الانصار بولاية
84 كِنْدَة والصَّدِف الى ما كان يتولّى من حضرموت وولّى المهاجر صنعاء ثمّ كتب اليه بانجاد زياد بن لبيد ولم يعزله عن صنعاء ٭ واجمعوا جميعًا انّ رسول الله صلّعم ولّى زياد بن لبيد حضرموت قالوا وولّى[b] النبى صلّعم ابا موسى الأَشْعَرى زَبِيد ورِمَعَ وعَدَن والساحل وولّى مُعَاذ بن جَبَل الجَنَد وصيّر اليه القضاء وقَبْض جميع الصدقات باليمن وولّى نَجْران عمرو بن حَزْم الانصارى ويقال انّه ولّى ابا سفيٰن بن حرب نجران بعد عمرو بن حزم ٭ واخبرنى عبد الله بن صالح المُقْرِئ قال حدّثنى الثّقة عن ابن لُهَيْعَة عن ابى الاسود عن عروة بن الزبير انّ رسول الله صلّعم كتب الى

a) Codd. العاص. b) A. ولى.

زُرْعَة بن ذى[a] يَزَن   امّا بعد فاذا اتاكم رسولى مُعاذ بن جَبَل واصحابه فاجمعوا ما عندكم من الصدقة والجزية فَأَبْلغوه ذلك فانّ اميرَ رُسُلى مُعاذ وهو من صالحى مَنْ قِبَلى وانّ مُلك بن مُرَارة[b] الرَّهَاوى حدّثنى انّك قد اسلمت اوّل حمير وفارقت المشركين فابشر بخير وانا آمركم يا معشر حمير أَلَّا تخونوا ولا تُحَادّوا[c] فانّ رسول الله مولى غنيّكم وفقيركم وانّ الصدقة لا تحلّ لمحمّد ولا لآله[d] انّما هى زكاة تتزكّون بها هى لفقراء المسلمين والمؤمنين وانّ مُلكًا قد بلّغ الخبر وحفظ الغيب وانّ معاذًا من صالحى اهلى وذوى دينهم فآمركم به خيرًا فانّه منظور اليه والسلم ». وحدّثنى الحسين بن الاسود قال حدّثنى يحيى بن ادم قال حدّثنا يزيد بن عبد العزيز عن عمرو بن عثمان بن مَوْهِب[e] قال سمعت موسى بن طلحة يقول بعث رسول الله صلّعم معاذ بن جَبَل على صدقات اليمن وامره ان ياخذ من النخل والحنطة والشعير[f] والعنب او قال الزبيب العشر ونصف العشر ». وحدّثنى الحسين قال حدّثنى يحيى بن ادم قال ثنا زياد عن محمّد بن اسحٰق[g] انّ رسول الله صلّعم كتب لعمرو بن حَزْم حين بعثه الى اليمن   بسم الله الرحمٰن الرحيم هذا بيان من الله ورسوله يا ايُّها الّذين آمنوا اوفوا بالعقود عهدٌ من محمّد النبى رسول الله لعمرو بن حزم حين بعثه الى اليمن امره بتقوى الله فى امره كلّه وان ياخذ من المغانم خمس الله وما كُتب على المومنين من الصدقة من العقار عُشْرَ ما سقى البعلُ وسقت السماءُ ونصفَ العشر ممّا سقى الغربُ ». وحدّثنى الحسين قال حدّثنى يحيى بن ادم قال حدّثنا زياد بن عبد الله البَكّائى عن محمّد بن اسحٰق[h] قال كتب رسول الله صلّعم الى ملوك حمير   بسم

a) Ibn Hischám, p. ٩٥٥ ذو pro ابن ذى; epistola ibid., p. ٩٥٩ seq. (lectio deterior). b) Ibn Hisch., مرة; cf. Nawáwí, p. ٥٣٩. c) Ibn Hisch., تتخاذلوا. d) B. لاهله. e) B. وهب. f) A. ومن الشعير. g) Ibn Hisch., p. ٩٦١. h) Ibn Hisch., p. ٩٥٦.

الله الرحمن الرحيم من محمّد النبى رسول الله الى الحرث بن عبد كُلَال ونُعَيْم بن عبد كُلَال وشَرْح بن عبد كلال[a] والى النعمن قَيْل ذى رُعَيْن ومَعَافِر وهَمْدان امّا بعد فانّ الله قد هداكم بهدايته ان اصلحتم وأطَعْتم الله ورسوله وأَقَمْتم الصلاة وآتيتم الزكاة واعطيتم من المغانم خمسَ الله وسهمَ النبى[b] وصفيَّه وما كتب الله على المومنين من الصدقة من العقار عُشْرَ ما سقت العينُ وسقت السماء وما سُقِى بالغرب نصفَ العشر ،،
86 وقال هشام بن محمّد الكلبى كان كتاب رسول الله صلّعم الى عَرِيب والحرث ابنى عبد كُلَال بن عَرِيب بن ليشرح[c] ،، وحدّثنا يوسف بن موسى القطّان قال حدّثنا جرير بن عبد الحميد قال حدّثنا منصور عن الحَكَم قال كتب رسول الله صلّعم الى معاذ بن جَبَل وهو باليمن انّ فيما سقت السماء او سُقِى غَيْلًا العشر وفيما سُقِى بالغرب والدالية نصف العشر وانّ على كلّ حالم دينارًا او عِدْلَ ذلك من المَعَافِر وانّ لا يفتن يهودى عن يهوديّته ،، قالوا الغَيْل السَيْح والغَرب الدلو يعنى ما سُقِى بالسوانى والدوالى والدواليب والغرافات والبعل السَيْح ايضًا والمعافر ثياب لهم ،، حدّثنا ابو عبيد قال حدّثنا مرون بن معوية عن الأَعْمَش عن ابى وائل عن مسروق قال بعث رسول الله صلّعم معاذًا الى اليمن وامره ان ياخذ من كلّ ثلثين بقرة تبيعًا ومن كلّ اربعين مُسِنّة ومن كلّ حالم دينارًا او عِدْل ذلك من المعافر ،، وحدّثنى الحسين بن الاسود قال حدّثنا يحيى بن ادم قال حدّثنى شيبان[d] البُرْجُمى عن عمرو عن الحسن[e] قال اخذ رسول الله صلّعم الجزية من مجوس هَجَر ومجوس اهل اليمن وفرض على كلّ من بلغ الحلم من مجوس اليمن من رجل او امرأة دينارًا او قيمته من المَعَافِر ،،

---

a) Ibn Hischám hunc omittit. b) B. add. صلّعم. c) Ibn Doraid, p. ٣٠٨ يَلْيَشْرَح. d) B. om. e) B. الحسين.

حدّثنا عمرو الناقد عن عبد الله بن وهب عن مسلمة بن على عن
المُثَنّى بن الصَّبّاح عن عمرو بن شُعَيْب عن ابيه عن جدّه انّ رسول
الله صلّعم فرض الجزية على كلّ محتلم من اهل اليمن دينارًا ». حدّثنا
87 شيبان بن ابى شيبة الأُبُلّى[a] قال حدّثنا قَزَعَة[b] بن سُوَيْد الباهلى قال
سمعت زكريّا بن اسحق يحدّث عن يحيى بن صَيْفِيّ او ابى مَعْبَد
عن ابن عبّاس قال لمّا بعث رسول الله صلّعم معاذ بن جَبَل الى اليمن
قال امّا انّك تاتى قومًا من اهل الكتاب فقُلْ لهم انّ الله فرض عليكم فى
اليوم والليلة[c] خمس صلوات فان اطاعوك فقُلْ انّ الله فرض عليكم فى
السنة صوم شهر رمضان فان اطاعوك فقُلْ انّ الله فرض عليكم حجّ
البيت من استطاع اليه سبيلًا فان اطاعوك فقُلْ انّ الله قد فرض عليكم
فى اموالكم صدقة تؤخذ من اغنيائكم فتُرَدّ فى فقرائكم فان اطاعوك
فايّاك وكرائم اموالهم وايّاك ودعوة[d] المظلوم فانّه ليس بينها وبين الله حجاب
ولا ستر ». حدّثنا شيبان قال حدّثنا حمّاد بن سَلَمَة قال حدّثنا الحجّاج
بن أَرْطاة عن عثمان بن عبد الله انّ المغيرة بن عبد الله قال قال الحجّاج
صدّقوا[e] كلّ خضراء فقال ابو بُرْدَة بن ابى موسى صَدَقَ فقال موسى بن
طلحة لابى بردة هذا الآن يزعم انّ اباه كان من اصحاب النبى صلّعم[f]
بعث رسول الله صلّعم مُعَاذ بن جَبَل الى اليمن فامره ان ياخذ الصدقة
من التمر والبُرّ والشعير والزبيب ». وحدّثنى عمرو الناقد قال حدّثنا وَكِيع
عن عمرو بن عثمان عن موسى بن طلحة بن عبيد الله قال قراتُ كتاب
88 مُعاذ بن جَبَل حين بعثه رسول الله صلّعم الى اليمن فكان فيه ان تاخذ
الصدقة من الحنطة والشعير والتمر والزبيب والذُرَة ». حدّثنا على بن عبد

---

a) B. الايلى. b) A. فرعه. B. قرعه. c) B. om. d) Bokhárí واتّق دعوة et deinde بينه. e) Additur in A. على c. signo delendi. f) B. om.

الله المدينى[a] قال حدّثنا سفين بن عُيَيْنة عن ابن ابى نَجيح قال سألت
مُجاهِدًا لِمَ وضع عمر بن الخطّاب على اهل الشام من الجزية اكثر ممّا وضع
على اهل اليمن فقال لليسار ،، حدّثنا الحسين بن على بن الاسود قال
حدّثنا وكيع عن سفين عن ابرهيم بن مَيْسَرة عن طاوس قال لمّا اتى
معاذ اليمن أُتى باوقاص البقر والعسل فقال لم[b] اومر فى هذا بشىء ،، وحدّثنا
الحسين بن الاسود قال حدّثنا يحيى بن ادم قال حدّثنا عبد الله بن
المبارك عن مَعْمَر عن يحيى بن قيس المازنى عن رجل عن أَبْيَض بن
حَمّال انّه استقطع رسول الله صلّعم الملح الّذى بمارب فقال رجل انّه
كالماء العِدّ[c] فابى ان يُقطِعه ايّاه ،، وحدّثنى القسم بن سلّام وغيره عن
اسمعيل بن عَيّاش عن عمرو بن يحيى بن قيس المازنى عن ابيه عن
من حدّثه عن أَبْيَض بن حَمّال بمثله ،، وحدّثنى احمد بن ابرهيم
الدَّوْرَقى قال حدّثنا ابو داود الطَّيالسى قال نا شُعْبَة عن سِماك عن
عَلْقَمة بن وائل الحضرمى عن ابيه انّ النبى صلّعم اقطعه ارضًا بحضرموت ،،
وحدّثنى على بن محمّد بن عبد الله بن ابى سَيْف مولى قريش عن
مَسْلَمة بن مُحارِب قال لمّا ولى محمّد بن يوسف اخو الحجّاج بن يوسف
اليمن اساء السيرة وظلم الرعية واخذ اراضى[d] الناس بغير حقّها فكان
89 ممّا اغتصبه الحَرَجة قال وضرب على اهل اليمن خراجًا جعله وظيفة عليهم
فلمّا ولى عمر بن عبد العزيز كتب الى عامله يامره بالغاء تلك الوظيفة
والاقتصار على العشر وقال والله لَأَنْ لا تاتينى من اليمن حفنة كتم احبّ
الىّ من اقرار هذه الوظيفة فلمّا ولى يزيد بن عبد الملك امر بردّها ،،
حدّثنى الحسن بن محمّد الزعفرانى عن الشافعى عن ابى عبد الرحمن

---

a) B. المدائنى. *b*) A. لو, quam lectionem propter sequens imperfectum improbandam esse opinor. *c*) Khazradjí, Cod. 302, p. 6 العذب. *d*) B. ارضى.

هشام بن يوسف قاضى صنعاء انّ اهل خُفَّاش اخرجوا كتابًا من ابى بكر
الصّدّيق رضه فى قطعة اديم يامرهم فيه ان يؤدّوا صدقة الورس ،، وقال
مٰلك وابن ابى ذئب وجميع اهل الحجاز من الفقهاء وسفين الثّورى وابو
يوسف لا زكاة فى الورس والوسمة والقِرْط[a] والكَتَم والحناء والورد وقال ابو
حنيفة فى قليل ذلك وكثيره الزكاة وقال مٰلك فى الزعفران اذا بلغ ثمنه
مائتى درهم وبيع خمسة دراهم وهو قول ابى الزِّناد ورُوى عنه[b] ايضا انّه قال
لا شىء فى الزعفران وقال ابو حنيفة وزُفَر فى قليله وكثيره الزكاة وقال ابو
يوسف ومحمّد بن الحسن اذا بلغ ثمنه ادنى ثمن خمسة اوسق من تمر
او حنطة او شعير او ذُرَة او صنف من اصناف الحبوب ففيه الصدقة وقال
ابن ابى ليلى ليس فى الخُضَر شىء وهو قول الشّعْبى وقال عَطاء وابرٰهيم
النَّخَعى فيما اخرجت ارض العشر من قليل وكثير العشر او نصف العشر
وحدّثنى الحسين بن الاسود قال حدّثنا يحيى بن ادم عن سعيد بن سالم
عن الصَّلْت بن دينار عن ابن ابى رجاء العُطَارِدى قال كان ابن عبّاس
90 بالبصرة ياخذ صدقاتنا حتّى دساتج الكُرّاث ،، وحدّثنا الحسين قال حدّثنا
يحيى بن ادم قال حدّثنا ابن المبارك عن مَعْمَر عن طاءوس وعِكْرِمَة
انّهما قالا ليس فى الورس والعُطْب (وهو القطن) زكاة وقال ابو حنيفة
وبِشْر فى الذمّة يملكون[c] الارضين من اراضى العشر مثل اليمن الّتى اسلم
عليها اهلها والبصرة الّتى احياها المسلمون وما اقطعته الخلفاء من القطائع
الّتى لا حقّ فيها لمُسْلِم ولا مُعاهِد انّهم يلزمون الجزية فى رقابهم ويوضع
الخراج على ارضهم بقدر احتمالها ويكون مجرى ما يجتبى منهم مجرى مال
الخراج فان اسلم منهم مسلم وضعت عنه الجزية والزم الخراج فى ارضه ابدًا
على قياس السواد وهو قول ابن ابى ليلى وقال ابن شُبْرُمَة وابو يوسف

a) A. والقرص (القَرَض quoque plantae est nomen). b) B. om. c) Codd. يهلكون.

يوضع عليهم الجزية فى رقابهم وعليهم الضعف ممّا على المسلمين فى ارضهم وهو الخمس او العشر وقاسًا ذلك على امر نصارى بنى تغلب وقال ابو يوسف ما أُخِذ منهم فسبيله سبيل الخراج فان اسلم الذمّى او خرجت ارضه الى مسلم صارت عشريّة وقد روى ذلك عن عَطاء والحسن وقال ابن ابى ذئب وابن ابى سَبْرَة وشَرِيك بن عبد الله والنَّخَعى[a] والشافعى عليهم الجزية فى رقابهم ولا خراج ولا عشر فى ارضيهم[b] لانّهم ليسوا[c] ممّن تجب عليه الزكاة وليست ارضهم بارض خراج وهو قول الحسن[d] بن صالح بن حىّ الهَمْدَانى، وقال سفين الثَّوْرى ومحمّد بن الحسن[d] عليهم العشر غير
91 مضعّف لانّ الحكم حكم الارض ولا ينظر الى مالكها ،، وقال الأَوْزاعى وشَرِيك ابن عبد الله ان كانوا ذمّة مثل يهود اليمن الّتى اسلم اهلها وهم بها لم تاخذ منهم شيئًا غير الجزية ولا تدع الذمّى يبتاع ارضًا من اراضى العشر ولا يدخل فيها (يعنى يملكها به)، وقال الواقدى سألتُ مالكًا عن اليهودى من يهود الحجاز يبتاع ارضًا بالجُرْف فيزرعها قال يؤخذ منه العشر قلتُ أَوَلست تزعم انّه لا عشر على ارض ذمّى اذا ملك ارض عشر فقال ذاك اذا اقاموا ببلادهم[e] فامّا اذا خرجوا من بلادهم فانّها تجارة وقال ابو الزِّناد ومٰلك بن انس وابن ابى ذئب والثَّوْرى وابو حنيفة ويعقوب فى التغلبى يزرع ارضًا من ارض العشر انّه يؤخذ منه ضعف العشر واذا اكترى رجل مزرعة عشريّة فانّ مالكًا والثّورى وابن ابى ذئب ويعقوب قالوا العشر على صاحب الزرع وقال ابو حنيفة هو على ربّ الارض وهو قول زُفَر وقال ابو حنيفة اذا لم يؤدّ رجل عشر ارضه سنتين فانّ السلطان ياخذ منه العشر لمّا يستانف وكذلك ارض الخراج وقال ابو شِمْرٍ ياخذ ذلك منه لمّا مضى لانّه حقّ وجب فى ماله ،،

a) B. النخعى. b) B. ارضهم. c) Codd. ليس. d) B. الحسين. e) B. ببلدهم.

عُمَان

قالوا كان الاغلبين على عمان الازد وكان بها من غيرهم بشر كثير فى
البوادى فلمّا كانت سنة ٨ بعث رسول الله صلّعم ابا زيد الانصارى احد
الخزرج وهو احد من جمع القران على عهد رسول الله صلّعم واسمه فيما
92 ذكر الكلبى قيس بن سَكَن بن زيد[a] بن حَرَام وقال بعض البصريّين اسمه
عمرو بن أَخْطَب جدّ عروة بن ثابت بن عمرو بن اخطب وقال سعيد
ابن أَوْس الانصارى اسمه ثابت بن زيد وبعث عمرو بن العاصى السهمى
الى عبد[b] وجَيْفَر ابنى الجُلَنْدى بكتاب منه يدعوهما فيه الى الاسلام
وقال ان اجاب[c] القوم الى شهادة الحقّ واطاعوا[d] الله ورسوله فعمرو الامير
وابو زيد على الصلاة وأَخْذ الاسلام على الناس وتعليمهم القران والسُنَن
فلمّا قدم ابو زيد وعمرو عُمَان وجدا عبدًا وجَيْفَرًا بصُحَار على ساحل
البحر فاوصلا كتاب النبى صلّعم اليهما فاسلما ودعوا العرب هناك الى
الاسلام فاجابوا اليه ورغبوا فيه فلم يزل عمرو وابو زيد بعمان حتّى قُبض
النبى صلّعم ويقال انّ ابا زيد قدم المدينة قبل ذلك ❊ قالوا ولمّا قُبض
رسول الله صلّعم ارتدّت الازد وعليها لَقِيط بن مٰلك ذو التاج وانحازت
الى دبّا وبعضهم يقول دمّا فى دبّا[e] فوجّه ابو بكر رضّه اليهم حُذَيْفة بن
مِحْصَن البارقى[f] من الازد وعِكْرِمَة بن ابى جَهْل بن هشام المخزومى فواقعا
لَقِيطًا ومن معه فقتلاه وسبيا من اهل دبّا سبيًا بعثا به الى ابى بكر رضّه ثمّ

a) Qodámá يزيد, Ibn Hischám, p. ٥٠۴ قيس بن زعورا pro زيد. b) Qodáma عبيد, Ibn Hischám, p. ٩٧١ عياذ; Tabarí, p. 202 ut Beládsorí. c) A. احابو. d) B. فاطاعوا. e) Jacut sine Teschdíd et sic Tabarí in ed. Koseng., p. 204, B. sine vocalibus. f) Collato Tabarí, p. 202 videtur auctorem h.l. negligenter suis fontibus usum fuisse.

انّ الازد راجعت الاسلام وارتدّت طوائف من اهل عمان ولحقوا بالشِحْر[a]
فسار اليهم عِكْرِمَة فظفِر بهم واصاب منهم مغنمًا وقتل بشرًا وجمع قوم من
مَهْرَة بن حَيْدان بن عمرو بن الحاف بن قضاعة جمعًا فاتاهم عكرمة فلم
93 يقاتلوه وادّوا الصدقة وولّى ابو بكر رضه حُذَيْفَة بن مُحْصَن عمان فمات
ابو بكر وهو عليها وصُرف عكرمة ووُجّه الى اليمن ،، ولم يزل عمان
مستقيمة الامر يؤدّى اهلها صدقات[b] اموالها ويوخذ ممّن بها من الذمّة
جزية رؤوسهم حتّى كانت خلافة الرشيد صلوات الله عليه فولّاها عيسى
ابن جعفر بن سليمٰن بن على[c] بن عبد الله بن العبّاس فخرج اليها باهل
البصرة فجعلوا يفجرون بالنساء ويسلبونهم ويظهرون المعازف فبلغ ذلك اهل
عمان وجلّهم شُراة فحاربوه ومنعوه من دخولها ثمّ قدروا عليه فقتلوه
وصلبوه وامتنعوا على السلطان فلم يعطوه طاعة وولّوا امرهم رجلًا منهم
وقد قال قوم انّ رسول الله صلعم كان وجّه ابا زيد بكتابه الى عَبْد
وجَيْفَر ابنى الجُلَنْدى الازديّين فى سنة ٦ ووجّه عَمْرًا فى سنة ٨ بعد اسلامه
بقليل وكان اسلامه واسلام خٰلد بن الوليد وعثمان بن طلحة العبدى[d]
فى صفر سنة ٨ اقبل من الحبشة حتّى اتى الى[e] النبى صلعم وانّ رسول
الله صلعم قال لابى زيد خذ الصدقة من المسلمين والجزية من المجوس ،،
حدّثنى ابو الحسن المدائنى عن المبارك بن فُضَالة قال كتب عمر بن عبد
العزيز الى عدىّ بن أَرْطاة الفزارى عامله على البصرة امّا بعد فانّى كنتُ
كتبتُ الى عمرو[f] بن عبد الله ان يقسم ما وجد بعمان من عشور التمر
والحبّ فى فقراء اهلها ومن سقط اليها من اهل البادية ومن اضافته[g] اليها
94 الحاجة والمسكنة وانقطاع السبيل فكتب الىّ انّه سأل عاملك قبله عن

---

a) A. الشَحر; cf. حاشية ad. *L. G.* in v. b) B. om. c) B. om. بن على. d) B. العبدرى. e) A. om. f) B. h.l. عمر. g) B. واضافته omisso من.

ذلك الطعام والتمر فذكر انّه قد باعه وحمل اليك ثمنه فاردد الى عمرو ما كان حمل اليك عاملك على عمان من ثمن التمر والحبّ ليضعه فى المواضع الّتى امرتُه بها ويصرفه فيها ان شاء الله والسلم ،،

البَحْرَيْن

قالوا وكانت ارض البحرين من مملكة الفُرس وكان بها خلق كثير من العرب من عبد القيس وبكر بن وائل وتميم مقيمين فى باديتها وكان على العرب بها من قبل الفرس على عهد رسول الله صلّعم المُنْذِر بن ساوى احد بنى عبد الله بن زيد بن عبد الله بن دارم بن مٰلك بن حَنْظَلَة وعبد الله بن زيد هذا هو الأَسْبَذِى[a] نُسب الى قرية بهَجَر يقال لها الأَسْبَذ ويقال انّه نُسِب الى الأَسْبَذِيّين وهم[b] قوم كانوا يعبدون الخيل بالبحرين فلمّا كانت سنة ٨ وجّه رسول الله صلّعم العلاء بن عبد الله ابن عِمَاد[c] الحضرمى حليف بنى عبدْ شمس الى البحرين ليدعو اهلها الى الاسلام او الجزية[d] وكتب معه الى المُنْذِر بن ساوى والى سِيبُبُخْت[dd] مرزبان هَجَر يدعوهما الى الاسلام او الجزية[e] فاسلما واسلم معهما جميع العرب هناك وبعض العجم فامّا اهل الارض من المجوس واليهود والنصارى فانّهم صالحوا العلاء وكتب بينه وبينهم كتابًا نسخته بسم الله الرحمٰن الرحيم هذا ما صالح عليه العلاء ابن الحضرمى[f] اهل البحرين صالحهم

95 على ان يكفونا العمل ويُقاسِمُونا التمر[g] فمن لم يف بهذا فعليه لعنة الله والملائكة والناس اجمعين وامّا جزية الرءوس فانّه اخذ لها من كلّ حالم

a) A. h.l. الاسيذى, cf. Veth in *Suppl.* ad *Lobbo'l-Lobáb*, p. 13. b) A. الاسبذ بن فهم.

c) B. عباد, cf. supra p. ٤٩ *b* d) Codd. والجزية. dd) Codd. سَبْنُخْت. Nomen occurrit e.g. in *Moschtabih* v. كباس. e) B. والجزية. f) In A. additur من. g) Qodáma على النصف من الحب والتمر, B. الثمر.

دينارًا ،، حدّثنى عبّاس بن هشام عن ابيه عن الكلبى عن ابى صالح
عن ابن عبّاس قال كتب رسول الله صلّعم الى اهل البحرين امّا بعد
فانّكم اذا اقمتم الصلاة وآتيتم الزكاة ونصحتم الله ورسوله وآتيتم عشر
النخل ونصف عشر الحبّ ولم تمجّسوا اولادكم فلكم ما اسلمتم عليه
غير انّ بيت النار لله ورسوله وان ابيتم فعليكم الجزية فكره المجوس
واليهود الاسلام واحبّوا اداء الجزية فقال منافقو العرب زعم محمّد انّه لا
يقبل الجزية الّا من اهل الكتاب وقد قبلها من مجوس هَجَر وهم غير اهل
كتاب فنزلت[a] يَا أَيُّهَا ٱلَّذِينَ آمَنُوا عَلَيْكُمْ أَنْفُسَكُمْ لَا يَضُرُّكُمْ مَنْ ضَلَّ
اِذَا ٱهْتَدَيْتُمْ وقد قيل انّ رسول الله صلّعم وجّه العلاء حين وجّه رُسُلَه
الى الملوك فى[b] سنة ٦ ،، وحدّثنى محمّد بن مُصَفّى الحمصى قال حدّثنا
محمّد بن المبارك قال حدّثنا عَتّاب بن زياد قال حدّثنى محمّد بن ميمون
عن مغيرة الازدى عن محمّد بن زيد بن حيّان الأَعْرَج عن العلاء ابن[c]
الحضرمى قال بعثنى رسول الله صلّعم الى البحرين (او قال هَجَر) وكنتُ
آتى الحائط بين الاخوة قد اسلم بعضهم[d] فآخذ من المسلم العشر ومن
المشرك الخراج ،، وحدّثنا القسم بن سلّام قال حدّثنا عثمان بن صالح عن
عبد الله بن لُهَيْعَة عن ابى الاسود عن عروة بن الزبير انّ رسول الله
صلّعم كتب الى اهل هَجَر بسم الله الرحمن الرحيم من محمّد 96
النبى الى اهل هَجَر سِلْم انتم فانّى احمدُ اليكم الله الّذى لا اله الّا هو
امّا بعدُ فانّى اوصيكم بالله وبانفسكم الّا تضلّوا بعدُ اذ هديتم ولا
تغووا بعدُ اذ رشدتم امّا بعد فانّه قد[e] اتانى الّذى صنعتم وانّه من يُحسن
منكم لا يُحمَل عليه ذنب المسىء فاذا جاءكم أُمَرائى فاطيعوهم وانصروهم

---

a) Qor. 5 vs. 104. *b*) B. om. فى. *c*) ابن om. in Codd. *d*) Videtur excidisse وكفر بعضهم. *e*) B. فقد.

واعينوهم على امر الله وفى سبيله فانّه من يعمل منكم عملًا صالحًا فلن يضلّ له عند الله وعندى وامّا بعد فقد جاءنى وفدكم فلم آتِ اليهم الّا ما سَرَّهم وانّى لو جهدتُ حقّى فيكم كلّه اخرجتُكم من هَجَر فشفّعتُ غائبكم وافضلتُ على شاهدكم فاذكروا نعمة الله عليكم ،، حدّثنى الحسين ابن الاسود قال حدّثنا عبيد الله بن موسى عن شَيْبان النحوى[a] عن قَتَادَة قال لم يكن بالبحرين فى ايّام رسول الله صلّعم قتال ولكنّ بعضهم اسلم وبعضهم صالح العلاء على انصاف الحبّ والتمر ،، وحدّثنى الحسين قال حدّثنى يحيى بن ادم قال حدّثنا الحسن بن صالح عن اشعث عن الزُّهرى انّ رسول الله صلّعم اخذ الجزية من مجوس هَجَر ،، وحدّثنى الحسين قال حدّثنا يحيى بن ادم قال حدّثنا قيس بن الربيع عن قيس ابن مسلم عن الحسن بن محمّد قال كتب رسول الله صلّعم الى مجوس هَجَر يدعوهم الى الاسلام فان اسلموا فلهم ما لنا وعليهم ما علينا ومن ابى فعليه الجزية فى غير اكل لذبائحهم ولا نكاح لنسائهم ،، وحدّثنى
97 الحسين قال حدّثنا يحيى بن ادم عن ابن المبارك عن يونس بن يزيد الأَيْلى عن الزُّهرى عن سعيد بن المُسَيّب قال اخذ رسول الله صلّعم الجزية من مجوس هَجَر واخذها عمر من مجوس فارس واخذها عثمان من بربر ،، وحدّثنا الحسين قال حدّثنا يحيى قال حدّثنا عبد الله بن ادريس عن ملك بن انس عن الزُّهرى بمثله ،، وحدّثنا عمرو الناقد قال اخبرنا عبد الله بن وهب عن يحيى بن عبد الله بن سالم بن عبد الله بن عمر عن موسى بن عُقْبة انّ النبى صلّعم كتب الى مُنْذر بن ساوى

من محمّد النبى الى منذر بن ساوى سِلْمٌ انت فانّى احمد اليك الله الّذى لا اله الّا هو امّا بعد فانّ كتابك جاءنى وسمعتُ ما فيه فمن

a) B. البحرى.

صلّى صلاتنا واستقبل قبلتنا واكل ذبيحتنا فذلك المسلم ومن ابى ذلك فعليه الجزية ،، وحدّثنى عبّاس بن هشام الكلبى عن ابيه عن جدّه عن ابى صالح عن ابن عبّاس قال كتب رسول الله صلّعم الى المنذر بن ساوى فاسلم ودعا اهل[a] هَجَر فكانوا بين راضٍ وكاره امّا العرب فاسلموا وامّا المجوس واليهود فرضوا بالجزية فأُخذت منهم ،، وحدّثنا شَيْبان بن فَرُّوخ حدّثنا سليمٰن ابن المغيرة قال حدّثنا حُمَيد بن هِلال قال بعث العَلاءُ ابن الحضرمى الى رسول الله صلّعم مالاً من البحرين يكون ثمانين الفًا ما اتاه اكثر منه قبله ولا بعده فاعطى منه العبّاس عمّه ،، حدّثنى هشام بن عمّار عن اسمٰعيل ابن عَيّاش عن عبد العزيز بن عبيد الله قال بعث رسول الله صلّعم الى
98 وضائع كسرى بهَجَر فلم يُسلِمُوا فوضع عليهم الجزية دينارًا على كلّ رجل منهم ،، قالوا وعزل رسول الله صلّعم العلاءَ ثمّ ولّى البحرين أَبان بن سعيد ابن العاصى بن اميّة وقوم يقولون انّ العلاءَ كان على ناحية من البحرين منها القَطِيف وانّ أَبان كان على ناحية اخرى فيها الخَطّ والاوّل اثبت ،، قالوا ولمّا توفّى رسول الله صلّعم خرج أَبان من البحرين فاتى المدينة فسأل اهل البحرين ابا بكر رضّه ان يردّ العلاءَ عليهم ففعل فيقال انّ العلاءَ لم يزل واليًا حتّى توفّى بها سنة ٢٠ فولّى عمر مكانه ابا هُرَيْرَة الدَّوْسى ويقال ايضًا انّ عمر رضّه ولّى ابا هريرة قبل موت العلاءِ فاتى العلاءُ تَوّج من ارض[b] فارس وعزم على المقام بها قال ثمّ رجع الى البحرين فمات هناك وكان ابو هريرة يقول دفنّا العلاءَ ثمّ احتجنا الى رفع لبنة فرفعناها فلم نجده فى اللحد ،، وقال ابو مِخْنَف كتب عمر بن الخطّاب رضّه الى العلاء ابن الحضرمى وهو عامله على البحرين يامره بالقدوم عليه وولّى عثمان بن ابى العاصى الثقفى البحرين وعمان فلمّا قدم العلاءُ المدينة ولّاه البصرة

a) A. ارض. b) A. اهل.

مكان عُتْبَة بن غَزْوَان فلم يصل اليها حتّى مات وذلك فى سنة ١٤ او فى
اوّل سنة ١٥ ثمّ انّ عمر ولّى قُدامة بن مَظْعون الجُمَحى جباية البحرين
وولّى ابا هريرة الاحداث والصلاة ثمّ عزل قُدامة وحَدّه على شرب الخمر
وولّى ابا هريرة الصلاة والاحداث ثمّ عزله وقاسمه ماله ثمّ ولّى عثمان بن
99 ابى العاصى[a] البحرين وعمان ،، حدّثنى العُمَرى[b] عن الهَيْثَم قال كان
قُدامة بن مَظْعون على الجباية والاحداث وابو هُرَيْرة على الصلاة والقضاء
فشهد على قُدامة بما شهد به ثمّ ولّاه عمر البحرين بعد قدامة ثمّ
عزله وقاسمه وامره بالرجوع فابى فولّاها عثمان بن ابى العاصى فمات عمر
وهو والبه عليها وكان خليفته على عمان والبحرين وهو بفارس اخوه مُغيرة
ابن ابى العاصى ويقال حفص بن ابى العاصى ،، حدّثنا شَيْبان بن فَرُّوخ
قال حدّثنا ابو هِلال الراسبى قال ننا محمّد بن سِيرِين عن ابى هريرة قال
استعملنى عمر بن الخطّاب رضّه على البحرين فاجتمعت لى اثنا عشر الفًا
فلمّا قدمتُ على عمر قال لى يا عدوّ الله وعدوّ المسلمين (او قال وعدوّ كتابه)
سرقت مال الله قال قلتُ لستُ بعدوّ لله ولا للمسلمين[c] (او قال لكتابه)
ولكنّى عدوٌّ من عاداهما ولكنّ خيلًا تناتجت وسهامًا اجتمعت قال فاخذ
منّى اثنا عشر الفًا فلمّا صلّيتُ الغداة قلتُ اللهمّ اغفر لعمر قال فكان
ياخذ منهم ويعطيهم افضل من ذلك حتّى اذا كان بعد ذلك قال ألَا
تعمّل يابا هريرة قلتُ لا قال ولِمَ قد عُمّل من هو خير منك يوسف[d]
قَالَ ٱجْعَلْنِى عَلَى خَزَآئِنِ ٱلْأَرْضِ فقلت[e] يوسف نبىّ ابن نبىّ وانا ابو
هُرَيْرَة ابن أُمَيْمَة واخاف منكم ثلثًا واثنتين قال فهلّا قلتَ خمسًا قلتُ
اخشى ان تضربوا ظهرى وتشتموا عرضى وتاخذوا مالى واكره ان اقول

a) A. العاص. b) i. e. ابو عمر حفص بن عمر الدورى. c) A. المسلمين. d) Qor. 12 vs. 55. e) B. قلت.

بغير حلم واحكم بغير علم ، حدّثنا القسم بن سلّام وروْح بن عبد 100
المومن قالا نا يعقوب بن اسحٰق الحضرمى عن يزيد بن ابرٰهيم التُّسْتَرى
عن ابن سِيرِين عن ابى هريرة انّه لمّا قدم من البحرين قال له عمر يا
عدوّ الله وعدوّ كتابه أَسَرقت مال الله قال لستُ عدوّ الله ولا عدوّ كتابه
ولكنّى عدوٌّ من عاداهما ولم[a] اسرق مال الله قال فمن اين اجتُمعت لك
عشرة الف درهم قال خيل تناسلت وعطاءٌ تلاحق وسهام اجتمعت
فقبضها منه وذكر من باقى الحديث نحو الّذى روى ابو هلال ، قالوا ولمّا
مات المُنْذِر بن ساوى بعد وفاة النبى صلعم بقليل ارتدّ[b] مَنْ بالبحرين
من ولد قيس بن ثعلبة بن عُكَابَة مع الحُطَم وهو شُرَيْح بن ضُبَيعة[c] بن
عمرو بن مَرْثَد احد بنى قيس بن ثعلبة وانّما سمّى الحُطَم بقوله

قَدْ لَفَّهَا ٱللَّيْلُ بِسَوَّاقٍ حُطَمْ

وارتدّ سائر من بالبحرين من ربيعة
خلا الجَارُود وهو بِشْر بن عمرو العَبْدى[d] ومن تابعه من قومه وأمّروا عليهم
ابنًا للنعمٰن بن المنذر يقال له المنذر فسار الحُطَم حتّى لحق بربيعة فانضمّ
اليها بمن معه وبلغ العلاءَ ابن الحضرمى الخبر فسار بالمسلمين حتّى نزل
جُوَاثَا وهو حصن البحرين فدلفت اليه ربيعة فخرج اليها بمن معه من
العرب والعجم فقاتلها قتالا شديدا ثمّ انّ المسلمين لجأوا الى الحصن
فحصرهم فيه عدوّهم ففى ذلك يقول عبد الله بن حَذَف الكلابى[e]

---

a) A. ولكن لم. *b*) Codd. فارتد. *c*) Pro ضبيعة *Hamâsa*, p. ١٧٤ شرحبيل. In editione Freyt. male legitur لسواق. Ibidem deëst hemistichium alterum poëmatis, quod sic exstat in Cod. 87: هذا اوان الحرب فاشتدى زِيَم. Alio ordine versus recitavit al-Hadjdjádj in oratione illa quam Cufae habuit (v. al-Mobarrad Cod. 587, p. 220 seq.) nempe:

هذا اوان الشدّ فاشتدى زيم   قد لفّها الليل بسوّاق حطم

ليس براعى ابل ولا غنم   ولا بجزّار على ظهر وضم

d) Cf. Ibn Hischám, p. ٩٤٤ cum Ibn Doraid, p. ١٨٩ et ١٩٠. *e*) Lectio deterior horum versuum apud Tabarí, I, p. 186.

101 أَلَا أَبْلِغْ أَبَا بَكْرٍ أُلُوكًا وَفِتْيَانَ ٱلْمَدِينَةِ أَجْمَعِينَا
فَهَلْ لَكَ فِى شَبَابٍ مِنْكَ أَمْسَوْا أُسَارَى فِى جُوَاثَ مُحَاصَرِينَا

ثمّ انّ العلاء خرج بالمسلمين ذات ليلة فبيّت[a] ربيعة فقاتلوا قتالًا شديدًا وقُتِل الحُطَم »، وقال غير هشام بن الكلبى انّ الحُطَم ربيعة وهو بجُوَاثَا وقد كفر اهلها جميعًا وامّروا عليهم المنذر بن النعمان فاقام معهم فحصرهم العلاء حتّى فتح جُوَاثَا وفضّ ذلك الجمع وقتل الحُطَم والخبر الاوّل اثبت وفى قتل الحُطَم يقول مٰلك بن ثعلبة العبدى

تَرَكْنَا شُرَيْحًا قَدْ عَلَتْهُ بَصِيرَةٌ كَحَاشِيَةِ ٱلْبُرْدِ ٱلْيَمَانِى ٱلْمُحَبَّرِ

(البصيرة من الدم ما وقع فى الارض)

وَنَحْنُ فَجَعْنَا أُمَّ غَضْبَانَ بِٱبْنِهَا وَنَحْنُ كَسَرْنَا ٱلرُّمْحَ فِى عَيْنِ حَبْتَرِ
وَنَحْنُ تَرَكْنَا مِسْمَعًا[b] مُتَجَدِّلًا رَهِينَةَ ضَبْعٍ تَعْتَرِيهِ وَأَنْسُرِ

قالوا وكان المنذر بن النعمان يسمّى الغَرُور[c] فلمّا ظهر المسلمون قال لستُ بالغَرُور ولكنّى المغرور[d] ولحق هو وفلّ ربيعة بالخَطّ فاتاها العلاء ففتحها وقتل المنذر ومن معه ويقال انّ المنذر نجا فدخل الى المُشَقَّر وارسل الماء حوله فلم يوصل اليه حتّى صالح الغرور[e] على ان يخلّى المدينة فخلّاها ولحق بمُسَيْلِمَة فقُتل معه وقال قوم قُتل المنذر يوم جُوَاثَا وقوم يقولون انّه استامن ثمّ هرب فلُحق فقُتل وكان العلاء كتب الى ابى بكر يستمدّه

102 فكتب الى خٰلد بن الوليد يامره بالنهوض اليه من اليمامة وانجاده فقدم عليه وقد قتل الحُطَم فحصر معه الخَطّ ثمّ اتاه كتاب ابى بكر بالشخوص الى العراق فشخص اليه من البحرين وذلك فى سنة ١٢ »، وقال الواقدى يقول اصحابنا انّ خٰلدًا قدم المدينة ثمّ توجّه منها الى العراق »، واستشهد

---

a) A. ىىىىت, B. فثبت. b) Interfectorem al-Hotami, Tabarí, I, p. 196, 200. Fortasse حبتر idem est qui ibi (p. 200) زيد appellatur. c) Ibn Hischám, p. ٩٤٥ الغرور بن المنذر; cf. Tabarí, I, p. 196 l.l. d) A. بالمغرور. e) A. om.

بجُوَاثَا عبد الله بن سُهَيْل بن عمرو احد بنى عامر بن لُؤَىّ ويكنّى ابا سُهَيْل وامّه فَاخِتَة بنت عامر بن نَوْفَل بن عبد مَنَاف وكان عبد الله اقبل مع المشركين يوم بَدْر ثمّ انحاز الى المسلمين مسلمًا وشهد بَدْرًا مع النبى صلعم فلمّا بلغ اباه سُهَيْل بن عمرو خبره قال عند الله احتسبه ولقيه ابو بكر وكان بمكّة حاجًّا فعزّاه به فقال سُهَيل انّه بلغنى انّ رسول الله صلعم قال يشفع الشهيد فى سبعين من اهله وانّى لارجو ان لا يبدأ ابنى باحد قبلى وكان يوم استشهد ابن ٣٨ سنة ٭ واستُشهد عبد الله بن عبد الله بن أُبَىّ يوم جُوَاثَا وقال غير الواقدى استُشهد يوم اليمامة ٭

قالوا وتحصّن المُكَعْبَر[a] الفارسى صاحب كسرى الّذى كان وجّهه لقتل بنى تميم حين عرضوا لعيره واسمه فيروز بن جُشَيْش[b] بالزّارَة وانضمّ اليه مجوس كانوا تجمّعوا بالقَطِيف وامتنعوا من اداء الجزية فاقام العلاء على الزّارَة فلم يفتحها فى خلافة ابى بكر وفتحها فى اوّل خلافة عمر وفتح العلاء السّابُون ودَارِين فى خلافة عمر عنوة وهناك موضع يعرف بخَنْدَق
العَلاء ٭ وقال مَعْمَر بن المُثَنّى غزا العلاء بعبد القيس قُرَى من السابون 103
فى خلافة عمر بن الخطّاب ففتحها ثمّ غزا مدينة الغَابَة فقتل من بها من العجم ثمّ اتى الزّارَة وبها المُكَعْبَر فحصره ثمّ انّ مرزبان الزارة دعا الى البراز فبارزه البَرَاء بن مٰلك فقتله واخذ سلبه فبلغ اربعين[c] الفًا ثمّ خرج رجل من الزارة مستامنًا على ان يَدُلّ على شِرْب القوم فدلّه على العين الخارجة من الزارة فسدّها العلاء فلمّا رأوا ذلك صالحوه على انّ له ثلث المدينة

---

a) A. hic et deinde المعكبر. *b*) Qodáma حسيس, A. حسنس, B. دافيرور بن حسمس; v. *Moschtabih* in v. خشيش. Ibi nempe legimus: وبالجيم جشيش بن الديلمى ممن اعان على قتل الاسود العنسى, quae collata cum nostro p. 126 seqq., Nawáwí, p. ٥٠٤, ٧٨٨ cet., ubi interfector semper فيروز بن الديلمى appellatur, probabilem reddunt conjecturam hunc فيروز بن جشيش eundem esse virum atque Ibno'd-Dailemí, nisi Dsahabí duos viros diversos confuderit. *c*) ثلثين secundum traditionem Ibn Sírín apud Bekrí in v. الزارة.

وثُلث ما فيها من ذهب وفضّة وعلى ان ياخذ النصف ممّا كان لهم خارجها واتى[a] الأَخْنَس العامرى العلاء فقال له انّهم لم يصالحوك[b] على ذراريهم وهم بدَارِين ودلّه كرّاز[c] النُّكْرى على المخاضة اليهم فتقحّم العلاء فى جماعة من المسلمين البحر فلم يشعر اهل دَارِين الّا بالتكبير فخرجوا فقاتلوهم من ثلثة اوجه فقتلوا مقاتلتهم وحووا الذرارى والسبى ولمّا راى المُكَعْبَر ذلك اسلم وقال كرّاز

هَابَ ٱلْعَلَاءُ حِيَاضَ ٱلْبَحْرِ مُقْتَحِمًا فَخُضْتُ قُدْمًا[d] إِلَى كُفَّارِ دَارِينَا

حدّثنا خَلَف البَزّار وعفّان قالا ثنا هُشَيْم قال اخبرنا ابن عَوْن ويونس عن محمّد بن سِيرين قال بارز البَرَآءُ بن مٰلك مرزبان الزارة فطعنه[e] فوق صلبه وصرعه ثمّ نزل فقطع يديه[f] واخذ سواريه ويلمقًا كان عليه ومنطقة فخمّسه عمر لكثرته وكان اوّل سلب خمس فى الاسلام "

اليمامة

104 قالوا وكانت اليمامة تدعى جَوّ فصُلبت امراة من جَدِيس يقال لها اليَمَامَة بنت مُرّ على بابها فسمّيت باسمها والله اعلم " وقالوا لمّا كتب رسول الله صلعم الى ملوك الافاق فى اوّل سنة ٧ ويقال فى سنة ٦ كتب الى هَوْذة بن على الحَنَفى واهل اليمامة يدعوهم الى الاسلام وانفذ كتابه بذلك مع سَلِيط بن قيس بن[g] عمرو الانصارى ثمّ الخزرجى فبعثوا الى

a) B. فاتى. b) A. يصالحوا. Deinde Qodáma عن pro على. c) A. h.l. كُرّان, deinde كَرّار; B. كراز Qodáma كرار. d) B. قِدْما. e) B. وطعنه. f) Codd. اليه (B. cum nota mendi), correxi ex Bekrí in v. الزارة qui habet يده et ex Qodáma. g) Ibn Hischám, p. ٩٧١ om. قيس بن.

رسول الله صلعم وفدهم وكان فى الوفد مُجّاعَة بن مُرارَة فاقطعه رسول الله صلّعم ارضًا مواتًا سأله ايّاها وكان فيها ايضًا الرَجّال[a] بن عُنْفُوَة فاسلم وقرا سورة البقرة وسورًا من القران الّا انه ارتدّ بعدُ وكان فيهم مُسَيْلِمَة الكذّاب ثُمامة بن كَبير بن حَبيب[b] فقال مُسَيْلِمَة لرسول الله صلّعم ان شئت خلّينا لك الامر وبايعناك على انّه لنا بعدك فقال له رسول الله صلّعم لا ولا نعمة عين ولكنّ الله قاتلك وكان هَوْذَة بن على الحَنَفى قد كتب الى النبى صلّعم يسأله ان يجعل الامر له من بعده على ان يُسلم ويصير اليه فينصره فقال رسول الله صلّعم لا ولا كرامة اللهمّ اكفنيه فمات بعد قليل فلمّا انصرف وفد بنى حَنيفة الى اليمامة ادّعى مُسَيْلِمَة الكذّاب النبوّة وشهد له الرَجّال بن عُنْفُوَة بانّ رسول الله صلّعم اشركه فى الامر معه فاتبعه بنو حَنيفة وغيرهم ممّن باليمامة وكتب الى رسول الله صلّعم
105 مع عُبادة بن الحٰرث احد بنى عامر بن حنيفة وهو ابن النَوّاحة الّذى قتله عبد الله بن مسعود بالكوفة وبلغه انّه وجماعة معه يومنون بكذب مُسَيْلِمَة[c] من مُسَيْلِمَة رسول الله الى محمّد رسول الله امّا بعد فانّ لنا نصف الارض ولقريش نصفها ولكنّ قريشًا لا ينصفون والسلام عليك وكتب عمرو بن الجارود الحنفى ». فكتب اليه رسول الله صلّعم بسم الله الرحمٰن الرحيم من محمّد النبى الى مُسَيْلِمَة الكذّاب امّا بعد فانّ ٱلْأَرْضَ لِلّٰهِ يُورِثُهَا مَنْ يَشَآءُ مِنْ عِبَادِهِ وَٱلْعَاقِبَةُ لِلْمُتَّقِينَ[d] وَٱلسَّلَامُ عَلَى مَنِ ٱتَّبَعَ ٱلْهُدَى وكتب أُبَىّ بن كعب ». فلمّا توفّى رسول الله صلّعم

a) Qodáma الدجال; Tabarí ut Beládsorí nomen scribit, memorat autem p. 160 Ibn Homaidum praecepisse الرحّال. b) Ibn Cotaiba, p. ٢٠٦, Ibn Doraid, p. ٢٠٩ et Nawáwí, p. ٥٥٤ ابو ثمامة مسيلمة بن حَبيب; cf. Ibn Hischám, p. ٩٤٥. c) Nawáwí, p. ٣٧٤ seq. eum appellat عبد الله بن النواحة. d) Qor. 7 vs. 125.

واستخلف ابو بكر فاوقع باهل الرِّدّة من اهل نجد وما والاه فى اشهر يسيرة بعث خٰلد بن الوليد بن المغيرة المخزومى الى اليمامة وامره بمحاربة الكذّاب مسيلمة فلمّا شارفها ظفر بقوم من بنى حنيفة فيهم مُجّاعَة بن مُرارَة بن سُلْمىّ[a] فقتلهم واستبقى مُجّاعة وحمله معه مُوثَقًا وعسكر خٰلد على ميل من اليمامة فخرج اليه بنو حنيفة وفيهم الرَجّال ومُحَكّم[b] بن الطُّفَيل بن سُبَيع الّذى يقال له مُحَكّم اليمامة فرأى خٰلد البارقة فيهم فقال يا معشر المسلمين قد كفاكم الله مُونة[c] عدوّكم أَلَا ترونهم وقد شهر بعضهم السيوف على بعض واحسبهم قد اختلفوا ووقع باسهم بينهم فقال مُجّاعَة وهو فى حديده كلّا ولكنّها الهُنْدُوَانيّة خشوا تَحطُّمها فابرزوها
للشمس لتلين متونها ثمّ التقى الناس فكان اوّل من لقيهم الرَجّال بن 106
عُنْفُوَة فقتله الله واستشهد وجوه الناس وقُرّاء القران ثمّ انّ المسلمين فاءُوا وثابوا فانزل الله عليهم نصرة وهزم اهل اليمامة فاتبعوهم يقتلونهم قتلا ذريعًا ورمى عبد الرحمٰن بن ابى بكر الصِدّيق اخو عائشة لابيها مُحَكّمًا بسهم فقتله والجأُوا الكفرة الى الحَديقة فسمّيت يومئذ حَديقة الموت وقتل الله مُسَيْلِمَة فى الحديقة فبنو عامر بن لُؤَىّ بن غالب يقولون قتله خِداش ابن بَشِير بن الاصمّ[d] احد بنى مَعِيص بن عامر بن لُؤَىّ وبعض الانصار يقولون قتله عبد الله بن زيد بن ثعلبة احد بنى الحٰرث بن الخزرج وهو الّذى أُرِىَ الاذانَ[e] وبعضهم يقول قتله ابو دُجانَة سِماك بن خَرَشَة ثمّ استشهد وقال بعضهم بل[f] قتله عبد الله بن زيد بن عاصم اخو حَبيب

---

a) Wüstenfeld *Register* pronunciat سَلْمى; cf. Ibn Doraid, p. ٢٣ et infra p. 111 ubi Codd. سُلمى. *b*) Sic Codd. et Ibn Doraid, p. ٢١. Servavi lectionem licet in versu p. 107 metrum postulet legere مُحْكِم, quemadmodum ibi in A. scribitur. *c*) B. مؤونة, Tabarí, p. 162 امر. *d*) Ibn Doraid, p. ٧١ عاصم. *e*) v. Ibn Hischám, p. ٣٠٨, Ibn Doraid, p. ٢٦٨ seq. *f*) A. om.

ابن زيد من بنى مَبْذُول من بنى النَّجّار وقد كان مسيلمة قطع يدى حبيب ورجليه وكان وَحْشِىّ بن حرب الحَبَشى قاتل حمزة رضّه يدّعى قتله ويقول قتلت خير الناس وشرّ الناس وقال قوم انّ هاولاء جميعًا شركوا فى قتله وكان معٰوية بن ابى سفيٰن يدّعى انّه قتله ويدّعى ذلك له[a] بنو اميّة ٭ حدّثنى ابو حفص الدِّمَشْقى قال حدّثنا الوليد بن مسلم عن خٰلد بن دِهْقان عن رجل حضر عبد الملك بن مرٰون سأل رجلًا من بنى حنيفة ممّن شهد[b] وقعة اليمامة عن قاتل مسيلمة فقال قتله رجل من صفته كذا وكذا[c] فقال عبد الملك قضيت والله لمعٰوية بقتله ٭ قال

107 وجعل الكذّاب يقول حين أُخِذ منه بالمَخْنَق يا بنى حنيفة قاتلوا عن احسابكم فلم يزل يعيدها حتّى قتله الله ٭ وحدّثنى عبد الواحد بن غِياث قال نا حمّاد بن سَلَمَة عن هشام عن عروة عن ابيه قال كفرت العرب فبعث ابو بكر خٰلد بن الوليد فلقيهم ثمّ قال والله لا انتهى حتّى اناطح مُسَيْلِمَة فقالت الانصار هذا راى تفرّدتَ به لم يامرك به ابو بكر ارجع الى المدينة حتّى نريح كراعنا فقال والله لا انتهى حتّى اناطحه فرجعت عنه الانصار ثمّ قالوا ما ذا صنعنا لئن ظهر اصحابنا لقد خُسِّسْنا[d] ولئن هربوا لقد خذلناهم فرجعوا ومضوا معه فالتقى المسلمون والمشركون فولّى المسلمون مدبرين حتّى بلغوا الرحال فقام السائب بن العوّام فقال ايُّها الناس قد بلغتم الرحال فليس لامرءٍ مفرٌّ بعد رحله فهزم الله المشركين وقُتل مسيلمة وكان شعارهم يومئذ يا اصحاب[e] سورة البقرة ٭ وحدّثنى بعض اهل اليمامة انّ رجلًا كان مجاورًا فى بنى حنيفة فلمّا قُتل مُحَكِّم انشا يقول

---

a) A. om. له. *b*) A. حضر. *c*) A. كذى وكذى. *d*) Vocales in Codd. adduntur. *e*) B. باصحاب.

فَإِنْ أَنْجُ مِنْهَا أَنْجُ مِنْهَا عَظِيمَةً   وَإِلَّا فَإِنِّي شَارِبٌ كَأْسَ مُحْكِمِ

قالوا وكانت الحرب قد نهكت المسلمين وبلغت منهم فقال مُجّاعة لخلد
انّ اكثر اهل اليمامة لم يخرجوا لقتالكم وانّما قتلتم منهم القليل وقد
بلغوا منكم ما ارى وانا مصالحك عنهم فصالحه على نصف السبى ونصف
الصفراء والبيضاء والحلقة والكراع ثمّ انّ خلدًا توثّق منه وبعثه اليهم
108 فلمّا دخل اليمامة امر الصبيان والنساء ومن باليمامة من المشايخ ان
يلبسوا السلاح ويقوموا على الحصون ففعلوا ذلك فلم يشكّ خلد والمسلمون
حين نظروا اليهم انّهم مقاتلة فقالوا لقد صَدَقَنا مُجّاعة ثمّ انّ مُجّاعة
خرج حتّى اتى عسكر المسلمين فقال انّ القوم لم يقبلوا ما صالحتك عليه
عنهم واستعدّوا لحربك وهذه حصون العِرْض مملوءة رجالًا ولم أَزل بهم
حتّى رضوا بان يصالحوا على ربع السبى ونصف الصفراء والبيضاء والحلقة
والكراع فاستقرّ الصلح على ذلك ورضى خلد به وامضاه وادخل مُجّاعة
خلدًا اليمامة فلمّا رأى من بقى بها قال خدعتنى يا مُجّاعَ واسلم اهل
اليمامة فاخذت منهم الصدقة واتى خلدًا كتاب ابى بكر رضه بانجاد العلاء
ابن الحضرمى فسار الى البحرين واستخلف على اليمامة سَمُرة بن عمرو
العنبرى وكان فتح اليمامة سنة ١٢ ؛ حدّثنى ابو رِباح[a] اليمامى قال
حدّثنى اشياخ من اهل اليمامة انّ مسيلمة الكذّاب كان قصيرًا شديد
الصفرة اخنس الانف افطس يكنّى ابا ثُمامة وقال غيره كان يكنّى ابا
ثُمالة وكان له مؤذّن يسمّى حُجَيرًا فكان اذا اذن يقول اشهد انّ مسيلمة
يزعم انّه رسول الله فقال افصح حُجَير فمضت مثلًا[b] ؛ وكان ممّن استشهد
باليمامة ابو حُذَيفة بن عُتْبَة بن ربيعة بن عبد شمس واسمه هُشَيم
ويقال مِهْشَم[c] وسالم مولى ابى حُذَيفة ويكنّى ابا عبد الله وهو مولى ثُبَيْتَة

a) Codd. رباح. b) Non inter Proverbia, quae Freytag edidit. c) Ibn Hischám, p. ٩٤٥.

بنت يَعَار[a] الانصاريّة وبعض الرواة يقول نُبَيْتَة وهى امراة وخُلد بن أَسِيد
109 ابن ابى العِيص بن اميّة وعبد الله وهو الحَكَم بن سعيد بن العاصى
ابن اميّة ويقال انّه قتل يوم مُؤْتَة وشُجاع بن وهب الأَسَدى حليف
بنى اميّة يكنّى ابا وهب والطُّفَيل بن عمرو الدَّوْسى من الازد ويزيد بن
رُقَيش[b] الأَسَدى حليف بنى اميّة[c] ومَخْرَمَة بن شُرَيْح الحضرمى حليف
بنى اميّة والسائب بن العَوّام اخو الزُّبير بن العوّام والوليد بن عبد
شمس بن المغيرة المخزومى والسائب بن عثمان بن مظعون الجُمَحى
وزيد بن الخَطّاب بن نُفَيل اخو عمر بن الخطّاب يقال قتله ابو مَرْيَم الحنفى
واسمه صُبَيح بن مُحَرِّش وقال ابن الكلبى قتله لَبيد بن بُرْغُث العِجلى
فقدم بعد ذلك على عمر رضه فقال انت الجوالق (واللبيد هو الجوالق)
وكان زيد يكنّى ابا عبد الرحمن وكان اسنّ من عمر وقال بعضهم اسم ابى
مَرْيَم اِيَاس بن صُبَيح وهو اوّل من قضى بالبصرة زمن عُمَر وتوفّى بسَنْبِيل
من الأَهواز وابو قيس ابن الحرث بن عَدىّ بن سهم وعبد الله بن
الحرث بن قيس وسَليط بن عمرو اخو سُهَيْل بن عمرو احد بنى عامر بن
لُؤَىّ واِيَاس بن البُكَيْر الكنانى ومن الانصار عَبّاد بن الحرث
ابن عَدِىّ احد بنى جَحْجَبَا من الأَوْس وعَبّاد بن بِشْر بن وَقْش[d]
الأَشْهَلى من الاوس ويكنّى ابا الربيع ويقال انّه كان يكنّى ابا بشر ومُلَك
ابن اَوْس بن عَتيك الاشهلى وابو عَقيل بن عبد الله بن ثعلبة بن
بَيْحان[e] البَلَوى حليف بنى جَحْجَبى كان اسمه عبد العزّى فسمّاه

a) A. نشمه دىب دُعان, B. نشمه نىت يعار et deinde بثينه; cf. Ibn Hischám, p. ٣٢٢ (ubi Cod. E. ثبينة) et ٤٨٩. In opere المشتبه voc. بثينة scribitur ut in textum recepi. Monetur ibi nonnullos legere تَعَار pro يعار. *b*) B. دومس, v. Ibn Hischám. *c*) In A. haec inde a ويكنى desunt. *d*) B. وَقِش. *e*) A. نمحان, v. Ibn Hischám, p. ٤٩٤ et Wüstenfeld, *Tab.* I, 31.

النبى صلّعم عبد الرحمٰن عدوّ الاوثان وسُرَاقة بن كعب بن عبد العزّى
110 النّجّارى من الخزرج وعُمَارة بن حزم بن زيد بن لَوْذان[a] النّجّارى ويقال
انّه مات زمن معٰوية وحَبيب بن عمرو بن مِحْصَن النّجّارى ومَعْن بن
عدىّ بن الجَدّ بن العَجْلان البَلَوى من قُضاعة حليف الانصار وثابت بن
قيس بن شَمّاس بن ابى زُهَير[b] خطيب النبى صلّعم احد بنى الحرث بن
الخزرج ويكنّى ابا محمّد وكان على الانصار يومئذٍ وابو حَنّة بن غُزَيّة[c] بن
عمرو احد بنى مازن بن النّجّار والعاصى بن ثعلبة الدّوسى من الازد
حليف الانصار وابو دُجانة سِمَاك بن أَوْس بن خَرَشَة بن لَوْذان السَاعِدىّ
من الخزرج وابو أُسَيْد مٰلك بن ربيعة الساعدىّ ويقال انّه مات سنة ٦٠
بالمدينة وعبد الله بن عبد الله بن أُبَىّ بن مٰلك وكان اسمه الحُباب
فسمّاه رسول الله صلّعم باسم ابيه وكان ابوه منافقًا وهو الّذى يقال له
ابن أُبَىّ بن سَلُول وسَلُول امّ أُبَىّ وهى خُزاعيّة نُسب اليها وابوه مٰلك
ابن الحرث احد بنى الخزرج ويقال انّه استشهد يوم جُوَاثا من البحرين
وعُقْبَة بن عامر بن نَابِىٍ من بنى سَلِمَة من الخزرج والحرث بن كعب
ابن عمرو احد بنى النّجّار وكان رسول الله صلّعم بعث حَبيب بن زيد
ابن عاصم احد بنى مبذول بن عمرو بن غنم بن مازن بن النّجّار وعبد
الله بن وهب الاسلمى الى مسيلمة فلم يعرض لعبد الله وقطع يدى
حبيب ورجليه وامّ حبيب نُسَيْبة بنت كعب وقال الواقدى انّما
اقبلا مع عمرو بن العاصى من عمان فكفتهما مسيلمة فنجا عمرو ومن
معه غير هاذين فأُخِذا وقاتلت نُسَيبة يوم اليمامة فانصرفت وبها جراحات
111 وهى امّ حبيب وعبد الله ابنى زيد وقد قاتلت يوم أُحُد ايضًا وهى

---

a) A. لُوذان. b) Wüstenfeld, *Tab.* 22 (28) facit Schammás filium Máleki, fratris Abu Zohairi. c) Vocales in A. adduntur.

احدى الامرأتين المتابعتين يوم العَقَبَة[a] واستشهد يوم اليمامة عائذ بن
مَاعص الزُّرَقى من الخزرج ويزيد بن ثابت الخزرجى اخو زيد بن ثابت
صاحب الفرائض وقد اختلفوا فى عدّة من استشهد باليمامة فاقلّ ما
ذكروا من مبلغها سبعمائة واكثر ذلك الف وسبعمائة وقال بعضهم انّ
عدّتهم الف ومائتان ،، وحدّثنا القٰسم بن سلّام قال ثنا الحٰرث بن مُرّة
الحنفى عن هشام بن اسمٰعيل انّ مُجّاعَة اليمامى اتى رسول الله صلّعم
فاقطعه رسول الله صلّعم وكتب[b] له كتابًا بسم الله الرحمٰن الرحيم
هذا كتاب كتبه محمّد رسول الله لمُجّاعَة بن مُرارَة بن سُلْمىّ انّى
اقطعتُك الغُورة[c] وغُرابَة[d] والحُبَل فمن حاجّك فالىّ (الغُورة[c] قرية الغُرَابَات
تَلَتْ قَارَات) قال ثمّ وفد بعد ما قُبض النبى صلّعم على ابى بكر فاقطعه
الخِضْرِمَة ثمّ قدم على عمر فاقطعه الرَّيّاء[e] ثمّ قدم على عثمان فاقطعه قطيعة
قال الحٰرث لا احفظ اسمها ،، وحدّثنا القٰسم بن سلّام قال حدّثنا ابو
ايّوب الدِّمَشْقى عن سَعْدان بن يحيى عن صَدَقَة بن ابى عِمْران عن
ابى اسحٰق الهَمْدانى عن عدىّ بن حاتم انّ رسول الله صلّعم اقطع فُرات
ابن حَيّان العِجْلى ارضًا باليمامة ،، حدّثنى محمّد بن ثُمال اليمامى عن
اشياخهم قال سمّيت الحَدِيقة حديقة الموت لكثرة من قُتل بها قال وقد
112 بنى اسحٰق بن ابى خَميصة مولى قيس فيها ايّام المامون مسجدًا جامعًا
وكانت الحديقة تسمّى أُبَاض ،، وقال محمّد بن ثُمال قصرُ الوَرْد نُسِب[f]
الى الوَرْد بن السمين[g] بن عبيد الحنفى وقال غيره سمّى الحصن مُعْتَنِقًا

---

a) Ibn Hischám, p. ٣١٢ seq. *b*) B. فكتب. *c*) A. الـغُـورة (B. omnia haec sine punctis), vid. Bekrí et Jacut in v. ubi eadem traditio memoratur. *d*) Bekrí l.l. وعرانة, sed in v. non exstat; cf. vero in vv. الغرابات et خنزير et Jacut in v. *e*) Codd. الزبا et mox الزبّاء, sed v. Bekrí in v. et in v. الغورة. *f*) cf. *Merácid* in vv. وسط et ورد. *g*) B. الشمس.

لحصانته يريدون انّ من لجأ اليه عتق من عدوّه   وقال الريّا عين منها شِرْب الصَّعْفوقة وهى ضيعة نُسبت الى وكيلٍ كان عليها يقال له صَعْفُوق وشِرْب الخُبَيْبَة[a] والخِضْرِمَة منها ٭

خَبَرُ رِدَّةِ العَرَبِ
فى خلافة ابى بكر الصِّدّيق رضى الله عنه

قالوا لمّا استخلف ابو بكر رحمه ارتدّت طوائف من العرب ومنعت الصدقة وقال قوم منهم نقيم الصلاة ولا نؤدّى الزكاة فقال ابو بكر رضه لو منعونى عقالًا لقاتلتُهم[b] وبعض الرواة يقول لو منعونى عناقًا والعقال صدقة السنة ٭ وحدّثنى عبد الله بن صالح العِجْلى عن يحيى بن ادم عن عُوانة بن الحَكَم عن جَرير بن يزيد عن الشَّعْبى قال قال عبد الله بن مسعود لقد قمنا بعد رسول الله صلّعم مقامًا كدنا نهلك فيه لولا انّ الله منّ علينا بابى بكر اجتمع رأينا جميعًا على ان لا نقاتل على بنت مخاض وابن لبُون وان ناكل قُرًى عَرَبِيّة[c] ونعبد[d] الله حتّى ياتينا اليقين وعزم الله لابى بكر رضه على قتالهم فوالله ما رضى منهم الّا بالخُطّة المُخْزِية او الحرب المُجْلِية فامّا الخُطّة المخزية فان اقرّوا بانّ من قُتل منهم فى النار وانّ ما اخذوا من اموالنا 113
مردود علينا وامّا الحرب المجلية فان يخرجوا من ديارهم ٭ حدّثنا ابرٰهيم ابن محمّد عن[e] عَرْعَرَة قال ثنا عبد الرحمٰن بن مهدى قال اخبرنا سفيٰن الثّورى عن قيس بن مسلم عن طارق بن شِهاب قال قدم وفد بُزاخة

---

a) B. الخبيبيبة. b) Plenius Abu Obaid in libro *Gharîbo'l-Hadîth*, parte 15 (احاديث ابى بكر): لو منعونى عِقالا ممّا ادّوا الى رسول الله صلّعم لقاتلتهم عليه كما اقاتلهم على الصلوة.
c) Cf. supra p. 39. d) A. ويعبَدُ. e) Codd. بن; cf. p. 37.

على ابى بكر فخيّرهم بين الحرب المجلية والسلم المخزية فقالوا قد عرفنا
الحرب المجلية فما السلم المخزية قال ان ننزع منكم الحلقة والكراع ونغنم
ما اصبنا منكم وتردّوا الينا ما اصبتم منّا وتَدُوا قتلانا ويكون قتلاكم فى
النار ،، حدّثنا شُجاع بن مَخلَد الفلّاس قال نـا بِشْر بن المُفَضّل مولى
بنى رِقاش قال[a] نـا عبد العزيز بن عبد الله بن ابى سَلَمة المَاجَشُون عن
عبد الواحد[b] عن القسم بن محمّد بن ابى بكر عن عمّته عائشة امّ
المومنين رضها انّها قالت توفّى رسول الله صلّعم فنزل بابى ما لو نزل بالجبال
الراسيات لهاضها اشرأبّ النفاق بالمدينة وارتدّت العرب فوالله ما اختلفوا
فى واحدة[c] الّا طار ابى بحظّها وغَنائها عن[d] الاسلام ،، قالوا فخرج ابو بكر
رضه الى القَصَّة[e] من ارض مُحارِب لتوجيه الزحوف الى اهل الردّة ومعه
المسلمون فسار اليهم خَارِجة بن حِصْن بن حُذَيفة بن بَدْر الفزارى
ومنظور بن زبّان بن سَيّار الفزارى احد بنى العُشَرَاء فى غَطَفان فقاتلوهم
قتالًا شديدًا فانهزم المشركون واتبعهم طلحة بن عبيد الله التّيمى
فلحقهم باسفل ثنايا عَوْسَجَة فقتل منهم رجلًا وفاته الباقون فاعجزوه هربًا 114
فجعل خارجة بن حصْن يقول ويل للعرب من ابن ابى قُحافة ثمّ عقد ابو
بكر وهو بالقَصّة لخٰلد بن الوليد بن المغيرة المخزومى على الناس وجعل
على الانصار ثابت بن قيس بن شَمّاس الانصارى وهو احد من استشهد
يوم اليمامة الّا انّه كان من تحت يد خٰلد وامر خٰلدًا[f] ان يصمد
لطُلَيحة بن خُوَيلد الأَسَدى وكان قد ادّعى النبُوّة وهو يومئذ ببُزَاخَة
وبُزَاخَة ماءٌ لبنى أَسَد بن خُزَيمة فسار اليه خٰلد وقدّم امامه عُكّاشة بن

a) A. om. b) In libro *Gharíbo'l-Hadíth* l.l. additur بن ابى عون. c) *Gharíbo'l-Had.* نُقْطَة. d) *Gharíbo'l-Had.* فى. Vocabula هاض et اشرأبّ ibidem fuse explicantur. e) Vulgo ذو القصّة. f) A. خالد.

مِحْصَن الأَسَدى حليف بنى عبد شمس وثابت بن أَقْرَم البَلَوى حليف الانصار فلقيهما حِبَال[a] بن خُوَيلد[b] فقتلاه وخرج طُلَيحة وسَلَمَة اخوه وقد بلغهما الخبر فلقيا عُكّاشة وثابتًا فقتلاهما فقال طُلَيحة

ذَكَرْتُ أَخِى لَمَّا عَرَفْتُ وُجُوهَهُمْ   وَأَيْقَنْتُ أَنِّى ثَائِرٌ[c] بِحِبَال
عَشِيَّةَ غَادَرْتُ ٱبْنَ أَقْرَمَ ثَاوِيًا   وَعُكَّاشَةَ الغَنْمِىَّ[d] عِنْدَ مَجَال

ثمّ التقى المسلمون وعدوّهم واقتتلوا قتالًا شديدًا   وكان عُيَينة بن حِصْن بن حُذَيفة بن بَدْر مع طُلَيحة فى سبعمائة من بنى فزارة فلمّا رأى سيوف المسلمين قد استلحمت المشركين اتاه فقال له اما ترى ما يصنع جيش ابى الفَصِيل[e] فهل جاءك جبريل بشىء قال نعم جاءنى[f] فقال انّ لك رحًا كرحاه ويومًا لا تنساه فقال عُيَينة ارى والله انّ لك يومًا لا تنساه يا بنى فزارة هذا كذّاب وولّى عن عسكره فانهزم الناس
وظهر المسلمون وأُسر عُيَينة بن حِصْن فقُدِمَ به المدينة فحقن ابو بكر دمه 115
وخلّى سبيله وهرب طُلَيحة بن خُوَيلد فدخل خباءً له فاغتسل وخرج فركب فرسه واهلّ بعمرة ثمّ مضى[g] الى مكّة ثمّ اتى المدينة مُسلمًا وقيل بل اتى الشام فاخذه المسلمون ممّن كان غازيًا وبعثوا به الى ابى بكر بالمدينة[h] فاسلم وابلى بعدُ فى فتح العراق ونهاوند وقال له عمر أَقتلت العبد الصالح عُكّاشة بن مِحْصَن فقال انّ عُكّاشة بن مِحْصَن سُعِدَ بى وشقيتُ به وانا استغفر الله » واخبرنى داود بن حِبَال[i] الأَسَدى عن اشياخ من قومه

a) B. حيال. b) Ibn Hischám, p. ٤٥٣ et Ibno's-Sikkít in *Tahdsíbo'l-Alfát*, Cod. 597, p. 229, eum faciunt nepotem Khowailidi, filium Tolaihae; prior autem versuum sequentium non ab iis memoratur. c) A. ثايرًا. d) A. العَمّى; cf. Ibn Hisch., l.l. e) Certum est hoc esse convicium in Khálidum, coll. Tabarí, I, 98, l. 13, 102, l. 3 a f., ubi opponitur ابو الفحل الاكبر. Epitomator Persa (ib. p. 263) dicit lusum verborum inesse, quum konja Khálidi esset Abu'l-Fadhl. Male. Konja ejus erat Abu Solaimán, Ibn Cotaiba, p ١٣٩, infra p. 142, secundum nonnullos Abu Walíd, Nawáwí, p. ٣٣٤. f) Cf. Tabarí, p. 104. g) B. ومضى. h) B. om. i) ? A. جنال, B. حبال.

انّ عمر بن الخطّاب قال لطُلَيحة انت الكاذبُ على الله حين زعمت انّه انزل عليك انّ الله لا يصنع بتعفير وجوهكم وقبح ادباركم شيئًا فاذكروا الله أَعِفّةً قُيَّامًا فانّ الرغوة فوق الصريح[a] فقال يامير المومنين ذلك من فتن الكفر الّذى هدمه الاسلام كلّه فلا تعنيف علىّ ببعضه فسكت عمر،

قالوا واتى خلد بن الوليد رَمّان وأَبَانَيْن وهناك فلّ بُزَاخة فلم يقاتلوه وبايعوه لابى بكر، وبعث خلد بن الوليد هشام بن العاصى[b] بن وائل السهمى اخا عمرو بن العاصى[b] وكان قديم الاسلام وهو من مهاجرة الحبشة الى بنى عامر بن صَعْصَعَة فلم يقاتلوه واظهروا الاسلام والاذان فانصرف عنهم، وكان قُرّة بن هُبَيرة القُشَيرى امتنع من اداء الصدقة وامدّ طُلَيحة فاخذه هشام بن العاصى واتى به خلدًا فحمله الى ابى بكر فقال والله ما
كفرتُ مذ آمنتُ ولقد مرّ بى عمرو بن العاصى[b] منصرفًا من عمان فاكرمتُه 116
وبررتُه فسأل ابو بكر عمرًا، رضهما عن ذلك فصدّقه فحقن ابو بكر دمه ويقال انّ خلدًا كان سار الى بلاد بنى عامر فاخذ قُرّة وبعث به الى ابى بكر   قال ثمّ سار خلد بن الوليد الى الغَمْر وهناك جماعة من بنى أَسَد وغَطَفَان وغيرهم[d] وعليهم خَارِجَة بن حِصْن بن حُذَيفة ويقال انّهم كانوا متسايدين قد جعل كلّ قوم عليهم رئيسًا منهم قاتلوا خلدًا والمسلمين فقتلوا[e] منهم جماعة وانهزم الباقون وفى يوم الغَمْر يقول الحُطَيْئة العَبْسى

أَلَا كُلُّ أَرْمَاحٍ قِصَارٍ أَذِلَّةٌ   فِدَآءٌ لِأَرْمَاحِ ٱلْفَوَارِسِ بِٱلْغَمْرِ[f]

ثم اتى خلد جَوّ قُرَاقِر[g] ويقال اتى النُقْرَة وكان هناك جمع لبنى سُلَيم

a) Cf. Freytag, *Prov.*, I, p. 174 (79), 731 (63). Colloquium alio modo datur a Tabarí, p. 112. *b*) Codd. العاص. *c*) A. عمر, cf. Tabarí, p. 110. *d*) A. om. *e*) B. فقتل.

f) Bekrí in v. الغمر habet نُصِبْنَ على الغمرِ et addit alterum versum: (Cod. ذاودوا)

فِدًى لِبَنِى ذُبْيَانَ أُمِّى وَخَالَتِى   عَشِيَّةَ ذَادُوا بِٱلرِّمَاحِ أَبَا بَكْرِ

g) Suspicor legendum esse مرامر. Certum est (coll. Bekrí in v.v. النقرة ; قرقرى et الغمر cum

عليهم ابو شَجَرَة عمرو بن عبد العُزّى السُّلَمى وامّه الخَنْسَاء فقاتلوه فاستشهد رجل من المسلمين ثمّ فضّ الله جمع المشركين وجعل خٰلد يومئذ يُحَرِّق المرتدّين فقيل لابى بكر فى ذلك فقال لا اشيم سيفًا سلّه الله على الكفّار واسلم ابو شَجَرَة فقدم على عمر وهو يعطى المساكين فاستعطاه فقال له أَلستَ القائل

وَرَوَّيْتُ رُمْحِى مِنْ كَتِيبَةِ خٰلِدٍ   وَإِنِّى لَأَرْجُو بَعْدَهَا أَنْ أُعَمَّرَا

وعلاه بالدِرَّة[a] فقال قد محى الاسلام ذلك يامير المومنين ». قالوا[b] وانى الفُجاءة وهو بُجَير بن اِياس بن عبد الله السُّلَمى ابا بكر فقال احملنى وقوّنى اقاتل المرتدّين فحمله واعطاه سلاحًا فخرج يعترض الناس فيقتل المسلمين والمرتدّين 117
وجمع جمعًا فكتب ابو بكر الى طُرَيفة بن حَاجِزَة اخى مَعْن بن حَاجِزَة يامره بقتاله فقاتله واسره ابن حاجزة فبعث به الى ابى بكر فامر ابو بكر باحراقه فى ناحية المصلّى ويقال انّ ابا بكر كتب الى مَعْن فى امر الفجاءة فوجّه معن اليه طُرَيفة اخاه فاسره ». ثمّ سار خٰلد الى مَنْ بالبُطَاح والبَعُوضَة من بنى تميم فقاتلوه ففضّ جمعهم وقتل مٰلك بن نُوَيرة اخا مُتَمّم بن نُوَيرة وكان مٰلك عاملًا للنبى صلّعم على صدقات بنى حَنْظَلَة فلمّا قُبض صلّعم خلّى ما كان فى يده من الفرائض وقال شانكم باموالكم يا بنى حنظلة وقد قيل انّ خٰلدًا لم يلق بالبُطَاح والبَعُوضَة احدًا ولكنّه بثّ السرايا فى بنى تميم وكانت منها سريّة عليها ضِرار بن الأَزْوَر الأَسَدى فلقى ضِرار مالكًا فاقتتلوا واسره وجماعة معه فاتى بهم خٰلدًا فامر بهم فضربت اعناقهم وتولّى ضِرار ضرب عنق مٰلك ». ويقال انّ مٰلكًا قال لخٰلد انى والله ما ارتددتُ وشهد ابو قَتَادَة الانصارى انّ بنى حنظلة وضعوا السلاح واذنوا

Moschtarik) loca جو مرامر ; النقرة et الغمر loca ésse vicina, omnia in terra Bení Abs.

a) Cf. Tabarí, p. 122 seq.   *b*) De seqq. cf. Tabarí, p. 118, 120.

فقال عمر بن للخطّاب لابى بكر رضهما بعثتَ رجلًا يقتل المسلمين ويعذّب بالنار، وقد رُوى انّ مُتَمّم بن نُوَيرة دخل على عمر بن للخطّاب فقال له ما بلغ من وجدك على اخيك مالك قال بكيته حولًا حتّى اسعدت
118 عينى الذاهبة عينى الصحيحة وما رايتُ نارًا الّا كدتُ انقطع لها اسفًا عليه لانّه كان يوقد ناره الى الصبح مخافة ان ياتيه ضيف فلا يعرف مكانه قال فصفه لى قال كان يركب الفرس الجرور[a] ويقود الجمل الثّفال وهو بين المزادتين النضوحين فى الليلة القرّة وعليه شملة فلوتٌ معتقلًا رمحًا خطلًا فيُسرِى ليلته ثمّ يصبح وكان وجهه فلقة قمرٍ قال فانشدنى بعض ما قلتَ فيه فانشده مرثيته الّتى يقول فيها[b]

وَكُنَّا كَنَدْمَانَىْ جَذِيمَةَ حَقْبَةً   مِنَ ٱلدَّهْرِ حَتَّى قِيلَ لَنْ يَتَصَدَّعَا

فقال عمر لو كنت احسن قول الشعر لرثيتُ اخى زيدًا فقال مُتَمّم ولا سَواء يامير المومنين لو كان اخى صُرِع مصرع اخيك ما بكيته فقال عمر ما عزّانى احد باحسن ممّا عزّيتنى[c]، قالوا وتَنَبّت[d] امُّ صادر سَجَاحِ بنت أَوْس بن حِقّ[e] بن أُسامة بن الغنبر[f] بن يَرْبُوع بن حَنْظَلة بن مٰلك بن زيد مَناة بن تَميم ويقال هى سَجَاح بنت الحرث بن عُقْفان بن سُوَيْد[g] بن خٰلد بن أُسامة وتكهّنت فاتبعها قوم من بنى تميم وقوم من اخوالها بنى تغلب ثمّ انّها سجعت ذات يوم فقالت انّ رَبَّ ٱلسَّحَاب، يَامُرُكُمْ أَنْ تَغْزُوا ٱلرِّبَاب، فغزتهم فهزموها ولم يقاتلها احد غيرهم فاتت مُسَيْلِمَة الكذّاب وهو بحَجَر فتزوّجته وجعلت دينها ودينه واحدًا فلمّا

---

a) Codd. الجرود, cf. Ibn Khallicán, N°. 792, p. ١٣٧. b) V. Ibn Khallicán l.l. p. ١٣٨. c) Cf. quoque Tabarí, p. 146. d) B. ونُبِئَتْ. e) A. حَقّ. f) A. العنبر. Hic ramus familiae Jarbu'i deëst in *Tabula* Wüstenfeldi (K). g) Tabarí, p. 128 alio ordine سويد بن عقفان.

قُتل صارت الى اخوانها فماتت عندهم وقال ابن الكلبى اسلمت سَجَاح
119 وهاجرت الى البصرة وحسن اسلامها ،، وقال عبد الاعلى بن حمّاد النَرْسى
سمعت مشايخ من البصريّين يقولون انّ سَمُرَة بن جُنْدَب الفزارى صلّى
عليها وهو يلى البصرة من قبل معاوية قبل قدوم عبيد الله بن زياد من
خراسان وولايته البصرة وقال ابن الكلبى كان مؤذّن سَجَاحِ الجَنَبَة بن
طارق بن عمرو بن حَوط الرِّيَاحى وقوم يقولون[a] انّ شَبَث بن رِبْعِىّ
الرِّيَاحى كان يؤذّن لها ،، قالوا وارتدّت خَوْلان باليمن فوجّه ابو بكر
اليهم يَعْلَى بن مُنْيَة وهى امّه وهى من بنى مازن بن منصور بن عِكْرِمَة
بن خَصَفَة[b] بن قيس بن عَيْلان بن مُضَر وابوه اميّة بن ابى عبيدة من
ولد مُلك بن حَنْظَلَة بن مُلك حليف بنى نَوْفل بن عبد مَناف فظفر
بهم واصاب منهم غنيمة وسبايا ويقال لم يلق[c] حربًا فرجع[d] القوم الى الاسلام ،،

رِدَّةُ بنى وَلِيعَةَ والأَشْعَث بن قَيْسِ بن مَعْدِى كَرِب بن مُعْوِيَة الكِنْدِىّ

قالوا ولّى رسول الله صلّعم زياد بن لَبيد البَيَاضى من الانصار حضرموت
ثمّ ضمّ اليه كِنْدَة ويقال انّ الّذى ضمّ اليه كندة ابو بكر الصِّدّيق رضه
وكان زياد بن لبيد رجلًا حازمًا صليبًا فاخذ فى الصدقة من بعض كندة
قلوصًا فسأله الكندى ردّها عليه وأَخْذَ غيرها وكان قد[e] وسمها بمِيسَم
الصدقة فأبى ذلك وكلّمه الأَشْعَث بن قيس فيه فلم يُجبه وقال لستُ
120 برادٍّ شيئًا قد وقع المِيسَم عليه فانتقضت عليه كندة كلّها الّا السَّكُون
فانّهم كانوا معه فقال شاعرهم

a) Tabarí, p. 136, Ibn Doraid, p ١٣٧, infra p. 330: الرياحى من بنى تميم. b) B. حفصه. c) A. بلاحف. d) B. ورجع. e) B. وقد.

وَنَحْنُ نَصَرْنَا ٱلدِّينَ اذْ ضَلَّ قَوْمُنَا   شَقَآءً وَشَايَعْنَا ٱبْنَ أُمِّ زِيَادِ
وَلَمْ نَبْغِ عَنْ حَقِّ ٱلْبَيَاضِيِّ مَرْحَلًا   وَكَانَ تُقَى ٱلرَّحْمٰنِ أَفْضَلَ زَادِ

وجمع له بنو عمرو بن معٰوية بن الحٰرث الكندى فبيّتهم[a] فيمن معه من المسلمين فقتل منهم بشرًا فيهم مِخْوَس[b] ومِشْرَحُ وجَمَدُ وأَبْضَعَة بنو مَعْدى كَرِب بن وَلِيعَة بن شُرَحْبِيل بن معٰوية بن حُجْر القَرِد (والقَرِدُ[c] الجَوَاد فى كلامهم) بن الحٰرث الوَلَّادة بن عمرو بن معٰوية بن الحٰرث وكانت لهاؤلاء الاخوة اودية يملكونها فسُمّوا الملوك الاربعة وكانوا وفدوا على النبى صلعم ثمّ ارتدّوا وقُتلت اخت لهم يقال لها العَمَرَّدَة وقاتلها يحسبها رَجُلًا ثمّ انّ زيادًا اقبل بالسبى والاموال فمرّ على الأَشْعَث بن قيس وقومه فصرخ النساء والصبيان وبكوا فحَمِىَ الأَشْعَث انفًا وخرج فى جماعة من قومه فعرض لزياد ومن معه فأُصيب ناس من المسلمين ثمّ هزموهم فاجتمعت عظماء كندة الى الأَشْعَث بن قيس فلمّا رأى زياد ذلك كتب الى ابى بكر يستمدّه وكتب ابو بكر الى المُهَاجِر بن ابى اميّة يامره بانجاده فلقيا الأَشْعَث بن قيس فيمن معهما من المسلمين ففضّا جمعه واوقعا باصحابه فقتلا منهم مقتلة عظيمة ثمّ انّهم لجُأُوا الى النُّجَير وهو حصن لهم فحصرهم المسلمون حتّى جُهِدوا فطلب الأَشْعَث الامان لعدّة منهم واخرج نفسه
121 من العدّة وذلك انّ الجِفْشِيش[d] الكندى واسمه مَعْدَان بن الأَسْوَد بن مَعْدى كَرِب اخذ بحقوه وقال اجعلنى من العدّة فادخله واخرج نفسه[e] ونزل الى زياد بن لبيد والمُهَاجِر فبعثا به الى ابى بكر الصّدّيق فمنّ عليه وزوّجه اخته امّ فَرْوَة بنت ابى قُحَافَة فولدت له محمّدًا واسحٰق وقُرَيْبَة

---

a) Codd. فبيته. b) Codd. مجُوس, v. Ibn Doraid, p. ٣٢٠, Tabarí, p. 236; deinde B. ومسروح. c) A. القَرْد, cf. Wüstenfeld, *Register*, p. 234. d) V. *Qámus*. e) Aliter Tabarí, p. 242.

وحُبَابَة[a] وجَعْدَة وبعضهم يقول زوّجه اخته قُرَيْبَة ولمّا تزوّجها أَتَى السوق فلم ير بها جزورًا الّا كشف عرقوبيها واعطى ثمنها واطعمها الناس واقام بالمدينة ثمّ سار الى الشام والعراق غازيًا ومات بالكوفة وصلّى عليه الحسن ابن على بن ابى طالب بعد صلحه معٰوية وكان الأَشْعَث يكنّى ابا محمّد ويلقّب عُرْف النار ، وقال بعض الرواة ارتدّ بنو وَلِيعَة قبل وفاة النبى صلّعم فلمّا بلغت زياد بن لَبيد وفاته صلّعم دعا الناس الى بيعة ابى بكر فبايعوه خلا بنى وَلِيعَة فبيّتهم وقتلهم وارتدّ الأَشْعَث وتحصّن فى النُجَير فحاصره زياد بن لَبيد والمُهَاجِر اجتمعا عليه وامدّهما ابو بكر رضه بعكْرِمَة ابن ابى جَهْل بعد انصرافه من عمان فقدم عليهما وقد فُتِح النُجَير فسأَل ابو بكر المسلمين ان يُشْرِكوه فى الغنيمة ففعلوا ، قالوا[b] وكان بالنُجَير نسوةٌ شَمِتن بوفاة رسول الله صلّعم فكتب ابو بكر رضه فى قطع ايديهنّ وارجلهنّ منهنّ الثَبْجَاء الحضرميّة وهِنْد بنت يَامِين اليهوديّة ، وحدّثنى بكر بن الهَيْثَم قال حدّثنى عبد الرزّاق بن هَمّام اليمانى عن مشايخ
حدّثوه من اهل اليمن انّ رسول الله صلّعم ولّى خلد بن سعيد بن العاصى 122
صنعاء فاخرجه العَنْسى الكذّاب[c] عنها وانّه ولّى المُهَاجِر بن ابى اميّة على كندة وزياد بن لَبيد الانصارى على حضرموت والصَّدِف وهم ولد مُلك بن مُرْتِع بن معٰوية بن كندة[d] وانّما سمّى صَدِفًا لانّ مُرَتّعًا[e] تزوّج حضرميّة وشرط لها ان تكون عنده فاذا ولدت ولدًا لم يخرجها من دار قومها فولدت له مالكًا فقضى الحاكم عليه بان يخرجها الى اهلها فلمّا خرج مُلك عنه معها قال صَدَفَ عنّى مُلك فسمّى الصَّدِف ، وقال عبد الرزّاق

---

a) Vocales in A. adduntur. In *Moschtabih* haec: حَبَّابَة فى نساء العرب مثقلة. b) Cf. Tabarí, p. 248. c) Nempe الاسود. d) Aliter genealogia datur a Wüstenfeld *Register*, p. 143. e) A. مرتّعًا.

فاخبرنى مشايخ من اهل اليمن قالوا كتب ابو بكر الى زياد بن لَبيد والمهاجر بن ابى اميّة المخزومى وهو يومئذ على كندة يامرهما ان يجتمعا فتكون ايديهما يدًا وامرُهما واحدًا فياخذا[a] له البيعة ويقاتلا من امتنع من اداء الصدقة وان يستعينا بالمومنين على الكافرين وبالمطيعين على المعاصين والمخالفين فاخذا من رجل من كندة فى[b] الصدقة بكرة من الابل فسألهما اخذ غيرها فسامحه المهاجر وأَبى زياد الّا اخذها وقال ما كنتُ لاردّها بعد ان وقع عليها مِيسَم الصدقة فجمع بنو عمرو بن معُوية جمعًا فقال زياد ابن لَبيد للمهاجر قد ترى هذا الجمع وليس الراى ان نزول جميعًا عن مكاننا ولكن انفصل من[c] العسكر فى جماعة فيكون ذلك اخفى للامر واستر ثمّ ابيّت هاؤلاء الكفرة وكان زياد حازمًا صليبًا فصار الى بنى عمرو
والفاهم فى الليل فبيّتهم فأَتى على اكثرهم وجعل بعضهم يقتل بعضًا ثمّ 123
اجتمع والمهاجر ومعهما السبى والأُسارى فعرض لهما الأَشْعَث بن قيس ووجوه كندة فقاتلاهم[d] قتالًا شديدًا ثمّ انّ الكنديّين تحصّنوا بالنُجَير فحاصراهم حتّى جهدهم الحصار واضرّ بهم ونزل الاشعث على الحُكم قالوا وكانت حضرموت انت كندة منجدة لها فواقعهم زياد والمهاجر فظفرا بهم وارتدّت[e] خَوْلان فوجّه اليهم ابو بكر يَعْلَى بن مُنْيَة فقاتلهم حتّى اذعنوا واقرّوا بالصدقة ثمّ اتى المهاجرَ كتاب ابى بكر بتوليته صنعاء ومخاليفها وجمع عمله لزياد الى ما كان فى يده فكانت اليمن بين ثلثة المهاجر وزياد ويَعْلَى ووَلِىَ ابو[f] سفيٰن بن حرب ما بين اخر حدّ الحجاز واخر حدّ نَجْران،

وحدّثنى ابو نصر التمّار قال حدّثنى شريك قال انبا ابرٰهيم بن مهاجر عن ابرٰهيم النَخَعى قال ارتدّ الأَشْعَث بن قيس الكندى فى ناس من

---

a) A. فيأخذ. *b*) Codd. من. *c*) Codd. مع. *d*) A. فقاتلوهم. *e*) B. فارتدت. *f*) B. وولى ابا.

كندة فحوصروا فاخذ الامان لسبعين منهم ولم ياخذه لنفسه فأُتى به ابو بكر فقال انّا قاتلوك لانّه لا امان لك اذ اخرجت نفسك من العدّة فقال بل تمنّ علىّ يا خليفة رسول الله وتزوّجنى ففعل وزوّجه اخته ॰ وحدّثنى القسم بن سلّام ابو عُبَيد[a] قال حدّثنا عبد الله بن صالح كاتب الليث ابن سعد عن عَلْوان بن صالح عن صٰلح بن كَيْسان عن حُمَيْد بن عبد الرحمٰن عن عبد الرحمٰن بن عوف عن ابى بكر الصّدّيق انّه قال ثلث تركتهنّ ووَدِدْتُ[b] انّى لم افعل وددتُ انّى يومَ أُتيتُ بالأَشْعَث بن قيس ضربتُ عنقه فانّه تخيّل الىّ انّه لا يرى شرًّا الّا سعى فيه واعان عليه
ووددتُ[b] انّى يومَ أُتيتُ بالفُجَاءة قتلتُه ولم احرقه ووددتُ[b] انّى حيث وجهتُ 124
خٰلدًا الى الشام وجهتُ عمر بن الخطّاب الى العراق فاكون قد بسطتُ يمينى وشمالى جميعًا فى سبيل الله ॰ اخبرنى عبد الله بن صالح العِجْلى عن يحيى بن ادم عن الحسن بن صالح عن فِراس[c] او بُنان عن الشَّعْبى انّ ابا بكر ردّ سبايا النُجَير بالفداء لكلّ راس اربعمائة درهم وانّ الأَشْعَث ابن قيس استسلف من تجّار المدينة فداءهم ففداهم ثمّ ردّه لهم[d] وقال الأَشْعَث بن قيس[e] يرثى بَشِير بن الأَوْدح وكان ممّن وفد على رسول الله صلعم ثمّ ارتدّ ويزيد بن أَمَانَاة ومن قُتل يوم النُجَير

لَعَمْرِى وَمَا عَمْرِى عَلَىَّ بِهَيِّنٍ   لَقَدْ كُنْتُ بِٱلْقَتْلَى أَحَقَّ[f] ضَنِينِ
فَلَا غَرْوَ أَلَّا يَوْمَ يُقْسَمُ سَبْيُهُمْ[g]   وَمَا ٱلدَّهْرُ عِنْدِى بَعْدَهُمْ بِأَمِينِ
وَكُنْتُ كَذَاتِ البَوِّ رِيعَتْ فَأَقْبَلَتْ   عَلَى بَوِّهَا اِذْ[h] طُرِّبَتْ بِحَنِينِ
عَنِ[i] ٱبْنِ أَمَانَاةَ ٱلْكَرِيمِ وَبَعْدَهُ   بَشِيرِ[k] ٱلنَّدَى فَلْيَجْرِ دَمْعُ عُيُونِ

---

a) Eandem traditionem, minus abbreviatam, descripsit Bekrí in v. ذو القصة ex libro Abu Obaidi c. t. كتاب الاموال. b) A. وودت. c) I. e. فراس بن يحيى الهمدانى. d) Codd. ردّهم. e) Tabarí, p. 248, ubi poëta vocatur الاشعث بن ميناس السكونى. f) Tab. بحقّ. g) Tab. افرع بينهم. h) Codd. او. i) B. على. k) B. الكريمَ — بشيرَ.

أَمْرُ ٱلْأَسْوَدِ ٱلْعَنْسِيّ وَمَنِ ٱرْتَدَّ مَعَهُ بِٱلْيَمَنِ

قالوا كان الأَسْوَد بن كعب بن عوف العَنْسىّ قد تكهّن وادّعى النبوّة
فأتبعه عنس واسم عَنْس زيد بن مٰلك بن أُدَد بن يَشْجُب بن عَرِيب [a]
ابن زيد بن كَهْلان بن سبا وعَنْس اخو مُراد بن مالك وخٰلد بن مٰلك
وسَعْد العَشِيرة بن مٰلك واتبعه ايضًا قوم من غير عَنْس وسمّى نفسه 125
رحمان اليمن كما تسمّى مسيلمة رحمان اليمامة وكان له حمار مُعَلَّم
يقول له اسجد لربّك فيسجد ويقول له ابرك فيبرك فسمّى ذا الحمار
وقال بعضهم هو ذو الخمار لانّه كان متخمّرًا مُعْتَمًّا ابدًا، واخبرنى بعض اهل
اليمن انّه كان اسود الوجه فسمّى الاسود للونه وانّ اسمه عَبْهَلَة ، قالوا
فبعث رسول الله صلّعم جرير بن عبد الله البَجَلى فى السنة الّتى توفّى
رسول الله صلّعم فيها وفيها كان اسلام جرير الى الاسود يدعوه الى الاسلام
فلم يجبه وبعض الرواة يُنْكِر بعثة النبى صلّعم جريرًا الى اليمن، قالوا وأَتَى
الاسود صنعاء فغلب عليها واخرج خٰلد بن سعيد بن العاصى عنها
ويقال انّه انّما اخرج المهاجر بن ابى [b] اميّة وانحاز الى ناحية زياد بن لَبيد
البَيَاضى وكان عنده حتّى اتاه كتاب ابى بكر يامره بمعاونة زياد فلمّا فرغا
من امرهما ولّاه صنعاء واعمالها وكان الاسود مُتَجبّرًا فاستذلّ الابناء وهم
اولاد اهل فارس الّذين وجّههم كسرى الى اليمن مع ابن ذى يَزَن وعليهم
وَهْرِزُ [c] واستخدمهم فاضرّ بهم وتزوّج المرزبانة امراة باذام ملكهم وعامل أَبَرْوِيز
عليهم فوجّه رسول الله صلّعم قيس بن هُبَيْرَة المكشوح المُرادى لقتاله
وانّما سمّى المكشوح لانّه كُوِىَ على كشحه من داء كان به وامره باستمالة 126

a) A. عُرَيب; cf. Wüstenfeld, *Register*, p. 86. b) B. om ابى. c) B. وهرز.

الابناء وبعث معه فَرْوة بن مُسَيك المُرادى فلمّا صارا الى اليمن بلغتهما
وفاة رسول الله صلّعم فاظهر قيس للاسود انّه على رأيه حتّى خلّى بينه
وبين دخول صنعاء فدخلها فى جماعة من مَذْحِج وهَمْدان وغيرهم ثمّ
استمال فِيرُوز بن الدَّيْلَمِىّ احد الأبناء وكان فِيرُوز قد اسلم ثمّ اتيا باذام
راس الابناء ويقال انّ باذام قد كان مات وراس الابناء بعده خليفة له
يسمّى داذَوَيْه[a] وذلك اثبت فاسلم داذَوَيْه ولقى قيس ثات بن ذى[b]
الحرّة الحميرى فاستماله وبثّ داذَوَيْه دُعاته فى الابناء فاسلموا فتطابق هاولاء
جميعًا على قتل الاسود واغتياله ودسّوا الى المرزبانة امرأته من اعلمها الّذى
هم عليه وكانت شانئةً له فدلّتهم على جدوَل يدخل اليه منه فدخلوا
سحرًا ويقال[c] بل نقبوا جدار بيته بالخلّ نقبًا ثمّ دخلوا عليه فى السحر
وهو سكران نائم فذبحه قيس ذبحًا فجعل يخور خوار الثور حتّى افزع
ذلك حرسه فقالوا ما شان رحمان اليمن فبدرت امرأته فقالت انّ الوحى
ينزل عليه فسكنوا وامسكوا واحتزّ قيس راسه ثمّ علا سور المدينة حين
اصبح فقال الله اكبر الله اكبر اشهد انّ لا اله الّا الله واشهد انّ محمّد
رسول الله وانّ الاسود كذّاب عدوّ الله فاجتمع اصحاب الاسود فالقى اليهم
راسه فتفرّقوا الّا قليلًا وخرج اصحاب قيس ففتحوا الباب ووضعوا فى بقية
اصحاب العَنْسِىّ السيف فلم ينج الّا من اسلم منهم   وذكر بعض
الرواة انّ الّذى قتل الاسود العَنْسى فِيرُوز بن الدَّيْلَمِىّ وانّ قيسًا اجاز 127
عليه واحتزّ راسه وذكر بعض اهل العلم انّ قتل الاسود كان قبل وفاة
النبى صلّعم بخمسة ايّام فقال فى مرضه قد قتل الله الأَسْوَد العَنْسىّ قتله
الرجل الصالح فِيرُوز بن الدَّيْلَمِىّ وانّ الفتح ورد على ابى بكر بعد ما

---

a) A. داذُوِيَه, v. Nawáwí, p. ٢٣٢. *b*) A. باب يزدى, B. بباب بزدى. *c*) Cf. Tabarí, p. 64, l. 6 et 7.

استخلف بعشر ليالٍ ، واخبرنى بكر بن الهَيْثَم قال حدّثنى ابن انس اليمانى عمّن اخبره عن النعمان بن بُزُرْج احد الابناء انّ عامل النبىّ صلّعم الّذى اخرجه الاسود عن صنعاء أَبان بن سعيد بن العاصى وانّ الّذى قتل الاسود العَنْسىّ فِيروز بن الدَّيْلَمىّ وانّ قيسًا وفيروز ادّعيَا قتله وهما بالمدينة فقال عمر قتله هذا الاسد يعنى فِيرُوز ، قالوا ثمّ انّ قيسًا اتُّهِم بقتل داذَوَيْه وبلغ ابا بكر انّه على إجلاء الابناء عن صنعاء فاغضبه ذلك وكتب الى المهاجر بن ابى اميّة حين دخل صنعاء وهو عامله عليها يامره بحمل قيس الى ما قِبَله فلمّا قُدم به عليه احلفه خمسين يمينًا عند منبر رسول الله صلّعم انّه ما قتل داذَوَيْه فحلف فخلّى سبيله ووجّهه الى الشام مع من انتدب لغزو الروم من المسلمين ،

فُتُوح الشّام

قالوا لمّا فرغ ابو بكر رضّه من امر[a] اهل الردّة رأى توجيه الجيوش الى الشام فكتب الى اهل مكّة والطائف واليمن وجميع العرب بنجد والحجاز يستنفرهم للجهاد ويرغّبهم فيه وفى غنائم الروم فسارع الناس[b] اليه من 128
بين محتسب وطامع وأتوا المدينة من كُلّ اوب فعقد ثلثة الوية لثلثة رجال خٰلد بن سعيد بن العاصى بن اميّة وشُرَحْبِيل بن حَسَنَة حليف بنى جُمَح (وشُرَحْبِيل فيما ذكر الواقدى ابن عبد الله بن المُطاع الكندى وحَسَنَة امّه وهى مولاة مَعْمَر بن حَبيب بن وهب بن حُذافة بن جُمَح وقال الكلبى هو شُرَحْبِيل بن ربيعة بن المطاع من ولد صُوفة وهم الغَوث بن مُرّ بن أُدّ بن طَابِخَة) وعمرو بن العاصى[c] بن وائل السَّهْمى

a) A. om. امر. b) A. om. الناس. c) A. العاص.

وكان عقده هذه الالوية يوم الخميس لمستهلّ صفر سنة ١٣ وذلك بعد مقام الجيوش معسكرين بالجُرْف المحرّم كلّه وابو عُبَيدة ابن الجَرّاح يصلّى بهم وكان ابو بكر اراد ابا عبيدة ان يعقد له فاستعفاه من ذلك وقد روى قوم انّه عقد له وليس ذلك بثبت ولكنّ عمر ولّاه الشام كلّه حين استخلف ،، وذكر ابو مِخْنَف انّ ابا بكر قال[a] للأُمَراء ان اجتمعتم على قتال فاميركم ابو عبيدة عامر بن عبد الله بن الجَرّاح الفِهْرى والّا فيزيد بن ابى سفين وذُكر انّ عمرو بن العاصى انّما كان مددًا للمسلمين واميرًا على من ضُمّ اليه قال ولمّا عقد ابو بكر لخلد بن سعيد كره عمر ذلك فكلّم ابا بكر فى عزله وقال انّه رجل فخور يحمل امره على المغالبة والتعصّب فعزله ابو بكر ووجّه ابا أَرْوَى الدَّوْسى لاخذ لوائه فلقيه بذى المَرْوَة فاخذ اللواء منه وورد به على ابى بكر فدفعه ابو بكر رضه الى يزيد بن

129 ابى سفين فسار به ومعوية اخوه يحمله بين يديه ويقال بل سُلّم اليه اللواء[b] بذى المَرْوَة فمضى على جيش خلد وسار خلد بن سعيد محتسبًا فى جيش شُرَحْبيل وامر ابو بكر رضه عمرو بن العاصى ان يسلك طريق أَيْلَة عامدًا لفِلَسْطين وامر يزيد ان يسلك طريق تَبُوك وكتب الى شُرَحْبيل ان يسلك ايضًا طريق تَبُوك وكان العقد لكلّ امير فى بدء[c] الامر على ثلثة الف رجل فلم يزل ابو بكر يتبعهم الامداد حتّى صار مع كلّ امير سبعة الاف وخمس مائة ثمّ تتامّ جمعهم بعد ذلك اربعة وعشرين الفًا وروى عن الواقدى انّ ابا بكر ولّى عَمْرًا فِلَسْطين وشُرَحْبيل الاردنّ ويزيد دِمَشْق وقال اذا كان بكم قتال فاميركم الّذى تكونون فى عمله وروى ايضًا انّه امر عَمْرًا مشافهةً ان يصلّى بالناس اذا اجتمعوا واذا

a) Abu Ismâîl al-Baçrí *Fotuh as-Schám*, p. ٥٠. b) B. سلم اللواء الى يزيد. c) B. بدى.

تفرّقوا صلّى كلّ امير باصحابه وامر الامراء ان يعقدوا لكلّ قبيلة لواءً يكون فيهم ،، قالوا فلمّا صار عمرو بن العاصى الى اوّل عمل فلسطين كتب الى ابى بكر يُعلمه كثرة عدد العدوّ وعدّتهم وسعة ارضهم ونجدة مقاتلتهم فكتب ابو بكر الى خٰلد بن الوليد بن المُغيرة المخزومى وهو بالعراق يامره بالمسير الى الشام فيقال انّه جعله اميرًا على الامراء فى الحرب وقال قوم كان خٰلد اميرًا[a] على اصحابه الّذين شخصوا معه وكان المسلمون اذا اجتمعوا لحرب امّره الامراء فيها لبأسه وكيده[b] ويمن نقيبته ،، قالوا فاوّل وقعة كانت بين المسلمين وعدوّهم بقرية من قرى غَزّة يقال لها دَاثِن[c]
كانت بينهم وبين بَطْرِيق غَزّة فاقتتلوا فيها قتالًا شديدًا ثمّ انّ الله تعالى 130
اظهر اولياءه وهزم اعداءه وفضّ جمعهم وذلك قبل قدوم خٰلد بن الوليد الشام، وتوجّه يزيد بن ابى سفيٰن فى طلب ذلك البطريق فبلغه انّ بالعَرَبَة من ارض فِلَسْطِين جمعًا للروم فوجّه اليهم ابا أُمَامَة الصُّدَىّ بن عَجْلَانَ البَاهِلىّ فاوقع بهم وقتل عظيمهم ثمّ انصرف، وروى ابو مِخْنَف فى يوم العَرَبَة انّ ستّة قُوّاد من قوّاد الروم نزلوا العَرَبَة فى ثلٰثة الف فسار اليهم ابو أُمَامَة فى كثف من المسلمين فهزمهم وقتل احد القُوّاد ثمّ اتبعهم فصاروا الى الدُبِّيَة[d] (وهى الدَّابِيَة) فهزمهم وغنم المسلمون غُنْمًا حسنًا ،، وحدّثنى ابو حفص الشامى عن مشايخ من اهل الشام قالوا كانت اوّل وقائع المسلمين وقعة العَرَبَة ولم يقاتلوا قبل ذلك مذ فصلوا من الحجاز ولم يمرّوا بشىءٍ من الارض فيما بين الحجاز وموضع هذه الوقعة الّا غلبوا عليه بغير حرب وصار فى ايديهم ،،

---

a) A. حلدا امر. *b*) B. وقوة مكىدته. *c*) A. دادر, B. داثر et marg. بمراثن خ. Correxi ex Jacut. Tabarí, II, p. 114 الداثنة s. الداثن. *d*) B. وصاروا الى الدُّبّيّة.

ذِكْرُ شُخُوصِ خٰلِدِ بْنِ ٱلْوَلِيدِ إِلَى ٱلشَّامِ وَمَا فَتَحَ فِى طَرِيقِهِ

قالوا لمّا اتى خٰلدَ بن الوليد كتاب ابى بكر وهو بالحِيرة خلّف المُثَنّى ابن حارثة الشَّيْبانى على ناحية الكوفة وسار فى شهر ربيع الاخر سنة ١٣ فى ثمان مائة ويقال فى ستّمائة ويقال فى خمس مائة فاتى عَيْنَ التَّمْر ففتحها عنوةً ويقال انّ كتاب ابى بكر وافاه وهو بعين التَّمْر وقد فتحها
131 فسار خٰلد من عين التمر فاتى صَنْدَوْداءَ[a] وبها قوم من كندة واياد والعجم فقاتله اهلها فظفر وخلّف بها سعد[b] بن عمرو بن حَرام[c] الانصارى فولده اليوم بها وبلغ خٰلدًا انّ جمعًا لبنى تَغْلب بن وائل بالمُضَيَّح والحُصَيد مرتدّين عليهم ربيعة بن بُجَير فاتاهم فقاتلوه فهزمهم وسبى وغنم وبعث بالسبى الى ابى بكر فكانت منهم امُّ حَبيب الصهباء بنت حَبيب بن بُجَير وهى امُّ عمر بن على بن ابى طالب[d] ثمّ اغار خٰلد على قُراقِر وهو ماءٌ لكلب ثمّ فوّز منه الى سُوَى[e] وهو ماءٌ لكلب ايضًا ومعهم فيه قوم من بَهْراء فقتل حُرْقُوصَ بن النعمان البَهْرانى من قُضاعة واكتسح اموالهم وكان خٰلد لمّا ركبَ المفازة عمد الى الرواحل فارواها من الماء ثمّ قطع مشافرها واجرّها[f] لئلّا تجترّ فتعطش ثمّ استكثر من الماء وحمله معه فنفد فى طريقه فجعل ينحر تلك الرواحل راحلةً راحلةً ويشرب واصحابه الماء من اكراشها وكان له دليل يقال له رَافع بن عُمَير[g] الطائى ففيه يقول الشاعر

a) A. صدودا, Baçrí, p. ٥٩ صندوا, Tabarí, II, p. 114 حدوداء. b) A. سعيد. c) Baçrí idem, Tabarí حزام. d) Haec inde a وغنم in A. desunt. Wüstenfeld *Register*, p. 145 habet بُحَير pro بُجَير. e) Codd. h.l. سُوًا, Baçrí, p. ٦٣ شوا. f) Tabarí, II, p. 130 كعم, Baçrí, p. ٦٤ idem. g) Tabarí et Pseudo-Wákedí *Fotuh as-Schám*, p. ٤١, ٨٥ عميرة, Baçrí عمرو.

لِلّٰهِ دَرُّ رَافِعٍ أَنَّى ٱهْتَدَى فَوَّزَ مِنْ قُرَاقِرٍ إِلَى سُوَى
مَآءً إِذَا مَا[a] رَامَهُ ٱلْجِبْسُ ٱنْثَنَى مَا جَازَهَا قَبْلَكَ مِنْ أَنْسٍ يُرَى

وكان المسلمون لمّا انتهوا الى سُوَى وجدوا حُرْقُوصًا وجماعة معه يشربون ويتغنّون وحُرْقُوص يقول

أَلَا عَلِّلَانِى قَبْلَ جَيْشِ أَبِى بَكْرِ لَعَلَّ مَنَايَانَا قَرِيبٌ وَلَا نَدْرِى

[b] فلمّا قتله المسلمون جعل دمه يسيل فى الجفنة التى كان فيها شرابه
132 ويقال انّ راسه سقط فيها ايضًا وقال بعض الرواة[c] انّ المغنّى بهذا البيت رجل ممّن كان اغار خلد عليه من بنى تَغْلِب مع ربيعة بن بُجَير، وقال الواقدى خرج خلد من سُوَى الى الكَوَاثِل[d] ثمّ اتى قَرْقِيسِيَا فخرج اليه صاحبها فى خلق فتركه وانحاز الى البرّ ومضى لوجهه، واتى خلد أَرَكَة (وهى أَرَك[e]) فاغار على اهلها وحاصرهم ففتحها صلحًا على شىء اخذه منهم للمسلمين وأَتى دَوْمَة الجَنْدَل ففتحها[f] ثمّ أَتى قُصَم[g] فصالحه بنو مَشْجَعَة ابن التَّيْم بن النَمِر بن وَبَرَة بن تَغْلِب بن حُلْوان بن عِمْران بن الحاف ابن قُضاعة وكتب لهم امانًا ثمّ أَتى تَدْمُر[h] فامتنع اهلها وتحصّنوا ثمّ طلبوا الامان فامنهم على ان يكونوا ذمّة وعلى ان قروا المسلمين ورضخوا

---

a) A. om. ما. Leguntur hi versus apud Tabarí, II, p. 132, Baçrí, p. ٩٤, Bekrí in v. قراقر et Ibn Doraid in *Djamharato'l-Loghati*, Cod. 321, f. ١٨٥ v. In vs. priore Bekrí pro لله در legit ضلّ ضلال. In vs. altero pro مآء habent omnes خِمْسًا et ساره pro رامه. Excepto Ibn Doraid legunt cum A. الجيش pro الجبس. Omnes pro انثنى habent بكا et سارها pro جازها. Denique pro يرى apud Baçrí et Ibn Doraid exstat ارى. *b*) Hic in A. verba كان — يشربون repetuntur. Tabarí l.l. (cf. p. 70, 72) quinque versus memorat. *c*) Baçrí, p. ٩٣ seq. *d*) Male Baçrí, p. ٩٥ اللوا. Qodáma deinde pro اتى habet مرّ بناحية. *e*) In edit. Tabarí, p. 116 male ارل, Baçrí, p. ٩٧ أُرَّكة, Pseudo-Wákedí, p. ٤١ et ٤٣ seqq., أَرَكَة. *f*) Cf. supra p. 75. *g*) Codd. بِصم. *h*) Qodáma addit من عمل حمص.

لهم ثمّ اتى القَرْيَتَيْن فقاتله اهلها فظفر وغنم ثمّ اتى حُوّارين[a] من سَنِير فاغار على مواشى اهلها فقاتلوه وقد جاءهم مدد اهل بَعْلَبَكّ واهل بُصْرَى وهى مدينة حَوْران فظفر بهم فسبى وقتل ثمّ أتى مَرْج رَاهِط فاغار على غَسّان فى يوم فصحهم وهم نصارى فسبى وقتل ووجّه خٰلد بُسْر بن ابى[b] أَرْطاة العامرى من قريش وحَبيب بن مَسْلَمَة الفِهْرى الى غُوطَة دِمَشْق فاغارا[c] على قرى من قراها وصار خٰلد الى الثَّنِيَّة الّتى تعرف بثنيّة العُقاب بدمشق فوقف عليها ساعة ناشرًا رايته وهى راية كانت لرسول الله صلعم سوداء فسمّيت ثنيّة العُقاب يومئذ والعرب يسمّى الراية عُقابًا وقوم يقولون انّها سمّيت بعُقاب من الطير كانت ساقطة عليها والخبر الاوّل اصحّ وسمعت

133 من يقول كان هناك مثال عُقاب من حجارة وليس ذلك بشىء قالوا ونزل خٰلد بالباب الشرقى من دِمَشْق ويقال بل نزل بباب الجَابِيَة فاخرج اليه اسقف دمشق نُزُلًا وخدمة فقال احفظ لى هذا العهد فوعده بذلك ثمّ سار خٰلد حتّى انتهى الى المسلمين وهم بقَنَاة بُصْرَى ويقال انّه اتى الجَابِيَة وبها ابو عبيدة فى جماعة من المسلمين فالتقيا ومضيا جميعًا الى بُصْرَى

فَتْحُ بُصْرَى

قالوا لمّا قدم خٰلد بن الوليد على المسلمين بصرى اجتمعوا عليها

---

a) A. حُوّارين. Lectio B. confirmatur a Jacut M.S. Oxon. In *Merácid* القريتان et حوارين (in ٧٧.) duo nomina ejusdem loci esse dicuntur. Fortasse hoc inde ortum est, quod alii (Tabarí, p. 116) illum, alii (Baçrí, p. ٩٨) hunc locum tantummodo memorant ex itinerario Kháledi. Jacut primum Beládsoríi locum dat, deinde haec ex *Kit. al-Fotuh* Abí Hodsaifa Isháq ibn Bischr: وسار خالد من تدمر حتى مرّ بالقريتين وهى التى تدعى حوارين وهى من تدمر على مرحلتين وبها مات يزيد بن معٰوية فى سنة ٦٤. b) Addidi ابى. c) Ex Qodáma, coll. Tabarí, p. 116. Codd. فاغار.

وامّروا خُلدًا فى حربها ثمّ الصقوا بها وحاربوا بطريقها حتّى لجأوه وكُماة اصحابه اليها ويقال بل كان يزيد بن ابى سفيٰن المتقلّد لامر الحرب لانّ ولايتها وإمْرتها كانت اليه لانّها من دمشق ثمّ انّ اهلها صالحوا على ان يُؤْمَنوا على دمائهم واموالهم واولادهم على ان يؤدّوا الجزية وذكر بعض الرواة انّ اهل بُصْرَى صالحوا على ان يؤدّوا عن كلّ حالم دينارًا وجريب حنطة وافتتح المسلمون جميع ارض كورة حَوْران وغلبوا عليها، قال وتوجّه ابو عبيدة ابن الجرّاح فى جماعة من المسلمين كثيفة من اصحاب الامراء ضُمّوا اليه فاتى مَآب من ارض البَلْقَاء وبها جمع العدوّ فافتتحها صلحًا على مثل صلح بُصْرَى وقال بعضهم[a] انّ فتح مَآب قبل فتح بُصْرَى وقال بعضهم انّ ابا عبيدة فتح مَآب وهو امير على جميع الشام ايّام عمر، 134

يوم أَجْنَادِينَ وَيُقَالُ أَجْنَادَيْن

ثمّ كانت وقعة أَجْنَادِين وشهدها من الروم زهاء مائة الف سرّب هِرَقْل اكثرهم وتجمّع باقوهم من النواحى وهِرَقْل يومئذ مقيم بحِمْص فقاتلهم المسلمون قتالًا شديدًا وابلى خلد بن الوليد يومئذ بلاءً حسنًا ثمّ انّ الله هزم اعداءه ومزّقهم كلّ مُمَزَّق وقُتل منهم خلق كثير واستُشهد يومئذ عبد الله بن الزبير بن عبد المطّلب بن هاشم وعمرو بن سعيد بن العاصى[b] بن اميّة واخوه أَبان بن سعيد وذلك الثبت ويقال بل توفّى أَبان فى سنة ٢٩ وطُلَيْب بن عُمَيْر بن وَهْب بن عبد بن[c] قُصَىّ بارزه علج فضربه ضربة ابانت يده اليمنى فسقط سيفه مع كفّه ثمّ غشيه

---

a) Tabarí, p. 114, Bacrí, p. ٣٣. *b*) Codd. العاص. *c*) In A. deëst بن; cf. Ibn Hisch., p. ٢١٠, ٢٤١, ٣٢٢, unde simul apparet inter وهب et عبد inserendum esse بن ابى كبير.

الروم فقتلوه وامّه أَرْوَى بنت عبد المطّلب عمّة رسول الله صلّعم وكان
يكنّى ابا عَدِىّ وسَلَمَة بن هشام بن المغيرة ويقال انّه قُتل بمَرْج الصُفَّر
وعِكْرِمَة بن ابى جَهْل بن هشام المخزومى وهَبّار بن سفين بن عبد الأَسَد
المخزومى ويقال بل قتل يوم مُؤْتَة ونُعَيم بن عبد الله النَحّام العَدَوِىّ
ويقال قُتل يوم اليَرْمُوك وهشام بن العاصى بن وائل السَّهْمى ويقال قتل
يوم اليَرْمُوك وعمرو بن الطُّفَيْل بن عمرو الدَّوْسى ويقال قتل يوم اليرموك
وجُنْدُب بن عمرو الدَّوْسى وسعيد بن الحرث والحرث بن الحرث والحجّاج
ابن الحرث بن قيس بن عَدِىّ السَّهْمى وقال هشام بن محمّد الكلبى قُتل
النَحّام يوم مُؤْتَة، وقُتل سعيد بن الحرث بن قيس يوم اليَرْمُوك وقتل 135
تَميم بن الحرث يوم أَجْنَادِين وقُتل عبيد الله بن عبد الأَسَد اخوه يوم
اليَرْمُوك قال وقتل الحرث بن هشام بن المغيرة يوم أَجْنَادِين، قالوا ولمّا
انتهى خبر هذه الوقعة الى هِرَقْل نُخِب قلبه وسقط فى يده ومُلِئَ رعبًا
فهرب من حِمْص الى أَنْطَاكِيَة وقد ذكر بعضهم انّ هربه من حِمْص الى
انطاكية كان عند قدوم المسلمين الشام وكانت وقعة أَجْنَادِين يوم الاثنين
لاثنتى عشرة ليلة بقيت من جمادى الاولى سنة ١٣ ويقال لليلتين خلتا من
جمادى الاخرة ويقال لليلتين بقيتا منه قالوا ثمّ جمعت الروم جمعًا
باليَاقُوصَة[a] والياقوصة وادٍ فمه الفَوّارة فلقيهم المسلمون هناك فكشفوهم
وهزموهم وقتلوا كثيرًا منهم ولحق فلّهم بمدن الشام وتوفّى ابو بكر رضّه فى
جمادى الاخرة سنة ١٣ فاتى المسلمين نعيه وهم باليَاقُوصَة،،

a) Ceteri (Tabarí, p. 134, 158, *Merácid*) الواقوصة; cf. Haneberg, *Erörterung über Pseudo-Wâkedí*, p. 38. Jacut e libro Abí Hodsaifa addit: وسميت هذه الاهوية بالواقوصة من يومئذ حتى اليوم لانهم واقصوا فيها.

يَوْم فِحْلٍ[a] مِنَ ٱلْأُرْدُنّ

قالوا وكانت وقعة فحل من الاردنّ لليلتين بقينا من ذى القعدة بعد خلافة عمر بن الخطّاب رضه بخمسة[b] اشهر واميرُ الناس ابو عبيدة ابن الجرّاح وكان عمر قد كتب اليه بولايته الشام وامّره الامراء مع عامر بن ابى وَقّاص اخى سعد بن ابى وَقّاص، وقوم يقولون انّ ولاية ابى عبيدة الشام اتته والناس محاصرون دِمَشْق فكتمها خالدًا ايّامًا لانّ خالدًا كان
136 امير الناس فى الحرب فقال له خالد ما دعاك رحمك الله الى ما فعلت قال
كرهتُ ان أَكْسِرَك وأُوهِنَ امرك وانت بازاء عَدُوٍّ، وكان سبب هذه الوقعة انّ هِرَقْل لمّا صار الى انطاكية استنفر الروم واهل الجزيرة وبعث عليهم رجلا من خاصّته وثقاته فى نفسه فلقوا المسلمين بفحْل من الأُرْدُنّ فقاتلوهم اشدّ قتال وابرحه حتّى اظهرهم الله عليهم وقُتل بطريقهم وزها عشرة الف معه وتفرّق الباقون فى مدن الشام ولحق بعضهم بهِرَقْل وتحصّن اهل فحْل فحصرهم المسلمون حتّى سألوا الامان على اداء الجزية عن رُؤوسهم والخراج عن ارضهم فامنوهم على انفسهم واموالهم وان لا تُهْدَمَ حيطانهم وتولّى عقد ذلك ابو عبيدة ابن الجرّاح ويقال تولّاه شُرَحْبيل بن حَسَنَة[c]،

أَمْرُ ٱلْأُرْدُنّ

حدّثنى حفص بن عمر العُمَرى عن الهَيْثم بن عَدِىّ قال افتتح شُرَحْبيل

---

a) A. فَحْل v. *Merácid.* *b*) Tabarí, p. 158 dicit: sex mensibus post. *c*) Sic recte Qodáma. A. حسب, B. حبيب.

ابن حَسَنَة الأُرْدُنّ عنوة ما خلا طَبَرِيَّة فانّ اهلها صالحوه على انصاف
منازلهم وكنائسهم ،، وحدّثنى ابو حفص الدِّمَشْقى عن سعيد بن عبد
العزيز التَّنُوخى عن عدّة منهم ابو بِشْر[a] موذّن مسجد دِمَشْق انّ
المسلمين لمّا قدموا الشام كان كلّ امير منهم يقصد لناحية ليغزوها
ويبثّ غاراته[b] فيها فكان عمرو بن العاصى يقصد لِفَلَسْطِين وكان شُرَحْبِيل
يقصد للأُرْدُنّ وكان يزيد بن ابى سفين يقصد لارض دِمَشْق وكانوا اذا
اجتمع لهم العدوّ اجتمعوا عليه واذا احتاج احدهم الى معاضدة صاحبه 137
وانجاده سارع الى ذلك وكان اميرهم عند الاجتماع فى حربهم اوّل ايّام ابى
بكر رضه عمرو بن العاصى حتّى قدم خٰلد بن الوليد الشام فكان امير
المسلمين فى كلّ حرب ثمّ ولى ابو عبيدة ابن الجرّاح امر الشام كلّه وامّره
الامراء فى الحرب والسلم من قبل عمر بن الخطّاب رضه وذلك انّه لمّا استخلف
كتب الى خٰلد بعزله وولّى ابا عبيدة ،، ففتح شُرَحْبِيل بن حَسَنَة طَبَرِيَّة
صلحًا بعد حصار ايّام على ان امن اهلها على انفسهم واموالهم واولادهم
وكنائسهم ومنازلهم الّا ما جلوا عنه وخلّوه واستثنى لمسجد المسلمين
موضعًا ثمّ انّهم نقضوا فى خلافة عمر واجتمع اليهم قوم من الروم وغيرهم
فامر ابو عبيدة عمرو بن العاصى بغزوهم فسار اليهم فى اربعة الف ففتحها
على مثل صلح شُرَحْبِيل ويقال بل فتحها شُرَحْبِيل ثانية ، وفتح شُرَحْبِيل
جميع مدن الأُرْدُنّ وحصونها على هذا الصلح فتحًا يسيرًا بغير قتال
ففتح بَيْسان وفتح سُوسِيَة[c] وفتح أَفِيق وجُرَش وبيت راس وقَدَس
والجَوْلان وغلب على سواد الاردنّ وجميع ارضها ،، قال ابو حفص قال
ابو محمّد سعيد بن عبد العزيز وبلغنى انّ الوَضِين بن عَطاء قال فتح
شُرَحْبِيل عَكّا وصُور وصَفُّورِيَة ، وقال ابو بِشْر المؤذّن انّ ابا عبيدة وجّه

a) A. hic et deinde بسر, B. بشر. *b*) A. عُزّاته. *c*) A. سُوسَه, B. سوسه.

عمرو بن العاصى الى سواحل الاردنّ فكثر به الروم وجاءهم المدد من ناحية هِرَقْل وهو بالقُسْطَنْطِينِيّة فكتب الى ابى عبيدة يستمدّه فوجّه ابو
138 عبيدة يزيد بن ابى سفين فسار يزيد وعلى مقدمته معاوية اخوه ففتح يزيد وعمرو سواحل الاردنّ فكتب ابو عبيدة بفتحها لهما وكان لمعوية فى ذلك بلاء حسن واثر جميل ‹ وحدّثنى ابو اليسع الانطاكى عن ابيه عن مشايخ اهل انطاكية والاردنّ قالوا نقل معوية قومًا من فُرْس بَعْلَبَكّ وحِمْص وأَنْطَاكِيَة الى سواحل الاردنّ صُور وعَكّا وغيرها سنة ٤٢ ونقل من أَسَاوِرَة البصرة والكوفة وفُرْس بَعْلَبَكّ وحِمْص الى انطاكية فى هذه السنة او قبلها او بعدها بسنة جماعة فكان[a] من قُوّاد الفرس مُسْلِم بن عبد الله جدّ عبد الله بن حَبيب بن النعمان بن مُسْلِم الانطاكى[b] ‹ وحدّثنى محمّد بن سعد عن الواقدى واخبرنى هشام بن الليث الصُّورى عن مشايخ من اهل الشام قالوا رَمّ معاوية عَكّا عند ركوبه منها الى قُبْرُس ورَمّ صُور ثمّ انّ عبد الملك بن مروٰن جدّدهما وقد كانتا خَرِبتا ‹ وحدّثنى هشام بن الليث قال حدّثنى اشياخنا قالوا نزلنا صُور والسواحل وبها جند من العرب وخلق من الروم ثمّ نزع الينا اهل بُلدان شتّى فنزلوها معنا وكذلك جميع سواحل الشام ‹ وحدّثنى محمّد بن سَهْم الانطاكى عن مشايخ ادركهم قالوا لمّا كانت سنة ٤٩ خرجت الروم الى السواحل وكانت الصناعة بمصر فقط فامر معوية بن ابى سفين بجمع الصنّاع والنجّارين فجُمعوا ورتّبهم فى السواحل وكانت الصناعة فى الاردنّ بعَكّا، قال فذكر ابو الخطّاب الأَزْدى انّه كانت لرجل من ولد ابى مُعَيْط بعَكّا ارحاء ومستغلّات فاراده هشام بن عبد الملك على ان يبيعه ايّاها فأبى المُعَيْطى ذلك عليه فنقل هشام الصناعة الى صُور واتّخذ بصُور

a) B. وكان. b) Repetuntur haec p. 172.

فندقًا ومستغلًّا ، وقال الواقدى لم تزل المراكب بعَكّا حتّى ولى بنو مرون فنقلوها الى صُور فهى بصُور الى اليوم وامر امير المومنين المتوكّل على الله فى سنة ٢٤٧[a] بترتيب المراكب بعَكّا وجميع السواحل وشحنها بالمقاتلة ،

يَوْمُ مَرْجِ الصُّفَّرِ

قالوا ثمّ[b] اجتمعت الروم جمعًا عظيمًا وامدّهم هِرَقْل بمدد فلقيهم المسلمون بمرج الصُّفَّر وهم متوجّهون الى دِمَشْق وذلك لهلال المحرّم سنة ١٤ فاقتتلوا قتالًا شديدًا حتّى جرت الدماء فى الماء وطحنت بها الطاحونة وجُرح من المسلمين زُهَا اربعة الف ثمّ ولّى الكفرة منهزمين مفلولين لا يلوون على شىء حتّى اتوا دِمَشْق وبيت المقدّس واستشهد يومئذ خلد ابن سعيد بن العاصى بن اميّة ويكنّى ابا سعيد وكان قد اعرس فى الليلة الّتى كانت الوقعة فى صبيحتها بامّ حَكِيم بنت الحرث بن هشام المخزومى امرأة عِكْرِمَة بن ابى جَهْل فلمّا بلغها مُصابه انتزعت عمود الفسطاط فقاتلت به فيقال انّها قتلت يومئذ سبعة نفر وانّ بها لَرَدْعَ الخَلُوق، وفى رواية ابى مِخْنَف انّ وقعة المَرْج بعد أَجْنَادِين بعشرين ليلة وانّ فتح مدينة دِمَشْق بعدها ثمّ بعد فتح[c] مدينة دمشق وقعة فِحْل ورواية الواقدى اثبت، وفى يوم المرج يقول خلد بن سعيد بن العاصى

مَنْ فَارِسٌ كَرِهَ ٱلطِّعَانَ يُعِيرُنِى   رُمْحًا اذَا نَزَلُوا بِمَرْجِ ٱلصُّفَّرِ 140

وقال عبد الله بن كامل بن حَبيب بن عُميرة[d] بن خُفَاف بن امرء القيس ابن بُهْثَة بن سُلَيم

شَهِدَتْ قَبَائِلُ مَلِكٍ وَتَغَيَّبَتْ   عَنِّى عُمَيْرَةُ يَوْمَ مَرْجِ ٱلصُّفَّرِ

---

a) B. ٢٤٩. b) Codd. لما. c) Codd. om. d) Deëst hic ramus in *Tab.* Wüstenfeldi G.

يعنى مٰلك بن خُفَاف «، وقال هشام بن محمّد الكلبى استشهد خٰلد بن سعيد يوم المرج وفى عنقه الصُّمْصَامَة سيفه وكان النبى صلّعم وجّهه الى اليمن عاملًا فمرّ برهط عمرو بن مَعْدِى كَرِب الزُّبَيْدى من مَذْحِج فاغار عليهم فسبى امرأة عمرو وعدّةً من قومه فعرّض عليه عمرو ان يمنّ[a] عليهم ويسلموا ففعل وفعلوا فوهب له عمرو سيفه الصمصامة وقال

خَلِيلٌ لَمْ أَهَبْهُ مِنْ قِلَاهُ   وَلٰكِنَّ ٱلْمَوَاهِبَ لِلْكِرَامِ
خَلِيلٌ لَمْ أَخُنْهُ وَلَمْ يَخُنِّى   كَذٰلِكَ مَا خِلَالِى أَوْ نِدَامِى
حَبَوْتُ بِهِ كَرِيمًا مِنْ قُرَيْشٍ   فَسُرَّ بِهِ وَصِينَ عَنِ ٱللِّئَامِ

قال فاخذ معٰوية السيف من عنق خٰلد يوم المرج حين استشهد فكان عنده ثمّ نازعه فيه سعيد بن العاصى بن سعيد بن العاصى بن اميّة فقضى له به عثمان فلم يزل عنده فلمّا كان يوم الدار وضُرِب مروٰن على قفاه وضُرِب سعيد فسقط صريعًا اخذ الصمصامة منه رجل من جُهَينة فكان عنده ثمّ انّه دفعه الى صيقل ليجلوه فانكر الصيقل ان يكون للجُهَنى مثله فاتى به مروٰن بن الحَكَم وهو والى المدينة فسأل الجُهَنى عنه
فحدّثه حديثه فقال أَمَا والله لقد سُلِبْتُ سيفى يوم الدار وسُلِب سعيد 141
ابن العاصى سيفَهُ فجاءَ[b] سعيد فعرف السيف فاخذه وختم عليه وبعث به الى عمرو بن سعيد الأَشْدَق وهو على مكّة فهلك سعيد فبقى السيف عند عمرو بن سعيد ثمّ اصيب عمرو بن سعيد بدمشق وانتُهِب متاعُه فاخذ السيف محمّد بن سعيد اخو عمرو[c] لابيه ثمّ صار الى يحيى بن

a) A. يمرّ. b) B. وجاء. c) A. سعيد. Genealogia Saïdi (Wüstenfeld, *Tab.*, U. 24), secundum ea quae sequuntur haec est:

Saïd

Amr	Mohammed	Jahja	Abdollah
Saïd		Abán	Mohammed
Abu Aijub			
Aijub			

سعيد ثمّ مات فصار الى عَنْبَسَة بن سعيد بن العاصى[a] ثمّ الى سعيد ابن عمرو بن سعيد ثمّ هلك فصار الى محمّد بن عبد الله بن سعيد وولده ينزلون ببَارِق ثمّ صار الى أَبان بن يحيى بن سعيد فحلّاه بحلية ذهب فكان عند امّ ولد له[b] ثمّ انّ أَيّوب بن ابى أَيّوب بن سعيد بن عمرو ابن سعيد باعه من المهدى امير المومنين بنيف وثمانين الفًا فردّ المهدى حليته عليه ولمّا صار الصُّمْصَامَة الى موسى الهادى امير المومنين اعجب به وامر الشاعر وهو ابو الهَوْل ان ينعته فقال

حَازَ صُمْصَامَةَ ٱلزُّبَيْدِيِّ عَمْرٍو   خَيْرُ هَذَا ٱلْأَنَامِ مُوسَى ٱلْأَمِينُ
سَيْفُ عَمْرٍو وَكَانَ فِيمَا عَلِمْنَا   خَيْرُ مَا أُطْبِقَتْ عَلَيْهِ ٱلْجُفُونُ
أَخْضَرُ ٱللَّوْنِ بَيْنَ حَدَّيْهِ بُرْدٌ   مِنْ ذُعَافٍ تَمِيسُ فِيهِ ٱلْمَنُونُ
فَاذَا مَا سَلَلْتَهُ بَهَرَ ٱلشَّمْسَ ضِيَاءً فَلَمْ تَكَدْ تَسْتَبِينُ
مَا يُبَالِى اذَا ٱلضَّرِيبَةُ حَانَتْ   أَشِمَالٌ سَطَتْ بِهِ أَمْ يَمِينُ
نِعْمَ مِخْرَاقُ ذِى ٱلْحَفِيظَةِ فِى ٱلْهَيْجَا يُعَصَّا بِهِ وَنِعْمَ ٱلْقَرِينُ

ثمّ انّ امير المومنين الواثق بالله دعى له بصيقل وامره ان يُسْقِنَه فلمّا فعل ذلك تغيّر[c]،

فَتْحُ مَدِينَةِ دِمَشْقَ وَأَرْضِهَا

142 قالوا لمّا فرغ المسلمون من قتال من اجتمع لهم بالمَرْج اقاموا خمس عشرة ليلة ثمّ رجعوا الى مدينة دِمَشْق لاربع عشرة ليلة بقيت من المحرّم سنة ١۴ فاخذوا الغُوطَة وكنائسها عنوة وتحصّن اهل المدينة واغلقوا بابها فنزل خٰلد بن الوليد على الباب الشرقى فى زها خمسة الف

a) A. العاص. b) Hic quaedam deësse opinor, propter verba فردّ المهدى الخ. c) Haec inde a ثمّ in A. desunt, in margine B. adduntur. Pro يسقنه ibi يسقيه.

ضمّهم اليه ابو عبيدة وقوم يقولون انّ خٰلدًا كان اميرًا وانّما اتاه عزله
وهم محاصرون دمشق سمّى الدّير الّذى نزل عنده خٰلد دَيْرُ خٰلد
ونزل عمرو بن العاصى على باب تُومَا ونزل شُرَحْبِيل على باب الفَرَادِيس
ونزل ابوعبيدة على باب الجَابِيَة ونزل يزيد بن ابى سفيٰن على الباب الصغير
الى الباب الّذى يعرف بكَيْسَان وجعل ابو الدَّرْدَاء عُوَيْمِر بن عامر الخَزْرَجى
على مسلحة ببَرْزَة، وكان الاسقف الّذى اقام لخٰلد النُزل فى بدأته[a] ربّما
وقف على السور فدعى له خٰلد فاذا اتى سلّم عليه وحادثه فقال له ذات
يوم يابا سليمٰن انّ امركم مقبل ولى عليك عِدَة فصالحنى عن هذه المدينة
فدعى خٰلد بدواة وقرطاس فكتب بسم الله الرحمٰن الرحيم هذا ما اعطى
خٰلد بن الوليد اهل دِمَشْق اذا دخلها اعطاهم امانًا على انفسهم واموالهم
وكنائسهم وسور مدينتهم لا يُهْدَم ولا يسكن شىء من دورهم لهم بذلك
عهد الله وذمّة رسوله صلعم والخلفاء والمومنين لا يعرض لهم الّا بخير اذا
اعطوا الجزية ٠، ثمّ انّ بعض اصحاب الاسقف اتى خٰلدًا فى ليلة من الليالى
فاعلمه انّها ليلة عيد لاهل المدينة وانّهم فى شغل وانّ الباب الشرقى قد
رُدم بالحجارة وتُرِك واشار عليه ان يلتمس سُلَّمًا فاتاه قوم من اهل الدير 143
الّذى عند عسكره بسُلَّمَيْن فرقى جماعة من المسلمين عليهما الى اعلى السور
ونزلوا الى[b] الباب وليس عليه الّا رجل او رجلان فتعاونوا عليه وفتحوه
وذلك عند طلوع الشمس وقد كان ابو عبيدة ابن الجَرَّاح عانى فتح باب
الجَابِيَة واصعد جماعة من المسلمين على حائطه فانصبّ مقاتلة الروم الى
ناحيته فقاتلوا المسلمين قتالًا شديدًا ثمّ انّهم ولّوا مدبرين وفتح ابو
عبيدة والمسلمون معه باب الجَابِيَة عنوةً ودخلوا منه فالتقى ابو عبيدة

a) V. p. 133. b) A. على.

وخٰلد بن الوليد بالمقسلاط وهو موضع النحّاسين[a] بدمشق وهو البَرِيص[b] الّذى ذكره حسّان بن ثابت فى شعره حين يقول

يَسْقُونَ مَنْ وَرَدَ ٱلْبَرِيصَ عَلَيْهِمِ [بَرَدَى يُصَفِّقُ بِٱلرَّحِيقِ ٱلسَّلْسَلِ][c]

وقد رُوى انّ الروم اخرجوا ميّتًا لهم من باب الجابِيَة ليلًا وقد احاط بجنازته خلق من شجعانهم وكماتهم وانصبّ سائرهم الى الباب فوقفوا عليه ليمنعوا المسلمين من فتحه ودخوله الى رجوع اصحابهم من دفن الميّت وطمعوا فى غفلة المسلمين عنهم وانّ المسلمين نذروا بهم فقاتلوهم على الباب اشدّ قتال وابرحه حتّى فتحوه فى وقت طلوع الشمس فلمّا رأى الاسقف انّ ابا عبيدة قد قارب دخول المدينة بدر الى خٰلد فصالحه وفتح له الباب الشرقىّ فدخل والاسقف معه ناشرًا كتابه الّذى كتبه له فقال بعض المسلمين والله ما خٰلد بامير فكيف يجوز صلحه فقال ابو

144 عبيدة انّه يجير على المسلمين ادناهم واجاز صلحه[d] وامضاه ولم يلتفت الى ما فتح عنوة فصارت دِمَشْق صلحًا كلّها وكتب ابو عبيدة بذلك الى عمر وانفذه وفتحت ابواب المدينة فالتقى القوم جميعًا؛ وفى رواية ابى مِخْنَف وغيره انّ خٰلدًا دخل دِمَشْق بقتال وانّ ابا عبيدة دخلها بصلح فالتقيا

---

a) Kremer *Mittelsyriën und Damascus*, p. 20, 21 dicit مقسلاط esse nomen ecclesiae.

b) حاشية in B.: قال وَعْلَة الجَرْمى

وَمَا كَمْءُ ٱلْغُرَابِ لَنَا بِزَادٍ وَلَا سَرَطَانُ أَنْهَارِ ٱلْبَرِيصِ

Wa'la est poëta ante-islámicus; v. Bekrí in v. الكُلاب (et v. جمّ). Filius ejus الحٰرث memoratur in *Hamása* Bohtorii, Cod. 889, p. 160. c) Addidi ex Qodáma, Bekrí in v. بردى et حومل, cf. Zamakhscharí, p. ١٧, annot. *d*. Qodáma autem in fine versus habet بالرِحيقة السلسبيل. Quatuor versus qui huic in poëmate Thábiṭi praecedunt, reperiuntur apud Bekrí in v. حومل. In Diváno Hassáni Cod. Berol. Spr. 1121 haec glossa additur: اراد ماء بردى وهو نهر دمشق بردى فعلى والرحيق الخمر والسلسل السهلة المسلسلة. (Debeo hoc Cl. Dieterici, qui rogatu mei Nöldeke versus Hassáni in hoc opere obvios cum Diváni Codice contulit). *d*) B. صلح خٰلد.

بالزيّانين وللخبر الاوّل اثبت[a]، وزعم الهَيْثم بن عَدِىّ انّ اهل دمشق صولحوا على انصاف منازلهم وكنائسهم وقال محمّد بن سعد قال ابو عبد الله الواقدى قرأتُ كتاب خٰلد بن الوليد لاهل دمشق فلم ار فيه انصاف المنازل والكنائس وقد رُوِى ذلك ولا ادرى من اين جاء به مَنْ رواه ولكنّ دِمَشْق لمّا فُتحت لحق بشر كثير من اهلها بهِرَقْل وهو بانطاكية فكثرت فضول منازلها فنزلها المسلمون، وقد روى قوم انّ ابا عبيدة كان بالباب الشرقى وانّ خٰلدًا كان بباب الجابية وهذا غَلَطٌ، قال الواقدى وكان فتح مدينة دِمَشْق فى رجب سنة ١٤ وتاريخ كتاب خٰلد بصلحها فى شهر ربيع الآخر سنة ١٥ وذلك انّ خٰلدًا كتب الكتاب بغير تاريخ فلمّا اجتمع المسلمون للنهوض الى من تجمّع لهم باليَرْمُوك اتى الاسقُف خٰلدًا فسأله ان يجدِّدَ له كتابًا ويُشْهِدَ عليه ابا عبيدة والمسلمين[b] ففعل واثبت فى الكتاب شهادة ابى عبيدة ويزيد بن ابى سفيٰن وشُرَحْبيل بن حَسَنَة وغيرهم فأرّخه[c] بالوقت الّذى جدّده، وحدّثنى القٰسم بن سلّام

---

a) In margine A. eadem manus, cujus est p. ٩. d: يقولُ محمّد بن عساكر قد اعتمد المؤلّف على الرواية فى فتح دمشق من باب الجابية عنوةً بيد ابى عبيدة رضه واكّد ذلك بقوله هنا وَالْخَبَرُ ٱلْأَوَّلُ أَثْبَتُ وهو على الحقيقة اضعف الروايات فى فتح دمشق والصحيح الثابت بالاخبار والاثار انّ خالدًا رضه دخلها من الباب الشرقى قسرًا ودخلها ابو عبيدة سلمًا من باب الجابِيَة هذا من حيث صحّة الاخبار وامّا من حيث دلالة الاثار فانّ جامع دمشق لم يكن بيد المسلمين منه قبل عمارته الّا الجانب الشرقى بحكم السيف ودليلنا انّ المقصورة الّتى تنسب الى الصحابة والسبع القرّأة به ايضًا ولم تزل الكنيسة من غربه الى ان هدمها الوليد بن عبد الملك لمّا عزم على بنائه فى خلافته، وفى رواية المؤلّف اوّلًا من انّ خالدًا أُتى بسُلّمَيْن من الدير المجاور لعسكره شرقى اصحابه فيهما الى سور الباب الشرقى دليل يقوّى ما ذكرناه هاهنا والله اعلم بالصواب: b) A. المسلمين. c) B. وارخه.

قال ثنا ابو مُسْهِر عن سعيد بن عبد العزيز التَّنُوخى قال دخل يزيد
دِمَشْق من الباب الشرقى صلحًا[a] فالتقيا بالمقسلاط فأُمضيت كلّها على 145
الصلح ، وحدّثنى القٰسم قال ثنا ابو مُسْهِر عن يحيى بن حَمْزة عن ابى
المُهَلّب الصنعانى عن ابى الأَشْعَث الصنعانى او ابى عثمٰن الصنعانى انّ ابا
عبيدة اقام بباب الجابية محاصرًا لهم اربعة اشهر ، حدّثنى ابو عُبَيد قال
ثنا نُعَيْم بن حمّاد عن ضَمْرَة بن ربيعة عن رجاء بن ابى سَلَمَة قال خاصم
حسّان بن مٰلك عجم اهل دِمَشْق الى عمر بن عبد العزيز فى كنيسة
كان رجل من الامراء اقطعه ايّاها فقال عمر ان كانت من الخمس العشرة الكنيسة
التى فى عهدهم فلا سبيل لك عليها قال ضَمْرَة عن على بن ابى حَمَلَة[b]
خاصمنا عجم اهل دمشق الى عمر بن عبد العزيز فى كنيسة كان فلان
قطعها لبنى نصر بدمشق فاخرجنا عمر عنها وردّها الى النصارى فلمّا
ولى يزيد بن عبد الملك ردّها الى بنى نصر ، حدّثنى ابو عبيد قال ثنا
هشام بن عمّار عن الوليد بن مسلم عن الأَوْزاعى انّه قال كانت الجزية
بالشام فى بدئ الامر[c] جريبًا ودينارًا على كلّ جمجمة ثمّ وضعها عمر بن
الخطّاب على اهل الذهب اربعة دنانير[d] وعلى اهل الورق اربعين درهمًا
وجعلهم طبقات لغِنَى[e] الغَنِىّ واقلال المُقِلّ وتوسُّط المتوسّط ، قال هشام
وسمعتُ مشايخنا يذكرون انّ اليهود كانوا كالذمّة للنصارى يؤدّون اليهم
الخراج فدخلوا معهم فى الصلح ، وقد ذكر بعض الرواة انّ خٰلد بن
الوليد صالح اهل دمشق فيما صالحهم عليه على ان الزم[f] كلّ رجل
من الجزية دينارًا وجريب حنطة وخلًّا وزيتًا لقوت المسلمين ، حدّثنا عمرو
الناقد قال ثنا عبد الله بن وهب المصرى عن عمر بن محمّد عن نافع 146

a) Quaedam deësse videntur. Mentio Jezídi h.l. mihi quam maxime suspecta est. b) A. add. قال cum signo del. c) A. بدى الامير. d) B. الدنانير. e) Qodáma على قدر غنى. f) A. pro his inde ab على habet على الروم على ان.

عن أَسْلَم مولى عمر بن الخطّاب انّ عمر كتب الى امراء الاجناد يامرهم ان يضربوا الجزية على كلّ من جرت عليه الموسى وان يجعلوها على اهل الورق على كلّ رجل اربعين درهمًا وعلى اهل الذهب اربعة دنانير وعليهم من ارزاق المسلمين من الحنطة والزيت مديان حنطة وثلثة اقساط زيتًا كلّ شهر لكلّ انسان بالشام والجزيرة وجعل عليهم وَدَكًا وعسلًا لا ادرى كم هُوَ وجعل لكلّ انسان بمصر فى كلّ شهر اردبًا وكسوة وضيافة ثلثة ايّام »، وحدّثنا عمرو بن حمّاد بن ابى حَنِيفة قال ثنا مٰلك بن انس عن نافع عن أَسْلَم انّ عمر ضرب الجزية على اهل الذهب اربعة دنانير وعلى اهل الورق اربعين درهمًا مع ذلك ارزاق المسلمين وضيافة ثلثة أيّام »، وحدّثنى مُصْعَب عن ابيه عن مٰلك عن نافع عن أَسْلَم بمثله »، قالوا ولمّا ولى معٰوية بن ابى سفين اراد ان يزيد كنيسة يُوحَنّا فى المسجد بدمشق فأَبى النصارى ذلك فامسك ثمّ طلبها عبد الملك بن مرٰون فى ايّامه للزيادة فى المسجد وبذل لهم مالًا فأَبوا ان يسلموها اليه ثمّ انّ الوليد بن عبد الملك جمعهم فى ايّامه وبذل لهم مالًا عظيمًا على ان يعطوه ايّاها فأَبوا فقال لئن لم تفعلوا لاهدمنّها فقال بعضهم ياامير المومنين انّ من هدم كنيسة جُنّ واصابته عاهة فاحفظه قولُهُ ودعا بمعول وجعل يهدم بعض حيطانها بيده وعليه قباء خزّ اصفر ثمّ جمع الفعلة والنقّاضين فهدموها وادخلها فى
147 المسجد فلمّا استخلف عمر بن عبد العزيز شكى النصارى اليه ما فعل الوليد بهم فى كنيستهم فكتب الى عامله يامره بردّ ما زاده فى المسجد عليهم فكره اهل دمشق ذلك وقالوا نهدم مسجدنا بعد ان اذنّا فيه وصلّيْنا ويُردّ بِيعة وفيهم يومئذ سليمٰن بن حَبيب المُحَاربى وغيره من الفقهاء واقبلوا على النصارى فسألوهم ان يُعطوا جميع كنائس الغُوطَة الّتى أُخذت عنوة وصارت فى ايدى المسلمين على ان يصفحوا عن كنيسة

يُوحَنَّا ويمسكوا عن المطالبة بها فرضوا بذلك واعجبهم فكتب به الى عمر فسرّه وامضاه وبمسجد دمشق فى الرواق القبلى ممّا يلى المئذنة كتاب فى رخامة بقرب السقف ممّا امر ببنيانه امير المومنين الوليد سنة ٨٦ ،، وسمعتُ هشام بن عمّار يقول لم يزل سور مدينة دمشق قائمًا حتّى هدمه عبد الله بن علىّ بن عبد الله بن العبّاس بعد انقضاء امر مروٰن وبنى اميّة ،، وحدّثنى ابو حفص الدمشقى عن سعيد بن عبد العزيز عن موذّن مسجد دمشق وغيره قالوا اجتمع المسلمون عند قدوم خٰلد على بُصْرَى ففتحوها صُلْحًا وانبثّوا فى ارض حَوْران جميعًا فغلبوا عليها واتاهم صاحب أَذْرِعَات فطلب الصلح على مثل ما صولح عليه اهل بُصْرَى على انّ جميع ارض البَثَنِيَّة ارض خراج فاجابوهم الى ذلك ومضى يزيد بن ابى سفيٰن حتّى دخلها وعقد لاهلها وكان المسلمون يتصرّفون بكورتى حَوْران والبَثَنِيَّة ثمّ مضوا الى فِلَسْطِين والأُرْدُنّ وغزوا ما لم يكن فُتح وسار يزيد الى عَمّان ففتحها فتحًا يسيرًا بصلح على مثل صلح
148 بُصْرَى وغلب على ارض البَلْقَاء وولى ابو عبيدة وقد فتح هذا كلّه فكان امير الناس حين فتحت دمشق الّا انّ الصلح كان لخٰلد واجاز صلحه ،، وتوجّه يزيد بن ابى سفيٰن فى ولاية ابى عبيدة ففتح عَرَنْدَل[a] صلحًا وغلب على ارض الشَّرَاة وجبالها قال وقال سعيد بن عبد العزيز اخبرنى الوَضِين انّ يزيد اتى بعد فتح مدينة دمَشْق صَيْدَا[b] وعِرْقَة[c] وجُبَيل وبَيْرُوت وهى سواحل وعلى مقدمته اخوه معٰوية ففتحها فتحًا يسيرًا وجلا كثيرًا من اهلها وتولّى فتح عِرْقَة معٰوية نفسه فى ولاية يزيد ثمّ انّ الروم

---

a) A. غرنَدُل, B. غَزْنَدُل; v *Merácid* et Jaqubí, p. ١١٤, quorum lectio confirmatur ab Hiërocle in *Synedecmo* νε' ubi *'Αϱινδηλα*, (cf. quoque Robinson *Palaestina* Ind.). b) A. صَدَا. c) Codd. وعَرْقه.

غلبوا على بعض هذه السواحل فى اخر خلافة عمر بن الخطّاب او اوّل خلافة عثمان بن عفّان فقصد لهم معٰوية حتّى فتحها ثمّ رمّها وشحنها بالمقاتلة واعطاهم القطائع قالوا فلمّا استخلف عثمان وولى معٰوية الشام وجّه معٰوية سفيٰن بن مُجِيب الأَزْدى الى أَطْرَابُلُس وهى ثلٰث مدن مجتمعة فبنى فى مرج على اميال منها حصنًا سُمّى حصن سفيٰن وقطع المادّة عن اهلها من البحر وغيره وحاصرهم فلمّا اشتدّ عليهم الحصار اجتمعوا فى احد الحصون الثلٰثة وكتبوا الى ملك الروم يسئلونه ان يمدّهم او يبعث اليهم بمراكب يهربون فيها الى ما قبله فوجّه اليهم بمراكب كثيرة فركبوها ليلًا وهربوا فلمّا اصبح سفيٰن وكان يبيت كلّ ليلة فى حصنه ويحصّن المسلمين فيه ثمّ يغدو على العدوّ وجد الحصن الّذى كانوا فيه خاليًا فدخله وكتب بالفتح الى معٰوية فاسكنه معٰوية جماعة كبيرة من اليهود وهو الّذى فيه
149 المينا اليوم ثمّ انّ عبد الملك بناه بعدُ وحصّنه قالوا وكان معٰوية يوجّه فى كلّ عام الى اطرابلس جماعة كثيفة من الجند يشحنها بهم ويولّيها عاملًا فاذا انغلق[a] البحر قفل وبقى العامل فى جُمَيِّعَةٍ منهم يسيرة فلم يزل الامر فيها جاريًا على ذلك حتّى ولى عبد الملك فقدم فى ايّامه بطريق من بطارقة الروم ومعه بشر منهم كثير فسال ان يُعْطى الامان على ان يقيم بها ويؤدّى الخراج فأُجِيبَ الى مسئلته فلم يلبث الّا سنتين او اكثر منهم باشهر حتّى تحيّن قفول الجُند عن المدينة ثمّ اغلق بابها وقتل عاملها واسر من معه من الجند وعدّة من اليهود ولحق واصحابه بارض الروم فقدر المسلمون بعد ذلك عليه فى البحر وهو متوجّه الى ساحلٍ للمسلمين فى مراكب كثيرة فقتلوه ويقال بل اسروه وبعثوا به الى عبد الملك فقتله وصلبه وسمعتُ من يذكر انّ عبد الملك بعث اليه من حصره باطرابلس

a) A. تعلف.

ثمّ اخذه سلمًا وحمله اليه فقتله وصلبه وهرب من اصحابه جماعة فلحقوا ببلاد الروم ، وقال علىّ بن محمّد المدائنى قال عَتّاب بن ابرٰهيم فتح اطرابلس سفيٰن بن مُجِيب ثمّ [a] نقض اهلها ايّام عبد الملك ففتحها الوليد بن عبد الملك فى زمانه ، وحدّثنى ابو حفص الشامى عن سعيد عن الوَضِين قال كان يزيد بن ابى سفيٰن وجّه معاوية الى سواحل دمَشْق سوى اطرابلس فانّه لم يكن يطمع فيها فكان يقيم على الحصن اليومين والايّام اليسيرة فربّما قوتل قتالًا غير شديد وربّما رمى ففتحها ، قال وكان المسلمون كلّما فتحوا مدينة ظاهرة او عند ساحلٍ رتّبوا فيها

150 قدر من يحتاج لها اليه من المسلمين فان حدث فى شىء منها حدث من قبل العدوّ سرّبوا اليها الامداد فلمّا استخلف عثمان بن عفّان رضه كتب الى معٰوية يامره بتحصين السواحل وشحنتها واقطاع من ينزله ايّاها [b] القطائع ففعل ، وحدّثنى ابو حفص عن سعيد بن عبد العزيز قال ادركتُ الناس وهم يتحدّثون انّ معٰوية كتب الى عمر بن الخطّاب بعد موت اخيه يزيد يصف له حال السواحل فكتب اليه فى مرمّة حصونها وترتيب المقاتلة فيها واقامة الحرس على مناظرها واتّخاذ المواقيد لها ولم ياذن له فى غزو البحر وانّ معٰوية لم يزل بعثمان حتّى اذن له فى الغزو بحرًا وامره ان يُعِدّ فى السواحل اذا غزا او اغزا جيوشًا سوى من فيها من الرتب وان يقطع الرتب ارضين ويعطيهم ما جلا عنه اهله من المنازل ويبنى المساجد ويكبّر ما كان ابتنى منها قبل خلافته ، قال الوَضِين ثمّ انّ الناس بعدُ انتقلوا الى السواحل من كلّ ناحية ، حدّثنى العبّاس ابن هشام الكلبى عن ابيه عن جعفر بن كلاب الكلابى انّ عمر بن الخطّاب رضه ولّى عَلْقَمة بن عُلَاثَة بن عَوْف بن الأَحْوَص بن جعفر بن كلاب

a) A. نوم. b) B. بها.

حَوْران وجعل ولايته من قبل معاوية فمات بها وله يقول الحُطَيْئَة العَبْسى وخرج اليه فكان موته قبل وصوله وبلغه انّه فى الطريق يريده فاوصى له بمثل سهم من سهام ولده

فَمَا كَانَ بَيْنِى لَوْ لَقِيتُكَ سَالِمًا   وَبَيْنَ ٱلْغِنَى الّا لَيَالٍ قَلَائِلُ

وحدّثنى عدّة من اهل العلم منهم جار لهشام بن عمّار انّه كانت لابى سفين بن حرب ايّام تجارته الى الشام فى الجاهليّة ضيعة بالبَلْقاء تدعى بقُبَّش[a] فصارت لمعوية ولولده ثمّ قُبضت فى اوّل الدولة وصارت لبعض 151
ولد امير المومنين المهدى رضه[b] ثمّ صارت لقوم من الزيّاتين يُعرفون ببنى نُعَيم من اهل الكوفة ؞ وحدّثنا عبّاس بن هشام عن ابيه عن جدّه قال وفد تَميم بن أَوس احد بنى الدار بن هانِئ بن حَبيب من لَخْم ويكنّى ابا رُقَيّة على النبى صلعم ومعه اخوه نُعَيم بن أَوس فاقطعهما رسول الله صلعم حِبْرى وبَيْتَ عَيْنُونَ[c] ومسجد ابرهيم عم فكتب بذلك كتابًا فلمّا افتُتح الشام دُفع ذلك اليهما فكان سليمن بن عبد الملك اذا مرّ بهذه القطعة لم يعرج وقال اخاف ان يصيبنى دعوة النبى صلعم ؞ وحدّثنى هشام بن عمّار انّه سمع المشايخ يذكرون انّ عمر بن الخطّاب عند مقدمه الجابِيَة من ارض دِمَشْق مرّ بقوم مجذّمين من النصارى فامر ان يُعطوا من الصدقات وان يجرى عليهم القوت ؞ وقال هشام سمعت الوليد بن مُسْلِم يذكر انّ خلد بن الوليد شرط لاهل الدير الّذى يعرف بدَيْر خلد شرطًا فى خراجهم بالتخفيف عنهم حين اعطوه سُلّمًا صعد عليه فانفذه لهم ابو عبيدة ؞ ولمّا فرغ ابو عبيدة من امر مدينة

---

a) A. بقبس, B. بقبس. Conjecturâ scripsi قُبَّش putans hispanicum illud Qobbasch (cf. *Merâcid* et nom. relat. القبشى Maqqarí, II, p. ۴۲) ab hoc loco nomen accepisse.
b) A. om. c) A. عثنون; cf. Ibn Doraid, p. ۳۳۹ et *Add.* ad *Merâcid.*

دِمَشْق سار الى حِمْص فمرّ بِبَعْلَبَكّ فطلب اهلها الامان والصلح فصالحهم على ان امنهم على انفسهم واموالهم وكنائسهم وكتب لهم بسم الله الرحمٰن الرحيم هذا كتاب امان لفلان بن فلان واهل بَعْلَبَكّ رومها وفُرْسها وعربها على انفسهم واموالهم وكنائسهم ودورهم[a] داخل المدينة وخارجها وعلى ارحائهم وللروم ان يرعوا سرحهم ما بينهم وبين خمسة
152 عشر ميلًا ولا ينزلوا قرية عامرة فاذا مضى شهر ربيع وجُمٰدى الاولى[b] ساروا الى حيث شاءوا ومن اسلم منهم فله ما لنا وعليه ما علينا ولتجارهم ان يسافروا الى حيث ارادوا من البلاد الّتى صالحنا عليها وعلى من اقام منهم الجزية والخراج شهد الله وكفى بالله شهيدًا ٭

أَمْرُ حِمْص

حدّثنى عبّاس بن هشام عن ابيه عن ابى مِخْنَف انّ ابا عبيدة ابن الجرّاح لمّا فرغ من دِمَشْق قدّم امامه خٰلد بن الوليد ومِلْحَان بن زَيَّار الطائىّ ثمّ اتبعهما فلمّا توافوا بحِمْص قاتلهم اهلها ثمّ لجأُوا الى المدينة وطلبوا الامان والصلح فصالحوه على مائة الف وسبعين الف دينار ٭ قال الواقدى وغيره بينا المسلمون على ابواب مدينة دمشق اذ اقبلت خيل للعدوّ كثيفة فخرجت اليهم جماعة من المسلمين فلقوهم بين بيت لِهْيَا[c] والثَنِيّة[d] فولّوا منهزمين نحو حمص على طريق قارا[e] واتبعوهم حتّى وافوا حمص فالفوهم قد عدلوا عنها ورآهُمْ الحِمْصِيُّونَ وكانوا منخوبين[f] لهرب هِرَقْل عنهم وما كان يبلغهم من قوّة كيد المسلمين وباسهم وظفرهم فاعطوا بايديهم

a) B. وكنائسهم ودورهم واولادهم omisso واموالهم. b) A. الاخرة. c) B. لَهِّيا. d) Cf. Pseudo-Wakedí, p. ٧٥, Haneberg, p. 21 seqq. e) *Merácid* قارة. f) B. متخوّفين.

وهنّفوا بطلب[a] الامان فامنهم المسلمون وكفّوا ايديهم عنهم فاخرجوا اليهم العلف[b] والطعام واقاموا على الأُرُنْط (يريد الأُرُنْد وهو النهر الّذى ياتى انطاكية ثمّ يصبّ فى البحر بساحلها) وكان على المسلمين السِّمْط ابن الأَسْوَد الكِنْدى فلمّا فرغ ابو عبيدة من امر دمشق استخلف عليها
يزيد بن ابى سفين ثمّ قدم حمص على طريق بَعْلَبَكّ فنزل بباب الرَّسْتَن 153
فصالحه اهل حمص على ان امنهم على انفسهم واموالهم وسور مدينتهم وكنائسهم وارحائهم واستثنى عليهم ربع كنيسة يُوحَنّا للمسجد واشترط الخراج على من اقام منهم ،، وذكر بعض الرواة انّ السِّمْط بن الاسود الكندى كان صالح اهل حمص فلمّا قدم ابو عبيدة امضى صلحه وانّ السِّمْط قسم حمص خططًا بين المسلمين حتّى نزلوها واسكنهم فى كلّ مرفوض جلا اهله او ساحة متروكة ،، وحدّثنى ابو حفص الدمشقى عن سعيد بن عبد العزيز قال لمّا افتتح ابو عبيدة ابن الجَرّاح دمشق استخلف يزيد بن ابى سفين على دمشق وعمرو بن العاصى على فلسطين وشُرَحْبيل على الاردنّ واتى حمص فصالح اهلها على نحو صلح بعلبكّ ثمّ خلّف بحمص عُبَادَة بن الصّامت الانصارى ومضى نحو حَمَاة فتلقّاه اهلها مذعنين فصالحهم على الجزية فى رؤوسهم والخراج فى ارضهم فمضى[c] نحو شَيْزَر فخرجوا يكفرون ومعهم المقلّسون ورضوا بمثل ما رضى به اهل حَمَاة وبلغت خيله الزَّرّاعة والقَسْطَل ومرّ ابو عبيدة بمَعَرّة حِمْص وهى الّتى تنسب الى النعمان بن بشير[d] فخرجوا يقلّسون بين يديه ثمّ اتى فَامِيَة ففعل اهلها مثل ذلك واذعنوا بالجزية والخراج واستتمّ امر حمص فكانت حمص وقِنَّسْرين شيئًا واحدًا ،، وقد اختلفوا فى تسمية الاجناد

---

a) A. بايديهم وطلبوا. *b*) Qodáma النزل. *c*) B. ومضى. *d*) Vid. *Moschtarik*, p. ٤٠١ ubi plura verba ex opere Beládsorii adferuntur, quam hic leguntur.

فقال بعضهم سمّى المسلمون فِلَسْطِين جُنْدًا لانّه جمع كُوَرًا وكذلك
154 دمَشْق وكذلك الأُرْدُنّ وكذلك حِمْص مع قِنّسْرِين وقال بعضهم سمّيت
كلُّ ناحية لها جند يقبضون اطماعهم بها جندًا وذكروا انّ الجزيرة كانت
الى قِنّسْرِين فجنّدها عبد الملك بن مرٰون اى افردها فصار[a] جندها
ياخذون اطماعهم بها من خراجها وانّ محمّد بن مرٰون كان سأل عبد
الملك تجنيدها ففعل ولم تزل قِنّسْرِين وكورها مضمومة الى حمص حتّى
كان يزيد بن معٰوية فجعل قِنّسْرِين وأَنْطَاكِيَة ومَنْبِج وذواتها جندًا فلمّا
استخلف امير المومنين الرشيد هٰرون بن المهدى افرد قِنّسْرِين بكورها
فصيّر[b] ذلك جندًا واحدًا وافرد مَنْبِج ودُلُوكَ[c] ورَعْبَان وقُورُس وانطاكية
وتِيزِين[d] وسمّاها العَوَاصِم لانّ المسلمين يعتصمون بها فتعصمهم
وتمنعهم اذا انصرفوا من غزوهم وخرجوا من الثغر وجعل مدينة العواصم
مَنْبِج فسكنها عبد الملك بن صالح بن علىّ فى سنة ١٧٣ وبنى بها ابنية[e]
وحدّثنى ابو حفص الدمشقى عن سعيد بن عبد العزيز وحدّثنى
موسى بن ابرٰهيم التَّنُوخى عن ابيه عن مشايخ من اهل حمص قال
استخلف ابو عبيدة عُبَادَة بن الصّامت الانصارى على حِمْص فاتى اللّاذِقيّة
فقاتله اهلها فكان بها باب عظيم لا يفتحه الّا جماعة من الناس فلمّا
راى صعوبة مرامها عسكر على بُعْد من المدينة ثمّ امر ان تحفر حفائر
كالاسراب يستتر الرجل وفرسه فى الواحدة منها فاجتهد المسلمون فى
حفرها حتّى فرغوا منها ثمّ انّهم اظهروا القفول الى حمص فلمّا جنّ عليهم
155 الليل عادوا الى معسكرهم وحفائرهم واهل اللّاذِقيّة غارّون يرون انّهم قد

---

a) A. فحجا. *b*) A. فصور. *c*) Codd. ودلول. Est locus vulgo عين تاب appellatus. *d*) Quoque scribitur تـوزين; A. وسبرس, B. ويبردن. Quominus ويبرين legamus, obstat quod Beládsorí nomen hujus loci cum ج scribit (infra p. 174). *e*) B. om.

انصرفوا عنهم فلمّا اصبحوا فتحوا بابهم واخرجوا سرحهم فلم يَرُعْهم الّا 155
تصبيح المسلمين ايّاهم ودخولهم من باب المدينة ففُتحت عنوة ودخل عُبادة
الحصن ثمّ علا حائطه فكبّر عليه وهرب قوم من نصارى اللّاذقيّة الى
اليُسَيْد ثمّ طلبوا الامان على ان يتراجعوا الى ارضهم فقوطعوا على خراج
يؤدّونه قلّوا او كثروا وتركت لهم كنيستهم وبنا المسلمون باللّاذقيّة
مسجدًا جامعًا بامر عُبادة ثمّ انّه وُسّع بعدُ ٭ وكانت الروم اغارت في
البحر على ساحل اللّاذقيّة فهدموا مدينتها وسبوا اهلها وذلك في خلافة
عمر بن عبد العزيز سنة ١٠٠ فامر عمر ببنائها وتحصينها ووجّه الى الطاغية
في فداء مَنْ أُسر من المسلمين فلم يتمّ ذلك حتّى توفّي عمر في سنة ١٠١
فاتمّ المدينة وشحنها يزيد بن عبد الملك ٭ وحدّثني رجل من اهل
اللّاذقيّة قال لم يمت عمر بن عبد العزيز حتّى حزّ مدينة اللّاذقيّة وفرغ
منها والّذى احدث يزيد بن عبد الملك فيها مرمّة وزيادة في الشحنة ٭
وحدّثني ابو حفص الدمشقي قال حدّثني سعيد بن عبد العزيز وسعيد
ابن سليمن الحمصى قالا ورد عُبادة والمسلمون السواحل ففتحوا مدينة
يعرف ببَلْدَة على فرسخين من جَبَلَة عنوة ثمّ انّها خُرّبت وجلا عنها
اهلها فانشا معوية بن ابى سفين جَبَلَة وكانت حصنًا للروم جلوا عنه عند
فتح المسلمين حمص وشحنها ٭ وحدّثني سفين بن محمّد البَهْرانى عن
اشياخه قالوا بنى معاوية لجَبَلَة حصنًا خارجًا من الحصن الرومى القديم 156
وكان سُكّان الحصن الرومى رُهبانًا وقومًا يتعبّدون في دينهم ٭ وحدّثني
سفين بن محمّد قال حدّثني ابى واشياخنا قالوا فتح عُبادة والمسلمون
معه أَنْطَرْطوس وكان حصنًا ثمّ جلا عنه اهله فبنى معاوية أَنْطَرْطوس
ومصّرها واقطع بها القطائع وكذلك فعل بمَرَقيّة[a] وبُلُنْياس ٭ وحدّثني

---

a) A. بمرقنة, B. بمرقيه; v. Abu'l-Feda, p. ٣٩, cf. *L. G.*, IV, p. 375. Deinde A. وبَلياس.

ابو حفص الدمشقى عن اشياخه قالوا افتتح ابو عبيدة اللَّاذِقِيَّة وجَبَلَة
وأَنْطَرْطُوس على يدى عُبَادَة بن الصَّامِت وكان يوكّل بها حفظةً الى انغلاق
البحر فلمّا كانت شحنة معاوية السواحل وتحصينه ايّاها شحنها وحصّنها
وامضى امرها على ما امضى عليه امر السواحل ، وحدّثنى شيخ من
اهل حمص قال بقرب سَلَمِيَّة مدينة تدعى المُؤْتَكِفَة وانقلبت باهلها فلم
يسلم منهم الّا مائة نفس فبنوا مائة منزل وسكنوها فسمّيت حوزتهم
الّتى بنوا فيها سِلْم مائة ثمّ حرّف الناس اسمها فقالوا سَلَمْيَة[a] ثمّ ان
صالح بن علىّ بن عبد الله بن عبّاس اتّخذها وبنى وولده فيها ومصّروها
ونزلها قوم من ولده وقال ابن سَهْم الانطاكى سَلَمِيَّة اسم رومى قديم ،
وحدّثنى محمّد بن مُصَفًّى الحِمْصِىّ قال هدم مرون بن محمّد سور حمص
وذلك انّهم كانوا خالفوا عليه فلمّا مرّ باهلها هاربًا من اهل خراسان اقتطعوا
157 بعض ثقله وماله وخزائن سلاحه ، وكانت مدينة حمص مفروشة بالصخر
فلمّا كانت ايّام احمد بن محمّد بن ابى اسحق المعتصم بالله شغبوا على
عاملهم الفضل بن قارن الطَّبَرِىّ اخى مايزديار[b] بن قارن فامر بقلع ذلك
الفرش فقُلِع ثمّ انّهم اظهروا المعصية واعادوا ذلك الفرش وحاربوا الفضل
ابن قارن حتّى قدروا عليه وانهبوا ماله ونساءه واخذوه فقتلوه وصلبوه
فوجّه احمد بن محمّد البهم موسى بن بُغا الكبير مولى امير المومنين
المعتصم بالله فحاربوه وفيهم خلق من نصارى المدينة ويهودها فقتل منهم
مقتلة عظيمة وهزم باقيهم حتّى الحقهم بالمدينة ودخلها عنوة وذلك فى
سنة ٢٥٠ وبحمص هُرْىٌ يَرِدُه قمح وزيت من السواحل وغيرها ممّا قوطع
اهله عليه واسجلت لهم السجلّات بمقاطعتهم ،

---

a) Vocales in Codd. adduntur. *b*) B. مايزدياز.

يَوْمُ اليَرْمُوكِ[a]

قالوا جمع هِرَقْل جموعًا كثيرة من الروم واهل الشام واهل الجزيرة
وارْمِينِيَة تكون زها مائتى الف وولّى عليهم رجلًا من خاصّته وبعث على
مقدمته جَبَلَة بن الأَيْهَم الغَسّانى فى مستعربة الشام من لَخْم وجُذَام
وغيرهم وعزم على محاربة المسلمين فان ظهروا والّا دخل بلاد الروم فاقام
بالقسطنطينيّة واجتمع المسلمون فرجعوا اليهم فاقتتلوا على اليَرْمُوك اشدّ
قتال وابرحه واليَرْمُوك نهر وكان المسلمون يومئذ اربعة وعشرين[b] الفًا
وتسلسلت الروم واتباعهم يومئذ لئلّا يطمعوا انفسهم فى الهرب فقتل الله 158
منهم زها سبعين الفًا وهرب فلّهم فلحقوا بفِلَسْطِين وأَنْطَاكِيَة وحَلَب
والجزيرة وارْمِينِيَة وقاتل يوم اليَرْمُوك نساءٌ من نساء المسلمين قتالًا شديدًا
وجعلت هِنْد بنت عُتْبَة امُّ معوية بن ابى سفين تقول عَضّدُوا
الغُلْفَانَ بِسُيُوفِكُمْ وكان زوجها ابو سفين خرج الى الشام تطوّعًا واحبّ
مع ذلك ان يرى ولده وحملها معه ثمّ انّه قدم المدينة فمات بها سنة ٣١
وهو ابن ٨٨ سنة ويقال انّه مات بالشام فلمّا اتى امّ حَبِيبَة بنته نعيُه
دعت فى اليوم الثالث بصفرة فمسحت بها ذراعيها وعارضيها وقالت لقد
كنتُ عن هذا غنيّة لولا انّى سمعتُ النبىّ صلعم يقول لا تحدّ امرأة
على ميّت سوى زوجها اكثر من ثلث ويقال انّها فعلت هذا الفعل[c]
حين اتاها نعىُّ اخيها يزيد والله اعلم » وكان ابو سفين بن حرب احد
العوران ذهبت عينه يوم الطائف قالوا وذهبت يوم اليَرْمُوك عين
الأَشْعَث بن قَيْس وعين هاشم بن عُتْبَة بن ابى وَقّاص الزُّهْرى وهو

a) A. اليَرْمُوكُ. b) A. وعشرون. c) B. om.

المِرْقَال وعين قَيْس بن مَكْشُوح ،، واستشهد عامر بن ابى وَقّاص الزُّهْرى وهو الّذى كان قدم الشام بكتاب عمر بن الخطّاب الى ابى عبيدة بولايته الشام ويقال[a] بل مات فى الطاعون وقال بعض الرُّواة استشهد يوم أَجْنَادِينَ وليس ذلك بثبت ،، قال وعقد ابو عبيدة لحَبِيب بن مَسْلَمَة الفِهْرى
159 على خيل الطلب فجعل يقتل من ادرك وانحاز جَبَلَة بن الأَيْهَم الى الانصار فقال انتم اخوتنا وبنو ابينا واظهر الاسلام فلمّا قدم عمر بن الخطّاب رضه الشام سنة ١٧ لاحى جبلة رجلًا من مُزَيْنَة فلطم[b] عينه فامره عمر بالاقتصاص منه فقال أَوَعينه مثل عينى والله لا اقيم ببلد علىّ به سلطان فدخل بلاد الروم مُرتدًّا وكان جَبَلَة ملك غسّان بعد الحرث بن ابى شِمْر، وروى ايضًا انّ جَبَلَة اتى عمر بن الخطّاب وهو على نصرانيّته فعرض عمر عليه الاسلام واداء الصدقة فأَبى ذلك وقال اقيم على دينى واؤدّى الصدقة فقال عمر ان اقمت على دينك فأدّ الجزية فانف منها فقال عمر ما عندنا لك الّا واحدة من ثلاث امّا الاسلام وامّا اداء الجزية وامّا الذهاب الى حيث شئتَ فدخل بلاد الروم فى ثلثين الفًا فلمّا بلغ ذلك عمر ندم وعاتبه عُبَادَة بن الصّامِت فقال لو قبلت منه الصدقة ثمّ تالّفته لاسلم، وانّ عمر رضه وجّه فى سنة ٢١ عُمَيْر بن سعد الانصارى الى بلاد الروم فى جيش عظيم وولّاه الصائفة وهى اوّل صائفة كانت وامره ان يتلطّف لجَبَلَة بن الأَيْهَم ويستعطفه بالقرابة بينهما ويدعوه الى الرجوع الى بلاد الاسلام على ان يؤدّى ما كان بذل من الصدقة ويقيم على دينه فسار عُمَير حتّى دخل بلاد الروم وعرض على جَبَلَة ما امره عمر بعرضه عليه فأبى الّا المقام فى بلاد الروم وانتهى[c] عُمَير الى موضع يعرف بالحِمَار وهو

---

a) B. وقال. b) Additur in utroque Cod. المزنى cum signo delendi. c) B. فانتهى.

وادٍ فاوقع باهله واخربه فقيل اخرب من جوف حِمارٍ[a] ، قالوا ولمّا بلغ هرقل خبر اهل اليَرْمُوك وايقاع المسلمين بجنده هرب من انطاكية الى قسطنطينيّة فلمّا جاوز الدَّرْب قال عليك يا سُورِيَة السلام ونعم البلد هذا للعدوّ يعنى ارض الشام[b] لكثرة مراعيها ، وكانت وقعة اليَرْمُوك فى رجب سنة ١٥ ، قال هشام بن الكلبى شهد اليَرْمُوك حُبَاش بن قيس القُشَيْرى فقتل من العلوج خلقًا وقُطِعت رجله وهو لا يشعر ثمّ جعل ينشدها فقال سَوَّار بن أَوْفَى

وَمِنَّا ٱبْنُ عَتَّابٍ وَنَاشِدُ رِجْلِهِ   وَمِنَّا ٱلَّذِى أَدَّى الَى ٱلْحَىِّ حَاجِبَا

يعنى ذا الرُّقَيْبة[c] ، وحدّثنى ابو حفص الدمشقى قال حدّثنا سعيد بن عبد العزيز قال بلغنى انّه لمّا جمع هِرَقْل للمسلمين الجموع وبلغ المسلمين اقبالهم اليهم لوقعة اليَرْمُوك ردّوا على اهل حِمْص ما كانوا اخذوا منهم من الخراج وقالوا قد شُغلنا عن نصرتكم والدفع عنكم فانتم على امركم فقال اهل حمص لَولايتكم وعدلكم احبّ الينا ممّا كنّا فيه من الظلم والغشم ولندفعنّ جند هِرَقْل عن المدينة مع عاملكم ونهض اليهود فقالوا والتورية لا يدخل عامل هِرَقْل مدينة حمص الّا ان نُغلب ونُجهَد[d] فاغلقوا الابواب وحرسوها وكذلك فعل اهل المدن الّتى صولحت من النصارى واليهود وقالوا ان ظهر الروم واتباعهم على المسلمين صرنا الى ما كنّا عليه والّا فانّا على امرنا ما بقى للمسلمين عدد فلمّا هزم الله الكفرة واظهر المسلمين فتحوا
161 مدنهم واخرجوا المقلّسين فلعبوا وادّوا الخراج ، وسار ابو عبيدة الى جند قِنَّسْرِين وانطاكية ففتحها ، وحدّثنى العبّاس بن هشام الكلبى عن ابيه عن جدّه قال ابلى السِّمْط بن الأَسْوَد الكندى بالشام وبحمص خاصّة وفى

a) V. Freytag *Prov.*, I, p. 231 (66), 462 (122), II, p. 384 (222); cf. I, p. 335 (187) et Bekrí in v. جوف. b) ? Codd. الروم. c) Nomen hujus viri erat Málik (*Qámus*). d) B. ونجهدنا.

يوم اليَرْمُوك وهو الّذى قسم منازل حمص بين اهلها وكان ابنه شُرَحْبِيل ابن السِّمْط بالكوفة مقاومًا للأَشْعَث بن قَيْس الكندى فى الرياسة فوفد السِّمْط الى عمر فقال له يامير المومنين انّك لا تفرق بين السبى وقد فرقت بينى وبين ولدى فحوّله الى الشام او حوّلنى الى الكوفة فقال بل احوّله الى الشام فنزل حمص مع ابيه ؞

أَمْرُ فِلَسْطِين

حدّثنى ابو حفص الدمشقى عن سعيد بن عبد العزيز عن اشياخه وعن بَقِيَّة بن الوليد عن مشايخ من اهل العلم قالوا كانت اوّل وقعة واقعها المسلمون الروم فى خلافة ابى بكر الصِّدّيق رضه[a] ارض فِلَسْطِين وعلى الناس عمرو بن العاصى ثمّ انّ عمرو بن العاصى فتح غَزَّة فى خلافة ابى بكر رضه ثمّ فتح بعد ذلك سَبَسْطِيَة[b] ونَابُلُس على ان اعطاهم الامان على انفسهم واموالهم ومنازلهم وعلى انّ الجزية على رقابهم والخراج على ارضهم ثمّ فتح مدينة لُدّ وارضها ثمّ فتح يُبْنَى وعَمَوَاس[c] وبَيْت جَبْرِين واتّخذ بها ضيعةً تدعى عَجْلان باسم مولى له وفتح يَافَا ويقال فتحها معاوية وفتح عمرو رَفَح على مثل ذلك ؞ وقدم عليه[d] ابو عبيدة بعد ان فتح قِنَّسْرِين ونواحيها وذلك فى[e] سنة ١٦ وهو محاصر اِيلِيَاء واِيلِيَاء 162
مدينة بيت المقدّس فيقال انّه وجّهه الى انطاكية من[f] اِيلِيَاءً وقد غدر اهلها ففتحها ثمّ عاد فاقام يومين او ثلثة ثمّ طلب اهل اِيلِيَاءً من ابى عبيدة الامان والصلح على مثل ما صولح عليه اهل مدن الشام من

a) Desunt quaedam v. c. بداثن من; cf. p. 129. b) B. سبسطيّه. c) A. عَمْواس.
d) B. om. e) A. om. f) A. من انطاكية الى, cf. infra p. 172.

اداء الجزية والخراج والدخول فى ما دخل فيه نظراؤهم على ان يكون المتولّى للعقد لهم[a] عمر بن الخطّاب نفسه فكتب ابو عبيدة الى عمر بذلك فقدم عمر فنزل الجَابِيَة من دِمَشْق ثمّ صار الى إيلِيَاء فانفذ صلح اهلها وكتب لهم به وكان فتح إيلِيَاء فى سنة ١٧ ❊ وقد رُوِىَ فى فتح إيلِيَاء وجه آخر ❊ حدّثنى القٰسم بن سلّام قال حدّثنا عبد الله بن صالح عن الليث بن سعد عن يزيد بن ابى حَبيب انّ عمر بن الخطّاب بعث خٰلد بن ثابت الفَهْمى الى بيت المقدّس فى جيش وهو يومئذ بالجَابِيَة فقاتلهم فاعطوه على ما احاط به حصنهم شيئًا يؤدّونه ويكون للمسلمين ما كان خارجًا فقدم عمر فاجاز ذلك ثمّ رجع الى المدينة ❊ وحدّثنى هشام بن عمّار عن الوليد عن الأَوْزَاعِىّ انّ ابا عبيدة فتح قِنَّسْرِين وكورها سنة ١٦ ثمّ اتى فِلَسْطِين فنزل إيلِيَاء فسألوه ان يصالحهم فصالحهم فى سنة ١٧ على ان يقدم عمر رحه فينفذ ذلك ويكتب لهم به ❊ حدّثنى هشام بن عمّار قال حدّثنى الوليد بن مُسْلِم عن تَميم بن عَطِيّة عن عبد الله بن قيس قال كنت فيمن يلقى عمر مع ابى عبيدة مقدمَه الشام فبينما عمر يسير اذ لقيه المُقَلِّسون من اهل أَذْرِعَات بالسيوف والريحان فقال عمر
163 مَهْ امنعوهم فقال ابو عبيدة يا امير المومنين هذه سنّتهم (او كلمة نحوها) وانّك ان منعتهم منها يروا[b] انّ فى نفسك نقضًا لعهدهم فقال دعوهم ❊ قال فكان طاعون عَمَوَاس سنة ١٨ فتوفّى فيه خلق من المسلمين منهم ابو عبيدة ابن الجرّاح مات وله ٥٨ سنة وهو امير ومُعَاذ بن جَبَل احد بنى سَلِمَة من الخزرج[c] ويكنّى ابا عبد الرحمٰن توفّى بناحية الأُقْحُوَانَة من الأُرْدُنّ وله ٣٨ سنة وكان ابو عبيدة لمّا احتضر استخلفه ويقال استخلف عِيَاض بن غَنْم الفِهْرى ويقال بل استخلف عمرو بن العاصى فاستخلف

a) B. om. b) A. يبرون. c) In *Tabulis* Wüstenfeldi ad Odey, fratrem Salimae refertur.

عمرو ابنه ومضى الى مصر والفضل بن العبّاس بن عبد المطّلب ويكنّى ابا محمّد وقوم يقولون انّه استشهد بأَجْنَادِينَ والثبت انّه توفّى فى طاعون عَمَوَاس وشُرَحْبِيل بن حَسَنَة ويكنّى ابا عبد الله مات وهو ابن ٦٩ سنة وسُهَيْل بن عمرو احد بنى عامر بن لُؤَىّ ويكنّى ابا يزيد والحرث ابن هشام بن المغيرة المخزومى وقيل انّه استشهد يوم أَجْنَادِينَ ،، قالوا ولمّا اتت عمر بن الخطّاب وفاة ابى عبيدة كتب الى يزيد بن ابى سفين بولاية الشام مكانه وامره ان يغزو قَيْسارية وقال قوم انّ عمر انّما ولّى يزيد الأُرْدُنّ وفِلَسْطِينَ وانّه ولّى دِمَشْق ابا الدَّرْدَاء وولّى حِمْص عُبادَة بن الصّامت ،، وحدّثنى محمّد بن سعد قال حدّثنى الواقدى قال اختلف علينا فى امر قَيْسارية[a] فقال قائلون فتحها معوية وقال اخرون بل فتحها عِيَاض بن غَنْم بعد وفاة ابى عبيدة وهو خليفته وقال قائلون بل فتحها عمرو بن العاصى وقال قائلون خرج عمرو بن العاصى الى مصر وخلّف 164
ابنه عبد الله فكان الثبت من ذلك والّذى اجتمع عليه العلماء انّ اوّل الناس الّذى[b] حاصرها عمرو بن العاصى نزل عليها فى جمدى الاولى سنة ١٣ فكان يقيم عليها ما اقام فاذا كان للمسلمين اجتماع فى امر عدوّهم سار اليهم فشهد أَجْنَادِينَ وفِحْل والمَرْج[c] ودِمَشْق واليَرْمُوك ثمّ رجع الى فلسطين فحاصرها بعد إِيلِيَاء ثمّ خرج الى مصر من قَيْسارية وولى يزيد ابن ابى سفين بعد ابى عُبيدة فوكّل اخاه معوية بمحاصرتها وتوجّه الى دِمَشْق مطعونًا فمات بها ،، وقال غير الواقدى ولّى عمر يزيد بن ابى سفين فِلَسْطِين معما ولّاه من اجناد الشام وكتب اليه يامره بغزو قَيْسارية وقد كانت حوصرت قبل ذلك فنهض اليها فى سبعة عشر الفًا فقاتله

---

a) حاشية in B. قيسارية مدينة بين عكا ويافا على ساحل البحر. b) الذى in Codd. deëst. c) A. المرج.

اهلها ثمّ حصرهم ومرض فى اخر سنة ١٨ فمضى الى دِمَشْق واستخلف على قَيْسارية اخاه معٰوية بن ابى سفيٰن ففتحها وكتب اليه بفتحها فكتب به يزيد الى عمر، ولمّا توفّى يزيد بن ابى سفيٰن كتب عمر الى معٰوية بتوليته ما كان يتولّاه فشكر ابو سفيٰن ذلك له وقال وصلتك يامير المومنين رحم[a] ، وحدّثنى هشام بن عمّار قال حدّثنى الوليد بن مُسْلِم عن تَميم بن عَطِيّة قال ولّى عمر معاوية بن ابى سفيٰن الشام بعد يزيد وولّى معه رجلَيْن من اصحاب رسول الله صلعم الصلاة والقضاء فولّى ابا الدَّرْداء
165 قضاء دِمَشْق والأُرْدُنّ وصلاتهما وولّى عُبَادَة قضاء حمص وقِنَّسْرِينَ وصلاتهما ،
وحدّثنى محمّد بن سعد عن الواقدى فى اسناده قال لمّا ولّى عمر بن الخطّاب معٰوية الشام حاصر قَيْسارية حتّى فتحها وقد كانت حوصرت نحوًا من سبع سنين وكان فتحها فى شوّال سنة ١٩ ، وحدّثنى محمّد ابن سعد عن محمّد بن عمر عن عبد الله بن عامر فى اسناده قال حاصر معٰوية قَيْسارية حتّى يئس من فتحها وكان عمرو بن العاصى وابنه حاصراها ففتحها معاوية قسرًا فوجد بها من المرتزقة سبعمائة الف ومن السامرة ثلثين الفًا ومن اليهود مائتى الف ووجد بها ثلثمائة سوق قائمة كلُّها وكان يحرسها فى كلّ ليلة على سورها مائة الف وكان سبب فتحها انّ يهوديًّا يقال له يوسف اتى المسلمين ليلًا فدلّهم على طريق فى سرب فيه الماء الى حقو[b] الرجل على ان امنوه واهله وانفذ معاوية ذلك ودخلها المسلمون فى الليل وكبّروا فيها فاراد الروم ان يهربوا من السرب فوجدوا المسلمين عليه وفتح المسلمون الباب فدخل معاوية ومن معه وكان بها خلق من العرب وكانت فيهم شَقْراء التى يقول فيها حسّان بن ثابت

تَقُولُ شَقْرَآءُ لَوْ صَحَوْتَ عَنِ ٱلْـخَمْرِ لَأَصْبَحْتَ مُثْرِيَ ٱلْعَدَدِ

---

a) Eadem verba infra p. 528 tribuuntur Abbáso ibno'l-Mottalib. *b*) Qodáma حقوى.

ويقال انّ اسمها شَعْثَاءُ[a] ،، وحدّثنى محمّد بن سعد عن الواقدى فى اسناده انّ سبى قَيْسارِيَة بلغوا اربعة الف راس فلمّا بعث به[b] معوية الى عمر بن الخطّاب امر بهم فانزلوا الجُرْف ثمّ قسمهم على يتامى الانصار
166 وجعل بعضهم فى الكتاب[c] والاعمال للمسلمين وكان ابو بكر الصّدّيق رضه اخدم بنات ابى[d] أُمَامَة أَسْعَد بن زُرَارَة خادمين من سبى عين التَّمْر فماتا فاعطاهنّ عمر مكانهما من سبى قَيْسارِيَة ،، قالوا ووجّه معوية بالفتح مع رجلين من جُذَام ثمّ خاف ضعفهما عن المسير فوجّه رجلًا من خَثْعَم فكان الخَثْعَمى يجهد نفسه فى السير والسُّرَى وهو يقول

أَرَّقَ عَيْنَىَّ أَخُو جُذَامِ أُخَىُّ جُشْمٍ[e] وَأَخُو حَرَامِ[f]
كَيْفَ أَنَامُ وَهُمَا أَمَامِى اِذْ يَرْحَلَانِ وَٱلْهَجِيرُ طَامِ

فسبقهما ودخل على عمر فكبّر عمر ،، وحدّثنى هشام بن عمّار فى اسناد له لم احفظه انّ قَيْسارِيَة فُتحت قسرًا فى سنة ١٩ فلمّا بلغ عمر فتحها نادى انّ قَيْسارِيَة فُتحت قسرًا وكبّر وكبّر المسلمون وكانت حوصرت سبع سنين وفتحها معوية ،، قالوا وكان موت يزيد بن ابى سفين فى اخر سنة ١٨ بدمشق ،، فمن قال انّ معوية فتح قَيْسارِيَة فى حياة اخيه قال انّها فتحت فى اخر سنة ١٨ ومن قال انّه فتحها فى ولايته الشام قال فتحت فى سنة ١٩ وذلك الثبت وقال بعض الرواة انّها فتحت فى اوّل سنة ٢٠ ،، قالوا وكتب عمر بن الخطّاب رضه الى معوية يامره بتتبُّع[g] ما بقى من فلسطين ففتح عَسْقَلَان صلحًا بعد[h] كيد ،، ويقال انّ عمرو بن العاصى كان فتحها ثمّ نقض اهلها وامدّهم الروم ففتحها معوية واسكنها الروابط

a) In Diváno Hassáni (Cod. Berol.) scribitur شعثاء; ibidem pro صحوت est تُـفيق, pro الكاس l. الخمر et لالفيت pro لاصبحت. b) B. om. c) Qodáma المكاتب. d) B. بنى. e) Pro جُشَم, A. حُسم. f) A. حَرَام, B. جدام. g) A. يتتبع, B. بتتبع. h) Qodáma بغير.

ووكّل بها لحفظه ، وحدّثنى بكر بن الهَيْثَم قال سمعت محمّد بن يوسف
167 الفاريابى يُحدّث عن مشايخ من اهل عَسْقَلان انّ الروم اخربت عَسْقَلان
واجلت اهلها عنها فى ايّام ابن الزبير فلمّا ولى عبد الملك بن مروٰن بناها
وحصّنها ورمّ ايضًا قَيْسارية ، وحدّثنى محمّد بن مُصَفّى قال حدّثنى ابو
سليمٰن الرملى عن ابيه انّ الروم خرجت فى ايّام ابن الزبير الى قيسارية
فشعّثتها وهدمت مسجدها فلمّا استقام لعبد الملك بن مروٰن الامر رمّ
قَيْسارية واعاد مسجدها واشحنها بالرجال وبنا صُور وعَكّا الخارجة وكانت
سبيلهما مثل سبيل قيسارية ، وحدّثنى جماعة من اهل العلم بامر الشام
قالوا ولّى الوليد بن عبد الملك سليمٰن بن عبد الملك جند فلسطين
فنزل لُدّ ثمّ احدث مدينة الرَّمْلَة ومصّرها وكان اوّل ما[a] بنى منها قصره
والدار الّتى تعرف بدار الصبّاغين وجعل فى الدار صهريجًا متوسّطًا لها
ثمّ اختطّ للمسجد خطّةً وبناه فولى الخلافة قبل استتمامه ثمّ بنى فيه
بعدُ فى خلافته ثمّ اتمّه عمر بن عبد العزيز ونقص من الخطّة وقال اهل
الرَّمْلَة يكتفون بهذا المقدار الّذى اقتصرتُ بهم عليه ، ولمّا بنى سليمٰن
لنفسه اذن للناس فى البناء فبنوا واحتفر لاهل الرَّمْلَة قناتهم الّتى تدعى
بَرَدَة[b] واحتفر ابارًا وولّى النفقة على بنائه بالرَّمْلَة ومسجد الجماعة كاتبًا له
نصرانيًّا من اهل لُدّ يقال له البَطْرِيق بن النكا ولم تكن مدينة الرَّمْلَة
قبل سليمٰن وكان موضعها رملة ، قالوا وقد صارت دار الصبّاغين لورثة
168 صٰلح بن على بن عبد الله بن العبّاس لانّها قُبضت مع اموال بنى
اميّة ، قالوا وكان بنو اميّة ينفقون على ابار الرملة وقناتها بعد سليمٰن بن
عبد الملك فلمّا استخلف بنو العبّاس انفقوا عليها وكان الامر فى تلك

a) B. من.   b) Qodáma vocales dat. In A. signum additum est, quo solet significari vocabulum corruptum vel delendum esse.

النفقة يخرج فى كلّ سنة من خليفة بعد خليفة فلمّا استخلف امير المومنين ابو اسحٰق المعتصم بالله اسجل بتلك النفقة سجلًّا فانقطع الاستئمار وصارت جارية يحتسب بها العُمّال فيُحسَبُ لهم ❊ قالوا وبفلسطين فُروزٌ[a] بسجلّات من الخلفاء مفردة من خراج العامّة وبها التخفيف والردود وذاك انّ ضياعاً رُفِضت فى خلافة الرشيد وتركها اهلها فوجّه امير المومنين الرشيد هَرْثَمَة بن أَعْيَن لعمارتها فدعا قوماً من مزارعيها وأَكَرَتها الى الرجوع اليها على ان يخفّف عنهم من خراجهم ولين معاملتهم فرجعوا فاوليك اصحاب التخافيف وجاء قوم منهم بعدُ فُرُدّت عليهم ارضوهم على مثل ما كانوا عليه فهم اصحاب الردود ❊ وحدّثنى بكر بن الهَيْثَم قال لقيتُ رجلًا من العرب بعَسْقَلان فاخبرنى انّ جدّه ممّن اسكنه ايّاها عبد الملك واقطعه بها قطيعة معمن اقطع من المرابطة قال وارانى ارضًا فقال هذه من قطائع عثمان بن عفّان قال بكر وسمعتُ محمّد بن يوسف الفاريابى يقول بعَسْقَلان هاهنا قطائع اقطعت بامر عمر وعثمان لو دخل فيها رجل لم اجد بذلك باسًا ❊

أَمْرُ جُنْد قِنَّسْرِينَ[b] وَٱلْمُدُنِ ٱلَّتِى تُدْعَى ٱلْعَوَاصِمُ

169 قالوا سار ابو عبيدة ابن الجَرّاح بعد فراغه من امر اليَرْمُوك الى حِمْص فاستقراها ثمّ اتى قِنَّسْرِينَ وعلى مقدمته خٰلد بن الوليد فقاتله اهل مدينة قِنَّسْرِينَ ثمّ لجأُوا الى حصنهم وطلبوا الصلح فصالحهم ابو عبيدة على مثل صلح حمص وغلب المسلمون على ارضها وقراها وكان حاضر قِنَّسْرِينَ لتَنُوخ مذ اوّل ما تنخوا[c] بالشام نزلوه وهم فى خيم الشعر ثمّ

a) A. قَرُوز, B. فرون. b) A. فِنسرِينَ, cf. *L. G.* c) A. تناجوا, B تَنَحُّوا.

ابتنوا به المنازل فدعاهم ابو عبيدة الى الاسلام فاسلم بعضهم واقام على
النصرانيّة بنو سَليح[a] بن حُلْوَان بن عِمْرَان بن الحَاف بن قُضَاعَة، فحدّثنى
بعض ولد يزيد بن حُنَين الطائى الانطاكى عن اشياخهم انْ جماعة
من اهل ذلك الحاضر اسلموا فى خلافة امير المومنين المهدى فكتب على
ايديهم بالخُضرة قِنَّسْرِين ، ثمّ سار ابو عبيدة يريد حَلَب فبلغه انّ
اهل قِنَّسْرِينَ قد نقضوا وغدروا فوجّه اليهم السِّمْط بن الاسود الكندى
فحصرهم ثمّ فتحها ، حدّثنى هشام بن عمّار الدمشقى قال حدّثنا
يحيى بن حمزة عن ابى عبد العزيز عن عُبَادَة[b] بن نُسَىٍّ عن عبد
الرحمٰن بن غَنْم قال رابطنا مدينة قِنَّسْرِينَ مع السِّمْط (او قال شُرَحْبيل
ابن السِّمْط) فلمّا فتحها اصاب فيها بقرًا وغنمًا فقسم فينا طائفة منها وجعل
بقيتها فى المغنم ، وكان حاضر طيّئٍ[c] قديمًا نزلوه بعد حرب الفساد الّتى
كانت بينهم حين نزلوا الجبلَيْن من نزل منهم وتفرّق باقوهم فى البلاد فلمّا
ورد ابو عبيدة عليهم اسلم بعضهم وصالح كثير منهم على الجزية ثمّ اسلموا
بعد ذلك بيسير الّا من شذّ عن جماعتهم، وكان بقرب مدينة حَلَب
حاضر تدعى حاضر حَلَب يجمع اصنافًا من العرب من تَنُوخ وغيرهم فصالحهم
ابو عبيدة على الجزية ثمّ انّهم اسلموا بعد ذلك[d] فكانوا مقيمين واعقابهم 170
به الى بُعَيد وفاة امير المومنين الرشيد ثمّ انّ اهل ذلك الحاضر حاربوا اهل
مدينة حَلَب وارادوا اخراجهم عنها فكتب الهاشميّون من اهلها الى جميع
من حولهم من قبائل العرب يستنجدونهم فكان اسبقهم الى انجادهم
واغاثتهم[e] العبّاس بن زُفَر بن عاصم الهِلالى بالخُوَلة لانّ امّ عبد الله بن

---

a) A. سُلَيح. b) In edit. Ibn Doraid, p. ٣٢٣ scribitur عِبَادَة, quam formam non memorat Dsahabí in *Moschtabih*. c) Cf. *Moschtarik*, p. ١١٨. d) Haec inde a بيسير in A. desunt. e) A. واعادتهم, B. واغاثتهم, cf. supra p. ١٣٦ b.

العبّاس لُبَابَة بنت الحرث بن حَزْن[a] بن بُجَيْر بن الهُزَم الهِلَالِيَّة فلم يكن
لاهل ذلك الحاضر به وبمن معه طاقة فاجلوهم عن حاضرهم واخربوه وذلك
فى ايّام فتنة محمّد بن الرشيد فانتقلوا الى قِنَّسْرِين فتلقّاهم اهلها بالاطعمة
والكُسَى فلمّا دخلوها ارادوا التغلّب عليها فاخرجوهم عنها فتفرّقوا فى البلاد
فمنهم قوم بتَكْرِيت قد رايتُهم ومنهم قوم بارمينية وفى بلدان كثيرة
متباينة[b] ، واخبرنى امير المومنين المتوكّل رحه قال سمعتُ شيخًا من مشايخ
بنى صالح بن على بن عبد الله بن عبّاس يحدّث امير المومنين المعتصم
بالله رحه سنة غزا عَمُّورِيَّة قال لمّا ورد العبّاس بن زُفَر الهِلَالى حَلَب لاغاثة
الهاشميّين ناداه نسوة منهم يا خال نحن بالله ثمّ بك فقال لا خوف
عليكم ان شاء الله خذلنى الله ان خذلتكم ، قال وكان حيار[c] بنى
القَعْقَاع بلدًا معروفًا قبل الاسلام وبه كان مقيل المُنْذِر بن مَاء السَّمَاء
اللَّخمى ملك الحيرة فنزله بنو القَعْقَاع بن خُلَيْد بن[d] جَزْء بن الحرث بن
زُهَير بن جَذِيمَة بن رَوَاحَة بن ربيعة بن مازن بن الحرث بن قُطَيْعَة بن 171
عَبْس بن بَغِيض اوطنوه فنُسب اليهم ، وكان عبد الملك بن مروان اقطع
القَعْقَاع به قطيعة واقطع عمّه العبّاس بن جَزْء بن الحرث قطائع اوغرها
له الى اليمن فاوغرت بعده وكانت او اكثرها مواتًا وكانت وَلَّادة بنت العبّاس
ابن جَزْء[f] عند عبد الملك فولدت له الوليد وسليمن ، قالوا ورحل ابو
عبيدة الى حَلَب وعلى مقدمته عِيَاض بن غَنْم الفِهْرى وكان ابوه يسمّى
عبد غَنْم فلمّا اسلم عِيَاض كره ان يقال[g] عبد غَنْم فقال انا عِيَاض بن غَنْم
فوجد اهلها قد تحصّنوا فنزل عليها فلم يلبثوا ان طلبوا الصلح والامان

---

a) B. حرب. *b*) A. متباينه. *c*) A. حياز; v. *L. G.* et Abu'l-Feda, p. ٢٣٣. Jacut: جمع حَيْر وهو شبه الحظيرة او الحمى. *d*) Hinc haec genealogia datur a Wüstenfeld H. 20. *e*) A. الحرن. *f*) B. om. ابن جزء. *g*) A. يقول.

على انفسهم واموالهم[a] وسور مدينتهم وكنائسهم ومنازلهم والحصن الّذى بها فأُعطوا ذلك فاستثنى عليهم موضع المسجد وكان الّذى صالحهم عليه عِيَاض فانفذ ابو عبيدة صلحَه ، وزعم بعض الرواة انّهم صالحوا على حقن دمائهم وان يقاسموا انصاف منازلهم وكنائسهم وقال بعضهم انّ ابا عبيدة لم يصادف بحَلَب احدًا وذلك انّ اهلها انتقلوا الى انطاكية وانّهم انّما صالحوه عن مدينتهم وهم بانطاكية راسلوه فى ذلك فلمّا تمّ صلحهم رجعوا الى حَلَب ، قالوا وسار ابو عبيدة من حَلَب الى انطاكية وقد تحصّن بها خلق من اهل جند قِنَّسْرِين فلمّا صار بمهروبة[b] وهى على قريب فرسخين من مدينة انطاكية لقيه جمع للعدوّ ففضّهم والجأهم الى المدينة وحاصر اهلها من جميع ابوابها وكان معظم الجيش على باب فارس والباب الّذى يدعى باب البحر ثمّ انّهم صالحوه على الجزية والجلاء فجلا بعضهم واقام 172 بعضهم فامنهم ووضع على كلّ حالم منهم دينارًا وجريبًا ثمّ نقضوا العَهْدَ فوجّه اليهم ابو عبيدة عِيَاض بن غَنْم وحَبيب بن مَسْلَمَة ففتحاها على الصلح الاوّل، ويقال بل نقضوا بعد رجوعه الى فِلَسْطِين فوجّه عمرو بن العاصى من إيلِيَاء ففتحها ثمّ رجع فمكث يسيرًا حتّى طلب اهل ايلياء الامان والصلح والله اعلم ، وحدّثنى محمّد بن سَهْم الانطاكى عن ابى صالح الفَرّاء قال قال مَخْلَد[c] بن الحسين سمعت مشايخ الثغر يقولون كانت انطاكية عظيمة الذكر والامر عند عمر وعثمان فلمّا فتحت كتب عمر الى ابى عبيدة ان رتّب بانطاكية جماعة من المسلمين اهل نيات وحسبة واجعلهم بها مرابطة ولا تحبس عنهم العطاء ثمّ لمّا ولّى معوية

a) B. واولادهم pro واموالهم, ut supra p. 151. b) Codd. بمهروبه, Qodáma بقرية مهروبة.
c) In edit. Abu'l-Mahásin, I, p. ٥٣٩, ٥٤١ scribitur مُخَلَّد; non vero inter viros sic nuncupatos numeratur in *Moschtabih*, et infra in Codd., p. 183 perspicue est مخلد.

كتب اليه بمثل ذلك ثمّ انّ عثمان كتب اليه يامره ان يلزمها قومًا وان يقطع قطائع ففعل قال ابن سَهْم وكنتُ واقفًا على جسر انطاكية على الأُرْنْط فسمعتُ شيخًا مُسِنًّا من اهل انطاكية وانا يومئذٍ غلام يقول هذه الارض قطيعة من عثمان لقوم كانوا فى بعث ابى عبيدة اقطعهم ايّاها ايّام ولاية عثمان معوية الشام ، قالوا ونقل معوية بن ابى سفين الى انطاكية فى سنة ٤٢ جماعة من الفُرس واهل بَعْلَبَكّ وحِمْص ومن المصرَيْن فكان منهم مُسْلِم بن عبد الله جدّ عبد الله بن حَبيب بن النعمان بن مُسْلِم الانطاكى وكان مُسْلِم قُتل على باب من ابواب انطاكية يعرف اليوم بباب مُسْلِم[a] وذلك انّ الروم خرجت من الساحل فاناخت على انطاكية فكان
173 مُسْلِم على السور فرماه علج بحجر[b] فقتله ، وحدّثنى جماعة من مشايخ اهل انطاكية منهم ابن بُرْد[c] الفقيه انّ الوليد بن عبد الملك اقطع جندًا بانطاكية ارض سُلُوقِيَة عند الساحل وصيّر الفِلثر (وهو الجريب) بدينار ومدى قمح فعمّروها وجرى ذلك لهم وبنى حصن سُلُوقِيَة ، قالوا وكانت ارض بَغْراس لمَسْلَمَة بن عبد الملك فوقفها فى سبيل البرّ وكانت عين السَّلُّور وبحيرتها له ايضًا وكانت الاسكندرية له ثمّ صارت لرَجاء مولى المهدى اقطاعًا يورثه منصور وابراهيم ابنا المهدى[d] ثمّ صارت لابرهيم بن سعيد الجَوْهَرى ثمّ لاحمد بن ابى داود الايَادى ابتياعًا ثمّ انتقل ملكها الى امير المومنين المتوكّل على الله رحمه ، فحدّثنى ابن برد الانطاكى وغيره قالوا[e] اقطع مَسْلَمَة بن عبد الملك قومًا من ربيعة قطائع فقُبضت وصارت بعدُ للمامون وجرى امرها على يد صالح الخازن صاحب الدار[f] بانطاكية ،

---

a) A. مسلمه. *b*) A. om. *c*) Codd. hic et deinde برد. *d*) Haec inde ab اقطاعا in A. desunt. *e*) B. قال. *f*) I. e. صاحب دار صالح. Eodem modo infra p. 195 in verbis دار ابى سليم وابو سليم هذا هو صاحب الدار بانطاكية intelligitur in illa urbe.

قالوا وبلغ ابا عبيدة انّ جمعًا للروم بين مَعَرّة[a] مِصْرِينَ وحَلَب فلقيهم
وقتل عدّة بطارقة وفضّ ذلك الجيش وسبى وغنم وفتح مَعَرّة[a] مِصْرِينَ على
مثل صلح حَلَب وجالت خيوله فبلغت بُوقَا[b] وفتحت قرى الجُومَة
وسَرْمِين ومَرْتحوان وتِيزِين وصالحوا اهل دير طايا[c] ودير الفسيلة على ان
يضيفوا من مرّ بهم من المسلمين واتاه نصارى خُنَاصِرَة فصالحهم وفتح ابو
عبيدة جميع ارض قِنّسْرِينَ وانطاكية ٭ حدّثنى العبّاس بن هشام عن
ابيه قال خُنَاصِرَة نُسبت الى خُنَاصِر بن عمرو[d] بن الحٰرث الكلبى ثمّ الكنانى
وكان صاحبها وبُطْنان حَبيب نسب الى حَبيب بن مَسْلَمَة الفِهْرى وذلك
174 انّ ابا عبيدة او عِيَاض بن غَنْم وجّهه من حَلَب ففتح حصنًا بها فنُسب
اليه ٭ قالوا وسار ابو عبيدة يريد قُورُس وقدّم امامه عِيَاضًا فتلقّاه راهب
من رهبانها يسأل الصلح عن اهلها فبعث به الى ابى عبيدة وهو بين
جَبْرِين[e] وتلّ أَعْزاز[f] فصالحه ثمّ اتى قُورُس فعقد لاهلها عهدًا واعطاهم مثل
الّذى اعطى اهل انطاكية وكتب للراهب كتابًا فى قرية له تدعى شرقينا[g]
وبثّ خيله فغلب على جميع ارض قُورُس الى اخر حدّ نِقَابُلُس ٭ قالوا
وكانت قُورُس كالمسلحة لانطاكية يانيها فى كلّ عام طالعة من جند انطاكية
ومقاتلتها ثمّ حُوّل اليها ربع من ارباع انطاكية وقطعت الطوالع عنها ٭
ويقال انّ سَلْمان بن ربيعة الباهلى كان فى جيش ابى عبيدة[h] مع ابى
أُمَامَة الصُدَىّ[i] بن عَجْلان صاحب رسول الله صلّعم فنزل حصنًا بقُورُس
فنسب اليه وهو يعرف بحصن سَلْمان ثمّ قفل من الشام فيمن أُمِدّ به

---

a) Codd. معاره. *b*) A. برما, B. برقا, Qodáma نوقا. *c*) Sic. *d*) Cf. *L. G.*, I, p. ٣٩٧ ubi locus ex *Qámus* describitur, in quo عروة pro عمرو exstat. *e*) *Moschtarik* جبرين. *f*) B. عزاز. Utroque modo scribitur v. Abu'l-Feda, p. ٢٣٢. *g*) ? A. سرقينا, B. شرقينا. *h*) A. عباده. *i*) A. صدى.

سعد بن ابى وقّاص وهو بالعراق وقبل انّ سَلْمان بن ربيعة كان غزا الروم بعد فتح العراق وقبل شخوصه الى ارمينية فعسكر عند هذا الحصن وقد خرج من ناحية مَرْعَش فنسب اليه وسَلْمان وزياد[a] من الصقالبة الّذين رتّبهم مرْوان بن محمّد فى الثغور وسمعتُ من يذكر انّ سَلْمان هذا رجل من الصقالبة نُسب اليه الحصن والله اعلم ° قالوا واتى ابو عبيدة حَلَب السّاجُور[b] وقدّم عِياضًا الى مَنْبِج ثمّ لحقه وقد صالح اهلها على مثل صلح انطاكية فانفذ ابو عبيدة ذلك وبعث عِياض بن غَنْم الى ناحية دُلُوك[c] ورَعْبان فصالحه اهلها على مثل صلح مَنْبِج واشترط عليهم ان ينجثوا
175 عن اخبار الروم ويكاتبوا بها المسلمين وولّى ابو عبيدة كلّ كورة فتحها عاملًا وضمّ اليه جماعة من المسلمين وشحن النواحى المخوفة ° قالوا ثمّ سار ابو عبيدة حتّى نزل عَرَاجِين[d] وقدّم مقدمته الى بَالِس وبعث جيشًا عليه حَبيب بن مَسْلَمَة الى قَاصِرِين وكانت بالس وقاصِرِين لاخوَيْن من اشراف الروم أُقْطِعَا القرى الّتى بالقرب منهما وجُعِلا حافظين لما بينهما من مدن الروم بالشام فلمّا نزل المسلمون بها صالحهم اهلها على الجزية والجلاء فجلا اكثرهم الى بلاد الروم وارض الجزيرة وقرية جسر مَنْبِج ولم يكن الجسر يومئذ انّما اتُّخذ فى خلافة عثمان بن عفّان رضه للصوائف ويقال بل كان له رسم قديم ° قالوا ورتّب ابو عبيدة ببَالِس جماعة من المقاتلة واسكنها قومًا من العرب الّذين كانوا بالشام فاسلموا بعد قدوم المسلمين الشام وقومًا لم يكونوا من البعوث نزعوا من البوادى من قيس واسكن قَاصِرِين قومًا ثمّ رفضوها او اعقابهم وبلغ ابو عبيدة الفُرات ثمّ رجع الى

---

a) Intelligi videtur Zijád ille, a quo urbs حصن زياد nomen traxit. Fortasse ante وسلمان quaedam exciderunt. b) V. *Moschtarik* in v. c) Codd. دلول. d) Quoque عرشين scribitur.

فَلَسْطِينَ وكانت بَالِس والقرى المنسوبة اليها فى حدّها الاعلى والاوسط والاسفل اعذاء عُشْرِيَّة فلمّا كان مَسْلَمَة بن عبد الملك بن مروٰن توجّه غازيًا للروم من نحو الثغور الجزريّة عسكر ببَالِس فاتاه اهلها واهل بُويلس [a] وقَاصِرِين وعَابِدِين [b] وصِفّين وهى قرى منسوبة اليها فاتاه اهل الحدّ الاعلى فسألوه جميعًا ان يحفر لهم نهرًا من الفُرات يسقى ارضهم على ان يجعلوا له الثلث من غلّاتهم بعد عشر السلطان الّذى كان ياخذه ففعل فحفر النهر المعروف بنهر مَسْلَمَة ووفوا له بالشرط ورمّ سور المدينة واحكمه
176 ويقال بل كان ابتداء الغرض من مَسْلَمَة وانّه دعاهم الى هذه المعاملة فلمّا مات مَسْلَمَة صارت بَالِس وقراها لورثته فلم تزل فى ايديهم الى ان جاءت الدولة المباركة وقبض عبد الله بن علىّ اموال بنى اميّة فدخلت فيها فاقطعها امير المومنين ابو العبّاس سليمٰنَ بن علىّ بن عبد الله بن العبّاس فصارت لابنه محمّد بن سليمٰن وكان جعفر بن سليمٰن اخوه يسعى به الى امير المومنين الرشيد رحه ويكتب اليه فيعلمه انّه لا مال له ولا ضيعة الّا وقد اجتاز اضعاف قيمته وانفقه فيما يرشح له نفسه وعلى من اتّخذ من الخَوَل وانّ امواله حلٌّ طلقٌ لامير المومنين وكان الرشيد يامر بالاحتفاظ بكتبه فلمّا توفّى محمّد بن سليمٰن أُخْرِجت كتبه الى جعفر واحتُجّ عليه بها ولم يكن لمحمّد اخ لابيه وامّه غيره فاقرّ بها وصارت امواله للرشيد فاقطع بالِس وقراها المامونَ رحه فصارت لولده من بعده ،، حدّثنى هشام ابن عمّار قال ثنا يحيى بن حمزة عن تَميم بن عَطِيّة عن عبد الله بن قيس الهَمْدَانى قال قدم عمر بن الخطّاب رضه الجَابِيَة فاراد قسمة الارض بين المسلمين لانّها فتحت عنوة فقال له مُعاذ بن جَبَل والله لئن قسمتها ليكوننّ ما نَكْرَهُ ويصير الشىء الكثير فى ايدى القوم ثمّ يبيدون فيبقى

a) Sic A., B. بُويلس. b) A. عابدين, cf. *Merácid* in v.

ذلك لواحد ثمّ ياتى من بعدهم قوم يسُدّون عن الاسلام مَسدًّا فلا يجدون شيئًا فانظر امرًا يسع اوّلهم واخرهم فصار الى قول مُعاذ ،، حدّثنى الحسين بن على بن الاسود العِجْلى عن يحيى بن ادم عن مشايخ من الجزريّين عن سليمٰن بن عَطَاء عن سَلَمَة الجُهَنى عن عمّه انّ صاحب
177 بُصْرَى ذكر انّه كان صالح المسلمين على طعام وزيت وخلّ فسأل عمر ان يكتب له بذلك وكذّبه ابو عبيدة وقال انّما صالحناه على شىء يُتْبَع[a] به المسلمون لمشتاهم ففرض عليهم الجزية على الطبقات والخراج على الارض ،، وحدّثنى الحسين قال ثنا محمّد بن عبد الأَحْدَبُ قال اخبرنا عبد الله ابن عمر عن نافع عن أَسْلَم مولى عمر انّ عمر كتب الى امراء الجزية ان لا يضربوها الّا على من جرت عليه الموسى وجعلها على اهل الذهب اربعة دنانير وجعل عليهم لارزاق المسلمين من الحنطة لكلّ رجل مُدْيَين ومن الزيت ثلٰثة اقساط بالشام والجزيرة مع اضافة من نزل بهم ثلٰثًا ،، وحدّثنى ابو حفص الشامى عن محمّد بن راشد عن مكحول قال كلّ عشريٍّ بالشام فهو ممّا جلا عنه اهله فأُقطعه المسلمون فاحيوه وكان مواتًا لا حقّ فيه لاحد فاحيوه باذن الولاة ،،

امر قُبْرُس

قال الواقدى وغيره غزا معٰوية بن ابى سفيٰن فى البحر غزوة قبرس الاولى ولم يركب المسلمون بحر الروم قبلها وكان معٰوية استاذن عمر فى غزو البحر فلم ياذن له فلمّا ولى عثمان بن عفّان كتب اليه يستاذنه فى غزوة[b] قبرس ويُعلمه قربها وسهولة الامر فيها فكتب اليه ان قد شهدتُ

a) A. ىسع, B. ىتبع. b) B. غزو.

ما ردّ عليك عمر رحمه حين استامرته فى غزو البحر فلمّا دخلت سنة ٢٧ كتب اليه يهوّن عليه ركوب البحر الى قبرس فكتب اليه عثمان فان ركبت البحر ومعك امرأتك فاركبه ماذونًا لك والّا فلا فركب البحر من عكّا ومعه مراكب كثيرة وحمل امرأته فاختة بنت قرظة[a] بن عبد عمرو
178 ابن نوفل بن عبد مناف بن قصىّ وحمل عبادة بن الصامت امرأته امّ
حرام بنت ملحان الانصاريّة وذلك فى سنة ٢٨ بعد انحسار الشتاء ويقال فى سنة ٢٩ فلمّا صار المسلمون الى قبرس فأرقوا الى ساحلها (وهى جزيرة فى البحر يكون فيما يقال ٨٠ فرسخًا فى مثلها) بعث اليهم أركونها يطلب الصلح وقد اذعن اهلها به فصالحهم على سبعة الف ومائتى دينار يؤدّونها فى كلّ عام وصالحهم الروم على مثل ذلك فهم يؤدّون خرجين واشترطوا ان لا يمنعهم المسلمون اداء الصلح الى الروم واشترط عليهم المسلمون ان لا يقاتلوا عنهم من ارادهم من ورائهم وان يؤذنوا المسلمين بسير عدوّهم من الروم فكان المسلمون اذا ركبوا البحر لم يعرضوا لهم ولم ينصرهم اهل قبرس ولم ينصروا[b] عليهم ،، فلمّا كانت سنة ٣٢ اعانوا الروم على الغزاة فى البحر[c] بمراكب اعطوهم ايّاها فغزاهم معاوية سنة ٣٣ فى خمس مائة مركب ففتح قبرس عنوة فقتل وسبى ثمّ اقرّهم على صلحهم وبعث اليها باثنى عشر الفًا كلّهم اهل ديوان فبنوا بها المساجد ونقل اليها جماعة من بعلبكّ وبنا بها مدينة واقاموا يعطون الاعطية الى ان توفّى معوية وولى بعده ابنه يزيد فاقفل ذلك البعث وامر بهدم المدينة ،، وبعض الرواة يزعم انّ غزوة معوية الثانية قبرس فى سنة ٣٥ ،، وحدّثنى محمّد بن مصفّى الحمصى عن الوليد قال بلغنا انّ يزيد بن معوية رشى مالًا عظيمًا

---

a) Cf. Ibn Doraid, p. ٥٥. Deëst genealogia Fákhitae in *Tab.* Wüstenfeldi V. 20.
b) Codd. add. بهم, sed in B. cum signo del. *c*) A. add. من المسلمين.

ذا قدر حتّى اقفل جند قبرس فلمّا قفلوا هدم اهل قبرس مدينتهم
ومساجدهم ،، وحدّثنى محمّد بن سعد عن الواقدى عن عبد السلٰم بن
179 موسى عن ابيه قال لمّا غُزِيَت قبرس الغزوة الاولى ركبت امّ حَرام بنت
مِلْحان مع زوجها عُبَادة بن الصّامت فلمّا انتهوا الى قبرس خرجت من
المركب وقُدمت اليها دابّة لتركبها فعثرت بها فقتلتها فقبرها بقبرس تدعى
قبر المرأة الصالحة ،، قالوا وغزا مع معٰوية ابو ايّوب خٰلد بن زيد بن
كُلَيب الانصارى وابو الدَّرْدَاء وابو ذَرّ الغِفارى وعُبادة بن الصامت وفَضالة
ابن عُبَيد الانصارى وعُمَير بن سعد بن عُبَيد الانصارى ووائِلَة بن الأَسْقَع
الكنانى وعبد الله بن بشر المازنى وشَدّاد بن أَوْس بن ثابت وهو ابن اخى
حسّان بن ثابت والمِقْداد وكَعْب الحَبْر بن مَاتِعٍ[a] وجُبَيْر بن نُفَيْر
الحضرمى ،، حدّثنى هشام بن عمّار الدمشقى قال نا الوليد بن مُسْلِم
عن صَفْوان بن عمرو انّ معٰوية بن ابى سفيٰن غزا قبرس بنفسه ومعه
امرأته ففتحها الله فتحًا عظيمًا وغنّم المسلمين غنمًا حسنًا ثمّ لم يزل
المسلمون يغزونهم حتّى صالحهم معٰوية فى ايّامه صلحًا دائمًا على سبعة
الف دينار وعلى النصيحة للمسلمين وانذارهم عدوّهم من الروم هذا او
نحوه[b] ،، قالوا وكان الوليد بن يزيد بن عبد الملك اجلى منهم خلقًا الى
الشام لامر اتّهمهم به فانكر الناس ذلك فردّهم يزيد بن الوليد بن عبد
الملك الى بلدهم وكان حُمَيْد بن مَعْيُوف الهَمْدانى غزاهم فى خلافة الرشيد
لحدث احدثوه فاسر منهم بشرًا ثمّ انّهم استقاموا للمسلمين فامر الرشيد
بردّ من اسر منهم فرُدّوا ،، حدّثنى محمّد بن سعد عن الواقدى فى اسناده
قال لم يزل اهل قبرس على صلح معٰوية حتّى ولى عبد الملك بن مرون
180 فزاد عليهم الف دينار فجرى ذلك الى خلافة عمر بن عبد العزيز فحطّها[c]

---

a) A. مانع ut Ibn Qotaiba, p. ٢١٩; cf. Nawáwí, p. ٥٢٣. b) Codd. ونحوه. c) A. فحط.

عنهم ثمّ لمّا[a] ولى هشام بن عبد الملك ردّها فجرى ذلك الى خلافة ابى
جعفر المنصور فقال نحن احقّ من انصفهم ولم نتكثّر بظلمهم فردّهم الى
صلح معاوية ». وحدّثنى بعض اهل العلم من الشاميّين وابو عبيد القٰسم
ابن سلّام قالوا احدث اهل قبرس حدثًا فى ولاية عبد الملك بن صالح
ابن على بن عبد الله بن عبّاس الثغور فاراد[b] نقض صلحهم والفقهاء
متوافرون فكتب الى اللَّيْث بن سعد ومٰلك بن انس وسفين بن عُيَيْنة
وموسى بن أَعْيَن واسمٰعيل بن عيّاش ويحيى بن حمزة وابى اسحٰق
الفزارى ومَخْلَد بن الحسين فى امرهم فاجابوه وكان فيما كتب به الليث بن
سعد انّ اهل قبرس قوم لم نزل نتّهمهم بغشّ اهل الاسلام ومناصحة اعداء
الله الروم وقد قال الله تعالى[c] وَإِمَّا تَخَافَنَّ مِنْ قَوْمٍ خِيَانَةً فَٱنْبِذْ إِلَيْهِمْ عَلَى
سَوَآءٍ ولم يَقُل لا تنبذ اليهم حتّى تستيقن خيانتهم وانّى ارى أن تنبذ
اليهم ويُنْظَروا سنة يأتمرون فمن احبّ منهم اللحاق ببلاد المسلمين على
ان يكون ذمّة يؤدّى الخراج قبلت ذلك منه ومن اراد ان ينتحى الى
بلاد الروم فعل ومن اراد المقام بقبرس على الحرب اقام فكانوا عَدُوًّا يُقَاتَلون
ويُغْزَون فانّ فى انظار سنة قطعًا لحجّتهم ووفاء بعهدهم» وكان فيما كتب
به مالك بن انس انّ امان اهل قبرس كان قديمًا متظاهرًا من الولاة لهم
وذلك لانّهم رأوا انّ اقرارهم على حالهم ذلّ وصغار لهم وقوّة للمسلمين عليهم
181 بما ياخذون من جزيتهم ويصيبون به من الفُرْصَة فى عدوّهم ولم اجد
احدًا من الولاة نقض صلحهم ولا اخرجهم عن بلدهم وانا ارى ان لا
تعجل بنقض عهدهم ومنابذتهم حتّى تتّجه الحجّة عليهم فانّ الله
يقول[d] فَأَتِمُّوا إِلَيْهِمْ عَهْدَهُمْ إِلَى مُدَّتِهِمْ فان هم لم يستقيموا بعد ذلك

---

a) B. فلما. b) B. فارادوا. c) Qor. 8 vs. 60. d) Qor. 9 vs. 4.

وَيَدَعُوا غشّهم ورايتَ انّ الغدر ثابت[a] منهم اوقعتَ بهم فكان ذلك بعد الاعذار فرُزقتَ النصر وكان بهم الذلّ والخزى ان شاء الله تعالى، وكتب سفيٰن بن عيينة انّا لا نعلم النبى صلعم عاهد قومًا فنقضوا العهد الّا استحلّ قتلهم غير اهل مكّة فانّه منّ عليهم وكان نقضهم انّهم نصّروا حُلَفَاءهم على حُلَفَاء رسول الله صلّعم من خُزاعة وكان فيما اخذ على اهل نَجْران ان لا ياكلوا الربا فحكم فيهم عمر رحمه حين اكلوه باجلائهم فاجماع[b] القوم انّه من نقض عهدًا فلا ذمّة له، وكتب موسى بن اعين قد كان يكون مثل هذا فيما خلا فيعمل الولاة فيه النظرة ولم ار احدًا ممّن مضى نقض اهل قبرس ولا غيرها ولعلّ عامّتهم وجماعتهم لم يمالـُـوا على ما كان من خاصّتهم وانا ارى الوفاء لهم والتمام على شرطهم وان كان منهم الّذى كان وقد سمعتُ الاوزاعى يقول فى قوم صالحوا المسلمين ثمّ اخبروا المشركين بعورتهم ودلّوهم عليها انّهم ان كانوا ذمّة فقد نقضوا عهدهم وخرجوا من ذمّتهم فان شاء الوالى قتل وصلب وان كانوا صلحًا لم يدخلوا فى ذمّة المسلمين نبذ اليهم الوالى على سواء ان الله لا يحبّ كَيْدَ[c] ٱلْخَآئِنِينَ، وكتب اسمٰعيل بن عيّاش اهل قبرس اذلّاء مقهورون يغلبهم
182 الروم على انفسهم ونسائهم فقد يحقّ علينا ان نمنعهم ونحميهم وقد كتب حبيب بن مسلمة لاهل تَفْلِيس فى عهده انّه ان عرض للمسلمين شغل عنكم وقهركم عدوّكم فانّ ذلك غير ناقض عهدكم بعد ان تفوا للمسلمين وانا ارى ان يقرّوا على[d] عهدهم وذمّتهم فانّ الوليد بن يزيد قد كان اجلاهم الى الشام فاستفظع ذلك المسلمون واستعظمه الفقهاء فلمّا ولى يزيد بن الوليد بن عبد الملك ردّهم الى قبرس فاستحسن المسلمون ذلك من فعله وراوه عدلًا، وكتب يحيى بن حمزة انّ امر قبرس كامر عَرَبْسُوس

a) A. (بانت) العذر دانت. b) B. واجماع. c) A. om., cf. Qor. 12 vs. 52. d) A. om.

فانّ فيها قدوة حسنة وسنّة متبعة وكان من امرها انّ عُمَير[a] بن سعد قال لعمر بن الخطّاب وقدم عليه انّ بيننا وبين الروم مدينة يقال لها عَرَبَسُّوس وانّهم يخبرون عدوّنا بعوراتنا ولا يظهرونا على عورات عدوّنا فقال عمر فاذا قدمت فخيّرهم ان تعطيهم مكان كلّ شاة شاتين ومكان كلّ بقرة بقرتين ومكان كلّ شيء شيئين فاذا رضوا بذلك فاعطهم ايّاه واجلِهم واخربها فان أَبوا فانبذ اليهم واجّلهم سنة ثمّ اخربها فانتهى عمير[a] الى ذلك فأَبوا فاجّلهم سنة ثمّ اخربها وكان لهم عهد كعهد اهل قبرس وترك[b] اهل قبرس على صلحهم والاستعانة بما يؤدّون على امور المسلمين افضل وكلّ اهل عهد لا يقاتل المسلمون من ورائهم[c] ويجرى عليهم احكامهم فى دارهم فليسوا بذمّة ولكنّهم اهل فدية يكفّ عنهم ما كفّوا ويُوفا لهم بعهدهم ما وفوا ورضوا[d] ويقبل عفوهم ما أَدّوا وقد رُوى عن مُعاذ بن جَبَل
183 انّه كره ان يصالح احد من العدوّ على شيء معلوم الّا ان يكون المسلمون مضطرّون الى صلحهم لانّه لا يدرى لعلّ صُلْحَهم نفع وعزّ[e] للمسلمين ،،
وكتب ابو اسحٰق الفزارى ومَخْلَد بن الحسين انّا لم نر شيئًا اشبه بامر قبرس من امر عَرَبَسُّوس وما حكم به فيها[f] عمر بن الخطّاب فانّه عرّض عليهم ضعف مالهم على ان يخرجوا منها او نظرة سنة بعد نبذ عهدهم اليهم فأَبوا الاولى فأُنظِروا ثمّ أُخرِبت وقد كان الاوزاعى يحدّث انّ قبرس فتحت فتُركوا على حالهم وصولحوا على اربعة عشر الف دينار سبعة الف للمسلمين وسبعة الف للروم على ان لا يكتموا الروم امر المسلمين وكان يقول ما وفى لنا اهل قبرس قطّ وانّا لنرى انّهم اهل عهد وانّ صلحهم

---

a) Codd. عمر. b) A. وترل. c) Cf. supra p. 178, ubi ante من inseritur: من ارادهم. d) B. ورحوا. e) A. نقع وغر, B. ننع وعر. f) A. om.

وقع على شىء فيه شرط لهم وشرط عليهم ولا يستقيم نقضه الّا بامر يعرف فيه غدرهم ونكثهم[a] ،

امر السّامِرَة

حدّثنى هشام بن عمّار عن الوليد بن مُسْلِم عن صَفْوان بن عمرو انّ ابا عبيدة ابن الجرّاح صالح السّامِرة بالأُرْدُنّ وفِلَسْطِين وكانوا عيونًا وادلّاءَ للمسلمين على جزية رؤوسهم واطعمهم ارضهم فلمّا كان يزيد بن معٰوية وضع الخراج على ارضهم ، واخبرنى قوم من اهل المعرفة بامر جندى الأُرْدُنّ وفِلَسْطِينَ انّ يزيد بن معٰوية وضع الخراج على اراضى السامرة بالاردنّ وجعل على راس كلّ امرئٍ منهم دينارين ووضع الخراج ايضًا على ارضيهم بفلسطين وجعل على راس كلّ امرءٍ منهم خمسة دنانير ، والسامرة يهود وهم صنفان صنف يقال لهم الدُّسْتان وصنف يقال لهم الكُوشان[b] ، قالوا 184 وكان بفلسطين فى اوّل خلافة امير المومنين الرشيد رحمه طاعون جارف ربّما اتى على جميع اهل البيت فخربت ارضوهم وتعطّلت فوكّل السلطان بها من عمّرها وتالّف الاكرة والمزارعين اليها فصارت ضياعًا للخلافة وبها السامرة فلمّا كانت سنة ٢٤٦ رفع اهل قرية من تلك الضياع تدعى بيت ماما[c] من كورة نابُلُس وهم سامرة يشكون ضعفهم وعجزهم عن اداء الخراج على خمسة دنانير فامر المتوكّل على الله بردّهم الى ثلٰثة دنانير ثلٰثة دنانير ، حدّثنى هشام بن عمّار قال حدّثنا الوليد بن مُسْلِم عن صَفْوان بن عمرو

a) Haec de suo addit Qodáma: ثمّ اخر ما اظهروا من مخالفة ما شورطوا عليه فى سنة ٣٠١ فغزاهم المسلمون المتولى (sic) كان للبحر بالثغور الشامية وثغور ميانة وسبوا حتّى عادوا الى النجوع بامرهم الاوّل فكفّ عنهم وجرى امرهم بعد ذلك الى هذا الوقت على صلحهم القديم ،. b) Cf. S. de Sacy, *Chrestomathie*, I, p. 305, 341—344.
c) Codd. صاما.

وسعيد[a] بن عبد العزيز انّ الروم صالحت معاوية على ان يؤدّى اليهم مالًا وارتهن معٰوية منهم رهناء فوضعهم ببَعْلَبَكّ ثمّ انّ الروم غدرت فلم يستحلّ معٰوية والمسلمون قتل من فى ايديهم من رهنهم وخلّوا سبيلهم وقالوا وفاء بغدر خير من غدر بغدر قال هشام وهو قول العلماء الاوزاعى وغيره ❊

أَمْرُ ٱلْجُرَاجِمَة

حدّثنى مشايخ من اهل انطاكية انّ الجُراجِمَة من مدينة على جبل اللُّكام عند معدن الزاج فيما بين بَيّاس وبُوقا[b] يقال لها الجُرْجُومَة وانّ امرهم كان فى ايّام استيلاء الروم على الشام وانطاكية الى بطريق انطاكية وواليها فلمّا قدم ابو عبيدة انطاكية وفتحها لزموا مدينتهم وهمّوا باللحاق بالروم اذ[c] خافوا على انفسهم فلم ينتبه المسلمون لهم ولم ينبّهوا عليهم ثمّ انّ اهل انطاكية نقضوا وغدروا فوجّه اليهم ابو عبيدة من فتحها ثانية 185
وولّاها بعد فتحها حَبيب بن مَسْلَمَة الفِهْرى فغزا الجُرْجُومَة فلم يقاتله اهلها ولكنّهم بدروا بطلب الامان والصلح فصالحوه على ان يكونوا اعوانًا للمسلمين وعيونًا ومسالح فى جبل اللُّكام وان لا يوخذوا بالجزية وان ينفّلوا[d] اسلاب من يقتلون من عدوّ المسلمين اذا حضروا معهم حربًا فى مغازيهم ودخل من كان فى مدينتهم من تاجر واجير وتابع من الانباط وغيرهم واهل القرى[e] فى هذا الصلح فسمّوا الرواديف لانّهم تَلَوْهم ولبسوا منهم ويقال انّهم جاءوا بهم الى عسكر المسلمين وهم ارداف لهم فسمّوا رواديف فكان الجُراجِمَة يستقيمون للولاة مرّة ويعوجون اخرى فيكاتبون

---

a) A. وسعد. b) A. دماس وبوقا, B. بناس. c) Codd. ان. d) B. يُنَفَّلوا. e) B. واهل القرى وغيرهم.

الروم ويمالئونهم، فلمّا كانت أيّام ابن الزبير وموت مروان بن الحكم وطلب عبد الملك الخلافة بعده لتوليته ايّاه عهده[a] واستعداده للشخوص الى العراق لمحاربة المصعب بن الزبير خرجت خيل للروم الى جبل اللُّكام وعليها قائد من قوّادهم ثمّ صارت الى لُبْنان وقد ضَوتْ[b] اليها جماعة كثيرة من الجُراجِمَة وانباط وعبيد أُبّاق من عبيد المسلمين فاضطرّ عبد الملك الى ان صالحهم على الف دينار في كلّ جمعة وصالح طاغية الروم على مال يؤدّيه[c] اليه لشغله عن محاربته وتخوّفه ان يخرج الى الشام فيغلب عليه واقتدى في صلحه بمعٰوية حين شغل بحرب اهل العراق فانّه صالحهم على ان يؤدّى اليهم مالًا وارتهن منهم[d] رهناء وضعهم ببَعْلَبَكّ ووافق ذلك ايضًا طلب عمرو بن سعيد بن العاصى الخلافة واغلاقه ابواب دمَشْق
حين خرج عبد الملك عنها فازداد شغلًا وذلك في سنة ٧٠، ثمّ انّ عبد 186
الملك وجّه الى الرومى سُحَيم بن المهاجر فتلطّف حتّى دخل عليه متنكّرًا فاظهر الممالاة[e] له وتقرّب اليه بذمّ عبد الملك وشتمه وتوهين امره حتّى امنه واغترّ به ثمّ انّه انكفى عليه بقوم من موالى عبد الملك وجنده كان اعدّهم لمواقعته ورتّبهم بمكان عرفه فقتله ومن كان معه من الروم ونادى في سائر من ضوى اليه بالامان فتفرّق الجُراجِمَة[f] بقرى حِمْص ودِمَشْق ورجع اكثرهم الى مدينتهم باللُّكام واتى الانباط قراهم فرجع[g] العبيد الى مواليهم وكان مَيْمون الجُرْجُمانى عبدًا روميًّا لبنى امّ الحَكَم اخت معٰوية بن ابى سفين وهم ثَقَفِيّون وانّما نسب الى الجُراجِمَة لاختلاطه بهم وخروجه

---

a) Codd. ايّاها عهدهم. b) A. صوب. c) A. يودونه; cf. Tabarí Cod. Oxon. ثم دخلت سنة ٧٠ ففى هذه السنة ثارت الروم واستجاشوا على من بالشام من المسلمين فصالح عبد الملك بن مروان ملك الروم على ان يؤدّى اليه فى كلّ جمعة الف دينار خوفًا منه على المسلمين. d) Codd. منه. e) Codd. الممالا. f) A. الجراجم. g) B. ورجع.

بجبل لُبْنان معهم فبلغ عبد الملك عنه باس وشجاعة فسأل مواليه ان
يعتقوه ففعلوا وقوّده على جماعة من الجند وصيّره بانطاكية فغزا مع مَسْلَمة
ابن عبد الملك الطُّوانة[a] وهو على الف من اهل انطاكية فاستشهد بعد
بلاء حسن وموقف مشهود فغمّ عبد الملك مُصابه واغزى الروم جيشًا
عظيمًا طلبًا بثاره ،، قالوا ولمّا كانت سنة ٨٩ اجتمع الجَراجِمة الى مدينتهم
واتاهم قوم من الروم من قبل الاسكندرونة ورُوسِس[b] فوجّه الوليد بن عبد
الملك اليهم مَسْلَمة بن عبد الملك فاناخ عليهم فى خلق من الخلق فافتتحها
على ان ينزلوا بحيث احبّوا من الشام ويجرى على كلّ امرئٍ منهم
ثمانية دنانير وعلى عيالاتهم القوت من القمح[c] والزيت وهو مديان من
قمح وقسطان من زيت وعلى ان لا يكرهوا ولا احد[d] من اولادهم ونسائهم 187
على ترك النصرانيّة وعلى ان يلبسوا لباس المسلمين ولا يوخذ منهم ولا
من اولادهم ونسائهم جزية وعلى ان يغزوا مع المسلمين فيُنَفّلوا اسلاب من
يقتلونه مبارزة وعلى ان يوخذ من تجاراتهم واموال موسريهم ما يوخذ
من اموال المسلمين فاخرب مدينتهم وانزلهم فاسكنهم جبل الحُوّار وسنح
اللولون (?) وعَمْق تِيزِين وصار بعضهم الى حمص ونزل بطريق الجُرْجُومة
فى جماعة معه انطاكية ثمّ هرب الى بلاد الروم ،، وقد كان بعض العمّال
الزم الجُراجمة بانطاكية جزية رؤسهم فرفعوا ذلك الى الواثق بالله رحمه
وهو خليفة فامر باسقاطها عنهم ،، وحدّثنى بعض من أَثِق به من الكُتّاب
انّ المتوكّل على الله رحمه امر باخذ الجزية من هاولاء الجُراجمة وان يجرى
عليهم الارزاق اذ كانوا[e] ممّن يستعان به فى المسالح وغير ذلك وزعم ابو
الخطّاب الأَزدى انّ اهل الجُرْجُومة كانوا يغيرون[f] فى ايّام عبد الملك على

a) A. الطوابه. b) Sic quoque Jacut Cod. Oxon. et *Merácidi* Codices. In textu edito روسيس. c) A. دَهمج. d) B. add. منهم cum nota كذا. e) B. وكانوا. f) B. يغزون.

قرى انطاكية والعَمْق واذا غزت الصوائف قطعوا على المتخلّف واللاحق ومن قدروا عليه ممّن فى اواخر العسكر وغالوا فى المسلمين فامر عبد الملك ففرض لقوم من اهل انطاكية وانباطها وجعلوا مسالح واردفت بهم عساكر الصوائف ليؤذنوا الجراجمة عن اواخرها[a] فسُمّوا الرواذيف واجرى على كلّ امرءٍ منهم ثمانية دنانير والخبر الاوّل اثبت ،، وحدّثنى ابو حفص
188 الشامى عن محمّد بن راشد عن مكحول قال نقل معوية فى سنة ٤٩ او سنة ٥٠ الى السواحل قومًا من زُطّ البصرة والسبابجة وانزل بعضهم انطاكية ، قال ابو حفص فبانطاكية محلّة تعرف بالزُطّ وببُوقَا من عمل انطاكية قوم من اولادهم يعرفون بالزُطّ ، وقد كان الوليد بن عبد الملك نقل الى انطاكية قومًا[b] من الزُطّ السند ممّن حمله محمّد بن القسم الى الحجّاج فبعث بهم الحجّاج الى الشام ،، وحدّثنى محمّد بن سعد عن الواقدى قال خرج بجبل لُبْنان قوم شكوا عامل خراج بَعْلَبَكّ فوجّه صالح بن علىّ بن عبد الله بن عبّاس من قتل مقاتلتهم واقرّ من بقى منهم على دينهم وردّهم الى قراهم واجلى قومًا من اهل لُبْنان ،، فحدّثنى القسم بن سلّام انّ محمّد ابن كَثير حدّثه انّ[c] الاوْزاعىّ كتب الى صالح رسالة طويلة حُفظ منها وقد كان من اجلاء اهل الذمّة من جبل لُبْنان ممّن لم يكن ممالئًا لمن خرج على خروجه ممّن قتلتَ بعضهم ورددت باقيهم الى قراهم ما قد علمتَ فكيف تؤخذ عامّة بذنوب خاصّة حتّى يُخْرَجوا من ديارهم واموالهم وحكم الله تعالى[d] ان لَا تَزِرُ وَازِرَةٌ وِزْرَ أُخْرَى وهو احقّ ما وُقف عنده واقتدى به واحقّ الوصايا ان تُحفَظ وترعى وصيّة رسول الله صلعم فانّه قال من ظلم معاهدًا وكلّفه فوق طاقته فانا حجيجه ثمّ ذكر كلامًا ،، حدّثنى محمّد بن سهم الانطاكى قال حدّثنى معوية بن عمرو[e] عن ابى اسحق

a) B. اخرها. b) A. قوم. c) A. الى. d) Qorân passim. e) A. عُمر.

الفزارى قال كانت بنو اميّة تغزو الروم باهل الشام والجزيرة صائفة وشاتية
ممّا يلى ثغور الشام والجزيرة وتقيم المراكب للغزو وترتّب الحفظة فى السواحل 189
ويكون الاغفال والتفريط خلال الحزم والتيقّظ فلمّا ولى ابو جعفر المنصور
تتبّع حصون السواحل ومدنها فعمّرها وحصّنها وبنى ما احتاج الى البناء
منها وفعل مثل ذلك بمدن الثغور ثمّ لمّا استخلف المهدى استتمّ ما
كان بقى من المدن والحصون وزاد فى شحنها قال معاوية بن عمرو وقد
راينا من اجتهاد امير المومنين هٰرون فى الغزو ونفاذ بصيرته فى الجهاد امرًا
عظيمًا اقام من الصناعة ما لم يقم قبله وقسم الاموال فى الثغور والسواحل
واشجى الروم وقمعهم وامر المتوكّل على الله بترتيب المراكب فى جميع
السواحل وان تشحن بالمقاتلة وذلك فى سنة ٢٤٧[a] ،،

الثغور الشاميّة

حدّثنى مشايخ من اهل انطاكية وغيرهم قالوا كانت ثغور المسلمين
الشامية ايّام عمر وعثمان رضهما وما بعد ذلك انطاكية وغيرها من المدن
الّتى سمّاها الرشيد عَوَاصِمَ فكان المسلمون يغزون ما وراءها كغزوهم اليوم
ما وراء طَرَسُوس وكان فيما بين الاسْكَنْدَرُونَة وطَرَسُوس حصون ومسالح
للروم كالحصون والمسالح الّتى يمرّ بها المسلمون اليوم فربّما اخلاها اهلها
وهربوا الى بلاد الروم خوفًا وربّما نُقل اليها من مقاتلة الروم من تشحن به
وقد قيل انّ هِرَقْل ادخل اهل هذه المدن[b] معه عند انتقاله من[c] انطاكية
لئلّا يَسِيرَ المسلمون فى عمارة ما بين انطاكية وبلاد الروم والله اعلم ،،
وحدّثنى ابن طسون[d] البَغْراسى عن اشياخهم انّهم قالوا الامر المُتَعالَم 190

a) B. ٢٤٩. b) B. المدينة. c) B. عن. d) Sic.

عندنا انّ هِرَقْل نقل اهل هذه الحصون معه وشعّثها فكان المسلمون اذا غزوا لم يجدوا بها احدًا وربّما كمن عندها القوم من الروم فاصابوا غرّة المتخلّفين عن العسكر والمنقطعين عنها فكان ولاة الشواتى والصوائف اذا دخلوا بلاد الروم خلّفوا بها جندًا كثيفًا الى خروجهم ، وقد اختلفوا فى اوّل من قطع الدَّرْب وهو درب بَغْراس فقال بعضهم قطعه مَيْسَرَة بن مسروق العبسى وجّهه ابو عبيدة ابن الجرّاح فلقى جمعًا للروم ومعهم مستعربة من غسّان وتَنُوخ واياد يريدون اللحاق بهِرَقْل فاوقع بهم وقتل منهم مقتلة عظيمة ثمّ لحق به مٰلك الأَشْتَر النَّخَعى مددًا من قبل ابى عبيدة وهو بانطاكية ، وقال بعضهم اوّل من قطع الدرب عُمَير بن سعد الانصارى حين توجّه فى امر جَبَلَة بن الأَيْهَم ، وقال ابو الخطّاب الأَزْدى بلغنى انّ ابا عبيدة نفسه غزا الصائفة فمرّ بالمَصّيصة وطَرَسُوس وقد جلا اهلها واهل الحصون الّتى تليها فادرب فبلغ فى غزاته زَنْدَة ، وقال غيره انّما وجّه مَيْسَرَة بن مسروق فبلغ زَنْدَة ، حدّثنى ابو صالح الفرّاء عن رجل من اهل[a] دمَشْق يقال له عبد الله بن الوليد عن هشام بن الغاز عن عُبادَة بن نُسَىّ فيما يحسب ابو صالح قال لمّا غزا معٰوية غزوة عَمُّورِيَّة فى سنة ٢٥ وجد الحصون فيما بين انطاكية وطرسوس خالية فوقّف عندها جماعة من اهل الشام والجزيرة وقِنَّسْرين حتّى انصرف من غزاته ثمّ اغزى
191 بعد ذلك بسنة او سنتين يزيد بن الحُرّ العبسى الصائفة وامره ففعل مثل ذلك وكانت الوُلاة تفعله ، وقال هذا الرجل ووجدتُ فى كتاب مغازى معٰوية[b] انّه غزا سنة ٣١ من ناحية المَصّيصة فبلغ دَرَوْلِيَة فلمّا خرج

---

a) B. om. *b*) A. كتاب المغازى لمعٰوية, quam lectionem rejiciendam putavi, 1°. quia constat Khalífam Moáwijam nullos commentarios bellorum quae gessit reliquisse, 2°. quia, si sumatur h.l. de Moáwija ibn Amr al-Azdí sermonem esse (licet hunc nusquam talis libri auctorem laudatum vidi), suffixum in انه explicari nequit.

جعل لا يمرّ بحصن فيما[a] بينه وبين انطاكية الّا هدمه ، وحدّثنى محمّد ابن سعد عن الواقدى وغيره قال[b] لمّا كانت سنة ٨٤ غزا على الصائفة عبد الله بن عبد الملك بن مروان فدخل من درب انطاكية واتى المَصّيصَة فبنى حصنها على اساسه القديم ووضع بها سكّانًا من الجند[c] فيهم ثلثمائة رجل انتخبهم من ذوى الباس والنجدة المعروفين ولم يكن المسلمون سكنوها قبل ذلك وبنى فيها مسجدًا فوق تلّ الحصن ثمّ سار فى جيشه حتّى غزا حصن سِنان ففتحه ووجّه يزيد بن حُنين الطائى الانطاكى فاغار ثمّ انصرف اليه ، وقال ابو الخطّاب الأَزْدى كان اوّل من ابتنى حصن المَصّيصَة فى الاسلام عبد الملك بن مروان على يد ابنه عبد الله بن عبد الملك فى سنة ٨٤ على اساسها القديم فتمّ بناؤها وشحنها فى سنة ٨٥ وكانت فى الحصن كنيسة جُعلت هُرْيًا وكانت الطوالع من انطاكية تطلع عليها فى كلّ عام فتشتو[d] بها ثمّ تنصرف وعدّة من كان يطلع اليها الف وخمس مائة الى الالفين ، قال وشخص عمر بن عبد العزيز حتّى نزل هرى المَصّيصَة واراد هدمها وهدم الحصون بينها وبين انطاكية وقال اكره ان يحاصر الروم اهلها فاعلم الناس انّها انّما عُمرت ليدفع من بها من الروم عن انطاكية وانّه ان اخربها لم يكن للعدوّ ناهية دون انطاكية
192 فامسك وبنى لاهلها مسجدًا جامعًا من ناحية كَفَرْبَيَّا[e] واتّخذ فيه صهريجًا وكان اسمه عليه مكتوبًا ثمّ انّ المسجد خرب فى خلافة المعتصم بالله وهو يدعى مسجد الحصن ، قال ثمّ بنى هشام بن عبد الملك الربض ثمّ بنى مروان بن محمّد الخُصُوص فى شرقى جَيْحان وبنى عليها حائطًا واقام عليه باب خشب وخندق خندقًا فلمّا استخلف ابو العبّاس فرض بالمَصّيصَة لاربع مائة رجل زيادة فى شحنتها واقطعهم ثمّ لمّا استخلف

---

a) A. فيها. b) B. قالوا. c) B. الجبل. d) B. فيشتوا. e) Codd. كفربنا.

المنصور فرض بالمَصّيصَة لاربع مائة رجل ثمّ لمّا دخلت سنة ١٣٩ امر بعمران مدينة المَصّيصَة وكان حائطها متشعّثًا من الزلازل واهلها قليل فى داخل المدينة فبنى سور المدينة واسكنها اهلها سنة ١٤٠ وسمّاها المعمورة وبنى فيها مسجدًا جامعًا فى موضع هيكل كان بها وجعله مثل مسجد عمر مرّات ثم زاد فيه المامون ايّام ولاية عبد الله بن طاهر بن الحسين المغرب وفرض المنصور فيها لالف رجل ثمّ نقل اهل الخُصُوص وهم فُرْس وصقالبة وانباط نصارى وكان مروان اسكنهم ايّاها واعطاهم خططًا فى المدينة عوضًا عن منازلهم على ذرعها ونقض منازلهم واعانهم على البناء واقطع الفرض قطائع ومساكن ،، ولمّا استخلف المهدى فرض بالمَصّيصَة لالفى رجل ولم يقطعهم لانّها قد كانت[a] شُحِنت من الجند والمطوّعة ولم تزل الطوالع تاتيها من انطاكية فى كلّ عام حتّى وليها سالم البَرَلُّسى وفرض موضعه لخمس مائة مقاتل على خاصّة عشرة دنانير عشرة دنانير فكَثُر من بها وقووا
وذلك فى خلافة المهدى ،، وحدّثنى محمّد بن سهم[b] عن مشايخ الثغر 193
قالوا الحّت الروم على اهل[c] المصيصة فى اوّل ايّام الدولة المباركة حتّى جلوا عنها فوجّه صالح بن علىّ جَبْريل بن يحيى البَجَلى اليها فعمرها واسكنها الناس فى سنة ١٤٠ وبنى الرشيد كَفَرْبَيّا ويقال بل كانت ابتديت فى خلافة المهدى ثمّ غيّر الرشيد بناءها وحصّنها بخندق ثمّ رُفع الى المامون فى امر غلّة كانت على منازلها فابطلها وكانت منازلها كالخانات وامر فجُعل لها سور فرفع فلم يستتمّ حتّى توفّى فامر المعتصم بالله باتمامه وتشريفه ،، قالوا وكان الّذى حصّن المُثَقَّب هشام بن عبد الملك على يد حسّان بن ماهُوَيْه الانطاكى ووُجد فى خندقه حين حُفِر عظم ساق مفرط الطول

---

a) B. كانت قد. b) A. سعد. c) Ex conject. addidi اهل.

فبُعث به الى هشام ،، وبنى هشام حصن قَطَرْغَاش[a] على يدى عبد العزيز بن حيّان الانطاكى وبنى هشام حصن مُورة[b] على يدى رجل من اهل انطاكية وكان سبب بنائه ايّاه انّ الروم عرضوا لرسول له فى درب اللُّكام عند العَقَبَة البيضاء ورتّب فيه اربعين رجلًا وجماعة من الجُراجمة واقام ببَغْرَاس مسلحة فى خمسين[c] رجلًا وابتنى لها حصنًا ،، وبنى هشام حصن بُوقا من عمل انطاكية ثمّ جُدّد واصلح حديثًا ،، وبنى محمّد بن يوسف المروزى المعروف بابى سعيد حصنًا بساحل انطاكية بعد غارة الروم على ساحلها فى خلافة المعتصم بالله رحمه ،، حدّثنى داود بن عبد الحميد قاضى الرقّة عن ابيه عن جدّه انّ عمر بن عبد العزيز رضه اراد هدم المَصّيصَة ونقل اهلها عنها لما كانوا يلقون من الروم فتوفّى قبل ذلك ،،
194 وحدّثنى بعض اهل انطاكية وبَغْراس انّ مَسْلَمَة بن عبد الملك لمّا غزا عَمُّوريّة حمل معه نساءه وحمل ناس ممّن معه نساءهم وكانت بنو اميّة تفعل ذلك ارادة الجدّ فى القتال للغيرة على الحرم فلمّا صار فى عَقَبَة بَغْراس عند الطريق المستدقّة الّتى تُشْرِف على الوادى سقط محمل فيه امرأة الى الحضيض فامر مَسْلَمَة ان تمشى سائر النساء فمشين فسمّيت تلك العقبة عَقَبَة النساء وقد كان المعتصم بالله رحمه بنى على حدّ تلك الطريق حائطًا قصيرًا من حجارة ،، وقال ابو النعمان الانطاكى كان الطريق فيما بين انطاكية والمَصّيصَة مُسبعة يعترض للناس فيها الاسد فلمّا كان الوليد ابن عبد الملك شُكى ذلك اليه فوجّه اربعة الف جاموسة وجاموس فنفع الله بها ،، وكان محمّد بن القسم الثّقفى عامل الحجّاج على السند بعث منها بالوف جواميس فبعث الحجّاج الى الوليد منها بما بعث من

a) Quod in *Merácid* scribitur قطر غاشق vitium librarii esse videtur, nam Jacut Cod. Ox. legit ut Beládsorí. b) *Merácid* موزار. c) B. وخمسين.

الاربعة الف والقى باقيها فى آجام كَسْكَر ولمّا خُلِع يزيد بن المهلّب فقتل وقبض يزيد بن عبد الملك اموال بنى المهلّب اصاب لهم اربعة الف جاموسة كانت بكور دجلة وكَسْكَر فوجّه بها يزيد بن عبد الملك الى المَصّيصَة ايضًا مع زُطّها فكان اصل الجواميس بالمَصّيصَة ثمانية الف جاموسة وكان اهل انطاكية وقِنّسْرِين قد غلبوا على كثير منها واختاروه لانفسهم فى ايّام فتنة مروٰن بن محمّد بن مروٰن فلمّا استخلف المنصور امر بردّها الى المَصّيصَة وامّا جواميس انطاكية فكان اصلها ما قدم به
195 الزُطّ معهم وكذلك جواميس بُوقا ،، وقال ابو الخطّاب بُنى الجسر الّذى على طريق أَذَنَة من المَصّيصَة وهو على تسعة اميال من المَصّيصَة سنة ١٢٥ فهو يُدعى جسر الوليد وهو الوليد بن يزيد بن عبد الملك المقتول ،، وقال ابو النعمان الانطاكى وغيره بُنِيت أَذَنَة فى سنة ١٤١ او ١٤٢ والجنود من اهل خراسان معسكرون عليها مع مَسْلَمَة بن يحيى البَجَلى ومن اهل الشام مع مٰلك بن أَدْهَم الباهلى وجّههما صالح بن علىّ ،، قالوا ولمّا كانت سنة ١٦٥ اغزى المهدى ابنه هٰرون الرشيد بلاد الروم فنزل على الخليج ثمّ خرج فرمّ المَصّيصَة ومسجدها وزاد فى شحنتها وقوّى اهلها وبنا القصر الّذى عند جسر أَذَنَة على سَيْحان وقد كان المنصور اغزى صالح بن علىّ بلاد الروم فوجّه هِلال بن ضَيْغَم فى جماعة من اهل دمشق والاردنّ وغيرهم فبنى ذلك القصر ولم يكن بناؤه محكمًا فهدمه الرشيد وبناه ثمّ لمّا كانت سنة ١٩٤ بنا ابو سُلَيم فرج[a] الخادم أَذَنَة فاحكم بناءها وحصّنها وندب اليها رجالًا من اهل خراسان وغيرهم على زيادة فى العطاء وذلك بامر محمّد بن الرشيد فرمّ قصر سَيْحان وكان الرشيد توفّى سنة ١٩٣ وعامله على اعشار الثغور ابو سُلَيم فاقرّه محمّد وابو سُلَيم هذا هو صاحب الدار

a) A. فاخرج.

بانطاكية[a] ». وحدّثنى محمّد بن سعد عن الواقدى قال غزا الحسن بن
قَحْطَبَة الطائى بلاد الروم سنة ١٦٢ فى اهل خراسان واهل الموصل والشام
196 وامداد اليمن ومطوّعة العراق والحجاز خرج ممّا يلى طرسوس فاخبر المهدى
بما فى بنائها وتحصينها وشحنتها بالمقاتلة من عظيم الغناء عن الاسلام
والكبت للعدوّ والوقم له فيما يحاول ويكيد وكان الحسن قد ابلى فى تلك
الغزاة بلاءً حسنًا ودوّخ ارض الروم حتّى سمّوه الشَّبْتَن[b] وكان معه فى غزاته
مَنْدَل العَنَزى المحدّث الكوفى ومُعْتَمِر بن سليمٰن البصرى ». وحدّثنى
محمّد بن سعد قال حدّثنى سعد بن الحسن قال لمّا خرج الحسن[c] من
بلاد الروم نزل مرج طرسوس فركب الى مدينتها وهى خراب فنظر اليها
واطاف بها من جميع جهاتها وحزر عدّة من يسكنها فوجدهم مائة الف
فلمّا قدم على المهدى وصف له امرها وما فى بنائها وشحنتها من غيظ
العدوّ وكبته وعزّ الاسلام واهله واخبره فى الحَدَث ايضا بخبر رغّبه فى
بناء مدينتها فامره ببناء طَرْسوس وان يبدأ بمدينة الحَدَث فبنيت
واوصى المهدى ببناء طرسوس فلمّا كانت سنة ١٧١[d] بلغ الرشيد انّ الروم
ائتمروا بينهم بالخروج الى طرسوس لتحصينها وترتيب المقاتلة فيها فاغزى
الصائفة فى سنة ١٧١[e] هَرْثَمَة بن أَعْيَن وامره بعمارة طرسوس وبنائها
وتمصيرها ففعل واجرى امرها على يد فَرَج بن سُلَيم الخادم بامر الرشيد
فوكّل فَرَج ببنائها وتوجّه ابو سُلَيم[f] الى مدينة السلم فاشخص الندبة
الاولى من اهل خراسان وهم ثلثة الف رجل فوردوا طرسوس ثمّ اشخص
الندبة الثانية وهم الفا رجل الف من اهل المَصّيصة والف من اهل
197 انطاكية على زيادة عشرة دنانير عشرة دنانير لكلّ رجل فى اصل عطائه

a) Cf. p. 173. b) = الشيطان; cf. p. 222. c) A. الحسين. d) B. ١٩١. e) In utroque Codice sequitur او سنة ٩١. f) Ibn Solaim est konja domestici Faradj ibn Solaim, cf. p. 195.

فعسكروا مع الندبة الاولى بالمدائن على باب الجهاد فى مستهلّ المحرّم سنة ١٧٢ الى ان استتمّ بناء طرسوس وتحصينها وبناء مسجدها ومسح فَرَج ما بين النهر الى النهر فبلغ ذلك اربعة الاف[a] خطّة كلّ خطّة ٢٠ ذراعًا فى مثلها واقطع اهل طرسوس الخطط وسكنتها الندبتان فى شهر ربيع الاخر سنة ١٧٢ ٭ قالوا وكان عبد الملك بن صالح قد استعمل يزيد بن مَخْلَد الفزارى على طرسوس فطرده من بها من اهل خراسان واستوحشوا منه للهُبَيريّة فاستخلف ابا الفوارس فاقرّه عبد الملك بن صالح وذلك فى سنة ١٧٣ ٭ قال محمّد بن سعد حدّثنى الواقدى قال جلا اهل سِيسيّة ولحقوا باعلى الروم فى سنة ١٩٤ او ١٩٣ وسِيسيّة مدينة تلّ عَيْن زَرْبَة وقد عمرت فى خلافة المتوكّل على الله على يدى على بن يحيى الارمنى ثمّ اخربتها الروم ٭ قالوا فكان الّذى احرق انطاكية المحترقة ببلاد الروم عبّاس بن الوليد بن عبد الملك، قالوا وتلّ جُبَير نُسِبت الى رجل من فُرْس انطاكية كانت له عنده وقعة وهو من طرسوس على اقلّ من ١٠ اميال، قالوا والحصن المعروف بذى الكِلاع انّما هو لحصن ذو القِلاع لانّه على ثلث قلاع فحرف اسمه وتفسير اسمه بالروميّة لحصن الّذى مع الكواكب[b] وقالوا سمّيت كنيسة الصُلح لانّ الروم لمّا حملوا صلحهم الى الرشيد نزلوها، ونُسب

198 مرج حسين الى حسين بن مُسْلِم الانطاكى وذلك انّه كانت له به[c] وقعة ونكاية فى العدوّ، قالوا واغزى المهدى ابنه هٰرون الرشيد فى سنة ١٦٣ فحاصر اهل صَمَالُو[d] وهى الّتى تدعوها العامّة سَمَالُو فسألوه الامان لعشرة اهل ابيات فيهم القومس فاجابهم الى ذلك وكان فى شرطهم ان لا يفرق بينهم فانزلوا ببغداد على باب الشمّاسيّة فسمّوا موضعهم سَمَالُو فهو معروف ويقال بل نزلوا على حكم المهدى فاستحياهم وجمعهم بذلك الموضع وامر

a) A. الف. b) A. الكوكب. c) به in Codd. deëst. d) *Merâcid* صمالوا.

ان يسمّى سَمَالُوا، وامر الرشيد فنودى على من بقى فى الحصن فبيعوا
وأُخِذ حُبْشِىّ كان يشتم الرشيد والمسلمين فصُلب على برج من ابراجه ،،
وحدّثنى احمد بن الحرث الواسطى عن محمّد بن سعد عن الواقدى قال
لمّا كانت سنة ١٨٠ امر الرشيد بابتناء مدينة عَيْن زَرْبَة[a] وتحصينها وندب
اليها نُدْبَة من اهل خراسان وغيرهم فاقطعهم بها المنازل ثمّ لمّا كانت سنة
١٨٣ امر ببناء[b] الهٰرونيّة فبُنيت وشُحِنت ايضًا بالمقاتلة ومن نزح اليها من
المطوّعة ونُسِبت اليه ويقال انّه بناها فى خلافة المهدى ثمّ اتمّت فى
خلافته ،، قالوا وكانت الكنيسة السوداء من حجارة سود بناها الروم على
وجه الدهر ولها حصن قديم أُخْرِب فى ما أُخْرِب فامر الرشيد ببناء مدينة
الكنيسة السوداء وتحصينها وندب اليها المقاتلة فى زيادة العطاء ،، واخبرنى
بعض اهل الثغر عَزُّون[c] بن سعد انّ الروم اغارت عليها والقٰسم بن الرشيد
199 مقيم بدَابِق فاستاقوا مواشى اهلها واسروا عدّة منهم فنفر اليهم اهل
المَصّيصَة ومطوّعتها فاستنقذوا جميع ما صار اليهم وقتلوا منهم بشرًا ورجع
الباقون منكوبين مفلولين فوجّه القٰسم من حصّن المدينة ورمّها وزاد فى
شحنتها وقد كان المعتصم بالله نقل الى عين زَرْبَة ونواحيها بشرًا[d] من الزُّطّ
الّذين قد كانوا غلبوا على البطائح بين واسط والبصرة فانتفع اهلها بهم[e] ،،
حدّثنى ابو صالح الانطاكى قال كان ابو اسحٰق الفزارى يكره شرى ارض
بالثغر ويقول غلب عليه قوم فى بدى الامر واجلوا الروم عنه[f] فلم يقتسموه
وصار الى غيرهم وقد دخلت فى هذا الامر شبهة العاقل حقيق بتركها ،،
وكانت بالثغر ايغارات قد تحيّفت ما يرتفع من اعشاره حتّى قصرت عن
نفقاته فامر المتوكّل فى سنة ٢٤٣ بابطال تلك الايغارات فأُبطِلت[g] ،،

---

a) A. زُرَبة. b) B. دابتنا (بابتناء). c) A. عَزوز. d) A. سمَرا. e) Codd. بها. f) B. واحلوا الروم عليه. g) B. فبطلت.

فتوح الجزيرة

حدّثنى داود بن عبد الحميد قاضى الرقّة عن ابيه عن جدّه عن مَيْمُون بن مِهْران قال الجزيرة كلّها فتوح عِيَاض بن غَنْم بعد وفاة ابى عبيدة ولّاه ايّاها عمر بن الخطّاب وكان ابو عبيدة استخلفه على الشام فولّى عمر بن الخطّاب يزيد بن ابى سفين ثمّ معوية من بعده الشام وامر[a] عِيَاضًا بغزو الجزيرة ❊، وحدّثنى الحسين بن الاسود قال حدّثنا يحيى بن
200 ادم عن عدّة من الجزريّين عن سليمن بن عَطَاء القرشى قال بعث ابو عبيدة عياض بن غنم الى الجزيرة فمات ابو عبيدة وهو بها فولّاه عمر ايّاها بعدُ[b] ❊، وحدّثنى بكر بن الهَيْثَم قال حدّثنا النُّفَيْلى عبد الله بن محمّد قال ثنا سليمن بن عَطَاء قال لمّا فتح عياض بن غنم الرُّهَا وكان ابو عبيدة وجّهه وقف على بابها على فرس له كميت فصالحوه على انّ لهم هيكلهم وما حوله وعلى ان لا يحدثوا كنيسة الّا ما كان لهم وعلى معونة المسلمين على عدوّهم فان تركوا شيئًا ممّا شرط عليهم فلا ذمّة لهم ودخل اهل الجزيرة فيما دخل فيه اهل الرُّهَا ❊، وقال محمّد بن سعد قال الواقدى اثبت ما سمعنا فى امر عياض انّ ابا عبيدة مات فى طاعون عَمَواس سنة ١٨ واستخلف عياضًا فورد عليه كتاب عمر بتوليته حمص وقِنَّسْرِين والجزيرة فسار الى الجزيرة يوم الخميس للنصف من شعبان سنة ١٨ فى خمسة الاف[d] وعلى مقدمته مَيْسَرَة بن مسروق العبسى وعلى ميمنته سعيد بن عامر ابن حِذْيَم الجُمَحى وعلى ميسرته صَفْوان بن المُعَطَّل السُّلَمى وكان خٰلد ابن الوليد على ميسرته ويقال انّ خٰلدًا لم يسر تحت لواء احد بعد

---

a) B. غامر. b) B. بعده. c) Perperam additur in A. ابو عبيدة وجهه. d) B. الف.

ابى عبيدة ولزم حمص حتّى توفّى بها سنة ٢١ واوصى الى عمر وبعضهم يزعم
انّه مات بالمدينة وموته بحمص اثبت، قالوا فانتهت طليعة عياض الى
الرَّقّة فاغاروا على حاضر كان حولها للعرب وعلى قوم من الفلّاحين فاصابوا
مغنمًا وهرب[a] من نجا من اولئك فدخلوا مدينة الرَّقّة واقبل عياض فى
201 عسكره حتّى نزل باب الرُّهَا وهو احد ابوابها فى تعبئة فرُمى المسلمون
ساعة حتّى جُرح بعضهم ثمّ انّه تاخّر عنهم لئلّا تبلغه حجارتهم وسهامهم
وركب فطاف حول المدينة ووضع على ابوابها روابط ثمّ رجع الى عسكره
وبثّ السرايا فجعلوا ياتون بالاسرى من القرى وبالاطعمة الكثيرة وكانت
الزروع مستحصدة فلمّا مضت خمسة ايّام او ستّة وهم على ذلك ارسل
بطريق المدينة الى عياض يطلب الامان فصالحه عياض على ان امن جميع
اهلها على انفسهم وذراريهم واموالهم ومدينتهم وقال عياض الارض لنا قد
وطئناها واحرزناها فاقرّها فى ايديهم على الخراج ودفع منها ما لم يردّه اهل
الذمّة فرفضوه[b] الى المسلمين على العشر ووضع الجزية على رقابهم فالزم كلّ
رجل منهم دينارًا فى كلّ سنة واخرج النساء والصبيان ووظّف عليهم مع
الدينار اقفزة من قمح وشيئًا من زيت وخلّ وعسل فلمّا ولى معٰوية جعل
ذلك جزية عليهم ثمّ انّهم فتحوا ابواب المدينة واقاموا للمسلمين سوقًا
على باب الرُّهَا فكتب لهم عياض بسم الله الرحمٰن الرحيم هذا ما
اعطى عِيَاض بن غَنْم اهل الرَّقّة يوم دخلها اعطاهم امانًا لانفسهم واموالهم
وكنائسهم لا تخرب ولا تسكن اذا اعطوا الجزية الّتى عليهم ولم يحدثوا
مغيلة وعلى ان لا يحدثوا كنيسة ولا بيعة ولا يظهروا ناقوسًا ولا باعوثًا
202 ولا صليبًا شهد الله وكفى بالله[c] شهيدًا وختم عياض بخاتمه ، ويقال
انّ عياضًا الزم كلّ حالم من اهل الرَّقّة اربعة دنانير والثبت انّ عمر كتب

a) B. فهرب. b) B. ورفضوه. c) B. به.

بعدُ الى عُمَير بن سعد وهو واليه ان الزم كلّ امرئٍ منهم اربعة دنانير
كما الزم اهل الذهب ،، قالوا ثمّ سار عياض الى حَرّان فنزل بَاجُدّى
وبعث مقدمته فاغلق اهل حَرّان ابوابها دونهم ثمّ اتبعهم فلمّا نزل بها
بعث اليه الحَرْنانيّة من اهلها يعلمونه انّ فى ايديهم طائفة من المدينة
ويسألونه ان يصير الى الرُّهَا فما صالحوه عليه من شىء قنعوا[a] به وخلّوا[b]
بينه وبين النصارى حتّى يصيروا اليه وبلغ النصارى ذلك فارسلوا اليه
بالرضى بما عرض الحَرْنانيّة وبذلوا فاتى الرُّهَا وقد جمع له اهلها فرموا
المسلمين ساعة ثمّ خرجت مقاتلتهم فهزمهم المسلمون حتّى الجأوهم الى
المدينة فلم ينشبوا ان طلبوا الصلح والامان فاجابهم عياض اليه وكتب
لهم كتابًا نسخته بسم الله الرحمٰن الرحيم هذا كتاب من عياض
ابن غنم لاسقف الرُّهَا انّكم ان فتحتم لى باب المدينة على ان تؤدّوا الىّ
عن كلّ رجل دينارًا ومديى قمح فانتم آمنون على انفسكم واموالكم ومن
تبعكم وعليكم ارشاد الضالّ واصلاح الجسور والطرق ونصيحة المسلمين
شهد الله وكفى بالله شهيدًا ،، وحدّثنى داود بن عبد الحميد عن ابيه
عن جدّه انّ كتاب عياض لاهل الرُّهَا بسم الله الرحمٰن الرحيم
203 هذا كتاب من عياض بن غنم ومن معه من المسلمين لاهل الرُّهَا انّى
امنتهم على دمائهم واموالهم وذراريهم ونسائهم ومدينتهم وطواحينهم اذا
أدّوا الحقّ الّذى عليهم ولنا عليهم ان يصلحوا جسورنا ويهدوا ضالّنا
شهد الله وملائكته والمسلمون ،، قال ثمّ اتى عياض حَرّان ووجّه صَفْوان
ابن المُعَطّل وحَبيب بن مَسْلَمَة الفِهْرى الى سُمَيْسَاط فصالح عياض اهل
حَرّان على مثل صلح الرُّهَا وفتحوا له ابوابها وولّاها رجلا ثمّ سار الى
سُمَيْسَاط فوجد صَفْوان بن المُعَطّل وحَبيب بن مَسْلَمَة مقيمين عليها

a) A. صبغوا. b) A. ودحلوا, in B. د expuncta est.

وقد غَلَبا على قرى وحصون من قراها وحصونها فصالحه اهلها على مثل
صلح اهل[a] الرُّهَا وكان عياض يغزو من الرُّهَا ثمّ يرجع اليها ٭، وحدّثنى
محمّد بن سعد عن الواقدى عن مَعْمَر عن الزُّهرى قال لم يبق بالجزيرة
موضع قدم الّا فتح على عهد عمر بن الخطّاب رضه على يدى عياض بن
غنم فتح حَرّان والرُّهَا والرَّقّة وقَرْقِيسِيَا ونَصيبين وسِنْجار ٭، وحدّثنى محمّد
عن الواقدى عن عبد الرحمن بن مَسْلَمَة عن فُرات بن سَلْمان عن
ثابت بن الحجّاج قال[b] فتح عياض الرَّقّة وحَرّان والرُّهَا ونَصيبين ومَيّافارِقين
وقَرْقِيسِيَا[c] وقرى الفُرات ومدائنها صلحًا وارضها عنوة ٭، وحدّثنى محمّد
عن الواقدى عن ثَوْر بن يزيد عن راشد بن سعد انّ عياضًا افتتح
الجزيرة ومدائنها صلحًا وارضها عنوة ٭، وقد رُوى انّ عياضًا لمّا اتى حَرّان
من الرَّقّة وجدها خالية قد انتقل اهلها الى الرُّهَا فلمّا فتحت الرُّهَا
صالحوا عن مدينتهم وهم بها وكان صلحهم مثل صلح الرُّهَا ٭، وحدّثنى 204
ابو ايّوب الرَّقّى المؤدّب قال حدّثنى الحجّاج بن ابى منيع الرُّصَافى عن ابيه
عن جدّه[d] قال فتح عياض الرَّقّة ثمّ الرُّهَا ثمّ حَرّان ثمّ سُمَيساط[e] على
صلح واحد، ثمّ اتى سَرُوج وراسكيفا والارض البيضاء فغلب على ارضها
وصالح اهل حصونها على مثل صلح الرُّهَا، ثمّ انّ سُمَيساط كفروا فلمّا
بلغه ذلك رجع اليهم فحاصرها[f] حتّى فتحها، وبلغه انّ اهل الرُّهَا قد
نقضوا فلمّا اناخ عليهم فتحوا له ابواب مدينتهم فدخلها وخلّف بها عامله
فى جماعة، ثمّ اتى قُرَيّات الفرات وهى جسر مَنْبِج وذواتها ففتحها على
ذلك، واتى عين الوَرْدَة وهى رَأْس ٱلْعَيْن فامتنعت عليه فتركها، واتى تلّ

---

a) A. om. *b*) A. haec inde a فتح om. *c*) B. قرقيسا خ. *d*) Obiit al-Hadjdjádj anno 222. Pater ejus appellabatur Jusof, avus Abu Maní' Obaidollah ibn abí Zijád (Zanád) ar-Roçáfí. Erat hic discipulus az-Zohríi (*Moschtabih* in v. الرصافى et *Moschtarik*, p. ٢٠٩).
e) A. سميسان. *f*) A. om.

مَوْزِن ففتحها على مثل صلح الرُّهَا وذلك فى سنة ١٩، ووجّه عياض الى
قَرْقِيسِيَا حَبِيبَ بن مَسْلَمَة الفِهْرى ففتحها صلحًا على مثل صلح الرَّقّة،
وفتح عياض آمِد بغير قتال على مثل صلح الرُّها وفتح مَيّافارِقِين على
مثل ذلك وفتح حصن كَفَرْتُوثا وفتح نَصِيبِين بعد قتال على مثل صلح
الرُّها وفتح طُورعَبْدِين وحصن مَارِدِين ودارا على مثل ذلك، وفتح قَرْدَى
وبازَبْدَى[a] على مثل صلح نَصِيبِين، واتاه بطريق الزَّوْزان فصالحه عن ارضه
205 على اتاوة وكلّ ذلك فى سنة ١٩ وايّام من المحرّم سنة ٢٠ ثمّ سار الى أَرْزَن
ففتحها على مثل صلح نَصِيبِين ودخل الدرب فبلغ بَدْلِيس وجازها الى
خلاط وصلح بطريقها وانتهى الى العين الحامضة من ارمينية فلم يعدُها
ثمّ عاد فضمّن صاحب بَدْلِيس خراج خِلاط وجماجمها وما على بطريقها[b] ثمّ
انّه انصرف الى الرَّقّة ومضى الى حمص وقد كان عمر ولّاه ايّاها فمات سنة
٢٠ ،، وولّى عمر سعيد بن عامر بن حِذْيَم فلم يلبث الّا قليلًا حتّى مات
فولّى عمرُ عُمَير بن سعد الانصارى ففتح عين الوَرْدَة بعد قتال شديد ،،
وقال الواقدى حدّثنى من سمع اسحٰق بن ابى فَرْوَة يحدّث عن ابى وهب
الجَيْشانى دَيْلَم بن المُوَسّع انّ عمر بن الخطّاب رضه كتب الى عياض يامره
ان يوجّه عُمَير بن سعد الى عين الوَرْدَة فوجّهه اليها فقدّم الطلائع امامه[d]
فاصابوا قومًا من الفلّاحين وغنموا مواشى من مواشى العدوّ ثمّ انّ اهل
المدينة غلّقوا ابوابها ونصبوا العَرّادات عليها فقُتل من المسلمين بالحجارة[e]
والسهام بشر واطّلع عليهم بطريق من بطارقتها فشتمهم وقال لسنا كمن
لقيتم ثمّ انّها فتحت بعدُ على صلح ،، حدّثنى عمرو بن محمّد عن
الحجّاج بن ابى مَنِيع عن ابيه عن جدّه قال امتنعت راس العين على
عياض بن غنم ففتحها عُمَير بن سعد وهو والى عمر على الجزيرة بعد ان قاتل

a) A. وبارندى, B. وبازيدا. b) A. طريقها. c) B. om. d) A. om. e) A. من الحجارة.

اهلها المسلمين قتالًا شديدًا فدخلها المسلمون عنوة ثمّ صالحوهم بعد
ذلك على ان دفعت الارض اليهم ووُضعت الجزية على رؤوسهم على كلّ
راس اربعة دنانير ولم تُسْبَ نساؤُهم ولا اولادهم ،، وقال الحجّاج وقد سمعت 206
مشايخ من اهل راس العين يذكرون انّ عُمَيْرًا لمّا دخلها قال لهم لا باس
لا باس الىّ الىّ فكان ذلك امانًا لهم ،، وزعم الهَيْثَم بن عَدِىّ انّ عمر بن
الخطّاب رضه بعث ابا موسى الاشعرى الى عين الوَرْدَة فغزاها بجند الجزيرة
بعد وفاة عياض ،، والثبت انّ عُمَيْرًا فتحها عنوة فلم تُسْبَ وجعل عليهم
الخراج والجزية ولم يقل هذا احد غير الهَيْثَم ،، وقال الحجّاج بن ابى[a] مَنيع
جلا خلق من اهل راس العين واعتمل المسلمون اراضيهم[b] وازدرعوها
باقطاع ،، وحدّثنى محمّد بن المُفَضَّل المَوْصِلى عن مشايخ من اهل سِنْجار
قالوا كانت سِنْجار فى ايدى الروم ثمّ انّ كسرى المعروف بأَبَرْوِيز اراد
قتل مائة رجل من الفرس كانوا حُملوا اليه بسبب خلاف ومعصية فكُلّم
فيهم فامر ان يوجّهوا الى سِنْجار وهو يومئذ يعانى فتحها فمات منهم
رجلان ووصل اليها ثمانية وتسعون رجلًا فصاروا مع المقاتلة الّذين كانوا
بازائها ففتحوها دونهم واقاموا بها وتناسلوا، فلمّا انصرف عياض من خِلاط
وصار الى الجزيرة بعث الى سِنْجار ففتحها صلحًا واسكنها قومًا من العرب،
وقد قال بعض الرواة انّ عياضًا فتح حصنًا من المَوْصِل وليس ذلك
بثبت، قال ابن الكلبى عُمَير بن سعد عامل عمر هو عُمَير بن سعد بن
شُهَيد بن عمرو احد الأَوْس وقال الواقدى هو عُمَير بن سعد بن عُبَيد
وقتل ابوه سعد يوم القادسية وسعد هذا هو الّذى يروى الكوفيّون[c] انّه 207
احد من جمع[d] القران على عهد رسول الله صلعم ،، قال الواقدى وقد
روى قوم انّ خٰلد بن الوليد ولى لعمر بعض الجزيرة فاطّلى فى حمّام بآمِد

a) ابى in Codd. deëst. b) B. ارضهم. c) A. الكوفيين. d) A. حمع.

او غيرها بشىء فيه خمر فعزله عمر وليس ذلك بثبت ، وحدّثنى عمرو
الناقد قال حدّثنى الحَجّاج بن ابى مَنيع عن ابيه عن جدّه عن مَيْمُون
ابن مِهْران قال اخذ الزيت والخلّ والطعام لمرفق المسلمين بالجزيرة مدّة
ثمّ خفّف عنهم واقتصر بهم على ثمانية واربعين درهمًا واربعة وعشرين
واثنا عشر نَظَرًا من عمر للناس وكان على كلّ انسان مع جزيته مدًّا قمح
وقسطان من زيت وقسطان من خلّ ، وحدّثنى عدّة من اهل الرَّقّة قالوا[a]
لمّا مات عياض وولى الجزيرة سعيد بن عامر بن حِذْيَم بنى مسجد الرَّقّة
ومسجد الرُّها ثمّ توفّى فبنى المساجد بديار مُضَر وديار ربيعة عُمَير بن
سعد ، ثمّ لمّا ولى معاوية الشام والجزيرة لعثمان بن عفّان رضه امره ان
ينزل العرب بمواضع نائية عن المدن والقرى ويأذن لهم فى اعتمال الارضين
التى لا حقّ فيها لاحد فانزل بنى تميم الرابية[b] وانزل المازحين والمُدَيْبِر[c]
اخلاطًا من قيس وأَسَد وغيرهم وفعل ذلك فى جميع نواحى ديار مضر
ورتّب ربيعة فى ديارها على ذلك ، والزم المدن والقرى والمسالح من يقوم
بحفظها ويذبّ عنها من اهل العطاء ثمّ جعلهم مع عمّاله ، وحدّثنى ابو
208 حفص الشامى عن حمّاد بن عمرو النَّصيبى قال كتب عامل نَصيبين الى
معاوية وهو عامل عثمان على الشام والجزيرة يشكو اليه انّ جماعة من
المسلمين ممّن معه اصيبوا بالعقارب فكتب اليه يامره[d] ان يوظّف على
اهل كلّ حَيِّز من المدينة عدّة من العقارب مسمّاة فى كلّ ليلة ففعل فكانوا
ياتونه بها فيامر بقتلها ، وحدّثنى ابو ايّوب المؤدّب الرَّقّى عن ابى عبد الله
القَرْقَسانى عن اشياخه انّ عُمَير بن سعد لمّا فتح راس العين سلك
الخابور وما يليه حتّى اتى قَرْقِيسِيَا وقد نقض اهلها فصالحهم على مثل

---

a) B. قال. b) Sic B.; A. et Jacut (Cod. Oxon.) in v. المازحين sine punctis. c) Vid. Bekrí in v. et in v. دَوْسَر et Jacut. Jacet in terrâ Sindjár. d) B. om.

صلحهم الأوّل ثمّ اتى حصون الفُرات حصنًا حصنًا ففتحها على ما فتحت
عليه قَرْقيسِيَا ولم يلق فى شىء منها كثير قتال وكان بعض اهلها ربّما رموا
بالحجارة فلمّا فرغ من تلبس[a] وعَانَات اتى النّأُوسَة وآلُوسَة وهِيت فوجد
عمّار بن ياسر وهو يومئذ عامل عمر بن الخطّاب على الكوفة وقد بعث
جيشًا يستغزى ما فوق الأَنْبار عليه سعد بن عمرو بن حَرَام الانصارى
وقد اتاه اهل هذه الحصون فطلبوا الامان فامنهم واستثنى على اهل هِيت
نصف كنيستهم فانصرف عُمَير الى الرقّة ،، وحدّثنى بعض اهل العلم قال
كان الّذى توجّه الى هِيت والحصون الّتى بعدها من الكوفة مِدْلاج بن
عمرو السُّلَمى حليف بنى عبد شمس وله صحبة فتولّى فتحها وهو بنا
الحَدِيثَة الّتى على الفُرات وولده بهيت وكان منهم رجل يكنّى ابا هٰرون باقى
209 الذكر هناك ،، ويقال انّ مِدْلاجًا كان من قبل سعد بن عمرو بن حَرَام
والله اعلم ،، قالوا وكان موضع نهر سعيد بن عبد الملك بن مرٰون (وهو
الّذى يقال له سعيد الخير وكان يظهر نسكًا) غيضة ذات سباع فاقطعه ايّاها
الوليد فحفر النهر وعمّر ما هناك وقال بعضهم الّذى اقطعه ذلك عمر بن
عبد العزيز ،، قالوا ولم يكن للرّافِقَة اثر قديم انّما بناها امير المومنين
المنصور رحمه سنة ١٥٥ على بناء مدينته ببغداد ورتّب فيها جندًا من
اهل خراسان وجرت على يدى المهدى وهو ولىّ عهد ثمّ انّ الرشيد بنى
قصورها فكان[b] بين الرّقّة والرافقة فضاء مزارع فلمّا قدم علىّ بن سليمٰن
ابن علىّ واليًا على الجزيرة نقل اسواق الرّقّة الى تلك الارض فكان سوق
الرّقّة الاعظم فيما مضى يعرف بسوق هشام العتيق ثمّ لمّا[c] قدم الرشيد
الرّقّة استزاد فى تلك الاسواق فلم تزل تجتبى[d] مع الصوافى[e] وامّا رُصَافَة

---

a) A. تلبس, cf. Edrísí, II, p. 150 بلبس. *b*) B. وكان. *c*) B. فلما. *d*) A. تحتبى, B. تجْبِى.

هشام فانّ هشام بن عبد الملك احدثها وكان ينزل قبلها الزَّيْتُونَة وحفر الهَنِىّ والمَرِىّ واستخرج الضيعة الّتى تعرف بالهَنِىّ والمَرِىّ واحدث فيها واسط الرَّقَّة ثمّ انّ تلك الضيعة قبضت فى اوّل الدولة[a] ثمّ صارت لامّ جعفر زُبَيْدة بنت جعفر بن المنصور فابتنت فيها القطيعة الّتى تنسب اليها وزادت فى عمارتها، ولم يكن للرَّحْبَة الّتى فى اسفل قَرْقِيسِيَا اثر قديم
210 انّما بناه واحدثها مُلك بن[b] طَوْق بن عتّاب التغلبى فى خلافة المامون، وكانت أَذْرَمَة من ديار ربيعة قرية قديمة فاخذها لحسن[c] بن عمر بن الخطّاب التغلبى من صاحبها وبنى بها قصرًا وحصّنها، وكانت كَفَرْتُوثا حصنًا قديمًا فاتّخذها ولد ابى رِمْثَة منزلًا فمدّنوها وحصّنوها ، حدّثنى مُعَافَى ابن طاوس عن ابيه قال سألت المشايخ عن اعشار بَلَد وديار ربيعة والبرية[d] فقال هى اعشار ما اسلمت عليه العرب او عمّرته من الموات الّذى ليس فى يد احد او رفضه النصارى فمات وغلب عليها الدغل فاقطعه العرب ، حدّثنى ابو عفّان الرقّى عن مشايخ من كُتّاب الرَّقَّة وغيرهم قالوا كانت عين الرومية وماؤها للوليد بن عُقْبَة بن ابى مُعَيط فاعطاها ابا زُبَيْد الطائى ثمّ صارت لابى العبّاس امير المومنين فاقطعها مَيْمُون بن حمزة مولى علىّ بن عبد الله بن عبّاس ثمّ ابتاعها الرشيد من ورثته وهى من ارض الرقّة ، قالوا وكان ابن هبيرة اقطع غابة ابن هُبيرة فقُبِضت وأُقطعها بِشْر بن مَيْمون صاحب الطاقات ببغداد بناحية باب الشام ثمّ ابتاعها الرشيد وهى من ارض سَرُوج، وكان هشام اقطع عائشة ابنته قَطِيعة بِرَأْسْكِيفا تُعرف بها فقبضت، وكانت لعبد الملك وهشام قرية تدعى سَلَعُوس ونصف قرية

a) Ex marg. A. Text. الصيعه. b) Codd. طوق بن ملك. Pro عتّاب ap. Abu'l-Mahâsin, II, p. ٣۴ est غياث. c) B. الحسين; cf. *Merácid*, I, p. ٣٩ (ubi perperam التغلبى). d) Codd. والمرنه.

تدعى كَفَرْجَدَّا[a] من الرُّها، وكانت بحَرّان للغَمْر بن يزيد تلّ عفراء وارض
211 تلّ مذابا[b] وارض المُصَلَّى وصوافى فى[c] ربض حَرّان ومستغلّاتها، وكان[d] مرج
عبد الواحد حمى المسلمين قبل ان تبنى الحَدَث وزِبَطْرَة فلمّا بُنِيَنا[e]
استغنى بهما فعُمر فضمّه الحسين الخادم الى الاحواز فى خلافة الرشيد ثمّ
توثّب الناس عليه فغلبوا على مزارعه حتّى قدم عبد الله بن طاهر
الشام فردّه الى الضياع وقال ابو ايّوب الرقّى سمعت انّ عبد الواحد
الّذى نُسب المرج اليه عبد الواحد بن الحٰرث بن الحَكَم بن ابى العاصى
وهو ابن عمّ عبد الملك كان المرج له فجعله حمى للمسلمين وهو الّذى
مدحه القُطامىّ فقال

أَهْلُ ٱلْمَدِينَةِ لَا يَحْزُنْكَ شَأْنُهُمْ   إِذَا تَخَطَّأَ عَبْدَ ٱلْوَاحِدِ ٱلْأَجَلُ

أَمْرُ نصارى بَنِى تَغْلِب بن وَائِل

حدّثنا شَيْبان بن فَرُّوخ قال حدّثنا ابو عُوانة عن المغيرة عن السَّفّاح
الشَّيْبانى انّ عمر بن الخطّاب رضه اراد ان ياخذ الجزية من نصارى بنى
تغلب فانطلقوا هاربين ولحقت طائفة منهم ببُعدٍ من الارض فقال النعمان
ابن زُرْعَة او زُرْعَة بن النعمان انشدُك الله فى بنى تغلب فانّهم قوم من
العرب نائفون من الجزية وهم قوم شديدة نكايتهم فلا يُغن عدوُّك عليك
بهم فارسل عمر فى طلبهم فردّهم واضعف عليهم الصدقة ، حدّثنا شَيْبان
قال حدّثنا عبد العزيز بن مُسْلِم قال حدّثنا لَيْث عن رجل عن سعيد
ابن جُبَير عن ابن عبّاس قال لا توكل ذبائح نصارى بنى تغلب ولا تنكح

a) Jacut كفرجديا. b) B. مذابا. c) B. om. فى. d) Haec repetuntur p. 224. e) A. بُنِيَا.

نساؤهم ليسوا منّا ولا من اهل الكتاب ، حدّثنا عبّاس بن هشام عن
ابيه عن عُوانة بن الحَكَم وابى مِخْنَف قالا[a] كتب عُمَير بن سعد الى عمر 212
ابن الخطّاب رضه يعلمه انّه اتى شِقّ الفُرات الشامى ففتح عانات وسائر
حصون الفرات وانّه اراد مَنْ هناك من بنى تغلب على الاسلام فأبوه وهمّوا
باللحاق بارض الروم وقبلهم ما اراد مَنْ فى الشِقّ الشرقى على ذلك فامتنعوا
منه وسألوه ان ياذن لهم فى الجلاء واستطلع رايه فيهم فكتب اليه عمر
رضه يامره ان يضعف عليهم الصدقة الّتى توخذ من المسلمين فى كلّ
سائمة وارض وان أَبوا ذلك حاربهم حتّى يبيدهم او يُسلِموا فقَبلوا ان
يوخذ منهم ضعف الصدقة وقالوا امّا[b] اذ لم تكن جزية كجزية الاعلاج
فانّا نرضى ونحفظ ديننا ، حدّثنى عمرو الناقد قال حدّثنى ابو معٰوية
عن الشيبانى عن السفّاح عن داود بن كُرْدُوس قال صالح عمر بن الخطّاب
بنى تغلب بعد ما قطعوا الفرات وارادوا اللحاق بارض الروم على ان لا
يصبغوا صبيًّا ولا يكرهوه على دينهم وعلى انّ عليهم الصدقة مضعفة ،
قال وكان داود بن كُرْدُوس يقول ليست لهم ذمّة لانّهم قد صبغوا فى
دينهم يعنى المعمودية ، فحدّثنى الحسين بن الاسود قال نا يحيى بن
ادم عن ابن المبارك عن يونس بن يزيد الأَيْلى عن الزُهْرى قال ليس فى
مواشى اهل الكتاب صدقة الّا نصارى بنى تغلب او قال نصارى العرب
الّذين عامّة اموالهم المواشى فانّ عليهم ضعف ما على المسلمين ، حدّثنا 213
سعيد بن سليمٰن سَعْدَوَيْه نا هُشَيم عن مُغِيرة عن السفّاح بن المُثَنّى
عن زُرْعَة بن النعمان انّه كان كلّم عمر فى نصارى بنى تغلب وقال قوم
عرب نائفون من الجزية وانّما هم اصحاب حروث ومواش وكان عمر قد همّ ان
ياخذ الجزية منهم فتفرّقوا فى البلاد فصالحهم على ان اضعف عليهم ما

a) Codd. قال. *b*) A. ما.

يوخذ من المسلمين من صدقاتهم فى الارض والماشية واشترط عليهم ان لا ينَصِّروا اولادهم ، قال مُغيرة فكان علىّ عمّ يقول لَانْ تفرّغتُ لبنى تغلب ليكوننّ لى فيهم راى لاقتلنّ مقاتلتهم ولاسبينّ ذرّيّتهم فقد نقضوا العهد وبرئت منهم الذمّة حين نَصّرُوا اولادهم ، وحدّثنى ابو نصر التمّار قال ىنا شَريك بن عبد الله عن ابرٰهيم بن مهاجر عن زياد بن حُدَير الأَسَدى قال بعثنى عمر الى نصارى بنى تغلب آخذ منهم نصف عشر اموالهم ونهانى ان اعشّر مُسلمًا او ذمّيًّا يؤدّى الخراج ، حدّثنى محمّد بن سعد عن الواقدى عن ابن ابى سَبْرَة عن عبد الملك بن نَوْفَل عن محمّد بن ابرٰهيم بن الحرث انّ عثمان امر ان لا يقبل من بنى تغلب فى الجزية الّا[a] الذهب والفضّة فجاءه الثبت انّ عمر اخذ منهم ضعف الصدقة فرجع عن ذلك ، قال الواقدى وقال سفيٰن الثّوْرى والاوزاعى ومٰلك بن انس وابن ابى ليلة وابن ابى ذئب وابو حنيفة وابو يوسف يوخذ من

214 التغلبى ضعف ما يوخذ من المسلم[b] فى ارضه وماشيته وماله فامّا الصبىّ والمعتوه منهم فانّ اهل العراق يرون ان يوخذ ضعف الصدقة من ارضه ولا ياخذون من ماشيته شيـًّا قال اهل الحجاز يوخذ ذلك من ماشيته وارضه وقالوا جميعًا انّ سبيل ما يوخذ من اموال بنى تغلب سبيل مال الخراج لانّه بدل من الجزية ،

الثغور الجزريّة

قالوا لمّا استخلف عثمان بن عفّان رضه كتب الى معٰوية بولايته الشام وولّى عُمَير بن سعد الانصارى الجزيرة ثمّ عزله وجمع لمعٰوية الشام

a) In A. sequitur دهكى quod explicare nequeo. b) B. المسلمين.

والجزيرة وثغورهما وامره ان يغزو شِمْشاط[a] وهى ارمينية الرابعة او يُغزيها فوجّه اليها حَبيب بن مَسْلَمَة الفِهْرى وصَفْوان بن مُعَطَّل السُّلَمى ففتحاها بعد ايّام من نزولهما عليها على مثل صلح الرُّها واقام صَفْوان بها وبها توفّى فى اخر[b] خلافة معْوية ويقال بل غزاها معْوية نفسه وهاذان معه فولّاها صَفْوان فاوطنها وتوفّى بها، قالوا وقد كان قُسْطَنْطِين الطاغية اناخ عليها بعد نزوله فى مَلَطِيَّة فى سنة ١٣٣ فلم يمكنه فيها شىء فاغار على ما حولها ثمّ انصرف ولم تنزل شِمْشاط خراجيّة حتّى صيّرها المتوكّل على
215 الله رحمه[c] عشريّة اسوة غيرها من الثغور، وقالوا غزا حَبيب بن مَسْلَمَة حصن كَمْخ بعد فتح شِمْشاط فلم يقدر عليه وغزاه صَفْوان فلم يمكنه فتحه ثمّ غزاه فى سنة ٥٩ وهى السنة الّتى مات فيها ومعه عُمَير بن الحُبَاب[d] السُّلَمى فعلا عُمَير سوره ولم يزل يجالد عليه وحده حتّى كشف الروم وصعد المسلمون ففتحه لعُمَير بن الحُبَاب وبذلك كان يفخر ويُفْخَر له ثمّ ان الروم غلبوا عليه ففتحه مَسْلَمَة بن عبد الملك ولم يزل يفتح وتغلب الروم عليه فلمّا كانت سنة ١٤٩ شخص المنصور عن بغداد حتّى نزل حَديثة المَوْصِل ثمّ اغزى منها الحسن[e] بن قَحْطَبَة وبعده محمّد بن الاشعث وجعل عليهما العبّاس بن محمّد وامره ان يغزو بهم كَمْخ فمات محمّد بن الاشعث بآمِد وسار العبّاس والحسن حتّى صارا الى مَلَطِيَّة فحملا منها الميرة ثمّ اناخا على كَمْخ وامر العبّاس بنصب المناجنيق[f] عليه فجعلوا على حصنهم خشب العرعر لئلّا يضرّ به حجارة المنجنيق ورموا المسلمين فقتلوا منهم بالحجارة مائتى رجل فاتّخذ المسلمون الدبّابات وقاتلوا قتالًا

---

a) Codd. سمساط s. شمساط. b) A. om. اخر, B. om. فى. c) A. om. d) Male in Abu'l-Mahásin, I, p. ٢٠٤ scribitur الحبّاب, cf. Ibn Doraid, p. ١٨٧. e) B. الحسين. f) B. المحادمع, i. e. المجانيق quod aeque bonum.

شديدًا حتّى فتحوه وكان مع العبّاس بن محمّد بن علىّ فى غزاته هذه مَطَر الورّاق، ثمّ انّ الروم اغلقوا كَمْخ فلمّا كانت سنة ١٧٧ غزا محمّد بن عبد الله بن عبد الرحمن بن ابى عَمْرَة الانصارى وهو عامل عبد الملك ابن صالح على شِمْشاط ففتحه ودخله لاربع عشرة ليلة خلت من شهر
216 ربيع الاخر من هذه السنة فلم يزل مفتوحًا حتّى كان هيج محمّد بن الرشيد فهرب اهله وغلبت عليه الروم ويقال انّ عبيد الله بن الأَقْطَع دفعه اليهم وتخلّص ابنه وكان اسيرًا عندهم، ثمّ انّ عبد الله بن طاهر فتحه فى خلافة المامون فكان فى ايدى المسلمين حتّى لطف قوم من نصارى شِمْشاط وقَالِيقَلَا وبِقْراط بن أَشُوط بطريق خِلاط فى دفعه الى الروم والتقرّب اليهم بذلك بسبب ضياع[a] لهم فى عمل شِمْشاط،

مَلَطْيَة وقالوا وجّه عِياض بن غَنْم حَبيب بن مَسْلَمة الفِهْرى من شِمْشاط الى مَلَطِيَة ففتحها ثمّ اغلقت فلمّا ولى معوية الشام والجزيرة وجّه اليها حَبيب بن مَسْلَمة ففتحها عنوة ورتّب فيها رابطة من المسلمين مع عاملها وقدمها معوية وهو يريد دخول الروم فشحنها بجماعة من اهل الشام والجزيرة وغيرهما فكانت طريق الصوائف، ثمّ انّ اهلها انتقلوا عنها فى ايّام عبد الله بن الزبير وخرجت الروم فشعّثتها ثمّ تركتها فنزلها قوم من النصارى من الارمن والنبط، وحدّثنى محمّد بن سعد عن الواقدى فى اسناده قال كان المسلمون نزلوا طرندة بعد ان غزاها عبد الله ابن عبد الملك سنة ٨٣ وبنوا بها مساكن وهى من مَلَطِيَة على ثلث مراحل واغلة فى بلاد الروم ومَلَطِيَة يومئذ خراب ليس بها الّا ناس من اهل الذمّة من الارمن وغيرهم فكانت تاتيهم طالعة من جند الجزيرة فى الصيف
217 فيقيمون بها الى ان ينزل الشتاء وتسقط الثلوج فاذا كان ذلك قفلوا فلمّا

a) Codd. صناع.

ولى عمر بن عبد العزيز رضه رحّل اهل طرندة عنها وهم كارهون وذلك
لاشفاقه عليهم من العدوّ واحتملوا فلم يدعوا لهم شيًا حتّى كسروا
خوابى الخلّ والزيت ثمّ انزلهم مَلَطْيَة واخرب طرندة وولّى على مَلَطْيَة جَعْوَنَة
ابن الحُرث احد بنى عامر بن صَعْصَعَة ،، قالوا وخرج عشرون الفًا من الروم
فى سنة ١٢٣ فنزلوا على مَلَطْيَة فاغلق اهلها ابوابها وظهر النساء على السور
عليهنّ العمائم فقاتلن وخرج رسول لاهل مَلَطْيَة مستغيثًا فركب البريد
وسار حتّى لحق بهشام بن عبد الملك وهو بالرُّصافة فندب هشام الناس
الى مَلَطْيَة ثمّ اتاه الخبر بانّ الروم قد رحلت عنها فدعا الرسول فاخبره
وبعث معه خيلًا ليرابط بها وغزا هشام نفسه ثمّ نزل مَلَطْيَة وعسكر
عليها حتّى بُنيت فكان ممرّه بالرَّقّة دخلها متقلّدًا سيفًا ولم يتقلّده قبل
ذلك فى ايّامه ،، قال الواقدى لمّا كانت سنة ١٣٣ اقبل قُسْطَنْطِين الطاغية
عامدًا لمَلَطْيَة وكَمْخ يومئذ فى ايدى المسلمين وعليها رجل من بنى
سُلَيم فبعث اهل كَمْخ الصريخ الى اهل مَلَطْيَة فخرج الى الروم منهم ثمانى
مائة فارس فواقعهم خيل الروم فهزمتهم ومال الرومى فاناخ على مَلَطْيَة
فحصر من فيها والجزيرة يومئذ مفتونة وعاملها موسى بن كعب بحَرّان
فوجّهوا رسولًا لهم اليه فلم يمكنه اغاثتهم[a] وبلغ ذلك قُسْطَنْطِين فقال
لهم يا اهل مَلَطْيَة انّى لم آتِكم الّا على علم بامركم وتشاغل سلطانكم عنكم 218
انزلوا على الامان واخلوا المدينة اخربها وامضى عنكم فأبوا عليه فوضع
عليها المجانيق فلمّا جهدهم البلاء واشتدّ عليهم الحصار سألوه ان يوثق
لهم ففعل ثمّ استعدّوا للرحلة وحملوا ما استدقّ لهم والقوا كثيرًا ممّا
ثقل عليهم فى الابار والمخابى ثمّ خرجوا واقام لهم الروم صفّين من باب
المدينة الى منقطع اخرهم مخترطى السيوف طرف سيف كلّ واحد منهم

a) B. اعانتهم.

مع طرف سيف الّذى يقابله حتّى كانّها عقد قنطرة ثمّ شيّعوهم حتّى بلغوا مامنَهم وتوجّهوا نحو الجزيرة فتفرّقوا فيها وهدم الروم مَلَطْيَة فلم يبقوا منها الّا هُرْيًا فانّهم شعّثوا منه شيئًا يسيرًا، وهدموا حصن قَلُوذِيَة *،
فلمّا كانت سنة ١٣٩ كتب المنصور الى صالح بن علىّ يامره ببناء مَلَطْيَة وتحصينها ثمّ راى ان يوجّه عبد الوهّاب بن ابرٰهيم الامام واليًا على الجزيرة وثغورها فتوجّه فى سنة ١٤٠ ومعه الحسن[a] بن قَحْطَبَة فى جنود اهل خراسان فقطع البعوث على اهل الشام والجزيرة فتوافى معه سبعون الفًا فعسكر على مَلَطْيَة وقد جمع الفَعلة من كلّ بلد فاخذ[b] فى بنائها وكان الحسن بن قَحْطَبَة ربّما حمل الحجر حتّى يناوله البنّاء وجعل يغدى الناس ويعشّيهم من ماله مُبْرِزًا مطابخَهُ فغاظ ذلك عبد الوهّاب فكتب الى ابى جعفر يعلمه انّه يطعم الناس وانّ الحسن يطعم اضعاف ذلك التماسًا لان يَطُوله ويُفسد ما يصنع ويُهجّنه بالاسراف والرياء وانّ له مناديين ينادون 219
الناس الى طعامه فكتب اليه ابو جعفر يا صبىّ يُطعم الحسن من ماله وتُطعم من مالى ما أُتيتَ الّا من صِغر خطرك وقلّة[c] همّتك وسفه رايك وكتب الى الحسن ان اطعم ولا تتّخذ مناديًا، فكان الحسن يقول من سبق الى شرفة فله كذا[d] فجدّ الناسُ فى العمل حتّى فرغوا من بناء مَلَطْيَة ومسجدها فى ستّة اشهر وبُنى[e] للجند الّذين اسكنوها لكلّ عرافة بيتان سفليّان وعُلّيّتان فوقهما واصطبل (والعرافة عشرة نفر الى خمسة عشر رجلًا) وبنى[f] لها مسلحة على ثلثين ميلًا منها ومسلحة على نهر يدعى قُباقب[g] يدفع فى الفُرات واسكن المنصور مَلَطْيَة اربعة الف مقاتل من اهل الجزيرة لانّها من ثغورهم على زيادة عشرة دنانير فى عطاء كلّ[h] رجل ومعونة مائة دينار سوى

a) B. الحسين. b) B. واخذ. c) B. وقصر. d) Codd. كذى. e) A. وبنا. f) A. قناقب, B. قيباقب. g) A. كل عطاء.

الجعل الّذى يتجاعله القبائل بينها ووضع فيها شحنتها من السلاح واقطع
الجند المزارع وبنى حصن قَلُوذِيَة، واقبل قُسْطَنْطِين الطاغية فى اكثر من
مائة الف فنزل جَيْحان فبلغه كثرة العرب فاحجم عنها ". وسمعتُ من
يذكر انّه كان مع عبد الوهّاب فى هذه الغزاة نصر بن مٰلك الخُزاعى ونصر
ابن سَعْد الكاتب مولى الانصار فقال الشاعر

تَكَنَّفَكَ ٱلنَّصْرَانِ نَصْرُ بْنُ مٰلِكٍ　　وَنَصْرُ بْنُ سَعْدٍ عَزَّ نَصْرُكَ مِنْ نَصْرِ

وفى سنة ١٤١ أُغْزِىَ محمّد بن ابرٰهيم مَلَطْيَة فى جند من اهل خراسان
وعلى شرطته المُسَيِّب بن زُهَير فرابط بها لئلّا يطمع فيها العدوّ فتراجع 220
اليها من كان باقيًا[a] من اهلها، وكانت الروم عرضت لمَلَطْيَة فى خلافة
الرشيد فلم تقدر عليها وغزاهم الرشيد رحه[b] فاشجاهم وقمعهم ". وقالوا وجّه
ابو عبيدة ابن الجرّاح وهو بمَنْبِج خٰلد بن الوليد الى ناحية مَرْعَش ففتح
حصنها على ان جلا اهله ثمّ اخربه وكان سفيٰن بن عَوْف الغامدى لمّا
غزا الروم فى سنة ٣٠ رحل من قبل مَرْعَش فساح فى بلاد الروم وكان معٰوية
بنى مدينة مَرْعَش واسكنها جندًا فلمّا كان موت يزيد بن معٰوية كثرت
غارات الروم عليهم فانتقلوا عنها وصالح عبد الملك الروم بعد موت ابيه
مروٰن بن الحَكَم وطلبه الخلافة على شىء كان يؤدّيه اليهم، فلمّا كانت سنة
٧٤ غزا محمّد بن مروٰن الروم وانتقض الصلح، ولمّا كانت سنة ٧٥ غزا
الصائفة ايضًا محمّد بن مروٰن وخرجت الروم فى جمٰدى الاولى من قبل
مَرْعَش الى الأَعْماق فزحف اليهم المسلمون وعليهم أَبان بن الوليد بن
عُقْبَة بن ابى مُعَيط ومعه دِينار بن دِينار مولى عبد الملك بن مروٰن وكان
على قِنَّسْرِين وكورها فالتقوا بعمق مَرْعَش فاقتتلوا قتالًا شديدًا فهُزمت
الروم واتبعهم المسلمون يقتلون ويأسرون وكان دِينار لقى فى هذا العام

a) A. باقيها. b) A. om.

جماعة من الروم بجسر يَغْرا وهو من شِمْشاط على نحو من عشرة اميال فظفر
بهم ثمّ انّ العبّاس بن الوليد بن عبد الملك صار الى مَرْعَش فعمرها
221 وحصّنها ونقل الناس اليها وبنى لها مسجدًا جامعًا وكان يقطع فى كلّ عام
على اهل قِنَّسْرِين بعثًا اليها ،، فلمّا كانت ايّام مرون بن محمّد وشغل[a]
بمحاربة اهل حِمْص خرجت الروم وحصرت[b] مدينة مَرْعَش حتّى صالحهم
اهلها على الجلاء فخرجوا نحو الجزيرة وجند قِنَّسْرِين بعيالاتهم ثمّ اخربوها
وكان عامل مرون عليها يومئذ الكَوْثَر بن زُفَر بن الحرث الكلابى وكان الطاغية
يومئذ قُسْطَنْطِين بن اليون ثمّ لمّا فرغ مرون من امر حِمْص وهدم
سورها بعث جيشًا لبناء مَرْعَش فبنيت ومُدّنت فخرجت الروم فى فتنته
فاخربتها، فبناها صٰلح بن علىّ فى خلافة ابى جعفر المنصور وحصّنها وندب
الناس اليها على زيادة العطاء واستخلف المهدى فزاد فى شحنتها وقوّى[c]
اهلها ،، حدّثنى محمّد بن سعد عن الواقدى قال خرج ميخائيل من
درب الحَدَث فى ثمانين الفًا فاتى عمق مَرْعَش فقتل واحرق وسبى من
المسلمين خلقًا وصار الى باب مدينة مَرْعَش وبها عيسى بن علىّ وكان قد
غزا فى تلك السنة فخرج اليه موالى عيسى واهل المدينة ومقاتلتهم فرشقوه
بالنبل والسهام فاستطرد لهم حتّى اذا نحاهم عن المدينة كرّ عليهم فقتل
من موالى عيسى ثمانية نفر واعتصم الباقون بالمدينة فاغلقوها فحاصرهم
بها ثمّ انصرف حتّى نزل جَيْحان وبلغ الخبر ثُمَامَة بن الوليد العَبْسى
وهو بدَابِق وكان قد ولى الصائفة سنة ١٦١ فوجّه اليه خيلًا كثيفة فأُصيبوا
222 الّا من نجا منهم فاحفظ ذلك المهدى واحتفل لاغزاء الحسن بن قَحْطَبَة
فى العام المقبل وهو سنة ١٦٢ ،، قالوا وكان حصن الحَدَث ممّا فتح ايّام عمر
فتحه حَبيب بن مَسْلَمَة من[d] قبل عِياض بن غَنْم وكان معٰوية يتعهّده

a) A. شغل. b) Codd. حصرت. c) A. توف. d) من in A. deëst.

بعد ذلك وكان بنو اميّة يسمّون درب الحَدَث السلامة للطيرة لانّ المسلمين كانوا اصيبوا به فكان ذلك الحدث فيما يقول بعض الناس، وقال قوم لقى المسلمين غلام حدث على الدرب فقاتلهم فى اصحابه فقيل درب الحَدَث، ولمّا كان زمن فتنة مروٰن بن محمّد خرجت الروم فهدمت مدينة الحَدَث واجلت عنها اهلها كما فعلت بمَلَطْيَة، ثمّ لمّا كانت سنة ١٦١ خرج ميخائيل الى عمق مَرْعَش ووجّه المهدى الحسن[a] بن قَحْطَبة ساح فى بلاد الروم فثقلت وطأته على اهلها حتّى صوّروه فى كنائسهم وكان دخوله من درب الحَدَث فنظر الى موضع مدينتها فاخبر انّ ميخائيل خرج منه فارتاد الحسن موضع مدينته هناك فلمّا انصرف كلّم المهدى فى بنائها وبناء طَرْسُوس فامر بتقديم بناء مدينة الحَدَث وكان فى غزاة الحسن هذه مَنْدَل العَنَزى[b] المحدّث الكوفى ومُعْتَمِر بن سليمٰن البصرى فانشاها علىّ بن سليمٰن بن علىّ وهو على الجزيرة وقِنّسْرِين وسمّيت المحمّدية وتوفّى المهدى مع فراغهم من بنائها فهى المهديّة والمحمّديّة، وكان بناؤها باللبن وكانت وفاته سنة ١٦٩، واستخلف موسى الهادى ابنه فعزل علىّ بن سليمٰن وولّى الجزيرة وقِنّسْرِين محمّد بن ابرٰهيم بن محمّد بن علىّ وقد كان على بن سليمٰن فرغ من بناء مدينة الحَدَث وفرض محمّد لها فرضًا من اهل الشام 223 والجزيرة وخراسان فى اربعين دينارًا من العطاء واقطعهم المساكن واعطى كلّ امرء ثلثمائة درهم وكان الفراغ منها فى سنة ١٦٩، وقال ابو الخطّاب فرض علىّ بن سليمٰن بمدينة الحَدَث لاربعة الف فاسكنهم ايّاها ونقل اليها من مَلَطْيَة وشِمْشاط وسُمَيْساط وكَيْسُوم ودُلُوك ورَعْبان[c] الفى رجل، قال الواقدى ولمّا بنيت مدينة الحَدَث هجم الشتاء والثلوج وكثرت الامطار

---

a) B. الحسين. *b*) A. العنوى; cf. p. 196, 313 et *Moschtabih*: مَنْدل بن العَنَزى — على وآخرون. *c*) Codd. ودلول ورنعان.

ولم يكن بناؤها بمستوثق منه ولا محتاط فيه فتثلّمت[a] المدينة وتشعّثت ونزل بها الروم فتفرّق عنها من كان فيها من جندها وغيرهم وبلغ الخبر موسى فقطع بعثًا مع المُسَيِّب بن زُهَير وبعثًا مع رَوْح بن حاتم وبعثًا مع حمزة بن مٰلك فمات قبل ان ينفذوا، ثمّ ولى الرشيد الخلافة فامر ببنائها وتحصينها وشحنتها واقطاع مقاتلتها المساكن والقطائع ،، وقال غير الواقدى اناخ بطريق من عظماء بطارقة الروم فى جمع كثيف على مدينة الحَدَث حين بنيت وكان بناؤها بلبن قد حُمل بعضه على بعض واضرّت به الثلوج وهرب عاملها ومن فيها ودخلها العدوّ فحرّق مسجدها واخربها واحتمل امتعة اهلها فبناها الرشيد حين استخلف ،، وحدّثنى بعض اهل مَنْبِج قال انّ الرشيد كتب الى محمّد بن ابرٰهيم باقراره على عمله فجرى امر مدينة الحَدَث وعمارتها من قِبَل الرشيد على يده ثمّ عزله ،، قالوا وكان مٰلك بن عبد الله الخَثْعَمى الّذى يقال له مٰلك الصوائف وهو من اهل 224
فِلَسْطِين غزا بلاد الروم سنة ٤٦ وغنم غنائم كثيرة ثمّ قفل فلمّا كان من درب الحَدَث على خمسة عشر ميلًا بموضع يدعى الرَّهْوَة اقام فيها ثلاثًا فباع الغنائم وقسم سهام الغنيمة فسمّيت تلك الرهوة رَهْوَة مٰلك ،، قالوا وكان مرج عبد الواحد حمى لخيل المسلمين فلمّا بنى الحَدَث وزِبَطْرَة[b] استغنى عنه فازدرع، قالوا وكانت زِبَطْرَة حصنًا قديمًا روميًّا ففتح مع حصن الحَدَث القديم فتحه[c] حَبيب بن مَسْلَمَة الفِهْرى وكان قائمًا الى ان اخربته الروم فى ايّام الوليد بن يزيد فبنى بناء غير محكم فاناخت الروم عليه فى ايّام فتنة مرون بن محمّد[d] فهدمته[e] فبناه المنصور ثمّ خرجت اليه فشعّثته فبناه الرشيد على يدى محمّد بن ابرٰهيم وشحنه فلمّا كانت خلافة المامون

---

a) B. فشملت. b) Codd. زنطرة hic et deinde. c) A. فدنه. d) A. محمد بن مرون, B. tantum مرون. e) B. وهدمته.

طرقه الروم فشعّثوه واغاروا على سرح اهله فاستاقوا لهم مواشى فامر المامون
بمرمّته وتحصينه، وقدم وفد طاغية الروم فى سنة ٢١٠ يسـأل الصلح فلم
يجبه اليه وكتب الى عمّال الثغور فساحوا فى بلاد الروم فاكثروا فيها
القتل ودوّخوها وظفروا ظفرًا حسنًا الّا انّ يَقْظان بن عبد الاعلى بن
احمد بن يزيد بن أَسيد السُّلَمى اصيب، ثمّ خرجت الروم الى زِبَطْرَة
فى خلافة المعتصم بالله ابى اسحٰق بن الرشيد فقتلوا الرجال وسبوا النساء
واخربوها فاحفظه ذلك واغضبه فغزاهم حتّى بلغ عَمُّورِيَّة وقد اخرب قبلها
حصونًا فاناخ عليها حتّى فتحها فقتل المقاتلة وسبى النساء والذرّيّة ثمّ 225
اخربها وامر ببناء زِبَطْرَة وحصّنها وشحنها فرامها الروم بعد ذلك فلم
يقدروا عليها ،، وحدّثنى ابو عمرو الباهلى وغيره قالوا نُسب حصن
منصور الى منصور بن جَعْوَنَة بن الحٰرث العامرى من قيس وذلك انّه تولّى
بناءه ومرمّته وكان مقيمًا به ايّام مروٰن ليردّ العدوّ ومعه جند كثيف من
اهل الشام والجزيرة، وكان منصور هذا على اهل الرُّها حين امتنعوا فى
اوّل الدولة فحصرهم المنصور وهو عامل ابى العبّاس على الجزيرة وارمينية فلمّا
فتحها هرب منصور ثمّ أُومِن فظهر فلمّا خلع عبد الله بن علىّ ابا جعفر
المنصور ولّاه شرطته فلمّا هرب عبد الله الى البصرة استخفى فدلّ عليه
فى سنة ١٤١ فأُتى المنصور به فقتله بالرّقّة منصرفه من بيت المقدّس، وقوم
يقولون انّه أُومِن بعد هرب ابن علىّ فظهر ثمّ وجدت له كتب الى الروم
بغشّ الاسلام فلمّا قدم المنصور الرّقّة من بيت المقدّس سنة ١٤١ وجّه
من اتاه به فضرب عنقه بالرّقّة ثمّ انصرف الى الهاشميّة بالكوفة ،، وكان
الرشيد بنى حصن منصور وشحنه فى خلافة المهدى ،،

نَقْلُ دِيوَانِ الرُّومِيَّةِ

قالوا ولم يزل ديوان الشام بالرومّية حتّى ولى عبد الملك بن مرون فلمّا
كانت سنة ٨١ امر بنقله وذلك انّ رجلًا من كُتّاب الروم احتاج ان يكتب 226
شيـًا فلم يجد ماء فبال فى الدواة فبلغ ذلك عبد الملك فادّبه وامر
سليمن بن سعد بنقل الديوان فسأله ان يعينه بخراج الأُرْدُنّ سنة ففعل
ذلك وولّاه الأُرْدُنّ فلم تنقض[a] السنة حتّى فرغ من نقله واتى به عبد
الملك فدعا بسَرْجُون كاتبه فعرض ذلك عليه فغمّه وخرج من عنده كئيبًا
فلقيه قوم من كتّاب الروم فقال اطلبوا المعيشة من غيرهذه الصناعة فقد
قطعها الله عنكم، قال وكانت وظيفة الأُرْدُنّ الّتى قطعها معونة مائة الف
وثمانين الف دينار ووظيفة فِلَسْطِينَ ثلثمائة الف وخمسين الف دينار
ووظيفة دِمَشْقَ اربعمائة الف دينار ووظيفة حِمْصَ مع قِنَّسْرِينَ والكور
الّتى تدعى اليوم العَوَاصِم ثمانى مائة الف دينار ويقال سبع مائة الف دينار،

فُتُوحُ ارْمِينِيَّةَ

حدّثنى محمّد بن اسمعيل من ساكنى بَرْذَعَة وغيره عن ابى بَرَاء عَنْبَسَة
ابن بَحْر الارمنى وحدّثنى[b] محمّد بن بِشْر القالى عن اشياخه وبَرْمَك بن
عبد الله الدَّبيلى ومحمّد بن المُخَيِّس[c] الخِلاطى وغيرهم عن قوم من اهل
العلم بامور ارمينية سقتُ حديثهم ورددتُ من بعضه على بعض قالوا
كانت شِمْشاط وقَالِيقَلا وخِلاط وأَرْجِيش[d] وبَاجُنَيْس تدعى ارمينية الرابعة

a) A. بعضى. b) A. حدثنى. c) B. المحنس. d) A. وادحش.

227 وكانت كورة البُسْفُرَّجان ودَبِيل وسِراج طَيْر وبَغْرَوَنْد تدعى ارمينية الثالثة
وكانت جُرْزان[a] تدعى ارمينية الثانية وكانت السيسَجان وأَرّان تدعى
ارمينية الاولى ويقال كانت شِمْشاط وحدها ارمينية الرابعة وكانت قاليقلا
وخِلاط وأَرْجيش وبَاجُنَيْس تدعى ارمينية الثالثة وسِراج طَيْر وبَغْرَوَنْد
ودَبِيل والبُسْفُرَّجان[b] تدعى ارمينية الثانية وسِيسَجان وأَرّان وتَفْلِيس تدعى
ارمينية الاولى وكانت جُرْزان وأَرّان فى ايدى الخَزَر وسائر ارمينية فى ايدى
الروم يتولّاها[c] صاحب أَرْمَنِيَاقُس، وكانت الخَزَر تخرج فتغير وربّما[d] بلغت
الدِّيْنَوَر فوجّه قُباذ بن فَيْرُوز الملك قائدًا من عظماء قوّاده فى اثنى عشر
الفًا فوطئ بلاد أَرّان وفتح ما بين النهر الّذى يعرف بالرّسّ الى شَرْوان
ثمّ انّ قُباذ لحق به فبنى بأَرّان مدينة البَيْلَقان ومدينة بَرْذَعة وهى
مدينة الثغر كلّه ومدينة قَبَلَة وهى الخَزَر ثمّ بنى سُدّ اللبن فيما بين
ارض شَرْوان وباب اللّان وبنى على سُدّ اللبن ثلثمائة وستّين مدينة خربت
بعد بناء الباب والابواب، ثمّ انّ ملك بعد قُباذ ابنه أَنُوشِرْوان كِسْرى
ابن قُباذ فبنى مدينة الشابِران ومدينة مَسْقَط ثمّ بنى مدينة الباب
والابواب وانّما سمّيت ابوابًا لانّها بنيت على طريق[e] فى الجبل واسكن ما
بنى من هذه المواضع قومًا سمّاهم السِيَاسِيجِين[f] وبنى بارض أَرّان ابواب
228 شَكّن[g] والقَمِيبَران[h] وابواب الدُّودَانِيّة[i] وهم امّة يزعمون انّهم من بنى

---

a) Codd. حربان. *b*) A. والسفرجان. *c*) A. يسولاها. *d*) B. فربما. *e*) Qodáma طرف. *f*) Codd. sine punctis. Qodáma السساسحىں, Mas'udí (Codd. 537 *a*, p. 191) السيايجة. Cf. St. Martin, *Mémoires sur l'Armenie*, I, p. 207—214. Est populus cujus genealogiae princeps appellatur *Sisag*. *g*) Infra scribitur شكى; Mas'udíi Codices habent شكين s. شكى, Ibn Haucal habet شكى, Jacut شقى addens وكان الاصمعى يقول شكى; cf. St. Martin, I, p. 233. *h*) A. والقَميبَران, B. والقَمِيبران, infra p. 238 الغميبران. *i*) St. Martin, I, p. 235 *Dzotiens*, d'Ohsson, *Voyage d'Abou'l-Cassim*, p. 48, 188.

دُودَان بن أَسَد بن خُزَيْمَة وبنى الدُّرْذُوقِيَّة[a] وهى اثنا عشر بابًا كلّ باب
منها قصر من حجارة وبنى بارض جُرْزان مدينة يقال لها سُغْدَبِيل وانزلها
قومًا من[b] السُّغْد وابناء فارس وجعلها مَسلحة وبنى ممّا يلى الروم فى بلاد
جُرْزان قصرًا يقال له باب فِيرُوزقُبَاذ وقصرًا يقال له باب لاذِقَة[c] وقصرًا يقال
له باب بارِقة[d] وهو على بحر طَرَابِزُنْدَة وبنى باب اللّان وباب سَمْسَخِى[e]
وبنى قلعة الجُرْدَمان[f] وقلعة سَمْشُلْدَى[g] وفتح أَنُوشِرْوان جميع ما كان فى
ايدى الروم من ارمينية وعمر مدينة دَبِيل وحصّنها وبنى مدينة النَّشَوَى وهى
مدينة كورة البُسْفُرَّجان وبنى حصن وَيْص[h] وقلاعًا بارض السِّيسَجان[i]
منها قلعة الكِلاب وساهيونس واسكن[k] هذه الحصون والقلاع ذوى الباس
والنجدة من سِيَاسِيجِيَّة ثمّ انّ أَنُوشِرْوان كتب الى ملك التُّرْك يسأله
الموادعة والصلح وان يكون امرهما واحدًا وخطب اليه ابنته ليونسه
بذلك واظهر له الرغبة فى صهره وبعث اليه بامة كانت له تبنّتها امرأةٌ من
نسائه وذكر انّها ابنته فهدى التُّرْكىّ ابنته اليه ثمّ قدم عليه فالتقيا
بالبَرْشَلِيَة[l] وتنادما ايّامًا وانس كلّ واحد منهما بصاحبه واظهر برّه وامر
أَنُوشِرْوان جماعة من خاصّته وثقاته[m] ان يُبَيِّتوا طرفًا من عسكر التُّرْكى
ويحرقوا فيه ففعلوا فلمّا اصبح شكا ذلك الى أَنُوشِرْوان فانكر ان يكون
229 امر به او علم انّ احدًا من اصحابه فعله ولمّا مضت لذلك ليال امر
اولئك القوم بمعاودة مثل الّذى كان منهم ففعلوا[n] فضجّ التُّرْكى من فعلهم

---

a) A. الدرزِقية; St. Martin, II, p. 189 *Dourdsouk*, et Brosset, *Histoire de la Georgie*, I, 24, 4*. b) A. addit بنى expunctis deinde وابناء فارس. c) Quoque لازقة scribitur, quod praeferendum est. d) A. دارقه; d'Ohsson, p. 9 ex Ibno 'l-Wardí مازقة s. ازفة. e) *Samtzkhi*, v. St. Martin, Indic. geogr., Brosset, I, p. **238**, **245**. Mas'udí, p. 188 الصمصحا. f) A. الحودمان; v. Brosset, I, p. **245**, 387. g) Codd. sine punctis; v. St. Martin, Indic. geogr. in v. *Schamschoïlde*, Brosset, I, p. 33, 271, *Samschwildé*. h) *Vaïotsdsor*, St. Martin, I, p. 143. i) A. السناجان. k) A. اسكن. l) Codd. بالبرسليه. Secutus sum Jacut Cod. Oxon. In *Merácid* exstat البرشيلة. m) A. om. n) A. om.

حتّى رفق به أَنُوشِرْوان واعتذر اليه فسكن ثمّ انّ أَنُوشِرْوان امر فأُلْقِيَت النار فى ناحية من عسكره لم يكن بها الّا اكواخ قد اتُّخذت من حشيش وعيدان فلمّا اصبح ضجّ أَنُوشِرْوان الى التُّرْكى وقال كاد اصحابك يذهبون بعسكرى وقد كافأتنى بالظنّة فحلف انّه لم يعلم لشىء[a] ممّا كان سببًا[b] فقال أَنُوشِرْوان يا اخى جندنا وجندك قد كرهوا صلحنا لانقطاع ما انقطع عنهم من النيل فى الغارات والحروب الّتى كانت تكون بيننا ولا امن ان يحدثوا احداثًا يفسد قلوبنا بعد تصافينا وتخالصنا حتّى نعود الى العداوة بعد الصهر والمودّة والرأى ان تاذن لى فى بناء حائط يكون بينى وبينك ونجعل عليه بابًا فلا يدخل اليك من عندنا والينا من عندك الّا من اردتَ واردنا فاجابه الى ذلك فانصرف[c] الى بلاده واقام أَنُوشِرْوان لبناء الحائط فبناه وجعله من قبل البحر بالصخر والرصاص وجعل عرضه ثلثمائة ذراع والحقه برؤس الجبال وامر ان تحمل الحجارة فى السفن وتغريقها فى البحر حتّى اذا ظهرت على وجه الماء بنا عليها فقاد الحائط فى البحر ثلثة اميال فلمّا فرغ من بنائه علّق على المدخل منه ابواب حديد ووكّل به مائة فارس يحرسونه بعد ان كان موضعه يحتاج الى خمسين الفًا من الجند وجعل عليه دبّابة فقيل لخاقان بعد ذلك انّه خدعك وزوّجك غير ابنته وتحصّن منك فلم يقدر على حيلة ٭ وملّك أَنُوشِرْوان
230 ملوكًا رتّبهم وجعل لكلّ امرئٍ منهم شاهيّةَ ناحيةٍ فمنهم خاقان الجبل وهو صاحب السّرير ويدعى وهرارزانشاه[d] ومنهم ملك فِيلان وهو فِيلَان شاه ومنهم طَبَرْسَرانشاه[e] وملك اللَّكْز[f] ويدعى جرشانشاه[g] وملك مَسْقَط وقد بطلت مملكته وملك لبران ويدعى لِبرَانْشاه وملك شَرْوان ويدعى شَرْوَانْشاه

---

a) Codd. دسى. *b*) A. om. *c*) B. وانصرف. *d*) ? B. وهرارزانشاه, Istakhrí (facs. Moeller), p. 82 اهرراورنشاه. *e*) Jacut طبرستران. *f*) B. اللكّن. *g*) A. جرشانشاه.

وملّك صاحب بُخّ على بُخّ[a] وصاحب زِرِيكِران[b] عليها واقرّ ملوك جبل
القَبَق على ممالكهم وصالحهم على الاتاوة، فلم تزل ارمينية فى ايدى الفُرْس
حتّى ظهر الاسلام فرفض كثير من السِيَاسِيجِين حصونهم ومدائنهم حتّى
خربت وغلب الخَزَر والروم على ما كان فى ايديهم بديًّا ، قالوا وقد كانت
امور الروم تستتبّ[c] فى بعض الازمنة وصاروا كملوك الطوائف فملك
أَرْمَنِيَاقُس رجل منهم ثمّ مات فملكتها بعده[d] امرأته وكانت تسمّى قالى
فبنت مدينة قالِيقَلا وسمّتها قاليقَالَه ومعنى ذلك احسان قالِى قال وصُوّرت
على باب من ابوابها فاعربت العرب قاليقَاله فقالوا قالِيقَلَا ، قالوا ولمّا
استخلف عثمان بن عفّان كتب الى معٰوية وهو عامله على الشام والجزيرة
وثغورهما يامره ان يوجّه حَبيب بن مَسْلَمَة الفِهْرى الى ارمينية وكان
حَبيب ذا اثر جميل فى فتوح الشام وغزو الروم قد علم ذلك منه عمر
ثمّ عثمان رضّهما ثمّ[e] مَنْ بعده ويقال بل كتب عثمان الى حَبيب يامره 231
بغزو ارمينية وذلك اثبت فنهض اليها فى ستّة الف ويقال فى ثمٰنية الف
من اهل الشام والجزيرة فاتى قالِيقَلا فاناخ عليها وخرج اليه اهلها فقاتلهم ثمّ
الجأهم الى المدينة فطلبوا الامان على الجلاء والجزية فجلا كثير منهم فلحقوا
ببلاد الروم واقام حَبيب بها فيمن معه اشهرًا ثمّ بلغه انّ بطريق
أَرْمَنِيَاقُس[f] قد جمع للمسلمين جمعًا عظيمًا وانضمّت اليه امداد اهل
اللّان[g] وأَفْخاز[h] وسَمَنْدَر من الخَزَر فكتب الى عثمان يسأله المدد فكتب الى
معاوية يسأله ان يشخص اليه من اهل الشام والجزيرة قومًا ممّن يرغب
فى الجهاد والغنيمة فبعث اليه معٰوية الفى رجل اسكنهم قالِيقَلا واقطعهم

---

a) Cf. St. Martin, I, p. 76. *b*) A. وزنكران. Est زره كَران. *c*) B. امراء الروم تشتقت, Ibn Khallicán N°. 94, ubi haec laudantur, نُسيبت. An legendum تشتتت? *d*) A. om. *e*) A. om. *f*) Nomen hujus scribitur الموريان ab Ibn Hobaisch et infra p. 232. *g*) A. الىلان. *h*) Codd. افخاد. Vulgo ابخاز scribitur.

بها القطائع وجعلهم مرابطة بها، ولمّا ورد على عثمان كتاب حَبيب كتب الى سعيد بن العاصى بن سعيد بن العاصى بن اميّة وهو عامله على الكوفة يامره بامداده بجيش عليه سَلْمان بن ربيعة الباهلى وهو سَلْمان الخيل وكان خَيّرًا فاضلًا غزّاء فسار سَلْمان الخيل اليه فى ستّة الف رجل من اهل الكوفة وقد اقبلت الروم ومن معها فنزلوا على الفُرات وقد ابطأ على حبيب المدد فبيّتهم المسلمون فاجتاحوهم وقتلوا عظيمهم وقالت امّ عبد الله بنت يزيد الكلبيّة امرأة حَبيب ليلتئذٍ له اين موعدك قال سرادق الطاغية او الجنّة فلمّا انتهى الى السرادق وجدها عنده، قالوا
ثمّ انّ سَلْمان ورد وقد فرغ المسلمون من عدوّهم فطلب اهل الكوفة اليهم 232
ان يشركوهم فى الغنيمة فلم يفعلوا حتّى تغالظ حَبيب وسَلْمان فى القول وتوعّد بعض المسلمين سَلْمان بالقتل قال الشاعر

إِنْ تَقْتُلُوا سَلْمَانَ نَقْتُلْ حَبِيبَكُمْ ... وَإِنْ تَرْحَلُوا نَحْوَ ٱبْنِ عَفَّانَ نَرْحَلِ

وكتب الى عثمان بذلك فكتب انّ الغنيمة باردة[a] لاهل الشام وكتب[b] الى سَلْمان يامره بغزو أَرّان، وقد روى بعضهم انّ سَلْمان بن ربيعة توجّه الى ارمينية فى خلافة عثمان فسبى وغنم وانصرف الى الوليد بن عُقْبة وهو بحديثة المَوْصِل سنة ٢٥ فاتاه كتاب عثمان يعلمه انّ معوية كتب يذكر انّ الروم قد اجلبوا على المسلمين بجموع عظيمة يسأل المدد ويامره ان يبعث اليه ثمانية الف رجل فوجّه بهم وعليهم سَلْمان بن ربيعة الباهلى ووجّه معوية حَبيب بن مَسْلَمَة الفهْرى معه فى مثل تلك العدّة فافتتحا حصونًا واصابا سبيًا وتنازعا الامارة وهمّ اهل الشام بسَلْمان فقال الشاعر

ان تقتلوا البيت ... والخبر الاوّل اثبت حدّثنى به عدّة من مشايخ اهل قاليقلا وكتب الىّ به العطّاف بن سفين ابو الاصبغ قاضيها، وحدّثنى

a) B. داره. b) B. فكتب.

محمّد بن سعد عن الواقدى عن عبد الحميد بن جعفر عن ابيه قال
حاصر حَبيب بن مَسْلَمَة اهل دَبِيل فاقام عليها فلقيه المَوْرِيَان الرومى
233 فبيّته وقتله وغنم ما كان فى عسكره ثمّ قدم سَلْمان عليه، والثبت
عندهم انّه لقيه بقالِيقَلا ، وحدّثنى محمّد بن بشر وابن وَرْز القالِيان عن
مشايخ اهل قالِيقَلا قالوا لم تزل مدينة قالِيقَلا مذ فتحت ممتنعة بمن
فيها من اهلها حتّى خرج الطاغية فى سنة ١٣٣ فحصر اهل مَلَطْيَة وهدم
حائطها واجلى من بها من المسلمين الى الجزيرة ثمّ نزل مرج الحصى فوجّه
كوسان الارمنى حتّى اناخ على قالِيقَلا فحصرها واهلها يومئذ قليل وعاملها
ابو كَرِيمة فنقب اخوان من الارمن من اهل مدينة قالِيقَلا ردمًا كان فى
سورها وخرجَا الى كوسان[a] فادخلَاه المدينة فغلب عليها فقتل وسبى وهدمها
وساق ما حوى الى الطاغية وفرّق السبى على اصحابه ، وقال الواقدى لمّا
كانت سنة ١٣٩ فادى المنصور بمن كان حيًّا من اسارى اهل قالِيقَلا وبنى
قالِيقَلا وعمرها وردّ من فادى به اليها وندب اليها جندًا من اهل الجزيرة
وغيرهم وقد كان طاغية الروم خرج الى قالِيقَلا فى خلافة المعتصم بالله فرمى
سورها حتّى كاد يسقط فانفق المعتصم عليها خمس مائة الف درهم حتّى
حصّنت ، قالوا ولمّا فتح حَبيب مدينة قالِيقَلا سار حتّى نزل مربالا[b]
فاتاه بطريق خِلاط بكتاب عِياض بن غَنْم وكان عِياض قد امنه على
نفسه وماله وبلاده وقاطعه على اتاوة فانفذه حَبيب له ثمّ نزل منزلًا بين
234 الهَرْك[c] ودَشت الورك فاتاه بطريق خِلاط بما عليه من المال واهدى له
هدية لم يقبلها منه ونزل خِلاط ثمّ سار منها الى الصسانه[d] فلقيه بها
صاحب مُكْس[e] وهى ناحية من نواحى البُسْفُرَّجان فقاطعه على بلاده

---

a) B. h.l. كوشان. b) B. مريالا. c) Codd. الهرل; v. St. Martin, I, p. 101. d) ? B. الصسانه. e) B. مكس; v. St. Martin, I, p. 175.

ووجّه معه رجلا وكتب له كتاب صلح وامان ؞ ووجّه الى قرى أَرْجِيش وبَاجُنَيْس[a] من غلب عليها وجبى جزية رؤوس اهلها واتاه وجوههم فقاطعهم على خراجها فامّا بحيرة الطِّرِّيخ فلم يعرض لها ولم تزل مباحة حتّى ولى محمّد بن مروٰن بن الحَكَم الجزيرة وارمينية فحوى صيدها وباعه فكان يستغلّها ثمّ صارت لمروٰن بن محمّد فقبضت عنه ؞ قال ثمّ سار حَبيب واتى أَزْدِسَاط[b] وهى قرية القِرْمِز[c] واجاز نهر الاكراد ونزل مرج دَبِيل[d] فسرّب الخيول اليها ثمّ زحف حتّى نزل على بابها فتحصّن اهلها ورموه فوضع عليها منجنيقًا ورماهم حتّى طلبوا الامان والصلح فاعطاهم ايّاه وجالت خيوله[e] فنزلت جُرْنِى[f] وبلغت اشوش وذات اللُّجُم[g] والجبل كونتة (?) ووادى الاحرار وغلبت على جميع قرى دَبِيل[h] ووجّه الى سِراج طَير وبَغْرَوَنْد فاتاه بطريقها فصالحه عنها على اتاوة يؤدّيها وعلى مناصحة المسلمين وقِراهم ومعاونتهم على اعدائهم وكان كتاب صلح دَبِيل

بسم الله الرحمٰن الرحيم

هذا كتاب من حَبيب بن مَسْلَمَة لنصارى اهل دَبِيل ومجوسها ويهودها شاهدهم وغائبهم انّى امنتكم على انفسكم واموالكم وكنائسكم وبِيَعِكم وسور مدينتكم
فانتم آمنون وعلينا الوفاء لكم بالعهد ما وفيتم وادّيتم الجزية والخراج شهد 235
الله وكفى به شهيدًا وختم حَبيب بن مَسْلَمَة ؞ ثمّ اتى حَبيب النَّشَوى ففتحها على مثل صلح دَبِيل وقدم عليه بطريق البُسْفُرَّجان فصالحه عن جميع بلاده وارضى هصابلة (sic) وافارستة (sic) على خرج يؤدّيه[i] فى كلّ سنة ثمّ اتى السِيسَجان فحاربهم اهلها فهزمهم وغلب على وَيْص وصالح

---

a) A. h.l. تاجنيش. b) Cf. Ibn Haucal, p. 111. c) *Aschdischad*, St. Martin, I, p. 101. d) A. h.l. دبيل. e) A. خيله. f) Optime Fleischer textum *Merácidi*, I, p. ٢٥٠ restituit. In Cod. Oxon. enim Jacuti ipsum hoc قرب دبيل legitur. g) A. h.l. اللحم. h) B. h.l. دُبَيل. i) B. يودونه.

اهل القلاع بالسيسجان على خرج يؤدّونه[a] ثمّ سار الى جُرْزان[b]، حدّثنى
مشايخ من اهل دَبيل منهم بَرْمَك بن عبد الله قالوا سار حَبيب بن
مَسْلَمَة بمن معه يريد جُرْزان فلمّا انتهوا الى ذات اللُّجُم سرّحوا بعض
دوابّهم وجمعوا لُجُمها فخرج عليهم قوم من العلوج فاعجلوهم عن الالجام
فقاتلوهم فكشفوهم العلوج واخذوا تلك اللُّجُم وما قدروا عليه من الدوابّ
ثمّ انّهم كرّوا عليهم فقتلوهم وارتجعوا ما اخذوا منهم فسمّى الموضع ذات
اللُّجُم قالوا واتى حَبيبًا رسول بطريق جُرْزان واهلها وهو يريدها فادّى اليه
رسالتهم وسأله كتاب صلح وامان لهم فكتب حَبيب اليهم اما بعد
فانّ نُقْلى رسولكم قدم علىّ وعلى الّذين معى من المؤمنين فذكر عنكم
انّا امّة اكرمنا الله وفضّلنا وكذلك فعل الله وله الحمد كثيرًا وصلّى الله على
محمّد نبيّه وخيرته من خلقه وعليه السلم وذكرتم انّكم احببتم سِلمنا
وقد قوّمت هديتكم وحسبتُها من جزيتكم وكتبتُ لكم امانًا واشترطت
فيه شرطًا فان قبلتموه ووفيتم به والّا فاذنوا بحرب من الله ورسوله والسلام 236
على من اتّبع الهدى ، ثمّ ورد تَفْليس وكتب لاهلها صلحًا بسم
الله الرحمٰن الرحيم هذا كتاب من حَبيب بن مَسْلَمَة لاهل طَفْليس
من مَنْجَليس[c] من جُرْزان القِرْمِز بالامان على انفسهم وبيعهم وصوامعهم
وصلواتهم ودينهم على اقرار بالصغار والجزية على كلّ اهل بيت دينار وليس
لكم ان تجمعوا بين اهل البيوتات تخفيفًا للجزية ولا لنا ان نفرق بينهم
استكثارًا منها ولنا نصيحتكم وضلعكم على اعداء الله ورسوله صلعم ما
استطعتم وقِرى المسلم المحتاج ليلة بالمعروف من حلال طعام اهل الكتاب
لنا وان انقُطع برجل من المسلمين عندكم فعليكم اداؤه الى ادنى فِئَةٍ من

---

a) A. بودنه. *b*) A. حران. *c*) V. Brosset, I, p. 245, 248. Textum hujus tractatus Armeniacum dedit idem in *Bulletin Scientifique de St. Pétersbourg*, V, p. 40.

المومنين الّا ان يحال دونهم وان ابيتم واقمتم الصلاة فاخواننا فى الدين
والّا فالجزية عليكم وان عرض للمسلمين شغل عنكم فقهركم عدوّكم فغير
ماخوذين بذلك ولا هو ناقض عهدكم هذا لكم وهذا عليكم شهد الله
وملائكته وكفى بالله شهيدًا ». وكتب الجرّاح بن عبد الله الحَكَمى لاهل
تفليس[a] كتابًا نسخته بسم الله الرحمن الرحيم هذا كتاب من
الجرّاح بن عبد الله لاهل تَفْلِيس من رستاق مَنْجَلِيس من كورة جُرْزان
انّه اتونى بكتاب امان لهم من حَبيب بن مَسْلَمَة على الاقرار بصغار
الجزية وانّه صالحهم على ارضين لهم وكروم وارحاء يقال لها اوارى[b] وسابينا
237 من رستاق مَنْجَلِيس وعن طعام وديدونا من رستاق قُخُويط[c] من كورة
جُرْزان على ان يؤدّوا عن هذه الارحاء والكروم فى كلّ سنة مائة درهم بلا
ثانية فانفذْتُ لهم امانهم وصلحهم وامرت الايراد عليهم فمن قرئ عليه
كتابى فلا يتعدّ ذلك فيهم ان شاء الله وكتب ». قالوا وفتح حبيب
حوارح[d] وكسفربس[e] وكَسَال[f] وخُنان وسَمْسَخى[g] والجُرْدمان وكستسجى[h]
وشَوْشِت[i] وبَازَلِيت[k] صلحًا على حقن دماء اهلها واقرار مصلّياتهم وحيطانهم
وعلى ان يؤدّوا اتاوة عن ارضهم ورؤوسهم وصالح اهل قَلَرْجِيت[l] واهل

---

a) A. om. haec tria verba. *b*) B. اوادى. Deinde A. وسادىدىا. Neutrum inveni. *c*) *Cogovit*, Brosset, I, p. 142*. *d*) Sic. In libro كتاب البلدان, Cod. Mus. Britt. Rich. 7496, f. 81 ubi haec Beládsoríi verba laudantur جُراخ. *e*) Sic. Cod. Mus. Britt. primum كَسْفَر, deinde كسفى بيس. *f*) A. hic وكسال, (cf. Brosset, I, p. 245), deinde وحسان, B. وحيان. *g*) A. وسماجى, B. وسماحى et sic Cod. Mus. Britt. *h*) B. وكسيسحى, *Gouschtasfi* (Brosset, I, p. 512 annot. l. 3 a f. J. A. 1849, II, p. 508 seq.)? *i*) Codd. وشوسب, Cod. Mus. Britt. سرسيب. V. St. Martin in v. *Schauscheth*, Brosset l.l. et Qazwíni, II, p. ۴١٣ (شوشيط). *k*) Codd. ونارلىب, Cod. Mus. Britt. ونارليىت. Est *Bazaleth*, v. Brosset, I, p 45, 86*. *l*) Codd. قلرحىب. Est *Clardjeth*.

تريالِيت[a] وخاخيط[b] وخوخيط[c] وأَرْطَهال[d] وباب اللّال[e] وصالح الصّنارِيّة[f]
والدّودانِيّة على اتاوة ،، قالوا وسار سَلْمان بن ربيعة الباهلى حين امره عثمان
بالمسير الى أَرّان ففتح مدينة البَيْلَقان صلحًا على ان امنهم على دمائهم
واموالهم وحيطان مدينتهم واشترط عليهم اداء الجزية والخراج ثمّ اتى سَلْمان
بَرْذَعَة فعسكر على الثُّرْثُور[g] وهو نهر منها على اقلّ من فرسخ فاغلق اهلها
دونه ابوابهم فعاناها ايّامًا وشنّ الغارات فى قراها وكانت زروعها مستحصدة
فصالحوه على مثل صلح البَيْلَقان وفتحوا له ابوابها فدخلها واقام بها ووجّه
خيله ففتحت شفشين[h] والمسقوان وأُوذ والمصريان (sic) والهرجليان[i] وتبار
وهى رساتيق وفتح غيرها من أَرّان ودعا اكراد البلاسجان[k] الى الاسلام
فقاتلوه فظفر بهم فاقرّ بعضهم بالجزية وادّى بعض الصدقة وهم قليل ،، 238
وحدّثنى جماعة من اهل بَرْذَعَة قالوا كانت شَمْكُور مدينة قديمة فوجّه
سَلْمان بن ربيعة الباهلى من فتحها فلم تزل مسكونة معمورة حتّى اخربها
السّاوَرْدِيّة[l] وهم قوم تجمّعوا فى ايّام انصرف يزيد بن أُسَيد عن ارمينية
فغلظ امرهم وكثرت نوائبهم ثمّ انّ بُغا مولى المعتصم بالله رحمه عمرها فى
سنة ٢٤٠ وهو والى ارمينية[m] وأَذْرَبِيجان وشِمْشاط واسكنها قومًا خرجوا
اليه من الخزر مستأمنين لرغبتهم فى الاسلام ونقل اليها التجار من بَرْذَعَة
وسمّاها المتوكّليّة ،، قالوا وسار سَلْمان الى مجمع الرّسّ والكُرّ خلف بَرْدِيج
فعبر الكُرّ ففتح قَبَلَة وصالحه صاحب شَكّن والقَمِيبِران على اتاوة وصالحه

a) *Thrialeth*, v. Brosset, I, p. 248, 285, 307. b) *Kakheth*, v. Brosset l.l. c) *Kukhet*, v. Brosset, I, p. 315, 349, 31*, 33*, 45*, 64* et St. Martin, II, p. 198. d) B. ارتهان, infra p. 247 ارطان; v. Brosset, I, p. 39 ann. 5, 381. e) B. اللان. Servavi lectionem A., coll. St. Martin, II, p 227. f) A. الصيارنه. g) A. الثوثور, B. الترتور, St. Martin, I, p. 87 ترتر; v. *Merácid.* h) A. سفشين, Cod. Mus. Britt. سيسَر et deinde والمسقوان. i) Cod. Mus. Britt. والمهرحلمان. k) Cf. infra p. 376. l) B. الشاوردية; cf. Mas'ūdí M.S. 537 *a*, p. 191, d'Ohsson, p. 15, 167. m) Haec inde a فغلظ in A. desunt.

اهل خَيْزان[a] وملك شَرْوان وسائر ملوك الجبال واهل مَسْقَط والشابِران ومدينة الباب ثمّ اغلقت بعده ولقبه خاقان فى خيوله خلف نهر البَلَنْجَر فقُتل رحمه فى اربعة الف من المسلمين فكان يسمع فى مأزقهم التكبير، وكان سَلْمان بن ربيعة اوّل من استقضى بالكوفة اقام اربعين يومًا لا ياتيه خصم وقد رَوَى عن عمر بن الخطّاب، وفى سَلْمان وقُتَيْبَة بن مُسْلِم يقول ابن جُمانة الباهلى[b]

وَاِنّ[c] لَنَا قَبْرَيْنِ قَبْرُ بَلَنْجَرٍ[d] وَقَبْرٌ بِصِينِ ٱسْتَانَ يَا لَكَ مِنْ قَبْرِ
فَذَاكَ[e] ٱلَّذِى بِٱلصِّينِ عَمَّتْ فُتُوحُهُ وَهٰذَا ٱلَّذِى يُسْقَى بِهِ سَبَلُ ٱلْقَطْرِ

وكان مع سَلْمان ببَلَنْجَر قَرَظَة بن كعب الانصارى وهو جاء بنعيه الى عثمان، قالوا ولمّا فتح حَبيب ما فتح من ارض ارمينية كتب به الى عثمان بن عفّان فوافاه كتابه وقد نعى اليه سَلْمان فهمّ ان يولّيه جميع 239
ارمينية ثمّ راى ان يجعله غازيًا بثغور الشام والجزيرة لغنائه فيما كان ينهض له من ذلك فولّى ثغر ارمينية حُذَيفة بن اليَمان العبسى فشخص الى بَرْذَعة ووجّه عمّاله على ما بينها وبين قالِيقَلا والى خَيْزان فورد عليه كتاب عثمان يامره بالانصراف وتخليف صلة بن زُفَر العبسى وكان معه فخلّفه[f] وسار حَبيب راجعًا الى الشام وكان يغزو الروم ونزل حِمْص فنقله معاوية الى دِمَشْق فتوفّى بها سنة ٤٢ وهو ابن ٣٥ سنة وكان معٰوية وجّه حَبيبًا فى جيش لنُصرة عثمان حين حوصر فلمّا انتهى الى وادى القُرَى

a) A. حمزان, v. St. Martin, I, p. 175 seq. Jacut habet خَيْزار et sic semel Codd. (p. 241); Mas'udí l.l. p. 175 خَيْذان. d'Ohsson, p. 19 proponit legere خيداق quod improbandum. In Expugnatione Mesopotamiae et Armeniae pseudo-Wákedianâ, quam vertit B. G. Niebuhr, edidit Mordtmann, p 116 et 164 quoque scribitur خيزان. Editor praefert legere حيزان secundum Bakuï (*N. et E.*, II, p. 481) et Abu'l-Fedam (*Annal.*, III, 486).
b) V. Ibn Qotaiba p. ٣٣١ qui addit interpretationem verborum يسقى به الخ. c) A. ان.
d) B. hic et deinde بَلَنْجُر. e) Jacut Cod. Oxon. فهذا. f) A. محلعه.

بلغه مقتل عثمان فرجع ،، قالوا وولّى عثمان المغيرة بن شُعْبَة أَذْرَبِيْجَان وارمينية ثمّ عزله وولّى القٰسم بن ربيعة بن اميّة بن ابى الصَّلْت الثَّقفى ارمينية ويقال ولّاها عمرو بن معٰوية بن المُنْتَفِق العُقَيْلى وبعضهم يقول وليها رجل من بنى كِلاب بعد المُغيرة ١٥ سنة ثمّ وليها العُقَيلى وولى الأَشْعَث بن قيس لعلىّ بن ابى طالب رضه ارمينية وأَذْرَبِيْجَان ثمّ وليها عبد الله بن حاتم بن النعمان[a] بن عمرو الباهلى من قبل معاوية فمات بها فوليها عبد العزيز بن حاتم بن النعمان اخوه فبنى مدينة دَبِيل وحصّنها وكبّر مسجدها وبنى مدينة النَّشَوَى ورمّ مدينة بَرْذَعَة ويقال انّه جدّد بناءها واحكم حفر الفارقين حولها وجدّد بناء مدينة البَيْلَقَان وكانت هذه المدن متشعّثة مستهدمة، ويقال انّ الّذى جدّد بناء بَرْذَعَة 240 محمّد بن مروٰن فى ايّام عبد الملك بن مروٰن وقال الواقدى بنى عبد الملك[b] مدينة بَرْذَعَة على يد حاتم بن النعمان الباهلى او ابنه، وقد كان عبد الملك ولّى عثمان بن الوليد بن عُقْبَة بن ابى مُعَيْط ارمينية ،، قالوا ولمّا كانت فتنة ابن الزُّبير انتقضت ارمينية وخالف احرارها واتباعهم فلمّا ولى محمّد بن مروٰن من قبل اخيه عبد الملك ارمينية حاربهم فظفر بهم فقتل وسبى وغلب على البلاد ثمّ وعد من بقى منهم ان يعرض لهم فى الشرف فاجتمعوا لذلك فى كنائس من عمل خِلاط فاغلقها عليهم ووكّل بابوابها ثمّ خوّفهم وفى تلك الغزاة سُبِيت امّ يزيد بن أُسَيد من السِيسَجان وكانت بنت بطريقها ،، قالوا وولّى سليمٰن بن عبد الملك ارمينية عَدىّ بن عَدىّ بن عَميرة الكِنْدى وكان عَدىّ بن عَميرة ممّن نزل الرَّقّة مفارقًا لعلى بن ابى طالب ثمّ ولّاه ايّاها عمر بن عبد العزيز وهو صاحب نهر عدىّ بالبَيْلَقان وروى بعضهم انّ عامل عمر كان حاتم بن النعمان ولبس

a) B. النعمانى pro بن النعمان. b) B. om. عبد الملك.

ذلك بثبت، ثمّ ولّى يزيد بن عبد الملك معْلَق بن صَفّار البَهْرانى ثمّ
عزله وولّى الحرث بن عمرو الطائىّ فغزا اهل اللّكْز ففتح رستاق حسمدان[a]،
وولى الجرّاح بن عبد الله الحكمى من مُذْحِج ارمينية فنزل بَرْذَعَة فرفع اليه
اختلاف مكاييلها وموازينها فاقامها على العدل والوفاء واتّخذ مكيالا يدعى
الجرّاحى فاهلها يتعاملون به الى اليوم ثمّ انّه عبر الكُرّ وسار حتّى قطع
النهر المعروف بالسَّمُور وصار الى الخزر فقتل منهم مقتلة عظيمة وقاتل اهل
241 بلاد حمزين[b] ثمّ صالحهم على ان نقلهم الى رستاق خَيْزان وجعل لهم
قريتين منه واوقع باهل غوميك[c] وسبى منهم ثمّ قفل فنزل شَكّى وشتّا جندُه
ببَرْذَعَة والبَيْلَقان وجاشت الخزر وعبرت الرَّسّ فحاربهم فى صحراء وَرْثان ثمّ
انحازوا الى ناحية أَرْدَبيل فواقعهم على اربعة فراسخ ممّا يلى ارمينية فاقتتلوا
ثلثة ايّام فاستشهد ومن معه فسمّى ذلك النهر نهر الجرّاح ونُسب جسر
عليه الى الجرّاح ايضا، ثمّ انّ هشام بن عبد الملك ولّى مَسْلَمَة بن عبد
الملك ارمينية ووجّه على مقدمته سعيد بن عمرو بن أَسْوَد الحرشى[d] ومعه
اسحٰق بن مُسْلِم العُقَيلى واخوته وجَعْوَنَة بن الحرث بن خٰلد احد بنى
عامر بن ربيعة بن صَعْصَعَة وذُفافة وخٰلد ابنا عُمَيْر بن الحُباب السُّلَمى
والفُرات بن سلمان[e] الباهلى والوليد بن القَعْقاع العبسى[f] فواقع الخزر وقد
حاصروا وَرْثان فكشفهم عنها وهزمهم فاتوا مَيْمَذ من عمل أَذْرَبَيْجان فلمّا
تهيّأ لقتالهم اتاه كتاب مَسْلَمَة بن عبد الملك يلومه على قتاله الخزر قبل
قدومه ويعلمه ان قد ولّى امر عسكره عبد الملك بن مُسْلِم العُقَيلى فلمّا
سلّم العسكر اخذه رسول مَسْلَمَة فقيّده وحمله الى بَرْذَعَة فحبس فى سجنها

a) Istakhrí, p. 80 حمشدان. b) A. حمزدن, B. حمردن, d'Ohsson, p. 67 scribit *Hamrín*, et sic Abu'l-Mahásin, I, p. ٣١٨. c) Codd. عوميل, v. d'Ohsson, p. 22, 178 seq. et cf, Istakhrí, p. 80 ubi عمسك. d) Codd. hic et deinde sine punctis, p. 359 الحرشى. e) A. سلمن. f) Codd. العنسى.

وانصرف الخزر فاتبعهم مَسْلَمة وكتب بذلك الى هشام فكتب اليه

أَتَتْرُكُهُمْ[a] بِمِيمَذ قَدْ تَرَاهُمْ   وَتَطْلُبُهُمْ بِمُنْقَطَعِ ٱلتُّرَابِ

وامر باخراج الحَرَشى من السجن ». قالوا وصالح مَسْلَمة اهل خَيْزان وامر بحصنها فهُدِم واتّخذ لنفسه به ضياعًا[b] وهى اليوم تعرف بحَوْز خَيْزان[c]
وسالمه ملوك الجبال فصار اليه شَرْوانْشاه ولِيرانْشاه[d] وطَبَرْسَرانْشاه وفِيلانْشاه 242
وجَرْشانْشاه[e] وصار اليه صاحب مَسْقط وصمد لمدينة الباب ففتحها وكان فى قلعتها الف اهل بيت من الخزر فحاصرهم ورماهم بالحجارة ثمّ بحديد اتّخذه على هيئة الحجارة فلم ينتفع بذلك فعمد الى العين الّتى كان أُنوشِرْوان اجرى منها الماء الى صهريجهم فذبح البقر والغنم والقى فيه الفرث[f] والحلتيت فلم يمكث ماؤهم الّا ليلة حتّى دوّد وانتن وفسد فلمّا جنّ عليهم الليل هربوا واخلوا القلعة واسكن مَسْلَمة بن عبد الملك مدينة الباب والابواب اربعة وعشرين الفًا من اهل الشام على العطاء فاهل الباب اليوم لا يدعون عاملًا يدخل مدينتهم الّا ومعه مال يفرقه بينهم[g] وبنى هريًا للطعام وهريًا للشعير وخزانة للسلاح وامر بكبس الصهريج ورمّ المدينة وشرّفها وكان مروٰن بن محمّد مع مَسْلَمة وواقع[h] معه الخزر فابلى وقاتل قتالًا شديدًا، ثمّ ولّى هشام بعد مَسْلَمة سعيد الحَرَشى فاقام بالثغر سنتين[i]، ثمّ ولى الثغر مروٰن بن محمّد[k] فنزل كِسال وهو بنى مدينتها وهى من بَرْذَعَة على اربعين فرسخًا ومن تَفْلِيس على عشرين فرسخًا ثمّ دخل ارض الخزر ممّا يلى باب اللّان وادخلها أَسِيد بن زافر السُّلَمى ابا يزيد ومعه ملوك الجبال من ناحية الباب والابواب فاغار مروٰن على

a) B. اتركهم. b) A. صناعا, B. صاعا. c) Codd. بحور حىراز. d) A. om., B. وكىرانشاه. e) Codd. وحرشانشاه. f) B, الفروث. g) B. ڡىيهم. h) A. واوقع. i) A. سنين. k) Expeditio Merváni describitur in Brosset, l.l., I, p. 238 seqq. et 48*. Vix autem unum est nomen loci, quod recognoscere potui.

صقالبة كانوا بارض الخزر فسبى منهم عشرين الف اهل بيت فاسكنهم
خَاخِيط[a] ثمّ انّهم قتلوا اميرهم وهربوا فلحقهم وقتلهم ›. قالوا ولمّا بلغ
عظيم الخزر كثرة من وطئ به مرون بلاده من الرجال وما هم عليه فى عدّتهم 243
وقوّتهم نخب ذلك قلبه وملأه رُعبًا فلمّا دنا منه ارسل اليه رسولًا يدعوه
الى الاسلام او الحرب فقال قد قبلت الاسلام فارسِل الىّ من يعرّضه علىّ
ففعل فاظهر الاسلام ووادع مرون على ان اقرّه فى مملكته وسار مرون معه
بخلق من الخزر فانزلهم ما بين السّمُور والشّابِران فى سهل ارض اللّكز ثمّ
انّ مروان دخل ارض السّرير فاوقع باهلها وفتح قلاعًا فيها ودان له مَلِك
السرير واطاعه فصالحه على الف راس خمس مائة غلام وخمسمائة جارية
سود الشعور والحواجب وهدب الاشفار فى كلّ سنة وعلى مائة الف مدى
تصبّ فى اهراء الباب واخذ منه الرهن وصالح مرون اهل تُومَان على مائة
راس خمسين جارية وخمسين غلامًا خماسيّين سود الشعور والحواجب
وهدب الاشفار وعشرين الف مدى للاهراء فى كلّ سنة ثمّ دخل ارض
زِرِيكِران[b] فصالحه ملكها على خمسين راسًا وعشرة الف مدى للاهراء فى
كلّ سنة ثمّ اتى ارض حمزين[c] فابى حمزين ان يصالحه فافتتح حصنهم بعد
ان حاصرهم فيه شهرًا فاحرق واخرب وكان صلحه ايّاه على خمس مائة
راس يؤدّونها دفعة واحدة ثمّ لا يكون عليه سبيل وعلى ان يحمل
ثلثين الف مدى الى اهراء الباب فى كلّ سنة ثمّ اتى سدان[d] فافتتحها
صلحًا على مائة راس يعطيه ايّاها صاحبها دفعة ثمّ لا يكون عليه سبيل
فيما يستقبل وعلى ان يحمل فى كلّ سنة الى اهراء الباب خمسة الف
مدى ووظّف على اهل طَبَرْسَرَانْشاه عشرة الف مدى فى كلّ سنة تحمل 244

a) A. حاحنط, B. جاحيط. b) A. زرنكران, B. زُربكران. c) A. حمرين, B. خمريين.
d) d'Ohsson, p. 68 سندان var. l. مسدار. Haec lectio exstat apud Abu'l-Mahásin, I, p. ٣١٨.

الى اهراء الباب ولم يوظّف على فيلانْشاه شيئًا وذلك لحسن غنائه وجميل بلائه واحماده امره ثمّ نزل مرْون على قلعة اللّكْز وقد امتنع من اداء شيء من الوظيفة وخرج يريد صاحب الخزر فقتله راعٍ بسهم رماه به وهو لا يعرفه فصالح اهل اللّكز على عشرين الف مدى تحمل الى الاهراء وولّى عليهم خَشْرَمًا السُّلَمى وسار مرْون الى قلعة صاحب شَرْوان وهى تدعى خِرش وهى على البحر فاذعن بالطاعة والانحدار الى السهل والزمهم عشرة الف مُدى فى كلّ سنة وجعل على صاحب شَرْوان ان يكون فى المقدمة اذا بدا المسلمون بغزو الخزر وفى الساقة اذا رجعوا وعلى فيلانْشاه ان يغزو معهم فقط وعلى طَبَرْسَرَانْشاه ان يكون فى الساقة اذا بدأُوا وفى المقدمة اذا انصرفوا وسار مرْون الى الدُّودَانيّة فاوقع بهم ثمّ جاءه قتل الوليد بن يزيد وخالف عليه ثابت بن نُعيم الجُذامى واتى مُسافر القصّاب وهو ممّن مكّنه[a] بالباب الضحّاك الخارجى فوافقه على رأيه وولّاه ارمينية وأَذْرَبِيْجان واتى أَرْدَبِيل مستخفيًا فخرج معه قوم من الشراة منها واتوا بَاجَرْوان فوجدوا[b] بها قومًا يرون رأيهم فانضمّوا اليهم فاتوا وَرْثان فصحبهم من اهلها بشر كثير كانوا على مثل رأيهم وعبروا الى البَيْلَقان فصحبتهم منهم جماعة كثيرة كانوا على مثل رأيهم ثمّ نزل يونان (sic) وولّى مرْون بن محمّد[c] اسحق ابن مُسْلِم ارمينية فلم يزل يقاتل مُسافِرًا وكان فى قلعة الكِلاب بالسِيسَجَان[c] 245 ثمّ لمّا جاءت الدولة المباركة وولى ابو جعفر المنصور الجزيرة وارمينية فى خلافة السفّاح ابى العبّاس رحمه وجّه الى مُسافِر واصحابه قائدًا من اهل خراسان فقاتلهم حتّى ظفر بهم وقتل مُسافِرًا وكان اهل البَيْلَقان متحصّنين فى قلعة الكِلاب ورئيسهم قدد[d] بن اصفر البَيْلَقانى فاستنزلوا بامان ولمّا استخلف المنصور رحمه ولّى يزيد بن أُسَيد السُّلَمى ارمينية ففتح باب

a) Codd. مكممه. b) A. فاتوا. c) Pro his inde a دونان A. tantum مرْون. d) B. ودد.

اللّان ورتّب فيه رابطة من اهل الديوان ودوّخ الصَّنَارِيَّة حتّى أدّوا
الخراج فكتب اليه المنصور يامره بمصاهرة ملك الخَزَر ففعل وولدت له
ابنته منه ابنًا فمات وماتت فى نفاسها وبعث يزيد الى نفّاطة ارض شَرْوان
وملّاحاتها فجباها ووكّل به وبنى يزيد مدينة أَرْجِيل الصغرى ومدينة
أَرْجِيل الكبرى وانزلهما اهل فِلَسْطِينَ ، حدّثنى محمّد بن اسمٰعيل عن
جماعة من مشايخ اهل بَرْذَعَة قالوا الشَّمَاخِيَّة الّتى فى عمل شَرْوان نسبت
الى الشَّمَاخ بن شُجَاع فكان ملك شَرْوان فى ولاية سعيد بن سَلْم الباهلى
ارمينية ، وحدّثنى محمّد بن اسمٰعيل عن المشيخة انّ اهل ارمينية
انتقضوا فى ولاية الحسن بن قَحْطَبَة الطائى بعد عزل ابن أُسَيد وبكّار
ابن مُسْلِم العُقَيلى وكان رئيسهم مُوشَائِيل[a] الارمنى فبعث اليه المنصور
رحمه الامداد وعليهم عامر بن اسمٰعيل فواقع الحسن مُوشَائِيل فقُتل وفُضّت
246 جموعه واستقامت له الامور وهو الّذى نسب اليه نهر الحسن بالبَيْلَقان
والباغ الّذى يعرف بباغ الحسن ببَرْذَعَة والضياع المعروفة بالحَسَنِيَّة ، وولى
بعد الحسن بن قَحْطَبَة عثمان بن عُمَارَة بن خُرَيم ثمّ رَوْح بن حاتم
المهلّبى ثمّ خُزَيمة بن خازم ثمّ يزيد بن مَزْيَد الشَّيْبانى ثمّ عبيد الله
ابن المهدى ثمّ الفضل بن يحيى ثمّ سعيد بن سَلْم ثمّ محمّد بن يزيد
ابن مَزْيَد[b] وكان خُزَيمة اشدّهم ولاية وهو الّذى سنّ المساحة بدَبِيل
والنَّشَوى ولم يكن قبل ذلك ، ولم يزل بطارقة ارمينية مقيمين فى بلادهم
يحمى كلّ واحد[c] منهم ناحيته فاذا قدم الثغر عامل من عُمّاله داروه فان
راوا منه عفّة وصرامة وكان فى قوّة وعدّة ادّوا اليه الخراج واذعنوا له بالطاعة

---

a) Armenice *Mouschegh* dicitur (St. Martin, I, p. 342) littera غ supposita litterae ل secundum idioma linguae Armeniacae v. ibid., p. 215; cf. Brosset, I, p. 159*. b) A. h.l. et infra مرثد, supra مردد; B. h.l. مرون. c) B. امرئ.

والّا اغتمزوا فيه واستخفّوا بامره، ووليهم خُلد بن يزيد بن مَزْيَد فى خلافة
المامون فقبل هداياهم وخلطهم بنفسه فافسدهم ذلك من فعله وجرّأهم
على من بعده من عمّال المامون، ثمّ ولّى المعتصم بالله الحسن بن علّى
الباذَغيسى المعروف بالمامونى الثغر فاهمل بطارقته واحراره ولان لهم حتّى
ازدادوا فسادًا على السلطان وكَلَبًا على من يليهم من الرعية وغلب اسحٰق
ابن اسمٰعيل بن شُعَيب مولى بنى اميّة على جُرْزان ووثب سَهْل بن
سَنْباط البطريق على عامل حَيْدَر[a] بن كاوس الأَفْشين على ارمينية فقتل
كاتبه وافلت بحشاشة نفسه ثمّ ولى ارمينية عمّال كانوا يقبلون من اهلها
العفو ويرضون من خراجها بالميسور، ثمّ انّ امير المومنين المتوكّل على
247 الله ولّى يوسف بن محمّد بن يوسف المَرْوَزى ارمينية لسنتين من خلافته
فلمّا صار بخلاط اخذ بطريقها بُقْراط بن أَشُوط فحمله الى سُرَّ مَنْ رَأَى
فاوحش البطارقة والاحرار والمتغلّبة ذلك منه ثمّ انّه عمد عامل له يقال
له العَلاء بن احمد الى دير بالسِيسَجان يعرف بدير الاقداح لم تزل
نصارى ارمينية تعظّمه وتهدى اليه فاخذ منه جميع ما كان فيه وعسف
اهله فاكبرت البطارقة ذلك واعظمته وتكاتبت فيه وحضّ بعضها على بعض
على الخلاف والنقض ودسّوا الى الخويثية[b] وهم علوج يعرفون بالأَرْطان[c] فى
الوثوب بيوسف وحرّضوهم عليه لما كان من حمله بُقْراط بطريقهم ووجّه كلّ
امرء منهم ومن المتغلّبة خيلًا ورجالًا ليؤيّدوهم على ذلك فوثبوا به بطَرُون[d]
وقد فرّق اصحابه فى القرى فقتلوه واحتووا على ما كان فى عسكره، فولّى
امير المومنين المتوكّل على الله بُغا الكبير ارمينية فلمّا صار الى بَدْليس اخذ

---

a) Codd. خندر. *b*) Codd. الحوىنىه, quae lectio eadem exstat apud Tabarí Cod. Oxon. Uri 676 sub anno 238. Sunt, ni fallor, incolae montis *Khoïth* s. *Khouth*, St. Martin, I, p. 100. *c*) Cf. Brosset, I, p. 39 et St. Martin, I, p. 253. Hic auctor p. 345 seq. rebelles appellat incolas Sasuni. *d*) *Daron* v. St. Martin, Ind. Geogr.

موسى بن زُرارَة وكان ممّن هَوِىَ قتل يوسف واعان عليه غضبًا لبُقْراط وحارب الخويثية فقتل منهم مقتلة عظيمة وسبى سبيًا كثيرًا ثمّ حاصر أَشُوط بن حمزة[a] بن جَاجِق[b] بطريق البُسْفُرَّجان وهو بالباق فاستنزله من قلعته وحمله الى سُرَّمَنْ رَأَى وسار الى جُرْزان فظفر باسحٰق بن اسمٰعيل فقتله صبرًا وفتح جُرْزان وحمل من بأَرّان وظاهر ارمينية من بالسِيسَجان من اهل الخلاف والمعصية من النصارى وغيرهم حتّى صلح ذلك الثغر
248 صلاحًا لم يكن على مثله ثمّ قدم سُرَّمَنْ رَأَى فى سنة ٢٤١ ؛

فتوح مصر والمغرب

قالوا وكان عمرو بن العاصى حاصر قَيْسارية بعد انصراف الناس من حرب اليَرْمُوك ثمّ استخلف عليها ابنه حين ولى يزيد بن ابى سفين ومضى الى مصر من تِلْقاء نفسه فى ثلثة الف وخمس مائة فغضب عمر لذلك وكتب اليه يوبّخه ويعنّفه على افْتِتانه[c] عليه برايه وامره بالرجوع الى موضعه ان وافاه كتابه دون مصر فورد الكتاب عليه وهو بالعَرِيش ؛ وقيل ايضًا انّ عمر كتب الى عمرو بن العاصى يامره بالشخوص الى مصر فوافاه كتابه وهو محاصر قَيْسارية وكان الّذى اتاه شَرِيك بن عَبْدَة فاعطاه[d] الف دينار فابى شَرِيك قبولها فسأله ان يستر ذلك ولا يُخبر به عمر ؛ قالوا وكان مسير عمرو الى مصر فى سنة ١٩ فنزل العَرِيش ثمّ اتى الفَرَماء وبها قوم مستعدّون للقتال فحاربهم فهزمهم وحوى عسكرهم ومضى قُدُمًا الى الفُسْطاط

a) Codd. حمره. Scribitur ita ut in textum recepi apud Tabarí Cod. Oxon. Poc. 354 sub anno 247. b) St. Martin, I, p. 357, 359, 361 seqq., *Kakig*, Brosset scribit *Gagig*. c) A. فساته. d) A. فآتاه عبد الله.

فنزل جنان الرَّيْحان وقد خندق اهل الفُسْطاط وكان اسم المدينة اليُونة
فسمّاها المسلمون فُسْطاطًا لانّهم قالوا هذا فُسْطاط القوم ومَجمعهم وقوم
يقولون انّ عمرًا[a] ضرب بها فسطاطًا فسمّيت بذلك ، قالوا ولم يلبث
عمرو بن العاصى وهو محاصر اهل الفُسْطاط ان ورد عليه الزُّبير بن العوّام
ابن خُوَيْلِد فى عشرة الف ويقال فى اثنى عشر الفًا فيهم خَارِجَة بن حُذافة
العَدَوىّ وعُمَير بن وهب الجُمَحى وكان الزبير قد همّ بالغزو واراد انيان 249
انطاكية فقال له عمر يابا عبد الله هل لك فى ولاية مصر فقال لا حاجة
لى فيها ولكنّى اخرج مجاهدًا وللمسلمين مُعاونًا فان وجدتُ عمرًا قد فتحها
لم اعرض لعمله وقصدتُ الى بعض السواحل فرابطتُ به وان وجدتُه فى
جهاد كنتُ معه فسار[b] على ذلك ، قالوا وكان الزبير يُقاتِل من وجهٍ وعمرو
ابن العاصى من وجهٍ ثمّ انّ الزبير اتى بسُلّم فصعد عليه حتّى اوفى على
الحصن وهو مجرّد سيفه فكبّر وكبّر المسلمون واتبعوه ففتح الحصن عنوةً
واستباح المسلمون ما فيه واقرّ عمرو اهله على انّهم ذمّة ووضع عليهم الجزية
فى رقابهم والخراج فى ارضهم وكتب بذلك الى عمر بن الخطّاب رضه فاجازه،
واختطّ الزبير بمصر وابتنى دارًا معروفة وايّاها[c] نزل عبد الله بن الزبير حين
غزا افريقية مع ابن ابى سَرْح وسُلّم الزبير باقٍ فى[d] مصر ، وحدّثنا عفّان
ابن مُسْلِم قال حدّثنا حمّاد بن سَلَمَة عن هشام بن عروة انّ الزُّبير بن
العوّام بعث الى مصر فقيل له انّ بها الطعن والطاعون فقال انّما جئنا
للطعن والطاعون[e] قال فوضعوا السلاليم فصعدوا عليها ، وحدّثنى عمرو
الناقد قال حدّثنى عبد الله بن وهب المصرى عن ابن لُهَيعة عن يزيد
ابن ابى حبيب انّ عمرو بن العاصى دخل مصر ومعه ثلثة الف وخمس
مائة وكان عمر بن الخطّاب قد اشفق لما اخبر به من امرها فارسل الزبير

---

a) A. عمر. *b*) A. om. *c*) B. فاياها. *d*) A. مباقى. *e*) Cf. Tabarí, I, p. 48 l. 4 a f.

ابن العوّام فى اثنى عشر الفًا فشهد الزبير فتح مصر واختطّ بها ،
250 وحدّثنى عمرو الناقد عن عبد الله بن وهب المصرى عن ابن لُهَيعة
عن يزيد بن ابى حبيب عن عبد الله بن المغيرة بن ابى بُرْدَة عن سفين
ابن وهب الخَوْلانى قال لمّا فتحنا مصر بغير عهد قام الزبير فقال اقسمها
يا عمرو فأَبى فقال الزبير والله لتقسمنّها كما قسم رسول الله صلعم خَيْبَر
فكتب عمرو الى عمر فى ذلك[a] فكتب اليه عمر اقرّها حتّى يغزو منها حَبَلُ
الحَبَلَة[b] ، قال وقال عبد الله بن وهب وحدّثنى ابن لُهَيْعة عن خُلد
ابن مَيْمُون عن عبد الله بن المُغيرة عن سفين بن وهب بنحوه ،
وحدّثنى القسم بن سلّام قال حدّثنا ابو الاسود عن ابن لُهَيعة عن
يزيد بن ابى حبيب انّ عمرو بن العاصى دخل مصر فى ثلثة الف وخمس
مائة وكان عمر قد اشفق من ذلك فارسل الزبير بن العوّام فى اثنى عشر
الفًا فشهد معه فتح مصر قال فاختطّ الزبير بمصر والاسكندريّة خطّتين ،
وحدّثنى ابرهيم بن مُسْلِم الخوارِزْمى عن عبد الله بن المبرك عن ابن
لُهَيعة عن يزيد بن ابى حبيب عن ابى فِراس[c] عن عبد الله بن عمرو
ابن العاصى قال اشتبه على الناس امر مصر فقال قوم فتحت عنوة وقال
اخرون فتحت صلحًا والثَلَجُ فى امرها انّ ابى قدمها فقاتله اهل اليُونة
ففتحها قهرًا وادخلها المسلمين وكان الزبير اوّل مَنْ عَلَى حصنها فقال صاحبها
لابى انّه قد بلغنا فعلكم بالشام ووضعكم الجزية على النصارى واليهود واقراركم
الارض فى ايدى اهلها يعمرونها ويؤدّون خراجها فان فعلتم بنا مثل ذلك
251 كان اردّ عليكم من قتلنا وسبينا واجلائنا قال فاستشار ابى المسلمين فاشاروا
عليه بان يفعل ذلك الّا نفر منهم سألوا ان يقسم الارض بينهم فوضع
على كلّ حالم دينارين جزية الّا ان يكون فقيرًا والزم كلّ ذى ارض مع

a) B. بذلك. b) Cf. infra p. 255, Maqrízí, I, p. ٢٩٥; B. تغزو. c) B. فراش.

الدينارين ثلثة ارادب حنطة وقسطى زيت وقسطى عسل وقسطى خلّ رزقًا للمسلمين تجمع فى دار الرزق وتقسم فيهم وأُحصى المسلمون[a] فالزم جميع اهل مصر لكلّ رجل منهم جبّة صوف وبرنسًا او عمامة وسراويل وخُفّين فى كلّ عام او عدل الجبّة الصوف ثوبًا قِبْطيًّا وكتب عليهم بذلك كتابًا وشرط لهم اذا وفوا بذلك ان لا تباع نساؤهم وابناؤهم ولا تُسبوا وان تُقَرّ اموالهم وكنوزهم فى ايديهم فكتب[b] بذلك الى امير المومنين عمر فاجازه وصارت الارض ارض خراج الّا انّه لمّا وقع هذا الشرط والكتاب ظنّ بعض الناس انّها فتحت صلحًا ، قال ولمّا فرغ ملك اليُونة من امر نفسه ومن معه فى مدينته صالح عن جميع اهل مصر على مثل صلح اليُونة فرضوا به وقالوا هاولاء الممتنعون قد رضوا وقنعوا بهذا فنحن به اقنع لانّنا فرش لا منعة لنا ووضع الخراج على ارض مصر فجعل على كلّ جريب دينارًا وثلثة ارادب طعامًا وعلى راس كلّ حالم دينارين وكتب بذلك الى عمر بن الخطّاب رضه ، وحدّثنى عمرو الناقد عن عبد الله بن وهب المصرى عن اللَّيْث عن يزيد بن ابى حبيب انّ المُقَوْقِس صالح عمرو بن العاصى على
ان يسيّر من الروم من اراد ويقرّ من اراد الاقامة من الروم على امر سمّاه 252
وان يفرض على القِبْط دينارين فبلغ ذلك ملك الروم فتسخّطه وبعث الجيوش فاغلقوا باب الاسكندرية وآذنوا عَمْرًا بالحرب فخرج اليه المُقَوْقِس فقال أَسْأَلك ثلاثًا ان لا تبذل للروم مثل الّذى بذلت لى فانّهم قد استغشّونى وان لا تنقض بالقِبْط فانّ النقض لم يات من قبلهم وان متّ فمُرْ بدفنى فى كنيسة بالاسكندرية ذكرها فقال عمرو هذه اهونهنّ[c] علىّ ، وكانت قرى من مصر قاتلت فسبى منهم والقرى بِلْهِيت[d] والخَيْس وسُلْطَيْس[e] فوقع

---

a) B. المسلمين. b) B. وكتب. c) Codd. اهونهم. Eadem traditio exstat ap. Maqrízí, I, p. ١٦٣. d) A. بلهيب. e) B. وسلسطين.

سباؤهم بالمدينة فردّهم عمر بن الخطّاب وصيّرهم وجماعة القبْط اهل ذمّة
وكان لهم عهد لم ينقضوه وكتب عمرو بفتح الاسكندرية الى عمر امّا
بعد فانّ الله قد فتح علينا الاسكندرية عنوة قسرًا بغير عهد ولا عقد
وهى كلّها صلح فى قول يزيد بن ابى حبيب ، حدّثنى ابو ايّوب الرّقّى عن
عبد الغفّار عن ابن لَهيعة عن يزيد بن ابى حبيب قال جبى عمرو خراج
مصر وجزيتها[a] الفى الف وجباها عبد الله بن سعد بن ابى سَرْح اربعة
الف الف فقال عثمٰن لعمرو انّ اللقاح بمصر بعدك قد درّت البانها قال
ذاك لانّكم اعجفتم اولادها[b] ، قال وكتب[c] عمر بن الخطّاب فى سنة ٢١
الى عمرو بن العاصى يعلمه ما فيه اهل المدينة من الجهد ويامره ان يحمل
ما يقبض[d] من الطعام فى الخراج الى المدينة فى البحر فكان ذلك يُحْمَل
ويحمل معه الزيت فاذا ورد الجار تولّى قبضه سعد الجار ثمّ جُعل فى دار 253
بالمدينة وقسم بين الناس بمكيال فانقطع ذلك فى الفتنة الاولى ثمّ حُمل
فى ايّام معٰوية ويزيد ثمّ انقطع الى زمن عبد الملك بن مرْوٰن ثمّ لم يزل
يحمل[e] الى خلافة ابى جعفر وقُبَيلها ، وحدّثنى بكر بن الهَيْثَم قال حدّثنى
ابو صالح عبد الله بن صالح عن اللَّيث بن سعد عن يزيد بن ابى حبيب
انّ اهل الجزية بمصر صولحوا فى خلافة عمر بعد الصلح الاوّل مكان الحنطة
والزيت والعسل والخلّ على دينارين دينارين فالزم كلّ رجل اربعة دنانير
فرضوا بذلك واحبّوه ، وحدّثنى ابو ايّوب الرّقّى قال حدّثنى عبد الغفّار
الحرّانى عن ابن لَهيعة عن يزيد بن ابى حبيب عن الجَيْشانى قال سمعتُ
جماعة ممّن شهد فتح مصر يخبرون انّ عمرو بن العاصى لمّا فتح
الفُسْطاط وجّه عبد الله بن حُذافة السّهمى الى عين شَمْس فغلب على

---

a) A. وحرسها. b) Cf. Maqrízí, I, p. v٩. c) B. فكتب. d) A. نقص, B. يفيض.
e) B. om.

ارضها وصالح اهل قراها على مثل حكم الفُسْطاط ووجّه خَارِجَة بن حُذافة العَدَوِىّ الى الفَيُّوم والأُشْمُونَيْن واخْمِيم والبَشَرُودَات وقرى الصعيد ففعل مثل ذلك ووجّه عُمَير بن وهب الجُمَحى الى تِنّيس ودِمْياط وتُونَة ودَميرة وشَطَا ودِقَهْلَة[a] وبَنَا وبُوصِير ففعل مثل ذلك ووجّه عُقْبَة بن عامر الجُهَنى[b] ويقال وَرْدان مولاه صاحب سوق وَرْدان بمصر الى سائر قرى اسفل الارض ففعل مثل ذلك فاستجمع عمرو بن العاصى فتح مصر فصارت ارضها ارض

254 خراج ،، وحدّثنا القٰسم بن سلّام قال ثنا عبد الغفّار الحرّانى عن ابن لُهَيعة عن ابرٰهيم بن محمّد عن ايُّوب بن ابى العالية عن ابيه قال سمعتُ عمرو ابن العاصى يقول على المنبر لقد قعدتُ مقعدى هذا وما لاحد من قِبْط مصر علىّ عهد ولا عقد ان شئتُ قتلتُ وان شئتُ خمستُ وان شئتُ بعتُ الّا اهل أَنْطابُلُس فانّ لهم عهدًا يوفى لهم به ،، وحدّثنى القٰسم ابن سلّام قال حدّثنى به[c] عبد الله بن صالح عن موسى بن على بن رِباح اللَّخْمى عن ابيه قال المغرب كلّه عنوة ،، حدّثنا ابو عبيد عن سعيد بن ابى مريم عن ابن لُهَيعة عن الصَّلْت بن ابى عاصم كاتب حيّان بن شُرَيح انّه قرا كتاب عمر بن عبد العزيز الى حيّان وكان عامله على مصر انّ مصر فتحت عنوة بغير عهد ولا عقد ،، وحدّثنى ابو عبيد قال ثنا سعيد ابن ابى مريم عن يحيى بن ايُّوب عن عبيد الله بن ابى جعفر قال كتب معٰوية الى وَرْدان مولى عمرو ان زد على كلّ امرء من القِبْط قيراطًا فكتب اليه كيف ازيد عليهم وفى عهدهم ان لا يزاد عليهم ،، وحدّثنى محمّد بن سعد عن الواقدى عن عبد الحميد بن جعفر عن ابيه قال سمعتُ عُرْوَة بن الزبير يقول اقمت بمصر سبع سنين وتزوّجت بها فرايت اهلها مجاهيد قد حمل عليهم فوق طاقتهم وانّما فتحها عمرو بصلح وعهد

a) B. ودهقله. b) A. الجمحى. c) A. om.

وشىء مفروض عليهم ،، وحدّثنى بكر بن الهَيْثَم عن عبد الله بن صالح
عن الليث بن سعد عن يزيد بن ابى عِلَاقة عن عُقْبة بن عامر الجُهَنى
قال كان لاهل مصر عهد وعقد كتب لهم عمرو انّهم آمنون على اموالهم
ودمائهم ونسائهم واولادهم لا يباع منهم احد وفرض عليهم خراجًا لا 255
يزاد عليهم وان يدفع عنهم خوف عدوّهم قال عقبة وانا شاهد على ذلك ،،
وحدّثنى الحسين بن الاسود قال حدّثنى يحيى بن ادم عن عبد الله
ابن المبٰرك عن ابن لُهَيْعَة عن يزيد بن ابى حبيب عن من سمع عبد
الله بن المُغيرَة بن ابى بُرْدَة قال سمعتُ سفيٰن بن وهب الخَوْلانى يقول
لمّا افتتحنا مصر بلا عهد قام الزُّبَير بن العوّام فقال يا عمرو اقسمها بيننا
فقال عمرو لا والله لا اقسمها[a] حتّى اكتب الى عمر فكتب الى عمر فكتب
اليه فى جواب كتابه ان اقرّها حتّى يغزو منها حَبَلُ الحَبَلَة (او قال
يغدو) ،، وحدّثنى محمّد بن سعد عن الواقدى محمّد بن عمر[b] عن
أُسامة بن زيد بن أَسْلَم عن ابيه عن جدّه قال فتح عمرو بن العاصى
مصر سنة ٢٠ ومعه الزبير فلمّا فتحها صالحه اهل البلد على وظيفة وظّفها
عليهم وهى ديناران على كلّ رجل واخرج النساء والصبيان من ذلك فبلغ
خراج مصر فى ولايته الفى الف دينار فكان بعد ذلك يبلغ اربعة الف
الف دينار ،، وحدّثنى ابو عبيد قال ثنا عبد الله بن صالح عن الليث
عن يزيد بن ابى حبيب انّ المُقَوْقِس صاحب مصر صالح عمرو بن العاصى
على ان فرض على القبط دينارين دينارين[c] فبلغ ذلك هِرَقْل صاحب
الروم فسخط اشدّ السخط وبعث الجيوش الى الاسكندرية واغلقها ففتحها
عمرو بن العاصى عنوة ،، وحدّثنى ابن القَتّات[d] وهو ابو مسعود عن
الهَيْثَم عن المُجالِد عن الشَّعْبى انّ علىّ بن الحسين او الحسين نفسه كلّم 256

---

a) B. قسمتها. b) A. عمرو. c) A. om. d) B. القناب.

معٰوية فى جزية اهل قرية امّ ابرٰهيم بن رسول الله صلّعم بمصر فوضعها عنهم وكان النبى صلّعم يوصى بالقِبْط خيرًا ٭، وحدّثنى عمرو عن عبد الله بن وهب عن مٰلك والليث عن الزُّهْرى عن ابنٍ لِكَعْب بن مٰلك انّ النبى صلّعم قال اذا افتتحتم مصر فاستوصوا بالقبط خيرًا فانّ لهم ذمّة ورحمًا، وقال الليث كانت امّ اسمٰعيل منهم ٭، ابو الحسن[a] المدائنى عن عبد الله بن المبٰرك قال كان عمر بن الخطّاب يكتب اموال عمّاله اذا ولّاهم ثمّ يقاسمهم ما زاد على ذلك وربّما اخذه منهم فكتب الى عمرو بن العاصى انّه قد فشت لك فاشية من متاع ورقيق وآنية وحيوان لم يكن حين وليت مصر فكتب اليه عمرو انّ ارضنا ارض مزدرع ومتجر فنحن نصيب فضلًا عن ما نحتاج اليه لنفقتنا فكتب اليه انّى قد خبرتُ من عمّال السوء ما كفى وكتابك الىّ كتاب من قد اقلقه الاخذ بالحقّ وقد سُؤْتُ بك ظنًّا وقد وجهتُ اليك محمّد بن مَسْلَمَة ليقاسمك ما لك فاطلعه طلعه واخرج اليه ما يطالبك وأَعْفِهِ من الغلظة عليك فانّه برّح الخفاء فقاسَمَهُ ماله ٭، المدائنى عن عيسى بن يزيد قال لمّا قاسم محمّد بن مَسْلَمَة عمرو بن العاصى قال عمرو انّ زمانًا عاملنا فيه ابنُ حَنْتَمَة هذه المعاملة لزمان سوء لقد كان العاصى يلبس الخزّ بكفاف الديباج فقال محمّد مَهْ لولا زمان ابن حَنْتَمَة هذا الّذى تكرهه أُلْفِيتَ مُعْتَقِلًا عَنْزًا بفناء بيتك 257
يسرّك غزرها ويسوءك بكوءها قال انشدك الله ان تخبر عمر بقولى فانّ المجالس بالامانة فقال لا اذكر شيئًا ممّا جرى بيننا وعمر حىّ ٭، وحدّثنى عمرو الناقد عن عبد الله بن وهب عن ابن لُهَيْعَة عن عبد الله بن هُبَيْرة انّ مصر فتحت عنوة[b] ٭، وحدّثنى عمرو عن ابن وهب عن ابن

a) A. الحسين. b) B. haec inde a وحدثنى om.

لُهَيْعَة عن ابن أَنْعَم عن ابيه عن جدّه وكان ممّن شهد فتح مصر قال فتحت مصر عنوة بغير عهد ولا عقد ،

فتح الاسكندرية

قالوا لمّا افتتح عمرو بن العاصى مصر اقام بها ثمّ كتب الى عمر بن الخطّاب يستامره فى الزحف الى الاسكندرية فكتب اليه يامره بذلك فسار اليها فى سنة ٢١ واستخلف على مصر خارِجَة بن حُذافة بن غانم بن عامر بن عبد الله بن عبيد بن عَوِيج بن عَدِىّ بن كَعْب بن لُوَىّ بن غالب وكان مَنْ دون الاسكندرية من الروم والقبط قد تجمّعوا له وقالوا نغزوه بالفسطاط قبل ان يبلغنا ويروم الاسكندرية فلقيهم بالكِرْيَوْن فهزمهم وقتل منهم مقتلة عظيمة وكان فيهم من اهل سَخا وبِلْهِيت والخَيْس وسُلْطَيْس[a] وغيرهم قوم رفدوهم[b] واعانوهم، ثمّ سار عمرو حتّى انتهى الى الاسكندرية فوجد اهلها معدّين لقتاله الّا انّ القبط فى ذلك يحبّون الموادعة فارسل اليه المُقَوْقِس يسأله الصلح والمهادنة الى مدّة فابى عمرو ذلك
فامر المُقَوْقِس النساء ان يقمن على سور المدينة مقبلات بوجوههنّ الى 258
داخله واقام الرجال فى السلاح مقبلين بوجوههم الى المسلمين ليرهبهم[c] بذلك فارسل اليه عمرو انّا قد راينا ما صنعت وما بالكثرة غَلَبْنا مَنْ غَلَبْنا فقد لقينا هِرَقْل ملككم فكان من امره ما كان فقال المُقَوْقِس لاصحابه قد صدق هاؤلاء القوم اخرجوا ملكنا من دار مملكته حتّى ادخلوه القسطنطينيّة فنحن اولى بالاذعان فاغلظوا له القول وابوا الّا المحاربة فقاتلهم المسلمون قتالًا شديدًا وحصروهم ثلثة اشهر ثمّ انّ عمرًا فتحها بالسيف وغنم ما

---

a) B. ut supra وسلسطين. *b*) A. ىدوهم. *c*) A. لىوهنهم.

فيها واستبقى اهلها ولم يقتل ولم يسبِ وجعلهم ذمّة كاهل البُونة فكتب
الى عمر بالفتح مع معْوية بن حُدَيج الكِنْدى ثمّ السَّكُونى وبعث اليه
معه بالخمس »، ويقال انّ المُقَوْقِس صالح عمرًا على ثلثة عشر الف دينار
على ان يخرج من الاسكندرية من اراد الخروج ويقيم بها من احبّ المقام
وعلى ان يفرض على كلّ حالم من القبط دينارين فكتب[a] لهم بذلك كتابًا
ثمّ انّ عمرو بن العاصى استخلف على الاسكندرية عبد الله بن حُذافة
ابن قيس بن عَدِىّ بن سعد بن سهم بن عمرو بن هُصَيص بن كعب
ابن لُؤَىّ فى رابطة من المسلمين وانصرف الى الفسطاط وكتب الروم الى
قُسْطَنْطِين بن هِرَقْل وهو كان الملك يومئذ يخبرونه بقلّة من عندهم من
المسلمين وبما هم فيه من الذلّة واداء الجزية فبعث رجلًا من اصحابه يقال
له مَنويل فى ثلثمائة مركب مشحونة بالمقاتلة فدخل الاسكندرية وقتل 259
من بها من روابط المسلمين الّا من لطف للهرب فنجا وذلك فى سنة ٢٥
وبلغ عمرًا الخبر فسار اليهم فى خمسة عشر الفًا فوجد مقاتلتهم قد
خرجوا يعيثون فيما يلى الاسكندرية من قرى مصر فلقيهم المسلمون
فرشقوهم بالنشّاب ساعة والمسلمون متترّسون ثمّ صدقوهم الحملة فالتحمت[b]
بينهم الحرب فاقتتلوا قتالًا شديدًا ثمّ انّ اولئك الكفرة ولّوا منهزمين فلم
يكن لهم ناهية ولا عرجة دون الاسكندرية فتحصّنوا بها ونصبوا العرّادات
فقاتلهم عمرو عليها اشدّ قتال ونصب المجانيق فأُخذت جُدُرها[c] والحّ
بالحرب حتّى دخلها بالسيف عنوة فقتل المقاتلة وسبى الذرّيّة وهرب بعض
رومها الى الروم وقُتل عدوّ الله مَنويل وهدم عمرو والمسلمون جدار
الاسكندرية وكان عمرو نذر لئن فتحها ليفعلنّ ذلك »، وقال بعض الرواة
انّ هذه الغزاة كانت فى سنة ٢٣ وروى بعضهم انّهم نقضوا فى سنة ٢٣

a) B. وكتب. b) B. والتحمت. c) A. فاحدث حذرها, B. فاخذت جذَرها.

وسنة ٢٥ والله اعلم ،، قالوا ووضع [a] عمرو على ارض الاسكندرية الخراج وعلى اهلها الجزية وروى انّ المُقَوْقِس اعتزل اهل الاسكندرية حين نقضوا فاقرّه عمرو ومن معه على امرهم الاوّل وروى ايضًا انّه قد كان مات قبل هذه الغزاة ،، حدّثنى محمّد بن سعد عن الواقدى عن اسحٰق بن عبد الله ابن ابى فَرْوَة عن حَيَّان بن شُرَيْح عن عمر بن عبد العزيز رضه انّه قال لم نفتتح قرية من المغرب على صلح الّا ثلثًا الاسكندرية وكفرطيس وسُلْطَيْس 260
فكان عمر يقول من اسلم من اهل هذه المواضع خلّى سبيله وسبيل ماله ،، حدّثنى عمرو الناقد قال ثنا ابن وهب المصرى عن ابن لُهَيْعَة عن يزيد ابن ابى حبيب انّه قال افتتح عمرو بن العاصى الاسكندرية فسكنها المسلمون فى رباطهم ثمّ قفلوا ثمّ غزوا وابتدروا الى المنازل فكان الرجل ياتى المنزل الّذى كان ينزله فيجد صاحبه قد نزله وبدر اليه فقال عمرو انّى اخاف ان تخرب المنازل اذا كنتم تتعاودونها فلمّا غزا فصاروا عند الكِرْيَوْن قال لهم سيروا على بركة الله فمن ركز منكم رمحًا فى دار فهى له ولبنى ابيه فكان الرجل يدخل الدار فيركز رمحه فى بعض بيوتها وياتى الآخر فيركز رمحه كذلك ايضًا فكانت الدار بين النفسين [b] والثلثة فكانوا يسكنونها فاذا قفلوا سكنها الروم، فكان يزيد بن ابى حبيب يقول لا يحلّ لاحد شىء من كرائها ولا تباع ولا تورث انّما كانت لهم سكنى ايّام رباطهم، فلمّا كان قتالها الآخر وقدمها مَنُويل الرومى الخصىّ [c] اغلقها اهلها ففتحها عمرو واخرب سورها ،، قالوا ولمّا ولّى عمرو وَرْدان مولاه الاسكندرية ورجع الى الفسطاط فلم يلبث الّا قليلًا حتّى اتاه عزله فولّى عثمان بعده عبد الله بن سعد بن ابى سَرْح بن الحٰرث احد بنى عامر ابن لُؤَىّ وكان اخا عثمان من الرضاعة وكانت ولايته فى سنة ٢٥ ،، ويقال

---

a) B. وضع. b) Maqrízí I, ١٦٧ لقبيلتين. c) A. om.

انّ عبد الله بن سعد[a] كان على خراج مصر من قبل عثمان فجرى بينه وبين 261
عمرو كلام فكتب عبد الله يشكو عمرًا فعزله عثمان وجمع العملين لعبد
الله بن سعد وكتب[b] اليه يعلمه انّ الاسكندرية فتحت مرّة عنوة
وانتقضت مرّتين ويامره ان يلزمها رابطة لا تفارقها وان يدرّ عليهم الارزاق
ويعقب بينهم فى كلّ ستّة اشهر ٭ وحدّثنى محمّد بن سعد عن الواقدى
انّ ابن هُرْمُز الاعرج القارئ كان يقول خير سواحلكم رباطًا الاسكندرية
فخرج اليها من المدينة مرابطًا فمات بها سنة ١١٧ ٭ وحدّثنى بكر بن الهَيْثَم
عن عبد الله بن صالح عن موسى بن على عن ابيه قال كانت جزية
الاسكندرية ثمانية عشر الف دينار فلمّا كانت ولاية هشام بن عبد الملك
بلغت ستّة وثلثين الف دينار ٭ حدّثنى عمرو عن ابن وهب عن ابن
لُهَيْعَة عن يزيد بن ابى حبيب قال كان عثمان عزل عمرو بن العاصى
عن مصر وجعل عليها عبد الله بن سعد فلمّا نزلت الروم الاسكندرية
سأل اهل مصر عثمان ان يقرّ عمرًا حتّى يفرغ من قتال الروم لانّ له معرفة
بالحرب وهيبة فى انفس العدوّ ففعل حتّى هزمهم فاراد عثمان ان يجعل
عمرًا على الحرب وعبد الله على الخراج فابى ذلك عمرو وقال انا كماسك قرنى
البقرة والامير يحلبها فولّى عثمان ابن سعد مصر ٭ ثمّ اقامت الحبش من
البيما بعد فتح مصر يقاتلون سبع سنين ما يقدر عليهم لما يفجرون من
المياه فى الغياض ٭ قال عبد الله بن وهب واخبرنى الليث بن سعد عن 262
موسى بن على عن ابيه انّ عمرًا فتح الاسكندرية الفتح الاخر عنوة فى
خلافة عثمان بعد وفاة عمر رحمه ٭

a) A. om. بن سعد. b) B. فكتب.

فتح بَرْقَة وزَوِيلَة

حدّثنى محمّد بن سعد عن الواقدى عن شُرَحْبِيل بن ابى عَوْن عن عبد الله بن هُبَيْرَة قال لمّا فتح عمرو بن العاصى الاسكندرية سار فى جنده يريد المغرب حتّى قدم بَرْقَة وهى مدينة انْطَابُلُس فصالح اهلها على الجزية وهى ثلثة عشر الف دينار يبيعون فيها من ابنائهم من احبّوا بيعه، حدّثنى بكر بن الهَيْثَم قال ثنا عبد الله بن صالح عن سُهَيْل بن عُقَيْل عن عبد الله بن هُبَيْرَة قال صالح عمرو بن العاصى اهل انْطَابُلُس ومدينتها بَرْقَة وهى بين مصر وافريقية بعد ان حاصرهم وقاتلهم على الجزية على ان يبيعوا من ابنائهم من ارادوا فى جزيتهم وكتب لهم بذلك كتاباً، حدّثنى محمّد بن سعد عن الواقدى عن مَسْلَمَة بن سعيد عن اسحق بن عبد الله ابن ابى فَرْوَة قال كان اهل برقة يبعثون بخراجهم الى والى مصر من غير ان ياتيهم حاثّ او مستحثّ فكانوا[a] اخصب قوم بالمغرب ولم يدخلها فتنة، قال الواقدى وكان عبد الله بن عمرو بن العاصى يقول لولا مالى بالحجاز لنزلت برقة فما اعلم منزلًا اسلم ولا اعزل منها، وحدّثنى بكر بن الهَيْثَم قال حدّثنا عبد الله بن صالح عن معوية بن صلح[b] قال كتب عمرو بن العاصى الى عمر بن الخطّاب يعلمه انّه قد ولّى عُقْبَة بن
263 نَافِع الفِهْرِى المغرب فبلغ زَوِيلَة وانّ من بين زَوِيلَة وبَرْقَة سلم كلّهم حسنة طاعتهم قد ادّى مسلمهم الصدقة واقرّ معاهدهم بالجزية وانّه قد وضع على اهل زويلة ومن بينه[c] وبينها ما راى انّهم يطبقونه وامر عمّاله جميعًا

a) B. وكانوا. b) A. ut supra عن سهيل بن عقيل عن عبد الله بن هبيرة. c) A. بينهم, Qodáma ut B.

ان ياخذوا الصدقة من الاغنياء فيردّوها فى الفقراء وياخذوا الجزية من الذمّة فتحمل اليه بمصر وان يوخذ من ارض المسلمين العشر ونصف العشر ومن اهل الصلح صلحهم ،، وحدّثنى بكر بن الهَيْثَم قال سألت عبد الله ابن صالح عن البربر فقال هم يزعمون انّهم ولد برّ بن قيس وما جعل الله لقيس ولدًا يقال له برّ وانّما هم من الجبّارين الّذين قاتلهم داود عم وكان منازلهم على ايادى الدهر فِلَسْطِين وهم اهل عَمُودٍ فاتوا المغرب فتناسلوا به، حدّثنا ابو عبيد القسم بن سلّام قال ثنا عبد الله بن صالح عن اللّيث بن سعد عن يزيد بن ابى حبيب انّ عمرو بن العاصى كتب فى شرطه على اهل لُوَاتَة من البربر من اهل برقة انّ عليكم ان تبيعوا ابناءكم ونساءكم فيما عليكم من الجزية، قال الليث فلو كانوا عبيدًا ما حلّ ذلك منهم ،، وحدّثنى بكر بن الهَيْثَم قال حدّثنا عبد الله بن صالح عن ابن لُهَيْعَة عن يزيد بن ابى حبيب انّ عمر بن عبد العزيز كتب فى اللّوَاتيّات انّ من كانت عنده لواتية فليخطبها الى ابيها او فليرددها الى اهلها، قال ولُوَاتَة قرية من البربر كان لهم عهد ،،

فتح أَطْرَابُلُس

حدّثنى بكر بن الهَيْثَم عن عبد الله بن صالح عن معٰوية بن صالح عن على[a] بن ابى طلحة قال سار عمرو بن العاصى حتّى نزل أَطْرَابُلُس فى 264
سنة ٢٢ فقوتل ثمّ افتتحها عنوة واصاب بها احمال بزيون كثيرة مع تجار من تجارها فباعه وقسم ثمنه بين المسلمين وكتب الى عمر بن الخطّاب انّا قد بلغنا اطرابلس وبينها وبين افريقية تسعة ايّام فان راى امير المومنين

a) A. om. على.

ان ياذن لنا فى غزوها فعل فكتب اليه ينهاه عنها ويقول ما هى بافريقية ولكنّها مفرّقة غادرة مغدور بها وذلك انّ اهلها كانوا يؤدّون الى ملك الروم شيئًا فكانوا يغدرون به كثيرًا وكان ملك الاندلس صالحهم ثمّ غدر بهم وكان خبرهم قد بلغ عمر، حدّثنى عمرو الناقد قال ثنا عبد الله بن وهب عن الليث بن سعد قال حدّثنى مشيختنا انّ اطرابلس فتحت بعهد[a] من عمرو بن العاصى،

فتح إفْرِيقِيّة

قالوا لمّا ولى عبد الله بن سعد بن ابى سَرْح مصر والمغرب بعث المسلمين فى جرائد خيل فاصابوا من اطراف افريقية وغنموا وكان عثمان بن عفّان رضه متوقّفًا عن غزوها ثمّ انّه عزم على ذلك بعد ان استشار فيه وكتب الى عبد الله فى سنة ٢٧ ويقال فى سنة ٢٨ ويقال فى سنة ٢٩ يامره بغزوها وامدّه بجيش عظيم فيه مَعْبَد بن العبّاس بن عبد المطّلب ومروٰن بن الحَكَم بن ابى العاصى[b] بن اميّة والحٰرث بن الحكم اخوه وعبد الله بن الزبير ابن العوّام والمِسْوَر بن مَخْرَمَة بن نَوْفَل بن أُهَيْب بن عبد مَناف بن
زُهْرَة بن كِلاب وعبد الرحمٰن بن زيد بن الخَطّاب وعبد الله بن عمر بن 265
الخَطّاب وعاصم بن عمر وعبيد الله بن عمر وعبد الرحمٰن بن ابى بكر وعبد الله بن عمرو بن العاصى وبُسْر بن ابى[c] أَرْطاة بن عُوَيْمِر العامرى وابو ذُؤَيْب خُوَيْلِد بن خٰلد الهُذَلى الشاعر وبها توفّى فقام بامره ابن الزبير حتّى واراه فى لحده وخرج فى هذه الغزاة ممّن حول المدينة من العرب خلق كثير، حدّثنى محمّد بن سعد عن الواقدى عن أُسامة ابن زيد بن أَسْلَم عن نافع مولى آل الزبير عن عبد الله بن الزبير قال

a) A. بعد عهد, Qodáma ut B. b) A. العاص. c) In B. additur كذا.

اغزانا عثمان بن عفّان افريقية وكان بها بطريق سلطانه من أَطْرَابُلُس الى
طَنْجَة فسار عبد الله بن سعد بن ابى سَرْح حتّى حلّ بعَقُوبَة[a] فقاتله
ايّامًا فقتله الله وكنتُ انا الّذى قتلته وهرب جيشه فتمزّقوا وبثّ ابن ابى
سرح السرايا ففرّقها فى البلاد فاصابوا غنائم كثيرة واستاقوا من المواشى ما
قدروا عليه فلمّا راى ذلك عظماء افريقية اجتمعوا فطلبوا[b] الى عبد الله
ابن[c] سعد ان ياخذ منهم ثلثمائة قنطار من ذهب على ان يكفّ عنهم
ويخرج من بلادهم فقبل ذلك ، وحدّثنى محمّد بن سعد عن الواقدى
عن أُسامة بن زيد اللّيْثى عن ابن كعب انّ عبد الله بن سعد بن ابى
سرح صالح بطريق افريقية على الفى الف دينار وخمسمائة الف دينار[d]،
وحدّثنى محمّد بن سعد عن الواقدى عن موسى بن ضَمْرَة المازنى عن
ابيه قال لمّا صالح عبد الله بن سعد بطريق افريقية رجع الى مصر ولم
266 يولّ على افريقية احدًا ولم يكن لها يومئذ قَيْرَوَان ولا مصر جامع، قال
فلمّا قتل عثمان وولى امر مصر محمّد بن ابى حُذَيْفَة بن عُتْبَة بن ربيعة لم
يوجّه اليها احدًا فلمّا ولى معوية بن ابى سفين ولّى معوية بن حُدَيْج
السّكونى مصر فبعث فى سنة ٥٠ عُقْبَة بن نافع بن عبد قيس بن لَقيط
الفهرى فغزاها واختطّها، قالوا ووجّه عُقْبَة بُسْر بن ابى[e] أَرْطَاة الى قلعة[f]
من القَيْرَوَان فافتتحها وقتل وسبى وهى اليوم تعرف بقلعة بُسْر[g] وهى بالقرب
من مدينة تدعى مَجّانة عند معدن الفضّة، وقد سمعتُ من يذكر انّ
مُوسَى بن نُصَيْر وجّه بُسْرًا[h] وبُسْر ابن ٨٢ سنة الى هذه القلعة فافتتحها

---

a) B. يعْقُوبه. b) B. وطلبوا. c) A. add. ابى. d) Qodáma وقال الواقدى انّ هذا الصلح بلغ الفى الف وخمسمائة الف وعشرين الفًا فدلّ على انّ القنطار ثمانية الف واربع مائة دنانير. e) ابى deëst in Codd. f) Qodáma addit على ايام. g) B. بشر. h) A. بشرا.

وكان مولد بُسْر قبل وفاة النبى صلّعم بسنتين وغير الواقدى يزعم انّه قد روى عن النبى صلّعم والله اعلم ،، وقال الواقدى ولم يزل عبد الله بن سعد واليًا حتّى غلب محمّد بن ابى حُذَيْفَة على مصر وهو كان انغلها على عثمان ثمّ انّ عليًّا رضه ولّى قَيْس بن سعد بن[a] عُبَادَة الانصارى مصر ثمّ عزله واستعمل عليها محمّد بن ابى بكر الصّدّيق ثمّ عزله وولّى مالكًا الأَشْتَر فاعتلّ بالقُلْزُم ثمّ ولّى محمّد بن ابى بكر ثانية وردّه عليها فقتله معاوية بن حُدَيْج واحرقه فى جوف حمار، وكان الوالى عمرو بن العاصى من قبل معٰوية ابن ابى سفيٰن فمات عمرو بمصر يوم الفطر سنة ۴٢ ويقال سنة ۴٣ وولى عبد الله بن عمرو ابنه بعده ثمّ عزله معٰوية وولّى معٰوية ابن حُدَيْج فاقام بها ۴ سنين ثمّ غزا فغنم ثمّ قدم مصر فوجّه عُقْبَة بن
267 نافع بن عبد قيس الفهرى ويقال بل ولّاه معٰوية المغرب فغزا افريقية فى عشرة الف من المسلمين فافتتح افريقية واختطّ قَيْرَوَانَها وكان موضع[b] غيضة ذات طرفاء وشجر لا يرام من السباع والحيّات والعقارب القتّالة وكان ابن نافع رجلًا صالحًا مستجاب الدعوة فدعا ربّه فاذهب ذلك كلّه حتّى ان كانت السباع لتحمل اولادها هاربة بها ،، وقال الواقدى قلت لموسى بن علىّ رايتَ بناء افريقية المتّصل المجتمع الّذى نراه اليوم مَنْ بناه فقال اوّل من بناها عُقْبَة بن نافع الفهرى اختطّها[c] ثمّ بنى وبنى الناس معه الدور والمساكن وبنى المسجد الجامع بها ،، قال وبافريقية استشهد مَعْبَد بن العبّاس رحمه فى غزاة ابن ابى سرح فى خلافة عثمان ويقال بل مات فى ايّام القتال واستشهاده اثبت ،، وقال الواقدى وغيره عزل معٰوية بن ابى سفيٰن معٰوية بن حُدَيْج وولّى مصر والمغرب مَسْلَمَة بن مُخَلَّد الانصارى فولّى المغرب ابا المهاجر مولاه فلمّا ولى يزيد بن معٰوية ردّ عُقْبَة بن نافع على

a) سعد بن in Codd. deëst. b) Qodáma موضعها. c) A. اختط بها.

عمله فغزا السُّوس الادنى وهو خلف طَنْجَة وجوَّل فيما هناك لا يعرض له احد ولا يقاتله فانصرف ومات يزيد بن معوية وبويع لابنه معوية بن يزيد وهو ابو ليلى فنادى الصلاة جامعةً ثمّ تبرّأ من الخلافة وجلس فى بيته ومات بعد شهرين ثمّ [a] كانت ولاية مروٰن بن الحكم وفتنة ابن الزبير، ثمّ ولى عبد الملك بن مروان فاستقام له الناس فاستعمل اخاه عبد العزيز 268
على مصر فولّى افريقية زُهَيْر بن قيس البَلَوى ففتح تُونس ثمّ انصرف الى برقة فبلغه انّ جماعة من الروم خرجوا من مراكب لهم فعاثوا فتوجّه اليهم فى جريدة خيل فلقيهم فاستشهد ومن معه فقبره هناك وقبورهم تدعى قبور الشهداء، ثمّ ولى حَسّان بن النعمان الغَسّانى فغزا مَلِكة البربر الكاهنة فهزمته فاتى قصوراً فى حيّز برقة فنزلها وهى قصور يضمّها قصر سقوفه ازاج فسمّيت قصور حَسّان، ثمّ انّ حسّان غزاها ثانية فقتلها وسبى سبياً من البربر [b] وبعث به الى عبد العزيز فكان ابو مِحْجَن نُصَيْب الشاعر يقول لقد حضرت عند عبد العزيز سبياً من البربر ما رايت قطّ وجوهاً احسن من وجوههم »، قال ابن الكلبى ولّى هشام كُلْثوم بن عِياض بن وَحْوَح القُشَيْرى افريقية فانتقض اهلها عليه فقُتل بها، وقال ابن الكلبى كان اِفْرِيقِيس بن قيس بن صَيْفى الحِمْيَرى غلب على افريقية فى الجاهليّة فسمّيت به وهو قتل جُرْجِير ملكها فقال للبرابرة [c] ما اكثر بربرة هاولاء فسمّوا البرابرة »، وحدّثنى جماعة من اهل افريقية عن اشياخهم انّ عُقْبَة ابن نافع الفهرى لمّا اراد تمصير القَيْرَوَان فكر فى موضع المسجد منه فأُرى فى منامه كانّ رجلاً اذن [d] فى الموضع الّذى جعل فيه مئذنته فلمّا اصبح

---

a) Qodáma deinde haec habet: فولّى عبد الله بن الزبير مصر ابنَ جَحْدَم وهو عبد الرحمٰن بن عقبة الفهرى فاخرج عن مصر ويقال قتل بها فولّى مروان عقبة بن نافع ولمّا استقامت الخ. b) A. البر. c) A. البربر. d) A. om.

بنى المنابر فى موقف الرجل ثمّ بنى المسجد، وحدّثنى محمّد بن سعد
269 عن الواقدى قال ولى محمّد بن الأَشْعَث الخُزاعى افريقية من قبل ابى
العبّاس امير المومنين فرمّ مدينة القَيْرَوان ومسجدها ثمّ عزله المنصور وولّى
عمر بن حَفْص هِزَارْمَرْد مكانه ،،

فتح طَنَجَة

قال الواقدى وجّه عبد العزيز بن مروان موسى بن نُصَيْر مولى بنى امية واصله من عين التَّمْر ويقال بل هو من أَرَاشَة من بَلِىّ[a] ويقال هو من لَخْم واليًا على افريقية ويقال بل وليها فى زمن الوليد بن عبد الملك سنة ٨٩ ففتح طنجة ونزلها وهو اوّل من نزلها واختطّ فيها للمسلمين وانتهت خيله الى السُّوس الادنى[b] وبينه وبين السوس الاقصى نيف وعشرون[c] يومًا فوطئهم وسبى منهم وادّوا اليه الطاعة وقبض عامله منهم الصدقة ثمّ ولّاها طارق بن زياد مولاه وانصرف الى قَيْرَوان افريقية،

فتح الأَنْدَلُس

قال الواقدى غزا طارق بن زياد عامل موسى بن نُصَيْر الاندلس وهو اوّل من غزاها وذلك فى سنة ٩٢ فلقيه أُلْيان وهو والٍ على مجاز الاندلس فآمنه طارق على ان حمله واصحابه الى الاندلس فى السفن فلمّا صار اليها حاربه اهلها ففتحها وذلك فى سنة ٩٢ وكان ملكها فيما يزعمون من الاشبان واصلهم من اصبهان ثمّ انّ موسى بن نُصَيْر كتب الى طارق كتابًا غليظًا

---

a) Qod. بل هو من بكر ثم من اراشة. b) A. الاولى, Qodáma ut B. c) A. وعشرين.

لتغريره بالمسلمين وافتتانه عليه بالراى فى غزوه وامره ان لا يجاوز قُرْطُبَة
وسار موسى الى قرطبة من الاندلس[a] فترضّاه طارق فرضى عنه فافتتح 270
طارق مدينة طُلَيْطُلَة وهى مدينة مملكة الاندلس وهى ممّا يلى فَرَنْجَة
واصاب بها مائدة عظيمة اهداها موسى بن نصير الى الوليد بن عبد الملك
بدِمَشْق حين قفل سنة ٩٦ والوليد مريض فلمّا ولى سليمٰن بن عبد
الملك اخذ موسى بن نصير بمائة الف دينار فكلّمه فيه يزيد بن المهلّب[b]
فامسك عنه، ثمّ لمّا كانت خلافة عمر بن عبد العزيز رضه ولّى المغرب
اسمٰعيل بن عبد الله بن ابى المهاجر مولى بنى مَخْزُوم فسار احسن سيرة
ودعى البربر الى الاسلام وكتب اليهم عمر بن عبد العزيز[c] كتبًا يدعوهم بعدُ
الى ذلك فقراها اسمٰعيل عليهم فى النواحى فغلب الاسلام على المغرب ،،
قالوا ولمّا ولى يزيد بن عبد الملك ولّى يزيد بن ابى مُسْلِم مولى للحجّاج
ابن يوسف افريقية والمغرب فقدم افريقية فى سنة ١٠٢ وكان حرسه البربر
فوسم[d] كلّ امرءٍ منهم على يده حَرَسىّ فانكروا ذلك وملّوا سيرته فدبّ
بعضهم الى بعض وتضافروا على قتله فخرج ذات عشيّة لصلاة المغرب فقتلوه
فى مصلّاه، فولّى يزيد بِشْر[e] بن صَفْوَان الكلبى فضرب عنق عبد الله بن
موسى بن نصير بيزيد وذلك انّه اتّهم بقتله وتاليب الناس عليه، ثمّ
ولّى هشام بن عبد الملك بشر بن صَفْوان ايضًا فتوفّى بالقَيْرَوَان سنة ١٠٩
فولّى مكانه عبيدة بن عبد الرحمٰن القيسى ثمّ استعمل بعده عبد الله
ابن الحَبْحاب مولى بنى سَلُول فاغزى عبد الرحمٰن بن حبيب[f] بن ابى 271
عبيدة بن عُقْبَة بن نافع الفهرى السُّوس وارض السُّودان فظفر ظفرًا لم

---

a) Qodáma addit فتلقاه طارق واعتذر اليه فصفح عنه. *b*) B. مهلب. *c*) H.l. B. ponit اليهم. *d*) In *al-Bayán*, I, p. ٣۴ رسم. *e*) A. بسر et mox نُسر. *f*) Secundum *al-Bayán*, I, p. ٣٨ Habíb ipsum.

ير احد مثله قطّ واصاب جاريتين من نساء ما هناك ليس للمرأة منهنّ
الّا ندى واحد وهم يسمّون تراجان[a]، ثمّ ولّى بعد ابن الحبحاب كُلْثوم
ابن عِياض القُشَيْرى فقدم افريقية فى سنة ١٢٣ فقتل، ثمّ ولّى بعده حَنْظَلَة
ابن صَفْوان الكلبى اخا[b] بِشْر بن صَفْوان فقاتل الخوارج وتوفّى هناك وهو
والٍ، وقام الوليد بن يزيد بن عبد الملك فخالف عليه عبد الرحمن بن
حبيب الفهرى وكان محبّبًا فى ذلك الثغر لما كان من اثار جدّه عُقْبَة بن
نافع فيه فغلب عليه وانصرف عنه حَنْظَلَة فبقى عبد الرحمن عليه، وولى
يزيد بن الوليد الخلافة فلم يبعث الى المغرب عاملًا، وقام مروان بن محمّد
فكاتبه عبد الرحمن بن حبيب واظهر له الطاعة وبعث اليه بالهدايا
وكان كاتبه خلد بن ربيعة الافريقى وكان بينه وبين عبد الحميد بن
يحيى مودّة ومكاتبة فاقرّ مروان عبد الرحمن على الثغر ثمّ ولّى بعده الياس
ابن حبيب ثمّ حبيب بن عبد الرحمن ثمّ غلب البربر والاباضيّة من
الخوارج، ثمّ دخل محمّد بن الأَشْعَث الخزاعى افريقية واليًا عليها فى اخر
خلافة ابى العبّاس فى سبعين الفًا ويقال فى اربعين الفًا فوليها اربع سنين
فرمّ مدينة القَيْرَوان ثمّ وثب عليه جند البلد وغيرهم، وسمعتُ من
272 تحدّث انّ اهل البلد والجند المقيمين فيه وثبوا به فمكث يقاتلهم اربعين
يومًا وهو فى قصره حتّى اجتمع اليه اهل الطاعة ممّن كان شخص معه
من اهل خراسان وغيرهم وظفر بمن حاربه وعرضهم على الاسماء فمن كان
اسمه معاوية او سفين او مروان او اسمًا موافقًا لاسماء بنى اميّة قتله
ومن كان اسمه خلاف ذلك استبقاه فعزله المنصور، وولى عمر بن حفص بن
عثمان بن قَبيصة بن ابى صُفْرَة العَتَكى وهو الّذى سمّى هِزارْمَرْد وكان
المنصور به معجبًا فدخل افريقية وغزا منها حتّى بلغ اقصى بلاد البربر

a) B. in marg. من جنس تسمّيه البربر اجان (ابن عبد الحكم). b) B. ابا.

وابتنى هناك مدينة سمّاها العبّاسيّة[a]، ثمّ انّ ابا حاتم السَّدْراتى[b]
الاباضى من اهل سَدْراتة وهو مولى لكندة قاتله فاستشهد وجماعة من اهل
بيته وانتقض الثغر وهدمت تلك المدينة الّتى ابتناها وولى بعد هَزارمَرْد
يزيد بن حاتم بن قَبيصة بن المُهَلَّب فخرج فى خمسين الفًا وشيّعه ابو
جعفر المنصور الى بيت المقدّس وانفق عليه مالًا عظيمًا فسار يزيد حتّى
لقى ابا حاتم باطرابلس فقتله ودخل افريقية فاستقامت له، ثمّ ولى بعد
يزيد بن حاتم رَوْح بن حاتم ثمّ الفضل بن رَوْح فوثب الجند عليه
فذبحوه[e]، وحدّثنى احمد بن ناقد[c] مولى بنى الأَغْلَب قال كان الأَغْلَب
ابن سالم التميمى من اهل مَرْو الرُّوذ فيمن قدم مع المُسَوِّدة من خراسان
فولّاه موسى الهادى المغرب فجمع له حَرِيش[d] وهو رجل كان من جند الثغر
من تُونِس جمعًا وسار اليه وهو بقَيْرَوان افريقية فحصره ثمّ انّ الاغلب
خرج اليه فقاتله، فاصابه فى المعركة سهم فسقط ميّتًا واصحابه لا يعلمون
273 بمصابه ولم يعلم به اصحاب حَرِيش ثمّ انّ حَرِيشًا انهزم وجيشه فاتبعهم
اصحاب الاغلب ثلثة ايّام فقتلوهم وقتلوا حريشًا بموضع يعرف بسوق
الاحد فسمّى الاغلب الشهيد، قال وكان ابرٰهيم بن الاغلب من وجوه
جند مصر فوثب واثنا عشر رجلًا معه فاخذوا من بيت المال مقدار
ارزاقهم لم يزدادوا على ذلك شيـًٔا وهربوا فلحقوا بموضع يقال له الزاب وهو
من القَيْرَوان على مسيرة اكثر من عشرة ايّام وعامل الثغر يومئذ من قبل
الرشيد هٰرون[f] هَرْثَمة بن أَعْيَن واعتقد ابرٰهيم بن الاغلب على من كان
من تلك الناحية من الجند وغيرهم الرياسة واقبل يهدى الى هَرْثَمة ويُلاطفه
ويكتب اليه يعلمه انّه لم يخرج يدًا من طاعة ولا اشتمل على معصية

a) Cf. de hac urbe quae scripsi in *Descriptione al-Magribi*, *sumta ex libro regionum al-Jaqubii*, p. 66, 83 seq. b) Codd. السدرانى et deinde سدرانة. Teschdíd in B. additur. c) Codd. نافد. d) Qodáma semper خريش. e) A. om. f) A. add. بن.

وانّه انّما دعاه الى ما كان منه الاحواج [a] والضرورة فولّاه هَرْثَمَة ناحيته واستكفاه
امرها فلمّا صرف هَرْثَمَة من الثغر وليه بعده ابن العَكّى فساء اثره فيه حتّى
انتقض عليه فاستشار الرشيد هَرْثَمَة فى رجل يولّيه ايّاه ويقلّده امره فاشار
عليه باستصلاح ابرٰهيم واصطناعه وتوليته الثغر فكتب اليه الرشيد يعلمه
انّه قد صفح له عن جُرمه واقاله هفوته وراى توليته بلاد المغرب اصطناعًا
له ليستقبل به الاحسان ويستقبل به النصيحة فولى ابرٰهيم ذلك الثغر
وقام به وضبطه، ثمّ انّ رجلًا من جند البلد يقال له عِمْران بن مُجَالِد
خالف ونقض فانضمّ اليه جند الثغر وطلبوا ارزاقهم وحاصروا ابرٰهيم
274 بالقَيْرَوان فلم يلبثوا ان اتاهم العُرّاض والمُعْطون ومعهم مال من خراج مصر
فلمّا اعطوا تفرّقوا فابتنى ابرٰهيم القصر الابيض الّذى فى قبلة القَيْرَوان
على ميلين منها وخطّ للناس حوله فابتنوا ومصّر ما هناك وبنى مسجدًا
جامعًا بالجصّ والآجرّ وعمد الرخام وسقّفه بالارز وجعله مائتى ذراع فى نحو
مائتى ذراع وابتاع عبيدًا اعتقهم فبلغوا خمسة الف واسكنهم حوله وسمّى
تلك المدينة العبّاسيّة وهى اليوم آهلة عامرة، وكان محمّد بن الاغلب
ابن ابرٰهيم بن الاغلب احدث فى سنة ٢٣٩ مدينة بقرب تاهَرْت سمّاها
العبّاسيّة ايضًا فاخربها أَفْلَح بن عبد الوهّاب الاباضى وكتب الى الأُمَوىّ
صاحب الاندلس يعلمه ذلك تقرّبًا اليه به فبعث اليه الاموى مائة
الف درهم ،، [b] وبالمغرب ارض تعرف بالارض الكبيرة وبينها وبين برقة مسيرة
خمسة عشر يومًا او اقلّ من ذلك قليلًا او اكثر قليلًا وبها مدينة على
شاطئ البحر تدعى بارة وكان اهلها نصارى وليسوا بروم غزاها حبلة [c] مولى
الاغلب فلم يقدر عليها، ثمّ غزاها خَلْفُون البربرى ويقال انّه مولى لربيعة

---

a) A. الاحراج. *b*) Seqq. excerpsit Ibno'l Athír v. *Bibl. Sicul.*, p. ٢٣٩. *c*) Ibno'l Athír l.l. حياة.

ففتحها فى اوّل خلافة المتوكّل على الله، وقام بعده رجل يقال له المفرّج [a] ابن سلّام ففتح اربعة وعشرين حصنًا واستولى عليها وكتب الى صاحب البريد بمصر يعلمه خبره وانّه لا يرى لنفسه ومن معه من المسلمين صلاة 275 الّا بان يعقد له الامام على ناحيته ويولّيه ايّاها ليخرج من حدّ المتغلّبين وبنى مسجدًا جامعًا ثمّ انّ اصحابه شغبوا عليه فقتلوه، وقام بعده سوران [b] فوجّه رسوله الى امير المومنين المتوكّل على الله يسئله عقدًا وكتاب ولاية فتوفّى قبل ان ينصرف رسوله اليه، وتوفّى المنتصر بالله وكانت خلافته ستّة اشهر، وقام المستعين بالله احمد بن محمّد بن المعتصم بالله، فامر عامله على المغرب وهو اوتامش مولى امير المومنين بان يعقد له على ناحيته فلم يشخص رسوله من سرّ من راى حتّى قتل اوتامش وولى الناحية وصيف مولى امير المومنين فعقد له وانفذه ٭

فتح جزائر فى البحر

قالوا غزا معوية بن حُدَيْج الكِنْدى ايّام معاوية بن ابى سفين سِقِلِّيَة وكان اوّل من غزاها ولم تزل تُغْزى بعد ذلك وقد فتح آل الاغلب بن سالم الافريقى منها نيفًا وعشرين مدينة وهى فى ايدى المسلمين، وفتح احمد بن محمّد بن الاغلب منها فى خلافة امير المومنين المتوكّل على الله قصر يانة وحصن غليانة ٭ وقال الواقدى سبى عبد الله بن قيس بن مَخْلَد الدِزَقى [d] سِقِلِّيَة فاصاب اصنام ذهب وفضّة مكلّلة بالجوهر فبعث بها الى معاوية فوجّه بها معاوية الى البصرة لتحمل الى الهند فتباع هناك ليثمن بها ٭ قالوا وكان معوية بن ابى سفين يُغْزِى برًّا وبحرًا فبعث

a) A. المفرخ. b) Qodáma سودان. c) A. به. d) الفزارى in *Bibliothecâ Sicula*, Amarii, p. 425.

جَنَادَة بن ابى[a] اميّة الأَزْدى الى رُودِس وجَنَادَة احد من روى عنه
276 الحديث ولقى ابا بكر وعمر ومُعَاذ بن جَبَل ومات فى سنة ٨٠ ففتحها عنوة
وكانت غيضة فى البحر وامره معاوية فانزلها قومًا من المسلمين وكان ذلك
فى سنة ٥٢ ، قالوا ورُودِس من اخصب الجزائر وهى نحو من ستّين ميلًا
فيها الزيتون والكروم والثمار والمياه العذبة ، وحدّثنى محمّد بن سعد عن
الواقدى وغيره قالوا اقام المسلمون برُودِس سبع سنين فى حصن اتُّخذ
لهم فلمّا مات معٰوية كتب يزيد الى جَنَادَة يامره بهدم الحصن والقفل
وكان معٰوية يعاقب بين الناس فيها وكان مُجاهِد بن جَبْر مقيمًا بها يقرئ
الناس القران ، وفتح جَنَادَة بن ابى اميّة فى سنة ٥٤ أَرْواد واسكنها
معاوية المسلمين وكان ممّن فتحها مُجاهِد وتُبَيْع بن امرأة كعب الاحبار
وبها اقرأ مجاهد تُبَيْعًا القران ويقال انّه اقرأه القران برُودِس[b] وأَرْواد جزيرة
بالقرب من القسطنطينية ، وغزا جَنَادَة اِقْرِيطِش فلمّا كان زمن الوليد فتح
بعضها ثمّ اغلق وغزاها حُمَيْد بن مَعْيُوق الهَمْدانى فى خلافة الرشيد
ففتح بعضها ثمّ غزاها فى خلافة المامون ابو حفص عمر بن عيسى
الاندلسى المعروف بالاقريطشى وافتتح منها حصنًا واحدًا ونزله ثمّ لم يزل
يفتح شيئًا بعد شىء حتّى لم يبق فيها من الروم احد واخرب حصونهم ،

صلح النُّوبَة

حدّثنى محمّد بن سعد قال حدّثنى محمّد بن عمر الواقدى عن الوليد
ابن كَثِير عن يزيد بن ابى حبيب عن ابى الخير قال لمّا فتح المسلمون
277 مصر بعث عمرو بن العاصى الى القرى الّتى حولها الخيل ليطأهم فبعث
عُقْبَة بن نافع الفِهْرى وكان نافع اخا العاصى لامّه فدخلت خيولهم ارض

a) ابى deëst in A. b) A. بردوس.

النوبة كما تدخل صوائف الروم فلقى المسلمون بالنوبة قتالًا شديدًا لقد لاقوهم فرشقوهم بالنبل حتّى جرح عامّتهم فانصرفوا بجراحات كثيرة وحدق مفقوءة فسمّوا رُماة الحدق فلم يزالوا على ذلك حتّى ولى مصر عبد الله بن سعد بن ابى سرح فسالوه الصلح والموادعة فاجابهم الى ذلك على غير جزية لكنّ على هدنة ثلثمائة راس فى كلّ سنة وعلى ان يهدى المسلمون اليهم طعامًا بقدر ذلك ، حدّثنى محمّد بن سعد قال حدّثنى الواقدى قال حدّثنا ابرٰهيم بن جعفر عن عمرو بن الحٰرث عن ابى قَبيل حُيَىّ بن هانى المَعَافِرِى عن شيخ من حِمْيَر قال شهدتُ النوبة مرّتين فى ولاية عمر بن الخطّاب فلم ار قومًا احدّ فى حرب منهم لقد رايتُ احدهم يقول للمسلم اين تحبّ ان اضع سهمى منك فربّما عبث الفتى منّا فقال فى مكان كذا[a] فلا يخطئه كانوا يكثرون الرمى بالنبل فما يكاد يرى من نبلهم فى الارض شىء فخرجوا الينا ذات يوم فصافّونا ونحن نريد ان نجعلها حملة واحدة بالسيوف فما قدرنا على معاجلتهم رمونا حتّى ذهبت الاعين فعُدّت مائة وخمسين عينًا مفقوءة فقلنا ما لهاولاء خير من الصلح انّ سلبهم لقليل وانّ نكايتهم لشديدة فلم يصالحهم عمرو ولم يزل يكالبهم حتّى نزع[b] وولى عبد الله بن سعد بن ابى سرح فصالحهم ، قال الواقدى وبالنوبة ذهبت عين معٰوية بن حُدَيْج الكِنْدى وكان اعور ، حدّثنا ابو
عبيد القٰسم بن سلّام قال نا عبد الله بن صالح عن ابن لُهَيْعَة عن يزيد 278
بن ابى حبيب قال ليس بيننا وبين الاساود عهد ولا ميثاق انّما هى هدنة بيننا وبينهم على ان نعطيهم شيئًا من قمح وعدس ويعطونا رقيقًا فلا باس بشراء[c] رقيقهم منهم او من غيرهم ، حدّثنا ابو عبيد عن عبد الله بن صالح عن الليث بن سعد قال انّما الصلح بيننا وبين النوبة على

a) A. كذى. b) A. لدع. c) A. بشرى.

ان لا نقاتلهم ولا يقاتلونا وان يعطونا رقيقًا ونعطيهم بقدر ذلك طعامًا فان باعوا نساءهم وابناءهم لم ار بذلك باسًا ان يشترى »، ومن رواية ابى البُحْتُرى وغيره انّ عبد الله بن سعد بن ابى سرح صالح اهل النوبة على ان يهدوا فى السنة اربعمائة راس يخرجوا بها[a] ياخذون بها طعامًا »، وكان المهدى امير المومنين امر بالزام النوبة فى كلّ سنة ثلثمائة راس وستّين راسًا وزرافة على ان يُعْطوا قمحًا وخلّ خمر وثيابًا وفُرشًا او قيمته »، وقد ادّعوا حديثًا انّه ليس يجب عليهم البقط[b] لكلّ سنة وانّهم كانوا طولبوا بذلك فى خلافة المهدى فرفعوا اليه انّ هذا البقط ممّا ياخذون من رقيق اعدائهم فاذا لم يجدوا منه شيـًا عادوا على اولادهم فاعطوا منهم فيه بهذه العدّة فامر ان يحملوا فى ذلك على ان يوخذ منهم لكلّ ثلث سنين بقط سنة ولم يوجد لهذه الدعوى ثبت فى دواوين الحضرة ووجد فى الديوان بمصر »، وكان المتوكّل على الله امر بتوجيه رجل يقال له محمّد بن عبد الله ويعرف بالقُمّى الى المعدن بمصر واليًا عليه وولّاه

القُلْزم وطريق الحجاز وبذرقة حاجّ مصر فلمّا وافى المعدن حمل الميرة فى 279

المراكب من القلزم الى بلاد البُجة ووافى ساحلًا يعرف بعَيْذاب فوافته المراكب هناك فاستعان بتلك الميرة وتقوّتها ومن معه حتّى وصل الى قلعة ملك البُجة فناهضه وكان فى عدّة يسيرة فخرج اليه البُجوىّ فى الدهم على ابل محزّمة[c] فعمد القُمّى الى الاجراس فقلّدها الخيل فلمّا سمعت الابل اصواتها تقطّعت بالبُجويّين فى الاودية والجبال وقتل صاحب البُجة ثمّ قام من[d] بعده ابن اخته[e] وكان ابوه احد ملوك البُجويّين وطلب

---

a) B. يخرجونها. *b*) B. البقط عليهم. *c*) Teschdíd in B. additur. *d*) A. om. *e*) Codd. اخمه, Maqrízí, I, p. ١٩٦ اخيه, sed v. Quatremère, *Mém. géogr. et histor. sur l'Égypte*, II, p. 136; cf. 151. — Lubet hic adscribere sequentia ex *Mokaffa* al-Maqrízii: محمد بن عبد الله القمى ولاه المتوكل على الله حرب البجة فى سنة

الهدنة فابى المتوكّل على الله ذلك الّا ان يطأ بساطه فقدم سرَّ من راى فصولح فى سنة ٢٤١ على اداء الاتاوة والبقط ورُدَّ مع القُمّى فاهل البُجَة

---

٢٤١ وجعل اليه معونة قفط والاقصر واسنا وارمنت واسوان وكتب الى عنبسة بن اسحق الضبى امير مصر بازاحة غلته واعطائه من الجند ما يحتاج اليه وذلك ان البجاة غارت على ارض مصر وامتنعت من اداء ما كانوا يودونه عن معادن الذهب التى بارضهم فكتب صاحب البريد بمصر بخبرهم وانهم قتلوا عدة من المسلمين ممن يعمل فى المعادن فهرب المسلمون من ارضهم خوفا على انفسهم فشاور المتوكل فى امرهم فذكر له انهم اهل بادية اصحاب ابل وماشية وان الوصول الى بلادهم صعب لانها مفاوز وبينها وبين بلاد الاسلام مسيرة شهر فى ارض قفر وجبال وعرة وان من يدخلها من الجيوش يحتاج ان يتزود لمدة اشهر حتى يخرج منها فان جاوز تلك المدة هلك واخذتهم البجاة باليد وان ارضهم لا ترد على السلطان شيئًا فامسك المتوكل عنهم فطمعوا وزاد شرهم حتى خاف اهل الصعيد على انفسهم منهم فبعث القمى الى محاربتهم فلما قدم على عنبسة قام له بما يحتاج اليه وسار الى ارض البجة وتبعه ممن يعمل فى المعادن ومن المطوعة عالم كبير بلغت عدتهم نحو العشرين الفا ما بين فارس وراجل ووجه الى القلزم فحمل له فى البحر سبع مراكب موقرة بالدقيق والزيت والتمر والسويق والشعير وامر اصحابه ان يوافوه بها فى ساحل البحر مما يلى بلاد البجة ومضى حتى جاوز المعادن التى يعمل فيها الذهب وصار الى حصونهم وقلاعهم فخرج اليه ملكهم على بابا فى جيش كبير اضعاف من مع القمى وهم على ابل فرة تشبه المهارى فتحاربوا اياما ولم يصدقهم على بابا القتال لتطول الايام وتفنى ازواد المسلمين وعلوفاتهم فياخذهم بغير حرب فاقبلت المراكب التى فيها الاقوات فى البحر ففرق القمى ما فيها على اصحابه فاتسعوا فلما راى على بابا ذلك قصدهم وصدقهم القتال فاقتتلوا قتالا شديدا وكانت ابلهم زعرة تنفر عن كل شىء فلما راى القمى ذلك جمع كل جرس فى عسكره وجعلها فى اعناق خيل ثم حمل على البجة فنفرت ابلهم من اصوات الاجراس ومرت على الجبال والاودية وتبعهم المسلمون يقتلون وياسرون حتى ادركهم الليل فرجعوا الى معسكرهم ولم يقدر القمى على احصاء القتلى لكثرتهم فطلب على بابا الامان فامنه القمى على ان يودى ما عليه فحمل اليه الخراج للمدة التى منعها وهى اربع سنين وسار عنهم الى مصر وعاد الى بغداد ومعه على بابا وقد استخلف ابنه فلما دخل على المتوكل خلع عليه وعلى اصحابه الديباج وولى المتوكل سعد الخادم البجة وطريق ما بين مصر ومكة فولى سعد محمد القمى ذلك فعاد اليها ومعه على بابا وهو على دينه ومعه صنم من حجارة كهيئة الصبى يسجد له فنزل القمى اسوان واقام بها مدة ومات .,.

على الهدنة يؤدّون ولا يمنعون المسلمين من العمل فى معدن الذهب وكان ذلك فى الشرط على صاحبهم ״

فى امر القراطيس

قالوا كانت القراطيس تدخل بلاد الروم من ارض مصر ويأتى العرب من قبل الروم الدنانير فكان عبد الملك بن مرٰون اوّل من احدث الكتاب الّذى يكتب فى رؤوس الطوامير من قُلْ هُوَ ٱللّٰهُ أَحَدٌ وغيرها من ذكر الله فكتب اليه ملك الروم انّكم احدثتم فى قراطيسكم كتابًا نكرهه فان تركتموه والّا اتاكم فى الدنانير من ذكر نبيّكم ما تكرهونه قال فكبر ذلك فى
280 صدر عبد الملك فكره ان يدع سنّة حسنة سنّها فارسل الى خٰلد بن يزيد بن معٰوية فقال له يابا هاشم احدى بنات طَبَق واخبره الخبر فقال افرخ روعك يا امير المومنين حرّم دنانيرهم فلا يتعامل بها واضرب للناس سككًا ولا تُعفِ هاولاء الكفرة ممّا كرهوا فى الطوامير فقال عبد الملك فرّجتها عنّى فرّج الله عنك وضرب الدنانير ״ قال عُوانة بن الحَكَم وكانت الاقباط تذكر المسيح فى رؤوس الطوامير وتنسبه الى الربوبية تعالى الله علوًّا كبيرًا وتجعل الصليب مكان بسم الله الرحمٰن الرحيم فلذلك كره ملك الروم ما كره واشتدّ عليه تغيير عبد الملك ما غيّره ״ وقال المدائنى قال مَسْلَمة بن مُحارب اشار خٰلد بن يزيد على عبد الملك بتحريم دنانيرهم ومنع من التعامل بها وان يدخل بلاد الروم شىء[a] من القراطيس فمكث حينًا لا يحمل اليهم ״

a) B. شيـًا.

فُتُوحُ ٱلسَّوَادِ
خِلَافَةُ أَبِى بَكْرٍ الصِّدِّيقِ رَضِىَ ٱللّٰهُ عَنْهُ

قالوا وكان المُثَنَّى بن حارثة بن سَلَمَة بن ضَمْضَم الشيبانى يغير على السواد فى رجال من قومه فبلغ ابا بكر الصِّدِّيق[a] رضه خبره فسأل عنه فقال له قيس ابن عاصم بن سِنان المِنْقَرى هذا رجل غير خامل الذكر ولا مجهول النسب ولا ذليل العماد هذا المثنّى بن حارثة الشيبانى ثمّ انّ المثنّى قدم على ابى بكر فقال له يا خليفة رسول الله استعملنى على من اسلم من قومى اقاتل
281 هذه الاعاجم من اهل فارس فكتب له ابو بكر فى ذلك عهدًا فسار حتّى نزل خَفّان ودعا قومه الى الاسلام فاسلموا، ثمّ انّ ابا بكر رضه كتب الى خٰلد ابن الوليد المَخْزومى يامره بالمسير الى العراق ويقال بل وجّهه من المدينة وكتب ابو بكر الى المثنّى بن حارثة يامره بالسمع والطاعة له وتلقّيه، وكان مذعور بن عَدِىّ العِجْلىّ قد كتب الى ابى بكر يعلمه حاله وحال قومه ويسألُه توليته قتال الفرس فكتب اليه يامره بان ينضمّ الى خٰلد فيقيم معه اذا اقام[b] ويشخص اذا شخص فلمّا نزل خٰلد النِّبَاج لقيه المثنّى بن حارثة بها واقبل خٰلد حتّى اتى البصرة وبها سُوَيد بن قُطْبَة الذُّهْلى (وقال غير ابى مِخْنَف كان بها قُطْبَة بن قَتادة الذُّهْلى) من بكر بن وائل ومعه جماعة من قومه وهو يريد ان يفعل بالبصرة مثل فعل المثنّى بالكوفة ولم تكن الكوفة يومئذ انّما كانت الحِيرَة فقال سُويد لخٰلد انّ اهل الأُبُلّة قد جمعوا لى ولا احسبهم امتنعوا منّى الّا لمكانك قال له خٰلد فالراى ان اخرج من البصرة نهارًا ثمّ اعود ليلًا فادخل عسكرك باصحابى فان صبّحوك حاربناهم

a) A. om. b) B. قام.

ففعل خٰلد ذلك وتوجّه نحو الحيرة فلمّا جنّ عليه الليل انكفأ[a] راجعًا
حتّى صار الى عسكر سويد فدخله باصحابه واصبح الأُبُلِّيّون وقد بلغهم
انصراف خٰلد عن البصرة فاقبلوا نحو سويد فلمّا رأُوا كثرة من فى عسكره
سُقط فى ايديهم وانكسروا فقال خٰلد احملوا عليهم فانّى ارى هيئة قوم
قد القى الله فى قلوبهم الرعب فحملوا عليهم فهزموهم وقتل الله منهم بشرًا
282 وغرّق طائفة فى دجلة البصرة ثمّ مرّ خٰلد بالخُرَيْبَة ففتحها وسبى من فيها
واستخلف بها فيما ذكر الكلبى شُرَيح بن عامر بن قَيْن من بنى سعد بن
بكر بن هوازن وكانت مسلحة للعجم ويقال ايضًا انّه اتى النهر الّذى
يعرف بنهر المرأة[b] فصالح اهله وانّه قاتل جمعًا بالمَذار ثمّ سار يريد الحيرة
وخلّف سُويد بن قُطْبة على ناحيته وقال له قد عركنا هذه الاعاجم
بناحيتك عركة اذلّتهم لك، وقد روى انّ خٰلدًا لمّا كان بناحية اليمامة
كتب الى ابى بكر يستمدّه فامدّه بجَرير بن عبد الله البجلى فلقيه جرير
منصرفًا من اليمامة فكان معه وواقع صاحب المَذار بامره والله اعلم، وقال
الواقدى والّذى عليه اصحابنا من اهل الحجاز انّ خٰلدًا[c] قدم المدينة
من اليمامة ثمّ خرج منها الى العراق على فيد والثَّعْلَبيّة ثمّ اتى الحيرة،
قالوا ومرّ خٰلد بن الوليد بزَنْدَوَرْد[d] من كَسْكَر فافتتحها وافتتح دُرْنَى وذواتها
باماں بعد ان كانت من اهل زَنْدَوَرْد[e] مراماة للمسلمين ساعة، واتى هُرْمُزْ
جرد فآمن اهلها ايضًا وفتحها، واتى أُلَّيس[f] فخرج اليه جابان عظيم
العجم فقدّم اليه المثنّى بن حارثة الشيبانى فلقيه بنهر الدم وصالح خٰلد
اهل أُلَّيس[f] على ان يكونوا عيونًا للمسلمين على الفُرس وادلّاء واعوانًا،
واقبل خٰلد الى مجتمع الانهار فلقيه ازاذبه[g] صاحب مسالح كسرى فيما

a) A. انكفى. b) Cf. ad *Merácid* III, p. ٢٥١. c) A. add. لما. d) A. ببزندرود. e) A. زندرود. f) A. أُلَّيس. g) A. ازاذبه, B. ازادبه; cf. Tabari II, p. 32 sq.

بينه وبين العرب فقاتله المسلمون وهزموه ثمّ نزل خٰلد خَفّان ويقال بل
283 سار قاصدًا الى الحيرة فخرج اليه عبد المسيح بن عمرو بن قيس بن حَيّان[a]
ابن بُقَيْلَة واسم بُقَيْلَة الحرث وهو من الازد وهانئ بن قَبِيصَة بن مسعود
الشيبانى وإيَاس بن قبيصة الطائىّ ويقال فَرْوَة بن إيَاس وكان اياس عامل
كسرى أَبَرْوِيز على الحيرة بعد النُّعْمٰن بن المنذر فصالحوه على مائة الف
درهم ويقال على ثمانين الف درهم فى كلّ عام وعلى ان يكونوا عيونًا للمسلمين
على اهل فارس وان لا يَهْدِم لهم بيعةً ولا قصرًا، وروى ابو مِخْنَف عن
ابى المثنّى الوليد بن القُطامى وهو الشَّرْقِى بن القُطامى الكلبى انّ عبد
المسيح استقبل خٰلدًا وكان كبير السنّ فقال له خٰلد من اين اقصى اثرك
يا شيخ فقال من ظهر ابى قال فمن[b] اين خرجتَ قال من بطن امّى قال
ويحك فى اىّ شىء انت قال فى ثيابى قال ويحك على اىّ شىء انت قال
على الارض قال اتعقل قال نعم واقيّد قال ويحك انّما اكلّمك بكلام الناس
قال وانا انّما اجيبك جواب الناس قال اسِلْمٌ انت ام حرب قال بل سلم
قال فما هذه الحصون قال بنيناها للسفيه حتّى يجيء الحليم[c] ثمّ تذاكرا
الصلح فاصطلحا على مائة الف يؤدّونها فى كلّ سنة فكان[d] الّذى أُخذ
منهم اوّل مال حمل الى[e] المدينة من العراق واشترط عليهم ان لا يبغوا
المسلمين غائلة وان يكونوا عيونًا على اهل فارس وذلك فى سنة ١٢،
وحدّثنى الحسين بن الاسود عن يحيى بن ادم قال سمعت انّ اهل
الحيرة كانوا ستّة الف رجل فالزم[f] كلّ رجل منهم اربعة عشر درهمًا وزن
خمسة فبلغ ذلك اربعة وثمانين الفًا وزن خمسة تكون ستّين وزن سبعة
284 وكتب لهم بذلك كتابًا قد قرأته، وروى عن يزيد بن نُبَيشة العامرى

---

a) B. خيار; cf. Ibn Doraid p. ٢٨٩, Tabarí II, p. 6 et 36. b) B. فقال من. c) B. fortasse الحكيم. d) B. وكان. e) A. اول ما حمل من. f) A. فكانوا الزم.

انّه قال قدمنا العراق مع خٰلد بن الوليد فانتهينا الى مسلحة العُذَيب ثمّ اتينا الحيرة وقد تحصّن اهلها فى القصر الابيض وقصر ابن بُقَيْلَة وقصر العَدَسيّين فاجلنا الخيل فى عرصاتهم ثمّ صالحونا ٭ قال ابن الكلبى العَدَسِيّون من كلب نسبوا الى امّهم وهى كلبيّة ايضًا ٭ وحدّثنى ابو مسعود الكوفى عن ابن مُجَالد عن ابيه عن الشَّعْبى انّ خُرَيم[a] بن أَوْس ابن حارثة بن لام الطائىّ قال للنبى صلعم ان فتح الله عليك الحيرة فاعطنى ابنة بُقَيلة فلمّا اراد خٰلد صلحَ اهل الحيرة قال له خُريم انّ النبىّ صلعم جعل لى بنت بقيلة فلا تدخلها فى صلحك وشهد له بشير بن سعد ومحمّد بن مَسْلَمَة الانصاريان فاستثناها فى[b] الصلح ودفعها الى خُرَيم فاشتريت منه بالف درهم وكانت عجوزًا قد حالت عن عهده فقيل له ويحك لقد ارخصتها كان اهلها يدفعون اليك اضعاف ما سالت بها فقال ما كنت اظنّ[c] عددًا يكون اكثر من عشر مائة، وقد جاء فى الحديث انّ الّذى سال النبىّ صلعم بنت بُقَيلة رجل من ربيعة والاوّل اثبت ٭ قالوا وبعث خٰلد بن الوليد بَشِير بن سعد ابا النعمان بن بشير الانصارى الى بانقِيَا فلقيته خيل الاعاجم عليها فَرُّخْبُنْداذ فرشقوا مَنْ معه بالسهام وحمل عليهم فهزمهم وقتل فَرُّخْبنداذ ثمّ انصرف وبه جراحة انتقضت به وهو بعين التمر فمات منها ويقال انّ خٰلدًا لقى فَرُّخْبنداذ بنفسه وبشير معه ٭ ثمّ بعث خٰلد جرير بن عبد الله البَجَلىّ الى اهل بانقِيَا فخرج
اليه بُصْبُهْرى بن صَلُوبَا فاعتذر اليه من القتال وعرض الصلح فصالحه جرير 285
على الف درهم وطيلسان، ويقال انّ ابن صَلُوبَا اتى خٰلدًا فاعتذر اليه وصالحه

---

a) A. حزيم, Mawerdí, p. ٣٣٣ حريم; Saif apud Tab. II, p. 40, 44 de alio viro haec narrat, nempe de Schowail Tayita. Filiam Bokailae appellat Karâma. b) Maw. من. c) Maw. add. ان.

هذا الصلح فلمّا قتل مِهْران ومضى يوم النُّخَيْلة اتاهم جرير فقبض منهم ومن اهل الحيرة صلحهم وكتب لهم كتابًا بقبض ذلك، وقوم ينكرون ان يكون جرير بن عبد الله قدم العراق الّا فى خلافة عمر بن الخطّاب، وكان ابو مِخْنَف والواقدى يقولان قدمها مرّتين ‎٭‎ قالوا وكتب خٰلد لبُصْبُهْرى بن صَلُوبَا كتابًا ووجّه الى ابى بكر بالطيلسان مع مال الحيرة وبالالف درهم فوهب الطيلسان للحسين بن علىّ رضهما ‎٭‎ وحدّثنى[a] ابو نصر التمّار قال نا شَريك بن عبد الله النَّخَعى عن الحجّاج بن أَرْطاة عن الحكم عن عبد الله بن مغفّل المزنى قال ليس لاهل السواد عهد الّا الحيرة وأُلَّيْس[b] وبانِقيَا ‎٭‎ وحدّثنى الحسين بن الاسود قال[c] نا يحيى بن ادم عن المُفَضّل بن المهلهل عن منصور عن عبيد بن الحسن او ابى الحسن عن ابن مغفّل[d] قال لا يصلح بيع ارض دون الجبل الّا ارض بنى صَلُوبَا وارض الحيرة[e] ‎٭‎ وحدّثنى الحسين بن الاسود قال نا يحيى بن ادم عن الحسن[f] بن صالح عن الاسود بن قيس عن ابيه قال انتهينا الى الحيرة فصالحناهم على كذا وكذا[g] ورحل قال فقلت وما صنعتم بالرحل قال لم يكن لصاحب منّا[h] رحل فاعطيناه ايّاه ‎٭‎ وحدّثنا ابو عبيد قال نا ابن ابى مريم عن السَّرِىّ[i] بن يحيى عن حُمَيد بن هِلال انّ خٰلدًا لمّا نزل الحيرة

286 صالح اهلها ولم يقاتلوا وقال ضرار بن الازور الأَسَدى

أَرِقْتُ بِبَانِقْيَا وَمَنْ يَلْقَ مِثْلَ مَا   لَقِيتُ بِبَانِقْيَا مِنَ ٱلْجُرْحِ يَأْرَقُ

وقال الواقدى المجتمع عليه عند اصحابنا انّ ضرارًا قتل باليمامة ‎٭‎ قالوا واتى خٰلد الفَلَالِيج منصرفه من بانِقيَا وبها جمع للعجم فتفرّقوا ولم يلق

---

a) B. حدثنى. *b*) Codd. وأُلّيبس. *c*) A. om. *d*) Codd. معقل. *e*) A. والحيرة. *f*) Codd. الحسنى. *g*) A. كذى وكذى. *h*) B. لنا. *i*) Pronuncio sic coll. *Moschtabih*. Ibn Hadjar I, p. ٨٣ sq. السَّرِىّ.

كيدًا فرجع الى الحيرة فبلغه انّ جابان فى جمع عظيم بتُسْتَر فوجّه اليه المثنّى بن حارثة الشيبانى وحنظلة بن الربيع[a] بن رَباح الأُسَيِّدىّ من بنى تميم وهو الّذى يقال له حنظلة الكاتب فلمّا انتهيا اليه هرب، وسار خٰلد الى الانبار فتحصّن اهلها ثمّ اتاه مَنْ دلّه على سوق بغداذ[b] وهو السوق العتيق الّذى كان عند قرن الصّراة فبعث خٰلد المثنّى بن حارثة فاغار عليه فملا المسلمون ايديهم من الصفراء والبيضاء وما خفّ محمله من المتاع ثمّ باتوا بالسَّيْلَحِين واتوا الانبار وخٰلد بها فحصروا اهلها وحرقوا فى نواحيها وانّما سمّيت الانبار لانّ اهراء العجم كانت بها وكان اصحاب النعمٰن وصنائعه يعطون ارزاقهم منها فلمّا راى اهل الانبار ما نزل بهم صالحوا خٰلدًا على شىء رضى به فاقرّهم، ويقال انّ خٰلدًا قدّم المثنّى الى بغداذ ثمّ سار بعده فتولّى الغارة عليها ثمّ رجع الى الانبار وليس ذلك بثبت، وحدّثنى الحسين بن الاسود قال حدّثنى يحيى بن ادم قال نا الحسن ابن صالح عن جابر عن الشَّعْبى انّه قال لاهل الانبار عهد وعقد، وحدّثنى

287 مشايخ من اهل الانبار انّهم صولحوا فى خلافة عمر رحمه على طسّوجهم على اربع مائة الف درهم والف عباءة قَطَوانيّة فى كلّ سنة وتولّى الصلح جرير بن عبد الله البجلى ويقال صالحهم على ثمنين الفًا والله اعلم، قالوا وفتح جرير بوازيج الانبار وبها قوم من مواليه، قالوا واتى خٰلد بن الوليد رجل دلّه على سوق يجتمع فيها كلب وبكر بن وائل وطوائف من قُضَاعة فوق الانبار فوجّه اليها المثنّى بن حارثة فاغار[c] عليها فاصاب ما فيها وقتل وسبى، ثمّ اتى خٰلد عين التمر فالصق بحصنها وكانت فيه مسلحة للاعاجم عظيمة فخرج اهل الحصن فقاتلوا ثمّ لزموا حصنهم فحاصرهم

---

a) Ibn Doraid p. ١٢٧ et Ibn Cotaiba p. ١٥٣ ربيعة بن صيفى. b) Codd. hic et plerumque sine punctis. c) B. واغار.

خُلد والمسلمون حتّى سالوا الامان فابى ان يؤمنهم وافتتح الحصن عنوة
وقتل وسبى، ووجد فى كنيسة هناك جماعة سباهم فكان من ذلك السبى
حُمْران بن أَبان بن خُلد النمرى وقوم يقولون كان اسم ابيه ابّا وحُمْران
مولى عثمان وكان للمُسَيَّب بن نَجَبَة الفزارى فاشتراه[a] منه فاعتقه ثمّ انّه
وجّهه الى الكوفة للمسألة عن عامله فكذبه فاخرجه من جواره فنزل البصرة،
وسِيرين ابو محمّد بن سِيرين واخوته وهم يحيى بن سيرين وانس بن
سيرين ومعبد بن سيرين وهو اكبر اخوته وهم موالى أَنَس بن مٰلك
الانصارى، وكان من ذلك السبى ايضا ابو عَمْرَة جدّ عبد الله بن عبد
الاعلى الشاعر، ويَسار جدّ محمّد بن اسحٰق صاحب السيرة وهو مولى
قيس بن مَخْرَمَة بن المطّلب بن عبد مناف، وكان منهم مُرّة ابو عبيد
جدّ محمّد بن زيد بن عبيد بن مرّة ونفيس بن محمّد بن زيد[b] بن
عبيد بن مُرّة صاحب القصر عند الحرّة ابن محمّد هذا وبنوه يقولون 288
عبيد بن مرّة[c] بن المعلّى الانصارى ثمّ الزُرَقى، ونُصَير ابو موسى بن نُصَير
صاحب المغرب وهو مولى لبنى اميّة وله بالثغور[d] موالٍ من اولاد من اعتق
يقولون ذلك وقال ابن الكلبى كان ابو فَرْوَة عبد الرحمٰن بن الاسود ونُصَير
ابو موسى بن نُصَير عربيّين من أَراشة من بَلِيّ سُبيا ايّام ابى بكر رحمه من
جبل الجليل بالشام وكان اسم نُصَير نصرًا فصُغِّر واعتقه بعض بنى اميّة
فرجع الى الشام وولد له موسى بقرية يقال لها كفرمرى[e] وكان اعرج، وقال
الكلبى وقد قيل انّهما اخوان من سبى عين التمر وانّ ولاءهما لبنى ضبّة،
وقال علىّ بن محمّد المدائنى يقال انّ ابا فروة ونُصَيْرًا كانا من سبى عين
التمر فابتاع ناعم الأَسَدىّ ابا فروة ثمّ ابتاعه منه عثمان وجعله يحفر

---

a) B. فابتاعه. *b*) A. om. بن زيد, cf. supra p. 17. *c*) Supra p. 17 بن مرة omittitur. *d*) B. بالمغرب. *e*) Hunc fortasse pagum designat *Merácid* v. كفرمثرى.

القبور فلمّا وثب الناس به كان معهم عليه فقال له رُدّ المدالم[a] فقال له انت اوّلها ابتعتك من مال الصدقة لتحفر القبور فتركت ذلك وكان ابنه عبد الله بن ابى فروة من سراة الموالى والربيع صاحب المنصور الربيع بن يونس بن محمّد بن ابى فروة وانّما لقّب ابا فروة بفروة كانت عليه حين سُبِى ،، وقد قيل انّ خٰلدًا صالح اهل حصن عين التمر وانّ هذا السبى وجد فى كنيسة ببعض الطسّوج، وقيل انّ سيرِين من اهل جَرْجَرايا وانّه كان زائرًا لقرابة له فأُخِذ[b] فى الكنيسة معهم ،، حدّثنى الحسين بن

289 الاسود قال حدّثنى يحيى بن ادم عن الحسن بن صالح عن اشعث عن الشَّعْبى قال صالح خٰلد بن الوليد اهل الحيرة واهل عين التمر وكتب بذلك الى ابى بكر فاجازه ،، قال يحيى فقلت للحسن بن صالح افاهل عين التمر مثل اهل الحيرة[c] انّما هو شىء عليهم وليس على اراضيهم[d] شىء فقال[e] نعم ،، قالوا وكان هِلال بن عَقّة[f] بن قيس بن البشر[g] النِّمرى على النِّمر ابن قاسط بعين التمر فجمع لخٰلد وقاتله فظفر به فقتله وصلبه، وقال ابن[h] الكلبى كان على النمر يومئذ عَقّة بن قيس بن البشر بنفسه[i] ،، قالوا وانتقض ببشير بن سعد[k] الانصارى جرحه فمات فدفن بعين التمر ودفن الى جنبه عمير بن رِئاب بن مُهَشِّم بن سعيد بن سهم بن عمرو وكان اصابه سهم بعين التمر فاستُشهِد ،، ووجّه خٰلد بن الوليد وهو بعين التمر النُسَير بن دَيْسَم بن ثَوْر الى ماء لبنى تغلب فطرقهم ليلًا فقتل واسر فساله رجل من الاسرى ان يطلقه على ان يدلّه على حىّ من ربيعة ففعل فاتى النُسَيْر ذلك لحىّ فبيّتهم فغنم وسبى ومضى الى ناحية تكريت فى البرّ

---

a) Barbarice pro المظالم. b) B. واخذ. c) A. الجزيرة. d) B. ارضهم. e) B. قال. f) A. عَقّة, B. عُقّة. Tabari II, p. 130 عقبة; cf. p. 62 et 68. g) Codd. البشر et المسر, المشر. h) A. om. ابن. i) B. نفسه. k) A. سعيد.

فغنم المسلمون ، وحدّثنى ابو مسعود الكوفى عن محمّد بن مروٰن انّ النُسَير اتى عُكْبَرآء فامن اهلها واخرجوا لمن معه طعامًا وعلفًا ثمّ مرّ بالبَرَدان[a] فاقبل اهلها يعدون من[b] بين ايدى المسلمين فقال لهم لا باس فكان ذلك امانًا ، قال[c] ثمّ اتى المُخَرِّم قال ابو مسعود ولم يكن يدعى يومئذ مُخَرِّمًا انّما نزله بعض ولد مُخَرِّم بن حَزْن بن زياد بن أَنَس بن الدَّيّان الحارثىّ فسمّى به فيما ذكر هشام بن محمّد الكلبى ، ثمّ عبر المسلمون جسرًا كان معقودًا عند قصر سابور الّذى يعرف اليوم بقصر عيسى بن 290
علىّ فخرج اليه خُرْزاد بن ماهِبَنْداذ[d] وكان موكّلًا به فقاتلوه وهزموه ثمّ لجأُوا فاتوا عين التمر ، وقال الواقدى وجّه المثنّى بن حارثة النُسَير وحُذَيفة ابن مِحْصَن بعد يوم الجسر وبعد انحيازه بالمسلمين الى خَفّان وذلك فى خلافة عمر بن الخطّاب فى خيل فاوقعا بقوم من بنى تغلب وعبرا الى تَكْريت فاصابا نعمًا وشاءً ، وقال عتّاب بن ابرٰهيم فيما ذكر لى عنه ابو مسعود انّ النُسَير وحذيفة آمنا اهل تكريت وكتبا لهم كتابًا انفذه له عُتْبَة بن فَرْقَد السُّلَمىّ حين فتح الطِيرهان والموصل وذكر ايضًا انّ النُسَير توجّه من قبل خٰلد بن الوليد فاغار على قرى بمَسْكِن وقطربُّل فغنم منها غنيمة حسنة ، قالوا ثمّ سار خٰلد من عين التمر الى الشام وقال للمثنّى بن حارثة ارجع رحمك الله الى سلطانك فغير مُقصّرٍ ولا وانٍ وقال الشاعر

صَبَحْنَا بِٱلْكَتَائِبِ حَىَّ بَكْرٍ وَحَيًّا مِنْ قُضَاعَةَ غَيْرَ مِيلِ
أَبَحْنَا دَارَهُمْ وَٱلْخَيْلُ تُرْدَى بِكُلِّ سَمَيْذَعٍ سَامِى ٱلتَّلِيلِ

يعنى من كان فى السوق الّذى[e] فوق الانبار، وقال اخر

وَلِلْمُثَنَّى بِٱلْعَالِ مَعْرَكَةٌ شَاهَدَهَا مِنْ قَبِيلِهِ بَشَرُ

a) A. دالـرذان. b) A. om. من. c) B. om. d) B. مـاهـبـنـداد. e) B. التى.

يعنى بالعال الانبار وقطربُّل ومَسْكِن وبادُورَيَّا فاراد سوق بغداذ[a]

كَتِيبَةٌ أَفْزَعَتْ بِوَقْعَتِهَا   كِسْرَى وَكَادَ ٱلْإِيوَانُ يَنْفَطِرُ
وَشُجِّعَ ٱلْمُسْلِمُونَ إِذْ حَذِرُوا   وَفِى صُرُوفِ ٱلتَّجَارِبِ ٱلْعِبَرُ 291
سَهَّلَ نَهْجَ ٱلسَّبِيلِ فَٱقْتَفَرُوا   آثَارَهُ وَٱلْأُمُورُ تُقْتَفَرُ

وقال بعضهم حين لقوا خُرْزاد

وَآلَ مِنَّا ٱلْفَارِسِىُّ ٱلْحَذُرَه[b]   حِينَ لَقِينَاهُ دُوَيْنَ ٱلْمَنْظَرَه
بِكُلِّ قَبَّاءَ لَحُوقٍ مُضْمَرَه   بِمِثْلِهَا يُهْزَمُ جَمْعُ ٱلْكَفَرَه

يعنى بالمنظرة تلّ عَقَرْقُوف ، وكان شخوص خُلد الى الشام فى شهر ربيع الاخر ويقال فى شهر ربيع الأوّل سنة ١٣، وقال قوم انّ خُلدًا اتى دومة من عين التَّمْر ففتحها ثمّ اقبل الى الحيرة فمنها مضى الى الشام واصحّ ذلك مضيُّه من عين التمر ،

خلافة عمر بن الخطّاب رضى الله عنه

قالوا لمّا استخلف عمر بن الخطّاب رضّه وجّه ابا عبيد بن مسعود بن[c] عمرو بن عُمَير بن عوف بن عُقْدَة بن غِيَرَة[d] بن عوف بن ثَقيف وهو ابو المُخْتار بن ابى عبيد الى العراق فى الف وكتب الى المثنّى بن حارثة يامره بتلقّيه والسمع والطاعة له وبعث مع ابى عبيد سَليط بن قيس بن عمرو الانصارى وقال له لولا عجلة فيك لولّيْتُكَ ولكنّ الحرب زَبُون[e] لا يصلح لها الّا الرجل المكيث، فاقبل ابو عبيد لا يمرّ بقوم من العرب الّا رغّبهم فى الجهاد والغنيمة فصحبه خلق فلمّا صار بالعُذَيب بلغه انّ جابان

a) B. haec inde a يعنى ponit post versum سهل نهج. b) A. الحُذَرَه. c) Hinc genealogia desideratur in *Tab*. Wüstenf. G. 20. d) A. عَمْرة. e) B. ديون.

الاعجمى بُنْسْتَر فى جمع كثير فلقيه فهزم جمعه واسر منهم ثمّ اتى دُرْتَى 292
وبها جمع للعجم فهزمهم الى كَسْكَر وسار الى الجالينوس وهو بباروسْما
فصالحه ابن الأَنْدَرْزَغَر[a] عن كلّ راس على اربعة دراهم على ان ينصرف ووجّه
ابو عبيد المثنّى الى[b] زندورد[c] فوجدهم قد نقضوا فحاربهم فظفر وسبى،
ووجّه عروة بن زيد الخيل الطائىّ الى الزَّوابِى[d] فصالح دهقانها على مثل صلح
باروسْما ،،

يوم قُسّ الناطف[e] وهو يوم الجسر

قالوا بعث الفرس الى العرب حين بلغها اجتماعها ذا الحاجب مَرْدانشاه[f] وكان أَنُوشِرْوان لقّبه بَهْمَن لتبرُّكه[g] به وسُمّى ذا الحاجب لانّه كان يعضب حاجبيه ليرفعهما عن عينه كِبَرًا ويقال انّ اسمه رستم، فامر ابو عبيد بالجسر فعُقد واعانه على عقده اهل بانِقيا، ويقال انّ ذلك الجسر كان قديمًا لاهل الحيرة يعبرون عليه الى ضياعهم فاصلحه ابو عبيد وذلك انّه كان معتلًّا مقطوعًا ثمّ عبر ابو عبيد والمسلمون من المَرْوَحَة على الجسر فلقوا ذا الحاجب وهو فى اربعة الُف مدجّج ومعه فيل ويقال عِدّة فيلة واقتتلوا قتالًا شديدًا وكثرت الجراحات وفشت فى المسلمين فقال سَلِيط ابن قيس يابا عبيد قد كنت نهيتك عن قطع هذا الجسر اليهم واشرتُ عليك[h] بالانحياز الى بعض النواحى والكتاب الى امير المؤمنين بالاستمداد فابيتَ وقاتل سَليط حتّى قُتل وسال ابو عبيد اين مقتل هذه الدابّة

a) B. الاندرز, vid. Tab. II, p. 188. Ibn Hobaisch الانْدَرْزَغَر. b) A. haec inde ab الجالينوس om.; cf. Tab. II, p. 186. c) A. زندرود. d) A. sine punctis, B. الزوابىّ. e) Tab. II, p. 192 الناطف; cf. *Merácid* II, p. ۴١٣, III, p. ٨۴. f) Plane aliter Tab. II, p. 196. g) B. لتبيّركه. h) B. اليكن.

فقيل خرطومه فحمل فضرب خرطوم الفيل وحمل عليه ابو مِحْجَن بن
حبيب الثقفى فضرب رجله فعلقها[a] وحمل المشركون فقتل ابو عبيد 293
رحمه ويقال انّ الفيل برك عليه فمات تحته، فاخذ اللواء اخوه الحكم فقُتل
فاخذه ابنه جَبْر فقُتل ثمّ انّ المثنّى بن حارثة اخذه ساعة وانصرف
بالناس وبعضهم على حامية بعض، وقاتل عروة بن زيد الخيل يومئذ قتالا
شديدًا عُدل بقتال جماعة، وقاتل ابو زُبَيْد الطائىّ الشاعر حميّةً
للمسلمين بالغربيّة وكان اتى الحيرة فى بعض اموره وكان نصرانيًّا، واتى المثنّى
أُلَّيْس[b] فنزلها وكتب الى عمر بن الخطّاب بالخبر مع عُرْوَة بن زَيْد ، وكان
ممّن قتل يوم الجسر فيما ذكر ابو مِخْنَف ابو زيد الانصارى احد من جمع
القران على عهد النبىّ صلعم ، قالوا وكانت وقعة الجسر يوم السبت فى
اخر شهر رمضان سنة ١٣ ، وقال ابو مِحْجَن بن حبيب

أَنَّى تَسَدَّتْ[c] نَحْوَنَا أُمُّ يُوسُفٍ   وَمِنْ دُونِ مَسْرَاهَا فَيَافٍ[d] مَجَاهِلُ
إِلَى فِتْيَةٍ بِٱلطَّفِّ نِيلَ سَرَاتُهُمْ   وَغُودِرَ أَفْرَاسٌ لَهُمْ وَرَوَاحِلُ
مَرَرْتُ عَلَى ٱلْأَنْصَارِ وَسْطَ رِحَالِهِمْ   فَقُلْتُ لَهُمْ هَلْ مِنْكُمُ ٱلْيَوْمَ قَافِلُ ،

حدّثنى ابو عبيد القسم بن سلّام قال ثنا محمّد بن كثير عن زائدة عن
اسمعيل بن ابى خلد عن قيس بن ابى حازم قال عبر ابو عبيد بانقيا فى
ناس من اصحابه فقطع المشركون الجسر فاصيب ناس من اصحابه، قال
اسمعيل وقال ابو عمرو الشيبانى كان يوم مِهْرانَ فى اوّل السنة والقادسيّة
فى اخرها ، 294

---

a) Scilicet الدابّة. Explicatur loco Tab. II, p. 196 فتعلّق (ابو عبيد) ببطانته (الفيل).

b) Codd. المليس. c) Ibn Hobaisch تنسّرت. d) Sic Codd. in marg. In textu قِفاف.

يَوْمُ مِهْرَانَ وهو يَوْمُ النُّخَيْلَة

قال ابو مِخْنَف وغيره مكث عمر بن الخطّاب رضه سنةً لا يذكر العراق لمُصاب ابى عُبَيد وسَليط، وكان المثنّى بن حارثة مقيمًا بناحية أُلَّيس[a] يدعو العرب الى الجهاد ثمّ انّ عمر رضه ندب الناسَ الى العراق فجعلوا يتحامونه ويتثاقلون عنه حتّى همّ ان يغزو بنفسه، وقدم عليه خلق من الازد يريدون غزو الشام فدعاهم الى العراق ورغّبهم فى غنائم آل كِسْرَى فردّوا الاختيار اليه فامرهم بالشخوص وقدم جرير بن عبد الله من السَّراة فى بجيلة فسال ان ياتى العراق على ان يعطى وقومه رُبْع ما غلبوا عليه فاجابه عمر الى ذلك فسار نحو العراق وقوم يزعمون انّه مرّ على طريق البصرة وواقع مرزبان المَذار فهزمه، واخرون يزعمون انّه واقع المرزبان وهو مع خٰلد بن الوليد، وقوم يقولون انّه سلك الطريق على فَيْد والثَّعْلَبيَّة[b] الى العُذَيب ، حدّثنى عفّان بن مُسْلِم قال ثنا حمّاد بن سَلَمَة قال ثنا داود بن ابى هند قال اخبرنى الشَّعْبى انّ عمر وجّه جرير بن عبد الله الى الكوفة بعد قتل ابى عُبَيد اوّل من وجّه وقال هل لك فى العراق وانفلك الثُّلْث بعد الخمس قال نعم ، قالوا واجتمع المسلمون بدير هند فى سنة ١٤ وقد هلك شِيرويه وملكت بُوران بنت كسرى الى ان يبلغ

295 يَزْدَجِرْد بن شَهْرِيَار فبعث اليهم مِهْران بن مِهْرِبَنْداذ الهَمَذانى فى اثنى عشر الفًا فامهل المسلمون له حتّى عبر الجسر وصار ممّا يلى دير الاعور، وروى سَيْف انّ مِهْران صار عند عبور الجسر الى موضع يقال له البُوَيب وهذا[c] الموضع الّذى قُتل به، ويقال انّ جنبتى البُوَيب أُفْعِمت عظامًا

---

a) Codd. الليس. b) B. والتغلبيّة. c) B. وهو.

حتّى استوى وعفا عليها التراب زمان الفتنة وانّه ما ىمار هناك[a] وذلك ما بين السَّكُون وبنى سُلَيم[b] فكان مَغيضًا للفرات زمن الاكاسرة يصبّ فى الجَوف[c] وعسكر المسلمين بالنُّخَيلة وكان على الناس فيما تزعم بجيلة جرير ابن عبد الله وفيما تقول ربيعة المثنّى بن حارثة[c] وقد قيل انّهم كانوا متساندين على كلّ قوم رئيسهم فالتقى المسلمون وعدوّهم فابلى شُرَحْبيل ابن السِّمْط الكندى يومئذ بلاء حسنًا وقتل مسعود بن حارثة اخو المثنّى ابن حارثة فقال المثنّى يا معشر المسلمين لا يرعكم مصرع اخى فانّ مصارع خياركم هكذا[d] فحملوا حملةَ رجلٍ واحدٍ محقّقين[e] صابرين حتّى قتل الله مهْران وهزم الكفرة فاتبعهم المسلمون يقتلونهم فقلّ من نجا منهم وضارب قُرْط بن جَمّاح[f] العَبْدى يومئذ حتّى انثنى سيفه وجآء الليل فتنامّوا الى عسكرهم وذلك فى سنة ١٤[c] فتولّى[g] قتلَ مِهْران جرير بن عبد الله والمُنْذِر ابن حسّان بن ضِرار الضَّبّىّ فقال هذا انا قتلته وقال هذا انا قتلته وتنازعا تنازعًا[h] شديدًا فاخذ المنذر منطقته واخذ جرير سائر سلبه ويقال انّ الحِصْن[i] بن مَعْبَد بن زُرارة بن عُدَس التميمى كان ممّن قتله ،، ثمّ لم 296
يزل المسلمون يشنّون الغارات ويَتابَعونها فيما بين الحيرة وكَسْكَر وفيما بين كسكر وسُورا وبَرِبيسما[k] وصَراة جاماسب[l] وما بين الفَلّوجَتَيْن والنهرين وعين التمر واتوا حصن مليقيا وكان منظرة ففتحوه واجلوا العجم عن مناظر كانت بالطّفّ وكانوا منخوبين قد وهن سلطانهم وضعف امرهم وعبر بعض المسلمين نهر سُورا فاتوا كُوثَى ونهر المَلِك وبادُورَيّا وبلغ بعضهم

---

a) Pro hisce verbis sine dubio corruptis Ibn Hobaisch habet ما يثار هنالك شىء الا وقعوا منها على شىء. b) نهر بنى سليم, Tabarí II, p. 212, 214. c) Vid. Tabarí II, p. 208. d) A. هكذى. e) B. محففين. f) B. جماع. g) B. وتولى. h) B. تنازعا. i) Non memoratur al-Hiçn inter filios Ma'badi in *Tab.* Wüstenf. K. 20. k) *Merácid* بربسيا. l) Codd. جاماست.

كَلْوَاذَى[a] وكانوا يعيشون بما ينالون من الغارات ٠، ويقال انّ بين مِهْران والقادسيّة ١٨ شهرًا ٠،

يَـوْمُ الـقَـادِسِـيَّـةِ

قالوا كتب المسلمون الى عمر بن الخطّاب رضه يعلمونه كثرة من تجمّع لهم من اهل فارس ويسالونه المدد فاراد ان يغزو بنفسه وعسكر لذلك فاشار عليه العبّاس بن عبد المطّلب وجماعة من مشايخ اصحاب رسول الله صلّعم بالمقام وتوجيه الجيوش والبعوث ففعل ذلك واشار عليه علىّ بن ابى طالب بالمسير فقال له[b] انّى قد عزمتُ على المقام وعرض على علىّ رضه الشخوص فاباه فاراد عمر توجيه سعيد بن زيد بن عمرو بن نُفَيل العَدَوىّ ثمّ بدا له فوجّه سعد بن ابى وقّاص واسم ابى وقّاص مُلك بن أُهَيب بن عبد مناف بن زُهْرَة بن كِلاب وقال انّه رجل شجاع رامٍ[c] ويقال انّ سعيد ابن زيد بن عمرو كان يومئذ بالشام غازيًا ٠، قالوا وسار الى العراق فاقام 297
بالثَّعْلَبِيَّة ثلثة اشهر حتّى تلاحق به الناسُ ثمّ قدم العُذَيب فى سنة ١٥ وكان المثنّى بن حارثة مريضًا فاشار عليه بان يحارب العدوّ بين القادسيّة والعُذَيب ثمّ اشتدّ وجعه فحُمل الى قومه فمات فيهم وتزوّج سعد امراته ٠، قال الواقدى توفّى المثنّى قبل نزول رُسْتَم القادسيّة ٠، قالوا واقبل رستم وهو من اهل الرىّ ويقال بل هو من اهل هَمَذان فنزل بُرْس ثمّ سار فاقام بين الحيرة والسَّيْلَحِين اربعة اشهر لا يُقدِم على المسلمين ولا يُقاتلهم والمسلمون معسكرون بين العُذَيب والقادسيّة وقدّم رستم ذا الحاجب فكان معسكرًا بطِيزَناباذ وكان المشركون زُهَا مائة الف وعشرين الفًا ومعهم ثلثون فيلًا ورايتهم العظمى التى تُدعى دِرَفْشِكابيان[c] وكان جميع المسلمين ما بين

---

a) A. كلوادا. b) B. om. c) Vid. Vüllers in v. درفش كاويان et درفش كاويانى.

تسعة الف الى عشرة الف فاذا احتاجوا الى العلف والطعام اخرجوا خيولا فى البرّ فاغارت على اسفل الفُرات وكان عمر يبعث اليهم من المدينة الغنم والجُزر ،، قالوا وكانت البصرة قد مُصِرت فيما بين يوم النُخيلة ويوم القادسيّة مصّرها عُتْبَة بن غَزْوان ثمّ استاذن للحجّ وخلّف المغيرة بن شُعْبَة فكتب اليه عمر بعهده فلم يلبث ان قُرف بما قُرف به فولّى ابا موسى البصرة واشخص المغيرة الى المدينة ثمّ انّ عمر ردّه ومن شهد عليه الى البصرة فلمّا حضر يوم القادسيّة كتب عمر الى ابى موسى يامره بامداد
298 سعد فامدّه بالمغيرة فى ثمانى مائة ويقال فى اربعمائة فشهدها ثمّ شخص الى المدينة ، فكتب[a] عمر الى ابى عبيدة ابن الجرّاح فامدّ سعدًا بقيس ابن هُبَيرة بن المكشوح المُرادىّ فيقال انّه شهد القادسيّة ويقال بل قدم على المسلمين وقد فرغ من حربها وكان قيس فى سبعمائة ،، وكان يوم القادسيّة فى اخر سنة ١٦ وقد قيل انّ الّذى امدّ سعدًا بالمُغيرة عتبة ابن غَزْوان وانّ المغيرة انّما ولى البصرة بعد قدومه من القادسيّة وانّ عُمَرَ لم يخرجه من المدينة حين اشخصه اليها لما قُرف به الّا واليًا على الكوفة ،، وحدّثنى العبّاس بن الوليد النَّرْسى[b] قال حدّثنا عبد الواحد ابن زياد عن مُجالد عن الشَّعْبى قال كتب عمر الى ابى عبيدة ابعث قيس بن مكشوح الى القادسيّة فيمن انتدب معه فانتدب معه خلق فقدم متعجّلًا فى سبعمائة وقد فُتح على سعدٍ فسالوه الغنيمة فكتب الى عمر فى ذلك فكتب اليه عمر ان كان قيس قدم قبل دفن القتلى فاقسم له نصيبه ،، قالوا وارسل رُسْتَم الى سعد يساله توجيه بعض اصحابه اليه فوجّه المغيرة بن شُعْبَة فقصد قصد سريره ليجلس معه عليه فمنعته الاساورة من ذلك وكلّمه رستم بكلام كثير ثمّ قال له قد علمتُ انّه لم

a) A. وكتب.   b) Codd. العرسى.

يحملكم على ما انتم فيه الّا ضيق المعاش وشدّة الجهد ونَحْنُ نعطيكم ما تتشبّعون[a] به ونَصْرِفكم ببعض ما تحبّون فقال المغيرة انّ اللهَ بعث الينا نبيّه صلعم فسُعدنا باجابته واتباعه وامرنا بجهاد من خالف ديننا حتّى يعطوا[b] الجزية عَنْ يَدٍ وَهُمْ صَاغِرُونَ ونحن ندعوك الى عبادة الله 299
وحده والايمان بنبيّه صلعم فان فعلت والّا فالسيف بيننا وبينكم فنحر رستم غَضَبًا ثمّ قال والشمس والقمر لا يرتفع الضحى غدًا حتّى نقتلكم اجمعين فقال المغيرة لا حولَ ولا قوّةَ الّا بالله وانصرف عنه وكان على فرس له مهزول وعليه سيف معلوب ملفوف عليه الخِرَق[c] ، وكتب عمر الى سعد يامره بان يبعث الى عظيم الفرس قومًا يدعونه الى الاسلام فوجّه عمرو ابن مَعْدِى كَرِب الزُّبَيْدِىّ والأَشعَث بن قَيْس الكندى فى جماعة فمرّوا برستم فأُتى بهم فقال اين تريدون قالوا صاحبكم فجرى بينهم كلام كثير حتّى قالوا انّ نبيّنا قد وعدنا ان نغلب على ارضكم فدعا بزبيل من تراب فقال هذا لكم من ارضنا فقام عمرو بن معدى كرب مبادرًا فبسط رداءه واخذ من ذلك التراب فيه وانصرف فقيل له ما دعاك الى ما صنعت قال تفآلتُ بانّ ارضهم تصير الينا ونغلب عليها ثمّ اتوا الملك ودعوه الى الاسلام فغضب وامرهم بالانصراف وقال لولا انّكم رسل لقتلتكم وكتب الى رستم يعنّفه على انفاذهم اليه ، ثمّ انّ عَلّافة المسلمين وعليها زُهْرَة بن حَوِيّة ابن عبد الله بن قَتادة التَّمِيمِىّ ثمّ السعدىّ ويقال كان عليها قَتادة بن حَوِيّة[d] لقيت خيلًا للاعاجم فكان ذلك سبب الوقعة اغاثت الاعاجم

a) A. بدسعون. b) B. يودوا. c) Tabarí III, p. ١٠ لفافة ثوبٍ خَلَقٍ. d) A. حُوَيَة, B. جوبه, v. Ibn Hadjar II, p. ٢٣. (In editione Tabarii III, p. 7 pronuntiatur hoc nomen حُوَيَّة, quam formam ad-Dsahabí non memorat).

خيلها واغاث المسلمون علّافتهم فالتحمت الحرب بينهم وذلك بعد الظهر
300 وحمل عمرو بن معدى كرب الزُّبيدى فاعتنق عظيمًا من الفرس فوضعه
بين يديه فى السرج وقال انا ابو ثور افعلوا كذا ثمّ حَطم فيلًا من الفيلة
وقال الزموا سيوفكم خَراطيمَها فانّ مقتل الفيل خرطومه، وكان سعد قد
استخلف على العسكر والناس خٰلد بن عُرْفُطَة العُذْرىّ حليف بنى زُهْرَة
لعلّة وجدها وكان مقيمًا فى قصر العُذَيب فجعلت امراته وهى سَلْمَى
بنت حفصة[a] من بنى تَيْم الله بن ثعلبة امراة المثنّى بن حارثة تقول
وامثنّياه ولا مثنّى للخيل فلطمها فقالت يا سعد اغيرةً[b] وجُبنًا، وكان ابو
مِحْجَن الثقفى بباضِع غرّبه اليها عمر بن الخطّاب رضه لشربه الخمر فتخلّص
حتّى لحق بسعد ولم يكن فيمن شخص معه فيما ذكر الواقدى وشرب
الخمر فى عسكر سعد فضربه وحبَسَهُ فى قصر العُذَيب فسال زَبْراء[c] امّ ولد
سعد ان تطلقه ليقاتل ثمّ يعود الى حديده فاحلفته بالله ليفعلنّ ان
اطلقته فركب فرس سعد وحمل على الاعاجم فخرق صفّهم وحطم الفيل
الابيض بسيفه وسعد يراه فقال امّا الفرس ففرسى وامّا الحملة فحملة ابى
مِحْجَن ثمّ انّه رجع الى حديده ويقال انّ سَلْمَى بنت حفصة اعطته
الفرس والاوّل اصحّ واثبت، فلمّا انقضى امر رستم قال له سعد والله لا
ضربتك فى الخمر بعد ما رايتُ منك[d] ابدًا قال وانا والله فلا شربتها[e] ابدًا،
وابلى طُلَيحة بن خُوَيلد الأَسَدى يومئذ وضرب الجالينوس ضربة قدّت[f]
مغفره ولم تعمل فى راسه، وقال قيس بن مكشوح يا قوم انّ منايا الكرام
301 القتل فلا يكونن هاؤلاء القُلْف اولى بالصبر واسخى نفسًا بالموت منكم ثمّ

---

a) B. hic et infra خَصَفَة et sic Ibn Hobaisch. Tabarí contra III, p. ٣٣ et ٩٧ ut A.
b) In B. ا expuncta est. Cf. Tabarí III, p. ٩٧. *c*) A. زدرًا, B. زبرا. Cf. Tabarí l. l.
d) B. om. *e*) B. اشربها. *f*) Codd. بدت.

قاتل قتالًا شديدًا وقتل الله رستم فوجد بدنه مملوءًا ضربًا وطعنًا فلم يُعلم من قاتلُهُ وقد كان مشى اليه عمرو بن مَعْدِى كَرِبَ وطُلَيحة بن خُوَيلد الأَسَدى وقُرْط بن جَمَّاح العَبْدى وضِرار بن الازور الاسدى، وكان الواقدى يقول قُتل ضرار يوم اليمامة، وقد قيل انّ زُهَير بن عبد شمس البَجَلى قتله وقيل ايضا انّ قاتله عوّام بن عبد شمس وقيل انّ قاتله هلال ابن عُلَّفة التَّيْمى، فكان[a] قتال القادسيّة يوم الخميس والجمعة وليلة السبت وهى ليلة الهرير[b] وانّما سمّيت ليلة صفّين بها، ويقال انّ قيس بن مكشوح لم يحضر القتال بالقادسيّة ولكنّه قدمها وقد فرغ المسلمون من القتال ،، وحدّثنى احمد بن سَلْمان الباهلى عن السَّهْمى عن اشياخه انّ سَلْمان ابن ربيعة غزا الشام مع ابى أُمامة الصُّدَىّ بن عَجْلان الباهلىّ فشهد مشاهد المسلمين هناك ثمّ خرج الى العراق فيمن خرج من المدد الى القادسيّة متعجّلًا فشهد الوقعة واقام بالكوفة وقُتل ببَلَنْجَر ،، وقال الواقدى فى اسناده خدّ[c] قوم من الاعاجم لرايتهم وقالوا لا نبرح موضعنا حتّى نموت فحمل عليهم سلمان بن ربيعة الباهلىّ فقتلهم واخذ الراية ،، قالوا وبعث سعد خُلد بن عُرْفُطة على خيل الطلب فجعلوا يقتلون من لحقوا حتّى انتهوا الى بُرْس ونزل خُلد على رجل يقال له بِسْطام فاكرمه وبرّه وسمّى نهر
هناك نهر بِسْطام واجتاز خُلد بالصراة فلحق جالينوس فحمل[d] عليه كَثير 302
ابن شِهاب[e] الحارثىّ فطعنه ويقال قتله وقال ابن الكلبى قتله زُهْرة بن حَوِيّة السعدىّ وذلك اثبت، وهرب الفُرس الى المدائن ولحقوا بيَزْدَجِرْد وكتب سعد الى عمر بالفتح وبمصاب من اصيب ،، وحدّثنى ابو رجاء الفارسىّ عن ابيه عن جدّه قال حضرتُ وقعة القادسيّة وانا مجوسىّ فلمّا رمتنا

---

a) B. وكان. *b*) Tabarí III, p. ٥٣, ٥٩. *c*) Tabarí III, p. ٦. حفروا لها وجلسوا تحتتها. *d*) A. فلحق. *e*) A. هشام.

العرب بالنبل جعلنا نقول دُوكْ دُوكْ[a] نعنى مغازل فما زالت بنا تلك المغازل حتّى ازالت امرنا لقد كان الرجل منّا يرمى عن القوس[b] الناوَكيّة فما يريد سهمها على ان يتعلّق بثوب احدهم ولقد كانت النبلة من نبالهم تهتك الدرع الحصينة والجوسن المضاعف ممّا علينا ، وقال هشام بن الكلبى كان اوّل من قتل اعجميًّا يوم القادسيّة ربيعة بن عثمان بن ربيعة احد بنى نصر بن معٰوية بن بكر بن هوازن بن منصور ، وقال طُلَيحة فى[c] يوم القادسيّة

أَنَا ضَرَبْتُ ٱلْجَالِينُوسَ[d] ضَرْبَةً   حِينَ جِيَادُ ٱلْخَيْلِ وَسْطَ ٱلْكَبَّهْ

وقال ابو مِحْجَن الثقفى حين راى الحرب

كَفَى حَزَنًا أَنْ تَدْعِسَ[e] ٱلْخَيْلُ بِٱلْقَنَا[f]   وَأُتْرَكَ قَدْ شَدُّوا عَلَيَّ[g] وِثَاقِيَا
إِذَا قُمْتُ عَنَّانِي ٱلْحَدِيدُ وَغُلِّقَتْ[h]   مَصَارِيعُ مِنْ دُونِي تُصِمُّ[i] ٱلْمُنَادِيَا

وقال زهير بن عبد شمس بن عوف البجلى

أَنَا زُهَيْرٌ وَٱبْنُ عَبْدِ شَمْسِ   أَرْدَيْتُ بِٱلسَّيْفِ عَظِيمَ ٱلْفُرْسِ
رُسْتَمَ[k] ذَا ٱلنَّخْوَةِ وَٱلدِّمَقْسِ[l]   أَطَعْتُ رَبِّي وَشَفَيْتُ نَفْسِي 303

وقال الأَشْعَث بن عبد الحَجَر[m] بن سُرَاقة الكلابى وشهد الحيرة والقادسيّة

وَمَا عُقِرَتْ بِٱلسَّيْلَحِينَ مَطِيَّتِي   وَبِٱلْقَصْرِ إِلَّا خِيفَةَ أَنْ أُعَيَّرَا[n]
فَبِٱسْتِ ٱمْرِئٍ يَبْأَى عَلَيَّ بِرَهْطِهِ   وَقَدْ سَادَ أَشْيَاخِي مَعَدًّا وَحِمْيَرَا

وقال بعض المسلمين يومئذ

---

a) Codd. دول دول. b) B. بالقوس. Nomen adject. sequens derivatur a Persico ناوَك. c) B. om. d) Propter metrum restituendum videtur الجَالِنُوس. e) Tabarí III, p. ٣٩ et ٩٧ تردى. f) Tab. بالقنا. g) Tab. مشدودًا. h) Tab. واغلقت. i) Tab. دونى قد تصمّ et دونى لا تجيب. k) A. رُسْتُم. Deinde Codd. ذى. l) A. والدمقسى. m) Codd. الحجر. Dubitant utrum الحِجْر an الحَجَر pronuntiandum sit. n) Ibn Hadjar I, p. ٢١٤ خشية ان اعثرا.

وَقَاتَلْتُ حَتَّى أَنْزَلَ ٱللّٰهُ نَصْرَهُ   وَسَعْدٌ بِبَابِ ٱلْقَادِسِيَّةِ مُعْصِمُ
فَرُحْنَا[a] وَقَدْ آمَتْ نِسَآءٌ كَثِيرَةٌ   وَنِسْوَةُ سَعْدٍ لَيْسَ مِنْهُنَّ أَيِّمُ

وقال قيس بن المكشوح ويقال انّها لغيره

جَلَبْتُ ٱلْخَيْلَ مِنْ صَنْعَآءَ تَرْدِى   بِكُلِّ مُدَجَّجٍ كَٱللَّيْثِ سَامِ[b]
إِلَى وَادِى ٱلْقُرَى فَدِيَارِ كَلْبٍ   إِلَى ٱلْيَرْمُوكِ فَٱلْبَلَدِ ٱلشَّآمِى
وَجِئْنَا ٱلْقَادِسِيَّةَ بَعْدَ شَهْرٍ   مُسَوَّمَةً دَوَابِرُهَا دَوَامِى[c]
فَنَاهَضْنَا هُنَالِكَ جَمْعَ كِسْرَى   وَأَبْنَآءَ ٱلْمَرَازِبَةِ ٱلْكِرَامِ
فَلَمَّا أَنْ رَأَيْتُ ٱلْخَيْلَ جَالَتْ   قَصَدْتُ لِمَوْقِفِ ٱلْمَلِكِ ٱلْهُمَامِ
فَأَضْرِبُ رَأْسَهُ فَهَوَى صَرِيعًا   بِسَيْفٍ لَا أَفَلَّ وَلَا كَهَامِ
وَقَدْ أَبْلَى ٱلْإِلٰهُ هُنَاكَ خَيْرًا   وَفِعْلُ ٱلْخَيْرِ عِنْدَ ٱللّٰهِ نَامِ

وقال عصام بن المُقَشَّعِر

فلو شَهِدْتَنِى بِٱلْقَوَادِسِ أَبْصَرَتْ   جِلَادَ ٱمْرِئٍ مَاضٍ إِذَا ٱلْقَوْمُ أَحْجَمُوا[d]
304 أُضَارِبُ بِٱلْمَخْشُوبِ حَتَّى أُفِلَّهُ   وَأَطْعَنُ بِٱلرُّمْحِ ٱلْمُتَلِّ[e] وَأَقْدُمُ

وقال طُلَيحة بن خُوَيلد

طَرَقَتْ سُلَيْمَى أَرْحُلَ ٱلرُّكْبِ   أَنَّى ٱهْتَدَيْتِ بِسَبْسَبٍ سَهْبِ
إِنِّى كَلِفْتُ سَلَامَ بَعْدَكُمُ   بِٱلْغَارَةِ ٱلشَّعْوَآءِ وَٱلْحَرْبِ
لَوْ كُنْتِ يَوْمَ ٱلْقَادِسِيَّةِ إِذْ   نَازَلْتُهُمْ بِمُهَنَّدٍ عَضْبِ
أَبْصَرْتِ شَدَّاتِى وَمُنْصَرَفِى   وَإِقَامَتِى لِلطَّعْنِ وَٱلضَّرْبِ

وقال بشر بن ربيعة بن عمرو الخَثْعَمِى

أَلَمَّ خَيَالٌ مِنْ أُمَيْمَةَ مَوْهِنًا   وَقَدْ جَعَلَتْ أُولَى ٱلنُّجُومِ تَغُورُ

---

a) Tabari III, p. ٧٣ فأُبْنَا et sic Jacut (in v. قادسية) qui quoque in primo hemist. paullo aliter legit. *b*) Marg. A. ويروى حام. *c*) A. دوام. *d*) B. اجمحوا (اجحموا ?). *e*) A. المُتل.

وَنَحْنُ بِصَحْرَآءِ ٱلْعُذَيْبِ وَدَارُهَا   حِجَازِيَّةٌ إِنَّ ٱلْمَحَلَّ شَطِيرُ
وَلَا غَرْوَ إِلَّا جَوْبُهَا ٱلْبِيدَ فِى ٱلدُّجَى   وَمِنْ دُونِنَا رَعْنٌ أَشَمُّ وَقُورُ
تَحِنُّ[a] بِبَابِ ٱلْقَادِسِيَّةِ نَاقَتِى   وَسَعْدُ بْنُ وَقَّاصٍ عَلَىَّ أَمِيرُ
وَسَعْدٌ أَمِيرٌ شَرُّهُ دُونَ خَيْرِهِ   طَوِيلُ ٱلشَّذَى كَابِى ٱلزِّنَادِ قَصِيرُ
تَذَكَّرْ هَدَاكَ ٱللّٰهُ وَقْعَ سُيُوفِنَا   بِبَابِ قُدَيْسٍ[b] وَٱلْمَكَرُّ عَسِيرُ[c]
عَشِيَّةَ وَدَّ ٱلْقَوْمُ لَوْ أَنَّ بَعْضَهُمْ   يُعَارُ جَنَاحَىْ طَائِرٍ فَيَطِيرُ[d]

قال واستشهد يومئذ سعد بن عبيد الانصارى فاغتمّ[e] عمر لمصابه وقال لقد كاد قتله يُنَغِّصُ علىَّ هذا الفتحَ .

فَتْحُ ٱلْمَدَائِنِ 305

قالوا مضى المسلمون بعد القادسيّة فلمّا جازوا دير كعب لقيهم النخيرخان[f] اليها وبدى فى جمع عظيم من اهل المدائن فاقتتلوا وعانق زُهَير بن سُلَيم الازدى النخيرخان فسقطا الى الارض واخذ زهير خنجرًا كان فى وسط النخيرخان فشقّ بطنه فقتله، وسار سعد والمسلمون فنزلوا ساباط واجتمعوا بمدينة بَهُرَسِير[g] وهى المدينة الّتى فى شقّ الكوفة فاقاموا تسعة اشهر ويقال ثمانية عشر شهرًا حتّى اكلوا الرطب مرّتين وكان اهل تلك المدينة يقاتلونهم فاذا تحاجزوا دخلوها فلمّا فتحها المسلمون اجمع يَزْدَجِرْد بن شَهْرِيَار[h] ملك فارس على الهرب فدُلّى من أَبْيَض المدائن فى

a) Ibn Doraid p. ٣٠٩ انحن, Jacut وحلّت. Deinde A. ببمات, B. دماب. b) A. قُريس. c) Jacut (apud Barbier de Meynard, p. 433) والمكور ضرير. d) Jacut tres versos addit. e) B. واعتم. f) Ibn Hobaisch النُّخَيرجان et النجيرجان. Potius legendum النخيزخان. g) A. بهرسمر. h) B. شهريان.

زبيل فسمّاه النبط بَرْزَبِيلًا ومضى الى حُلْوان ومعه وجوه اساورته وحمل معه بيت ماله وخفّ متاعه وخزانته والنساء والذرارى وكانت السنة الّتى هرب فيها سنة مجاعة وطاعون عمّ اهل فارس ثمّ عبر المسلمون خوضًا ففتحوا المدينة الشرقيّة ، حدّثنى عفّان بن مسلم قال اخبرنا هُشَيم[a] قال اخبرنا حُصَين[b] قال اخبرنا ابو وائل قال لمّا انهزم الاعاجم من القادسيّة اتبعناهم فاجتمعوا بكُوثَى فاتبعناهم ثمّ انتهينا الى دجلة فقال المسلمون ما تنتظّرون[c] بهذه النطفة ان نخوضها[d] فخضناها فهزمناهم ، حدّثنى محمّد بن سعد عن الواقدى عن ابن ابى سَبْرَة عن ابن عَجْلان
306 عن أبان بن صالح قال لمّا انهزمت الفرس من القادسيّة قدم فلّهم المدائن فانتهى المسلمون الى دجلة وهى تطفح بماء لم يُرَ مثله قطّ واذا الفرس قد رفعوا السفن والمعابر الى الجيزة[e] الشرقيّة وحرقوا الجسر فاغتمّ سعد والمسلمون اذ لم يجدوا الى العبور سبيلًا فانتدب رجل من المسلمين فسبّح فرسَه وعبر فسبّح المسلمون ثمّ امروا اصحاب السفن فعبّروا الاثقال فقالت الفرس والله ما نقاتلون الّا جنّا فانهزموا ، حدّثنى عبّاس بن هشام عن ابيه عن عَوانة بن الحَكَم وقال ابو عبيدة مَعْمَر بن المُثَنّى حدّثنى ابو عمرو ابن العلاء قالا وجّه سعد بن ابى وقّاص خُلد بن عُرْفُطَة على مقدّمته فلم يرد سعد حتّى فتح خُلد ساباط ثمّ قدم فاقام على الرُّوميّة حتّى صالح اهلها على ان يجلو من احبّ منهم ويقيم من اقام على الطاعة والمناصحة واداء الخراج ودلالة المسلمين ولا ينطووا لهم على غشّ ولم يجد معابر فدُلّ على مخاضةٍ عند قرية الصيّادين[f] فاخاضوها الخيل فجعل الفُرس يرمونهم فسلموا

---

a) B. هاشم. b) Est حصين بن عبد الرحمان السلمى, cf. supra p. ۴, ubi male addidi ابى. c) Codd. دمطرون. d) B. دحوضوها. e) Codd. الحيره. f) B. الصياد.

غير رجل من طيّئ يقال له سَليل بن يزيد بن مُلك السِّنْبِسىّ[a] لم يصب يومئذ غيره ، حدّثنا عبد الله بن صالح قال[b] حدّثنى من اثق به عن المُجالد بن سعيد عن الشَّعْبى انّه قال اخذ المسلمون يوم المدائن جوارى من جوارى كسرى جُيِءَ بهنّ من الآفاق فكنّ تُصَنَّعن له فكانت امّى احداهنّ قال وجعل المسلمون ياخذون الكافور يومئذ فيلقونه فى قدورهم ويظنّونه ملحًا ، قال الواقدى كان فراغ سعد من المدائن وجَلُولَاء فى سنة ١٦ ،

307 يَوْمُ جَلُولَاء الوقيعة

قالوا مكث المسلمون بالمدائن ايّامًا ثمّ بلغهم انّ يَزْدَجِرْد قد جمع جمعًا عظيمًا ووجّهه اليهم وانّ الجمع بجَلُولاء فسرّح سعد بن ابى وقّاص هاشم بن عُتْبة بن ابى وقّاص اليهم فى اثنى عشر الفًا فوجدوا[c] الاعاجم قد تحصّنوا وخندقوا وجعلوا عيالهم وثقلهم بخانقين وتعاهدوا ان لا يفرّوا وجعلت الامداد تُقدِمُ عليهم من حُلْوان والجبال فقال المسلمون ينبغى ان نعاجلهم قبل ان تكثر امدادهم فلقوهم وحُجْر بن عَدىّ الكندى على الميمنة وعمرو بن مَعْدِى كَرِب على الخيل وطُلَيحة بن خُوَيْلد على الرجال وعلى الاعاجم يومئذ خُرَّزاذ اخو رستم فاقتتلوا قتالًا شديدًا لم يقتتلوا مثله رميًا بالنبل وطعانًا بالرماح حتّى تقصّفت وتجالدوا بالسيوف حتّى انثنت[d] ثمّ انّ المسلمين حملوا حملة واحدة قلعوا بها الاعاجم عن موقفهم وهزموهم فولّوا[e] هاربين وركب المسلمون اكتافهم يقتلونهم قتلا ذريعًا حتّى حال الظلام بينهم ثمّ انصرفوا الى معسكرهم وجعل هاشم بن عتبة جرير بن عبد الله بجلولاء فى خيل كثيفة ليكون بين المسلمين

a) B. السنسى. b) A. om. c) B. فوجد. d) Codd. انبنت. e) A. وولوا.

وبين عدوّهم فارتحل[a] يزدجرد من حلوان، واقبل المسلمون يغيرون فى نواحى السواد من جانب دجلة الشرقى فاتوا مهرُوذ فصالح دهقانها هاشمًا على جريب من دراهم على ان لا يقتل احدًا منهم، وقتل دهقان الدَّسْكَرة وذلك انّه اتّهمه بغشّ للمسلمين، واتى البَنْدَنِيجَيْن فطلب اهله الامان على اداء الجزية والخراج فامنهم، واتى جرير بن عبد الله خانِقِين وبها بقيّة 308
من الاعاجم فقتلهم ولم يبق من سواد دجلة ناحية الّا غلب عليها المسلمون وصارت فى ايديهم، وقال هشام بن الكلبى كان على الناس يوم جلولاء من قبل سعد عمرو بن عتبة[b] بن نوفل بن أُهَيب بن عبد مَناف بن زُهْرة وامّه عاتكة بنت ابى وقّاص ،، قالوا وانصرف سعد بعد جلولاء الى المدائن فصيّر بها جمعًا ثمّ مضى الى ناحية الحيرة، وكانت وقعة جلولاء فى اخر سنة ١٦ ،، قالوا فاسلم[c] جميل بن بُصْبُهْرِى دهقان الفَلَالِيج والنهرين وبِسْطام بن نَرْسِى دهقان بابل وخُطَرْنِيَة والرُّفَيل دهقان العال وفَيْرُوز دهقان نهر المَلِك وكُوثَى وغيرهم من الدهاقين فلم يعرض لهم عمر بن الخطّاب ولم يخرج الارض من ايديهم وازال الجزية عن رقابهم ،، وحدّثنى ابو مسعود الكوفى عن عَوانة[d] عن ابيه قال وجّه سعد بن ابى وقّاص هاشم بن عتبة ابن ابى وقّاص ومعه الاشعث بن قيس الكندى فمرّ بالراذانات واتى دَقُوقا وخانيجار[e] فغلب على ما هناك وفتح جميع كورة باجَرْمَى[f] ونفذ الى نحو سِنّ بارِمّا وبَوازِيج المَلْك الى حدّ شَهْرَزُور ،، حدّثنى الحسين بن الاسود قال حدّثنى يحيى بن ادم قال اخبرنا ابن المُبارك عن ابن لَهِيعَة عن يزيد بن ابى حبيب قال كتب عمر بن الخطّاب الى سعد بن ابى وقّاص حين فتح السواد   امّا بعد فقد بلغنى كتابك تذكر انّ

a) B. وارتحل. b) Codd. عتبة. In *Tab.* Wüstenf. S. 20 hic filius Naufali non memoratur. c) B. واسلم. d) A. عرابة. e) A. خابنجار. f) *Meràcid* باجرمق.

309 الناس سالوك ان تقسم بينهم ما افاء الله عليهم فاذا اتاك كتابى فانظر ما
اجلب عليه اهل العسكر بخيلهم وركابهم من مال او كراع فاقسمه بينهم
بعد الخمس واترك الارض والانهار لعمّالها ليكون ذلك فى اعطيات المسلمين
فانّك ان قسمتها بين من حضر لم يكن لمن يبقى بعدهم شىء ، وحدّثنى
الحسين قال ثنا وكيع عن فُضَيل بن غَزْوان عن عبد الله بن حازم قال
سالت مجاهدًا عن ارض السواد فقال لا تشترى ولا تباع قال نقول لأنّها
فُتحت عنوةً ولم تقسم فهى لجميع المسلمين ، وحدّثنى الوليد بن صالح
عن الواقدى عن ابن ابى سَبْرَة عن صالح بن كَيْسان عن سليمٰن بن
يَسار قال اقرّ عمر بن الخطّاب السواد لمن فى اصلاب الرجال وارحام النساء
وجعلهم ذمّة تؤخذ منهم الجزية ومن ارضهم الخراج وهم ذمّة لا رِقّ عليهم ،
قال سليمٰن وكان الوليد بن عبد الملك اراد ان يجعل اهل السواد فَيْئًا
فاخبرتُهُ بما كان من عمر فى ذلك فورّعه الله عنهم ، حدّثنى الحسين بن
الاسود قال ثنا يحيى بن ادم عن اسرائيل عن ابى اسحٰق عن حارثة
ابن مُضَرِّب انّ عمر بن الخطّاب اراد قسمة السواد بين المسلمين فامر ان
يحصوا فوجد الرجل منهم نصيبه ثلاثة من الفلّاحين فشاور اصحاب رسول
الله صلعم فى ذلك فقال علىّ دعهم يكونوا مادّة للمسلمين فبعث عثمان
ابن حُنَيف الانصارى فوضع عليه[a] ثمانية واربعين واربعة وعشرين واثنى
عشر ، حدّثنا ابو نصر التمّار قال ثنا شَريك عن الاجلح عن حبيب بن
310 ابى ثابت عن ثعلبة بن فريد[b] عن علىّ قال لولا ان يضرب بعضكم وجوه
بعض لقسمت السواد بينكم ، حدّثنى الحسين بن الاسود قال ثنا
يحيى بن ادم قال ثنا اسرائيل عن جابر عن عامر قال ليس لاهل
السواد عهد وانّما نزلوا على الحكم ، حدّثنا الحسين قال ثنا يحيى بن

a) Gloss. B. اى نصيب الرجل. b) Sic. Fortasse legendum يزيد.

وبين عدوّهم فارتحل[a] يزدجرد من حلوان، واقبل المسلمون يغيرون فى نواحى السواد من جانب دجلة الشرقى فاتوا مهروذ فصالح دهقانها هاشمًا على جريب من دراهم على ان لا يقتل احدًا منهم، وقتل دهقان الدَّسْكَرَة وذلك انّه اتّهمه بغشّ للمسلمين، واتى البَنْدَنِيجَيْن فطلب اهله الامان على اداء الجزية والخراج فامنهم، واتى جرير بن عبد الله خانِقِين وبها بقيّة 308
من الاعاجم فقتلهم ولم يبق من سواد دجلة ناحية الّا غلب عليها المسلمون وصارت فى ايديهم، وقال هشام بن الكلبى كان على الناس يوم جلولاء من قبل سعد عمرو بن عتبة[b] بن نوفل بن أُهَيب بن عبد مَناف بن زُهْرَة وامّه عاتكة بنت ابى وقّاص ، قالوا وانصرف سعد بعد جلولاء الى المدائن فصيّر بها جمعًا ثمّ مضى الى ناحية الحيرة، وكانت وقعة جلولاء فى اخر سنة ١٦ ، قالوا فاسلم[c] جميل بن بُصْبُهْرِى دهقان الفَلَالِيج والنهرين وبِسْطام بن نَرْسِى دهقان بابل وخُطَرْنِيَة والرُّفَيل دهقان العال وفَيْرُوز دهقان نهر المَلِك وكُوثَى وغيرهم من الدهاقين فلم يعرض لهم عمر بن الخطّاب ولم يخرج الارض من ايديهم وازال الجزية عن رقابهم ، وحدّثنى ابو مسعود الكوفى عن عَوَانة[d] عن ابيه قال وجّه سعد بن ابى وقّاص هاشم بن عتبة ابن ابى وقّاص ومعه الاشعث بن قيس الكندى فمرّ بالراذانات واتى دَقُوقا وخانِيجار[e] فغلب على ما هناك وفتح جميع كورة باجَرْمَى[f] ونفذ الى نحو سِنّ بارِمّا وبَوَازِيج المَلْك الى حدّ شَهْرَزُور ، حدّثنى الحسين بن الاسود قال حدّثنى يحيى بن ادم قال اخبرنا ابن المُبارك عن ابن لَهِيعَة عن يزيد بن ابى حبيب قال كتب عمر بن الخطّاب الى سعد بن ابى وقّاص حين فتح السواد امّا بعد فقد بلغنى كتابك تذكر انّ

a) B. وارتحل. b) Codd. عتبة. In *Tab.* Wüstenf. S. 20 hic filius Naufali non memoratur. c) B. واسلم. d) A. عرابة. e) A. خابنجار. f) *Merácid* باجرمق.

309 الناس سالوك ان تقسم بينهم ما افاء الله عليهم فاذا اتاك كتابى فانظر ما
اجلب عليه اهل العسكر بخيلهم وركابهم من مال او كراع فاقسمه بينهم
بعد الخمس واترك الارض والانهار لعمّالها ليكون ذلك فى اعطيات المسلمين
فانّك ان قسمتها بين من حضر لم يكن لمن يبقى بعدهم شىء ،، وحدّثنى
الحسين قال ثنا وكيع عن فُضَيل بن غَزْوان عن عبد الله بن حازم قال
سالت مجاهدًا عن ارض السواد فقال لا تشترى ولا تباع قال نقول لانّها
فُتحت عنوةً ولم تقسم فهى لجميع المسلمين ،، وحدّثنى الوليد بن صالح
عن الواقدى عن ابن ابى سَبْرَة عن صالح بن كَيْسان عن سليمٰن بن
يَسَار قال اقرّ عمر بن الخطّاب السواد لمن فى اصلاب الرجال وارحام النساء
وجعلهم ذمّة تؤخذ منهم الجزية ومن ارضهم الخراج وهم ذمّة لا رِقّ عليهم،
قال سليمٰن وكان الوليد بن عبد الملك اراد ان يجعل اهل السواد فَيْئًا
فاخبرتُهُ بما كان من عمر فى ذلك فورّعه الله عنهم ،، حدّثنى الحسين بن
الاسود قال ثنا يحيى بن ادم عن اسرائيل عن ابى اسحٰق عن حارثة
ابن مُضَرِّب انّ عمر بن الخطّاب اراد قسمة السواد بين المسلمين فامر ان
يحصوا فوجد الرجل منهم نصيبه ثلاثة من الفلّاحين فشاور اصحاب رسول
الله صلّعم فى ذلك فقال علىّ دعهم يكونوا مادّة للمسلمين فبعث عثمان
ابن حُنَيف الانصارى فوضع عليه[a] ثمانية واربعين واربعة وعشرين واثنى
عشر ،، حدّثنا ابو نصر التمّار قال ثنا شَريك عن الاجلح عن حبيب بن
310 ابى ثابت عن ثعلبة بن مرند[b] عن علىّ قال لولا ان يضرب بعضكم وجوه
بعض لقسمت السواد بينكم ،، حدّثنى الحسين بن الاسود قال ثنا
يحيى بن ادم قال ثنا اسرائيل عن جابر عن عامر قال ليس لاهل
السواد عهد وانّما نزلوا على الحكم ،، حدّثنا الحسين قال ثنا يحيى بن

a) Gloss. B. اى نصيب الرجل.   b) Sic. Fortasse legendum يزيد.

ادم قال حدّثنى صُلْب[a] الزُّبَيدى عن محمّد بن قيس الاسدى عن الشَّعْبى انّه سئل عن اهل السواد أَلهم عهد فقال لم يكن لهم عهد فلمّا رُضى منهم بالخراج صار لهم عهد ، حدّثنا الحسين عن يحيى بن ادم عن شريك عن جابر عن عامر انّه قال ليس لاهل السواد عهد ، حدّثنا عمرو الناقد قال[b] نا ابن وهب المصرى قال نا مٰلك عن جعفر بن محمّد عن ابيه قال كان للمهاجرين مجلس فى المسجد فكان عمر يجلس معهم فيه ويحدّثهم عن ما ينتهى اليه من امر الافاق فقال يومًا ما ادرى كيف اصنع بالمجوس فوثب عبد الرحمٰن بن عوف فقال اشهَدُ على رسول الله صلّعم انّه قال سُنُّوا بهم سُنَّة اهل الكتاب ، حدّثنا محمّد بن الصبّاح البزّاز قال نا هُشَيم قال نا اسمٰعيل بن ابى خٰلد عن قيس بن ابى حازم قال كانت بجيلة ربع الناس يوم القادسيّة وكان عمر جعل لهم ربع السواد فلمّا وفد عليه جرير قال لولا انّى قاسم مسـُول[c] لكنت على ما جعلت لكم وانّى ارى الناس قد كثروا فردُّوا ذلك عليهم ففعل وفعلوا فاجازه عمر بثمانين دينارًا ، قال فقالت امراة من بجيلة يقال لها امّ كُرْزان انّ ابى هلك وسهمُه ثابت فى السواد وانّى لن أُسَلِّمْ فقال لها يا امّ كُرْزان انّ قومك قد
311 اجابوا فقالت له ما انا بمسلّمة او تحملنى على ناقة ذلول عليها قطيفة حمراء وتملأ يدىّ ذهبًا ففعل عمر ذلك ، وحدّثنى الحسين قال نا ابو أُسامة عن اسمٰعيل عن قيس عن جرير قال كان عمر اعطى بجيلة ربع السواد فاخذوه ثلاث سنين ، قال قيس ووفد جرير بن عبد الله على عمر مع

---

a) Codd. صلب. In *Moschtabih* ad verba والصلب بن عبد الرحمٰن عن ابن عجلان annotatur in Codice Leid.: ذكره البخارى فى التاريخ وهو يشتبه بالصلت بن عبد الرحمٰن الزبيدى الكوفى عن هشام بن عروة وغيره روى عنه يحيى الوحاطى وغيره. b) A. om. c) B. مسؤول.

عمّار بن ياسر فقال عمر لولا انّى قاسم مسـؤول[a] لتركتكم على ما كنتم عليه
ولكنّى ارى ان تردّوه[b] ففعلوا فاجازه بثمانين دينارًا ٭ الحسن[c] بن عثمان
الزيادى قال حدّثنا عيسى بن يونس عن اسمٰعيل عن قيس قال اعطى
عمر جرير بن عبد الله اربع مائة دينار ٭ حدّثنى حميد بن الربيع عن
يحيى بن ادم عن الحسن بن صالح قال صالح عمر بجيلة من ربع السواد
على ان فرض لهم فى الفين من العطاء ٭ وحدّثنى الوليد بن صالح عن
الواقدى عن عبد الحميد بن جعفر عن جرير بن يزيد بن جرير بن
عبد الله عن ابيه عن جدّه انّ عمر جعل له ولقومه ربع ما غلبوا عليه
من السواد فلمّا جمعت غنائم جَلُولاء طلب ربعه فكتب سعد الى عمر
يعلمه ذلك فكتب عمر ان شاء جرير ان يكون انّما قاتل وقومه على
جُعْلٍ كجعل المؤلّفة قلوبهم فاعطوهم جعلهم وان كانوا انّما قاتلوا لله
واحتسبوا ما عنده فهم من المسلمين لهم ما لهم وعليهم ما عليهم فقال
جرير صدق امير المؤمنين وبرّ لا حاجة لنا بالربع ٭ حدّثنى الحسين قال
حدّثنا يحيى بن ادم عن عبد السلٰم بن حرب عن مَعْمَر عن علىّ بن 312
الحكم عن ابرٰهيم النَّخَعى قال جاء رجل الى عمر بن الخطّاب فقال انّى قد
اسلمتُ فارفع عن ارضى الخراج قال انّ ارضك أُخذت عنوةً ٭ حدّثنا
خَلَف بن هشام البزّار قال ثنا هُشَيم عن العوّام بن حَوْشَب عن ابرٰهيم
التَّيْمى[d] قال لمّا افتتح عمر السواد قالوا له اقسمه بيننا فانّا فتحناه عنوةً
بسيوفنا فابى وقال فما لمن جاء بعدكم[e] من المسلمين واخاف ان قسمتُهُ
ان تتفاسدوا بينكم فى المياه قال فاقرّ اهل السواد فى ارضهم وضرب على
رؤوسهم الجزية وعلى ارضهم الطسق ولم تقسم بينهم ٭ وحدّثنى القٰسم بن

a) B. مسوول. b) A. يرده. c) Codd. الحسن, v. *Moschtabih* in v. الزيادى.
d) Codd. التيمى. e) A. بعدهم.

سلّام قال نا اسمٰعيل بن مجالد عن ابيه عن الشَّعْبى انّ عمر بن الخطّاب بعث عثمان بن حُنَيف الانصارى يمسح السواد فوجده ستّة وثلاثين الف الف جريب فوضع على كلّ جريب درهمًا وقفيزًا، قال القاسم وبلغنى[a] انّ ذلك القفيز كان مكّوكًا لهم يدعى الشابُرْقان[b] قال يحيى بن ادم هو المختوم الحجّاجى ،، حدّثنى عمرو الناقد قال حدّثنا ابو معٰوية عن الشيبانى عن محمّد بن عبد الله الثقفى قال وضع عمر على السواد على كلّ جريب عامر او غامر يبلغه الماء درهمًا وقفيزًا وعلى جريب الرطبة خمسة دراهم وخمسة اقفزة وعلى جريب الشجر عشرة دراهم وعشرة اقفزة ولم يذكر النخل وعلى رؤوس الرجال ثمانية واربعين واربعة وعشرين واثنى عشر ،، وحدّثنا القٰسم بن سلّام قال حدّثنا محمّد بن عبد الله الانصارى عن سعيد بن ابى عَرُوبة عن قَتادة عن ابى مِجْلَز لاحِق بن حُمَيد انّ عمر بن الخطّاب بعث عمّار بن ياسر على صلاة اهل الكوفة وجيوشهم وعبد 313
الله بن مسعود على قضائهم وبيت مالهم وعثمان بن حُنَيف على مساحة الارض وفرض لهم كلّ يوم شاة بينهم شطرها وسواقطها لعمّار والشطر الاخر بين هذين فمسح عثمان بن حنيف الارض فجعل على جريب النخل عشرة دراهم وعلى جريب الكرم عشرة دراهم وعلى جريب القصب ستّة دراهم وعلى جريب البرّ اربعة دراهم وعلى جريب الشعير درهمين وكتب بذلك الى عمر رحمه فاجازه ،، حدّثنا الحسين بن الاسود قال نا يحيى بن ادم عن مَنْدَل العَنَزى عن الاعمش عن ابرٰهيم عن عمرو بن ميمون قال بعث عمر بن الخطّاب حُذَيفة بن اليَمان على ما وراء دجلة وبعث عثمان ابن حُنَيف على ما دون دجلة فوضعا على كلّ جريب قفيزًا ودرهمًا ،، حدّثنا الحسين قال نا يحيى بن ادم عن مَنْدَل عن ابى اسحٰق

a) B. بلغنى. b) Codd. السابرقان, cf. Mawerdi, p. ٢٧٣ et ٣٠٤.

الشيبانى عن محمّد بن عبد الله الثقفى قال كتب المغيرة بن شُعْبَة وهو على السواد انّ قِبَلنا اصنافًا من الغلّة لها مزيد على الحنطة والشعير فذكر الماش والكروم والرطبة والسماسم قال فوضع عليها ثمانية ثمانية والغى النخل ، وحدّثنا خَلَف البَزّار قال نا ابو بكر بن عَيّاش وحدّثنى الحسين ابن الاسود عن يحيى بن ادم عن ابى بكر قال اخبرنى ابو سعيد البقّال[a] عن العَيْزار بن حُرَيث قال وضع عمر بن الخطّاب على جريب الحنطة درهمين وجريبين وعلى جريب الشعير درهمًا وجريبًا وعلى كلّ

314 غامر[b] يطاق زَرْعُهُ على الجريبين درهمًا ، وحدّثنا خَلَف البَزّار[c] عن ابى بكر ابن عَيّاش عن ابى سعيد عن العَيْزار بن حُرَيث قال وضع عمر على جريب الكرم عشرة دراهم وعلى جريب الرطبة عشرة دراهم وعلى جريب القطن خمسة دراهم وعلى النخلة من الفارسى درهمًا وعلى الدّقلتين درهمًا ، حدّثنى عمرو الناقد قال نا حفص بن غِياث عن ابن[d] ابى عَرُوبة عن قَتادة عن ابى مِجْلَز انّ عمر وضع على جريب النخل ثمانية دراهم ، وحدّثنا الحسين بن الاسود قال حدّثنا يحيى بن ادم قال نا عبد الرحمن بن سليمن عن السَّرِىّ بن اسمعيل عن الشَّعْبى قال بعث عمر بن الخطّاب عثمان بن حُنَيف فوضع على اهل السواد لجريب الرطبة خمسة دراهم ولجريب الكرم عشرة دراهم ولم يجعل على ما عُمل تحته شيئًا ، وحدّثنى الوليد بن صالح عن الواقدى عن ابن ابى سَبْرَة عن المِسْوَر بن رِفاعة قال قال عمر بن عبد العزيز كان خراج السواد على عهد عمر بن الخطّاب مائة الف الف درهم فلمّا كان الحجّاج صار الى اربعين الف الف درهم ، وحدّثنا الوليد عن الواقدى عن عبد الله بن عبد العزيز عن ايّوب بن ابى أُمامة بن سهل بن حُنَيف عن ابيه قال ختم

a) Codd. النعال. b) Codd. عامر. c) A. المراز. d) B. om.

عثمان بن حُنَيف فى رقاب خمس مائة الف وخمسين الف علج وبلغ الخراج فى ولايته مائة الف الف درهم ،، وحدّثنى الوليد بن صالح قال[a] حدّثنا يونس بن ارقم المالكى قال حدّثنى يحيى بن ابى الاشعث الكندى عن مصعب بن يزيد ابى زيد الانصارى عن ابيه قال بعثنى علىّ بن ابى طالب على ما سقى الفرات فذكر رساتيق وقرى فسمّى نهر
المَلِك وكُوثَى وبَهُرَسِير والرُّومَقان ونهر جَوْبَر[b] ونهر دُرْقيط[c] والبِهْقُباذات[d] 315
وامرنى ان اضع على كلّ جريب زرع غليظ من البُرّ درهمًا ونصفًا وصاعًا من طعام وعلى كلّ جريب وسط درهمًا وعلى كلّ جريب من البُرّ رقيق الزرع ثلثَىْ درهم وعلى الشعير نصف ذلك وامرنى ان اضع على البساتين الّتى تجمع النخل والشجر على كلّ جريب عشرة دراهم وعلى جريب الكرم اذا اتت عليه ثلث سنين ودخل فى الرابعة واطعم عشرة دراهم وان أُلغِى كلّ نخل شاذ عن القرى ياكله من مرّ به وان لا اضع على الخضراوات شيـًا المقاثى والحبوب والسماسم والقطن وامرنى ان اضع على الدهاقين الّذين يركبون البراذين ويتختّمون[e] بالذهب على الرجل ثمانية واربعين درهمًا وعلى اوسطهم من التجار على راس كلّ رجل[f] اربعة وعشرين درهمًا فى السنة وان اضع على الاكرة وسائر من بقى منهم على الرجل اثنى عشر درهمًا ،، حدّثنى حُمَيد بن الربيع عن يحيى بن ادم عن الحسن ابن صالح قال قلت للحسن ما هذه الطسوق المختلفة فقال كلّ قد وضع حالًا بعد حال على قدر قرب الارضين والفُرَض من الاسواق[g] وبُعْدها،

a) A. om. b) B. حربر. c) In edit. *Merácid* دَرقيط. d) A. والبَهقاباذات, B. والبَهْقَباذات. e) B. ويختمون. f) B. راس الرجل. g) Mawerdí, p. ٣٠٦, videtur legisse يقدّر خراجه بحسب قربه من الفرض والاسواق. In edit. Engeri corrigendum من الاسواق والفُرَض.

قال وقال يحيى بن ادم وامّا مقاسمة السواد فانّ الناس سالوها السلطان
فى اخر خلافة المنصور فقُبض قبل ان تقاسموا ثمّ امر المهدى بها فقوسموا
فيها[a] دون عَقَبَة حُلْوان ‹، وحدّثنى عبد الله بن صالح العِجْلىّ عن
عَبْثَر ابى زُبَيْد[b] عن الثقات قال مسح حُذَيفة سقى دجلة ومات بالمدائن
316 وقناطِر حذيفة نُسِبت[c] اليه وذلك انّه نزل عندها ويقال جدّدها وكان
ذراعه وذراع ابن حُنَيف ذراع اليد وقبضة وابهامًا ممدودة‹ ولمّا قوسم
اهل السواد على النصف بعد المساحة الّتى كانت تُمْسَحُ عليهم قال
بعض الكتّاب العشر الّذى يؤخذ من القطائع هو عشر ما يكال خمس
النصف الّذى يؤخذ من الاستان فينبغى ان يوضع على الجريب ممّا
تجرى عليه المساحة فى القطائع[d] ايضًا خمس ما يؤخذ من جريب
الاستان فمضى الامر على ذلك ‹، حدّثنى ابو عُبَيد قال نا كثير بن
هشام عن جعفر بن بُرْقان[e] عن مَيْمُون بن مِهْران انّ عمر رحمه بعث
حُذَيفة وابن حُنَيف الى خانقين وكانت من اوّل ما افتتحوا فختما اعناق
الذمّة ثمّ قبضا[f] الخراج ‹، حدّثنا الحسين بن الاسود قال حدّثنا وكيع
قال[g] نا عبد الله بن الوليد قال نا رجل كان ابوه اخبر الناس بهذا
السواد يقال له عبد الملك بن ابى حُرّة[h] عن ابيه انّ عمر بن الخطّاب
اصفى عشر ارضين من السواد فحفظتُ سبعًا وذهب عنّى ثلث اصفى
الاجام ومغايض الماء وارض[i] كِسْرَى وكلّ دير بريد وارض من قُتِل فى
المعركة وارض من هرب‹ قال ولم يزل ذلك ثابتًا حتّى احرق الديوان ايّام

---

a) A. فيه. *b*) عبثر بن القاسم الكوفى. *c*) Codd. نسب. *d*) In B. verba inde a هو عشر hic repetuntur. *e*) *Qámus:* بالكسر والضمّ محدّث كلابىّ, sed *Moschtabih* tantum بالضمّ (v. p. ٣٥). *f*) ? Codd. ضما. *g*) A. om. *h*) Codd. حُرَّة. *i*) B. وارضى.

الحجّاج بن يوسف فاخذ كلّ قوم ما يليهم ‹› وحدّثنى ابو عبد الرحمن
الجُعْفىّ [a] قال نا ابن المبرك عن عبد الله بن الوليد عن عبد الملك بن
ابى حُرّة عن ابيه قال اصفى عمر بن الخطّاب من السواد ارض من قتل فى
الحرب وارض من هرب وكلّ ارض كسرى وكلّ ارض لاهل بيته وكلّ مغيض
ماء وكلّ دير يزيد وكلّ صافية اصطفاها كسرى فبلغت صوافيه سبعة ألف 317
الف درهم فلمّا كانت وقعة الجماجم احرق الناسُ الديوان فاخذ كلّ قوم
ما يليهم ‹› حدّثنى الحسين وعمرو الناقد قالا نا محمّد بن فُضيل عن
الاعمش عن ابرهيم بن مهاجر عن موسى بن طلحة قال اقطع عثمان
عبدَ الله بن مسعود ارضًا بالنهرين واقطع عمّار بن ياسر اسبينا [b] واقطع
خبّاب بن الأرتّ صَعْنَبا واقطع سعدًا قرية هُرمز ‹› وحدّثنا عبد الله بن
صالح العِجْلىّ عن اسمعيل بن مجالد عن ابيه عن الشَّعْبى قال اقطع
عثمان بن عفّان طلحة بن عبيد الله النَّشاسْتَج واقطع أُسامة بن زيد
ارضًا باعها ‹› حدّثنا شيبان بن فَرُّوخ قال حدّثنا ابو عَوانة عن ابرهيم
ابن المهاجر عن موسى بن طلحة انّ عثمان بن عفّان اقطع خمسة نفر [c]
من اصحاب النبى صلعم منهم عبد الله بن مسعود وسعد بن ملك الزُّهْرى
والزُّبير بن العوّام وخبّاب بن الأرتّ وأُسامة بن زيد قال فرايت ابن
مسعود وسعدًا فكانا جارىّ يعطيان ارضهما بالثلث والربع ‹› وحدّثنى
الوليد بن صالح عن محمّد بن عمر الاسلمى عن اسحق [d] بن يحيى
عن موسى بن طلحة قال اوّل من اقطع العراق عثمان بن عفّان اقطع
قطائع من صوافى كِسْرى وما كان من ارض الجالية فاقطع طلحة النَّشاسْتَج

---

a) Idem esse videtur qui supra p. ۴۴ الاودى appellatur, nam Aud ab Ibn Doraid, p. ۲۵۴, ad tribum Djo'fî refertur. *b*) Fortasse non differt a loco qui in *Merácid* vocatur اسْتِينِيَا. *c*) B. رهط. *d*) B. ابى اسحق.

واقطع وائل بن حُجْر الحضرمى ما وَالَى زُرارة واقطع خَبّاب بن الأَرَتّ اسبينا
واقطع عَدِىّ بن حاتم الطائىّ الرَّوْحَاءَ واقطع خَلد بن عُرْفُطَة ارضًا عند
318 حَمّام أَعْيَن واقطع الاشعث بن قيس الكندى طِيزَناباذ[a] واقطع جرير بن
عبد الله البجلى ارضه على شاطئ الفرات ،، حدّثنى الحسين بن الاسود
عن يحيى بن ادم عن الحسن بن صالح قال بلغنى انّ عليًّا رحمه الله الزم اهل
اجمة بُرْس اربعة الف درهم وكتب لهم بذلك كتابًا فى قطعة اديم ،،
وحدّثنى احمد بن حمّاد الكوفى قال اجمة بُرْس بحضرة صَرْح نمروذ[b] ببابل
وفى الاجمة هُوَّة[c] بعيدة القعر يقال انّها بئر كان آجرّ الصَّرْح اتُّخِذ من
طينها ويقال انّها موضع خسف ،، وحدّثنى ابو مسعود وغيره انّ دهاقين
الانبار سالوا سعد بن ابى وقّاص ان يحفر لهم نهرًا كانوا سالوا عظيم
الفُرس حفره لهم فكتب الى سعد بن عمرو بن حَرَام يامره بحفره لهم
فجمع الرجال لذلك فحفروه حتّى انتهوا الى جبل لم يمكنه شقّه فتركوه
فلمّا ولى الحجّاج العراق جمع الفعلة من كلّ ناحية وقال لقوّامه انظروا الى
قيمة ما ياكل رجل من الحفّارين فى اليوم[d] فان كان وزنه مثل وزن ما يقلع
فلا تمتنعوا من الحفر فانفقوا عليه حتّى استتمّوه فنسب ذلك الجبل الى
الحجّاج ونُسب النهر الى سعد بن عمرو بن حَرَام[e] قال وامرت الخَيْزُران
امّ الخلفاء ان يحفر النهر المعروف بمَحْدُود وسمّته الرَّيّان[f] وكان وكيلها
جعله اقسامًا وحدّ كلّ قسم ووكّل بحفره قومًا فسمّى محدودًا ، فامّا النهر
المعروف بشَبْلَى[g] فانّ بنى شَبْلَى بن فَرُّخْزادان المروزى يدّعون انّ سابور
حفره لجدّهم حين رتّبه بنِغْيَا[h] من طسّوج الانبار والّذى يقول غيرهم انّه

---

a) B. طبّرناباذ. *b*) Codd. نمرود. *c*) A. هُوَّة. *d*) A. الوزن. *e*) Male in *Merácid*, III. p. ٢٤٨, ad Sa'd ibn abí Waqqáç refertur. *f*) *Merácid*, III. p. ٤٨ المربان. *g*) A. بشُبْلَى. In edit. *Merácid* pronunciatur شِبِلى. *h*) Codd. رىىه ىىعىيا.

نُسب الى رجل يقال له شبلى كان متقبّلًا لحفره وكانت له عليه مبقلة فى 319
ايّام المنصور امير المؤمنين وانّ هذا النهر كان قديمًا مندفنًا فامر المنصور
بحفره فلم يستتمّ حتّى توفّى فاستتمّ فى خلافة المهدى، ويقال انّ المنصور
كان امر باحداث فوّهة له فوق فوّهته القديمة فلم يتمّ ذلك حتّى اتمّها
المهدى رحمه ؞

ذِكْرُ تَمْصِيرِ ٱلْكُوفَةِ

حدّثنى محمّد بن سعد قال نا محمّد بن عمر الواقدى عن عبد
الحميد بن جعفر وغيره انّ عمر بن الخطّاب كتب الى سعد بن ابى وقّاص
يامره ان يتّخذ للمسلمين دار هجرة وقيروانًا وان لا يجعل بينه وبينهم
بحرًا فاتى الانبار واراد ان يتّخذها منزلًا فكثُر على الناس الذباب فتحوّل
الى موضع اخر فلم يصلح فتحوّل الى الكوفة فاختطّها واقطع الناس المنازل
وانزل القبائل منازلهم وبنى مسجدها وذلك فى سنة ١٧ ؞ وحدّثنى علىّ
ابن المغيرة الاثرم قال حدّثنى ابو عُبَيدة مَعْمَر بن المثنّى عن اشياخه قال
واخبرنى هشام بن الكلبى عن ابيه ومشايخ الكوفيّين قالوا لمّا فرغ سعد
ابن ابى وقّاص من وقعة القادسيّة وجّه الى المدائن فصالح اهل الرُّومِيّة
وبَهُرَسِير ثمّ افتتح المدائن واخذ أَسْبَانْبُر[a] وكُرْدبَنْداذ عنوةً فانزلها جنده
فاجتووها فكتب الى سعد ان حوِّلهم فحوّلهم الى سوق حَكَمَة وبعضهم
يقول حوّلهم الى كُوَيفة دون الكوفة، وقال الاثرم وقد قيل التكوّف
الاجتماع وقيل ايضًا انّ المواضع المستديرة من الرمل تسمّى كوفانى[b] وبعضهم 320
يسمّى الارض الّتى فيها الحصباء مع الطين والرمل كوفة ؞ قالوا فاصابهم
البَعوض فكتب سعد الى عمر يعلمه انّ الناس قد بُعِضُوا وتاذّوا بذلك

a) B. اَسْبَانْبَر , A. اسبانبر. Quoque scribitur اسفانبر. b) Sive كوفاى.

فكتب اليه عمر انّ العرب بمنزلة الابل لا يصلحها الّا ما يصلح الابل فارتد لهم موضعًا عدنًا ولا تجعل بينى وبينهم بحرًا وولّى الاختطاط للناس ابا الهَيَّاج[a] الأَسَدى عمرو بن مُلك بن جُنَادة، ثمّ انّ عبد المسيح بن بُقَيلة اتى سعدًا وقال له ادلّك على ارض انحدرت عن الفلاة وارتفعت عن المباق فدلّه على موضع الكوفة اليوم وكان يقال لها سورستان فلمّا انتهى الى موضع مسجدها امر رجلًا فعلا بسهم قِبَل مَهبّ[b] القبلة فاعلم على موقعه ثمّ علا[c] بسهم اخر قبل مهبّ الشمال واعلم على موقعه ثمّ علا بسهم قبل مهبّ الجنوب واعلم على موقعه ثمّ علا بسهم قبل مهبّ الصبا فاعلم على موقعه ثمّ وضع مسجدها ودار امارتها فى مقام العالى[d] وما حوله واسهم لنِزار واهل اليمن بسهمين على انّه من خرج بسهمه اوّلًا فله الجانب الايسر[e] وهو خيرهما فخرج سهم اهل اليمن فصارت خططهم فى الجانب الشرقىّ وصارت خطط نزار فى الجانب الغربىّ من وراء تلك العلامات وترك ما دونها فناء للمسجد ودار الامارة، ثمّ انّ المغيرة بن شعبة وسّعه وبناه زياد فاحكمه وبنى دار الامارة وكان زياد يقول انفقتُ على كلّ اسطوانة من اساطين مسجد الكوفة ثمانى عشرة مائة وبنى
321 فيها عمرو بن حُرَيث المخزومى بناء وكان زياد يستخلفه على الكوفة
اذا شخص الى البصرة ثمّ بنى العمّال فيها فضيّقوا رحابها وافنيتها، قال وصاحب زُقاق[f] عمرو بالكوفة بنو عمرو بن حُرَيث بن عمرو بن عثمان ابن عبد الله بن عمر بن مخزوم بن يَقَظة، وحدّثنى[g] وهب بن بَقيّة الواسطىّ قال ثنا يزيد بن هرون عن داود بن ابى هِند عن الشَّعْبى قال كنّا (يعنى اهل اليمن) اثنى عشر الفًا وكانت نزار ثمانية الف الّا

---

a) Codd. الهباج. b) B. om. c) A. اعلا. d) B. الغالى. Significatur autem homo ille qui tela emiserat. e) B. الشرقى. f) رفاق. g) B. حدثنى.

ترى انّا اكثر اهل الكوفة وخرج سهمنا بالناحية الشرقيّة فلذلك صارت خططنا بحيث هى »، وحدّثنى علىّ بن محمّد المدائنى عن مَسْلَمة بن مُحارب وغيره قالوا زاد المغيرة فى مسجد الكوفة وبناه ثمّ زاد فيه زياد وكان سبب القاء الحصى فيه وفى مسجد البصرة انّ الناس كانوا يصلّون فاذا رفعوا ايديهم وقد تَرِبت نفضوها فقال زياد ما اخوفنى ان يظنّ الناس على غابر الايّام انّ نفض الايدى سنّة فى الصلاة فزاد فى المسجد ووسّعه وامر بالحصى فجُمع والقى فى صحن المسجد وكان الموكّلون بجمعه يَتَعَنّتُون[a] الناس ويقولون لمن وظّفوه عليه[b] ايتونا به على ما نُرِيكم وانتَقَوا منه ضُروبًا اختاروها فكانوا يطلبون ما اشبهها فاصابوا مالًا فقيل حَبّذا الامارة ولو على الحجارة[c]، وقال الاثرم قال ابو عبيدة انّما قيل ذلك لانّ الحجّاج بن عَتيك الثقفى او ابنه تولّى قطع حجارة اساطين مسجد البصرة من جبل الاهواز فظهر له مال فقال الناس حَبّذا الامارة ولو على الحجارة »، وقال ابو
322 عبيدة وكان تكويف الكوفة فى سنة ١٨، قال وكان زياد اتّخذ فى مسجد الكوفة مقصورة ثمّ جدّدها خلد بن عبد الله القَسْرىّ[d] »، وحدّثنى حفص بن عمر العُمَرى قال حدّثنى الهَيْثَم بن عَدِىّ الطائىّ قال اقام المسلمون بالمدائن واختطّوها وبنوا المساجد فيها ثمّ انّ المسلمين استوخَمُوها واستوبـُوها فكتب بذلك سعد بن ابى وقّاص الى عمر فكتب اليه عمر ان تنزلهم منزلًا غربيًّا[e] فارتاد كُوَيفة ابن عُمَر فنظروا فاذا الماء محيط بها فخرجوا حتّى اتوا موضع الكوفة اليوم فانتهوا الى الظهر وكان يدعى خَدّ العذراء ينبت الخُزامَى والأُقْحُوان والشِيح والقَيْصُوم والشقائق فاختطّوها »، وحدّثنى شيخ من الكوفيّين انّ ما بين الكوفة والحيرة كان

---

a) A. يتعمون. b) A. وصفوه عليهم. c) Cf. Freytag, *Prov.* II. p. 917 (n. 47).
d) B. العسرى. e) Supra عدنًا.

يسمّى المِلْطاط، قال وكانت دار عبد الملك بن عُمَير للضيفان امر عمر ان يتّخذ لمن يرد من الافاق دارًا فكانوا ينزلونها ،، وحدّثنى العبّاس ابن هشام الكلبى عن ابيه عن ابى مِخْنَف عن محمّد بن اسحٰق قال اتّخذ سعد بن ابى وقّاص بابًا مبوّبًا من خشب وخَصّ على قصره خُصًّا من قصب فبعث عمر بن الخطّاب محمّد بن مسلمة الانصارى حتّى احرق البابَ والخُصّ واقام سعدًا فى مساجد الكوفة فلم يُقَل فيه الّا خيرًا ،، وحدّثنى العبّاس بن الوليد النَّرْسى وابرٰهيم العلّاف البصرى قالا حدّثنا ابو عَوانة عن عبد الملك بن عُمَير عن جابر بن سَمُرَة انّ اهل الكوفة
323 سعوا بسعد بن ابى وقّاص الى عمر وقالوا انّه لا يحسن الصلاة فقال سعد امّا انا فكنت اصلّى بهم صلاة رسول الله صلّعم لا أَخْرِمُ عنها اركُدُ فى الاوّلتين واحذف فى الاخرتين فقال عمر ذاك الظنُّ بك يابا اسحٰق، فارسل عمر رجالًا يسالون عنه بالكوفة فجعلوا لا ياتون مسجدًا من مساجدها الّا قالوا خيرًا وانبوا[a] معروفًا حتّى اتوا مسجدًا من مساجد بنى عبس فقال رجل منهم يقال له ابو سعدة امّا اذ سالتمونا عنه فانّه كان لا يقسم بالسويّة ولا يعدل فى القضيّة قال[b] فقال سعد اللهمّ ان كان كاذبًا فاطِلْ عمرَهُ وادِمْ فقرَهُ واعْمِ بصرَهُ وعرّضه للفتن قال عبد الملك فانا رايتُه بعد يتعرّض للاماء فى السكك فاذا قيل له كيف انت يابا سعدة قال كبير مفتون اصابتنى دعوة سعد، قال العبّاس النَّرْسى فى غير هذا الحديث انّ سعدًا قال لاهل الكوفة اللهمّ لا تُرضِ عنهم اميرًا ولا تُرضهم باميرٍ ،، وحدّثنى العبّاس النَّرْسى قال بلغنى انّ المختار بن ابى عبيد او غيره قال حبُّ اهل الكوفة شرف وبغضهم تلف ،، وحدّثنى الحسن ابن عثمان الزيادى قال ثنا اسمٰعيل بن مُجالد عن ابيه عن الشَّعْبى انّ

a) Codd. وانبوا.   b) B. om.

عمرو بن مَعْدِى كَرِبَ الزُّبيدى وفد على عمر بن الخطّاب بعد فتح
القادسيّة فسأله عن سعد وعن رضاء الناس عنه فقال تركته يجمع لهم
جمع الذَّرّه، ويشفق عليهم شفقة الامّ البَرّه،، اعرابىّ فى نمرته[a]،، نبطىّ
فى جبايته،، يقسم بالسويّه، ويعدل فى القضيّه، وينفذ بالسريّه،، فقال
عمر كأنّكما تقارضتما[b] الينا (وقد كان سعد كتب يثنى على عمرو) قال
324 كلّا يامير المؤمنين ولكنّى أَنْبَئْتُ[c] بما اعلم، قال[d] يا عمرو اخبرنى عن الحرب
قال مُرّة المذاق، اذا قامت على ساق،، من صبر فيها عُرف، ومن ضعف
عنها تلف،، قال فاخبرنى عن السلاح، قال سل يامير المؤمنين عن ما
شئتَ منه، قال الرمح قال اخوك وربّما خانك، قال فالسهام قال رسل
المنايا تُخطِى وتصيب، قال فالتّرس قال ذاك المجنّ عليه تدور الدوائر،
قال فالدرع قال مشغلة للفارس متعبة للراجل وانّها لحصن حصين، قال
والسيف قال هناك تكلتك امُّك فقال[e] عُمَر بل تكلتك امُّك فقال عمرو
الحُمّى اضرعتنى اليك، قال وعزل عمر سعدًا وولّى عمّار بن ياسر فشكوه
وقالوا ضعيف لا علم له بالسياسة فعزله وكانت ولايته الكوفة سنة وتسعة
اشهر فقال[f] عمر من عذيرى من اهل الكوفة ان استعملتُ عليهم القوىّ
فجّروه وان ولّيت عليهم الضعيف حقّروه ثمّ دعى المغيرة بن شُعْبَة فقال
ان ولّيتك الكوفة اتعود الى شىء ممّا قرفت به فقال لا وكان المغيرة حين
فتحت القادسيّة صار الى المدينة فولّاه عمر الكوفة فلم يزل عليها حتّى
توفّى عمر ثمّ انّ عثمان بن عفّان ولّاها سعدًا ثمّ عزله وولّى الوليد بن
عقبة بن ابى مُعَيط بن ابى عمرو بن اميّة فلمّا قدم عليه قال له
سعد امّا ان تكون كِستَ بعدى او اكون حمقتُ بعدك ثمّ عزل الوليد

---

a) B. نمرته. b) B. تقارضكما. c) B. أَنْبَئْتُ. d) B. وقال. e) B. قال.
f) B. وقال.

وولّى سعيد بن العاصى بن سعيد بن العاصى بن اميّة ، وحدّثنى ابو
مسعود الكوفى عن بعض الكوفيّين قال سمعت مِسْعَر بن كِدَام تحدّث
قال كان مع رستم يومَ القادسيّة اربعة آلف يسمّون جند شهانشاه
325 فاستامنوا على ان ينزلوا حيث احبّوا ويحالفوا مَنْ احبّوا ويفرض لهم فى
العطاء فأُعطوا الّذى سالوه وحالفوا زُهْرَة بن حَوِيّة السَّعْدى من بنى
تميم وانزلهم سعد بحيث اختاروا وفرض لهم فى الف الف وكان لهم
نقيب منهم يقال له ديلم فقيل حَمْرَاءُ دَيْلَم، ثمّ انّ زياد سيّر بعضهم الى
بلاد الشام بامر معٰوية فهم بها يدعون الفُرس وسيّر منهم قومًا الى البصرة
فدخلوا فى الاساورة الّذين بها، قال ابو مسعود والعرب تسمّى العجم
الحمراء ويقولون جئت[a] من حمراء ديلم كقولهم جئت من جُهَينة واشباه
ذلك، قال ابو مسعود وسمعتُ مَن يذكر انّ هاؤلاء الاساورة كانوا
مقيمين بازاء الديلم فلمّا غشيهم المسلمون بقَزْوين اسلموا على مثل ما
اسلم عليه اساورة البصرة واتوا الكوفة فاقاموا بها ، وحدّثنى المدائنى
قال كان أَبَرْوِيز وجّه الى الديلم فاتى باربعة آلف وكانوا خدمَهُ وخاصّته ثمّ
كانوا على تلك المنزلة بعده وشهدوا القادسيّة مع رُسْتَم فلمّا قُتل وانهزم
المجوس اعتزلوا وقالوا ما نحن كهاؤلاء ولا لنا ملجأ واثرنا عندهم غير
جميل والراى لنا ان ندخل معهم فى دينهم فنعزّ بهم فاعتزلوا فقال سعد
ما لهاؤلاء فاتاهم المغيرة بن شعبة فسالهم عن امرهم فاخبروه بخبرهم[b] وقالوا
ندخل فى دينكم فرجع الى سعد فاخبره فامنهم فاسلموا وشهدوا فتح
المدائن مع سعد وشهدوا فتح جَلُولاء ثمّ تحوّلوا فنزلوا الكوفة مع
المسلمين ، وقال هشام بن محمّد بن السائب الكلبى جَبّانة السَّبِيع[c]
326 نُسبت الى ولد السَّبِيع بن سَبُع بن صَعْب الهَمْدانى، وصحراء

a) Codd. حبب. b) A. خنرهم. c) A. السُبَيع.

أُثَيْر[a] نُسبت الى رجل من بنى اسد يقال له أُثير، ودُكّان عبد الحميد نسب الى عبد الحميد بن عبد الرحمن بن زيد بن الخطّاب عامل عمر ابن عبد العزيز على الكوفة، وصحراء بنى قِرار[b] نسبت الى بنى قِرار بن ثعلبة بن مُلك بن حَرْب بن طَرِيف بن النَّمِر بن يَقْدُم بن عَنَزَة بن اسد بن ربيعة بن نزار، قال وكانت دار الروميّين مزبلة لاهل الكوفة تطرح فيها القُمامات والكُساحات حتّى استقطعها عَنْبَسَة بن سعيد بن العاصى من يزيد بن عبد الملك فاقطعه ايّاها فنقل ترابها بمائة الف وخمسين الف درهم، وقال ابو مسعود سوق يوسف بالحيرة نسب الى يوسف بن عمر بن محمّد بن الحكم بن ابى عَقِيل الثقفى ابن عمّ الحجّاج بن يوسف ابن الحكم بن ابى عَقِيل وهو عامل هشام على العراق ** واخبرنى ابو الحسن علىّ بن محمّد وابو مسعود قالا حمّام أَعْيَن نسب الى أَعْيَن مولى سعد ابن ابى وقّاص واعين هذا هو الّذى ارسله الحجّاج بن يوسف الى عبد الله بن الجارود العبدى من رستقاباذ حين خالف وتابعه الناس على اخراج الحجّاج من العراق ومسألة عبد الملك تولية غيره فقال له حين ادّى الرسالة لولا انّك رسول لقتلتك، قال ابو مسعود وسمعتُ انّ الحمّام قبله كان لرجل من العباد يقال له جابر اخو حيّان الّذى ذكره الأَعْشَى وهو صاحب مُسَنّاة جابر بالحيرة فابتاعه من ورثته ** وقال ابن الكلبى وبيعة بنى مازن بالحيرة لقوم من الازد من بنى عمرو بن مازن من الازد وهم من
327 غسّان، قال وحمّام عمر نسب الى عمر بن سعد بن ابى وقّاص ** قالوا وشهار سوج[c] بَجِيلة بالكوفة انّما نُسب الى بنى[d] بَجَلة وهم[e] ولد مُلك

a) A. أُبَير. Est اثير بن عمرو السّكونى الكوفى الطبيب (*Moschtabih*). In *Moschtarik* locus vocatur صحراء بنى اثير. b) A. bis قراد. c) *Merácid*, II. p. ١٣٥ صوج; cf. ann. Fleischeri, VI. p. 15. d) In Codd. deëst. e) Codd. وهو.

ابن ثعلبة بن بُهْثة[a] بن سُلَيم بن منصور وبَجْلَة امُّهم وهى غالبة على نسبهم فغلط الناس فقالوا بَجِيلة، وجَبّانة عَرْزَمٍ نسبت الى رجل يقال له عَرْزَم كان يضرب فيها اللبن ولبنها ردىّ فيه قصب وخزف فربّما وقع الحريق بها فاحترقت الحيطان، وحدّثنى ابن عَرَفة قال حدّثنى اسمعيل ابن عُلَيَّة[b] عن ابن عَوْن انّ ابرٰهيم النَّخَعى اوصى ان لا يجعل فى قبره لبن عَرْزَمىّ، وقد قال بعض اهل الكوفة انّ عرزمًا هذا رجل من بنى نَهْد ،، وجَبّانة بِشْر نُسبت الى بشر بن ربيعة بن عمرو بن مَنارة بن قُمَير الخَثْعَمىّ الّذى يقول

تَحِنُّ بِبَابِ ٱلْقَادِسِيَّةِ نَاقَتِى   وَسَعْدُ بْنُ وَقَّاصٍ عَلَىَّ أَمِيرُ ،،

قال ابو مسعود وكان بالكوفة موضع يعرف بعَنْتَرَة الحَجّام وكان اسود فلمّا دخل اهل خراسان الكوفة كانوا يقولون حجّام عنترة فبقى الناس على ذلك وكذلك حجّام فرج وضحّاك روّاس وبيطار حيّان[c] ويقال رستم ويقال صليب وهو بالحيرة ،، وقال هشام بن الكلبى نُسبت زُرارة الى زُرارة بن يزيد بن عمرو بن عُدَس من بنى البَكّا بن عامر بن ربيعة بن عامر بن صعصعة وكانت منزله واخذها منه معٰوية بن ابى سفيٰن ثمّ اصفيت بعد حتّى اقطعها محمّد بن الاشعث بن عُقْبَة الخُزاعى، قال ودار حُكَيم بالكوفة فى اصحاب الانماط نُسبت الى حُكَيم بن سعد بن ثَوْر البَكّائىّ[d]، وقصر مقاتل نُسب الى مُقَاتِل بن حسّان[e] بن ثعلبة بن أَوْس بن ابرٰهيم بن 328
ايّوب بن محروق احد بنى امرئ القيس بن زيد مناة بن تميم، قال

---

a) A. دبهه, B. رهيه. Wüstenfeld, *Register*, p. 103 dicit Badjlam uxorem fuisse Tha'labae. b) A. علمه, *Moschtabih* عُلَيَّة والدة الامام اسمعيل بن ابرهيم واخويه ربعى وإسحق. c) Codd. حمان. d) ابو يَحْيَى حُكَيم بن سعد عن علىّ تابعىّ. e) Qámus in v. قتل: بن حيّان الامام.

والسَّوَادِيَّة[a] بالكوفة نُسبت الى سَوَاد بن زيد بن عدىّ بن زيد الشاعر
العبَادى وجدُّه حمَّاد بن زيد بن ايُّوب بن مَحروق، وقرية ابى صلابة
الَّتى على الفرات نسبت الى صلابة بن مُلك بن طارق بن جَبْر[b] بن
هَمَّام العبدى، واقساس مُلك نسبت الى[c] مُلك بن قيس بن عبد هند
ابن لُجَم[d] احد بنى حُذَاقة بن زُهْر[e] بن اياد بن نِزار، ودير الاعور لرجل
من اياد من بنى اميَّة بن حُذاقة كان يسمّى الاعور وفيه يقول ابو داؤد
الايادى

وَدَيْرٍ يَقُولُ لَهُ ٱلرَّائِدُو   نَ وَيْلٌ أُمِّ دَارُ ٱلْحُذَاقِيِّ دَارَا،

ودير قُرَّة نسب الى قُرَّة احد بنى اميَّة بن حُذَاقة واليهم ينسب دير
السَّوَا والسَّوَا العدل كانوا ياتونه فيتناصفون فيه ويحلف بعضهم لبعض
على الحقوق وبعض الرواة يقول السَّوَا امراة منهم، قال ودير الجماجم لاياد
وكانت بينهم وبين بنى بَهْراء بن عمرو بن الحاف بن قضاعة وبين بنى
القَيْن بن جَسْر بن شَيْع الله[f] بن وَبَرَة بن تَغْلِب بن حُلْوان بن عِمْران
ابن الحاف حرب فقتل فيها من اياد خلق فلمّا انقضت الوقعة دفنوا قتلاهم
عند الدير وكان الناس بعدُ ذلك يحفرون فخرج جماجم فسمّى دير
الجَماجم هذه رواية الشَّرْقى بن القَطَامى، وقال محمّد بن السائب الكلبى
كان مُلك الرماح بن مُحرِز الايادى قتل قومًا من الفُرس ونصب جماجمهم
عند الدير فسمّى دير الجماجم، ويقال انّ دير كعب لاياد ويقال لغيرهم،
329 ودير هند لامّ عمرو بن هند وهو عمرو بن المنذر بن ماء السماء وامّه

---

a) Male *Merácid* السوارية. *b*) Codd. حبر. *c*) B. واقساس الى ابى. *d*) Codd. لىحم, v. *Merácid*, I. p. ٨٣; Wüstenfeld, *Tab.* A. 14 عبد نجم ex Ibn Khallicán, sed ibi duo Codd. نحيم (omisso عبد) et in ed. Slaneana لخم. *e*) A. حذافه بن زهره. *f*) Euphem. pro شيع اللات; v. Tab. Wüstenf. 2. 18.

كنديّة، ودار قُمام[a] بنت الحرث بن هانئ[b] الكندى وهى عند دار الاشعث ابن قيس، قال وبيعة بنى عدى نسبت الى بنى عَدىّ بن الذُّميل من لخم. قالوا وكانت طِيزناباذ[c] تدعى ضيزناباذ فغيّروا[d] اسمها وانّما نسبت الى الضَّيْزن بن معٰوية بن العبيد السَّليحى واسم سَليح عمر بن طريف[e] ابن عِمْران بن الحاف بن قضاعة وربّة الخَضْرا[f] النَّضيرة بنت الضيزن وأمّ الضيزن جَيْهَلَة[g] بنت تَزيد[h] بن حَيْدان بن عمرو بن الحاف بن قضاعة، قال والّذى نسب اليه مسجد سِماك بالكوفة سِماك بن مَخْرَمَة بن حُمَين[i] الأَسَدى من بنى الهالِك بن عمرو بن اسد وهو الّذى يقول له الاخطل

إِنَّ سِمَاكًا بَنَى مَجْدًا لِأُسْرَتِهِ   حَتَّى ٱلْمَمَات وَفِعْلُ ٱلْخَيْرِ يُبْتَدَرُ

قَدْ كُنْتُ أَحْسِبُهُ قَيْنًا وَأَخْبُرُهُ[k]   فَٱلْيَوْمَ طُيِّرَ عَنْ أَثْوَابِهِ ٱلشَّرَرُ

وكان الهالك اوّل من عمل الحديد وكان ولده يعيّرون بذلك فقال سِماك للاخطل ويحك ما اعياك اردتَ ان تمدحنى فهجوتنى وكان هرب من علىّ بن ابى طالب من الكوفة ونزل الرَّقّة. قال ابن الكلبى بالكوفة محلّة بنى شيطان[l] وهو شيطان بن زهير بن شهاب بن ربيعة بن[m] ابى سُود ابن مُلك بن حنظلة بن مٰلك بن زيد مناة بن تميم. وقال ابن الكلبى موضع دار عيسى بن موسى الّتى يعرف بها اليوم كان للعَلاء بن عبد الرحمٰن بن مُحْرِز بن حارثة بن[n] ربيعة بن عبد العُزّى بن عبد

a) *Merácid* قماقم. b) A. عدى. c) B. طبرذاباذ. d) B. فغير. e) Wüstenfeld tantum عمرو. f) Vulgo الخَضْر s. potius الحَضْر, v. Juynboll ad *Lex. Geogr.* V. p. 214 seq. Deinde B. البصيرة. g) A. جيهلة. h) A. ردد. i) Codd. حمر. k) A. واخبره, B. وأَخْبَرَهُ. l) A. سمطان, B. سيطان. Nomen exstat e. g. apud Ibn Hadjar, I. p. ٥٨٧. m) Genealogia Abu Sudi deëst in *Tab.* Wüstenf. K. 14. n) Genealogia Rabí'ae deëst in *Tab.* Wüstenf. U. 21.

330 شمس بن عبد مناف وكان العلاء على ربع الكوفة أيّام ابن الزبير وسكّة
ابن مُحْرِز تنسب اليه، وبالكوفة سكّة تنسب الى عَمِيرة بن شهاب بن
مُحْرِز بن ابى شَمِر الكندى الّذى كانت اخته عند عمر بن سعد بن ابى
وقّاص فولدت له حفص بن عمر، وصحراء شَبَث نسبت الى شَبَث بن
رِبْعىّ الرِّياحى[a] من بنى تميم ،، قالوا ودار حُجَير بالكوفة نسبت الى حُجَير
ابن الجَعْد[b] الجُمَحى، وقال بئر المُبْرِك فى مقبرة جُعْفىّ نسبت الى المُبْرِك
ابن عِكْرِمَة بن حميرى الجُعْفى وكان يوسف بن عمر ولّاه بعض السواد،
ورحى عُمارة نسبت الى عُمارة بن عقبة بن ابى مُعَيط بن ابى عمرو بن
اميّة، وقال جَبّانة سالم نسبت الى سالم بن عمّار بن عبد الحرث احد بنى
دارم بن نَهار[c] بن مُرّة بن صَعْصَعَة بن معوية بن بكر بن هوازن وبنو مرّة
ابن صعصعة ينسبون الى امّهم سَلُول بنت ذُهْل بن شيبان ،، قالوا وصحراء
البردخت نسبت الى البردخت الشاعر الضبّى واسمه علىّ بن خالد ،،
قالوا ومسجد بنى عَنْز[d] نسب الى بنى عَنْز بن وائل بن قاسط، ومسجد
بنى جَذِيمة نسب الى بنى جَذِيمة بن مالك بن نَصْر بن قُعَين بن الحرث
ابن ثعلبة بن دُودان بن أَسَد ويقال الى بنى جذيمة بن رَوَاحة العبسى
وفيه حوانيت الصيارفة ،، قال وبالكوفة مسجد نسب الى بنى المقاصف
331 ابن ذَكْوان بن زُبَينة بن الحرث بن[e] قُطَيْعَة بن عَبْس بن بَغِيض بن رَيْث
ابن غَطفان بن سعد بن قيس بن عيلان ولم يبق منهم احد ،، قال
ومسجد بنى بَهْدَلَة نسب الى بنى بَهْدَلَة بن المثْل بن معاوية من
كندة، قال وبئر الجعد بالكوفة نسب الى الجعد مولى هَمْدان، قال ودار

a) A. الربادى. b) B. الجعيد. c) Codd. دهار. Hic ramus familiae Morrae deëst in *Tab.* Wüstenf. F. 12. d) A. عُنَر, B. غُبَر. e) Hic ramus familiae Qotai'ae desideratur in *Tab.* Wüstenf. H. 13.

انى ارطاة نسبت الى ارطاة بن مُلك البجلى، قال ودار المُقَطَّع نسبت الى المُقَطَّع بن سُنَين[a] الكلبى ابن خُلد بن مُلك وله يقول ابن الرِّقَاع[b]

عَلَى ذِى مَنَارٍ تَعْرِفُ ٱلْعَيْنُ شَخْصَهُ   كَمَا يَعْرِفُ ٱلْأَضْيَافُ دَارَ ٱلْمُقَطَّعِ

قال وقصر العَدَسيّين فى طرف الحيرة لبنى عمّار بن عبد المسيح بن قيس ابن حَرْمَلَة بن عَلْقَمَة بن عُدَس الكلبىّ نُسِبوا الى جدّتهم عَدَسَة بنت مُلك بن[c] عوف الكلبى وهى امّ الرمّاح والمِشَظّ ابنى[d] عامر المذمّم ،، وحدّثنى شيخ من اهل الحيرة قال وجد فى قراطيس هدم قصور الحيرة الّتى كانت لآل المنذر انّ المسجد الجامع بالكوفة بنى ببعض نُقْض تلك القصور وحُسِبت لاهل الحيرة قيمة ذلك من جزيتهم ،، وحدّثنى ابو مسعود وغيره قال كان خُلد بن عبد الله[e] بن أَسَد بن كُرْز[f] القَسْرى من بجيلة بنى لامّه بيعة هى اليوم سكّة البريد بالكوفة وكانت امّه نصرانيّة، قال وبنى خُلد حوانيت انشاها وجعل سقوفها ازاجًا معقودة بالاجرّ والجصّ وحفر خُلد النهر الّذى يعرف بالجامع واتّخذ بالقرية قصرًا يعرف بقصر خُلد واتّخذ اخوه اسد بن عبد الله القرية الّتى تعرف بسوق أَسَد وسوقها ونقل الناس اليها فقيل سوق أَسَد وكان العبر الاخر ضيعة[g] عَتّاب ابن وَرْقاء الرِّياحى وكان معسكره حين شخص الى خراسان واليًا عليها 332
عند سوقه هذا ،، قال ابو مسعود وكان عمر بن هُبَيرة بن مُعَيّة[h] الفَزارىّ ايّام ولايته العراق احدث قنطرة الكوفة ثمّ اصلحها خُلد بن عبد الله القَسْرى واستوثق منها وقد اصلحت بعد ذلك مرّات، قال وقال بعض اشياخنا كان اوّل من بناها رجل من العباد من جُعْفِىّ فى الجاهليّة ثمّ

a) A. سنتن. b) عدىّ ابن الرقاع. c) In *Moschtarik*, p. ٣٤٩ additur عامر بن. d) Codd. والمسطا بنى, v. Wüstenfeld, *Register*, p. 43. e) Excidit بن يزيد. f) Codd. كوز. g) A. صنعه. h) A. صُعَيّه.

سقطت فاتّخذ فى موضعها جسرًا ثمّ بناها فى الاسلام زياد بن ابى سفيان ثمّ ابن هبيرة ثمّ خٰلد بن عبد الله ثمّ يزيد بن عمر بن هبيرة ثمّ اصلحت بعد بنى اميّة مرّات ،، حدّثنى ابو مسعود وغيره قالوا كان يزيد بن عمر بن هبيرة بنى مدينة بالكوفة على الفرات ونزلها ومنها شىء يسير لم يستتمّ فاتاه كتاب مروٰن يامره باجتناب مجاورة اهل الكوفة فتركها وبنى القصر الّذى يعرف بقصر ابن هُبَيْرَة بالقرب من جسر سورا، فلمّا ظهر امير المؤمنين ابو العبّاس نزل تلك المدينة واستتمّ مقاصير فيها واحدث فيها بناءً وسمّاها الهاشميّة فكان الناس ينسبونها الى ابن هبيرة على العادة فقال ما ارى ذكر ابن هبيرة يسقط عنها فرفضها وبنى بحيالها المدينة الهاشميّة ونزلها ثمّ اختار نزول الانبار فبنى بها مدينته المعروفة فلمّا توفّى دُفن بها، واستخلف ابو جعفر المنصور فنزل المدينة الهاشميّة بالكوفة واستتمّ شيـًٔا كان بقى منها وزاد فيها بناء وهيّأها على ما اراد ثمّ تحوّل منها الى بغداذ فبنى مدينته ومصّر بغداذ وسمّاها مدينة السلٰم واصلح سورها القديم الّذى يبتدى من دجلة وينتهى الى الصّراة، وبالهاشميّة 333
حبس المنصور عبد الله بن حسن بن حسن بن علىّ بن ابى طالب بسبب ابنيه محمّد وابرٰهيم وبها قبره، وبنى المنصور بالكوفة الرُّصَافة وامر ابا الخَصِيب مرزوقًا مولاه فبنى له القصر المعروف بابى الخصيب على اساس قديم ويقال انّ ابا الخصيب بناه لنفسه فكان المنصور يزوره فيه، وامّا الخَوَرْنَق فكان قديمًا فارسيًّا بناه النعمان بن امرئ القيس وهو ابن الشَّقِيقَة بنت ابى ربيعة بن ذُهْل بن شيبان لِبَهْرام جُور بن يَزْدَجِرْد بن بَهْرام بن سابور ذى الاكتاف وكان بهرام جور فى حجره والنعمٰن هذا الّذى ترك ملكه وساح فذكره عدىّ بن زيد العبادى فى شعره، فلمّا ظهرت الدولة المباركة اقطع الخورنق ابرٰهيم بن سَلَمَة احد الدعاة بخراسان

وهو جدّ عبد الرحمن بن اسحق القاضى كان بمدينة السلم فى خلافة المامون والمعتصم بالله رحمهما وكان مولى للرّباب وابرهيم احدث قبّة الخورنق فى خلافة ابى العبّاس ولم تكن قبل ذلك ،، وحدّثنى ابو مسعود الكوفى قال ثنا يحيى بن سَلَمَة بن كُهيل الحضرمى عن مشايخ من اهل الكوفة انّ المسلمين لمّا فتحوا المدائن اصابوا بها فيلًا وقد كانوا قتلوا ما لقيهم قبل ذلك من الفيلة فكتبوا فيه الى عمر فكتب اليهم ان يبيعوه ان وجدتم له مبتاعًا فاشتراه رجل من اهل الحيرة فكان عنده يريه الناس ويُجَلّله ويطوف به فى القرى فمكث عنده حينًا ثمّ انّ امّ ايّوب بنت عُمارة بن عقبة بن ابى مُعَيط امراة المغيرة بن شعبة وهى الّتى خلف
عليها زياد بعده احبّت النظر اليه[a] وهى تنزل دار ابيها فأُتى به ووقف 334
على[b] باب المسجد الّذى يدعى اليومَ باب الفيل فجعلت تنظر اليه ووهبت لصاحبه شيـًٔا وصرفته فلم يُخط الّا خُطا يسيرة حتّى سقط ميتًا فسمّى الباب باب الفيل وقد قيل انّ الناظرة اليه امراة الوليد بن عقبة بن ابى معيط وقيل انّ ساحرًا ارى الناس انّه اخرج من هذا الباب فيلًا على حمار وذلك باطل وقيل انّ الاجّانة الّتى فى المسجد حملت على فيل وادخلت من هذا الباب فسمّى باب الفيل وقال بعضهم انّ فيلًا لبعض الولاة اقتحم هذا الباب فنسب اليه والخبر الاوّل اثبت هذه الاخبار ،، وحدّثنى ابو مسعود قال جبّانة ميمون بالكوفة نسبت الى ميمون مولى محمّد ابن علىّ بن عبد الله وهو ابو بشر بن ميمون صاحب الطاقات ببغداذ بالقرب من باب الشام[c] وصحراء امّ سلمة نسبت الى امّ سَلَمَة بنت يعقوب ابن سَلَمَة بن عبد الله بن[d] الوليد بن المغيرة بن عبد الله بن عمر بن

a) B. الى الفيل. b) B. عند. c) Cf. Jaqubí, p. ٣٠٠. d) Hinc deëst genealogia in *Tab.* Wüstenf. S. 22.

مخزوم امراة ابى العبّاس ، وحدّثنى ابو مسعود قال اخذ المنصور اهل الكوفة بحفر خندقها والزم كلّ امرئ منهم للنفقة عليه اربعين درهمًا وكان ذامًّا لهم لميلهم الى الطالبيّين وارجافهم بالسلطان ، وحدّثنا الحسين بن الاسود قال حدّثنا وكيع عن اسرائيل عن جابر عن عامر قال كتب عمر الى اهل الكوفة راس العرب ، وحدّثنا الحسين قال نا وكيع عن سفين عن حبيب بن ابى ثابت عن نافع بن جُبَير بن مُطْعِم قال قال عمر بالكوفة
335 وجوه الناس ، وحدّثنا الحسين وابرهيم بن مُسْلِم الخوارزمى قالا نا وكيع
عن يونس بن ابى اسحق عن الشَّعْبى قال كتب عمر الى اهل الكوفة الى راس الاسلام ، وحدّثنا الحسين بن الاسود قال نا وكيع عن قيس ابن الربيع عن شَمِر بن عَطِيّة قال قال عمر وذكر الكوفة فقال هم رمح الله وكنز الايمان وجمجمة العرب يحرزون[a] ثغورهم ويُمِدّون اهل الامصار ، وحدّثنا ابو نصر التمّار قال نا شَريك بن عبد الله بن ابى[b] شريك العامرى عن جندب عن سلمان قال الكوفة قبّة الاسلام ياتى على الناس زمان لا يبقى مؤمن الّا وهو بها او يهوى قلبه اليها ،

أَمْرُ وَاسِطِ ٱلْعِرَاقِ

حدّثنى عبد الحميد بن واسع الختلى[c] الحاسب قال حدّثنى يحيى بن ادم عن الحسن بن صالح قال اوّل مسجد جامع بنى[d] بالسواد مسجد المدائن بناه سعد واصحابه ثمّ وُسّع بعدُ[e] واحكم بناؤه[f] وجرى ذلك[g] على يدى حذيفة بن اليمان وبالمدائن مات حذيفة سنة ٣٦ ثمّ بنى

a) B. يحجزون. b) Codd. om. ابى. c) A. om. d) A. om. e) B. بعده. f) B. بناه. g) A. om.

مسجد الكوفة ثمّ مسجد الانبار، قال واحدث الحجّاج مدينة واسط
فى سنة ٨٣ او سنة ٨٤ وبنى مسجدها وقصرها وقبّة الخضراء بها وكانت
واسط[a] ارض قصب فسمّيت واسط القصب وبينها وبين الاهواز والبصرة
والكوفة مقدار واحد وقال ابن[b] القِرِّيّة بناه فى غير بلده ويتركها لغير ولده[c]،
وحدّثنى شيخ من اهل واسط عن اشياخٍ منهم انّ الحجّاج لمّا فرغ من
واسط كتب الى عبد الملك بن مروان انّى اتّخذتُ مدينة فى كرشٍ من
الارض بين الجبل[d] والمصرين وسمّيتها واسطًا فلذلك سمّى اهل واسط
336 الكرشيّين وكان الحجّاج قبل اتّخاذه واسطًا اراد نزول الصّين من كَسْكر فحفر
نهر الصين وجمع له الفعلة وامر بان يسلسلوا لئلّا يشذّوا ويتبلّطوا ثمّ
بدا له فاحدث واسطًا فنزلها واحتفر النيل والزابى وسمّاه زابيًا لاخذه من
الزابى القديم واحيا ما على هٰذين النهرين من الارضين واحدث المدينة
الّتى تعرف بالنيل ومصّرها وعمد الى ضياع كان عبد الله بن درّاج مولى
معٰوية بن ابى سفيٰن استخرجها له ايّام ولايته خراج الكوفة مع المغيرة بن
شعبة من موات مرفوض ونقوض مياهٍ ومغايض وآجام ضرب عليها المسنّيات
ثمّ قلع قصبها فحازها لعبد الملك بن مرٰون وعمرها، ونقل الحجّاج الى قصره
والمسجد الجامع بواسط ابوابًا من زَنْدَوَرْد والدوقرة وداروساط[e] ودير
ما سِرْجسان[f] وشرابيط[g] فضجّ اهل هذه المدن وقالوا قد اومنّا على مدننا
واموالنا فلم يلتفت الى قولهم، قال وحفر خٰلد بن عبد الله القَسْرى
المُبَارَك فقال الفَرَزْدَق

---

a) A. om. b) Ex conj. addidi. c) Haec inde a وبينها in A. desunt. Deinde B. واخبرنى. d) B. الجبل خ الجبليين. e) B. بداراوساط. f) Vid. annot. Fleischeri ad *Merácid*, I. p. ٤٣٩ (V. p. 570). g) Codd. وشرادمط; *Merácid* سرابيط.

كَأَنَّكَ بِٱلْمُبَارَكِ بَعْدَ شَهْرٍ تَخُوضُ غُمُورَهُ بُقْعُ[a] ٱلْكِلَابِ

ثمّ قال فى شعرٍ له طويل

أُعْطِى خَلِيفَتُهُ بِقُوَّةِ خٰلِدٍ نَهْرًا يَفِيضُ لَهُ عَلَى ٱلْأَنْهَارِ

اِنَّ ٱلْمُبَارَكَ كَٱسْمِهِ يُسْقَى بِهِ حَرْثُ ٱلسَّوَادِ وَنَاعِمُ ٱلْجَبَّارِ

وَكَأَنَّ دِجْلَةَ حِينَ أَقْبَلَ مَدُّهَا نَابٌ يُمَدُّ لَهُ بِحَبْلِ قِطَارِ ،،

وحدّثنى محمّد بن خٰلد بن عبد الله الطحّان قال حدّثنى مشايخنا ان خٰلد بن عبد الله القَسْرى كتب الى هشام بن عبد الملك يستاذنه 337 فى عمل قنطرة على دجلة فكتب اليه هشام لو كان هذا ممكنًا لسبق اليه الفُرس فراجعه فكتب اليه ان كنت متيقّنًا انّها تتمّ فاعملها فعملها واعظم النفقة عليها فلم يلبث ان قطعها الماء فاغرمه هشام ما كان انفق عليها ،، قالوا وكان النهر المعروف بالبَثَّاق قديمًا وكان يدعى بالنبطيّة البَسَّاق اى ٱلّذى يقطع الماء عن ما يليه ويجرّه اليه وهو نهر يجتمع اليه فضول مياه آجام السّيب وماء من ماء الفرات فقال الناس البَثَّاق ، فامّا المَيْمُون فاوّل من حفره وكيل لامّ جعفر زُبَيْدَة بنت جعفر بن المنصور يقال له سعيد بن زيد وكانت فُوَّهَته عند قرية تدعى قرية ميمون فحوّلت فى ايّام الواثق بالله على يدى عمر بن فرج الرُّخَّجىّ[b] وسمّى الميمون لئلّا يسقط عنه ذكر اليُمن ،، وحدّثنى محمّد بن خٰلد قال امر المهدى امير المؤمنين بحفر نهر الصِّلَة فحُفر وأُحيِى[c] ما عليه من الارضين وجُعِلت غُلّته لصِلات اهل الحرمين والنفقة هناك وكان شرط لمن تألّف اليه من المزارعين الشرط ٱلّذى هم عليه[d] اليوم خمسين سنة على ان يقاسموا بعد انقضاء الخمسين مقاسمة النصف ، وامّا نهر الامير فنسب

---

a) A. بُقَّعَ. Deinde fortasse legendum est الكُلَّاب. b) A. الرجحى. c) Codd. فاحفروا (حتى) حمى. d) B. الشرط عليهم.

الى عيسى بن علىّ وهو فى قطيعته ، وحدّثنا محمّد بن خلد قال كان محمّد بن القسم اهدى الى الحجّاج من السند فيلًا فأُجيز البطائح فى سفينة واخرج فى المشرعة الّتى تدعى مشرعة الفيل فسمّيت تلك المشرعة
338 مشرعة الفيل وفُرضة الفيل ،

أَمْرُ ٱلْبَطَائِحِ

حدّثنى جماعة من اهل العلم انّ الفرس كانت تتحدّث بزوال ملكها وتَرْوى فى آية ذلك زلازل وطوفان تحدث وكانت دجلة تصبّ الى دجلة البصرة الّتى تدعى العوراء فى انهار منشعّبة ومن عمود مجراها الّذى كان باقى مائها يجرى فيه وهو كبعض تلك الانهار، فلمّا كان زمان قُباذ بن فَيْرُوز انبثق فى اسافل كسكر بثق عظيم فأُغفل حتّى غلب ماؤه وغرّق كثيرًا من[a] ارضين عامرة وكان قباذ واهنًا[b] قليل التفقّد لامره فلمّا ولى أَنُوشِرْوان ابنه امر بذلك الماء فرُدم بالمسنّيات حتّى عاد بعض تلك الارضين الى عمارة[c]، ثمّ لمّا كانت السنة الّتى بعث فيها رسول الله صلعم عبد الله بن حُذافة السَّهْمى الى كسرى أَبَرْوِيز وهى سنة ٧[d] من الهجرة ويقال سنة ٦ زاد الفرات ودجلة زيادة عظيمة لم ير مثلها قبلها ولا بعدها وانبثقت بثوق عظام فجهد أَبَرْوِيز ان يسكرها فغلبه الماء ومال الى موضع البطائح فطفا على العمارات والزروع فغرق عدّة طساسيج كانت هناك وركب كسرى بنفسه لسدّ تلك البثوق ونثر الاموال على الانطاع وقتل الفعلة بالكفاية وصلب على بعض البثوق فيما يقال اربعين جسّارًا فى يوم[e] فلم يقدر للماء على حيلة، ثمّ دخلت العرب ارض العراق وشُغلت

a) Addidi كثيرا من ex Qodáma. b) B. واهيا. c) A. عماره. d) Qodáma ٦.
e) Qodáma post يسكرها : حتى ضرب اربعين سكرًا فى يوم واحد.

339 الاعاجم بالحروب فكانت البثوق تنفجر فلا يلتفت اليها ويعجز الدهاقين
عن سدّ عظمها فاتّسعت البطيحة وعَرُضت، فلمّا ولى معٰوية بن ابى
سفيٰن ولّى عبد الله بن درّاج مولاه خراج العراق واستخرج له من الارضين
بالبطائح ما بلغت غلّته خمسة الف الف وذلك انّه قطع القصب وغلب
الماء بالمسنّيات، ثمّ كان حسّان النبطى مولى بنى ضبّة وصاحب حوض
حسّان بالبصرة والّذى تنسب اليه منارة حسّان بالبطائح فاستخرج
للحجّاج ايّام الوليد ولهشام بن عبد الملك ارضين من اراضى البطيحة ‹›
قالوا وكان بكسكر قبل حدوث البطائح نهر يقال له الجَنْب وكان طريق
البريد الى مَيْسان ودَسْتُمَيْسان والى الاهواز فى شقّه القبلىّ فلمّا تبطّحت
البطائح سمّى ما استاجم من شقّ طريق البريد آجام البَرِيد وسمّى
الشقُّ الاخر آجام اغمربثى[a] وفى ذلك الآجام الكبرى والنهر اليوم يظهر
فى الارضين الجامدة الّتى استخرجت حديثًا ‹› وحدّثنى ابو مسعود الكوفى
عن اشياخه قالوا حدثت البطائح بعد مُهاجرة[b] النبى صلّعم وملك الفُرس
ابرويز وذلك انّه انبثقت بثوق عظام عجز كسرى عن سدّها وفاضت
الانهار حتّى حدثت البطائح، ثمّ كان مَدٌّ[c] فى ايّام محاربة المسلمين
الاعاجم وبثوق لم يُعْنَ احد بسدّها فاتّسعت البطيحة لذلك وعَظُمت
وقد[d] كان بنو اميّة استخرجوا بعض ارضيها فلمّا كان زمن الحجّاج غرق
340 ذلك لانّ بثوقًا انفجرت فلم يعانِ الحجّاج سدّها مضارّة للدهاقين لانّه كان
اتّهمهم بممَالاة ابن الاشعث حين خرج عليه واستخرج حسّان النبطى
لهشام ارضين من ارضى البطيحة ايضًا ‹› وكان ابو الاسد[e] الّذى نسب[f]
اليه نهر ابى الأَسَد قائدًا من قوّاد المنصور امير المؤمنين ممّن كان وُجّه

---

a) In utroque Codice nomen signo notatum est. b) Codd. مهاجر. c) B. om. et deinde legit بثوق expuncto و. d) B. ومد. e) Codd. الاسود. f) A. ىمسب.

الى البصرة أيّام مقام عبد الله بن علىّ بها وهو الّذى ادخل عبد الله بن علىّ الكوفة، وحدّثنى عمر بن بُكَير[a] انّ المنصور رحمه الله وجّه ابا الاسد مولى امير المؤمنين فعسكر بينه وبين عسكر عيسى بن موسى حين كان يحارب ابرٰهيم بن عبد الله بن الحسن بن الحسن بن علىّ بن ابى طالب وهو حفر النهر المعروف بابى أَسَد عند البطيحة، وقال غيره اقام على فم النهر لانّ السفن لم تدخله لضيقه عنها فوسّعه ونُسب اليه، قال ابو مسعود وقد انبثقت فى ايّام الدولة المباركة بثوق زادت فى البطائح سعةً وحدثت ايضًا من الفرات آجام استخرج بعضها، وحدّثنى[b] ابو مسعود عن عَوانة قال انبثقت البثوق ايّام الحجّاج فكتب الحجّاج الى الوليد بن عبد الملك يعلمه انّه قدّر لسدّها[c] ثلثة الف الف درهم فاستكثرها الوليد فقال له مَسْلَمَة بن عبد الملك انا انفق عليها على ان تقطعنى الارضين المنخفضة الّتى يبقى فيها الماء بعد انفاق ثلثة الاف الف درهم يتولّى انفاقها ثقتك ونصيحك الحجّاج فاجابه الى ذلك فحصلت له ارضون من
341 طساسيج متّصلة فحفر السِّيبَيْن وتألّف الاكرة والمزارعين وعمر تلك الارضين والجأ الناس اليها ضياعًا كثيرة للتعزّز به فلمّا جاءت الدولة المباركة وقُبضت اموال بنى اميّة اقطع جميع السِّيبَيْن داود بن علىّ بن عبد الله بن العبّاس ثمّ ابتيع ذلك من ورثته بحقوقه[d] وحدوده فصار من ضياع الخلافة،

أَمْرُ مَدِينَةِ ٱلسَّلٰمِ

قالوا وكانت بغداذ[e] قديمة فمصّرها امير المؤمنين المنصور رحمه الله وابتنى

---

a) Codd. بكير. b) B. حدثنى. c) Qodáma للنفقة على سدّها. d) A. بورثته من حقوقه. e) Saepius بغداد.

بها مدينةً وابتداها فى سنة ١٤٥ فلمّا بلغه خروج محمّد وابرٰهيم ابنى عبد الله بن حسن بن حسن عاد الى الكوفة ثمّ حوّل بيوت الاموال والخزائن والدواوين من الكوفة الى بغداذ سنة ١٤٦ وسمّاها مدينة السلْم واستتمّ بناء حائط مدينته وجميع امره وبناء سور بغداذ القديم سنة ١٤٧[a] وتوفّى سنة ١٥٨ بمكّة ودُفن عند بئر ميمون الحضرمى حليف بنى اميّة، وبنى المنصور للمهدى الرُّصافة فى الجانب الشرقىّ ببغداذ وكان هذا الجانب يُدعى عسكر المهدى لانّه عسكر فيه حين خرج الى الرَّىّ فلمّا قدم من الرىّ وقد بدا للمنصور[b] فى انفاذه الى خراسان للاقامة بها نزل الرصافة وذلك فى سنة ١٥١، وقد كان المنصور امر فبنى للمهدى قبل انزاله الجانب الشرقىّ قصره الّذى يعرف بقصر الوضّاح وبقصر المهدى وبالشرقيّة وهو ممّا يلى باب الكَرْخ والوضّاح رجل من اهل الانبار كان تولّى النفقة عليه فنُسب
342 اليه، وبنى المنصور مسجدى مدينة السلْم وبنى القنطرة الجديدة على الصَّراة وابتاع ارض مدينة السلْم من قوم من ارباب القرى بادُورَيّا[c] وقطربُّل ونهر بُوق ونهر بِين واقطعها اهلَ بيته وقوّاده وجنده وصحابته وكتّابه وجعل مجمع الاسواق بالكَرْخ وامر التجار فابتنوا الحوانيت والزمهم الغلّة ،، وحدّثنى العبّاس بن هشام الكلبى عن ابيه قال سمّى المُخَرِّم ببغداذ مُخَرِّمًا لانّ مُخَرِّم بن شُرَيح[d] بن حَزْن الحارثىّ نزله، قال وكان ناحية قنطرة البَرَدان[e] للسرىّ بن الحُطَيم[f] صاحب الحُطَميّة الّتى تعرف ببغداذ ،، وحدّثنى مشايخ من اهل بغداذ انّ الصالحيّة ببغداذ نسبت الى صالح بن المنصور ،، قالوا والحَرْبيّة نسبت الى حَرْب بن عبد الله البلخى[g] وكان على شرط جعفر

---

a) Haec inde a وسماها in **A.** desunt. *b*) Codd. المنصور. *c*) Codd. ساذوريا. *d*) Supra p. 289 et apud Ibn Doraid, p. ٢٣٨, بن شريح om. *e*) Jaqubí, p. ٢٩, sine art. *f*) In edit. *Meráçid*, II. ٤٥٣ السُّرَىّ بن الحُطَم. *g*) Codd. المحلى. Cf. Jaqubí, p. ٢١. Apud Abu'l-Mahásin, I. p. ٣٩٧ dicitur الريوندى.

ابن ابى جعفر بالموصل، والزُّهَيْرِيَّة تعرف بباب التِّبْن نسبت الى زهير بن محمّد من اهل أَبِيوَرْد، وعِيسَاباذ نسبت الى عيسى بن المهدى وكان فى حجر منازل التركى وهو ابن الخيزران، وقصر عَبْدَوَيْه ممّا يلى بَرَاثَا نسبت الى رجل من الازد يقال له عبدويه وكان من وجوه اهل الدولة *، قالوا واقطع المنصور ببغداذ سليمٰن بن مجالد ومجالد سروى[a] مولى لعلىّ بن عبد الله موضعَ داره واقطع مهلهل بن صَفْوان قطيعة بالمدينة واليه ينسب درب مهلهل وكان صَفْوان مولى علىّ بن عبد الله وكان اسم مهلهل يحيى فاستنشده محمّد بن علىّ شعرًا فانشده

أَلَيْلَتَنَا بِذِى حُشُمٍ أَنِيرِى 343

وهى لمُهَلْهِل فسمّاه مهلهلًا ومحمّد اعتقه، واقطع المنصور عُمارة بن حمزة الناحية المعروفة به خلف مربعة شَبيب بن واج، واقطع ميمون ابا بشر ابن ميمون قطيعة عند بستان القُسّ ناحية باب الشام، وطاقات بشر تنسب الى بشر بن ميمون هذا[b] وكان ميمون مولى علىّ بن عبد الله[c]، واقطع شُبَيلًا[d] مولاه قطيعة عند دار يَقْطِين وهناك مسجد يعرف بشُبَيل، واقطع امّ عبيدة وهى حاضنة لهم ومولاة لمحمّد بن علىّ قطيعةً واليها تنسب طاقات امّ عبيدة بقرب الجسر، واقطع منيرة[e] مولاة محمّد ابن علىّ واليها ينسب درب منيرة وخان منيرة فى الجانب الشرقىّ، واقطع رَيْشانة[f] موضعًا يعرف بمسجد بنى رغبان[g] مولى حَبيب بن مَسْلَمة

---

a) B. شروى ; cf. Jaqubí, p. ١٥ (editor p. ١٧ et ٢. pronunc. الشَّرْوى). *b*) A. om. *c*) Codd. عبد الله بن على, v. supra p. 334. *d*) B. h. l. سُثيلا. *e*) Cf. Juynboll in ann. ad *Merácid*, V. p. 455. *f*) Codd. رىسانه. *g*) Codd. رعبان. Cf. Jaqubí, p. ١٦, et Dsahabí رَغْبان جماعة منهم عبد العظيم بن حَبيب بن رغبان عن ابى حنيفة وطبقته متروك.

الفِهْرىّ يدخل فى قصر عيسى بن جعفر او جعفر بن جعفر بن المنصور، ودرب مِهْرَوَيْه فى الجانب الشرقىّ نسب الى مهرويه الرازى وكان من سبى سنفاذ[a] فاعتقه المهدى ،، ولم ينزل المنصور رحمه بمدينة السلم الى اخر سنى خلافته ثمّ حجّ منها وتوفّى بمكّة ونزلها بعده المهدى امير المؤمنين ثمّ شخص منها الى ماسَبَذان فتوفّى بها وكان اكثر نزوله من مدينة السلم بعيسَاباذ فى ابنية بناها هناك، ثمّ نزلها الهادى موسى بن المهدى فتوفّى بها ونزلها[b] الرشيد هُرون بن المهدى ثمّ شخص عنها الى الرافقة فاقام بها وسار منها الى خراسان فتوفّى بطُوس ونزلها محمّد بن الرشيد 344
فقُتل بها، وقدمها المامون عبد الله بن الرشيد من خراسان فاقام بها ثمّ شخص عنها غازيًا فمات بالفَذَنْدُون[c] ودُفن بطرسوس، ونزلها امير المؤمنين المعتصم بالله ثمّ شخص عنها الى القاطول فنزل قصر الرشيد كان ابتناه حين حفر قاطوله الّذى دعاه ابا الجُنْد لقيام ما يسقى من الارضين بارزاق جنده، ثمّ بنى بالقاطول بناءً نزله ودفع ذلك القصر الى اشناس التركى مولاه وهمّ بتمصير ما هناك وابتدا بناء مدينة تركها ثمّ راى تمصير سُرّ من راى فصّرها ونقل الناس اليها واقام بها وبنى مسجدًا جامعًا فى طرف الاسواق وسمّاها سُرَّ مَنْ رَأَى وانزل اشناس مولاه فيمن ضمّ اليه من القوّاد كَرْخَ فَيْرُوز وانزل بعض قوّاده الدُّور المعروفة بالعَرَبَايى[d] وتوفّى رحمه بسرّ من راى فى سنة ٢٢٧، واقام هُرون الواثق بالله بسرّ من راى فى بناء بناه وسمّاه الهارونىّ حتّى توفّى به، ثمّ استخلف امير المؤمنين جعفر المتوكّل على الله رحمه فى ذى الحجّة سنة ٢٣٢ فاقام بالهارونىّ وبنا بناءً كثيرًا واقطع

---

a) Codd. سمعاد. *b*) A. ونزل بها. *c*) B. بالغدندون. Vulgo البذندون (*Ποδανδον*).
d) Codd. بالعربانى, vulgo العربايا, vid. Juynboll ann. ad *Merâcid*, V. p. 501. Cf. *Moschtarik*, p. ١٨٣.

الناس فى ظهر سرّ من راى بالحائر[a] الّذى كان المعتصم بالله احتجره بها
قطائع فاتّسعوا بها وبنى مسجدًا جامعًا كبيرًا واعظم النفقة عليه وامر
برفع منارته لتعلو اصوات المؤذّنين فيها حتّى نُظِرُ[b] اليها من فراسخ فجمّع 345
الناس فيه وتركوا المسجد الاوّل، ثمّ انّه احدث مدينة سمّاها المتوكّليّة
وعمرها واقام بها واقطع الناس فيها القطائع وجعلها فيما بين الكَرْخ المعروف
بفَيْرُوز وبين القاطول المعروف بكسرى فدخلت الدّور والقرية المعروفة
بالماحُوزة[c] فيها وبنى بها مسجدًا جامعًا وكان من ابتدائه ايّاها الى ان
نزلها اشهر ونزلها فى اوّل سنة ٢٤٦ ثمّ توفّى بها رحه فى شوّال سنة ٢٤٧،
واستخلف فى هذه الليلة المُنْتَصِر بالله فانتقل عنها الى سرّ من راى يوم
الثلثاء لعشر خلون من شوّال ومات بها[d]»، قالوا كانت عيون الطّفّ
مثل عين الصَّيْد والقُطْقُطانة والرُّهَيْمَة[e] وعين جمل وذواتها للموكّلين
بالمسالح الّتى وراء السواد وهى عيون خندق سابور الّذى حفره بينه
وبين العرب الموكّلين بمسالح الخندق وغيرهم وذلك انّ سابور اقطعهم ارضها
فاعتملوها من غير ان يلزمهم لها خراجًا، فلمّا كان يوم ذى قار ونصر الله
العرب بنبيّه صلّعم غلبت العرب على طائفة من تلك العيون وبقى فى
ايدى الاعاجم بعضها، ثمّ لمّا قدم المسلمون الحيرة هربت الاعاجم بعد
ان طمّت عامّة ما فى ايديهم منها وبقى الّذى فى ايدى العرب فاسلموا
عليه وصار ما عمروه من الارضين عُشْرِيًّا، ولمّا مضى امر القادسيّة والمدائن 346
دفع ما جلا عنه اهله من اراضى تلك العيون الى المسلمين فاقطعوه[f]
فصارت عشريّة ايضًا وكذلك مجرى عيون الطّفّ وارضيها مجرى اعراض

---

a) Codd. الحادر; cf. Jaqubí, p. ٣٣, ubi pro الحَيِر legendum videtur الحَيْر (hortus stabuli). *b*) Codd. دطر. *c*) Ibno'l Athír, VII. p. ٥٩, ٦٨ الماخورة. *d*) Codd. male add.: قالوا وكانت عيون الطف للموكلين (للمتوكلين .A) وهى عيون خندق سابور. *e*) Codd. وادرهمه. *f*) B. واقطعوه.

المدينة وقرى نجد وكلّ صدقتها الى عمّال المدينة، فلمّا ولى اسحٰق بن
ابرٰهيم بن مصعب السواد للمتوكّل على الله ضمّها الى ما فى يده فتولّى
عمالة عشرها وصيّرها سواديّة وهى على ذلك الى اليوم، وقد استخرج
عيون اسلاميّة مجرى ما سقت عيونها من الارضين هذا المجرى ،، وحدّثنى
بعض المشايخ انّ جملا مات عند عين الجمل فنُسبت اليه وقال بعض
اهل واسط انّ المستخرج لها كان يسمّى جَمَلًا، قالوا وسمّيت العين
عين الصيد لانّ السمك يجتمع فيها ،، واخبرنى بعض الكريزيّين انّ عين
الصيد كانت ممّا طُمّ فبينا رجل من المسلمين تحوّل فيما هناك اذ
ساخت قوائم فرسه فيها فنزل عنه فحفر فظهر له الماء فجمع قومًا عاونوه على
كشف التراب والطين عنها وتنقيتها حتّى عادت الى ما كانت عليه، ثمّ
انّها صارت بعد الى عيسى بن علىّ وكان عيسى ابتاعها من ولد حسن
ابن حسن بن علىّ بن ابى طالب وكانت عنده منهم امّ كلثوم بنت
حسن بن حسن، وكان معٰوية اقطع لحسن بن علىّ عين صيد هذه
عوضًا من الخلافة مع غيرها، وكانت عين الرحبة ممّا طُمّ قديمًا فرآها
رجل من حجّاج اهل كرمان وهى تبضّ فلمّا انصرف من حجّه اتى عيسى
347 ابن موسى متنصّحًا فدلّه عليها فاستقطعها وارضها واستخرجها له الكرمانى
فاعتمل ما عليها من الارضين وغرس النخل الّذى فى طريق العُذَيب،
وعلى فراسخ من هِيت عيون تدعى العِرْق تجرى هذا المجرى اعشارها
الى صاحب هِيت ،، حدّثنى الاثرم عن ابى عبيدة عن ابى عمرو بن
العلاء قال لمّا رات العرب كثرة القرى والنخل والشجر قالوا ما راينا سوادًا
اكثر والسواد الشخص فلذلك سمّى السواد سوادًا ،، وحدّثنى القٰسم
ابن سلّام قال ثنا محمّد بن عبيد عن[a] محمّد بن ابى موسى قال خرج

a) A. om. عن — محمد.

عليّ الى السوق فرأى اهله قد حازوا امكنتهم فقال لبيس ذلك لهم انّ سوق المسلمين كمصلّاهم من سبق الى موضع فهو له يومَهُ حتّى يَدَعه ، حدّثنى ابو عبيد قال حدّثنى مروٰن بن معٰوية عن عبد الرحمٰن بن عُبيد عن ابيه قال كنّا نغدو الى السوق فى زمن المغيرة بن شُعْبَة فمن قعد فى موضع كان احقّ به الى الليل فلمّا كان زياد قال من قعد فى موضع كان احقّ به ما دام فيه، قال مروٰن وولى المغيرة الكوفة مرّتين لعمر مرّةً ومرّةً لمعٰوية ،

نَقْلُ دِيوَانِ ٱلْفَارِسِيَّةِ

وحدّثنى المدائنى علىّ بن[a] محمّد بن ابى سيف عن اشياخه قالوا[b] لم يزل ديوان خراج السواد وسائر العراق بالفارسيّة فلمّا ولى الحجّاج العراق استكتب زادان فَرُّوخ بن بيرى وكان معه صالح بن عبد الرحمٰن مولى بنى تميم يخطُّ بين يديه بالعربيّة والفارسيّة وكان ابو صالح من سبى
348 سجستان فوصل زادان فرّوخ صالحًا بالحجّاج وخفّ على قلبه فقال له ذات يوم انّك شُبَيْبِىّ[c] الى الامير واراه قد استخفّنى ولا آمن ان يُقدّمنى عليك وان تُسْقَطَ فقال لا تظنّ ذلك هو احوج الىّ منه اليك[d] لانّه لا يجد مَنْ يكفيه حسابه غيرى فقال والله لو شئتَ ان احوّل الحساب الى العربيّة لحوّلته قال فحوّلْ منه شطرًا حتّى ارى ففعل فقال له تمارض فتمارض فبعث اليه الحجّاج طبيبه فلم ير به علّة وبلغ زادان فرّوخ ذلك فامره ان يظهر، ثمّ انّ زادان فَرُّوخ قُتل ايّام عبد الرحمٰن بن محمّد بن الاشعث الكندى وهو خارج من منزل كان فيه الى منزله او منزل غيره فاستكتب الحجّاج صالحًا مكانه فاعلمه الّذى كان جرى بينه وبين زادان فَرُّوخ فى

a) A. om. على بن. b) A. قال. c) Codd. سسى. d) B. منى اليه.

نقل الديوان فعزم الحجّاج على ان يجعل الديوان بالعربيّة وقلّد ذلك صالحًا فقال له مَرْدانْشاه بن زادان فرّوخ كيف تصنع بدَهويه وشَشويه قال اكتب عُشْر ونصف عُشْر قال فكيف تصنع بويد قال اكتبه ايضًا والويد النيف والزيادة تزاد فقال قطع الله اصلك من الدنيا كما قطعت اصل الفارسيّة وبُذلت له مائة الف درهم على ان يظهر العجز عن نقل الديوان ويمسك عن ذلك فابى ونقله فكان عبد الحميد بن يحيى كاتب مرون ابن محمّد يقول لله درّ صالح ما اعظم منّته على الكتّاب ‹ وحدّثنى عمر ابن شبّة قال حدّثنى ابو عاصم النّبيل قال انبا سهل بن ابى الصّلْت قال أجّل الحجّاج صالح بن عبد الرحمان اجلًا حتّى قلب الديوان ‹

فُتُوحُ ٱلْجِبَالِ ‹ حُلْوَان ‹ 349

قالوا[a] لمّا فرغ المسلمون من امر[b] جَلُولاء الوقيعة ضمّ هاشم بن عتبة ابن ابى وقّاص الى جرير بن عبد الله البجلى خيلًا كثيفة ورتّبه بجَلُولاء ليكون بين المسلمين وبين عدوّهم ، ثمّ انّ سعدًا وجّه اليهم زهاء ثلثة الف من المسلمين وامره ان ينهض بهم وبمن معه الى حلوان فلمّا كان بالقرب منها هرب يَزْدَجِرْد الى ناحية اصبهان ففتح جرير حلوان صلحًا على ان كفّ عنهم وامنهم على دمائهم واموالهم وجعل لمن احبّ منهم الهرب ان لا يعرض[c] لهم ، ثمّ خلّف بحلوان جريرًا مع عَزْرَة[d] بن قيس بن غزيّة البجلى ومضى نحو الدِّينَوَر فلم يفتحها وفتح قَرْماسِين على مثل ما فتح عليه حلوان وقدم حلوان فاقام بها واليًا عليها الى ان قدم عمّار بن ياسر الكوفة فكتب اليه يُعلمه انّ عمر بن الخطّاب امره ان يمدّ به ابا موسى الاشعرى فخلّف جرير عَزْرَة[d] بن قيس على حلوان وسار حتّى اتى ابا موسى

---

a) A. قال. b) A. ارض. c) B. يُعرّض. d) A. عرزه, B. عُزرة.

الاشعرى فى سنة ١٩ ،، وحدّثنى محمّد بن سعد عن الواقدى عن محمّد ابن نِجَاد عن عائشة بنت سعد بن ابى وقّاص قالت لمّا قتل معٰوية حُجْر بن عَدِىّ الكندى قال ابى لو راى معٰوية ما كان من حجوم عين[a] قنطرة حلوان لعرف انّ له غناءً عظيمًا عن الاسلام، قال الواقدى وقد
350 نزل حُلوان قومٌ من ولد جرير بن عبد الله فاعاقِبُهم بها ،،

فَتْحُ نِهَاوَنْد

قالوا لمّا هرب يَزْدَجِرْد من حلوان فى سنة ١٩ تكاتبت الفرس واهل الرىّ وقومس واصبهان وهَمَذان والماهَيْن وتجمّعوا الى يزدجرد وذلك فى سنة ٢٠ فامّر عليهم مَرْدانْشاه ذا الحاجب واخرجوا رايتهم الدِّرَفْشكابيان[b] وكانت عدّة المشركين يومئذ ستّين الفًا ويقال مائة الف وقد كان عمّار ابن ياسر كتب الى عمر بن الخطّاب بخبرهم فهمّ ان يغزوهم بنفسه ثمّ خاف ان ينتشر[c] امر العرب بنجد وغيرها وأُشِير عليه بان يغزى اهل الشام من شامهم واهل اليمن من يمنهم فخاف ان فعل ذلك ان يعود الروم الى اوطانها[d] وتغلب الحبشة على ما يليها فكتب الى اهل الكوفة يامرهم ان يسير ثُلْثاهم ويبقى ثُلْثُهم لحفظ بلدهم وديارهم وبعث من اهل البصرة بعثًا وقال لاستعملنّ رجلًا يكون لاوّل ما يلقاه من الاسنّة[e] فكتب الى النعمان بن عمرو بن مُقَرِّن المُزَنىّ وكان مع السائب بن الأَقْرع الثقفى بتوليته الجيش وقال ان أُصيبَ[f] فالامير حُذَيفة بن اليَمان فان

a) In marg. B. لعله حجر عند, A. حجوم قطره عين. b) B. الزرفشكابيان; cf. supra p. 297. c) Codd. ينتشر. d) A. اقطارها. e) Apud Abu Noaim, اخبار اصبهان, Cod. 568, f. 12 v. يكون لاول اسنّة يلقاها. f) Codd. اصيب.

اصيب فجرير بن عبد الله البجلى فان اصيب فالمغيرة بن شُعْبَة فان
اصيب فالاشعث بن قيس، وكان النعمان عاملًا على كَسْكَر وناحيتها ويقال
بل كان بالمدينة فولّاه عمر امر[a] هذا الجيش مشافهةً فشخص منها ،،
وحدّثنى شَيْبان[b] قال نا حمّاد بن سَلَمَة عن ابى عمران الجونىّ عن عَلْقَمَة 351
ابن عبد الله عن مَعْقِل بن يَسَار انّ عمر بن الخطّاب شاور الهُرْمُزان
فسال ما ترى ابدأ باصبهان او باذربيجان فقال الهرمزان اصبهان الراس
واذربيجان[c] الجناحان فان قطعت الراس سقط الجناحان والراس ،، قال
فدخل عمر المسجد فبصر النعمان بن مُقَرِّن فقعد الى جنبه فلمّا قضى
صلاته قال اما انّى ساستعملك فقال النعمان امّا جابيًا فلا ولكن غازيًا[d] قال
فانت غازٍ فارسله وكتب الى اهل الكوفة ان يمدّوه فامدّوه وفيهم المغيرة
ابن شُعْبَة فبعث النعمان المغيرة الى ذى الحاجبين[e] عظيم العجم بنهاوند
فجعل يشقّ بسطه برمحه حتّى قام بين يديه ثمّ قعد على سريره فامر
به فسُحِب فقال انّى رسول، ثمّ التقى المسلمون والمشركون فسلسلوا
كلّ عشرة[f] فى سلسلة وكلّ خمسة فى سلسلة لئلّا يفرّوا، قال فرمونا حتّى
جرحوا منّا جماعة وذلك قبل القتال وقال النعمان شهدتُ النبىّ صلّعم
فكان اذا لم يقاتل فى اوّل النهار انتظر زوال الشمس وهبوب الرياح ونزول
النصر ثمّ قال انّى هازٌّ لواى ثلث هزّات فامّا اوّل هزّة فليتوضّأ الرجل
بعدها وليقض حاجته وامّا الهزّة الثانية فلينظر الرجل[g] بعدها الى سيفه
او قال شسعه وليتهيّأ وليصلح من شانه وامّا الثالثة فاذا كانت ان شاء
الله فاحملوا ولا يلوينّ احد على احد فهزّ لواءه ففعلوا ما امرهم وثقل

---

a) Codd. اهل. *b*) Codd. سمان. *c*) Abu Noaim, f. 13 v. add. وفارس. *d*) Abu Noaim add. فنعم. *e*) Abu Noaim add. وقيل ذو الحاجب واسمه مردانشاه. *f*) Abu Noaim سبعة. *g*) A. add. الى.

352 درعه عليه فقاتل وقاتل الناس فكان رحمه اوّل قتيل، قال وسقط الفارسىّ[a]
عن بغلته فانشقّ بطنه، قال فاتيتُ[b] النعمان وبه رمق فغسلتُ وجهَهُ
من اداوة ماءٍ كانت معى فقال من انت قلتُ مَعْقِل قال ما صنع المسلمون
قلتُ ابشر بفتح الله ونصره قال الحمد لله اكتبوا الى عمر ، حدّثنى
شَيْبَان[c] قال نا حمّاد بن سَلَمَة قال حدّثنى علىّ بن زيد بن جُدْعان
عن ابى عثمان النَّهْدىّ قال انا ذهبتُ بالبشارة الى عمر فقال ما فعل
النعمان قلتُ قُتل قال انّا لله وانّا اليه راجعون ثمّ بكى فقلتُ قُتل والله
فى اخرين لا اعلمهم قال ولكن الله يعلمهم ، وحدّثنى احمد بن ابرٰهيم
قال نا ابو أُسامة وابو عامر العَقَدىّ وسَلْم بن قُتَيبة جميعًا عن شُعْبَة
عن علىّ بن زيد عن ابى عثمان النَّهْدىّ قال رايتُ عمر بن الخطّاب لمّا
جاءه نعى النعمٰن بن مُقَرِّن وضع يده على راسه وجعل يبكى ، وحدّثنا
القٰسم بن سلّام قال نا محمّد بن عبد الله الانصارى عن النَّهّاس بن
قَهْم عن القٰسم بن عوف[d] عن ابيه عن السائب بن الاقرع (او عن عمر
ابن السائب عن ابيه شكّ الانصارىّ) قال زحف الى المسلمين زحف لم
يُرَ مثله فذكر حديث عمر فيما همّ به من الغزو بنفسه وتوليته النعمان
ابن مقرّن وانّه بعث اليه بكتابه مع السائب وولّى السائب الغنائم وقال
لا ترفعنّ[e] باطلًا ولا تحبسنّ حقًّا ثمّ ذكر الوقعة، قال فكان النعمان اوّل
مقتول يوم نهاوند ثمّ اخذ حذيفة الراية ففتح الله عليهم، قال السائب
فجمعتُ تلك الغنائم ثمّ قسمتها ثمّ اتانى ذو العُوَيْنَتَيْن[f] فقال انّ كنز

---

a) Abu Noaim ذو الحاجبين. b) A. واسب. c) Codd. سنان. d) Abu Noaim, qui hanc traditionem plene memorat f. 12 r., addit الشيبانى. e) Apud Abu Noaim h. l. additur الّى et عن احد هو له post حقا. f) A. العوبشس. Significat *exploratorem* (جاسوس). Djauharí hanc formam damnat et praescribit ذو العُيَيْنَتَيْن. Quod

النخيرخان فى القلعة قال فصَعِدتها فاذا انا بسَفَطَيْن فيهما جوهر لم ار
353 مثله قطّ قال فاقبلت الى عمر وقد راث عنه الخبر وهو يتطوّف[a] المدينة
ويسال فلمّا رآنى قال ويلك ما وراءك فحدّثته بحديث الوقعة ومقتل
النعمان وذكرتُ له شان السفطين فقال اذهب بهما فبعهما ثمّ اقسم ثمنهما
بين المسلمين فاقبلتُ بهما الى الكوفة فاتانى شابّ من قريش يقال له عمرو
ابن حُرَيث فاشتراهما باعطية الذرّيّة والمقاتلة ثمّ انطلق باحدهما الى
الحيرة فباعه بما اشتراهما به منّى وفضل الاخر[b] فكان ذلك اوّل لهوة مال
اتّخذه ، وقال بعض اهل السيرة اقتتلوا بنهاوند يوم الاربعاء ويوم
الخميس ثمّ تحاجزوا ثمّ اقتتلوا يوم الجمعة وذكر من حديث الوقعة نحو
حديث حمّاد بن سَلَمة ، وقال ابن الكلبى عن ابى مخنف انّ النعمان
ابن مقرِّن نزل الاسبيذهار[c] وجعل على ميمنته الاشعث بن قيس وعلى
الميسرة المغيرة بن شُعْبة فاقتتلوا فقُتل النعمان ثمّ ظفر المسلمون فسمّى ذلك
الفتح فتح الفتوح ، قال وكان فتح نهاوند فى سنة ١٩ يوم الاربعاء ويقال
فى سنة ٢٠ ، وحدّثنا الرِّفاعىّ قال نا العَبْقَرىّ عن ابى بكر الهُذَلىّ عن
الحسن[d] ومحمّد قالا كانت وقعة نهاوند سنة ٢١[e] ، وحدّثنى الرِّفاعىّ قال نا
العَبْقَرىّ عن ابى معشر[f] عن محمّد بن كعب مثله ، قالوا ولمّا هُزم جيش
الاعاجم وظهر المسلمون وحُذَيفة يومئذ على الناس حاصر نهاوند فكان
اهلها يخرجون فيقاتلون ويهزمهم المسلمون ، ثمّ انّ سِماك بن عبيد
العبسى اتبع رجلًا منهم ذات يوم ومعه ثمانية فوارس فجعل لا يبرز اليه

Freytag in Lexico memoravit ذو العينتين s. ذو العيينين nititur falsa lectione *Qamusi* edit. Calcutt. et Turc. *a*) B. ىىطرف. *b*) A. om. *c*) A. الاسبندهار, *Merâcid* اسبيذهان. *d*) A. الحسن. *e*) Jaqubí, p. ٤٨, habet annum 23. *f*) A. ابى بكر الهذلى.

354 رجل منهم الّا قتله حتّى لم يبق غير الرجل وحده فاستسلم والقى سلاحَه فاخذه اسيرًا فتكلّم بالفارسيّة فدعى له سماك برجل يفهم كلامه فترجمه فاذا هو يقول اذهب الى اميركم حتّى اصالحه عن هذه الارض وأؤدّى اليه الجزية واعطيك على اسرك ايّاى ما شئتَ فانّك قد مننتَ علىَّ اذ لم تقتلنى فقال له وما اسمك قال دِينَار فانطلق به الى حذيفة فصالحه على الخراج والجزية وآمن اهل مدينته نهاوند على اموالهم وحيطانهم ومنازلهم فسمّيت نهاوند ماهُ دِينَار وكان دينار ياتى بعد ذلك سماكًا ويهدى اليه ويبرّه ، وحدّثنى ابو مسعود الكوفى عن المُبارك[a] بن سعيد عن ابيه قال وكانت نهاوند من فتوح اهل الكوفة والدِّينَوَر من فتوح اهل البصرة فلمّا كثر المسلمون بالكوفة احتاجوا الى ان يزدادوا فى النواحى الّتى كان خراجها مقسومًا فيهم فصُيّرت لهم الدينور وعوّض اهل البصرة نهاوند لانّها[b] من اصبهان فصار فضل ما بين خراج الدينور ونهاوند لاهل الكوفة فسمّيت نهاوند ماه البصرة والدينور ماه الكوفة وذلك فى خلافة معٰوية ،

وحدّثنى جماعة من اهل العلم انّ حُذَيْفَة بن اليَمَان وهو حذيفة بن حُسَيل[c] بن جابر العبسى حليف بنى عبد الاشهل من الانصار وامّه الرَّبَاب بنت كعب بن عدىّ من عبد الاشهل وكان ابو حُذَيفة قُتل يوم أُحُد قتله عبد الله بن مسعود الهُذَلى خطاءً وهو يحسبه كافرًا فامر رسول الله صلعم باخراج دينه فوهبه حذيفة للمسلمين ، وكان الواقدى
355 يقول سُمّى حُسَيل اليَمَانِ لانّه كان يتّجر الى اليمن فاذا اتى المدينة قالوا قد جاء اليَمَانِى ، وقال الكلبى هو حُذَيفة بن حُسَيل بن جابر بن ربيعة ابن عمرو بن جُرْوَة وجُرْوَة هو اليَمَانِ نسب اليه حذيفة وبينهما اباء

---

a) Codd. الممارل. Est frater celeberrimi سفيان الثورى. b) Codd. add. cum signo delendi فردة (قرية). c) Wüstenfeld *Hisl.*

وكان قد اصاب فى الجاهليّة دمًا وهرب[a] الى المدينة وحالف بنى عبد الاشهل فقال قومه هو يَمانٍ لانّه حالف اليَمانيَة ،

الدِّينَوَر ومَاسَبَذان ومِهْرِجَانْقَذَف[b]

قالوا انصرف ابو موسى الاشعرى من نهاوند وقد كان سار بنفسه اليها
على بعث اهل البصرة مُمِدًّا[c] للنعمان بن مُقَرِّن فمرّ بالدينور فاقام عليها
خمسة أيّام قوتل منها يومًا واحدًا ثمّ انّ اهلها اقرّوا بالجزية والخراج
وسالوا الامان على انفسهم واموالهم واولادهم فاجابهم الى ذلك وخلّف بها
عامله فى خيل ثمّ مضى الى ماسَبَذان فلم يقاتله اهلها، وصالحه اهل
السِّيروان على مثل صلح الدينور وعلى ان يؤدّوا الجزية والخراج وبثّ
السرايا فيهم فغلب على ارضها، وقوم يقولون انّ ابا موسى فتح ماسبذان
قبل وقعة نهاوند، وبعث ابو موسى عبد الله بن قيس الاشعرى
السائبَ بن الاقرع الثقفى وهو صهره على ابنته وهى امّ محمّد بن
السائب الى الصَّيْمَرة مدينة مهرجانقذف ففتحها صلحًا على حقن الدماء
وترك السباء والصفح عن الصفراء والبيضاء وعلى اداء الجزية وخراج الارض
وفتح جميع كور مهرجانقذف، واثبت الخبر انّه وجّه السائب من الاهواز
ففتحها ، حدّثنى محمّد بن عقبة بن مصرم[d] الضبّى عن ابيه عن سَيْف
ابن عمر التميمىّ عن اشياخ من اهل الكوفة انّ المسلمين لمّا غزوا الجبال 356
مرّوا بالقلّة الشرقيّة الّتى تدعى سِنّ سُمَيرة وسُمَيرة امراة من ضبّة من بنى
معٰوية بن كعب بن ثعلبة بن سعد بن ضبّة من المهاجرات وكانت لها

---

a) A. فهرب. b) A. ومَهرجَانَقَذَف. c) B. مددًا. d) Fortasse idem Ocba memoratur apud Abu'l-Mahásin, I. p. ٨٠٠ inter eos qui anno 238 obierunt, nempe عقبة بن مكرم الضبّى.

سنّ فسمّى ذلك سنّ سُمَيرة ،، قال ابن هشام الكلبى وقناطر النعمان نُسبت الى النعمان بن عمرو بن مُقَرِّن المُزَنى عسكر عندها وهى قديمة ،، وحدّثنى العبّاس بن هشام الكلبى عن ابيه عن عَوَانة قال كان كَثِير بن شهاب بن الحُصَين بن[a] ذى الغُصّة الحارثىّ عثمانيًّا يقع فى علىّ بن ابى طالب ويثبط الناس عن الحسين ومات قُبَيل خروج المُخْتار بن ابى عُبيد او فى اوّل ايّامه وله يقول المختار بن ابى عبيد فى سجعه أَمَا وَرَبِّ ٱلسَّحَاب، شَدِيدِ ٱلْعِقَاب، سَرِيعِ ٱلْحِسَاب، مُنْزِلِ ٱلْكِتَاب، لَأَنْبُشَنَّ قَبْرَ كَثِيرِ بْنِ شِهَاب، ٱلْمُفْتَرِى ٱلْكَذَّاب،، وكان معوية ولّاه الرَّىَّ ودَسْتَبَى حينًا من قبله ومن قبل زياد والمغيرة بن شُعْبَة عاملَيْه ثمّ غضب عليه فحبسه بدِمَشْق وضربه حتّى شخص شُرَيح بن هانئ المرادى اليه فى امره فتخلّصه وكان يزيد بن معوية قد حمد مشايعته واتباعه لهواه فكتب الى عبيد الله بن زياد فى توليته ماسَبَذان ومهرجانقذف وحلوان والماهَيْن واقطعه ضياعًا بالجبل فبنى قصره المعروف بقصر كَثِير وهو من عمل الدينور وكان زُهْرة بن الحُرث بن منصور بن قيس بن كثير بن شهاب اتّخذ بماسَبَذان ضياعًا ،، حدّثنى بعض ولد خَشْرَم بن مُلك بن هبيرة الأَسَدى
357 انّ اوّل نزول الخشارمة ماسَبذان كان فى اخر[b] ايّام بنى اميّة نزع اليها جدّهم من الكوفة ،، وحدّثنى العُمَرىّ عن الهَيْثَم بن عَدِىّ قال كان زياد فى سفر فانقطع سفشق قبائه فاخرج كَثِير بن شهاب ابرة كانت مغروزة فى قلنسوته وخيطًا كان معه فاصلح السفشق فقال له زياد انت حازم وما مثلك يُعَطَّل فولّاه بعض الجبل ،،

---

a) Expungendum videtur بن, coll. Wüstenfeld, *Register*, p. 231. b) A. om.

فَتْح هَمَذَان

قالوا وجّه المغيرة بن شُعْبَة وهو عامل عمر بن الخطّاب على الكوفة بعد عزل عمّار بن ياسر جريرَ بن عبد الله البَجَلى الى هَمَذان وذلك فى سنة ٢٣ فقاتله اهلها ودفع دونها فأُصيبت عينه بسهم فقال احتسبتها عند الله الّذى[a] زيّن بها وجهى ونوّر لى ما شاء ثمّ سلبنيها فى سبيله ثمّ انّه فتح هَمَذان على مثل صلح نهاوند وكان ذلك فى اخر سنة ٢٣ فقاتله اهلها ودفع عنها وغلب على ارضها فاخذها قسرًا، وقال الواقدى فتح جرير نهاوند فى سنة ٢٤ بعد ستّة اشهر من وفاة عمر بن الخطّاب رحه، وقد روى بعضهم انّ المغيرة بن شعبة سار الى همذان وعلى مقدّمته جرير فافتتحها وانّ المغيرة ضمّ همذان الى كَثِير بن شهاب الحارثى ،، وحدّثنى عبّاس بن هشام عن ابيه عن جدّه وعَوانة بن الحكم انّ سعد بن ابى وقّاص لمّا ولى الكوفة لعثمان بن عفّان ولّى العلاء بن وهب بن عَبْد بن وَهْبان احد بنى عامر بن لُؤَىّ ماه وهمذان فغدر اهل همذان ونقضوا فقاتلهم ثمّ انّهم نزلوا على حكمه فصالحهم على ان يؤدّوا خراج ارضهم 358
وجزية الرؤوس ويعطوه مائة الف درهم للمسلمين ثمّ لا يعرض لهم فى مال ولا حرمة ولا ولد، وقال ابن الكلبى ونسبت القلعة الّتى تعرف بماذَران الى السَّرِىّ بن نُسَيْر[b] بن ثَوْر العِجْلىّ وهو كان اناخ عليها حتّى فتحها ،،

---

a) Codd. الـدـدـى. b) Codd. دسمر. In ed. *Merácid*, III. p. ٢٧ اليـسـيـر (Cod. L. البشير), Barb. de Meynard اليسير. Sed Jacut, ut mecum communicat Cl. Wüstenfeld, habet ونسبت القلعة التى تعرف بماذران الى النسر (var. l. السير) بن ديسم بن ثور العجلى وهو كان اناخ عليها حتى فتحها et alio loco وقال سيف سار المسلمون من مرج القلعة نحو نهاوند حتى انتهوا الى قلعة فيها قوم ففتحوها وخلّفوا

وحدّثنى زياد بن عبد الرحمٰن البلخى عن اشياخ من اهل سِيسَر قال
سمّيت سيسر لانّها فى الخفاض من الارض بين رؤوس اكام ثلثين فقيل
ثلثون راسًا وكان[a] سيسر تدعى سِيسَر صَدْخَانِيه اى ثلثون راسًا ومائة
عين وبها عيون كثيرة تكون مائة عين »، قالوا ولم تنزل سِيسَر وما والاها
مراعى لمواشى الاكراد وغيرهم وكانت بها مروج لدوابّ المهدى امير المؤمنين[b]
واغنامه وعليها مولى له يقال له سليمٰن بن قِيرَاط صاحب صحراء قِيرَاط
بمدينة السلْم وشريك معه يقال له سلّام الطَّيْفُورىّ وكان طَيْفُور مولى ابى
جعفر المنصور وهبه للمهدى فلمّا كثر الصعاليك والذُّعّار وانتشروا بالجبل
فى خلافة المهدى امير المؤمنين جعلوا هذه الناحية ملجأً لهم وحوزًا فكانوا
يقطعون ويأوون اليها ولا يُطْلبون لانّها حدّ همذان والدِّينَوَر
واذربيجان، فكتب سليمٰن بن قيراط وشريكه الى المهدى بخبرهم وشكيا
عرضهم لما فى ايديهم من الدوابّ والاغنام فوجّه اليهم جيشًا عظيمًا
وكتب الى سليمٰن وسلّام يامرهما ببناء مدينة ياويان اليها واعوانهما ورعاتهما
ويحصّنان فيها الدوابّ والاغنام ممّن خافاه عليها فبنيا مدينة سِيسَر
وحصّناها واسكناها الناس وضُمّ اليها رستاق مايِنهرج[c] من الدينور ورستاق 359
الجوذمة من اذربيجان من كورة بَرْزَة ورسطف وخابنجر[d] فكوّرت بهذه
الرساتيق ووليها عامل مفرد وكان خراجها يؤدَّى اليه، ثمّ انّ الصعاليك
كثروا فى خلافة امير المؤمنين الرشيد وشعّثوا سيسر فامر بمرمّتها
وتحصينها ورتّب فيها الف رجل من اصحاب خاقان الخادم السُّغْدى ففيها

عليها النسير بن ثور فى عجل وحنيفة وفتحها بعد فتح نهاوند ولم يشهد عجلىّ
ولا حنفىّ لانهم اقاموا مع النسير على القلعة فسميت القلعة به. Unde apparet, coll.
supra p. 289, legendum esse نُسَير et قلعة النسير. *a*) A. وكان. *b*) Codd. المومن.
c) Codd. مادمهرج. Varia lectio ad Jacut in v. سيسر: مايبهرج. *d*) Fortasse legendum
وخانيجر, v. supra p. 308. Jacut in v. سيسر: برزة ورستاق خانجر.

قوم من اولادهم، ثمّ لمّا كان فى اخر ايّام الرشيد وجّه مُرّة بن ابى مُرّة
الرُّدَيْنىّ[a] العِجْلىّ على سِيسَر فحاول عثمان الأَوْدىّ مغالبته عليها فلم يقدر
على ذلك وغلبه على ما كان فى يده من اذربيجان او اكثره، ولم يزل مُرّة
ابن الرُّدَيْنىّ يؤدّى الخراج عن سيسر فى ايّام محمّد بن الرشيد على
مقاطعة قاطعه[b] عليها الى ان وقعت الفتنة، ثمّ انّها أُخذت من عاصم بن
مرّة فاخرجت من يده فى خلافة المامون فرجعت الى ضياع الخلافة ،،
وحدّثنى مشايخ من اهل المفازة وهى متاخمة لسيسر انّ الجُرَشىّ[c] لمّا ولى
الجبل جلا اهل المفازة عنها فرفضوها وكان للجُرَشى قائد يقال له هَمّام بن
هانئ العَبْدى فالجأ اليه اكثر اهل المفازة ضياعهم وغلب على ما فيها
فكان يؤدّى حقّ بيت المال فيها حتّى توفّى وضعف ولده عن القيام بها،
فلمّا اقبل المامون امير المؤمنين[d] من خراسان بعد قتل محمّد بن زُبَيدة
يريد مدينة السلم اعترضه بعض ولد همّام ورجل من اهلها يقال له محمّد
ابن العبّاس واخبرا بقصّتها ورضاء جميع اهلها ان يعطوه رقبتها ويكونوا
مزارعين له فيها على ان يعزّوا ويُمْنَعوا من الصعاليك وغيرهم فقبلها وامر
بتقويتهم ومعونتهم على عمارتها ومصلحتها فصارت من ضياع الخلافة ،، 360
وحدّثنى المدائنى انّ لَيْلَى الأُخَيْلِيّة اتت الحجّاج فوصلها وسالته ان
يكتب لها الى عامله بالرىّ فلمّا صارت بساوة ماتت فدفنت هناك ،،

---

a) Vid. annot ad *Qamus.*, ed. Bulaq. *b*) B. قوطع. *c*) Codd. h. l. الحرشى, alibi semper الحرسى. Legi الجُرَشى cum Weil, I. p. 635, coll. loco ex *Kitâbo 'l-Oyoun* in edit. Jaqubii, p. ٨٣ *c*, ubi الحُرشى scribitur. (Cf. *Historia Khalifatus Omar II*[i] etc. ed. meae p. ٢٨, ٣٥). Quod in *Moschtabih* legimus, hanc lectionem suadere videtur; nomen enim الحَرَشى restringens ad Naisaburitas, de الجُرَشى affirmat hoc nomen relativum frequenter occurrere. Praeterea ex Jaqubío novimus nostrum esse ممن اهل الشام. Hunc autem virum, cujus nomen est سعيد بن عمرو بن اسود, probe distinguendum esse a سعيد الحَرَشى, belli duce tempore al-Mahdii, jam monuit editor Jaqubii. *d*) A. om. امير المومنين.

قُمّ وقاشان واصبهان

قالوا لمّا انصرف ابو موسى عبد الله بن قيس الاشعرى من نهاوند
سار[a] الى الاهواز فاستقراها ثمّ اتى قُمّ واقام عليها ايّامًا ثمّ افتتحها ووجّه
الاحنف بن قيس واسمه الضحّاك بن قيس التميمى الى قاشان ففتحها
عنوة ثمّ لحق به، ووجّه عمر بن الخطّاب عبد الله بن بُدَيل بن وَرْقاء
الخُزاعىّ الى اصبهان سنة ٢٣ ويقال بل كتب عمر الى ابى موسى الاشعرى
يامره بتوجيهه فى جيش الى اصبهان فوجّهه ففتح عبد الله بن بُدَيل
جَيّ صلحًا بعد قتال على ان يؤدّى اهلها الخراج والجزية وعلى ان
يأمنوا على انفسهم واموالهم خلا ما فى ايديهم من السلاح، ووجّه عبد
الله بن بُدَيل الاحنف بن قيس وكان فى جيشه الى اليَهُوديّة فصالحه
اهلها على مثل ذلك الصلح، وغلب ابن بُدَيل على ارض اصبهان
وطساسيجها وكان العامل عليها الى ان مضت من خلافة عثمان سنة ثمّ
ولّاها عثمانُ السائبَ بن الاقرع ٭ وحدّثنى محمّد بن سعد مولى بنى
هاشم قال ثنا موسى بن اسمٰعيل عن سليمٰن بن مسلم عن خاله بَشِير
ابن ابى اميّة[b] انّ الاشعرى نزل باصبهان فعرض عليهم الاسلام فابوا فعرض
عليهم الجزية فصالحوه عليها فباتوا على صلح ثمّ اصبحوا على غدر فقاتلهم 361
واظهره[c] الله عليهم، قال محمّد بن سعد احسبه عن اهل قُمّ ٭ وحدّثنى
محمّد بن سعد قال حدّثنى الهَيْثَم بن جميل عن حمّاد بن سَلَمَة عن
محمّد بن اسحٰق قال وجّه عمر ابن بُدَيل الخزاعى الى اصبهان وكان
مرزبانها مُسِنًّا يسمّى الفاذُوسفَان[d] فحاصره وكاتب اهلَ المدينة فخذّلهم

a) Codd. om. b) Abu Noaim, f. 14 r. بشير بن يسار عن ابيه. c) A. فاظهره.
d) Sive الفاذوسبان, v. Abu Noaim, f. 15 v. sqq. Codd. الفاودسان.

عنه فلمّا راى الشيخ التيات الناس عليه اختار ثلثين رجلًا من الرماة يثق بباسهم وطاعتهم ثمّ خرج من المدينة هاربًا يريد كرمان ليتبع يَزْدَجِرْد ويلحق به فانتهى خبره الى عبد الله بن بُدَيل فاتبعه فى خيل كثيفة فالتفت الاعجمى اليه وقد علا شرفًا فقال اتّق على نفسك فليس يسقط لمن ترى سهم فان حملت رميناك وان شئت ان تبارزنا بارزناك فبارز الاعجمىّ فضربه ضربة وقعت على قَرَبُوس سرجه فكسرته وقطعت اللَّبَب ثمّ قال له يا هذا ما احبُّ قتلك فانّى اراك عاقلًا شجاعًا فهل لك فى ان ارجع معك فاصالحك على[a] اداء الجزية عن اهل بلدى فمن اقام كان ذمّة ومن هرب لم تعرض[b] له وادفع المدينة اليك فرجع ابن بُدَيل معه ففتح جَىّ ووفا بما اعطاه وقال يا اهل اصبهان رايتكم لياما متخاذلين فكنتم اهلًا لما فعلتُ بكم ،، قالوا وسار ابن بُدَيل فى نواحى اصبهان سهلها وجبلها فغلب عليها وعاملهم فى الخراج نحو ما عامل عليه اهلَ الاهواز ،، قالوا وكان فتح اصبهان وارضها فى بعض سنة ٢٣ و٢٤ ،، وقد رُوى انّ عمر بن الخطّاب وجّه عبد الله بن بُدَيل فى جيش فوافى ابا موسى وقد فتح قُمّ وقاشان فغزوَا جميعًا اصبهان وعلى مقدّمة ابى موسى 362
الاشعرى الاحنفُ بن قيس[c] ففتحا اليهوديّة جميعًا على ما وصفنا ثمّ فتح ابن بُدَيل جَىّ وسارا جميعًا فى ارض اصبهان فغلبا عليها، واصحّ الاخبار انّ ابا موسى فتح قُمّ وقاشان وانّ عبد الله بن بُدَيل فتح جَىّ واليهوديّة ،، وحدّثنى ابو حسّان الزِيَادىّ عن رجل من ثقيف قال كان لعثمان بن ابى العاصى الثقفى مشهد باصبهان ،، وحدّثنا محمّد بن يحيى التميمى عن اشياخه قال كانت للاشراف من اهل اصبهان معاقل

a) A. عن. b) B. يعرض. c) B. والاحنف — على مقدمة الخ.

بجفرباد من رستاق التَّيْمَرَة[a] الكبرى ببِهجاوَرْسان[b] وبقلعة تعرف بمَارِبِين[c] فلمَّا فتحت جَىّ دخلوا فى الطاعة على ان يؤدُّوا الخراج وأَنِفُوا من الجزية فاسلموا ». وقال الكلبى وابو اليَقْظان ولى الهُذَيل بن قيس العنبرى اصبهان فى ايّام مروٰن فمذ ذاك صار العنبريّون اليها ». قالوا وكان جدُّ ابى دُلَف وابو دُلَف القٰسم بن عيسى بن ادريس بن مَعْقِل العِجْلىُّ يعالج العطر ويجلب الغنم[d] فقدم الجبل فى عدّة من اهله فنزلوا قرية من قرى هَمَذان تدعى مس ثمّ انّهم أَثْروا واتّخذوا الضياع ووثب ادريس بن مَعْقِل على رجل من التجار كان له عليه مال فخنقه ويقال بل خنقه واخذ ماله فحمل الى الكوفة وحبس بها فى ولاية يوسف بن عمر الثقفى العراق زمن هشام بن عبد الملك، ثمّ انّ عيسى بن ادريس نزل الكَرَج وغلب عليها وبنى حصنها وكان حصنًا رثًّا، وقويت حال ابى دُلَف القٰسم بن
عيسى وعظم شانه عند السلطان فكبّر ذلك الحصن ومدّن الكَرَج فقيل 363
كَرَج ابى دُلَف والكرج اليوم مصر من الامصار ». وكان المامون وجّه على ابن هشام المروزى الى قُمّ وقد عصا اهلها وخالفوا ومنعوا الخراج وامره بمحاربتهم وامدّه بالجيوش ففعل وقتل رئيسهم وهو يحيى بن عمران وهدم سور مدينتهم والصقه بالارض وجباها سبعة آلف الف درهم وكسرًا وكان اهلها قبل ذلك يتظلّمون من الفى الف درهم، وقد نقضوا فى خلافة ابى عبد الله المعتزّ بالله بن المتوكّل على الله فوجّه اليهم موسى بن بُغا عامله على الجبل لمحاربة الطالبيّين الّذين ظهروا بطبرستان ففتحت عنوة وقتل من اهلها خلق كثير وكتب المعتزّ بالله فى حمل جماعة من وجوهها ».

a) A. السمره, *Merácid* التيمرة, al-Jaqubí, p. ٥٢ التيمرى. b) A. بهجاورسان; vulgo قهجاورسان, v. Abu Noaim, f. 38 r. قه جاورسان et versum f. 18 r.:

الى حصن اصبهان ببطن جى وجاورسان ذى المرعى الخصيب

c) A. بمارسن, B. بمارتين; v. Vullers *Lexicon* in v. et Abu Noaim, f. 25 r. et v.
d) Sic Codd.

مَقْتَل يَزْدَجِرْد بن شَهْرِيار بن كِسْرَى
أَبَرْوِيز بن هُرْمُز بن أَنُوشِرْوَان

قالوا هرب يزدجرد من المدائن الى حلوان ثمّ الى اصبهان، فلمّا فرغ المسلمون من امر نهاوند هرب من اصبهان الى اصْطَخْر فتوجّه عبد الله ابن بُدَيل بن ورقاء بعد فتح اصبهان لاتباعه فلم يقدر عليه، ووافى ابو موسى الاشعرىّ اصطخر فرام فتحها فلم يمكنه ذلك وعاناها عثمان بن ابى العاصى الثقفى فلم يقدر عليها، وقدم عبد الله بن عامر بن كُرَيز البصرة سنة ٢٩ وقد افتُتحت فارس كلّها الّا اصطخر وجُور فهمّ يزدجرد بان ياتى طبرستان وذلك انّ مرزبانها عرض عليه وهو باصبهان ان ياتيها واخبره بحصانتها ثمّ بدا له فهرب الى كرمان واتبعه ابن عامر مُجاشعَ بن 364
مسعود السُّلَمىّ وهَرِمَ[a] بن حَيّان العَبْدىّ فمضى مجاشع فنزل بِيمَنْذ[b] من كرمان فاصاب الناسَ الدَّمَق وهلك جيشه فلم ينج الّا القليل فسمّى القصر قصر مجاشع وانصرف مجاشع الى ابن عامر، وكان يزدجرد جلس ذات يوم بكرمان فدخل عليه مرزبانها فلم يكلّمه تيهًا فامر بجرّ رجله وقال ما انت باهل لولاية قرية فضلًا عن الملك ولو علم الله فيك خيرًا ما صيّرك الى هذه الحال، فمضى الى سجستان فاكرمه ملكها واعظمه فلمّا مضت عليه ايّام ساله عن الخراج فتنكّر له، فلمّا راى يزدجرد ذلك سار الى خراسان فلمّا صار الى حدّ مرو تلقّاه ماهَوَيْه مرزبانها مُعَظِّمًا مُبَجِّلًا وقدم عليه نِيزَك[c] طرخان فحمله وخلع عليه واكرمه فاقام نيزك عنده شهرًا ثمّ شخص وكتب اليه يخطب ابنته فاحفظ ذلك يزدجرد وقال اكتبوا اليه انّما انت عبد من عبيدى فما جرّأك على ان تخطب الىّ وامر بمحاسبة ماهويه مرزبان

a) B. وهزم. b) A. ىمىىذ, B. بيميد. c) A. نيزل.

مرو وساله عن الاموال فكتب ماهويه الى نيزك يحرّضه عليه ويقول هذا
الّذى قدم مغلولًا طريدًا فمننتَ عليه ليُرَدَّ عليه ملكه فكتب اليك بما
كتب به ثمّ تضافرا على قتله، واقبل نيزك فى الاتراك حتّى نزل الجُنَابِذ
فحاربوه فتكافأ[a] الترك ثمّ عادت الدبرة عليه فقتل اصحابه ونهب عسكره فاتى
مدينة مرو فلم يفتح له فنزل عن دابّته ومشى حتّى دخل بيت طحّان
على المِرْغاب ويقال انّ ماهويه بعث اليه رسله حين بلغه خبره فقتلوه فى
بيت الطحّان ويقال انّه دسّ الى الطحّان فامره بقتله فقتله ثمّ قال ما
ينبغى لقاتل ملك ان يعيش فامر بالطحّان فقتل ويقال انّ الطحّان[b] 365
قدّم له طعامًا واكل واتاه بشراب يشرب[c] فسكر فلمّا كان المساء اخرج تاجه
فوضعه على راسه فبصر به الطحّان فطمع فيه فعمد الى رحا فالقاها عليه
فلمّا قتله اخذ تاجه وثيابه والقاه فى الماء ثمّ عرف ماهويه خبره فقتل
الطحّان واهل بيته واخذ التاج والثياب، ويقال انّ يزدجرد نُذِر برسل
ماهويه فهرب ونزل الماء فطُلب من الطحّان فقال قد خرج من بيتى
فوجدوه فى الماء فقال خلّوا عنّى اعطكم منطقتى وخاتمى وتاجى فتغيّبوا
عنه وسالهم شيـًا ياكل به خبزًا فاعطاه بعضهم اربعة دراهم فضحك وقال
لقد قيل لى انّك ستحتاج الى اربعة دراهم، ثمّ انّه هجم عليه بعد ذلك
قوم وجّههم ماهويه لطلبه فقال لا تقتلونى واحملونى الى ملك العرب
لاصالحه عنّى وعنكم فتامنوا فابوا ذلك وخنقوه بوتر ثمّ اخذوا ثيابه
فجعلت فى جراب والقوا جُثّتَهُ فى الماء ووقع فَيْرُوز بن يزدجرد فيما يزعمون
الى الترك فزوّجوه واقام عندهم،،

a) Codd. فكتنافى. b) Haec inde a دس in A. om. c) A. om.

فتح الرّىّ وقُومَس

حدّثنى العبّاس بن هشام الكلبى عن ابيه عن ابى مِخْنَف انّ عمر بن الخطّاب كتب الى عمّار بن ياسر وهو عامله على الكوفة بعد شهرين من وقعة نهاوند يامره ان يبعث عروة بن زيد الخيل الطائى الى الرىّ ودَسْتَبَى فى ثمانية الف ففعل، وسار عروة الى ما هناك فجمعت له الديلم وامدّهم اهل الرىّ فقاتلوه فاظهره الله عليهم فقتلهم واجتاحهم ثمّ خلّف حنظلة بن زيد اخاه وقدم على عمّار فساله ان يوجّهه الى عمر وذلك 366
انّه[a] كان القادم عليه بخبر الجسر[b] فاحبّ ان ياتيه بما يسرّه فلمّا رآه عمر قال انّا لله وانّا اليه راجعون فقال عروة بل احمد الله فقد نصرنا واظهرنا وحدّثه بحديثه فقال هلّا اقمتَ وارسلتَ[c] قال قد استخلفتُ اخى واحببتُ ان آتيك بنفسى فسمّاه البشير وقال عروة

بَرَزْتُ لِأَهْلِ ٱلْقَادِسِيَّةِ مُعْلِمًا وَمَا كُلُّ مَنْ يَغْشَى ٱلْكَرِيهَةَ يُعْلِمُ
وَيَوْمًا بِأَكْنَافِ ٱلنُّخَيْلَةِ قَبْلَهَا شَهِدْتُ فَلَمْ أَبْرَحْ أُدَمِّى وَأُكْلِمُ
وَأَيْقَنْتُ يَوْمَ ٱلدَّيْلَمِيِّينَ أَنَّنِى مَتَى يَنْصَرِفْ وَجْهِى الَى ٱلْقَوْمِ يَهْزِمُوا
مُحَافَظَةً أَنِّى ٱمْرُؤٌ ذُو حَفِيظَةٍ اِذَا لَمْ أَجِدْ مُسْتَأْخَرًا أَتَقَدَّمُ

المنذر بن حسّان بن ضرار احد بنى مالك بن زيد[d] شرك فى دم مِهْران يوم النُّخَيلة، قالوا فلمّا انصرف عروة بعث حُذَيفة على جيشه[e] سَلَمَة ابن عمرو بن ضِرار الضَّبّىّ ويقال البَرَاء بن عازِب وقد كانت وقعة عروة كسرت الديلم واهل الرىّ فاناخ على حصن الفرخان ابن الزينبدى[f]

---

a) B. لانه. b) In marg. B. اى جسر ابى عبيد; A. الجيش. c) B. فارسلت.
d) In A. post بنى lacuna. Supra p. 295 dicitur الضبى. e) A. om. على جيشه. An pro حذيفة legendum عمار? f) Codd. الفرحان بن الرىىمدى; cf. Wüstenfeld in

والعرب يسمّيه الزَّيْنَبِى[a] وكان يدعى عارين[b] فصالحه ابن الزينبى بعد قتال
على ان يكونوا ذمّة يؤدّون الجزية والخراج ‹ واعطاه عن اهل الرىّ وقومس
خمس مائة الف على ان لا يقتل منهم احدًا ولا يسببه ولا يهدم لهم
بيت نار وان يكونوا اسوةَ اهل نهاوند فى خراجهم ‹ وصالحه ايضًا عن
367 اهل دَسْتَبَى الرازى وكانت دَسْتَبَى[c] قسمين قسمًا رازيًّا وقسمًا هَمَذانيًّا ‹
ووجّه سليمٰن بن عمر[d] الضبّى ويقال البَرَاء بن عازب الى قومس خيلًا فلم
يمتنعوا وفتحوا ابواب[e] الدامغان ثمّ لمّا عزل عمر بن الخطّاب عمّارًا ولّى
المغيرةَ بن شُعْبَة الكوفة ولّى المغيرةُ بن شعبة كَثير بن شهاب الحارثىَّ الرىّ
ودَسْتَبَى وكان لكثير اثر جميل يوم القادسيّة فلمّا صاروا الى الرىّ وجد
اهلها قد نقضوا فقاتلهم حتّى رجعوا الى الطاعة واذعنوا بالخراج والجزية
وغزا الديلم فاوقع بهم وغزا الببر والطَّيْلَسان ‹‹ حدّثنى حفص بن عمر
العُمَرى عن الهَيْثَم بن عَدىّ عن ابن عيّاش الهَمَذانى وغيره انّ كثير بن
شهاب كان على الرىّ ودستبى وقزوين وكان جميلًا حازمًا مُقْعَدًا فكان
يقول ما من مُقْعَد الّا وهو عيّال على اهله سواى وكان اذا ركب ثابت[f]
سويقتيه كالمحراثين وكان اذا غزا اخذ كلّ امرئ ممّن معه بترس ودرع
وبيضة ومسلّة وخمس ابر وخيوط كتّان وبمِخْصَف ومِقْراض ومخلاة[g]
وتِلّيسة وكان بخيلًا وكانت له جفنة توضع بين يديه فاذا جاءه انسان
قال لا ابا لك اكانت لك علينا عين ‹ وقال يومًا يا غلام اطعمنا فقال ما

Zeitschr. d. d. m. G., XVIII. p. 488. Codd. Jacut ut me docuit V. Cl. الزنيبدى, الزنبيدى, الرينبيدى et الرنبيدى. (Ibn Cotaiba, p. ٢١١ الفرّخان). a) A. الرنبى, B. الرينبى. b) Sive عارس. c) A. دستبا, quae lectio confirmat Bekrii pronunciationem hujus nominis. *Merácid* دَسْتَبِى, cf. *Ann.* V. p. 466 seq. Interdum quoque in Codd. vocalis Fatah additur. d) Supra سلمة بن عمرو. e) A. om. f) Codd. بانت. g) A. om. Deinde Codd. وبلسة.

عندى الّا خبز وبقل فقال وهل اقتتلت فارس والروم الّا على الخبز والبقل، وولى الرىّ ودستبى ايضًا ايّام معوية حينًا ،، قال ولمّا ولى سعد ابن ابى وقّاص الكوفة فى مرّته الثانية اتى الرىّ وكانت ملتاثة فاصلحها[a] وغزا الديلم وذلك فى اوّل سنة ٢٥ ثمّ انصرف ،، وحدّثنى بكر بن الهيثم عن
368 يحيى بن ضَرِيس قاضى الرىّ قال لم تزل الرىّ بعد ان فتحت ايّام حُذَيفة تنتقض وتفتح حتّى كان اخر من فتحها قَرَظة بن كعب الانصارى فى ولاية ابى موسى الكوفة لعثمان فاستقامت وكان عمّالها ينزلون حصن الزنبدى[b] ويجمّعون فى مسجد اتُّخذ بحضرته وقد دخل ذلك فى فصيل المحمّدية[c]، وكانوا يغزون الديلم من دَسْتَبَى، قال وقد كان قَرَظة بعدُ ولى الكوفة لعلىّ ومات بها فصلّى[d] عليه علىٌّ رضه ،، وحدّثنى عبّاس بن هشام عن ابيه عن جدّه قال ولّى علىٌّ يزيدَ بن حجبة[e] بن عامر بن تَيْم الله ابن ثعلبة بن عُكَابة الرىّ ودستبى فكسر الخراج فحبسه فخرج فلحق بمعاوية، وقد كان ابو موسى غزا الرىّ بنفسه وقد نقض اهلها ففتحها على امرها الاوّل ،، وحدّثنى جعفر بن محمّد الرازى قال قدم امير المؤمنين المهدى فى خلافة المنصور فبنى مدينة الرىّ الّتى الناسُ بها اليوم وجعل حولها خندقًا وبنى فيها مسجدًا جامعًا جرى على يدى عمّار بن ابى الخَصِيب وكتب اسمه على حائطه فارخ[f] بناءها سنة ١٥٨ وجعل لها فصيلًا يطيف به فارقين اجر[g] وسمّاها المحمّديّة فاهل الرىّ يدعون المدينة الداخلة ويسمّون الفصيل المدينة الخارجة وحصن الزنبدى[h] فى داخل المحمّديّة وكان المهدى قد امر بمرمّته ونزله وهو مُطلّ على المسجد الجامع

a) A. فاصلحها. b) Codd. الربىدى. c) I. e. المحمدية. d) B. وصلى. e) B. om. بن حجبة. In *Tab.* Wüstenf. B. 18 filius Amiri non memoratur. f) B. وارخ. g) A. om. h) Codd. الربىدى.

ودار الامارة وقد كان جعل بعدُ سجنًا ٭ قال وبالرىّ اهل بيت يقال لهم بنو الحَرِيش نزلوا بعد بناء المدينة، قال وكانت مدينة الرىّ تدعى فى
369 الجاهليّة ارازَى[a] فيقال انّه خسف بها وهى على ستّ فراسخ من المحمّديّة وبها سمّيت الرىّ، قال وكان المهدى فى اوّل مقدمه الرىّ نزل قرية يقال لها السّبروان، قال وفى قلعة الفرخان يقول الشاعر وهو الغَطَمّش بن الاعور بن عمرو الضبّى

عَلَى ٱلْجَوْسَقِ ٱلْمَلْعُونِ بِٱلرَّيِّ لَا يَنِى   عَلَى رَاسِهِ دَاعِى ٱلْمَنِيَّةِ يَلْمَعُ ٭

قال بكر بن الهيثم حدّثنى يحيى بن ضريس القاضى قال كان الشَّعْبى دخل الرىّ مع قُتَيْبَة بن مُسْلِم فقال له ما احبُّ الشراب اليك فقال اهونه وجودًا واعزّه فقدًا، قال ودخل سعيد بن جُبَير الرىّ ايضًا فلقيه الضحّاك فكتب عنه التفسير، قال وكان عمرو بن معدى كَرِب الزبيدى غزا الرىّ اوّلَ ما غُزِيت فلمّا انصرف توفّى فدفن فوق رُوذَة وبوسنة[b] بموضع يسمّى كرمانشاهان وبالرىّ دُفن الكسائى النحوى واسمه علىّ بن حمزة وكان شخص اليها مع الرشيد رحمه وهو يريد خراسان وبها مات الحجّاج بن أَرْطاة وكان شخص اليها مع المهدى ويكنّى ابا ارطاة، وقال الكلبى نسب قصر جابر بدَشْتَبَى الى جابر احد بنى زيبان[c] بن تيم الله بن ثعلبة ٭ قالوا ولم تزل وظيفة الرىّ اثنى عشر الف الف درهم حتّى مرّ بها المامون منصرفَه[d] من خراسان يريد مدينة السلم فاسقط من وظيفتها الفى الف درهم واسجل بذلك لاهلها ٭

---

a) Codd. ازازى; Wüstenfeld l. l. *Azârí*; Barb. de Meynard, p. 277 ارازى. b) B. وبوسيه. De morte Amri ibn Ma'dí Karib v. Bekrí in v. روذة (I. 387). c) Sic Codd.; vulgo زِمّان, e. g. *Moschtarik*, p. ٣٨٩. Jacut apud Barb. de Meynard, p. 448, 520 ضمرة. d) B. منصرفا.

370 فَتْحُ قَزْوِينَ وَزَنْجَان

حدّثنى عدّة من اهل قزوين وبكر بن الهيثم عن شيخ من اهل الرىّ قالوا وكان حصن قزوين يسمّى بالفارسيّة كشوين ومعناه الحدّ المنظور اليه اى المحفوظ وبينه وبين الديلم جبل ولم يزل فيه لاهل فارس مقاتلة من الاساورة يرابطون فيه فيدفعون الديلم اذا لم يكن بينهم هدنة ويحفظون بلدهم من متلصّصيهم وغيرهم اذا جرى بينهم صلح وكانت دَسْتَبَى مقسومة بين الرىّ وهَمَذان فقسم يدعى الرازى وقسم يدعى الهمذانى فلمّا ولى المغيرة بن شُعْبَة الكوفة ولّى[a] جريرَ بن عبد الله همذان وولّى البَرَاء بن عازِب قزوين وامره ان يسير اليها[b] فان فتحها الله على يده غزا الديلم منها وانّما كان مغزاهم قبل ذلك من دستبى فسار البراء ومعه حنظلة بن زيد الخيل حتّى اتى أَبْهَر فقام على حصنها وهو حصن بناه بعض الاعاجم على عيون سدّها بجلود البقر والصوف واتّخذ عليها دكّة ثمّ انشأ[c] الحصن عليها فقاتلوه ثمّ طلبوا الامان فامنهم على مثل ما امن عليه حذيفة اهل نهاوند وصالحهم على ذلك وغلب على اراضى ابهر ثمّ غزا اهل حصن قزوين فلمّا بلغهم قصد المسلمين لهم وجّهوا الى الديالمة يسألونهم نصرتهم فوعدوهم ان يفعلوا وحلّ البراء والمسلمون بعقوتهم[d] فخرجوا لقتالهم والديلميّون وقوف على الجبل لا يمدّون الى المسلمين يدًا فلمّا
371 راوا ذلك طلبوا الصلح فعرض عليهم ما اعطى اهل ابهر فأَنفوا من الجزية واظهروا الاسلام فقيل انّهم نزلوا على مثل ما نزل عليه اساورة البصرة من الاسلام على ان يكونوا مع من شاءوا فنزلوا الكوفة وحالفوا زُهْرَة بن حَوِيّة فسمّوا حمراء الديلم وقيل انّهم اسلموا واقاموا بمكانهم وصارت ارضوهم

a) Codd. وولى. b) A. عليها. c) A. انشى. d) A. بعفوتهم.

عشريّة فرتّب البَرَاء معهم خمس مائة رجل من المسلمين معهم طليحة ابن خويلد الاسدى واقطعهم ارضين لا حقّ فيها لاحد ، قال بكر وانشدنى رجل من اهل قزوين لجدّ ابيه وكان مع البراء

قَدْ عَلِمَ ٱلدَّيْلَمُ اذْ تُحَارِبْ   حِينَ أَتَى فِى جَيْشِهِ ٱبْنُ عَازِبْ
بِأَنَّ ظَنَّ ٱلْمُشْرِكِينَ كَاذِبْ   فَكَمْ قَطَعْنَا فِى دُجَى ٱلْغَيَاهِبْ
مِنْ جَبَلٍ وَعْرٍ وَمِنْ سَبَاسِبْ

وغزا الديلم حتّى أَدَّوْا اليه الاتاوة وغزا جِيلَان والببر والطيلسان وفتح زنجان عنوة، ولمّا ولى الوليد بن عقبة بن ابى مُعَيط بن ابى عمرو بن اميّة الكوفة لعثمان بن عفّان غزا الديلم ممّا يلى قزوين وغزا اذربيجان وغزا جيلان وموقان والببر والطيلسان ثمّ انصرف، وولى سعيد بن العاصى ابن سعيد بن العاصى بن اميّة بعد الوليد فغزا الديلم ومصّر قزوين فكانت ثغر اهل الكوفة وفيها بنيانهم ، وحدّثنى احمد بن ابرٰهيم الدَّوْرَقى قال ثنا خَلَف بن تميم قال ثنا زائدة بن[a] قُدامة عن اسمٰعيل عن مُرّة 372 الهَمَذانى قال قال علىٌّ بن ابى طالب رضه من كره منكم ان يقاتل معنا معاوية فلياخذ عطاه وليخرج الى الديلم فليقاتلهم قال وكنت فى النخبة[b] فاخذنا اعطياتنا وخرجنا الى الديلم ونحن اربعة الٰف او خمسة الاف ، وحدّثنا عبد الله بن صالح العجلىّ عن ابن يمان[c] عن سفيٰن قال اغزى علىٌّ رضه الربيعَ بن خُثَيم الثَّوْرى الديلم وعقد له على اربعة الٰف من المسلمين ، وحدّثنى بعض اهل قزوين قال بقزوين مسجد الربيع بن خثيم معروف وكانت فيه شجرة يتمسّح بها العامّة ويقال انّه غرز[d] سواكه فى الارض فاورق[e] حتّى كانت الشجرة منه فقطعها عامل طاهر بن عبد

---

a) Codd. عن. b) Codd. المحىه. c) Codd. ىمان. d) B. غرس. e) A. فاىرف.

الله بن طاهر فى خلافة امير المؤمنين المتوكّل على الله خوفًا من ان يفتتن بها الناس[a] ⁂ قالوا وكان موسى الهادى لمّا صار الى الرىّ اتى قزوين فامر ببناء مدينة بازائها وهى[b] تعرف بمدينة موسى وابتاع ارضًا تدعى رستماباذ فوقفها على مصالح المدينة وكان عمرو الرومىّ مولاه يتولّاها ثمّ تولّاها بعده محمّد بن عمرو، وكان المبارك التركى بنا حصنًا يسمّى مدينة المبارك[c] وبها قوم من مواليه ⁂ وحدّثنى محمّد بن هرون الاصبهانى قال مرّ الرشيد بهمذان وهو يريد خراسان واعترضه اهل قزوين فاخبروه بمكانهم من بلاد العدوّ وغنائهم فى مجاهدته وسالوه النظر لهم وتخفيف ما يلزمهم من عشر غلّاتهم فى القصبة[d] فصيّر عليهم فى كلّ سنة عشرة الف درهم مقاطعةً وكان القسم بن امير المؤمنين الرشيد ولى جرجان 373
وطبرستان وقزوين فالجأ اليه اهل زنجان ضياعهم تعزّزًا به ودفعًا لمكروه الصعاليك وظلم العمّال عنهم وكتبوا له عليها الاشرية وصاروا مزارعين له وهى اليوم من الضياع، وكان القاقزان عُشريًّا لانّ اهله اسلموا عليه واحيوه[e] بعد الاسلام فالجأوه الى القسم ايضا على ان جعلوا له عشرًا ثانيًا سوى عشر بيت المال فصار ايضًا فى الضياع، ولم تزل دَسْتَبَى على قسمين بعضها من الرىّ وبعضها من همذان الى ان سعى رجل ممّن بقزوين من بنى تميم يقال له حنظلة بن خلد يكنّى ابا مالك فى امرها حتّى صيّرت كلّها الى قزوين فسمعه رجل من اهل بلده يقول كوّرتُها وانا ابو مالك فقال بل افسدتَها وانت ابو هالك ⁂ وحدّثنى المدائنى وغيره انّ الاكراد عاثوا وافسدوا فى ايّام خروج عبد الرحمن بن محمّد بن الاشعث فبعث الحجّاجُ عمروَ[f] بن هانئ العبسى فى اهل دِمَشْق اليهم فاوقع بهم وقتل منهم خلقًا

a) B. بها الناس. b) B. فهى. c) المباركية (Jacut). d) A. العصبة. e) Codd. واحموه. f) A. عمر.

ثمّ امره بغزو الديلم فغزاهم فى اثنى عشر الفًا فيهم من بنى عجل ومواليهم من اهل الكوفة ثمٰنون منهم محمّد بن سنان[a] العجلىّ ، فحدّثنى عوف بن احمد العبدى قال حدّثنى ابو حَنَش[b] العِجْلىّ عن ابيه قال ادركتُ رجلًا من التميميّين العجليّين الّذين وجّههم الحجّاج لمرابطة الديلم فحدّثنى قال رايتُ من موالى بنى عجل رجلًا يزعم انّه صليبه[c] فقلتُ انّ اباك كان لا يُحبّ بنَسَبه فى العجم ولاية فى العرب بدلًا
فمن اين زعمتَ انّك صليبه فقال اخبرتنى امّى بذلك فقلت هى[d] مصدّقة 374
هى اعلم بابيك، قالوا وكان محمّد بن سنان[e] العجلى نزل قرية من قرى دستبى ثمّ صار الى قزوين فبنى دارًا فى ربضها فعذله اهل الثغر وقالوا عرّضت نفسك للتلف وعرّضتنا للوهن ان نالك العدوّ بسوء فلم يلتفت الى قولهم فامر ولده واهل بيته فبنوا معه خارج المدينة ثمّ انتقل الناس بعد فبنوا حتّى تمّ ربض المدينة ، قالوا وكان ابو دُلَف القٰسم بن عيسى غزا الديلم فى خلافة المامون وهو والٍ فى خلافة المعتصم بالله ايّام ولاية الافشين للجبال ففتح حصونًا منها اقليسم صالح اهله على اتاوة ومنها بومج فتحه عنوة ثمّ صالح اهله على اتاوة ومنها الابلام ومنها انداق[f] فى حصون اخر واغزى الافشين غير[g] ابى دلف ففتح ايضًا من الديلم حصونًا، ولمّا كانت سنة ٢٥٣ وجّه امير المؤمنين المعتزّ بالله موسى بن بُغا الكبير مولاه الى الطالبيّين الّذين ظهروا بالديلم وناحية طبرستان وكانت الديالمة قد اشتملت على رجل منهم يعرف بالكوكبىّ[h] فغزا الديلم واوغل فى بلادهم وحاربوه فاوقع بهم وثقُلت وطاته عليهم واشتدّت نكايته[i] ، واخبرنى

---

a) B. سمان. *b*) Codd. حمش. *c*) Nempe Mohammedis ibn Sinán. *d*) B. om. *e*) B. سمان. *f*) A. اىذاق, B. اىداف; v. Jacut apud Barb. de Meynard, p. 54. *g*) A. عىد. *h*) Codd. بالكوكمى. Nomen ejus v. apud Ibno 'l-Athîr, VII. p. ١١٠, cf. ١٣٣. *i*) B. ركادىه.

رجل من اهل قزوين انّ قبور هاؤلاء الندماء براوَنْد من عمل اصبهان وانّ الشاعر انّما قال

أَلَمْ تَعْلَمَا أَنِّي بِرَاوَنْدَ مُفْرَدًا[a]

وحدّثنى عبد الله بن صالح العجلىّ قال بلغنى انّ ثلثة نفر من اهل 375
الكوفة كانوا فى جيش الحجّاج الّذى وجّهه الى الديلم فكانوا يتنادمون ثلثتهم ولا يخالطون غيرهم فانّهم على ذلك اذ مات احدهم فدفنه صاحباه وكانا يشربان عند قبره فاذا بلغته الكاس هرقاها على قبره وبكيا ثمّ انّ الثانى مات فدفنه الباقى الى جانبه وكان يجلس عند قبريهما فيشرب ثمّ يصبّ على القبر الّذى يليه ثمّ على الاخر ويبكى فانشا ذات يوم يقول

خَلِيلَيَّ هُبَّا طَالَ مَا قَدْ رَقَدْتُمَا   أَجِدَّكُمَا مَا تَقْضِيَانِ كَرَاكُمَا
أَلَمْ تَعْلَمَا أَنِّي بِقَزْوِينَ مُفْرَدٌ   وَمَا لِيَ فِيهَا مِنْ خَلِيلٍ سِوَاكُمَا
مُقِيمًا عَلَى قَبْرَيْكُمَا لَسْتُ بَارِحًا   طَوَالَ ٱللَّيَالِي أَوْ يُجِيبُ صَدَاكُمَا
سَأَبْكِيكُمَا طُولَ ٱلْحَيَاةِ وَمَا ٱلَّذِي   يَرُدُّ عَلَى ذِي لَوْعَةٍ أَنْ بَكَاكُمَا

ثمّ لم يلبث ان مات فدفن عند صاحبيه فقبورهم تعرف بقبور الندماء ؛،

فَتْحُ اذربيجان

حدّثنا الحسين بن عمرو الاردبيلى عن واقد الاردبيلى عن مشايخ ادركهم انّ المغيرة بن شعبة قدم الكوفة واليًا من قبل عمر بن الخطّاب ومعه كتاب الى حُذَيْفَة بن اليَمَان بولاية اذربيجان فانفذه اليه وهو بنهاوند او بقربها فسار حتّى اتى أَرْدَبِيل وهى مدينة اذربيجان وبها مرزبانها واليه
جباية خراجها وكان المرزبان قد جمع اليه المقاتلة من اهل باجَرْوان ومَيْمَذ 376

a) Bekrí in v. خزاق (I. p. 282) قال الاسدى :
الم تعلما ما لى براوند كلها   ولا بخزاق من صديق سواكما.

والنَّرِيز[a] وسَراة[b] والشِيز[c] والمَيانِج وغيرهم فقاتلوا المسلمين قتالًا شديدًا اَيَّامًا ثمّ انّ المرزبان صالح حذيفة عن جميع اهل اذربيجان على ثمان مائة الف درهم وزن ثمانية على ان لا يقتل منهم احدًا ولا يسببه ولا يهدم بيت نار ولا يعرض لاكراد البَلاسجان وسَبَلان[d] وساتروذان[e] ولا يمنع اهل الشِيز خاصّة من الزفن فى اعيادهم واظهار ما كانوا يظهرونه، ثمّ انّه غزا مُوقان وجِيلان فاوقع بهم وصالحهم على اتاوة ، قالوا ثمّ عزل عمر حذيفة وولّى اذربيجان عُتْبَة بن فَرْقَد السُّلَمى فاتاها من الموصل ويقال بل اتاها من شهرزور على السَّلَق الّذى يعرف اليوم بمعْوية[f] الاودى فلمّا دخل أَرْدَبيل وجد اهلها على العهد وانتقضت عليه نواحٍ[g] فغزاها فظفر وغنم وكان معه عمرو بن عتبة الزاهد ، وروى الواقدى فى اسناده انّ المغيرة بن شعبة غزا اذربيجان من الكوفة فى سنة ٢٢ حتّى انتهى اليها ففتحها عنوة ووضع عليها الخراج ، وروى ابن الكلبى عن ابى مِخْنَف انّ المغيرة غزا اذربيجان سنة ٢٠ ففتحها ثمّ انّهم كفروا فغزاها الاشعث بن قيس الكندى ففتح حصن باجَرْوان وصالحهم على صلح المغيرة ومضى صلح الاشعث الى اليوم ، وكان ابو مِخْنَف لُوط بن يحيى يقول انّ عمر ولّى سعدًا ثمّ عمّارًا ثمّ المغيرة ثمّ ردّ سعدًا وكتب اليه والى امراء الامصار فى قدوم المدينة فى السنة الّتى توفّى فيها فلذلك حضر سعد الشُّورى واوصى القائم بالخلافة ان يردّه الى عمله وقال غيره 377
توفّى عمر والمغيرة واليه على الكوفة واوصى بتولية سعد الكوفة وتولية

a) A. والمدس, B. والندر. b) Jacut سراو; cf. Jaqubí, p. ٤٧. c) A. البشير. Est locus hujus nominis in terra vicina الزوزان. In ed. Jaqubíi والشيز reponendum pro والشتر. d) A. om. وسبلان; B. الملاسجان وسلان. Jacut in v. اذربيجان habet البَلَاشجان. e) Sive سانزوذان. Jacut l. l. ميانروذان. f) Codd. بمعوده. g) B. بواج.

ابى موسى البصرة فولّاهما عثمان ثمّ عزلهما ، وحدّثنى المدائنى عن
علىّ بن مجاهد عن محمّد بن اسحٰق عن الزهرى قال لمّا هزم الله
المشركين بنهاوند رجع الناس الى امصارهم وبقى اهل الكوفة مع حذيفة
فغزا اذربيجان فصالحوه على مائة[a] الف ، وحدّثنى المدائنى عن علىّ بن
مجاهد عن عاصم الاحول عن ابى عثمان النَّهْدىّ قال عزل عمر حذيفة
عن اذربيجان واستعمل عليها عتبة بن[b] فرقد السُّلَمىّ فبعث اليه باخبصة
قد ادرجها فى كرابيس فلمّا وردت عليه قال اورق قالوا لا قال فما هى قال
لَطَفٌ بعث به فلمّا نظر اليه قال ردّوها عليه وكتب اليه[c] يابن امّ عتبة
انّك لتاكل الخبيص من غير كَدِّك ولا كدّ ابيك ، وقال عتبة قدمتُ من
اذربيجان وافدًا على عمر فاذا بين يديه عَضَلَة جزور ، وحدّثنى المدائنى
عن عبد الله بن القٰسم عن فروة بن لقيط قال لمّا قام عثمان بن عفّان
رضه استعمل الوليدَ بن عقبة بن ابى مُعَيط فعزل عتبة عن اذربيجان
فنقضوا فغزاهم الوليد سنة ٢٥ وعلى مقدّمته عبد الله بن شِبْل[d] الأَحْمَسىّ
فاغار على اهل مُوقان والببر والطيلسان فغنم وسبى وطلب اهل كور
اذربيجان الصلح فصالحهم على صلح حذيفة ، قال ابن الكلبى ولّى علىّ
ابن ابى طالب رضه اذربيجان سعيدَ بن سارية[e] الخزاعىّ ثمّ الاشعث بن
378 قيس الكندىّ ، وحدّثنى عبد[f] الله بن معاذ العبقرى عن ابيه عن
سعد بن الحكم بن عتبة عن زيد بن وهب قال لمّا هزم الله المشركين
بنهاوند رجع اهل الحجاز الى حجازهم واهل البصرة الى بصرتهم واقام حذيفة
بنهاوند فى اهل الكوفة فغزا اذربيجان فصالحوه على ثمانى مائة الف درهم

---

a) In marg. B. لعله ثمان (nempe ثمان مائة الف). *b*) Codd. add. ابى. Deinde A. بدود. *c*) A. اليك. *d*) B. شبيل. *e*) Codd. سارية. *f*) B. عبيد. Dsahabí in *Tabacáto 'l-Hoffáth* 8, 79 eum appellat العنبرى, patrem ejus (6, 75) العنترى.

فكتب اليهم عمر بن الخطّاب انّكم بارض يخالط طعام اهلها ولباسهم المبتنة[a] فلا تاكلوا الّا ذكيًّا ولا تلبسوا الّا زكيًّا[b] يريد الفِراءَ ،، وحدّثنى العبّاس بن الوليد النَّرْسى قال ثنا عبد الواحد بن زياد قال ثنا عاصم الاحول عن ابى عثمان النَّهْدىّ قال كنتُ مع عتبة بن فرقد حين افتتح اذربيجان فصنع سفطَيْن من خبيص والبسهما الجلود واللبود ثمّ بعث بهما الى عمر مع سُحَيم مولى عتبة فلمّا قدم عليه قال ما الّذى جئتَ به أَذهب ام ورق وامر به فكُشف عنه فذاق الخبيص فقال انّ هذا لطيّب أُثْرٌ[c] اكُلُّ المهاجرين اكل منه شِبَعَهُ قال لا انّما هو شىء خصّك به فكتب اليه من عبد الله عمر امير المؤمنين الى عتبة بن فرقد امّا بعد فليس من كدّك ولا كدّ امّك ولا كدّ ابيك لا ناكل الّا ما يشبع منه المسلمون فى رحالهم ،، وحدّثنى الحسين بن عمرو واحمد بن مُصلح الازدى عن مشايخ من اهل اذربيجان قالوا قدم الوليد بن عقبة اذربيجان ومعه الاشعث بن قيس فلمّا انصرف الوليد ولّاه اذربيجان
379 فانتقضت فكتب اليه يستمدّه فامدّه بجيش عظيم من اهل الكوفة فتتبّع الاشعث بن قيس حانًا[d] حانًا (والحان الحائر فى كلام اهل اذربيجان) ففتحها على مثل صلح حذيفة وعتبة بن فرقد واسكنها ناسًا من العرب من اهل العطاء والديوان وامرهم بدعاء الناس الى الاسلام ، ثمّ تولّى سعيد ابن العاصى فغزا اهل اذربيجان فاوقع باهل موقان وجيلان وتجمّع له بناحية أُرْمَ[e] وبلوانكرج[f] خلق من الارمن واهل اذربيجان فوجّه اليهم جرير بن عبد الله البجلى فهزمهم واخذ رئيسهم فصلبه على قلعة

a) Codd. المتنة. Fortasse legendum المِيّتنة (*Qamus* اللبين). b) Codd. iterum ذكيا. c) A. om., B. أُتر. d) Codd. وحانا. e) A. ازم; v. Jacut ap. Barb. de Meynard in v. f) A. sic. B. ودلوا.

باجَرْوان، ويقال انّ الشمّاخ بن ضرار الثعلبى[a] كان مع سعيد بن العاصى فى هذه الغزاة وكان بُكَيْر بن شدّاد بن عامر فارسُ أَطْلال[b] معهم فى هذه الغزاة وفيه يقول الشمّاخُ

وغُنِيتُ عَنْ خَيْلٍ بِمُوقَانَ أَسْلَمَتْ بُكَيْرَ بَنِى الشُّدَّاخِ فَارِسَ أَطْلَالِ[c]

وهو من بنى كنانة وهو الّذى سمع يهوديًّا فى خلافة عمر ينشد

وَأَشْعَثَ غَرَّهُ ٱلْاسْلَامُ مِنِّى[d] خَلَوْتُ بِعِرْسِهِ لَيْلَ ٱلتَّمَامِ

فقتله، ثمّ ولّى علىّ بن ابى طالب الاشعث اذربيجان فلمّا قدمها وجد اكثرها قد اسلموا وقرءوا القران فانزل اردبيل جماعة من اهل العطاء والديوان من العرب ومصّرها وبنى مسجدها الّا انّه وُسّع بعد ذلك، قال الحسين[e] بن عمرو واخبرنى واقد انّ العرب لمّا نزلت اذربيجان نزعت اليها عشائرها من المصرَين والشام وغلب كلّ قوم على ما امكنهم وابتاع بعضهم من العجم الارضين وأُلجئت اليهم القرى للخفارة فصار اهلها مزارعين 380 لهم، وقال الحسين[f] كانت وَرْثان[g] قنطرة كقنطرتى وحش[h] وأَرْشَق التين اتُّخذتا حديثًا ايّام بابك فبناها مرون بن محمّد بن مرون بن الحكم واحيا ارضها وحصّنها فصارت ضيعة له ثمّ قبضت معما قبض من ضياع بنى اميّة فصارت لامّ جعفر زُبَيْدَة بنت جعفر بن[i] المنصور امير المؤمنين وهدم وُكَلاؤها سورها ثمّ رُمّ وجُدّد قريبًا وكان الورثانى[k] من مواليها، قال وكانت بَرْزَنْد قرية فعسكر فيها الافشين حَيْدَر بن كاوس عامل امير

---

a) B. التغلبى. b) اسم فرسه. c) Ibn Doraid, p. ١٠٦, Ibn Hadjar, I. p. ٣٣٤. d) Ibn Hadjar, I. p. ٩٩ حتى. e) A. الحسن. f) Codd. الحسن. g) A. وريان. h) Codd. حس. Jacut in v. ورثان: وكانت ورثان من ارض اذربيجان منظرة كمنظرة وحش وارشق. (Barbier de Meynard واش). i) B. om. k) Jacut (sec. vers. Barbier de Meynard) eum appellare videtur ابو الحسن على بن السرى.

المؤمنين المعتصم بالله على اذربيجان وارمينية والجبل[a] ايّام محاربته الكافر
بابك[b] الخُرّمى وحصّنها، قالوا وكانت المَراغة تدعى افراهروذ[c] فعسكر مروٰن
ابن محمّد وهو والى ارمينية واذربيجان منصرفَه من غزوة موقان وجيلان
بالقرب منها وكان فيها سِرْجين كثير فكانت دوابُّه ودوابّ اصحابه تمرَّغ فيها[d]
فجعلوا يقولون ايتوا قرية المراغة ثمّ حذف الناسُ قرية وقالوا المراغة
وكان اهلها الجأوها الى مروٰن فابتناها وتألّف وُكلاؤه الناسَ فكثروا فيها للتعزّز
وعمروها ثمّ انّها قُبضت معما قبض من ضياع بنى اميّة وصارت لبعض
بنات الرشيد امير المؤمنين فلمّا عاث الوجناء الازدى وصدقة بن علىّ مولى
الازد فافسدا وولى خُزَيمة بن خازم بن[e] خُزَيمة ارمينية واذربيجان فى
خلافة الرشيد بنا سورها وحصّنها ومصّرها وانزلها جندًا كثيفًا، ثمّ لمّا
381 ظهر بابك الخُرّمىُّ بالبَذّ لجأ الناسُ اليها فنزلوها وتحصّنوا فيها، ورمّ سورها
فى ايّام المامون عدّة من عمّاله منهم احمد بن الجُنَيد بن فرزندى وعلىّ
ابن هشام ثمّ نزل الناس ربضها وحُصّن، وامّا مَرَنْد فكانت قرية صغيرة
فنزلها حَلْبَس[f] ابو البَعيث ثمّ حصّنها البعيث ثمّ ابنه محمّد بن البعيث
وبنى بها محمّد قصورًا وكان قد خالف فى خلافة امير المؤمنين المتوكّل
على الله فحاربه بُغا الصغير مولى امير المؤمنين حتّى ظفر به وحمله الى سرّ
من راى وهدم حائط مَرَنْد وذلك القصر والبعيث من ولد عَتيب بن
عمرو بن وهب[g] بن أَفْصَى بن دُعْمِى بن جَدِيلة بن أَسَد بن ربيعة
ويقال انّه عَتيب بن عوف بن سنان والعُتْبِيّون[h] يقولون ذلك والله اعلم،

---

a) Codd. والحجمل. b) A. hic et deinde بابل. c) Codd. اقراهرود, *Merâcid* اقراهرود, cf. VI. p. 119. Jacut sec. Wüstenfeld in *Zeitschr. d. d. m. G.*, XVIII. p. 441 Afrâzharûd, sec. Barbier de Meynard امدادهارود. d) B. بها. e) خازم بن in Codd. desideratur; cf. Wüstenfeld l. l. p. 442 et supra p. 246. f) In ed. Ibno 'l-Athíri, VII. p. ٢٧ hic الجليس, filius ejus البُعَيث vocatur. g) Wüstenfeld A. 9 *Hinb.* h) A. والعممون.

واما أُرْمِيَة فمدينة قديمة يزعم المجوس انّ زَرَدُشْت صاحبهم كان منها وكان صدقة بن علىّ بن صدقة بن دينار مولى الازد حارب اهلها حتّى دخلها وغلب عليها وبنى واخوته بها قصورًا، وامّا تِبْرِيز[a] فنزلها الروّاد الازدى ثمّ الوجناء بن الروّاد وبنى بها واخوته بناء وحصّنها بسور فنزلها الناس معه، وامّا المَيَانِج وخلباثا[b] فمنازل الهمدانيّين[c] وقد مدّن عبد الله ابن جعفر الهمدانىّ محلّته بالميانج وصيّر السلطان بها منبرًا، وامّا كورة بَرْزة[d] فللاود وقصبتها لرجل منهم جمع الناس اليها وبنى بها حصنًا وقد اتُّخذ بها فى سنة ٢٣٩ منبر على كُرهٍ من الاودىّ، وامّا نَرِير[e] فكانت قرية

382 لها قصر قديم متشعّث فنزلها مُرّ بن عمرو الموصلى الطائى فبنا بها واسكنها ولده ثمّ انّهم بنوا بها قصورًا ومدّنوها وبنوا سوق جابروان وكبّروه وافرده السلطان لهم فصاروا يتولّونه دون عامل اذربيجان، فامّا[f] سَراة فانّ فيها من كندة جماعة اخبرنى بعضهم انّه من ولد من كان مع الاشعث ابن قيس الكندى.

فَتْحُ ٱلْمَوْصِلِ

قالوا ولّى عمر بن الخطّاب عتبة بن فَرْقَد السُّلَمىّ المَوْصِل سنة ٢٠ فقاتله اهل نِينَوَى فاخذ حصنها وهو الشرقىّ عنوةً وعبر دجلة فصالحه اهل الحصن الاخر على الجزية والاذن لمن اراد الجلاء فى الجلاء ووجد بالموصل ديارات فصالحه اهلها على الجزية ثمّ فتح المرج[g] وقُرَاه وارض باهُذرى[h] وباعَذْرَى وحِبْتُون[i] والحيانة والمعلّة وداميرِ[k] وجميع معاقل الاكراد وانى

a) Codd. نبرىن. b) A. وحلماثا. c) Codd. الهمدانيين. d) A. بُور, B. بوره et deinde فللاوديين. e) A. بَرير, B. تبريز. f) B. واما. Deinde Codd. سواه. g) A. الهرج. Deinde Codd. وراه. Scribendum esse ut feci docuit me Cl. Wüstenfeld. h) A. باهدوى. i) A. om., B. وحنمون. k) Jacut in v. الموصل habet رامين.

بانعاثا[a] من حَزَّة ففتحها واتى تلّ الشهارجة والسَّلَق الّذى يعرف ببنى
الحرّين[b] صالح بن عبادة الهَمْدانى صاحب رابطة الموصل ففتح ذلك كلّه
وغلب عليه المسلمون[c]، واخبرنى مُعَافَى بن طاوس[d] عن مشايخ من
اهل الموصل قال كانت أُرْمِيَة من فتوح الموصل فتحها عتبة بن فرقد
وكان خراجها حينًا الى الموصل وكذلك الحور[e] وخُوَىّ وسَلْماس، قال
مُعَافَى[f] وسمعتُ ايضًا انّ عتبة فتحها حين ولى اذربيجان والله اعلم،
383 وحدّثنى العبّاس بن هشام الكلبى عن ابيه عن جدّه قال اوّل من اختطّ
الموصل واسكنها العربَ ومصّرها هَرْثَمَة بن عَرْفَجَة[g] البارِقىّ، حدّثنى ابو
موسى الهَرَوىّ عن ابى الفضل الانصارى عن ابى المحارب الضبّى انّ
عمر بن الخطّاب عزل عتبة عن الموصل وولّاها هرثمة بن عرفجة البارقىّ
وكان بها الحصن وبيع النصارى ومنازل لهم قليلة عند تلك البيع ومحلّة
اليهود فمصّرها هرثمة فانزل العرب منازلهم واختطّ لهم ثمّ بنى المسجد
الجامع، وحدّثنى المُعَافَى بن طاوس قال الّذى فرش الموصل بالحجارة
ابن تَلِيد[h] صاحب شرطة محمّد بن مرون بن الحكم وكان محمّد والى
الموصل والجزيرة وارمينية واذربيجان، قال الواقدى ولّى عبد الملك بن
مرون ابنَه سعيد بن عبد الملك بن مروان صاحب نهر سعيد الموصل
وولّى محمّدًا[i] اخاه الجزيرة وارمينية فبنى سعيد سور الموصل وهو الّذى
هدمه الرشيد حين مرّ بها وقد كانوا خالفوا قبل ذلك وفرشها سعيد
بالحجارة، وحُدِّثتُ عن بعض اهل بابغيش انّ المسلمين كانوا طلبوا غرّة

a) Sic. Suspicor legendum esse باعَيْناثا de quo loco v. Bekrí et *Merácid*. b) *Merácid* الحسن (A. الحرين). c) B. وغلب والمسلمون عليه. d) A. طلوس. e) Fortasse legendum الخرز; cf. Barbier de Meynard *Dictionnaire* p. 220 ann. f) A. معافا. g) Ibn Doraid, p. ٢٨٢ عرفجة بن هرثمة. h) Fortasse idem qui laudatur ab Ibn Doraid, p. ٢٩٧. Nomen hujus erat Morra. i) Codd. محمد.

اهل ناحية منها مما يلى دامير[a] يقال لها زران فاتوهم فى يوم عيد لهم
وليس معهم سلاح فحالوا بينهم وبين قلعتهم وفتحوها ، قالوا ولمّا اختطّ
هرثمة الموصل واسكنها العرب اتى الحديثة وكانت قرية قديمة فيها بيعتان
وابيات النصارى فمصّرها واسكنها قومًا من العرب فسمّيت الحديثة لانّها
384 بعد الموصل وبنى نحوه حصنًا، ويقال انّ هَرْثَمَة نزل الحديثة اوّلًا فمصّرها
واختطّها قبل الموصل وانّها انّما سمّيت الحديثة حين تحوّل اليها من تحوّل
من اهل الانبار لمّا وليهم ابن[b] الرُّفَيل ايّام الحجّاج بن يوسف فعسّفها وكان
فيهم قوم من اهل حديثة الانبار فبنوا بها مسجدًا وسمّوا المدينة
الحديثة[c] ، قالوا وافتتح عتبة بن فرقد الطِيبرهان وتَكْرِيت وآمن اهل
حصن تكريت على انفسهم واموالهم وسار فى كورة باجَرْمَى ثمّ صار الى
شَهْرَزُور ، وحدّثنى شيخ من اهل تكريت انّه كان معهم كتاب امان
وشرط لهم فخرقه الجُرَشىّ حين اخرب قرى الموصل نَرْساباذ[d] وهاعلة وذواتها ،
وزعم الهَيْثَم بن عَدِىّ انّ عِياض بن غَنْم لمّا فتح بَلَدًا اتى الموصل ففتح
احد الحصنين والله تعالى اعلم ،

شَهْرَزُور والصّامَغان ودَراباذ[e]

حدّثنى اسحٰق بن سليمٰن الشهرزورى قال حدّثنا ابى عن محمّد بن
مروٰن عن اللّبى عن بعض آل عَـزْرَة البجلى انّ عَزْرَة[f] بن قيس حاول
فتح شهرزور وهو والٍ على حُلْوان فى خلافة عمر فلم يقدر عليها فغزاها
عتبة بن فرقد ففتحها بعد قتال على مثل صلح حلوان وكانت العقارب
تصيب الرجل من المسلمين فيموت ، وحدّثنى اسحٰق عن ابيه عن

---

a) A. داسر. *b*) A. om. *c*) B. بالحديثة. *d*) ? Codd. نرساداد. *e*) Quoque داراباد et ارداباد scribitur, v. *Add. ad Merâcid*, V. p. 398. *f*) A. عرزة.

مشايخهم قال صالح اهل الصّامَغان ودراباذ عتبة على الجزية والخراج على
ان لا يُقْتَلوا ولا يُسْبَوْا ولا يُمنعوا طريقًا يسلكونه ، وحدّثنى ابو رجاء
385 الحُلوانىّ[a] عن ابيه عن مشايخ شهرزور قالوا شهرزور والصامغان ودراباذ
من فتوح عتبة بن فرقد السلمىّ فتحها وقاتل الاكراد فقتل منهم خلقًا
وكتب الى عمر انّى قد بلغتُ بفتوحى اذربيجان فولّاه ايّاها وولّى هَرْثَمَة
ابن عَرْفَجَة المَوْصِل ، قالوا ولم تزل شهرزور واعمالها مضمومة الى الموصل
حتّى فُرِقت فى اخر[b] خلافة الرشيد فولى شهرزور والصامغان ودراباذ رجل
مفرد وكان رزق عامل كلّ كورة من كور الموصل مائتى درهم فحطّ لهذه الكور
ستّمائة درهم ،

جُرْجَان وطَبَرِسْتَان وَنَوَاحِيهَا

قالوا ولّى عثمان بن عفّان رحمه سعيدَ بن العاصى بن سعيد بن العاصى[c] بن اميّة الكوفة فى سنة ٢٩ فكتب مرزبان طوس اليه والى عبد الله بن عامر بن كُرَيز بن ربيعة بن حَبيب بن عبد شمس وهو على البصرة يدعوهما الى خراسان على ان يملكه عليها ايّهما غلب وظفر فخرج ابن عامر يريدها وخرج سعيد فسبقه ابن عامر فغزا سعيد طبرستان ومعه فى غزاته فيما يقال الحسن والحسين ابنا علىّ بن ابى طالب عم، وقيل ايضا انّ سعيدًا غزا طبرستان بغير كتاب اتاه من احد وقصد اليها من الكوفة والله اعلم، ففتح سعيد طَمِيسَة ونامنة[d] وهى قرية وصالح ملك

---

a) Non differre videtur ab ابو رجاء الفارسى qui supra p. 302 memoratur. b) A. om. c) A. om. inde ab بن سعيد. d) Codd. ونامىه, v. Barbier de Meynard, p. 383 sq. et 559. Dorn, *Muh. Quellen* cet., IV. p. ٣٣ et ٣٤ ex codice Jacuti Petrop. et p. ٧٩ e libro Persico c. t. مسالك وممالك edidit ناميه (et تاميه).

جرجان على مائتى الف درهم ويقال على ثلثمائة الف بغليّة[a] وافنه فكان
يؤدّيها الى غُزاة المسلمين وافتتح سعيد سهل طبرستان والرُّويان[b] ودنباوند 386
واعطاه اهل الجبال مالًا وكان المسلمون يغزون طبرستان ونواحيها فربّما
اعطوا الاتاوة عفوًا وربّما اعطوها بعد قتال، وولّى معوية بن ابى سفين
مَصْقَلَةَ بن هُبَيْرَة بن شَبَل[c] احد بنى ثعلبة بن شيبان بن ثعلبة[d] بن
عُكابة طبرستان وجميع اهلها حربٌ وضمّ اليه عشرة الُف ويقال عشرين
الفًا فكاده العدوّ واروه الهيبة له حتّى توغّل بمن معه فى البلاد فلمّا
جاوروا المضايق اخذها العدوّ عليهم ودهدَوْا[e] الصخور من الجبال على
رؤوسهم فهلك ذلك الجيش اجمع وهلك مصقلة فضرب الناس به المثل
فقالوا حتّى يرجع مصقلة من طبرستان، ثمّ انّ عبيد الله بن زياد بن
ابى سفيان ولّى محمّد بن الاشعث بن قيس الكندىّ طبرستان فصالحهم
وعقد لهم عقدًا ثمّ امهلوا له حتّى دخل فاخذوا عليه المضايق وقتلوا
ابنه ابا بكر وفضَحُوه ثمّ نجا فكان المسلمون يغزون ذلك الثغر وهم
حذرون من التوغّل فى ارض العدوّ، وحدّثنى عبّاس بن هشام الكلبى
عن ابيه عن ابى مِخْنَف وغيره قالوا لمّا ولى سليمن بن عبد الملك بن
مرون الامر ولّى يزيدَ بن المهلّب بن ابى صفرة العراق فخرج الى خراسان
لسببِ[f] ما كان من التواء قُتَيبة بن مسلم وخلافه على سليمن وقتل
وكيع بن ابى سُود التميمىّ ايّاه فعرض له صول التركىّ فى طريقه وهو يريد
خراسان فكتب الى سليمن يستاذنه فى غزوه فاذن له فغزا جِيلان وسارية
ثمّ اتى دِهِسْتان وبها صول فحصرها وهو فى جند كثيف من اهل المصرَيْن
واهل الشام واهل خراسان فكان[g] اهل دِهِستان يخرجون فيقاتلونهم فالح 387

a) V. de Sacy, *Traité des monnaies*, p. 6 et infra caput paenultimum. b) Codd. والريان. c) Sic Codd. cum Daracotnío. Dsahabí praefert سَبَل. d) B. om. بن ثعلبة. e) B. يدهدهوا. f) A. بسبب. g) A. وكان.

عليهم يزيد وقطع الموادّ عنهم ثمّ انّ صول ارسل الى يزيد يسأله الصلح
على ان يؤمنه على نفسه وماله واهل بيته ويدفع اليه المدينة واهلها وما
فيها فقبل يزيد ذلك وصالحه عليه ووفى له وقتل يزيد اربعة عشر الفًا من
التّرك واستخلف عليها، وقال ابو عبيدة معمر بن المثنّى انّ صول قُتل
والخبر الأوّل اثبت ،، وقال هشام بن الكلبى اتى يزيد جرجان فتلقّاه اهلها
بالاتاوة الّتى كان سعيد بن العاصى صالحهم عليها فقبلها، ثمّ انّ اهل
جرجان نقضوا وغدروا فوجّه اليهم جَهْم بن زَحْر الجُعْفِىّ ففتحها، قال
ويقال انّه صار الى مرو فاقام بها شتوته ثمّ غزا جرجان فى مائة الف
وعشرين الفًا من اهل الشام والجزيرة والمصرَيْن وخراسان ،، وحدّثنى
علىّ بن محمّد[a] المدائنى قال اقام يزيد بن المهلّب بخراسان شتوة ثمّ
غزا جرجان وكان عليها حائط من آجرّ قد تحصّنوا به من التّرك واحد
طرفيه فى البحر ثمّ غلبت الترك عليه وسمّوا ملكهم صول فقال يزيد قبح
الله قُتَيبة ترك هاؤلاء وهم فى بيضة العرب واراد غزو الصين او قال وغزا
الصين وخلّف يزيد على خراسان مُخلّد بن يزيد، قال فلمّا صار الى جرجان
وجد صول قد نزل فى البُحَيرة[b] فحصره ستّة اشهر وقاتله مرارًا فطلب الصلح
على ان يؤمنه على نفسه وماله وثلثمائة من اهل بيته ويدفع اليه البحيرة
بما فيها فصالحه ثمّ صار الى طبرستان واستعمل على دِهِستان والبياسان
388 عبد الله بن معمر اليشكرىّ وهو فى اربعة آلف، ووجّه ابنه خُلد بن
يزيد واخاه ابا عيينة بن المهلّب الى الاصبهبذ[c] وهزمهما حتّى الحقهما
بعسكر يزيد وكتب الاصبهبذ الى المرزبان (ويقال المروزبان[d]) انّا قد

a) A. محمد بن على. b) Codd. hic et deinde المحمره. Vid. *Historia Khalif. al-Walídi et Solaimáni* ed. Anspach, p. ٢٧. c) A. fere semper الاصبهذ, B. الاصبهبد. d) B. المروزان.

قتلنا اصحاب يزيد فاقتُل من قبلك من العرب فقتل عبد الله بن معمر اليشكرى ومن معه وهم غارّون فى منازلهم وبلغ الخبر يزيد فوجّه حيّان مولى مَصْقَلَة وهو من سبى الديلم فقال للاصبهبذ انّى رجل[a] منك واليك وان فرّق الدين بيننا ولستُ بآمن ان يأتيك من قبل امير المؤمنين ومن جيوش خراسان ما لا قبل لك به ولا قوام لك معه وقد رُزْتُ[b] لك يزيد فوجدته سريعًا الى الصلح فصالحه ولم يزل يخدعه حتّى صالح يزيد على سبعمائة الف درهم واربعمائة وقر زعفرانًا فقال له الاصبهبذ العشرة وزن ستّة فقال لا ولكن وزن سبعة فأبى فقال حيّان انا اتحمّل فضل ما بين الوزنين فتحمّله وكان حيّان من نُبل الموالى وسرواتهم وكان يكنّى ابا معمر، قال المدائنى بلغ يزيد نكث اهل جرجان وغدرهم فسار يريدها ثانية فلمّا بلغ المرزبان مسيره اتى وجاه فتحصّن بها وحولها غياض واشب فنزل[c] عليها سبعة اشهر لا يقدر منها على شىء وقاتلوه مرارًا ونصب المنجنيق عليها ثمّ انّ رجلًا دلّهم على طريق الى قلعتهم وقال لا بُدّ من سُلّمٍ جُلود فعقد يزيد لجَهْم بن زَحْر الجُعْفىّ وقال ان غُلبت على الحياة فلا تُغلبن على الموت وامر يزيد ان تُشعل النار فى الحطب فهالهم ذلك وخرج قوم منهم ثمّ رجعوا وانتهى جَهْم الى القلعة فقاتله قوم ممّن كان على بابها
389 فكشفهم عنه ولم يشعر العدوّ بُعيد العصر الّا بالتكبير من ورائهم ففتحت القلعة وانزلوا على حكم يزيد فقادهم جهم الى وادى جرجان وجعل يقتلهم حتّى سالت الدماء فى الوادى وجرت وهو بنى مدينة جرجان، وسار يزيد الى خراسان فبلغته الهدايا ثمّ ولّى ابنه مُخَلَّدًا خراسان وانصرف الى سليمن فكتب اليه انّ معه خمسة عشرين[d] الف الف درهم فوقع الكتاب فى يدى عمر بن عبد العزيز فاخذ يزيد به وحبسه، وحدّثنى

a) A. om. b) B. ردت. c) A. وينزل. d) Codd. عشرون.

عبّاس بن هشام الكلبى عن ابيه عن ابى مِخْنَف او عَوانة بن الحكم قال سار[a] يزيد الى طبرستان فاستجاش الاصبهبذ الديلم فانجدوه فقاتله يزيد ثمّ انّه صالحه على نقد اربعة آلف الف درهم وعلى سبعمائة الف درهم مثاقيل فى كلّ سنة ووقر اربعمائة جمّاز زعفرانًا وان يخرجوا اربعمائة رجل على راس كلّ رجل منهم ترس وطيلسان وجام فضّة ونمرقة حرير وبعض الرواة يقول برنس، وفتح يزيد الرُّويان ودَنباوند على مال وثياب وآنية[b] ثمّ مضى الى جرجان وقد غدر اهلها وقتلوا خليفته وقدّم امامه جَهْم بن زَحْر بن قيس الجُعْفىّ فدخل المدينة واهلها غارّون وغافلون[c] ووافاه ابن المهلّب فقتل خلقًا من اهلها وسبى ذراريهم وصلب من قتل عن يمين الطريق ويساره واستخلف عليها جَهْمًا فوضع الجزية والخراج على اهلها وثَقُلت وطاته[d] عليهم ،، قالوا ولم يزل اهل طبرستان يؤدّون الصلح مرّة ويمتنعون من ادائه اخرى فيحاربون ويسالمون فلمّا كانت ايّام
390 مروٰن بن محمّد بن مروٰن بن الحكم غدروا ونقضوا حتّى اذا استُخلف ابو العبّاس امير المؤمنين وجّه اليهم عامله فصالحوه ثمّ انّهم نقضوا وغدروا وقتلوا المسلمين فى خلافة امير المؤمنين المنصور فوجّه اليهم خازم بن خُزَيمة التميمىّ ورَوْح بن حاتم المهلّبىّ ومعهما مرزوق ابو الخَصيب مولاه الّذى نُسب اليه قصر ابى الخصيب بالكوفة فسالهما مرزوق حين طال عليهما الامر وصعب ان يضرباه ويحلقا راسَه ولحيته ففعلا فخلص الى الاصبهبذ فقال له انّ هٰذين الرجلين استغشّانى وفعلا بى ما ترى وقد هربتُ اليك فان قبلت انقطاعى وانزلتنى المنزلة الّتى استحقّها منك دللتُك على عورات العرب وكنت يدًا معك عليهم فكساه واعطاه واظهر الثقة به والمشاورة له فكان يُريه انّه له ناصح وعليه مشفق فلمّا اطلع

a) B. وسار. b) Codd. وانمه. c) A. om. d) A. وطاتهم.

على اموره وعوراته كتب الى خازم وروّح بما احتاجا الى معرفته من ذلك واحتال للباب حتّى فتحه فدخل المسلمون المدينة وفتحوها وساروا فى البلاد فدوّخوها، وكان عمر بن العلاء جزّارًا من اهل الرىّ فجمع جمعًا وقاتل سنفاذ حين خرج بها فابلى ونكى فاوفده جَهْوَر بن مَرّار[a] العِجْلىّ على المنصور فقوّده وحضنه وجعل له مرتبة ثمّ انّه ولى طبرستان فاستشهد بها فى خلافة المهدى امير المؤمنين[b]، وافتتح محمّد بن موسى بن حفص بن عمر بن العلاء ومايزديار بن قارن جبال شروين من طبرستان وهى امنع جبال واصعبها واكثرها أَشَبًا وغياضًا فى خلافة المامون رحمه ثمّ انّ المامون
391 ولّى مايزديار اعمال طبرستان والرُّويان[c] ودنباوند وسمّاه محمّدًا وجعل له مرتبة الاصبهبذ فلم يزل واليًا حتّى توفّى المامون ثمّ استخلف ابو اسحٰق المعتصم بالله امير المؤمنين فاقرّه على عمله ثمّ انّه كفر وغدر بعد ستّ سنين واشهر من خلافته فكتب الى عبد الله بن طاهر بن الحسين بن مصعب عامله على خراسان والرىّ وقومس وجرجان يامره بمحاربته فوجّه عبدُ الله اليه الحسن بن الحسين عمّه فى رجال خراسان ووجّه المعتصم بالله محمّد بن ابرٰهيم بن مصعب فيمن ضمّ اليه من جند الحضرة فلمّا توافت الجنود فى بلاده كاتب اخ[d] له يقال له قوهيار بن قارن الحسنَ ومحمّدًا واعلمهما انّه معهما عليه وقد كان يحقد اشياء يناله بها من الاستخفاف وكان اهل عمله قد ملّوا سيرته لتجبّره وعسفه فكتب الحسن يشير عليه بان يكمن فى موضع سمّاه له وقال لمايزديار انّ الحسن قد اتاك وهو بموضع كذا وذكر[e] غير ذلك الموضع وهو يدعوك الى الامان ويريد مشافهتك فيما بلغنى فسار مايزديار يريد الحسن فلمّا

---

a) Ibn Doraid, p. ٢٠٨ المرار. b) Jacut apud Barb. de Meynard, p. 385 versum memorat in hujus viri honorem. c) B. والدويان. d) A. اخًا. e) A. om.

صار بقرب الموضع الّذى للحسن كامن فيه آذنه فوهيار بمجيئه[a] فخرج عليه فى اصحابه وكانوا منقطعين فى الغياض فجعلوا يتتامّون اليه واراد مايزديار الهرب فاخذ فوهيار بمنطقته وانطوى عليه اصحاب للحسن فاخذوه سلمًا بغير عهد ولا عقد فحمل الى سرّ من راى فى سنة ٢٢٥ فضرب بالسياط بين يدى المعتصم بالله ضربًا مبرحًا فلمّا رُفعت السياط عنه مات فصلب بسرّ
من راى مع بابك الخُرّمى على العقبة الّتى بحضرة مجلس الشُرطة ووثب 392
بفوهيار بعض خاصّة اخيه فقتل بطبرستان وافتُتِحت طبرستان سهلها وجبلها فتولّاها عبد الله بن طاهر وطاهر بن عبد الله من بعده "

فُتُوحُ كُوَرِ دِجْلَةَ

قالوا كان سُوَيْد بن قُطْبَة الذُّهْلىّ وبعضهم يقول قُطْبة بن قَتَادة يغير فى ناحية الخُرَيبة من البصرة على العجم كما كان المثنّى بن حارثة الشيبانىّ يغير بناحية الحيرة فلمّا قدم خٰلد بن الوليد البصرة يريد الكوفة سنة ١٢ اعانه على حرب اهل الأُبُلّة وخلّف سُوَيدًا ' ويقال انّ خٰلدًا لم يسر من البصرة حتّى فتح الخُرَيبة وكانت مسلحة للاعاجم[b] فقتل وسبى وخلّف بها رجلًا من بنى سعد بن بكر بن هوازن يقال له شُرَيح ابن عامر ' ويقال انّه اتى نهر المرأة ففتح القصر صلحًا صالحه عنه النُّوشَجَان[c] ابن جسنسما والمرأة صاحبة[d] القصر كامن دار بنت نَرْسى وهى ابنة عمّ النُّوشَجَان وانّما سمّيت المرأة لانّ ابا موسى الاشعرىّ كان نزل بها فزوّدته خبيصًا فجعل يقول اطعمونا من دقيق المرأة ' وكان محمّد بن عمر الواقدى ينكر ان يكون خٰلد بن الوليد اتى[e] البصرة حين فرغ من امر اهل

a) Codd. ادىه — ىمحىه. b) Codd. الاعاجم. c) Tabarí, II. p. 12, 18 انوشجان. Deinde B. جسنسماه. d) B. صاحبته. e) B. من addito كذا.

اليمامة والبحرين ويقول قدم المدينة ثمّ سار منها الى العراق على طريق
فَيْد والثعلبيّة والله اعلم ،، قالوا فلمّا بلغ عمر بن الخطّاب خبر سُوَيد بن
قُطْبة وما يصنع بالبصرة راى ان يولّيها رجلًا من قبله فولّاها عُتْبَة بن
393 غَزْوان بن جابر بن وهب[a] بن نُسَيب احد بنى مازن بن منصور بن
عكرمة بن خَصَفَة وهو حليف بنى نوفل بن عبد مَنَاف وكان من المهاجرين
الاوّلين وقال له انّ الحيرة قد فُتحت وقُتل عظيم من العجم يعنى مِهْران
ووطئت خيل المسلمين ارض بابل فصِرْ الى ناحية البصرة فاشغل من هناك
من اهل الاهواز وفارس ومَيْسان عن امداد اخوانهم على اخوانك فاتاها
عتبة وانضمّ اليه سُوَيد بن قُطْبة ومن معه من بكر بن وائل وبنى تميم،
وكانت بالبصرة سبع دساكر اثنتان بالخُرَيبة واثنتان بالزابوقة وثلث فى
موضع دار الازد اليوم ففرق عتبة اصحابه فيها ونزل هو بالخُرَيبة وكانت
مسلحةً للاعاجم ففتحها خٰلد بن الوليد فخلت منهم وكتب عتبة الى
عمر يعلمه نزوله واصحابه بحيث نزلوا فكتب اليه يامره بان ينزلهم موضعًا
قريبًا من الماء والمرعى فاقبل الى موضع البصرة، قال ابو مِخْنَف وكانت ذات
حصًى وحجارة سود فقيل انّها بصرة، وقيل انّهم انّما سمّوها بصرة لرخاوة
ارضها ،، قالوا وضربوا بها الخيام والقباب والفسْطيط ولم يكن لهم بناء وامدّ
عمر عتبة بهَرْثَمَة بن عَرْفَجَة البارقىّ وكان بالبحرين ثمّ انّه صار بعدُ الى
الموصل ،، قالوا فغزا عتبة بن غَزْوان الأُبُلّة ففتحها عنوة وكتب الى عمر
يعلمه ذلك ويخبره انّ الابلّة فرضة البحرين وعمان والهند[b] والصين
وانفذ الكتاب مع نافع بن الحٰرث الثقفى ،، وحدّثنى الوليد بن صالح قال
394 حدّثنا مرحوم العطّار عن ابيه عن شُوَيس[c] العَدَوىّ قال خرجنا مع امير

a) Wüstenf. D. 16 Woheib. b) B. وعمارة الهند. c) Infra p. 435 B. habet شويش (A. sine punctis) ut *Qamus*. De Jong in edit. *Moschtabih* p. ١٤. praefert شويس.

الأُبُلّة فظفرنا بها ثمّ عبرنا الفرات فخرج الينا اهل الفرات بمساحيهم[a]
فظفرنا بهم وفتحنا الفرات ،، وحدّثنى عبد الواحد بن غياث قال ثنا
حمّاد بن سَلَمَة عن ابيه عن حميرى بن كَرَاثَة[b] الرَّبَعىّ قال لمّا دخلوا
الابلّة وجدوا خُبَيز الحُوَّارَى فقالوا هذا الّذى كان يقال انّه يسمن فلمّا
اكلوا منه جعلوا ينظرون الى سواعدهم ويقولون والله ما نرى سمنًا، قال
واصبتُ قميصًا مجيّبًا من قبل صدره اخضر فكنت احضر فيه الجمعة ،،
وحدّثنى المدائنى عن جهم بن حسّان قال فتح عتبة الابلّة ووجّه
مجاشع بن مسعود على الفرات وامر المغيرة بالصلاة وشخص الى عمر ،،
وحدّثنى المدائنى عن اشياخه انّ ما بين الفَهْرَج الى الفرات صلح
وسائر الابلّة عنوة ،، وحدّثنى عبد الله بن صالح المقرئُ قال حدّثنى
عَبْدَة بن سليمٰن عن محمّد بن اسحٰق بن يسار قال وجّه عمر بن
الخطّاب عتبة بن غَزْوان حليف بنى نوفل فى ثمان مائة الى البصرة وامدّه
بالرجال فنزل بالناس فى خِيَم فلمّا كثروا بنى رهط منهم سبع دساكر من
لبن منها بالخُرَيبة اثنتان وبالزابُوقة واحدة وفى الازد اثنتان وفى تميم
اثنتان ثمّ انّه خرج الى الابلّة فقاتل اهلها ففتحها[c] عنوة واتى الفرات
وعلى مقدّمته مجاشع بن مسعود السُّلَمى ففتحه عنوة واتى المَذَار[d] فخرج
اليه مرزبانها فقاتله فهزمه الله وغرق عامّة من معه وأُخذ سلمًا فضرب
عتبة عنقه وسار عتبة الى دَسْتُمَيْسان وقد جمع اهلها للمسلمين وارادوا 395
المسير اليهم فراى ان يعاجلهم بالغزو ليكون ذلك افتّ فى اعضادهم
واملأ لقلوبهم[e] فلقيهم فهزمهم الله وقتل دهاقينهم وانصرف عتبة من فوره
الى أَبَرْقُبَاذ[f] ففتحها الله عليه ،، قالوا ثمّ استاذن عتبة عمر بن الخطّاب

a) Codd. بمساحمهم. *b*) Ibn Hadjar, I. p. ٨١٤ كرابة. *c*) B. ثم فتحها. *d*) A. المدان. *e*) Addendumne رعبًا? *f*) Jacut praescribit ابزقباذ, sed cf. ann. ad *Merácid*, IV. p. 20.

فى الوفادة عليه وللحجّ فاذن له فاستخلف مجاشع بن مسعود السُّلَمىّ وكان غائبًا عن البصرة وامر المغيرة بن شُعْبَة ان يقوم مقامه الى قدومه فقال انولّى رجلًا من اهل الوبر على رجل من اهل المدر واستعفى عتبة من ولاية البصرة فلم يعفه وشخص فمات فى الطريق، فولّى عمر البصرة المغيرة ابن شُعْبَة وقد كان الناس سالوا عتبة عن البصرة فاخبرهم بخصبها فسار اليها خلق من الناس ». وحدّثنى عبّاس بن هشام عن ابيه عن عَوَانة قال كانت عند عتبة بن غَزْوان أَزْدَة بنت الحُرث بن كَلَدَة فلمّا استعمل عمر عتبة بن غزوان قدم معه نافع وابو بَكْرة وزياد ثمّ انّ عتبة قاتل اهل مدينة الفرات فجعلت امراته أَزْدَة تحرّض الناس على القتال وهى تقول

إِنْ[a] يَهْزِمُوكُمْ تُولِجُوا فِينَا ٱلْغُلَفْ

ففتح الله على المسلمين تلك المدينة واصابوا غنائم كثيرة ولم يكن فيهم احد يكتب ويحسب الّا زياد فولى قسم ذلك المغنم وجُعل له كلّ يوم درهمان وهو غلام فى راسه ذوابة، ثمّ انّ عتبة شخص الى عمر وكتب
396 الى مجاشع بن مسعود يعلمه انّه[b] قد خلّفه وكان غائبًا وامر المغيرة بن شُعْبَة ان يصلّى بالناس الى قدوم مجاشع ثمّ انّ دهقان مَيْسان كفر ورجع عن الاسلام فلقيه المغيرة بالمنعرج فقتله وكتب المغيرة الى عمر بالفتح منه فدعا عمر عُتبة فقال الم تعلمنى انّك استخلفتَ مجاشعًا قال نعم قال فانّ المغيرة كتب الىّ بكذا فقال انّ مجاشعًا كان غائبًا فامرتُ المغيرة ان يخلفه ويصلّى بالناس الى قدومه فقال عمر لعمرى لاهل المدر كانوا اولى بان يُسْتَعملوا من اهل الوبر ثمّ كتب الى المغيرة بعهده على البصرة وبعث به اليه، فاقام المغيرة ما شاء الله ثمّ انه هَوِىَ المرأة ». وحدّثنى

a) B. وان. b) B. ان.

عبد الله بن صالح عن عَبْدَة عن محمّد بن اسحٰق قال غزا المغيرة مَيْسان ففتحها عنوة بعد قتال شديد وغلب على ارضها ثمّ انّ اهل أَبَرْقُبَاذ غدروا ففتحها المغيرة عنوة ٭ وحدّثنى رَوْح بن عبد المومن قال حدّثنى وهب بن جرير بن حازم عن ابيه قال فتح عتبة بن غَزْوان الأُبُلّة والفُرات وأَبَرْقُبَاذ ودَسْتُمَيْسان[a] وفتح المغيرة ميسان وغدر اهل أَبَرْقُبَاذ ففتحها المغيرة ٭ وقال علىّ بن محمّد المدائنى كان الناس يسمّون مَيْسان ودَسْتُمَيْسان والفُرات وأَبَرْقُبَاذ مَيْسَان ٭ قالوا وكان من سبى ميسان ابو الحسن البصرىّ وسعيد بن يَسَار اخوه وكان اسم يَسَار فَيْرُوز فصار ابو[b] الحسن لامرأة من الانصار يقال لها الرُّبَيّع بنت النَّضْر
عمّة أَنَس بن مٰلك ويقال كان لامراة من بنى سَلِمَة يقال لها جَميلة امرأة 397
انس بن مٰلك، وروى الحسن قال كان ابى وامّى لرجل من بنى النّجّار فتزوّج امراة من بنى سَلِمَة فساقهما اليها فى صداقها فاعتقتهما تلك المراة فولاؤنا لها، وكان مولد الحسن بالمدينة لسنتين بقيتا من خلافة عمر وخرج منها بعد صِفّين بسنة ومات بالبصرة سنة ١١٠ وهو ابن ٨٩ سنة ٭ قالوا ثمّ انّ المغيرة جعل يختلف الى امرأة من بنى هلال يقال لها امّ جميل بنت مِحْجَن بن الافقم[c] بن شُعَيثة بن الهُزَم وقد كان لها زوج من ثقيف يقال له الحجّاج بن عَتيك فبلغ ذلك ابا بَكْرة بن مَسْرُوح مولى النبىّ صلعم من مولّدى ثقيف وشِبْل بن مَعْبَد بن عُبَيد البَجَلى ونافع ابن الحٰرث بن كَلَدَة الثقفى وزياد بن عُبَيد فرصدوه حتّى اذا دخل عليها هجموا عليه فاذا هما عريانان وهو متبطنها فخرجوا حتّى اتوا عمر بن الخطّاب فشهدوا عنده بما رأوا فقال عمر لابى موسى الاشعرىّ انى اريد

---

a) A. وستميسان. b) In Codd. deëst. c) B. افقم. Wüstenfeld, *Tab.* F. 21 الافقم بن محجن.

ان ابعثك الى بلد[a] قد عشّش فيه الشيطان قال فاعنّى بعدّة من الانصار فبعث معه[b] البَرَاء بن مالك وعمران بن الحصين ابا نُجَيد الخُزاعىّ وعوف ابن وهب الخزاعىّ فولّاه البصرة وامره باشخاص المغيرة فاشخصه بعد قدومه بثلث فلمّا صار الى عمر جمع بينه وبين الشهود فقال نافع بن الحرث رايته على بطن المرأة يحتفر عليها ورايته يدخل ما معه ويخرجه كالميل فى المكحلة ثمّ شهد شِبْل بن معبد على شهادته ثمّ ابو بكرة ثمّ
398 اقبل زياد رابعًا فلمّا نظر اليه عمر قال امّا انّى ارى وجه رجل ارجو ان لا
يُرجَم رجل من اصحاب رسول الله صلعم على[c] يده ولا يُخزى بشهادته وكان المغيرة قدم من مصر[d] فاسلم وشهد الحُدَيبية مع رسول الله صلعم فقال زياد رايتُ منظرًا قبيحًا وسمعتُ نفسًا عاليًا وما ادرى اخالطها ام لا ويقال لم يشهد بشىء فامر عمر بالثلثة فجُلِدُوا فقال شِبْل اتجلُد شهود الحقّ وتُبطل الحدّ فلمّا جلد ابو بكرة قال اشهد انّ المغيرة زانٍ فقال عمر حُدُّوه فقال علىّ ان جعلتها شهادة فارجم صاحبك فحلف ابو بكرة ان لا يكلّم زيادًا ابدًا وكان اخاه لامّه سُمَيّة ثمّ انّ عمر ردّهم الى مصرهم، وقد روى قوم انّ ابا موسى كان بالبصرة فكتب اليه عمر بولايتها واشخاص المغيرة والاوّل اثبت ،، وروى انّ عمر بن الخطّاب رضه كان امر سعد بن ابى وقّاص رضه ان يبعث عتبة بن غَزْوان الى البصرة ففعل وكان نائف من مكاتبته ايّاه فلذلك استعفى وانّ عمر رضه ردّه واليًا فمات فى الطريق ،، وكانت ولاية ابى موسى البصرة فى سنة ١٦ ويقال سنة ١٧ فاستقرى كور دجلة فوجد اهلها مذعنين بالطاعة فامر بمساحتها ووضع الخراج عليها على قدر احتمالها، والثبت انّ ابا موسى ولى البصرة فى سنة ١٦ ،،

---

a) Praecedit in A. رجل sed signo delendi notatum. b) Codd. معنا. c) A. الى. d) A. مُضَر.

حدّثنى شيبان بن فرّوخ الأُبُلّىّ قال حدّثنا ابو هِلال الراسبىّ قال نبأ
يحيى بن ابى كثير انّ كاتبًا لابى موسى كتب الى عمر بن الخطّاب من 399
أَبُو مُوسَى فكتب اليه عمر اذا اتاك كتابى هذا فاضرب كاتبك سوطًا
واعزله عن عملك ❊

تَمْصِيرُ ٱلْبَصْرَة

حدّثنى علىّ بن المغيرة الاثرم عن ابى عبيدة قال لمّا نزل عتبة بن غَزْوان الخُرَيبة كتب الى عمر بن الخطّاب يعلمه نزوله ايّاها وانّه لا بدّ للمسلمين من منزل يشتون به اذا شتوا ويكنسون فيه اذا انصرفوا من غزوهم فكتب اليه ان اجمع اصحابك فى موضع واحد وليكن قريبًا من الماء والمرعى واكتب الىّ بصفته فكتب اليه انّى وجدتُ ارضا كثيرة القصبة[a] فى طرف البرّ الى الريف ودونها مناقع ماء فيها قصباء[b] فلمّا قرأ الكتاب قال هذه ارض نضرة قريبة من المشارب والمراعى والمحتطب وكتب اليه ان انزلها الناس فانزلهم ايّاها فبنوا مساكن بالقصب وبنى عتبة مسجدًا من قصب وذلك فى سنة ١٤ فيقال انّه تولّى اختطاط المسجد بيده ويقال اختطّه مِحجن[c] بن الأَدْرَع البَهْزىّ من سُلَيم ويقال اختطّه نافع بن الحرث ابن كَلَدَة حين خطّ داره ويقال بل اختطّه الاسود بن سَرِيع التميمىّ وهو اوّل من قضى[d] فيه فقال له مجاشع ومجالد ابنا مسعود رحمك الله شهّرتَ نفسك فقال لا اعود[e] وبنى عتبة دار الامارة دون المسجد فى

a) A. القَصَه (القَصَّة ?).   b) A. قصبًا.   c) *Qámus* in v. درع eum appellat حُجْر, Ibn Cotaiba, p. ١٤٠ محجن بن الاذرع, Nawawí, p. ٧٨٤ اسم ابى (l. ابن) الادرع مِحْجَن.   d) Coll. Ibn Doraid, p. ١٥٣ et Ibn Cotaiba, p. ٢٨٦, suspicaremur قصّ legendum esse, sed Ibn Hadjar, I. p. ٨٤ lectionem Codicum confirmat.   e) Fortasse legendum اعوذ.

الرحبة الّتى يقال لها اليوم رحبة بنى هاشم وكانت تسمّى الدَّهْناء وفيها
400 السجن والديوان فكانوا اذا غزوا نزعوا ذلك القصب وحزموه[a] ووضعوه
حتّى يرجعوا من الغزو فاذا رجعوا اعادوا بناءه فلم تزل الحال كذلك، ثمّ
انّ الناس اختطّوا وبنوا المنازل وبنى ابو موسى الاشعرى المسجد ودار
الامارة بلبن وطين وسقّفها بالعُشب وزاد فى المسجد وكان الامام اذا جاء
للصلاة بالناس تخطّاهم الى القبلة على حاجز[b] فخرج عبد الله بن عامر
ذات يوم من دار الامارة يريد القبلة وعليه جبّة خزّ دكناء فجعل الاعراب
يقولون على الامير جلد دبّ "، وحدّثنى ابو محمّد الثورىّ عن الاصمعىّ
قال لمّا نزل عتبة بن غَزْوان الخُرَيبة وُلد بها عبد الرحمٰن بن ابى بكرة
وهو اوّل مولود بالبصرة فنحر ابوه جزورًا اشبع منها اهل البصرة، ثمّ لمّا
استعمل معٰوية بن ابى سفيٰن زيادًا على البصرة زاد فى المسجد زيادة كثيرة
وبناه بالآجرّ والجصّ وسقّفه بالساج وقال لا ينبغى للامام ان
يتخطّى الناسَ فحوّل دار الامارة من الدهناء الى قبلة المسجد
فكان الامام يخرج من الدار فى الباب الّذى فى حائط القبلة وجعل
زياد حين بنى المسجد ودار الامارة يطوف فيها وينظر الى[c] البناء ثمّ
يقول لمن معه من وجوه اهل البصرة اترون خللًا فيقولون ما نعلم بناء
احكم منه فقال بلى هذه الاساطين الّتى على كلّ واحدة منها اربعة عقود
لو كانت اغلظ من سائر الاساطين، ورُوى عن يونس بن حبيب
401 النحوى قال لم يُؤت من تلك الاساطين قطّ تصديع ولا عيب وقال حارثة
ابن بَدْر الغُدَانىّ ويقال بل قال ذلك البَعِيثُ المُجَاشِعىّ

بَنَى زِيَادٌ لِذِكْرِ ٱللّٰهِ مَصْنَعَةً ... مِنَ ٱلْحِجَارَةِ لَمْ تُعْمَلْ مِنَ ٱلطِّينِ
لَوْلَا تَعَاوُرُ أَيْدِى ٱلْإِنْسِ تَرْفَعُهَا ... إِذًا[d] لَقُلْنَا مِنَ أَعْمَالِ ٱلشَّيَاطِينِ "

a) B. وحزفوه. b) ? A. جاجز. c) A. om. d) B. اذن.

وقال الوليد بن هشام بن قَحْذَم لمّا بنى زياد المسجد جعل صفّته
المقدّمة خمس سوارى وبنى منارته بالحجارة وهو اوّل من عمل المقصورة
ونقل دار الامارة الى قبلة المسجد وكان بناؤه ايّاها بلبن وطين حتّى بناها
صالح بن عبد الرحمن السجستانىّ مولى بنى تميم فى ولايته خراج العراق
لسليمن بن عبد الملك بالآجرّ والجصّ وزاد فيه عبيد الله بن زياد وفى
مسجد الكوفة وقال دعوتُ الله ان يرزقنى الجهاد ففعل ودعوته ان يرزقنى
بناء مسجدى الجماعة بالمصرَيْن ففعل ودعوته ان يجعلنى خَلَفًا من زياد
ففعل ،، وقال ابو عبيدة معمر بن المثنّى لمّا بنى زياد المسجد اتى
بسواريه من جبل الاهواز وكان الّذى تولّى امرها وقطعها الحجّاج بن
عَتيك الثقفىّ وابنه فظهر[a] له مال فقيل حبّذا الامارة ولو على الحجارة
فذهبت مَثَلًا، قال وبعض الناس يقول انّ زيادًا راى الناس ينفضون
ايديهم اذا ترِبت وهم فى الصلاة فقال لا آمن ان يظنّ الناس على طول
الايّام انّ نفض الايدى فى الصلاة سنّة فامر بجمع الحصى والقائه فى
402 المسجد فاشتدّ الموكّلون بذلك على الناس وتعنّتوهم واروهم حصًى
انتقوه فقالوا ايتونا[b] بمثله على مقاديره والوانه وارتشوا على ذلك فقال
القائل حبّذا الامارة ولو على الحجارة، وقال ابو عبيدة كان جانب المسجد
الشمالىّ منزويًا لانّه كانت هناك دار لنافع بن الحرث بن كَلَدَة فابى ولده
بيعها فلمّا ولّى معاوية عبيدَ الله بن زياد البصرة قال عبيد الله لاصحابه
اذا شخص عبد الله بن نافع الى اقصى ضيعته فاعلمونى ذلك فشخص
الى قصره الابيض الّذى على البطيحة فأُخبر عبيد الله بذلك فبعث
الفعلة فهدموا من تلك الدار ما سُوّى به تربيع المسجد وقدم ابن
نافع فضجّ اليه من ذلك فارضاه بان اعطاه بكلّ ذراع خمسة اذرع وفتح

a) B. وظهر. Cf. supra p. 321. b) B. ابيوتنا.

له فى الحائط خَوْخَةً الى المسجد فلم تزل الخوخة فى حائطه حتّى زاد
المهدى امير المؤمنين فى المسجد فأُدخلت الدار كلّها فيه وادخلت فيه
ايضًا دار الامارة فى خلافة الرشيد رحمه ⁂ وقال ابو عبيدة لمّا قدم الحجّاج
ابن يوسف العراق اخبر انّ زيادًا ابتنى دار الامارة بالبصرة فاراد ان يزيل
اسمه عنها فهمّ ببنائها بجصّ وآجُرّ فقيل له انّما تريد اسمه فيها ثباتًا
وتوكّدًا فهدمها وتركها فبنيت عامّة الدور حولها من طينها ولبنها وابوابها
فلم تكن بالبصرة دار امارة حتّى ولى سليمن بن عبد الملك فاستعمل صالح
ابن عبد الرحمن على خراج العراق فحدّثه صالح حديث الحجّاج وما فعل
فى دار الامارة فامره باعادتها فاعادها بالاجرّ والجصّ على اساسها ورفع سمكها 403
فلمّا ولى عمر بن عبد العزيز رضه وولّى عَدِىَّ بن أَرْطاة الفَزارىّ البصرة
اراد عدىّ ان يبنى فوقها غُرَفًا فكتب اليه عمر هبلتك امّك يابن امّ
عدىّ ايعجز عنك منزل وسع زيادًا وآل زياد فامسك عدىّ عن اتمام تلك
الغرف وتركها فلمّا ولى سليمن بن علىّ بن عبد الله بن العبّاس البصرة
لابى العبّاس امير المؤمنين بنى على ما كان عدىّ رفعه من حيطان الغرف
بناءً بطين ثمّ تركه وتحوّل الى المِرْبَد فنزله، فلمّا استخلف الرشيد
ادخلت الدار فى قبلة المسجد فليس اليوم للامراء بالبصرة دار امارة ⁂
وقال الوليد بن هشام بن قَحْذَم لم يزد احد فى المسجد بعد ابن زياد
حتّى كان المهدى فاشترى دار نافع بن الحرث بن كَلَدَة الثقفىّ ودار
عبيد[a] الله بن ابى بَكْرَة ودار ربيعة بن كَلَدَة الثقفىّ ودار عمرو بن وهب
الثقفىّ ودار امّ جَميل الهلاليّة الّتى كان من امرها وامر المغيرة بن شُعْبَة
ما كان ودورًا غيرها فزادها فى المسجد ايّام ولى محمّد بن سليمن بن
علىّ البصرة، ثمّ امر هرون امير المؤمنين الرشيد عيسى بن جعفر بن

a) B. عبد.

المنصور ايّام ولايته البصرة ان يدخل دار الامارة فى المسجد ففعل ،،
وقال الوليد بن هشام اخبرنى ابى عن ابيه وكان يوسف بن عمر ولّاه
ديوان جند العرب قال نظرتُ فى جماعة مقاتلة البصرة ايّام زياد فوجدتُهم
ثمانين الفًا ووجدتُ عيالهم مائة الف وعشرين الف عيل ووجدتُ العرب[a]
404 مقاتلة الكوفة ستّين الفًا وعيالهم ثمانين الفًا ،، وحدّثنى محمّد بن سعد
عن الواقدى فى اسناده قال كان عتبة بن غَزْوان مع سعد بن ابى وقّاص
فكتب اليه عمر ان اضرب قَيْروانك بالكوفة ووجّه عتبة بن غزوان الى
البصرة فخرج فى ثمانى مائة فضرب خيمةً من اكسية وضرب الناس معه
وامدّه عمر بالرجال فلمّا كثروا بنى رهط منهم سبع دساكر من لبن منها
بالخُرَيبة اثنتان[b] وبالزابوقة واحدة وفى بنى تميم اثنتان وفى الازد اثنتان
ثمّ انّ عتبة خرج الى الفرات بالبصرة فافتتحه ثمّ رجع الى البصرة وكان
سعد يكاتب عتبة فغمّه ذلك فاستاذن عمر فى الشخوص اليه فلحق
به واستخلف المغيرة بن شعبة[c] فلمّا قدم المدينة شكا الى عمر تسلّط
سعد عليه فقال له وما[d] عليك ان تقرّ بالامْرة لرجل من قريش له صحبة
وشرف فابى الرجوع وابى عمر الّا ردّه فسقط عن راحلته فى الطريق فمات
فى سنة ١٦ وكان محجن[e] بن الأدْرع اختطّ مسجد البصرة ولم يبنه فكان
يصلّى فيه غير مبنى فبناه عتبة بقصب ثمّ بناه ابو موسى الاشعرى وبُنى
بعده ،، حدّثنى الحسين بن علىّ بن الاسود العِجْلىّ قال نا يحيى بن
ادم قال نا ابو معٰوية عن الشيبانىّ عن محمّد بن عبد[f] الله الثقفى
قال كان بالبصرة رجل يكنّى ابا عبد الله ويقال له نافع فكان اوّل من
افتلا الفلا[g] بالبصرة فاتى عمر فقال له انّ بالبصرة ارضًا ليست من ارضى

---

a) B. om. b) A. اثنان. Deinde Codd. والزابوقة. c) A. المغيرة ثم رجع الى البصرة.
d) B. مما. e) B. محاجن. f) Codd. عبيد. g) A. الفلأ.

الخراج ولا تضرّ باحد من المسلمين فكتب[a] له ابو موسى الى عمر بذلك
فكتب له عمر اليه ان يقطعه ايّاها ، وحدّثنا سعيد بن سليمن قال ثنا
عبّاد بن العوّام عن عوف الاعرابىّ قال قرات كتاب عمر الى ابى موسى انّ 405
ابا عبد الله سالنى ارضا على شاطئ دجلة يفتلى فيها خيله فان كانت
فى غير ارض الجزية ولا يجزأ[b] اليها ماء الجزية فاعطه ايّاها ، وقال عبّاد
بلغنى انّه نافع بن الحرث بن كَلَدَة طبيب العرب ، وقال الوليد بن هشام
ابن قَحْذَم وجدتُ كتابا عندنا فيه بسم الله الرحمن الرحيم من عبد
الله عمر امير المؤمنين الى المغيرة بن شُعْبَة سلم عليك فانّى احمد اليك
الله الّذى لا اله الّا هو امّا بعد فانّ ابا عبد الله ذكر انّه زرع
بالبصرة فى امرة ابن غزوان وافتلى اولاد الخيل حين لم يفتلها احد من
اهل البصرة وانّه نعم ما راى فاعِنْه على زرعه وعلى خيله فانّى قد اذنت
له ان يزرع وآته ارضه الّتى زرع الّا ان تكون ارضا عليها الجزية من ارض
الاعاجم او يصرف اليها ماء ارض عليها الجزية ولا تعرض له الّا بخير
والسلم عليك ورحمة الله وكتب مُعَيْقيب بن ابى فاطمة فى صفر
سنة ١٧ ، وقال الوليد بن هشام اخبرنى عمّى عن ابن شُبْرُمَة انّه قال
لو وليتُ البصرة لقبضتُ اموالهم لانّ عمر بن الخطّاب لم يقطع بها
احدا الّا ابا بَكْرَة ونافع بن الحرث ولم يقطع عثمان بالبصرة الّا عمران بن
حُصَين وابن عامر اقطعه داره وحُمْران مولاه ، قال وقد اقطع زياد عمران
قطيعة ايضا فيما يقال ، وقال هشام بن الكلبى اوّل دار بنيت بالبصرة دار
نافع بن الحرث ثمّ دار مَعْقِل بن يَسار المزنىّ وكان عثمان بن عفّان اخذ
دار عثمان بن ابى العاصى الثقفىّ وكتب ان يعطى ارضا بالبصرة فاعطى
ارضه المعروفة بشطّ عثمان بحيال الابلّة وكانت سبخة فاستخرجها

a) A. وكتب. b) A. يجرا.

406 وعمرها، والى عثمان بن ابى العاصى ينسب باب عثمان بالبصرة ⁂ قالوا
كان حمران بن ابان للمسيّب بن نَجَبَة الفَزارىّ اصابه بعين التمر فابتاعه
منه عثمان بن عفّان وعلّمه الكتاب واتّخذه كاتبًا فوجد عليه لانّه كان
وجّهه للمسئلة عن ما رُفع على الوليد بن عقبة بن ابى مُعَيْط فارتشى
منه وكذّب ما قيل فيه فتيقّن عثمان صحّة ذلك بعدُ فوجد عليه وقال
لا يساكنني[a] ابدًا وخيّره بلدًا يسكنه غير المدينة فاختار البصرة وساله
ان يقطعه بها دارًا وذكر ذرعًا كثيرًا فاستكثره عثمان وقال لابن عامر اعطه
دارًا مثل بعض دورك فاقطعه داره الّتى بالبصرة ⁂ قالوا ودار خُلد بن
طُلَيق[b] الخزاعىّ القاضى كانت لابى الجرّاح القاضى صاحب سجن ابن
الزبير اشتراها له سَلَم بن زياد لانّه هرب من سجن ابن الزبير ⁂ قال ابن
الكلبى سكّة بنى سَمُرة بالبصرة كان صاحبها عتبة بن عبد[c] الله بن عبد
الرحمن بن سَمُرَة بن حبيب بن عبد شمس بن عبد مناف، ومسجد
عاصم نسب الى عاصم احد بنى ربيعة بن كلاب بن ربيعة بن عامر بن
صعصعة، ودار ابى نافع بالبصرة نسبت الى ابى نافع مولى عبد الرحمن
ابن ابى بكرة ⁂ وقال القحذمىّ كانت دار ابى يعقوب الخطابىّ لسَحَامَة
ابن عبد الرحمن بن الاصمّ الغنوىّ مؤذّن الحجّاج وهو ممّن قاتل مع
يزيد بن المهلّب فقتله مَسْلَمة بن عبد الملك يوم العَقْر وهى الى جانب
دار المغيرة بن شعبة ⁂ قالوا ودار طارق نسبت الى طارق بن ابى بكرة،
وقبالتها خطّة الحكم بن ابى العاصى الثقفىّ، ودار زياد بن عثمان كان
407 عبيد الله بن زياد اشتراها لابن اخيه زياد بن عثمان، وتليها الخطّة

a) A. دساكنى. b) Wüstenfeld in *Z. d. d. m. G.*, XVIII. p. 416 pronunciat Talîk.
c) B. عبيد. Nescio utra lectio vera sit. In *Tab.* Wüstenf. U. 22 genealogia Abdorrahmáni desideratur.

الّتى منها دار بابة[a] بنت ابى العاصى، وكانت دار سليمن بن علىّ لسَلم
ابن زياد فغلب عليها بلال بن ابى بُرْدَة ايّام ولايته البصرة لخلد بن عبد
الله ثمّ جاء سليمن بن علىّ فنزلها ٠، قالوا وكانت دار موسى بن ابى
المختار مولى ثقيف لرجل من بنى دارم فاراد فَيْرُوز حُصَين ابتياعها منه
بعشرة الُف فقال ما كنت لابيع جوارك بمائة الف فاعطاه عشرة الُف
واقرّ الدار فى يده، وقال ابو الحسن اراد الدارمىّ بيع داره فقال ابيعها
بعشرة الُف درهم خمسة الُف ثمنها وخمسة الُف لجوار فيروز فبلغ فيروز
ذلك فقال امسك عليك دارك واعطاه عشرة الُف درهم، ودار ابن تُبّع
نسبت الى عبد الرحمن بن تُبّع الحميرىّ وكان على قطائع زياد، وكان
دَمُّون من اهل الطائف فتزوّج ابو موسى ابنته[b] فولدت له ابا بُرْدَة
ولدَمُّون خطّة بالبصرة وله يقول اهل البصرة   الرفاء والبنون، وخبز وكمون،
فى بيت الدَّمُّون ٠، وقال القَحْذَمىّ وغيره كان اوّل حمّام اتّخذ بالبصرة
حمّام عبد الله بن عثمان بن ابى العاصى الثقفىّ وهو موضع بستان
سفيان بن معوية الّذى بالخُرَيبة وعند قصر عيسى بن جعفر ثمّ الثانى
حمّام فيل مولى زياد ثمّ الثالث حمّام مسلم بن ابى بكرة فى بلالاباذ وهو
الّذى صار لعمرو بن مسلم الباهلىّ فمكث البصرة دهرًا وليس بها الّا هذه
الحمّامات ٠، وحدّثنى المدائنى قال قال ابو بكرة لابنه مسلم يا بنى والله 408
ما تلى عملًا وما اراك تقصر عن اخوتك فى النفعة فقال ان كتمتَ علىّ
اخبرتك قال فانّى افعل قال فانّى اغتلّ من حمّامى هذا فى كلّ يوم الف
درهم وطعامًا كثيرًا ثمّ انّ مسلمًا مرض فاوصى الى اخيه عبد الرحمن بن
ابى بكرة واخبره بغلّة حمّامه فافشى ذلك واستاذن السلطان فى بناء حمّام
وكانت الحمّامات لا تبتنى بالبصرة الّا باذن الولاة فأُذِن له فاستاذن عبيد

a) Codd. بابه.   b) Nomen ejus erat طُفَيَة.

الله بن ابى بكرة فاذن له واستاذن للحكم بن ابى العاصى فاذن له واستاذن سياه الأُسْوَارىّ فاذن له واستاذن لِلحُصَين بن ابى الحُرّ العنبرىّ فاذن له واستاذنت رَيْطَة بنت زياد فاذن لها واستاذنت لُبَابَة بنت أَوْفَى الجُرَشىّ[a] فاذن لها فى حمّامين احدهما فى اصحاب القَباء والآخر فى بنى سعد[b] واستاذن المِنْجاب بن راشد الضَّبّىّ فاذن له وافاق مسلم بن ابى بكرة من مرضه وقد فسدت عليه غلّة حمّامه فجعل يلعن عبد الرحمن ويقول ما له قطع الله رحِمَهُ ، قالوا وكان فِيل حاجب زياد ومولاه ركب معه ابو الاسود الدُّئلىّ وأَنَس بن زُنَيم وكان على برذون هِمْلاج وهما على فرسى سوء قَطُوفَيْن فادركهما للحسد فقال انس أَجِز ياابا[c] الاسود قال هات فقال

لَعَمْرُ أَبِيكَ مَا حَمَّامُ كِسْرَى عَلَى ٱلثُّلْثَيْنِ مِنْ حَمَّامِ فِيلِ

فقال ابو الاسود

وَمَا ارْقَاصُنَا[d] حَوْلَ ٱلْمَوَالِى بِسُنَّتِنَا عَلَى عَهْدِ ٱلرَّسُولِ

409 وقال ابو[e] مُفَرِّغ لطلحة الطّلحات وهو طلحة بن عبد الله بن خَلَف

تُمَنّبِينِى[f] طُلَيْحَةُ أَلْفَ أَلْفٍ لَقَدْ مَنَّيْتَنِى أَمَلًا بَعِيدَا
فَلَسْتَ لِمَاجِدٍ حُرٍّ وَلٰكِنْ لِسَمْرَآءَ ٱلَّتِى تَلِدُ ٱلْعَبِيدَا
وَلَوْ أُدْخِلْتَ فِى حَمَّامِ فِيلٍ وَأُلْبِسْتَ ٱلْمَطَارِفَ وَٱلْبُرُودَا

وقال بعضهم وقد حضرته الوفاة

يَا رُبَّ قَائِلَةٍ يَوْمًا وَقَدْ لَغِبَتْ كَيْفَ ٱلطَّرِيقُ ٱلَى حَمَّامِ مِنْجَابِ

يعنى حمّام المِنْجاب بن راشد الضبّىّ ، وقال عبّاس مولى بنى أُسامة

ذَكَرْتُ ٱلْبَنْدَ فِى حَمَّامِ عَمْرٍو فَلَمْ أَبْرَحْ ٱلَى بَعْدَ ٱلْعَشَآءِ ،

---

a) Codd. الحرسى. b) A. سعيد. c) A. اجِرناذا. d) A. ارْقاصَيا. e) Legimus apud Abu'l-Mahásin, I. p. ٢٠٤ konjam hujus poëtae fuisse ابو عثان. Itaque pro ابو opinor legendum esse ابن. f) A. دمنبينى, B. يمنبينى.

وحمّام بَلْج نُسب الى بَلْج بن نُشْبَة السَّعْدىّ الّذى يقول له زياد وُنْحتَرِس[a] من مثله وهو حارس ،، وقال هشام بن الكلبىّ قصر اوس بالبصرة نُسب الى اوس بن ثعلبة بن رُقَىّ[b] احد بنى تيم الله بن ثعلبة بن عُكَابة وهو من وجوه من كان بخراسان وقد تقلّد بها امورًا جسيمة وهو الّذى مرّ بتَدْمُر فقال فى صنمَيْها

فَتَاتَىْ أَهْلِ تَدْمُرَ حِينَ آنِى[c] ‏ أَلَمَّا تَسْأَمَا طُولَ ٱلْقِيَامِ

فَكَآئِن مَرَّ مِنْ دَهْرٍ وَدَهْرٍ ‏ لِأَهْلِكُمَا وَعَامٍ بَعْدَ عَامِ ،

وقصر انس نُسب الى أَنَس بن مٰلك الانصارى خادم رسول الله صلعم ، قال والّذى بنى منارة بنى أُسَيْد حسّان بن سعد منهم ، والقصر الاحمر لعمرو[d] بن عتبة بن ابى سفيٰن وهو اليوم لآل عمر بن حفص بن قبيصة 410
ابن ابى صفرة ، وقصر المسيَّرين كان لعبد الرحمٰن بن زياد وكان الحجّاج سيّر عيال من خرج مع عبد الرحمٰن بن محمّد بن الاشعث الكندى اليه ، فحبسهم فيه وهو قصر فى جوف قصر ويتلوه قصر عبيد الله بن زياد والى جانبه جوسق ،، قال القَحْذَمىّ وقصر النواهق هو قصر زياد سمّاه الشطّار بذلك ، وقصر النعمان كان للنعمان بن صُهْبان الرّاسبىّ الّذى حكم بين مُضَر وربيعة أيّام مات يزيد بن معٰوية ، قال وزاد عبيد الله ابن زياد للنعمان بن صُهْبان فى قصره هذا فقال بئس المال هذا يابا حاتم ان كثُر الماء غرقت وان قلّ عطشت فكان كما قال قلّ الماء فمات كلّ من ثمّ ، وقصر زرق نُسب الى زرق مولى عبد الله بن عامر وكان[f] قيّمًا على

---

a) Male B. ومحترش, vid. Freytag, *Proverbia*, II. p. 706 (n. 399). b) Codd. زفى; in *Moschtarik*, p. ٣٤٧, ubi genealogia hujus viri exstat quae in *Tab.* Wüstenfeld B. desideratur, scribitur زفر; cf. infra p. 467. Ibn Hadjar, I. p. ١٥٩ زفر. c) Codd. حين آنى „quando tempus est?” d) Codd. لعمر. e) Codd. البيهم. f) B. فكان.

خيله فكانت الدار لدوابّه، وقصر عَطِيَّة نُسب الى عَطِيَّة الانصارى، ومسجد بنى عُبَاد نسب الى بنى عُبَاد بن رِضاء بن شَقِرة بن[a] الحرث ابن تميم بن مُرّ[b]، وكانت دار عبد الله بن خازم السلمىّ لعمّته دَجَاجة امّ عبد الله بن عامر فاقطعته ايّاها وهو عبد الله بن خازم بن اسماء بن الصَّلْت وهى دَجَاجة بنت اسماء ،، وحدّثنى المدائنى عن ابى بكر الهُذَلىّ والعبّاس بن هشام عن ابيه عن عَوَانة قالا قدم الاحنف بن قيس على عمر بن الخطّاب رضه فى اهل البصرة فجعل يسالهم رجلًا رجلًا والاحنف فى ناحية البيت فى بتّ لا يتكلّم فقال له عمر اما لك حاجة قال بلى يا امير المؤمنين انّ مفاتح الخير بيد الله وانّ اخواننا من اهل
411 الامصار نزلوا منازل الامم الخالية بين المياه العذبة والجنان الملتفّة وانّا نزلنا سبخة نشاشة لا يَجِفّ نداها ولا ينبت مرعاها ناحيتها من قبل المشرق البحر الاجاج ومن قبل المغرب الفلاة فليس لنا زرع ولا ضرع ياتينا منافعُنا وميرتنا فى مثل مَرِئ[c] النّعامة يخرج الرجل الضعيف فيستعذب الماء من فرسخين وتخرج المرأة لذلك فتربق ولدها كما يربق العنز يخاف بادرة العدوّ واكل[d] السّبع فالّا ترفعْ خسيستنا وتجبر فاقتنا نكن كقوم هلكوا، فالحق عمر ذرارى اهل البصرة فى العطاء وكتب الى ابى موسى يامره ان يحتفر لهم نهرًا ،، فحدّثنى جماعة من اهل العلم قالوا كان لدجلة العوراء وهى دجلة البصرة خور والخور طريق للماء لم يحفره احد يجرى فيه ماء الامطار اليها ويتراجع ماؤها فيه عند المدّ وينضب فى الجزر وكان طوله قدر فرسخ وكان لحدّه ممّا يلى البصرة غورة وسعة تسمّى فى الجاهليّة الاجّانة وسمّته العرب فى الاسلام الجزارة وهو على مقدار

a) Hinc deëst genealogia apud Wüstenfeld, K. 10, cf. Ibn Cotaiba, p. ٣٧. b) Codd. همرة. c) A. مَرّى. d) Codd. ولكل.

ثلثة فراسخ من البصرة بالذرع الّذى يكون به نهر الابلّة كلّه اربعة فراسخ
ومنه يبتدى النهر الّذى يعرف اليوم بنهر الاجّانة، فلمّا امر عمر بن
الخطّاب رضه ابا موسى الاشعرىّ ان يحتفر لاهل البصرة نهرًا ابتدا الحفر
من الاجّانة وقاده ثلثة فراسخ حتّى بلغ به البصرة فصار طول نهر الابلّة
اربعة فراسخ ثمّ انّه انطمّ منه ما بين البصرة وبثق الجيرىّ[a] وذلك على
قدر فرسخ من البصرة، وكان زياد بن ابى سفين واليًا على الديوان وبيت 412
المال من قبل عبد الله بن عامر بن كُرَيز وعبد الله يومئذ على البصرة
من قبل عثمان بن عفّان فاشار على ابن عامر ان ينفذ حفر نهر الابلّة من
حيث انطمّ حتّى يبلغ به البصرة وكان يُريّثُ ذلك ويدافع به فلمّا شخص
ابن عامر الى خراسان واستخلف زيادًا اقرّ حفر ابى موسى الاشعرىّ على
حاله وحفر النهر من حيث انطمّ حتّى بلغ به البصرة وولى ذلك عبد
الرحمن بن ابى بَكْرَة فلمّا فتح عبد الرحمن الماء جعل يركض فرسه والماء
يكاد يسبقه وقدم ابن عامر من خراسان فغضب على زياد وقال انّما اردتَ
ان تذهب بذكر النهر دونى[b] فتباعد ما بينهما حتّى ماتا وتباعد بسببه
ما بين اولادهما فقال يونس بن حبيب النحوىّ انا ادركتُ ما بين آل
زياد وآل ابن عامر متباعدًا ،، وحدّثنى الاثرم عن ابى عبيدة قال قاد ابو
موسى الاشعرىّ نهر الابلّة من موضع الاجّانة الى البصرة وكان شرب
الناس قبل ذلك من مكان يقال له دير قاووس فوّهته فى دجلة فوق
الابلّة باربعة فراسخ يجرى فى سباخ لا عمارة على حافاته وكانت الارواح
تدفنه، قال ولمّا حفر زياد فَيْض البصرة بعد فراغه من اصلاح نهر الابلّة
قدم ابن عامر من خراسان فلامه وقال اردتَ ان تذهب بشهرة هذا النهر
وذكره فتباعد ما بينهما وبين اهلهما بذلك السبب، وقال ابو عبيدة

a) A. الحيوى, B. الحمرى; vid. Bekrí in v. (I. p. 274). b) A. بدونى.

كان احتفاره الفيض من لدن دار فِيل مولى زياد وحاجبه الى موضع الجسر »،
413 وروى محمّد بن سعد عن الواقدى وغيره انّ عمر بن الخطّاب امر ابا
موسى بحفر النهر الاخر وان يجريه على يد مَعْقِل بن يَسَار المزنىّ
فنُسب اليه، وقال الواقدى توفّى مَعْقِل بالبصرة فى ولاية عبيد الله بن
زياد البصرة لمعٰوية »، وقال الوليد بن هشام القَحْذَمىّ وعلىّ بن محمّد[a]
ابن ابى سيف المدائنى كلّم المنذر بن الجارود العبدى معٰوية بن ابى
سفين فى حفر نهر ثارّ[b] فكتب الى زياد فحفر نهر مَعْقِل فقال قوم جرى على
يد معقل بن يَسَار فنسب اليه، وقال اخرون بل اجراه زياد على يد
عبد الرحمٰن بن ابى بكرة او غيره فلمّا فُرغ منه وارادوا فتحه بعث زياد
معقل بن يسار ففتحه تبرّكًا به لانّه من اصحاب رسول الله صلّعم فقال
الناس نهر معقل، فذكر القَحْذَمىُّ انّ زيادًا اعطى رجلًا الف درهم وقال
له ابلغ دجلة وسل عن صاحب هذا النهر مَنْ هو فان قال لك رجل انّه
نهر زياد فاعطه الالف فبلغ دجلة ثمّ رجع فقال ما لقيتُ احدًا الّا
يقول هو نهر معقل فقال زياد ذلك فضل الله يؤتيه من يشآء »، قالوا
ونهر دُبَيس نسب الى رجل قصّار يقال له دُبَيس كان يقصر الثياب عليه،
وبثق الحيرىّ نُسب الى نَبَطىّ من اهل الحيرة ويقال كان مولى لزياد »،
قالوا وكان زياد لمّا بلغ بنهر مَعْقِل قبّته الّتى يعرض فيها الجند ردّه الى
مستقبل الجنوب حتّى اخرجه الى اصحاب الصدقة بالجبل فسمّى ذلك
العطف نهر دُبَيس، وحفر عبد الله بن عامر نهره الّذى عند دار فِيل
414 وهو الّذى يعرف بنهر الاساورة وقال بعضهم الاساورة حفروه، ونهر عمرو
نسب الى عمرو بن عتبة بن ابى سفين، ونهر امّ حبيب نسب الى امّ
حبيب بنت زياد وكان عليه قصر كثير الابواب فسمّى الهزاردر، وقال على

---

a) A. ومحمد بن على.   b) B. مرثار (i. e. ثرثار ?).

ابن محمّد[a] المدائنى تزوّج شِيرَوَيْه الأُسْوارىّ مَرْجَانة امّ عبيد الله بن
زياد فبنى لها قصرًا فيه ابواب كثيرة فسمّى هزاردر، وقال ابو الحسن قال
قوم سمّى هزاردر لانّ شيرويه اتّخذ فى قصره الف باب، وقال بعضهم نزل
ذلك الموضع الف اسوار فى الف بيت انزلهم كسرى فقيل هزاردر، ونُسب
نهر حرب الى حرب بن سَلْم بن زياد وكان عبد الاعلى بن عبد الله بن
عبد الله[b] بن عامر ادّعى انّ الارض الّتى كانت عليه كانت لابن عامر
وخاصم فيها حربًا فلمّا توجّه القضاء لعبد الاعلى اتاه حرب فقال له خاصمتك
فى هذا النهر وقد ندمت على ذلك وانت شيخ العشيرة وسيّدها فهو
لك فقال عبد الاعلى بن عبد الله بل هو لك فانصرف حرب فلمّا كان
العشىّ جاء موالى عبد الاعلى ونصحاؤه فقالوا والله ما اتاك حرب حتّى
توجّه لك القضاء عليه فقال والله لا رجعتُ فيما جعلت له ابدًا، والنهر
المعروف بيزيدان نسب الى يزيد بن عُمَر الأُسَيْدىّ صاحب شرطة عدىّ
ابن ارطاة وكان رجل اهل البصرة فى زمانه ،، وقالوا اقطع عبد الله بن
عامر بن كُرَيز عبدَ الله بن عُمَير بن عمرو بن مالك الليثىّ وهو اخوه لامّه
دَجَّاجة بنت أَسْماء بن الصَّلْت السلميّة ثمانية الف جريب فحفر لها
النهر الّذى يعرف بنهر ابن عُمَير ،، قالوا وكان عبد الله بن عامر حفر 415
نهر امّ عبد الله دَجَّاجة ويتولّاه غَيْلان بن خَرَشَة الضَّبّىّ وهو النهر الّذى
قال حارثة بن بدر الغُدَانىّ لعبد الله بن عامر وقد سايره لم ار اعظم بركةً
من هذا النهر يستقى منه الضعفاء من ابواب دورهم ويانيهم منافعهم فيه
الى منازلهم وهو مغيض لمياههم ثمّ انّه ساير زيادًا بعد ذلك فى ولايته فقال
ما رايت نهرًا شرًّا[c] منه ينزّ[d] منه دورهم ويبعَضُون له فى منازلهم ويغرق

a) B. h. l. محمد بن على. b) A. om. بن عبد الله. In B. additur nota صح.
c) Codd. شر. d) Sive يتقزّ

فيه صبيانهم، وروى قوم انّ غَيْلان بن خَرَشَة القائل هذا والاوّل اثبت، ونهر سَلْم نسب الى سَلْم بن زياد بن ابى سفين، وكان عبد الله بن عامر حفر نهرًا تولّاه نافذ مولاه فغلب عليه فقيل نهر نافذ وهو لآل الفضل بن عبد الرحمٰن بن عبّاس بن ربيعة بن الحرث بن عبد المطّلب، قال ابو اليقظان اقطع عثمان بن عفّان العبّاس بن ربيعة بن الحرث دارًا بالبصرة واعطاه مائة الف درهم وكان عبد الرحمٰن بن عبّاس يلقّب رائض البغال لجودة ركوبه لها وتابعه الناس بعد هرب ابن الاشعث الى سجستان فهرب من الحجّاج، وطلحتان نهر طلحة بن ابى نافع مولى طلحة بن عبيد الله، ونهر حُمَيدة نُسب الى امراة من آل عبد الرحمٰن بن سَمُرة بن حبيب بن عبد شمس يقال لها حُمَيدة وهى امراة[a] عبد العزيز بن عبد الله بن عامر، وخَيْرَتان لخيرة بنت[b] ضمرة القشيريّة امراة المهلّب ولها مُهَلَّبان كان المهلّب وهبه لها ويقال بل كان لها فنُسب الى المهلّب وهى ام ابى عُيَيْنة ابنه، وجُبَيران لجُبَير بن حَيّة، وخَلَفان قطيعة عبد الله 416
ابن خَلَف الخزاعىّ ابى طلحة الطلحات، طُلَيقان لآل عِمران بن حُصَين الخزاعىّ من ولد خلد بن طُلَيق بن محمّد بن عِمْران وكان خلد ولى قضاء البصرة ،، وقال القَحْذَمىّ نهر مُرّة لابن عامر ولى حفره له مُرّة مولى ابى بكر الصِّدّيق فغلب على ذكره وقال ابو اليقظان وغيره نسب نهر مرّة الى مرّة[c] بن ابى عثمان مولى عبد الرحمٰن بن ابى بكر الصّدّيق وكان سريًّا سال عائشة امّ المؤمنين ان تكتب له الى زياد وتبدأ به فى عنوان كتابها فكتبت له اليه بالوصاة به وعنونته الى زياد بن ابى سفين من عائشة امّ المؤمنين فلمّا راى زياد انّها قد كاتبته ونسبته الى ابى سفين سُرّ بذلك واكرم مُرّة والطفه وقال للناس هذا كتاب امّ المؤمنين الىّ فيه

a) *Merâcid*, III. p. ٣٤٦ أمّ. b) A. بن. c) Haec inde a مولى in A. desunt.

وعرضه عليهم ليقرءوا عنوانه ثمّ اقطعه مائة جريب على نهر الابلّة وامره فحفر لها نهرًا[a] فنُسب اليه وكان عثمان بن مرّة من سراة اهل البصرة وقد خرجت القطيعة من ايدى ولده وصارت لآل الصقّاق بن حُجْر بن بُجَيْر العقَوِىّ[b] من الازد ، قالوا ودَرجاه جَنك[c] من اموال ثقيف وانّما قيل له ذلك لمنازعات كانت فيه وجَنك[d] بالفارسيّة صَخَب، أَنَسان نُسب الى أَنَس بن مُلك فى قطيعة من زياد، نهر بَشّار[e] نُسب الى بَشّار بن مسلم بن عمرو الباهلىّ اخى قُتيبة وكان اهدى الى الحجّاج فرسًا فسبق عليه فاقطعه سبعمائة جريب ويقال اربعمائة جريب فحفر لها النهر، ونهر فَيْرُوز نسب الى فيروز حصين ويقال الى باشكار[f] كان يقال له فيروز وقال
417 القحذمىّ نسب الى فيروز مولى ربيعة بن كَلَدة الثقفىّ، ونهر العلاء نُسب الى العلاء بن شَريك الهُذلىّ اهدى الى عبد الملك شيـًا اعجبه فاقطعه مائة جريب، ونهر ذراع نسب الى ذراع النمرىّ من ربيعة وهو ابو هٰرون بن ذراع، ونهر حبيب نسب الى حبيب بن شهاب الشامى التاجر فى قطيعة من زياد ويقال من عثمان، ونهر ابى بَكْرة نُسب الى ابى بكرة بن زياد ، وحدّثنى العِقَوِىّ[g] الدلّال قال كانت الجزيرة بين النهرين سبخة فاقطعها معٰوية بعض بنى اخوته فلمّا قدم الفتى لينظر اليها امر زياد بالماء فارسل فيها فقال الفتى انّما اقطعنى امير المؤمنين بطيحة لا حاجة لى فيها فابتاعها زياد منه بمائتى الف درهم وحفر انهارها واقطع منها روّادان لروّاد بن ابى بكرة، ونهر الراء صيدت فيه سمكة تسمّى الراء[h]

---

a) Codd. نهر. b) Deëst nomen relat. in *Lobbo 'l-Lobâb*; cf. Ibn Doraid, p. ٢٩٣.
c) A. حىل, B. جيبك. d) A. وجِنك. e) Codd. يَسار. f) Est Persicum پيشكار. g) Codd. الععوى. h) Salmo. In Edrîsii Codd. scribitur ejus nomen الراى et الرىّ; vid. meam edit. p. ١٩ (*m*) et p. ١٨ (*q*).

فسمّى بها وعليه ارض حُمْران الّذى اقطعه ايّاها معٰوية، نهر مكحول
نسب الى مكحول بن عبيد الله الأَحْمَسىّ وهو ابن عمّ شيبان صاحب
مقبرة شيبان بن عبد الله الّذى كان على شرطة ابن زياد وكان مكحول
يقول الشعر فى الخيل[a] فكانت قطيعة من عبد الملك بن مرون، وقال
القحذمىّ نهر مكحول نسب الى مكحول بن عبد الله السعدىّ »، وقال
القحذمىّ شطّ عثمان اشتراه عثمان بن ابى العاصى[b] الثقفىّ من عثمان
ابن عفّان بمال له بالطائف، ويقال انّه اشتراه بدارٍ له بالمدينة فزادها
عثمان بن عفّان فى المسجد، واقطع عثمان بن ابى العاصى اخاه حفص
ابن ابى العاصى حَفْصان واقطع ابا[c] اميّة بن ابى العاصى أُمَيَّتان واقطع 418
الحكم بن ابى العاصى حَكَمان واقطع اخاه المُغيرة مُغيرَتان، قال فكان نهر
الارحاء لابى عمرو بن ابى العاصى الثقفى »، وقال المدائنى اقطع زياد فى
الشطّ الجُموم[d] وهى زيادان وقال لعبد الله بن عثمان انّى لا انفذ الّا ما
عمرتم وكان يقطع الرجل القطيعة ويدعه سنتين فان عمرها والّا اخذها
منه فكانت الجُموم لابى بكرة ثمّ صارت لعبد الرحمٰن بن ابى بكرة، أَزْرَقان
نُسب الى الازرق بن مسلم مولى بنى حنيفة، ونُسب مُحَمَّدان الى محمّد
ابن علىّ بن عثمان الحنفىّ، زيادان نسب الى زياد مولى بنى الهيثم[e] وهو
جدّ مُونس بن عمران بن جُمَيع بن يسار[f] وجدّ عيسى بن عمر
النحوىّ وحاجب بن عمر لامّهما، ونهر ابى الخَصيب نسب الى ابى
الخصيب مرزوق مولى المنصور امير المؤمنين، ونهر الامير بالبصرة حفره
المنصور ثمّ وهبه لابنه جعفر فكان يقال نهر امير المؤمنين ثمّ قبل نهر

a) Codd. الحمل. b) A. العاص. c) Wüstenfeld om. ابا, vid. *Z. d. d. m. G.*, XVIII. p. 416. d) Codd. الحَمُوم. e) *Merâcid*, I. p. ٥٣٤ الهجيم et in textu يونس. f) Codd. دسار. Fortasse بشار.

الامير ثمّ ابتاعه الرشيد واقطع منه وباع، ونهر رُبَّا للرشيد نُسب الى سورجى[a] والقُرَشىّ[b] كان عبيد الله بن عبد الاعلى الكُرَيْزىّ وعبيد الله ابن عمر بن الحكم الثقفىّ[c] اختصما فيه ثمّ اصطلحا على ان اخذ كلّ واحد منهما نصفه فقيل القرشىّ والعَرَبىّ، والقَنْدل خَور من اخوار دجلة سدّه سليمٰن بن علىّ وعليه قطيعة المنذر بن الزبير بن العوّام وفيه نهر النعمان بن المنذر صاحب الحيرة اقطعه ايّام كسرى وكان هناك قصر للنعمٰن، ونهر مقاتل نُسب الى مقاتل بن جَارِيَة بن قُدامة السَّعْدىّ، وعميران نُسب الى عبد الله بن عمير الليثىّ، وسَيْحان[d] كان للبرامكة 419
وهم سمّوه سَيْحان، والجُوبَرَة صيد فيها الجُوبَرة[e] فسمّيت بذلك، حُصَينان لحُصَين بن ابى الحُرّ العنبرىّ، عُبَيْدُلّان لعبيد[f] الله بن ابى بكرة، عُبَيدان لعبيد بن كعب النُّمَيرىّ، مُنْقِذان[g] لمنقذ بن عِلاج السلمىّ، عبد الرحمانان كان لابى بكرة بن زياد فاشتراه ابو عبد الرحمٰن مولى هشام، ونافعان لنافع بن الحٰرث الثقفىّ، واسلمان لاسلم بن زُرْعَة الكلابىّ، وحُمْرَانان لحُمْران بن أَبان مولى عثمان، وقُتَيبتان لقُتَيبة بن مسلم، وخَشْخَشان لآل الخَشْخَاش[h] العَنْبَرىّ *، وقال القَحْذَمىّ نهر البَنَات بنات زياد اقطع كلّ بنت ستّين جريبًا وكذلك كان يقطع العامّة، وقال امر زياد عبد الرحمٰن بن تُبَّع الحميرىّ وكان على قطائعه ان يقطع نافع بن الحٰرث الثقفىّ ما مشى فمشى فانقطع شسعُهُ فجلس فقال حسبك[i] فقال لو علمتُ لمشيتُ الى الابلّة فقال دعنى حتّى ارمى بنعلى فرمى بها حتّى

---

a) A. سورحى, B. سورَجى. Compositum ex Pers. سور et جا »tempus festi", quod nempe in mense Djomáda (رُبَّى) celebrabatur olim. b) Codd. والعرشى. c) A. om. d) Vid. *Moschtarik*, p. ٢٦٤. e) A. الحوبره, B. الجويرح, add. كذا. f) Codd. عبدلان لعبد. g) A. مَنقدان. h) B. الحشحاش. i) In A. repet. فقال حسبك.

بلغت الاجّانة، سعيدان لآل سعيد بن عبد الرحمن بن عباد بن
أُسَيد[a]، وكانت سليمانان قطيعة لعُبَيد بن قُسَيط صاحب الطوف ايّام
الحجّاج فرابط بها رجل من الزهّاد يقال له سليمان بن جابر فنسبت
اليه، وعُمَران لعمر بن عبيد الله بن معمر التيمى، وفِيلان لفِيل مولى
زياد، وخلدان نسب الى خلد بن عبد الله بن خلد بن أَسيد بن ابى
العيص بن اميّة، نهر يزيد الاباضى وهو يزيد بن عبد الله الحميرى،
420 المِسْمارِيّة قطيعة مِسْمار مولى زياد وله بالكوفة ضيعة ، قال القَحْذَمى وكان
بِلال بن ابى بُرْدة الّذى فتق نهر معقل فى فيض البصرة وكان قبل ذلك
مكسورًا يفيض[b] الى القبّة الّتى كان زياد يعرض فيها الجند واحتفر بلال نهر
بلال وجعل عن جنبتيه حوانيت ونقل اليها السوق وجعل ذلك ليزيد
ابن خلد القَسْرى ، قالوا وحفر بشير بن عبيد[c] الله بن ابى بكرة المرغاب
وسمّاه باسم مرغاب مرو وكانت القطيعة الّتى فيها المرغاب لهِلال بن أَحْوز
المازنى اقطعه ايّاها يزيد بن عبد الملك وهى ثمانية الف جريب فحفر
بشير المرغاب والسواقى والمعترضات بالتغلّب وقال هذه قطيعة لى وخاصمه
حميرى بن هلال فكتب خلد بن عبد الله القسرى الى ملك بن المنذر
ابن الجارود وهو على احداث البصرة ان خلِّ بين الحميرى وبين المرغاب
وارضه وذلك انّ بشيرًا اشخص الى خلد فتظلّم فقبل قوله وكان عمرو[d]
ابن يزيد الأُسَيْدى[e] يُعْنَى بحميرى ويُعينه فقال لملك بن المنذر اصلحك
الله ليس هذا خَلِّ[f] انّما هو خُلْ بين حميرى وبين المرغاب[g]، قال وكانت
لصَعْصَعة بن معوية عمّ الاحنف قطيعة بحيال المرغاب والى جنبها فجاء
معوية بن صعصعة بن معوية مُعينًا لحميرى فقال بشير هذا مسرح ابلنا

a) B. عباد بن راشد. b) Codd. يعمص. c) Codd. عبد. d) Codd. عمر.
e) A. الأُسدى. f) A. خُل , B. خَلّى. g) B. add. كذا.

وبقرنا وحميرنا ودوابّنا وغنمنا فقال معاوية امن اجل تلط[a] بقرة عقفاء
واتان ودیق تريد ان تغلبنا على حقّنا وجاء عبد الله بن ابى عثمان بن
عبد الله بن خلد بن أَسِيد فقال ارضنا وقطيعتنا فقال له معوية اسمعتَ
بالّذى تخطّى النار فدخل اللهب فى استه فانت هو ، قالوا وكانت 421
سُوَيدان لعبيد الله بن ابى بكرة قطيعة مبلغها اربعمائة جريب فوهبها
لسُوَيد بن مَنْجُوف السَّدُوسىّ وذلك انّ سُوَيدًا مرض وعاده ابن ابى
بكرة فقال له كيف تَجِدُك قال صالحًا ان شئتَ قال قد شئتُ فما ذاك
قال ان اعطيتنى مثل الّذى اعطيتَ ابن معمر فليس علىّ باس فاعطاه
سويدان فنسبت اليه ، قال المدائنى حفر يزيد بن المهلّب نهر يزيد
فى قطيعة لعبيد[b] الله بن ابى بكرة فقال لبشير بن عبيد الله اكتب لى
كتابًا بانّ[c] هذا النهر فى حقّى قال لا ولئن عُزلتَ لاخاصمنّك ، جَبْران
لآل كلثوم بن جَبْر ، نهر ابن ابى بُرْذَعَة نُسب الى ابى برذعة بن عبيد
الله بن ابى بكرة ، والمَسْرُقانان[d] قطيعة لآل ابى بكرة واصلها مائة جريب
فسحها مُسّاح المنصور الف جريب فاقرّوا[e] فى ايدى آل ابى بكرة منها[f]
مائة وقبضوا الباقى ، قطيعة هِمْيان لِهِمْيان بن عدىّ السَّدُوسىّ ، كَثيران
لكَثير بن سبّار[g] ، بِلالان لبلال بن ابى بُرْدَة كانت القطيعة لعبّاد بن زياد
فاشتراها ، شِبْلان لشِبْل بن عُمَيرة بن يَثْرِبىّ[h] الضَّبّىّ ، نهر سَلْم[i] نسب
الى سَلْم بن عبيد الله بن ابى بكرة ، النهر الرِّياحىّ[k] نُسب الى رِباح مولى
آل جُدْعان ، سبخة عائشة الى عائشة بنت عبد الله بن خَلَف الخزاعى ،
قالوا واحتفر كثير[l] بن عبد الله السلمىّ وهو ابو العاج عامل يوسف بن

a) B. بلط. b) Codd. لعبد. c) A. ان. d) A. والمشرقانان. e) A. فقبضوا منها. f) A. om. g) B. بسار. h) Codd. يثربى, vid. *Moschtabih* in v. يثربى. i) Supra p. 415 derivatur nomen a سلم بن زياد. k) Codd. الرباحى et رباح. l) *Merácid*, III. p. ٢٥١ كيثر, quae forma in *Moschtabih* non memoratur.

عمر الثقفىّ على البصرة نهرًا من نهر ابن عتبة الى الخستل فنُسب اليه،
422 نهر ابى شدّاد نسب الى ابى شدّاد مولى زياد، بثق سيّار[a] لفيل مولى
زياد ولكن القيّم عليه كان سيّار[a] مولى بنى عُقَيل فغلب عليه، ارض
الاصبهانيّين شرا من بعض العرب وكان هاؤلاء الاصبهانيّون قومًا اسلموا
وهاجروا الى البصرة ويقال انّهم كانوا مع الاساورة الّذين صاروا بالبصرة،
ودار ابن الاصبهانىّ بالبصرة نُسبت الى عبد الله بن الاصبهانىّ وكان له
اربعمائة مملوك لقى المختار مع مصعب وهو على ميمنته ،، حدّثنى
عبّاس بن هشام عن ابيه عن بعض آل الاهتم قال كتب يزيد بن عبد
الملك الى عمر بن هُبَيرة انّه ليست لامير المؤمنين بارض العرب خرصة[b]
فسر على القطائع فخذ فضولها لامير المؤمنين فجعل عمر ياتى القطيعة
فيسال عنها ثمّ يمسحها حتّى وقف على ارض فقال لمن هذه فقال صاحبها
لى فقال ومن اين هى لك فقال

وَرِثْنَاهُنّ[c] عَنْ أَبَآءِ صِدْقٍ   وَيُورِثُهَا اِذَا مُتْنَا بَنِينَا

قال ثمّ انّ الناس ضجّوا من ذلك فامسك ،، قالوا صَلْتان[d] نُسب الى
الصَّلْت بن حُرَيث الحَنَفىّ، وقَاسِمَان قطيعة القسم بن عبّاس بن ربيعة
ابن الحرث بن عبد المطّلب ورثه[e] ايّاها اخوه عون، ونهر خُلدان الاجمة
لآل خُلد بن أَسِيد وآل ابى بكرة، ونهر ماسوران كان فيه رجل شِرِّير
يسعى بالناس ويبحث عليهم فنسب النهر اليه والماسور بالفارسيّة[f] الجرير[g]
الشرّير، جُبَيران ايضًا قطيعة جُبَير بن ابى زيد من بنى عبد الدار،
423 مَعْقِلان قطيعة معقل بن يَسَار من زياد وولده يقولون من عُمَر ولم يقطع
عمر احدًا على النهرين، جَنْدَلان لعبيد الله بن جندل الهلالى، نهر

a) B. سنان. b) Codd. حوصه. c) A. وربتهن. d) B. الصلتنان. e) Codd. وربثها. f) Nempe مه شور. g) A. الجزير.

النوت قطيعة عبد الله بن نافع بن الحرث الثقفى ، وقال القَحْذَمى كان
نهر سليمن بن على لحسّان بن ابى حسّان النبطى، والنهر الغوثى كان
عليه صاحب مسلحة يقال له غوث فنُسب اليه وقال بعضهم جعل مغيثًا
للمرغاب فسمّى الغوث، ذات الحفافَيْن على نهر معقل ودجلة كانت لعبد
الرحمن بن ابى بكرة فاشتراها عربى التمّار مولى امة الله بنت ابى بكرة،
نهر ابى سَبْرة الهُذَلى قطيعة، حَرْبانان[a] قطيعة حرب بن عبد الرحمن بن
الحكم بن ابى العاصى، قطيعة الحُباب للحباب بن يزيد المجاشعى[b]، نهر
جعفر كان لجعفر مولى سَلْم بن زياد وكان خراجيًّا، بثق شيرين نسب
الى شيرين امراة كسرى بن هرمز ، وقال القَحْذَمى والمدائنى كانت
مُهلّبان التى تعرف فى الديوان بقطيعة عمر بن هبيرة لعمر بن هبيرة
اقطعه ايّاها يزيد بن عبد الملك حين قبض مال يزيد بن المهلّب واخوته
وولده وكانت للمغيرة بن المهلّب وفيها نهر كان زادان فرّوخ حفره فعرف
به وهى اليوم لآل سفين بن معوية بن يزيد بن المهلّب رفع الى ابى[c]
العبّاس امير المؤمنين فيها فاقطعه ايّاها فخاصمه[d] آل المهلّب فى امرها فقال
كانت للمغيرة فقالوا نحن نجيز ذلك مات المغيرة بن المهلّب قبل ابيه
فورثت ابنته النصف فلك ميراثك من امّك ورجع الباقى الى ابيه فهو بين
الورثة قال وللمغيرة ابن قالوا وما لك ولابن المغيرة انت لا ترثه انّما هو
424 خالك فلم يعطهم شيـًٔا وهى الف وخمسمائة جريب ، كَوْسَجان نسب
الى عبد الله بن عمرو الثقفى الكَوْسَج وقال المدائنى كانت كَوْسَجان
لابى بكرة فخاصمه اخوه نافع فخرجا اليها وكلّ واحد منهما يدّعيها وخرج
اليهما عبد الله بن عمرو الكَوْسَج فقال لهما اراكما تختصمان فحكّمانى

---

a) B. حربانان et حرب. *b*) Haec inde a حربانان in A. desunt. *c*) Deëst in Codd. *d*) Codd. فخاصمها.

فحكّماه فقال قد حكمتُ بها لنفسى فسلّماها له، قال ويقال انّه لم يكن للكَوْسَج شِرب فقال لابى بكرة ونافع اجعلا لى شربًا بقدر ونبة فاجاباه الى ذلك فيقال انّه ونب ثلثين ذراعًا ،، قالوا وبالفرات ارضون اسلم اهلها عليها حين دخلها المسلمون وارضون خرجت من ايدى اهلها الى قوم مسلمين بهبات وغير ذلك من اسباب الملك فصُيّرت عشريّة وكانت خراجيّة فردّها الحجّاج الى الخراج ثمّ ردّها[a] عمر بن عبد العزيز الى الصدقة ثمّ ردّها عمر ابن هُبَيرة الى الخراج فلمّا ولى هشام بن عبد الملك ردّ بعضها الى الصدقة ثمّ انّ المهدى امير المؤمنين جعلها كلّها من اراضى الصدقة ،، وقال جعفران كان لامّ جعفر بنت مَجْزاة بن ثَوْر السَّدُوسىّ امراة اسلم صاحب أَسْلَمان ،، قال القَحْذَمىّ حدّثنى ارقم بن ابرهيم انّه نظر الى حسّان النبطى يشير من الجسر ومعه عبد الاعلى بن عبد الله بحوز كلّ شىء من حدّ نهر القَيْض لولد هشام بن عبد الملك فلمّا بلغ دار عبد الاعلى رفع الذرع فلمّا كانت الدولة المباركة قبض ذلك اجمع فوقف ابو جعفر الجبان[b] فيما وقف على اهل المدينة واقطع المهدى العبّاسة ابنتَهُ امراة محمّد بن سليمن الشرقىّ، عَبّادان قطيعة لحُمْران بن أَبان مولى عثمان
425 من عبد الملك بن مروان وبعضها فيما يقال من زياد وكان حُمْران[c] من
سبى عين التمر يدّعى انّه من النَّمِر بن قاسط فقال الحجّاج ذات يوم وعنده عَبّاد بن حُصَين الحَبَطىّ ما يقول حُمْران لئن انتمى الى العرب ولم يقل ان اباه أُبَىّ[d] وانّه مولى لعثمان لاضربنّ عنقه فخرج عبّاد من عند الحجّاج مبادرًا[e] فاخبر حمران بقوله فوهب له غرىّ النهر وحبس الشرقىّ فنُسب الى عبّاد بن الحُصَين، وقال هشام بن الكلبى كان اوّل من

---

a) Codd. ردّه. b) B. الحمار. c) B. عمران. d) Cf. supra p. 287 et *Moschtabih* in v. ء p. ٥٠. e) A. مباددا.

رابط بعَبّادان عبّاد بن الحصين، قال وكان الربيع بن صُبْح الفقيه وهو مولى بنى سعد جمع مالًا من اهل البصرة فحصّن[a] به عبّادان ورابط فيها والربيع يروى عن الحسن البصرى وكان خرج غازيًا الى الهند فى البحر فمات فدفن فى جزيرة من الجزائر فى سنة ١٦٠ ، قال القَحْذَمىّ خُلدان القصر وخُلدان هَبساء[b] كانا لخُلد بن عبد الله بن خُلد بن أَسيد وخُلدان ليزيد بن طلحة الحنفى ويكنّى ابا خُلد، قال ونهر عَدِىّ كان خورًا[c] من نهر البصرة حتّى فتقه عَدِىُّ بن أُرطاة الفَزارىُّ عامل عمر بن عبد العزيز من بثق شيرين، قال وكان سليمٰن اقطع يزيد بن المهلّب ما اعتمل من البطيحة فاعتمل الشرقىّ والجبان[d] والخَسْت والريحة[e] ومُغيرَتان وغيرها فصارت حوزًا فقبضها[f] يزيد بن عبد الملك ثمّ اقطعها هشام ولده ثمّ حيزت بعده[g] ، قال القَحْذَمىُّ وكان الحجّاج اقطع خَيْرَة بنت ضمرة القُشَيريّة امراة المهلّب عبّاسان فقبضها يزيد بن عبد الملك فاقطعها العبّاس بن الوليد بن عبد الملك ثمّ قبضت[h] فاقطعها ابو العبّاس امير 426
المؤمنين سليمٰن بن علىّ، قال وكانت القاسميّة ممّا نضب عنه الماء فافتعل القٰسم بن سليمٰن مولى زياد كتابًا ادّعى انّه من يزيد بن معٰوية باقطاعه ايّاها، الخالديّة لخُلد بن صَفْوان بن الأَهْتَم كانت للقٰسم بن سليمٰن، المالكيّة لمُلك بن المنذر بن الجارود، الحاتميّة لحاتم بن قَبيصة ابن المهلّب ، حدّثنى جماعة من اهل البصرة قالوا كتب عدىُّ بن ارطاة الى عمر بن عبد العزيز وامر اهل البصرة ان يكتبوا فى حفر نهر لهم فكتب اليه وكيع بن ابى سُود التميمىُّ انّك ان لم تحفر لنا نهرًا فما

a) A. فحص. b) Sive هسبا. c) Codd. حورًا. d) Codd. والحبان. e) Sic. ? الزنجية ? الريحية f) B. ثم قبضها. g) B. بعد. h) A. om. ثم قبضت et legit deinde ثم اقطعها.

البصرة لنا بدار، ويقال انّ عديًّا النمس فى ذلك الاضرارَ ببَهْز بن يزيد
ابن المهلّب فنفعه، قالوا فكتب عمر يأذن له فى حفر نهر فحفر نهر عدىّ
وخرج الناس ينظرون اليه فحمل عدىٌّ الحسنَ البصرى على حمار كان
عليه وجعل يمشى »، قالوا ولمّا قدم عبد الله بن عمر بن عبد العزيز
عاملًا على العراق من قبل يزيد بن الوليد اتاه اهل البصرة فشكوا اليه
ملوحة مائهم وحملوا اليه قارورتين فى احداهما ماء من ماء البصرة وفى
الاخرى ماء من ماء البطيحة فراى بينهما فصلًا فقالوا انّك ان حفرت
لنا نهرًا شربنا من هذا العذب فكتب بذلك الى يزيد فكتب اليه[a]
يزيد ان بلغت نفقة هذا النهر خراج العراق ما كان فى ايدينا فانفقه
عليه فحفر النهر الّذى يعرف بنهر ابن عمر، وقال رجل ذات يوم فى مجلس
427 ابن عمر والله انّى احسب نفقة هذا النهر تبلغ ثلثمائة الف او اكثر
فقال ابن عمر لو بلغت خراج العراق لانفقته عليه »، قالوا وكانت الولاة
والاشراف بالبصرة يستعذبون الماء من دجلة ويحتفرون الصهاريج وكان
للحجّاج بها صهريج[b] معروف يجتمع فيه ماء المطر وكان لابن عامر وزياد
وابن زياد صهاريج يبيحونها الناس »، قالوا وبنى المنصور رحمه بالبصرة فى
دخلته الاولى قصره الّذى عند الحبس الاكبر وذلك فى سنة ١٤٢ وبنى فى
دخلته الثانية المصلّى بالبصرة، وقال القحذمىّ الحبس الاكبر اسلامىّ »،
قالوا ووقف محمّد بن سليمٰن بن علىّ ضيعة له على احواض اتّخذها
بالبصرة فغلّتها تنفق على دواليبها وابلها ومصلحتها »، وحدّثنى رَوْح بن
عبد المؤمن عن عمّه ابى هشام عن ابيه قال وفد اهل البصرة على ابن
عمر بن عبد العزيز بواسط فسالوه حفر نهر لهم فحفر لهم نهر ابن عمر
وكان الماء الّذى ياتى نزرًا قليلًا وكان عظم ماء البطيحة يذهب فى

---

a) A. الى. b) A. صريح.

نهر الدَّيْر فكان الناس يستعذبون من الابلّة حتّى قدم سليمٰن بن علىّ البصرة واتّخذ المُغيثة وعمل مسنّياتها[a] على البطيحة فحجز الماء عن نهر الدير وصرفه الى نهر ابن عمر وانفق على المغيثة الف الف درهم فقال شكا اهل البصرة الى سليمٰن ملوحة الماء وكثرة ما ياتيهم من ماء البحر فسكر القندل[b] فعذب ماؤهم ‹ قال واشترى سليمٰن بن علىّ موضع السجن من ماله فى دار ابن زياد فجعله سجنًا وحفر الحوض الّذى فى الدَّهْناء وهى رحبة بنى هاشم ›› وحدّثنى بعض اهل العلم بضياع البصرة قال كان 428
اهل الشُعَيبيّة من الفرات جعلوها لعلىّ بن امير المُومنين الرشيد فى خلافة الرشيد على ان يكونوا مزارعين له فيها ويخفّف مقاسمتهم فتكلّم فيها فجعلت عشريّة من الصدقة وقاسم اهلها على ما رضوا به وقام له بامرها شُعَيب بن زياد الواسطىّ الّذى لبعض ولده دار بواسط على دجلة فنسبت اليه ›› وحدّثنى عدّة من البصريّين منهم رَوْح بن عبد المؤمن قالوا لمّا اتّخذ سليمٰن بن علىّ المغيثة احبّ المنصور ان يستخرج ضيعةً من البطيحة فامر باتّخاذ السُّبَيبطيّة فكره سليمٰن بن علىّ واهل البصرة ذلك واجتمع اهل البصرة الى باب عبد الله بن علىّ وهو يومئذ عند اخيه سليمٰن هاربًا من المنصور فصاحوا يامير المُومنين انزل الينا نبايعك فكفّهم سليمٰن وفرقهم واوفد الى المنصور سوّار بن عبد الله التميمىّ ثمّ العَنبَرىّ وداود بن ابى هِنْد مولى بنى بشير وسعيد بن ابى عَرُوبة واسم ابى عَرُوبة بهران[c] فقدموا عليه ومعهم صورة[d] البطيحة فاخبروه انّهم يتخوّفون ان يملح ماؤهم فقال ما اراه كما ظننتم وامر بالامساك ثمّ انّه قدم البصرة فامر باستخراج السُّبَيبطيّة فاستخرجت له فكانت[e] منها اجمة

a) B. مسناتها. b) A. من القندل, B. القندلى. c) Ibn Cotaiba, p. ٢٥۴ مهران.
d) B. صور. e) B. وكانت.

لرجل من الدهاقين يقال له سُبَيط فحبس عنه الوكيل الّذى قُلّد القيام بامر الضيعة واستخراجها بعض ثمنها وضربه فلم يزل على باب المنصور يطالب بما بقى له من ثمن اجمته ويختلف فى ذلك الى ديوانه حتّى مات فنسبت الضيعة اليه بسبب اجمته فقيل السُّبَيطيّة ، وقالوا قنطرة
429 قُرّة بالبصرة نسبت الى قُرّة بن حيّان الباهلىّ وكان عندها نهر قديم ثمّ اشترته امّ عبد الله بن عامر فتصدّقت به مغيضًا لاهل البصرة وابتاع عبد الله بن عامر السوق فتصدّق به ، قالوا ومرّ عبيد الله بن زياد يوم نعى يزيد بن معٰوية على نهر امّ عبد الله فاذا هو بنخل فامر به فعُقر وهدم حمّام حُمْران بن أَبان وموضعه اليوم يعمل فيه الرباب ، قالوا ومسجد الحامرة نسب الى قوم قدموا اليمامة عجم من عمان ثمّ صاروا منها الى البصرة على حمير فاقاموا بحضرة هذا المسجد، وقال بعضهم بنوه ثمّ جُدّد بعد ، وحدّثنى علىّ الاثرم عن ابى عبيدة عن ابى عمرو ابن العلاء قال كان قيس بن مسعود الشيبانى على الطفّ من قبل كسرى فهو اتّخذ المَنْجَشانيّة على ستّة اميال من البصرة وجرت على يد عُضْروط يقال له منْجَشان فنسبت اليه[a]، قال وفوق ذلك روضة الخيل كانت مهارته ترعى فيها، وقال ابن الكلبىّ نُسب الماء الّذى يعرف بالحَوْءَب الى الحوءب بنت كلب بن وَبَرة وكانت عند مُرّ بن أُدّ بن طابخة، ونُسب حِمَى ضَرِيّة الى ضَرِيّة بنت ربيعة بن نزار وهى امّ حُلْوان بن عِمْران بن الحاف بن قضاعة، قالوا نُسب حُلْوان الى حلوان هذا ،

أَمْرُ الأَسَاوِرَةِ والزُّطّ

حدّثنى جماعة من اهل العلم قالوا كان سياه[b] الأُسْوَارىّ على مقدّمة

a) Cf. Bekrí in v. (II. p. 76). b) Codd. سباه.

يَزْدَجِرْد ثمّ انّه بعث به الى الاهواز فنزل الكلبانيّة وابو موسى الاشعرىّ
يحاصر السوس فلمّا راى ظهور الاسلام وعزّ اهله وانّ السوس قد فُتحت 430
والامداد متتابعة الى ابى موسى ارسل اليه انّا قد احببنا الدخول معكم
فى دينكم على ان نقاتل عدوّكم من العجم معكم وعلى انّه ان وقع بينكم
اختلاف لم نقاتل بعضكم مع بعض وعلى انّه ان قاتلنا العرب منعتمونا
منهم وأَعنتمونا عليهم وعلى ان ننزل بحيث شئنا من البلدان ونكون
فيمن شئنا منكم وعلى ان نلحق بشرف العطاء ويعقد لنا بذلك الامير
الّذى بعثكم فقال ابو موسى بل لكم ما لنا وعليكم ما علينا قالوا لا
نرضى فكتب ابو موسى بذلك الى عمر فكتب اليه عمر ان اعطهم جميع
ما سالوا فخرجوا حتّى لحقوا بالمسلمين وشهدوا مع ابى موسى حصار تُسْتَر
فلم يظهر منهم نكاية فقال لسياه[a] يا عون ما انت واصحابك كما كنّا
نظنّ فقال له اخبرك انّه ليست بصائرنا كبصائركم ولا لنا فيكم حُرَم
نخاف عليها ونقاتل وانّما دخلنا فى هذا الدين فى بدء امرنا تعوّذًا وان
كان الله قد رزق خيرًا كثيرًا ثمّ فرض لهم فى شرف العطاء فلمّا صاروا
الى البصرة سالوا اىّ الاحياء اقرب نسبًا الى رسول الله صلعم فقيل بنو
تميم وكانوا على ان يحالفوا الازد فتركوهم وحالفوا بنى تميم ثمّ خُطّت
لهم خططهم فنزلوا وحفروا نهرهم وهو يعرف بنهر الاساورة ويقال انّ عبد
الله بن عامر حفره ، وقال ابو الحسن المدائنى اراد شِيرَوَيْه الأُسْوارىّ ان
ينزل فى بكر بن وائل مع خٰلد بن المُعَمَّر وبنى سَدُوس فابى سياه[b] ذلك
فنزلوا فى بنى تميم ولم يكن يومئذ الازد بالبصرة ولا عبد شمس ، قال 431
فانضمّ الى الاساورة السيابجة وكانوا قبل الاسلام بالسواحل وكذلك الزطّ
وكانوا بالطفوف ينتبّعون الكلا فلمّا اجتمعت الاساورة والزطّ والسيابجة

a) Codd. لسماه. b) Codd. سماه.

تنازعتهم بنو تميم فرغبوا فيهم فصارت الاساورة فى بنى[a] سعد والزطّ والسيابجة فى بنى حنظلة فاقاموا معهم يقاتلون المشركين وخرجوا مع ابن عامر الى خراسان ولم يشهدوا معهم الجمل وصِفّين ولا شيئًا من حروبهم حتّى كان يوم مسعود ثمّ شهدوا بعد يوم مسعود الرَّبَذَة وشهدوا امر ابن الاشعث معه فاضرّ بهم[b] الحجّاج فهدم دورهم وحطّ اعطياتهم واجلى بعضهم وقال كان فى شرطكم ان لا تعينوا بعضنا على بعض ،، وقد روى انّ الاساورة لمّا انحازوا الى الكلبانيّة وجّه ابو موسى البهم الربيع بن زياد الحارثىّ فقاتلهم ثمّ انّهم استامنوا على ان يُسلموا ويحاربوا العدوّ ويحالفوا من شاءوا وينزلوا بحيث احبّوا ،، قالوا وانحاز الى هاؤلاء الاساورة قوم من مقاتلة الفُرس ممّن لا ارض له فلحقوا بهم بعد ان وضعت الحرب اوزارها فى النواحى فصاروا معهم ودخلوا فى الاسلام ،، وقال المدائنى لمّا توجّه يَزْدَجِرْد الى اصبهان دعا سياه فوجّهه الى اصْطَخْر فى ثلثمائة فيهم
432 سبعون رجلًا من عظمائهم وامره ان ينتخب من احبّ من اهل كلّ بلد ومقاتلته ثمّ اتبعه يزدجرد فلمّا صار باصْطَخْر وجّهه الى السوس وابو موسى محاصر لها ووجّه الهُرْمُزان الى تُسْتَر فنزل سياه الكلبانيّة وبلغ اهلَ السوس امر يزدجرد وهربه فسالوا ابا موسى الصلح فصالحهم فلم يزل سياه مقيمًا بالكلبانيّة حتّى سار ابو موسى الى تُسْتَر فتحوّل سياه فنزل بين رامهرمز وتستر حتّى قدم عمّار فجمع سياه الرؤساء الّذين خرجوا معه من اصبهان فقال قد علمتم بما كنّا نتحدّث به من انّ هاؤلاء القوم سيغلبون على هذه المملكة ويروث دوابّهم فى ايوان اصطخر وامرهم فى الظهور على ما ترون فانظروا لانفسكم وادخلوا فى دينهم فاجابوه الى ذلك فوجّه شِيرَوَيْه فى عشرة الى ابى موسى فاخذوا ميثاقًا على ما وصفنا من الشرط

a) A. om. b) Codd. فاضربهم.

واسلموا ›، وحدّثنى غير المدائنى عن عَوَانة قال حالفت الاساورة الازد
ثمّ سالوا عن اقرب الحيّيْن من الازد وبنى تميم نسبًا الى النبى صلعم
والخلفاء واقربهم مددًا فقيل بنو تميم فحالفوهم وسيّد بنى تميم يومئذ
الاحنف بن قيس، وقد شهد وقعة الرَّبَذَة ايّام ابن الزبير جماعة من
الاساورة فقتلوا خلقًا بعدّتهم من النشّاب ولم يخطئ لاحد منهم رمية ›،
وامّا السيابجة والزطّ والاندغار فانّهم كانوا فى جند الفرس ممّن سبوه
وفرضوا له من اهل السند ومن كان سبيًا من أُولِى[a] الغزاة فلمّا سمعوا بما
433 كان من امر الاساورة اسلموا واتوا ابا موسى فانزلهم البصرة كما انزل
الاساورة ›، وحدّثنى رَوْح بن عبد المؤمن قال حدّثنى يعقوب بن الحضرمى
عن سلّام قال أُتى الحجّاج بخلق من زطّ السند واصناف ممّن بها من الامم
معهم اهلوهم واولادهم وجواميسهم فاسكنهم باسافل كسكر، قال روح فغلبوا
على البطيحة وتناسلوا بها، ثمّ انّه ضوى اليهم قوم من أُبّاق العبيد
وموالى باهلة وخولة محمّد بن سليمٰن بن علىّ وغيرهم فشجّعوهم على قطع
الطريق ومبارزة السلطان بالمعصية وانّما كانت غايتهم قبل ذلك ان يسالوا
الشىء الطفيف ويصيبوا غرّة من اهل السفينة فيتناولوا منها ما امكنهم
اختلاسه، وكان الناس فى بعض ايّام المامون قد تحاموا الاجتياز بهم
وانقطع عن بغداذ جميع ما كان يحمل اليها من البصرة فى السفن فلمّا
استخلف المعتصم بالله تجرّد لهم وولّى محاربتهم رجلًا من اهل خراسان
يقال له عُجَيف بن عَنْبَسَة وضمّ اليه من القوّاد والجند خلقًا ولم يمنعه
شيًّا طلبه من الاموال فرتّب[b] بين البطائح ومدينة السلم خيلًا مضمرة
مهلوبة الاذناب وكانت اخبار الزطّ ياتيه بمدينة السلام فى ساعات من
النهار او اوّل الليل[c] وامر عُجَيفًا فسكر عنهم الماء بالمؤن العظام حتّى

a) B. الى.   b) B. ورتب.   c) A. النهار والليل.

أُخذوا فلم يَشِذّ منهم احد وقدم بهم الى مدينة السلم فى الزواريق
فجعل بعضهم بخانِقِين وفرّق سائرهم فى عين زَرْبَة والثغور». قالوا وكانت
434 جماعة من السيابجة موكّلين ببيت مال البصرة يقال انّهم اربعون ويقال
اربع مائة فلمّا قدم طلحة بن عبيد[a] الله والزبير بن العوّام البصرة وعليها
من قبل علىّ بن ابى طالب عثمان بن حُنَيف الانصارى ابوا ان يسلموا
بيت المال الى قدوم علىّ رضّه فاتوهم فى السحر فقتلوهم وكان عبد الله بن
الزبير المتولّى لامرهم فى جماعة تسرّعوا اليهم معه وكان على السيابجة
يومئذ ابو سالمة الزطّى وكان رجلًا صالحًا، وقد كان معٰوية نقل من
الزطّ والسيابجة القدماء الى سواحل الشام وانطاكية بشرًا وقد كان
الوليد بن عبد الملك نقل قومًا من الزطّ الى انطاكية وناحيتها». قالوا
وكان عبيد الله بن زياد سبى خلقًا من اهل بخارا ويقال بل نزلوا على
حكمه ويقال بل دعاهم الى الامان والفريضة فنزلوا على ذلك ورغبوا فيه
فاسكنهم البصرة فلمّا بنى الحجّاج مدينة واسط نقل كثيرًا منهم اليها فمن
نسلهم اليوم بها قوم منهم خٰلد الشاطر المعروف بابن مارقلى، قال
والاندغار من ناحية كرمان ممّا يلى سجستان».

كُوَرُ الأَهْوَازِ

قالوا غزا المغيرة بن شُعْبَة سوق الاهواز فى ولايته حين شخص عتبة
ابن غَزْوان من البصرة فى اخر سنة ١٥ او اوّل سنة ١٦ فقاتله البيرواز[b]
دهقانها ثمّ صالحه على مال ثمّ انّه نكث فغزاها ابو موسى الاشعرى
435 حين ولّاه عمر بن الخطّاب البصرة بعد المغيرة فافتتح سوق الاهواز عنوة
وفتح نهر تِيرى عنوة وولى ذلك بنفسه فى سنة ١٧». وقال ابو مِخْنَف

a) B. عبد. b) Jacut البِيرُوَان.

والواقدى فى روايتهما قدم ابو موسى البصرة فاستكتب زيادًا واتبعه عمر ابن الخطّاب بعِمْران بن الحُصَين الخزاعىّ وصيّره على تعليم الناس الفقه والقرآن وخلافة ابى موسى اذا شخص عن البصرة فسار ابو موسى الى الاهواز فلم يزل يفتح رستاقًا رستاقًا ونهرًا نهرًا والاعاجم تهرب من بين يديه فغلب على جميع ارضها الّا السّوس وتُسْتَر ومَنَاذِر ورَامْهُرْمُز، وحدّثنى الوليد بن صالح قال حدّثنى مرحوم العطّار عن ابيه عن شُوَيس[a] العَدَوىّ قال اتينا الاهواز وبها ناس من الزطّ والاساورة فقاتلناهم قتالًا شديدًا فظهرنا[b] عليهم وظفرنا بهم فاصبنا سبيًا كثيرًا اقتسمناهم فكتب الينا عمر انّه لا طاقة لكم بعمارة الارض فخلّوا ما فى ايديكم من السبى واجعلوا عليهم الخراج فرددنا السبى ولم نملكهم، قالوا وسار ابو موسى الى مَنَاذِر فحاصر اهلها فاشتدّ قتالهم فكان المُهاجِر بن زياد الحارثىّ اخو الربيع بن زياد[c] بن الديّان فى الجيش فاراد ان يشرى نفسه وكان صائمًا فقال الربيع لابى موسى انّ المهاجر عزم على ان يشرى نفسه وهو صائم فقال ابو موسى عزمتُ على كلّ صائم ان يفطر او لا يخرج الى القتال فشرب المهاجر شربة ماء وقال قد ابررتُ عزمة اميرى والله ما شربتها من عطش ثمّ راح فى السلاح فقاتل حتّى استشهد واخذ اهل مَنَاذِر راسه ونصبوه على قصرهم بين 436
شرفتين وله يقول القائل

وَفِى مَنَاذِرَ لَمَّا جَاشَ جَمْعُهُمْ   رَاحَ ٱلْمُهَاجِرُ فِى حِلٍّ بِأَجْمَالِ
وَٱلْبَيْتُ بَيْتُ بَنِى ٱلدَّيَّانِ نَعْرِفُهُ   فِى آلِ مَذْحِجَ مِثْلَ ٱلْجَوْهَرِ ٱلْغَالِى

واستخلف ابو موسى الاشعرىّ الربيع بن زياد على مَنَاذِر وسار الى السّوس

---

a) A. سوبس, B. شويش; vid. supra p. 394. *b*) B. وظهرنا. *c*) Inserendum بن انس; cf. supra p. 289, infra 453 et Ibn Hadjar, I. p. ١٠٣١. Ibn Doraid, p. ٢٣٨ insert hujus loco بن النضر بن بشر بن مالك. In ed. Jaqubii, p. ٧٨ male الريان pro الديان.

ففتح الربيع مناذر عنوةً فقتل المقاتلة وسبى الذرّيّة وصارت مناذرُ الكبرى والصغرى فى ايدى المسلمين فولّاهما ابو موسى عاصم بن قيس بن الصَّلْت السُّلَمىّ وولّى سوق الاهواز سَمُرة بن جُنْدَب الفَزارىّ حليف الانصار، وقال قوم انّ عمر كتب الى ابى موسى وهو محاصر مَنَاذِر يامره ان يخلّف عليها ويسير الى السوس فخلّف الربيع بن زياد ،، حدّثنى [a] سَعْدَوَيْه قال ثنا شَريك عن ابى اسحٰق عن المُهَلَّب بن ابى صُفْرة قال حاصرنا مناذر فاصبنا سبيًا فكتب عمر [b] انّ مناذر كقرية من قرى السواد فردّوا عليهم [c] ما اصبتم ،، قالوا وسار ابو موسى الى السوس فقاتل اهلها ثمّ حاصرهم حتّى نفد ما عندهم من الطعام فضرعوا الى الامان وسال مرزبانهم ان يؤمن [d] ثمٰنون منهم على ان يفتح باب المدينة ويسلمها فسمّى الثمانين واخرج نفسه منهم فامر به ابو موسى فضربت عنقه ولم يعرض للثمانين وقتل من سواهم من المقاتلة واخذ الاموال وسبى الذرّيّة، ورأى ابو موسى
فى قلعتهم بيتًا وعليه ستر فسال عنه فقيل انّ فيه جثّة دانيال النبىّ 437
عليه السلم وعلى انبياء الله ورسله فانّهم كانوا اقحطوا فسالوا اهل بابل دفعه اليهم ليستسقوا به ففعلوا وكان بُخْتَنَصَّر سبى دانيال واتى به بابل فقُبض بها فكتب ابو موسى بذلك الى عمر فكتب اليه عمر ان كفّنه وادفنه فسكر ابو موسى نهرًا حتّى اذا انقطع دفنه ثمّ اجرى الماء عليه ،، حدّثنى ابو عبيد القٰسم بن سلّام قال ثنا مروٰن بن معٰوية عن حُمَيد الطويل عن حبيب عن خٰلد بن زيد المزنىّ وكانت عينه اصيبت بالسوس قال حاصرنا مدينتها واميرنا ابو موسى فلقينا جهدًا ثمّ صالحه

---

a) Bekrí in v. مناذر (II. p. 78): روى ابو عبيد فى كتاب الاموال عن سعيد بن سليمٰن عن شريك الخ eandem traditionem referens. b) Bekrí وكتبوا الى عمر فكتب اليهم عمر. c) Bekrí اليهم. d) B. يؤمّنوا.

دهقانها على ان يفتح له المدينة ويؤمن له مائة من اهله ففعل واخذ عهد ابى موسى فقال له اعزلهم فجعل يعزلهم وابو موسى يقول لاصحابه انّى لارجو ان يغلبه الله على نفسه فعزل المائة وبقى عدوّ الله فامر به ابو موسى ان يُقتَل فنادى رويدَك اعطيك[a] مالًا كثيرًا فابى وضرب عنقه ، قالوا وهادن ابو موسى اهل رَامْهُرْمُز ثمّ انقضت هدنتهم فوجّه اليهم ابا مريم الحنفىّ فصالحهم على ثمانى مائة الف درهم ، حدّثنى رَوْح بن عبد المؤمن قال حدّثنى يعقوب عن ابى عاصم الرامهرمزىّ وكان قد بلغ المائة او قاربها قال صالح ابو موسى اهل رَامْهُرْمُز على ثمانى مائة الف او تسعمائة الف ثمّ انّهم غدروا ففتحت بعد عنوة فتحها ابو موسى فى اخر ايّامه ، قالوا وفتح ابو موسى سُرَّق على مثل صلح رامهرمز ثمّ انّهم غدروا
438 فوجّه اليها حارثة بن بدر الغُدَانىّ فى جيش كثيف فلم يفتحها فلمّا
قدم عبد الله بن عامر فتحها عنوة ، وقد كان حارثة ولى سُرَّق بعد ذلك وفيه يقول ابو الاسود الدُّؤَلىّ[b]

أَحَارِ بْنَ بَدْرٍ قَدْ وُلِّيتَ امَارَةً[c] فَكُنْ جُرَذًا[d] فِيهَا تَخُونُ وَتَسْرِقُ[e]
فَإِنَّ جَمِيعَ ٱلنَّاسِ امّا مُكَذِّبٌ يَقُولُ بِمَا تَهْوَى وَامّا مُصَدِّقُ
يَقُولُونَ أَقْوَالًا بِظَنٍّ وَشُبْهَةٍ فَإِنْ قِيلَ هَاتُوا حَقِّقُوا لَمْ يُحَقِّقُوا
وَلَا تَعْجِزًا فَٱلْعَجْزُ[f] أَسْوَأُ عَادَةٍ فَحَظُّكَ مِنْ مَالِ ٱلْعِرَاقَيْنِ سُرَّقُ

فلمّا بلغ الشعر حارثة قال

---

a) A. اعطك. b) Supra p. 408 الدئلى. c) Bekri in v. سرق (II. p. 293) et Jacut apud Barbier de Meynard, p. 310 ولاية. d) Jacut l.l. حرزا. e) Jacut addit versum:

فلا تحقرن يا حار شيا تصيبه فحظك من ملك العراقين سرق

et sic Bekrí qui اصبته pro تصيبه. f) B. والعجز. Deinde Jacut اخبث مركب, addens loco ultimi hemist.: فما كل مرفوع الى الرزق يرزق.

جَزَاكَ الٰهُ[a] ٱلنَّاسِ خَيْرَ جَزَائِهِ   فَقَدْ قُلْتَ مَعْرُوفًا وَأَوْصَيْتَ كَافِيَا
أَمَرْتَ بِحَزْمٍ لَوْ أَمَرْتَ بِغَيْرِهِ   لَأَلْفَيْتَنِى فِيهِ لِأَمْرِكَ عَاصِيَا[b]،

قالوا وسار ابو موسى الى تُسْتَر وبها شوكة العدوّ وحدّهم فكتب الى عمر يستمدّه فكتب عمر الى عمّار بن ياسر يامره بالمسير اليه فى اهل الكوفة فقدّم عمّارٌ جرير بن عبد الله البجلىّ وسار حتّى اتى تستر وعلى ميمنته يعنى ميمنة ابى موسى البَرَاء بن مُلك اخو أَنس بن مُلك وعلى ميسرته مَجْزَاة بن ثَوْر السَّدُوسىّ وعلى الخيل أَنَس بن مُلك وعلى ميمنة عمّار البَرَاء بن عازب الانصارى وعلى ميسرته حُذَيفة بن اليَمَان العبسىّ وعلى خيله قَرَظَة بن كعب الانصارى وعلى رجّالته النعمان بن مُقَرِّن المزنىّ
439 فقاتلهم اهل تستر قتالًا شديدًا وحمل اهل البصرة واهل الكوفة حتّى بلغوا باب تُسْتَر فضاربهم البَرَاء بن مُلك على الباب حتّى استشهد رحمه ودخل الهُرْمُزَان واصحابه المدينة بشرّ حالٍ وقد قتل منهم فى المعركة تسعمائة واسر ستّمائة ضُربت اعناقهم بعدُ، وكان الهرمزان من اهل مِهْرِجَانْقَذف وقد حضر وقعة جَلُولاء مع الاعاجم، ثمّ انّ رجلًا من الاعاجم استامن الى[d] المسلمين على ان يدلّهم على عورة المشركين[e] فاسلم واشترط ان يفرض لولده ويفرض له فعاقده ابو موسى على ذلك ووجّه معه رجلًا من شيبان يقال له أَشْرَس بن عوف فخاض به دُجَيل على عَرَقٍ[f] من حجارة ثمّ علا به المدينة واراه الهرمزان ثمّ ردّه الى العسكر فندب ابو موسى اربعين رجلًا مع مَجْزَاة بن ثَوْر واتبعهم مائتى رجل وذلك فى الليل والمستامن يقدمهم فادخلهم المدينة فقتلوا الحرس وكبّروا على سور المدينة فلمّا سمع ذلك الهرمزان هرب الى قلعته وكانت موضع خزانته وامواله وعبر ابو

---

a) Jacut مليك. b) Jacut tertium versum addit. c) A. add. حله cum signo delendi. d) A. من. e) B. العدو. f) Codd. عِرف.

موسى حين اصبح حتّى دخل المدينة فاحتوى عليها، وقال الهرمزان ما دلّ العرب على عورتنا الّا بعض من معنا ممّن راى اقبال امرهم وادبار امرنا وجعل الرجل من الاعاجم يقتل اهله وولده ويلقيهم فى دُجَيل خوفًا من ان يظفر بهم العرب وطلب الهرمزان الامان وابى ابو موسى ان يعطيه ذلك الّا على حكم عمر فنزل على ذلك وقتل ابو موسى من كان فى القلعة ممّن لا امان له وحُمل الهرمزان الى عمر فاستحياه وفرض له، ثمّ انّه 440
اتُّهم بممالاة ابى لُؤْلُؤَةَ عبدِ المغيرة بن شُعْبَة على قتل عمر رضه فقال عبيد الله بن عمر امض بنا ننظر الى فرس لى فمضى وعبيد الله خلفه فضربه بالسيف وهو غافل فقتله *، حدّثنا ابو عبيد قال ثنا مروان بن معْوية عن حُمَيد عن أَنس قال حاصرنا تُسْتَر فنزل الهُرْمُزان فكنت[a] الّذى اتيت به الى[b] عمر بعث بى ابو موسى فقال له عمر تكلّم فقال اكلام حىّ ام كلام ميّت فقال تكلّم لا باس فقال الهرمزان كنّا معشر العجم ما خلّى الله بيننا وبينكم نقصيكم ونقتلكم فلمّا كان الله معكم لم يكن لنا بكم يدانِ فقال عمر ما تقول يا أَنس قلتُ تركتُ خلفى شوكة شديدة وعدوًّا كلبًا فان قتلتَه ييئس القوم من الحياة فكان اشدّ لشوكتهم وان استحييته طمع القوم فى الحياة فقال عمر يا انس سبحان الله قاتل البَرَاء بن مٰلك ومَجْزاة بن ثَوْر السَّدُوسىّ قلتُ فليس لك الى قتله سبيل قال ولِمَ اعطاك اصبتَ منه قلتُ لا ولكنّك قلتَ له لا باس فقال متى لتجيئنّ معك بمن شهد والّا بدات بعقوبتك، قال فخرجتُ من عنده فاذا الزبير بن العوّام قد حفظ الّذى حفظتُ فشهد لى فخلّى سبيل الهرمزان فاسلم وفرض له عمر *، وحدّثنى اسحٰق بن ابى اسرائيل قال ثنا ابن المبٰرك عن ابن جُرَيج عن عَطاء الخراسانىّ قال كفيتنك انّ تُسْتَر كانت صلحًا فكفرت فسار

---

a) A. وكنت. b) A. om.

البها المهاجرون فقتلوا المقاتلة وسبوا الذرارى فلم يزالوا فى ايدى سادتهم
حتّى كتب عمر خلّوا ما فى ايديكم، قال وسار ابو موسى الى جُنْدَيْسَابُور 441
واهلها منخوبون فطلبوا الامان فصالحهم على ان لا يقتل منهم احدًا
ولا يسبيه ولا يعرض لاموالهم سوى السلاح، ثمّ انّ طائفة من اهلها
توجّهوا الى الكلبانيّة[a] فوجّه اليهم ابو موسى الربيع بن زياد فقتلهم وفتح
الكلبانيّة واستامنت الاساورة فامنهم ابو موسى فاسلموا، ويقال انّهم
استامنوا قبل ذلك فلحقوا بابى موسى وشهدوا تستر والله اعلم ،،
وحدّثنى عمر بن حفص[b] العُمَرىّ عن ابى حُذَيفة عن ابى الاشهب عن ابى
رَجَاء قال فتح الربيع بن زياد التّيبيان[c] من قبل ابى موسى عنوة ثمّ غدروا
ففتحها مَنْجُوف بن ثَوْر السَّدُوسىّ، قال وكان ممّا فتح عبد الله بن
عامر سَنْبِيل[d] والزُّطّ[e] وكان اهلهما قد كفروا فاجتمع[f] اليهم اكراد من هذه
الاكراد وفتح أَيْذَج بعد قتال شديد، وفتح ابو موسى السوس وتُسْتَر
ودَوْرَق عنوة، وقال المدائنى فتح ثات بن ذى[g] الحَرّة الحميرى قلعة ذى
الرناق ،، حدّثنى المدائنى عن اشياخه وعمر بن شَبّة عن مُجَالد[h] بن
يحيى انّ مُصْعَب بن الزبير ولّى مُطَرِّف بن سِيدَان[i] الباهلىّ احد[k]
بنى جَأْوَة شرطته[l] فى بعض أيّام ولايته العراق لاخيه عبد الله بن
الزبير فأُتى مُطَرِّف بالنّاجِى بن زياد بن ظَبْيان احد بنى عائش بن مُلك بن
تيم الله بن ثعلبة بن عُكَابة وبرجل من بنى نُمَير قطعا الطريق فقتل
الناجى وضرب النميرىّ بالسياط وتركه فلمّا عزل مُطَرِّف عن الشرطة وولى 442

---

a) B. تجمعوا بالكلبانية. b) Sic. Legendumne حفص بن عمر? c) Sive الثبيان. Bekrí in v. اسم كورة الثيبان, *Merácid* بنيان, Balkhí الثنيان. d) B. سنبيا. e) *Merácid* perperam الرط. f) A. واجتمع. g) B. داب دودى additâ notâ كذا. h) A. مجالد, B. مخلد. i) Ibn Doraid, p. ١٦٧ سَيْدان. k) Codd. حد. l) A. وسرطه.

الاهواز جمع عبيد الله بن زياد بن[a] ظَبْيان له جمعًا وخرج يريده فالتقيا فتواقفا وبينهما نهر فعبر مُطَرِّف بن سِيدَان فعاجله ابن ظَبْيان فطعنه فقتله فبعث مصعب مُكْرَم بن مُطَرِّف فى طلبه فسار حتّى صار الى الموضع الّذى يعرف اليوم بعَسْكَر مُكْرَم فلم يلق ابن ظَبْيان ولحق ابن ظَبْيان بعبد الملك بن مروٰن وقاتل معه مصعبًا فقتله واحتزّ راسه ونسب عَسْكَر مُكْرَم الى مُكْرَم بن مُطَرِّف هذا قال البعيث السُّكّرى

سَقَيْنَا ٱبْنَ سِيدَانٍ بِكَأْسِ رَوِيَّةٍ كَفَتْنَا وَخَيْرُ ٱلْأَمْرِ مَا كَانَ كَافِيَا

ويقال ايضًا انّ عَسْكَر مُكْرَم انّما نُسب الى مُكْرَم بن الفَزْر[b] احد بنى جَعْوَنَة بن الحٰرث بن نُمَيْر وكان الحجّاج وجّهه لمحاربة خرزاد[c] بن باس حين عصى ولحق بأَيْذَج وتحصّن فى قلعة تُعرف به فلمّا طال عليه الحصار نزل مستخفيًا متنكّرًا ليلحق بعبد الملك فظفر به مكرم ومعه درّتان فى قلنسوته فاخذه وبعث به الى الحجّاج فضرب عنقه ،، وذكروا انّه كانت عند عَسْكَر مُكْرَم قرية قديمة وصل بها البناء بعد ثمّ لم يزل يزاد فيه حتّى كثر فسمّى ذلك اجمع عسكر مكرم وهو اليوم مصر جامع ،، وحدّثنى ابو مسعود عن عَوانة قال ولّى عبد الله بن الزبير البصرة حمزة بن عبد الله بن الزبير فخرج الى الاهواز فلمّا راى جبلها قال كانّه قُعَيْقِعان ،، وقال الثورى الاهواز سمّى بالفارسيّة هوزمَسير وانّما سمّيت الاخواز فغيّرها الناس 443
فقالوا[d] الاهواز وانشد لاعرابىّ

لَا تُرْجِعَنِّى الَى ٱلْأَخْوَازِ ثَانِيَةً وَقَعْقَعَانٍ[e] ٱلَّذِى فِى جَانِبِ ٱلسُّوقِ
وَنَهْرِ بَطٍّ ٱلَّذِى أَمْسَى يُؤَرِّقُنِى فِيهِ ٱلْبَعُوضُ بِلَسْبٍ غَيْرِ تَشْفِيقِ[f]

---

a) A. add. ابى. b) In ed. Abulfedae, p. ٣١٧, ubi eadem traditio exstat, الغُزر scribitur. c) Codd. حرازد et deinde داس. Apud Abulfedam l.l. بارس. Codd. Jacut خزراد et خوزاد. d) A. add. خور. e) Jacut apud Barb. de Meynard, p. 452 قعيقعان, quod tamquam nomen montis explicatur. f) Jacut apud Barb. de Meyn., p. 58 تصفيق.

فَمَا ٱلَّذِى وَعَدَتْهُ نَفْسُهُ طَمَعًا   مِنَ ٱلْحُصَيْنِىّ أَوْ عَمْرٍو بِمَصْدُوقِ

وقال نهر البَطّ نهر كانت عنده مراع للبطّ فقالت العامّة نهر بطّ كما قالوا دار بِطّيخ، وسمعتُ مَن يقول انّ النهر كان لامرأة تسمّى البطّة فنُسب اليها ثمّ حذف، حدّثنى محمّد بن سعد عن الواقدى عن محمّد بن عبد الله عن الزهرىّ قال افتتح عمر السواد والاهواز عنوة فسُئل عمر قسمة ذلك فقال فما لمن جاء من المسلمين بعدنا فاقرّهم على منزلة اهل الذمّة، وحدّثنى المدائنى عن علىّ بن حمّاد وسُحيم بن حفص وغيرهما قالوا قال ابو المختار يزيد بن قيس بن يزيد بن الصّعِق كلمة رفع فيها على عمّال الاهواز وغيرهم الى عمر بن الخطّاب رضه

أَبْلِغْ أَمِيرَ ٱلْمُؤْمِنِينَ رِسَالَةً   فَأَنْتَ أَمِينُ ٱللهِ فِى ٱلنَّهْيِ وَٱلْأَمْرِ
وَأَنْتَ أَمِينُ ٱللهِ فِينَا وَمَنْ يَكُنْ   أَمِينًا لِرَبِّ ٱلْعَرْشِ يُسْلِمْ لَهُ صَدْرِى
فَلَا تَدَعَنْ[a] أَهْلَ ٱلرَّسَاتِيقِ وَٱلْقُرَى   يُسِيغُونَ مَالَ ٱللهِ فِى ٱلْأُدُمِ ٱلْوُفْرِ
فَأَرْسِلْ الَى ٱلْحَجَّاجِ فَٱعْرِفْ حِسَابَهُ   وَأَرْسِلْ الَى جَزْءٍ وَأَرْسِلْ الَى بِشْرِ
444 وَلَا تَنْسَيَنَّ ٱلنَّافِعَيْنِ كِلَيْهِمَا[b]   وَلَا ٱبْنَ غَلَّابٍ مِنْ سَرَاةِ بَنِى نَصْرِ[c]
وَمَا عَاصِمٌ مِنْهَا بِصِفْرٍ عِيَابُهُ   وَذَاكَ ٱلَّذِى فِى ٱلسُّوقِ مَوْلَى بَنِى بَدْرِ
وَأَرْسِلْ الَى ٱلنُّعْمَانِ وَٱعْرِفْ حِسَابَهُ   وَصِهْرِ بَنِى غَزْوَانَ إِنِّى لَذُو خُبْرِ
وَشِبْلًا فَسَلْهُ ٱلْمَالَ وَٱبْنَ مُحَرِّشٍ   فَقَدْ كَانَ فِى أَهْلِ ٱلرَّسَاتِيقِ ذَا ذِكْرِ
فَقَاسِمْهُمُ أَهْلِى فِدَاؤُكَ أَنَّهُمْ   سَيَرْضَوْنَ إِنْ قَاسَمْتَهُمْ مِنْكَ بِٱلشَّطْرِ
وَلَا تَدْعُوَنِّى لِلشَّهَادَةِ انَّنِى   أَغِيبُ وَلٰكِنِّى أَرَى عَجَبَ ٱلدَّهْرِ
نَؤُوبُ اذَا آبُوا وَنَغْزُوا إِذَا غَزَوْا   فَأَنَّى لَهُمْ وَفْرٌ وَلَسْنَا أُولِى[d] وَفْرِ
اذَا ٱلتَّاجِرُ ٱلدَّارِىُّ[e] جَآءَ بِفَارَةٍ   مِنَ ٱلْمِسْكِ رَاحَتْ فِى مَفَارِقِهِمْ تَجْرِى[f]

a) B. تدعًا. b) A. كلاهما. c) B. نضر. d) B. بذى et in marg. اول وفر خ.
e) I. e. من دارين. f) In A. hic versus desideratur.

فقاسم عمر هاؤلاء الّذين ذكرهم ابو المُخْتَار شطر اموالهم حتّى اخذ نعلًا وترك نعلًا وكان فيهم ابو بكرة فقال انّى لم أَلِ لك شيـًٔا فقال له اخوك على بيت المال وعشور الأُبُلَّة وهو يعطيك المال تتّجر به[a] فاخذ منه عشرة آلف ويقال قاسمه شطر ماله[b]، وقال الحجّاج الّذى ذكره الحجّاج بن عَتيك الثقفىّ وكان على الفرات وجَزْء بن معٰوية عمّ الاحنف كان على سُرَّق وبشر بن المُحْتَفِز[c] كان على جُنْدَيْسَابُور والنافعان نُفَيع ابو بكرة ونافع بن الحٰرث بن كَلَدَة اخوه وابن غَلَّابٍ خُلد بن الحٰرث من بنى دُهْمان كان على بيت المال باصبهان وعاصم بن قيس بن الصَّلْت السُّلَمىّ كان على مَنَاذِرِ وَٱلَّذِى فِى ٱلسُّوقِ سَمُرَة بن جُنْدَب على سوق الاهواز والنعمان ابن عَدِىّ بن نَضْلة بن عبد العُزّى بن حُرْثان احد بنى عدىّ بن
445 كعب بن لُؤَىّ كان على كور دجلة وهو الّذى يقول

مَنْ مُبْلِغٌ[d] ٱلْحَسْنَآءَ أَنَّ خَلِيلَهَا ... بِمَيْسَانَ يُسْقَى فِى زُجَاجٍ وَحَنْتَمِ[e]
إِذَا شِئْتُ غَنَّتْنِى دَهَاقِينُ قَرْيَةٍ ... وَصَنَّاجَةٌ تَجْذُو[f] عَلَى كُلِّ مَنْسِمِ
لَعَلَّ أَمِيرَ ٱلْمُؤْمِنِينَ يَسُوٓؤُهُ ... تَنَادُمُنَا بِالْجَوْسَقِ[g] ٱلْمُتَهَدِّمِ

فلمّا بلغ عمر شعرُهُ قال اى والله انّه لَيَسُوٓؤُنِى ذلك[h] وعزله، وصهر بنى غَزْوان مُجَاشِع بن مسعود السلمىّ كانت عنده بنت عتبة بن غَزْوان وكان على ارض البصرة وصدقاتها وشِبْل بن مَعْبَد البَجَلىّ ثمّ الأَحْمَسىّ كان على قبض المغانم وابن مُحَرِّش ابو مَرْيَم الحنفىّ كان على رامْ هُرْمُز، قال

---

a) Codd. دىحر ىه. b) A. ماده. c) Codd. hic et infra p. 479, 481 المحتفر, v. Ibn Hadjar, I. p. ٣١٥, ubi ex uno duo viri fiunt. d) Bekrí in v. ميسان (II. p. 97): الا هل اتى et يَسْقِى. e) Post hunc alium versum addit Ibn Doraid, p. ٨٦. f) Ibn Doraid: ورقاصة تحدو. Gloss. in marg. B. الجذو ان يقوم على الاصابع معطوفة. g) Bekrí فى الجوسق. h) Deinde Bekrí: فمن لقيه فليخبره انى قد عزلته.

عَوْسَجَة بن زياد الكاتب اقطع الرشيد امير المؤمنين عبيد[a] الله بن
المهدى مزارعة ارض الاهواز فدخل فيها شبهة فرفع[b] فى ذلك قوم الى
المامون فامر بالنظر فيها والوقوف عليها فما لم تكن فيه شبهة انفذ وما شكّ
فيه سمّى المشكوك فيه وذلك معروف بالاهواز ،،

كُوَرُ فارس وكِرْمَان

قالوا كان العَلَاء ابن الحضرمىّ وهو عامل عمر بن الخطّاب على البحرين
وجّه هَرْثَمَة بن عَرْفَجَة[c] البَارِقىّ من الازد ففتح جزيرة فى البحر ممّا يلى
فارس ثمّ كتب عمر الى العلاء ان يمدّ به عتبة بن فَرْقَد السلمىّ ففعل
ثمّ لمّا ولّى عمر عثمان بن ابى العاصى الثقفىّ البحرين وعمان فدوّخهما
446 واتّسقت له طاعة اهلها وجّه اخاه الحكم بن ابى العاصى فى البحر الى
فارس فى جيش عظيم من عبد القيس والازد وتميم وبنى نَاجِيَة وغيرهم
ففتح جزيرة ابركاوان[d] ثمّ صار الى تَوَّج وهى من ارض أَرْدَشِير خُرّه ومعنى
اردشير خُرّه بُهاء أَرْدَشِير، وفى رواية ابى مِخْنَف انّ عثمان بن ابى العاصى
نفسه قطع البحر الى فارس فنزل تَوّج ففتحها وبنى بها المساجد وجعلها
دارًا للمسلمين واسكنها عبد القيس وغيرهم فكان يُغير منها على أَرَّجَان وهى
مناخمة لها ثمّ انّه شخص عن فارس الى عمان والبحرين لكتاب عمر اليه
فى ذلك واستخلف اخاه الحكم، وقال غير ابى مِخْنَف انّ الحكم فتح تَوّج
وانزلها المسلمين من عبد القيس وغيرهم سنة ١٩ ،، وقالوا انّ شهرك
مرزبان فارس وواليها اعظم ما كان من قدوم العرب فارس واشتدّ عليه
وبلغته نكايتهم وباسهم وظهورهم على كلّ من لقوه من عدوّهم فجمع جمعًا

a) Codd. عبد. b) Codd. ووقع. c) Codd. عرفجة بن هرثمة. d) Codd. h. l. ابركاوان, Jacut بركاوان, vulgo بنى كاوان. Alterum nomen insulae est لافت.

عظيمًا وسار بنفسه حتّى اتى راشَهْر[a] من ارض[b] سابور وهى بقرب تَوَّج فخرج اليه الحكم بن ابى العاصى وعلى مقدّمته سَوّار بن هَمّام العبدىّ فاقتتلوا قتالًا شديدًا وكان هناك وادٍ قد وكّل به شهرك رجلًا من نقّابه فى جماعة وامره ان لا يجتازه هارب من اصحابه الّا قتله فاقبل رجل من شجعاء الاساورة مولّيًا من المعركة فاراد الرجل قتله فقال له لا تقتلنى فانّما نقاتل قومًا منصورين الله معهم ووضع حجرًا فرماه ففلقه ثمّ قال اترى هذا السهم الّذى فلق الحجر والله ما كان ليخدش بعضهم لو رمى به قال لا
447 بدّ من قتلك فبينا هو فى ذلك اذ اتاه الخبر بقتل شهرك وكان الّذى قتله سوّار بن همّام العبدىّ حمل عليه فطعنه فاذراه عن فرسه وضربه بسيفه حتّى فاظت نفسُهُ وحمل ابن شهرك على سوّار فقتله وهزم الله المشركين وفتحت راشهر عنوة وكان يومها فى صعوبته وعظيم النعمة على المسلمين فيه كيوم القادسيّة وتوجّه بالفتح الى عمر بن الخطّاب عمرو ابن الأَهْتَم التميمىّ فقال

جِئْتُ ٱلْإِمَامَ بِإِسْرَاعٍ لِأُخْبِرَهُ ... بِٱلْحَقِّ من خَبَرِ ٱلْعَبْدِيِّ سَوَّارِ
أَخْبَارَ أَرْوَعَ مَيْمُونٍ نَقِيبَتُهُ ... مُسْتَعْمَلٍ فِى سَبِيلِ ٱللّٰهِ مِغْوَارِ

وقال بعض اهل تَوَّج انّ تَوَّج مُصِّرت بعد مقتل شهرك والله اعلم ٭ قالوا ثمّ انّ عمر بن الخطّاب رضه كتب الى عثمان بن ابى العاصى فى اتيان فارس فخلّف على عمله اخاه المغيرة ويقال هو حفص بن ابى العاصى وكان جزلًا وقدم تَوَّج فنزلها فكان[d] يغزو منها ثم يعود اليها وكتب عمر الى ابى موسى وهو بالبصرة يامره ان يكانف عثمان بن ابى العاصى ويعاونه[e] فكان يغزو فارس من البصرة ثمّ يعود اليها وبعث عثمان بن ابى العاصى

a) Vulgo ريشهر; Bekrí (I. p. 352) ut Beládsorí. b) A. om. c) Jacut apud Barbier de Meynard, p. 272 اصبح. d) B. وكان. e) B. ويغاريه.

هَرِم بن حيّان العَبْدىّ الى قلعة يقال لها شبير ففتحها عنوة بعد حصار
وقتال، وقال بعضهم فتح هرم قلعة الستوج عنوة، واتى عثمان جِرّه[a] من
سابور ففتحها وارضها بعد ان قاتله اهلها صلحًا على اداء الجزية والخراج 448
ونصح المسلمين وفتح عثمان بن ابى العاصى كازرون من سابور وغلب
على ارضها وفتح عثمان النُّوبَنْدَجان[b] من سابور ايضًا وغلب عليها،
واجتمع ابو موسى وعثمان بن ابى العاصى فى اخر خلافة عمر رضه ففتحا
أَرَّجان صلحًا على الجزية والخراج وفتحا شِيراز وهى من ارض أَرْدَشِير خُرّه
على ان يكونوا ذمّة يؤدّون الخراج الّا من احبّ منهم الجلاء ولا يُقتلوا
ولا يستعبدوا وفتحا سِينِيز من ارض اردشير خُرّه وترك اهلها عُمّارًا للارض
وفتح عثمان حصن جَنّابا[c] بامانٍ، واتى عثمان بن ابى العاصى دَرَابْجَرْد[d]
وكانت شادروان علمهم ودينهم وعليها الهربذ[e] فصالحه الهربذ على مال
اعطاه ايّاه وعلى انّ اهل دَرَابْجَرْد كلّهم اسوة مَنْ فتحت بلاده من اهل
فارس واجتمع له جمع بناحية جَهْرَم ففضّهم وفتح ارض جَهْرَم، واتى
عثمان فَسَا فصالحه عظيمها على مثل صلح دَرَابْجَرْد، ويقال انّ الهربذ
صالح عليها ايضًا، واتى عثمان بن ابى العاصى مدينة سابور فى سنة ٢٣
ويقال فى سنة ٢٤ قبل ان تاتى[f] ابا موسى ولايته البصرة من قبل عثمان
ابن عفّان فوجد اهلها هائبين للمسلمين، وراى اخو شهرك فى منامه
كانّ رجلًا من العرب دخل عليه فسلبه قميصه فنخب ذلك قلبه فامتنع
قليلًا ثمّ طلب الامان والصلح فصالحه عثمان على ان لا يقتل احدًا
ولا يسببه وعلى ان تكون له ذمّة ويعجّل مالًا ثمّ انّ اهل سابور نقضوا 449

---

a) Codd. خره et sic in Balkhii et Ibn Haucalis Codd. (خُرّه). b) A. البوبندىجان, B. النوبندجان. c) A. حبابا. Vulgo جنابة. d) H. l. Codd. داربجرد. e) Legendumne الموبذ? f) A. يوتى et deinde بولاية.

وغدروا ففتحت فى سنة ٢٦ عنوة فتحها ابو موسى وعلى مقدّمته عثمان بن ابى العاصى ،، وقال مَعْمَر بن المثنّى وغيره كان عمر بن الخطّاب امر ان يوجّه الجارود العبدىّ[a] سنة ٢٢ الى قلاع فارس فلمّا كان بين جِرّه[b] وشيراز تخلّف عن اصحابه فى عقبة هناك سَحَرًا لحاجته ومعه اداوة فاحاطت به جماعة من الاكراد فقتلوه فسمّيت تلك العقبة عَقَبَةُ الجَارُود ،،
قالوا ولمّا ولى عبد الله بن عامر بن كُرَيز البصرة من قبل عثمان بن عفّان بعد ابى موسى الاشعرىّ سار الى اِصْطَخْر فى سنة ٢٨ فصالحه ماهك عن اهلها ثمّ خرج يريد جُور فلمّا فارقها نكثوا وقتلوا عامله عليهم ثمّ لمّا فتح جُور كرّ عليهم ففتحها ،، قالوا وكان هَرِم بن حيّان مقيمًا على جور وهى مدينة أَرْدَشِير خُرّه وكان المسلمون يعانونها ثمّ ينصرفون عنها فيعانون اِصْطَخْر ويغزون نواحى كانت تنتقض عليهم فلمّا نزل ابن عامر بها قاتلوه ثمّ تحصّنوا ففتحها بالسيف عنوة وذلك فى سنة ٢٩ وفتح ابن عامر ايضًا الكَارِيَان وفشجانن وهى الفيشجان[c] من دَرَابْجَرْد ولم تكونا دخلتا فى صلح الهربذ وانتقضتا ،، وحدّثنى جماعة من اهل العلم انّ جُور غُزيت عدّة سنين فلم يُقدَر عليها حتّى فتحها ابن عامر وكان سبب فتحها انّ بعض المسلمين قام يصلّى ذات ليلة والى جانبه جراب له فيه خبز ولحم فجاء كلب فجرّه وعدا به حتّى دخل المدينة من مدخل لها خفىّ فالظّ
المسلمون بذلك المدخل حتّى دخلوا منه وفتحوها ،، قالوا ولمّا فرغ عبد 450
الله بن عامر من فتح جُور كرّ على اهل اصطخر وفتحها[d] عنوة بعد قتال شديد ورمى بالمناجنيق[e] وقتل بها من الاعاجم اربعين الفًا وافنى اكثر

---

a) A. العبسى.   b) Codd. خُره.   c) Codd. Balkhîi et Ibn Haucalis الفشيجان, *Merâcid* locum eundem ter memorare videtur, sub. v. v. فُشْتَكان, فِسِنْجان et فَشْتَنْجان.
d) B. ففتحها.   e) B. بالمجانيق.

اهل البيوتات ووجوه الاساورة وكانوا قد لجأوا[a] اليها وبعض الرواة يقول
انّ ابن عامر رجع الى اصطخر حين بلغه نكثهم ففتحها ثمّ صار الى جور
وعلى مقدّمته هَرِم بن حيّان ففتحها ، وروى لحسن بن عثمان الزياديّ
انّ اهل اصطخر غدروا فى ولاية عبد الله بن عبّاس رضهما العراقَ لعلىّ
رضه ففتحها ، وحدّثنى العبّاس بن هشام عن ابيه عن ابى مِخْنَف قال
توجّه ابن[b] عامر الى اصطخر ووجّه على مقدّمته عبيد الله بن مَعْمَر
التيمىّ فاستقبله اهل اصطخر براٰمجرد فقاتلهم فقتلوه فدفن فى بستان
براٰمجرد وبلغ ابنَ عامر الخبر فاقبل مسرعًا حتّى واقعهم وعلى ميمنته ابو بَرْزة
نَضْلة بن عبد الله الأَسْلمىّ وعلى ميسرته مَعْقِل بن يَسار المزنىّ وعلى
الخيل عِمْران بن الحُصَين الخزاعىّ وعلى الرجال خلد بن المُعَمَّر[c] الذُّهْلىّ
فقاتلهم فهزمهم حتّى ادخلهم اصطخر وفتحها الله عنوة فقتل فيها نحوًا
من مائة الف واتى دَرَابْجَرْد ففتحها وكانت منتقضة ثمّ وجه الى كرمان ،
حدّثنى عمرو الناقد قال ثنا مرون بن معوية الفزارىّ عن عاصم الاحول
عن فُضَيل بن زيد الرقاشىّ قال حاصرنا شُهْرياج[d] شهرًا جرّارًا وكنّا ظنننا
451 انّا سنفتحها فى يومنا فقاتلنا اهلها[e] ذات يوم ورجعنا الى معسكرنا وتخلّف
عبد مملوك منافرًا ظنّوه فكتب لهم امانًا ورمى به اليهم فى سهم قال
فرُحنا للقتال وقد خرجوا من حصنهم فقالوا هذا امانكم فكتبنا بذلك
الى عمر فكتب الينا انّ العبد المسلم من المسلمين ذمّته كذمّتهم فلينفذ
امانه فانفذناه ، وحدّثنى القسم بن سلّام قال ثنا ابو النّضر عن شُعْبة
عن عاصم عن الفُضَيل قال كنّا مُصافّ العدوّ بسيراف ثمّ ذكر نحو ذلك ،
وحدّثنا سَعْدَوَيْه قال حدّثنا عبّاد بن العوّام عن عاصم الاحول عن

---

a) B. لجووا. b) Codd. ابو. c) A. المعد. d) Codd. h. l. سهرداج, *Meráṣid* male سهرناج. Jacut سهرياج. e) A. فقاتلناها.

الفُضيل بن زيد الرقاشىّ قال حاصر المسلمون حصنًا فكتب عبدٌ امانًا ورمى به اليهم فى مشقص فقال المسلمون ليس امانه بشىء فقال القوم لسنا نعرف الحرّ من العبد فكُتب بذلك الى عمر فكتب انّ عبد المسلمين منهم[a] ذمّته ذمّتهم ، واخبرنى بعض اهل فارس انّ حصن سيراف يدعى سوريانج[b] فسمّته العرب شهرياج، وبفَسَا[c] قلعة تعرف بخَرَشَة بن مسعود من بنى تميم ثمّ من بنى شَقِرة كان مع ابن الاشعث فتحصّن فى هذه القلعة ثمّ اومن فمات بواسط وله عقب بفَسَا ،

وامّا كرمان

فانّ عثمان بن ابى العاصى الثقفىّ لقى مرزبانها فى جزيرة ابركاوان وهو فى خِفّ فقتله فوهن امر اهل كرمان ونخبت قلوبهم فلمّا صار ابن عامر الى فارس وجّه مجاشع بن مسعود السُّلَمىّ الى كرمان فى طلب يزدجرد فاتى بِيمَنْد[d] فهلك جيشه بها، ثمّ لمّا توجّه ابن عامر يريد خراسان ولّى مجاشعًا كرمان ففتح بِيمَنْد عنوة واستبقى اهلها واعطاهم امانًا وبها قصر
452 يعرف بقصر مجاشع، وفتح مجاشع بروخروة واتى الشِيرجان[e] وهى مدينة كرمان واقام عليها ايّامًا يسيرة واهلها متحصّنون وقد خرجت لهم خيل فقاتلهم ففتحها عنوة وخلّف بها رجلًا ثمّ انّ كثيرًا من اهلها جلوا عنها، وقد كان ابو موسى الاشعرىّ وجّه الربيع بن زياد ففتح ما حول الشِيرجان وصالح اهل بَمّ والاندغار فكفر اهلها ونكثوا فافتتحها مجاشع بن مسعود وفتح جِيرَفْت عنوة وسار فى كرمان فدوّخها، واتى القُفْص وتجمّع له بهُرْمُوز[f]

a) Codd. منه.　　b) Codd. سوريانج, v. Jacut apud Barbier de Meynard, p. 330.
c) A. وبفسّا.　　d) A. بيمند, B. بيميذ.　　e) Codd. h. l. الشيرجان, ut in *Merâcid* scribitur.　　f) A. بهرمون.

خلق ممّن جلا من الاعاجم فقاتلهم فظفر بهم وظهر عليهم، وهرب كثير من اهل كرمان فركبوا البحر ولحق بعضهم بمُكْران واتى بعضهم سِجِسْتان فأُقطعت العرب منازلهم وارضيهم فعمروها وأَدّوا العُشر فيها واحتفروا القنى فى مواضع منها، وولّى الحجّاج قَطَن بن قَبِيصة بن مُخَارِق الهِلَالىّ فارس وكرمان وهو الّذى انتهى الى نهر فلم يقدر اصحابه على اجازته فقال من جاز فله الف درهم فجازوه فوفى لهم فكان ذلك اوّل يوم سمّيت الجائزة فيه قال الشاعر وهو الجَحّاف بن حُكَيم[a]

فِدًى لِلْأَكْرَمِينَ بَنِى هِلَالٍ عَلَى عِلَّاتِهِمْ أَهْلِى وَمَالِى
هُمُ سَنُّوا ٱلْجَوَائِزَ فِى مَعَدٍّ فَصَارَتْ سُنَّةً أُخْرَى ٱللَّيَالِى
رِمَاحُهُمْ تَزِيدُ عَلَى ثَمَانٍ وَعَشْرٍ حِينَ تَخْتَلِفُ ٱلْعَوَالِى

453 وكان قَبيصة بن مُخارق من اصحاب النبى صلعم وفى قَطَن يقول الشاعر

كَمْ مِنْ أَمِيرٍ قَدْ أَصَبْتُ حِبَآءَهُ وَآخَرُ حَظِّى مِنْ اَمَارَتِهِ ٱلْحَزَنْ
فَهَلْ قَطَنٌ اِلَّا كَمَنْ كَانَ قَبْلَهُ فَصَبْرًا عَلَى مَا جَآءَ يَوْمًا بِهِ قَطَنْ،

قالوا وكان ابن زياد ولّى شَريك بن الأَعْوَر الحارثى وهو شريك بن الحٰرث كرمان وكتب ليزيد بن زياد بن ربيعة بن مُفَرِّغ الحِمْيَرىّ اليه فاقطعه ارضًا بكرمان فباعها بعد هرب ابن زياد من البصرة، وولّى الحجّاج الحكم بن نَهِيك الهُجَيمىّ كرمان بعد ان كان ولّاه فارس فبنى مسجد أَرَّجان ودار امارتها،

سِجِسْتان وكابُل

حدّثنى علىّ بن محمّد وغيره انّ عبد الله بن عامر بن كُرَيز بن ربيعة ابن حبيب بن عبد شمس توجّه يريد خراسان سنة ٣٠ فنزل بعسكره

---

a) B. الحكم.

شقّ الشيرجان من كرمان ووجّه الربيع بن زياد بن أنس بن الدّيّان
الحارثى الى سجستان فسار حتّى نزل الفَهْرَج ثمّ قطع المفازة وهى خمسة
وسبعون فرسخًا فاتى رستاق زالِق وبين زالِق وبين سجستان خمسة
فراسخ وزالِق حصن فاغار على اهله فى يوم مِهرجان فاخذ دهقانه فافتدى
نفسه بان ركز عَنَزة ثمّ غمرها ذهبًا وفضّة وصالح الدهقان على حقن دمه ،،
وقال ابو عبيدة مَعْمر بن المثنّى صالحه على ان يكون بلده كبعض ما
454 افتتح من بلاد فارس وكرمان ، ثمّ اتى قرية يقال لها كَرْكُويَه على خمسة
اميال من زالِق فصالحوه ولم يقاتلوه ثمّ نزل رستاقًا يقال له هيسون[a] فاقام
له اهله النُّزل وصالحوه على غير قتال ثمّ اتى زالِق واخذ الادلّاء منها الى
زرَنْج وسار حتّى نزل الهِنْدمَنْد[b] وعبر واديًا يتفرّع منه يقال له نوق[c] واتى
زوشت[d] وهى من زرَنْج على ثُلْثَىْ ميل فخرج اليه اهلها فقاتلوه قتالًا شديدًا
واصيب رجال من المسلمين ثمّ كرّ المسلمون وهزموهم حتّى اضطرّوهم الى
المدينة بعد ان قتلوا منهم مقتلة عظيمة ثمّ اتى الربيع ناشروذ[e] وهى
قرية فقاتل اهلها وظفر بهم واصاب بها عبد الرحمن ابا صالح بن عبد
الرحمن الّذى كتب للحجّاج مكان زَدانفَرُّوخ[f] بن نبرى وولى خراج
العراق لسليمن بن عبد الملك وأُمّه فاشترته امراة من بنى تميم ثمّ من
بنى مرّة بن عُبَيد بن مُقاعِس بن عمرو بن كعب بن سعد بن زيد
مناة بن تميم يقال لها عَبْلَة ثمّ مضى من ناشروذ الى شرواذ وهى قرية
فغلب[g] عليها واصاب بها جدّ ابرهيم بن بَسّام فصار لابن عمير[h] اللّيْثىّ
ثمّ حاصر مدينة زرَنْج بعد ان قاتله اهلها فبعث اليه أَبْرَوِيز مرزبانها

---

a) A. هيسون. *b*) A. الهيدمند, B. الهيذمند (Helmund). *c*) Videtur legendum esse برق i. e. برك. *d*) A. روشت. *e*) Cf. *Merácid*. Balkhí, ed. Anderson (*Journal of the As. Soc.*, 1852, p. 379) canali fluminis nomen dedit بباشترود. *f*) Codd. زدادفروخ. *g*) B. تغلب. *h*) Nomen ejus est عبد الله.

يستامنه ليصالحه فامر بجسد من اجساد القتلى فوضع له فجلس عليه
واتّكأ على اخر واجلس اصحابه على اجساد القتلى وكان الربيع آدم افوه
طويلًا فلمّا رآه المرزبان هاله فصالحه على الف وصيف مع كلّ وصيف جام
من ذهب ودخل الربيع المدينة ثمّ اتى سناروذ[a] وهو وادٍ فعبره واتى
455 القريتين[b] وهناك مربط فرس رستم فقاتلوه فظفر ثمّ قدم زَرَنْج فاقام بها
سنتين ثمّ اتى ابن عامر واستخلف بها رجلًا من بنى الحُرث بن كعب
فاخرجوه واغلقوها، كانت ولاية الربيع سنتين ونصفًا وسبى فى ولايته هذه
اربعين الف راس وكان كاتبه الحسن البصرى، ثمّ ولّى ابنُ عامر عبد
الرحمٰن بن سَمُرَة بن حبيب بن عبد شمس سجستان فاتى زَرَنْج فحصر
مرزبانها فى قصره فى يوم عيد لهم فصالحه على الفى الف درهم والفى
وصيف وغلب ابن سَمُرَة على ما بين زَرَنْج وكِشّ من ناحية الهند وغلب
من ناحية طريق الرُّخَّج على ما بينه وبين بلاد الدَّاوَر فلمّا انتهى الى بلاد
الدَّاوَر حصرهم فى جبل الزُّور[c] ثمّ صالحهم فكانت عدّة من معه من المسلمين
ثمانية الُف فاصاب كلّ رجل منهم اربعة الُف ودخل على الزُّور وهو صنم
من ذهب عيناه يقوتتان فقطع يده واخذ اليقوتتين ثمّ قال للمرزبان دونك
الذهب والجوهر وانّما اردتُ ان اعلمك انّه لا يضرّ ولا ينفع وفتح بُسْت
وزابُل بعهد[d]، حدّثنى الحسين بن الاسود قال ثنا وكيع عن حمّاد بن
زيد عن يحيى بن عَتيق عن محمّد بن سِيرين انّه كره سبى زابُل
وقال انّ عثمان ولث لهم ولثا، قال وكيع عقد لهم عقدًا وهو دون العهد،
قالوا واتى عبد الرحمٰن زَرَنْج فاقام بها حتّى اضطرب امر عثمان، ثمّ

---

a) Balkhí l.l. ساروذ, ubi Istakhrí سياروذ. Cf. Barbier de Meynard, p. 321. b) Codd. القرنتين. Sic quoque Jaqubí, p. ٥٩. Ab hoc loco differre videtur القرنين unde Soffaridae oriundi erant. c) A. الزون et mox الرون, B. الزوزن. d) A. بعدها.

استخلف أُمَيْرَ[a] بن أَحْمَرَ اليَشْكُرِىّ وانصرف من سجستان ولأُمَير يقول زياد الاعجم

456 لَوْلَا أُمَيْرٌ هَلَكَتْ يَشْكُرُ   وَيَشْكُرُ هَلْكَى عَلَى كُلِّ حَالْ

ثمّ انّ اهل زَرَنْج اخرجوا أُمَيرًا[b] واغلقوها، ولمّا فرغ علىّ بن ابى طالب عمّ من امر الجمل خرج حَسَكَة بن عتّاب الحَبَطىّ[c] وعمران بن الفَصِيل[d] البُرْجُمىّ فى صعاليك من العرب حتّى نزلوا زالِق وقد نكث اهلها فاصابوا منها مالًا واخذوا جدّ البخترى[e] الاصمّ بن مجاهد مولى شيبان ثمّ اتوا زَرَنْج وقد خافهم مرزبانها فصالحهم ودخلوها وقال الراجز

بَشِّرْ سِجِسْتَانَ بِجُوعٍ وَحَرَبْ

بِٱبْنِ ٱلْفَصِيلِ وَصَعَالِيكِ ٱلْعَرَبْ   لَا فِضَّةٌ يُغْنِيهِمُ وَلَا ذَهَبْ

وبعث علىّ بن ابى طالب عبد الرحمن بن جَزْء الطائىّ الى سجستان فقتله حَسَكَة فقال علىّ لاقتلنّ من الحَبَطات اربعة الف فقيل له انّ الحَبَطات لا تكونون خمس مائة ،، وقال ابو مِخْنَف وبعث علىّ رضه عَوْن ابن جَعْدَة بن هُبَيرة المخزومىّ الى سجستان فقتله بهدالى[f] اللصّ الطائىّ فى طريق العراق، فكتب علىّ الى عبد الله بن العبّاس يامره ان يولّى سجستان رجلًا فى اربعة الف فوجّه رِبْعِىّ[g] بن الكاس العنبرى فى اربعة الف وخرج معه الحُصَين بن ابى الحُرّ واسم ابى الحُرّ مالك بن الخَشْخاش العنبرىّ وثاب[h] بن ذى الحَرّة الحميرى وكان على مقدّمته فلمّا وردوا سجستان قاتلهم حَسَكَة فقتلوه وضبط رِبْعِىّ البلاد فقال راجزهم

---

a) Sic. Ab aliis امين vocatur, v. Dsahabí, p. ١٥ et ١٦. b) Codd. امير. c) A. الخبطى. d) H. l. Codd. العصل, infra الفُضَيل, sed v. *Moschtabih* in v. coll. البرجمى. e) Codd. المحترى. f) Codd. بهدالى. g) Codd. ربعى, Jaqubí, p. ٥٩ دبع (male in textu رفع). h) Codd. داب et الجبره.

نَحْنُ ٱلَّذِينَ ٱقْتَحَمُوا سِجِسْتَانْ

457 عَلَى ٱبْنِ عَتَّابٍ وَجُنْدِ ٱلشَّيْطَانْ   يَقْدُمُنَا ٱلْمَاجِدُ عَبْدُ ٱلرَّحْمٰنْ

إِنَّا وَجَدْنَا فِي مُنِيرِ ٱلْفُرْقَانْ   أَنْ لَا نُوَالِيَ شِيعَةَ ٱبْنِ عَفَّانْ

وكان ثات[a] يسمّى عبد الرحمٰن، وكان فَيْروز حُصَين ينسب الى حُصَين ابن ابى الحُرّ وهذا هو من سبى سجستان، ثمّ لمّا ولى معٰوية بن ابى سفيٰن استعمل ابن عامر على البصرة فولّى عبد الرحمٰن بن سَمُرة سجستان فاتاها وعلى شرطته عَبّاد بن الحُصَين الحَبَطى[b] ومعه من الاشراف عمر بن عبيد الله بن معمر التيميّ وعبد الله بن خازم السُّلَمىّ وقَطَرِىّ بن الفُجآءة والمهلَّب بن ابى صُفْرَة فكان يغزو البلد قد كفر اهلها فيفتحه عنوة او يصالح اهله حتّى بلغ كابُل فلمّا صار اليها نزل بها فحاصر اهلها اشهرًا وكان يقاتلهم ويرميهم بالمنجنيق حتّى تلمت تلمة عظيمة فبات عليها عبّاد بن الحُصَين ليلة يطاعن المشركين حتّى اصبح فلم يقدروا على سدّها وقاتل ابن خازم معه عليها فلمّا اصبح الكفرة خرجوا يقاتلون المسلمين فضرب ابن خازم فيلًا كان معهم فسقط على الباب الّذى خرجوا منه فلم يقدروا على غلقه فدخلها المسلمون عنوة، وقال ابو مِخْنَف الّذى عقر الفيل المهلّب، وكان الحسن البصرى يقول ما ظننتُ انّ رجلًا يقوم مقام الف حتّى رايتُ عبّاد بن الحُصَين ، قالوا ووجّه عبد الرحمٰن ابن سَمُرة ببشارة الفتح عمر بن عبيد الله بن معمر والمهلّب بن ابى صفرة ثمّ خرج عبد الرحمٰن فقطع وادى نسل ثمّ اتى خُوَاش وقوزان

458 بُسْت ففتحها عنوة وسار الى رزان فهرب اهلها وغلب عليها ثمّ سار الى خُشّك فصالحه اهلها ثمّ اتى الرُّخَّج فقاتلوه فظفر بهم وفتحها ثمّ سار الى ذابُلِسْتان[c] فقاتلوه وقد كانوا نكثوا ففتحها واصاب سبيًا واتى كابُل وقد

a) Codd. ىاب. b) Codd. الحنطى. c) A. ذادلنسان.

نكث اهلها ففتحها، ثمّ ولّى معوية عبد الرحمن بن سَمُرة سجستان من قبله وبعث اليه بعهده فلم يزل عليها حتّى قدم زياد البصرة فاقرّه اشهرًا ثمّ ولّاها الربيع بن زياد ومات ابن سَمُرة بالبصرة سنة ٥٠ وصلّى عليه زياد وهو الّذى قال له النبى صلعم لا تسئل الامارة فانّك ان اوتيتَها عن غير مسئلة أُعِنتَ عليها وان اعطيتَها عن مسئلة وُكِلتَ اليها واذا حلفت على يمين فرايت خيرًا منها فأت الّذى هو خير وكفّر عن يمينك، وكان عبد الرحمن قدم بغلمان من سبى كابل فعملوا له مسجدًا فى قصره بالبصرة على بناء كابل، قالوا ثمّ جمع كابُل شاه للمسلمين واخرج من كان منهم بكابل وجاء رتبيل فغلب على ذابُلِسْتان والرُّخّج حتّى انتهى الى بُسْت فخرج الربيع بن زياد فى الناس فقاتل رتبيل ببُسْت وهزمه واتبعه حتّى اتى الرُّخّج فقاتله بالرخّج ومضى ففتح بلاد الداوَر، ثمّ عزل زياد بن ابى سفين الربيع بن زياد الحارثىّ وولّى عبيد الله[a] بن ابى بكرة سجستان فغزا فلمّا كان برزان بعث اليه رتبيل يساله الصلح عن بلاده وبلاد كابل على الف الف ومائتى الف فاجابه الى ذلك وساله ان
459 يهب له مائتى الف ففعل فتمّ الصلح على الف الف درهم ووفد عبيد الله على زياد فاعلمه ذلك فامضى الصلح ثمّ رجع عبيد الله بن ابى بكرة الى سجستان فاقام[b] بها الى ان مات زياد، وولى سجستان بعد موت زياد عبّاد بن زياد من قبل معوية، ثمّ لمّا ولى يزيد بن معوية ولّى سَلْم بن زياد خراسان وسجستان فولّى سلم اخاه يزيد بن زياد سجستان فلمّا كان موت يزيد او قبل ذلك بقليل غدر اهل كابل ونكثوا واسروا ابا عبيدة بن زياد فسار اليهم يزيد بن زياد فقاتلهم وهم بجُنزة[c] فقتل يزيد

---

a) A. عبد الرحمن. *b*) B. فكان. *c*) Lectio Codd. confirmatur a Jacut (Barb. de Meyn., p. 470) et a Codd. *Meràcidi* quodammodo (II. p. ٣٩٩). Editum ibi est خبرين quod V. p. 302 corrigitur in خبر.

ابن زياد وكثير ممّن كان معه وانهزم سائر الناس وكان فيمن استشهد
زيد بن عبد الله بن ابى مُلَيكة بن عبد الله بن جُدْعان القُرَشىّ وصِلَة
ابن أَشْيَم ابو الصَّهْبَاء العَدَوىّ زوج مُعاذَة العَدَويّة، فبعث سلم بن زياد
طلحة بن عبد[a] الله بن خَلَف الخزاعى الّذى يعرف بطلحة الطلحات
ففدى ابا عبيدة بخمس مائة الف درهم وسار طلحة من كابل الى
سجستان واليًا عليها من قبل سَلْم بن زياد فجبى واعطى زوّاره ومات
بسجستان، واستخلف رجلًا من بنى يَشْكُر فاخرجته المُضَريّة ووقعت
العصبيّة وغلب كلّ قوم على مدينتهم فطمع فيهم رتبيل، ثمّ قدم عبد
العزيز بن عبد الله بن عامر واليًا على سجستان من قبل القُبَاع وهو
الحرث بن عبد الله بن ابى ربيعة المخزومى فى ايّام ابن الزبير فادخلوه
مدينة زَرَنْج وحاربوا رتبيل فقتله ابو عَفْراء عُمَير المازنى وانهزم المشركون، 460
وارسل عبد الله بن نَاشرة التميمى الى عبد العزيز ان خذ جميع ما فى
بيت المال وانصرف ففعل واقبل ابن[b] ناشرة[c] حتّى دخل زَرَنْج ومضى وكيع بن
ابى سُود التميمى فردّ عبد العزيز وادخله المدينة حين فتحت للحطّابين
واخرج ابن ناشرة فجمع جمعًا فقاتله عبد العزيز بن عبد الله ومعه وكيع
فعثر بابن ناشرة فرسه فقتل فقال ابو حُزَابة[d] ويقال حَنْظَلة بن عَرَادة[e]

أَلَا لَا فَتَى بَعْدَ ٱبْنِ نَاشِرَةِ ٱلْفَتَى وَلَا شَىْءَ إِلَّا قَدْ تَوَلَّى وَأَدْبَرَا
أَكَانَ حَصَادًا لِلْمَنَايَا ٱزْدَرَعْنَهُ فَهَلَّا تَرَكْنَ ٱلنَّبْتَ مَا كَانَ أَخْضَرَا
فَتَى حَنْظَلِىٌّ مَا تَزَالُ يَمِينُهُ تَجُودُ بِمَعْرُوفٍ وَتُنْكِرُ مُنْكَرَا
لَعَمْرِى لَقَدْ هَدَّتْ قُرَيْشٌ عُرُوشَنَا بِأَرْوَعَ نَفَّاحِ ٱلْعَشِيَّاتِ أَزْهَرَا،

---

a) A. عبيد. Male in ed. Jaqubii, p. ٩. عبيد lectioni Codicis substituta est. b) Codd. ابو. c) B. باشره. d) A. حرادة. Nomen ejus est الوليد بن نهيك (*Qamus*). e) B. عرداه.

واستعمل عبد الملك بن مروان امية بن عبد الله بن خالد بن أسيد بن ابى العيص على خراسان فوجّه ابنه عبد الله بن اميّة على سجستان وعقد له عليها وهو بكرمان فلمّا قدمها غزا رتبيل الملك بعد رتبيل الاوّل المقتول وقد كان هاب المسلمين فصالح عبد الله حين نزل بُسْت على الف الف ففعل[a] وبعث اليه بهدايا ورقيق فابى قبول ذلك وقال ان ملا لى هذا الرواق ذهبًا والّا فلا صلح بينى وبينه وكان غرّاء فخلّى له رتبيل البلاد حتّى اذا اوغل فيها اخذ عليه الشعاب والمضايق وطلب اليهم ان يتخلّوا عنه ولا ياخذ منهم شيـًٔا فابى ذلك وقال بل تاخذ ثلثمائة الف 461
درهم صلحًا وتكتب لنا بها كتابًا ولا تغزو بلادنا ما كنتَ واليًا ولا تحرق ولا تخرب ففعل وبلغ عبد الملك بن مروان ذلك فعزله، ثمّ لمّا ولى الحجّاج ابن يوسف العراق وجّه عبيد الله بن ابى بكرة الى سجستان فحار ووهن وانى الرُّخَّج وكانت البلاد مجدبة فسار حتّى نزل بالقرب من كابُل وانتهى الى شعب فاخذه عليه العدوّ ولحقهم رتبيل فصالحهم عبيد الله على ان يعطوه خمس مائة الف درهم ويبعث اليه بثلثة من ولده نَهار والحجّاج وابى بكرة رهناء ويكتب لهم كتابًا ان لا يغزوهم ما كان واليًا فقال له شُرَيح بن هانئ الحارثىّ اتّق الله وقاتل هاؤلاء القوم فانّك ان فعلت ما تريد ان تفعله اوهنت الاسلام بهذا الثغر وكنت قد فررتَ من الموت الّذى اليه مصيرك فاقتتلوا وحمل شُرَيح فقُتل وقاتل الناس فافلتوا وهم مجهودون وسلكوا مفازة بُسْت فهلك كثير من الناس عطشًا وجوعًا ومات عبيد الله بن ابى بكرة كمدًا لما نال الناس واصابهم، ويقال انّه اشتكى اذنه فمات واستخلف على الناس ابنه ابا برذعة[b]، ثمّ انّ عبد الرحمن بن محمّد ابن الاشعث خلع وخرج الى سجستان مخالفًا لعبد الملك بن مروان

a) A. om. b) Male in editione Jaqubîi, p. ٦. lectioni Cod. substitutum est بردة.

والحجّاج فهادن رتبيل وصار اليه ثمّ انّ رتبيل اسلمه خوفًا من الحجّاج وذلك
انّه كتب اليه يتوعّده فالقى نفسه من فوق جبل ويقال من فوق سطح
وسقط معه الّذى كان يحفظه وكان قد سلسل نفسه معه فمات فاتى
الحجّاج براسه فصالح الحجّاج رتبيل على ان لا يغزوه سبع سنين ويقال تسع 462
سنين على ان يؤدّى بعد ذلك فى كلّ سنة بتسعمائة الف درهم عروضًا
فلمّا انقضت السنون ولّى الحجّاج الاشهب بن بشر الكلبى سجستان
فعاسر رتبيل فى العروض الّتى اداها فكتب الى الحجّاج يشكوه
اليه فعزله الحجّاج ،، قالوا ثمّ لمّا ولى قُتَيبة بن مُسْلِم الباهلىّ خراسان
وسجستان فى ايّام الوليد بن عبد الملك ولّى اخاه عمرو بن مسلم سجستان
فطلب[a] الصلح من رتبيل دراهم مدرهمة فذكر انّه لا يمكنه الّا ما كان
فارق عليه الحجّاج من العروض فكتب عمرو بذلك الى قتيبة فسار قتيبة
الى سجستان فلمّا بلغ رتبيل قدومه ارسل اليه انّا لم نخلع يدًا من
الطاعة وانّما فارقتمونا على عروض فلا تظلمونا فقال قتيبة للجند اقبلوا منه
العروض فانّه ثغر مشؤوم فرضوا بها ثمّ انصرف قتيبة الى خراسان بعد ان
زرع زرعًا فى ارض زَرَنْج ليايس العدوّ من انصرافه فيذعن له فلمّا حصد
ذلك الزرع منعت منه الافاعى فامر به فأُحرِق ، واستخلف قتيبة على
سجستان ابن عبد[b] الله بن عمير الليثى اخى عبد الله بن عامر لامّه ،
ثمّ ولى سليمن بن عبد الملك وولّى يزيد بن المهلّب العراق فولّى يزيد
مُدْرِكَ بن المهلّب اخاه سجستان فلم يعطه رتبيل شيئًا ثمّ ولى معوية
ابن يزيد فرضخ له[c] ثمّ ولى يزيد بن عبد الملك فلم يعط رتبيل عمّاله
شيئًا وقال ما فعل قوم كانوا ياتونا خِماص البطون سود الوجوه من الصلاة

---

a) B. وطلب. b) Codd. عبد, omisso ابن, quod addidi propter sequens اخى, (cf. supra p. 414 et Jaqubî, p. ٩١, ubi hic filius عبد ربه appellatur). c) B. فوصله.

نعالهم خُوص قالوا انقرضوا قال اولٰئك اوفى منكم عهدًا واشدّ باسًا وان
كنتم احسن منهم وجوهًا وقيل له ما بالك كنت تعطى الحجّاج الاتاوة ولا 463
تعطيناها فقال كان الحجّاج رجلًا لا ينظر فيما انفق اذا ظفر ببغيته ولولم
يرجع اليه درهم وانتم لا تنفقون درهمًا الّا اذا طمعتم فى ان يرجع اليكم
مكانه عشرة ثمّ لم يعط احدًا من عمّال بنى اميّة ولا عمّال ابى مسلم على
سجستان من تلك الاتاوة شيئًا ،، قالوا ولمّا استخلف المنصور امير
المؤمنين ولّى مَعْنَ بن زائدة الشيبانىّ سجستان فقدمها وبعث عمّاله عليها
وكتب الى رتبيل يامره بحمل الاتاوة الّتى كان الحجّاج صالح عليها فبعث
بابلٍ وقباب تركيّة ورقيق وزاد فى قيمة ذلك للواحد ضعفه فغضب معن
وقصد الرُّخّج وعلى مقدّمته يزيد بن مَزْيَد فوجد رتبيل قد خرج عنها
ومضى الى زابُلِسْتان ليصيف بها ففتحها واصاب سبايا كثيرة وكان فيهم فَرَج
الرخّجىّ وهو صبىّ وابوه زياد فكان فَرَج يحدّث انّ معنًا راى غبارًا
ساطعًا اثارته حوافر حمير وحشيّة فظنّ انّ جيشًا قد اقبل نحوه ليحاربه
ويتخلّص السبى والاسرى من يده فوضع السيف فيهم فقتل منهم عدّة
كثيرة ثمّ انّه تبيّن امر الغبار وراى الحمير فامسك ، وقال فَرَج لقد رايتُ
ابى حين امر معن بوضع السيف فينا وقد حنى علىّ وهو يقول اقتلونى
ولا تقتلوا ابنى ،، قالوا وكانت عدّة من سبى معن واسر زهاء[a] ثلثين الفًا
فطلب[b] ماوند خليفة رتبيل الامان على ان يحمله الى امير المؤمنين
فآمنه وبعث به الى بغداد مع خمسة الف من مقاتلتهم فاكرمه المنصور 464
وفرض له وقوّده ،، قالوا وخاف معن الشتاء وهجومه فانصرف الى بُسْت
وانكر قوم من الخوارج سيرته فاندسّوا مع فعلة كانوا يبنون فى منزله بناءً
فلمّا بلغوا التسقيف احتالوا لسيوفهم فجعلوها فى حُزَم[c] القصب ثمّ

---

a) A. واسروها. b) B. وطلب. c) Jaqubí, p. ٩٤ synon. طنان.

دخلوا عليه قبّته وهو يحتجم ففتكوا به وشقّ بعضهم بطنه بخنجر كان
معه، وقال احدهم وضربه على راسه ابو الغلام الطاق والطاق رستاق بقرب
زَرَنْج، فقتلهم يزيد بن مَزْيَد[a] فلم ينج منهم احد ثمّ انّ يزيد قام بامر
سجستان واشتدّت على العرب والعجم من اهلها وطاته فاحتال[b] بعض
العرب فكتب على لسانه الى المنصور كتابًا يخبره فيه انّ كتب المهدى
اليه قد حيّرته وادهشته ويساله ان يعفيه من معاملته فاغضب ذلك
المنصور وشتمه واقرا المهدى كتابه فعزله وامر بحبسه وبيع كلّ شىء له ثمّ
انّه كُلّم فيه فاشخص الى مدينة السلم فلم يزل بها مخبوءًا حتّى لقيه
الخوارج على الجسر[c] فقاتلهم فتحرّك امره قليلًا ثمّ توجّه الى يوسف البرم[d]
بخراسان فلم يزل فى ارتفاع، ولم يزل عمّال المهدى والرشيد رحمهما يقبضون
الاتاوة من رتبيل سجستان على قدر قوّتهم وضعفهم ويولّون عمّالهم النواحى
الّتى قد غلب عليها الاسلام، ولمّا كان المامون بخراسان ادّيت اليه
الاتاوة مضعفة وفتح كابُل واظهر ملكها الاسلام والطاعة وادخلها عامله
واتّصل اليها البريد فبعث اليه منها باهْليلج غضّ ثمّ استقامت بعد
ذلك حينًا، وحدّثنى العُمَرىّ عن الهَيْثَم بن عدىّ قال كان فى صلحات 465
سجستان القديمة ان لا يقتل لهم ابن عرس لكثرة الافاعى عندهم، قال[e]
وقال اوّل من دعا اهل سجستان الى راى الخوارج رجل من بنى تميم يقال
له عاصم او ابن عاصم،

---

a) B. بمرثد. *b*) B. واحتال. *c*) Codd. الحسر. *d*) A. البرم. In ed. Jaqubii, p. ۸٦ البوم contra lectionem Codicis (nam in nota *d* البرم legendum est et verba „quod ab alterâ etc." delenda sunt) receptum est. Idem dicendum de Abu'l-Mahásin, I. p. ۴۱۸ seq., ubi optimus Cod. E. النرم s. التـرم. In Codd. Abu'l-Faradji (533 et 985) النرّم exstat, Weil, II. p. 95 et 103 nomen non commemorat, nec ego quae vera lectio sit efficere possum, quoniam et Tabarí et Ibno'l-Athír et Nowairí mihi desunt. Ibn Khaldun nihil de eo dedit. *e*) B. om.

خُراسان

قالوا وجّه ابو موسى الاشعرى عبد الله بن بُدَيل بن وَرْقاء الخُزاعىّ غازيًا فاتى كرمان ومضى حتّى بلغ الطَّبَسَيْن وهما حصنان يقال لاحدهما طَبَس وللاخر كُرين[a] وهما جَرم فيهما نخل وهما بابا خراسان فاصاب مغنمًا واتى قوم من اهل الطَّبَسَيْن عمر بن الخطّاب فصالحوه على ستّين الفًا ويقال خمسة وسبعين الفًا وكتب لهم كتابًا، ويقال بل توجّه عبد الله ابن بُدَيل من اصبهان من تلقاء نفسه فلمّا استخلف عثمان بن عفّان ولّى عبد الله بن عامر بن كُرَيز البصرة فى سنة ٢٨ ويقال فى سنة ٢٩ وهو ابن ٢٥ سنة فافتتح من ارض فارس ما افتتح ثمّ غزا خراسان فى سنة ٣٠ واستخلف على البصرة زياد بن ابى سفين وبعث على مقدّمته الاحنف ابن قيس ويقال عبد الله بن خازم بن اسماء بن الصَّلْت بن حبيب السُّلَمىّ فاقرّ صلح الطَّبَسَيْن وقدّم ابن عامر الاحنف بن قيس الى قُوهِسْتان وذلك انّه سال عن اقرب مدينة الى الطَّبَسَيْن فدلّ عليها فلقينه الهياطلة وهم اتراك ويقال بل هم قوم من اهل فارس كانوا يلوطون
فنفاهم فَيْرُوز الى هَراة فصاروا[b] مع الاتراك فكانوا[c] معاونين لاهل قوهستان 466
فهزمهم وفتح قوهستان عنوة ويقال بل الجأهم الى حصنهم ثمّ قدم عليه ابن عامر فطلبوا الصلح فصالحهم على ستّمائة الف درهم ، وقال معمر بن المثنّى كان المتوجّه الى قوهستان أُمير بن احمر اليَشْكُرىّ وهى بلاد بكر بن وائل الى اليوم ، وبعث ابن عامر يزيد الجُرَشىّ[d] ابا سالم بن يزيد الى رستاق زام[e] من نيسابور ففتحه عنوة وفتح باخَرْز وهو رستاق من نيسابور وفتح

a) Codd. كُرند. b) B. وصاروا. c) B. وكانوا. d) Codd. الحرسى. e) Quoque scribitur جام.

ايضًا جُوَين وسبى سبيًا ووجّه ابن عامر الاسود بن كلثوم العَدَوىّ عَدِىّ الرِّبَاب وكان ناسكًا الى بَيْهَق وهو رستاق من نيسابور فدخل بعض حيطان اهله من ثلمة كانت فيه ودخلت معه طائفة من المسلمين واخذ العدوّ عليهم تلك الثلمة فقاتل الاسود حتّى قُتل ومن معه وقام بامر الناس بعده ادهم بن كلثوم فظفر وفتح بَيْهَق وكان الاسود يدعو ربّه ان يحشره من بطون السباع والطير فلم يواره اخوه ودفن من استشهد من اصحابه، وفتح ابن عامر بُشْت من نيسابور وأَشْبَنْد[a] ورُخّ وزاوَة وخُوَاف[b] واسْبَرائِن وأَرْغِيَان من نيسابور ثمّ اتى أَبْرَشَهْر وهى مدينة نيسابور فحصر اهلها اشهرًا[c] وكان على كلّ ربع منها رجل موكّل به وطلب صاحب ربع من تلك الارباع الامان على ان يدخل المسلمين المدينة فأُعطيه وادخلهم ايّاها ليلًا ففتحوا الباب وتحصّن مرزبانها فى القهندز ومعه جماعة فطلب الامان
467 على ان يصالحه من جميع نيسابور على وظيفة يؤدّيها فصالحه على الف الف درهم ويقال سبعمائة الف درهم وولّى نيسابور حين فتحها قيس بن الهَيْثَم السُّلَمىّ، ووجّه ابن عامر عبد الله بن خازم السلمىّ الى حُمْرَانْدِز[d] من نَسَا وهو رستاق ففتحه واتاه صاحب نَسَا[e] فصالحه على ثلثمائة الف درهم ويقال على احتمال الارض من الخراج على ان لا يقتل احدًا ولا يسبيه، وقدم بهمنة[f] عظيم أَبِيوَرْد على ابن عامر فصالحه على اربعمائة الف ويقال وجّه اليها ابن عامر عبدَ الله بن خازم فصالح اهلها على

a) Vulgo اشفند. Deinde Codd. وزج; cf. Jacut in v. زخ. b) *Merácid* خَواف. Pro اسبرائن vulgo اسفرائن. Cf. al-Baihakí apud Jacut. c) A. شهرا. d) Locus bis memoratur a Jacut et in *Merácid*, nempe sub حمراندز et sub خمران, quod ipsum et editores fugit. Utra lectio praeferenda sit haereo. e) A. h. l. نسّا. f) A. بهمته, B. بهميه.

اربعمائة الف درهم، ووجّه عبد الله بن عامر عبدَ الله بن خازم الى
سَرَخْس فقاتلهم ثمّ طلب زاذويه مرزبانها الصلح على ايمان مائة رجل
وان يدفع اليه النساء فصارت ابنته فى سهم ابن خازم واتّخذها وسمّاها
مِيْثاء وغلب ابن خازم على ارض سرخس ويقال انّه صالحه على ان يؤمن
مائة نفس فسمّى له المائة ولم يسمّ نفسه فقتله ودخل سَرَخْس عنوة،
ووجّه ابن خازم من سرخس يزيد بن سالم مولى شريك بن الاعور الى
كيف وبِينة[a] ففتحهما، واتى كنازنك مرزبان طوس ابنَ عامر فصالحه عن
طوس على ستّمائة الف درهم، ووجّه ابن عامر جيشًا الى هَرَاة عليه اوس
ابن ثعلبة بن رُقَىّ ويقال خُلَيد بن عبد الله الحنفىّ فبلغ عظيم هراة ذلك
فشخص الى ابن عامر وصالحه عن هَرَاة وبَاذَغِيس وبُوشَنْج غير طاغُون
468 وباغُون فانّهما فُتحا عنوة وكتب له ابن عامر «بسم الله الرحمن
الرحيم هذا ما امر به عبد الله بن عامر عظيمَ هَرَاة وبُوشَنْج وبَاذَغِيس
امره بتقوى الله ومناصحة المسلمين واصلاح ما تحت يديه من الارضين
وصالحه عن هراة سهلها وجبلها على ان يؤدّى من الجزية ما صالحه
عليه وان يقسم ذلك على الارضين عدلًا بينهم فمن منع ما عليه فلا عهد
له ولا ذمّة وكتب رَبِيع بن نَهْشَل وختم ابن عامر». ويقال ايضًا انّ ابن
عامر سار نفسه فى الدهم الى هراة فقاتل اهلها ثمّ صالحه مرزبانها عن هراة
وبُوشَنْج وباذَغِيس على الف الف درهم، وارسل مرزبان مرو الشاهِجَان
يسال الصلح فوجّه ابن عامر الى مرو حاتم بن النعمان الباهلىّ فصالحه
على الفى الف ومائتى الف درهم وقال بعضهم الف الف درهم ومائتى
الف جريب من برّ وشعير وقال بعضهم الف الف ومائة الف اوقية وكان
فى صلحهم ان يوسّعوا للمسلمين فى منازلهم وانّ عليهم قسمة المال وليس

a) V. *Merâcid* s. v. بون, Balkhi (*Journ. of the As. Soc.*, 1853, p. 185) بين.

على المسلمين الّا قبض ذلك وكانت مرو صلحًا كلّها الّا قرية منها يقال لها السِنْج فانّها اخذت عنوة ›، وقال ابو عبيدة صالحه على وصائف ووصفاء ودوابّ ومتاع ولم يكن عند القوم يومئذ عين وكان الخراج كلّه على ذلك حتّى ولى يزيد بن معٰوية فصيّره مالًا ›، ووجّه عبد الله بن عامر الاحنف بن قيس نحو طُخَارِسْتان فاتى الموضع الّذى يقال له قصر
الاحنف وهو حصن من مَرْو الرُّوذ وله رستاق عظيم يعرف برستاق الاحنف 469
ويدعى بشَقّ[a] الجُرَذ فحصر اهله فصالحوه على ثلثمائة الف فقال الاحنف اصالحكم على ان يدخل رجل منّا القصر فيؤذّن[b] فيه ويقيم فيكم حتّى انصرف فرضوا وكان الصلح عن جميع الرستاق ومضى الاحنف الى مرو الروذ فحصر اهلها وقاتلوه قتالًا شديدًا فهزمهم المسلمون فاضطرّوهم الى حصنهم وكان المرزبان من ولد باذام صاحب اليمن او ذا قرابة له فكتب الى الاحنف انّه دعانى الى الصلح اسلام باذام فصالحه على ستّين الفًا، وقال المدائنى قال قوم ستّمائة الف، وقد كانت للاحنف خيل سارت فاخذت رستاقًا يقال له بَغ واستاقت منه مواشى فكان الصلح بعد ذلك ›، وقال ابو عبيدة قاتل الاحنف اهل مَرْو الرُّوذ مرّات ثمّ انّه مرّ برجل يطبخ قدرًا او يعجن لاصحابه عجينًا، فسمعه يقول انّما ينبغى للامير ان يقاتلهم من وجه واحد من داخل الشعب فقال فى نفسه الرأى ما قال الرجل فقاتلهم وجعل المَرْغاب عن يمينه والجبل عن يساره والمرغاب نهر يسيح بمرو الروذ ثمّ يغيض فى رمل ثمّ يخرج بمرو الشاهجان فهزمهم ومن معهم من الترك ثمّ طلبوا الامان فصالحه ›، وقال غير ابى عبيدة جمع اهل طخارستان للمسلمين فاجتمع اهل الجُوزجان والطالقان والفارياب

---

a) A. بسق, B. بشق. Videtur ille locus significari de quo loquitur Sam'ání in *Suppl.* ad *Lobbo'l-Lobáb*, p. 131; Jacut eum vocat سقوان. b) A. فيودون. c) A. om.

ومن حولهم فبلغوا ثلثين الفا وجاءهم اهل الصغانيان[a] وهم فى الجانب
الشرقىّ من النهر فرجع الاحنف الى قصره فوفى له اهله وخرج ليلًا فسمع 470
اهل خباء يتحدّثون ورجلًا يقول الراى للامير ان يسير اليهم فيناجزهم
حيث لقيهم فقال رجل يوقد تحت خزيرة او يعجن ليس هذا براى
ولكنّ الراى ان ينزل بين المِرْغاب والجبل فيكون المرغاب عن يمينه والجبل
عن يساره فلا يلقى من عدوّه وان كثروا الّا مثل عدّة اصحابه فراى
ذلك صوابًا ففعله وهو فى خمسة آلف من المسلمين اربعة آلف من العرب
والف من مسلمى العجم فالتقوا وهزّ رايته وحمل وحملوا فقصد ملك
الصغانيان للاحنف فاهوى له بالرمح فانتزع الاحنف الرمح من يده وقاتل
قتالًا شديدًا فقتل ثلثة ممّن معهم الطبول منهم كان يقصد قصد صاحب
الطبل فيقتله ثمّ انّ الله ضرب وجوه الكفّار فقتلهم المسلمون قتلًا ذريعًا
ووضعوا السلاح انّى شاءوا منهم ورجع الاحنف الى مرو الروذ ولحق
بعض العدوّ بالجوزجان فوجّه اليهم الاحنف الاقرع بن حابس التميمىّ
فى خيل وقال يا بنى تميم تحابّوا وتباذلوا تعتدل اموركم وابدوا بجهاد
بطونكم وفروجكم يصلح لكم دينكم ولا تغلّوا يسلّم لكم جهادكم فسار
الاقرع فلقى العدوّ بالجوزجان فكانت فى المسلمين جولة ثمّ كرّوا فهزموا
الكفرة وفتحوا الجوزجان عنوة، وقال ابن الغريزة[b] النهشلى

سَقَى صَوْبُ ٱلسَّحَابِ اذا ٱسْتَهَلَّتْ   مَصَارِعَ فِتْيَةٍ بِٱلْجُوزَجَانِ
الَى ٱلْقَصْرَيْنِ مِنْ رُسْتَاقِ خُوفٍ   أَفَادَهُمْ هُنَاكَ ٱلْأَقْرَعَانِ

وفتح الاحنف الطالقان صلحًا وفتح الفارياب ويقال بل فتحها أُمير بن 471

---

a) A. الصغانيان. *b*) A. العَدىره. Codd. Jacut in v. جوزجان (comp. Barb. de Meynard, p. 177) العزيز , العـزيز , القريزة ; *Kitábo 'l-Aghání*, ut docuit me Cl. Wüstenfeld, الغُرَيْزة.

احمر، ثمّ سار الاحنف الى بَلْخ وهى مدينة طُخَارا فصالحهم اهلها على اربعمائة الف ويقال سبعمائة الف وذلك اثبت فاستعمل على بلخ أَسِيد ابن المُتَشَمِّس[a] ثمّ سار الى خارزم وهى من سقى النهر جميعًا ومدينتها شرقيّة فلم يقدر عليها فانصرف الى بلخ وقد جبى أَسِيد صلحها ، وقال ابو عبيدة فتح ابن عامر ما دون النهر فلمّا بلغ اهل ما وراء النهر امره طلبوا اليه ان يصالحهم ففعل فيقال انّه عبر النهر حتّى اتى موضعًا[b] موضعًا وقيل بل اتوه فصالحوه وبعث من قبض ذلك فاتته الدوابّ والوصفاء والوصائف والحرير والثياب ثمّ انّه احرم شكرًا لله، ولم يذكر غيره[c] عبوره النهر ومصالحته اهل الجانب الشرقىّ ، وقالوا انّه اهلّ بعمرة وقدم على عثمان واستخلف قيس بن الهَيْثَم فسار قيس بعد شخوصه فى[d] ارض طخارستان فلم يات بلدًا منها الّا صالحه اهله فاذعنوا له حتّى اتى سِمِنْجان[e] فامتنعوا عليه فحصرهم حتّى فتحها عنوة، وقد قيل انّ ابن عامر جعل خراسان بين ثلثة الاحنف بن قيس وحاتم بن النعمان الباهلىّ وقيس بن الهيثم والاوّل اثبت، ثمّ انّ ابن خازم افتعل عهدًا على لسان ابن عامر وتولّى خراسان فاجتمعت بها جموع الترك ففضّهم ثمّ قدم البصرة قبل قتل عثمان ، وحدّثنى الحسين بن الاسود قال ثنا وكيع بن الجرّاح عن ابن عَوْن عن محمّد بن سِيرِين انّ عثمان بن عفّان عقد لمن وراء
472 النهر ، قالوا وقدم ماهويه مرزبان مرو على علىّ بن ابى طالب فى خلافته وهو بالكوفة فكتب له الى الدهاقين والاساورة والدهشلارين ان يؤدّوا اليه الجزية فانتقضت عليهم خراسان فبعث جَعْدة بن هُبَيرة المخزومىّ

a) ابن اخى الاحنف, v. Abu Noaim, f. 16 r., sed in voce ابن عم الاحنف vocatur.
b) B. om.
c) A. add. عند.
d) A. قيس حتى اتى.
e) A. سمىحان, B. سمىىحان.

وامه امّ هانئ بنت ابى طالب فلم يفتحها ولم تزل خراسان ملتاثة حتّى قتل علىّ عم، قال ابو عبيدة اوّل عمّال علىّ على خراسان عبد الرحمن ابن أَبْزَى مولى خزاعة ثمّ جَعْدة بن هُبَيرة بن ابى وهب بن عمرو بن عائذ بن عمران بن مخزوم، قالوا واستعمل معوية بن ابى سفين قيس ابن الهيثم بن قيس[a] بن الصّلت السلمىّ على خراسان فلم يعرض لاهل النكث وجبى اهل الصلح فكان عليها سنة او قريبًا منها ثمّ عزله وولّى خلد بن المُعَمَّر فمات بقصر[b] مُقَاتِل او بعين النمر ويقال انّ معوية ندم على توليته فبعث اليه بثوب مسموم ويقال بل دخلت فى[c] رجله زُجَاجة فنزف منها حتّى مات، ثمّ ضمّ معوية الى عبد الله بن عامر مع البصرة خراسان فولّى ابن عامر قيس بن الهيثم السلمىّ خراسان وكان اهل بادَغيس وهَرَاة وبُوشَنْج وبَلْخ على نكثهم فسار الى بلخ فاخرب نُوبَهَارها[d] وكان الّذى تولّى ذلك عَطَاء بن السائب مولى بنى الليث وهو الخشل وانّما سمّى عطاء الخشل واتّخذ قناطر على ثلثة انهار من بلخ على فرسخ فقيل قناطر عطاء، ثمّ انّ اهل بلخ سالوا الصلح ومراجعة الطاعة فصالحهم قيس ثمّ قدم على ابن عامر فضربه مائة وحبسه، واستعمل عبد الله بن
473 خازم فارسل اليه اهل هَرَاة وبُوشَنْج وبادَغيس فطلبوا الامان والصلح فصالحهم وحمل الى ابن عامر مالًا، وولى زياد بن ابى سفين البصرة فى سنة ٤٥ فولّى أُمَير بن احمر مَرْو وخُلَيد بن عبد الله الحنفىّ أَبْرَشَهْر وقيس ابن الهيثم مرو الرّوذ والطالقان والفارياب ونافع بن خلد الطاحىّ من الازد هراة وبادَغيس وبُوشَنْج وقادس من انواران فكان أُمَير اوّل من اسكن

---

a) Jaqubí, p. ٧٧ اسماء, quae lectio orta esse potest ex confusione cum genealogiâ عبد الله بن خازم بن اسماء بن الصلت السلمى. *b*) Codd. add. ابن. *c*) A. على. *d*) Codd. نوبهادها.

العرب مرو ثمّ ولّى زياد الحكم بن عمرو الغِفَارىّ وكان عفيفًا وله صحبة وانّما
قال لحاجبه فِيل ايتنى بالحكم وهو يريد الحكم بن ابى العاصى الثقفىّ
وكانت امّ عبد الله بنت عثمان بن ابى العاصى عنده فاتاه بالحكم بن
عمرو فلمّا رآه تبرّك به وقال رجل صالح من اصحاب رسول الله صلعم فولّاه
خراسان فمات بها فى سنة ٥٠ وكان الحكم اوّل من صلّى من وراء النهر،
وحدّثنى ابو عبد الرحمٰن الجُعْفىّ قال سمعت عبد الله بن المبٰرك يقول
لرجل من اهل الصغانيان كان يطلب معنا الحديث اتدرى من فتح
بلادك قال لا قال فتحها الحكم بن عمرو الغفارىّ، ثمّ ولّى زياد بن ابى
سفين الربيع بن زياد الحارثىّ سنة ٥١ خراسان وحوّل معه من اهل المصرَين
زها خمسين الفًا بعيالاتهم وكان فيهم بُرَيدة بن الحُصَيب الاسلمىّ ابو
عبد الله وبمرو توفّى فى ايّام يزيد بن معٰوية وكان فيهم ايضًا ابو بَرْزة
الاسلمى عبد الله بن نَضْلة وبها مات واسكنهم دون النهر والربيع اوّل من 474
امر الجند بالتناهد ولمّا بلغه مقتل حُجْر بن عدىّ الكندىّ غمّه ذلك فدعا
بالموت فسقط من يومه فمات وذلك سنة ٥٣، واستخلف عبد الله ابنه
فقاتل اهل آمُل وهى آمُويه[a] وزمّ ثمّ صالحهم ورجع الى مرو فمكث بها
شهرين ثمّ مات، ومات زياد فاستعمل معٰوية عبيد الله بن زياد على خراسان
وهو ابن ٢٥ سنة فقطع[b] النهر فى اربعة وعشرين الفًا فاتى بِيكَنْد وكانت
خاتون بمدينة بُخارا فارسلت الى الترك تستمدّهم فجاءها منهم دهم
فلقيهم المسلمون فهزموهم وحووا عسكرهم واقبل المسلمون يخربون
ويحرقون فبعثت اليهم خاتون تطلب الصلح والامان فصالحها على
الف الف ودخل المدينة وفتح رامدين وبِيكَنْد[c] وبينهما فرسخان
ورامدين تنسب الى بِيكَنْد ويقال انّه فتح الصغانيان وقدم معه البصرة

a) Quoque آمُوى scribitur. b) B. add. به. c) A. h. l. وبيكند.

بخلق من اهل بخارا ففرض لهم، ثمّ ولّى معوية سعيد بن عثمان بن
عفّان خراسان فقطع النهر وكان اوّل من قطعه بجنده فكان معه رُفَيع ابو
العالية الرِّيَاحىّ وهو مولى لامرأة من بنى رِيَاح[a] فقال رفيع ابو العالية
رفعة وعلوّ، فلمّا بلغ خاتون عبوره النهر حملت اليه الصلح واقبل اهل
السُّغْد والترك واهل كِشّ[b] ونَسَف وهى نَخْشَب[c] الى سعيد فى مائة
الف وعشرين الفًا فالتقوا ببخارا وقد ندمت خاتون على ادائها الاتاوة
475 ونكثت[d] العهد فحضر عبد لبعض اهل تلك الجموع فانصرف بمن معه
فانكسر الباقون فلمّا رات خاتون ذلك اعطته الرهن واعادت الصلح
ودخل سعيد مدينة بخارا ثمّ غزا سعيد بن عثمان سمرقند فاعانته
خاتون باهل بخارا فنزل على باب سمرقند وحلف ان لا يبرح او يفتحها
ويرمى قهندزها فقاتل اهلها ثلثة ايّام وكان اشدّ قتالهم فى اليوم الثالث
فُفقئت عينه وعين المهلّب بن ابى صُفْرة ويقال انّ عين المهلّب فُقئت
بالطالقان ثمّ لزم العدوُّ المدينة وقد فشت فيهم الجراح واتاه رجل فدلّه
على قصر فيه ابناء ملوكهم وعظمائهم فسار اليهم وحصرهم فلمّا خاف اهل
المدينة ان يفتح القصر عنوة ويقتل من فيه طلبوا الصلح فصالحهم على
سبعمائة الف درهم وعلى ان يعطوه رهنًا من ابناء عظمائهم وعلى ان يدخل
المدينة ومن شاء ويخرج من الباب الاخر فاعطوه خمسة عشر من ابناء
ملوكهم ويقال اربعين ويقال ثمانين ورمى القهندز فثبت الحجر فى كوّته[e]
ثمّ انصرف فلمّا كان بالتِّرْمذ حملت اليه خاتون الصلح واقام على الترمذ
حتّى فتحها صلحًا، ثمّ لمّا قتل عبد الله بن خازم السلمىّ اتى موسى
ابنُه ملكَ الترمذ فاجاره[f] والجأه وقومًا كانوا معه فاخرجه عنها وغلب عليها

---

a) A. رباح et sic in *Tabacáto 'l-Hoffâth*, 2, 25 الرباحى. b) Codd. كس. c) Codd. نحشب, cf. *Merâcid* in v. d) B. ونقضن. e) A. كورة. f) A. فاجازه (فاجارة).

وهو مخالف فلمّا قُتل صارت فى ايدى الولاة ثمّ انتقض اهلها ففتحها قتيبة بن مسلم، وفى سعيد يقول مٰلك بن الرَّيْب

476 هَبَّتْ شَمَالٌ خَرِيفٌ أَسْقَطَتْ وَرَقًا ۝ وَٱصْفَرَّ بِٱلْقَاعِ بَعْدَ ٱلْخُضْرَةِ ٱلشِّيحُ

فَٱرْحَلْ هُدِيتَ وَلَا تَجْعَلْ غَنِيمَتَنَا ۝ ثَلْجًا يُصَفِّقُهُ بِٱلتِّرْمِذِ ٱلرِّيحُ

إِنَّ ٱلشِّتَاءَ عَدُوٌّ مَا نُقَاتِلُهُ ۝ فَٱقْفُلْ هُدِيتَ وَثَوْبُ ٱلدِّقِّ مَطْرُوحُ

ويقال انّ هذه الابيات لنهار بن تَوْسِعَة فى قُتَيْبَة واوّلها

كَانَتْ خُرَاسَانُ أَرْضًا اِذْ يَزِيدُ[a] بِهَا ۝ فَكُلُّ بَابٍ مِنَ ٱلْخَيْرَاتِ مَفْتُوحُ

فَٱسْتَبْدَلَتْ قَتَبًا[b] جَعْدًا أَنَامِلُهُ ۝ كَأَنَّمَا وَجْهُهُ بِٱلْخَلِّ مَنْضُوحُ،

وكان قُثَم بن العبّاس بن عبد المطّلب مع سعيد بن عثمان فتوفّى بسمرقند ويقال استشهد بها فقال عبد الله بن العبّاس حين بلغته[c] وفاته شَتَّانَ[d] ما بين مولده ومقبره فاقبل يصلّى فقيل له ما هذا فقال اما سمعتم الله يقول[e] وَٱسْتَعِينُوا بِٱلصَّبْرِ وَٱلصَّلٰوةِ وَإِنَّهَا لَكَبِيرَةٌ إِلَّا عَلَى ٱلْخَاشِعِينَ، وحدّثنى عبد الله بن صالح قال ثنا شريك عن جابر عن الشَّعْبى قال قدم قُثَم على سعيد بن عثمان بخراسان فقال له سعيد اعطيك[f] من المغنم الف سهم فقال لا ولكن اعطنى سهمًا لى وسهمًا لفرسى، قال ومضى سعيد بالرهن الّذين اخذهم من السغد حتّى ورد بهم المدينة فدفع ثيابهم ومناطقهم الى مواليه والبسهم جباب الصوف والزمهم السقى والسوانى والعمل فدخلوا عليه مجلسه ففتكوا به ثمّ قتلوا انفسهم، وفى سعيد يقول مٰلك بن الريب

وَمَا زِلْتَ يَوْمَ ٱلسُّغْدِ تُرْعَدُ وَاقِفًا ۝ مِنَ ٱلْجُبْنِ حَتَّى خِفْتُ أَنْ تَتَنَصَّرَا

477 وقال خٰلد بن عقبة بن ابى مُعَيط

---

a) I. e. يزيد بن المهلب. b) Pro قتيبة ut supra p. ٩٢ اكدرا pro اكيدرا. c) A. بلغه. d) A. ستان, B. سمان. e) Qor. 2 vs. 42. f) Bis in Codd.

أَلَا أَنَّ خَيْرَ ٱلنَّاسِ نَفْسًا وَوَالِدًا   سَعِيدُ بْنُ عُثْمَانَ قَتِيلُ ٱلْأَعَاجِمِ
فَإِنْ تَكُنِ ٱلْأَيَّامُ أَرْدَتْ صُرُوفُهَا   سَعِيدًا فَمَنْ هٰذَا مِنَ ٱلدَّهْرِ سَالِمُ

وكان سعيد احتال لشريكه فى خراج خراسان فاخذ منه مالًا فوجّه معاوية من لقيه بحلوان فاخذ المال منه[a] وكان شريكه أَسْلَم بن زُرْعَة ويقال اسحٰق بن طلحة بن عبيد الله وكان معٰوية قد خاف سعيدًا على خلعه ولذلك عاجله بالعزل، ثمّ ولّى معاوية عبد الرحمٰن بن زياد خراسان وكان شريفًا[b] ومات معٰوية وهو عليها ثمّ ولّى يزيد بن معٰوية سَلْمَ[c] بن زياد فصالحه اهل خارزم على اربعمائة الف وحملوها اليه وقطع النهر ومعه امراته امّ محمّد بنت عبد الله بن عثمان بن ابى العاصى الثقفىّ وكانت اوّل عربيّة عُبر بها النهر واتى سمرقند فاعطاه اهلها الف دية وولد له ابن سمّاه السُّغْدىّ واستعارت امراته من امراة صاحب السغد حليها فكسرته عليها وذهبت به، ووجّه سَلْم بن زياد وهو بالسغد جيشًا الى خُجَنْدة وفيهم أَعْشَى هَمْدَان فهُزموا فقال الاعشى

لَيْتَ خَيْلِى[d] يَوْمَ ٱلْخُجَنْدَةِ لَمْ يُهْزَمْ وَغُودِرْتُ فِى ٱلْمَكَرِّ سَلِيبَا
تَحْضُرُ ٱلطَّيْرُ مَصْرَعِى وَتَرَوَّحْتُ إِلَى ٱللَّهِ فِى ٱلدِّمَاءِ خَضِيبَا

ثمّ رجع سَلْم الى مرو ثمّ غزا منها فقطع النهر وقتل بندون السغدى وقد
كان السغد جمعت له فقاتلها، ولمّا مات يزيد بن معٰوية التاث الناس 478
على سَلْم وقالوا بئس ما ظنّ ابن سُمَيّة[e] ان ظنّ انّه يتامّر علينا فى الجماعة والفتنة كما قيل لاخيه عبيد الله بالبصرة فشخص عن خراسان واتى عبد الله بن الزبير فاغرمه اربعة آلف الف درهم وحبسه وكان سَلْم يقول ليتنى اتيت الشام ولم آنف من خدمة اخى عبيد الله بن زياد

a) B. منها. b) A. سريفا, B. سرها. c) Codd. سلمى. d) A. حلىلى.
e) Mater Zijádi.

فكنت اغسل رجله ولم آت ابن الزبير فلم يزل بمكّة حتّى حصر ابنَ
الزبير الحجّاج بن يوسف فنقب السجن وصار الى الحجّاج ثمّ الى عبد
الملك فقال له عبد الملك اما والله لو اقمتَ بمكّة ما كان لها والٍ غيرك
ولا كان بها عليك امير وولّاه خراسان فلمّا قدم البصرة مات بها ، قالوا
وقد كان عبد الله بن خازم السلميّ تلقّى سَلْمَ بن زياد منصرفه من
خراسان بنيسابور فكتب له سَلْم عهدًا على خراسان واعانه بمائة الف
درهم فاجتمع جمع كثير من بكر بن وائل وغيرهم فقالوا على ما ياكل هاؤلاء
خراسان دوننا فاغاروا على ثقل ابن خازم فقاتلوهم عنه فكفّوا، وارسل
سليمٰن بن مَرْثَد احد بنى سعد بن مُلك بن ضُبَيعة بن قيس بن ثعلبة
ابن عُكابة من المراثد[a] بن ربيعة الى ابن خازم انّ العهد الّذى معك
لو استطاع صاحبه ان يقيم بخراسان لم يخرج عنها ويوجّهك واقبل
سليمٰن فنزل بمشرعة سليمٰن[b] ونزل ابن خازم بمرو واتّفقا على ان يكتبا
الى ابن الزبير فايّهما امّره فهو الامير ففعلا فولّى ابن الزبير عبد الله بن 479
خازم خراسان فقدم اليه بعهده عروة بن قُطْبة بعد ستّة اشهر فابى سليمٰن
ان يقبل ذلك وقال ما ابن الزبير بخليفة وانّما هو رجل عائذ[c] بالبيت
فحاربه ابن خازم وهو فى ستّة الف وسليمٰن فى خمسة عشر الفًا فقُتل
سليمٰن قتله قيس بن عاصم السلميّ واحتزّ راسه واصيب من اصحاب ابن
خازم رجال وكان شعار ابن خازم حم لا ينصرون وشعار سليمٰن يا نصر الله
اقترب واجتمع فلّ سليمٰن الى عمر بن مَرْثَد بالطالقان فسار[d] اليه ابن
خازم فقاتله فقتله واجتمعت ربيعة الى اوس بن ثعلبة بهراة فاستخلف
ابن خازم موسى ابنه وسار اليه وكانت بين اصحابهما وقائع واغتنمت
الترك ذلك فكانت تغير حتّى بلغت قرب نيسابور ودسّ ابن خازم الى

---

a) Codd. المرادد. b) B. سلم et deinde وترك. c) A. عابد. d) B. وسار.

اوس من سمّه فرض واجتمعوا للقتال فحضّ ابن خازم اصحابه فقال اجعلوه
يومكم واطعنوا الخيل من مناخرها فانّه لم يطعن فرس قطّ فى منخره الّا
ادبر فاقتتلوا قتالا شديدًا واصابت اوسًا جراحة وهو عليل فمات منها بعد
ايّام وولّى ابن خازم ابنه محمّدًا هراة وجعل على شرطته بُكَير بن وِشاح[a]
وصفت له خراسان ثمّ انّ بنى تميم هاجوا بهراة وقتلوا محمّدًا فظفر ابوه
بعثمان بن بشر بن المحتفز فقتله صبرًا[b] وقتل رجلا من بنى تميم فاجتمع
بنو تميم فتناظروا وقالوا ما نرى هذا يقلع عنّا فيصير جماعة منّا الى طوس
فاذا خرج اليهم خلعه مَنْ بمرو منّا فمضى بُحَير بن وقاء[c] الصّريمىّ من بنى
480 تميم الى طوس فى جماعة فدخلوا الحصن ثمّ تحوّلوا الى أَبْرَشَهْر وخلعوا
ابن خازم فوجّه ابن خازم ثقله مع ابنه موسى الى التِّرْمِذ ولم يامن عليه
من بمرو من بنى تميم وورد كتاب عبد الملك بن مروان على ابن خازم
بولاية خراسان فاطعم رسوله الكتاب وقال ما كنتُ لالقى الله وقد نكثت
بيعة ابن حَوارىّ رسول الله صلعم وبايعت ابن طريده فكتب عبد الملك
الى بُكَير بن وِشاح بولايته خراسان فخاف ابن خازم ان ياتيه فى اهل مرو
وقد كان[d] بكير خلع ابن خازم واخذ السلاح وبيت المال ودعى اهل مرو الى
بيعة عبد الملك فبايعوه فمضى ابن خازم يريد ابنه موسى وهو بالترمذ فى
عياله وثقله فاتبعه بُحَير فقاتله بقرب مرو ودعا وَكيع بن الدَّوْرَقيّة القُرَيعى
واسم ابيه عُمَيرة[e] وامّه من سبى دَوْرَق نسب اليها بدرعه وسلاحه

---

a) Codd. وشاح ut Abu'l-Mahásin, I. p. ٢٠٨; Codex Jaqubii (p. ٨١) وساح. Sed *Qamus* habet وَشّاج (in v. وسج). Dsahabí nostrum non memorat. b) A. بو صبرا pro فقتله صبرا. c) Codd. hic et p. 481 وقا, p. 480 ورقا, cf. *Moschtabih* in v. وقا (ibi in Cod. Leid. بُحَير cum ح praescribitur, sed in voce بجير non memoratur). Abu'l-Mahásin, I. p. ٢٢٤ eum appellat بجير بن ورقاء. d) B. add. من. e) Ibn Doraid, p. ١٥٦ عمير.

فلبسه وخرج فحمل على ابن خازم ومعه بُحَير بن ورقاء[a] فطعناه وقعد وكيع على صدره وقال يا لثارات دُويلة ودُويلة اخو وكيع لامّه وكان مولى لبنى قُريع قتله ابن خازم فتنخّم ابن خازم فى وجهه وقال لعنك الله اتقتل كبش مُضَر باخيك علج لا يساوى كفًّا من نوى وقال وكيع

ذُقْ يَابْنَ عَجْلَى مِثْلَ مَا قَدْ أَذَقْتَنِى   وَلَا تَحْسِبَنِّى كُنْتُ عَنْ ذَاكَ غَافِلَا

عَجْلَى امّ ابن خازم وكان يكنّى ابا صالح وكنية وكيع بن الدَّوْرَقِيَّة ابو ربيعة وقتل مع عبد الله بن خازم ابناه عنبسة ويحيى وطعن طَهْمان مولى ابن خازم وهو جدّ يعقوب بن داود كاتب امير المؤمنين المهدى
481 بعد ابى عبيد الله، وأُتى بُكَير بن وِشَاح براس ابن خازم فبعث به الى عبد الملك بن مروٰن فنصبه بدِمَشْق وقطعوا يده اليمنى وبعثوا بها الى ولد عثمان بن بشر بن المحتفز المزنى، وكان وكيع جافيًا عظيم الخلقة صلّى يومًا وبين يديه نبت فجعل ياكل منه فقيل له اتاكل وانت تصلّى فقال ما كان الله احرم نبتًا انبته بماء السماء على طين الثرى وكان يشرب الخمر فعوتب عليها فقال فى الخمر تعاتبونى وهى تجلو بولى حتّى تصيّره كالفضّة ؛، قالوا وغضب قوم لابن خازم ووقع الاختلاف وصارت طائفة مع بُكَير بن وِشَاح وطائفة مع بُحَير فكتب وجوه اهل خراسان وخيارهم الى عبد الملك يعلمونه انّه لا تصلح خراسان بعد الفتنة الّا برجل من قريش فولّى اميّة بن عبد الله بن خٰلد بن أَسِيد بن ابى العِيص بن اميّة خراسان فولّى بُكَير بن وِشَاح طخارستان ثمّ ولّاه غزو ما وراء النهر ثمّ عزم اميّة على غزو بخارا ثمّ اتيان[b] موسى بن عبد الله بن خازم بالترمذ فانصرف بُكَير الى مرو واخذ ابن اميّة فحبسه ودعى الناس الى خلع اميّة فاجابوه وبلغ ذلك اميّة فصالح اهل بخارا على فدية قليلة

a) Codd. ورقا.   b) Codd. ادمان.

واتّخذ السفن وقد كان بكير احرقها ورجع وترك موسى بن عبد الله
فقدم فقاتله بكير ثمّ صالحه على ان يولّيه اىّ ناحية شاء ثمّ بلغ اميّة
انّه يسعى فى خلعه بعد ذلك فامر اذا دخل داره ان يؤخذ فدخلها فأُخذ
وامر بحبسه فوثب به بُجَير بن وقاء فقتله، وغزا اميّة الخُتّل وقد نقضوا
بعد ان صالحهم سعيد بن عثمان فافتتحها، ثمّ انّ الحجّاج بن يوسف
482 ولى خراسان مع العراقين فولّى خراسان المهلّب بن ابى صُفْرة واسمه ظالم
ابن سَرّاق[a] بن صُبْح بن العَتِيك من الازد ويكنّى ابا سعيد سنة ٩٩
فغزى مغازى كثيرة وفتح الخُتّل وقد انتقضت وفتح خُجَنْدة فادّت اليه
السُّغْد الاتاوة وغزا كِشّ ونَسَف[b] ورجع فمات بزاغول من مرو الرُّوذ بالشَّوْصة
وكان بدؤ علّته الحزن على ابنه المغيرة بن المهلّب واستخلف المهلّب ابنه
يزيد بن المهلّب فغزى مغازى كثيرة وفتح البُتّم[c] على يد مُخَلّد بن
يزيد بن المهلّب، وولّى الحجّاج يزيد بن المهلّب وصار عبد الرحمن بن
العبّاس بن ربيعة بن الحرث بن عبد المطّلب الى هَراة فى فلّ ابن الاشعث
وغيرهم وكان خرج مع ابن الاشعث فقتل الرُّقاد العَتَكىّ وجبى الخراج فسار
اليه يزيد فاقتتلوا فهزمهم يزيد وامر بالكفّ عن اتباعهم ولحق الهاشمىّ
بالسند، وغزا يزيد خارزم واصاب سبيًا فلبس الجند ثياب السبى فماتوا
من البرد، ثمّ ولّى الحجّاج المفضّل بن المهلّب بن ابى صفرة ففتح باذَغيس
وقد انتقضت وشُومان[d] واخرون واصاب غنائم قسمها بين الناس ،،
قالوا وكان موسى بن عبد الله بن خازم السلمىّ بالتِّرْمِذ فاتى سمرقند
فاكرمه ملكها[e] طرخون فوثب رجل من اصحابه على رجل من السُّغْد
فقتله فاخرجه[f] ومن معه واتى صاحب كِشّ ثمّ اتى الترمذ وهو حصن

a) A. سواق. *b*) A. كس ونش , B. اكشروش. *c*) Codd. البنتم. *d*) A. وسونمان , B. وسوبسار. Nomen sequens interdum احزون scribitur. *e*) Bis in Codd. *f*) B. واخرجه.

فنزل على دهقان الترمذ وهيّأ له طعامًا فلمّا اكل اضطجع فقال له الدهقان اخرج فقال لستُ اعرف منزلًا مثل هذا وقاتل اهل الترمذ حتّى غلب عليها فخرج دهقانها واهلها الى الترك يستنصرونهم فلم ينصروهم وقالوا
483 لعنكم الله فما ترجون بجَبْرٍ[a] اتاكم رجل فى مائة واخرجكم عن مدينتكم وغلبكم عليها، ثمّ تتامّ اصحاب موسى اليه ممّن كان مع ابيه وغيرهم ولم يزل صاحب الترمذ واهلها بالترك حتّى اعانوهم واطافوا جميعًا بموسى ومن معه فبيّتهم موسى وحوى عسكرهم واصيب من المسلمين ستّة عشر رجلًا وكان ثابت[b] وحُرَيث ابنا قُطْبة الخُزاعيّان مع موسى فاستجاشا طرخون واصحابه لموسى فانجده وانهض اليه بشرًا كثيرًا فعظمت دالّتهما عليه وكانا الآمرين والناهيين فى عسكره فقيل له انّما لك الاسم وهذان صاحبا العسكر والامر وخرج اليه من اهل الترمذ خلق من الهياطلة والترك واقتتلوا قتالًا شديدًا فغلبهم المسلمون ومن معهم فبلغ ذلك الحجّاج فقال الحمد لله الّذى نصر المنافقين على المشركين، وجعل موسى من رءوس من قاتله جوسقين عظيمين، وقتل حُرَيث بن قُطْبة بنشّابة اصابته فقال اصحاب موسى لموسى قد اراحنا الله من حُرَيث فارحنا من ثابت فانّه لا يصفو عيش معه وبلغ ثابتًا ما يخوضون فيه فلمّا استثبته لحق بحشورا[c] واستنجد طرخون فانجده فنهض اليه موسى فغلب على ربض المدينة ثمّ كثرت امداد السُّغْد فرجع الى الترمذ فتحصّن بها واعانه اهل كِشّ ونَسَف وبُخارًا فحصر ثابت موسى وهو فى ثمانين الفًا فوجّه موسى يزيد بن هُزَيل كالمُعَزّى لزياد القَصير الخُزاعى[d] وقد اصيب بمصيبة

---

a) Codd. برحون بحمر. *b*) Probe distinguendus a ثابت قطنة poetâ, de quo infra p. 495, cf. Ibn Doraid, p. ٢٨٤. Male in *Moschtabih* ثابت بن قطنة الشاعر. *c*) A. بحسورا. *d*) A. om.

فالتمس الغرّة من ثابت فضربه بالسيف على راسه ضربة عاش بعدها سبعة
484 ايّام ثمّ مات والقى يزيد نفسه فى نهر الصغانيان فنجا وقام طرخون
بامر اصحابه فبيّتهم موسى فرجعت الاعاجم الى بلادها وكان اهل خراسان
يقولون ما راينا مثل موسى قاتل مع ابيه سنتين لم يفلّ ثمّ اتى الترمذ
فغلب عليها وهو فى عدّة يسيرة واخرج ملكها عنها ثمّ قاتل الترك
والعجم فهزمهم واوقع بهم، فلمّا عزل يزيد بن المهلّب وتولّى المفضّل[a] بن
المهلّب خراسان وجّه عثمان بن مسعود فسار حتّى نزل جزيرة بالترمذ
تدعى اليوم جزيرة عثمان وهو فى خمسة عشر الفًا فضيّق على موسى
وكتب الى طرخون فقدم عليه فلمّا راى موسى الّذى ورد عليه خرج من
المدينة وقال لاصحابه الّذين خلّفهم فيها ان قتلتُ فادفعوا المدينة الى
مُدْرِك بن المهلّب ولا تدفعوها الى ابن مسعود وحال الترك والسغد
بين موسى والحصن وعثر[b] به فرسه فسقط فارتدف خلف مولى له وجعل
يقول الموت كريه فنظر اليه عثمان فقال وثبة موسى وربّ الكعبة وقصد
له حتّى سقط ومولاه فانطووا عليه فقتلوه وقُتل اصحابه فلم ينج منهم الّا
رَقبة بن الحرّانة دفعه الى خُلد بن ابى برزة الاسلمى وكان الّذى اجهز
على موسى بن عبد الله واصل بن طَيْسَلَة[c] العنبرى ودُفعت المدينة
الى مُدْرِك بن المهلّب وكان قتله فى اخر سنة ٨٥ وضرب رجل ساق
موسى وهو قتيل فلمّا ولى قُتيبة قتله »، قالوا ثمّ ولّى الحجّاج قُتَيْبَة بن
مُسْلِم الباهلىّ خراسان فخرج يريد اخرون فلمّا كان بالطالقان تلقّاه دهاقين
بلخ فعبروا معه النهر فاتاه حين عبر النهر ملك الصغانيان بهدايا ومفتاح
485 من ذهب واعطاه الطاعة ودعاه الى نزول بلاده وكان ملك اخرون وشومان[d]
قد ضيّق على ملك الصغانيان وغزاه فلذلك اعطى قتيبة ما اعطاه

a) Codd. العصل. b) Codd. وعمر. c) B. طيلسه. d) A. وشوصان.

ودعاه الى ما دعاه اليه واتى قتيبة ملك كفيان[a] بنحو ما اتاه به ملك الصغانيان وسلّما اليه بلديهما فانصرف قتيبة الى مرو وخلّف اخاه صالحًا على ما وراء النهر ففتح صالح كاسان[b] واورشت وهى من فرغانة وكان نصر ابن سيّار معه فى جيشه وفتح بعسخر وفتح خشكت[c] من فرغانة وهى مدينتها القديمة وكان اخر من فتح كاسان واورشت وقد انتقض اهلها نوح بن اسد فى خلافة امير المؤمنين المنتصر بالله[d] رحمه، قالوا وارسل ملك الجوزجان الى قتيبة فصالحه على ان ياتيه فصار اليه ثمّ رجع فمات بالطالقان، ثمّ غزا قتيبة بِيكَنْد سنة ٨٧ ومعه نيزك[e] فقطع النهر من زَمّ الى بيكند وهى ادنى مدائن بخارا الى النهر فغدروا واستنصروا السُّغْد فقاتلهم واغار عليهم وحصرهم فطلبوا الصلح ففتحها عنوة، وغزا قتيبة نُومُشْكَث[f] وكَرْمِينِيَة سنة ٨٨ واستخلف على مرو بشّار بن مسلم اخاه فصالحهم وافتتح حصونًا صغارًا وغزا قتيبة بُخَارَا ففتحها على صلح، وقال ابو عبيدة معمر بن المثنّى اتى قتيبة بخارا[g] فاحترسوا منه فقال دعونى ادخلها فاصلّى بها ركعتين فاذنوا له فى ذلك فاكمن لهم قومًا فلمّا دخلوا كاثروا اهل الباب ودخلوا فاصاب فيها مالًا عظيمًا وغدر باهلها، قال واوقع 486 قتيبة بالسغد[h] وقتل نيزك بطخارستان وصلبه وافتتح كشّ ونَسَف وهى نَخْشَبُ[i] صلحًا، قالوا وكان ملك خارزم ضعيفًا وكان اخوه خرزاد قد

a) *Merácid* كُفِيين. b) Vulgo كاشان. c) Vulgo اخسيكث, Balkhí اخسكث. d) A. المنصور. e) A. تيزك. In ed. Jaqubíi, p. ٨٣, l. 11 hoc nomen reponendum est pro بيلخ, et conferatur Abu'l-Mahásin, I. p. ٢٣٧. f) Codd. نومشكث, cf. *Merácid* in v. تمشكث. Fortasse autem بومشكث legendum est et intelligendum بومجكث s. بمجكث. Deinde Codd. وارمىىىه. g) Repetuntur in Codd. verba, in B. deinde expuncta, ففتحها على صلح وقال ابو عبيدة اتى قتيبة بخارا. h) Codd. السعد. i) Codd. داكسب, cf. supra p. 474.

ضادّه وقوى عليه فبعث ملك خارزم الى قتيبة انّى اعطيك كذا وكذا[a] وادفع اليك المفاتيح على ان تملّكنى على بلادى دون اخى وخارزم ثلث مدائن يحاط بها فارقين ومدينة الفيل احصنها، وقال علىّ بن مجاهد انّما مدينة الفيل سمرقند، فنزل الملك احصن المدائن وبعث الى قتيبة بالمال الّذى صالحه عليه وبالمفاتيح فوجّه قتيبة اخاه عبد الرحمٰن بن مسلم[b] الى خرزاد فقاتله فقتله وظفر باربعة آلف اسير فقتلهم وملّك ملك خارزم الاوّل على ما شرط له فقال له اهل مملكته انّه ضعيف ووثبوا عليه فقتلوه فولّى قتيبة اخاه عبيد[c] الله بن مسلم خوارزم، وغزا قتيبة سمرقند وكانت ملوك السُّغد تنزلها قديمًا ثمّ نزلت اِشْتِيخَن فحصر قتيبة اهل سمرقند والتقوا مرارًا فاقتتلوا وكتب ملك السُّغد الى ملك الشاش وهو مقيم بالطاربند[d] فاتاه فى خلق من مقاتلته فلقيهم المسلمون فاقتتلوا[e] اشدّ قتال ثمّ انّ قتيبة اوقع بهم وكسرهم فصالحه غوزك[f] على الفى الف ومائتى الف درهم فى كلّ عام وعلى ان يصلّى فى المدينة فدخلها وقد اتّخذ له غوزك طعامًا فاكل وصلّى واتّخذ مسجدًا وخلّف بها جماعة من المسلمين فيهم الضحّاك بن مزاحم صاحب التفسير، ويقال انّه صالح قتيبة على سبعمائة الف درهم وضيافة المسلمين ثلثة ايّام وكان فى صلحه بيوت الاصنام والنيران فاخرجت الاصنام فسلبت حليتها واحرقت وكانت الاعاجم تقول
487 انّ فيها اصنامًا من استخفّ بها هلك فلمّا حرقها قتيبة بيده اسلم منهم خلق فقال المختار بن كعب الجُعْفىّ فى قتيبة[g]

دَوَّخَ ٱلسُّغْدَ بِٱلْقَبَائِلِ حَتَّى   تَرَكَ ٱلسُّغْدَ بِٱلْعَرَآءِ قُعُودَا،

---

a) A. اعطمک کدی وکذی. b) A. om. بن مسلم. c) Ibn Cotaiba, p. ٢٠٧ عبد. d) B. بالطاردند; *Merâcid* موضع (فى الشعر). e) A. haec om. inde a وكتب. f) Codd. عورک. g) Cf. *Historia Khalif. al-Walîdi et Solaimâni*, ed. Anspach, p. ٣.

وقال ابو عبيدة وغيره لمّا استخلف عمر بن عبد العزيز وفد عليه قوم من اهل سمرقند فرفعوا اليه انّ قتيبة دخل مدينتهم واسكنها المسلمين على غدر فكتب عمر الى عامله يامره ان ينصب لهم قاضيًا ينظر فيما ذكروا فان قضى باخراج المسلمين اخرجوا فنصب لهم جُمَيع بن حاضر الباجى[a] فحكم باخراج المسلمين على ان ينابذوهم على سواء فكره اهل مدينة سمرقند الحرب واقرّوا المسلمين فاقاموا بين اظهرهم ، وقال الهيثم بن عدىّ حدّثنى ابن عيّاش الهَمْدانىّ قال فتح قتيبة عامّة الشاش وبلغ أَسْبِيجَاب وقيل كان فتح حصن أَسْبِيجَاب قديمًا ثمّ غلب عليه الترك ومعهم قوم من اهل الشاش ثمّ فتحه نوح بن اسد فى خلافة امير المؤمنين المعتصم بالله وبنى حوله سورًا يحيط بكروم اهله ومزارعهم ، وقال ابو عبيدة معمر ابن المثنّى فتح قتيبة خارزم وفتح سمرقند عنوة، وقد كان سعيد بن عثمان صالح اهلها ففتحها قتيبة بعده ولم يكونوا نقضوا ولكنّه استقلّ صلحهم، قال وفتح بَيْكَنْد وكِشّ ونَسَف والشاش وغزا فرغانة ففتح بعضها
488 وغزا السغد وأُشْرُوسَنَة ، قالوا وكان قتيبة مستوحشًا من سليمن بن عبد الملك وذلك انّه سعى فى بيعة عبد العزيز بن الوليد فاراد[b] دفعها عن سليمن فلمّا مات الوليد وقام سليمن خطب الناس فقال انّه قد وليكم هَبَنَّقَة العُيْشىّ[c] وذلك انّ سليمن كان يعطى ويصطنع اهل النعم واليسار ويدع من سواهم وكان هَبَنَّقَة وهو يزيد بن ثَرْوان يؤثر سمان ابله بالعلف والمرعى ويقول انا لا اصلح ما افسد الله ودعا الناس الى خلعه فلم يجبه احد الى ذلك فشتم بنى تميم ونسبهم الى الغدر وقال لستم بنى تميم ولكنّكم بنى ذميم وذمّ بنى بكر بن وائل وقال يا اخوة مسلمة وذمّ

---

a) A. الماجى. b) B. واراد. c) العائشى, Codd. العيسى.

الازد فقال بدلتم الرماح بالمرادىّ وبالسفن[a] أَعِنَّة لِلحُصُن وقال يا اهل السافلة ولا اقول اهل العالية لاضعنّكم بحيث وضعكم الله، قال فكتب سليمٰن الى قتيبة بالولاية وامره باطلاق كلّ من فى حبسه وان يعطى الناس اعطياتهم ويأذن لمن اراد القفول فى القفول وكانوا متطلّعين الى ذلك وامر رسوله باعلام الناس ما كتب به فقال قتيبة هذا من تدبيره علىّ وقام فقال ايّها الناس انّ سليمٰن قد منّاكم مخّ اعضاد البعوض وانّكم ستدعون الى بيعة انور صبىّ لا تحلّ ذبيحته وكانوا حنقين عليه لشتمه ايّاهم فاعتذر من ذلك وقال انّى غضبت فلم ادر ما قلتُ وما اردتُ لكم[b] الّا الخير فتكلّموا وقالوا ان اذن لنا فى القفول كان خيرًا له وان لم يفعل فلا يلومنّ الّا نفسه وبلغه ذلك فخطب الناس فعدّد احسانه اليهم وذمّ قلّة وفائهم

489 له وخلافهم عليه وخوّفهم بالاعاجم الّذين استظهر بهم[c] عليهم فاجمعوا على حربه ولم يجيبوه بشىء وطلبوا الى الحُضَين بن المنذر ان يولّوه امرهم فابى واشار عليهم بوَكِيع بن حسّان بن قيس بن ابى سُود بن كلب[d] بن عوف بن مٰلك بن غُدَانة[e] بن يربوع بن حنظلة التميمىّ وقال لا يقوى على هذا الامر غيره لانّه اعرابىّ جافٍ تُطِيعه عشيرته وهو من بنى تميم وقد قتل قتيبة بنى[f] الأَهْتَم فهم[g] يطلبونه بدمائهم فسعوا الى وكيع فاعطاهم يده فبايعوه وكان السفير بينه وبينهم قبل ذلك حيّان مولى مَصْقَلَة وبخراسان يومئذ من مقاتلة اهل البصرة اربعون الفًا ومن اهل الكوفة سبعة[h] آلف ومن الموالى سبعة آلف، وانّ وكيعًا تمارض ولزم منزله فكان قتيبة يبعث اليه وقد طلى رجليه وساقه بمغرة فيقول انا عليل لا تمكننى الحركة، وكان اذا ارسل اليه قومًا ياتونه به تسلّلوا واتوا وكيعًا فاخبروه

---

a) B. بالموادى وبالسعر. b) A. بكم. c) Codd. بهم. d) A. كعب. e) B. عكابة. f) Codd. ابن. g) B. وهم. h) B. سبعة et تسعة simul.

فدعا وكيع بسلاحه وبرمحه واخذ خمار امّ ولده فعقده عليه ولقيه رجل
يقال له ادريس فقال له يابا مطرّف انّك تريد امرًا ونخاف ما قد امنك
الرجل منه فالله الله فقال وكيع هذا ادريس رسول ابليس اقتيبة يؤمنني
والله لا آتيه حتّى اوتى براسه ودلف نحو فسطاط قتيبة وتلاحق به
وقتيبة فى اهل بيته وقوم وَفَوا له فقال صالح اخوه لغلامه هات قوسى فقال
له بعضهم وهو يهزّ انّه ليس هذا يوم قوس ورماه رجل من بنى ضبّة فاصاب
رهابته فصرع وادخل[a] الفسطاط فقضى وقتيبة عند راسه وكان قتيبة يقول
لحيّان وهو على الاعاجم احمل فيقول لم يانِ ذلك بعد وحملت العجم
490 على العرب فقال حيّان يا معشر العجم لِمَ تقتلون انفسكم لقتيبة أَلِحُسْنِ
بلائه عندكم فانحاز بهم الى بنى تميم وتهايج الناس وصبر مع قتيبة اخوته
واهل بيته وقوم من ابناء ملوك السغد انفوا من خذلانه وقطعت اطناب
الفسطاط واطناب الفازة فسقطت على قتيبة وسقط عمود الفازة على هامته
فقتله فاحتزّ راسه عبد الله بن عَلْوان، وقال قوم منهم هشام بن الكلبى
بل دخلوا عليه فسطاطه فقتله جَهْم بن زَحْر الجُعْفىّ وضربه سعد بن نَجْد[b]
واحتزّ راسه ابن عَلْوان ،، قالوا وقتل معه جماعة من اخوته واهل بيته
وامّ ولده الصمّاء ونجا ضِرار بن مسلم امنه بنو تميم، واخذت الازد راس
قتيبة وخاتمه وأُتى وكيع براس قتيبة فبعث به الى سليمن مع سَلِيط بن
عطيّة الحنفىّ، واقبل الناس يسلبون باهلة فمنع من ذلك، وكتب وكيع
الى ابى مِجْلَز لاحق بن حُمَيد بعهده على مرو فقبله ورضى الناس به،
وكان قتيبة يوم قتل ابن ٥٥ سنة، ولمّا قتل وكيع بن ابى سود نصارم
بخراسان وضبطها[c] فاراد سليمن توليته ايّاها فقيل له انّ وكيعًا ترفعه الفتنة

---

a) B. فادخل. b) Codd. نجد; cf. Ibn Doraid, p. ٢٩٣. c) Verba corrupta videntur. Legendum propono ولما قتل تصارم من بخراسان وضبطها وكيع بن ابى سود.

وتضعه للجماعة وفيه جفاء واعرابيّة، وكان وكيع يدعو بطست فيبول والناس ينظرون اليه فمكث تسعة اشهر حتّى قدم عليه يزيد بن المهلّب وكان بالعراق فكتب اليه سليمن ان ياتى خراسان وبعث اليه بعهده فقدّم يزيد مُخَلَّدًا ابنه فحاسب وكيعًا وحبسه وقال له ادِّ مال الله فقال أَوَخازنًا
491 لله كنتَ، وغزا مُخَلَّد البُتَّم ففتحها ثمّ نقضوا بعده فتركهم ومال عنهم فطمعوا فى انصرافه ثمّ كرّ عليهم حتّى دخلها ودخلها جَهْم بن زَحْر واصاب بها مالًا واصنامًا من ذهب فاهل البُتَّم ينسبون الى وَلَائه ،، قال ابو عبيدة مَعْمَر بن المثنّى كانوا يرون انّ عبد الله بن عبد الله[a] بن الأَهْتَم ابا خاقان قد كتب الى الحجّاج يسعى بقتيبة ويخبر بما صار اليه من المال وهو يومئذ خليفة قتيبة على مرو وكان قتيبة اذا غزا استخلفه على مرو فلمّا كانت غزوة بخارا وما يليها واستخلفه اتاه بشير احد بنى الاهتم فقال له انّك قد انبسطت الى عبد الله وهو ذو غوائل حسود فلا نامنه ان يعزلك فيستفسدنا قال انّما قلتَ هذا حسدًا لابن عمّك قال فليكن عذرى عندك فان كان ذلك عذرتنى وغزا فكتب بما كتب به الى الحجّاج فطوى الحجّاج كتابه فى كتابه الى قتيبة فجاء الرسول حتّى نزل السكّة بمرو وجاوزها[b] ولم يات عبدَ الله فاحسّ بالشرّ فهرب فلحق بالشام فمكث زمينًا يبيع الخمر والكتّانيّات فى رزمة على عنقه يطوف بها ثمّ انّه وضع خرقة وقطنة على احدى عينيه ثمّ عصبها واكتنى بابى طينة[c] وكان يبيع الزيت فلم يزل على هذه الحال حتّى هلك الوليد بن عبد الملك وقام سليمن فالقى عنه ذاك الدنس[d] والخرقة وقام بخطبة تهنيةٍ لسليمن

---

a) A. om. بن عبد الله. In B. additur nota صح. Secundum *Tab.* Wüstenf. L. 22 legendum est عمرو. b) Codd. وجاوزه. c) Codd. h. l. طمنه, deinde طينه. d) A. ذلك الرنس.

ووقوعًا فى الحجّاج وقتيبة وكانا قد بايعا لعبد العزيز بن الوليد وخلعا[a]
سليمٰن فتفرّق الناس وهم يقولون ابو طينة الزيّات ابلغ الناس، فلمّا
492 انتهى الى قتيبة كتاب ابن الاهتم الى الحجّاج وقد فاته عكر على بنى عمّه
وبنيه وكان احدهم شَبْبة ابو شَبيب فقتل تسعة اناسى منهم احدهم
بشبير فقال له بشبير اذكر عذرى عندك فقال[b] قدّمتَ رِجْلًا واخّرت رجلًا
يا عدوّ الله فقتلهم جميعًا، وكان وكيع بن ابى سُود قبل ذلك على بنى
تميم بخراسان فعزله عنهم قتيبة واستعمل رجلًا من بنى ضرار الضبّىّ فقال
حين قتلهم قتلنى الله انا اقتله ويفقدوه فلم يصلّ الظهر ولا العصر فقالوا
له انّك لم تصلّ فقال وكيف اصلّى لربّ قتل منّا عامّتهم صبيان ولم يغضب
لهم ،، وقال ابو عبيدة غزا قتيبة مدينة فِيل ففتحها وقد كان اميّة بن
عبد الله بن خُلد بن أُسيد فتحها ثمّ نكثوا ورامهم يزيد بن المهلّب
فلم يقدر عليها فقال كعب الأَشْقرىّ[c]

أَعْطَتْكَ فِيلُ بِأَيْدِيهَا وَحَقَّ لَهَا وَرَامَهَا قَبْلَكَ ٱلْفَجْفَاجَةُ ٱلصَّلِفُ

يعنى يزيد بن المهلّب ،، قالوا ولمّا استخلف عمر بن عبد العزيز كتب
الى ملوك ما وراء النهر يدعوهم الى الاسلام فاسلم بعضهم وكان عامل عمر
على خراسان الجرّاح بن عبد الله الحَكَمىّ فاخذ مخلّد بن يزيد وعمّال يزيد
فحبسهم ووجّه الجرّاح عبدَ الله بن معمر اليَشْكُرىّ الى ما وراء النهر فاوغل
فى بلاد العدوّ وهمّ بدخول الصين فاحاطت به التُّرك حتّى افتدى منهم
وتخلّص وصار الى الشاش، ورفع عمر الخراج عن من[d] اسلم بخراسان وفرض
لمن اسلم وابتنا الخانات، ثمّ بلغ عمر عن الجرّاح عصبيّة وكتب اليه انّه
493 لا يُصلح اهل خراسان الّا السيف فانكر ذلك وعزله وكان عليه دين

a) Codd. وخلع. b) B. قال. c) Codd. الاشعرى, cf. Ibn Doraid, p. ٢٩٤. d) B. عمّن.

فقضاه، وولّى عبد الرحمٰن بن نُعَيم الغامدىّ حرب خراسان وعبد الرحمٰن
ابن عبد الله القُشَيرىّ خراجها، قال وكان الجرّاح بن عبد الله يتّخذ
نُقَرًا من فضّة وذهب ويصيّرها تحت بساط فى مجلسه على اوزان مختلفة
فاذا دخل عليه الداخل من اخوته[a] والمعتزّين به رمى الى كلّ امرئ منهم
مقدار ما يؤهل له، ثمّ ولى يزيد بن عبد الملك فولّى مَسْلَمَة بن عبد
الملك العراق وخراسان فولّى مسلمة سعيد بن عبد العزيز بن الحٰرث بن
الحكم بن ابى العاصى بن اميّة خراسان وسعيد هذا يلقّب حُذَيفة[b]
وذلك انّ بعض دهاقين ما وراء النهر دخل عليه وعليه معصفر وقد رجّل
شعره فقال هذا حذيفة يعنى دهقانة وكان سعيد صهر مسلمة على ابنته
فقدّم سعيد سَوْرة بن الحرّ الحنظلىّ ثمّ ابنه فتوجّه الى ما وراء النهر فنزل
اشْتيخَن وقد صارت الترك اليها فحاربهم وهزمهم ومنع الناس من طلبهم
حينًا، ثمّ لقى الترك ثانية فهزموه واكثروا القتل فى اصحابه، وولّى سعيد
نصر بن سيّار[c] وفى سعيد يقول الشاعر

فَسِرْتَ الَى ٱلْأَعْدَآءِ تَلْهُو بِلُعْبَةٍ   فَأَيْرُكَ مَشْهُورٌ وَسَيْفُكَ مُغْمَدُ

وشخص قوم من وجوه اهل خراسان الى مسلمة يشكون سعيدًا فعزله
وولّى سعيد بن عمرو الجُرَشىّ[d] خراسان فلمّا قدمها امر كاتبه بقراءة عهده
وكان لحّانًا فقال سعيد ايّها الناس انّ الامير برئ ممّا تسمعون من هذا
494 اللحن ووجّه الى السُّغْد يدعوهم الى الفئة والمراجعة وكفّ عن مهايجتهم
حتّى اتته رسله باقامتهم على خلافه فزحف اليهم فانقطع عن عظيمهم[e]
زها عشرة الف رجل وفارقوهم مائلين الى الطاعة وافتتح الجُرَشىّ عامّة حصون
السغد ونال من العدوّ نيلًا شافيًا، وكان يزيد بن عبد الملك ولّى عهده

a) A. اخوانه.   b) ? Codd. حدىعه.   c) B. سىمان.   d) Codd. الحرسى.
e) B. عظمهم.

هشام بن عبد الملك والوليد بن يزيد بعده فلمّا مات يزيد بن عبد الملك قام هشام فولّى عمر بن هُبَيرة الفَزارىّ العراق [a] فعزل الْجَرشىّ واستعمل على خراسان مسلم بن سعيد فغزا افشين فصالحه على ستّة الف راس ودفع اليه قلعته ثمّ انصرف الى مرو، وولّى طخارستان نصر بن سيّار فخالفه خلق من العرب فاوقع بهم ثمّ سفرت بينهم السُّفَراء فاصطلحوا، واستعمل هشام خٰلد بن عبد الله القَسْرىّ على العراق فولّى أَسَد بن عبد الله اخاه خراسان وبلغ ذلك مسلم بن سعيد فسار حتّى اتى [b] فرغانة فاناخ على مدينتها فقطع الشجر واخرب العمارة وانحدر عليه خاقان الترك فى عسكره فارتحل عن فرغانة وسار فى يوم واحد ثلث مراحل حتّى قامت دوابّه وتطرّفت الترك عسكره فقال بعض الشعراء

غَزَوْتَ بِنَا مِنْ خَشْيَةِ ٱلْعَزْلِ عَاصِيًا فَلَمْ تَنْجُ مِنْ دُنْيَا مُعَنٍّ غُرُورُهَا

وقدم أَسَد سمرقند فاستعمل عليها الحسن بن ابى العَمَرّطة فكانت الترك تطرف سمرقند وتغير وكان الحسن ينفر كلّما اغاروا فلا يلحقهم فخطب ذات يوم فدعا على الترك فى خطبته فقال اللهمّ اقطع اثارهم وعجّل اقدارهم وانزل عليهم الصبر فشتمه اهل سمرقند وقالوا لا بل انزل الله علينا الصبر 495
وزلزل اقدامهم، وغزا أَسَد جبال نمرود فصالحه نمرود واسلم وغزا الخُتَّل فلمّا قدم بلخ امر ببناء مدينتها ونقل الدواوين اليها وصار الى الخُتَّل فلم يقدر منها على شىء واصاب الناس ضرّ وجوع، وبلغه عن نصر بن سيّار كلام فضربه وبعث به الى خٰلد مع ثلثة نفر اتّهموا [c] بالشغب، ثمّ شخص اسد عن خراسان وخلّف عليها الحكم بن عَوانة الكلبىّ، استعمل هشام أَشْرَس بن عبد الله السُّلَمىّ على خراسان وكان معه كاتب نبطىّ

---

a) In textu Jaqubii, p. ٨٣ l. ult. inserendum والعراق. b) A. tantum ثانى. c) In textu Jaqubii, p. ٨٤ l. 6 pro ائتمنهم reponendum est اتهمهم (Cod. انهمهم).

يسمّى عميرة ويكنّى ابا اميّة فزيّن له الشرّ فزاد اشرس فى وظائف خراسان
واستخفّ بالدهاقين ودعا اهل ما وراء النهر الى الاسلام وامر بطرح الجزية
عن من اسلم فسارعوا الى الاسلام وانكسر الخراج فلمّا راى اشرس ذلك
اخذ المسالمة فانكروا ذلك والاحوا منه وغضب لهم ثابت قُطْنة الازدى[a]
وانّما قيل له قطنة لانّ عينه فُقئت فكان يضع عليها قطنة فبعث اليهم
اشرس من فرّق جمعهم واخذ ثابتًا فحبسه ثمّ خلّاه بكفالة ووجّهه فى
وجه فخرجت عليه الترك فقتلته، واستعمل هشام فى سنة ١١٢ الجُنَيد بن
عبد الرحمٰن المرّىّ على خراسان فلقى الترك فحاربهم ووجّه طلائع له
فظفروا بابن خاقان وهو سكران يتصيّد فاخذوه فاتوا به الجنيد بن عبد
الرحمٰن فبعث به الى هشام ولم يزل يقاتل الترك حتّى دفعهم فكتب الى
هشام يستمدّه فامدّه بعمرو بن مسلم فى عشرة آلف رجل من اهل البصرة
وبعبد الرحمٰن بن نعيم فى عشرة آلف من اهل الكوفة وحمل اليه ثلثين 496
الف قناة وثلثين الف ترس واطلق يده فى الفريضة ففرض لخمسة عشر
الف رجل وكانت للجُنَيد مغازٍ وانتشرت دعاة بنى هاشم فى ولايته وقوى
امرهم وكانت وفاة الجُنَيد بمرو، وولّى هشام خراسان عاصم بن عبد الله
ابن يزيد الهلالىّ، وقال ابو عبيدة معمر بن المثنّى النائت نواحٍ من
طخارستان ففتحها الجنيد بن عبد الرحمٰن وردّها الى صلحها[b] ومقاطعتها،
قال وكان نصر بن سيّار غزا اشروسنة[c] ايّام مروٰن بن محمّد فلم يقدر على
شىء منها فلمّا استخلف امير المؤمنين ابو العبّاس رحه ومن بعده من
الخلفاء كانوا يولّون عمّالهم فينقصون حدود ارض العدوّ واطرافها
ويحاربون[d] من نكث البيعة ونقض العهد من اهل القبلة[e] ويعيدون

---

a) Cf. supra ad p. 483 et Ibn Khallicán ed. Wüstenfeld, X. p. ١٢٤. b) A. صلحا. c) Codd. semper اسروسنة. d) A. ويحادون. e) Codd. القمله.

مصالحة من امتنع من الوفاء بصلحه بنصب الحرب له ». قالوا ولمّا استخلف المامون امير المؤمنين[a] اغزى السغد واشروسنة ومن انتقض عليه من اهل فرغانة الجندَ والحّ عليهم بالحروب وبالغارات ايّام مقامه بخراسان وبعد ذلك وكان مع تسريته الخيول اليهم يكاتبهم بالدعاء الى الاسلام والطاعة والترغيب فيهما، ووجّه الى كابُل شاه جيشًا فادّى الاتاوة واذعن بالطاعة واتّصل اليها البريد حتّى حمل اليه منها اهليلج وصل رطبًا وكان كاوس ملك اشروسنة كتب الى الفضل بن سهل المعروف بذى الرياستين وهو وزير المامون وكاتبه[b] يسأله الصلح على مال يؤدّيه على ان لا يُغزى
497 المسلمين[c] بلده فأُجيب الى ذلك فلمّا قدم المامون رحمه الله الى مدينة السلم امتنع كاوس من الوفاء بالصلح وكان له قهرمان اثير عنده قد زوّج ابنته من الفضل بن كاوس فكان يفرط[d] الفضل عنده ويقربه من قلبه ويذمّ حَيْدَر بن كاوس المعروف بالأفْشِين ويشنعه فوثب حيدر على القهرمان فقتله على باب كُنْب[e] مدينتهم وهرب الى هاشم بن محوّر الخُتّلى[f] وكان هاشم ببلده مملّكًا عليه فسأله ان يكتب الى ابيه فى الرضى عليه وكان كاوس قد زوّج امّ جنيد حين قتل قهرمانه[g] طراديس وهرب ببعض دهاقينه فلمّا بلغ حيدر ذلك اظهر الاسلام وشخص الى مدينة السلم فوصف للمامون سهولة الامر فى أُشْرُوسَنَة وهوّن عليه ما يهوله الناس من خبرها ووصف له طريقًا مختصرة اليها فوجّه المامون احمد بن ابى خَلد الاحول الكاتب لغزوها فى جيش عظيم فلمّا بلغ كاوس اقباله نحوه بعث الفضل بن كاوس الى الترك يستنجدهم فانجده منهم الدُّهْم وقدم احمد

a) A. repetit الخلفاء — ابو العباس. b) B. وكان. c) B. المسلمون. d) A. يعرض. e) A. كمب, B. كنْث. f) ? Codd. محور الختلى. g) A. عرمانه. Deinde Codd. طرادس.

ابن ابى خلد بلد اشروسنة فاناخ[a] على مدينتها قبل موافاة الفضل بالاتراك فكان[b] تقدير كاوس فيه ان يسلك الطريق البعيدة وانّه لا يعرف هذه الطريق المختصرة فسقط فى يده ونخب قلبه فاستسلم وخرج فى الطاعة وبلغ الفضل خبره فانحاز بالاتراك الى مفازة هناك ثمّ فارقهم وسار جادًّا[c] حتّى اتى اباه[d] فدخل فى امانه وهلك الاتراك عطشًا وورد كاوس مدينة السلم فاظهر الاسلام وملّكه المامون على بلاده ثمّ ملّك حيدر ابنه وهو الافشين بعده، وكان المامون رحمه يكتب الى عمّاله على خراسان فى غزو من لم يكن على الطاعة والاسلام من اهل ما وراء النهر ويوجّه رسله 498 فيفرضون لمن رغب فى الديوان واراد الفريضة من اهل تلك النواحى وابناء ملوكهم ويستميلهم بالرغبة فاذا وردوا بابه شرّفهم واسنى صلاتهم وارزاقهم، ثمّ استخلف المعتصم بالله فكان على مثل ذلك حتّى صار جلّ شهود عسكره من جند اهل ما وراء النهر من السغد والفراغنة والاشروسنة واهل الشاش وغيرهم وحضر[e] ملوكهم بابه وغلب الاسلام على من هناك وصار اهل تلك البلاد يغزون من وراءهم من الترك، واغزى عبد الله بن طاهر ابنه طاهر بن عبد الله بلاد الغُوزيّة[f] ففتح مواضع لم يصل اليها احد قبله ،، وحدّثنى العمرى عن الهيثم بن عدىّ عن ابن عيّاش[g] انّ قتيبة اسكن العرب ما وراء النهر حتّى اسكنهم ارض فرغانة والشاش ،،

فتوح السند

اخبرنا علىّ بن محمّد بن عبد الله بن ابى سيف قال ولّى عمر بن الخطّاب رضه عثمان بن ابى العاصى الثقفىّ البحرين وعُمان سنة ١٥ فوجّه اخاه

a) B. وانلخ. b) A. وكان. c) B. حوادا. d) B. اتاه. e) B. وحصن.
f) Codd. العورده. Videntur iidem esse qui الغُزِّيَة. g) A. عباس, B. عماس.

للحكم الى البحرين ومضى الى عمان فاقطع جيشًا الى تانه فلمّا رجع الجيش كتب الى عمر يعلمه ذلك فكتب اليه عمر ياخا ثقيف حملت دودًا على عود وانّى احلف بالله الّو أُصيبوا لاخذتُ من قومك مثلهم ووجّه الحكم ايضًا الى بَرْوَص ووجّه اخاه المغيرة بن ابى العاصى[a] الى خَوْر الدَّيْبُل فلقى العدوّ فظفر، فلمّا ولى عثمان بن عفّان رضه وولّى عبد الله بن عامر بن
499 كريز العراق كتب اليه يامره ان يوجّه الى ثغر الهند من يعلم علمه وينصرف اليه بخبره فوجّه حَكيم بن جَبَلة العبدىّ فلمّا رجع اوفده الى عثمان فسأله عن حال البلاد فقال يامير المؤمنين قد عرفتُها وتنحّرْتُها قال فصفْها لى قال ماؤها وشل، وثمرها دَقَل[b]، ولصّها بطل، ان قلّ الجيش فيها ضاعوا، وان كثروا جاعوا، فقال له عثمان أَخابِرٌ ام ساجِعٌ قال بل خابرٌ فلم يُغْزِها احدًا، فلمّا كان اخر سنة ٣٨ واوّل سنة ٣٩ فى خلافة علىّ بن ابى طالب رضه توجّه الى ذلك الثغر الحُرث بن مرّة العبدىّ مُتَطَوِّعًا باذنِ علىّ فظفر واصاب مغنمًا وسبيًا وقسم فى يوم واحد الف راس، ثمّ انّه قُتِل ومن معه بارض القِيقان الّا قليلًا وكان مقتله فى سنة ٤٢ والقيقان من بلاد السند ممّا يلى خراسان، ثمّ غزا ذلك الثغر المهلّب بن ابى صفرة فى ايّام معٰوية سنة ٤٤ فاتى بَنّة والاهوار[c] وهما بين الملتان وكابل فلقيه العدوّ فقاتله ومن معه ولقى المهلّب ببلاد القِيقان ثمانية عشر فارسًا من الترك على خيل محذوفة فقاتلوه فقُتلوا جميعًا فقال المهلّب ما جعل هاؤلاء الاعاجم اولى بالتشمير منّا فحذف الخيل فكان اوّل من حذفها من المسلمين وفى بَنّة يقول الازدىّ

---

a) A. العاص. *b*) Jacut apud Barbier de Meynard, p. 539 وتمرها رقل; Qodáma تمرها نقل et deinde ونصبها. *c*) A. والاهواز. Jacut apud Barbier de Meynard in v. بنة habet لاهور, alibi idem (cf. *Merácid*) لوهور et لهاوور.

أَلَمْ تَرَ أَنَّ ٱلْأَزْدَ لَيْلَةَ بُيِّتُوا   بِبَنَّةَ كَانُوا خَيْرَ جَيْشِ ٱلْمُهَلَّبِ

ثمّ ولّى عبد الله بن عامر فى زمن معوية بن ابى سفين عبدَ الله بن سوّار
العبدىَّ ويقال ولّاه معوية من قبله ثغر الهند فغزا القيقان فاصاب مغنمًا
ثمّ وفد الى معاوية واهدى اليه خيلًا قيقانيّةً واقام عنده ثمّ رجع الى[a] 500
القيقان فاستجاشوا الترك فقتلوه وفيه يقول الشاعر

وَٱبْنُ سَوَّارٍ عَلَى عِدَّاتِهِ   مُوقِدُ ٱلنَّارِ وَقَتَّالُ ٱلسَّغْبِ[b]

وكان سخيًّا لم يوقد احد نارًا غير ناره فى عسكره فراى ذات ليلة نارًا فقال ما هذه فقالوا امراة نفساء يعمل لها خبيص فامر ان يطعم الناس الخبيص ثلاثًا، وولّى زياد بن ابى سفين فى ايّام معوية سِنان[c] بن سَلَمة بن المُحَبَّق الهذلىَّ وكان فاضلًا متألّهًا وهو اوّل من احلف الجند بالطلاق فاتى الثغر ففتح مكران عنوةً ومصّرها واقام بها وضبط البلاد وفيه يقول الشاعر

رَأَيْتُ هُذَيْلًا أَحْدَثَتْ[d] فِى يَمِينِهَا   طَلَاقَ نِسَآءٍ مَا يَسُوقُ[e] لَهَا مَهْرَا
لَهَانَ عَلَىَّ حِلْفَةُ ٱبْنِ مُحَبِّقٍ   اِذَا رَفَعَتْ أَعْنَاقَهَا حَلَقًا صُفْرَا

وقال ابن الكلبى كان الّذى فتح مكرانَ حَكيم بن جَبَلة العبدىُّ، ثمّ استعمل زياد على الثغر راشد[f] بن عمرو الجُدَيدىَّ من الازد فاتى مكران ثمّ غزا القيقان فظفر ثمّ غزا الميد فقُتل وقام بامر الناس سِنان بن سَلَمة فولّاه زياد الثغر فاقام به سنتين[g] وقال اعشى همْدان فى مكران

وَأَنْتَ تَسِيرُ اِلَى مُكْرَانَ   فَقَدْ شَحَطَ[h] ٱلْوِرْدُ وَٱلْمَصْدَرُ
وَلَمْ تَكُ[i] حَاجَتِى مُكْرَانُ   وَلَا[k] ٱلْغَزْوُ فِيهَا وَلَا ٱلْمَتْجَرُ

---

a) B. om. *b*) Jacut (apud Barbier de Meynard, p. 469) الشغب. *c*) B. h. l. et semel deinde سار (سيار). In ed. Abu'l-Mahásin, I. p. ١٥٣ male بن سنان بن مسلمة. *d*) Jacut l.l. p. 538 معبث. *e*) Jacut رجال نسوة ما. *f*) A. اسد البعور. *g*) B. سمين. *h*) B. سخط. *i*) Cl. Reinaud ins. من et sic Jacut (Barb. de Meynard, p. 539). *k*) Codd. لا.

وَحُدِّثْتُ عَنْهَا وَلَمْ آتِهَا … فَمَا زِلْتُ مِنْ ذِكْرِهَا أُوخَرُ
بِأَنَّ ٱلْكَثِيرَ بِهَا جَائِعٌ … وَأَنَّ ٱلْقَلِيلَ بِهَا مُعْوِرُ 501

وغزا عبّاد بن زياد ثغر الهند[a] من سجستان فاتى سَناروذ ثمّ[b] اخذ على حوى كهز[c] الى الروذبار من ارض سجستان الى الهِنْدِمَنْد[d] فنزل كِشّ[e] وقطع المفازة حتّى اتى القُنْدُهار فقاتل اهلها فهزمهم وفلّهم وفتحها بعد ان اصيب رجال من المسلمين ورأى قلانس اهلها طوالا فعمل عليها فسمّيت العبّاديّة وقال ابن مُفرّغ

كَمْ بِٱلْجُرُومِ وَأَرْضِ ٱلْهِنْدِ مِنْ قَدَمِ … وَمِنْ سَرَائِنْكَ[f] قَتْلَى لَا هُمُ قُبِرُوا
بِقُنْدُهَارَ وَمَنْ تُكْتَبْ مَنِيَّتُهُ … بِقُنْدُهَارَ يُرَجَّمْ دُونَهُ ٱلْخَبَرُ

ثمّ ولّى زياد المنذر بن الجارود العبدىّ ويكنّى ابا الاشعث ثغر الهند فغزا البوقان[g] والقيقان فظفر المسلمون وغنموا وبثّ السرايا فى بلادهم وفتح قُصْدار[h] وسبا بها وكان سِنان[i] قد فتحها الّا انّ اهلها انتقضوا وبها مات فقال الشاعر

حَلَّ بِقُصْدَارَ فَأَضْحَى بِهَا … فِى ٱلْقَبْرِ لَمْ يُغْفَلْ مَعَ ٱلْغَافِلِينَ[k]
لِلّٰهِ قُصْدَارُ وَأَعْنَابُهَا[l] … أَىَّ فَتًى دُنْيَا أَجَنَّتْ وَدِينِ

ثمّ ولّى عبيد الله بن زياد ابن حَرِّىّ[m] الباهلىّ ففتح الله تلك البلاد على يده وقاتل بها قتالا شديدا فظفر[n] وغنم وقال قوم انّ عبيد الله بن زياد

---

a) B. السند. b) A. sine punctis, B. سنان وديم. c) B. كهمر; Codd. Jacut in v. قندهار: حوى لهن et حولهن. d) B. الهندميد. e) Hinc Jacut petiisse videtur quod dicit in *Moschtarik*, p. ٣٧٣ كسّ مدينة فى ارض مكران لها ذكر فى الفتوح; cf. *Merácid*, II. p. ٤٩٧. Est idem locus qui supra p. 455 memoratur, cf. *Merácid*, II. p. ٥٠٠. f) Codd. سرادمل. Videtur esse plur. Persici سرهنك. g) A. semper et B. h. l. الموقان. Cl. Reinaud vult النوقات, sed cf. *Merácid*, I. p. ١٨٠ et Jacut. h) B. بصدان. i) A. سمان. k) Jacut in v. قصدار: لم يقفل مع القاتلين, v. Barb. de Meyn. l) Codd. واعمادها, Ibn Haucal وبها اعناب apud Gildemeister, p. ٣٣. m) Codd. عبد الله — بن حوى. n) B. وظفر

وَلّى سِنان بن سَلَمَة وكان حَرِىّ[a] على سراياه وفى حَرِىّ بن حَرِىّ يقول الشاعر

502 لَوْلَا طِعَانِى بِٱلْبُوقَانِ مَا رَجَعَتْ مِنْهُ سَرَايَا ٱبْنِ حَرِىٍّ بِأَسْلَابِ

واهل البوقان اليوم مسلمون وقد بنى عمران بن موسى بن يحيى بن خٰلد البرمكىّ بها مدينة سمّاها البيضاء وذلك فى خلافة المعتصم بالله، ولمّا ولى الحجّاج بن يوسف بن الحكم بن ابى عقيل الثقفىّ العراق ولّى سعيد ابن اسلم بن زُرْعَة الكلابىّ مُكْران وذلك الثغر فخرج عليه معٰوية ومحمّد ابنا الحٰرث العَلافيّان فقُتل وغلب العلافيّان[b] على الثغر واسم عِلاف[c] هو رَبّان بن حُلْوان بن عِمْران بن الحاف بن قضاعة وهو ابو جَرْم فولّى الحجّاج مُجّاعة بن سِعْر التميمىّ ذلك الثغر فغزا مجّاعة فغنم وفتح طوائف من قَنْدَابيل ثمّ اتمّ فتحها محمّد بن القاسم ومات مجّاعة بعد سنة بمكران قال الشاعر

مَا مِنْ مَشَاهِدِكَ ٱلَّتِى شَاهَدْتَهَا إِلَّا يَزِينُكَ ذِكْرُهَا مُجّاعَا

ثمّ استعمل الحجّاج بعد مُجّاعة محمّد بن هٰرون بن ذراع[d] النمرىّ فاهدى الى الحجّاج فى ولايته ملك جزيرة الياقوت[e] نسوة ولدن فى بلاده مسلمات ومات اباؤهنّ وكانوا تجّارًا فاراد التقرّب بهنّ فعرض للسفينة التى كنّ فيها قوم من ميد[f] الدَّيْبُل فى بوارج فاخذوا السفينة بما فيها فنادت امرأة منهنّ وكانت من بنى يربوع يا حجّاج وبلغ الحجّاج ذلك فقال يا لبّيك فارسل الى داهر يسأله تخلية النسوة فقال انّما اخذهنّ لصوص لا اقدر عليهم فاغزى الحجّاج عبيدَ الله بن نَبْهان الديبل فقُتل فكتب الى بُدَيل بن

---

a) A. حوى. *b*) Verba فقتل الخ in A. desiderantur. *c*) A. علاق; deinde A. رتـان, B. زيـاد. *d*) Codd. دراع, vid. supra p. 417. *e*) Reinaud, *Fragments*, p. XXVIII, *Mémoire*, p. 180. *f*) A. مىد, B. مند.

503 طَهْفة البَجَلىّ وهو بعمان يامره ان يسير الى الدَّيْبُل فلمّا لقيهم نفر به فرسه فاطاف به العدوّ فقتلوه، وقال بعضهم قتله زطّ البُدْهة[a] قال وانّما سمّيت هذه الجزيرة جزيرة الياقوت لحسن وجوه نسائها، ثمّ ولّى الحجّاج محمّد بن القسم بن محمّد بن الحكم بن ابى عقيل فى ايّام الوليد بن عبد الملك فغزا السند وكان محمّد بفارس وقد امره ان يسير الى الرىّ وعلى مقدّمته ابو الاسود جَهْم بن زَحْر الجُعْفىّ فردّه اليه وعقد له على ثغر السند وضمّ اليه ستّة آلف من جند اهل الشام وخلقًا من غيرهم وجهّزه بكلّ ما احتاج اليه حتّى الخيوط والمسالّ وامره ان يقيم بشيراز[b] حتّى يتتامّ اليه اصحابه ويوافيه ما عُدّ[c] له، وعمد الحجّاج الى القطن المحلوج فنقع فى الخلّ الخمر الحاذق ثمّ جُفّف فى الظلّ فقال اذا صرتم الى السند فانّ الخلّ بها ضيّق فانقعوا هذا القطن فى الماء ثمّ اطبخوا به واصطبغوا، ويقال انّ محمّدًا لمّا صار الى الثغر كتب يشكو ضيق الخلّ عليهم فبعث اليه بالقطن المنقوع فى الخلّ، فسار محمّد بن القسم الى مُكْران فاقام بها ايّامًا ثمّ اتى قَنَّزْبُور[d] ففتحها، ثمّ اتى ارمائيل[e] ففتحها وكان محمّد بن هرون ابن ذراع[f] قد لقيه فانضمّ اليه وسار معه فتوفّى بالقرب منها فدفن بقنبل[g]، ثمّ سار محمّد بن القسم من ارمائيل ومعه جَهْم بن زَحْر الجعفىّ فقدم الدَّيْبُل يوم جمعة ووافته سفن كان حمل فيها الرجال والسلاح والاداة
504 فخندق حين نزل الدَّيْبُل وركزت الرماح على الخندق ونشرت الاعلام وانزل

a) A. h. l. الندهه, B. المدهه. *Merácid* utramque formam habet البدهة et الندهة, Balkhíi et Ibn Haucalis Codd. البدهة et Anderson proponit البرهة „the well known Burhoee or Buroohee tribe." b) A. دسموان (i. e. بشيوان ?). c) B. أُعد. d) Codd. ىمربون. *Merácid* قيردون (sic). Jacut قيربون. Balkhíi Codd. ىمردوب, Ist. ىمرىون, Ibn Hauc. القنجبور, Edrísi sec. Jaubert, I. p. 164, Firabouz, Kirbouz. e) A. ارمانىىل. f) Codd. دراع. g) Sic. Legendumne بقنبل pro بقنبلى ?

الناس على راياتهم ونصب منجنيقًا تعرف بالعروس كان يمدّ فيها خمس مائة رجل وكان بالديبل بُدّ عظيم عليه دقل طويل وعلى الدقل راية حمراء اذا هبّت الريح اطافت بالمدينة وكانت تدور، والبُدّ فيما ذكروا[a] منارة عظيمة يتّخذ فى بناء لهم فيه صنم لهم او اصنام يشهر بها وقد يكون الصنم فى داخل المنارة ايضًا وكلّ شىء اعظموه من طريق العبادة فهو عندهم بُدّ والصنم بُدّ ايضًا، وكانت كتب الحجّاج ترد على محمّد وكتب محمّد ترد عليه بصفة ما قبله واستطلاع رايه فيما يعمل به فى كلّ ثلثة ايّام فورد على محمّد من الحجّاج كتاب ان انصب العروس واقصر منها قائمة ولتكن ممّا يلى المشرق ثمّ ادع صاحبها فمُرْه ان يقصد برميته للدقل الّذى وصفتَ لى فرمى الدقل فكسر فاشتدّ طيرة الكفر من ذلك، ثمّ انّ محمّدًا ناهضهم وقد خرجوا اليه فهزمهم حتّى ردّهم وامر بالسلاليم فوضعت وصعد عليها الرجال وكان اوّلهم صعودًا رجل من مراد من اهل الكوفة ففتحت عنوةً ومكث محمّد يقتل من فيها ثلثة ايّام وهرب عامل داهر عنها وقتل سادنا بيت آلهتهم واختطّ محمّد للمسلمين بها وبنى مسجدًا[b] وانزلها اربعة آلاف، قال محمّد بن يحيى فحدّثنى منصور بن حاتم النحوىّ[c] مولى آل خٰلد بن أَسيد انّه راى الدقل الّذى كان على منارة البدّ مكسورًا وانّ عنبسة بن اسحٰق الضبّىّ العامل كان على السند فى
505 خلافة المعتصم بالله رحمه هدم أَعْلَى تلك المنارة وجعل فيها سجنًا وابتدا
فى مرمّة المدينة[d] بما نقض من حجارة تلك المنارة فعزل قبل استتمام ذلك وولى بعده هٰرون بن ابى خٰلد المروروذىّ فقُتل بها، قالوا وانى محمّد بن القسم البيرون[e] وكان اهلها بعثوا سُمَنِيَّيْن منهم الى الحجّاج فصالحوه فاقاموا

a) B. ذكر بعضهم. b) B. مسجدها. c) B. البحرى. d) B. مدينة الديبل.
e) Codd. السرون.

لمحمّد العلوفة وادخلوه مدينتهم ووفوا بالصلح وجعل محمّد لا يمرّ بمدينة الّا فتحها حتّى عبر نهرًا دون مهران فاتاه سُمَنِيّة سربيدس[a] فصالحوه عن من خلفهم ووظّف عليهم الخراج وسار الى سهبان[b] ففتحها ثمّ سار الى مهران فنزل فى وسطه فبلغ ذلك داهر واستعدّ[c] لمحاربته وبعث محمّد بن القسم محمّد بن مصعب بن عبد الرحمن الثقفىّ الى سَدُوسان فى خيل وجمّارات فطلب اهلها الامان والصلح وسفر بينه وبينهم السُّمَنِيّة فامنهم ووظّف عليهم خرجًا واخذ منهم رهنًا وانصرف الى محمّد ومعه من الزُّطّ اربعة الف فصاروا مع محمّد وولّى سَدُوسان رجلًا ثمّ انّ محمّدًا احتال لعبور مهران حتّى عبره ممّا يلى بلاد راسِل ملك قَصّة[d] من الهند على جسر عقده وداهر مستخفّ به لاهٍ عنه ولقيه محمّد والمسلمون وهو على فيل وحوله الفيلة ومعه التكاكرة[e] فاقتتلوا قتالًا شديدًا لم يُسْمَعْ بمثله وترجّل داهر وقاتل فقُتِل عند المساء وانهزم المشركون فقتلهم المسلمون كيف شاءوا

506 وكان الذى قتله فى رواية المدائنى رجلًا من بنى كلاب وقال

اَلْخَيْلُ تَشْهَدُ يَوْمَ دَاهِرَ وَٱلْقَنَا ... وَمُحَمَّدُ بْنُ ٱلْقٰسِمِ بْنِ مُحَمَّدِ
أَنِّى فَرَجْتُ ٱلْجَمْعَ غَيْرَ مُعَرِّدٍ[f] ... حَتَّى عَلَوْتُ عَظِيمَهُمْ بِمُهَنَّدِ
فَتَرَكْتُهُ تَحْتَ ٱلْعَجَاجِ مُجَدَّلًا ... مُتَعَفِّرَ ٱلْخَدَّيْنِ غَيْرَ مُوَسَّدِ

حدّثنى منصور بن حاتم قال داهر والّذى قتله مُصَوَّران ببروص وبُدَيل ابن طَهْفة مصوّر بقند[g] وقبره بالدَّيْبُل وحدّثنى علىّ بن محمّد المدائنى عن ابى محمّد الهندىّ عن ابى الفرج قال لمّا قتل داهر غلب محمّد بن القسم على بلاد السند وقال ابن الكلبى كان الّذى قتل داهر القسم

---

a) A. سرىندس. b) Codd. سهمان; *Sohwan* in mappa Reinaud. c) B. فاستعد.
d) Codd. قصه. Pro راسل legendum videtur راسك. e) A. البكاكره, B. الىكاكرة.
f) B. معرد. g) Codd. ىعىد. Fortasse قصر قند intelligitur. (Gildemeister قصر قند).

ابن ثعلبة بن عبد الله بن حِصْن الطائىّ، قالوا وفتح محمّد بن القسم[a]
راوَر عنوة وكانت[b] بها امراة لداهر فخافت ان تُوخَذ فاحرقت نفسها
وجواريها وجميع ما لها، ثمّ اتى محمّد بن القسم[c] برهمناباذ[d] العتيقة وهى
على راس فرسخين من المنصورة ولم تكن المنصورة يومئذ انّما كان موضعها
غيضة وكان فلّ داهر ببرهمناباذ[e] هذه فقاتلوه ففتحها محمّد عنوةً وقتل بها
ثمانية الف وقيل[f] ستّة وعشرين الفًا وخلّف فيها عامله وهى اليوم خراب،
وسار محمّد يريد الرور[g] وبغرور[h] فتلقّاه اهل ساوَنْدرَى[i] فسالوه الامان
فاعطاهم ايّاه واشترط عليهم ضيافة المسلمين ودلالتهم واهل ساوَنْدرَى اليوم
مسلمون، ثمّ تقدّم الى بسمد[k] فصالح اهلها على مثل صلح ساوندرى، 507
وانتهى محمّد الى الرور[l] وهى من مدائن السند وهى على جبل فحصرهم
اشهرًا ففتحها صلحًا على ان لا يقتلهم ولا يعرض لبدّهم وقال ما البدّ الّا
ككنائس النصارى واليهود وبيوت نيران المجوس ووضع عليهم الخراج
بالرور[m] وبنى مسجدًا، وسار محمّد الى السكّة وهى مدينة دون بَيَاس
ففتحها والسكّة اليوم خراب، ثمّ قطع نهر بَيَاس الى الملتان[n] فقاتله اهل
الملتان فابلى زائدة بن عمير الطائىّ وانهزم المشركون فدخلوا المدينة
وحصرهم محمّد ونفدت ازواد المسلمين فاكلوا الحمر ثمّ اتاهم رجل مستامن
فدلّهم على مدخل الماء الّذى منه شربهم وهو ماء يجرى من نهر بسمد[o]
فيصير فى مجتمع له مثل البركة فى المدينة وهم يسمّونه البلاح[p] فغوّره فلمّا

a) A. om. بن القسم. b) A. فكانت. c) B. om. بن القسم. Pro راور Codd. داور.
d) A. همااباد. e) A. دمن همااباد. f) B. ويقال. Deinde Codd. وعشرون. g) B. الرود.
h) Codd. h. l. بعرود; cf. Jacut in v. الرور. i) Codd. ساودرى; cf. Reinaud, *Mémoire*, p. 62. k) A. h. l. سمد, B. سنمد. Eadem var. lectio interdum in Codd. Balkhíi et Ibn Haucalis. l) Codd. الرود. m) A. دالروز, B. بالرود. n) B. hic et deinde المرلتان i. e. المولتان. o) Codd. دسمد. p) Cl. Reinaud jubet legere التلاّح (in ann. ad vers. h. l. النلاّح).

عطشوا نزلوا على الحكم فقتل محمّد المقاتلة وسبى الذرّيّة وسبى سدنة البُدّ وهم ستّة آلف واصابوا ذهبًا كثيرًا فجمعت تلك الاموال فى بيت يكون عشرة اذرع فى ثمانى اذرع يلقى ما اودعه فى كوّة مفتوحة فى سطحه فسمّيت الملتان فرج بيت الذهب والفرج الثغر وكان بدّ الملتان بدًّا تهدى اليه الاموال وينذر له النذور ويحجّ اليه السند فيطوفون به ويحلقون رؤوسهم ولحاهم عنده ويزعمون انّ صنمًا فيه هو ايّوب النبى صلّعم، قالوا ونظر الحجّاج فاذا هو قد انفق على محمّد بن القسم ستّين الف الف ووجد ما حمل اليه عشرين ومائة الف الف فقال شفينا غيظنا
508 وادركنا ثارنا وازددنا ستّين الف الف درهم وراس داهر ومات الحجّاج فاتت محمّدًا وفاته فرجع عن[a] الملتان الى الرور[b] وبغرور وكان قد فتحها فاعطى الناس ووجّه الى البَيْلَمان جيشًا فلم يقاتلوا واعطوا الطاعة وسالمه اهل سُرَسْت وهى مغزى اهل البصرة اليوم واهلها الميد الّذى يقطعون فى البحر، ثمّ اتى محمّد الكيرج فخرج اليه دوهر فقاتله فانهزم العدوّ وهرب دوهر ويقال قُتل ونزل اهل المدينة على حكم محمّد فقتل وسبى قال الشاعر

نَحْنُ قَتَلْنَا دَاهِرًا وَدوهرًا وَٱلْخَيْلُ تَرْدِى مِنْسَرًا فَمِنْسَرَا

ومات الوليد بن عبد الملك وولى سليمٰن بن عبد الملك فاستعمل صالح ابن عبد الرحمٰن على خراج العراق وولّى يزيد بن ابى كبشة السكسكى السند فحمل محمّد بن القسم مقيّدًا مع معٰوية بن المهلّب فقال محمّد متمثّلًا

أَضَاعُونِى وَأَىَّ فَتًى أَضَاعُوا لِيَوْمِ كَرِيهَةٍ وَسِدَادِ ثَغْرِ

فبكى اهل الهند على محمّد وصوّروه بالكيرج فحبسه صالح بواسط فقال

a) B. من. b) B. الرود. Deinde Codd. او بغرور.

فَلَئِنْ ثَوِيتُ بِوَاسِطٍ وَبِأَرْضِهَا   رَهْنَ ٱلْحَدِيدِ مُكَبَّلًا مَغْلُولَا
فَلَرُبَّ فِتْيَةِ[a] فَارِسٍ قَدْ رُعْتُهَا   وَلَرُبَّ قِرْنٍ قَدْ تَرَكْتُ قَتِيلَا

وقال

509 لَوْ كُنْتُ أُجْمَعْتُ ٱلْقَرَارَ لَوُطِّئَتْ   إِنَاثٌ أُعِدَّتْ لِلْوَغَى وَذُكُورُ
وَمَا دَخَلَتْ خَيْلُ ٱلسَّكَاسِكِ أَرْضَنَا   وَلَا كَانَ مِنْ عَكٍّ عَلَيَّ أَمِيرُ
وَلَا كُنْتُ لِلْعَبْدِ ٱلْمَزُونِيِّ[b] تَابِعًا   فَيَا لَكَ دَهْرٌ بِٱلْكِرَامِ عَثُورُ

فعذبه صالح فى رجال من آل ابى عقيل حتّى قتلهم، وكان الحجّاج قتل ادم اخا صالح وكان يرى راى الخوارج، وقال حمزة بن بِيْض الحنفىّ

إِنَّ ٱلْمُرُوَّةَ وَٱلسَّمَاحَةَ وَٱلنَّدَى   لِمُحَمَّدِ بْنِ ٱلْقَسِمِ بْنِ مُحَمَّدِ
سَاسَ ٱلْجُيُوشَ[c] لِسَبْعَ عَشْرَةَ حِجَّةً   يَا قُرْبَ ذٰلِكَ سُودَدًا مِنْ مَوْلِدِ

وقال اخر

سَاسَ ٱلرِّجَالَ لِسَبْعَ عَشْرَةَ حِجَّةً   وَلِدَاتُهُ عَنْ ذَاكَ فِي أَشْغَالِ[d]

ومات يزيد بن ابى كبشة بعد قدومه ارض السند بثمانيةَ عشر يومًا واستعمل سليمن بن عبد الملك حبيب بن المهلّب على حرب السند فقدمها وقد رجع ملوك الهند الى ممالكهم فرجع حشّه[e] بن داهر الى برهمناباذ[f] ونزل حبيب على شاطئ مهران فاعطاه اهل الرور[g] الطاعة وحارب قومًا فظفر بهم، ثمّ مات سليمن بن عبد الملك وكانت خلافة عمر ابن عبد العزيز بعده فكتب الى الملوك يدعوهم الى الاسلام والطاعة على ان يملّكهم ولهم ما للمسلمين وعليهم ما عليهم وقد كانت بلغتهم سيرته ومذهبه فاسلم حشّه والملوك وتسمّوا باسماء العرب، وكان عمرو بن مسلم

a) B. قبينة. b) A. الموونى, B. المرونى. In *Hist. Khalif. Omari II*[i] cet., p. ٣٢, l. 1 male scripsi المرونى et pejus explicare conatus sum. c) B. الحبوس. d) A. اسمعال. e) Sic h. l. et deinde. Reinaud, *Mémoire*, p. 191 eum vocat *Hullysa*, itaque legendum foret حلّيشه. Qodáma جيشيه. f) A. دوهمناباد. g) B. الدور.

510 الباهلى عامل عمر على ذلك الثغر فغزا بعض الهند فظفر، وهرب بنو
المهلّب الى السند فى ايّام يزيد بن عبد الملك فوجّه اليهم هلال بن
أَحْوَز التميمىّ فلقيهم فقتل مُدْرِك بن المهلّب بقَنْدَابيل وقتل المفضّل
وعبد الملك وزياد ومرون ومعوية بنى المهلّب وقتل معوية بن يزيد فى
اخرين[a]، وولى الجُنَيد بن عبد الرحمن المُرّىّ من قبل عمر بن هبيرة الفزارى
ثغر السند، ثمّ ولّاه اياه هشام بن عبد الملك فلمّا قدم خالد بن عبد
الله القسرى العراق كتب هشام الى الجنيد يامره بمكاتبته فاتى الجنيد
الديبل، ثمّ نزل شطّ مهران فمنعه جيشبه العبور وارسل اليه انّى قد
اسلمت وولّانى الرجل الصالح بلادى ولست آمنك فاعطاه رهنًا واخذ منه
رهنًا بما على بلاده من الخراج ثمّ انّهما ترادّا الرهن وكفر جيشبه وحارب
وقيل انّه لم يحارب ولكنّ الجنيد تجنّى عليه فاتى الهند فجمع جموعًا واخذ
السفن واستعدّ للحرب فسار اليه الجنيد فى السفن فالتقوا فى بطيحة
الشرقىّ فاخذ جيشبه اسيرًا وقد جنحت سفينته فقتله وهرب صصه[b] بن
داهر وهو يريد ان يمضى الى العراق فيشكو غدر الجنيد فلم يزل الجنيد
يؤنسه حتّى وضع يده فى يده فقتله وغزا الجنيد الكيرج وكانوا قد نقضوا
فاتّخذ كباشًا نطّاحة فصكّ بها حائط المدينة حتّى ثلمه ودخلها عنوة
فقتل وسبى وغنم، ووجّه العمّال الى مرمد والمَنْدَل[c] ودَهْنَج[d] وبروص، وكان
511 الجنيد يقول القتل فى الجزع اكبر منه فى الصبر، ووجّه الجنيد جيشًا الى
أُزين[e] ووجّه حبيب بن مرّة فى جيش الى ارض المالبة[f] فاغاروا على أُزين
وغزوا بهرمد[g] فحرقوا ربضها وفتح الجنيد البيلمان والجُرْز[h] وحصل فى منزله

---

a) Cf. Bekri in v. قنداببيل (II. p. 267). *b*) Reinaud l. l. Syssa. *c*) A. والمبدل, cf. Bekrí in v. et *Merácid*, III. p. ١٥٧ et ٢٧١. *d*) A. وجهد. *e*) Codd. ارس, vid. Reinaud, *Géogr. d'Aboulf.*, I. p. CCXL sqq., *Mémoire*, p. 373. *f*) *Malva.* *g*) Sic. *h*) A. الخرز, B. الحرر, cf. Reinaud, *Mém.*, p. 206. Edrísí, I. p. 173 حزر.

سوى ما اعطى زوّاره اربعين الف الف وحمل مثلها قال جرير

أَصْبَحَ زُوَّارُ ٱلْجُنَيْدِ وَصُحْبُهُ [a]   يُحَيُّونَ صَلْتَ ٱلْوَجْهِ جَمًّا مَوَاهِبُهْ

وقال ابو الجُوَيْرِيَة

لَوْ كَانَ يَقْعُدُ فَوْقَ ٱلشَّمْسِ مِنْ كَرَمٍ   قَوْمٌ بِأَحْسَابِهِمْ أَوْ مَجْدِهِمْ قَعَدُوا
مُحَسَّدُونَ عَلَى مَا كَانَ مِنْ كَرَمٍ   لَا يَنْزِعُ ٱللّٰهُ مِنْهُمْ مَا لَهُ حُسِدُوا

ثمّ ولى بعد الجنيد تميم بن زيد العتبى فضعف ووهن ومات قريبًا من الدَّيْبُل بماء يقال له ماء الجواميس وانّما سمّى ماء الجواميس لانّه يهرب بها اليه من ذباب زرق تكون بشاطئ مهران، وكان تميم من اسخياء العرب وجد فى بيت المال بالسند ثمانية عشر الف الف درهم طاطريّة فاسرع فيها وكان قد شخص معه فى الجند فتًى من بنى يربوع يقال له خُنَيس وامّه من طيّئ الى الهند فاتت الفرزدق فسالته ان يكتب الى تميم فى اقفاله وعاذت بقبر غالب ابيه فكتب الفرزدق الى تميم [b]

أَتَتْنِى فَعَاذَتْ يَا تَمِيمُ بِغَالِبٍ   وَبِٱلْحُفْرَةِ ٱلسَّافِى عَلَيْهَا تُرَابُهَا
فَهَبْ لِى خُنَيْسًا [c] وَٱتَّخِذْ [d] فِيهِ مِنَّةً   لِحَوْبَةِ [e] أُمٍّ مَا يَسُوغُ شَرَابُهَا 512
تَمِيمَ بْنَ زَيْدٍ لَا تَكُونَنَّ حَاجَتِى   بِظَهْرٍ وَلَا يَجْفَى عَلَيْكَ [f] جَوَابُهَا
فَلَا [g] تُكْثِرِ ٱلتَّرْدَادَ فِيهَا فَإِنَّنِى   مَلُولٌ لِحَاجَاتٍ بَطِىءٌ طِلَابُهَا

فلم يدر ما اسم الفتى اهو حبيش ام خنيس فامر ان يقفل كلّ من كان اسمه على مثل هذه الحروف، وفى ايّام تميم خرج المسلمون عن بلاد

---

a) In *Diváno* Djaríri (ms. Petrop. f. 80 v., quem locum debeo Cl°. Wright, وجنده et deinde جَزْلًا pro جمّا   *b*) Exstant hi versus apud al-Mobarrad (ms. Leid. p. 291) et apud Ibn Khallicán n°. 788 qui tres eorum commemorat.   *c*) A. حبيشا.   *d*) Mobarrad et Ibn Khallic. وَٱحْتَسِبْ.   *e*) Mobarrad لِعَبْرَةِ, Ibn Kh. لغيرة.   *f*) Mobarrad يَعْيَا علىّ, Ibn Kh. يعيا علىّ.   *g*) B. ولا. Deinde Codd. تكثر.

الهند ورفضوا مراكزهم فلم يعودوا اليها الى هذه الغاية، ثمّ ولى الحكم
ابن عَوانة الكلبى وقد كفر اهل الهند الّا اهل قَصّة[a] فلم ير للمسلمين
ملجأ يلجؤون اليه فبنى من وراء البحيرة ممّا يلى الهند مدينة سمّاها
المحفوظة وجعلها ماوى لهم ومعاذًا ومصّرها وقال لمشايخ كلب من اهل
الشام ما ترون ان نسمّيها فقال بعضهم دمشق وقال بعضهم حمص وقال
رجل منهم سمّها تدمر فقال دمّر الله عليك يا احمق ولكنّى اسمّيها المحفوظة
ونزلها، وكان عمرو بن محمّد بن القسم مع الحكم وكان يفوّض اليه
ويقلّده جسيم اموره واعماله فاغزاه من المحفوظة فلمّا قدم عليه وقد ظفر
امره فبنى دون البحيرة مدينة وسمّاها المنصورة فهى[b] الّتى ينزلها[c] العمّال
اليوم، وتخلّص الحكم ما كان فى ايدى العدوّ ممّا غلبوا عليه ورضى
الناس بولايته، وكان خُلد يقول واعجبا ولّيتُ فتى العرب فرُفِضَ يعنى
تميمًا ووليتُ ابخل الناس فرُضِىَ به، ثمّ قُتل الحكم بها، ثمّ كان العمّال
بعدُ يقاتلون العدوّ فياخذون ما استطفّ لهم ويفتحون الناحية قد
نكث اهلها، فلمّا كان اوّل الدولة المباركة ولّى ابو مسلم عبد الرحمٰن
ابن مسلم مُغَلِّسًا العبدىّ ثغر السند واخذ على طخارستان وسار حتّى 513
صار الى منصور بن جمهور الكلبىّ وهو بالسند فلقيه منصور فقتله وهزم
جنده فلمّا بلغ ابا مسلم ذلك عقد لموسى بن كعب التميمى ثمّ
وجّهه الى السند فلمّا قدمها كان بينه وبين منصور بن جمهور مهران
ثمّ التقيا فهزم منصورًا وجيشه وقتل منظورًا اخاه وخرج منصور مفلولًا
هاربًا حتّى ورد الرمل فمات عطشًا، وولى موسى السند فرمّ المنصورة
وزاد فى مسجدها وغزا وافتتح، وولّى امير المؤمنين المنصور رحمه هشام بن

---

a) A. نصة. b) B. وهى. c) A. برلها.

عمرو التغلبى[a] السند ففتح ما استغلق ، ووجّه عمرو بن جَمَل[b] فى
بوارج الى نارند[c] ووجه الى ناحية الهند فافتتح قَشْمِيرًا واصاب سبايا ورقيقًا
كثيرًا وفتح الملتان وكان بقَنْدَابِيل متغلّبة من العرب فاجلاهم عنها واتى
القندهار فى السفن ففتحها وهدم البدّ وبنى موضعه مسجدًا فاخصبت
البلاد فى ولايته فتبرّكوا به ودوّخ الثغر واحكم اموره ، ثمّ ولى ثغر السند
عمر بن حفص بن عثمان هزارمرد[d] ثمّ داوُد بن يزيد بن حاتم وكان
معه ابو الصمّة المتغلّب اليوم[e] وهو مولى لكندة ، ولم يزل امر ذلك الثغر
مستقيمًا حتّى وليه بشر بن داود فى خلافة المامون فعصى وخالف
فوجّه اليه غسّان بن عبّاد وهو رجل من اهل سواد الكوفة فخرج بشر
اليه فى الامان وورد به مدينة السلام وخلّف غسّان على الثغر موسى 514
ابن يحيى بن خالد بن برمك فقتل باله ملك الشرقى وقد بذل له
خمس مائة الف درهم على ان يستبقيه وكان باله هذا التوى على غسّان
وكتب اليه فى حضور[f] عسكره فيمن حضره من الملوك فابى ذلك ، واثر
موسى اثرًا حسنًا ومات سنة ٢١ واستخلف ابنه عمران بن موسى فكتب
اليه امير المؤمنين المعتصم بالله بولاية الثغر فخرج الى القيقان وهم زطّ
فقاتلهم فغلبهم وبنى مدينة سمّاها البيضاء واسكنها الجند ، ثمّ اتى
المنصورة وصار منها الى قندابيل وهى مدينة على جبل وفيها متغلّب
يقال له محمّد بن الخليل فقاتله وفتحها وحمل رؤساءها الى قصدار ثمّ غزا
الميد[g] وقتل منهم ثلثة آلف وسكر سكرًا يعرف بسكر الميد وعسكر عمران
على نهر الرور[h] ثمّ نادى بالزطّ[i] الذين بحضرته فاتوه فختم ايديهم واخذ

a) Codd. المعلبى. b) Codd. حمل. c) Codd. بارىد. Fortasse significatur urbs de qua loquitur Reinaud, *Mémoire*, p. 257 seq. d) A. هرامرد. e) B. الموح. f) B. حصون. g) B. hic et deinde المند. h) Codd. الرر. i) B. فى الزط.

الجزية منهم وامرهم بان يكون مع كلّ رجل منهم اذا اعترض عليه كلب فبلغ الكلب خمسين درهمًا ثمّ غزا الميد ومعه وجوه الزطّ فحفر من البحر نهرًا اجراه فى بطيحتهم حتّى ملح ماءهم وشنّ الغارات عليهم ثمّ وقعت العصبيّة بين النزاريّة واليمانية فمال عمران الى اليمانية فسار اليه عمر بن عبد العزيز الهبّاريّ فقتله وهو غارّ، وكان جدّ عمر هذا ممّن قدم السند مع الحكم بن عَوَانة الكلبى ٭ وحدّثنى منصور بن حاتم قال
515 كان الفضل بن ماهان مولى بنى سامة فتح سندان وغلب عليها وبعث الى المامون رحمه بفيل وكاتبه ودعا له فى مسجد جامع اتّخذه بها، فلمّا مات قام محمّد بن الفضل بن ماهان مقامه فسار فى سبعين بارجة الى ميد[a] الهند فقتل منهم خلقًا وافتتح قالى[b] ورجع الى سندان وقد غلب عليها اخ له يقال له ماهان بن الفضل وكاتب امير المؤمنين المعتصم بالله واهدى اليه ساجًا لم ير مثله عظمًا وطولًا، وكانت الهند فى امر اخيه فمالوا عليه فقتلوه وصلبوه، ثمّ انّ الهند بعدُ غلبوا على سندان فتركوا مسجدها للمسلمين يجمّعون فيه ويدعون للخليفة ٭ وحدّثنى ابو بكر مولى الكريزيّين انّ بلدًا يدعى العُسَيفان بين قشمير والملتان وكابل كان له ملك عاقل وكان اهل ذلك البلد يعبدون صنمًا قد بنى عليه بيت وابّدوه فمرض ابن الملك فدعى سدنة ذلك البيت فقال لهم ادعوا الصنم ان يبرى ابنى فغابوا عنه ساعة ثمّ اتوه فقالوا قد دعوناه وقد اجابنا[c] الى ما سألناه فلم يلبث الغلام ان مات فوثب الملك على البيت فهدمه وعلى الصنم فكسره وعلى السدنة فقتلهم ثمّ دعا قومًا من تجار المسلمين فعرضوا عليه التوحيد فوحّد واسلم وكان ذلك فى خلافة امير المؤمنين المعتصم بالله رحمه ٭

---

a) Codd. ممد. b) Num قالرى ? c) B. دعونا واجابنا.

قال بشر بن غياث قال ابو يوسف انّما ارض اخذت عنوة مثل السواد والشام وغيرها فان قسمها الامام بين من غلب عليها فهى ارض عشر واهلها رقيق وان لم يقسمها الامام وردّها للمسلمين عامّة كما فعل عمر بالسواد فعلى رقاب اهلها للجزية وعلى الارض للخراج وليسوا برقيق وهو قول ابى حنيفة، وحكى الواقدى عن سفين الثورى مثل ذلك، وقال الواقدى قال ملك بن أَنَس وابن ابى ذئب اذا اسلم كافر من اهل العنوة اقرّت ارضه فى يده يعمرها ويؤدّى للخراج عنها ولا اختلاف فى ذلك، وقال ملك وابن ابى ذئب وسفين الثورى وابن ابى ليلى عن الرجل يسلم من اهل العنوة للخراج فى الارض والزكاة من الزرع بعد للخراج وهو قول الاوزاعى وقال ابو حنيفة واصحابه لا يجتمع للخراج والزكاة على رجل، وقال ملك وابن ابى ذئب وسفين وابو حنيفة اذا زرع الرجل ارضه الخراجيّة مرّات فى السنة لم يؤخذ منه الّا خراج واحد، وقال ابن ابى ليلى يؤخذ منه الخراج كلّما ادركت له غلّة وهو قول ابن ابى سَبْرَة وابى شِمْر، وقال ابو الزِّناد وملك وابو حنيفة وسفين ويعقوب وابن ابى ليلى وابن ابى سبرة وزفر ومحمّد بن الحسن وبشر بن غياث[a] اذا عطّل رجل ارضه قيل له ازرعها وادّ خراجها والّا فادفعها الى غيرك يزرعها فامّا ارض العشر فانّه لا

517 يقال له فيها شىء ان زرع اخذت منه الصدقة وان ابى فهو اعلم، وقالوا اذا عطّل رجل ارضه سنتين[b] ثمّ عمرها ادّى خراجا واحدا، وقال ابو شِمْر يؤدّى الخراج للسنتين، وقال ابو حنيفة وسفين وملك وابن ابى ذئب وابو عمرو الاوزاعى اذا اصابت الغلّات آفة او غرق سقط الخراج عن

a) A. عماب, B. in marg. ح. اى المريسى. b) A. سمس et mox للسنيين.

صاحبها واذا كانت ارض من اراضى الخراج لعبد او مكاتب او امراة فانّ ابا حنيفة قال عليها الخراج فقط وقال سفين وابن ابى ذئب وملك عليها الخراج وفيما بقى من الغلّة العشر، وقال ابو حنيفة والثورى فى ارض الخراج بنى مسلم او ذمّى فيها بناء من حوانيت او غيرها انّه لا شىء عليه فان جعلها بستانًا أُلْزِم الخراج وقال ملك وابن ابى ذئب نرى الزامه الخراج لانّ انتفاعه بالبناء كانتفاعه بالزرع فامّا ارض العشر فهو اعلم ما[a] اتّخذ فيها، وقال ابو يوسف فى ارض موات من ارض العنوة يحييها المسلم انّها له وهى ارض خراج ان كانت تشرب من ماء الخراج فان استنبط لها عينًا او سقاها من ماء[b] السماء فهى ارض عشر وقال بشر هى ارض عشر شربت من[c] ماء الخراج او غيره، وقال ابو حنيفة والثورى واصحابهما وملك وابن ابى ذئب والليث بن سعد فى ارض الخراج التى لا تنسب الى احد تقعد المسلمون فيها فيتبايعون ويجعلونها سوقًا انّه لا خراج عليهم فيها، وقال ابو يوسف اذا كانت فى البلاد سنّة اعجميّة قديمة لم يغيّرها الاسلام ولم يُبطلها فشكاها قوم الى الامام لما ينالهم من مضرّتها فليس له ان يغيّرها وقال ملك والشافعى يغيّرها وان قدُمت 518
لانّ عليه نفى كلّ سنّة جائرة سنّها احد من المسلمين فضلًا عن ما سنّ اهل الكفر،

ذِكْرُ العَطَاء فى خِلَافَةِ عُمَرِ بْنِ ٱلْخَطَّابِ رضى الله عنه

حدّثنا عبد الله بن صالح بن مسلم[d] العجلىّ قال ثنا اسمعيل بن

---

a) Codd. وما. b) A. om. c) A. om. d) A. محمد. Cf. Dsahabí *Tabacát* 7, 78.

المجالد عن ابيه مجالد بن سعيد عن الشَّعْبى قال لمّا افتتح عمر العراق والشام وجبى الخراج جمع اصحاب رسول الله صلّعم فقال انّى قد رايتُ ان افرض العطاء لاهله فقالوا نعم رايت الرای يامير المؤمنين قال فبمن ابدأُ قالوا بنفسك قال[a] لا ولكنّى اضع نفسى حيث وضعها الله وابدأ بآل رسول الله صلّعم ففعل، فكتب[b] عائشة امّ المؤمنين رحمها فى اثنى عشر الفًا وكتب سائر ازواج النبى صلّعم فى عشرة الُف وفرض لعلىّ بن ابى طالب فى خمسة الُف وفرض مثل ذلك لمن شهد بدرًا من بنى هاشم، وحدّثنى عبد الاعلى بن حمّاد النَّرْسى قال نا حمّاد بن سَلَمَة عن الحجّاج بن ارطاة عن حبيب بن ابى ثابت انّ ازواج النبى صلّعم كنّ تتتابعن الى العطاء، محمّد بن سعد عن الواقدى عن عائذ بن يحيى عن ابى الحويرث عن جُبَير بن الحُوَيرث بن نُقَيذ انّ عمر بن الخطّاب رضه استشار المسلمين فى تدوين الديوان فقال له علىٌّ بن ابى طالب تقسم كلّ سنة ما اجتمع 519
اليك من مال ولا تمسك منه شيئًا، وقال عثمان ارى مالًا كثيرًا يسع الناس وان لم يُحصَوا حتّى يعرف من اخذ ممّن لم ياخذ حسبتُ ان ينتشر الامر، فقال له الوليد بن هشام بن المغيرة قد جئتُ الشام فرايتُ ملوكها[c] قد دوّنوا ديوانًا وجنّدوا جندًا[d] فدوّن ديوانًا وجنّد جندًا فاخذ بقوله فدعا عَقِيل بن ابى طالب ومَخْرَمَة بن نوفل وجُبَير بن مُطْعِم وكانوا من نسّاب قريش فقال اكتبوا الناس على منازلهم فبدوا ببنى هاشم ثمّ اتبعوهم ابا بكر وقومه ثمّ عمر وقومه على الخلافة فلمّا نظر اليه عمر قال وددت والله انّه هكذا ولكن ابدوا بقرابة النبى صلّعم الاقرب فالاقرب حتّى تضعوا عمر حيث وضعه الله تعالى، محمّد عن الواقدى عن أُسامة بن زيد بن اسلم عن ابيه عن جدّه قال جاءت بنو عدىّ الى

a) B. فقال. b) A. وكتب. c) Codd. ملوكه. d) B. جنودا, corr. in جندا.

عمر فقالوا انت خليفة رسول الله صلّعم وخليفة ابى بكر وابو بكر خليفة رسول الله صلّعم فلو جعلتَ نفسك حيث جعلك هاؤلاء القوم الّذين كتبوا قال بخ بخ بنى عدىّ اردتم الاكل على ظهرى وان اهب حسناتى لكم لا والله حتّى تاتيكم الدعوة وان يطبق عليكم الدفتر (يعنى ولو ان تكتبوا آخر الناس) انّ لى صاحبين سلكا طريقًا فان خالفتهما خولف بى والله ما ادركنا الفضل فى الدنيا وما نرجو الثواب على عملنا الّا بمحمّد
صلّعم فهو شرفنا وقومه اشرف العرب ثمّ الاقرب فالاقرب والله لئن جاءت 520
الاعاجم بعمل وجئنا بغير عمل لَهم أَوْلَى بمحمّد منّا يوم القيامة فانّ من قصر به عمله لم يُسرِع به نَسَبُه" محمّد بن سعد عن الواقدى عن محمّد بن عبد الله عن الزهرى عن سعيد عن قوم آخرين سمّاهم الواقدى دخل حديث بعضهم فى حديث بعض قالوا لمّا اجمع عمر على تدوين الديوان[a] وذلك فى المحرّم سنة ٢٠ بدا ببنى هاشم[b] فى الدعوة ثمّ الاقرب فالاقرب برسول الله صلّعم فكان القوم اذا استووا فى القرابة قدم اهل السابقة ثمّ انتهى الى الانصار فقالوا بمن نبدأ فقال ابدوا برهط سعد ابن مُعاذ الاشهلى من الاوس ثمّ الاقرب فالاقرب لسعد وفرض عمر لاهل الديوان ففضّل اهل السوابق والمشاهد فى الفرائض وكان ابو بكر قد سوّى بين الناس فى القسم فقيل لعمر فى ذلك فقال لا اجعل من قاتل رسول الله صلّعم كمن قاتل معه فبدا بمن شهد بدرًا من المهاجرين والانصار وفرض لكلّ رجل منهم خمسة الف درهم فى كلّ سنة حليفهم ومولاهم معهم بالسواء وفرض لمن كان له اسلام كاسلام اهل بدر ومن مهاجرة الحبشة ممّن شهد أُحُدًا اربعة الف درهم لكلّ رجل وفرض لابناء البدريّين الفين الفين الّا حَسَنًا وحُسَيْنًا فانّه الحقهما بفريضة ابيهما لقرابتهما برسول الله صلّعم

a) A. الدوادن. b) A. عشم.

ففرض لكلّ واحد منهما خمسة آلف وفرض للعبّاس بن عبد المطّلب خمسة آلف لقرابته برسول الله صلّعم وقال بعضهم فرض له سبعة آلف
521 درهم وقال سائرهم لم يفضّل احدًا على اهل بدر الّا a ازواج النبى صلّعم فانّه فرض لهنّ اثنى عشر الفًا اثنى عشر الفًا والحق بهنّ جُوَيْرِيَة بنت الحرث وصَفيّة بنت حُيَىّ بن اخطب، وفرض لمن هاجر قبل الفتح لكلّ رجل منهم ثلثة آلف درهم وفرض لمسلمة الفتح لكلّ رجل منهم الفين وفرض لغلمان احداث من ابناء المهاجرين كفرائض مسلمة الفتح، وفرض لعمر ابن ابى سَلِمَة اربعة آلف فقال محمّد بن عبد الله بن جَحْش لِمَ تفضّل عمرَ علينا فقد هاجر اباؤنا وشهدوا بدرًا فقال عمر افضّله لمكانه من النبى صلّعم فليات الّذى يستغيث بامّ مثل امّ سَلِمَة اغيثه، وفرض لاسامة بن زيد اربعة آلف فقال عبد الله بن عمر فرضتَ لى فى ثلثة آلف وفرضت لاسامة فى اربعة آلف وقد شهدتُ ما لم يشهد اسامة فقال عمر زدته لانّه كان احبّ الى رسول الله صلّعم منك وكان ابوه احبّ الى رسول الله صلّعم من ابيك، ثمّ فرض للناس على منازلهم وقراءتهم القران وجهادهم ثمّ جعل من بقى من الناس بابًا واحدًا فالحق من جاءه من المسلمين بالمدينة فى خمسة عشرين دينارًا لكلّ رجل وفرض لاخرين معهم، وفرض لاهل اليمن وقيس بالشام والعراق لكلّ رجل ما بين الفين الى الف الى تسعمائة الى خمس مائة الى ثلثمائة ولم ينقص احدًا من ثلثمائة وقال لئن كثر المال لافرض لكلّ رجل اربعة آلف درهم الفًا لسفره والفًا لسلاحه والفًا يخلفه لاهله والفًا لفرسه ونعله، وفرض لنساء مهاجرات فرض لصفيّة بنت
522 عبد المطّلب ستّة آلف درهم ولاسماء بنت عُمَيس الف درهم ولامّ كلثوم بنت عقبة الف درهم ولامّ عبد الله بن مسعود الف درهم، قال الواقدى

a) A. om.

فقد روى انّه فرض للنساء المهاجرات ثلثة الف درهم لكلّ واحدة، قال الواقدى فى اسناده وامر عمر فكتب له عمّال اهل العَوالى فكان يجرى عليهم القوت ثمّ كان عثمان فوسّع عليهم فى القوت والكسوة، وكان عمر يفرض للمنفوس مائة درهم فاذا ترعرع بلغ به مائتى درهم فاذا بلغ زاده وكان اذا أُتى باللقيط فرض له فى مائة وفرض له رزقًا ياخذه وليّه كلّ شهر بقدر ما يصلحه ثمّ ينقله من سنة الى سنة وكان يوصى بهم خيرًا ويجعل رضاعهم ونفقتهم من بيت المال، وحدّثنا محمّد بن سعد عن الواقدى قال حدّثنى حِزام بن هشام الكعبى عن ابيه قال رايتُ عمر بن الخطّاب يحمل ديوان خزاعة حتّى ينزل قُدَيد فتاتيه بقديد فلا يغيب عنه امراة بكر ولا ثيب فيعطيهنّ فى ايديهنّ ثمّ يروح فينزل عُسْفان فيفعل ذلك ايضًا حتّى توفّى، محمّد بن سعد عن الواقدى عن ابى بكر بن ابى سَبْرة عن محمّد بن زيد قال كان ديوان حمير على عهد عمر على حدة، محمّد ابن سعد قال حدّثنا الواقدى قال حدّثنى عبيد[a] الله بن عمر العمرى عن جَهْم بن ابى جهم قال قدم خلد بن عُرْفُطة العذرىّ على عمر فساله عن ما وراءه فقال تركتهم يسئلون الله لك ان يزيد فى عمرك من اعمارهم ما وطئ احد القادسيّة الّا وعطاؤه الفان او خمس عشرة مائة وما من مولود ذكرًا[a] كان او انثى الّا لحق فى مائة وجريبين فى كلّ شهر
523 قال عمر انّما هو حقّهم وانا اسعد باداۤئه اليهم لو كان من مال الخطّاب ما اعطيتهموه ولكن قد علمت انّ فيه فضلًا فلو انّه اذا خرج عطاء احد هاؤلاء ابتاع منه غنمًا فجعلها بسوادهم فاذا خرج عطاؤه ثانية ابتاع الراس والراسين فجعله فيها فان بقى احد من ولده كان لهم شىء قد اعتقدوه فانّى لا ادرى ما يكون بعدى وانّى لاعمّ بنصيحتى من طوّقنى

a) A. ذكر.

الله امره فانّ رسول الله صلّعم قال من مات غاشًّا لرعيته لم يرح ريح الجنّة، وحدّثنى محمّد بن سعد عن الواقدى عن محمّد بن عمرو عن الحسن قال كتب عمر الى حذيفة ان اعط الناس اعطيتهم وارزاقهم فكتب اليه انّا قد فعلنا وبقى شىء كثير فكتب اليه انّه فيهم الّذى افاءه الله عليهم ليس هو لعمر ولا لآل عمر فاقسمه بينهم، قال وحدّثنا وهب ابن بقيّة ومحمّد بن سعد قالا ثنا يزيد بن هٰرون قال انبا محمّد بن عمرو عن ابى سَلِمَة عن ابى هُرَيرة انّه قدم على عمر من البحرين قال فلقيته فى صلاة العشاء الآخرة فسلّمت عليه فسالنى عن الناس ثمّ قال لى ما جئت به قلت جئت بخمس مائة الف قال هل تدرى ما تقول قلت جئت بخمس مائة الف قال ما ذا تقول قلت مائة الف ومائة الف ومائة الف فعددت خمسًا فقال انّك ناعس فارجع الى اهلك فنَمْ فاذا اصبحت فاتنى قال ابو هريرة فغدوت اليه فقال ما جئت به قلت خمس مائة الف قال اطيب قلتُ نعم لا اعلم الّا ذاك فقال للناس انّه قدم علينا مال كثير فان شئتم ان نعدّه لكم عددًا[a] وان شئتم ان نكيله لكم كيلًا فقال له رجل ياميرِ المؤمنين انّى قد رايتُ هاؤلاء الاعاجم يدوّنون
524 ديوانًا يعطون الناس عليه، قال فدوّن الديوان وفرض للمهاجرين الأوّلين فى خمسة آلف وللانصار فى اربعة آلف[b] ولازواج النبى صلّعم فى اثنى عشر الفًا، قال يزيد قال محمّد فحدّثنى ابن خُصَيفة[c] عن عبد الله بن رافع عن بَرْزة بنت رافع[d] قالت لمّا خرج العطاء ارسل عمر الى زينب بنت جَحْش بالّذى لها فلمّا ادخل اليها قالت غفر الله لعمر غيرى من اخواتى كانت[e] اقوى على قسم هذا منّى قالوا هذا كلّه لك قالت سبحان الله

---

a) A. عدا. b) B. repetit اربعة الف. c) Codd. حصيفه, cf. Ibn Hadjar I, p. ۸۸۳. d) A. h. l. رادع. e) B. om.

واستترت منه بثوب ثمّ قالت صبّوه واطرحوا عليه ثوبًا ثمّ قالت لى ادخلى يديك واقبضى منه قبضة فاذهبى بها الى بنى فلان وبنى فلان من ذوى رحمها وايتام لها فقسمته حتّى بقيت منه بقيّة تحت الثوب قالت بَرْزة بنت رافع فقلت غفر الله لك يا امّ المؤمنين والله لقد كان لنا فى هذا المال حقّ قالت فلكم ما تحت الثوب فوجدنا تحته خمس مائة[a] وثمانين درهمًا ثمّ رفعت يدها الى السماء فقالت اللهمّ لا يدركنى عطاء لعمر بعد عامى هذا قال[b] فماتت، حدّثنا ابو عبيد قال ثنا عبد الله بن صالح عن الليث عن محمّد بن عَجْلان قال لمّا دوّن عمر الدواوين قال بمن نبدأ قالوا بنفسك قال لا انّ رسول الله صلعم امامنا فبرهطه نبدأ ثمّ بالاقرب فالاقرب، حدّثنا عمرو الناقد قال[c] ثنا عبد الوهّاب الثقفى عن جعفر بن محمّد عن ابيه انّ عمر بن الخطّاب لحق للحسن وللحسين بابيهما ففرض لهما خمسة الف درهم، وحدّثنا الحسين بن علىّ بن الاسود قال ثنا وكيع عن سفين الثَّوْرى عن جعفر بن محمّد عن ابيه
525 قال لمّا وضع عمر الديوان استشار الناس بمن يبدأ فقالوا ابدأ بنفسك قال لا ولكنّى ابدأ بالاقرب فالاقرب من رسول الله صلعم فبدأ بهم، حدّثنا الحسين بن الاسود قال حدّثنا وكيع عن سفين[d] عن ابى اسحق عن مصعب بن سعد انّ عمر فرض لاهل بدر فى ستّة الف ستّة الف وفرض لامّهات المؤمنين فى عشرة الف عشرة الف وفضّل عائشة بالفين لحبّ رسول الله صلعم ايّاها وفرض لصَفِيّة وجُوَيْرِيَة فى ستّة الف ستّة الف وفرض لنساء من المهاجرات فى الف الف منهنّ[e] امّ عبد وهى امّ عبد الله بن مسعود، حدّثنا الحسين قال ثنا وكيع عن اسمعيل

---

a) A. خمسة. b) B. om. c) A. om. d) A. الاسود ثنا حسين عن وكيع. e) Codd. منهم.

ابن[a] ابى خلد عن قيس بن ابى حازم قال فرض عمر لاهل بدر عربهم ومواليهم فى خمسة الف الف وقال لافضّلنّهم على من سواهم،، حدّثنا الحسين نا وكيع عن اسرائيل عن جابر عن عامر قال كان فيهم خمسة من العجم منهم تميم الدارى وبلال، قال وكيع الدار من لخم ولكنّ الشعبى قال هذا،، حدّثنا الحسين قال نا وكيع عن سفين عن الاسود بن قيس عن شيخ لهم قال سمعت عمر يقول لئن بقيت الى قابل[b] لالحقنّ سفلة المهاجرين فى الفين الفين،، وحدّثنا ابو عبيد قال[c] نا عبد الله بن صالح المصرى عن الليث بن سعد عن عبد الرحمن بن خلد الفهمى عن ابن شهاب انّ عمر حين دوّن الدواوين فرض لازواج النبى صلعم اللاتى نكح نكاحًا اثنى عشر الف درهم اثنى عشر الف درهم وفرض لجُوَيْرِيَة وصَفيّة بنت حُيَىّ بن اخطب ستّة الف درهم ستّة الف درهم لانّهما كانتا ممّا افاء الله على رسوله وفرض للمهاجرين الّذين شهدوا بدرًا خمسة الف وفرض للانصار[d] الّذين شهدوا بدرًا

526 اربعة الف اربعة الف وعمّ بفريضته كلّ صريح وحليف ومولى شهد بدرًا فلم يفضّل احدًا على احد،، حدّثنا عمرو الناقد وابو عبيد[e] قالا نا احمد بن يونس عن ابى خَيْثَمَة قال نا ابو اسحق عن مصعب بن سعد انّ عمر فرض لاهل بدر من المهاجرين والانصار ستّة الف ستّة الف وفرض لنساء النبى صلعم عشرة الف وفضّل عليهنّ عائشة ففرض لها اثنى عشر الف درهم وفرض لجُوَيْرِيَة وصَفيّة ستّة الف ستّة الف وفرض للمهاجرات الاوّل اسماء بنت عُمَيس واسماء بنت ابى بكر وامّ عبد الله بن مسعود الفًا الفًا،، حدّثنا الحسين بن الاسود قال[f] نا

---

a) B. om. اسمعيل بن. b) A. علىك. c) A. om. d) A. om. haec inde ab الذين. e) B. عبيدة. f) A. om.

وكيع عن محمّد بن قيس الاسدى قال حدّثتنى والدتى امّ الحكم انّ عليًّا الحقها فى مائة من العطاء"* وحدّثنا الحسين قال نا وكيع عن سفين عن الشيبانى عن يُسَير[a] بن عمرو انّ سعدًا فرض لمن قرا القران فى الفين الفين قال فكتب اليه عمر لا تُعط على القران احدًا"* حدّثنا ابو عبيد قال نا سعيد بن ابى مريم عن ابن لَهيعة عن يزيد بن ابى حبيب انّ عمر جعل عمرو بن العاصى فى مائتين لانّه امير وعُمَير بن وهب الجُمَحى فى مائتين لصبره على الضيق وبُسْر بن ابى أَرْطاة فى مائتين لانّه صاحب فتح[b] وقال ربّ فتح قد فتحه الله على يده* فقال ابو عبيد[c] يعنى بهذا العدد الدنانير"* وقال ابو عبيد نا عبد الله بن صالح عن الليث بن سعد عن يزيد بن ابى حبيب انّ عمر كتب الى عمرو بن العاصى ان افرض لمن بايع تحت الشجرة فى مائتين من العطاء (قال يعنى مائتى دينار) وابلغ ذلك لنفسك بامارتك وافرض لخارجة بن حُذافة فى شرف
527 العطاء لشجاعته"* وحدّثنا ابو عبيد قال نا عبد الله بن صالح عن الليث بن سعد عن محمّد بن عجلان انّ عمر فضّل أُسامة بن زيد على عبد الله بن عمر فلم يزل الناس بعبد الله حتّى كلّم عمر فقال انفضّل علىّ من ليس بافضل منّى فرضتَ له فى الفين ولى فى الف وخمس مائة درهم فقال عمر فعلتُ ذلك لانّ زيد بن حارثة كان احبّ الى رسول الله صلّعم من عمر وانّ اسامة كان احبّ الى رسول الله صلّعم من عبد الله ابن عمر"* وحدّثنى يحيى بن معين قال نا يحيى بن سعيد عن خارجة بن مصعب عن عبيد الله بن عمر عن نافع او غيره عن ابن عمر انّه كلّم اباه فى تفضيل اسامة عليه فى العطاء وقال والله ما سبقنى الى شىء فقال عمر انّ اباه كان احبّ الى رسول الله صلّعم من ابيك[d] وانّه

---

a) Codd. بسمر. b) B. سيف. c) Codd. عبيدة. d) A. ابيه.

كان احبَّ الى رسول الله صلّعم منك»، حدّثنا محمّد بن الصبّاح البزّاز نا هُشَيم عن منصور عن الحسن قال انّ قومًا قدموا على عامل لعمر بن الخطّاب فاعطى العرب منهم وترك الموالى فكتب اليه عمر امّا بعد فبحسب المرء[a] من الشرّ ان يحقر اخاه المسلم والسلام»، حدّثنا ابو عبيد نا خلد بن عمرو عن اسرائيل عن عمّار الدُهْنى عن سالم بن ابى الجَعْد انّ عمر جعل عطاء عمّار بن ياسر ستّة الف درهم»، حدّثنا ابو عبيد قال نا خلد عن اسرائيل عن اسمعيل بن سميع عن مسلم البَطِين انّ عمر جعل عطاء سلمان اربعة الف درهم»، وحدّثنا رَوْح بن عبد المؤمن قال حدّثنى يعقوب عن حمّاد عن حميد عن انس قال فرض عمر للهُرْمُزان فى الفى من العطاء»، حدّثنى العمرى قال حدّثنى ابو عبد الرحمن الطائىّ 528
عن المجالد عن الشَّعْبى قال لمّا همّ عمر بن الخطّاب فى سنة ٢٠ بتدوين الدواوين دعا بمَخْرَمَة بن نوفل وجُبَير بن مُطْعِم فامرهما ان يكتبا الناس على منازلهم فكتبوا بنى هاشم ثمّ اتبعوهم ابا بكر وقومه وعمر وقومه فلمّا نظر عمر فى الكتاب قال وددتُ انّى فى القرابة برسول الله صلّعم كذا ابدؤوا[b] بالاقرب فالاقرب ثمّ ضعوا عمر بحيث وضعه الله فشكر العبّاس بن عبد المطّلب رحمه على ذلك وقال وصلتك رحم، قال فلمّا وضع عمر الديوان قال ابو[c] سفين بن حرب اديوان مثل ديوان بنى الاصفر انّك ان فرضت للناس اتّكلوا على الديوان وتركوا التجارة فقال عمر لا بدّ من هذا فقد كثر فىء المسلمين، قال وفرض عمر لدهقان نهر المَلِك ولابن النخيرخان ولخلد وجميل ابنى بُصْبُهْرِى دهقان الفَلاليج ولبِسْطام بن نَرْسى دهقان بابل وخُطَرْنِيَة وللرُّفَيل دهقان العال وللهُرْمُزان ولجُفَينة العبادى[d] فى الف

---

a) A. امرء. *b*) A. كذى ابدو. *c*) A. om. *d*) Codd. والعبادى ولحفينة; cf. infra p. 547.

الف ويقال انّه فضّل الهرمزان ففرض له الفين" وحدّثنا ابو عبيد عن اسمٰعيل بن عيّاش عن ارطاة بن المنذر عن حَكِيم بن عُمَير انّ عمر بن الخطّاب كتب الى امراء الاجناد ومن اعتقتم من الحمراء فاسلموا فالحقوهم بمواليهم لهم ما لهم وعليهم ما عليهم وان احبّوا ان يكونوا قبيلة وحدهم فاجعلهم اسوتهم فى العطاء" حدّثنا هشام بن عمّار عن بقيّة عن ابى بكر بن عبد الله بن ابى مريم عن ابيه عن ابى عبيدة انّ رجالا من اهل البادية سالوه ان يرزقهم فقال والله لا ارزقكم حتّى ارزق اهل الحاضرة"

529 وحدّثنا ابو عبيد قال ثنا ابو اليمان قال ثنا صَفْوان بن عمرو قال كتب عمر بن عبد العزيز الى يزيد بن حُصَين ان مر للجند بالفريضة وعليك باهل الحاضرة" حدّثنا ابو عبيد قال[a] ثنا سعيد بن ابى مريم عن عبيد[b] الله بن عمر العُمَرى عن نافع عن ابن عمر انّ عمر كان لا يعطى اهل مكّة عطاء ولا يضرب عليهم بعثًا ويقول هم كذا وكذا[c]" حدّثنا ابو عبيد القسم بن سلّام ثنا عبد الرحمٰن بن مهدى عن شعبة عن عدىّ ابن ثابت عن ابى حازم عن ابى هريرة قال قال رسول الله صلّعم من ترك كلاًّ فالينا ومن ترك مالا فلورثته" حدّثنى هشام بن عمّار الدمشقى قال[d] ثنا الوليد بن مسلم عن سليمٰن بن ابى العاتكة وكلثوم بن زياد قال حدّثنى سليمٰن بن حبيب انّ عمر فرض لعيال المقاتلة وذرّيّتهم العشرات قال فامضى عثمان ومن بعده من الولاة ذلك وجعلوها موروثة يرثها ورثة الميّت ممّن ليس فى العطاء حتّى كان عمر بن عبد العزيز قال سليمٰن فسالنى عن ذلك فاخبرته بهذا فانكر الوراثة[e] وقال اقطعها واعُمّ بالفريضة فقلت فانّى اتخوّف ان يستنّ بك من بعدك فى قطع الوراثة ولا يستنّ[f]

a) A. om. b) Codd. عبد. c) A. كذى وكذى. d) A. om. e) A. الروادة. f) A. دسمسون, B. دسمن.

بك فى عموم الفريضة قال صدقت وتركهم ،، حدّثنى بكر بن الهيثم
ثنا عبد الله بن صالح عن ابن لَهيعة عن ابى قَبيل قال كان عمر بن
الخطّاب رضّه يفرض للمولود اذا ولد فى عشرة فاذا بلغ ان يفرض له أُلحق
بالفريضة فلمّا كان معٰوية فرض ذلك للفطيم فلمّا كان عبد الملك بن
مرٰون قطع ذلك كلّه الّا عمّن شاء ،، حدّثنا عفّان قال[a] ثنا يزيد[b] قال[a] 530
انا يحيى بن المتوكّل عن عبد الله بن نافع عن ابن عمر انّ عمر كان
لا يفرض للمولود حتّى يفطم ثمّ نادى مناديه لا تعجلوا اولادكم عن
الفطام فانّا نفرض لكلّ مولود فى الاسلام ،، وحدّثنا عمرو الناقد قال[c] ثنا
احمد بن يونس عن زهير بن معٰوية عن ابى اسحٰق انّ جدّه مرّ على
عثمان فقال له كم معك من عيالك يا شيخ قال معى كذا[d] قال قد
فرضنا لك وفرضنا لعيالك مائة مائة ،، حدّثنا ابو عبيد قال ثنا مرٰون
ابن شُجاع الجَزَرى قال اثبتنى عمر بن عبد العزيز وانا فطيم فى عشرة
دنانير ،، حدّثنا ابرٰهيم بن محمّد الشامى[e] قال ثنا عبد الرحمٰن بن
مهدى عن سفيٰن الثورى عن ابى الجَحّاف عن رجل من خُثْعَم قال وُلد
لى ولد فاتيت به عليًّا فاثبته فى مائة ،، حدّثنى عمرو الناقد قال ثنا
عبد الرحمٰن بن مهدى عن سفيٰن عن عبد الله بن شريك عن بشر
ابن غالب قال سئل الحسين بن علىّ (او قال الحسن بن علىّ شكّ عمرو)

---

a) A. om. *b*) Nempe بن هٰرون. *c*) A. om. *d*) A. كذى. *e*) Est ابرٰهيم بن محمد بن عرعرة بن البرند بن النعمان القرشى الشامى البصرى نزيل بغداد, a cujus patre Bokhárí traditiones accepit (e. g. I. p. ٣٤٩, II. p. ٣٣٧). Supra memoratur p. ٣٠ et ٩٤ et in utroque loco بن reponendum pro عن. In errorem inductus eram loco in *Tabacáto 'l-Hoffáth*, ed. Wüstenfeld 8, 21, ubi pro عرعرة male عروة exstat. Idem nomen in ed. Ibno 'l-Athíri, VII. p. ١٨ male غرغرة scribitur. Obiit Ibrahím anno 231, avus ejus anno 192.

متى يجب سهم المولود قال اذا استهلّ ،، حدّثنى عمرو الناقد قال[a] ثنا
سفين بن عُيَينة عن عمرو بن دينار عن الحسن بن محمّد انّ ثلثة
مملوكين لبنى عفّان شهدوا بدرًا فكان عمر يعطى كلّ انسان منهم كلّ
سنة ثلثة الف درهم ،، حدّثنا ابو عبيد قال ثنا ابن ابى عدى عن سفين
عن زهير بن ثابت او ابن ابى ذئب عن ذُهْل بن اوس انّ عليًّا أُتى
بمنبوذ فاثبته فى مائة ،، وحدّثنى عمرو والقسم بن سلّام قالا ثنا احمد
ابن يونس عن زهير وحدّثنى عبد الله بن صالح المقرئ عن زهير بن
531 معوية قال ثنا ابو اسحق عن حارثة بن المُضَرِب انّ عمر بن الخطّاب امر
بجريب من طعام فعجن ثمّ خبز ثمّ ثُرد بزيت ثمّ دعا بثلثين رجلًا
فاكلوا منه غداءهم حتّى اصدرهم ثمّ فعل بالعشىّ مثل ذلك فقال يكفى
الرجل جريبان كلّ شهر فكان يرزق الناس الرجل والمراة والمملوك جريبين
كلّ شهر، قال عبد الله بن صالح انّ الرجل كان يدعو على صاحبه فيقول
رفع الله جريبيك اى قطعهما عنك بالموت فبقى ذلك فى السن الناس
الى اليوم ،، حدّثنا ابو عبيد قال حدّثنى ابو اليمان عن صَفْوان بن
عمرو عن ابى الزاهرية انّ ابا الدرداء قال ربّ سنّة راشدة مهدية قد
سنّها عمر فى امّة محمّد صلعم منها المُديان والقسطان ،، حدّثنا ابو عبيد
قال ثنا سعيد بن ابى مريم عن ابن لُهَيعة عن قيس بن رافع انّه سمع
سفين بن وهب يقول قال عمر واخذ المدى بيد والقسط بيد انّى قد
فرضت لكلّ نفس مسلمة فى كلّ شهر مديى[b] حنطة وقسطى زيت
وقسطى خلّ فقال رجل والعبد قال نعم والعبد ،، حدّثنى هشام بن
عمّار قال[c] ثنا يحيى بن حمزة قال حدّثنى تميم بن عَطِيّة قال حدّثنى
عبد الله بن[d] قيس انّ عمر بن الخطّاب صعد المنبر فحمد الله واثنى

---

a) A. om. *b*) Codd. مدى. *c*) A. om. *d*) Codd. add. ابى.

عليه ثمّ قال انّا اجرينا عليكم اعطتياتكم وارزاقكم فى كلّ شهر وفى يديه المدى والقسط قال فحركهما وقال فمن انتقصهم ففعل الله به كذا وكذا[a] ودعا عليه، حدّثنا ابو عبيد قال حدّثنا ابن ابى زائدة عن معقل بن عبيد الله عن عمر بن عبد العزيز انّه كان اذا استوجب الرجل عطاءه
532 ثمّ مات اعطاه ورثته، حدّثنا عفّان وخَلَف البزّار ووهب بن بقيّة قالوا انا يزيد بن هٰرون قال انا اسمٰعيل بن ابى خٰلد عن قيس بن ابى حازم قال قال الزبير بن العوّام لعثمان بن عفّان رضهما بعد موت عبد الله بن مسعود اعطنى عطاء عبد الله فعياله احقّ به من بيت المال فاعطاه خمسة عشر الفًا، قال يزيد قال اسمٰعيل وكان الزبير وصىّ ابن مسعود، وحدّثنى ابن ابى شيبة قال نا عبيد الله بن موسى عن علىّ[b] ابن صالح بن حىّ عن سِمَاك بن حرب انّ رجلًا مات فى الحىّ بعد ثمانية اشهر مضت من[c] السنة فاعطاه عمر ثلثى عطائه،

امر الخاتم[d]

حدّثنا عفّان بن مسلم قال نا شعبة قال[e] انا قتادة قال سمعت أَنس بن مٰلك يقول لمّا اراد رسول الله صلّعم ان يكتب الى ملك الروم قيل له انّهم لا يقرءون الكتاب الّا ان يكون مختومًا قال فاتّخذ خاتمًا من فضّة فكانّى انظر الى بياضه فى يده ونقش عليه محمد رسول الله، حدّثنا ابو الربيع سليمٰن بن داود الزهرانى قال[f] نا حمّاد بن زيد قال[f] انا ايّوب عن نافع عن ابن عمر انّ رسول الله صلّعم اتّخذ خاتمًا من فضّة وجعل

---

a) A. كذى وكذى. b) Obiit anno 154, frater ejus al-Hasan multo illustrior anno 169 mortuus est. Eumdem doctorem habuerunt Simák ibn Harb, eumdemque discipulum Obaidollah ibn Musa. c) B. فى. d) In A. inscriptio desideratur. e) A. om. f) A. om.

فصّه من باطن كفّه ، حدّثنى محمّد بن حيّان الحبّانى[a] قال[b] ثنا زهير عن
حميد عن انس بن مٰلك قال كان خاتم رسول الله صلّعم من فضّة كلّه
وفصّه منه ، حدّثنا عمرو الناقد قال[b] ثنا يزيد بن هٰرون عن حميد
عن الحسن قال كان خاتم رسول الله صلّعم من ورق وكان فصّه حبشيًّا ،
حدّثنا هُدْبَة بن خٰلد قال[b] ثنا همّام بن يحيى عن عبد العزيز بن
533 صُهَيب عن أَنس بن مٰلك انّ النبى صلّعم قال قد صنعتُ خاتمًا فلا
ينقشنّ احد على نقشه ، حدّثنا بكر بن الهَيْثَم قال ثنا عبد الرزّاق
عن معمر عن الزُّهْرى وقَتَادة قالا اتّخذ رسول الله صلّعم خاتمًا من فضّة
ونقش عليه محمد رسول الله فكان ابو بكر يختم به ثمّ عمر ثمّ عثمان
وكان فى يده فسقط من يده فى البئر[c] فنُزِفت فلم يقدر عليه وذلك فى
النصف من خلافته فاتّخذ خاتمًا ونقش عليه محمد رسول الله فى ثلٰثة
اسطر قال قتادة وخُرْبة[d] ، حدّثنا هنّاد[e] قال ثنا الاسود بن شيبان قال
أخبرنا خٰلد بن سُمَير[f] قال انتقش رجل يقال له معن بن زائدة على
خاتم الخلافة فاصاب مالًا من خراج الكوفة على عهد عمر فبلغ ذلك عمر
فكتب الى المغيرة بن شعبة انّه بلغنى انّ رجلًا يقال له معن بن زائدة
انتقش على خاتم الخلافة فاصاب به مالًا من خراج الكوفة فاذا اتاك كتابى
هذا فنفّذ فيه امرى واطع رسولى فلمّا صلّى المغيرة العصر واخذ الناس
مجالسهم خرج ومعه رسول عمر فاشرابّ الناس ينظرون اليه حتّى وقف
على معن ثمّ قال للرسول انّ امير المؤمنين امرنى ان اطيع امرك فيه
فمرنى بما شئت فقال الرسول ادع لى بجامعة اعلّقها فى عنقه فانّى بجامعة

---

a) Codd. حبان الحنابى. b) A. om. c) Nomen hujus putei erat بئر أَرِيس, v. Bekrí in v. (I. p. 83). d) A. وحرده, B. وحربه. e) A. همّاد, B. عداد. f) B. سمن.

فجعلها فى عنقه وجبذها جبذًا شديدًا ثمّ قال للمغيرة احبسه حتّى ياتيك فيه امر امير المؤمنين ففعل وكان السجن يومئذ من قصب فتمحّل معن للخروج وبعث الى اهله ان ابعثوا لى بناقتى وجاريتى وعباتى القطوانيّة ففعلوا فخرج من الليل واردف جاريته فسار حتّى اذا رهب ان يفضحه الصبح اناخ ناقته وعقلها[a] ثمّ كمن حتّى كفّ عنه الطلب فلمّا امسى 534
اعاد على ناقته العباة وشدّ عليها واردف جاريته ثمّ سار حتّى قدم على عمر وهو موقظ المتهجّدين لصلاة الصبح ومعه دِرّته[b] فجعل ناقته وجاريته ناحية ثمّ دنا من عمر فقال السلم عليك يا امير المؤمنين ورحمة الله وبركاته فقال وعليك من انت قال معن بن زائدة جئتك تائبًا قال أُبْتَ[c] فلا يُحَيّيك الله فلمّا صلّى صلاة الصبح قال للناس مكانكم فلمّا طلعت الشمس قال هذا معن بن زائدة انتقش على خاتم الخلافة فاصاب فيه مالًا من خراج الكوفة فما تقولون فيه فقال قائل اقطع يده وقال قائل اصلبه وعلىٌّ ساكت فقال له عمر ما تقول ابا الحسن قال يامير المؤمنين رجل كذب كذبة عقوبته فى بشره فضربه عمر ضربًا شديدًا (او قال مبرحًا) وحبسه فكان فى الحبس ما شاء الله ثمّ انّه ارسل الى صديق له من قريش ان كلّم امير المؤمنين فى تخلية سبيلى فكلّمه القرشىّ فقال يامير المؤمنين معن ابن زائدة قد اصبته من العقوبة بما كان له اهلًا فان رايت ان تخلّى سبيله فقال عمر ذكّرتنى الطعن وكنت ناسيًا علىّ بمعن فضربه ثمّ امر به الى السجن فبعث معن الى كلّ صديق له لا تذكرونى لامير المؤمنين فلبث محبوسًا ما شاء الله ثمّ انّ عمر انتبه له فقال[d] معن فاتى به فقاسمه وخلّى سبيله ،، حدّثنى المُفضّل البشكرى وابو الحسن المدائنى عن

a) A. وعلقها. b) Codd. دربه. c) Codd. ادب. d) Vocabulum desideratur. Codd. انبه له فعال.

ابن جابان عن ابن المقفّع قال كان ملك الفرس اذا امر بامر وقّعه صاحب
535 التوقيع بين يديه وله خادم يثبت ذكره عنده فى تذكرة تجمع لكلّ
شهر فيختم عليها الملك خاتمه وتخزن ثمّ ينفذ التوقيع الى صاحب
الزمام واليه الختم فينفذه الى صاحب العمل فيكتب به كتابًا من الملك
وينسخ فى الاصل ثمّ ينفذ الى صاحب الزمام فيعرضه على الملك فيقابل
به ما فى التذكرة ثمّ يختم بحضرة الملك او اوثق الناس عنده*،
وحدّثنى المدائنى عن مَسْلَمَة بن مُحَارِب قال كان زياد بن ابى سفين اوّل
من اتّخذ من العرب ديوان زمام وخاتم امتثالًا لما كانت الفرس تفعله*،
حدّثنى مُفضّل اليشكرى قال حدّثنى ابن جابان عن ابن المقفّع قال كان
لملك من ملوك فارس خاتم للسرّ[a] وخاتم للرسل وخاتم للتخليد[b] يختم
به السجلّات والاقطاعات وما اشبه ذلك من كتب التشريف وخاتم
للخراج فكان صاحب الزمام يليها وربّما افرد بخاتم السرّ والرسائل رجل
من خاصّة الملك*، وحدّثنى ابو الحسن المدائنى عن ابن جابان عن
ابن المقفّع قال كانت الرسائل بحمل المال تقرأ على الملك وهى يومئذ
تكتب فى صحف بيض وكان صاحب الخراج ياتى الملك كلّ سنة بصحف
موصلة قد اثبت فيها مبلغ ما اجتبى من الخراج وما انفق فى وجوه
النفقات وما حصل فى بيت المال فيختمها ويجريها فلمّا كان كسرى بن
هرمز ابرويز تاذّى بروائح تلك الصحف وامر ان لا يرفع اليه صاحب
ديوان خراجه ما يرفع الّا فى صحف مصفرّة بالزعفران وماء الورد وان لا
تكتب الصحف الّتى تعرض عليه بحمل المال وغير ذلك الّا مصفرّة ففعل
536 ذلك فلمّا ولى صالح بن عبد الرحمن خراج العراق تقبّل منه ابن المقفّع
بكور دجلة ويقال بالبِهْقُبَاذ[c] بحمل مالًا فكتب رسالته فى جلد

a) A. om., B. للسد. b) A. om. b) A. بالمهعماد, B. بالبهقناد.

وصغّرها فضحك صالح وقال انكرت ان ياتى بها غيره يقول لعلمه بامور العجم ». قال ابو الحسن واخبرنى مشايخ من الكتّاب انّ دواوين الشام انّما كانت فى قراطيس وكذلك الكتب الى ملوك بنى اميّة فى حمل المال وغير ذلك فلمّا ولى امير المؤمنين المنصور امر وزيره ابا ايّوب المُورِيانىّ[a] ان يكتب الرسائل بحمل الاموال فى صحف وان تصفّر الصحف فجرى الامر على ذلك ».

أَمْرُ النُّقُود

حدّثنا الحسين بن الاسود قال[b] ثنا يحيى بن ادم قال حدّثنى الحسن ابن صالح قال كانت الدراهم من ضرب الاعاجم مختلفة كبارًا وصغارًا فكانوا يضربون منها مثقالًا وهو وزن عشرين قيراطًا ويضربون منها[c] وزن اثنى عشر قيراطًا ويضربون عشرة قراريط وهى انصاف المثاقيل[d] فلمّا جاء الله بالاسلام واحتيج فى اداء الزكاة الى الامر الواسط[e] فاخذوا عشرين قيراطًا واثنى عشر قيراطًا وعشرة قراريط فوجدوا[f] ذلك اثنين واربعين قيراطًا فضربوا على وزن الثلث من ذلك وهو اربعة عشر قيراطًا فوزن الدرهم العربىّ اربعة عشر قيراطًا من قراريط الدينار العزيز فصار وزن كلّ عشرة دراهم سبع مثاقيل وذلك مائة واربعون قيراطًا وزن سبعة ». وقال غير
537 الحسن بن صالح كانت دراهم الاعاجم ما العشرة منها وزن عشرة مثاقيل وما العشرة منها وزن ستّة مثاقيل وما العشرة منها وزن خمسة مثاقيل[g] فجمع ذلك فوجد[h] احدى وعشرين مثقالًا فاخذ ثلثه وهو سبعة مثاقيل فضربوا دراهم وزن العشرة منها سبعة مثاقيل، القولان ترجع الى شىء

---

a) Abu 'l-Mahásin, I. p. ٤١٣ seq. المرزبانى. *b*) A. om. *c*) A. منى. *d*) Observandum est kirátum secundum Beládsorí esse $^1/_{20}$ mitskáli (dinári). Secundum Macrízí (Sacy, *Traité des monnaies*, p. 67) est $^1/_{24}$. *e*) A. الوسط. *f*) A. om. *g*) Talibus al-Hirae utebantur, v. supra p. 283. *h*) A. دوجدوا.

واحد»، وحدّثنى محمّد بن سعد قال نا محمّد بن عمر[a] الاسلمى قال
نا عثمان بن عبد الله بن مَوْهَب عن ابيه عن عبد الله بن ثعلبة بن
صُعَير قال كانت دنانير هرقل ترد على اهل مكّة فى الجاهليّة وترد عليهم
دراهم الفرس البغليّة فكانوا[b] لا يتبايعون الّا على انّها تبر، وكان المثقال
عندهم معروف الوزن وزنه اثنان وعشرون قيراطًا الّا كسرًا[c] ووزن
العشرة الدراهم[d] سبعة مثاقيل فكان[e] الرطل اثنى عشر اوقية وكلّ اوقية
اربعين[f] درهمًا فاقرّ رسول الله صلعم ذلك واقرّه ابو بكر وعمر وعثمان وعلى
فكان معٰوية فاقرّ ذلك على حاله ثمّ ضرب مصعب بن الزبير فى ايّام عبد
الله بن الزبير دراهم قليلة كُسرت بعد، فلمّا ولى عبد الملك بن مروان
سال وفحص عن امر الدراهم والدنانير فكتب الى الحجّاج بن يوسف ان
يضرب الدراهم على خمسة عشر قيراطًا من قراريط الدنانير وضرب هو
الدنانير الدمشقيّة[g]، قال عثمان قال ابى فقدمت علينا المدينة وبها نفر
من اصحاب رسول الله صلعم وغيرهم من التابعين فلم ينكروا ذلك»، قال
محمّد بن سعد وزن الدرهم من دراهمنا هذه اربعة عشر قيراطًا من قراريط
مثقالنا الّذى جعل عشرين قيراطًا وهو وزن خمسة عشر قيراطًا من 538
احد وعشرين قيراطًا[h] وثلثة اسباع»، حدّثنى محمّد بن سعد قال نا
محمّد بن عمر قال حدّثنى اسحٰق بن حازم عن المطّلب بن السائب
عن ابى وَدَاعة السهمى انّه اراه وزن المثقال قال فوزنته فوجدته وزن
مثقال عبد الملك بن مرون قال هذا كان عند ابى وَدَاعة بن ضُبَيرة[i]

---

a) Codd. عمرو. b) A. وكانوا. c) Illud كسر est $4/7$ ut mox apparebit. d) A. دراهم. e) A. وكان. f) Codd. اربعون. g) Codd. الدمسعمه. h) Sequuntur in Codd. verba فهو وزن خمسة عشر قيراطا, quae necessario ejicienda sunt. Vult enim drachmam valere 14 kirát, si mitskál 20 kirát habet, sed 15 kirat, si mitskál $21\,3/7$ habet (اثنان وعشرون قيراطا الا كسرا); antiquitus enim drachma semper erat pondere $7/10$ mitskáli. i) Codd. صبيره.

السهمى فى الجاهليّة»، وحدّثنى محمّد بن سعد قال نا الواقدى عن
سعيد بن مسلم بن بابك عن عبد الرحمٰن بن سابط الجُمَحى قال
كانت لقريش اوزان فى الجاهليّة فدخل الاسلام فاقرّت على ما كانت عليه
كانت قريش يزن الفضّة[a] بوزن تسمّيه درهمًا ويزن الذهب بوزن
تسمّيه دينارًا فكلّ[b] عشرة من اوزان الدراهم[c] سبعة اوزان الدنانير[d] وكان
لهم وزن الشعيرة وهو واحد من الستّين من وزن الدرهم[e] وكانت لهم
الاوقية وزن اربعين درهمًا والنشّ وزن عشرين درهمًا وكانت لهم النواة
وهى وزن خمسة دراهم فكانوا يتبايعون بالتبر على هذه الاوزان فلمّا قدم
النبى صلّعم مكّة اقرّهم على ذلك»، محمّد بن سعد عن الواقدى قال
حدّثنى ربيعة بن عثمان عن وهب بن كَيْسان قال رايت الدنانير
والدراهم قبل ان ينقشها عبد الملك ممسوحة وهى وزن الدنانير الّتى
ضربها عبد الملك»، وحدّثنى محمّد بن سعد عن الواقدى عن عثمان
ابن عبد الله بن مَوْهَب عن ابيه قال قلت لسعيد بن المسيّب من
اوّل من ضرب الدنانير المنقوشة فقال عبد الملك بن مروٰن وكانت الدنانير
ترد[f] روميّة والدراهم كسرويّة وحميريّة قليلة، قال سعيد فانا بعثت بتبر[g] 539
الى دمشق فضرب لى على وزن المثقال فى الجاهليّة»، وحدّثنى محمّد بن
سعد قال نا سفيٰن بن عُيَينة عن ابيه انّ اوّل من ضرب وزن سبعة
الحرث بن عبد الله بن ابى ربيعة المخزومى ايّام ابن الزبير»، وحدّثنى
محمّد بن سعد قال حدّثنى محمّد بن عمر قال نا ابن ابى الزِّناد عن
ابيه انّ عبد الملك اوّل من ضرب الذهب عام الجماعة سنة ٧٤»، قال ابو

---

a) In Codd. deëst. *b*) B. وكل. *c*) A. الدرهم. *d*) A. الدينار. *e*) Est igitur tertia pars kiráti, vulgo *habba* vocata. Secundum Macrízí, cui mitskál habet 24 kirát, est $^1/_{72}$ drachmae. *f*) B. om. *g*) B. تبرًا.

لحسن المدائنى ضرب الحجّاج الدراهم اخر سنة ٧٥ ثمّ امر بضربها فى
جميع النواحى سنة ٧٦ ، وحدّثنى داود الناقد قال سمعت مشايخنا
يحدّثون انّ العباد من اهل الحيرة كانوا يتزوّجون على مائة وزن ستّة
يريدون وزن ستّين مثقالا دراهم وعلى مائة وزن ثمانية يريدون ثمانين
مثقالا دراهم وعلى مائة[a] وزن خمسة يريدون وزن خمسين مثقالا دراهم
وعلى مائة وزن مائة مثقال، قال داود الناقد رايتُ درهمًا عليه ضرب هذه
الدراهم بالكوفة سنة ٧٣ فاجمع النقّاد انّه معمول، وقال رايتُ درهمًا شاذًّا
لم يُرَ مثله عليه عبيد الله بن زياد فانكر ايضًا ، حدّثنى محمّد بن سعد
قال حدّثنى الواقدى عن يحيى بن النعمان الغفارى عن ابيه قال
ضرب مصعب الدراهم بامر عبد الله بن الزبير سنة ٧٠ على ضرب الاكاسرة
وعليها بركة وعليها الله فلمّا كان الحجّاج غيّرها ، وروى عن هشام بن
540 الكلبى انّه قال ضرب مصعب مع الدراهم دنانير[b] ايضًا ، حدّثنى داود
الناقد قال حدّثنى ابو الزبير الناقد قال ضرب عبد الملك شيئًا من
الدنانير فى سنة ٧٤ ثمّ ضربها سنة ٧٥ وانّ الحجّاج ضرب دراهم بغليّة
كتب عليها بسم الله الحجّاج ثمّ كتب عليها بعد سنة الله احد الله
الصمد فكره ذلك الفقهاء فسمّيت مكروهة، قال ويقال انّ الاعاجم كرهوا
نقصانها فسمّيت مكروهة، قال وسمّيت السُّمَيرية باوّل من ضربها واسمه
سُمَير[c] ، حدّثنى عبّاس بن هشام الكلبى عن ابيه قال حدّثنى عَوانة
ابن الحكم انّ الحجّاج سال عن ما كانت الفرس تعمل به فى ضرب الدراهم
فاتّخذ دار ضرب وجمع فيها الطبّاعين فكان يضرب المال للسلطان ممّا
يجتمع له من التبر وخلاصة الزُّيوف والستّوقة والبهرجة ثمّ اذن للتجار
وغيرهم فى ان تضرب لهم الاوراق واستغلّها من فضول ما كان يؤخذ من

a) Codd. ومائة. b) B. الدنانير. c) Sacy, *Traité des monnaies*, p. 20.

فضول الاجرة للصنّاع والطبّاعين وختم ايدى الطبّاعين٬ فلمّا ولى عمر بن هُبيرة العراق ليزيد بن عبد الملك خلّص الفضّة ابلغ من تخليص مَنْ قبله وجوّد الدراهم فاشتدّ فى الغيار٬ ثم ولى خٰلد بن عبد الله البجلى ثمّ القَسْرى العراق لهشام بن عبد الملك فاشتدّ فى النقود اكثر من شدّة ابن هبيرة حتّى احكم امرها ابلغ من احكامه٬ ثمّ ولى يوسف بن عمر بعده فافرط فى الشدّة على الطبّاعين واصحاب الغيار وقطع الايدى وضرب
541 الابشار فكانت الهبيريّة والخالديّة واليوسفيّة اجود نقود بنى اميّة ولم يكن المنصور يقبل فى الخراج من نقود بنى اميّة غيرها فسمّيت الدراهم الاولى المكروهة ،، حدّثنى محمّد بن سعد عن الواقدى عن ابن ابى الزِّناد عن ابيه انّ عبد الملك بن مروٰن اوّل من ضرب الذهب والورق بعد عام الجماعة٬ قال فقلت لابى ارايت قول الناس انّ ابن مسعود كان يامر بكسر الزيوف قال تلك زيوف ضربها الاعاجم فغشّوا فيها ،، حدّثنى عبد الاعلى بن حمّاد النَّرْسى قال ثنا حمّاد بن سَلَمَة قال ثنا داود بن ابى هند عن الشَّعْبى عن علقمة بن قيس انّ ابن مسعود كانت له بقاية فى بيت المال فباعها بنقصان فنهاه عمر بن الخطّاب عن ذلك فكان يدينها بعد ذلك ،، حدّثنى محمّد بن سعد عن الواقدى عن قدامة بن موسى انّ عمر وعثمان كانا اذا وجدا الزيوف فى بيت المال جعلاها فضّة ،، حدّثنى الوليد بن صالح عن الواقدى[a] عن ابن ابى الزِّناد عن ابيه انّ عمر بن عبد العزيز أُتى برجل يضرب على غير سكّة السلطان فعاقبه وسجنه واخذ حديده فطرحه فى النار ،، حدّثنى محمّد بن سعد عن الواقدى عن كَثِير بن زيد عن[b] المُطّلب بن عبد الله بن حَنْطَب انّ عبد الملك بن مروٰن اخذ رجلًا يضرب على غير سكّة المسلمين فاراد

a) A. om. عن الواقدى. b) B. add. عبد.

قطع يده ثمّ ترك ذلك وعاقبه، قال المُطّلِبُ فرايت مَنْ بالمدينة من
542 شيوخنا حسّنوا ذلك من فعله وحمدوه، قال الواقدى واصحابنا يرون
فيمن نقش على خاتم الخلافة المبالغة فى الادب والشهرة وان لا[a] يرون
عليه قطعًا وذلك راى ابى حنيفة والثّورى، وقال مٰلك وابن ابى ذئب
واصحابهما نكره قطع الدرهم اذا كانت على الوفاء وننهى عنه لانّه من
الفساد، وقال الثورى وابو حنيفة واصحابه لا باس بقطعها اذا لم يضرّ
ذلك بالاسلام واهله ،، حدّثنى عمرو الناقد قال نا اسمٰعيل بن ابرٰهيم
عن ابن عون عن ابن سِيرِين انّ مرون بن الحكم اخذ رجلًا بقطع
الدراهم فقطع يده فبلغ ذلك زيد بن ثابت فقال لقد عاقبه، قال اسمٰعيل
يعنى دراهم فارس ،، قال محمّد بن سعد وقال الواقدى عاقب ابان بن
عثمان وهو على المدينة من يقطع الدراهم ضربة ثلثين وطاف به وهذا
عندنا فيمن قطعها ودسّ فيها المفرّغة والزيوف ،، وحدّثنى محمّد عن
الواقدى عن صالح بن جعفر عن ابن كعب فى قوله[b] أَوْ أَنْ نَفْعَلَ فِي
أَمْوَالِنَا مَا نَشَآءُ قال قطع الدراهم ،، حدّثنا محمّد بن خٰلد بن عبد الله
قال[d] نا يزيد بن هٰرون قال[d] انا يحيى بن سعيد قال ذكر لابن
المسيّب رجل يقطع الدراهم فقال سعيد هذا من الفسّاد فى الارض ،،
حدّثنا عمرو الناقد قال[d] نا اسمٰعيل بن ابرٰهيم قال[d] نا يونس بن عبيد
عن الحسن قال كان الناس وهم اهل كفر قد عرفوا موضع هذا الدرهم من
الناس فجوّدوه واخلصوه فلمّا صار اليكم غششتموه وافسدتموه ولقد كان
عمر بن الخطّاب قال هممت ان اجعل الدراهم من جلود الابل فقيل[e]
543 له اذًا[f] لا بُعَيْرَ[g] فامسك ،،

---

a) B. ولا. b) Qorán 11 vs. 89. c) A. om. d) Codd. add. دعمل (repetitio praecedentis فقيل). e) B. اذن. f) A. دُعْمر, B. بعيرَ.

أَمْرُ ٱلْخَطّ

حدّثنى عبّاس بن هشام بن محمّد بن السائب الكلبى عن ابيه عن جدّه وعن الشرقى بن القَطامى قال اجتمع ثلثة نفر من طيّئ ببَقّة[a] وهم مُرامر بن مُرّة[b] واسلم بن سِدْرة وعامر بن جَدَرة فوضعوا الخطّ وقاسوا هجاء العربيّة على هجاء السريانيّة فتعلّمه منهم قوم من اهل الانبار ثمّ تعلّمه اهل الحيرة من اهل الانبار وكان بشر بن عبد الملك اخو أُكَيْدِر ابن عبد الملك بن عبد الجنّ الكندى ثمّ السَّكونى صاحب دومة الجندل ياتى الحيرة فيقيم بها الحين وكان نصرانيًّا فتعلّم بشر الخطّ العربىّ من اهل الحيرة ثمّ اتى مكّة فى بعض شانه فرآه سفين[c] بن اميّة بن عبد شمس وابو قيس بن عبد مَناف بن زُهْرة بن كلاب يكتب فسالاه ان يعلّمهما الخطّ فعلّمهما الهجاء ثمّ اراهما الخطّ فكتبا ثمّ انّ بشرًا وسفين وابا قيس اتوا الطائف فى تجارة فصحبهم غَيْلان بن سَلَمة الثقفى فتعلّم الخطّ منهم وفارقهم بشر ومضى الى ديار مضر فتعلّم الخطّ منه عمرو بن زُرارة بن عُدَس فسمّى عمرو الكاتب ثمّ اتى بشر الشام فتعلّم الخطّ منه ناس هناك وتعلّم الخطّ من الثلثة الطائيّين ايضا رجل من طابخة كلب فعلّمه رجلا من اهل وادى القرى فاتى الوادى يتردّد[d] فاقام بها وعلّم الخطّ قومًا من اهلها ، وحدّثنى الوليد بن صالح ومحمّد بن سعد قالا ثنا محمّد بن عمر الواقدى عن خلد بن الياس عن ابى بكر بن
عبد الله بن ابى جَهْم العَدَوىّ قال دخل الاسلام وفى قريش سبعة عشر 544
رجلا كلّهم يكتب عمر بن الخطّاب وعلىّ بن ابى طالب وعثمان بن عفّان وابو عبيدة ابن الجرّاح وطلحة ويزيد بن ابى سفين وابو حُذيفة بن عُتْبة

---

a) Codd. بقعة. b) Codd. مروة. c) Tabarí eum vocat حرب. d) A. يتردد.

ابن ربيعة وحاطب بن عمرو اخو سُهَيل بن عمرو العامرى من قريش
وابو سَلَمَة بن عبد الأَسَد المخزومىّ وابان بن سعيد بن العاصى بن
اميّة وخٰلد بن سعيد اخوه وعبد الله بن سعد بن ابى سرح العامرى
وحويطب بن عبد العزّى العامرى وابو سفيٰن بن حرب بن اميّة ومعٰوية
ابن ابى سفيٰن وجُهَيم بن الصَّلْت بن مَخْرَمَة بن المطّلب بن عبد مناف
ومن حُلَفاء قريش العلاء ابن الحضرمى ٭ وحدّثنى بكر بن الهَيْثَم قال ثنا
عبد الرزّاق عن مَعْمَر عن الزُّهْرى عن عبيد الله بن عبد الله بن عقبة
انّ النبى صلعم قال للشّفاء بنت عبد الله العدويّة من رهط عمر بن
الخطّاب الا تعلّمين حفصة رقية[a] النملة كما علّمتها الكتابة وكانت الشفاء
كاتبة فى الجاهليّة ٭. وحدّثنى الوليد بن صالح عن الواقدى عن اسامة
ابن زيد عن عبد الرحمٰن بن سعد قال كانت حفصة زوج النبى صلعم
تكتب ٭ وحدّثنى الوليد عن الواقدى عن ابن ابى سبرة عن علقمة بن
ابى علقمة عن محمّد بن عبد الرحمٰن بن ثَوْبان انّ امّ كلثوم بنت عقبة
كانت تكتب ٭ وحدّثنى الوليد عن الواقدى عن فروة عن عائشة بنت
سعد انّها قالت علّمنى ابى الكتاب ٭ وحدّثنى الوليد عن الواقدى عن 545
موسى بن يعقوب عن عمّته عن امّها كَرِيمة بنت المِقْداد انّها كانت
تكتب ٭ حدّثنى الوليد عن الواقدى عن ابن ابى سبرة عن ابن[b] عَوْن
عن ابن مَيّاح[c] عن عائشة انّها كانت تقرأ المصحف ولا تكتب ٭
وحدّثنى الوليد عن الواقدى عن عبد الله بن يزيد الهذلى عن سالم
سَبَلان عن امّ سلمة انّها كانت تقرأ ولا تكتب ٭ وحدّثنى الوليد
ومحمّد بن سعد عن الواقدى عن اشياخه قالوا اوّل من كتب لرسول

---

a) Codd. رقمة. *b*) B. add. ابى. *c*) A. مماح, B. مباح. Praeter مياح in *Moschtabih* tantum memoratur موسى بن عمران بن منّاح مدنى عن القاسم بن محمد.

الله صلّعم مقدمه المدينة أُبَىّ بن كعب الانصارى وهو اوّل من كتب فى
اخر الكتاب وكتب فلان فكان أُبَىّ اذا لم يحضر دعا رسول الله صلّعم زيد
ابن ثابت الانصارى فكتب له فكان أُبَىّ وزيد يكتبان الوحى بين يديه
وكُتُبه الى مَن يُكاتب من الناس وما يُقْطِع وغير ذلك، قال الواقدى
واوّل من كتب له من قريش عبد الله بن سعد بن ابى سرح ثمّ ارتدّ
ورجع الى مكّة وقال لقريش انا آتى بمثل ما ياتى به محمّد وكان يملّ عليه
الظالمين فيكتب الكافرين يملّ عليه سميع عليم فيكتب غفور رحيم
واشباه ذلك فانزل الله[a] وَمَنْ أَظْلَمُ مِمَّنِ ٱفْتَرَى عَلَى ٱللّٰهِ كَذِبًا أَوْ قَالَ أُوحِىَ
إِلَىَّ وَلَمْ يُوحَ إِلَيْهِ شَىْءٌ وَمَنْ قَالَ سَأُنْزِلُ مِثْلَ مَا أَنْزَلَ ٱللّٰهُ فلمّا كان يوم فتح
مكّة امر رسول الله صلّعم بقتله فكلّمه فيه عثمان بن عفّان وقال اخى
من الرضاع وقد اسلم فامر رسول الله صلّعم بتركه وولّاه عثمان مصر،
فكتب لرسول الله صلّعم عثمان بن عفّان وشُرَحْبِيل بن حَسَنَة الطابخى 546
من خِنْدِف حليف قريش ويقال بل هو كندى وكتب له جُهَيم[b] بن
الصَّلْت بن مَخْرَمَة وخُلد بن سعيد وابان بن سعيد بن العاصى والعلاء
ابن الحضرمى، فلمّا كان عام الفتح اسلم معوية كتب له ايضًا ودعاه يومًا
وهو ياكل فابطأ فقال لا اسبع الله بطنه فكان يقول لحقتنى دعوة رسول الله
صلّعم وكان ياكل فى اليوم سبع اكلات واكثر واقلّ، وقال الواقدى وغيره
كتب حنظلة بن الربيع بن رَباح الأُسَيِّدىّ[c] من بنى تميم بين يدى رسول
الله صلّعم مرّة فسمّى حنظلة الكاتب، وقال الواقدى كان الكتاب بالعربيّة
فى الاوس والخزرج قليلًا وكان بعض اليهود قد علّم كتاب العربيّة وكان
تعلّمه الصبيان بالمدينة فى الزمن الاوّل فجاء الاسلام وفى الاوس والخزرج
عدّة يكتبون وهم سعد بن عُبَادة بن دُلَيم والمنذر بن عمرو وأُبَىّ بن

---

a) Qor. 6 vs. 93. b) Codd. جهم. c) Codd. الاسدى; cf. supra p. 286.

كعب وزيد بن ثابت فكان يكتب العربيّة والعبرانيّة ورافع بن مٰلك وأُسَيْد بن حُضَير ومعن بن عَدِىّ البَلَوىّ حليف الانصار وبشير بن سعد وسعد بن الربيع وأَوْس بن خَوَلِيّ وعبد الله بن ابىّ المنافق، قال فكان الكملة منهم والكامل من يجمع الى الكتاب الرمى والعوم رافع بن مٰلك
547 وسعد بن عبادة وأُسَيْد بن حُضَير وعبد الله بن أُبَىّ واوس بن خَوَلِيّ وكان من جمع هذه الاشياء فى الجاهليّة من اهل يثرب سُوَيد بن الصامت وحُضَير الكتائب ،، قال الواقدى وكان جُفَينة[a] العِبادى من اهل الحيرة نصرانيًّا ظِئْرًا[b] لسعد بن ابى وقّاص فاتّهمه عبيد الله بن عمر بمشايعة ابى لُؤلؤة على قتل ابيه فقتله وقتل ابنيه[c] ،، حدّثنا اسحٰق بن ابى اسرائيل قال ثنا عبد الرحمٰن بن ابى الزناد عن ابيه عن خارجة بن زيد انّ اباه زيد بن ثابت قال امرنى رسول الله صلّعم ان اتعلّم له كتاب يهود وقال لى انّى لا آمن يهودًا على كتابى فلم يمرّ بى نصف شهر حتّى تعلّمته فكنت اكتب له الى يهود واذا كتبوا اليه قرأتُ كتابهم ،،

تمّ كتاب فتوح البلدان، والحمد لله الواحد الديان ،،
وصلواته على سيّدنا محمّد النبى وآله واصحابه وسلامه[d] ،،

---

a) Codd. حعسه. b) A. طمرا. c) Codd. ادىىه. d) In B. haec subscriptio auctoris, ut videtur, non exstat.

فهرست اسماء الرجال والقبائل

ح

خ

ز

س

ش

ك

ن

ه

و

ى

فهرست اسماء الرواة والفقهاء

ا

ب

ت

ث

خ

د

ذ

ر

ز

ص

ض

ط

ع

ف

ق

ك

فهرست اسماء المواضع والامم

ب

ت

ث

ج

ح

غ

ف

ق

ل

م

ن

ه

و

ى

فهرس الامثال